Gerhard H. Schmidt

Pestizide und Umweltschutz

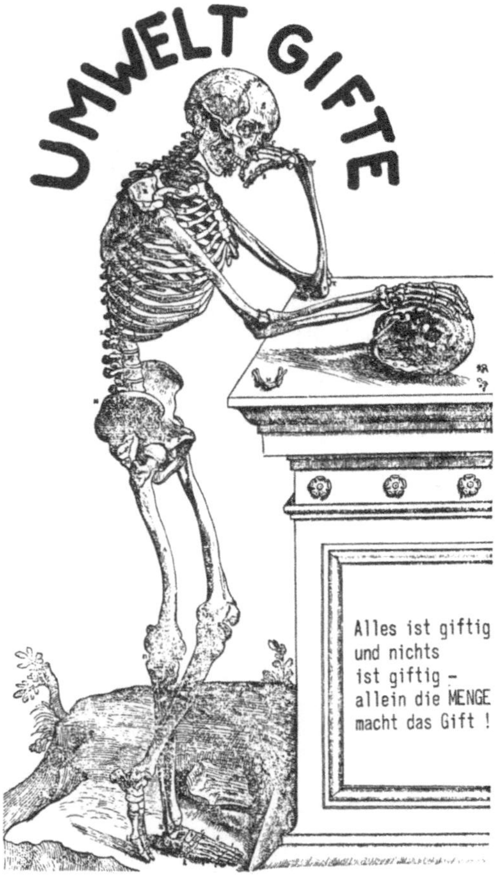
UMWELT GIFTE
Alles ist giftig
und nichts
ist giftig -
allein die MENGE
macht das Gift !

Gerhard H. Schmidt

PESTIZIDE UND UMWELTSCHUTZ

Mit 109 Abbildungen

Friedr. Vieweg & Sohn Braunschweig/Wiesbaden

1986

Softcover reprint of the hardcover 1st edition 1986

Satz: Vieweg, Braunschweig

ISBN-13:978-3-528-08903-0 e-ISBN-13:978-3-322-83604-5
DOI: 10.1007/978-3-322-83604-5

Vorwort

Vor etwa 25 Jahren wurde vielen Experten bewußt, daß der massive Einsatz von Pestiziden während der letzten 40 Jahre nicht vorhergesehene Probleme größten Ausmaßes mit sich bringt. Ihre früher so heilvolle und nutzbringende Anwendung im Bereich der Hygiene und Landwirtschaft droht, zu einer immer weiter fortschreitenden Zerstörung der gesamten Umwelt und damit zu einer ernsten Bedrohung menschlichen Lebens zu werden. Immer größer werdende Gruppen der Bevölkerung fordern deshalb heute ein Umdenken in der Anwendung von Pestiziden. Die größten Probleme, die die breit angelegte Begiftungstechnik mit sich brachte, sind die von zahlreichen Organismen entwickelte Resistenz gegen jedes in der Praxis vermehrt eingesetzte synthetische Pestizid, die gleichzeitig mit der Pestizidapplikation vernichteten natürlichen Helfer des Menschen, eine ausgewogene Biozönose zu erhalten und Kalamitäten zu vermeiden, die Vernichtung der vielen indifferenten Tier- und Pflanzenarten als Glieder von Nahrungsketten und Nahrungsnetzen sowie die kontinuierlich fortschreitende Vergiftung der gesamten Umwelt durch viele hochgradig persistente Mittel.

In dieser wenig zukunftsträchtigen Situation begann ich 1965, meinen studentischen Hörern, damals an der Universität Würzburg, die durch vermehrte Pestizidanwendung auftretenden Probleme im Rahmen einer Hochschulvorlesung näherzubringen. Im Vordergrund standen die Wirkungsweisen der Pestizide auf Insekten und Säugetiere einschließlich des Menschen. Als ich 1971 von meinem Kollegen Dr. Luzio Gerig aus Bern ein Vortragsmanuskript mit vorstehendem Motiv der Skelettdarstellung von Vesal (1555) in „De humani corporis fabrica" mit dem fotomontierten Ausspruch von Paracelsus, einem Zeitgenossen von Vesal „Alles ist giftig und nichts ist giftig – allein die Menge macht das Gift" erhielt, begann ich, mich intensiv mit den vorstehenden Problemen zu beschäftigen und nach Wegen zu suchen, auf denen der Inhalt des fotomontierten Leitgedankens verwirklicht werden könnte.

Grundsätzlich ist dabei zu beachten, daß eine zunehmende Vergiftung unserer Umwelt im direkten Zusammenhang mit dem Anwachsen der menschlichen Bevölkerung auf unserem Planeten steht. Ein von vielen Teilprozessen abhängiges und ineinander vielfältig verzahntes biologisches Gleichgewicht erträgt auch als gesundes Natursystem nur solange gewisse Störungen, wie durch eine unmittelbare oder mittelbare Korrektur ein Ausgleich erfolgen kann. Solche dynamischen Gleichgewichtssysteme sind Regulationssysteme, die nach unserem relativen Empfinden zeitweise brutal anmuten. Bestimmte Organismenpopulationen müssen sich unter Streßbedingungen behaupten, und die schwächsten werden, meist zugunsten einer vitalen Nachkommenschaft, ausgemerzt. Wird die Belastung solcher Regulationssysteme zu groß, dann entsteht ein Ungleichgewicht. Statt in solchen Fällen die Konsequenzen zu erkennen und jeder weiteren Belastung durch Umweltchemikalien Einhalt zu bieten, versucht der Mensch, das Ungleichgewicht durch erhöhte Pestiziddosen zu beseitigen, wodurch der Umweltschaden noch größer wird. Um diese Verständnislücke bei weiten Kreisen der menschlichen Bevölkerung schließen zu können, mußte das Thema des vorliegenden Buches sehr weit gespannt werden, denn nicht nur der Landwirt, sondern jeder Bürger, der sich für die heute bestehenden Probleme der Umweltverschmutzung interessiert, soll die erforderlichen Informationen erhalten, um mitdenken, miturteilen und an der Sanierung mithelfen zu können.

In die einzelnen Kapitel über Pestizide und biotechnische Verfahren sind persönliche Erfahrungen eingeflossen, die auf vielen Informationsreisen im In- und Ausland gesammelt werden konnten, insbesondere in Italien, Griechenland, Polen, Ungarn, Israel, Ägypten, Somalia, Indien, Japan und den USA.

Wenn die breite menschliche Gesellschaft gewillt ist, die bestehende Umweltmisere zu verbessern und den zukünftigen Belastungsdruck zu vermindern, um mehr Lebensqualität für sich zu erhalten, dann muß der das Buch abschließende Signetvorschlag vorrangige Beachtung finden. Die gegen das Zentrum hin sich verjüngenden Röhrensysteme sollen folgenden Gedankengang verdeutlichen: Die heutige Konstellation der Umweltproblematik erfordert von der menschlichen Vernunft entsprechende Sofortmaßnahmen, die auf eine allseitige Beschränkung und Einschränkung ausgerichtet sind, denn das Kardinalproblem steckt in der Tatsache „Allein die Menge macht das Gift".

Alle Chemikalien sind nur oberhalb einer gewissen Dosis toxisch, die für jede Substanz verschieden ist. Dementsprechend besagt der Begriff „Gift" stets eine für die einzelnen Pestizide unterschiedliche Konzentration oberhalb der kritischen Dosis. Behandelt werden vorwiegend solche Pestizide, die für Tiere und Menschen schon in relativ geringen Mengen schädlich sind. Da zur Beurteilung der Toxizität die Kenntnis der Wirkungsweisen von wesentlicher Bedeutung ist, wurden diese eingehend besprochen. Besonders problematisch erwies sich die heute gebräuchliche Klassifizierung der Schadstoffe, denn die Giftigkeit einer Chemikalie ist nur selten auf eine bestimmte Gruppe von Organismen begrenzt. Auch die im Pflanzenschutz gebräuchlichen Begriffe „Schädling" und „Nützling" sind im Rahmen des Umweltschutzes irreführend, da sie zu sehr auf das Primat des Menschen bezogen sind; die Umwelt, in der er lebt, wird nicht oder nur teilweise berücksichtigt. Ein solcher Standpunkt führt leicht dazu, daß gegen die Natur gehandelt wird. Auch für die Populationen der Organismen gilt der Mengenbegriff, so daß eine Population erst dann schädlich wird, wenn sie ihre kritische Dichte überschreitet. Letztere ist für jede Art verschieden!

Anhand der heute für den Pflanzen- und Gesundheitsschutz zur Verfügung stehenden Verfahren und den bisher gesammelten Erfahrungen werden Einsatzmöglichkeiten diskutiert, wobei deutlich wird, daß kein Bekämpfungsverfahren für sich den angestrebten Erfolg sichert, sondern eine Integration der Verfahren erforderlich ist. Daraus ergibt sich, daß an die künftige Pflanzen- und auch Gesundheitsberatung ganz andere und neuartige Anforderungen gestellt werden müssen. Deshalb richtet sich der Inhalt des Buches vorwiegend an die Fachstudenten höherer Semester, um sie frühzeitig mit den sie in der Praxis erwartenden Problemen vertraut zu machen. Aber auch alle, die ernsthaft gewillt sind mitzuhelfen, die Umweltverschmutzung zu vermindern, den Umwelt- und Naturschutz sowie den Schutz menschlichen und tierischen Lebens zu fördern, sollten sich angesprochen fühlen. Denn es werden die sich aus dem starken Einsatz von Pestiziden für Mensch und Umwelt ergebenden Gefahren und Wege zur Bewältigung der Probleme aufgezeigt. Der Leser wird erkennen, daß noch große Wissenslücken durch intensive Forschung zu schließen sind. Auch fehlen zur Verbesserung der derzeitigen Umweltsituation die agrarpolitischen Voraussetzungen und die Weitergabe entsprechender Informationen an breitere Bevölkerungsschichten. Zum letzteren könnten die Volkshochschulen einen wesentlichen Beitrag leisten.

Es ist zu hoffen, daß die vorgelegte Zusammenschau dazu beiträgt, die Diskussionen über die verschiedenen Methoden der Schädlingsbekämpfung zu versachlichen, damit mehr Rücksicht auf die Umwelt als Lebensgefüge und Lebensgemeinschaft genommen werden kann, andererseits der Weg deutlicher wird, der dem Menschen die erforderlichen Lebensqualitäten sichert und dabei der gesamten Natur ein möglichst weitreichender Schutz zukommt. Dann wird nämlich jeder aufwendige Naturschutz und der ohnehin fragwürdige Artenschutz überflüssig. Die Natur wird stets versuchen, ein eingestelltes Gleichgewicht zu erhalten und sich auf einen nicht zu starken Selektionsdruck so zu verhalten, wie uns der Evolutionsprozeß zeigt. Eine Unordnung wird erst dann hervorgerufen, wenn der kritische Selektionsdruck durch menschliche Eingriffe, Naturkatastrophen und dergleichen überschritten wird.

Weil das Thema des Buches recht weit gefaßt wurde und unter Pestiziden alle durch den Menschen in die Umwelt entlassenen Schadstoffe verstanden werden, mußte sich der Inhalt der einzelnen Kapitel auf das Wesentliche beschränken, denn über jedes angesprochene Teilthema liegen bereits umfangreiche Monographien vor, aus denen weitere Informationen entnommen werden können. An grundlegender Literatur seien folgende Werke genannt: Müller (1981), Biogeographie; Smith (1980), Freilandbiologie; Krebs (1978), Ökologie; Schwerdtfeger (1975), Synökologie; Gillott (1980), Entomologie; Rockstein (Ed.) (1978), Biochemie der Insekten; Wilkinson (Ed.) (1976), Biochemie und Physiologie der Insektizide; Matsumura (1975), Toxikologie; Bielka (Ed.) (1973), Molekularbiologie; Wegler (Ed.) (1970–1982), Pestizide und Pflanzenschutz; DeBach (1974), Franz & Krieg (1982), Biologische Schädlingsbekämpfung; Apple & Smith (Ed.) (1976), Integrierter Pflanzenschutz; Sioli (1973), Umweltschutz, Lebensschutz.

Zahlreiche Diskussionen mit Kollegen und Fachstudenten haben mich ermutigt, dieses Fächer übergreifende Werk zusammenzustellen. Eine ähnliche Zusammenschau wurde von Quraishi (1977) vorgelegt. Fräulein Astrid Düerkop übernahm die Überarbeitung und Zusammenstellung des Literaturverzeichnisses, Frau Petra Urbanski die Reinzeichnung und Beschriftung der meisten Abbildungen und meine Frau die sorgfältige Durchsicht des Manuskriptes und das Lesen der Korrekturfahnen. Der Vieweg-Verlag, insbesondere Herr A. Weis, organisierte die schnelle Drucklegung nach meinen Wünschen. Allen sei für ihre Mithilfe zum Gelingen des Werkes herzlich gedankt.

Hannover, im Sommer 1983 Gerhard H. Schmidt

Inhaltsverzeichnis

I Einführung

Pestizide spielen in der Landwirtschaft, im Forst, Vorratsschutz, Haushalt sowie in der Human- und Veterinärhygiene zur Bekämpfung von Schadorganismen auch heute noch eine so große Rolle, daß sie aus unserem Kulturleben nicht wegzudenken sind. Ohne diese Mittel wären Ernährung und Gesundheit der ständig wachsenden Bevölkerung stark bedroht. Denn solange eine menschliche Kultur besteht, sind Schadorganismen am Werk, den Ertrag der Arbeit des Menschen zu schmälern, indem sie Nahrungsmittel und Ernten vernichten, Bauwerke und Kleidung zerstören, Gesundheit und Leben von Mensch und Tier bedrohen. Durch Jahrtausende stand ihnen der Mensch nahezu hilflos gegenüber und mußte kahlgefressene Felder und durch Insekten verbreitete Epidemien (Flecktyphus, Gelbfieber, Malaria, Pest) wie andere unvermeidliche Naturkatastrophen hinnehmen.

Die Anwendung von Chemikalien zum Abtöten und Abwehren von Schadinsekten ist die älteste Methode zur Bekämpfung von in Massen auftretenden Schadorganismen, denn ein mechanisches Absammeln und anschließendes Vernichten führte nur in einigen Fällen zum Erfolg. Bereits vor etwa 3000 Jahren benutzten die Griechen Schwefel und später die Römer Asphaltdämpfe zum Schutze der Weingärten. Die Chinesen verwendeten 900 v. Chr. Arsenverbindungen gegen Gartenschädlinge, während im westlichen Teil der Erde Arsenik erst während der zweiten Hälfte des 17. Jahrhunderts eingesetzt wurde (Pfadt 1971).

Bis etwa 1940 gehörten die verwendeten Insektizide zu zwei Hauptgruppen, den anorganischen Verbindungen und solchen, die aus Pflanzen gewonnen wurden. Unter den anorganischen Mitteln waren Arsenik und seine Derivate die ersten, die in den USA 1865 in großem Umfange gegen den Kartoffelkäfer eingesetzt wurden. Da die Arsenpräparate erhebliche Mengen an toxischen Rückständen hinterließen, folgten bald andere Anorganika, wie Fluoridsalze, Schwefel, Borax, Phosphor, Quecksilbersalze und Weinstein. Sie wurden über die befallene Pflanze versprüht oder in Form geeigneter Köder angeboten. Es waren alles Fraßgifte, die somit oral aufgenommen und im Darm resorbiert werden mußten. Sie waren zur Bekämpfung von saugenden Insekten ungeeignet, für die Kontaktinsektizide benötigt werden, um vom Integument und dem Tracheensystem aufgenommen zu werden.

Die aus Pflanzen gewonnenen Insektizide wurden als Kontaktgifte aus Pflanzen extrahiert, die vor Insektenfraß weitgehendst verschont bleiben. Es waren Nikotinalkaloide, Rotenoide und Pyrethrine, die auch heute noch verwendet werden. Eine Reihe von Pyrethroiden wurde schließlich synthetisiert, um sie gegen Schadinsekten in Häusern, Ställen und auch in Vorratsspeichern vor allem als Sprays einzusetzen, insbesondere wegen ihrer geringen Säugertoxizität. Ein großer Nachteil ist ihre Photolabilität, weshalb sie mehrfach appliziert werden müssen; dies aber verteuert ihren Gebrauch. Schon in den 1940er Jahren wurden sie durch billigere und stabilere Mittel ersetzt. Erst in neuerer Zeit wird wieder versucht, vermehrt pflanzliche Insektizide einzusetzen, da sich nach ihrer Anwendung nur wenige resistente Populationen entwickelten (Elliott et al. 1978).

Vor 1939 waren für die Schädlingsbekämpfung kommerziell hauptsächlich nur zwei organisch-synthetische Insektizide zu haben: In Deutschland waren dies Dinitrophenole, die zuerst 1892 angewendet wurden, und in den USA seit 1932 organische Thiocyanate. Erst mit Beginn des 2. Weltkrieges setzte die industrielle Synthese organischer Insektizide und auch anderer Pestizide vermehrt ein. Nach mehrjähriger Suche nach einer für die Lepidopterenbekämpfung geeigneten Verbindung entdeckte Paul Müller, der bei der Firma Geigy in der Schweiz tätig war, die Bedeutung des DDT als Insektizid. Trotz strenger Geheimhaltung konnte nicht verhindert werden, daß kurz darauf die DDT-Produktion in den USA und England begann. Im Jahre 1944 wurde es in großem Umfange zur Entseuchung in Nepal eingesetzt, wo Typhus ausgebrochen war. Etwa 1,3 Millionen Zivilisten wurden mit DDT behandelt, und innerhalb von drei Wochen war die Epidemie beseitigt (Pfadt 1971). Der Erfolg verbreitete sich rasch in alle Länder der Erde, so daß man meinte, mit dem DDT und anderen neu entwickelten Insektiziden die Schadinsektenpopulationen bald vollständig in den Griff zu bekommen. P. Müller erhielt 1948 den Nobelpreis. Aber bereits zwei Jahre später wurde über den ersten Fall von Insektizidresistenz gegen DDT berichtet.

Zwischen 1940 und Mitte der 1950er Jahre wurde in Westeuropa und den USA versucht, andere wirkungsvolle Insektizide zu finden. Drei Hauptgruppen von Verbindungen wurden entwickelt:

- Chlorierte Kohlenwasserstoffe, neben DDT, Lindan, Chlordan, Aldrin, Dieldrin, Endrin und Heptachlor,
- Organophosphate, wie TEPP, Diazinon, Dichlorvos, Parathion und Malathion,
- Karbamate, wie Sevin, Isolan und Furadan.

Die Suche nach geeigneten synthetischen Pestiziden geht auch heute noch weiter, allerdings mit reduzierter Aktivität. Denn Zeitaufwand und Kosten für Entwicklung und Testverfahren betragen für ein Insektizid im Mittel sieben Jahre und 10 Millionen Dollar (Brown 1977) und geben keine Garantie für einen tatsächlichen Einsatz. Für die chemische Industrie ist dies zu wenig rentabel. Hinzukommt, daß die staatlichen Behörden sich an der Finanzierung der Entwicklungsarbeiten nicht beteiligen wollen, weil fast alle bisher synthetisierten Pestizide bei ihrem Einsatz erhebliche Umweltschäden hervorrufen, die dem allgemeinen Streben nach weniger Umweltverschmutzung entgegenstehen. Denn durch die massive Anwendung von Pestiziden während der letzten 40 Jahre traten drei Hauptprobleme in den Vordergrund:

1. Viele Insekten und Milben entwickelten Resistenz gegenüber einer oder auch mehreren Chemikalien. Im Jahre 1975 wurde für 364 Arten Pestizidresistenz bekannt, von denen 139 Arten auf gesundheitlichem Sektor und 225 auf landwirtschaftlichem Gebiet Schaden anrichten (Georghiou & Taylor 1977). Um solcher Resistenzentwicklung entgegenzuwirken, mußte die Pestiziddosis erheblich erhöht und bei entstandener cross-Resistenz (Entwicklung von Resistenz gegenüber Chemikalien verschiedener chemischer Stoffgruppen) eine spezielle Pestizidmischung angewendet werden, um den Ernteertrag nicht absinken zu lassen oder das Seuchenproblem nicht zu vergrößern. Die Kosten stiegen somit erheblich an. Auch die Entwicklung neuer Pestizide gegen resistente Populationen von Schadtieren wurde immer kostspieliger.
2. Die Unspezifität der angewendeten Pestizide führte dazu, daß die Chemikalien nicht nur Schadorganismen, sondern auch die Helfer des Menschen, die Nutzarthropoden und die vielen indifferenten Tiere als Glieder von Nahrungsnetzen und Nahrungsketten vernichten (Hossfeld 1976, Gholson et al. 1978). Können Schadtierpopulationen wegen ihres höheren Vermehrungspotentials schneller anwachsen als die ihrer natürlichen

Feinde, werden sie mit noch größerer Macht ihr Zerstörungswerk fortsetzen. Dann wird eine zusätzliche Anwendung von Pestiziden erforderlich, womit dem Erzeuger wiederum erhöhte Kosten entstehen. Auf dieser Basis wurden für die verschiedenen Nutzpflanzenkulturen regelrechte Spritzprogramme erstellt, die ohne Rücksicht auf Notwendigkeit alljährlich durchgeführt werden.

3. Nicht nur die menschliche Gesundheit, sondern das Leben aller Organismen wird durch die vermehrte Anwendung synthetischer Pestizide in steigendem Maße bedroht. Denn inzwischen wissen wir, daß die anfangs sehr heilvollen Verbindungen mitunter hoch persistent sind; sie werden nur ganz allmählich in der Umwelt abgebaut. Auch nach Aufnahme in lebende Organismen bleibt ihre Stabilität weitgehend erhalten. Gerade DDT wird infolge seiner Lipidlöslichkeit im Fettgewebe der Organismen gespeichert und dann in der Nahrungskette weiter konzentriert oder in Nahrungsnetzen weitergereicht. Diese biologische Anreicherung erzeugt Schadwirkungen bei den terminalen Gliedern, wie z. B. Raubvögeln, so daß von umweltbewußten Bevölkerungsschichten ein Verbot der Pestizidanwendung gefordert wird. Die staatliche Aufsicht reagierte bereits in mehreren Ländern, indem sie schärfere Kontrollen und vermehrte Auflagen für die Zulassung neuer Pestizide einführte. 1972 wurde die Anwendung von DDT in den USA verboten (Whittemore 1977).

Trotz der düsteren Situation ist die Breitenanwendung synthetischer Insektizide auch heute noch die Hauptmethode zur Bekämpfuung von Schadtieren, um Millionen von Menschenleben und Billionen von Dollarwerten als Nahrung und Industrieerzeugnisse zu retten. Doch wächst langsam die Erkenntnis unter den Anwendern, daß Pestizide sinnvoller eingesetzt wären, wenn sie selektiv genutzt würden und dies in Verbindung mit anderen Methoden, wie die der biologischen Schädlingsbekämpfung, denn die Ausrottung eines Schädlings ist ohnehin fast nie erreichbar und in den meisten Fällen auch nicht notwendig. Ein gewisser Schaden kann nämlich hingenommen werden, ohne einen wirtschaftlichen Verlust zu erleiden (Murray 1970).

Neuerdings rücken andere Verbindungen in den Blickpunkt. Ihre chemische Natur unterscheidet sich stark von der bisherigen synthetischer Pestizide. Sie werden als Insektistatika bezeichnet (Levinson 1975). Sie hemmen das Wachstum und setzen die Reproduktion herab, indem sie die Chitinsynthese oder Härtung der Kutikula hemmen und die Tiere für mikrobielle Infektionen empfänglicher machen oder die normale Aktivität verhindern. Hinzu kommen Antagonisten von essentiellen Metaboliten, Juvenilhormon-Analoga und Sexuallockstoffe.

Etwa 600 dem Juvenilhormon ähnliche Verbindungen sind bekannt. Sie zeigen einen sehr unterschiedlichen Wirkungsgrad. Die Beeinflussung der Embryonalentwicklung gelingt mit einem Tausendstel der Menge an konventionellen Oviziden. Die anomale Entwicklung führt zu Häutungsstörungen, unvollständiger Metamorphose, Sterilität oder Verhinderung der Begattung. Auch die Diapause und die Umweltanpassung der Tiere können beeinflußt werden. Aber auch bei dieser Gruppe von Chemikalien ist zu befürchten, daß sie bei wahlloser Anwendung ähnlich kritisiert wird, wie dies für die konventionellen Insektizide zutrifft.

Andere Möglichkeiten der chemischen Bekämpfung ergeben sich aus der Anwendung von Sexuallockstoffen. Die Aufklärung ihrer chemischen Struktur und die chemische Synthese haben in den letzten Jahren erhebliche Fortschritte gemacht. Eine Wirkung kann mit sehr niedrigen Konzentrationen erzielt werden. Allerdings sind die Kosten für ihre Herstellung, verbunden mit technischen Problemen in ihrer Anwendung, noch recht hoch. Doch erweisen sich diese Pheromone für die Schädlingsbekämpfung in dreierlei Hinsicht als sehr brauchbar:

- Zur Ermittlung der Populationsdichte und, wenn notwendig, mit anschließender Insektizidbehandlung oder Anwendung einer anderen geeigneten Bekämpfungsmethode,
- zur Anlockung von Schadtieren in Fällen, in denen sie abgetötet werden können,
- zur Irritation der Individuen, so daß sie ihren Kopulationspartner nicht mehr finden können.

Auf der anderen Seite stehen die verschiedenen Methoden der biologischen Schädlingsbekämpfung als besonders umweltfreundliche Verfahren. Es wird dabei das natürlich vorhandene Feindpotential eingesetzt, um Kalamitäten zu verhindern. Die Regulation des biozönotischen Gleichgewichts wird als vorbeugendes Prinzip betrachtet. Das heute angestrebte Ziel ist die Verbindung chemischer und biologischer Verfahren im Rahmen des integrierten Pflanzen- und Gesundheitsschutzes. Der Erfolg und Fortschritt auf diesem Gebiet ist von einer engen Zusammenarbeit von Experten verschiedener Disziplinen abhängig, denn auch Düngungs- und Bewässerungsverfahren, die Bodenbearbeitung, Pflanzenzüchtung und dergleichen sind dabei zu berücksichtigen (Diwakar 1975).

II Chemische Konstitution und biologische Wirkung

Die Beziehung zwischen der chemischen Konstitution einer chemischen Substanz und ihrer Wirkung auf die lebende Zelle hat seit Generationen das Interesse der Chemiker und Biologen geweckt, denn die chemische Struktur und das physikalische Reaktionsvermögen eines Stoffes bedingt seine mehr oder weniger spezifische biologische Wirkung. Die Natur dieses Problems bringt es mit sich, daß eine Lösung oft nicht leicht zu finden ist. Lange hatte es den Anschein, als ob alle Untersuchungen auf diesem Gebiete zum Scheitern verurteilt wären. Erst die Entwicklung und Anwendung moderner analytischer Methoden führte insbesondere während der letzten 30 bis 35 Jahre zu einer großen Wende, die eines der bedeutendsten und anziehendsten Kapitel der modernen Naturwissenschaft darstellt. Wie bei so vielen anderen, neueren Entwicklungen auf dem Gebiete der Naturwissenschaften wurde unser Wissen über die Beziehung zwischen chemischer Konstitution und biologischer Wirkung durch eine Integration der auf verschiedenen Gebieten erzielten Resultate bereichert, wozu nicht nur die reinen Naturwissenschaften, sondern auch die angewandten Forschungsrichtungen von der Medizin bis zur Landwirtschaft beitrugen. Die großen Fortschritte der letzten vier Jahrzehnte in der Anwendung synthetischer organischer Substanzen zur Lenkung der Lebensvorgänge bei Tieren und Pflanzen mögen den außergewöhnlichen Beitrag hervorheben, den die Chemie zur Förderung der biologischen Kenntnisse leistete.

1 Allgemeine Grundlagen

Nach Sexton (1958) läßt sich biologische Wirkung definieren

- als das Erdergebnis einer Reihe gekoppelter chemischer Reaktionen oder
- als die der Beobachtung zugängliche Beeinflussung eines in einem äußerst empfindlichen Gleichgewicht stehenden Systems voneinander abhängiger chemischer und physikalischer Vorgänge.

Es handelt sich hier vorwiegend um Reaktionen, die lebenden Organismen eigen sind und die von der Wirkung makromolekularer Katalysatoren, den Enzymen, abhängen. Die Untersuchung isolierter Enzyme bietet die Grundlagen zum Studium des chemischen Verhaltens lebender Systeme. Ihre Isolierung in reiner Form stellt einen wichtigen praktischen Fortschritt dar, denn das reine Enzym kann als typische chemische Einheit im Haushalt der Zelle aufgefaßt werden. Die einfachsten Multi-Enzymsysteme, denen die Merkmale des Lebens zukommen, finden wir bei den Mikroorganismen. Zur Deutung ihres biochemischen Verhaltens lassen sich die Grundbegriffe der Enzymbiologie heranziehen. Damit nahm auch das Verständnis für die Wirkungsweise antibakteriell wirkender Substanzen zu. Wir haben heute so viel grundlegende Kenntnis, daß bestimmte Aussagen über das Verhalten verschiedener Substanzen gegenüber diesen Organismen möglich sind.

Die Deutung der biologischen Vorgänge wird jedoch zunehmend schwieriger, wenn wir von den isolierten Enzymen über die niederen Lebewesen zu den unvergleichlich komplexer gebauten Metazoen übergehen. Hier treffen wir auf kontrollierende Systeme wie das Nervensystem und die Hormondrüsen, die in enger Beziehung zum Stoffwechsel stehen, den sie regulieren und dem sie gleichzeitig als wesentlicher Teil angehören.

Die Erforschung dieser schwierigen Zusammenhänge wurde durch neue physikalische, chemische und biologische Methoden wesentlich gefördert. Hinsichtlich der Arbeitsmethoden wurden die wichtigsten Fortschritte durch die Entwicklung der Mikromethoden erzielt. Mikrochemische Arbeitsmethoden ermöglichen die Aufklärung der chemischen Konstitution natürlicher Substanzen mit Mengen, die sich vor Einführung der neuen Verfahren als gänzlich unzureichend erwiesen hätten. Auch mikrobiologische Methoden leisteten einen wesentlichen Beitrag zum Nachweis und zur Strukturaufklärung in kleinsten Mengen verfügbarer Substanzen. So tritt eine Wachstumssteigerung bestimmter Bakterienkolonien nur bei Vorliegen einer ganz bestimmten sterischen Konfiguration des betreffenden Wirkstoffes ein.

Stärker auf chemisch-physikalische Vorgänge fußen die heute zur Verfügung stehenden Methoden der Chromatographie, von denen die Gaschromatographie in Verbindung mit der Massenspektroskopie die eleganteste Methode ist, um biologisch wirksame Substanzen in sehr geringen Mengen zu identifizieren. Auch die optischen Verfahren wie die Analyse mittels Röntgenstrahlen sowie die Ultraviolett- und Infrarotspektroskopie sind hier zu nennen. Hinzu kommt zur Strukturaufklärung noch die kernmagnetische Resonanzspektroskopie. Auch die Methoden der Atomabsorptionsspektroskopie und Polarographie erhöhen die Nachweisgrenzen bestimmter Umwelt- und Biochemikalien erheblich.

Ohne diese modernen Methoden, die heute in Laboratorien unentbehrlich geworden sind, lassen sich viele Biochemikalien nicht rein darstellen oder nur unter ungewöhnlich großen Schwierigkeiten und erheblichem Kostenaufwand bei Verwendung großer Mengen, die oft nicht zur Verfügung stehen. Der Wert der neuen Untersuchungsmethoden läßt sich eindeutig aus einem Zitat von Ehrlich aus dem Jahre 1900 erkennen, das lautet: „Bis heute ist die Erforschung der Gesetze, die sich auf die Verteilung kleinster Mengen einer chemischen Substanz im Körper beziehen, nur dann möglich, wenn sich diese wie bei den gefärbten Partikeln sofort mit dem Auge erkennen lassen". Diesen Mangel haben die modernen Nachweis- und Markierungsmethoden zum großen Teil behoben. Von letzteren verdient die Anwendung radioaktiver Isotope besondere Erwähnung.

Von grundlegender Bedeutung sind die Strukturmodelle der Makromoleküle, insbesondere die der Proteine, denn es gibt wohl keine biochemische Wirkung, an der nicht Proteine in irgendeiner Weise beteiligt sind. Proteine sind nicht nur strukturelle Elemente lebender Organismen, sie bilden auch die Grundlage der Enzyme, der universellen Katalysatoren der Lebensvorgänge, und in Verbindung mit Nukleinsäuren und vermutlich auch Polysacchariden bilden sie die wesentliche Substanz der natürlichen Vermehrung. Untersuchungen mit Röntgenstrahlen haben in Verbindung mit analytischen Verfahren zu Ergebnissen geführt, nach denen im Proteinmolekül eine gesetzmäßige Anordnung von Aminosäuren in Polypeptidbindungen vorliegt, wodurch die Eigenschaften der Moleküle als Folge ihrer räumlichen Anordnung bestimmt werden. Diese räumliche Orientierung steht unter dem Einfluß zwischen-atomarer Kräfte, die denen der Wasserstoffbrückenbindung entsprechen. Es existiert ein Ordnungsprinzip, wobei sterische Veränderungen von überragender Bedeutung sind. In vielen Fällen muß aber noch geklärt werden, wieweit eine besondere Polypeptid-Anordnung einem speziellen biologischen Effekt zuzuordnen ist.

Auch sonst kommt dem Proteinmolekül keine starre Konfiguration zu, sondern es unterliegt dem dynamischen Zustand des ständigen Auf- und Abbaues. Diese Eigenschaft ist aber nicht nur den Proteinen eigen, sondern mehr oder weniger allen organisch-chemischen Bestandteilen lebender Systeme. Die ständige Zellerneuerung, die jeder Organismus vielmals während seines Lebens durchmacht, schafft erst die Voraussetzung zu einer biologischen Wirkung chemischer Substanzen.

Mit der Beschreibung der Beziehung zwischen Enzymen, Coenzymen und Vitaminen wurde eines der wichtigsten Prinzipien biochemischer Vorgänge erkannt. Sie fiel zeitlich zusammen mit den großen Fortschritten in der Erforschung dynamischer Vorgänge, wie ihn z. B. der Kohlenhydratabbau darstellt. Diese Ergebnisse führten zu der Erkenntnis, daß bestimmte chemische Prozesse in lebenden Organismen allgemein verbreitet sind, so daß man der Erforschung der Tiere, Pflanzen und Mikroorganismen eine gemeinsame chemische Basis zugrunde legte. Wir werden später aber kennenlernen, daß zwischen verschiedenen Lebewesen Unterschiede in der biologischen Wirkung gleicher chemischer Substanzen bestehen, für die wir eine Erklärung zu finden haben. Diese mehr oder weniger artspezifische Wirkung ist im Rahmen des Umweltschutzes von besonderer Bedeutung.

Gebiete, die einstmals als ausschließliche Domäne der Biologen galten, erfordern heute zusätzlich ein chemisches Denken. Chemische und physikalische Arbeitsmethoden dienen dazu, die Gebiete der biologischen Wissenschaften zu vereinen. Die starke Näherung der biologischen und chemischen Wissenschaften hat wesentlich dazu beigetragen, unsere Kenntnisse auf dem Gebiete der modernen Pestizidforschung zu erweitern und sie unter übergeordneten ökologischen Aspekten zu betrachten.

Den ersten direkten Nachweis, daß eine toxische Wirkung durch Beeinflussung einer Enzymreaktion erklärt werden kann, verdanken wir Loewi & Navratil (1926). Sie beschrieben die Hemmung der enzymatischen Hydrolyse des Acetylcholins durch Eserin (Physostigmin).

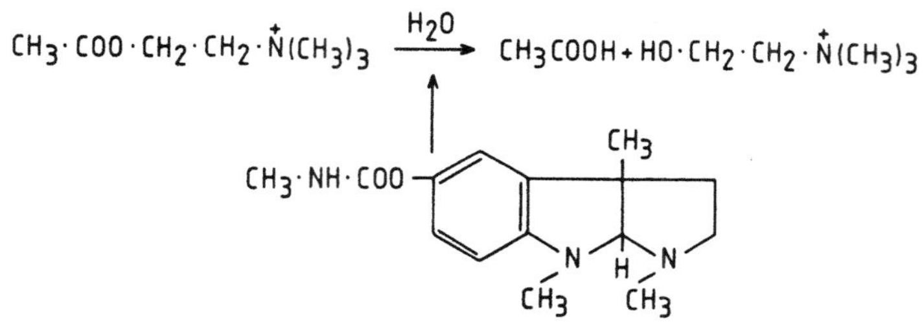

Nach Burgen (1949) wird Eserin sehr schnell an das Enzym Cholinesterase gebunden und hemmt die Spaltung von Acetylcholin, indem es die Enzymwirkung teilweise blockiert. Auf die Chemotherapeutika bezogen, wurde die Hypothese aufgestellt, daß solche Verbindungen synthetisiert werden sollten, die strukturell mit wesentlichen Stoffwechselprodukten oder Wuchsstoffen verwandt sind, die sich schließlich auch die Pestizidforschung bzw. Biozidforschung weitgehend zu eigen machte. Denn aufgrund dieser Verwandtschaft schädigen oder vernichten die Stoffe einen Organismus, indem sie sich in einer chemischen Reaktion konkurrierend zu dem benötigten Stoffwechselprodukt verhalten. Als Grundlage für die experimentelle Forschung fand diese Hypothese bald eine rasche Verbreitung. Heute wissen wir jedoch, daß das Prinzip des konkurrierenden Antagonismus nicht immer die Ursache einer Stoffwechselstörung sein muß. Daraus erkennt man bereits die Schwierigkeiten, auf die man bei der Erforschung der Wirkungsweisen von Umweltchemikalien stößt.

Morphologen und Histologen lieferten uns das Wissen von der physikalischen Struktur lebender Organismen, von dem Vorhandensein von Membranen und Schranken, vom Kreislaufsystem, von Organen mit fest umrissenen Funktionen, schließlich vom Nervensystem und den endokrinen Drüsen, die den Stoffwechsel der Metazoen lenken, so daß wir in vielen Fällen den Transport und die Lokalisation chemischer Verbindungen verstehen gelernt haben. Die Komplexheit der höheren Tiere führt aber auch heute noch bei der Untersuchung der Wirkung von Bioziden zu erheblichen Schwierigkeiten. Beziehungen, die zwischen Struktur und Giftwirkung *in vitro* bestehen, sind nicht ohne weiteres auf den Organismus anwendbar. Hinzu kommt das unterschiedliche toxikologische Verhalten eines Biozids bei verschiedenen Tier- und Pflanzenarten. Chemikalien bestimmter Struktur können von einer Spezies schlecht und von der anderen gut resorbiert werden; sie können in einem Falle schnell abgebaut oder ausgeschieden werden, im anderen lange unverändert bestehen bleiben. Es gibt somit zumindest zwei bedeutende Größen, die veränderlich sind und beachtet werden müssen:

– die eigentliche Wirkung des Biozids auf eine bestimmte Organismenart und
– das Verhalten des Mittels im Organismus.

Wenn wir uns nun der wissenschaftlichen Entwicklung einer biologisch aktiven Substanz zuwenden, so ist zunächst die Frage zu prüfen, in welchem Ausmaß vorausschauendes Denken und Planen hier angewendet werden können. In der Großindustrie werden die chemischen Verbindungen, die eine physiologische Wirkung erwarten lassen, einem in verschiedene Richtung weisenden Screening unterworfen. Diese Art der Untersuchung wird zweifellos noch viele Jahre fortgesetzt werden, so daß die empirische Prüfung chemischer Verbindungen auch künftig noch zu wertvollen Entdeckungen führen wird. Denn es kann nur wenige organische Verbindungen geben, die physiologisch gänzlich wirkungslos sind, und andererseits wird es eine überraschend große Anzahl von Verbindungen geben, die physiologisch gesehen eine deutliche Wirkung in irgendeiner Richtung entfalten und die gelegentlich zur Entdeckung spezifischer Wirkungen von mehr als gewöhnlichem Interesse und Wert führen. Ist nun einmal die Wirkungsrichtung durch eine zufällige Beobachtung gegeben, so lassen sich an den betreffenden chemischen Verbindungen systematisch strukturelle Abwandlungen vornehmen, wodurch eine Verbesserung der gewünschten Eigenschaft, welche die ursprüngliche Verbindung besaß, erreicht werden kann. Durch Erfahrung werden immer mehr Grundlagen über die Auswirkung struktureller Abwandlungen auf die biologische Wirkung einer bestimmten chemischen Verbindung gewonnen, die für die Entwicklung neuer Verbindungen von Nutzen sein können. So kommt zum Beispiel beim Aufsteigen in einer homologen chemischen Reihe von Alkylthiocyanaten, die als Insektizide bekannt sind, einer bestimmten Kettenlänge die größte Wirksamkeit zu. Sind die wirksamen Konzentrationen einer Verbindung oder zweier Substanzen einer solchen Reihe bekannt und von den übrigen bestimmte physikalische Größen, wie Löslichkeit in Wasser oder ihr Dampfdruck, so läßt sich oft voraussagen, bei welcher Verbindung der homologen Reihe die größte Wirksamkeit zu erwarten ist. Begrenzte wissenschaftliche Erkenntnisse können somit in Verbindung mit einer mehr oder weniger zufälligen oder empirischen Beobachtung zur erfolgreichen Entwicklung praxisrelevanter Biozide führen. Für die Entwicklung neuer biozider Substanzen war diese Methode außerordentlich erfolgreich, sie führte zum Beispiel zu dem früher sehr wertvollen Mittel, dem DDT.

Der empirische Weg zur Synthese biologisch aktiver Moleküle geht also von einer bekannten biologischen Wirkung einer bestimmten Verbindung oder Verbindungsart aus. Bei der Synthese von Substitutionsprodukten einer natürlich vorkommenden Substanz werden systematisch strukturelle Abwandlungen vorgenommen und deren Einfluß auf die

Wirksamkeit beobachtet. Im allgemeinen werden dabei Gruppen mit ausgesprochenem chemischen Reaktionsvermögen aus verständlichen Gründen gemieden. Die basischen und sauren Eigenschaften werden nach Möglichkeit nicht verändert. Will man eine Alkylgruppe an einer bestimmten Stelle in das Molekül einführen, so ist es mit Rücksicht auf ihre Wirkung, die von mehreren homologen Reihen bekannt ist, angebracht, den Einfluß von Alkylgruppen verschiedener Länge zu untersuchen.

Nach dem empirischen Prinzip verlaufen auch unerwartete Beobachtungen im Laboratorium, die man immer wieder bei toxikologischen Untersuchungen machen kann. Sehr überraschend und von großem Nutzen war die Entdeckung des Insektizids γ-Hexachlorcyclohexan (Gammexan). In anderen Fällen war die Entdeckung einer Substanz mit biozidem Effekt von nur begrenztem praktischen Wert, den man aber bei der systematischen Untersuchung der strukturellen Besonderheiten oft erheblich steigern konnte. Die so entwickelten Verbindungen können mit Hilfe von biochemischen und biophysikalischen Methoden untersucht werden. Hierdurch wird nun zum zweiten Verfahren der Synthese biologisch aktiver Moleküle übergeleitet, das man als mechanistischen Weg bezeichnen kann.

Das mechanistische Verfahren zur Synthese physiologisch aktiver Substanzen beginnt mit einem bestimmten chemischen Mechanismus, der für den betreffenden Organismus oder das betreffende System wesentliche Bedeutung hat. Voraussetzung ist die Kenntnis einiger Daten über die Beschaffenheit der Komponenten des Systems oder ihre mechanische Funktion im Hinblick auf die chemische Kinetik. Das mechanistische Vorgehen ist zu einem gewissen Grade immer hypothetisch. Beim gegenwärtigen Stand unseres Wissens geschieht es noch oft, daß die Erklärungen erst den experimentellen Beobachtungen folgen. Man kann jedoch hoffen, daß die Lebensvorgänge immer mehr Lenkungsmaßnahmen zugänglich werden, wenn unser biochemisches und auch ökologisches Wissen zunimmt. Dann können vermehrt auch Biozide aus wohlbegründeter Überlegung heraus synthetisiert und in der Praxis eingesetzt werden.

Man darf aber nun nicht annehmen, daß die Hemmung der dynamischen Funktion spezifischer, wesentlicher Stoffwechselprodukte den einzigen Weg darstellt, auf dem chemische Verbindungen biologische Wirkung hervorrufen können. Die Hemmung von Stoffwechselvorgängen wurde deshalb in den Vordergrund gestellt, weil unser Wissen heute einen Stand erreicht hat, der experimentelle Arbeiten zur Synthese neuer Moleküle und deren biochemische und biologische Untersuchung erlaubt. Wie bereits oben erwähnt wurde, können aber auch physikalisch-chemische Faktoren einen wesentlichen Anteil an der biologischen Wirkung haben. Steht die betreffende physikalisch-chemische Eigenschaft zur chemischen Struktur in Beziehung, kann die Struktur mit der physiologischen Wirkung in Beziehung gebracht werden. Betrachten wir zum Beispiel die vielen Erscheinungen, die unter dem Begriff Oberflächenaktivität zusammengefaßt und durch die die Eigenschaften von Membranen verändert werden, so können Substanzen, die die osmotischen Verhältnisse, die Ionenkonzentration oder das Oxidations-Reduktions-Potential innerhalb der Zelle ändern, ähnliche weitreichende biologische Wirkungen hervorrufen.

Wenn wir unser Augenmerk bisher auf toxische Substanzen und deren Eingriff in eine normale biochemische Reaktion richteten, so muß man sich aber vergegenwärtigen, daß dies bei aller Anerkennung der großen Bedeutung solcher Untersuchungen über die Wirkungsweise toxischer Substanzen nur eine Seite des umfassenden Problems der Korrelation zwischen chemischer Struktur und biologischer Wirkung ist. Auch der normalen biochemischen Funktion natürlicher Verbindungen ist hierbei Rechnung zu tragen. Das auf dem Verhältnis chemische Struktur und biologische Wirkung beruhende normale biochemische Geschehen ist gewissermaßen die Voraussetzung, daß der Einsatz biozider Substanzen auf dieser Basis möglich ist.

Die bestehende Problematik läßt sich dann folgendermaßen formulieren: Die biologische Wirkung beruht auf der Bindung einer gegebenen Substanz an einen oder mehrere Zellbestandteile. Diese Bindung ist für die Aufrechterhaltung des normalen Gleichgewichtes der dynamischen chemischen Vorgänge oder aber bei Toxinen für die Störung des Gleichgewichtes verantwortlich. Entsprechend den physikalisch-chemischen Eigenschaften der Moleküle kann man diese Bindung verändern oder den Weg der Moleküle zum Ort der Wirkung beeinflussen.

In den Begriff der Bindung sind neben der kovalenten Bindung auch die durch van der Waalssche Kräfte oder polare Wechselwirkungen zustande kommenden Bindungen einzuschließen. Die letzte Bindungsart kann bei den zellulären Makromolekülen mit entsprechender stereochemischer Struktur besondere Wirksamkeit erlangen und ist bei enzymologischen Vorgängen, der Zellteilung und den immunologischen Reaktionen von Bedeutung. Bei dieser lockeren Bindung sind physikalisch-chemische Einflüsse vorherrschend. Es lassen sich quantitative Gesetzmäßigkeiten in der Beziehung zwischen der Wirksamkeit und den physikalisch-chemischen Eigenschaften beobachten. Sind Bindungsfähigkeit und physikalisch-chemische Faktoren etwa gleich bedeutsam, so erweisen sich jedoch Versuche zur Aufstellung einer quantitativen Beziehung, bei der beides berücksichtigt werden soll, in der Regel als außerordentlich schwierig. Denn jede kleinste Veränderung am Molekül der wirksamen Substanz kann beide Faktoren beeinflussen, sei es im entgegengesetzten oder unter Umständen auch im verstärkenden Sinne.

Unsere einleitenden Betrachtungen können wir etwa folgendermaßen zusammenfassen: Bei der erfolgreichen Synthese biologisch wirksamer Moleküle müssen die verschiedenartigsten Faktoren berücksichtigt werden, da die strukturellen Eigenschaften der Moleküle und ihr physikalisch-chemisches Verhalten im biologischen Milieu ihre Wirkung bestimmen. Es können dominierende Faktoren auftreten, die die biologische Wirkung beeinflussen. Die chemische Konstitution der Verbindungen kann zu diesen dominierenden, die Wirkung bestimmenden Faktoren soweit in Beziehung gebracht werden, daß eine Vorhersage der Wirkung möglich ist. Sind solche Faktoren nicht erkennbar, so ist das Problem empirisch zu lösen. Mit zunehmendem Wissen über die biochemischen Gegebenheiten wird die letztgenannte Methode voraussichtlich immer mehr in den Hintergrund gedrängt werden.

2 Antagonismus im Stoffwechselgeschehen

Die Lebensvorgänge bilden einen geordneten Komplex chemischer Reaktionen, die miteinander in Beziehung stehen und auf ein Gleichgewicht eingestellt sind, dem eine gewisse Elastizität zukommt, so daß der Organismus befähigt ist, zumindest kleineren exogenen chemischen Störungen zu widerstehen. Die meisten biochemischen Reaktionen sind umkehrbar, und viele von ihnen sind im physikalisch-chemischen Sinne heterogen, d. h. sie verlaufen zwischen verschiedenen Phasen. Die Reaktionen, bei denen oft ein großer Energieumsatz erfolgt, finden innerhalb eines engen Temperaturbereiches statt. Wie die bei einer exothermen Reaktion entwickelte Energie zum Antrieb einer damit gekoppelten endothermen Reaktion genutzt werden kann, erklärt das Prinzip der gekoppelten Reaktionen. In Bild 1 sind einige der wichtigsten Beziehungen zwischen den für die Phosphorylierung, Glykolyse und Atmung verantwortlichen Enzymsystemen dargestellt. Das Schema vermittelt eine Vorstellung von der Komplexheit der chemischen Reaktionen und von der empfindlichen Einstellung des Gleichgewichtes bei Stoffwechselvorgängen. Es läßt erkennen, wie viele verschiedene Angriffspunkte einem Wirkstoff gegeben sind, in den Reaktionsverlauf des Systems einzugreifen.

2.1 Proteine – Enzyme

Die chemische Untersuchung der Lebensvorgänge, mit der wir es hier zu tun haben, verlangt eine ständige Berücksichtigung der großen Moleküle wie Proteine, Kohlenhydrate und Nukleinsäuren. Sie spielen nicht nur eine Rolle bei katalytischen Reaktionen, sondern sind auch im Aufbau der strukturellen Elemente der lebenden Organismen beteiligt und liefern durch ihren Abbau bei der Verdauung einfache Moleküle für die Synthese anderer Makromoleküle im Organismus. Allgemeine Kenntnisse über den Aufbau von Makromolekülen sind daher Voraussetzung für das Verständnis der chemischen Reaktionen, die in irgendeiner Form einer biologischen Reaktion in Erscheinung treten, und auch für das Studium der komplexen Beziehungen, die zwischen chemischer Konstitution und physiologischer Wirkung bestehen.

Unter diesem Aspekt wollen wir hier nur die Proteine betrachten. Sie sind ein wesentlicher Bestandteil aller biologischen Systeme, sowohl der strukturellen Komponenten als auch der Substanzen, die ausschließlich an den normalen biochemischen Reaktionen beteiligt sind, die den Lebensvorgängen zugrunde liegen; die Enzyme enthalten äußerst spezifische Proteine. Auch die Nukleoproteine sind sehr spezifisch. Sie stellen den bedeutendsten Teil des chemischen Reaktionsvermögens der lebenden Zelle dar, indem sie bei der Zellvermehrung eine entscheidende Rolle spielen.

Im Hinblick auf eine biozide Wirkung einer Substanz sind folgende Charakteristika der Proteine von größter Bedeutung:

a) Das Ordnungsvermögen

Obwohl Proteine große Moleküle darstellen, sind sie nach einem bestimmten Schema aufgebaut, das charakteristische Eigenschaften zur Folge hat, wie die Bildung von Fasern und die Fähigkeit, sich an der Oberfläche anzuordnen. Diese Eigenschaften sind wiederum mit einer bestimmten Anordnung der sie zusammensetzenden Aminosäuren innerhalb der Polypeptidkette verknüpft. Das Ordnungsvermögen der Proteine ist abhängig von der Ionenzusammensetzung im Milieu (Thiele 1967).

b) Das Bindungsvermögen

Die verschiedenen reaktionsfähigen Gruppen in den substituierenden Radikalen der α-Aminosäuren gestatten sehr leicht eine Veränderung der Proteine durch Reagenzien und verschiedenartige physikalische Bedingungen. Man bezeichnet sie als Denaturierung. Die reaktionsfähigen Gruppen geben den Proteinen weiterhin die Fähigkeit, Verbindungen von unterschiedlicher Beständigkeit einzugehen. Es kommt zu gepaarten Verbindungen. Dies können Lipoproteide, Nukleoproteide, Glykoproteide und solche mit verschiedenen prosthetischen Gruppen sein, die für einige Enzyme charakteristisch sind, sowie auch Verbindungen mit einfachen anorganischen Substanzen, sogenannte Komplexverbindungen.

c) Die kolloidalen Eigenschaften

Infolge ihrer strukturellen Eigenschaften zeigen Proteine das charakteristische physikalisch-chemische Verhalten von Kolloiden (Wasserbindungsvermögen). Von Bedeutung ist hierbei ihr Unvermögen, durch semipermeable Membranen zu diffundieren, die überall im Organismus anzutreffen sind. Das Vorhandensein eines bestimmten Proteins in Teilen eines Organismus, die von semipermeablen Membranen umgeben sind, setzt voraus, daß die Biosynthese dieses Proteins in dem betreffenden Teil erfolgte.

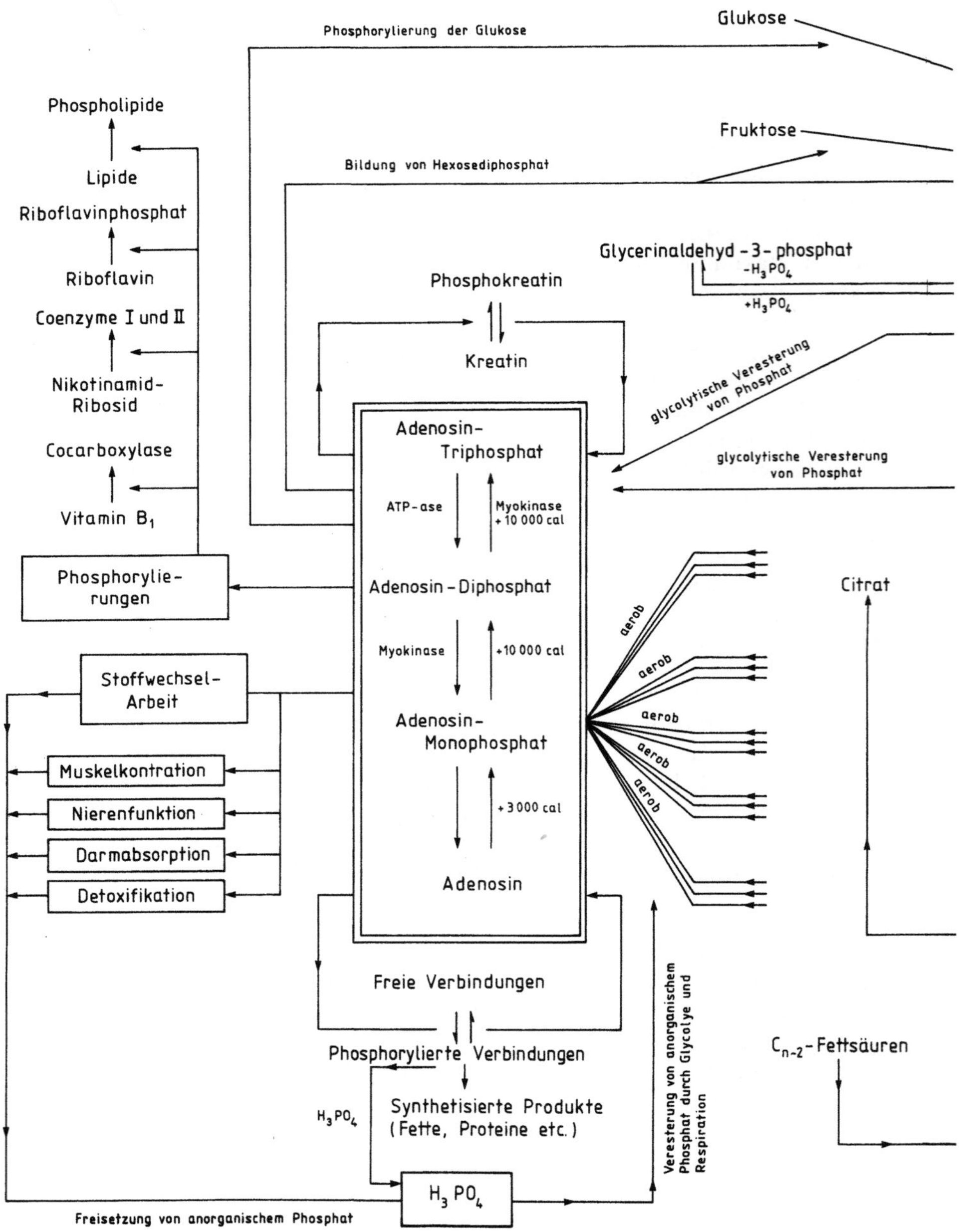

Phosphorylierung der Glukose
Glukose
Fruktose
Bildung von Hexosediphosphat
Phospholipide
Lipide
Riboflavinphosphat
Riboflavin
Coenzyme I und II
Nikotinamid-Ribosid
Cocarboxylase
Vitamin B1
Phosphorylierungen
Glycerinaldehyd-3-phosphat
-H3PO4
+H3PO4
Phosphokreatin
Kreatin
glycolytische Veresterung von Phosphat
glycolytische Veresterung von Phosphat
Adenosin-Triphosphat
ATP-ase
Myokinase +10 000 cal
Adenosin-Diphosphat
Myokinase
+10 000 cal
Adenosin-Monophosphat
+3 000 cal
Adenosin
aerob
aerob
aerob
aerob
aerob
Citrat
Stoffwechsel-Arbeit
Muskelkontration
Nierenfunktion
Darmabsorption
Detoxifikation
Freie Verbindungen
Phosphorylierte Verbindungen
Synthetisierte Produkte (Fette, Proteine etc.)
H3PO4
H3PO4
Veresterung von anorganischem Phosphat durch Glycolye und Respiration
Cn-2-Fettsäuren
Freisetzung von anorganischem Phosphat

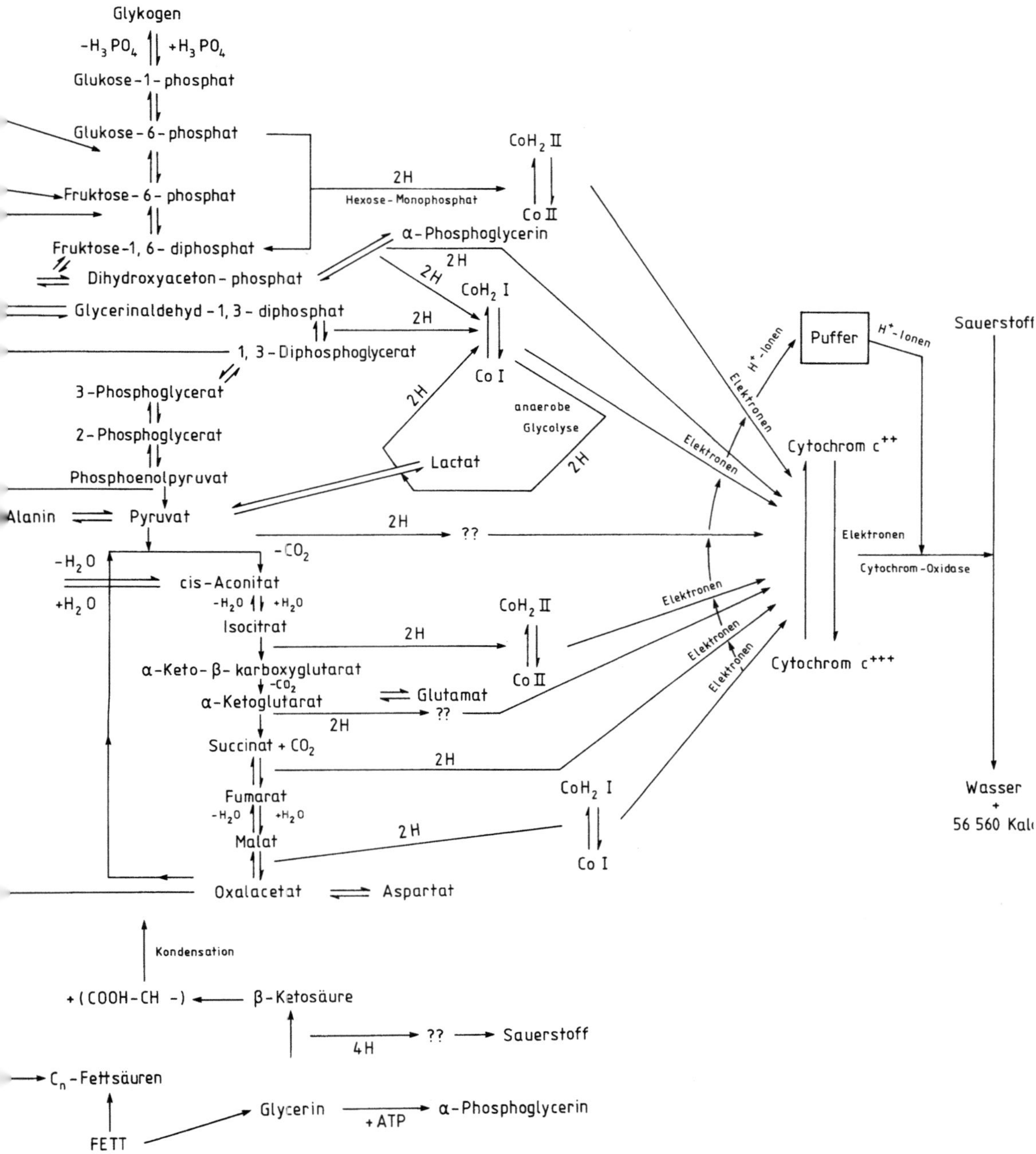

Abb. 1 Transformationswege der biologischen Energie; Beziehungen zwischen den phosphorylierenden, glykolytischen und respiratorischen Enzymsystemen; von links nach rechts: Ausnutzung der phosphatgebundenen Energie, Phosphat-Energie-Reservoire, Veresterung von anorganischem Phosphat, glykolytische Mechanismen und aerobe Mechanismen

d) Die Selbstvermehrung

Bestimmte intrazelluläre Proteine besitzen die Fähigkeit zur Selbstvermehrung, oder besser formuliert, es besteht zwischen ihnen, bestimmten Enzymen und anderen Faktoren eine Beziehung, die sie zur Synthese ihres eigenen Moleküls befähigt. Dies geschieht jeweils bei der Zellteilung.

e) Das dynamische Gleichgewicht

Innerhalb eines lebenden Systems stehen die Proteine in einem dynamischen Gleichgewicht mit ihren Abbauprodukten und den kleineren Molekülen, aus denen sie aufgebaut sind.

Nach Pauling & Niemann (1936) werden die Polypeptidketten durch schwächere als kovalente Bindungskräfte, wie etwa Wasserstoffbrückenbindungen, in einer ganz bestimmten Anordnung gehalten. Diese Auffassung macht verständlich, daß native Proteine gegenüber geringfügigen Veränderungen in den äußeren Bedingungen, z. B. Änderungen in der Wasserstoffionenkonzentration, Einflüssen von anderen Ionen oder Molekülen sowie von Strahlung, sehr empfindlich sind. Die Moleküle bestimmter Proteine lassen sich durch Änderung des pH-Wertes so weit zerlegen, bis das Molekulargewicht nur noch einen Bruchteil des ursprünglichen beträgt. Dieser Vorgang ist umkehrbar und kann als eine Beeinflussung der Kräfte gedeutet werden, welche die Vereinigung kleinerer Einheiten zu einer zusammengesetzten größeren Einheit bewirken. Das gleiche läßt sich durch bestimmte anorganische Ionen herbeiführen. Hierin ist die Bedeutung bestimmter einfacher anorganischer Verbindungen für den Stoffwechsel zu suchen.

Einen groben Einblick in die hierarchische Wirkungsweise der proteolytischen Enzyme beim Proteinabbau im Organismus vermittelt Bild 2.

Native Proteine können wir uns als ein Gerüst von Atomen und Atomgruppen vorstellen, die durch feinst abgestimmte Kräfte in einer weitgehend festgelegten Konfiguration verbunden sind. Diese Konfiguration bestimmt das allgemeine chemische und physikalische Verhalten des Proteins. Eine solche bildliche Vorstellung führt allerdings zu einer Starrheit, die *in natura* nicht gegeben ist. Mit Hilfe von Isotopen konnte gezeigt werden, daß ein ständiger, jedoch unterschiedlich rascher Auf- und Abbau der Proteine sowie der anderen Zellbestandteile vor sich geht. Die Geschwindigkeit solcher Umbauprozesse, die durch Chemikalien verschiedenster Art blockiert oder in andere Bahnen

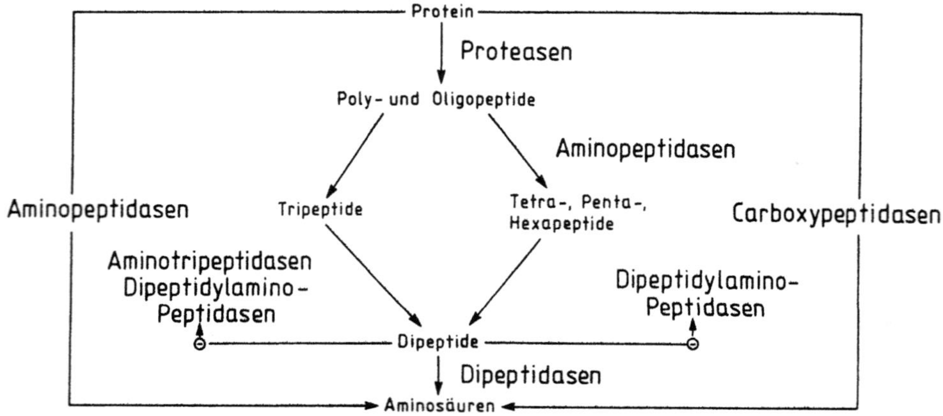

Abb. 2 Hierarchie der proteolytischen Enzyme im Proteinkatabolismus der Zelle

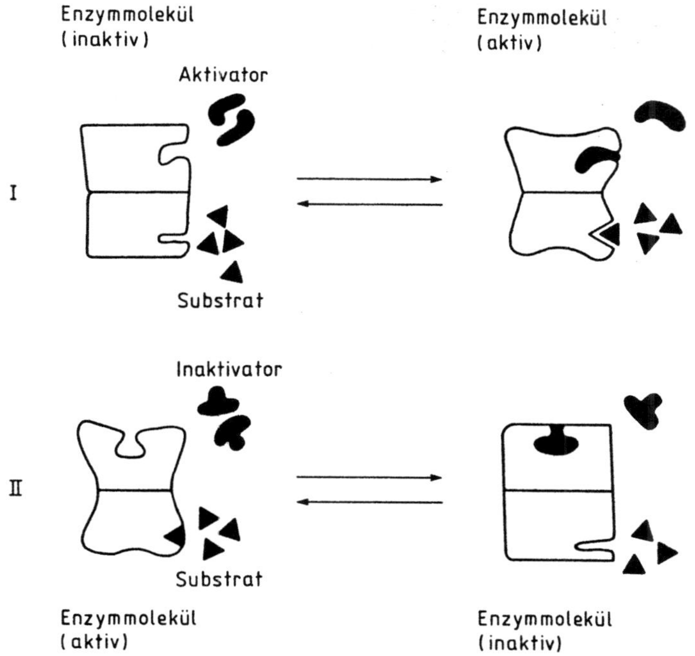

Abb. 3 Aktivierung und Inaktivierung von Enzymen durch positive (I) und negative (II) allosterische Effektoren, nach Kahl (1979)

gelenkt werden kann, ist für die spätere Besprechung der Pestizide und ihrer Wirkungen von größter Bedeutung. Im einzelnen muß hier aber auf die einschlägigen Lehrbücher der Biochemie und Zellbiologie verwiesen werden (Bielka 1973).

Für die Enzyme wurde in zunehmendem Maße bekannt, daß sie zu größeren Systemen vereinigt sein können. Die spezifische Funktion der einzelnen Enzyme, die mit den biochemischen Einheiten der lebenden Zelle verknüpft ist, kann in einem solchen System eine andere sein als *in vitro*. Beispiele für solche Multienzymkomplexe sind die Fettsäurensynthetase, die für den Aufbau der verschiedenen Fettsäuren verantwortlich ist, und das Cyclophorasesystem, das verschiedene Substrate zu Kohlendioxid oxidiert.

Der Mechanismus der Enzymreaktionen kann so verstanden werden, daß das Enzym mit dem Substrat eine Bindung eingeht, wodurch das Substrat aktiviert wird (Bild 3). Wichtig ist für die Bearbeitung des Wirkungsmechanismus, daß die Bindungsorte am Substrat und Enzym gefunden werden. Dies ist beim Substrat relativ leicht, wenn es sich um einfache Verbindungen handelt. Das aktive Zentrum des Enzyms ist wesentlich schwieriger feststellbar. Die Bildung der Enzym-Substrat-Verbindung beeinflußt das Reaktionsvermögen des Substrates derart, daß die für das Enzym spezifische Reaktion nunmehr stattfinden kann. Ein bestimmtes Substrat kann aber mit verschiedenen Enzymen eine Verbindung eingehen, wobei in jedem Falle eine spezifische Reaktion zu beobachten ist. So kann Fumarsäure durch Bernsteinsäure-Dehydrase (D-Enzym) in Bernsteinsäure, durch Fumarase (F-Enzym) in Apfelsäure und durch Aspartase in Asparaginsäure umgewandelt werden.

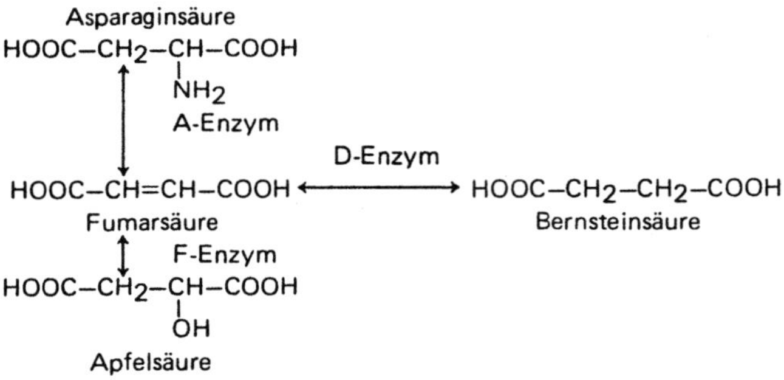

Oft läßt sich durch die Verwendung selektiv wirkender Chemikalien der aktive Ort im Enzym finden. Beispiele hierfür bieten die Thiolgruppe, saure und basische Restgruppen und Carbonylgruppen. Auch die Kräfte der Wasserstoffbindung sind dabei zu berücksichtigen, die ja die Eigenschaften von Enzymen entscheidend beeinflussen können.

Die Wirkung einer Reihe von Enzymen, insbesondere Peptidasen, sind auf die Anwesenheit von Schwermetallen angewiesen. Das Metall scheint für ein bestimmtes Enzym charakteristisch zu sein. So ist für die Aktivität der Carboxypeptidase Magnesium notwendig. Bei anderen Peptidasen kann es Mangan, Kobalt oder ein anderes Metall sein. Das in der Glycylglycin-Dipeptidase enthaltene Kobalt soll mit der freien NH_2-Gruppe und der Peptidbindung eine koordinative Bindung eingehen, wodurch die normale Hydrolyse der Peptidbindung erleichtert wird (Smith 1949, 1951).

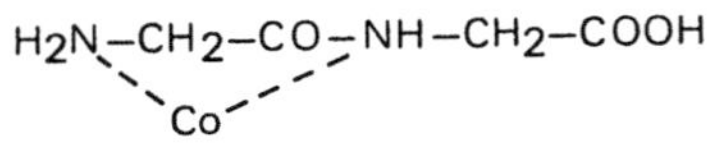

Dabei ist es wichtig, daß die koordinativen Bindungen der hydrolysierbaren Bindung gegenüber liegen. In ähnlicher Weise wird bei der Leucin-Aminopeptidase ein Komplex folgender Struktur angenommen:

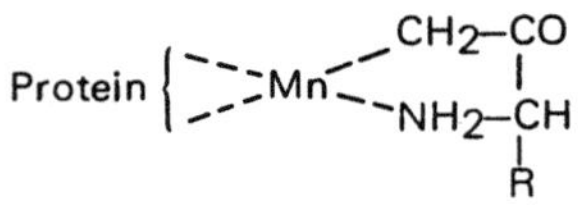

Diese Erkenntnisse geben einen Einblick in die Wirkung von Industrie-Emissionen, mit denen sich weltweit Schwermetalle in unserer Umwelt anreichern und zu einer ernsthaften Belastung der Umwelt führen.

2.2 Hemmungsreaktionen

Aus der dynamischen Biochemie wissen wir, daß ein Konkurrenzgeschehen auch im unbelasteten Organismus eine wichtige Rolle spielt. Körperfremde Stoffe können in dieses Geschehen eingreifen und eine biologische Wirkung entfalten. Besondere Aufmerksamkeit wollen wir nun der Beeinflussung normaler biochemischer Reaktionen durch eine direkte chemische Reaktion der eingreifenden Substanz mit einem oder mehreren Bestandteilen des betreffenden Systems widmen. Ein derartiger Eingriff kann eine Störung des Organismus als Ganzes zur Folge haben. Dies kann sehr verhängnisvoll sein und zum Tode führen. Andererseits kann dieser Eingriff lokalen und vorübergehenden Charakter haben und durch kompensierende Reaktionen von seiten des Organismus aufgehoben werden. Das Ausmaß der Wirkung auf den Organismus hängt davon ab, wie weit lebenswichtige Vorgänge von dieser Reaktion betroffen werden.

Betrachtet man die Reaktion $A + B \longrightarrow AB$, so lassen sich im wesentlichen zwei Mechanismen unterscheiden, die für das Eingreifen einer Substanz X in diese Reaktion in Frage kommen:

– Die Hemmung der Reaktion entsteht dadurch, daß A durch irreversible Bindung an X aus der Reaktion entfernt wird. Wir nennen diese Art der Hemmung *Neutralisation.* Die Reaktion kann nur durch Zugabe von A in Gang gehalten werden. Die Hemmung kann aber nicht durch einen Überschuß von B aufgehoben werden.
– Bei der zweiten Art der Hemmung hat A die Wahl, entweder mit B oder mit der Substanz X zu reagieren. Da im allgemeinen alle diese Reaktionen reversibel sind, wird der Verlauf durch die relativen Mengen von B und X bestimmt. Die durch X hervorgerufene Hemmung kann durch eine entsprechend größere Menge von B aufgehoben werden. Dies ist ein Beispiel für eine *Konkurrenzhemmung.* Auf weitere Arten der Konkurrenzhemmung werden wir später eingehen.

Eine Unterscheidung zwischen der Hemmung durch Neutralisation oder Konkurrenz ist in der Praxis nicht immer leicht zu treffen, denn das Verhalten eines Systems wird durch den Grad der Umkehrbarkeit der verschiedenen Reaktionen bestimmt. Im Realfall kann man einen graduellen Übergang erwarten, von der irreversiblen Bindung zwischen A und X, die eine echte Hemmung durch Neutralisation bedeutet, bis zu den eindeutigen Fällen, in denen der Komplex AX leicht dissoziiert und die Hemmung durch X rein konkurrierend ist. Alles ist natürlich nur eine grobe Vereinfachung der natürlichen Verhältnisse. Aber es hilft, die Wirkungsweise bestimmter Stoffe zu klassifizieren. Weiterhin wird hierdurch auf die Bedeutung des Quantitativen bei biochemischen Reaktionen und auf die Untersuchung ihrer Kinetik hingewiesen.

Bei einer Hemmung von biochemischen Reaktionen ist zu beachten, daß viele Reaktionen enzymatisch verlaufen und die meisten reversibel sind. Dies läßt sich am Beispiel einer Dehydrierung folgendermaßen formulieren:

$$\text{Substrat} + \text{Enzym} \rightleftharpoons \text{reduziertes Enzym} + \text{oxidiertes Substrat}$$

Berücksichtigen wir nun die Tatsachen – ohne die physikalisch-chemischen Gesichtspunkte näher zu erörtern –, daß das Enzym ein Komplex aus Protein und Coenzym sein kann, die beide parallel zur Reaktion enzymatisch synthetisiert werden, weiterhin daß das Substrat selbst durch andere Enzymreaktionen mit seiner Vorstufe in ein Gleichgewicht gebracht ist und schließlich, daß das oxidative Substrat seinerseits an weiteren Reaktionen beteiligt ist, so ergibt sich eine weit komplexere Reaktion:

$$\text{Vorstufen} \rightleftharpoons \text{Substrat} + \underset{\underset{\text{Vorstufen}}{\upharpoonleft\downharpoonright}}{\text{Protein}} - \underset{\upharpoonleft\downharpoonright}{\text{Coenzym}} \rightleftharpoons \text{Protein} - \underset{\text{Coenzym}}{\text{reduziertes}}$$

$$+ \underset{\text{Substrat}}{\text{oxidiertes}} \rightleftharpoons \text{resultierende Produkte}$$

Bei allen Enzymreaktionen ist besonders auf ihren dynamischen Charakter hinzuweisen. Es liegt kein starres System vor, in dem jedes Enzymprotein ausschließlich seinem entsprechenden Substrat und Coenzym zugeordnet ist, sondern ein feinst abgestimmtes und miteinander verzahntes Gleichgewicht, das von einer ständigen Reaktionsbereitschaft getragen wird. Das Ziel der kinetischen Untersuchungen über die Wirkung von Umweltchemikalien ist, einzelne Reaktionen, zum Beispiel durch vorsichtige Anwendung von spezifischen Enzymhemmern, auszuschließen, so daß man von einem komplizierten Reaktionssystem durch die Wahl der experimentellen Bedingungen zu vereinfachten und übersichtlichen Reaktionen kommt.

Welche Folgen kann nun die Hemmung einer lebenswichtigen biochemischen Reaktion haben? Nehmen wir an, es wird bei einer Dehydrierung in einem komplizierten System ein Teil des Substrates durch Neutralisation entfernt oder vielleicht durch eine Konkurrenzreaktion dem eigentlichen Reaktionsverlauf entzogen. Da das Substrat mit seiner Vorstufe in einem reversiblen Gleichgewicht steht, wird nach dem Massenwirkungsgesetz mehr Substrat geliefert, als es bei einer ungestörten Reaktion der Fall ist. Der lebende Organismus ist also befähigt, auf diese Weise der Einwirkung einer fremden Substanz zu widerstehen. Dies kann zu einer Erhöhung der Toleranzschwelle führen.

Bei der Hemmung durch *Neutralisation* sind häufig Thiolgruppen (—SH) beteiligt, die für die Wirksamkeit des Enzyms unentbehrlich sind. Folglich kann jedes Reagens, das leicht mit Thiolgruppen reagiert und ihre Funktion stört, das Reaktionsvermögen solcher Enzyme hemmen. Einschränkend kommt jedoch hinzu, daß die Anordnung der Makromoleküle so sein kann, daß nicht alle Gruppen der Einwirkung von Reagenzien, die mit dem Makromolekül in Berührung kommen, ausgesetzt sind. Die Hinderung durch sterische Anordnung kann hierbei ein sehr wichtiger Faktor sein. Es ist daher möglich, daß Enzyme Thiolgruppen enthalten, die in der Faltung und Koordination der Polypeptidkette so verborgen liegen, daß sie für Reagenzien, die normalerweise mit ihnen reagieren würden, unzugänglich sind. Da Thiolgruppen weitverbreitet sind, haben die mit ihnen reagierenden Stoffe auf die verschiedensten Organismen eine toxische Wirkung. Dies sind:

- Schwermetall-Ionen (Cu, Hg, Pb); Hg(II)-Salze hemmen die Aktivität verschiedener isolierter Enzyme.
- Oxidationsmittel, welche die Thiolgruppe zur Disulfidgruppe (—S—S—) oxidieren. Jede oxidierend wirkende Substanz, die das Oxidations-Reduktions-Gleichgewicht der Zelle stört, kann unentbehrliche Thiolgruppen in die Disulfidform überführen.
- α, β-ungesättigte Ketone (einschließlich der Chinone) verbinden sich mit Thiolgruppen und inaktivieren unentbehrliche Thiolgruppen, wodurch eine Stoffwechselstörung bewirkt werden kann.
- Jodacetamid, Arsenoxide und bestimmte organische Quecksilberverbindungen wirken allgemein toxisch und werden oft zur Inaktivierung bestimmter Enzymsysteme verwandt. Die Brenztraubensäure-Oxidase enthält funktionelle Thiolgruppen und ist besonders empfindlich gegenüber Arsenverbindungen.

Als bekanntes Zwischenprodukt des Kohlenhydratabbaus wird Brenztraubensäure im Stoffwechsel dekarboxyliert. Dieser Prozeß kann durch Hydrogensulfit gehemmt werden.

Enzyme, die als prosthetische Gruppen einen eisenhaltigen Porphyrinring enthalten, werden durch Cyanide, Azide und Kohlenmonoxid inaktiviert. Dies beruht auf einer Bindung solcher Umweltchemiaklien an das Metallion, wodurch seine funktionellen Eigenschaften neutralisiert werden.

Körperfremde Proteine haben die Fähigkeit, bei Tieren die Bildung von Antikörpern anzuregen, die sich mit den körperfremden Proteinen verbinden und sie auf diese Weise inaktivieren. Auch dieser Vorgang kann als Neutralisation aufgefaßt werden.

Die Hemmung durch Neutralisation und ihre Aufhebung durch eine zweite Substanz ist im allgemeinen keine einfache irreversible Verbindung zwischen der toxisch wirkenden Substanz und seinem Antidot (der reaktiven Substanz) in festen stöchiometrischen Verhältnissen. Die Verhältnisse sind meistens dadurch kompliziert, daß die Gift-Antidot-Verbindung mehr oder weniger dissoziiert, so daß ein Überschuß des Antidots notwendig ist, um die Dissoziation zu verhindern. So kann die toxische Wirkung von

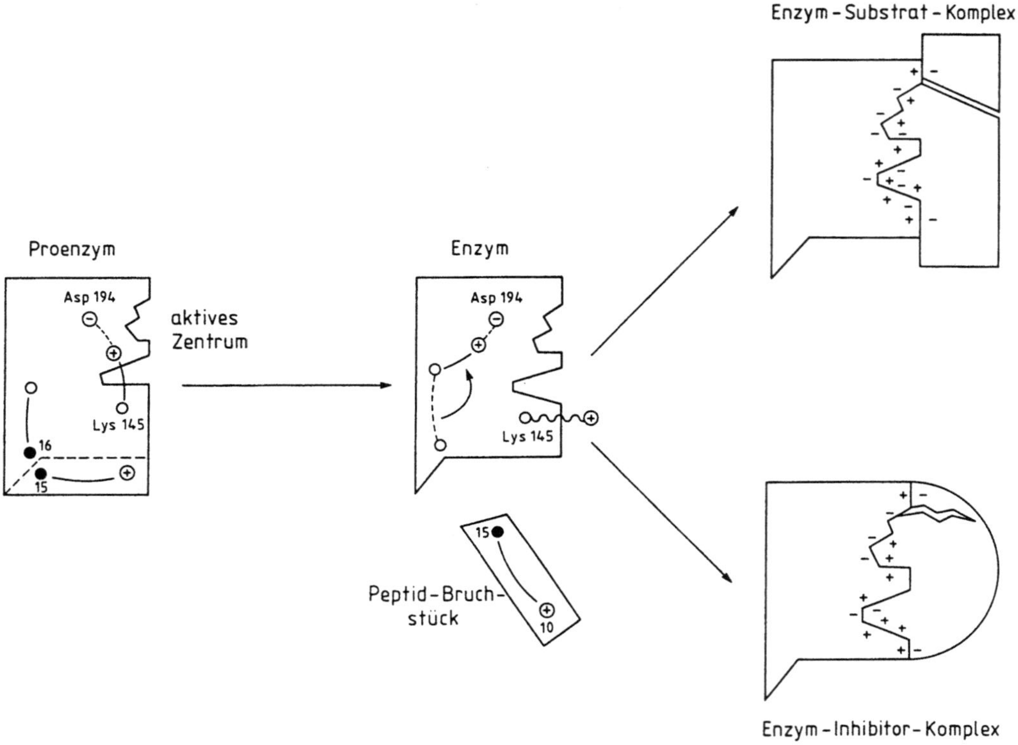

Abb. 4 Aktivierung, Aktivität und Hemmung einer Serinprotease (Trypsin). Das Enzym wird als Proenzym synthetisiert, das zwar eine aktive Stelle, aber keine Mulde für die Substratbindung besitzt. Nach Abspaltung eines Hexapeptids wird das Proenzym zur aktiven Protease. Hierzu reagiert das neue Aminoende am Rest 16 elektrostatisch mit dem Aspartatrest 194, was zu einer Umorientierung von Lysin 145 und zur Ausbildung einer spezifischen Bindestelle führt. Die so aktivierte Protease vermag einerseits Substrate zu binden und auch zu spalten oder aber auch mit substratähnlichen Inhibitoren zu reagieren, die sie jedoch nicht völlig zu spalten vermag, so daß die Reaktion bald zum Erliegen kommt; die Aktivität des Enzyms wird gehemmt, nach Kahl (1979).

Quecksilbersalzen je nach der erforderlichen molaren Menge der als Antidot benötigten thiolgruppenhaltigen Verbindungen unterschiedlich sein: Gluthation ist z. B. wirksamer als Thioglykolsäure.

Die *Konkurrenzhemmung* (competitive inhibition) ist weit mehr geeignet, eine biochemische Reaktion empfindlich zu stören. Sie ist äußerst spezifisch, da die konkurrierende Substanz strukturell oder zumindest im charakteristischen chemisch-physikalischen Verhalten dem unentbehrlichen Stoffwechselprodukt ähnlich sein muß. Sie konnte bei den verschiedensten chemischen Verbindungen beobachtet werden, wie Elementen, anorganischen Ionen und kompliziert gebauten unentbehrlichen Stoffwechselprodukten, die an Enzymreaktionen beteiligt sind (Bild 4).

Auf anorganischem Gebiet sei die Wechselwirkung von Ca^{++}, Mg^{++} und ähnlichen Ionen bei der Blutkoagulation und der Wirkung der Adenosintriphosphatase auf Myosin erwähnt. Eine ähnliche Beziehung besteht zwischen Ca^{++}, Mg^{++} und Sr^{++} hinsichtlich ihres biochemischen Verhaltens bei bestimmten Pilzen.

Der Konkurrenz-Antagonismus tritt unter den organischen Verbindungen sehr häufig auf. Betrachten wir das Riboflavin, ein Coenzym der Atmungskette, so kann seine Wirkung durch eine Veränderung der Substitution am Isoalloxazinringsystem gehemmt werden. Aus der veränderten Struktur ergibt sich, daß die antagonistisch wirkende Substanz (II) die Redoxfunktion des Riboflavins (I) nicht entsprechend übernehmen kann.

I

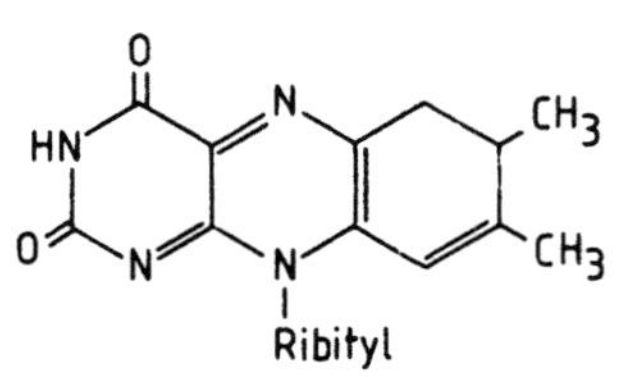

II

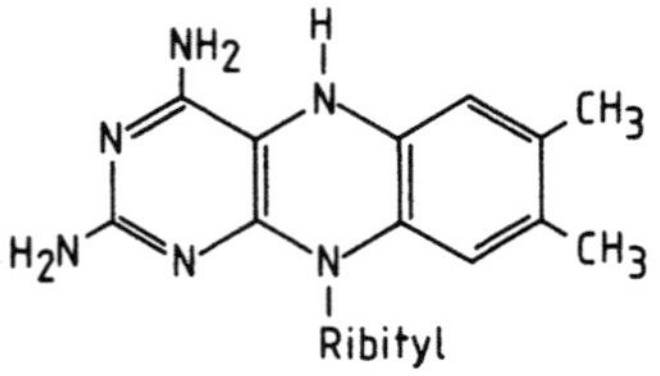

Auch die Folsäure, die bei der Übertragung von C_1-Körpern im Stoffwechsel eine zentrale Rolle spielt, kann durch ähnliche Veränderung der Substituenden am Pterinring in ihrer Wirkung gehemmt werden.

Folsäure

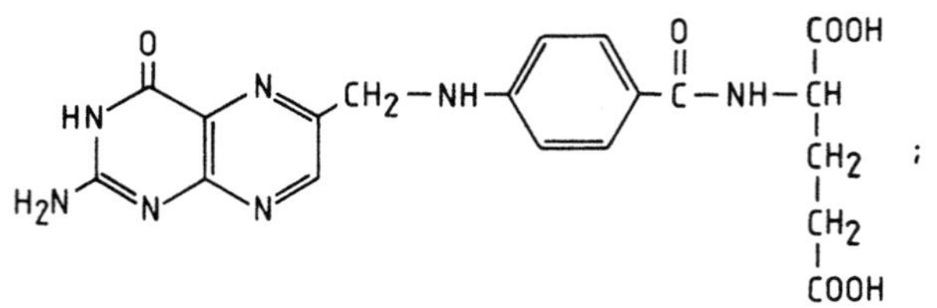

Antagonist

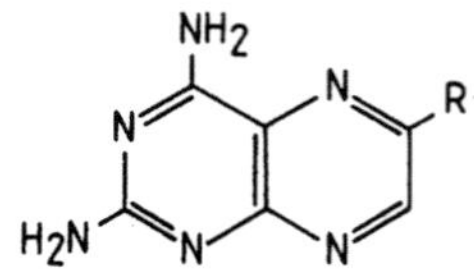

Die Wirkung der Nikotinsäure, die als Amid in den Pyridinnukleotiden der wasserstoffübertragenden Coenzyme vorhanden ist, kann durch Veränderung der Wirkgruppe gehemmt werden, wie folgende Formulierungen demonstrieren sollen:

Nikotinsäure

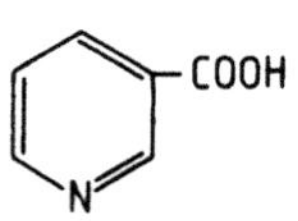

Antagonisten

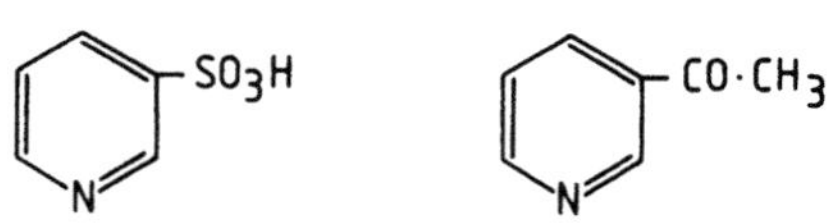

Betrachtet man die quantitativen Verhältnisse bei diesen Antagonismen, so stellt man fest, daß oft ein großer Überschuß des Antagonisten erforderlich ist, um die Wirkung des unentbehrlichen Stoffwechselproduktes aufzuheben. Die Anzahl der zur biologischen Wirkung ihrer entsprechenden essentiellen Stoffwechselprodukte erforderlichen Hemmstoff-Moleküle ist sehr unterschiedlich und entspricht der Toxizität der Umweltchemikalien.

Die Funktion eines Stoffwechselproduktes kann also dadurch gehemmt werden, daß dem Organismus eine körperfremde Substanz mit ähnlicher Struktur angeboten wird. Wenn die körperfremde Substanz das Stoffwechselprodukt ersetzen kann und damit seine Funktion in befriedigender Weise erfüllt, ist eine gewisse strukturelle Veränderung zulässig. Andererseits kann das körperfremde Produkt sich so stark von der biochemischen Substanz unterscheiden, daß ersteres nicht in die betreffende Reaktion eingreifen kann und biologisch inaktiv bleibt. Zwischen diesen beiden Extremen liegen Verbindungen, deren Struktur so beschaffen ist, daß sie in den allgemeinen Ablauf biochemischer Reaktionen eingreifen, aber nicht als Ersatz für die unentbehrlichen Stoffwechselprodukte verwendet werden können. Solche Substanzen werden Konkurrenzhemmung zeigen.

Veränderungen an der Struktur eines unentbehrlichen Stoffwechselproduktes ermöglichen also die Herstellung von Substanzen mit ähnlicher biologischer Wirkung, d. h. von Ersatz für dieses Stoffwechselprodukt, oder von Substanzen mit konkurrierender Wirkung, d. h. mit hemmender Wirkung, oder von solchen ohne jede Wirksamkeit. Für die hemmende Wirkung ist wesentlich, daß die körperfremde Substanz die Fähigkeit besitzen muß, sich mit dem Enzym zu verbinden, um es für das natürliche Substrat zu blockieren. Wird das Enzymsystem auf die neue Situation umgestellt, so liegt eine Adaptation vor, wodurch die Toleranzschwelle erhöht werden kann.

Die Konkurrenzhemmung kann auf verschiedene Weise erfolgen:

Hemmungsreaktion I: Die körperfremde Substanz wirkt als konkurrierendes Substrat in einer Enzymreaktion.

Substrat + Enzym → Komplex → Reaktion
Inhibitor + Enzym → Komplex —/ /→ keine Reaktion

Der Grad der Hemmung (H_G) hängt davon ab, wieviel Substrat und Inhibitor dem Enzym relativ zur Verfügung stehen. Dies läßt sich bei sonst unveränderten Größen durch folgenden Quotienten wiedergeben:

$$H_G = \frac{\text{Konz. des Inhibitors}}{\text{Konz. des Substrates}}$$

In die Berechnung ist auch der Dissoziationsgrad der Komplexe mit einzubeziehen.

Hemmungsreaktion II: Die körperfremde Substanz verhindert die Synthese des Enzyms in seiner Vorstufe.

Vorstufe
↓
Substrat + Enzym → Komplex → Reaktion

In diesem Falle wird der Grad der Hemmung der Reaktion zwischen Enzym und Substrat nicht durch die relative Konzentration von Substrat und Inhibitor bestimmt, sondern durch die Menge des synthetisierten Enzyms; die Hemmung wird durch Zugabe von Enzym aufgehoben. Gibt man zu dem System zusätzlich Coenzym, so kann man näher untersuchen, ob die Hemmung bei der Synthese des Coenzyms eintritt, ob sie das Apoenzym betrifft oder ob sie die Bindung zwischen Co- und Apoenzym beeinträchtigt.

Ein Beispiel für die Hemmungsreaktion I ist die Hemmung der Bernsteinsäure-Dehydrase durch Malonsäure:

Bernsteinsäure	Malonsäure
COOH	COOH
|	|
CH_2	CH_2
|	|
CH_2	COOH
|	
COOH	

Diese Konkurrenzhemmung kann auch bei der Milchsäure-Dehydrase durch Strukturanaloge, die –CO–COH– oder –CHOH–COH– enthalten, beobachtet werden. Weiterhin sei die Konkurrenzhemmung der Arginase durch Ornithin und Lysin erwähnt. Den Einfluß von Strukturabwandlungen auf die Eigenschaften bestimmter unentbehrlicher Stoffwechselprodukte zeigt auch Bild 5.

Die verschiedenen Möglichkeiten einer molekularen Veränderung, durch die Hemmwirkungen erzielt werden, lassen sich folgendermaßen zusammenfassen:

– Ersatz von Carboxylgruppen durch Sulfon- und Sulfonamidgruppen,
  –COOH $-SO_3H$ $-SO_2NH_2$
– Ersatz von Methylgruppen durch Strukturanaloge oder durch Chlor,
– Austausch ungesättigter schwefelhaltiger Ringsysteme, wie Benzol (I) durch Thiophen (II), Pyridin (III) durch Thiazol (IV), Phenylalanin (IV) durch Thienylalanin (VI). Auch der Austausch von Pyrimidinringen (VII) durch Benzolringe ergibt antagonistisch wirkende Substanzen. Ähnliches gilt für den Ringaustausch der Purine (VIII) durch Triazolpyrimidine (IX).

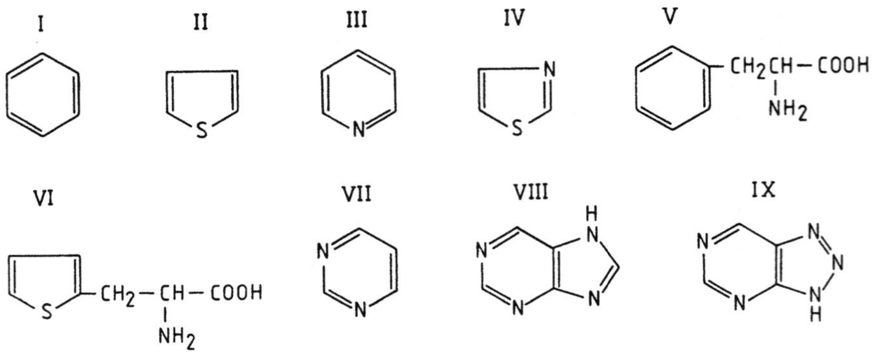

– Der Austausch von Schwefel durch Sauerstoff verursacht Antagonismus beim Methionin, nicht dagegen beim Biotin,
– Ersatz durch Stereoisomere, entsprechend ihrer anderen räumlichen Orientierung. Dies weist darauf hin, daß bei einer Enzymwirkung häufig die physikalischen Eigenschaften des Substrates im Vordergrund stehen.

2.3 Die biologische Wirkung

Die biologische Wirkung eines chemischen Stoffes verläuft über verschiedene Stadien eines chemischen Vorganges vom Ort der Applikation bis zu der eigentlichen Wirkungsstelle, wo der beobachtbare Effekt unmittelbar ausgelöst wird. Diese Phasen können durch physiko-chemische Vorgänge, wie Passieren von Membranen, Diffusion, Übergang von der wäßrigen zur lipoiden Phase u. a., beeinflußt werden, von denen einige leicht und schnell, andere aber schwierig und im physiko-chemischen Sinne geschwindigkeitsbestimmend verlaufen. Kennt man den Einfluß der chemischen Struktur auf ein derartiges physikalisches Verhalten, so kann man die chemische Konstitution eines Giftes mit seiner biologischen Wirkung in Beziehung bringen. Die Narkose-Substanzen, die chemisch nicht reagieren, werden die molekularen Wechselbeziehungen in monomolekularen Schichten beeinflussen. Solche Substanzen verteilen sich zwischen der lipoiden und wäßrigen Phase dieser Schichten und setzen die Oberflächenspannung des Wassers herab. In homologen

Unentbehrliches Stoffwechselprodukt	Verbindung mit ähnlicher Wirkung	Verbindung mit geringer oder kleiner Wirkung	Verbindung mit konkurrierender Wirkung (Hemmung)
 *p*-Aminobenzoesäure	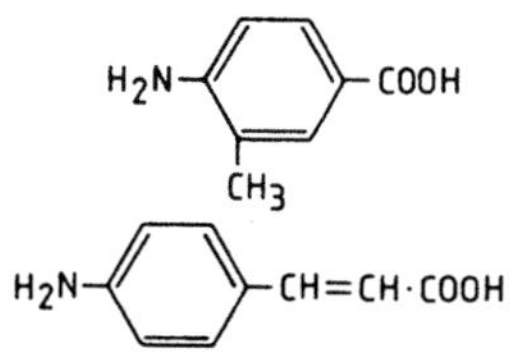	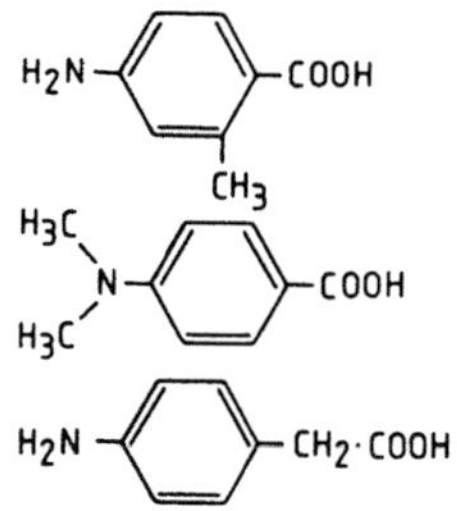	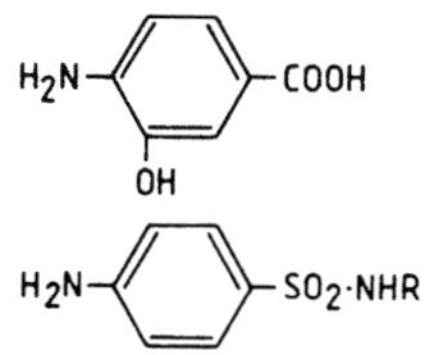
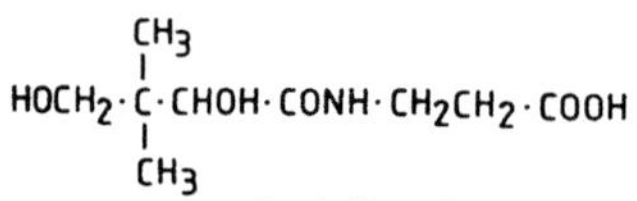 Pantothensäure	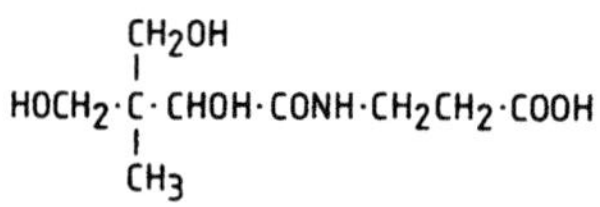	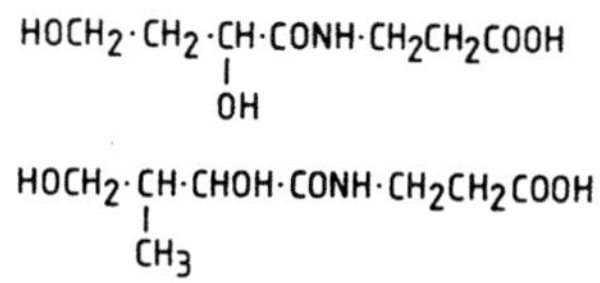	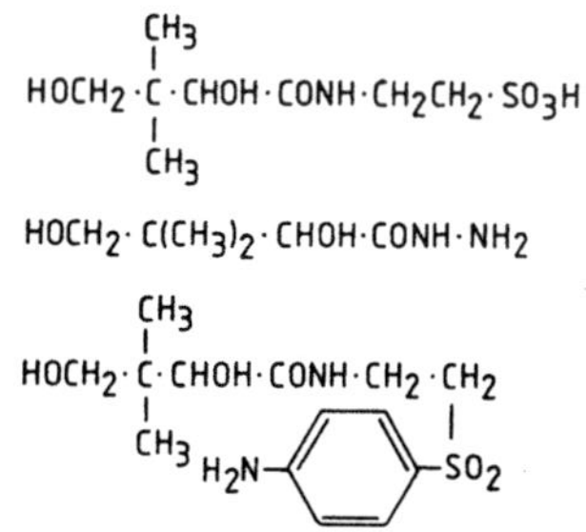
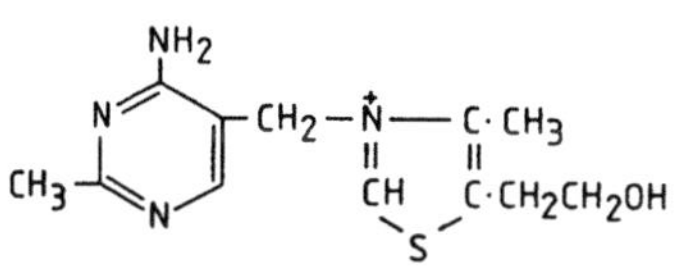 Aneurin	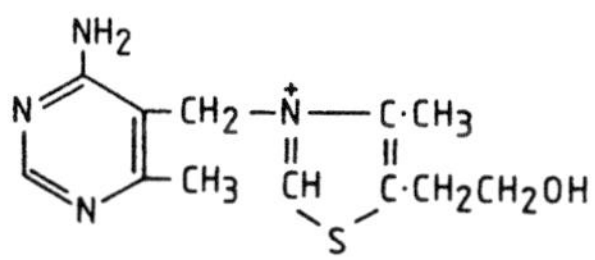	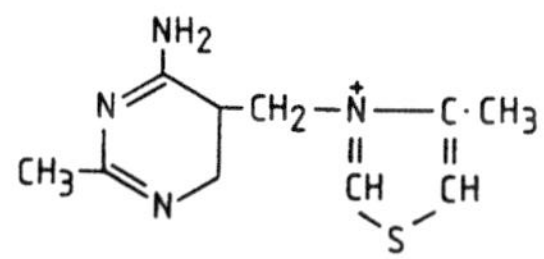	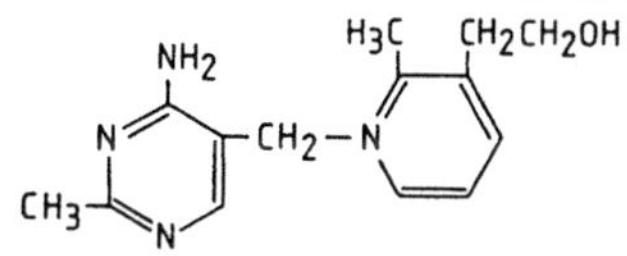
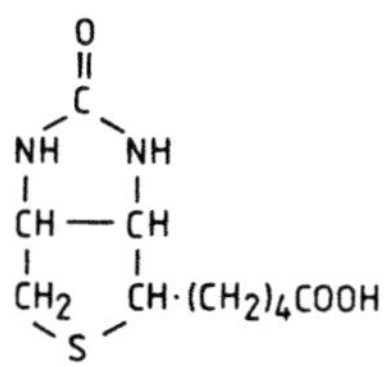 Biotin	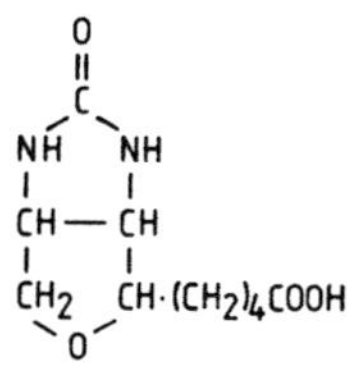	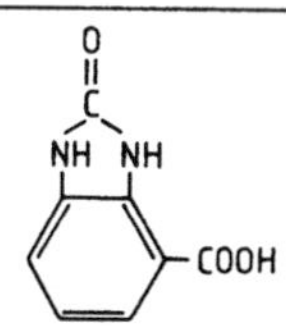	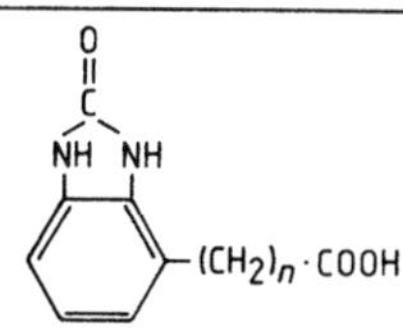 (n = 3 oder 4)

Abb. 5 Einfluß von Strukturabwandlungen auf die Eigenschaften bestimmter unentbehrlicher Stoffwechselprodukte (nach Sexton 1958)

Reihen nehmen die Werte für die Löslichkeit, den Dampfdruck u. a. für jede zusätzliche CH_2-Bindung um einen bestimmten Betrag ab, gewöhnlich um das 3-bis 4fache. Einige biologische Wirkungen werden im gleichen Sinne verändert. Die Verteilung zwischen heterogenen Phasen verdeutlichen die physikalischen Konstanten. Aus der charakteristischen Verteilung zwischen den Phasen lassen sich die Werte für die toxischen Konzentrationen ableiten. Daraus ergibt sich, daß zum Beispiel bei der Narkose die toxische Wirkung primär physikalisch bedingt und reversibel ist.

Hängt die biologische Wirkung primär von den physikalischen Eigenschaften ab, so beobachtet man in der Regel, daß mit aufsteigender Reihe der Homologen ein Spitzenwert der Wirkung erreicht wird und daß danach die Wirkung rasch abfällt. So besitzt das Alkylthiocyanat mit einer Kettenlänge von 10 Kohlenstoffatomen bei Blattläusen die maximale Wirkung. Dies kann so erklärt werden, daß mit dem Erreichen einer bestimmten Verbindung der Reihe die toxische Konzentration über den Sättigungswert der Substanz im Medium ansteigt. Wenn die zum Erreichen einer gegebenen toxischen Wirkung erforderliche Konzentration einer Verbindung ihre Löslichkeit in Wasser überschreitet, so wäre eine übersättigte Lösung zur Erzielung des Effektes erforderlich.

Ferguson (1939) wies darauf hin, daß beim Vergleich biologischer Wirkungen die gemessene Konzentration nicht der Konzentration am Wirkungsort, also in der Biophase, sondern der des umgebenden Mediums entspricht. Daher ist es notwendig, die Verteilung der Substanzen in den verschiedenen Phasen, die das umgebende Medium von der Biophase trennen, zu berücksichtigen. Andererseits machte er darauf aufmerksam, daß bei Phasen, die im Gleichgewicht stehen, das chemische Potential einer bestimmten Molekülart für jede Phase gleich ist. Man braucht daher nur das chemische Potential im umgebenden Medium zu messen, um den Wert des chemischen Potentials in der Biophase zu erhalten. Unter chemischem Potential versteht man eine als „Aktivität" bezeichnete Funktion, die nicht mit der biologischen Aktivität oder Wirkung verwechselt werden darf. Sie läßt sich aus physiko-chemischen Konstanten wie Dampfdruck oder annähernd auch aus der Löslichkeit errechnen. Konkret formuliert, gibt also die Insektizidmenge in der umgebenden Luft eine gewisse Auskunft über die Konzentration in der Biophase, also im Insekt.

Die thermodynamische Aktivität einer Substanz nimmt gewöhnlich mit aufsteigender Reihe um einen geringen Betrag zu. Wenn sich diese Aktivität dem Wert 1 nähert, so ist die Verbindung mit der größten biologischen Potenz in der homologen Reihe erreicht.

Wie bei der Narkose so werden verschiedene biologische Wirkungen durch Verbindungen hervorgerufen, die nur ein geringes Reaktionsvermögen haben und deren Strukturen sehr verschieden sein können. Diese Wirkungen sind hauptsächlich physikalisch bedingt. Wenn auch in solchen Fällen die Konzentration, die erforderlich ist, um eine biologische Wirkung hervorzurufen, sehr unterschiedlich ist, so liegt die thermodynamische Aktivität im allgemeinen innerhalb enger Grenzen. Dieser Bereich ist für die Organismen charakteristisch (Tabelle 1).

Tabelle 1 Hemmwirkung eines Enzyms im Vergleich zur thermodynamischen Aktivität von Narkotika (aus Sexton 1958)

Chemische Substanz	Molare Konzentration, die die O_2-Aufnahme zu 50 % hemmen	Thermodynamische Aktivität
Äthylurethan	0,65	0,117
Phenylurethan	0,003	0,20
Propionitril	0,48	0,24
Valeronitril	0,08	0,36
Vanillin	0,011	0,0002

Die Wirkung des Colchizins auf die Mitose kann von verschiedenen Substanzen unterschiedlicher chemischer Natur nachgeahmt werden, wie aliphatische Alkohole, Naphthalinderivate, chlorierte Kohlenwasserstoffe und Urethane. Der c-Mitose-Effekt wird mit der Narkose verglichen, da die Verteilung zwischen lipoider und wäßriger Phase in beiden Fällen wichtig zu sein scheint. Man nimmt an, daß die aktiven Substanzen auf die lipophilen Gruppen einer Polypeptidkette wirken und dadurch die Faltung der Kette beeinflussen.

Die Veränderungen der biologischen Wirkung, die durch die Verbindungen einer homologen Reihe hervorgerufen werden, sind in Bild 6 dargestellt.

Kurve A stellt den bekannten, bereits erwähnten Anstieg bis zu einem Maximum mit anschließendem Abfall dar. Kurve B gilt für die Fälle, bei denen die erste Verbindung der homologen Reihe die maximale Wirkung zeigt, wie beim Insektizid DDT, bei dem die *p*-Chloratome durch Alkoxyl ersetzt sind. Kurve C kommt gelegentlich vor und zwar dann, wenn ein anderer Faktor hinzukommt. Das gilt zum Beispiel für die Toxizität normaler Fettsäuren auf Kartoffelknollenschnitte. Von C_1 bis C_6 nimmt die toxische Wirkung ab, da der Einfluß der Wasserstoffionen abnimmt. Danach beruht die beobachtbare Wirkung hauptsächlich auf der Einwirkung der undissoziierten Moleküle.

Auch im Bereich des Lebendigen können bestimmte chemische Gruppen für das Auftreten einer biologischen Wirkung verantwortlich gemacht werden. Die Anwensenheit solcher Gruppen bietet jedoch nicht immer eine Gewähr für eine biologische Wirkung, denn wir haben die biologische Wirkung als eine Funktion des ganzen Moleküls aufzufassen. Trotzdem lassen sich einige Gruppen von Verbindungen und ihre Wirkung auf eine bestimmte Konstitution zurückführen, wenn auch dadurch die biologische Wirkung nicht erklärt wird. Solche Kenntnisse sind aber von praktischem Wert, wenn bei der Synthese von antagonistisch wirkenden Verbindungen die Einführung spezifisch wirkender Gruppen in das Molekül gefordert wird.

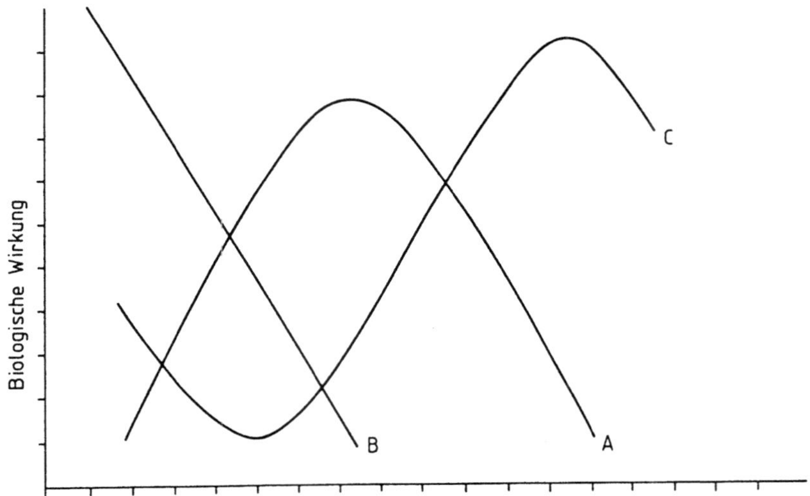

Abb. 6 Biologische Wirkung in Abhängigkeit von der Anzahl der C-Atome von Verbindungen homologer Reihen: 3 Reaktionsmöglichkeiten, Näheres vergleiche im Text.

Ruft eine bestimmte Gruppe durch ihr chemisches Reaktionsvermögen eine biologische Wirkung hervor, so darf die quantitative Seite nicht außer Acht gelassen werden. Ist das Reaktionsvermögen groß, so kann die Substanz leicht mit verschiedenen Bestandteilen der Zelle, mitunter schon mit dem Wasser, reagieren. In solchen Fällen wird sie im Organismus nicht an die Stelle gelangen, an der ein spezifischer Zellbestandteil beeinfluß werden soll. Wenn das Reaktionsvermögen zu gering ist, kann die biologische Wirkung mitunter bis auf Null absinken. Um eine maximale biologische Wirkung zu erreichen, muß daher das chemische Reaktionsvermögen eines Pestizids innerhalb eines bestimmten Bereiches liegen. Die biologische Wirkung verlangt optimales chemisches Reaktionsvermögen und optimale physiko-chemische Eigenschaften. So wird die Cholinesterase durch das Di-isopropylfluorphosphonat gehemmt, weit weniger jedoch durch die reaktionsfähigere Chlor-Verbindung.

Wie Halogene, so können auch Alkylgruppen durch den Austausch von aktiven Wasserstoffatomen biologisch wirksam sein. Das allgemeine Reaktionsvermögen der Moleküle wird verändert, indem entweder chemisch reaktionsfähige Stellungen blockiert oder andere aktiviert werden. Eine solche Blockierung liegt bei dem toxisch wirkenden 5-Chlor-α-toluidin vor (I), wo *o*- und *p*-Stellung zur Aminogruppe durch Methyl- und Chlorsubstitution blockiert sind. Diese Blockierung greift störend in den normalen Entgiftungsmechanismus für aromatische Amine ein, der über die *p*-Hydroxylierung und im Falle einer besetzten *p*-Stellung über die *o*-Stellung erfolgt. Die isomeren Chlor-*o*-toluidine (II) haben diese Wirkung nicht.

I

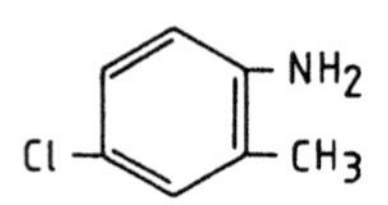

II

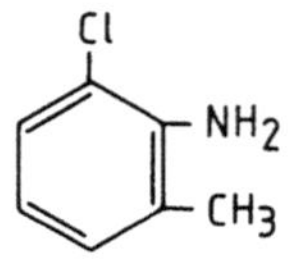

Alkylgruppen können auch die physikalischen Eigenschaften einer organischen Verbindung entscheidend beeinflussen. Je länger die Kette oder, bei verzweigtkettigen Substanzen, je höher das Molekulargewicht ist, um so größer ist die Wirkung. Dies trifft z. B. für die Alkylthiocyanat-Insektizide zu.

Die Halogensubstitution zeichnet die chlorierten Kohlenwasserstoffe als Insektizide aus. Eine Einführung von Halogen-Atomen steigert häufig die Wirkung, die manchmal auch durch Alkylgruppen erreicht wird und wahrscheinlich auf Veränderung der physikochemischen Eigenschaften beruht. Aber wir müssen zwei Gruppen von Halogenverbindungen unterscheiden: Neben Substanzen mit veränderten physiko-chemischen Eigenschaften gibt es Verbindungen, in denen das Halogen chemisch reaktionsfähig ist. Hierhin gehören die N-Chloramide und solche Verbindungen, die Chlorwasserstoff abspalten. Das Nervengift Diisopropyl-fluorphosphonat verdankt seine Wirkung der chemischen Reaktionsbereitschaft des Fluoratoms. Andererseits hängen die toxischen Eigenschaften der Fluoressigsäure nicht vom Fluoratom ab. Fluoressigsäure verbindet sich im Citronensäurezyklus mit Oxalessigsäure zur Fluorcitronensäure, durch die die Aconitase gehemmt wird.

Die physiko-chemischen Eigenschaften einer Verbindung werden wesentlich durch die Einführung von Hydroxylgruppen beeinflußt. Dieser Einfluß ist um so schwächer, je mehr polare Gruppen ein Molekül bereits besitzt. Auch hier korrelieren die physikochemischen Eigenschaften mit den biologischen Wirkungen, was beim Vergleich der insektiziden Wirkung zweier Rotenone, dem Deguelin und Tephrosin, deutlich wird (vgl. S. 118). Wird eine Hydroxylgruppe in eine nichtpolare Substanz eingeführt, so wird dem

Molekül u. U. die Orientierung an Grenzflächen zwischen Lipoiden und Wasser ermöglicht, und die biologische Wirkung kann beträchtlich sein. Ersatz der OH-Gruppe durch H ergibt einen Stoffwechselantagonisten.

Eine charakteristische Eigenschaft der phenolischen Hydroxylgruppe ist ihr saurer Charakter, der bedingt, daß sie sich allgemein mit den basischen Gruppen der Proteine zu verbinden vermögen. Dies führt bei Lebewesen zu mannigfachen toxischen Erscheinungen.

Hinsichtlich ihrer polaren Wirkung läßt sich die OH-Gruppe mit der SH-Gruppe vergleichen, jedoch ist letztere in ihrer chemischen Reaktionsbereitschaft stark verschieden. Mit der Bildung von Disulfiden (—S—S—) kann sie ursächlich in natürliche Redoxsysteme eingreifen. Thiole besitzen die Fähigkeit, sich mit Schwermetallen zu verbinden. Auch können SH-Gruppen mit α, β-ungesättigten Ketonen, Lactonen oder Chinonen reagieren. Insektizide und fungizide Wirkung wurde bei Dithiocarbaminsäuren und Xanthaten festgestellt.

Ein Insektizid aus der Gruppe der Thiocyanate mit folgender Summenformel $n{-}C_4H_9\cdot O\cdot C_2H_4\cdot O\cdot C_2H_4\cdot SCN$ hat eine ähnliche Wirkung wie das n-Decylthiocyanat. Die Ätherbindung (—C—O—C—) hat annähernd den gleichen Valenzwinkel, wie er zwischen C-Atomen vorliegt. So ist es möglich, O- oder S-Atome (—C—S—C—) ohne größere stereochemische Veränderung in das Molekül einzubauen. Aufgrund der hydrophilen Sauerstoffatome und der lipophilen Kohlenwasserstoffketten können sich Äther zwischen Lipoid- und Wassergrenzflächen anordnen. Thioäther können zu Sulfoxiden und Sulfonen oxidiert werden, die selbst wieder biologische Wirkungen zeigen.

Die stark wasserlöslich wirkende Sulfonsäuregruppe verändert die physiko-chemischen Eigenschaften des Moleküls derart, daß eine rasche Ausscheidung der Verbindung aus dem tierischen Körper erwartet werden kann. Somit sind Sulfonsäuren biologisch oft unwirksam. Dies liegt auch in der Tatsache begründet, daß sie als starke Säuren stark ionisiert sind und deshalb wahrscheinlich nicht an die Stelle gelangen können, an der sie ihre Wirkung entfalten sollen, denn die Zellmembranen sind vorwiegend für undissoziierte Moleküle permeabel und weniger gut für Ionen. Wird die SO_3H-Gruppe an Stelle einer COOH-Gruppe eingeführt, so lassen sich antagonistische Wirkungen gegen die ursprüngliche Carbonsäureverbindung feststellen.

Besondere biologische Bedeutung kommt den Carbonsäureamiden $(-\underset{\underset{O}{\|}}{C}-NH_2)$ wegen ihrer Ähnlichkeit mit den Säureamid-Bindungen $(-\underset{\underset{O}{\|}}{C}-NH-)$ in den Proteinen zu. Sie können auf die zwischen den Proteinketten bestehenden Wasserstoffbindungen einwirken. So wird die Proteindenaturierung durch Harnstoff und Acetamid erklärt. Biologisch wirksame Verbindungen mit einer Säureamidgruppe sind als Insektizide bekannt.

Durch Einführung einer Carboxylgruppe wird die Aufnahme und Ausscheidung einer Verbindung ebenfalls gesteigert und somit die Toxizität herabgesetzt. Wirksamer sind oft die Ester als die freie Säure, weil sie bestimmte Membranen leichter durchdringen können.

Für die Spaltung solcher Ester sind Esterasen verantwortlich, die nicht nur mit dem spezifischen Substrat, sondern auch mit ähnlichen Verbindungen eine Bindung eingehen können, die unterschiedlich schnell gelöst wird, wodurch es zu einer Hemmung der Enzymwirkung kommen kann. Die Hemmung der Cholinesterase kann deshalb als Konkurrenzreaktion von Substrat (Acetylcholin) und geeignet substituierten Urethanen

(R–NH·COOR) gedeutet werden. Auch die insektizide Wirkung der organischen Phosphorsäureverbindungen besteht in einer Konkurrenzreaktion mit dem Substrat Acetylcholin.

Auch basische Gruppen zeigen polare Eigenschaften und bestimmen größtenteils das physiko-chemische Verhalten des Moleküls. Daneben haben sie die Fähigkeit, sich mit den sauren Gruppen der Proteine zu verbinden. Auch Nukleinsäuren können mit Basen reagieren, was besonders in der Histochemie ausgenutzt wird.

Von quartären Ammoniumsalzen ist die biologische Wirkung für Cholin, Acetylcholin, Aneurin und das davon abgeleitete Coenzym allgemein bekannt. Das Nikotin dagegen verliert seine insektizide Wirkung, wenn es in das entsprechende quartäre Derivat umgewandelt wird.

Oft ist die biologische Wirkung von der sterischen Anordnung des Moleküls abhängig. Ungesättigte Verbindungen können *cis-trans*-Isomere bilden, von denen oft nur eine bestimmte biologische Wirkung zeigt. In größeren Molekülen wird der Einfluß einer Doppelbindung auf die sterische Konfiguration meist geringer, und dementsprechend nimmt ihr Einfluß auf die biologische Wirkung ab.

Neben der verschiedenen stereochemischen Anordnung spielt bei ungesättigten Substanzen das erhöhte chemische Reaktionsvermögen eine bedeutende Rolle. Durch eine der Doppelbindung benachbarte reaktive Gruppe kann das Reaktionsvermögen einer Substanz weiterhin erhöht werden, wie es bei ungesättigten Ketonen und Lactonen der Fall ist. Ungesättigte Substanzen mit Thiol- und Aminogruppen zeigen ein toxisches Verhalten gegenüber Mikroorganismen.

Nicht zu übersehen ist die besondere biologische Bedeutung der Schwermetalle. Während Magnesium, Eisen und Kupfer für die Funktion der Porphyrine bei der Atmung und Assimilation unentbehrlich sind und verschiedene proteolytische Enzyme Magnesium, Kobalt oder Mangan enthalten, sind bestimmte Schwermetallsalze, besonders Kupfer- und Quecksilbersalze, für viele Organismen toxisch, weil sie sich mit Amino- und Thiolgruppen verbinden können und so die Funktion dieser Gruppen blockieren. Das gleiche gilt für organische Quecksilber- und Arsenverbindungen.

Organische Verbindungen, die mit lebenswichtigen metallorganischen Verbindungen zu reagieren vermögen, könnten sich als wirksame Pestizide erweisen. *o*-Phenanthrolin bildet mit Eisen ein Komplexsalz, wenn es zu seinem Wirkungsort gelangen kann.

Eine toxisch wirkende Verbindung kann bei den einzelnen Organismen und selbst in einem Organismus sehr verschiedene biologische Effekt setzen, die dann gemeinsam die toxische Wirkung ausmachen. Solche multiplen Reaktionen liegen vor, wenn Urethan einerseits hypnotisch wirkt und andererseits krebsartiges Wachstum hemmt. Phenylurethan hat ähnliche Wirkungen und verhindert das Keimen bestimmter Samen, indem es die Zellteilung beeinflußt. Andererseits wird die spezifische pflanzenschädigende Wirkung der Acrylurethane nicht von allen Hypnotica gezeigt, so daß anzunehmen ist, daß sie auf einem anderen Mechanismus beruht. Die Wirkung der Urethane wird ihrer Peptidgruppe zugeschrieben. Diese ist zwar wenig reaktionsfähig, aber sie kann mit verschiedenen Substanzen über eine Wasserstoffbrücke eine lockere Verbindung eingehen. Andererseits spielt die Wasserstoffbrückenbindung eine wichtige Rolle bei der Aufrechterhaltung der Struktur und Funktion von Makromolekülen wie Proteinen und Nukleinsäuren, so daß sie auch der strukturelle Teil der einfachen Urethane sein kann, der primär für deren biologische Wirkung verantwortlich ist.

Stets ist die biologische Wirkung aber als Funktion des gesamten Moleküls aufzufassen; bestimmte chemische Gruppen tragen immer nur ihren Teil zu dieser Gesamtwirkung bei. Während einfache Urethane keine Wirkung auf die Cholinesterase haben, zeigen komplizierter gebaute Moleküle, wie Physostigmin (I) und Prostigmin (II), eine sehr spezifische Wirkung. Für diesen Enzymeffekt ist sowohl die Urethangruppe als auch die basische Gruppe erforderlich. In den meisten Fällen erlauben es unsere Kenntnisse aber noch nicht, die Funktionen der einzelnen Teile eines Moleküls vollständig zu analysieren und sie als Eigenschaft des ganzen Moleküls zu interpretieren.

I

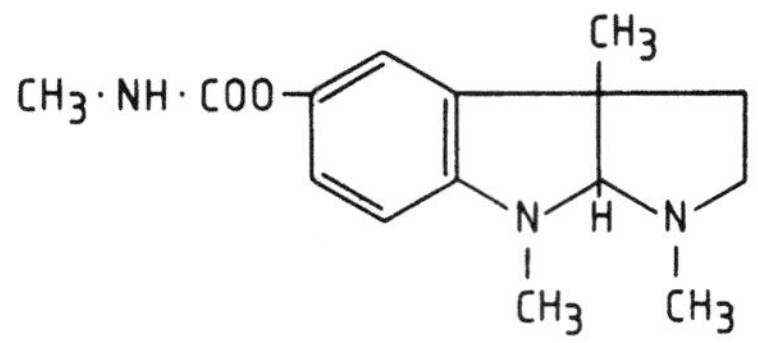

II

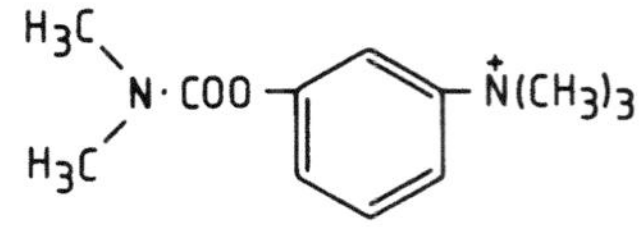

In eine Sackgasse mündete die Forschung, als versucht wurde, Reaktion und biologische Wirkung durch Kombination von zwei aktiven Gruppen in einem Molekül zu steigern. Nehmen wir ein Molekül AB an, in dem A und B mit einer bestimmten biologischen Wirkung korreliert sind, so wird man für die Gruppe A eine Affinität zu einem Rezeptor A′ annehmen können, während B eine Affinität zu einem Rezeptor B′ aufweisen wird. Das Molekül ist somit zwei Abziehungskräften ausgesetzt, die entgegengesetzt wirken können: A′ und B′. Dadurch wird seine Affinität zu jedem der Rezeptoren herabgesetzt, und es resultiert eine verminderte biologische Wirkung. Werden aber an Stelle des Moleküls AB die beiden spezifischen Wirkungen A und B auf zwei Moleküle verteilt, die dann zusammen appliziert werden, so kann die biologische Wirkung völlig anders sein. Es besteht nun die Möglichkeit, in zwei verschiedene biochemische Reaktionen gleichzeitig einzugreifen und so eine biologische Gesamtwirkung entstehen zu lassen, die die Summe der Einzelwirkungen von A und B sein kann. Sie kann sogar über der additiven Wirkung liegen, so daß ein synergistischer Effekt erkennbar wird. Solche Mischungen mit gesteigerter biologischer Wirkung werden in der praktischen Schädlingsbekämpfung besonders gern angewandt, wie z. B. die Mischung von Pyrethrum mit einer zweiten Substanz zur Steigerung der insektiziden Wirkung (s. Bild 28). Mischformulierungen spielen eine wichtige Rolle bei der Bekämpfung der Insektizidresistenz (vgl. Kap. VIII).

Aus diesen kurzen Ausführungen ergibt sich, daß es generell vorteilhafter ist Pestizidmischungen zu verwenden, als zu versuchen, möglichst viele reaktionsfähige Gruppen in einem Molekül zu vereinen.

3 Detoxifikationsmechanismen

Neben der selektiven Nahrungsaufnahme bestitzt jeder Organismus Mechanismen, die für eine Entgiftung Sorge tragen. Denn Giftstoffe werden nicht nur von außen zugeführt, sondern entstehen auch im Stoffwechsel beim Abbau der Nahrungsstoffe. Damit sie sich nicht im Organismus anreichern und dann ihre Giftwirkung entfalten, müssen sie unschädlich gemacht und ausgeschieden werden. Dies kann durch Selektion bedingt auf sehr verschiedene Weise geschehen. Auch die einzelnen Tier- und Pflanzengruppen unterscheiden sich in dieser Hinsicht beträchtlich, insbesondere wenn die quantitative Seite betrachtet wird (Fishman 1970). Diese Unterschiede machen es schließlich möglich, auf verschiedene Organismengruppen spezifisch wirkende Bekämpfungsmittel zu entwickeln.

Unsere Kenntnisse über Entgiftungsmechanismen sind zwar mit der Anwendung von Pestiziden ständig gestiegen (Layne 1970), sie sind aber in vielen Fällen noch zu gering, um die biologische Reichweite ihrer Wirkung beurteilen zu können. Hier hinkt die physiologisch-toxikologische Forschung weit hinter der Pestizidentwicklung her, was zu unüberschaubaren Folgen führen kann, wie für das weitverbreitete DDT bekannt wurde.

Durch die Anwendung moderner Mikromethoden konnte gezeigt werden, daß viele Entgiftungsmechanismen im Organismenreich als Folge der Evolution weitverbreitet sind. Sie wurden sowohl bei Vertebraten als auch Insekten, ja sogar Pflanzen gefunden. Einige sind jedoch spezifisch für eine bestimmte Organismengruppe, was zur Entwicklung von Herbiziden, Insektiziden, Acariziden, Nematiziden, Bakteriziden etc. führte. Jedoch zeigen diese Begriffe nur an, gegen welche der Organismengruppen die chemischen Verbindungen eingesetzt werden sollen.

Entgiftungsmechanismen sind nicht immer auf die Vernichtung der biologischen Aktivität abgestellt, sondern sie können in einigen Fällen sogar die Giftwirkung der toxischen Substanz erhöhen. Die Kenntnis solcher Reaktionsweisen ist besonders wichtig, um für die Schadtierbekämpfung spezifisch wirkende Pestizide auswählen zu können. Die Toxizität der Pyrethrine (vgl. S. 124) ist speziell für Insekten bekannt, während diese Pflanzeninhaltstoffe von Säugetieren schnell inaktiviert werden. Der Phosphorsäureester ‚Schradan' wird von saugenden Insekten schneller zum toxisch wirkenden Metaboliten oxidiert als von Raupen oder Bienen. Beim DDT führt eine Dehydrochlorinierung zur Inaktivierung des Moleküls. Dies nutzten resistente Insekten aus, indem sie die Fähigkeit zur schnelleren Dehydrochlorinierung entwickelt haben.

Allgemein ist die Fähigkeit verbreitet, mit Giftstoffen konjugierte Produkte zu bilden, die nicht mehr toxisch sind. Dies sind besonders wirksame Entgiftungsmechanismen. Dabei wird ein vom Organismus produziertes Molekül mit der funktionellen Gruppe des toxischen Stoffes kondensiert (Smith 1955).

3.1 Konjugationsmechanismen

Bildung von Hippursäuren

Hippursäure ist im Harn der Säugetiere weit verbreitet. Sie wird durch Kondensation von Benzoesäure mit Glycin gebildet:

Diese Reaktion findet auch zwischen vielen anderen aromatischen und einigen aliphatischen Säuren statt und wurde auch bei anderen Wirbeltieren gefunden (Hutson 1972). Aber auch bei Insekten gehört sie zum normalen intermediären Stoffwechsel. So bilden Stechmücken der Gattung *Aedes* aus ^{14}C-Benzoesäure Hippursäure und vermindern die Toxizität der Benzoesäure. Beim Seidenspinner *Bombyx mori* hat man im Kot der Larven eine ganze Reihe von Glycin-Konjugaten gefunden. Im Stamm *"white 1"* von *Bombyx mori* kann das Kynurenin (II), das ein Intermediärprodukt des Tryptophan (I)-Stoffwechsels darstellt, nicht in Oxykynurenin (III) verwandelt werden. Es wird zur *o*-Aminobenzoesäure (IV) abgebaut, die als Glycin-Derivat ausgeschieden wird. Eine andere Mutante produziert 3-Hydroxy-*o*-Aminobenzoesäure (V) (3-Hydroxy-anthranilsäure), die dann auf die gleiche Weise ausgeschieden wird.

I II III IV V

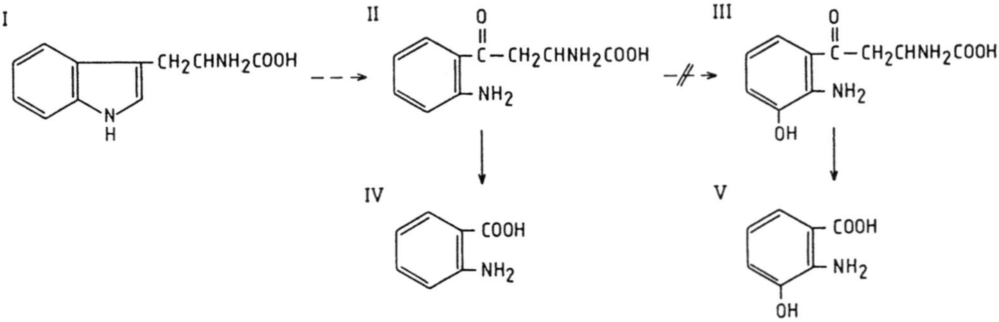

Diese Reaktionen konnten sowohl in Larven als auch in Imagines nachgewiesen werden. Auch mit *p*-Aminobenzoesäure bildet Glycin in Insekten Konjugate. Nach Injektion von 1 mg *p*-Aminobenzoesäure in *Locusta migratoria* wurden etwa 10 % mit den Faeces als Glycin-Konjugat ausgeschieden. Das gleiche gilt für Salicylharnsäure, *p*-Nitrohippursäure und Hippursäure selbst. Diese Metaboliten wurden in kristalliner Form isoliert und mit Hilfe ihrer UV-Spektren charakterisiert (Smith 1955).

Bildung von Schwefelsäure-Verbindungen

Stärker toxisch als die aromatischen Säuren wirken die Phenole. So ist Dinitro-*o*-kresol ein weitverbreitetes Insektizid. Ein Entgiftungsmechanismus für solche Phenole besteht in der Bildung von ätherischen Sulfaten, die ausgeschieden werden. Im Harn der Säugetiere weitverbreitet ist Indoxylsulfat (II), das durch Kondensation von Schwefelsäure und Indoxyl (I) entsteht (Roy & Trudinger 1970).

I II

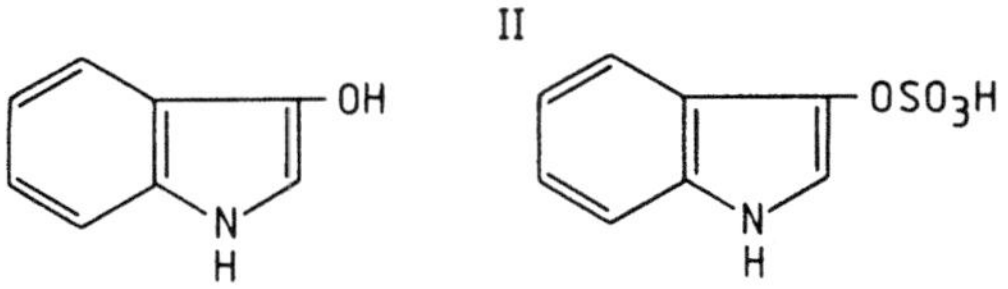

Auch bei Insekten wurden solche Schwefelsäure-Verbindungen in den Exkreten nachgewiesen. Nach Verabreichung von *m*-Aminophenol, 7-Hydroxycumarin und 8-Hydroxychinolin konnten die entsprechenden Sulfate aus den Faeces isoliert werden. Diese Reaktion scheint jedoch nur in geringem Maße abzulaufen, ist aber wohl weitverbreitet. Sie wurde bei Heuschrecken, Käfern und Schmetterlingen gefunden.

Phosphatkonjugation

Obgleich die Biosynthese von Phosphatestern eine allgemeine und notwendige Reaktion im intermediären Stoffwechsel ist, scheint eine Konjugation körperfremder Substanzen mit Phosphaten recht selten zu sein. Nur Insekten scheinen in dieser Hinsicht eine Ausnahme zu machen (Smith 1968). 4-Nitrophenol kann in Gegenwart von ATP und Mg^{++} phosphoryliert werden (Yang & Wilkinson 1973).

Bildung von Glucuroniden und β-Glucosiden

Zur Entgiftung von Phenolen haben die Vertebraten eine weitere Reaktion zur Verfügung und zwar die Konjugation mit Glucuronsäure (Smith & Williams 1970). Das am meisten gefundene Produkt ist das β-Glucuronid des Phenols (Phenyl-β-D-Glucuronid):

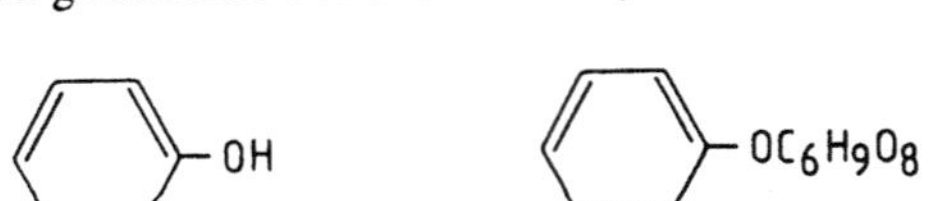

Daneben wurde bei verschiedenen Säugetieren auch die Bildung von Glucosiden von Isoflavonolen, Phenolen, Steroiden und Bilirubin gefunden (Gessner et al. 1973, Williamson et al. 1972).

Bei Insekten wurden bisher keine meßbaren Mengen an Glucuronsäure als Stoffwechselprodukt nachgewiesen. Alle getesteten Phenole wurden mit Glucose konjugiert und als β-Glucoside ausgeschieden.

Wurde der Wanderheuschrecke *Locusta migratoria m*-Aminophenol oder Hydrochinon injiziert, so wurden Glucoside gebildet, die sich durch ihre UV-Absorption und ihr ionophoretisches Verhalten nachweisen ließen. Die Glucoside sind im Gegensatz zu den freien Phenolen nicht toxisch, so daß ein wirkungsvoller Entgiftungsmechanismus vorliegt.

Glucoside sind aber auch normale Bestandteile der Insektenfaeces, die oft der pflanzlichen Nahrung entstammen, wie die gefundenen Glucoside des Anthocyanidins und Flavonols, die nicht resorbiert werden. Auch Pflanzen besitzen somit diesen Konjugationsmechanismus (Williams, R. T., 1959, 1967) (s. Bild 71). Toxische Stoffe müssen resorbierbar sein, wenn sie mit Glucose konjugiert werden sollen, denn im Mitteldarm von *Locusta* wurden sowohl Glucuronidasen, die Glucuronide spalten, als auch β-Glucosidasen gefunden, die Glycoside hydrolysieren.

Glucoside werden als Exkrete nicht immer ausgeschieden, sondern können auch als Farbstoffe in die Epidermis eingelagert werden. So kennen wir bei Blattläusen (Aphiden) charakteristische phenolische Pigmente, die Aphine genannt werden, die als Glucoside vorliegen. Wasserlösliche Protoaphine konnten aus *Aphis fabae*, der Schwarzen Bohnenlaus, isoliert werden. Ein anderes Stickstoffhaltiges Glucosid ist das Bombycin, das von einigen Seidenspinnerstämmen produziert und in die Kokons eingelagert wird. Hier soll es sich um ein Glucosid eines Pterins handeln, das nicht in den Maulbeerblättern, die die Larven fressen, vorhanden ist.

Somit ist verständlich, daß auch aromatische Insektizide mit Glucose konjugiert und inaktiviert werden. Aus vielen Insekten konnten unerkannte wasserlösliche Konjugate isoliert werden, die vermutlich Sulfate oder Glucoside darstellen. So werden von *Locusta migratoria* Dinitro-*o*-kresol und auch 6-Amino-4-nitro-*o*-kresol als Glucoside ausgeschieden. Phenothiazine und DDT ergeben in der Küchenschabe *Periplaneta americana* wasserlösliche Produkte; erst nach saurer Hydrolyse kann das Insektizid mit organischen Lösungsmitteln extrahiert werden. Die Konjugation wird mit steigender Temperatur stark beschleunigt: Bei 35 °C wurden 50 %, bei 25 °C nur 7 % konjugiert. Dies bietet eine Erklärung dafür, daß eine Reihe von Insekten bei höheren Temperaturen gegen DDT toleranter sind als bei tieferen. Die Konjugate des DDTs wurden jedoch bisher nicht näher identifiziert. Zur Konjugation muß das DDT zunächst verändert werden; es muß entweder hydroxyliert oder zur Säure oxidiert werden (vgl. S. 146).

Konjugation mit Glutathion

Die Bildung von Glutathionkonjugaten führt bei schrittweiser Abspaltung des Glutamyl- und Glycinrestes zunächst zum Cysteinkonjugat, das schließlich zur Mercaptursäure acetyliert wird (Boyland & Chasseaud 1969). Auf diese Weise können speziell gewisse Organophosphat-Insektizide entgiftet werden. In Pflanzen kann Atrazin mit Glutathion konjugiert werden (Shimabukuro et al. 1970). Die hierzu erforderlichen Enzyme wurden in der Leber und Niere der Säugetiere gefunden. Jedoch ist der Konjugationsmechanismus über das ganze Tierreich verbreitet (Smith 1968, Williams 1971).

Acetylierung

Aromatische Aminosäuren werden von den meisten Tieren acetyliert und ergeben die entsprechenden Acetamido-Verbindungen. Auch bei Insekten funktioniert dieser Mechanismus; bei *Locusta migratoria* wird Sulphadimidin (I) als N-Acetyl-Derivat (II) ausgeschieden. Allerdings läuft diese Reaktion nur langsam ab. Nach Injektion von 1 mg/g wurden nur 10 % in konjugierter Form in den Exkrementen wiedergefunden.

I

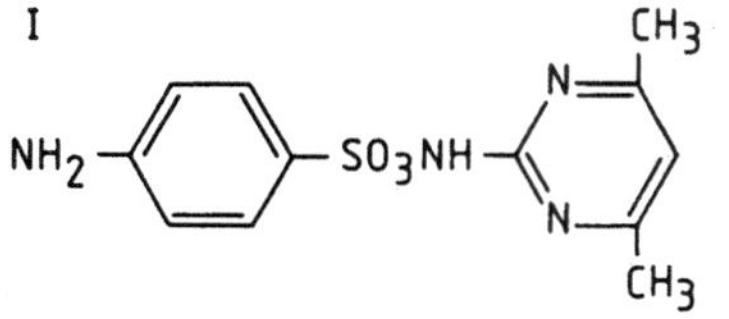

II

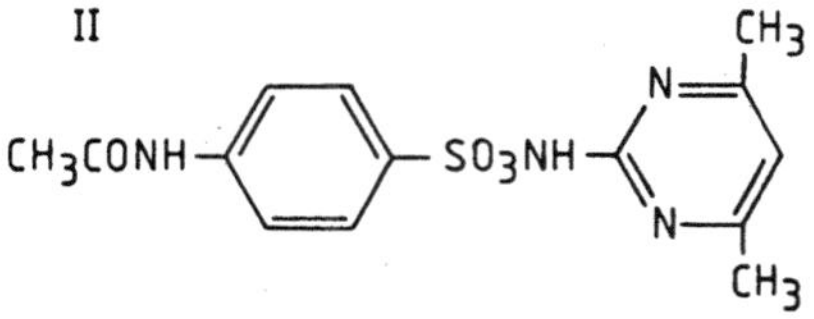

Auch 6-Amino-4-nitro-*o*-kresol (III), das ein möglicher Metabolit des Insektizids Dinitro-*o*-kresol ist, wird in *Locusta* acetyliert (IV)

III

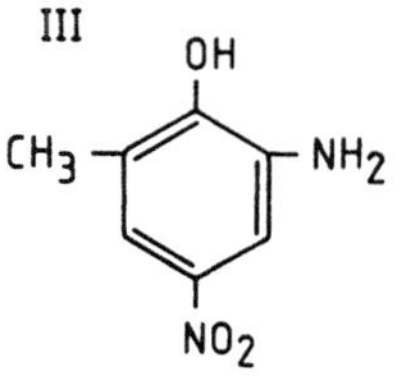

IV

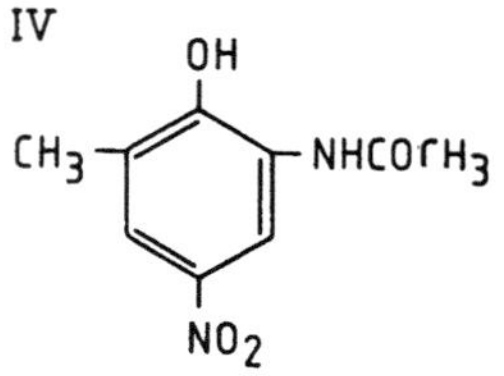

In Vertebraten verlaufen diese Reaktionen beträchtlich schneller ab.

p-Aminobenzoesäure kann von der Larve des Seidenspinners *Bombyx mori* und der Wachsmotte *Galleria mellonella* acetyliert werden. Eine Konjugation ist bei subletalen Dosen besonders wirksam. Andererseits reagieren nicht alle Entwicklungsstadien gleich; bei Larven nahe einer Häutung verlief diese Reaktion wesentlich langsamer.

Methylierung

Von den vielen Methylierungsreaktionen, die jeder Organismus durchzuführen vermag, ist hier die Methylierung von heterozyklischen Stickstoffatomen erwähnenswert, die als Entgiftungsmechanismus angesehen werden kann. Die bei Vertebraten gefundene Stoffwechselreaktion, daß Nicotinamid (I) als N-Methylnicotinamid (II) ausgeschieden wird, liegt vermutlich auch bei Insekten vor. Denn letzteres konnte auch in den Exkreten von *Tenebrio*-Larven (Mehlkäferlarven) nachgewiesen werden. Andererseits bildet die Puppe der Schmeißfliege *Lucilia caesar* kein N-Methylnicotinamid, und auch der Seidenspinner *Bombyx mori* ist nach papierchromatographischen Untersuchungen nicht in der Lage, eine Methylierung von Nicotinamid vorzunehmen.

I

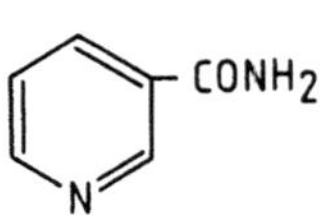

II

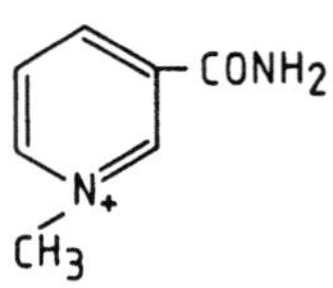

Dagegen scheint eine Dealkylierung von N-Methyl-nicotinamid, Dialkylnicotinamid und wahrscheinlich auch Monoacrylnicotinamid beim Kornkäfer *Tribolium confusum* möglich zu sein.

3.2 Oxidationen

Aliphatische Oxidationen

Wenn eine Fremdsubstanz nicht direkt konjugiert werden kann, ist der erste Schritt zur Veränderung gewöhnlich eine Oxidation. Diese führt zu Hydroxyprodukten oder sogar zur Carbonsäure, die dann durch einen der erwähnten Konjugationsmechanismen eliminiert werden können. Solche Oxidationen gehen gewöhnlich ohne Auftreten von Intermediärprodukten vor sich.

$$R{\cdot}CH_3 \longrightarrow R{\cdot}CH_2OH \longrightarrow R{\cdot}CHO \longrightarrow R{\cdot}COOH$$

Diese von Säugetieren bekannte Reaktion scheint bei Insekten weniger vollständig zu sein. So kann 3-Methylpyridin nicht den Wachstumsfaktor Nicotinsäure ersetzen. *Tribolium* scheint nicht fähig zu sein, die Methylgruppe zur Carboxylgruppe zu oxidieren. Andere Käferlarven, wie die von *Phyllodecta-*, *Aromia-*, *Melasoma-* und *Plagiodera-*Arten, können die Methylgruppe nur bis zum Aldehyd oxidieren; die Oxidation zur Säure geht erst im adulten Tier vor sich. Solche im Stoffwechsel anfallenden Aldehyde werden von den Larven oft in bestimmten Drüsen gespeichert und dienen ihnen als Abwehrstoffe. Andererseits wird es verständlich, wenn Insektizide bei Entwicklungsstadien einen anderen Wirkungsgrad haben als bei Imagines.

Bei *Locusta* führt die Oxidation eines alizyklischen Systems zu einem Integumentfarbstoff: der β-Ionenring (I) des β-Carotins wird im Integument zu Astaxanthin (II) oxidiert.

I

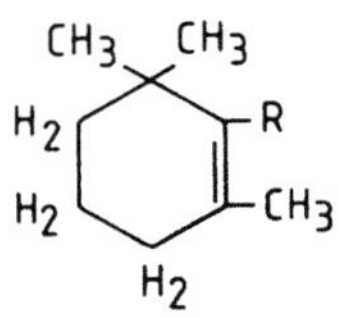

II

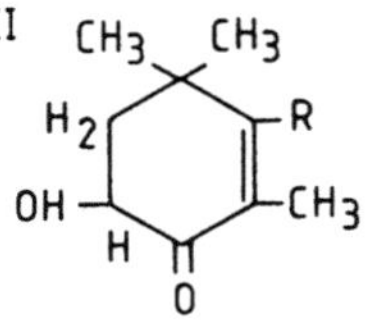

Auch die aliphatische Kette des Pyrethrin-Moleküls scheint von gewissen Insekten oxidiert zu werden. Eine Inaktivierung des Insektizids (vgl. S. 126) wurde in *Prodenia eridania* beobachtet. Werden Gewebe dieses Lepidopters in Gegenwart von Luft geschüttelt, so steigt die Inaktivierung von Pyrethrum stark an. Vermutlich tritt eine Oxidation ein. Diese enzymatische Inaktivierung kann durch Zusatz von Piperonylbutoxid (vgl. S. 86) verhindert werden, wodurch gleichzeitig die toxische Wirkung der Pyrethrine erhöht wird. Man weiß zwar, daß eine Oxidation die Giftwirkung der Pyrethrine herabsetzt, jedoch sind die entstehenden Metaboliten unerkannt. Bekannt ist nur, daß eine vollständige Oxidation zu $^{14}CO_2$ stattfinden kann, wenn radioaktiv markierte Pyrethrine metabolisiert werden. Dies mag der Grund sein, weshalb diese Stoffgruppe für Säugetiere nicht oder nur wenig toxisch ist.

Hydroxylierung von aromatischen Ringen

In Vertebraten ist die Hydroxylierung von aromatischen Ringen eine sehr allgemeine Entgiftungsreaktion. Eine Reihe von Faktoren beeinflußt die Reaktion. Auch hier folgt auf die Oxidation eine Konjugation mit Schwefelsäure oder Glucuronsäure und schließlich die Ausscheidung. Für Insekten ist die Frage interessant, wieweit die Tyrosinase an diesem Entgiftungsmechanismus beteiligt ist. Tyrosinase scheint bei der Oxidation der Phosphorsäureamid-Insektizide eine Rolle zu spielen; eine Beteiligung an der Oxidation von aromatischen Produkten ist bisher unbekannt. Bei Säugetieren sollen die Oxidasen des Endoreticulums der Zellen Sauerstoffradikale bilden, die dann mit dem Toxin reagieren.

Von den Insektiziden wurde jedoch lediglich Phenothiazin (I) getestet, das aufgrund histochemischer Untersuchungen zu Leucothionol (II) oxidiert wird. Aber diese Oxidation geht auch in der Luft vor sich, so daß der Aussagewert eines solchen Befundes wenig Auskunft über den ablaufenden Oxidationsmechanismus gibt.

I

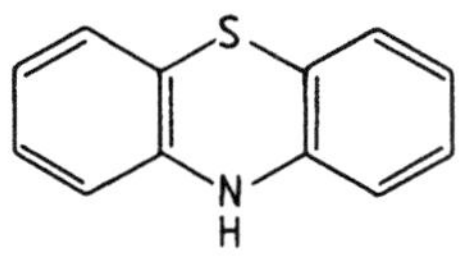

II

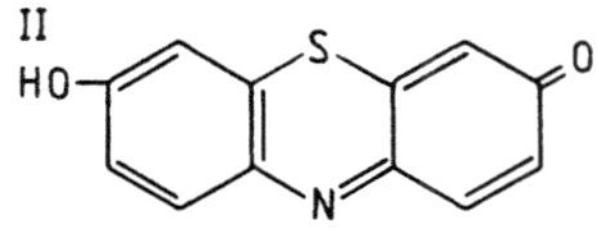

Von körpereigenen Substanzen ist bekannt, daß aromatische Aminosäuren hydroxyliert werden können. Wie Vertebraten, so kann die Larve der Stechmücke *Aedes aegypti* Phenylalanin zu Tyrosin oxidieren und dieses weiter oxidativ verändern. Auch die Anwesenheit von Adrenalin, Noradrenalin und Hydroxytyramin im Mehlkäfer *Tenebrio molitor* und der Honigbiene *Apis mellifera* zeigt an, daß Vertebraten und Insekten im Stoffwechsel gleiche Oxidationswege verfolgen.

Erwähnenswert ist auch die Oxidation von Tryptophan über Kynurenin zu Oxykynurenin (vgl. S. 31), die bei zahlreichen Insekten erfolgen kann. Das Oxykynurenin kann dann mit Schwefelsäure zum Oxykynureninsulfat konjugiert werden, das Viscontini & Schmid (1963) aus der Wanze *Rhodnius prolixus* isolieren konnten, und das mit den Exkrementen ausgeschieden wird. Ein anderer Abbau des Tryptophans führt zum 4-Hydroxyquinolin (I).

I

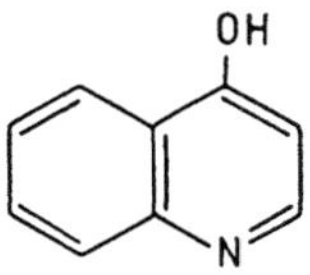

Oxidation von Thiophosphat-Insektiziden

Reine Thiophosphate, wie z. B. Parathion (I), haben *in vitro* nur eine sehr geringe Anticholinesterase-Wirkung. *In vivo* ist die Aktivität von Parathion wesentlich höher. Diese starke Hemmwirkung der Cholinesterase und auch der Ali-Esterasen kommt durch ein Stoffwechselprodukt des Parathions, das Paraoxon (II), zustande. Gage (1967) konnte Paraoxon nach Parathiongaben aus Rattenleber extrahieren und mittels Papierchromatographie und Ionophorese seine Identität aufzeigen. Die gleiche Reaktion zeigten Metcalf & Marsh (1949, 50) in der Küchenschabe. Die Oxidation ging hier im Vorderdarm und Kropf am schnellsten vor sich, sie wurde aber auch im Fettkörper, in den Nerven und Malpighi-Gefäßen gefunden; Kutikula und Muskeln waren inaktiv. Die höchste Enzymaktivität wurde zwischen pH 8–9 nachgewiesen.

I

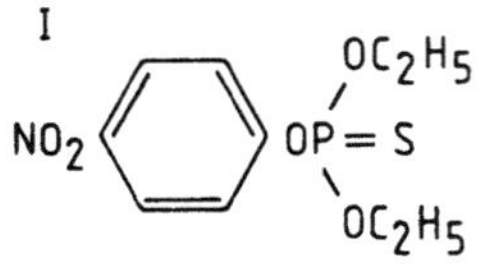

II

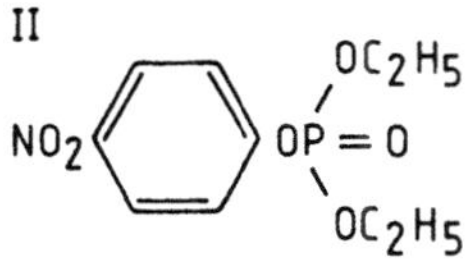

In Vertebraten wird Parathion weiter hydrolysiert und schließlich wird *p*-Nitrophenol mit dem Urin abgeschieden. Aber auch bei der Küchenschabe wurde diese hydrolytische Bildung von *p*-Nitrophenol aus Parathion beobachtet. Dieser Entgiftungsprozeß ist für Organophosphat-Insektizide von besonderer Wichtigkeit (s. Bild 61).

Ein anderer Weg der Entgiftung ist die Dealkylierung. An solchen Prozessen sind drei Enzymkomplexe beteiligt: Glutathion-S-Transferase (Fumaki & Shishido 1966), $NADPH_2$ und O_2 abhängige mikrosomale Mischoxidasen (Donninger et al. 1966) und ein lösliches hydrolytisches Enzym (Kojima & O'Brien 1968). Die Abbauprodukte erscheinen schließlich als Glucuronide, Glucoside oder als Konjugate von Aminosäuren. Zur Bildung solcher Konjugationsverbindungen ist zunächst eine Oxidation, Hydrolyse oder entsprechende Reaktion erforderlich (Bull 1972) (s. Bild 58).

Oxidation von Pyrophosphorsäureamiden

Ungleich den organischen Pyrophosphaten, die z. B. im Stoffwechsel der Küchenschabe durch einfache Hydrolyse inaktiviert werden, können die Dimethylaminophosphorsäureamide durch Oxidation im Stoffwechsel aktiviert werden, wodurch ihre größere Wirkung *in vivo* als *in vitro* zustande kommt. Die Oxidation kann in den verschiedensten Organen und Geweben von Tier und Pflanze vor sich gehen. So kann Schradan (I) von ganz verschiedenen Insekten oxidiert werden. In der Küchenschabe geschieht dies hauptsächlich in den Blinddärmen als Aussackungen des Mitteldarmes.

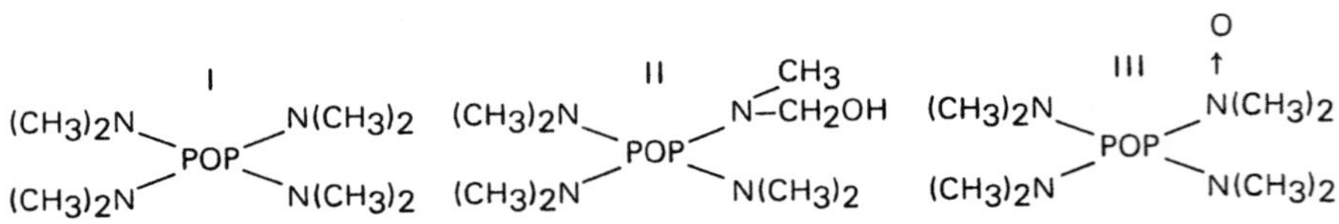

Die Oxidationsprodukte des Schradans sind in alkalischer Lösung sehr instabil. Man nimmt an, daß es sich um labile N-Hydroxy-methyl-Derivate (II) oder N-Oxide (III) handelt. N-Hydroxymethyl-Derivate sind vom Dimethylaminobenzol bekannt; sie werden im Stoffwechsel der Ratte gebildet. N-Oxide entstehen durch Oxidation von Trimethylamin im Hund. Vom Schradan wurden die gleichen Oxidationsprodukte in Pflanzen, Vertebraten und Insekten gefunden. Durch Säuren wird Formaldehyd abgespalten.

3.3 Reduktionsprozesse

Eine Reduktion von organischen Verbindungen wurde bei Tieren weit seltener beobachtet. *p*-Nitrobenzoesäure wird in der Wanderheuschrecke *Locusta migratoria* in geringen Mengen reduziert und als *p*-Aminobenzoesäure oder *o*-Aminohippursäure ausgeschieden. Das Insektizid Dinitro-*o*-kresol, daß vom Kaninchen reduziert wird, scheint in *Locusta*-Larven die gleichen Veränderungen zu erfahren. Bei Insekten ist eine Reduktion weniger überraschend, denn die Hämolymphe hat meist ein hohes Redoxpotential, das einhergeht mit der Erhaltung des reduktiven Zustandes der Polyphenole, die zur Gerbung der Kutikula benötigt werden.

3.4 Dehydrochlorinierung

Eine wichtige Reaktion beim Abbau chlorierter Kohlenwasserstoffe ist die enzymatische Abspaltung von HCl. Die Reaktion wurde zunächst bei Insekten nachgewiesen, als DDT-resistente Stämme auftraten. Sie ist aber auch bei Säugetieren gefunden worden. Als Metabolit tritt DDE (2,2-Di-(*p*-chlorphenyl)-1, 1-dichloräthylen) auf. Schließlich entsteht durch weitere Dehydrochlorinierung und Wasseranlagerung DDA (Di-(*p*-Chlorphenyl) essigsäure), die als Glucuronsäure-Konjugat im Urin auftritt. Alle Ergebnisse mit DDT-resistenten Insektenstämmen weisen darauf hin, daß die Resistenz mit der Entwicklung eines solchen detoxifizierenden Mechanismus einhergeht (vgl. S. 234).

Das für die Dehydrochlorinierung und damit Entgiftung verantwortliche Enzym konnte aus resistenten Hausfliegen isoliert werden (Tabelle 2). Es reagiert nicht mit DDE. Nath & Mehrotra (1977) reicherten DDT-Dehydrochlorinase aus *Schistocerca gregaria* auf das Zehnfache an.

Tabelle 2 Eigenschaften der DDT-Dehydrochlorinase (E.C. 4.5.1.1) nach Angabe von Lipke & Kearns (1959a, b), Dinamarca et al. (1969, 1971)

MG	36 000 (120 000 tetramer)	Sulfhydrylgruppen	32 tetramer
		Disulfidbindungen	0
Typ	Lipoprotein	Isoelektrischer Punkt	6,5
pH-Optimum	7,4	Zellfraktion	Lösl. Fraktion
K_m	5 × 10 M (DDT)	Enzymquelle	Insekten
Cofaktor	GSH		

Goodchild & Smith (1970) zeigten, daß das Hausfliegenenzym sich im Saccharosegradienten zwischen pH 5 und 8 elektropheretisch in zwei Hauptfraktionen auftrennen läßt, während Glutathion-S-aryltransferase nur eine aktive Fraktion lieferte. Nach isoelektrischer Fokusierung zeigten sich multiple Formen der DDT-Dehydrochlorinase.

3.5 Entgiftung von Schwermetallsalzen

Schwermetalle reagieren mit SH-Gruppen in den Proteinen und stellen somit bedeutende Zellgifte dar. Findet diese Reaktion bereits im Darmlumen statt, so wird das Schwermetall in ein unlösliches Sulfid überführt und seine Resorption verhindert. Dieser Entgiftungsmechanismus findet vor allem bei hohem Redoxpotential statt, das häufig bei Insekten zu finden ist. So werden in der Kleidermotte *Tineola bisielliella* Metallionen wie Pb^{++}, As^{+++}, Ni^{+}, Co^{++} und Hg^{++}, die für die meisten Tiere Fraßgifte darstellen, als Sulfide gebunden. Die Sulfhydrylgruppen entstammen dem Keratin, das mit der Wolle, die die Larven fressen, zugeführt wird. Aber nicht alle keratinfressenden Insekten zeigen diesen Entgiftungsmechanismus, weil der Abbau der schwefelhaltigen Aminosäuren nicht bis zum Sulfid-Ion erfolgt.

3.6 Entgiftung von Cyanid

Ohkawa & Casida (1968) konnten zeigen, daß Glutathion-S-Transferasen beim Umbau von organischen Thiocyanaten eine bedeutende Rolle spielen. Der enzymatische Angriff erfolgt mit Hilfe von Glutathion (GSH). Er kann entweder an der Cyanogruppe oder am Thiocyanat-Schwefel ansetzen. In beiden Fällen findet eine Freisetzung von Blausäure statt:

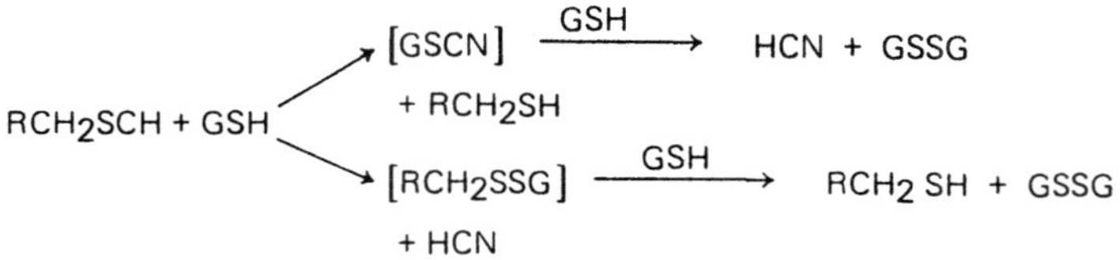

Für den Metabolismus entsteht ein toxisches Produkt, das mit Hilfe von Schwefel zu anorganischem Thiocyanat entgiftet wird:

$$SSO_3^{2-} + CN^- \xrightarrow{\text{Rhodanase}} SO_3^{2-} + SCN^-$$

Die diese Reaktion steuernde Rhodanase ist dimer und hat ein Molekulargewicht von 37 500 (Westley 1973).

Blausäure ist für Wirbeltiere allgemein hoch toxisch, während viele Wirbellose mitunter eine stundenlange Behandlung überleben können. Rhodanase ist im Tierreich weit verbreitet. Jedoch entsteht beim Abbau von Thiocyanaten nicht immer Blausäure; sie konnte nach Inkubation von Leberschnitten mit insektiziden Thiocyanaten nicht festgestellt werden, so daß angenommen werden kann, daß die Toxizität dieser Pestizide wohl nicht auf dem Freiwerden von CN-Ionen beruht.

3.7 Bedeutung der Lipide für die Entgiftung von Pestiziden

Eine Reihe von organischen Insektiziden besitzt eine ausgesprochene Fettlöslichkeit, so daß das Körperfett eine Menge an solchen Giften adsorbieren und auf diese Weise entgiften kann. Dies kann die Ursache für die unterschiedliche Verträglichkeit von Giften bei sensiblen und resistenten Populationen sein. Auf diese Tatsache weist auch die Beobachtung hin, daß weniger lipophile chlorierte Kohlenwafferstoffe in geringeren Konzentrationen wirksam sind als stark lipophile. Durch Salzperfusionen konnte gezeigt werden, daß das Pestizid an der Oberfläche der Fettkugeln adsorbiert wird und daß der Mechanismus solange wirken kann, bis die Oberfläche besetzt ist. Dementsprechend wird ein hoher Körperfettgehalt die Pestizidwirkung herabsetzen. Dies ließ sich durch Veränderung des Fettgehaltes infolge unterschiedlicher Fütterung für DDT, BHC, Chlordan und Dieldrin nachweisen.

Eine erhöhte Pestizidadsorption durch Körperfette kann aber auch Nachteile haben. Dies ließ sich an verschiedenen Entwicklungsstadien der Insekten zeigen. Wird das von fettreichen Larven gespeicherte Insektizid nach der Verpuppung und Metamorphose infolge des Fettverbrauches frei, so kann es den schnellen Tod der geschlüpften Imago bewirken. Für Fliegen und Mücken ist dies eine allgemeine Tatsache. Bei Mensch und Säugetieren sowie Vögeln können schnelle Abmagerungskurven infolge erhöhter Freisetzung von Insektiziden Vergiftungserscheinungen mit sich bringen (Bogan & Newton 1977) (siehe auch S. 147).

Aber auch die Art des Körperfettes spielt offenbar eine Rolle. Bei *Periplaneta americana* überlebten Individuen mit mehr ungesättigten Lipiden höhere Dosen an DDT als solche mit stärker gesättigten Körperfetten. Somit setzt ein höherer Anteil an ungesättigten Fettsäuren verbunden mit einem hohen Fettgehalt die Toleranz der Insekten herauf. Dabei sind Weibchen wegen ihres höheren Fettgehaltes weniger empfindlich als Männchen. Auch sind junge Tiere mit höherem Fettgehalt weniger empfindlich als alte. Aber diese Relation ist nicht immer erkennbar; es liegen auch negative Befunde vor. Versuche mit Calziumarsenat, das fettunlöslich ist, können nähere Hinweise geben: Dieses Fraßgift ist auch bei fettarmen Individuen wirksamer als bei fettreichen. Ungeklärt ist, wieweit die Zusammensetzung der Nahrung hierbei eine Rolle spielt.

Auch bei den Käfern *Agelastica alni* und *Pseudophonus rufipes* wurde eine direkte Beziehung zwischen Fettgehalt und Insektiziddosis gefunden. Jedoch bietet eine hohe Stoffwechselrate gegenüber DDT und HCH einen größeren Schutz als ein hoher Fettgehalt.

3.8 Mutagene und karzinogene Wirkung von Konjugationsprodukten

Bei der Entwicklung und Anwendung von systemisch wirkenden Insektiziden stand nicht nur der Gedanke an eine Leitung der Wirkstoffe im Organismus im Vordergrund, sondern auch eine Erhöhung der Toxizität der Verbindungen gegenüber den Schadtieren im Stoffwechsel der zu schützenden Pflanze. Von organischen Phosphorsäureestern werden von höheren Pflanzen tatsächlich solche Verbindungen hergestellt; sie sind für die Pflanze nicht toxisch (vgl. S. 178, 189, 197, 201–202).

Anders verhalten sich Konjugate von Karbamat-Insektiziden. Durch das mikrosomale Oxidasensystem entstehen zunächst N-Hydroxyverbindungen, die zu Glucuroniden, Sulfaten oder Phosphaten konjugiert werden, wie dies in Bild 7 für das 2-Acetylaminofluoren (AAF) gezeigt wird. Gewisse N-Hydroxykonjugate reagieren sehr stark mit nukleophilen Zentren der Nukleinsäuren oder Proteinen (Heidelberger 1973). Es sind schließlich die karzinogenen oder mutagenen Verbindungen, die kovalente Bindungen mit kritischen Makromolekülen der Zelle eingehen.

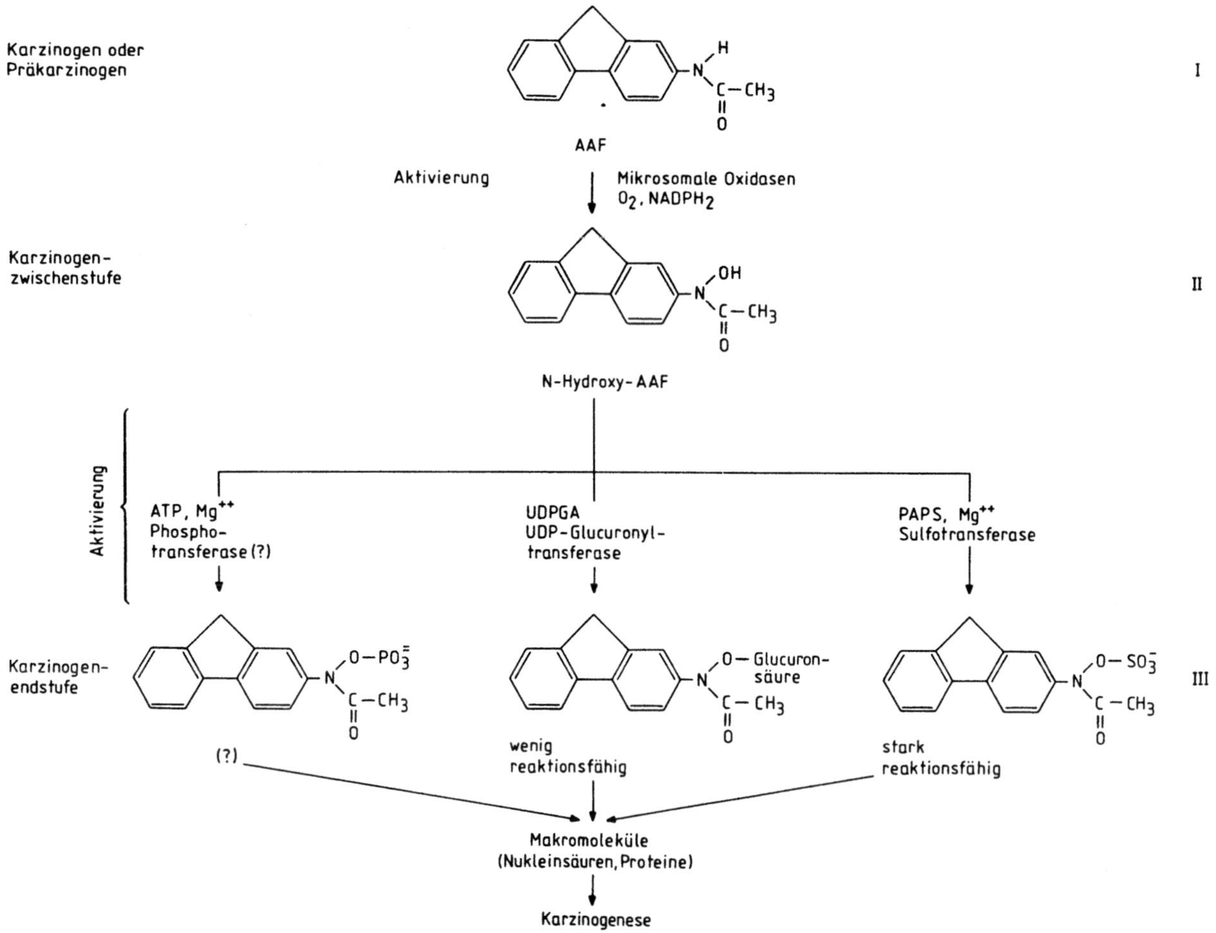

Abb. 7 Stoffwechselaktivierung von 2-Acetylaminofluoren (AAF) und chemische Karzinogenese, zusammengestellt nach Arbeiten von Miller & Miller (1966), King & Phillips (1968, 1969), Miller (1970), Irving (1970, 1971), Heidelberger (1973).

Das dargestellte Beispiel macht deutlich, daß ein im Stoffwechsel vorhandener Konjugationsmechanismus nicht in allen Fällen zu einer Entgiftung von Fremd- und auch Körperabbaustoffen führen muß. Je nach chemischer Struktur des konjugierten Stoffes kann er akut toxisch, mutagen und/oder karzinogen sein. Beim AAF ist weder das Ausgangsprodukt (I) noch das Oxidationsprodukt (II) karzinogen wirksam; sie verbinden sich nicht mit DNA. Nur die reaktiven Produkte (III) können an DNA gebunden werden. Der Schwefelsäureester spielt eine Schlüsselstellung bei der Entstehung von Lebertumoren. Das über die Blutbahn leicht transportable Glucuronid wird für die Bildung von extrahepatischen Tumoren verantwortlich gemacht. Andere Verbindungen mit einer Hydroxylamingruppe haben als Glucuronide oder Sulfate ähnliche Eigenschaften.

Auch bei dem als Schmerzmittel bekannten Phenacetin (IV) wurde eine N-Hydroxylierung mit anschließender Glucuronidbildung gefunden. Aus dem Reaktionsprodukt entsteht ein reaktives Zwischenprodukt, das N-Acetyl-imidochinon (V). Dieses Intermediat ist vermutlich für die Papillennekrosen bei übermäßigem Gebrauch von Phenacetin verantwortlich, als deren Folge auch Nierenbeckentumore beschrieben wurden. Bei Tierarten, die Amine nicht N-hydroxylieren können, entfällt erwartungsgemäß der karzinogene Effekt.

Auch das in pflanzlichen Ölen und Gewürzen vorkommende Safrol (VI) kann als Glucuronid oder Sulfat karzinogen wirken, ähnlich wie das ihm strukturell nahestehende, in Nahrungspflanzen und vielen ätherischen Ölen und Gewürzen vorhandene Estragol. Letzteres wirkt bei Mäusen bereits in relativ niedrigen Dosen karzinogen.

Bei dem Tuberkulostatikum Isonicotinsäurehydrazid (VII) führt eine Acetylierung zu erhöhter Toxizität. Acetylierung der freien Aminogruppe und hydrolytische Spaltung ergeben Isonikotinsäure und Acetylhydrazin. Letzteres wird in Form eines oxidierten Zwischenproduktes als Ursache für Leberschädigungen angesehen. Aufgrund individuell unterschiedlicher Enzymausstattungen verlaufen die Konjugationsreaktionen verschieden schnell. Dies ist vermutlich der Grund für die unterschiedliche Empfindlichkeit gegenüber karzinogenen Arylaminen und deren Metaboliten.

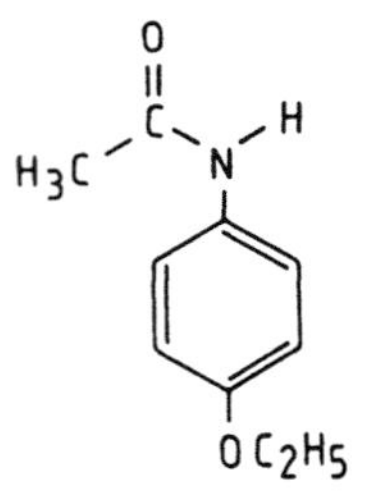

IV

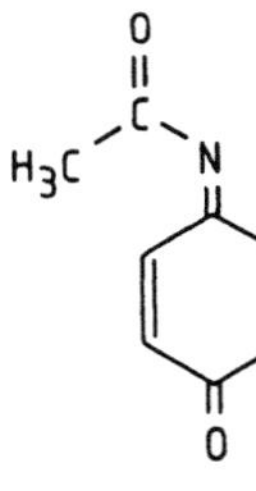

V

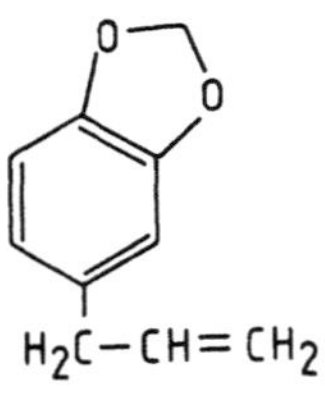

VI

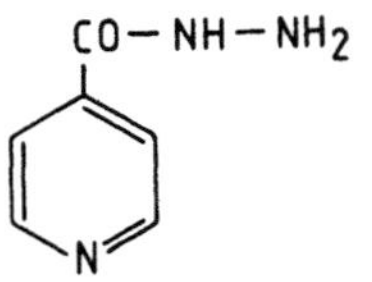

VII

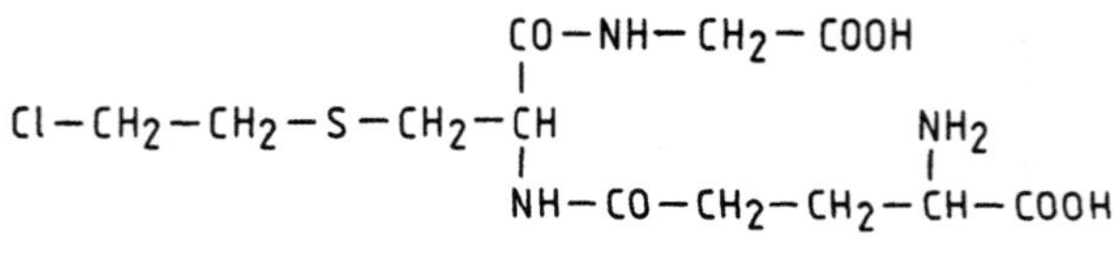

VIII

Nach neueren Untersuchungen kann auch die Konjugation mit Glutathion zur Erhöhung der Giftwirkung des zugeführten Wirkstoffes führen. So entsteht nach Konjugation mit Glutathion aus 1,2-Dichloräthan, dem bei weitem am meisten produzierten aliphatischen chlorierten Kohlenwasserstoff, ein Mutagen und Karzinogen. Bei dieser Konjugationsreaktion wird ein Cl-Atom durch die S-Glutathionylgruppe ersetzt. Dies führt zum äußerst reaktionsfähigen *β*-Halogenthioäther (VIII). Das nach Benzinzusatz häufig als Schädlingsbekämpfungsmittel verwendete 1,2-Dibromäthan wird auf gleiche Weise zu einer mutagen und karzinogen wirkenden Konjugationsverbindung aktiviert. Substanzen mit guten Abgangsgruppen an vicinalen Kohlenstoffatomen werden grundsätzlich durch Glutathionkonjugation in potentielle Mutagene umgewandelt. Je größer die Elektrophilie des Substituenten ist, desto größer ist die mutagene Wirkung. Auch die sterische Anordnung der Substituenten hat Einfluß auf die biologische Wirksamkeit. Die durch Glutathionkonjugation entstandenen *β*-Halogenthioäther erfahren weitere Veränderungen im Stoffwechsel. Sie werden zunächst oxidativ enthalogenisiert; es resultiert der entsprechende *β*-Hydroxylthioäther, der mit einem weiteren Glutathionmolekül zum Dithioäther konjugiert. Beide Stoffwechselprodukte sind aber biologisch inaktiv. Dieses Beispiel zeigt, wie Glutathionkonjugation zunächst zu einer toxischen Substanz führen kann, dann jedoch zur Entgiftung (Reichert 1981).

Angesichts der großen Anzahl von Fremdstoffen, denen Tier und Mensch in ihrer Umwelt ausgesetzt sind, kommt dem Studium des Stoffwechsels der Umweltwirkstoffe größte Bedeutung zu.

III Grundlagen der Prüfung von Pestiziden auf ihre Toxizität

Der Weg der meisten Erfindungen aus dem Laboratorium in die Praxis ist lang und voller Hindernisse. Bei der Suche nach neuen Pestiziden ist der Erfolg auch heute noch weitgehend vom Zufall abhängig, da unsere Kenntnisse über die Beziehungen zwischen chemischer Konstitution und biologischer Wirkung noch recht lückenhaft sind. Wird nun endlich ein Stoff mit toxischer Wirkung gefunden, so ist er noch lange nicht praxisreif. Eine große Anzahl von Insektiziden hat den Weg in die Praxis nie gefunden.

Hierfür können vielerlei Ursachen verantwortlich sein. Grundsätzlich müssen Neuerfindungen oder Neuentdeckungen den bereits verwendeten Präparaten überlegen sein. Sie müssen Vorzüge aufweisen, wie z. B. eine spezielle Wirksamkeit gegenüber besonders wichtigen und schwerbekämpfbaren Schädlingen. Auch Universalmittel mit einer großen Breitenwirkung, also mit einer Wirkung auf eine Vielzahl von Schädlingen, waren bisher immer interessant. Außerdem können spezifische Eigenschaften, wie systemische Effekte, hohe Stabilität und Haltbarkeit im Freiland oder ausgeprägte Initialwirkung einer neuen Verbindung Wert verleihen. Von großer Bedeutung ist stets eine geringe Warmblütertoxizität, es sei denn, die Bekämpfungsmaßnahmen richteten sich speziell gegen Angehörige dieser Tiergruppe. Schließlich wird aber auch eine optimale toxische Wirksamkeit ungenutzt bleiben, wenn die technische Herstellung der Verbindung preislich nicht konkurrenzfähig ist. Dies kann mitunter zu einer Negativauslese von Wirkstoffen führen.

Auf den Umfang der Anwendung spielen bestimmte Eigenschaften, wie übler Geruch, ätzende oder färbende Wirkung, eine wesentliche Rolle. Der Pflanzenschutzmann soll nicht belästigt werden. In den meisten Fällen wird eine gewisse Licht-, Oxidations- und Feuchtigkeitsstabilität vorausgesetzt. Im Pflanzenschutz sollen Insektizide mit anderen Wirkstoffen, wie Fungiziden, chemisch möglichst gut verträglich sein, damit eine Mischung erfolgen kann und Arbeitszeit bei der Freilandausbringung eingespart wird. Es dürfen keine Schädigungen an Blättern und Früchten der Pflanzen auftreten. Bei Verwendung der Mittel gegen Vorratsschädlinge darf an Lebensmitteln kein Geruch, der auf die Behandlung zurückzuführen ist, haften bleiben; an Textilien dürfen keine Flecken zurückbleiben.

Die Beantwortung all dieser Fragen bedarf eines umfangreichen und zeitraubenden Screening-Programms, bevor die Zulassung des Präparats bei den amtlichen Stellen beantragt wird.

1 Verschiedene Prüfmethoden

1.1 Allgemeines

Biologische Laboratoriumsprüfungen sind erforderlich, um die pestizide Wirkung eines Präparates eindeutig nachzuweisen und um die Wirkungsbreite oder Wirkspezifität zu ermitteln. Solche Prüfungen dienen auch der Überwachung der Produktion, der Kontrolle von Handelspräparaten sowie der Prüfung von Materialien aller Art auf Pestizidrückstände. Die Prüfungen werden mit Versuchstieren durchgeführt, für die meistens spezifische Laboratoriumstests ausgearbeitet wurden.

Bei der biologischen Laboratoriumsprüfung versucht man, die Schädlinge etwa den gleichen Bedingungen auszusetzen, wie dies bei der Freilandbekämpfung der Fall ist. Konzentration des Mittels, seine Mengenverteilung pro Flächen- und Rauminhalt, die Art der Mischung, die Temperatur und Luftfeuchtigkeit und schließlich die Versuchstiere müssen entsprechend gewählt werden. Spezifisch wirkende Präparate sollten an dem Schädling geprüft werden, gegen den sie angewendet werden sollen. Bewährte Testtiere für Kontaktgiftprüfungen sind Hausfliegen, Taufliegen, Kornkäfer, Reismehlkäfer, Bohnenkäfer, Mehlkäferlarven und die Schwarze Bohnenlaus. Es sind Insekten, die relativ klein sind und eine hohe Vermehrungsrate besitzen, damit in vertretbarer Zeit eine statistische Absicherung der Testergebnisse möglich ist. Für die Rückstandsprüfung im Wasser werden gerne Wasserflöhe (*Daphnia* sp.) verwendet.

Bei den genannten Prüfungen wird die Pestizidempfindlichkeit einer bestimmten Tierart vergleichend untersucht. Als Vergleich dienen unbehandelte Tiere oder solche, die mit einem Pestizid-Standard begiftet wurden. Wichtig ist, daß der physiologische Zustand der Versuchstiere vergleichbar ist. Für quantitative Untersuchungen wird eine Reihe bekannter Konzentrationen verwendet, und dann wird bei konstanten Außenfaktoren gearbeitet. Nur unter solchen Bedingungen ist eine Reproduzierbarkeit der Ergebnisse möglich. Die trotzdem stets vorhandene biologische Schwankungsbreite wird durch Verwendung einer großen Tierzahl und durch statistische Auswertung der Befunde ausgeglichen. Die Auswertung soll sich auf die durchschnittliche Empfindlichkeit von 100 bis 200 Tieren stützen.

Die Applikation des Giftes richtet sich bei Laboratoriumsprüfungen weitgehend nach seiner Wirkungsweise. Je nachdem ob es sich um ein Kontakt-, Fraß- oder Atemgift handelt, wird die Versuchsanordnung verschieden sein. Bei der Versuchsauswertung wird zwischen gesund-flugfähig oder Rückenlage, lauf- und flugunfähig unterschieden; der physiologische Tod spielt nur eine untergeordnete Rolle, da Tiere in Rückenlage sich im allgemeinen nicht mehr erholen und als „tot" angesehen werden können. Die Bewertung der Ergebnisse erfolgt aufgrund der Dosis letalis meist innerhalb von 24 Stunden (LD 50 % oder 100 %). Da bei der Ermittlung der LD 100 % fast immer einige „Nachzügler" die Auswertung erschweren, hat es sich als sinnvoll erwiesen, die LD 90 % oder 95 % zugrunde zu legen. Applizierte Giftdosis und Wirkungszeit müssen in einer vertretbaren Relation zueinander stehen.

Die Giftrückstände werden in ppm-Einheiten (1 mg pro kg Tiergewicht entspricht 1 ppm) oder ppb-Einheiten (1 μg pro kg $\hat{=}$ 1 ppb) angegeben.

1.2 Bedeutung der Kutikula für die Giftwirkung

Alle landbewohnenden Tiere und Pflanzen besitzen auf der Epidermis eine mehr und weniger ausgeprägte lipophile Kutikula, die ihnen Schutz und Festigkeit verleiht. Alle Pestizide, die versprüht oder verstäubt werden, gelangen auf diese Kutikulae, sei es direkt oder indirekt, indem sich die Tiere bewegen und dann mit dem Gift in Berührung kommen. Die Pestizide setzen somit in der Kutikula ihren ersten Effekt.

Die festeste und wohl am schwierigsten zu durchdringende Kutikula ist die der Insekten, auf die wir deshalb näher eingehen wollen. Eine Durchdringung der Kutikula durch einen Wirkstoff kann erst dann eintreten, wenn ein enger Kontakt mit der äußeren Schicht gegeben ist. Die Faktoren, die diesen engen Kontakt bewirken, sind je nach Polarität des Giftes verschieden. Sie werden modifiziert durch physikalische Gegebenheiten, wie Rauhheit, Beborstung u. a. Auch die Haftbarkeit von Stäuben wird durch diese Faktoren beeinflußt. Dazu kommen der Feuchtigkeitsgehalt und die elektrostatischen Kräfte der Kutikula.

Die äußerste Schicht der Kutikula besteht im allgemeinen aus Lipiden und ist bei den landbewohnenden Organismen dementsprechend wasserabstoßend. Bei Insekten wird sie als Epikutikula bezeichnet. Darunter liegen zwei bis vier weitere Schichten. Die Epikutikula ist nur 0,1 bis 0,5 μ dick und überzieht den ganzen Körper, einschließlich der Sinnesorgane auf den Extremitäten. Sie ist vorwiegend aus Paraffinen und Fettsäureestern aufgebaut. Von den tiefer liegenden Schichten dringen Polyphenole in die Lipidschicht ein. Die Abnutzung dieser Epikutikula wird durch ständigen Nachschub von Lipiden ausgeglichen.

Bei einigen Insekten wurde auf der Epikutikula noch ein proteinähnliches Produkt gefunden, das als Zementschicht bezeichnet wird. Es scheint ein gegerbtes Protein zu sein, wodurch die Kutikula-Oberfläche aufgerauht erscheint. Borsten oder andere kutikuläre Gebilde sind frei von dieser Zementschicht.

Eine ausgesprühte wäßrige Insektizidlösung bildet auf der Epikutikula wegen ihrer Lipophilie keinen Film, sondern kleine Tröpfchen. Die Tropfengröße wird durch das verwendete Lösungsmittel sowie durch Zusatz von Emulgatoren stark beeinflußt, so daß es mitunter zu einer Teilfilmbildung kommen kann. Unbekannt ist, welche Tropfengröße am wirksamsten ist.

Bei im Wasser lebenden Insekten fehlt vielfach eine Lipidschicht auf der Kutikula, wie bei den Larven der Fliegengattung *Sarcophaga*, die in Fleisch oder anderen feuchten Produkten leben. Auch die Petroleumfliegenlarve, die in Petroleumteichen lebt, muß die Epikutikula entbehren. Hier lagert insbesondere um die Atemöffnungen ein stark polares Material, das das Petroleum abstößt. Die äußerste Kutikulaschicht scheint in solchen Fällen aus Proteinen zu bestehen, die Hydroxyphenole eingelagert enthalten.

Infolge ihrer hydrophoben Konstitution stellt die Epikutikula wohl den wirksamsten Austrocknungsschutz des Insektes dar. Die Zementschicht ist in dieser Hinsicht weniger wirksam. Auch die Eindringung von Wasser in das Tier wird durch die Epikutikula stark verhindert. Dies ist nicht nur im Rahmen der Ökologie von Bedeutung, sondern auch für eine Adaptation an andere Umweltbedingungen und die Wirkung von Insektiziden.

Lange bekannt ist, daß eine Bestäubung der Insekten auch ohne Anwendung von Giftstäuben ihre Mortalität steigert. Die Hydratation des Körpers wird verändert, weil der Staub Körperfeuchtigkeit durch das Integument absorbiert. Näheres zum Wasserhaushalt der Insekten wurde von Schmidt (1961) berichtet.

Der Austrockungsschutz der Epikutikula hält jedoch nur bis zu einer bestimmten Temperatur an, oberhalb der ein starker Anstieg im Wasserverlust beobachtet werden kann. Dieser Anstiegspunkt kann zwischen 30 °C und 68 °C liegen und ist für jede Art verschieden. Bei dieser kritischen Temperatur verändert sich die Struktur der Epikutikula, die darunter liegenden Protein-Polyphenol-Schichten verlieren ihre regelmäßige Struktur und werden wasserdurchlässiger.

Fettlösungsmittel zerstören dagegen die Epikutikula und machen die Haut auf diese Weise wasserdurchlässig. Das Eindringen von wasserlöslichem Arsenik in *Sarcophaga*-Larven wird durch Lösung in Aceton beschleunigt. Auch Chloroformdämpfe setzen die Permeabilität der Insektenkutikula herauf. Sicherlich bewirkt auch eine Staubbehandlung eine Verletzung der Epikutikula, wodurch letztlich die Austrocknung beschleunigt wird. Die Bestäubung einer weichen Epikutikula bewirkt eine stärkere Austrocknung als die einer harten.

Die durch Stäuben, Besprühen oder Tauchen (Voss 1962) auf die Kutikula gebrachten Giftpartikel werden auf der Oberfläche durch Wasserstoffbindungen oder van der Waalssche Kräfte festgehalten. Elektrostatische Kräfte vermindern die Entfernung der Partikel, wenn sie Wind oder Regen ausgesetzt sind oder das Tier versucht, sie abzustreifen. Das verwendete lipophile Lösungsmittel wirkt vermittelnd zwischen Partikel und Epikutikula. Diesen Mechanismus machen sich Insekten auch selbst zunutze, wenn Wanzen ihre Feinde mit Wehrsekret bespritzen. Die darin enthaltenen n-Alkane beschleunigen das Eindringen der toxischen Aldehyde durch die lipophile Epikutikula des Feindes (Remold 1962, 1963).

Kontaktmittel können nur wirksam werden, wenn sie die Oberfläche des zu bekämpfenden Organismus erreichen. Jeder quantitative Vergleich hat die Menge des Biozids zu berücksichtigen, die auf die Oberfläche gelangt und dort adsorbiert wird. Die Bestimmung dieser Menge kann durch Differenzwägung erfolgen. Es kann auch ein Farbstoff zugesetzt werden, der ähnliche physikalische Eigenschaften besitzt wie das Pestizid. So können einer Kontaktinsektizidlösung Sudan III oder Sudanschwarzlösungen zugesetzt werden, bevor die Tiere begiftet werden, um dann den Farbanteil pro behandeltem Insekt bestimmen zu können. Daneben sind auch spezifische Nachweismethoden zur Ermittlung der adsorbierten Insektizidmenge geeignet. Auch mit Hilfe der radioaktiven Tracertechnik konnten auf diese Weise Grundprobleme der Insektizidforschung erfolgreich bearbeitet werden.

Zusatz von geringen Mengen an Öl verleiht dem Gift eine wesentlich bessere Haftung und Verweildauer auf Pflanze und Tier, als es bei einer trockenen Stäubung der Fall ist. Mit Ölzusatz findet eine stärkere Adhäsion auf der lipophilen Oberfläche statt. Dies läßt sich durch einen Vergleich von lipoid- und wasserlöslichen Farbpartikeln verdeutlichen. Die moderne Pestizidforschung macht sich diese Tatsache zunutze, indem synthetische organische Insektizide, die als Kontaktmittel eingesetzt werden sollen, ein gewisses Ausmaß an Lipophilie aufweisen.

Eine nähere Betrachtung des Integuments der Insekten zeigt uns, daß es, wie bei allen Arthropoden, aus Kutikula, Epidermis und Basalmembran aufgebaut ist. Bei Untersuchungen über den Eindringungsmechanismus von Giften interessiert vor allem die Durchdringung der relativ dicken und schichtig aufgebauten Kutikula, da sowohl Epidermis als auch Basalmembran leicht permeabel sind, wie Versuche mit Nikotin und DDT gezeigt haben. Die Kutikula ist eine heterogene asymmetrische Körperabdeckung, die aus mehreren Lagen zusammengesetzt ist (Tabelle 3).

Tabelle 3 Schichtengliederung einer Insektenkutikula

Hauptteile	Untergliederung	chemische Zusammensetzung
Epikutikula	Zementschicht	Lipoprotein, ???
	Lipoidschicht	Lipide, verschiedener Art
	Polyphenolschicht	Protein, Polyphenol
	Cuticulinschicht	Protein, Polyphenol, Sterine, Enzyme + Aschebestandteile
Prokutikula	Exokutikula	Chitin, Protein, Polyphenol, Sterine, Asche, Wasser
	Mesokutikula	Chitin, Protein, Wasser, + ??
	Endokutikula	Chitin, Protein (Arthropodin), reduzierende Stoffe, Asche, Wasser

Obgleich der chemische Aufbau der Kutikula der Insekten schon recht gut bekannt ist, wissen wir sehr wenig über den Mechanismus ihrer Durchdringung. Vielfach wird vermutet, daß die Durchdringung durch die Porenkanälchen am schnellsten geht (Brück & Stockem 1976) (Bild 8). Die Dicke der Kutikula soll für die Durchdringung keine Rolle

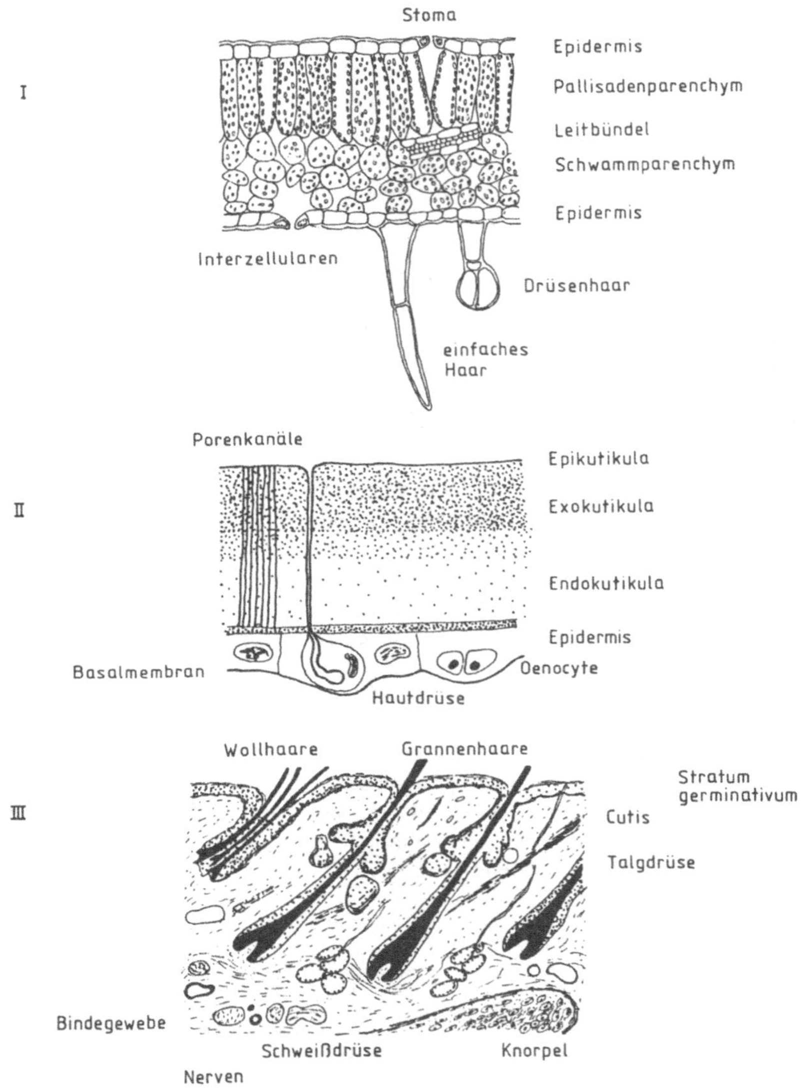

Abb. 8 Vergleich einer Blattkutikula (I) mit Insektenkutikula (II) und Säugetierhaut (III)
I Querschnitt durch ein Kartoffelblatt
II Aufbau einer Insektenkutikula mit Epidermis
III Längsschnitt durch eine Säugerhaut

spielen. Wichtig ist, daß die Durchdringungsrate nicht immer mit der Toxizität des Insektizids übereinstimmt. Somit ist die Wirkung auch nach der Durchdringung zu berücksichtigen. Zwischen Eindringung und Toxizität eines Giftes besteht nur dann eine Parallelität, wenn der Eindringungsprozeß der die Giftwirkung begrenzende Faktor ist. Dann kann die Eindringungsgeschwindigkeit der Gifte die Toleranz bestimmen. Durch verminderte Adsorption wird die Toleranz erhöht.

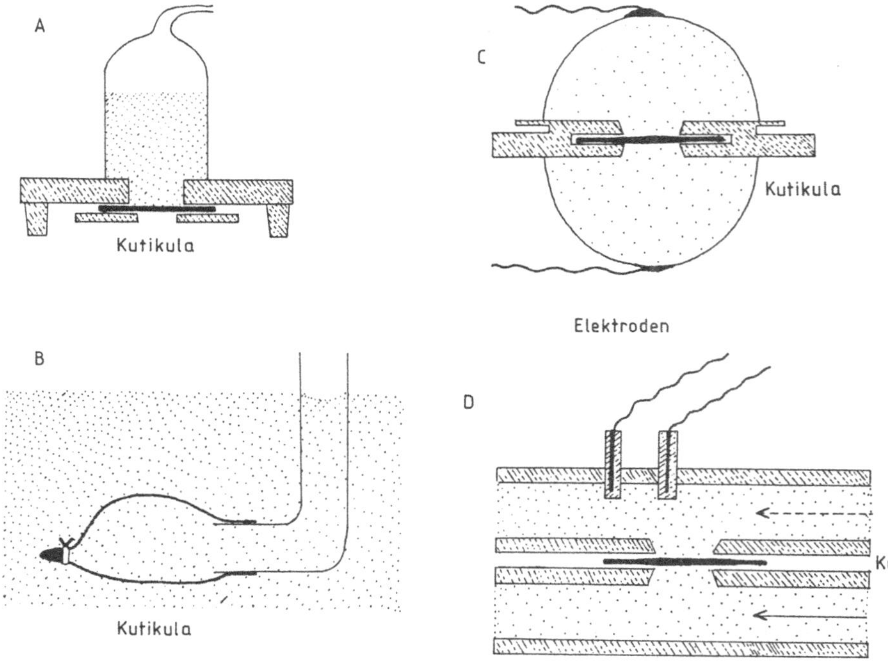

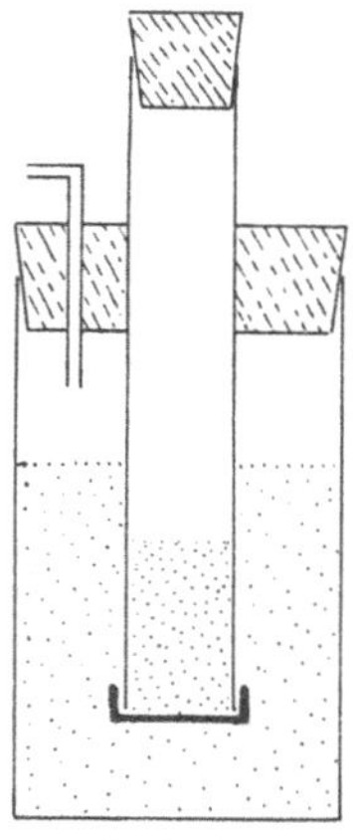

Abb. 9
Einige Verfahren zur Untersuchung der Durchlässigkeit der Insektenkutikula für Chemikalien

A + E: Prüfung der Durchlässigkeit von außen nach innen durch Diffusion

B: Prüfung der Durchlässigkeit von innen nach außen durch Diffusion

C + D: Prüfung der Durchlässigkeit im elektrischen Feld

Bei den Untersuchungen der Giftwirkung sind folgende Fragen abzuklären, die die Eindringung des Pestizids betreffen:

– Ist bei einer auf das Protoplasma stark toxisch wirkenden Substanz die Durchdringung der Kutikula adäquat?
– Steht die relative Wirkung von Isomeren oder Homologen in Beziehung zur Eindringung?

– Ist eine Beziehung zwischen chemischer Konstitution und Eindringung auffindbar?
– Welche Substanzen und welche Eigenschaften begünstigen die Eindringung?
– Gibt es hochtoxische Substanzen, die einen besonderen Eintrittsweg in den Organismus benutzen?
– Ist eine relativ geringere Empfindlichkeit der Vertebraten gegenüber Insektiziden durch eine unterschiedliche Durchdringung der Haut bedingt?

Wege zur Lösung dieser Fragen stehen mannigfach zur Verfügung. Im allgemeinen bedient man sich bei lebenden Tieren der Topikalapplikation oder man prüft isolierte Kutikulateile auf ihre Durchlässigkeit (Bild 9).

1.3 Ermittlung der Respiration

Die Atmung ist ein Maß für den Stoffwechsel der Tiere. Sie hat besondere Bedeutung für die Lebensprozesse, weil sie mit einer Produktion von Energie einhergeht. Greift eine toxisch wirkende Substanz in den Stoffwechsel ein, so kann die Atmung verändert sein, auch wenn über den Mechanismus der Wirkung wenig ausgesagt werden kann.

Bei der Messung der Atmungsintensität wird der Sauerstoffverbrauch und die Kohlendioxidabgabe in einer Zeiteinheit ermittelt. Aus diesen beiden Werten läßt sich der Respiratorische Quotient $RQ = CO_2/O_2$ errechnen, der Auskunft über das energieliefernde Material gibt.

Während Wirbeltiere Sauerstoffträger in ihrem Blut besitzen, erreicht der Sauerstoff bei den Insekten durch Diffusion seinen Verbrauchsort. In vielen Fällen sichert das Tracheensystem den Diffusionsweg über eine größere Entfernung. Erst in den Tracheolen, den letzten feinen Verzweigungen der Tracheen, geht der Sauerstoff in Lösung. Durch den ständigen Verbrauch entsteht ein Diffusionsgefälle, das für ständigen Nachschub sorgt. Die Diffusion kann durch Ventilation beschleunigt, durch Schließen der Stigmen gehemmt werden. Bei im Wasser lebenden Wirbellosen und einigen Landinsekten gelangt ein Teil des Sauerstoffs auch durch das Integument zu seinem Bestimmungsort.

Kohlendioxid kann durch die Spiracula, das Integument und durch die Malpighi-Gefäße der Insekten abgeschieden werden. Während die Sauerstoffaufnahme bei den Insekten kontinuierlich erfolgt, wird das Kohlendioxid diskontinuierlich abgegeben (Schmidt 1956).

Die chemischen Reaktionen, die der Atmung zugrunde liegen (vgl. Bild 1), werden von Enzymen katalysiert. Hierbei werden energiehaltige Reserven abgebaut und Energiemengen frei. Als Reservestoffe dienen in der Regel Kohlenhydrate und Fette. Neben der oxidativen Energieproduktion finden sich anaerobe Prozesse, bei denen auch Energie freigesetzt werden kann. So besteht die Möglichkeit, daß eine Reihe von Insekten auch eine Zeit lang in sauerstoffreiem Medium leben können. Bei Anwesenheit von Sauerstoff entsteht mit dem vom Substrat stammenden Wasserstoff Wasser und Energie, die in Form von Wärme frei, in Arbeit umgesetzt oder als chemische Energie in Form von energiereichen Phosphatbindungen konserviert werden kann.

Kohlendioxid wird durch Dekarboxylierungsvorgänge gebildet, z. B. bei der Umwandlung von Oxalbernsteinsäure in α-Ketoglutarsäure im Citronensäurezyklus. Es kann auch durch anaerobe Prozesse in Freiheit gesetzt werden.

Bei den Atmungsmessungen macht sich die Bewegung der Tiere störend bemerkbar, denn es ist notwendig, den Basalstoffwechsel mit einem Minimum an O_2-Verbrauch festzustellen. Durch Aktivität kann der Sauerstoffverbrauch z. B. bei der Honigbiene um das 1100fache gesteigert werden. Sehr wichtig ist die Konstanthaltung der Temperatur. Die Körpertemperatur weicht auch bei Poikilothermen von der der Umgebung etwas ab, aber sie bestimmt schließlich die Stoffwechselrate. Normalerweise steigt der Sauerstoffverbrauch mit der Temperatur exponential bis zu einem Maximum an, um dann abzufallen.

Die Luftfeuchtigkeit scheint die Respiration nur sekundär über die erhöhte bzw. erniedrigte Körpertemperatur zu beeinflussen. Neben dem Wassergehalt spielt der Ernährungszustand für den Sauerstoffverbrauch eine wesentliche Rolle. Bei den Insektenweibchen wird der Sauerstoffverbrauch

durch die Oogenese modifiziert. Alle Einflußfaktoren sind bei der Auswahl von Versuchstieren unbedingt zu berücksichtigen.

Bei allen biologischen und auch toxikologischen Arbeiten ist die Festlegung einer vergleichbaren Basis ein Hauptproblem. Als Beziehungspunkte für den Sauerstoffverbrauch werden entweder das Körpergewicht oder die Körperoberfläche gewählt. Zwischen diesen beiden Größen besteht eine bestimmte Beziehung, die sich folgendermaßen formulieren läßt: $y = ax^b$, wobei y die freie Oberfläche, x das Körpergewicht und a b Konstanten darstellen. Die vorliegende Beziehung zwischen Körpergröße und Sauerstoffverbrauch läßt sich leicht aus einer Darstellung des Sauerstoffverbrauchs in Abhängigkeit vom Körpergewicht im doppellogarithmischen Koordinatensystem ersehen (Schmidt 1956, 1966, 1968). Bei $\mathrm{tg}\,\alpha = 1$ liegt Gewichtsbezogenheit vor, bei $\mathrm{tg}\,\alpha = 2/3$ Oberflächenbezogenheit. Diese Bezugsgröße sollte vor jeder vergleichenden Auswertung von Atmungsversuchen ermittelt werden.

Pestizide können in die Atmungsprozesse auf mehreren Wegen eingreifen. Am häufigsten ist eine mechanische Wirkung zu beobachten. Insekten schließen die Stigmen oder putzen sich, um den Staub zu entfernen. Eine neurologische Wirkung führt zur Stimulierung oder zur Erniedrigung der Atmung. Auch eine Beeinflussung von Enzymsystemen ist möglich.

Die mechanische Wirkung tritt in den Vordergrund, wenn das toxische Material als Staub oder Öl verabreicht wird. Bei der Wirkung auf das Nervensystem ist es oft nicht leicht feststellbar, ob die Wirkung auf ein Enzymsystem erfolgt oder ob die Leitfähigkeit direkt beeinflußt wird. Im allgemeinen werden Substanzen, die auf das Nervensystem wirken, als Neurotoxine bezeichnet. Als solche werden aufgrund von Atmungsmessungen DDT, HCH, *p*-Dichlorbenzol, Nikotin und Pyrethrum betrachtet. Bei jedem dieser Gifte steigt die Atmung nach Begiftung an, begleitet von einer Muskelaktivität. Der Sauerstoffverbrauch kann dabei mitunter das 170fache erreichen. Der Verbrauch der verfügbaren und oxidierbaren Reserven soll den Tod herbeiführen. Soweit es den Sauerstoffverbrauch angeht, können organische Phosphorsäureester nicht von der Gruppe der Neurotoxine unterschieden werden.

Eine ganz andere Wirkung wurde bei Chlordan und Toxaphen festgestellt. Diese Insektizide haben bei Insekten innerhalb von 15 Stunden nach Applikation keinen Wechsel im Sauerstoffverbrauch zur Folge. Dies läßt vermuten, daß die chlorierten Kohlenwasserstoffe nicht alle die gleiche Wirkung haben.

Substanzen, die eine Reduktion des Sauerstoffverbrauchs bewirken, wie Cyanide und Karbamate, scheinen auf das Cytochromsystem zu wirken und so die Sauerstoffaufnahme zu hemmen. Im Gegensatz zu diesen Enzym-Inhibitoren wirken Nitro-Verbindungen beschleunigend. Sie beseitigen das ATP, so daß die Energie vom Organismus nicht genutzt werden kann. Da das Tier versucht, weitere Energie zu gewinnen, wird die Atmung konstant hoch gehalten, bis die Kohlenhydratreserven verbraucht sind. Solche Pestizide werden als Entkoppler bezeichnet.

Die je nach Größe und Beschaffenheit des Tieres durchgeführten Atmungsmessungen geben keinen Hinweis auf den Wirkungsort einer Substanz. Um dieser Frage nachgehen zu können, sind einzelne Gewebe zu untersuchen, was gewöhnlich mit Hilfe der Warburg-Technik geschieht. Für nähere generelle Angaben reichen die bisher durchgeführten Untersuchungen jedoch noch nicht aus.

Schließlich muß beim Nachweis der Giftwirkung durch Messung der Atmung darauf hingewiesen werden, daß Gifte, die die Atmung gleichsinnig beeinflussen, nicht den gleichen Wirkungsmechanismus haben müssen. Die einzelnen Gifte können an sehr verschiedenen Stellen im Stoffwechsel angreifen und trotzdem alle eine Steigerung der Atmung bewirken.

1.4 Elektrophysiologische Ermittlung einer Neurotoxinwirkung

Bei der Entwicklung von Insektiziden, Nematiziden, Rodentiziden und anderen auf Tiere toxisch wirkenden Mitteln steht die Vergiftung der Schadtiere über das Nervensystem im Vordergrund, denn es ist nur den Tieren eigen. So besteht die Möglichkeit, stark zootoxische Mittel ohne jede Phytotoxizität zu entwickeln. Die als Insektizide weit verbreiteten Karbamate, Organophosphate und viele chlorierte Kohlenwasserstoffe sind neurotoxisch wirkende Substanzen.

Einer Differenzierung zwischen den einzelnen Tiergruppen stellen sich die vielen Gemeinsamkeiten entgegen, die die integrative Funktion der Nervensysteme und die nervösen Prozesse zeigen. Die unterschiedliche Wirkung der einzelnen Insektizidgruppen weist deshalb auf Wirkungen hin, die auf andere Basisprozesse der verschiedenen Tiergruppen erfolgen werden. Wo eine artspezifische Wirkung zu finden ist, scheint es sich primär nicht um neurologisch bedingte Unterschiede zu handeln. O'Brien (1961) und Hollingworth (1971) haben über eine Reihe von pharmakodynamischen und Stoffwechselunterschieden zwischen den Tierarten berichtet, die für die bekanntgewordenen Fälle einer selektiven Pestizidwirkung verantwortlich zu sein scheinen. Während die Organisation der Nervensysteme stark variiert, trifft dies für den neurologischen Prozeß nicht zu, obgleich er für eine Vielfalt von neuroaktiven Wirkstoffen empfindlich ist (Bild 10).

Doch gibt es bei der Komplexizität selbst der einfachsten Nervensysteme eine große Anzahl von Einzelprozessen, die von Wirkstoffen gestört werden können. Dies läßt sich bereits an einem einfachen Reflexbogen demonstrieren (Bild 11). Daneben gibt es Substanzen, die direkt auf die Sinneszellen wirken (Butterworth & Morgan 1971). Der in einem sensorischen Nerv in einen elektrischen Impuls umgesetzte Reiz wird zum Zellkörper und Axon, oft über mehrere Zwischenschaltstellen zum Zentralnervensystem weitergeleitet. Die Impulse sind von konstanter Amplitude, aber unterschiedlicher Frequenz. Besonders lange Axone können zur Untersuchung der Giftwirkung *in vitro* dienen. Dabei ließ sich feststellen, daß Insektizide die Frequenz erhöhen oder erniedrigen können.

Die Impulsleitung von einer Nervenzelle zur anderen oder zu einem Erfolgsorgan geschieht über Synapsen. An diesen Übertragungsstellen können nicht nur pharmazeutische Drogen, sondern auch eine Reihe von pestiziden Wirkstoffen, wie Nikotin, Muscarin, Karbamate und Organophosphate, angreifen, um direkt oder indirekt den postsynaptischen Transfer zu beeinflussen.

Elektrophysiologisch ist das Membranpotential mit seinen Änderungen meßbar. Es besteht ein Gradient von innen negativ bis außen positiv, der infolge des unterschiedlichen Ionenflusses durch die selektiv permeable Zellmembran aufgebaut wird (Burton 1973). Durch die Kombination eines aktiven Transportes, der negativen Netto-Landung der intrazellulären organischen Moleküle und der für Ionen selektiven Permeabilität der Plasmamembranen entsteht ein elektrisches Potential, das in reizbaren Zellen, wie die Nerven- und Muskelzellen, Ruhepontential genannt wird. Dieses ist die Basis für die Funktion der Nervenzelle (Hucho 1982).

Nach Reizung einer Nervenzelle tritt ein Aktionspotential auf, das sich über das Axon ausbreitet. Es erklärt sich durch ein verändertes Ein- bzw. Ausströmen von Na^+ und K^+, so daß sich das Membranpotential ändert (Cole 1968).

Die Überleitung von einer Nervenzelle auf eine andere oder auf einen Muskel geschieht mit Hilfe von chemischen Transmittern (Eccles 1964). Dies gilt für Vertebraten sowie Invertebraten und von Interneuronen zum Zentral- sowie peripheren Nervensystem und den neuromuskulären Verbindungen. Der größte Teil der Synapsen sind cholinerge, insbesondere die neuromuskulären Verbindungen der Vertebraten. Den Aufbau einer Synapse zeigt Bild 12 nach Angaben von Palay et al. (1974). Das Schema wurde durch Herausstellen der toxikologisch relevanten Prozesse vereinfacht. Im Synapsenbereich wird Acetylcholin (ACh) durch Acetylcholinesterase (AChE) hydrolysiert, wobei Acetat und Cholin entstehen. Cholin wird am präsynaptischen Ende resorbiert, um den ACh-Verlust wieder auszugleichen. Die Wiederverwendung von Cholin nach Freisetzung von ACh wird Transmitterumsatz genannt; er ist für die Aufrechterhaltung der synaptischen Transmission von Bedeutung (Birks &

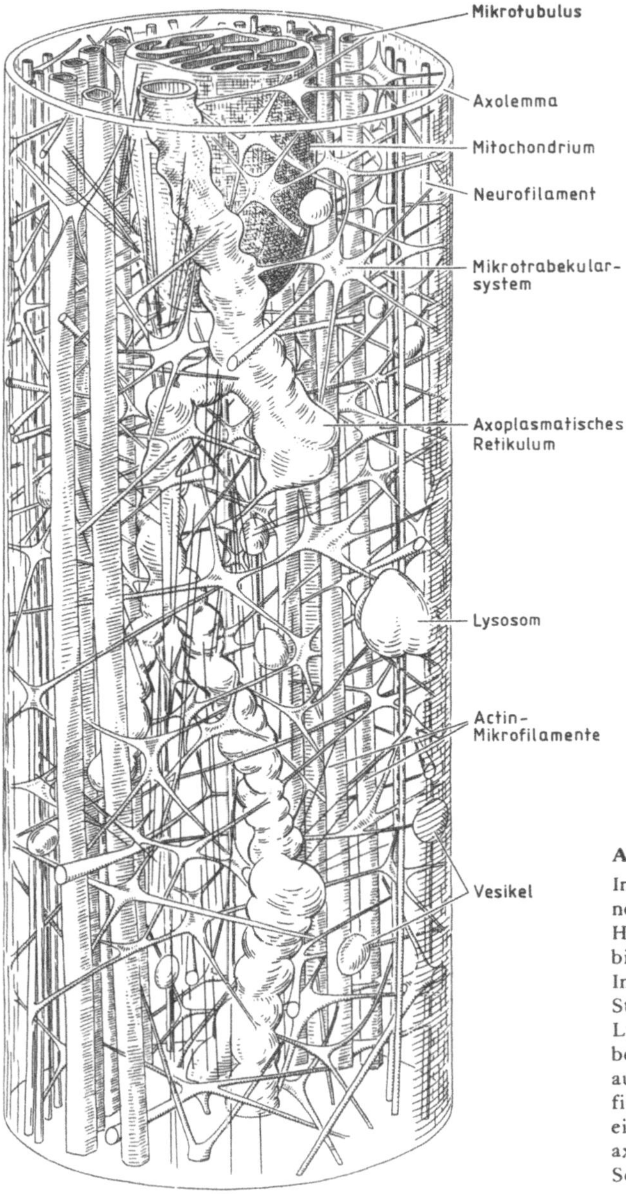

Abb. 10
Innere Struktur eines Axons, gezeichnet nach den gegenwärtig vorhandenen Hypothesen. Die feinen Trabekulae bilden ein Gitterwerk, das dem Inneren des Axons eine gelartige Struktur verleiht. Die Vesikel, Lysosomen und ähnlichen Partikel bewegen sich im Axon, ähnlich wie auch die Mitochondrien. Die Mikrofilamente und Mikrotubuli sollen eine Bedeutung beim schnellen axonalen Transport haben, nach Schwartz (1980).

MacIntosh 1961). Neuere Arbeiten berichten von einem Depot-ACh, das nach Reizung mobilisiert wird (McCandless et al. 1971, Pappas & Purpura 1972).

AChE-Isoenzyme der Hausfliege sind gegenüber Malathion unterschiedlich empfindlich (Tripathi et al. 1973) (Bild 13). Durch Vergleich der Sensitivität der Isoenzyme gegenüber drei Organophosphaten war es möglich, festzustellen, daß die Hemmung des

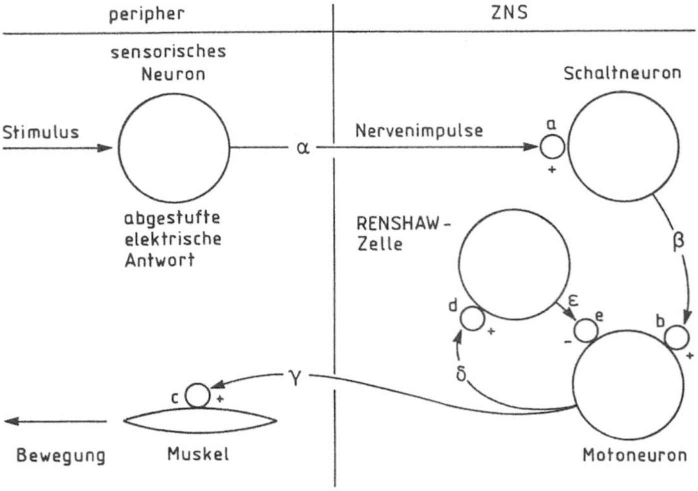

Abb. 11 Schematisierter Reflexbogen, der die verschiedenen nervösen Prozesse aufzeigt, die auf Wirkstoffe empfindlich reagieren können, nach Shankland (1976).

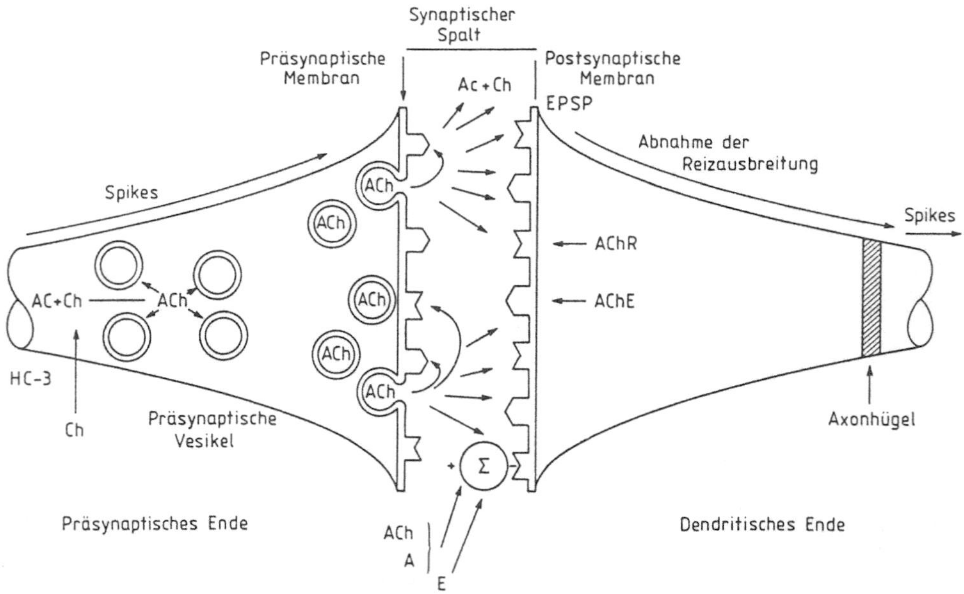

Abb. 12 Schema einer cholinergen Synapse, das die Elemente interneuraler und neuromuskulärer Verbindungen demonstriert, nach Shankland (1976).

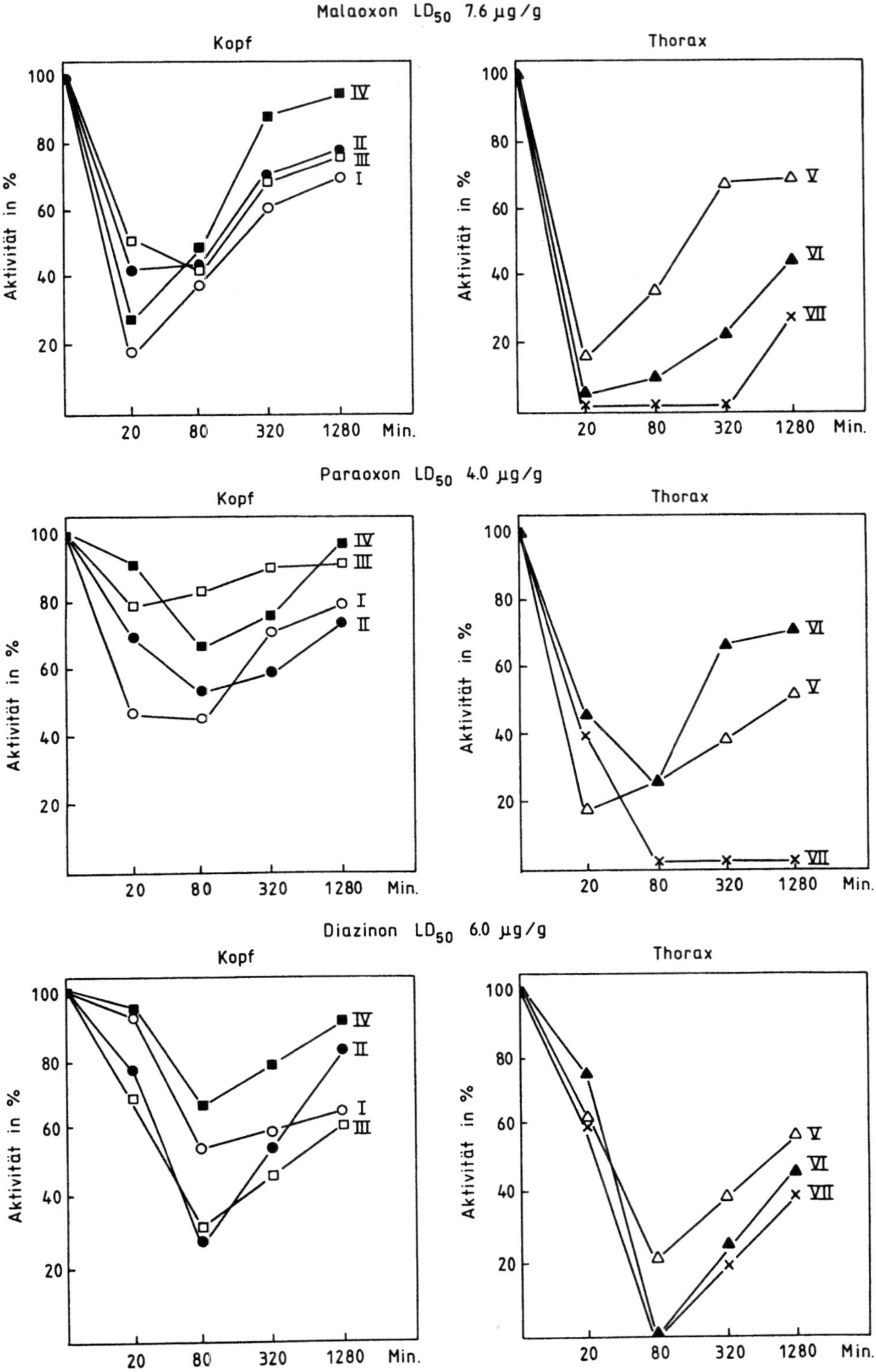

Abb. 13 Wirkung von LD_{50}-Dosen dreier Organophosphate auf die Isoenzyme der Acetylcholinesterase (I–VII) des Kopfes und Thorax der Hausfliege *Musca domestica*, nach Tripathi & O'Brien (1973a).

Thorax-Isoenzyms V für die Giftwirkung am bedeutendsten ist. Das Ausmaß der Hemmung korreliert sehr eng mit den Letaleffekten des Inhibitors.

Als Versuchsobjekte dienten vielfach Küchenschaben und verschiedene Säugetiere. Für Nervenpräpratationen der Schaben eignen sich besonders die Männchen wegen ihres weniger entwickelten Fettkörpers. Die Tiere werden unter CO_2-Narkose präpariert.

Am einfachsten läßt sich die spontane elektrische Aktivität (Aktionspotential) von den thorakalen Ganglien ableiten. Die herauspräparierten Nervenstränge befinden sich dabei in frischer Salzlösung. Die Impulse werden mit Hilfe eingesetzter Elektroden gemessen, die „spikes" auf einem Oszillographen sichtbar gemacht. Die spontane Aktivität ist noch 1 bis 2 Tage nach Isolierung ableitbar.

Für das Studium der Impulsleitung in Insekten über Axone werden abdominale Ganglien verwendet, die keine Synapsen und eine Länge von mitunter mehr als 1 cm aufweisen. Die Impulsleitung kann an sensorischen und motorischen Nerven untersucht werden (Wang et al. 1971).

1.5 Bestimmung der Plasma-Cholinesterase-Aktivität

Eine schnelle und einfache Methode zur Ermittlung der ChE-Aktivität im Plasma erarbeiteten Voss & Schuler (1967). Sie erlaubt es, bei Menschen und Säugetieren eine ChE-Hemmung nachzuweisen, die bei Intoxikationen mit Organophosphaten und Karbamaten, vor allem bei Fabrik- und Landarbeitern, von Bedeutung ist.

Frisches menschliches Blut wird zentrifugiert und dann das Plasma für optische Messungen abgetrennt. Die Substrat-Reagenslösung wird folgendermaßen hergestellt: 10 mg 5,5-Dithio-bis-2-nitrobenzoesäure (Aldrich Chem. Co, Milwaukee, USA) werden in 20 ml 1/15 M Sörensen-Phosphatpuffer pH 7 gelöst, zugegeben werden 20 mg Acetyl-thiocholinjodid (Fluka, Schweiz) und 80 ml 1/15 M Sörensenpuffer pH 8. Die Enzym-Substrat-Reagensmischung wird genau 5 Minuten bei 30 °C in einem konstanten Wasserbad inkubiert und sogleich danach die optische Dichte der gelben Farbe bei Verwendung eines Blaufilters bestimmt. Als Vergleich dient die Substrat-Reagenslösung (5 Min., 30 °C). Die ChE-Aktivität ist der optischen Dichte direkt proportional.

1.6 Untersuchungen am Zirkulationssystem der Insekten

Für die Beurteilung einer Insektizidwirkung wird das Zirkulationssystem der Insekten unterteilt in die zellulären Bestandteile, das Plasma und das Dorsalgefäß oder Herz, das als Pumporgan dient und das Blut im Tier bewegt.

Unter den Blutzellen finden wir verschiedene Zelltypen, die in der Anzahl und dem physiologischen Zustand variieren. Ihre Empfindlichkeit gegenüber Chemikalien ist verschieden.

Die Untersuchung der Blutzellen erfolgt am besten in Ausstrichpräparaten nach Hitzefixierung, wie es in der Hämatologie üblich ist. Dabei entnimmt man einen kleinen Tropfen Hämolymphe, streicht ihn mit einem Deckglas auf einen Objektträger und fixiert kurz über der Flamme bei ca. 60 °C. Diese Methode hat viele Vorteile, sie muß aber mit Vorsicht angewandt werden, wenn die Struktur der Zellen näher untersucht werden soll, da vor allem durch den Trocknungsprozeß Veränderungen auftreten.

Feuchtfilmpräparationen sind besonders geeignet zur Untersuchung des mitotischen Index nach Einwirkung von biologisch aktiven Stubstanzen. Die Anfertigung solcher Präparate geschieht in sehr einfacher Weise. Es wird ein Tropfen Hämolymphe auf einen Objektträger gegeben und ein Deckglas daraufgelegt. Durch Umrandung des Deckglases mit Paraffinöl wird die Verdunstung verhindert. Das Präparat ist auf diese Weise bis zu 72 Stunden haltbar zu machen.

Die Anfärbung von fixierten Zellen kann mit Eosin/Methylenblau erfolgen. Erfolgreich konnte auch die in der Vertebraten-Hämatologie angewandte Giemsa-Färbung angewendet werden.

Das feuchte Präparat kann mit Kristallviolett oder Gentianaviolett behandelt werden. Man erhält einen blauvioletten Kern und ein violettes Cytoplasma. Zahlreiche weitere, in der Histochemie gebräuchliche Farbstoffe sind zur Untersuchung der Blutzellen verwendet worden.

Eine vielfach zu beobachtende Koagulation der Blutzellen kann durch Zugabe von etwas Kaliumoxalat oder Cocainhydrochlorid verhindert werden. Ein unangenehmes Dunkelwerden des Blutes, das durch die Aktivität der Tyrosinase zustande kommt, wird durch Zugabe einiger Kristalle von Thioharnstoff oder Phenylthioharnstoff gehemmt.

Das Plasma hat die Funktion des Transportes von Nahrungsstoffen und der Vermittlung unter den einzelnen Organen. Unter diesem Aspekt wurden zahlreiche chemische und physikalische Analysen der ionogenen und molekularen Bestandteile durchgeführt. Insbesondere wurden spezifisches Gewicht, osmotischer Druck und Gesamtvolumen ermittelt.

Der osmotische Druck ist abhängig von den molekularen und ionogenen Bestandteilen des Blutes und ist bei der Bestimmung der Wasserbilanz der Insekten von Bedeutung. Die am meisten benutzte Methode zur Bestimmung des osmotischen Druckes ist die Ermittlung der Gefrierpunktsdepression, die mit Hilfe von Thermoelementen relativ leicht bestimmt werden kann.

Leicht zu ermitteln ist auch das spezifische Gewicht des Blutes oder Plasmas, wodurch ein wichtiger Index für die Abschätzung vieler physiologischer Funktionen erhalten wird. Zusammen mit den Wasserverhältnissen und dem Proteingehalt ergibt sich ein Index, der zur Kennzeichnung der allgemeinen physiologischen Norm des Individuums brauchbar ist. Die Messung des spezifischen Gewichtes erfolgt mit einem Mikropyknometer oder der Falltropfenmethode. Bei der letzteren verwendet man Zylinder mit einer bestimmten Mischung von Xylol und Brombenzol, in die Tropfen von bekanntem spezifischem Gewicht gegeben werden und dann die Fallzeit bestimmt wird. Die Fallzeiten werden mit der des Blutes verglichen. Die Methode arbeitet mit einer Genauigkeit von ± 0,001 g. Die größte Schwierigkeit bereitet die sehr genaue Abmessung eines bestimmten Mikroliter-Volumens.

Die Wasserstoffionenkonzentration des Blutes wird als pH-Wert ermittelt und liegt bei Insekten wie bei Wirbeltieren nahe dem Neutralpunkt. Zur Bestimmung des pH-Wertes des Insektenblutes eignet sich am besten die *one-drop*-Elektrode, mit der es möglich ist, in einem Tropfen Lymphe innerhalb einer Minute den pH-Wert zu ermitteln. Ein Fehler, der aber praktisch nicht zu umgehen ist, ist das Entweichen von Kohlendioxid aus dem Blut, denn die CO_2-Spannung im Blut ist wesentlich höher als in der umgebenden Luft.

Im Rahmen des Wasserhaushaltes ist die Bestimmung des Blutvolumens wichtig. Die zuverlässigste Methode ist die Anwendung der Verdünnungstechnik. Hierzu benötigt man Farbstoffe oder radioaktiv markierte Tracer, die von den Organen nur sehr langsam aus der Hämolymphe entfernt werden und somit als weitgehend inert angesehen werden können. Viele Autoren verwandten gesättigte Amaranthlösungen, von denen ein definiertes Volumen injiziert wird. Nach kurzer Verweilzeit wird ein bestimmtes Volumen an Hämolymphe entnommen und aus dem Verdünnungsgrad das Blutvolumen errechnet. Auf ähnliche Weise kann man versuchen, durch Injektion von radioaktivem Inulin das Hämolymphe-Volumen zu ermitteln. Allerdings funktioniert die Verdünnungsmethode nur bei entsprechender Zirkulation des Blutes, die im Puppenstadium der Insekten zeitweise unterbrochen ist. Da diese Methode immer mit einem relativ großen Fehler behaftet ist, ergibt nur eine statistische Auswertung der Meßergebnisse einen hinreichend zuverlässigen Wert. Für die Küchenschabe wurde ein Wert zwischen 19 % und 24 % ermittelt, da der Wassergehalt der Individuen meist stark variabel ist.

Leicht und sehr genau bestimmbar sind die Proteinfraktionen der Hämolymphe mit Hilfe der Elektrophorese (Schmidt und Mitarbb. 1973, 1974, 1975). Nach Einwirkung von Giften können Veränderungen verdeutlicht werden.

Bei toxikologischen Untersuchungen an Tieren spielt die Ermittlung der Herzschlagfrequenz eine wesentliche Rolle. Hierzu stehen drei Methoden zur Verfügung: Die direkte Beobachtung am intakten oder isolierten Herzen, die mechanographische und elektrokardiographische Methode. Für das Arbeiten mit isolierten Herzen sei erwähnt, daß es aufhört zu schlagen, sobald es nicht mehr von Blutflüssigkeit genährt wird. Wird mit Arthropoden als Versuchstieren gearbeitet, so empfiehlt es sich, Tiere mit durchsichtiger Kutikula zu verwenden, damit sich eine Isolierung des Herzens erübrigt.

1.7 Ermittlung der Lebensdauer

Toxikologische Untersuchungen können nur durchgeführt werden, wenn die Versuchstiere unter den Umweltbedingungen im Hungerzustand die Testzeit ohne Schaden überleben können. Der Gefahr der Austrocknung unterliegen besonders sehr kleine Tiere, wie z. B. Spinnmilben, die andererseits bedeutende Schadtiere darstellen. In solchen Fällen ist die Ermittlung der Lebensdauer unerläßlich, bevor die Wirkungsweise von Pestiziden untersucht wird. Darüber hinaus können derartige Untersuchungen Rückschlüsse auf die allgemeine Vitalität der Art geben, die besonders innerhalb des Resistenzgeschehens eine nicht zu übersehende Rolle spielt. Unterschiede in der Reaktion auf Umwelteinflüsse können auf das Vorliegen einer physiologischen Rasse hindeuten.

Die einfache Versuchsanordnung zeigt Bild 14. Für die Einstellung der verschiedenen relativen Luftfeuchtigkeiten können übersättigte Salzlösungen nach Perttunen (1953) dienen. Mit Hilfe eines Haarhygrometers kann die relative Luftfeuchtigkeit in Abhängigkeit von der Temperatur hinreichend genau (± 2 %) ermittelt werden. Die Ergebnisse lassen sich dann übersichtlich in Form eines Blockdiagramms darstellen (Bild 15). Danach begünstigt ein Anstieg der Luftfeuchtigkeit bei jeder Temperatur

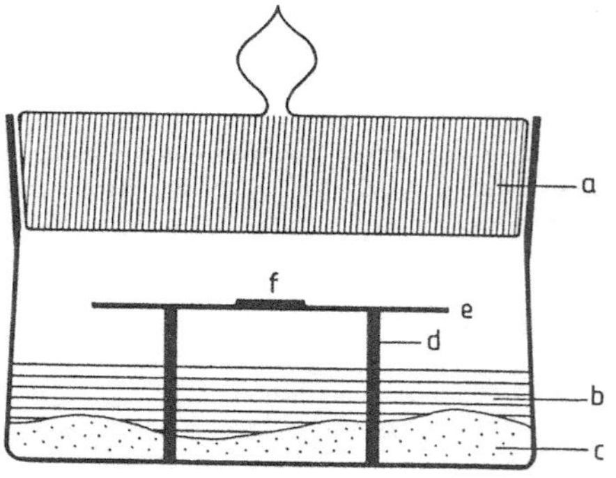

Abb. 14
Versuchsanordnung zur Ermittlung der Lebensdauer von *Tetranychus urticae* bei verschiedenen Luftfeuchtigkeiten, nach Voss (1962): a: Mit „Silicone" (Bayer) abgedichteter Schliffdeckel eines Wägegläschens (7 cm Durchmesser), b: gesättigte Salzlösung, c: nicht gelöstes Salz, d: Glasring, e: halbierter Objektträger, f: Tesafilm mit aufgeklebten Spinnmilben.

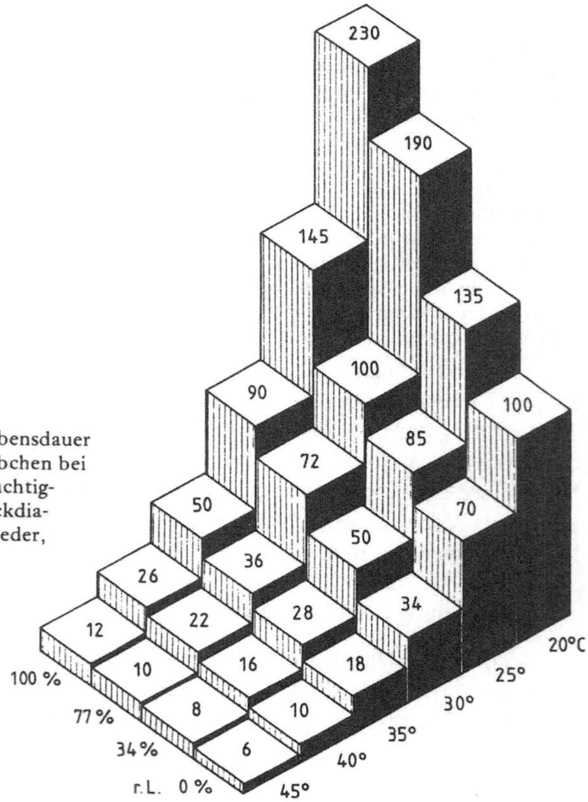

Abb. 15
Graphische Darstellung der maximalen Lebensdauer von hungernden *Tetranychus urticae*-Weibchen bei verschiedenen Temperaturen und Luftfeuchtigkeiten. Die Zahlen in den Säulen des Blockdiagramms geben die Anzahl der Stunden wieder, nach Voss (1962).

die Lebensdauer von Hungertieren, was generell gelten dürfte. Jedoch besteht wegen der allgemein bei Tieren vorhandenen Regulationsmöglichkeiten (Schmidt 1961) keine direkte Abhängigkeit vom Sättigungsdefizit.

Die für Hungertiere geltenden Verhältnisse lassen sich nach Boudreaux (1958) nicht ohne weiteres auf Fraßtiere übertragen, bei denen bestimmte Lebensäußerungen wie Lebensdauer, Eiablage und Fraßintensität bei niedriger Luftfeuchtigkeit erhöht sind. Sie können mit der Nahrung aus den Pflanzenzellen ständig Wasser aufnehmen, wodurch der Wasserverlust bei niedrigen Luftfeuchtigkeiten kompensiert werden kann.

In allen Luftfeuchtigkeitsstufen läßt sich eine Verkürzung der Lebensdauer von Hungertieren mit steigender Temperatur feststellen. Dies ist durch den temperaturbedingten Stoffwechselanstieg bedingt. Für den gesamten biologisch interessanten Bereich werden abhängig von bestimmten Bedingungen Hitze, Austrocknung und das Versiegen der Stoffwechselreserven als Hauptfaktoren für den Eintritt des Todes in Frage kommen.

1.8 Messung der Körpertemperatur

Während gleichwarme Tiere ihre Körpertemperatur weitgehend konstant halten, ist die Körpertemperatur der poikilothermen Tiere abhängig von den jeweils herrschenden Außenfaktoren. Ihr Ruhestoffwechsel bedingt weitgehend eine der Umwelttemperatur gleiche Körperinnentemperatur, die jedoch bei Stoffwechselsteigerungen sehr rasch verändert werden kann. Eine Insektizideinwirkung beeinflußt die Stoffwechselvorgänge meistens sehr stark. Erwartungsgemäß spiegelt sich diese Stoffwechselsteigerung durch Veränderungen der Körperinnentemperatur während des Vergiftungsverlaufs wieder.

Soweit es die Tiergröße erlaubt, kann die Körpertemperatur mit Hilfe von Thermoelementen aus Kupfer/Konstantan mit kleiner Wärmekapazität und geringer Wärmeleitung gemessen werden. Die Meßspitzen zeigen einen Durchmesser von ca. 0,05 mm. Mit Hilfe eines lichtempfindlichen Verstärkers in Verbindung mit einem Nachlaufschreiber ist dann die Möglichkeit zur kontinuierlichen Aufzeichnung des Temperaturverlaufs gegeben (Bild 16). Die zwischen den beiden Meßspitzen auftretenden

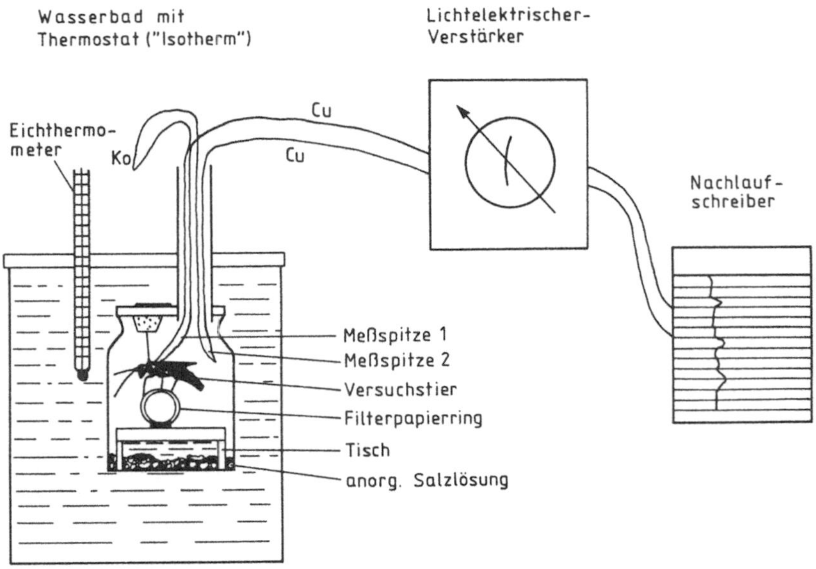

Abb. 16 Schematische Darstellung der Versuchsanordnung zur Messung der Körperinnentemperatur, nach Schulze (1967).

Temperaturunterschiede werden registriert und können nach vorheriger Eichung in Celsiusgrade umgerechnet werden. Die „warme" Spitze wird dem Versuchstier entweder in ein Stigma oder in den After eingeführt. Dabei befindet sich das Versuchstier, z. B. ein größeres Insekt, an einer Nadel, an der es mit Wachs-Kollophonium am Pronotum fixiert wird. Wegen der geringen Haftfähigkeit des Klebemittels ist es meist notwendig, zusätzlich eine Drahtschlinge anzubringen, die das Tier festhält. Während des Versuchs befindet sich die „kalte" Meßspitze in der Umgebungstemperatur des Tieres, also im Versuchsgefäß, so daß die Differenz zwischen Umgebungstemperatur und Körperinnentemperatur gemessen wird. Man erhält auch bei Temperaturwechsel exakte und jederzeit reproduzierbare Meßwerte. Zur Herstellung und Konstanthaltung der relativen Luftfeuchtigkeiten dienen die bereits erwähnten übersättigten Salzlösungen: Wasser für 100 %, NaCl für 74 %, $Ca(NO_3)_2$ für 54 %, $ZnCl_2$ für 17 % r.LF. bei 20 °C.

1.9 Messung der Transpiration

Die Transpiration spielt im Rahmen des Wasserhaushaltes aller Landtiere eine wesentliche Rolle (Schmidt 1961). Sie wird von der Temperatur sowie von der relativen Luftfeuchtigkeit beeinflußt. Wie bei der Messung der Körpertemperatur so wird für toxikologische Untersuchungen auch hier zu fordern sein, daß sich die Umweltfaktoren während des gesamten Vergiftungsverlaufs nicht ändern.

Die Transpiration ist einer der wichtigsten physiologischen Prozesse zwischen Landtieren und ihrer Umwelt. Jakovlev (1957) hat die Transpiration der Insekten daher als den „Spiegel ihres Wohlbefindens" bezeichnet und dies damit begründet, daß sich jede Schädigung, wie mechanische Verletzung, Hunger, Wassermangel oder Vergiftung, sofort auf den normalen Transpirationsverlauf auswirkt. Andererseits ist von verschiedenen neuzeitlichen Kontaktinsektiziden bekannt, daß sie zu erheblichen Störungen der Wasserbilanz des Insektenorganismus führen (Buck & Keister 1949, Jochum 1956, Chattoraj & Sharma 1964).

Zur kontinuierlichen Messung der Transpiration findet eine Tracer-Methode Verwendung. Von Insekten aufgenommenes tritiiertes Wasser (THO) vermischt sich relativ schnell mit dem in der Leibeshöhle und den Geweben vorhandenen Körperwasser, das dann zusammen mit dem nicht markierten proportional der Transpirationsrate abgegeben wird. Diese Beobachtung führte Schulze (1965) dazu, einen geeigneten Meßapparat zu konstruieren, mit dem das beim Transpirationsvorgang abgegebene, in idealer Weise markierte Wasser registriert werden kann. Die Messung gelingt mit Hilfe einer Ionisationskammer. Zur genauen Messung der Temperatur und Luftfeuchtigkeit wurde die von Jakovlev & Krüger (1953) verwendete Taupunktmethode eingebaut (Bild 17).

Das Tiergefäß befindet sich in einem Wasserbadthermostaten. Die durchgezogene Luft wird vorher mittels $CaCl_2$ und Wasser auf die gewünschte Luftfeuchtigkeit eingestellt, deren Messung vor dem Eintritt ins Tiergefäß mit Hilfe eines Taupunkthygrometers erfolgt. Nach dem Durchströmen des Tiergefäßes gelangt der Luftstrom auf kürzestem Wege in die Ionisationskammer, um jede Kondenswasserbildung zu vermeiden. Zur weitgehenden Unterdrückung des Memory-Effektes, der durch Zerschlagen von THO-Molekülen an den Innenwänden zustande kommt, wird die Kammer goldplattiert. Der mit einer Gaspumpe durchgezogene Ionisationsstrom wird mit einem Elektrometer mit Schwingkondensator-Meßverstärker gemessen und von einem Linienschreiber kontinuierlich registriert. Einen erforderlichen, sehr gleichmäßigen Luftstrom ergibt auch die Mariottesche Flasche. Der Luftstrom kann soweit gedrosselt werden, daß er nach der meterologischen Beaufort-Skala als „stehende Luft" zu bezeichnen ist; er kann ca. 5 bis 6 cm/Min. betragen (Windstille: 0 bis 0,5 m/s). Aus Gründen des Strahlenschutzes wird die austretende Luft durch eine mit Calziumchlorid (sicc.) gefüllte Waschflasche geleitet, damit das THO absorbiert wird.

Ein Nachteil der Methode besteht darin, daß sie keine Messung der pro Zeiteinheit abgegebenen Wasserdampfmenge erlaubt. Dies ließe sich umgehen, wenn man statt Taupunkthygrometer elektrisch registrierende Hygrometer verwenden würde, die heute im Handel beziehbar sind (Servo Chem AB, Stockholm, Schweden). Dann wäre sogar die Verwendung von THO überflüssig.

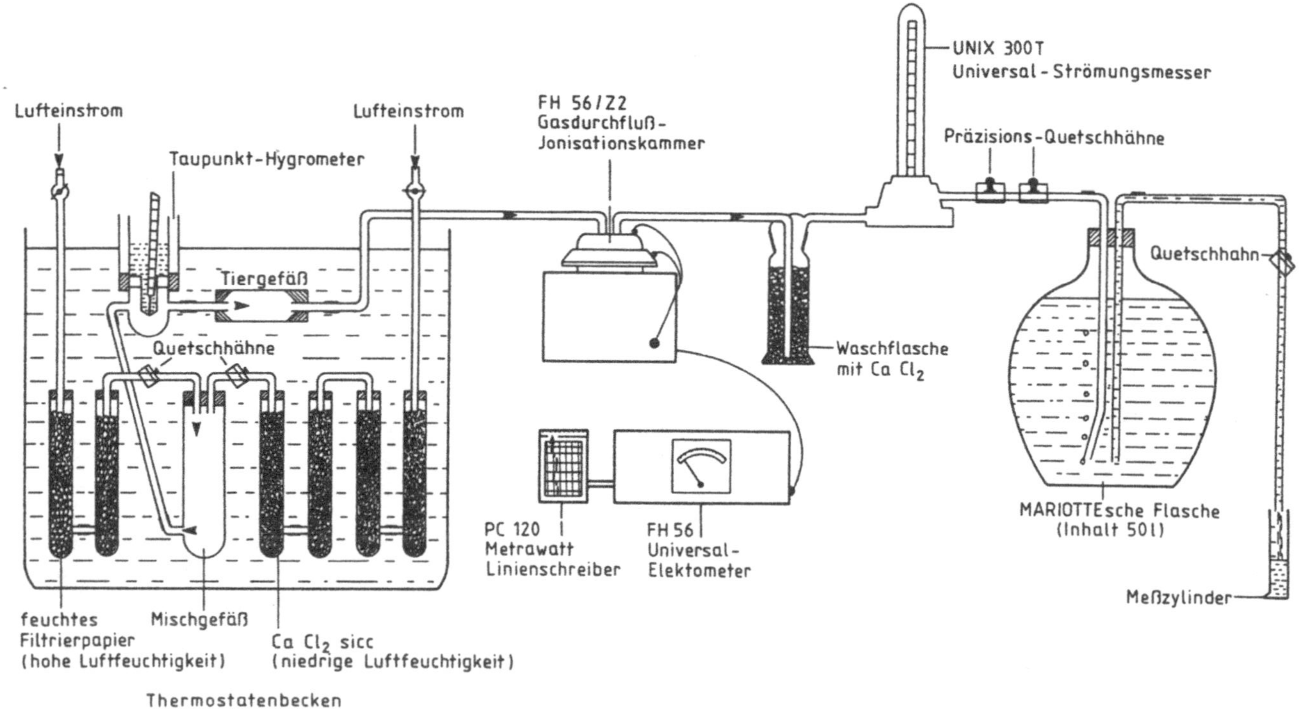

Abb. 17 Schematische Darstellung der Versuchsanordnung zur Transpirationsmessung mittels THO, nach Kloft & Schulze (1967).

1.10 Verwendung von radioaktiven Pestiziden

In den letzten Dekaden wurden in zunehmendem Maße radioaktiv markierte Verbindungen mit bioziden Eigenschaften zur Untersuchung ihres Stoffwechsels verwendet. Durch die Anwendung solcher markierten Stoffe konnte die Durchdringung der Insektenkutikula von Insektiziden näher verfolgt werden, was von großer praktischer Bedeutung ist. Auch über die Verteilung der Insektizide im Körper, über ihre Speicherung und Exkretion konnte mehr Klarheit gewonnen werden. Besonders gute Dienste leisteten Tracer-Methoden bei der Abklärung des Metabolismus und der Erkennung von Rückständen.

Als Tracer wird die Markierung bezeichnet, die so erfolgt, daß für ein stabiles Atom ein radioaktives in die sonst unveränderte Verbindung eingebaut wird. Der Verbleib des Moleküls oder seiner Abbauprodukte kann dann mit Hilfe einer geeigneten Zähltechnik oder auch autoradiographisch bestimmt werden.

Die Applikationsweise von Radioisotopen ist abhängig von der Fragestellung. Bei der Untersuchung von Fraßgiften wird die markierte Substanz der Nahrung zugegeben, während sie bei Kontaktbegiftung auf verschiedene Teile des Körpers aufgebracht wird. Vorher muß die spezifische Radioaktivität der Verbindung bekannt sein. Dann hat die Dosierung so zu erfolgen, daß schließlich eine Messung der Aktivität auch nach der Verdünnung im Körper noch möglich ist. Dies ist wiederum abhängig von der Strahlungsintensität der Isotope; sie sollte wenigstens 2 bis 4mal so groß sein wie der Leerwert.

Solche Untersuchungen wurden besonders zahlreich mit Insekten durchgeführt. Bei der topikalen Applikation wird aus einer Mikropipette eine bestimmte Menge meist auf den Thorax des Insektes gegeben. Dabei befinden sich die Tiere in CO_2-Narkose. Nach bestimmten Zeiten werden sie getötet, die einzelnen Organe herauspräpariert, und die Aktivität in ihnen ermittelt. Dabei ist aber zu beachten, daß nicht die ganze Menge des applizierten Giftes eindringt. Es ist deshalb notwendig, die nicht eingedrungene Menge mit Aceton zu entfernen, um Fehlmessungen zu vermeiden. Solche Untersuchungen wurden mit ^{14}C-markierten Insektiziden zahlreich durchgeführt, wobei die Adsorption an der Kutikula bzw. Epidermis sowie die eingedrungene Menge bei Insekten und Säugetieren ermittelt wurden.

Bei der Fraßgiftwirkung ist es notwendig, daß das Insektizid im Darm absorbiert wird, um seine Wirkung entfalten zu können. Dazu wird es der Nahrung beigemengt. Pflanzenfressern können auf entsprechende Weise auch systemisch wirkende Pestizide verabreicht werden. Die aufgenommene Nahrungsmenge wird durch Wägung festgestellt. Dann kann die darin enthaltene Insektizidmenge aufgrund der vorher ermittelten Radioaktivität der Nahrung errechnet werden.

Normalerweise ist es notwendig, zur Bestimmung der radioaktiven Stoffmenge eine Extraktion der Pflanzen- und Tierteile vorzunehmen. Hierzu werden die Gewebe mit wasserfreiem Natriumsulfat zermörsert und mit Äther extrahiert. Nach feuchter Veraschung wird das ^{14}C als Bariumcarbonat gebunden und die Aktivität ermittelt. Zur praktischen Erlernung dieser Arbeitsgänge ist die Teilnahme an einem Praktikum zu empfehlen, in dem der Umgang mit radioaktiven Isotopen sowie der praktische Strahlenschutz erlernt werden kann.

Chromatographisch aufgetrennte markierte Metaboliten können vielfach direkt auf dem Chromatogramm vermessen werden.

Zum Nachweis von toxisch wirkenden Metaboliten müssen sehr empfindliche Tiere benutzt werden, denn die erhaltenen Mengen sind häufig sehr gering. Sehr gut geeignet sind Wasserflöhe (*Daphnia*) oder auch Mosquito-Larven. Dabei wird die Wirkung der Metaboliten mit der der Ausgangssubstanz verglichen.

2 Vergiftungserscheinungen und Vergiftungsverlauf

Toxikologische Untersuchungen zur physiologischen Wirkungsweise von Pestiziden wurden vor allem an Schadtieren durchgeführt, die mit dem jeweiligen Gift bekämpft werden sollen. Dies sind insbesondere Insekten mit unterschiedlicher Empfindlichkeit gegenüber den verwendeten Insektiziden. Um die zu verschiedenen Zeitpunkten des Vergiftungsverlaufs erhaltenen Ergebnisse und Befunde miteinander vergleichen zu können, bedarf es einer reproduzierbaren Vergleichsgrundlage. Durch genaue Beobachtung der äußerlich sichtbaren Vergiftungserscheinungen lassen sich diese den durch die Giftwirkung beeinflußten physiologischen Änderungen recht gut zuordnen.

2.1 Ermittlung von Intoxikationsphasen

Die äußerlich sichtbaren Vergiftungssymptome sind je nach der morphologischen Beschaffenheit der Versuchstiere verschieden. Abgesehen von diesen ansteigenden Unterschieden ist der Vergiftungsverlauf meistens ähnlich und reproduzierbar, so daß schon rein äußerlich bestimmte Intoxikationsphasen abgrenzbar sind. Für die Insektizidforschung besteht der größte Verhaltensunterschied zwischen den Larven der hemi- und holometabolen Insekten, wie auch aus Tabelle 4 hervorgeht.

Bei der Schabe *Periplaneta americana* z. B. zeigt sich im Falle einer Kontaktbegiftung zunächst ein abnormes Putzverhalten, das mit der Giftwirkung offenbar nicht in direkter Beziehung steht. Dieser Putzvorgang, der bei peroraler Begiftung oder Injektion des Giftes nicht deutlich zum Ausdruck kommt, ist wohl auf die Staubwirkung des Mittels zurückzuführen; er hört nach einer gewissen Zeit auf. Unabhängig von der Begiftungsweise sitzen die Tiere dann eine längere Zeit (einige Stunden) meist bewegungslos im Versuchsgefäß. Das erste Anzeichen der eigentlichen Giftwirkung kommt dadurch zum Ausdruck, daß sich begiftete Schaben trotz starker taktiler Reize nicht von der Stelle rüh-

Tabelle 4 Vergiftungsverlauf von Insekten nach Thiodanvergiftung nach Schulze (1965)

Vergiftungs-stadium	*Sitophilus* und *Tenebrio* (Käfer)	*Periplaneta* und *Blaberus*	*Diprion*-Larven	*Lymantria*-Raupen
„1" Latenzphase	normales Verhalten, Käfer laufen umher	normales Verhalten, (Putzbewegungen), Schaben sitzen meist ruhig auf der Stelle	normales Verhalten, Larven kriechen oder sitzen ruhig	normales Verhalten, Raupen kriechen oder sitzen ruhig
„2" Exzitations-phase I	Tarsenlähmung am Beinpaar I ⟶ zunehmende Unruhe ⟶ unkoordiniertes Laufen	zunächst Unempfindlichkeit gegenüber taktilen Reizen ⟶ Spontanmotilität und zunehmende Unruhe ⟶ abnorme Schreckhaftigkeit	Aufrichten des Vorder- und Hinterkörpers ⟶ Schwellung der Thoraxregion ⟶ zunehmende Unruhe mit hastigen Kriechbewegungen	zunehmende Unruhe mit hastigen Kriechbewegungen
„3" Exzitations-phase II	motorische Hyperaktivität ⟶ Defäkation ⟶ irreversible Rückenlage mit heftigen Strampelbewegungen der Extremitäten	stelzenhaftes Umherlaufen ⟶ motorische Hyperaktivität ⟶ irreversible Rückenlage mit heftigen Strampelbewegungen der Extremitäten	Gesamtkörper stark kontrahiert ⟶ motorische Hyperaktivität ⟶ Abgabe von Körperflüssigkeit aus Mund und After ⟶ irreversible Seitenlage mit schlangenartig windenden Krümmungsbewegungen	Raupen stark kontrahiert ⟶ motorische Hyperaktivität ⟶ Flüssigkeitsabgabe aus Mund und After ⟶ irreversible Seitenlagen mit Krümmungsbewegungen
„4" Tremorphase	krampfartiges Zittern der Extremitäten	krampfartiges Zittern der Extremitäten und der Palpen ⟶ Mundwerkzeuge in ständiger Tätigkeit	schwache Zitterbewegung der Extremitäten ⟶ spontane Kontraktion des Körpers	schwache Zitterbewegungen der Extremitäten ⟶ spontane Kontraktion des Körpers
„5" adynamische Phase	völlige Bewegungslosigkeit ⟶ Reaktionen der Extremitäten und Palpen nur nach stärkeren Reizen	völlige Bewegungslosigkeit ⟶ Reaktionen der Extremitäten, Palpen und Cerci nur nach stärkeren Reizen	völlige Bewegungslosigkeit ⟶ deutliche Verkürzung des Körpers ⟶ Rückengefäß schlägt nur noch unregelmäßig	völlige Bewegungslosigkeit ⟶ deutliche Verkürzung des Körpers
„6" Exitus	–	–	–	–

ren oder äußerst langsame Rückwärtsbewegungen vollziehen, während unbehandelte Tiere beim Berühren sofort die Flucht ergreifen. Diesem Stadium völliger Bewegungslosigkeit folgt dann mit fortschreitender Vergiftungsdauer eine direkt entgegengesetzte Reaktion, nämlich eine deutliche Stimulation der Spontanmotilität. Ohne ersichtlichen äußeren Grund führen die Schaben plötzliche Ortsveränderungen aus, indem sie ein kurzes Stück hastig vorwärtsrennen, am neuen Ort kurz verweilen, um dann wieder aufgeschreckt davonzurennen. Auch gegen Berührung sind sie jetzt äußerst empfindlich. Die Mundwerkzeuge sind in ständiger Bewegung, ebenfalls die Palpen. Das Tier läuft schließlich rastlos umher, wobei das Abdomen ständige Pumpbewegungen zeigt. Dann werden die Extremitäten infolge der nun eintretenden Lähmung zusehends steifer und werden vom Körper abgespreizt, so daß sich das Tier wie auf Stelzbeinen fortbewegt. Die Tarsen krümmen sich ventralwärts ein und werden für die normale Fortbewegung unbrauchbar. Die Lähmungserscheinungen bewirken schließlich bei zunehmender Unruhe, daß das Tier auf den Rücken fällt und nicht wieder auf die Beine kommt, weil keine Koordinierung der Bewegungen mehr zustande kommt. Die heftigen Pumpbewegungen halten noch ca. 30 Min. an und gehen dann in starke Zitterbewegungen über. Der auftretende Tremor verläuft periodisch und wird eingeleitet durch eine Kontraktion des gesamten Körpers einschließlich der Extremitäten. Mit fortschreitender Giftwirkung nehmen die Zitterbewegungen ab und treten nur noch spontan auf. Sie lassen sich jedoch künstlich durch Erschütterungsreize auslösen. Schließlich hört das spontane Zittern ganz auf, das Tier ermattet und reagiert nur noch äußerst schwach mit kaum wahrnehmbaren Bewegungen der Palpen und Cerci auf äußere Reize. Das ganze Tier krümmt sich etwas ein und wird dadurch verkürzt. In dieser Stellung bleiben die Tiere bis zum Eintritt des Todes, der äußerlich nicht feststellbar ist.

Bei Raupen kommt das Stadium der Hyperaktivität infolge der reduzierten Extremitäten weniger deutlich zum Ausdruck. Hier werden heftige Krümmungsbewegungen sichtbar. Infolge des starken Binnendruckes werden aus Mund und After oft beträchtliche Flüssigkeitsmengen abgegeben.

Allgemein läßt sich der Vergiftungsverlauf bei Insekten in sechs verschiedene Phasen unterteilen, wobei davon ausgegangen wird, daß jedes Vergiftungsstadium gegenüber dem nächsten deutlich erkennbare Unterschiede zeigt.

2.2 Der Sauerstoffverbrauch während des Vergiftungsverlaufs

Die Sauerstoffaufnahme ist eine zur Charakterisierung von Insektizideinwirkungen meßbare Größe. Im Vergleich zu Kontrolltieren zeigen begiftete Insekten nach unterschiedlich langer Latenzzeit eine erhebliche Steigerung des Sauerstoffverbrauchs. Ein über mehrere Stunden sich erstreckendes Maximum im Sauerstoffverbrauch fällt zeitlich mit dem Vergiftungsstadium der irreversiblen Rückenlage mit maximal gesteigerter Bewegungsaktivität der Extremitäten und der darauf folgenden Tremorphase für die Zeit des heftigen Dauertremors zusammen (Bild 18). Der Verlauf und die Intensität der Atmungsänderung ist bei gleicher Temperatur von der am primären Wirkungsort befindlichen Giftkonzentration abhängig.

Je nach Vergiftungsverlauf fallen die Kurven nach vielen Stunden bei Abnahme der Tremorerscheinungen mehr oder weniger steil ab. Auch wenn bei den Versuchstieren keine optisch wahrnehmbaren Bewegungen mehr zu bemerken sind, läßt sich noch eine geringfügige Sauerstoffaufnahme feststellen. Dies zeigt, daß das bei verschiedenen toxikologischen Test- und Bewertungsmethoden als Kriterium herangezogene Stadium der völligen Bewegungslosigkeit keineswegs mit dem physiologischen Exitus der Versuchstiere gleichbedeutend zu sein braucht.

Von wesentlicher Bedeutung für den Sauerstoffverbrauch ist die Temperatur vor, während und nach der Begiftung, wie Untersuchungen mit DDT gezeigt haben (Hadaway & Barlow, 1957, Pradham & Mundkur 1957, Das & Needham 1961). Für die einzelnen Pestizide kann ein positiver oder auch negativer Temperaturkoeffizient festgestellt werden. Der Vergiftungsprozeß kann sich fortwährend mit der Temperatur ändern und somit in gewissem Rahmen reversibel sein. Sowohl die aktivierenden Vorgänge wie Resorption und Weiterleitung des Giftes als auch die inaktivierenden wie seine Speicherung, sein Abbau und seine Ausscheidung können unterschiedlich durch steigende Temperatur begün-

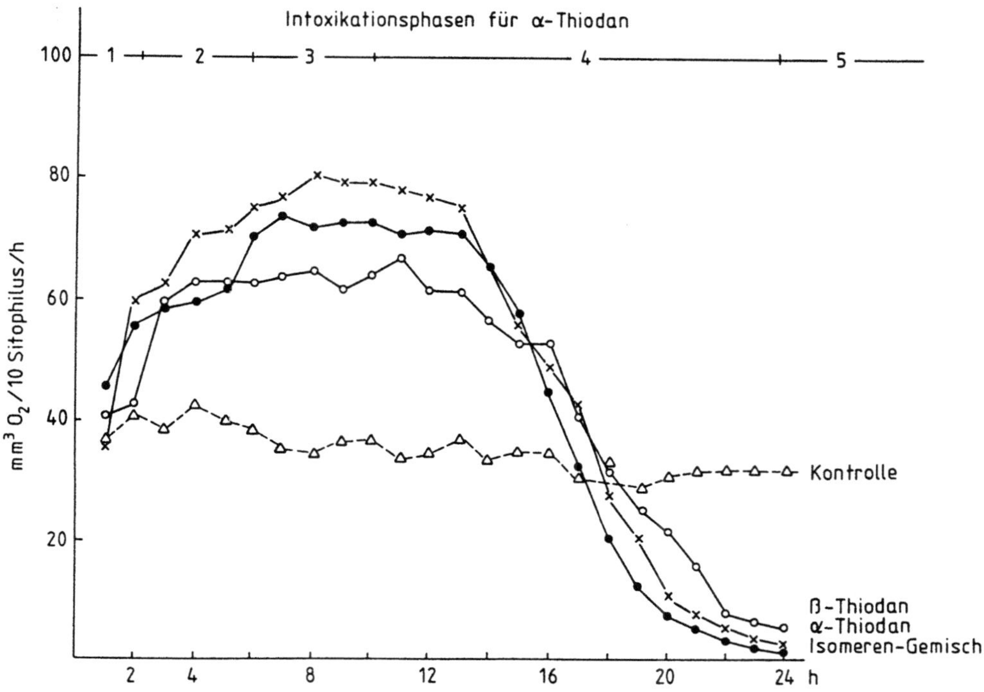

Abb. 18 Verlauf der O_2-Aufnahme des Kornkäfers *Sitophilus granarius* L. nach Begiftung mit Endosulfan (= Thiodan) bei 25 °C und Dauerkontakt, nach Schulze (1965).

stigt werden. Dadurch kann sich das Verhältnis von Aktivierung zu Inaktivierung mit steigender Temperatur zugunsten einer Inaktivierung verschieben, so daß ein negativer Temperaturkoeffizient resultiert (Fan et al. 1948, Häfliger 1954, Zubairi & Cutcomp 1964).

Der Gasstoffwechsel wird auch von der Dauer der Gifteinwirkung, also von der aufgenommenen Giftmenge beeinflußt, was jedoch nur bis zu einer bestimmten Endkonzentration möglich sein wird.

2.3 Änderung des pH-Wertes der Hämolymphe

Selbst für eine *one-drop*-Elektrode werden Mengen an Blutflüssigkeit benötigt, wie sie nur in relativ großen Wirbellosen vorgegeben sind. Besonders reich an Hämolymphe sind die Larvenstadien holometaboler Insekten. Die älteren Stadien besitzen oft mehr als 75 % Körperwasser. Trotz erheblicher Flüssigkeitsverluste nach Gifteinwirkung enthalten sie in allen Intoxikationsstadien die für eine Einzelmessung ausreichende Hämolymphmenge.

Unbehandelte Freßlarven der älteren Stadien zeigen gewöhnlich einen fast neutralen bis ins Saure tendierenden pH-Wert ihrer Blutflüssigkeit, der nach 1- bis 2tägiger Hungerperiode leicht absinkt, d. h. die Hämolymphe reagiert mit zunehmender Hungerzeit etwas saurer. Während des Vergiftungsverlaufs nimmt die Wasserstoffionenkonzentration mehr

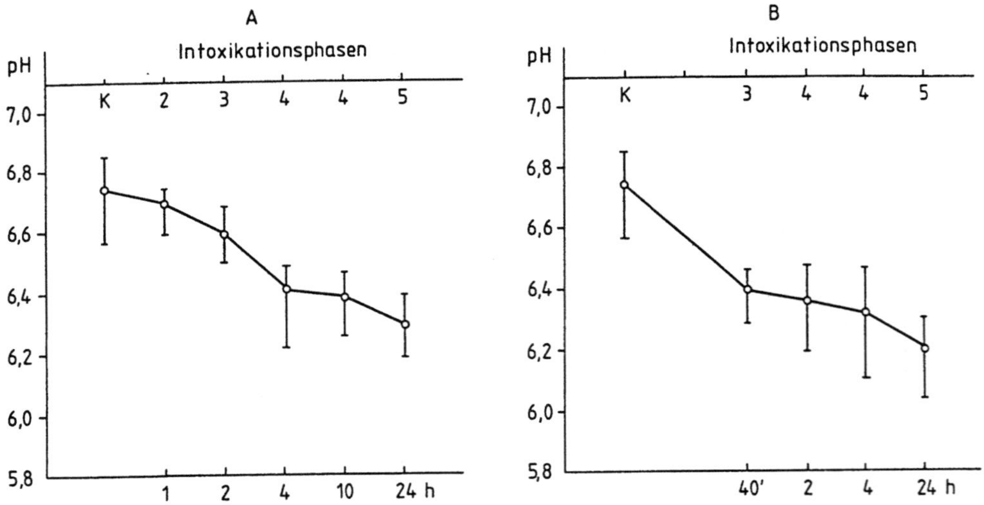

Abb. 19 Abnahme des pH-Wertes der Hämelymphe nach Begiftung mit Endosulfan (A) und Parathion (E 605) (B); Versuchstiere: Letztes Larvenstadium von *Diprion pini* L., K: Kontrolle; Begiftung und pH-Messungen wurden bei Zimmertemperatur und -luftfeuchtigkeit durchgeführt, nach Schulze (1965).

oder weniger stark zu, so daß gegenüber den unbehandelten Tieren Differenzen von 0,43 bis 0,54 pH-Einheiten gemessen wurden (Bild 19). Die einzelnen Insektizide können sich unterschiedlich auswirken.

2.4 Verlauf der Körperinnentemperatur

Nicht nur homöotherme, sondern auch poikilotherme Tiere, die in ihrer Körpertemperatur sehr stark von abiotischen Umweltfaktoren abhängig sind und nach längerem Ruhestoffwechsel in gleichmäßigen, nicht durch äußere Einstrahlungen veränderten Temperatur- und Feuchtigkeitsbedingungen eine der Umgebungstemperatur nahestehende Körpertemperatur besitzen, können diese durch Stoffwechselsteigerungen sehr stark verändern und durch Transpirationsvorgänge modifizieren. Erwartungsgemäß spiegelt eine Stoffwechselsteigerung den Verlauf der Körperinnentemperatur wider (Bursell 1964).

Verglichen mit der Körpertemperatur unbegifteter Tiere besteht bei Insekten während der Latenzzeit gegenüber begifteten kein Unterschied. Sobald die Vergiftung unter den äußeren Anzeichen zunehmender Erregung und gesteigerter Schreckhaftigkeit einsetzt, äußert sich dies infolge der geleisteten Muskelaktivität in mehr oder weniger großen kurzfristigen Erhöhungen der Körperinnentemperatur. Während der eigentlichen Exzitationsphase wird aufgrund der motorischen Hyperaktivität ein Maximum von unterschiedlicher Höhe erreicht. Anschließend nimmt die Körperinnentemperatur wieder ab und zeigt nur noch geringe Schwankungen, bis die Bewegungen in der adynamischen Phase ganz aufhören und die Körpertemperatur auf die Umgebungstemperatur absinkt (Bild 20).

Bei konstanter Umgebungstemperatur nimmt die Körperinnentemperatur bei Poikilothermen mit steigender Luftfeuchte, d.h. mit abnehmendem Sättigungsdefizit zu. Dies führt dazu, daß sie bei sehr hohem Sättigungsdefizit unter, bei niedrigem über der Umgebungstemperatur liegt. Für diese Verschiebungen in der Körperinnentemperatur

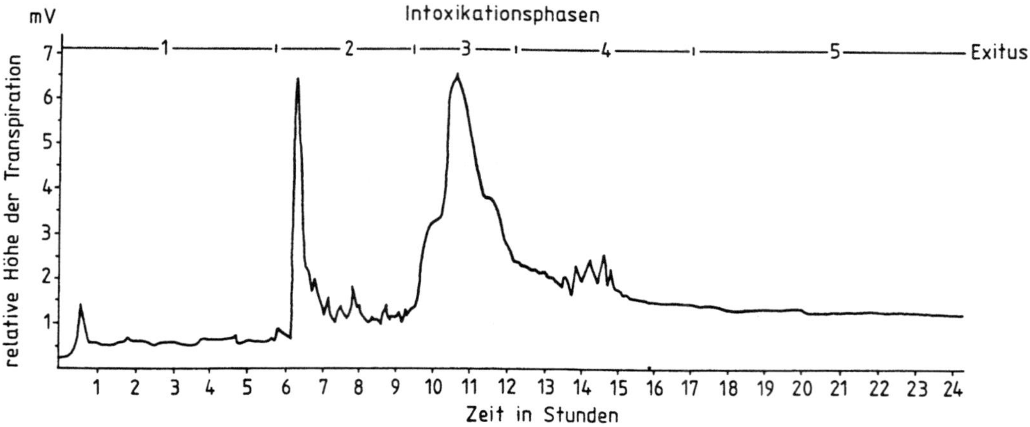

Abb. 20 Verlauf der Körpertemperatur nach Begiftung mit Endosulfan von *Blaberus discoidalis* Sv. bei 17 % relativer Luftfeuchtigkeit und 28 °C, nach Schulze (1965).

kann vornehmlich die Transpiration verantwortlich gemacht werden. Entspricht die Wärmeproduktion dem Wärmeverlust, so ist die Körperinnentemperatur gleich der der Umgebung. Laufbewegungen führen zu mehr oder weniger großen und zeitlich unterschiedlichen Erhöhungen der Körpertemperatur. Die bei der Muskelarbeit freiwerdende Wärmeenergie ist auch verantwortlich für die Erhöhung der Körperinnentemperatur während des Vergiftungsverlaufs.

2.5 Verlauf der Transpiration

Die Markierung des Körperwassers mit Tritium (^3H) erfolgt durch rektale Applikation von THO. Nach 24 Stunden hat sich das tritierte Wasser über den gesamten Körper verteilt, so daß eine gleichmäßige Markierung des transpirierten Wassers gegeben ist. Dies wird auch durch den Verlauf der Transpiration eines unbegifteten Tieres angezeigt (Bild 21). Zu Beginn der Kurve ist der Nulleffekt der Ionisationskammer aufgezeichnet. Bei der Pfeilmarkierung nach ca. 35 Minuten wurde das Tiergefäß angeschlossen. Abgesehen von geringen Schwankungen, die durch kurzfristiges Bewegen der Extremitäten bedingt sind, verläuft die Wasserdampfabgabe über einen Zeitraum bis zu vier Stunden nahezu linear. Der auftretende Peak deutet auf kurzfristige intensive Bewegungen des Versuchstieres hin, die mit einer Steigerung der Körpertemperatur verbunden sind.

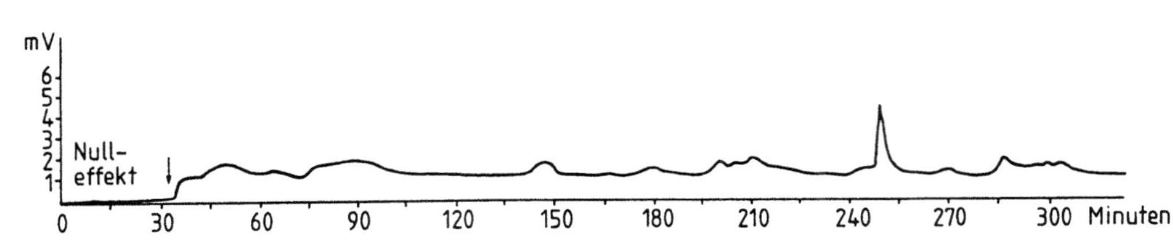

Abb. 21 Nulleffekt und Transpirationsverlauf einer unbegifteten Schabe bei 28 °C und 20 % relativer Luftfeuchtigkeit, nach Schulze (1967); Applikation 0,2 mc ^3H in 0,1 ml H_2O.

Während der Intoxikationsphasen ist der Transpirationsverlauf dem der Körpertemperatur deshalb recht ähnlich. Während der Latenzphase verläuft die THO-Abgabe entsprechend den unbegifteten Versuchstieren während des Ruhestoffwechsels mehr oder weniger linear. Leichte Bewegungen der Extremitäten und zunehmende Unruhe der Tiere manifestieren sich in der Exzitationsphase I durch erhöhte THO-Raten. Zu Beginn der Exzitationsphase II nimmt die Transpirationsrate steil ab. Die Tremorphase weist nur noch geringfügige Schwankungen der THO-Meßraten auf. Zu diesem Zeitpunkt ist das Tier irreversibel physiologisch geschädigt und zu keinerlei aktiven Regulationsvorgängen mehr in der Lage. In der adynamischen Phase verlaufen die Transpirationskurven völlig linear, weisen jedoch meist höhere Meßwerte auf als in der Latenzphase, weil nun jede Regulationsleistung fehlt (Schmidt 1955, Schulze 1967) (Bild 22).

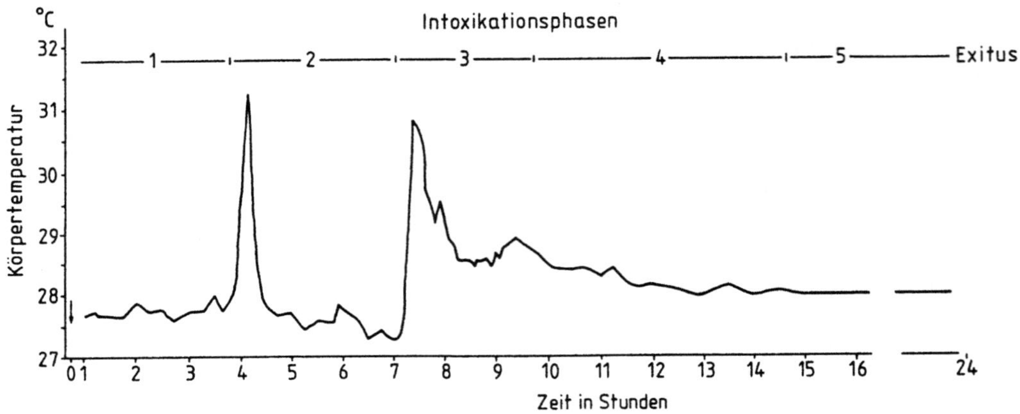

Abb. 22 Transpirationsverlauf eines mit Endosulfan begifteten *Blaberus*-Männchens bei 28 °C und 20 % relativer Luftfeuchtigkeit, nach Schulze (1967); Applikation 0,2 ^3H in 0,1 ml H_2O.

IV Methoden der Applikation im Laboratorium

1 Topikale Applikation und Injektion

Es besteht die Lehrmeinung, daß die Letalwirkung eines Biozids eine Funktion der Dosis bezogen auf das Gewicht des Testtieres ist. Die generelle Anwendung der LD_{50} als Vergleichszahl stieß jedoch auf Schwierkgieten, als man begann, sehr geringe Mengen eines Biozids mit Hilfe einer Mikrometerspritze zu verabreichen und die Tiere dazu mit CO_2 narkotisiert werden mußten. Diese Einzelapplikation setzte die Genauigkeit des Arbeitens wesentlich herauf, so daß ihre Anwendung immer mehr nachgefragt wurde, denn die erhaltenen Werte waren wesentlich reproduzierbarer als bei Verwendung von pestiziden Filmen zur Kontaktgiftbehandlung. Die wesentlichsten Vorteile der Giftapplikation mittels einer Mikrometerspritze sind der höhere Grad an Genauigkeit in der Dosierung, die bessere Konstanz und Reproduzierbarkeit der Ergebnisse, der geringere Zeitaufwand, die geringere Tierzahl (10–20 n), die einfache und billige Ausrüstung und die geringere Giftmenge. Allerdings ist sie nur anwendbar bei relativ großen und terrestrisch lebenden Tieren; aquatisch lebenden Tieren kann ein Biozid in diesem Falle nur per Injektion appliziert werden.

Diese Applikationsmethode erfordert zum Erreichen einer 5 %igen Genauigkeit und Reproduzierbarkeit ein sehr sorgfältiges Arbeiten. Es werden Tropfen von 0,1 bis 10 μl je nach Größe des Versuchstieres verabreicht. Die Methode gestattet schließlich, die verschiedenen Pestizide in ihrer Wirkung zu vergleichen, wie dies mit keiner anderen Methode möglich ist (Tabelle 5).

Bei der topikalen Applikation wird aus einer Mikropipette eine bestimmte Menge meist auf den Thorax des Tieres gebracht. Bei Injektion benötigt man für die gleiche Wirkung meist weniger Gift, während bei oraler Applikation wegen der erforderlichen Resorbierbarkeit meistens eine größere Dosis notwendig ist, um die LD_{50} zu erreichen. Besonders auffällig ist auch die stark unterschiedliche Wirkung der einzelnen Insektizide.

Tabelle 5 LD_{50}-Werte in μg pro Körpergewicht für drei Insektenarten nach unterschiedlicher Applikation verschiedener Insektzide, zusammengestellt nach mehreren Autoren

Insektizid	*Periplaneta americana*		*Musca domestica*	*Melanoplus differentialis*	
	topikal	injiziert	topikal	topikal	oral
Nikotin	500–650	100	–	–	–
Pyrethrum	8,5	6	50	–	–
Rotenon	–	6–15	–	–	–
DDT	10	8	2	9380	2579
Lindan	5	4	0,5	1,6	6,7
Heptachlor	1	–	1,5–1,7	1,6	4,4
Aldrin	1	–	1,7	1,8	2,3
Parathion	1,5	1,0	0,7	0,8	8,9

Der Injektion vergleichbar ist die von Sun & Johnson (1971) beschriebene Infusionsmethode, mit der Lösungen langsam in gleichen Mengen und in vorher bestimmbarer Zeit verabreicht werden können.

Die für solche Versuche verwendeten Lösungsmittel sind nicht immer gleich. Wasserlösliche Stoffe, wie Nikotin, Natriumfluorid, Natriumarsenit oder Tetraäthylpyrophosphat, die injiziert oder als Fraßgifte appliziert werden sollen, können in Wasser oder physiologischer Lösung dargeboten werden. Für Säugetiere verwendet man meist eine 0,9 %ige NaCl-Lösung. Physiologische Salzlösungen, die dem osmotischen Wert der Hämolymphe besser entsprechen, sind für folgende Insekten bekannt:

Apis mellifera, Larven	
$CaCO_3$	0,375 g/l
$MgCO_3$	0,693 g/l
KH_2PO_4	1,360 g/l
$NaHCO_2$	1,430 g/l
0,1 n HCl	0,328 mg/l
1 n Milchsäure	0,01 mg/l

Gastrophilus intestinalis, Larven	
NaCl	1,0 g/l
Na_2HPO_4	11,0 g/l
$NaH_2PO_4 \cdot 2\,H_2O$	5,3 g/l
KH_2PO_4	1,5 g/l
$MgSO_4 \cdot 7\,H_2O$	4,0 g/l

Periplaneta americana	
NaCl	10,93 g/l
KCl	1,57 g/l
$CaCl_2$	0,85 g/l
$MgCl_2$	0,17 g/l

Dytiscus marginalis	
NaCl	9,4 g/l
KCl	0,22 g/l
$CaCl_2$	0,22 g/l
$NaHCO_3$ bis pH 7,2	

Prodenia eridania, Larven	
NaCl	3,26 g/l
KCl	7,39 g/l
$CaCl_2$	2,54 g/l
$MgCl_2$	1,69 g/l

Für Routineuntersuchungen wird gewöhnlich generell eine 0,93 %ige Kochsalzlösung verwendet.

Für die topikale Applikation und für viele organische Pestizide sind Salzlösungen ungeeignet, weil sie auf der Kutikula zu wenig haften und das Biozid zu wenig lösen. In diesen Fällen müssen organische Lösungsmittel oder Emulsionen verwendet werden. So kann z. B. 1 % DDT in 10 %iger Erdnußölemulsion verwendet werden, wozu physiologische Salzlösung mit 1 % Lezithin gebraucht wird.

Für die meisten topikalen Untersuchungen wurden die organischen Chemikalien jedoch in Aceton gelöst. Auch Methanol oder Methyläthylketon wurden als Lösungsmittel verwendet, seltener Propylenglykol, Benzol, Olivenöl, Erdnußöl oder Mineralöl. Einen Hinweis auf die unterschiedliche Löslichkeit einiger Insektizide gibt Tabelle 6.

Aus den Zahlen wird der Vorteil des Acetons deutlich. Bei topikaler Applikation verdampft es leicht, und der Insektizidfilm bleibt zurück.

Nach Begiftung werden die Tiere bei konstanter Temperatur und Luftfeuchtigkeit mit geeigneter Nahrung gehalten und die Intoxikationsphasen verfolgt.

Das applizierte Volumen, in dem sich das Insektizid befindet, richtet sich nach der Größe des Insektes. Es beträgt bei der Stubenfliege *Musca domestica* 0,2 bis 0,5 µl, bei der Küchenschabe *Periplaneta americana* bis zu 20 µl.

Tabelle 6 Löslichkeit einiger Insektizide in verschiedenen Lösungsmitteln

Lösungsmittel	Sp. °C	DDT g/100 ml 27 °C	Lindan g/100 ml 25 °C	Rotenon g/100 ml 20 °C	Nicotin
Aceton	58	58	43	66	∞
Dioxan	91	91	31	–	∞
Äthanol	78	2	6,4	0,2	∞
Mineralöl	250–300	4	1,9	0,5	∞
Propylenglykol	188	1	–	–	–
Wasser	100	0,00001	0,001	0,00002	∞

Der Applikationsort ist abhängig von der Größe des Tieres und vom Entwicklungsstadium. Innerhalb einer Versuchsreihe sollte er stets konstant gehalten werden. Topikale Applikation wird meistens auf dem Pronotum, auf dem Sternum zwischen den Beinen oder dorsal unter den Flügeln vorgenommen. Dabei stellte sich heraus, daß Nikotin bei Lepidopteren über die Flügel langsamer wirkt als über die Antennen. Die Wirkung von Pyrethrum ist über die Abdominalsegmente geringer als auf den Kopf gegeben. Auch ist die Wirkung schneller nach Applikation auf die Intersegmentalhäute als auf stark sklerotisierte Skeletteile; die Tarsen sind empfindlicher als das Abdomen. Sinnesorgane und lipoidreiche Körperteile beschleunigen im allgemeinen das Eindringen des Wirkstoffes. Jedoch ist es verschieden, je nachdem, ob das Gift als Suspension, Emulsion oder als Lösung appliziert wird. Bei einer Suspension und Emulsion spielt die Teilchengröße eine wichtige Rolle. Teilchen geringer Größe wirken im allgemeinen toxischer als größere. Andererseits konnte gezeigt werden, daß Kristalle von Rotenon von 150 μ nur 1/1500 so toxisch sind wie die kolloide Form, während unter den gleichen Bedingungen 400 μ große Kristalle von DDT 20mal so toxisch sind wie kolloide. Allerdings besteht im letzten Fall eine Temperaturabhängigkeit. So ist kolloidales DDT bei 12 °C toxischer, bei 27 °C dagegen kristallines.

Injiziert wird am Vorderbein, durch eine Intersegmentalmembran am Abdomen oder zwischen Kopf und Thorax. Zur Prüfung von Fraßgiften ist die Nadel in den Pharynx einzuführen. Bei saugenden Insekten können die Mundgliedmaßen betupft werden. Zur Untersuchung des Metabolismus eines Pestizids wird es meistens injiziert, da auf diesem Wege eine größere Menge vorgegeben werden kann. Der Stoffwechsel von systemischen Pestiziden kann aber auch nach topikaler Applikation untersucht werden.

Allgemein gilt, daß Pestizide, die Ionen bilden, nach Injektion wirkungsvoller sind als nach topikaler Applikation. Organische Insektizide, wie Pyrethrum, Rotenon, DDT, Lindan, Parathion, zeigen dann eine nur geringe unterschiedliche Wirkung. Dies weist wiederum auf die erwähnte Bedeutung der Kutikula für die Absorption und Verteilung der Wirkstoffe hin. Bei topikaler Applikation nimmt die Wirkung zu, wenn der Applikationsort zum Kopf hin verlagert wird.

Schließlich läßt sich ein t/i-Index ermitteln (Tabelle 7), der Aufschluß über die Schnelligkeit des Eindringens eines Insektizids durch die Kutikula gibt. Er zeigt jedoch nicht an, wieviel der eingedrungenen Menge in der Kutikula verbleibt und nicht der allgemeinen Zirkulation zugeführt wird. Denn es hat sich gezeigt, daß verschiedene Faktoren das Eindringen beeinflussen und die Penetration somit komplex und nicht linear gestalten. Nach den vorstehenden Ausführungen kann der t/i-Quotient auch durch das Lösungsmittel verändert werden (Gerolt 1972).

Tabelle 7 Vergleich der Toxizitätsverhältnisse von Malathion nach topikaler (t) und intraperitonealer (i) Applikation bei Schaben, nach Krueger & O'Brien (1959)

	LD_{50} in mg/kg topikal	injiziert	t/i-Index
Blattella germanica	120	8,0	15,0
Periplaneta americana	16	7,2	2,2

2 Begiftung durch Verfüttern und Tränken

Diese Methoden spielen eine wesentliche Rolle bei der Untersuchung von Fraßgiften. Die Technik ist stark abhängig vom Modus der Nahrungsaufnahme der Tiere. Quantitative Aussagen erlauben diese Applikationsmethoden nur dann, wenn die aufgenommene Nahrungsmenge ermittelt werden kann. In der Praxis sind die Methoden zur Bekämpfung von Vorratsschädlingen von Bedeutung. Spezielle Untersuchungen wurden an blattfressenden und blattsaugenden Insekten im Rahmen der systemisch wirkenden Insektizide durchgeführt. In vielen Fällen ist eine zusätzliche Kontaktbegiftung aber nicht auszuschließen.

Werden Insektizide in flüssiger Form geboten, so werden sie gewöhnlich in Zuckerlösungen verabreicht, weil viele Insekten süße Lösungen bevorzugen. Zur Untersuchung der Bienentoxizität werden die Mittel in 20 %igen Saccharoselösungen angeboten.

Zur weitgehenden Verhinderung von Kontakteffekten können blut- oder pflanzensaugende Arthropoden durch Membranen gefüttert und so begiftet werden. Kloft & Schlagbauer (1965) haben zu diesem Zwecke, insbesondere zur Fütterung von blutsaugenden Wanzen, einen heizbaren Apparat mit künstlichen Membranen konstruiert. Die bisher verwendete Wirtstierhaut wurde durch Parafilm ersetzt.

Eine Kontaktwirkung kann auch dadurch weitgehend umgangen werden, daß die Nahrung oral mittels einer in den Pharynx eingeführten Kanüle verabreicht wird. Bei *Periplaneta* kann auf diese Weise eine Menge von bis zu 0,1 ml appliziert werden. Unterschiede zwischen oraler und kutaner Begiftung zeigt Tabelle 8.

Tabelle 8 Verhältnis zwischen akuter oraler und kutaner Toxizität einiger gut bekannter Insektizide an weiblichen Ratten nach Angaben von Perkow (1956)

Insektizid	LD_{50} oral mg/kg	LD_{50} kutan mg/kg	LD_{50} kutan/ LD_{50} oral
DDT	118	2510	21,3
Azinphos	11	220	20
Lindan	91	900	9,9
Diazinon	76	455	6,0
Chlorthion	980	4100	4,2
Methyl-Parathion	24	67	2,8
Parathion	3,6	6,8	1,9
Aldrin	60	98	1,6
Heptachlor	162	250	1,5
Dieldrin	46	60	1,3
Mevinphos	3,7	4,2	1,1

3 Tauchmethoden

Zahlreiche Versuche liegen vor, bei denen die Toxizität nach Tauchen des Versuchstieres in eine wäßrige Giftlösung ermittelt wurde. Dies geschieht über kurze Perioden und bewirkt eine ziemlich gleichmäßige Behandlung der Oberfläche der Tiere. Für sehr kleine Insekten und Milben beschrieb Voss (1962) eine Aufklebetechnik, die als Tesafilmmethode in die Literatur einging. Er benutzte einen kleinen Tesafilmstreifen und klebte eine bestimmte Anzahl von Tieren am Rücken auf, während die Beine frei beweglich blieben (Bild 23). Das so präparierte Filmstück läßt sich dann in die zu testende Lösung tauchen und das Ergebnis mit der Kontrolle vergleichen.

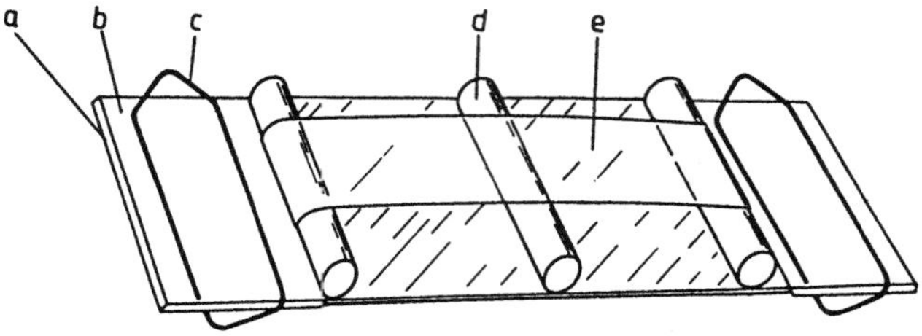

Abb. 23 Vorrichtung zum Tauchen von Spinnmilben in insektizide Lösungen, nach Voss (1962); a: Objektträger, b: Papierplättchen zum Beschriften, c: Büroklammer, d: Glasstäbchen, die mit wasserunlöslichem Glaskitt auf dem Objektträger fixiert sind und ein Haftenbleiben der Giftlösung zwischen Objektträger und Tesafilm verhindern, e: Tesafilmstreifen.

Tauchmethoden erfordern nur wenig Aufwand und geringe Kosten; sie haben aber den Nachteil, daß sie nur zur Testung von Kontaktgiften geeignet sind. Es sind reine Labormethoden; die Ergebnisse lassen sich nicht auf Freilandverhältnisse übertragen. Tauchmethoden verbieten jede Narkose der Versuchstiere, weil sie dadurch zu sehr beeinträchtigt werden. Auch sind alte und frisch gehäutete Insekten ungeeignete Altersstadien, da die Sterberate entweder sehr hoch liegt oder die Streuung ungewöhnlich groß ist. Mehrere kurze Tauchperioden von einigen Sekunden wirken sich auf die Versuchstiere günstiger aus als lange; die anfängliche Sterberate ist geringer. Letztere ist auch besonders abhängig von der Temperatur; sie wirkt auffallender bei toxischen Stoffen mit schneller Initialwirkung. Die Aktivität wird durch Erhöhung der Temperatur gesteigert und die Giftwirkung erhöht.

Die Wirkung der Temperatur nach Begiftung ist abhängig von der chemischen Konstitution des Biozids. Während BHC bei höheren Temperaturen schneller wirkt, ist dies bei DDT nicht der Fall. Der Einfluß der Luftfeuchtigkeit ist noch wenig geklärt.

4 Kontaktbegiftung mittels insektizider Filme

Bei der Insektenbekämpfung im Freiland werden die Schadtiere im allgemeinen nicht während der Applikation vom Gift betroffen, sondern kommen erst später mit dem angetrockneten Film oder mit dem giftimprägnierten Material in Berührung. Der Kontakt findet hauptsächlich an den Extremitäten statt. Für Labortests verwendet man deshalb Insektizidfilme auf einer Glasoberfläche oder auf Filterpapier, denen die Versuchstiere ausgesetzt werden (Bild 24). Durch rotierende Bewegungen können insektizide Filme an Glaswänden sehr gleichmäßig angebracht werden, wenn das Gift in Aceton gelöst wird. Während das Aceton verdampft, bleibt die Chemikalie an der Glaswand zurück. In ähnlicher Weise kann ein Biozid auch in der Dampfphase getestet werden. Bei dieser Applikationsmethode gelangt das Gift in molekularer Form zum Versuchstier. Eine solche feinste Verteilung ist mit den übrigen Methoden zur Bestimmung der Wirksamkeit und des Wirkungsgrades nicht zu erreichen (Shepard 1958). Eine Quantifizierung der aufgenommenen Menge ist allerdings problematisch und erfordert die Tracer-Technik.

Die aufgebrachte Biozidmenge wird in ng pro cm^2 angegeben. Es wird eine Konzentration ausgewählt, bei der 50 bzw. 90% der Tiere innerhalb 24 Stunden absterben. Eine längere Versuchsdauer kann die Widerstandskraft kleiner Tiere beeinträchtigen, da sie während der Begiftung keine Möglichkeit zur Nahrungsaufnahme haben.

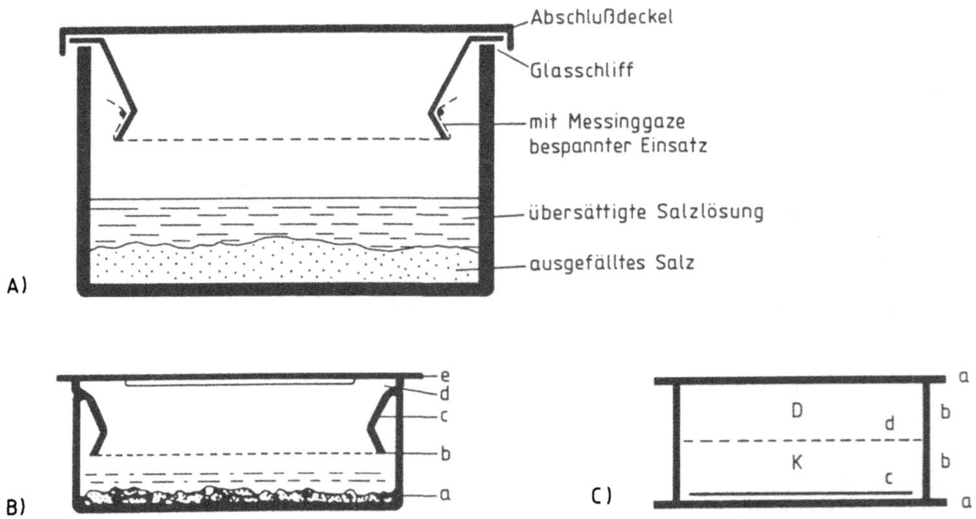

Abb. 24 Verschiedene Versuchsanordnungen zur Kontaktbegiftung, nach Schulze (1965)
A: Hygrostatschale mit Einsatz für Versuche bei konstanter relativer Luftfeuchtigkeit; auf die Messinggaze wird das begiftete Rundfilter gelegt, auf dem sich die Versuchstiere befinden.
B: Hygrostatschale zum Austesten der Pestizidwirkung über die Dampfphase; a: übersättigte Salzlösung, b + c: mit Kupfergaze bespannter Einsatz zur Aufnahme der Versuchstiere, d: begiftetes Filterpapier am Deckel, e: mit „Silicone" abgedichteter Schliffdeckel.
C: Anordnung zur Kontakt- und Dampfphasenbegiftung; a: Glasplatten, b: Glasringe, c: begiftetes Rundfilter, d: Kupfergaze, K: Aufenthalt der Tiere bei Kontaktbegiftung, D: Aufenthalt der Tiere bei Begiftung über die Dampfphase.

5 Verwendung von Sprühtürmen

Sprühmethoden eignen sich vor allem für vergleichende Untersuchungen, die schnell und routinemäßig vorzunehmen sind. Durch Anwendung der Sprühmethoden soll eine möglichst feine Verteilung der Giftlösung auf dem Tier oder dem Untergrund erreicht werden (Himel 1969). Sie sind eine Weiterentwicklung der zur Kontaktbegiftung erforderlichen direkten Aufbringung einer bestimmten Menge an Giftlösung mit Hilfe einer Pipette. Für das Aufsprühen sind verschiedene Formen von Sprühtürmen konstruiert worden (Shepard 1958), von denen ein Typ in Bild 25 gezeigt wird. Mit solchen Sprühtürmen ist es möglich, unter Berücksichtigung der geometrischen Anordnung genau gleiche Dosen eines Giftes auf den Untergrund zu sprühen. Die Versuchstiere befinden sich dabei entweder fliegend oder laufend in einem bestimmten, genau definierbaren Areal. Schließlich kommt diese Methode der Ausbringung von Pestiziden im Freiland am nächsten.

Um eine möglichst feine und gleichmäßige Verteilung zu erreichen, wird das Gift in einen bestimmten Raum hineingesprüht und setzt sich dann infolge der Schwerkraft auf dem Untergrund bzw. der mit Versuchstieren bestückten eingestellten Schale ab. Ein Nachteil solcher Sprühtürme ist, daß die Düse leicht beschädigt werden kann oder verstopft und dann keine gleichmäßige Besprühung mehr gegeben ist.

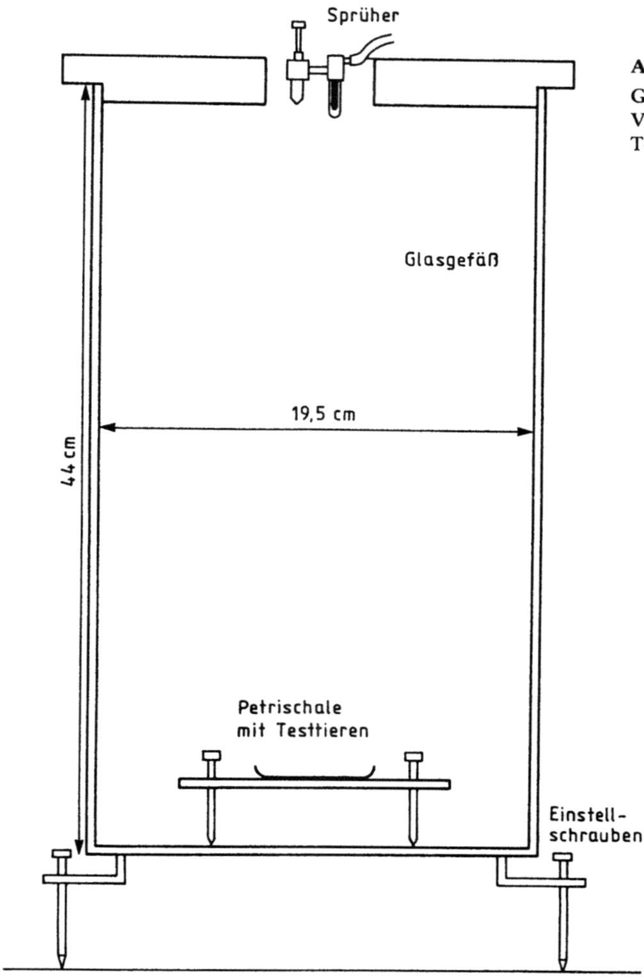

Abb. 25
Gerät zur genauen und gleichmäßigen Verteilung von Chemikalien auf einer Testfläche.

Trotzdem konnten durch Anwendung von Sprühtürmen zahlreiche wichtige Ergebnisse über die spezifische Wirkung von Insektiziden erbracht werden (Polles & Vinson 1969). Jedoch ist zu beachten, daß eine noch so gleichmäßige Verteilung des versprühten Wirkstoffs keine gleiche Wirkung gewährleistet.

6 Stäubetechnik

Neben der Sprühtechnik ist die Stäubetechnik eine weitverbreitete Methode der Giftapplikation. Die Genauigkeit ist sehr stark abhängig von der physikalischen Beschaffenheit der Stäube. Unvergleichbar schwieriger gestaltet sich die Herstellung von Staubmischungen, weshalb die Stäubetechnik nicht so stark in den Vordergrund rückte. Die Reproduzierbarkeit einer Staubbegiftung ist infolge der unterschiedlichen Korngröße und der Aggregation der Partikel recht schwierig. Diese Probleme lassen sich weitgehend umgehen, wenn der Giftstaub als Fraßgift dargeboten wird oder wenn er in direkten Kontakt mit dem Versuchstier gebracht wird, indem dieses in einem rotierenden Apparat regelrecht eingepudert wird. Die Quantität des aufgenommenen Giftes kann durch Differenzwägung ermittelt werden. Läßt sich dies nicht durchführen, so sind kolorimetrische oder radiometrische Methoden heranzuziehen. Allerdings wird durch die kolorimetrische Methode das Gift nur außen am Insekt erfaßt, und die radiometrische Methode hat den Nachteil, daß eine direkte Messung durch Absorptionseffekte gestört oder nicht durchführbar ist; letztlich ist eine Veraschung der begifteten Tiere notwendig. Dann jedoch sollte eine Bestimmung des aufgenommenen Giftes mit ausreichender Genauigkeit möglich sein.

Für die breitere Anwendung wurden Stäubeapparate entwickelt, die ähnlich wie beim Sprühturm es erlauben, quantitativ zu bestäuben. Alle Methoden haben zum Ziel, einen uniformen Film zu legen, auf dem das umherlaufende Tier sich begiften kann. Jedoch sind wegen des unterschiedlichen Verhaltens der Stäube vergleichende Pestiziduntersuchungen erschwert.

7 Untersuchung von Räuchergiften

Räuchergifte sind Kontaktgifte, die in die Atmungsorgane eindringen. Entsprechend ist ihre Wirkung stark temperaturabhängig. Eine Standardisierung der Technik ist bisher nicht erreicht worden. Auch sind allgemeine Beziehungen zwischen der Applikation und der Wirkung auf die physiologischen Prozesse nicht erkennbar.

Bei solchen Begasungsversuchen wird die Giftkonzentration gewöhnlich in Mikromolen pro Liter angegeben. Wie bei allen Wirkungen in der Gasphase muß die thermodynamische Aktivität der verwendeten Substanz berücksichtigt werden. Sie läßt sich nach folgender Gleichung berechnen:

$$Pt = \text{Konz. in Mol/l} \cdot 22{,}41 \cdot \frac{t + 273}{273} \cdot 760;$$

worin Pt der Gasdruck der Giftsubstanz in mm Hg, und t in °C die Temperatur der Umgebung bedeuten. Wenn Ps der Sättigungsdruck bei der Versuchstemperatur ist, dann errechnet sich die thermodynamische Aktivität, mit der die Substanz eine spezifische Wirkung ausübt, aus Pt/Ps.

Aufgrund ihrer thermodynamischen Aktivität können die Giftgase in zwei Klassen eingeteilt werden:

a) solche mit einer thermodynamischen Aktivität von 0,1 bis 1,0 und
b) solche mit einer von 0,08 bis 0,0004.

Die Toxizität der ersten Gruppe ist bestimmt durch physikalische Mechanismen, wobei Phasengleichgewichtsbeziehungen eine wesentliche Rolle bei der Ermittlung der toxischen Konzentration außerhalb des Tieres spielen. Die Wirkung der zweiten Klasse ist vorwiegend chemischer Natur, und das Phasengleichgewicht ist für die Bestimmung der toxischen Konzentration bedeutungslos.

Die verwendeten Begasungsapparaturen sind je nach Beschaffenheit des Giftgases verschieden. Im allgemeinen wird eine bestimmte Menge eines Gases in einem geschlossenen Gefäß in Freiheit gesetzt, gewaschen und in das miteingeschaltete Tiergefäß geleitet, in dem die Giftgasmenge zu bestimmen ist. Für die verschiedenen Gifte wurden unterschiedliche Apparate entwickelt, die von Shepard (1958) näher beschrieben wurden.

Ermittelt wird gewöhnlich die Raumkonzentration, bei der 50 % der Organismen absterben (LC_{50}).

8 Bewertung von Begiftungsversuchen

Die allgemeine Basis für den Vergleich von Insektizidversuchen und ihren Ergebnissen ist die Dosis letalis (LD_{50} oder LD_{95}). In der neueren Literatur wird die Bewertung nach folgendem Schema mit Hilfe einer insektiziden Wirkungszahl vorgenommen, die nach dem beobachtbaren Vergiftungsstadium eingesetzt wird.

	Vergiftungsstadium	Insektizide Wirkungszahl (IWZ)
„1"	Latenzphase	0
„2"	Exzitationsphase I	2
„3"	Exzitationsphase II	3
„4"	Tremorphase	4
„5"	Adynamische Phase und Exitus	5

Zur Bestimmung der LD_{50} bzw. LD_{95} hat es sich als vorteilhaft erwiesen, nicht das Stadium 5 zu werten, sondern die irreversible Schädigung auf Stadium 3 als Basis zu nehmen, da der Exitus bei äußerer Betrachtung nicht feststellbar ist.

Werden für einen Versuch 20 Tiere eingesetzt, so ergibt die Summierung der für jedes Tier ermittelte IWZ die Gesamtwirkungszahl nach bestimmter Giftapplikation pro Zeiteinheit. Werden die Versuche in Abständen von zwei Stunden kontrolliert und die für jedes Individuum ermittelte IWZ addiert, so kann man folgende Gesamtwirkungszahlen erhalten:

nach Stunden:		2	4	6	8	10	12
Versuch 1	IWZ	5	16	28	48	62	84
Versuch 2	IWZ	6	14	25	46	58	76
Versuch 3	IWZ	10	24	32	52	64	88
Mittelwert		7	18	25	49	61	83

In vorstehendem Beispiel ist die LD_{50} bei einer IWZ von 30 und die LD_{100} bei einer solchen von 60 erreicht. Dies ist nach etwa 6 bzw. 10 Stunden der Fall. So läßt sich für jedes Pestizid einer bestimmten Konzentration die IWZ errechnen, was für vergleichende Untersuchungen besonders wichtig ist. Wenn die IWZ für die Aufklärung des Wirkungsmechanismus der Gifte auch nur orientierenden Charakter hat, so ist sie doch in hervorragender Weise geeignet, Hinweise auf die allgemeine und relative Toxizität des Wirkstoffs zu geben.

Die *Latenzzeit* ist stark abhängig von der Applikationsweise des Giftes. Diese Periode wird auch als Reaktionszeit bezeichnet und umfaßt die Zeitspanne von der Giftapplikation bis zur äußerlich sichtbaren Reaktion des Tieres. Wird ein Insekt auf einen insektiziden Film gesetzt und nach einer gewissen Zeit wieder entfernt, so beginnt die Latenzzeit nicht mit seiner Entfernung, sondern mit der ersten Berührung mit der Chemikalie. Wird das Tier nicht entfernt, so ist die Begiftungszeit gleich der Latenzzeit. Die *Begiftungszeit* läßt sich als die Zeit definieren, in der das Insekt die Möglichkeit hat, Gift aus seiner Umgebung aufzunehmen. Hierbei spielen Konzentration, bei Fraßgiften Aufnahme und Ausscheidung eine Rolle. Somit ist die Latenzzeit nicht nur abhängig von der Begiftungszeit, sondern auch von der Konzentration des applizierten Giftes sowie des Lösungsmittels bzw. Emulgators.

Die Dauer der einzelnen Intoxikationsphasen ist vor allem von der Temperatur abhängig, die während und nach der Insektizidbehandlung herrscht; ein Temperatureffekt vor der Behandlung konnte nicht festgestellt werden. Während der Begiftung verursacht eine relativ hohe Temperatur eine höhere Absterberate. Der Temperatureffekt nach der Behandlung ist stark abhängig von dem verwendeten Wirkstoff und der Tierart. Weiterhin spielen physikalischer Zustand des Giftes sowie die Applikationsmethode eine wesentliche Rolle.

Insektizide können in ihrer Wirkung einen positiven, aber auch einen negativen Temperaturkoeffizienten zeigen. Aber nicht nur die absolute Toxizität eines Wirkstoffs wird durch die Temperatur beeinflußt, sondern auch die relative, denn es bestehen Unterschiede zwischen den Isomeren einer Substanz als auch zwischen verschiedenen Wirkstoffen. Dies bedeutet, daß die Temperaturwirkungskurven für die einzelnen Wirkstoffe verschieden verlaufen können (Iordanou & Watters 1969, Chalfant 1973).

Die Luftfeuchtigkeit, bei der die Versuchstiere vor der Behandlung gehalten wurden, scheint das Ergebnis nicht zu beeinflussen. Während der Applikation scheint sie sich auf Wirkstoffilme auszuwirken, indem bei hoher Luftfeuchtigkeit die Giftwirkung beschleunigt wird. Nach der Behandlung kann unter Berücksichtigung der Transpiration der Austrocknungseffekt mitunter größer sein als der der insektizide. Eine ausreichende Wasserzufuhr in geeigneter Form ist stets zu gewährleisten.

Das Ergebnis von Untersuchungen auf gesprühten Wirkstoffilmen kann auch durch die Bewegung der Tiere während der Behandlung, besonders durch Putzbewegungen, die zur weiteren Verteilung der Substanz beitragen und zur Begiftung von empfindlichen Sinnesorganen führen, beeinflußt werden. Weiterhin können der physiologische Zustand, die Vorbehandlung, das Licht als indirekter Faktor, mitunter eine zusätzliche Atemgiftwirkung, die Größe der Versuchsgruppe sowie die der Begiftungsbehälter, zusätzlich vorhandene Fraßgiftreaktionen und Wirkstoffverunreinigungen von Bedeutung sein.

Nach Begiftung mit Insektiziden werden bei den Versuchstieren Hormone freigesetzt, die je nach Reihenfolge der Ausschüttung den Vergiftungsverlauf verändern können (Maddrell & Reynolds 1972).

Die Schnelligkeit einer Insektizidwirkung wird definiert als die Zeit vom Beginn der Latenzzeit bis zum Maximum der Wirkung, also bis zur Exzitationsphase II, in der irreversible Schädigungen auftreten.

Der gesamte insektizide Effekt eines Giftes oder verschiedener Wirkstoffe kann nur festgestellt werden, wenn eine bestimmte Begiftungszeit und Latenzzeit gegeben sind. Es *muß* das Maximum der Reaktion und der Endpunkt der Wirkung erkennbar sein. Es ist also notwendig, bevor der Wirkungsmechanismus näher untersucht wird, das Maximum sowie den Endpunkt der Wirkung, die Schnelligkeit der Aufnahme und Reaktion des Giftes zu determinieren. Die toxikologischen Ergebnisse, die aufgrund von Versuchen mit mittlerer Begiftungszeit und mittlerer Reaktionszeit erhalten wurden, werden bestimmt durch die Schnelligkeit der Reaktion, die von der Versuchsausführung abhängt. Sie sind abhängig von allen Faktoren, die schließlich die Giftaufnahme und die reagierende Giftmenge bestimmen. Für vergleichende Untersuchungen wird es deshalb notwendig sein, Zeit-Mortalitäts- und Dosis-Mortalitätsuntersuchungen durchzuführen.

9 Auswahl der Versuchstiere

Während für die topikale Applikation und Injektionstechnik relativ große Versuchstiere erforderlich sind, werden für Sprüh- und Stäubetechniken kleine Tiere vorgezogen; letztere sind aus Laborzuchten meistens ohne großen Arbeitsaufwand zahlreich zu haben, wodurch eine statistische Auswertung erleichtert wird. Dabei ist jedoch zu beachten, daß die einzelnen Versuchstierarten nicht nur gegenüber verschiedenen Insektiziden unterschiedlich empfindlich sind, sondern ein Gift auf die einzelnen Arten auch unterschiedlich wirken kann. Dies ist besonders bei der Übertragung von Laborergebnissen ins Freiland zu beachten. Die Ermittlung von Gifttoleranzen geschieht auf der Basis mg/g Körpergewicht.

Eine unterschiedliche Empfindlichkeit beobachtet man auch zwischen verschiedenen Entwicklungsstadien. So ist die DDT-Toleranz bei älteren Larven der Stechmücke *Anopheles atroparvus* wesentlich geringer als bei solchen von *A. stephensi* (Garms 1959). Allgemein läßt sich feststellen, daß ältere Larvenstadien weniger empfindlich sind als jüngere (Bild 26). Aber auch das Alter während eines Larvenstadiums spielt eine Rolle, so daß auf eine sorgfältige Auswahl der Versuchstiere geachtet werden muß.

Oft besteht eine unterschiedliche Gifttoleranz zwischen den Geschlechtern. So sind die Weibchen der Küchenschabe *Blattella germanica* gegen Pyrethrum weniger empfindlich als die Männchen. Das gleiche gilt für Nikotin bei *Drosophila*. Allgemein kann für männliche Insekten eine geringere Gifttoleranz postuliert werden als für Weibchen.

Eine besondere Aufmerksamkeit ist der Wirtspflanze zu schenken, an der die Versuchstiere gefressen oder gesaugt haben, denn das 5. Larvenstadium des Seidenspinners *Prodenia eridania* ist gegenüber Fraßgiften je nach vorherigem Nahrungsangebot unterschiedlich empfindlich. Die Toleranz von Nikotin variierte für die Aphide *Myzus persicae* stark mit der Wirtspflanze, an der sie saugte. *Drosophila melanogaster* war toleranter gegenüber Nikotin, wenn der Anteil an Hefe im Nährmedium der Larven erhöht wurde. Auch *Musca domestica* zeigte gegenüber DDT und Pyrethrum eine nahrungsabhängige unterschiedliche Toleranz. Mit Formaldehyd und Milch gefütterte Tiere erwiesen sich toleranter als solche, die auf Zuckerdiät gezogen wurden. Mit Wasser und Blut ernährte *Aedes*-Mücken waren gegenüber Pyrethrum weniger empfindlich als solche, die mit Wasser und Zucker gezogen wurden.

Auch die Menge an Nahrung, die das Versuchstier aufgenommen hat, beeinflußt die Giftwirkung eines Wirkstoffes. Normalerweise sind Insekten nach Hungerperioden empfindlicher als nach normaler Fütterung. Andererseits geben Tiere, die eine gewisse Zeit ohne Nahrung gehalten wurden, homogenere Versuchsergebnisse.

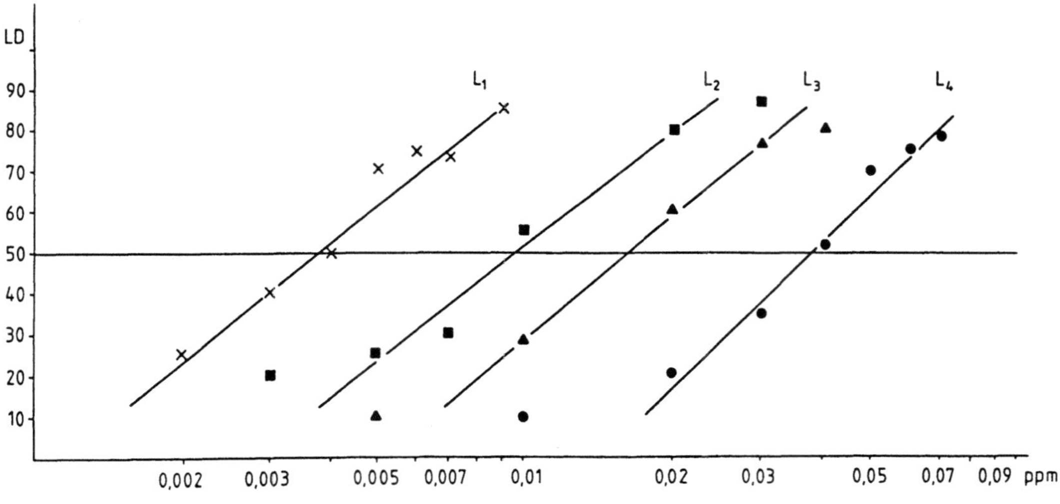

Abb. 26 Die verschiedene Empfindlichkeit der vier Larvenstadien von *Anopheles atroparvus* gegenüber DDT, nach Garms (1959)

Empfohlen wird, die Begiftung am Nachmittag gegen 16 Uhr vorzunehmen. *M. domestica L.* und *Leucophaea maderae* (F.) waren um diese Zeit gegen Pyrethrum-Aerosole am empfindlichsten (Sullivan et al. 1970).

Zur Untersuchung von Pestizidrückständen in der Umwelt wurden neben den chemisch-analytischen Nachweismethoden Biotestverfahren entwickelt. Hierfür eignen sich besonders kleine Krebstiere, wie Wasserflöhe, die auf sehr geringe Mengen von Pestiziden im Wasser reagieren (Frear & Boyd 1967, Frear & Kawar 1967). Für den Nachweis von toxischen Chemikalien im Boden kann der Heuschreckentest eingesetzt werden (Schmidt 1984a, b.

10 Beziehung zwischen Giftdosis und Wirkung

Von großer Bedeutung für die Wirkung einer Chemikalie ist die applizierte Dosis, zumal sie erst ein Gift definiert. Bei der Applikation ist jedoch zu unterscheiden zwischen einem konstanten Volumen unterschiedlicher Konzentration und verschiedenen Volumina gleicher prozentualer Wirkstoffmenge. Bleibt das applizierte Volumen konstant und ändert sich nur die Giftmenge, so nimmt die Toxizität der Chemikalie mit dem Logarithmus der Konzentration linear zu. Dies ist bei verändertem Volumen prozentual gleicher Konzentration nicht der Fall. Zwar steigt auch im letzten Fall die Mortalität mit zunehmender Dosis an, jedoch kann zusätzlich ein toxischer Effekt des Lösungsmittels bestehen. In wäßrigen Lösungen erreicht die Giftwirkung ein Maximum, wenn die Lösung vom Tier abrollt. Werden die Tiere nicht besprüht, sondern auf einem DDT-, HCH-, Chlordan- oder Toxaphenfilm gehalten, so läßt sich bei der Bettwanze *Cimex lectularius* und der Küchenschabe *Blattella germanica* eine deutliche Abhängigkeit von der aufgesprühten Dosis feststellen. Allerdings erreicht die Giftwirkung auch in solchen Fällen im allgemeinen ein Maximum. Für *Blattella* wurde die minimale und maximale Wirkung zwischen 10 und 25 mg DDT/dm^2, 0,5 und 1 mg Chlordan/dm^2 gefunden. Bei der Honigbiene lag diese Spanne für 2,4-Dinitro-*o*-kresol zwischen 0,14 und 2,4 mg/dm^2. Solche Wirkungsspannen bestehen sowohl für wäßrige als auch für ölige Lösungsmittel bei reiner Kontaktwirkung. Die Wirkungsspanne ist natürlich abhängig von der Tierart, dem Entwicklungsstadium, Geschlecht und Alter der Adulten.

In der Literatur wird manchmal über Versuche berichtet, in denen keine Wirkungsspanne gefunden werden konnte. In solchen Fällen scheinen zu hohe Dosen appliziert worden zu sein, so daß keine Steigerung der maximalen Wirkung mehr erreicht werden konnte. Dieses Phänomen ist bei vergleichenden Untersuchungen unbedingt zu beachten.

Aber nicht nur die Giftmenge als solche spielt für die Toxizität eine Rolle, sondern auch die Konzentration, in der die Chemikalie verabreicht wird. Für die Bettwanze ist Pyrethrum in 0,1 %iger Lösung toxischer als in 0,4 %iger, wenn die gleiche Menge ausgebracht wird. Auf den Kornkäfer *Tribolium confusum* wirkt es toxischer in reinem Paraffinöl als in verdünnter Lösung. In anderen Fällen konnte dieser Effekt bei gleicher Dosis nicht festgestellt werden. Vermutlich ist dies durch die unterschiedliche Toxizität der verwendeten Sprühmittel bedingt. Damit wird die Beziehung der angewendeten Giftmenge zum benötigten Mittlermedium deutlich.

11 Bedeutung des Mittlermediums

Wiederholt wurde darauf hingewiesen, daß das Medium, in dem der Wirkstoff dargeboten wird, für das Ergebnis entscheidend ist. In organischen Lösungsmitteln oder Ölemulsionen wirken die Chemikalien gewöhnlich toxischer als in wäßrigen Lösungsmitteln. DDT ist als Benzolemulsion 4 bis 6mal toxischer als in Wasser, wenn es versprüht wird. DDT und Lindan in Öl sind wirksamer als trockene Filme auf einer Glasplatte. Andererseits sind trockene Filme wirksamer als feuchte; die in wäßriger Emulsion befindliche Substanz erscheint unwirksamer als die kristalline. Auch als Fraßgift ist DDT in Emulsion für die Honigbiene 20mal toxischer als feuchtes Pulver.

Ölemulsionen können jedoch den Nachteil haben, daß dem Öl selbst eine gewisse toxische Wirkung zukommt, die mitunter höher liegen kann als die des emulgierten Wirkstoffes.

Die Bedeutung eines Emulgators liegt in der Herabsetzung der Oberflächenspannung und damit in der Herstellung eines besseren Kontaktes zwischen Wirkstoff und Kutikula. Durch Zusatz von Saponin wurde die toxische Wirkung von Nikotinsulfat auf *Drosophila* auf das Vierfache erhöht. Wurde Rotenon mit Polyäthylenäthyläther in Paraffin der Wanze *Rhodnius prolixus* appliziert, so konnte nach 24 Stunden eine LD_{100} erreicht werden, während die gleiche Dosis ohne Emulgator nach 7 Tagen noch keinen Effekt erkennen ließ. Bisher geprüfte anionische, kationische und nichtionische Emulgatoren zeigten keine beträchtlichen Wirkungsunterschiede. Die Kontaktwirkung hydrophober und hydrophiler Wirkstoffe wird durch die üblichen Emulgatoren weitgehend gleichsinnig beeinflußt. Der Emulgator sollte so beschaffen sein, daß er zwischen dem Insektizid und der Lipoidschicht der Kutikula vermitteln kann, um dem Gift die Eindringung zu erleichtern.

In besonderen Fällen kann jedoch der pH-Wert der Wirkstofflösung den Toxizitätsgrad verändern. Die Giftwirkung von Nikotin auf Mosquitos ist in basischen Lösungen größer als in sauren. Insbesondere wird die Eindringung der nicht dissoziierten Moleküle bei Kontaktbegiftung beschleunigt. 2,4-Dinitro-*o*-kresol ist auf die Eier der Mehlmotte *Ephestia kühniella* als freie Säure wirksamer als in Form von Salz. Ein niedriger pH-Wert geht in diesem Falle parallel mit einem hohen Prozentsatz an nicht dissoziierten Säuremolekülen. Aus vielen Experimenten geht hervor, daß undissoziierte Moleküle schneller durch die Kutikula dringen als Ionen. Somit liegt die höchste Giftwirkung dann vor, wenn der größte Teil des Wirkstoffes nicht dissoziiert ist.

Anders verhalten sich Fraßgifte. Infolge der basischen Reaktion im Mitteldarm wirkt Arsensäure am stärksten toxisch, während Magnesiumarsenit oder auch Mg-arsenat die geringste Toxizität zeigen. Bei Tieren mit einer sauren Reaktion im Mitteldarm ist es umgekehrt. Die Toxizität ist hier direkt proportional der relativen Menge an produzierbarem wasserlöslichen Arsenik (As_2O_3).

Als Mittler kommt auch das Substrat in Frage, auf das der Wirkstoff versprüht wird. Es kann die absolute wie auch relative Toxizität der Chemikalien verändern.

V Zubereitungs- und Anwendungsmethoden im Freiland

Die modernen synthetischen organischen Pestizide werden erst durch Mischen und Verdünnen zu brauchbaren Schädlingsbekämpfungsmitteln, weil es keinen geeigneten Sprühapparat für das Freiland gibt, der ohne Zusatz eine feine und gleichmäßige Verteilung gestattet. Dies erfordern aber Wirkungsoptimum und Rentabilität.

Laboruntersuchungen zeigten, daß Verteilung und Haftbarkeit durch Zusatz von Lösungsmitteln und/oder Emulgatoren erreicht werden können, auch wenn solche Beistoffe die Toxizität mitunter stark beeinflussen. Lindan-Präparate werden häufig nur mit einem Wirkstoffgehalt von 0,5 % hergestellt und dann zu 20 kg/ha versprüht. In den meisten Fällen dient Wasser als Streckmittel.

In der Praxis wird angestrebt, daß die Zubereitungsform der insektiziden Verbindung ihren Anwendungszweck unterstützt. Fraßgifte werden anders zusammengesetzt als Kontaktgifte. Soll der Wirkstoff in die Pflanze eindringen und dann systemisch wirken, so ist der Übergang durch besondere Zusätze zu erleichtern. Oft ist es nötig, attraktiv wirkende Stoffe zuzusetzen oder einen ungünstigen Geruch zu beseitigen. Auch die physikalischen Eigenschaften, wie Dampfdruck, Löslichkeit, lassen sich durch bestimmte Zusätze mindern.

Wenn auch die insektizide Wirksamkeit einer chemischen Verbindung die wesentlichste Voraussetzung für ihre Verwertbarkeit ist, so kann die Art der Zubereitung von so ausschlaggebender Bedeutung sein, daß sie die Bewährung des Giftes in der Praxis weitgehend bestimmt. In der Praxis spielen daher die Stäube- und Sprühverfahren nach wie vor die Hauptrolle. In der Nachkriegszeit wurde das Nebelverfahren entwickelt, das mit weniger Streckstoffen arbeitet. Zur Schädlingsbekämpfung in geschlossenen Räumen eignet sich besonders das Aerosolverfahren.

Das beste Insektizid in bestmöglicher Zubereitungsform kann jedoch versagen, wenn es nicht zur rechten Zeit und in zweckmäßiger Weise verwendet wird. Eine erfolgreiche Schädlingsbekämpfung setzt nicht nur gute Kenntnisse der einsetzbaren Handelspräparate voraus, sondern auch solche über die Biologie der Schädlinge selbst. Eine gezielte Schädlingsbekämpfung wird erst dann gegeben sein, wenn die chemischen Eigenschaften der Gifte mit der physiologischen Reaktion der Organismen in Verbindung gebracht werden können.

1 Stäubemittel

Nicht nur inerte Stäube, sondern auch pestizide Stäubemittel werden in der Schädlingsbekämpfung angewendet. Sie können neben dem insektiziden noch einen physikalischen Effekt ausüben, der sich z. B. in der Abschilferung der Epikutikula der Insekten zu erkennen gibt und vor allem den Wasserverlust erhöht.

Von den verstäubbaren Mitteln werden Calziumarsenit, Natriumfluorid, Pyrethrumstaub und auch nikotinhaltiger Tabakstaub gewöhnlich ohne Streckmittel ausgebracht. Für andere Stäubemittel spielt Talkum, ein Magnesiumsilikat ($Mg_2(Si_4O_{10}) \cdot Mg(OH)_2$), eine große Rolle. Als Streckmittel ist es unveränderlich in sauren und alkalischen Medien, nicht hygroskopisch, chemisch neutral und indifferent gegenüber Wirkstoffen.

Von den Aluminiumsilikaten wird das Kaolin nicht nur als Füllstoff verwendet (Swamiappan et al. 1976). Es besitzt die Formel $Al_2O_3 \cdot 2\ SiO_2 \cdot 2\ H_2O$. Es hat eine geringere Dichte als Talkum. Ein ähnlicher Stoff, das Bentonit, wird wegen seiner starken Quellfähigkeit eingesetzt. Es kann das 5–6fache an Wasser aufnehmen und so zur Stabilisierung von Emulsionen beitragen. Auch verschiedene Bleicherden (Aluminium-Magnesium-Silikate) lassen sich als Streckmittel verwenden. Außerdem eignen sich Kieselgur, Schlämmkreide, Gips, Schwefel und Holzmehle.

Erwünscht ist stets ein möglichst feinkörniger Trägerstoff. So wird die Oberfläche vergrößert und die pestizide Wirkung verstärkt, denn feinkörniger Staub wirkt besser als grobkörniger. Allerdings muß die Fallgeschwindigkeit des Wirkstoffs groß genug sein, damit kein allzu weiter Abtrieb erfolgt. Der mittlere Durchmesser sollte 40 bis 50 μ betragen. Bei Fraßgiften ist mitunter eine weitere Zerkleinerung notwendig, da manche Raupen Teilchen über 10 μ nicht mehr aufnehmen können.

Die Feinheit des Staubes wird bei Kenntnis seines spezifischen Gewichtes durch sein Schüttgewicht oder Volumengewicht charakterisiert. Neben der Teilchengröße ist die Teilchenform für die Haftfestigkeit der Stäubemittel von Bedeutung. Ungeeignet sind kugelförmige Teilchen.

2 Spritzmittel

Spritzmittel werden im Freiland als Lösungen, Emulsionen oder Suspensionen angewendet. Als Verdünnungsmittel dient in den meisten Fällen Wasser. Beim Besprühen von Flugzeugen aus wird für Kontaktinsektizide auch Mineralöl verwendet.

Wäßrige Lösungen setzen eine hinreichende Löslichkeit des Wirkstoffes in Wasser voraus, die von den bedeutendsten Insektiziden nur für das Nikotin zutrifft. Dementsprechend sind die gebräuchlichsten Anwendungsformen in der Praxis Emulsionen und Suspensionen. Emulsionen sind meistens flüssige Wirkstoffkonzentrate, die einen Emulgator und oft auch organische Lösungsmittel enthalten. Beim Verdünnen mit Wasser entstehen nahezu kolloidale Verteilungen. Der vorgeschriebene Verdünnungsgrad ist unbedingt einzuhalten, da nur er echte Emulsionen garantiert.

Aus trockenen Präparaten werden durch Verrühren mit Wasser Suspensionen hergestellt. Auch die Zubereitungsform der Pasten wird als Suspensionsspritzmittel verrührt. In welcher Form ein Mittel in den Handel eingeführt wird, richtet sich nach seinen physikalischen Eigenschaften.

Emulsionskonzentrate sind besonders für die Anwendung gegen saugende Insekten und Milben geeignet. Sie sind die einzige Anwendungsform für systemisch wirkende Insektizide. Die Wirkstoffgehalte in Emulsionskonzentraten liegen im Mittel zwischen 20 und 80 %. Die Dispersion der Teilchen in einer Emulsion soll aus den früher erörterten Gründen möglichst fein sein (vgl. Seite 79). Vielfach wünscht man ein „Brechen" der Emulsion, also eine Trennung der Bestandteile beim Auftreffen der Spritzlösung auf die Pflanzen. Dadurch wird die Filmbildung des Wirkstoffs begünstigt, während überschüssiges Wasser ohne Wirkstoff abrollen kann. Besonders wichtig erscheint dies für Mineralöle und Karbolineen. Andererseits werden gute Benetzungseigenschaften verlangt, die durch Zusatz von Hilfsstoffen erreicht werden. Auch auf diese Weise wird schließlich nach Antrocknen ein gleichmäßiger Belag erreicht.

Als Emulgatoren, die sowohl dispergierend als auch filmbildend wirken, kommen Seifen, also Alkalisalze höherer Fettsäuren ($C_{10}-C_{18}$) in Frage (1). Weiterhin Fettalkoholsulfonate (2); es sind Schwefelsäureester langkettiger aliphatischer Alkohole, die auch als Waschmittel breite Anwendung finden. Zur gleichen Gruppe zählen auch die Alkylsulfonate (3).

(1) $CH_3-(CH_2)_7-Ch=CH-(CH_2)_7-COONa$ (Ölsäuresalz, Na-oleat)
(2) $CH_3(CH_2)_{11}-O-SO_3Na$ (Na-Salz des Laurylschwefelsäureesters)
(3) $CH_3-(CH_2)_{11}-SO_3Na$ (Laurylsulfonsaures Natrium)

Auch Alkylnaphthalinsulfonsäuren und eine weitere Reihe von Sulfonsäuren zählen zur Gruppe der anionenaktiven Emulgatoren.

In neuester Zeit rücken jedoch Nichtelektrolyten als Emulgatoren in den Vordergrund. Dies sind meistens Kondensationsprodukte aus Äthylenoxid mit Carbonsäuren, Phenolen oder Alkoholen vom Verbindungstyp $R-O-(C_2H_4O)_x-OH$. Diese Emulgatoren haben den Vorteil, daß man die Kettenlänge je nach Einwirkungszeit des gasförmigen Äthylenoxids auf die entsprechende Substanz beliebig verändern und so die Wasserlöslichkeit, die für den Wirkstoff am günstigsten ist, für den Emulgator wählen kann.

Emulgatoren sind im allgemeinen langkettige Verbindungen mit polarer Struktur. Das Vorhandensein einer hydrophilen und auch lipophilen Gruppe verleiht ihnen die Löslichkeit in der wäßrigen und organischen Phase. Somit kann der Emulgator als Lösungsvermittler auftreten. Er vermindert die Grenzflächenspannung an den Phasengrenzen, verringert die Oberflächenspannung des gesamten flüssigen Mediums und dispergiert den wasserlöslichen Emulganden zu Tröpfchen von kolloidaler oder mikroskopischer Größe. Zusätzliche Hilfsstoffe, sog. Schutzkolloide, stabilisieren diesen Verteilungsgrad. Sie verlangsamen das Zusammenfließen der Tröpfchen und die Trennung der Emulsion. Solche Schutzkolloide sind meist natürlicher Herkunft, wie Gelatine, Casein, Albumin, Gummi, Methylzellulosen, Kieselsäure u. a., die gleichzeitig auch als Netzmittel fungieren.

Bei den physikalisch-chemischen Vorgängen der Emulsionsbildung spielt die elektrische Ladung der Teilchen eine wesentliche Rolle, ebenso ihre von der Teilchengröße abhängige Schwerkraft und Eigenbewegung, ferner die Elektrolyteigenschaften, die mit der Polarität der Moleküle zusammenhängende Bildung einer Solvathülle um die Kolloidteilchen und viele andere noch wenig geklärte Faktoren, so daß die experimentelle Erarbeitung solcher Emulsionen noch weitgehend auf Empirie beruht. Universalemulgatoren gibt es bisher nicht.

Handelsübliche Spritzpulver enthalten ca. 80 bis 90 % Wirkstoff und werden als wäßrige Suspension verwendet. Man versucht, sie den Emulsionen durch Zusatz geeigneter Hilfsstoffe anzugleichen. Hierdurch wird die Schwebefähigkeit der Teilchen beeinflußt und ein zu starkes Absetzen vermieden. Die Bestimmung der Schwebefähigkeit wird gravimetrisch ermittelt. Man verteilt eine gewisse Menge Wirkstoff in einem definierten Flüssigkeitsvolumen mittels eines Schütteltrichters sehr gleichmäßig, bringt die Suspension in drei Zylinder und hebert nach 5, 15 und 30 Minuten neun Zehntel der Suspension ab. Nach Trocknung wird der Rückstand ausgewogen. Nach dieser W. Fischer-Zylindermethode wird gefordert, daß in den abgeheberten 9/10 nach 5 Min. 70 %, nach 15 Min. 55 % und nach 30 Min. noch 50 % des Wirkstoffs vorhanden sind. Diese ursprünglich für Arsenate aufgestellten Normen haben auch für die Zubereitung neuerer Kontaktinsektizide ihre Gültigkeit.

Neben der Schwebefähigkeit der Suspensionen spielt der Grad ihrer Benetzungsfähigkeit eine wichtige Rolle für ihre Wirksamkeit. Dies ist besonders bei Kontaktgiften wichtig, die einen lückenlosen Film gegen saugende Schädlinge geben sollen. Da die Benetzungsfähigkeit im wesentlichen eine Funktion der Oberflächenspannung ist, kann sie durch entsprechende Zusätze von Hilfsstoffen eingestellt werden. Dabei kann der Berührungswinkel des Tropfens mit einer festen Oberfläche theoretisch zwischen 0° und 180° variieren, wobei ein kleiner Berührungswinkel eine gute Benetzung anzeigt (Bild 27).

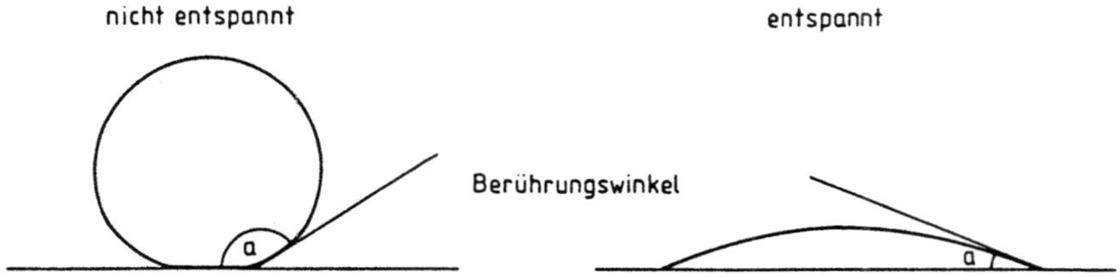

Abb. 27 Der Berührungswinkel (a) ist ein Maß für die Benetzbarkeit der Oberfläche durch Lösungen; je kleiner dieser Winkel, desto größer ist die benetzte Fläche bei gleichem Volumen.

Durch eine Kriechwirkung auf der Oberfläche kann der Effekt gesteigert werden. Neben der Oberflächenspannung spielen für die benetzenden Eigenschaften einer Flüssigkeit auch die Oberflächenenergie der benetzten Fläche sowie weitere Wechselwirkungen eine wichtige Rolle. Ihre Bestimmung geschieht am zweckmäßigsten durch Ermittlung des Berührungswinkels.

Noch heute spielen Harzseifen, die Salze der Abietinsäure, die gleichzeitig Haftmittel sind, als Netzmittel eine Rolle. Im allgemeinen verwendet man jedoch Mehrzweckmittel, wie Saponine, Milchpulver, Casein, Blutalbumin, Mehl oder Gelatine; sie sind gleichzeitig Netzmittel, ein Schutz der Kolloide, Dispersionsmittel und Haftmittel. Auch das sogenannte Zellpech, ein Salz der Ligninsulfosäure, das bei der Papierfabrikation abfällt, dient als Hilfsstoff. Hierdurch wird vor allem die Schwebewirkung und Dispergierbarkeit der Wirkstoffe verbessert. Im übrigen stellen auch die als Emulgatoren erwähnten Substanzen gute Netzmittel dar.

Als Pasten werden stabilisierte, wäßrige Aufschwemmungen bzw. wäßrige Suspensionskonzentrate unlöslicher fester Wirkstoffe bezeichnet. Sie enthalten neben dem Insektizid und geringen Mengen von Hilfsstoffen nur Wasser. Das Anteichen der Wirkstoffe mit Wasser geschieht meist unter Zuhilfenahme von Eindickungsmitteln, wie Alginate, Methylzellulosen u. a. Eine Einarbeitung von Emulgatoren oder Lösungsmitteln ist in der Regel überflüssig. Die Stabilität der Pasten hängt von einer sorgfältigen Homogenisierung der Materialien ab. Bemerkenswert ist, daß sich die Haftfestigkeit und Regenbeständigkeit solcher Pasten ohne benetzende Zusatzstoffe und Haftmittel als ganz hervorragend erwiesen haben; dies hebt die besondere Bedeutung der Pasten im Pflanzenschutz hervor.

3 Aerosole

Aerosole werden in neuerer Zeit in zunehmendem Maße als Rauch (Schwebstoffe, feste Partikel) oder Nebel (flüssige Partikel) ausgebracht. Diese Aerokolloide können infolge ihrer geringen Absetzgeschwindigkeit und raschen Bewegung wie ein Gas den Raum durchdringen. Der wesentliche Unterschied der Aerosole gegenüber den Stäuben, Spritz- und Sprühmitteln besteht vor allem in ihrer geringen Teilchengröße. Sie dienen vorwiegend zur Entseuchung von geschlossenen Räumen, in denen schwache Luftbewegung herrscht. Allgemein angewendet wird diese Methode zur Fliegenbekämpfung im Haushalt.

Von alters her bekannt ist das sogenannte Räuchern. Dabei wird der Wirkstoff durch Erhitzen verflüchtigt und setzt sich beim Abkühlen feinverteilt wieder ab; die Dämpfe kondensieren zu Schwebstoffen. Die Anwendungsmethoden sind heute sehr variabel. Auch heute noch werden insektizide Tabletten auf der Herdplatte verdampft.

Den Aerosolen sehr nahestehend sind die feinsten Sprühnebel, die mittels einer Druckdose (Sprühdose) hergestellt werden. Das zugesetzte Lösungsmittel verdampft beim Aussprühen, so daß sich die Teilchen fein verteilen. Als Treibmittel für Druckdosen haben sich besonders die fluor- und chlorhaltigen Derivate der Methanreihe bewährt (Frigen). Auch Propan und Butan finden Verwendung. Sie haben jedoch den Nachteil der Brennbarkeit.

Es ist nicht der Zweck der Aerosole, dauerhafte Beläge zu erzeugen. In erster Linie sollen fliegende Insekten getroffen werden. Als günstigste Teilchengröße hat sich hierfür 10 bis 20 μ erwiesen. Kleinere Teilchen werden leicht durch die Flugbewegungen der Insekten beiseite gedrückt, wodurch sich die Trefferwahrscheinlichkeit verringert. Von Aerosolen spricht man bei Teilchen bis zu 50 μ. Als Folge von Rationalisierungsbestrebungen erlangen die Aerosole mehr an Bedeutung, denn man ist bestrebt, allgemein von den Begleitstoffen wegzukommen. Wieweit sich eine allgemeine Anwendung im Freiland durchsetzen wird, ist noch nicht abzusehen (Shepard 1958).

VI Synergismus und Antagonismus

Wanzen produzieren in den larvalen dorsalen Abdominaldrüsen eine Reihe von n-Alkanen, von denen Tridecan weit überwiegt (Melber 1977). Dies ist ein funktioneller Bestandteil des Wehrsekrets, das vorwiegend aus kurzkettigen Aldehyden besteht (Calam & Youdeowei 1968). Besonders das Tridecan erfüllt in dieser Mischung mehrere synergistische Aufgaben, die sich aus seinem lipophilen Charakter ergeben:

- Es verlangsamt das Verdampfen der Wehrsekretbestandteile.
- Es verbessert die Verteilung des Sekrets auf der Haut oder Kutikula des Feindes (Eisner 1970).
- Es beschleunigt das Eindringen der toxischen Aldehyde in die lipophilen Schichten der Epikutikula (Remold 1962, 1963).

Solche bei vielen Insekten anzutreffenden Eigenschaften von Drüsensekretbestandteilen machte sich der Mensch bei der Formulierung von Pestiziden in lipophilen Lösungsmitteln oder Emulsionen vielfältig zu nutze.

Bei der Bekämpfung von Resistenzerscheinungen spielen Mischungen von mehreren Insektiziden eine wesentliche Rolle (Falk 1971). Solche Insektizidmischungen sind aber nicht mit allen Insektiziden beliebig herstellbar. Wirkstoffe, die miteinander in Reaktion treten, sind für solche Mischungen ungeeignet. Aber auch ohne eine direkte Reaktion zweier Chemikalien können unerwünschte antagonistische Erscheinungen auftreten. Zahlreiche Insektizidmischungen befinden sich bereits im Handel. Liegt Synergismus vor, so ist das Gemisch stets toxischer als jede seiner Komponenten. Man spricht von einem Pseudosynergismus, wenn die toxische Wirkung durch Beistoffe erhöht wird, so daß letztere entweder konservierend wirken oder die Eindringung beschleunigen, indem sie die Haftfähigkeit oder Löslichkeit des Wirkstoffs erhöhen. Daneben lassen sich Mischungen herstellen, in denen jedes Insektizid auf ein anderes physiologisches System einen Einfluß ausübt. Eine gleiche Wirkung von Mischungen liegt dann vor, wenn die Stoffe dasselbe physiologische System beeinflussen. Danach läßt sich folgende Einteilung vornehmen:

a) Gleiche Wirkung

- Wirkung wird nur durch einen Stoff ausgelöst. Keine Beeinflussung der Wirkstoffe in der Mischung. Die Wirkung des einen Stoffes wird nicht durch die Gegenwart des anderen beeinflußt.
- Gemeinsame gleiche Wirkung, gegenseitige Beeinflussung der physiologischen Wirkung. Die Wirkung des einen Stoffes wird durch die Gegenwart des anderen positiv oder negativ beeinflußt.

b) Nicht gleiche Wirkung

- Unabhängige Wirkungen, keine gegenseitige Beeinflussung.
- Abhängige Wirkung, gegenseitige Beeinflussung in der physiologischen Wirkung.

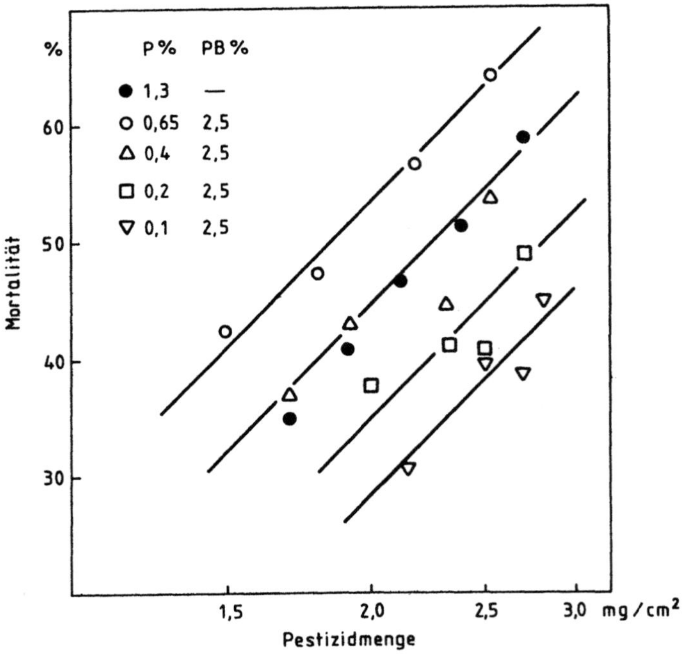

Abb. 28 Toxizität von insektiziden Filmen auf Filterpapier für adulte *Tribolium castaneum* (Hbst.). Die Filme wurden mit verschiedenen Mischungen von Pyrethrin und Piperonylbutoxid sowie 1,3 % reinem Pyrethrin hergestellt, wie die Signaturen verdeutlichen. Dargestellt ist das Ergebnis nach 6tägigem Aufenthalt der Käfer auf den Filmen; jeweils 50 Tiere pro Versuchsansatz, nach Hewlett (1951). Die synergistische Wirkung des PB ist in der Mischung 0,65 % Pyrethrin + 2,5 % Piperonylbutoxid besonders deutlich.

Diese Einteilung ist unabhängig von der synergistischen oder antagonistischen Wirkung von Mischungen.

Insektizidsynergisten stellen eine besondere Gruppen von Verbindungen dar, deren Nutzen von ihrer Fähigkeit abhängt, die Toxizität eines Insektizids zu erhöhen, mit dem sie kombiniert werden. Von Bedeutung ist das günstigste Mischungsverhältnis, das ermittelt werden muß (Bild 28). Es liegt für Pyrethrum mit Piperonylbutoxid bei 0,65:2,5 (in %); eine Mischung von Lindan und Nikotin zeigt das Maximum an synergetischer Wirkung zwischen 40 und 80 % Nikotin. Infolge ihrer nicht ohne weiteres vorhersagbaren Wirkungen wird der Synergismuseffekt bei der Insektenbekämpfung stets bedeutungsvoll sein, und Synergisten wären speziell für diese Funktion zu kennzeichnen.

Die am besten bekannten und untersuchten Verbindungen sind Methylendioxybenzol-Derivate. Ihre Wirkung wurde zuerst in den frühen 40er Jahren bekannt, als beobachtet wurde, daß Sesamöl auf die insektizide Wirkung der Pyrethrine einen synergistischen Effekt hat. Konsequenterweise wurde eine große Anzahl von synthetischen und natürlich vorkommenden 1,3-Benzodioxolen getestet und dabei ihre allgemeine Fähigkeit festgestellt, die Toxizität einer Vielzahl von Insektiziden zu erhöhen, mit denen sie appliziert werden. Vier Verbindungen, wie Piperonylbutoxid (I), ein Sulfoxid (IV), Propylisom (II) und Tropital (III) wurden sofort kommerziell in Aerosolformulierungen von Pyrethrinen verwendet. Piperonylbutoxid wird aus dem Naturprodukt Safrol gewonnen und ist der im Handel bedeutungsvollste Synergist.

I

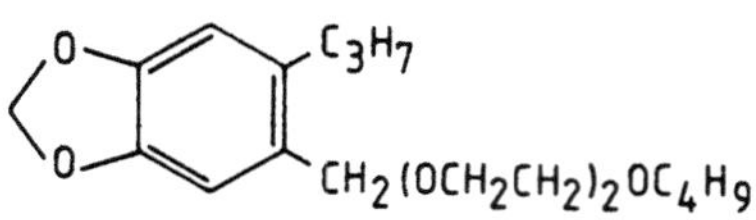

3.4-Methylendioxy-6-propyl-benzyl-n-butyldiäthylenglycol-äther

II

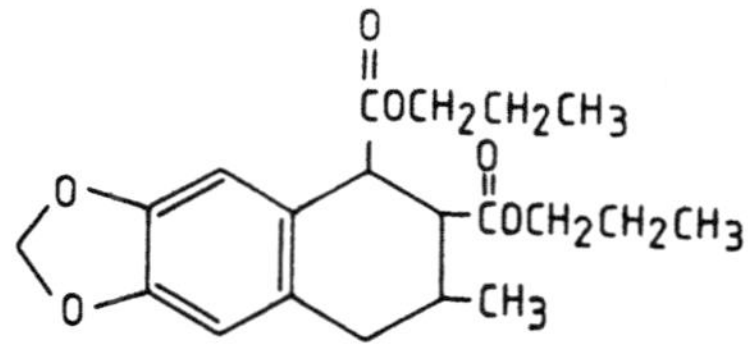

Di-n-propyl-6,7-methylendioxy-3-methyl-1,2,3,4-tetrahydro-naphthalin-1,2-dicarboxylat

III

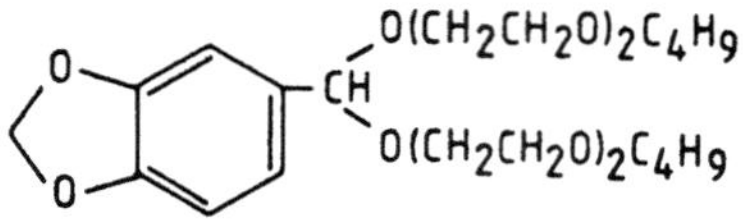

Piperonal-bis[2-(2-butoxyäthoxy)äthyl]acetal

IV

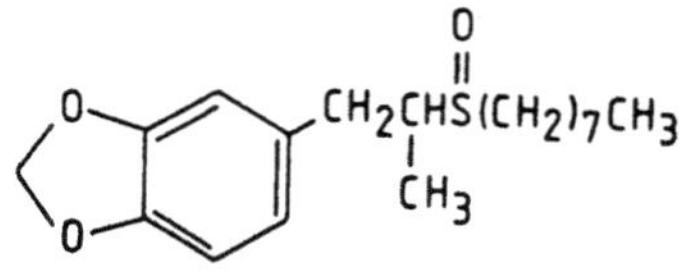

1,2-Methylendioxy-4-[2-(octylsulfinyl)propyl]benzol

Die Entgiftung des Piperonylbutoxid geschieht durch mikrosomale Hydroxylierung und Dealkylierung über mehrere Zwischenstufen, wie es in Bild 29 demonstriert wird (Renson et al. 1965).

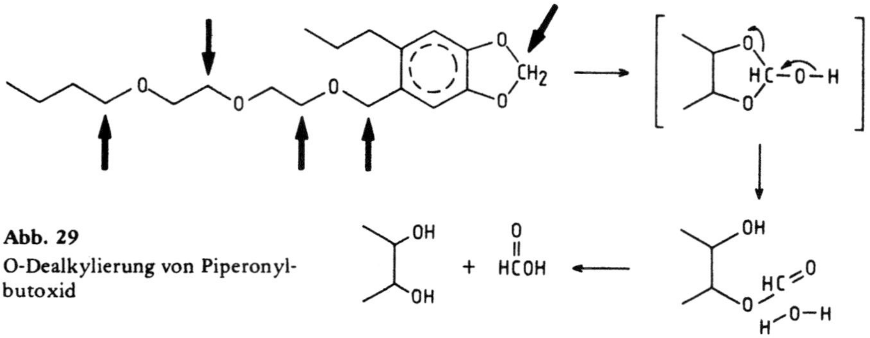

Abb. 29
O-Dealkylierung von Piperonylbutoxid

In neuerer Zeit führte die Suche nach anderen Synergisten für den Handel direkt zur Auffindung mehrerer anderer Gruppen von Verbindungen mit ähnlichen Aktivitäten wie 1,3-Benzodioxole. Es sind verschiedene Reihen von Arylpropynyläthern, Propynyloximäthern und Propynylphosphonatäthern als auch Benzylthiocyanaten. Auch N-Alkyl-Verbindungen, die eine Drogenwirkung bei Säugetieren haben können, ließen eine Wirkung als insektizide Synergisten erkennen. In der Neuzeit wurde das Interesse auf verschiedene aktive N-haltige Verbindungen, wie 1,2,3-Benzothiadiazole und substituierte Imidazole gelenkt. Saxena et al. (1976) fanden, daß Dillapiol (DP), Dihydro-dillapiol (DP–H_2), Chlormethyl-dihydro-dillapiol (DP–H_2–M) sowie ihre Derivate für Pyrethrum eine dem Piperonylbutoxid vergleichbare synergetische Wirkung aufweisen.

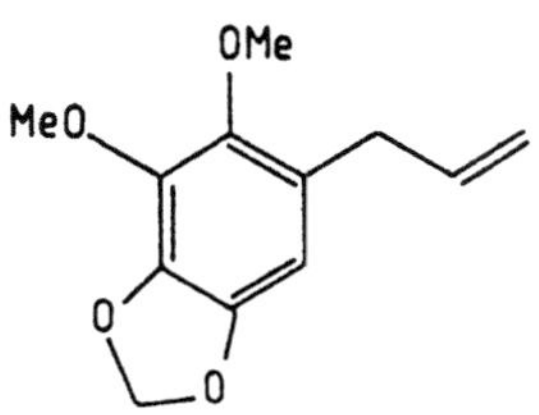

DP

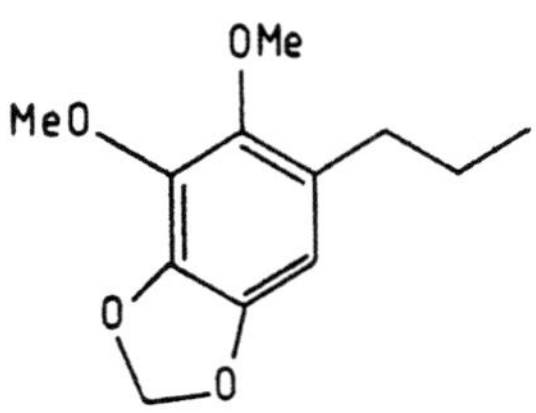

DP–H_2

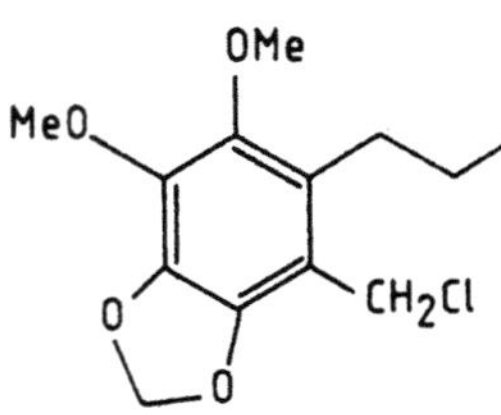

DP–H_2–M

Die Wirkung jeder dieser strukturell verschiedenen Gruppen von Verbindungen ist ihre Fähigkeit, die mikrosomale Funktion der Oxidasen zu hemmen, die verantwortlich für den Stoffwechsel von Drogen, Insektiziden und anderen Fremdstoffen sind. Deshalb sollen diese Verbindungen die Fähigkeit besitzen, die Wirkung einer jeden Fremdsubstanz mit großer Variabilität in der biologischen Aktivität zu begünstigen und als Antagonisten auf solche zu wirken, die eine oxidative Aktivierung benötigen. Nach der gegenwärtigen Anschauung besteht die synergistische Wirkung von Methylendioxyphenyl-Verbindungen darin, daß es den inaktiven Cytochrom P_{450}-Komplex durch Reaktion mit der Methylengruppe in 2-Stellung mit einem Cytochrom P_{450}-aktivierten Sauerstoffkomplex reagiert. Diese Reaktion bewirkt die Spaltung einer C—H-Bindung, woraus die Bildung einer sehr reaktionsfähigen Verbindung resultiert, die mit Cytochrom P_{450} einen Komplex bildet. Dies könnte auf die in Bild 30 dargestellten Weise erfolgen. Der Wirkungsgrad ist

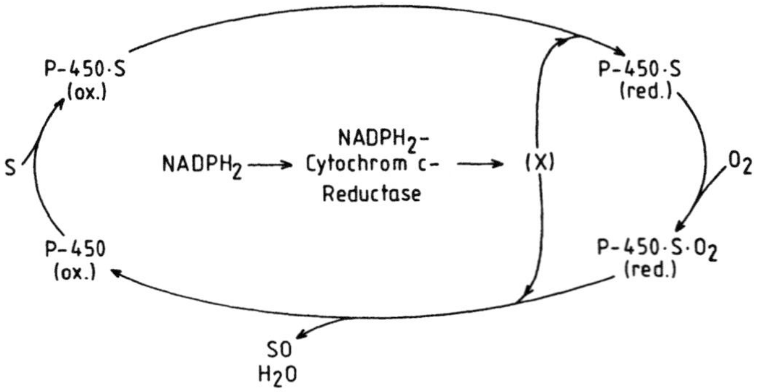

1. Bindung von Methylendioxyphenol an oxidiertes Cytochrom P_{450}

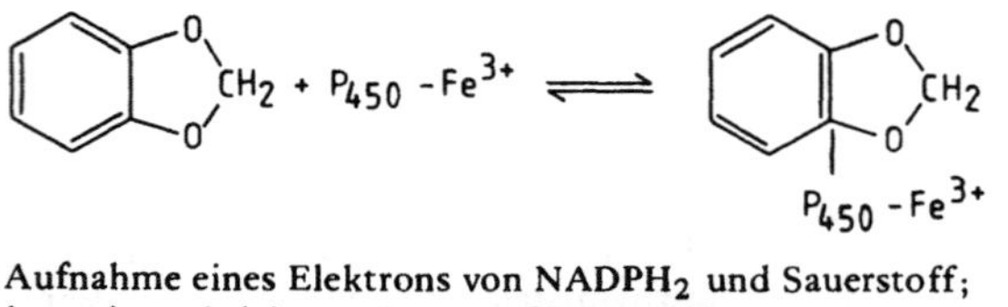

2. Aufnahme eines Elektrons von $NADPH_2$ und Sauerstoff; Bildung eines aktivierten Sauerstoff-Komplexes

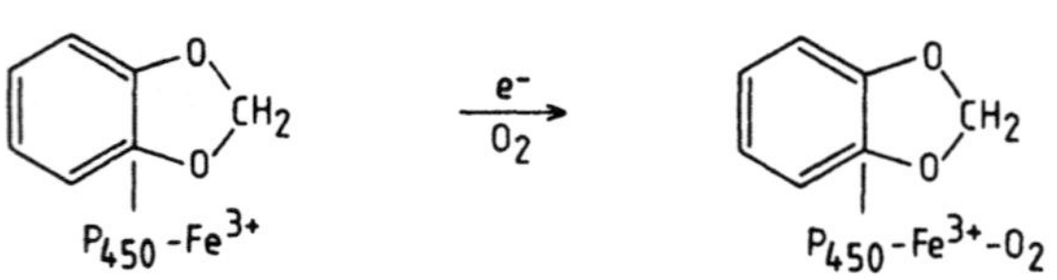

3. Nach Abzug von Wasserstoff vom Methylendioxyphenol werden in Gegenwart von $NADPH_2$ folgende Produkte gebildet:

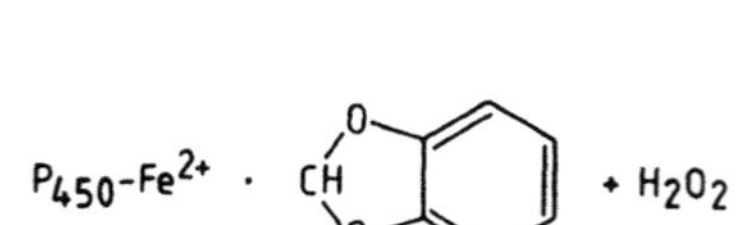

Abb. 30 Beziehungen zwischen Elektronentransport, Sauerstoff und Substrat im mikrosomalen Oxidasensystem; Näheres vergleiche im Text, nach Morelli & Nakatsugawa (1978).

oft direkt korreliert mit der Abbaurate der Insektizide oder anderer Fremdstoffe. Dies ist neben anderen Faktoren wiederum abhängig von der Struktur der fraglichen Verbindungen und dem Stoffwechsel des Versuchstieres. Die beobachteten Wirkungen werden durch die unterschiedliche Stabilität der Synergisten im Stoffwechsel der verschiedenen Tierarten oft modifiziert.

Synergistische Wirkungen von Lösungsmittelzusätzen zeigten Sun & Johnson (1972): Ölsprays von Carbaryl und anderen Karbamaten ließen einen starken Anstieg in der Toxizität erkennen, wenn 5 % Kerosin oder der Synergist Thanite (vgl. Seite 134) in Aceton für eine topikale Applikation verwendet wurden. Obgleich 3,4,5-Trimethylphenyl-N-methylkarbamat auf allen drei Applikationswegen eine ähnliche toxische Wirkung erkennen ließ, wurde nach Aceton-Kerosin (19:1)-Zusatz nur nach topikaler Applikation ein schwacher Synergismus beobachtet. Kerosin soll die Kutikulapermebilität erhöhen, ohne daß die Stoffwechselrate ansteigt. Der Synergismus wirkt sich somit auf die Penetranz des Toxikanten aus.

Auch Sesamex (V) erhöht auf diese Weise die Toxizität der Karbamate, während es die Durchdringung der Kutikula für Cyclodien-Insektizide und Analoge des Azodrins (3-Hydroxy-N-methyl-cis-crotonamid-dimethylphosphat) kaum beeinflußt. Jedoch kann der synergistische Effekt von Sesamex im Hinblick auf eine Stoffwechselhemmung bis auf das 40fache ansteigen. Die Ergebnisse einer topikalen Applikation sollten deshalb immer sorgfältig interpretiert werden, bevor auf den Wirkungsmechanismus geschlossen wird. In all diesen Fällen ist die Verwendung eines Vehikels sicherlich von Bedeutung, und für eine topikale Behandlung sind Aceton-Kerosinlösungen vorteilhafter als Aceton allein.

Für Malathion sind Triphenylphosphat und Tributylphosphotrithiolat (Plapp & Tong 1966) sowie saligeninzyklische Phosphate (Eto et al. 1965) und nicht toxische Karbamate, wie *o*-Chlorphenyl-N, N-dibutylkarbamat (Plapp & Valega 1967) ausgezeichnete Synergisten.

Die meisten insektiziden Synergisten sind nur ganz gering akut und subakut toxisch für Säugetiere (Hodgson & Philpot 1974). Trotzdem führten die Identität der basalen Stoffwechselvorgänge zwischen Insekten- und Säugetier-Mikrosomenoxidasen und die Leichtigkeit, mit der die meisten Synergisten die Enzyme beider Tiergruppen zu hemmen vermögen, zu Überlegungen, ob nicht doch von synergistisch formulierten Insektiziden für den Menschen Schädigungen zu erwarten sind.

V
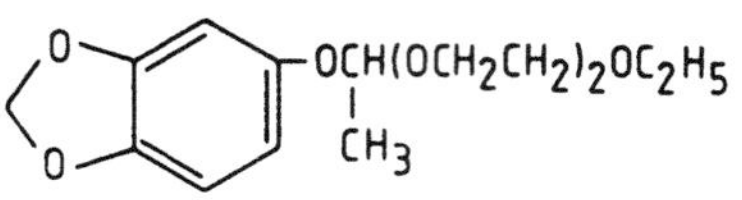

2-(3,4-Methylendioxyphenoxy)-3,6,9-trioxaundecan

VI
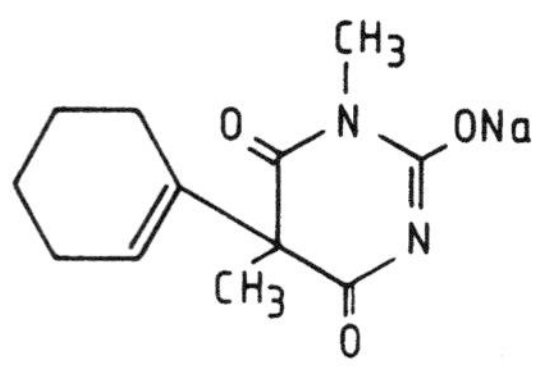

Na-5-(1-cyclohexen-1-yl)-1,5-dimethylbarbiturat

VII
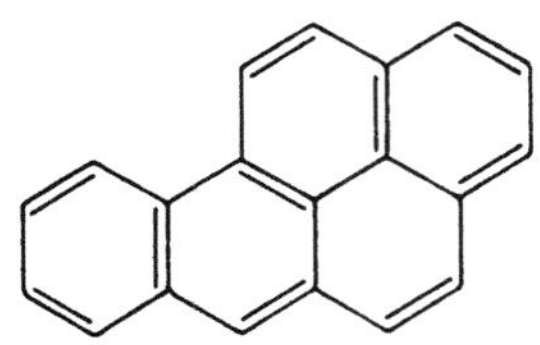

Benzopyren

In relativ hohen Dosen verlängern insektizide Synergisten die durch Hexobarbital (VI) bewirkte Schlafzeit bei Säugetieren. Anders (1968) zeigte, daß der Hexobarbitalstoffwechsel *in vivo* in Gegenwart von Piperonylbutoxid und Sesamex in Dosen von 50 mg/kg Körpergewicht verlangsamt wird. Das gleiche scheint für die anderen Synergisten zu gelten. Aber Piperonylbutoxid erhöht auch die akute Toxizität von Benzo(α)pyren (VII) und beschleunigt das Auftreten von Tumorbildungen in Verbindung mit Freon (Epstein et al. 1967a, b). Die co-karcinogenetische Aktivität verschiedener natürlich vorkommender Methylendioxyphenyl-Verbindungen mit Benzo(α)pyren ist wahrscheinlich eine allgemeine Fähigkeit von Verbindungen dieses Typs, wenn sie in relativ hohen Dosen verabreicht werden. Piperonylbutoxid verlangsamt die Exkretion von Benzo(α)pyrenmetaboliten mit der Gallenflüssigkeit, wenn es Ratten intravenös appliziert wird (262 mg/kg) (Falk & Kotin 1969). Eine orale oder intraperitoneale Applikation wirkt sich jedoch nur geringfügig aus.

Der Antipyren-Stoffwechsel wird in Ratten ebenfalls nur durch hohe Dosen von Piperonylbutoxid gehemmt (100 mg/kg, intraperitoneal) (Conney et al. 1971).

Aber auch zusammen mit Rodentiziden, wie Coumaphos, Dimetilan und Rotenon, wirkt Piperonylbutoxid wie ähnliche Verbindungen synergistisch (Robbins et al. 1959). Es wirkt synergistisch oder antagonistisch mit verschiedenen Phosphaten und Phosphorthionaten. Dies ist abhängig von dem Zeitintervall zwischen der Behandlung mit dem Synergisten und dem Insektizid (Kamiensky & Murphy 1971). Piperonylbutoxid erhöht aber auch durch Pyrethrine in der Rattenleber hervorgerufene Schäden (Kimbrough et al. 1968) und diese zusätzlich zu ähnlichen Veränderungen, die durch DDT-Einwirkung (50 mg/kg) entstanden.

Die Wirkungen des Piperonylbutoxids sind demnach wie andere insektizide Synergisten biphasisch, und auf ihre akuten Hemmeffekte auf den mikrosomalen Metabolismus folgt eine Stimulation der Enzymaktivität. Die durch Hexobarbital bewirkte Schlafperiode war beträchtlich verlängert, wenn 0,5 bis 12 Stunden nach Gaben von Piperonylbutoxid oder Tripetal gemessen wurde. Sie wurde jedoch verkürzt, wenn das Barbiturat 24 bis 72 Stunden nach dem Synergisten appliziert wurde. Der biphasische Effekt des Piperonylbutoxids steht in Verbindung mit der Empfindlichkeit der Mäuse gegenüber der toxischen Wirkung verschiedener Organophosphate. Eine Stunde nach Behandlung mit 400 mg/kg Piperonylbutoxid sind die Mäuse gegen akute Vergiftung mit Methylparathion, Guthion und Dimethoat geschützt; sie sind jedoch empfindlicher gegenüber Parathion und Äthylguthion. Nach 48 Stunden sind sie gegen alle diese Verbindungen außer Dimethoat geschützt (Kamiensky & Murphy 1971).

VII Wichtige Umweltpestizide und ihre Wirkungsweisen

In der Praxis verwendete Pestizide sind heute meistens synthetische organische Verbindungen; sie haben die früher weitverbreiteten pflanzlichen Produkte stark verdrängt. Jedoch sind Insektizide pflanzlicher Herkunft in neuester Zeit wegen ihrer weitgehenden Unbedenklichkeit wieder vermehrt gefragt. Trotzdem dürfte der Gesamtverbrauch kaum 2 bis 3 % übersteigen. Vor allem aus ökonomischen Gründen können pflanzliche insektizide Produkte mit den synthetischen nicht konkurrieren; der Gewinnungsprozeß ist wesentlich aufwendiger. Doch wird sich ihre Anwendung immer dort durchsetzen, wo toxikologische Unbedenklichkeit entscheidend ist, und dies gilt für geschlossene bewohnte Räume, Ställe und den Vorratsschutz.

1 Toxisch wirkende Gase

Vergasbare Chemikalien finden vor allem im Vorratsschutz und zur Bekämpfung von Schädlingen im Boden Verwendung.

1.1 Aliphatische Halogenkohlenwasserstoffe

Früher verwendete Mittel, wie Tetrachlorkohlenstoff, Trichloräthylen und Dichloräthylen, sind heute ersetzt durch Dichlorpropan, Dichlorpropen und Dichlorpropylen, Hexachloräthan und Methylbromid. Die erstgenannten sind aber noch Hilfsstoffe und spielen als Lösungsmittel eine Rolle. Bedeutungsvoll ist, daß die Vergiftungsgefahr für den Säugetierorganismus durch derartige Beistoffe mitunter höher ist als durch die Wirkstoffe selbst. Lipoidlösliche, flüchtige, auf Warmblüter narkotisierend wirkende Verbindungen sind für Insekten Protoplasma- oder Atemgifte. Tabelle 9 zeigt eine Übersicht, aus der die Toxizität der halogenierten Kohlenwasserstoffe hervorgeht.

Vielfach steigt mit zunehmendem Halogengehalt die Wirkung der Verbindung auf den Stoffwechsel und das Zentralnervensystem. Die Wirkreihe lautet: $Cl < Br < J$; ungesättigte Verbindungen sind toxischer als gesättigte. Die Wirkung auf das Zentralnervensystem wird auch durch größere Lipoidlöslichkeit vermehrt. Die verursachten Schäden sind narkotischer und neuro- oder encephalotoxischer Art. Die häufig zu beobachtende Reizwirkung der chlorierten Kohlenwasserstoffe ist vermutlich durch Abspaltung von Halogenwasserstoff bedingt, während die neurotoxische Wirkung auf die Verbindung selbst zurückzuführen ist.

Als akute Vergiftungssymptome aliphatischer Kohlenwasserstoffe findet man eine Reizung der Schleimhäute, auf die nervöses Zittern, Gleichgewichtsstörungen, rauschartige Zustände, Krämpfe und Übergang in Narkose folgen. Hierbei kann es in schweren Fällen zu tödlichen Atemlähmungen kommen. Zu beachten ist, daß die Giftwirkung meistens erst nach einer gewissen Latenzzeit auftritt. Erste Hinweise können Müdigkeitserscheinungen, chloroformähnlicher Geruch der Atemluft und süßlicher Geschmack geben. Die hier für Warmblüter genannten Symptome treffen in analoger Weise wohl auch für Insekten zu. Bei *Periplaneta americana* (L.) wurde durch Begiftung Trichloräthylen, EDCT und 1,2-Dibrom-3-chlorpropan die Anzahl der Stigmenventilationen pro Zeiteinheit erhöht und damit der Eintritt der Gase in die Tracheen beschleunigt (Tonapi 1971).

Jede solcher Vergiftungen ist auch nach Erholung an frischer Luft immer noch ernst zu nehmen, da infolge der langsamen Ausscheidung und einer Tendenz zur Kumulation schwere Nacherkrankungen möglich sind.

Als chronische Erkrankungssymptome werden gesteigerte Reizbarkeit, Verstimmung, Impotenz, Schädigung der motorischen Nerven und psychische Veränderungen beobachtet. Es kommt zu Herz- und Gefäßstörungen, Absinken des Blutdruckes, Magen-Darm-Erkrankungen, Störungen des Fettstoffwechsels, fettige Degeneration der Leber und der Nieren (Nephrose). Teilweise treten Spätschäden auf. Bemerkenswert sind die individuellen Empfindlichkeitsunterschiede einzelner Personen; es kann eine Gewöhnung wie auch Intoleranz auftreten. Sogar Suchterscheinungen sind beobachtet worden.

Tabelle 9 Toxizitätsvergleich verschiedener halogenierter Kohlenwasserstoffe; Versuchsobjekt: *Tribolium confusum* (Kornkäfer); Bewertungsbasis LD_{50} für mg/Liter; Versuchszeit meistens fünf Stunden, zusammengestellt nach verschiedenen Autoren (vgl. Brown 1951).

Hexachlorpropen	$CCl_2=CCl-CCl_3$	1,1
s-Heptachlorpropan	$CCl_3-CHCl-CCl_3$	2,5
2,3-Dichlorbutadien	$CC_2=CCl-CCl=CCl_2$	2,9
Hexachlorbutadien	$CCl_2=CCl-CCl=CCl_2$	4,0
as-Heptachlorpropan	$CCl_3-CCl_2-CHCl_2$	4,1
1,3-Dichlorpropen	$CHCl=CH-CH_2Cl$	10
1,4-Dichlorbutan	$CH_2Cl-CH_2-CH_2-CH_2Cl$	11
Isocrotylchlorid	$CH_2=C(CH_3)-CH_2Cl$	12
Äthylen-1,2-dichlorid	CH_2Cl-CH_2Cl	19
Propylen-1,2-dichlorid	$CH_2Cl-CHCl-CH_3$	40
1,1,1-Trichloräthan	CCl_3-CH_3	66
Dichlormethan	CH_2Cl_2	82
Trichloräthylen	$CCl_2=CHCl$	108
Chloroform	$CHCl_3$	157
Tetrachlorkohlenstoff	CCl_4	185
Allylbromid	$CH_2=CH-CH_2Br$	9
Methylbromid	CH_3Br	11
Isocrotylbromid	$CH_2=C(CH_3)-CH_2Br$	14
Äthylen-1,2-dibromid	CH_2Br-CH_2Br	14
Butylbromid	$CH_3-CH_2-CH_2-CH_2Br$	100
Äthylbromid	CH_3-CH_2Br	150

Unter dem Blickpunkt des Umweltschutzes ist Dichlorpropen wie auch andere chlorierte und bromierte Propan- und Propenderivate weniger toxisch gegen Bakterien und Pilze im Erdboden; es wirkt dort besonders auf Nematoden und Arthropoden (Wright 1980). Die Wirkung ist verbunden mit einer Alkylierung der Proteine an nukleophilen Positionen (Moje 1960) oder einer Oxidation des Eisens im Porphyrin des Hämproteins (Wade & Castro 1973).

Die insektentötenden Eigenschaften des Methylbromids kennt man seit etwa fünf Jahrzehnten. Seitdem wird es im Vorratsschutz zur Begastung von Lagerhäusern und dergleichen angewendet. Seine starke Durchdringungsfähigkeit, Unbrennbarkeit, der nicht unangenehme Geruch, seine geringe Wasserlöslichkeit und die einfache Handhabung verleihen ihm Vorzüge gegenüber anderen. Nachhaltig ist die Giftigkeit für Warmblüter und in einigen Fällen auch die Fettlöslichkeit, wie z. B. bei der Behandlung von Ölsaaten und fetthaltigen Lebensmitteln. In vielen Fällen ist seine fungostatische Wirkung und hohe Nagetiertoxizität nützlich.

Auch als Bodendesinfektionsmittel ist es brauchbar (Kundu 1963). Oft wurde es zur Bekämpfung von Termiten und Blattschneiderameisen in deren Bauten geblasen.

Auf Insekten wirkt Methylbromid ziemlich langsam. Der Tod tritt mitunter erst nach einer Woche oder noch später ein. Um eine schnellere Wirkung zu erreichen, mischt man Blausäure oder Äthylenoxid bei. Es ist ein typisches Atemgift. Methylbromid ist toxischer als Äthylbromid; letzteres ist auch weniger toxisch als Äthylendibromid (Bains et al. 1976).

Betrachtet man die toxische Aktivität unter thermodynamischen Gesichtspunkten, so sind Methylbromid und Methyljodid die geeignetsten Insektizide. Bei den höhermolekularen Strukturanalogen nimmt die toxische thermodynamische Aktivität ab (Tabelle 10). Daraus wird geschlossen, daß bei Substanzen mit einer LD_{50} zwischen 0,24 und 0,37 ppm eine physikalische Giftwirkung durch Narkose vorliegt, während bei den niedermolekularen Alkylbromiden und -jodiden eine chemische Giftwirkung vermutet wird.

Tabelle 10 Toxische thermodynamische Aktivität von Alkylhalogeniden; Versuchsobjekt: *Sitophilus granarius* (Kornkäfer)

	chlorid	bromid	jodid
Methyl-	0,014	0,0004	0,0007
Äthyl-	0,28	0,075	0,010
Propyl-	0,30	0,15	0,014
Isopropyl-	0,33	0,37	0,11
Butyl-	0,38	0,22	0,036
Amyl-	0,40	0,32	0,10

Während die physikalische Wirkung offenbar durch Abspaltung von Halogen zustande kommt, besteht die chemische Wirkung vermutlich in einer Proteinbindung der Substanz. Dabei wird der Alkylrest auf reaktionsfähige Gruppen übertragen, wie mit radioaktiv markierten Verbindungen nachgewiesen werden konnte; das Halogen wird dann in wasserlösliche Salze überführt.

Methylbromid oxidiert thiolgruppen-haltige Substanzen, wie Cystein, Gluthation, und reduziert Keratin. Dementsprechend hemmt es solche Enzyme, wie Bernsteinsäurehydrogenase und Hexokinase, die besonders viel Sulfhydrylgruppen enthalten. Es ist ohne Wirkung auf Cytochromoxidase.

Als Narkotikum kann Methylbromid bei Dauerwirkung das Nervensystem der Warmblüter schädigen. Es ist besonders gefährlich wegen seiner Geruchlosigkeit, wenn keine Warnmittel zugesetzt werden. Beim Umgang mit Methylbromid ist das Tragen einer Gasmaske zu empfehlen. In größeren Mengen schädigt Methylbromid auch die Haut des Menschen.

Die phytotoxische Wirkung des Methylbromids macht sich besonders an den wachsenden Teilen und an den Wurzeln bemerkbar. Durch vorherige Befeuchtung des Erdbodens können die Wurzeln geschützt werden. An den wachsenden Trieben treten Nekrosen auf. Besonders empfindlich sind in dieser Hinsicht einige Varietäten von Rosen; 0,25 ppm reichen aus. Dagegen sind keimende Saaten von Leguminosen oder auch keimende Kartoffeln nicht gefährdet (erst schädlich ab 160 ppm). Bei der Behandlung von Früchten und Obst wirken sich 1 bis 3 ppm schädigend aus, während zur Bekämpfung von Insekten bereits 0,0004 ppm für eine LD_{50} ausreichen.

Tetrachlorkohlenstoff ist weniger toxisch, es wird aber gebraucht als Lösungsmittel für Schwefelkohlenstoff, Blausäure, Äthylenoxid, Acrylnitril. 1,2-Dichloräthan wird im Stoffwechsel zu Glykol und Salzsäure hydrolysiert; Glykol kann dann zu Oxalsäure oxidiert werden. Nur in höheren Konzentrationen wirkt es narkotisierend. 1,2-Dichlorpropan und 1,3-Dichlorpropylen besitzen nematizide Wirkung. Trichloräthylen und besonders das feste Hexachloräthan werden vor allem als Mottengifte verwendet. Letzteres ist gegenüber Warmblütern praktisch ungiftig. In neuerer Zeit gewinnt in Amerika das Äthylen-1,2-dibromid ($BrCH_2-CH_2Br$) vermehrt an Bedeutung.

1.2 Äthylenoxid und Schwefeldioxid

In Fabriken und Warenhäusern dient Äthylenoxid als insektizides Begasungsmittel; es hinterläßt keine Korrosionen. Da es brennbar ist, wird es mit Kohlendioxid vermischt. Bei Insekten entfaltet es seine Wirkung über die Tracheen, die allerdings erst recht spät erkennbar wird. Auf ein anfängliches Narkosestadium folgt zunächst eine Erholungsphase, nach der der plötzliche Tod eintritt. Ähnlich ist der Vergiftungsverlauf bei Warmblütern. Es ist besonders geeignet zur Bekämpfung von Kornkäfern, Mehlkäfern und auch Kleidermotten.

Wegen seiner hohen Reaktionsfähigkeit kommt es leicht zu Reaktionen mit Wasser, Alkoholen, Phenolen, Carbonsäuren, Aminen. Durch die Vermischung mit CO_2 wird nicht nur die Brennbarkeit herabgesetzt, sondern auch eine Öffnung der Stigmen bei den Insekten bewirkt und somit die Wirkung vergrößert.

Die biologische Wirkung des Äthylenoxids (I) liegt in der Reaktion mit den Proteinen, die die erwähnten Reaktionsgruppen enthalten. Es kann deshalb als Protoplasmagift angesehen werden. Infolge der langen Latenzzeit und der geringen Primärwirkung kann angenommen werden, daß Äthylenoxid zu Formaldehyd (II) verwandelt wird oder über Äthylenglykol zu Oxalsäure (III) oxidiert werden kann. Bei Bildung von Formaldehyd ist eine Giftwirkung verständlich; die Bildung von Oxalsäure käme einer Entgiftung gleich. Formaldehyd verbindet sich leicht mit den Aminogruppen der Proteine und hemmt vor allem die Katalase- und Dehydrogenasen Aktivität. Die Vergiftungssymptome der Insekten sind fortschreitende Paralyse, Wegspreizen der Beine und Mundextremitäten.

I II III

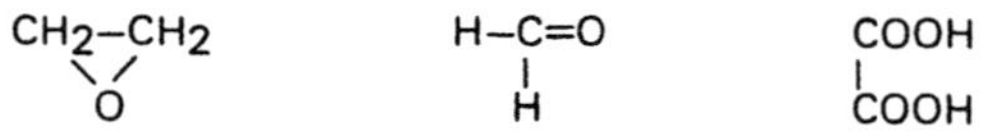

Bei Warmblütern tritt neben der Narkosewirkung eine Reizwirkung an Augen und Schleimhäuten auf. Vergiftungen machen sich durch ein Tränen der Augen, Benommenheit, Schwindelgefühl und Atemnot bemerkbar. Frische Luft ist die beste Therapie. 3000 ppm in 30 bis 60 Minuten sind lebensgefährlich.

Äthylenoxid hemmt die Keimung von Weizen. Früchte können bis zu 32 mg/l vertragen. Eine Schädigung der grünen Pflanzen wurde nicht beobachtet.

Auch Schwefeldioxid ist ein viel verwendetes Begasungsmittel im Pflanzenschutz (Tabelle 11). Es kann überall dort verwendet werden, wo keine grünen Pflanzen stehen und sonstige empfindliche Materialien, wie Textilien, Farben, Marmor, gewisse Lebensmittel, Gummi und Leder fehlen, die durch die bleichende, im feuchten Zustand stark ätzende Wirkung des Gases erheblich beeinträchtigt werden können. Das Ausschwefeln von Weinfässern und Einmachgläsern ist heute noch üblich. Bei der Wühlmausbekämpfung verwendet man SO_2 entwickelnde Brandsätze. Für die Raumbegasung tritt SO_2 mehr und mehr in den Hintergrund. Seine gute insektizide Wirkung gegen Hausinsekten aller Art und Vorratsschädlinge bleibt aber unbestritten.

Mit Wasser bildet sich Schweflige Säure, die bleichende, ätzende und korrodierende Eigenschaften besitzt. Infolge guter Wasserlöslichkeit wird es leicht über die Atmungsorgane absorbiert. Seine Wirkung auf die einzelnen Insektenarten ist jedoch verschieden. Auch SO_2 ist ein Plasmagift, indem die sich bildende Schweflige Säure auf die Proteine wirkt. Äußerlich beobachtet man Irritation, Putzbewegungen und bei der Heuschrecke *Melanoplus differentialis* Paralyse der hinteren Beine.

Tabelle 11 Relative Toleranz von Narkotika und Räuchergiften; LD_{50} für einige Insekten (mg/Liter)

	Narkotische Wirkung			Toxische Wirkung				
	Benzol	$CCl_2=CHCl$	CCl_4	Äthyl-acetat	NH_3	HCN	Äthylen-oxid	SO_2
Sitophilus granarius	213	251	592	99	8,9	22	17	10
Sitophilus oryzae	183	219	473	36	7,3	24	12	31
Ephestia kühniella	152	204	448	50	7,7	0,4	26	16
Tineola biselliela	137	176	352	69	–,–	6,5	18	24
Tribolium castaneum	64	103	137	68	5,9	0,6	41	17
Cimex lectularius	62	67	113	25	12	0,14	26	6,7

Die Vergiftungsgefahr für Warmblüter ist relativ gering, denn SO_2 übt eine starke Reizwirkung auf die Schleimhäute und oberen Luftwege aus, so daß die letale Dosis nicht erreicht wird. Gelegentlich treten Bronchitis und Lungenentzündung auf.

Auf grüne Pflanzen wirkt es dagegen stark toxisch. Die entstehende Schweflige Säure kann den pH-Wert der Blätter von 6 auf 4 drücken. Die ersten Symptome sind helle Stellen zwischen den Blattadern. Junge Pflanzen sind wesentlich empfindlicher als alte. Im Dunkeln ist die Wirkung geringer. SO_2 reduziert die Keimungsfähigkeit verschiedener Saaten.

Im Boden kann die entstandene Schweflige Säure bakteriell zu Schwefelsäure oxidiert werden und bei SO_4-Ionenmangel die Bodenfruchtbarkeit erhöhen. Als saurer Regen verursacht sie erhebliche Umweltschäden (vgl. Seite 280).

1.3 Cyanwasserstoff (Blausäure)

Blausäure wird in Tetrachlorkohlenstoff gelöst und zur Begasung von Gebäuden sowie auch Citrusbäumen verwendet. HCN wird leicht absorbiert und ist auch bei tiefen Temperaturen stark wirksam. Die große Durchdringungsfähigkeit des Gases und die meist rasche tödliche Wirkung auf Schadtiere aller Art gewähren eine Erfolgssicherheit, die alle Vorsichtsmaßnahmen auch heute noch rechtfertigt. Sehr vorteilhaft wirkt sich die Unschädlichkeit des Gases auf Materialien aller Art aus. Nur wäßrige Blausäure verursacht Schäden an begasten Pflanzen. Auch die hohe Flüchtigkeit macht sich beim Durchlüften der begasten Räume positiv bemerkbar.

Blausäure ist ein typisches Atemgift. Sie blockiert die Zellatmung, indem sie die katalytische Wirkung des Eisens der Cytochromoxidase und anderen Oxidasen hemmt.

Ähnlich wirken H_2S und CO. HCN hat auf viele Insekten eine nicht so starke Wirkung wie auf Säugetiere. Bei ersteren hemmt es nicht den Sauerstofftransport, sondern die Zellatmung bei Absättigung des Blutes mit Sauerstoff. Letzterer kann nicht weitergereicht werden, so daß Sauerstoffmangel im Zellgewebe eine innere Erstickung durch Lähmung des Atmungszentrums verursacht. Es wirkt atmungserniedrigend und narkotisierend, so daß viele der weniger empfindlichen Arten längere Zeiten überleben können; häufig bleiben jedoch Schäden zurück. Die Erholung nach einer schnellen Narkose ist so zu deuten, daß durch das schnelle Absinken der Atmung infolge Blockierung der Oxidasen eine Narkose eintritt, die dann durch Intensivierung der glykolytischen, nicht sauerstoffverbrauchenden Prozesse allmählich wieder aufgehoben wird. Dies läßt sich an einer starken Erhöhung des Respiratorischen Quotienten erkennen. Umbaumechanismen sorgen schließlich für die Wiederherstellung der normalen Atmungsfunktion. Somit ist HCN ein Wirkstoff, der an der Zelloberfläche angreift.

Unerfreulich ist die sehr hohe Toxizität von HCN gegenüber Warmblütern. 1 mg/kg Körpergewicht ist die tödliche Dosis für den Menschen. Die gleiche Menge ist etwa in 50 g bitteren Mandeln enthalten. Im Körper findet jedoch keine Kumulierung statt, da die Entgiftung durch Überführung in Rhodansalze bei unterschwelligen Dosen offenbar quantitativ verläuft; es gibt keine chronischen Blausäurevergiftungen (Westley 1973).

Zu beachten ist eine Resorption von HCN durch die Haut, die insbesondere beim Schwitzen erfolgen kann. Eine Gasmaske schützt somit nicht in jedem Falle. Blausäure führt zu Herzklopfen, Atemnot, Unruhe, Angstgefühl, Schwäche und schließlich zur Bewußtlosigkeit und zum Tode.

Als Antidot läßt sich Natriumnitrit, Amylnitrit oder Methylenblau verwenden, die das Hämoglobin des Blutes in Methämoglobin verwandeln, das das Cyanid bindet, bevor es das Zellgewebe erreicht. Durch Natriumthiosulfat kann Cyanid in Thiocyanat umgewandelt werden, das mit dem Urin ausgeschieden wird. Geringere aber ähnliche Wirkung haben Nitrile z. B. Trichloracetonitril ($Cl_3C{-}CN$) oder Acrylnitril ($CH_2{=}CH{-}CN$).

1.4 Schwefelkohlenstoff

CS_2 gehört zu den wirkungsvollsten und vielseitigsten Giftgasen; er wird seit über 100 Jahren zur Bekämpfung von Schadtieren verwendet. Wegen seiner großen Brennbarkeit wurde er allerdings in den letzten Jahren zugunsten anderer Mittel stark zurückgedrängt. Jedoch wird er heute noch zur Bekämpfung der Reblaus im europäischen Weinbau verwendet. Im Ausland dient er zur Begasung von Innenräumen, Lagern u. ä. und ist vermischt mit CCl_4 ein vielbenutztes Bodendesinfektionsmittel. Er ist wirksam gegen Drahtwürmer (Elateridae), Engerlinge (Lamellicornia), *Tipula*-Larven und auch gegen Nematoden.

Einige Grünpflanzen und Saaten sind besonders gegen die flüssige Substanz empfindlich. Auf Wurzeln hat sie mitunter einen herbiziden Effekt. Auch zur Bekämpfung von Ratten und Mäusen wurde sie eingesetzt. Eine geschätzte Begleiterscheinung ist die allgemeine Steigerung des Pflanzenwachstums und Behebung der Bodenmüdigkeit. Die Ursache für diese Erhöhung der Fruchtbarkeit durch CS_2 ist nicht geklärt.

Die Anwendung von Xanthogenaten, die in sauren Böden CS_2 in Freiheit setzen, ließ sich nicht wirtschaftlich genug gestalten:

$$2\,KS{-}\underset{\underset{S}{\|}}{C}{-}OC_2H5 \quad + \quad H_2SO_4 \longrightarrow 2\,CS_2 \quad + \quad 2\,C_2H_5OH \quad + \quad K_2SO_4$$

Die Wirkung von CS_2 auf Insekten ist sehr verschieden. Auch die einzelnen Entwicklungsstadien einer Art können sehr unterschiedlich beeinflußt werden. Meistens sind

Eier und Puppenstadien relativ unempfindlicher als Larven und Imagines (Bild 31). Es besteht eine Parallelität zum respiratorischen Stoffwechsel. Eine interessante Temperaturabhängigkeit der Giftwirkung von Gasen zeigt Bild 32. Bei 10 °C wird die geringste Wirkung beobachtet. Dieser Effekt ist auf die unterschiedliche, temperaturabhängige Absorption der Gase durch das Insekt zurückzuführen.

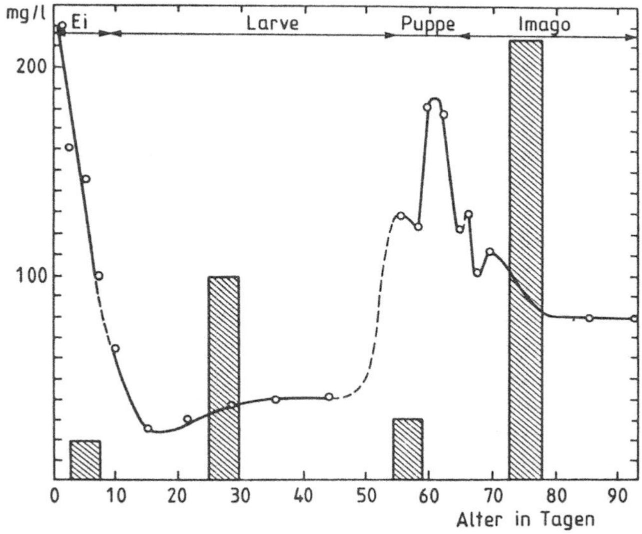

Abb. 31 Mittlere letale Konzentration von Schwefelkohlenstoff für den Kornkäfer *Tribolium confusum* in Abhängigkeit vom Entwicklungsalter, nach Sun (1947). Das zugefügte Säulendiagramm zeigt die Stoffwechselrate während der vier Entwicklungsstadien bei gleicher Ordinate in mg CO_2/g Körpergewicht pro Tag, nach Lindgren (1935).

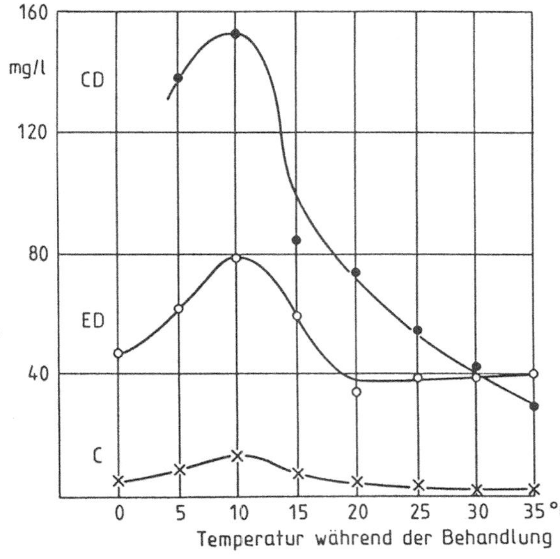

Abb. 32

Wirkung der Temperatur auf die mittleren letalen Konzentrationen von Chlorpikrin (C), Äthylendichlorid (ED) und Schwefelkohlenstoff (CD) auf adulte Kornkäfer (*Tribolium confusum*), nach Shepard, Lindgren & Thomas (1937).

Die pharmakologische sowie insektizide Wirkung von CS_2 geht auf seine Lipoidlöslichkeit zurück. Seine Affinität zu den Zellmembranlipoiden deklariert ihn als Nervengift. Seine Wirkung ist jedoch mehr narkotisierend. An isolierten Nerven konnte gezeigt werden, daß die radial ausgerichteten Lipoproteinmoleküle der Myelinhülle desorientiert werden, jedoch nicht die längsgerichteten des Axons. Diesen Effekt zeigen auch andere typische Narkotika. Beeinflußt wird das zentrale und periphere Nervensystem. Auf eine lähmende Wirkung folgt ein Erregungsstadium. Sekundär tritt dann eine Beeinflussung der innersekretorischen Drüsen und Stoffwechselorgane auf. Die Ausscheidung erfolgt durch die Atemluft sowie durch Hautdrüsen.

Wird CS_2 in ganz niedrigen Konzentrationen kontinuierlich an Säugetiere verabreicht, so hemmt es die mikrosomalen Enzymaktivitäten (Bond & DeMatteis 1969, Magos & Butler 1972). Das gleiche gilt für CCl_4 (Brown 1972). CS_2 und CCl_4 sind mögliche Lebertoxine. Ihre Wirkung ist assoziiert mit einem Abfall im Cytochrom P_{450}-Gehalt.

1.5 Phosphor- und Schwefelwasserstoff

PH_3 ist ein bewährtes insektizides Begasungsmittel für Getreide. Beide sind hochgiftige und brennbare Gase. Als Atemgifte beeinflussen sie sowohl den Stoffwechsel als auch die Nerven. H_2S blockiert die Schwermetalle enthaltenden Oxidasen der Zellen; durch die Sulfidbildung wird die katalytische Wirkung der Enzyme gehemmt.

Beim Warmblüter wirkt PH_3 auf die Blutgefäße und verwandelt Hämoglobin in Methämoglobin. Leber und Nieren zeigen Schädigungen. Hämolytische Erscheinungen, wie beim AsH_3 werden dagegen nicht beobachtet. Zu Todesfällen kommt es selten, da die geruchliche Wahrnehmung geringer Konzentrationen entgegenwirkt.

1.6 Dichloräthyläther

Als Bodendesinfektionsmittel zeigt $ClCH_2-CH_2-O-CH_2-CH_2Cl$ erst bei hohen Temperaturen eine Wirkung. Als wenig brennbares Lösungsmittel besitzt es einen geringen Dampfdruck. Ein langer Verbleib im Boden kann deshalb vorteilhaft sein. Die zunächst hergestellte Fluorverbindung erwies sich für Säugetiere zu toxisch. Verantwortlich für die biologische Wirkung ist das Sauerstoff-Radikal. Als Nervengift ruft es symptomatisch gesehen eine anfängliche Erhöhung der Respiration hervor. Bei der Mehlmotte *Ephestia kühniella* wurde eine Vermehrung der Sphaeroidocyten der Hämolymphe festgestellt, die mit Lipiden gefüllte Vakuolen zeigten, wie dies auch nach CCl_4-Behandlung beobachtet wurde.

Wegen seiner geruchlichen Wahrnehmung in geringen Konzentrationen ist Dichloräthyläther für Säugetiere und Menschen ungefährlich. Ständige unterschwellige Dosen führen zur Irritation des Atmungssystems. Eine Reizung der Augen, Nasen- und Rachenschleimhäute kann beobachtet werden.

1.7 Chlorpikrin

Dies Nitrochloroform (Cl_3CNO_2) wird besonders im Ausland zur Bodendesinfektion verwendet. Es ist sehr wirksam auf Bodenschädlinge aller Art einschließlich Nematoden. Als Gemisch mit leichter flüchtigen insektiziden Mitteln empfiehlt sich seine Anwendung gegen Wurzelälchen (Nematoden). Auch wurde zum Teil eine fungizide, herbizide und bakterizide Wirkung beobachtet. Grüne Pflanzenteile werden erheblich geschädigt. Die optimale Wirksamkeit liegt bei 35 °C.

Als Raumbegasungsmittel und zur Vernichtung von Vorratsschädlingen ist es wegen seiner Reizwirkung auf die Schleimhäute sowie der schwer zu beseitigenden Rückstände nicht geeignet. Für Warmblüter ist eine Vergiftungsgefahr praktisch nicht gegeben. Wertvoll ist seine Nichtbrennbarkeit.

Für Insekten ist Chlorpikrin außerordentlich giftig, wesentlich giftiger als Blausäure. Es durchdringt Kutikula und Tracheen und führt schnell zum Tode.

1.8 Dichlorbenzol und Naphthalin

Das flüssige *o*-Dichlorbenzol wurde in größerem Umfang zur Bekämpfung von Termiten verwendet. Auch gegen *Tipula*-Larven wurde es eingesetzt. Dagegen ist die Wirkung von *m*-Dichlorbenzol gering (Tabelle 12).

Tabelle 12 Insektizide Aktivität von disubstituierten Benzolen, nach mehreren Autoren; ··· inaktiv, – leicht toxisch, = mäßig toxisch, ≡ hoch toxisch

	H	Cl	NO_2	OH	NH_2	CH_3
H	···	–	=	–	···	···
Cl	–	*o, p* = =	*o, m, p* ≡ ≡ ≡	*p* –	*o, p* – –	*o, m, p* ········
NO_2	=	*o, m, p* ≡ ≡ ≡	*m, p* ≡ ≡	*p* =	*o* =	*p* =
OH	–	*p* –	*p* =	*o* –	*p* –	*o, m, p* – – –
NH_2	···	*o, p* – –	*o* =	*p* –	*p* –	*o* –
CH_3	···	*o, m, p* ·········	*p* =	*o, m, p* – – –	*o* –	*o, m, p* ·········

p-Dichlorbenzol und Naphthalin sind typische Mottenmittel, die vorwiegend im Haushalt verwendet werden. Diese festen Verbindungen haben einen hohen Dampfdruck, so daß sie in der Dampfphase wirken können. Sie haben eine narkotisierende Wirkung. Schädigungen des Nervensystems führen zu Lähmungen. Besonders Naphthalin übt eine abschreckende Wirkung aus; man kann es als Prophylaktikum bezeichnen. Aber auch als Insektizid hat es besonders in geschlossenen Räumen eine gute Wirkung, die sich auch auf Blattläuse, Spinnmilben und Gewächshausschädlinge ausdehnen läßt. Die chlorierten Naphthalin-Derivate spielen im Holzschutz eine wichtige Rolle.

Die Warmblütertoxizität beider Substanzen ist gering. Naphthalin ist in Wasser fast unlöslich.

An isolierten Nerven beobachtet man bei Begiftung das Auftreten von zusätzlichen Impulsen. Die insektizide Wirkung äußert sich in einer leichten Paralyse. Die Hämolymphe verfärbt sich nach rot oder sogar schwarz, wodurch angezeigt wird, daß das Oxidasensystem angegriffen wird. Eine spezifische Wirkung auf die Respiration ist bei beiden Verbindungen nicht zu beobachten.

Im Stoffwechsel kann Naphthalin über eine Epoxidbildung hydroxyliert werden (Bild 33); danach kann eine Konjugation mit sulfhydrylgruppenhaltigen Verbindungen erfolgen (Smith & Turbert 1964, Jerina et al. 1969, Oesch et al. 1972). Durch Naphthalin wird die Bildung von Cytochrom P_{450} induziert (Capdevilla et al. 1973).

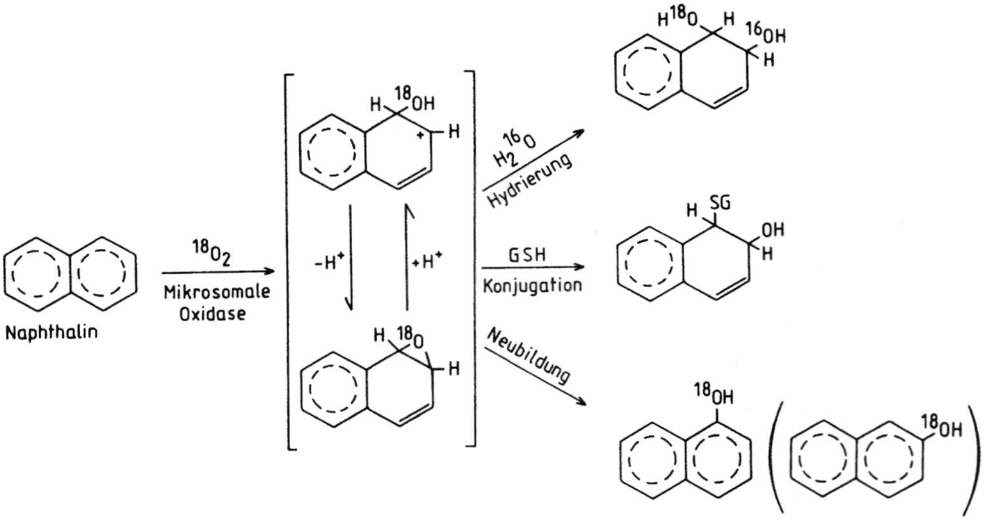

Abb. 33 Stoffwechsel von radioaktiv markiertem Naphthalin nach Arbeiten von Jerina et al. (1969) und Oesch et al. (1972).

2 Mineralöle, Teeröle und Detergentien

2.1 Mineralöle

Alle Mineralöle sind flüssige Kohlenwasserstoffe natürlicher Herkunft. Den größten Teil stellt das Erdöl dar.

Mineralöle werden seit mehr als 100 Jahren zur Schädlingsbekämpfung in Citrusplantagen verwendet. Eine Blattschädigung kann durch Emulsion in Wasser herabgesetzt werden. Infolge verbesserter Raffinationsmethoden waren Mineralöle um die Jahrhundertwende besonders in Amerika die am meisten verwendeten Präparate. Auch heute noch verwendet man solche Öle in erheblichem Umfange als „Sommeröle“ während der Vegetationsperiode gegen saugende Insekten (Schildläuse, Blattläuse und Spinnmilben) sowie deren Eigelege, als „Winteröle“ zur Beseitigung der überwinternden Stadien dieser Obstbaumschädlinge.

In Europa werden Mineralöle meistens in Gemischen verabreicht. Mit Dinitro-*o*-phosphat vermischt werden sie in Form von „Gelböl“ zur Winterspritzung verwendet. Die Kombination ist vor allem ovizid wirksam, wobei sich beide Mittel ergänzen (Synergismus).

Infolge der vielseitigen Zusammensetzung der Mineralöle werden sie oder ihre verschiedenen Fraktionierungen auch heute noch als Lösungsmittel für moderne Kontaktinsektizide verwendet. Solche Ölemulsionen können jedoch den Nachteil haben, daß dem Öl selbst eine höhere toxische Wirkung zukommt als dem emulgierten Wirkstoff. In den 60er Jahren wurden Mineralölemulsionen von DDT im Nürnberger Reichswald zur Bekämpfung von Buschhornblattwespen flächendeckend ausgebracht, die ihre Wirkung nicht verfehlten. Im Laborversuch müssen Larven von *Diprion pini* in DDT-Pulver gebadet werden, um einen insektiziden Effekt zu erzielen. Isoliert getestet wirkt Mineralöl toxi-

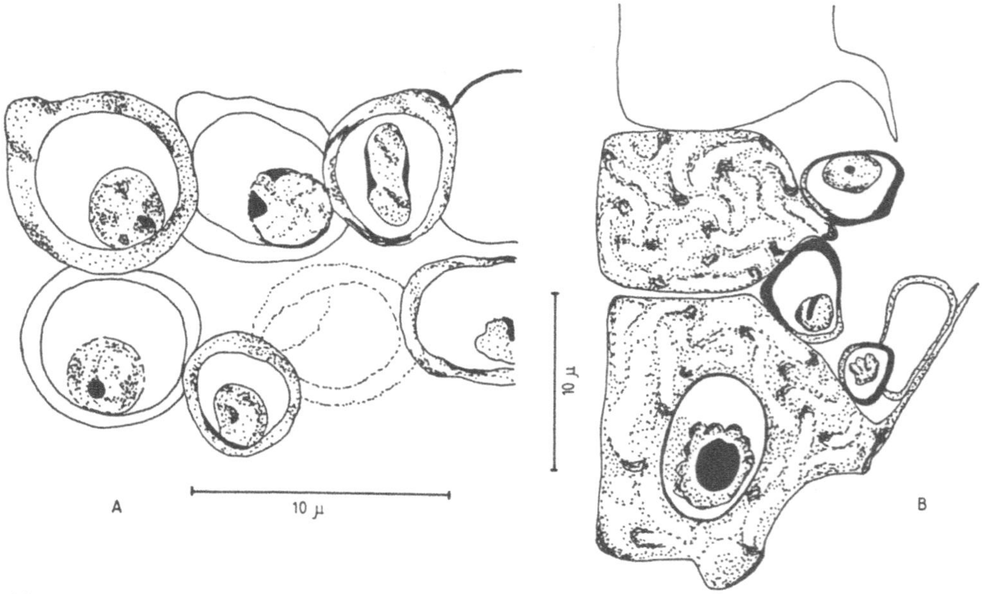

Abb. 34 Erstickungseffekte von Ölen bei Zellen von *Culex*-Larven;
A: aus Suboesophagealganglion,
B: aus Thorakalganglion; bemerkenswert ist das Klumpen von Chromatin und die Retikulation der Chromidien,
nach Richards (1941).

scher als DDT. Selbst wenn die Toxizität des DDTs als Mineralölemulsion erhöht ist, so liegt keine hochgradige Wirkung von DDT auf *Diprion* vor. Abgesehen davon, daß ein solcher Weg der Anwendung von Wirkstoffen die Nutztiere mitunter stärker in Mitleidenschaft zieht als den eigentlichen Schädling, ist das Verfahren unnötig kostenaufwendig und strikt abzulehnen. Ohne die erforderlichen Vorkenntnisse sollte kein Wirkstoff versprüht werden.

Der ovizide und insektizide Wirkungsmechanismus der Mineralöle beruht auf der erstickenden Umhüllung von Insekten und ihren Eiern; er ist somit physikalisch bedingt. Die Atemtätigkeit geht nach Behandlung mit Mineralöl stark zurück und steigt nach Entfernung des Öles wieder an. Ein Verkleben der Tracheen ist anzunehmen. Die Erstickung macht sich zuerst am Nervensystem bemerkbar, wo die Ganglienzellen eine Ballung des Kernchromatins und die Nissl-Substanz eine Retikulation zeigen (Bild 34). Diese Erscheinungen sind die Folge einer CO_2-Anreicherung. Das am häufigsten verwendete Mineralöl ist das Kerosin, ein Destillat.

Eine Schädigung der Pflanzen tritt durch Filmbildung ein; Assimilation und Transpiration werden herabgesetzt. Aber auch die zahlreichen Wirkgruppen im Öl können toxische Effekte setzen.

2.2 Teeröle und Karbolineen

Nur in Europa gehört der Gebrauch von Obstbaumkarbolineen seit mehr als 50 Jahren zu den Standardmethoden der landwirtschaftlichen Schädlingsbekämpfung. Als Winterspritzmittel sind Teeröle vermischt mit Dinitro-*o*-kresol die wirksamsten Mittel, die auch nicht von den Phosphorsäureestern übertroffen wurden. Wegen ihrer andauernden Wirkung spielen sie als Holzschutzmittel eine hervorragende Rolle. Die stets emulgiert angewendeten Präparate haben ihre Wirkung vorwiegend auf Eier und Puppen verschiedener Insekten, vor allem auf Obstbaumparasiten. Ihre zusätzliche blattzerstörende Wirkung erlaubt nur ihre Anwendung während der blattlosen Zeit. Dabei werden Flechten und Moose sowie alte Borke entfernt, was sich auf das Wachstum der Bäume vorteilhaft auswirkt.

Die verwendeten Karbolineen entstammen größtenteils der Steinkohlendestillation. Die Fraktionen haben Siedepunkte zwischen 200 °C und 350 °C und bestehen vorwiegend aus aromatischen Verbindungen. Höher siedende Fraktionen sind insektizid und ovizid wirksamer, aber auch gefährlicher für die Pflanzen. Die Wirksamkeit der Teeröle ist weniger auf einzelne Bestandteile als auf die Gesamtheit der vorliegenden Verbindungen zurückzuführen. Die Giftwirkung ist vor allem physikalisch bedingt.

Eine akute Toxizität liegt bei Teerölen nicht vor. Ein häufiger Umgang mit Teerpräparaten kann zu chronischen Ekzemen und zu Hautkrebs führen. Hierfür wird vor allem das darin enthaltende 3,4-Benzopyren verantwortlich gemacht.

2.3 Seifen und weitere Detergentien

Seifen lernten wir bereits als Emulgatoren kennen, die zur Herabsetzung der Oberflächenspannung Insektizidemulsionen zugesetzt werden. In dieser Eigenschaft werden Seifen und Detergentien vorwiegend in der Schädlingsbekämpfung verwendet, vor allem auch wegen ihrer harmlosen Eigenschaften gegenüber den Blattpflanzen. Für einige Detergentien besteht jedoch eine gewisse Phytotoxizität. Als Sulfonsäuren und deren Salze sind die Detergentien allerdings weitgehend unwirksam.

3 Anorganische Salze

Bis zum Beginn des 2. Weltkrieges stellten anorganische Metallverbindungen das Gros der insektiziden Pflanzenschutzmittel für Forst-, Feld- und Obstbau dar. Arsenhaltige Verbindungen spielten die Hauptrolle. Daneben sind auch Quecksilber-, Thallium, Antimon-, Zink-, Selen- und Borverbindungen allgemein toxisch. Den anorganischen Substanzen gemeinsam ist ihre Stabilität, die sowohl als Vorteil als auch als Nachteil gesehen werden muß. Sie sind gegen Witterungsfaktoren sehr stabil und können sich im Boden anreichern.

Als Salze sind die anorganischen Insektizide und Rodentizide in wäßriger Lösung meistens stark dissoziiert. Ihre Löslichkeit muß aber gering sein, damit sie nicht durch Regen zu schnell abgespült werden. In saurer Lösung sind sie im allgemeinen leicht löslich; dies spielt vor allem bei der Warmblütertoxizität (saure Reaktion im Magen) eine wichtige Rolle.

3.1 Arsenhaltige Präparate

Arsenhaltige Mittel kamen vor allem zu Beginn des 20. Jahrhunderts von den USA nach Europa. Sie wurden als Schweinfurter Grün, Bleiarsenat und Calziumarsenat gegen Kartoffelkäfer, Schwammspinner, Frostspanner, Baumwollkapselwurm und Obstmade verwendet. In Deutschland wurde Schweinfurter Grün vorrangig im Weinbau gegen den Traubenwickler, den Heuwurm und dessen 2. Generation, den Sauerwurm, eingesetzt. Arsenpräparate behielten hier ihre Bedeutung, bis sie durch das relativ ungiftige Tetranitrocarbazol abgelöst wurden; später folgten die synthetischen Kontaktinsektizide.

Im Ausland wurden hervorragende Erfolge mit arsenhaltigen Mitteln bei der Stechmückenbekämpfung erzielt. Die Mittel wurden über die Gewässer zerstäubt und auf diese Weise die Malaria eingedämmt. Auch gegen Bodenschädlinge wurden sie verwendet. Heute ist es nicht leicht, arsenhaltige Präparate im Handel zu erhalten. Sie sind wegen ihrer Toxizität auf Warmblüter zurückgedrängt worden.

Infolge sehr geringer Löslichkeit geschieht die Anwendung der Mittel in Form von Staub oder wäßrigen Suspensionen. Wichtige, heute noch teilweise bestehende Probleme in der Anwendungstechnik von Pflanzenschutzmitteln – die optische Feinheit der staubförmigen Aufbereitungen und deren Haftfähigkeit auf den Pflanzen; die Eignung der mineralischen Inertmaterialien; die für eine ausreichende Schwebefähigkeit der Suspensionen geeignete Teilchengröße; der Effekt der Netzmittel in Spritzbrühen; die Erhöhung der Regenbeständigkeit durch Zusätze sowie weitere für die heutigen insektiziden Mittel unverändert bedeutungsvollen Fragen – wurden richtungsweisend an Arsenpräparaten untersucht. Auch die Problematik der giftigen Rückstände war damals wie heute vordringlich.

Die wichtigsten arsenhaltigen Verbindungen, die heute noch angewendet werden, sind das saure Bleiarsenat ($PbHAsO_4$), aus dem in Gegenwart von Hydroxyl-Ionen Bleihydroxyarsenat ($Pb(PbOH) \cdot (AsO_4)_3$) und Arsensäure (H_3AsO_4) entstehen; basisches Bleiarsenat, das bei pH-Werten unter 6,5 in saures Arsenat übergeführt wird; Calziumarsenate verschiedener Zusammensetzung, die ebenfalls in Gegenwart von OH^- Arsensäure freisetzen; basisches Kupferarsenat ($Cu_3(AsO_4)_2 \cdot Ca(OH)_2$ oder $Cu(CuOH) \cdot AsO_4$); Magnesiumarsenat; Arsenoxid (As_2O_3) oder Arsenik, das arsenige Säure liefert; Natriumarsenit; Calziumarsenit; Kupferarsenit ($Cu(AsO_2) \cdot H_2O$ oder $Cu_3(AsO_3)_2 \cdot 3\,H_2O$); Schweinfurter Grün (Pariser Grün) (Kupferarsenit + Kupferacetat).

Die Stabilität der Verbindungen erhöht ihre Wirkungsbreite. Es handelt sich ausschließlich um Fraßgifte für die meisten beißenden Insekten und Nagetiere; Bienen sind relativ wenig gefährdet. Obgleich das biologische Gleichgewicht durch Arsenpräparate wenig gestört wird, wurde ihre Verwendung im Pflanzenschutz wegen ihrer hohen Giftigkeit bei Menschen und Nutztieren größtenteils verboten. Gegenüber den auch sehr toxischen Phosphorsäureestern haben Arsengifte den Nachteil der langen Dauerwirkung. Arsenpräparate fanden eine spezielle Anwendung beim Ködern von Heuschrecken, in der Veterinärmedizin bei der Zeckenbekämpfung. Borkenkäfer wurden durch die Giftring-Methode bekämpft. Dazu werden befallene Bäume bis auf den Splint geringelt und mit einer Natriumarsenitpaste bestrichen. Das Gift dringt in den Kambialzylinder ein, von dort wird es nach oben geleitet und tötet die Borkenkäferbrut ab. Allerdings stirbt auch der Stamm ab, was bei Verwendung von Phosphorsäureestern nicht der Fall ist. Arsenik (As_2O_3) wird zur Bekämpfung von Ameisen verwendet. Arsenite sind allgemein toxischer und entfalten eine stärkere insektizide Wirkung als Arsenate. Letzteren kommt infolge der geringeren Wasserlöslichkeit eine schwächere Pflanzenschädigung zu.

Drei- und fünfwertige Arsenverbindungen unterscheiden sich in ihrer toxischen Wirkung nur graduell. Die verschiedene Dauer bis zum Wirkungseintritt steht in Zusammenhang mit ihrer Löslichkeit. Im sauren Milieu des Magens scheint eine Reduktion zu dreiwertigem Arsen einzutreten, wodurch die verzögerte Wirkung von Arsenaten erklärbar ist. Sie hängt dann von der Dauer des Reduktionsprozesses ab, der wiederum vom herrschenden Redoxpotential im Darmkanal bestimmt wird. Bemerkenswert ist, daß alle hochtoxischen Arsenverbindungen Sauerstoff enthalten. Arsensulfide, wie As_2S_2 und As_2S_3, sind toxikologisch harmlos.

Ein entscheidender Faktor für den Wirkungsmechanismus ist mit Sicherheit die Wechselwirkung mit Enzymen. Insbesondere werden thiolgruppenhaltige Enzyme – wie die an der Oxidation von Pyruvat beteiligten – durch Arsenpräparate inaktiviert, denn Cystein, Gluthation u.a. wirken sogar im Insektizidversuch als Gegengift (Antidot).

Durch diese Verbindungen wird das Arsen irreversibel gebunden, bevor es zu seinem Wirkungsort gelangt. Dementsprechend ist auch der Wirkungsmechanismus des Arsens *in vivo* als Neutralisation zu bezeichnen. Hierdurch unterscheidet es sich von den organischen Giften. Bei einer Neutralisationshemmung können leicht chronisch-toxische Schäden auftreten.

Neben den enzymhemmenden Eigenschaften des Arsens ist seine generell eiweißfällende Wirkung von Bedeutung, wodurch praktisch alle Zellen geschädigt werden können. Es werden Protoplasmaschäden beobachtet, die schon bei den Darmepithelzellen auftreten. Es folgen Mitosehemmungen, Kapillareffekte durch Beeinflussung der kontraktilen Substanz, Schädigungen des Zentralnervensystems, Funktionsstörungen der Leber mit Verfettungserscheinungen und Mobilisierung des Leberglykogens. Hinzu kommt eine lokal ätzende Wirkung, die sich besonders an den Schleimhäuten bemerkbar macht. Dies führt zu starken und anhaltenden Diarrhöen, die einen bedeutenden Wasserverlust mit sich bringen, bis schließlich durch einen paralytischen Effekt der Tod eintritt.

Ähnlich äußert sich auch eine Arsenvergiftung bei Insekten, so daß angenommen werden kann, daß hier der gleiche Wirkungsmechanismus vorliegt. Auch bei Insekten kommt es zur Abgabe wäßriger Faeces, dann zur Bewegungslosigkeit, auf die der Tod folgt. Die ersten Vergiftungssymptome lassen sich histologisch am Darmepithel nachweisen. Zunächst findet eine Ablösung der Zellen von der Membran statt, es treten in den Zellen Vakuolen auf und das Chromatin der Kerne klumpt, zerstreut sich und wird aufgelöst. Bei einzelnen Insektenarten wurden unterschiedliche Toleranzsymptome beobachtet. So benötigten *Lymantria* und *Pieris* höhere Dosen als *Vanessa* und *Locusta*. Dies kann auf die unterschiedliche Acidität im Darmkanal oder auf Gegengiftwirkungen beruhen.

In der Hämolymphe tritt nach Arsenvergiftung eine Reduktion der Hämozyten ein (bei *Blattella* von 35 000 auf 7 000 pro mm^3). Außerdem beobachtet man eine Vielzahl von sehr kleinen Zellen, wie bei einer Bakterieninfektion. Dieser Effekt dient offenbar der Neutralisation von Arsenpräparaten. Infolge der Hypersekretion des Darmes tritt eine Reduktion des Hämolymphvolumens mit Regurgitationserscheinungen ein. Nach Natriumarsenit-Vergiftung findet eine Verminderung der freien Aminosäuren in der Hämolymphe statt; der Herzschlag wird herabgesetzt. Der Sauerstoffverbrauch wird erniedrigt, während der RQ erhöht wird. Die Aktivität der Dehydrogenasen fällt ab; die Dehydrogenasen des Mitteldarmes der Heuschrecke *Calliptamus* lassen sich fast vollständig durch Natriumarsenat hemmen. Jedoch ist diese Hemmung nicht die eigentliche Todesursache, denn *Periplaneta* stirbt, bevor ein starker Atmungsabfall erfolgt. Im Vordergrund steht die eiweißfällende Wirkung.

Von grünen Pflanzen wird Arsenit in Gegenwart von Wasser leicht von der Kutikula absorbiert und verursacht im Blatt proteolytische Effekte, die zum Absterben der Pflanze führen. Meist ist die hierfür notwendige Dosis aber höher als zur Vergiftung von Insekten.

3.2 Fluorverbindungen

Die hohe Toxizität der Arsenmittel führte bei der Suche nach weniger toxischen, aber ähnlich wirkenden Verbindungen zur Bearbeitung der fluorhaltigen Salze. Ihre meist geringere Fraßgiftwirkung wurde jedoch zu keiner ernsten Konkurrenz der Arsengifte. In Deutschland wurden fluorhaltige Salze vorwiegend zur Bekämpfung von Tipulalarven und Maulwurfsgrillen eingesetzt.

An fluorhaltigen Salzen werden verwendet: NaF zur Bekämpfung von Schaben und Ameisen, Natriumfluorosilikat (Na_2SiF_6) gegen Schaben und Heuschrecken. Cryolit wird als Naturprodukt mit der Formel Na_3AlF_6 vorwiegend in Grönland abgebaut und im Ausland mit Kalk vermischt als Trägerstoff verwendet. Die Salze der Kieselfluorwasserstoffsäure (H_2SiF_6) sind Holzimprägnierungsmittel. Im feuchten schwach alkalischen Milieu entsteht NaF, das die eigentlich wirksame Substanz darstellt.

Nur Fluoressigsäure übertrifft als reines Fraßgift die Giftigkeit der Arsenpräparate. Sie ist stark säugertoxisch und weitgehend aus dem Handel verschwunden. Interessanter sind Verbindungen wie Fluoracetamid oder Fluoräthanol, die erst enzymatisch hydrolysiert werden müssen, um wirksam zu werden. Diese Notwendigkeit könnte neue selektive Anwendungsmöglichkeiten auf der Basis der unterschiedlichen hydrolytischen Enzymaktivität der einzelnen Schadtiere eröffnen (Matsumura & O'Brien 1963).

Der Wirkungsmechanismus der Fluorsalze gleicht dem der Arsenverbindungen. Sie sind Enzymgifte und greifen blockierend in das Redoxsystem der Zellen ein. Sie können somit als Protoplasmagifte bezeichnet werden. Als Fraßgifte zerstören sie zuerst das Plasma des resorbierenden Epithels.

Fluoracetat wird im Organismus wie Acetat mit Oxalacetat zu Fluorcitrat kondensiert; dieses ist ein potentieller Hemmer der Aconitase, und der Citronensäurezyklus wird blockiert (O'Brien 1967). Dabei reichert sich Citrat an, und es resultiert eine Depression von Energie, die für die Funktion des Zyklus benötigt wird. Viele andere Organofluorverbindungen, aus denen im Stoffwechsel Fluoracetat entstehen kann, wie Fluoracetamidderivate, die auf Milben wirksame Monofluoroxalsäure u. a., sind potentielle Inhibitoren der Respiration, indem sie auf die gleiche Weise wirksam sind wie Fluoracetat (Dummel & Kun 1969, Johannsen & Knowles 1974).

Natriumfluoracetat ist ein natürlich vorhandener Wirkstoff mit interessanten pflanzensystemischen Eigenschaften, die aber wegen der hohen akuten Säugertoxizität im Pflanzenschutz nicht direkt verwendet werden können. Orale LD_{50}-Werte liegen im Bereich von 0,1 bis 10 mg/kg, mitunter noch niedriger (Atzert 1971). Auf Amphibien und Fische ist seine Wirkung wesentlich geringer (Alabaster 1969).

3.3 Schwermetallsalze

Schwermetallverbindungen sind in neuester Zeit zum Problem im Umweltschutz geworden. Sie werden vielfach im Rahmen des Pflanzenschutzes eingesetzt. Aber auch als Folge der fortschreitenden Technisierung spielen sie bei der allgemeinen Verseuchung der Umwelt eine zunehmende Rolle, da sie sich im Boden anreichern, dort von Pflanzen aufgenommen und in der Nahrungskette weitergereicht werden. Schließlich reichern sie sich in den Endgliedern so stark an, daß schwere Störungen auftreten.

Organische Quecksilberverbindungen gelangen vorwiegend als Beizmittel des Getreide- und Rübensaatgutes in den Boden, wo sie eingelagert, umgesetzt und adsorbiert werden. Auf diese Weise wird dem Ackerboden jährlich Quecksilber zugeführt, das schließlich von den Pflanzen aufgenommen wird und in unserer Nahrung sowie der der Haustiere erscheint.

Einen ähnlichen Weg nimmt das Zink; seine Normwerte liegen in den menschlichen Geweben wesentlich höher (Wieser 1979). Auch Zinkpräparate werden vorwiegend gegen Pilzkrankheiten im Ackerbau eingesetzt (vgl. VII, 13). Heute werden Zinkphosphid und auch Thalliumsulfat besonders zur Bekämpfung von Ratten und Mäusen in Gebäuden verwendet. Jedoch dürfen die Präparate nicht offen ausgelegt werden.

Auch die Anwendung von kupferhaltigen Präparaten ist noch weit verbreitet, besonders gegen Pilzbefall im Wein- und Ackerbau. Kupferoxychlorid verhindert im Kartoffelbau Kraut- und Knollenfäule, im Rübenbau wird damit *Cercospora* bekämpft und im Raps- und Samenrübenanbau wirkt es gegen den Falschen Mehltau.

Dagegen wird Blei als Benzinadditiv vor allem aus den Auspuffanlagen der Kraftfahrzeuge in die Umwelt entlassen. Eine Anreicherung im Boden findet sich vor allem in der Nähe von Autobahnen und Hauptverkehrsstraßen (vgl. Tabelle 42). Das angereicherte Schwermetall gelangt ebenfalls über die Pflanze in die dort weidenden Tiere oder direkt mit dem Getreide und den sonstigen Nahrungspflanzen in die Küche des Menschen.

Mit Cadmium wird die Umwelt von der Kohle-, Öl- und Plastikindustrie sowie dem Erzabbau und der Schrottverwertung beliefert. Es gelangt bei Verbrennungsverfahren in die Atmosphäre, wird verdriftet und mit dem Regenwasser niedergeschlagen. So reichert es sich überall dort stark an, wo es viel regnet. Dort gibt es gewöhnlich auch ein reiches Pflanzen-, insbesondere Pilzwachstum und damit eine erhebliche Anreicherung in diesen Organismen. Mit den Nahrungspflanzen gelangt Cadmium schließlich zum Endverbraucher, dem Menschen.

Die Toleranz für solche Schwermetalle ist bei den einzelnen Organismen verschieden. Viele Pflanzen und Tiere können Schwermetalle mitunter in besonderen Organen speichern, dort komplexieren und somit entgiften (Wieser & Makart 1961, Ernst 1974, Coughtrey & Martin 1977, Wieser et al. 1977, Wieser 1979).

Ein Zuviel all dieser Schwermetalle führt zur Zellvergiftung. Sie verbinden sich mit den reaktionsfähigen SH-Gruppen der Proteine und neutralisieren sie. So kommt es zu einer allgemeinen Blockierung des Stoffwechsels, die schließlich zum Tode führt. Hierfür spricht auch, daß Schwermetallsulfide nicht toxisch sind, denn durch Sulfidbildung können Schwermetalle entgiftet werden (vgl. S. 37). Somit wird nur der mit der Nahrung aufgenommene Anteil an Schwermetallen toxisch wirken können, der im Darmkanal vor der Resorption nicht entgiftet werden kann. In Untersuchungen mit dem Seidenspinner *Bombyx mori* konnte die Resorbierbarkeit durch eine gegenseitige Beeinflussung der Schwermetalle variiert werden. So erhöht Cadmium nicht nur die Resorption von Cd, sondern auch von Zn, Cu und Pb. Eine Zugabe von Zink hemmt gewöhnlich die Resorption von Cd. Darüber hinaus wurde jene von Kupfer gehemmt, wenn Cd anwesend war. Eine Zugabe von Kupfer zur Diät beschleunigte die Resorption des gleichzeitig anwesenden Zinks. Blei und Arsen beeinflußten die Resorption keines der anderen Schwermetalle. Die Toxizitätsgrenze wird somit durch die additive Menge der Schwermetalle bestimmt, d. h. die insgesamt resorbiert wird (Miyoshi et al. 1978).

Im Rahmen eines verantwortungsbewußten Verbraucherschutzes ist die Früherkennung von Schadmetallkontaminationen von besonderer Bedeutung. Da Rind- und Schweinefleisch den Hauptanteil bei der Versorgung der menschlichen Bevölkerung mit tierischen Produkten bildet, können nach Holm (1981) Blut- und Haaruntersuchungen zur entsprechenden Beurteilung herangezogen werden.

3.4 Kalkstickstoff

Als umweltbelastendes Düngemittel soll Kalkstickstoff (Calziumcyanamid; CaNCN) erwähnt werden. Er kommt seit etwa 1905 als Dünger und als Herbizid zur Anwendung. Als Herbizid ist er besonders wirksam gegen keimende Samen und als Blattherbizid. Aus diesen Gründen wird er vorwiegend im Herbst oder Frühjahr als Totalherbizid im Boden angewendet. Ferner dient er im geringen Maße zusammen mit Na_2SiF_6 als Defolians. Er zeichnet sich durch langsamen Zerfall im Boden zu Harnstoff aus, der als Stickstoffdünger von Bedeutung ist. Für die Wirkung als Herbizid benötigt CaNCN Feuchtigkeit. Die LD_{50} wird für die Ratte *per os* mit 1000 mg/kg angegeben (Wegler & Eue 1970).

4 Organische Nitro-Verbindungen

Ein den Halogen-Substituenten ähnliches Verhalten zeigt die NO_2-Gruppe. Die insektiziden Eigenschaften sowie das biologische Verhalten werden kaum verändert. Besonders wirksame Präparate enthalten sowohl NO_2- als auch Cl-Substituenten. Ein solches Produkt ist das bereits erwähnte Chlorpikrin. Ihm ähnlich verhalten sich Dichlornitroäthan ($CH_3-CCl_2NO_2$) und Dichlornitropropan ($CH_3-CH_2-CCl_2NO_2$). Diese und weitere aliphatische Nitro-Verbindungen wirken in der Gasphase, wie die bereits besprochenen chlorhaltigen Gase (Tabelle 9). Wie diese, so werden auch die entsprechenden Nitro-Verbindungen zur Raum- und Bodenbegasung verwendet.

Größere Bedeutung haben in der Praxis die nitrierten aromatischen Verbindungen. Weit verbreitete Mittel mit kontakt-insektiziden, oviziden und herbiziden Eigenschaften sind 2,4-Dinitrophenol (I), 4,6-Dinitro-*o*-kresol (II) und 2,4-Dinitro-6-cyclohexylphenol (III) (DNCHP). Chlorierte Nitrobenzole sind meist nur schwach insektizid wirksam, zeigen jedoch einen starken fungiziden Effekt. Sie finden Verwendung als Beizmittel zum Schutze des Saatgutes.

I

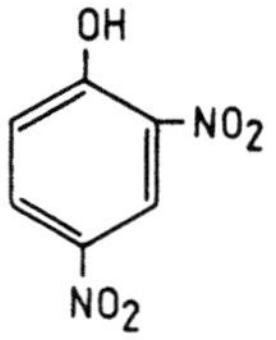

II

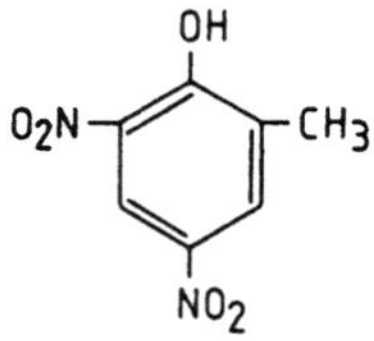

III

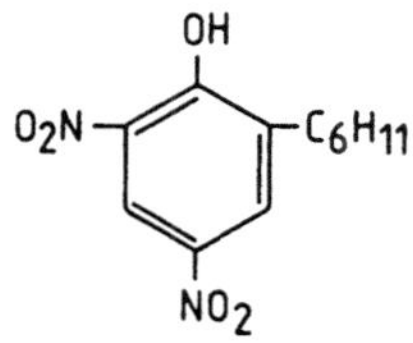

IV

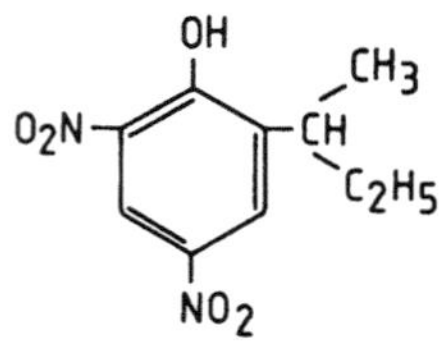

4.1 Nitrophenole

4,6-Dinitro-*o*-kresol (DNOC, DNC) ist unter den heute vorhandenen synthetischen Pestiziden das älteste. Es wird seit über 60 Jahren verwendet. Seine bedeutende Stellung als Ovizid hat es in mancher Hinsicht unübertroffen beibehalten. Die Eier der Schadinsekten und Spinnmilben sowie andere überwinternde Stadien der Insekten sind besonders schwer zu schädigen, weil ihr Stoffwechsel zur Winterzeit auf ein Minimum absinkt. Dadurch wird das eingedrungene Gift im Organismus so langsam verteilt, daß die schädigende Konzentration an den Wirkungszentren vielfach nicht erreicht wird. Dies gilt insbesondere für die Kontaktgifte aus der Gruppe der chlorierten Kohlenwasserstoffe, denen das Dinitrokresol als Ovizid überlegen ist. Daher wird es heute noch häufig im Rahmen der Winterspritzung der Obstbäume verwendet.

Wegen seiner phytotoxischen Wirkung kann es lediglich in der blattlosen Zeit angewendet werden. Es ist als Gelbspritzmittel bekannt. Interessant, aber ungeklärt ist der Frosteffekt des Dinitrokresols. Die Wirksamkeit gegen die San José-Schildlaus wird unter Null Grad so stark erhöht, daß mitunter die Hälfte der verwendeten Konzentration ausreicht, um die gleiche Wirkung zu erreichen.

Neben der oviziden Wirkung besitzt Dinitrokresol auch Kontakt- und Fraßgiftwirkung. Seine Anwendung ist jedoch durch die entstehenden Blattverbrennungen begrenzt; es wird als Unkrautbekämpfungsmittel eingesetzt. In besonders vorsichtiger Weise angewendet wird es insbesondere in den USA zum Ausdünnen der Obstbaumblüte empfohlen, um einen zu starken Fruchtansatz zu verhindern und kontinuierlich bessere Früchte zu ernten. Leider ist Dinitrokresol auch ein gefährliches Bienengift, was sich bei der Anwendung zur Ausdünnung der Fruchtansätze nachteilig auswirkt. Die ovizide

Wirkung des Dinitrokresols wird durch Dinitro-sek.butyl-phenol (IV) noch übertroffen. In der Anwendung ist es günstiger, da seine Toxizität gegenüber Blättern und Warmblütern nicht so stark ist. Die LD_{50} liegt für die Ratte per os zwischen 37 bis 60 mg/kg. Es wird auch als Kontaktherbizid selektiv in Getreide-, Bohnen-, Erbsenkulturen, in Citrusplantagen und im Weinbau unter der Bezeichnung Dinozeb verwendet. Durch den Ersatz der Methylgruppe läßt sich die Löslichkeit und somit die biologische Wirkung der aromatischen Nitroverbindungen weiter variieren.

V

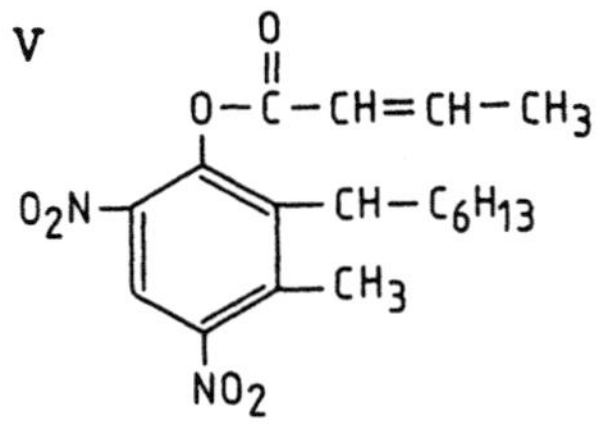

2,4-Dinitro-6-(2-octyl)-phenyl-crotonsäureester

Das zunächst als Akarizid eingeführte Dinocap (V) wurde später als bedeutendes Fungizid erkannt (Sprague 1951). Es wirkt vor allem gegen echte Mehltaupilze und scheint weniger säugertoxisch zu sein (LD_{50} für die Ratte per os 980 mg/kg für Männchen, 1196 mg/kg für Weibchen). Hunde, die über ein Jahr 50 ppm im Futter erhielten, zeigten keine Gewichtsabnahme.

Akute Vergiftungssymptome machen sich bei Säugern durch Reizerscheinungen an den Schleimhäuten, besonders der Augen und Atemorgane, bemerkbar. Schweißausbrüche, Schwäche und Schlaflosigkeit sind weitere Merkmale. Je nach Dosierung ist ein starker Anstieg der Körpertemperatur und damit verknüpft eine Erhöhung des Sauerstoffverbrauchs typisch, der nach Applikation von letalen Dosen um das 12- bis 13fache erhöht sein kann. Der Tod tritt durch Kollaps ein. Das weiße Blutbild zeigt Leukozytose oder auch Leukopenie. Chronische Vergiftungserscheinungen machen sich in Form von Leber-, Nieren- und Milzschädigungen bemerkbar. Bemerkenswert ist die bei Dinitrophenolen gefundene Temperaturabhängigkeit in der Wirkung (Keplinger et al. 1959). Bei oraler Verabreichung von 50 mg/kg Ratte starben bei 20 bis 22 °C keine Tiere, während sie bei gleicher Dosierung bei 37 bis 40 °C innerhalb von 5 Stunden tot waren.

Bei Insekten wurde nach Dinitrokresol-Vergiftung eine Erhöhung der Herzschlagfrequenz festgestellt. Bei diesen nicht narkotisierenden Mitteln dauert die Frequenzerhöhung über das Paralysestadium hinaus an. Sie ist eine Folge des auch hier mit einem Körpertemperaturanstieg einhergehenden erhöhten Sauerstoffverbrauchs. Der anfänglich raschen Erhöhung folgt letztlich ein plötzlicher Stop.

Der Wirkungsmechanismus der Dinitrophenole und -kresole ist als eine Entkopplung der Energiefixierung zu betrachten. In Gegenwart von 2,4-Dinitrophenol wird die enge Kopplung von Atmungskette und Phosphorylierung unterbrochen (s. Bild 1); die Atmungsregulierung geht verloren, und der Elektronentransport entlang der Kette steigt auf ein Maximum, jedoch ohne Bildung von ATP. Ein bemerkenswertes Charakteristikum der Entkoppler ist ihre Fähigkeit, ATP zu zersetzen, indem sie die ATPase-Aktivität steigern.

Im allgemeinen besitzen Entkoppler sowohl anionische als auch lipophile Gruppen. Es gehören hierher eine Reihe von Nitrophenol-Analoge, halogenierte Verbindungen, Antibiotika, ungesättigte Fettsäuren u. a. (Parker 1958). *In vitro* hängt die Entkoppleraktivität von der Affinität der Verbindung zum Protein, dem pH-Wert der Reaktionsmischung und der art- und organspezifischen Mitochondrienfraktion ab (Slater & Lewis 1953). Serumalbumin hemmt die Entkopplungsreaktion von 2,4-Dinitrophenol, vermutlich durch kompetitive Bindung des Wirkstoffs.

4.2 Salicylanilide

Neuerdings wurde gezeigt, daß dieser Gruppe von Verbindungen eine bedeutende fungizide und bakteriostatische Wirkung zukommt. Die Substanzen zeigen aber auch einen brauchbaren Effekt gegen Cestoden und Mollusken; 5-Chloro-2′-chloro-4′nitrosalicylamid wurde gegen Schistosomiasis eingesetzt. Salicylanilid wurde zur Verhütung von Stockflecken bei Textilien verwendet. Whitehouse (1964) zeigte, daß Salicylamid und N-Salicyloylanthranilat ebenfalls Entkoppler der oxidativen Phosphorylierung in Rattenleber-Mitochondrien sind. Das gleiche konnte auch mit Thoraxmuskel-Mitochondrien der Hausfliege gezeigt werden.

4.3 Tetranitrokarbazol (Nirosan)

Mit der Synthese des Tetranitrokarbazols (VI) wurde im Jahre 1938 bei den Farbwerken Hoechst (Frankfurt) erstmals ein Wirkstoff als zuverlässiges Fraßgift für Insekten, mit sehr geringer Warmblütertoxizität und geringer Bienengefährdung, kaum phytotoxischen Eigenschaften, technisch guter Zugänglichkeit und ökonomischer Anwendungsweise gefunden. Bereits 1942 wurden die Arsenmittel im Weinbau zugunsten des Tetranitrokarbazols, das auf Heu- und Sauerwurm hervorragend wirkte (Unterstenhöfer 1970), verboten. Durch die schnelle Verbreitung der chlorierten Kohlenwasserstoffe wurde es jedoch stark zurückgedrängt. Heute spielt es vor allem im Forst eine Rolle, wo man die große Wirkungsbreite der Kontaktinsektizide zur Schonung des biologischen Gleichgewichtes vermeiden möchte. Es hat eine stärker selektive Wirkung.

VI

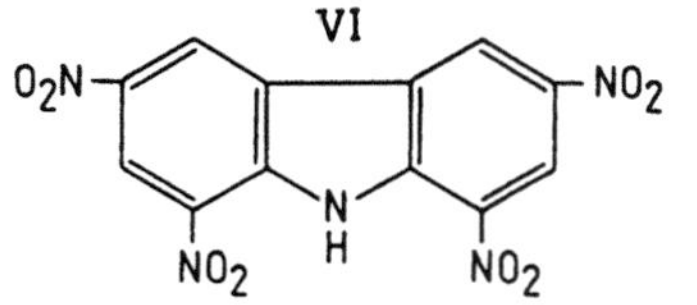

Der insektizide Wirkungsbereich des Tetranitrokarbazols und weiterer Karbazolderivate erstreckt sich auf den größten Teil der fressenden Schädlinge. Somit werden durch seine Anwendung zahlreiche Nutzinsekten im Walde nicht geschädigt. Naturgemäß ist der Bekämpfungserfolg langsamer feststellbar als bei Kontaktinsektiziden. Beim Maikäfer beginnt nach sofortigem Rückgang der Freßaktivität die Abtötung erst nach 6 bis 8 Stunden und erreicht ihren Höhepunkt nach 2 Tagen. Bei kühler Witterung wird die Wirkung weiter verzögert. Dies mag die Ursache sein, weshalb sich die Karbazole im Obst- und Feldbau nicht durchsetzten.

Über den Wirkungsmechanismus liegen keine Untersuchungen vor.

5 Phenothiazin und verwandte Verbindungen

Bei Untersuchungen über die Toxizität organischer Schwefelverbindungen für Mosquito-Larven wurde die insektizide Wirkung des Phenothiazins entdeckt. Seine larvizide Wirkung wurde vor etwa 40 Jahren beschrieben. Es wird in Mineralöl gelöst und im Sprühverfahren auf der Oberfläche von Gewässern und Sümpfen verteilt.

Phenothiazin muß von Insekten oral aufgenommen werden; es ist als Kontaktgift z. B. bei der Hausfliege unwirksam. Wie die meisten organischen Verbindungen wirkt es nicht auf alle Insekten. Die größte Bedeutung des Phenothiazins liegt heute in seiner Verwendung als Anthelmintikum (Swanson et al. 1940).

Phenothiazin (I) oder Phenazithin ist für Warmblüter sehr wenig toxisch (LD_{50} 5000 mg/kg bei der Ratte), besitzt aber eine insektizide Wirkung in sehr geringen Dosen. Leider ist es sehr licht- und oxidationsempfindlich. Die Oxidation wird durch Verunreinigungen wie Spuren von Eisen- und Kupferverbindungen beschleunigt. Auch *in vivo* wird Phenothiazin oxidiert und tritt im Harn von Säugetieren als Phenothiazon (II) und Leukothionol (III) auf. Auf dieser Oxidation beruht seine Wirkung als Desinfektionsmittel der Harnwege. Es ist daher möglich, daß seine Wirkung als Anthelmintikum gleichfalls durch ein Oxidationsprodukt und nicht durch das Phenothiazin selbst hervorgerufen wird. Bei Ratten und Kaninchen konnte nach Behandlung mit Phenothiazin-Derivaten eine gesteigerte Milchabsonderung beoachtet werden (Khazen et al. 1968).

I

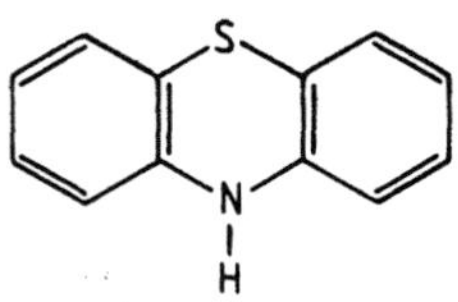

II

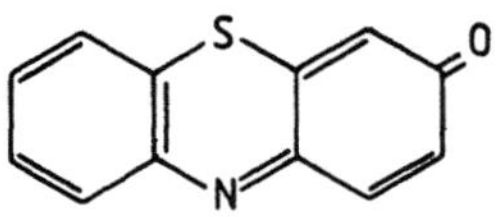

III

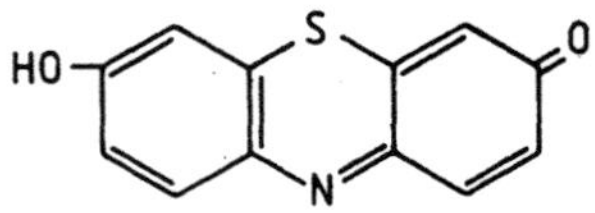

IV

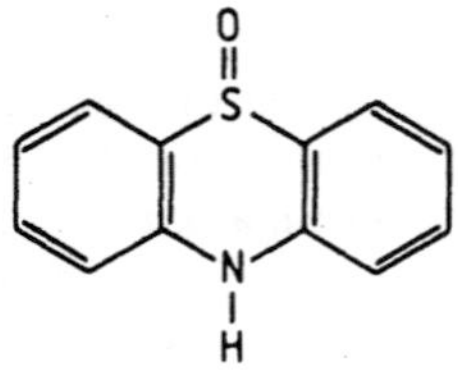

Bei Einwirkung von Luftsauerstoff und Vorhandensein entsprechender Katalysatoren entsteht ein charakteristisches grünes Oxidationsprodukt, das wahrscheinlich in der Semichinon-Form vorliegt. In neutralem und alkalischem Milieu entsteht das farblose Sulfoxid (IV), das eine Pseudobase ist und ein scharlach-rotes Hydrochlorid bildet. Im sauren Bereich kann eine Oxidation am Schwefelatom zum Phenothiazon erfolgen. Thionol und auch Phenothiazon sind gegen parasitische Würmer unwirksam (Gordon & Lipson 1940).

Durch Zusätze von Antioxidantien kann der Oxidationsprozeß verlangsamt werden. Auch durch Lagerung in lichtgeschützten Behältern kann seine Wirkungszeit verlängert werden. Wegen der größeren biologischen Wirkungssicherheit des DDTs wurden damals alle weiteren Bemühungen um eine Stabilisierung des Phenothiazinmoleküls gestoppt. Hieraus ergibt sich die nachteilige Wirkung von Neuentdeckungen; sie lassen eine Weiterentwicklung von aussichtsreichen Präparaten mit selektiv toxischen Eigenschaften häufig nicht mehr zu.

In der Veterinärmedizin wird es heute noch gegen Oxyuren bei Schafen rektal verabreicht und zeigt gute Wirkung. Infolge seiner Nichtresorbierbarkeit durch die Darmwand ist eine Gefährdung praktisch zu vernachlässigen. Im Kot werden die Parasiten abgetötet, und die Entwicklung von Fliegenlarven wird verhindert.

Die Wirkungsweise des Phenothiazins wurde an Küchenschaben untersucht. Die toxische Wirkung soll auf einer Paarung der Leukoverbindung oder auch des Phenothiazons mit dem Phenothiazin beruhen. Die gepaarte Verbindung soll dann die Cytochromoxidase hemmen (Zukel 1944). Auch wird eine Hemmung anderer Redoxsysteme beschrieben, die aber auch den einzelnen Oxidationsprodukten zugeschrieben wird (Collier 1940, Whitten 1948). Das Phenothiazin selbst soll diese Systeme nicht beeinflussen. Phenothiazon hemmt speziell die Cholinesterasewirkung. Die Ergebnisse sind jedoch noch zu lückenhaft, um seine Wirkung als Anthelmintikum und Insektizid direkt mit der Hemmung der Enzyme in Verbindung bringen zu können. Äußerlich beobachtet man eine Muskeldepressorwirkung. Der Sauerstoffverbrauch wird zunächst nicht verändert (Janda 1955); erst nach Paralyse findet sich ein Abfall. Auch die CO_2-Abgabe bleibt unverändert oder steigt etwas an, woraus ein höherer RQ-Wert resultiert.

Zur selektiven Wirkung als Fraßgift ist zu erwähnen, daß Phenothiazin auf *Prodenia*-Larven nach oraler Aufnahme toxisch wirkt, während dies bei *Periplaneta* nicht der Fall ist. Bei Küchenschaben wird der Wirkstoff nicht resorbiert und wie bei Säugern mit dem Kot ausgeschieden. Aber auch bei *Prodenia eridania* konnten histologisch keine Defekte am Mitteldarmepithel festgestellt werden. Der Tod tritt langsam und fast bewegungslos ein. Bei *Periplaneta* ist die Kontaktgiftwirkung größer als die Fraßgiftwirkung. Dies gilt auch für Phenothiazon.

Einige Verbindungen mit einer dem Phenothiazin ähnlichen chemischen Struktur haben auch insektizide Eigenschaften und erbrachten gute Versuchsresultate, als sie gegen Mosquito-Larven eingesetzt wurden. Zu erwähnen sind

Xanthon

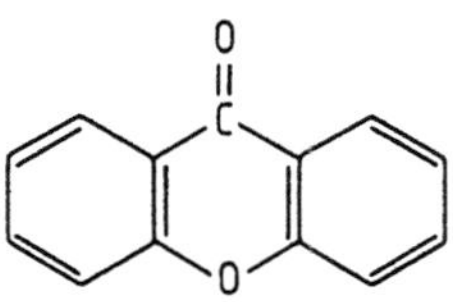

Xanthion

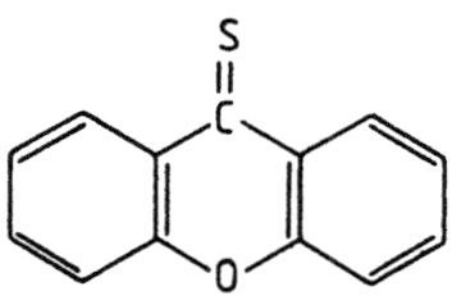

Phenothioxin

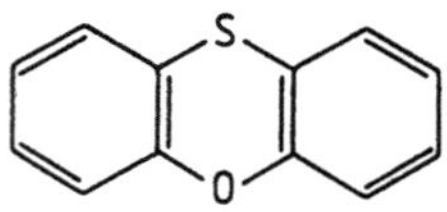

Das ähnlich aufgebaute Diphenyloxid (V) (Dibenzfuran) hat als Larvizid bei der veterinärmedizinischen Wundbehandlung Verwendung gefunden. Das als Ausgangsprodukt für die Herstellung von Phenothiazin verwendete Diphenylamin (VI) zeigt selbst bereits insektizide Eigenschaften.

V

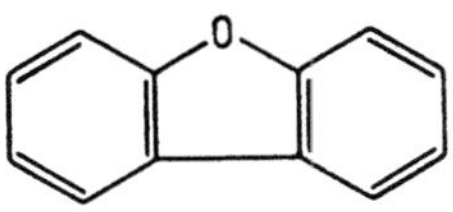

VI

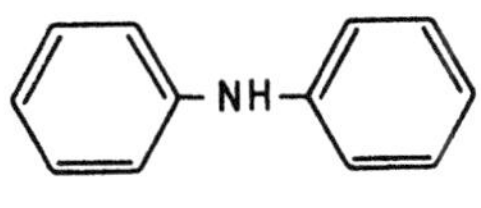

Durch Oxidation von Salzen der Xanthogensäure $C_2H_5O{-}\underset{\|}{C}({=}S){-}SH$, die als Xanthogenate bezeichnet werden, entsteht das gegen Körperläuse, Krätzmilben, Zecken, Flöhe und weitere Ektoparasiten hochwirksame Dixanthogen (VII).

VII $C_2H_5O{-}C({=}S){-}S{-}S{-}C({=}S){-}OC_2H_5$

Diese Verbindung wird seit etwa 30 Jahren in Salben, Pudern und Seifen zu human- und veterinärmedizinischen Zwecken gebraucht und hat sich insbesondere als Läusepuder und Krätzemittel bewährt.

Dem Phenothiazin verwandte Verbindungen, bei denen –NH– durch –S– ersetzt wurde, und Phenarsazin, das anstelle des Schwefels Arsen enthält, sind als Anthelmintica weniger wirksam als Phenothiazin, gegen den Wirtsorganismus aber zugleich wesentlich toxischer (Gordon & Lipson 1940).

6 Nikotin und verwandte Basen

Seit Jahrhunderten ist bekannt, daß ein wäßriger Extrakt aus Tabakblättern Insekten tötet. Der wirksame Bestandteil erwies sich als L-Nikotin (I). Aber auch andere, ähnliche Verbindungen mit etwa gleicher insektizider Wirkung kommen in der Natur vor. Man findet sie vornehmlich in der Familie der Solanaceen (Nachtschattengewächse) (Metcalf 1955). Die wichtigsten für unsere Betrachtungen sind L-Nornikotin (II) aus *Nicotiana sylvestris*, die rechtsdrehende Isomere des Nornikotins aus den Blättern von *Duboisia hopwoodii* sowie das L-Anabasin (III) (Soeda & Yamamoto 1969).

I

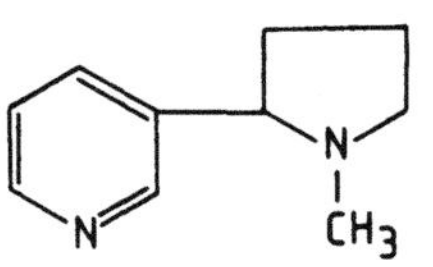

L-3(1-Methyl-2-pyrrolidyl)pyridin

II

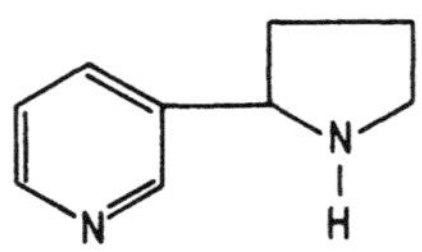

L-3-(2-Pyrrolidyl)pyridin

III

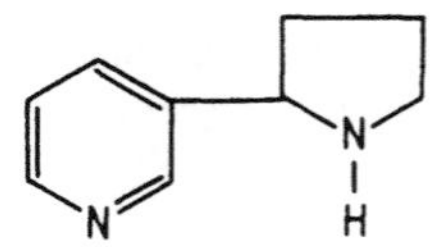

L-3-(2'-Piperidyl)pyridin

Durch die modernen synthetischen Mittel sind diese Pflanzenprodukte in ihrer Anwendung stark zurückgedrängt worden. Nikotin wird heute vorwiegend als Räuchergift in Gewächshäusern sowie im Obst- und Weinbau gegen Tenthrediniden als Blattminierer, Aphiden, Cocciden sowie Kräusel- und Gallmilben verwendet. Für seine Anwendung sprechen zwei wesentliche Vorteile: 1. Geringe Entwicklung von Resistenzerscheinungen und 2. keine Gefahr vor toxischen Rückständen. Die insektizide Wirkung ist streng an die Konstitution des Nikotins gebunden (Richardson & Shepard 1930). Durch Ersatz des Pyridinringes durch einen Phenylring geht seine Wirkung stark zurück (Bild 35). Alle besonders aktiven Verbindungen sind 3-Pyridylmethylamine mit einem basischen Aminostickstoffatom (Yamamoto et al. 1962, 1968; Kamimura et al. 1963).

Reines Nikotin ist ein farbloses Öl mit einem Siedepunkt von 246 bis 247 °C. Die schwache Base ist unbegrenzt wasserlöslich. Die Verfärbung am Licht wird durch einen Oxidationsprozeß bewirkt. Als Insektizid wird es nicht in reiner Form, sondern als Mischalkaloid angewendet.

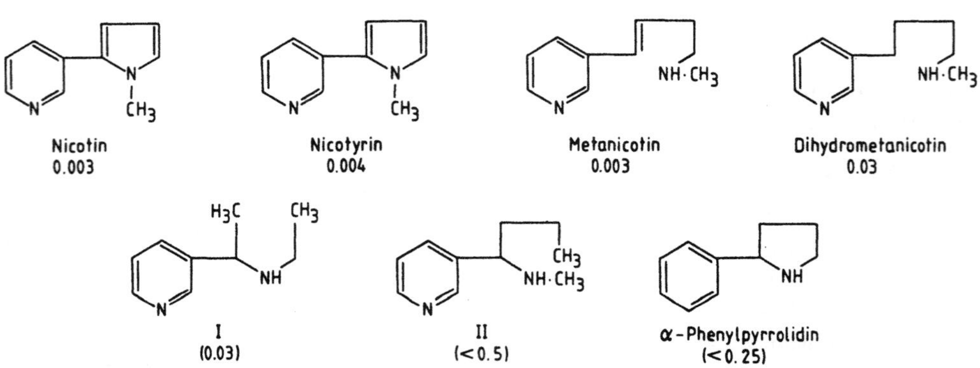

Abb. 35 Vergleich der Wirksamkeit von Pyridinderivaten mit basischen Substituenten in β-Stellung mit Angaben der LD_{50} (Konzentration in %) nach Richardson & Shepard (1930).

Ein vielbearbeitetes Problem stellt die Stabilisierung des Nikotins in den Spritzbelägen dar. Wegen seiner Flüchtigkeit ist die Dauerwirkung gering. Dies gilt in erster Linie für die freie Base. Andererseits werden Salze leicht abgeregnet und haben keine schlagartige Wirkung. Man verwendet vielfach das auch hoch toxische Nikotinsulfat und setzt der Spritzbrühe Kalk oder andere basische Stoffe zu. Die dadurch freigesetzte Base bindet man durch Zusätze von Harz, schwache organische Säuren, wie Ölsäure oder andere Fettsäuren, Abietinsäure, Tannin o. ä., die mit Nikotin leicht hydrolysierbare Salze bilden. Auch Adsorptionsmittel, wie Ton, Kieselgur, Kaolin, Talkum sowie Bentonit (in den USA) werden zur Bindung von Nikotin verwendet. Auf diese Weise wird der hydrolytische Zerfall und damit das Freiwerden der wirksamen Base verlangsamt, wodurch die Einwirkungszeit des Präparates verlängert wird. Da die insektizide Wirkung zunächst bei allen Nikotinpräparaten auf der freien Alkaloidbase beruht, ist dafür Sorge zu tragen, daß stets eine gewisse Mindestkonzentration des Alkaloiddampfes auf der behandelten Fläche vorhanden ist. Höhere Temperaturen sorgen für vermehrte Freisetzung der Base (Shepard 1939).

Hat die freie Base die Kutikula durchdrungen und die Körperflüssigkeiten erreicht, so wird die dort wirksamere protonierte Verbindung gebildet (IV), denn bei physiologischen pH-Werten liegt Nikotin nur zu 10 % in nicht protonierter Form vor. Es besteht eine bemerkenswerte Beziehung zwischen den pK-Werten des Pyrrolidin-Stickstoffs und der Toxizität der Verbindungen. Substanzen mit pK-Werten über 7 sind wirkungsvolle Insektizide. Geringe Wirkung zeigen solche mit pK-Werten um 7, während jene unter pK 6 nicht wirksam sind.

IV

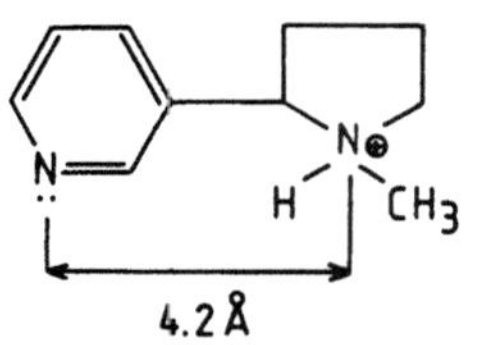

protoniertes Nikotin

V

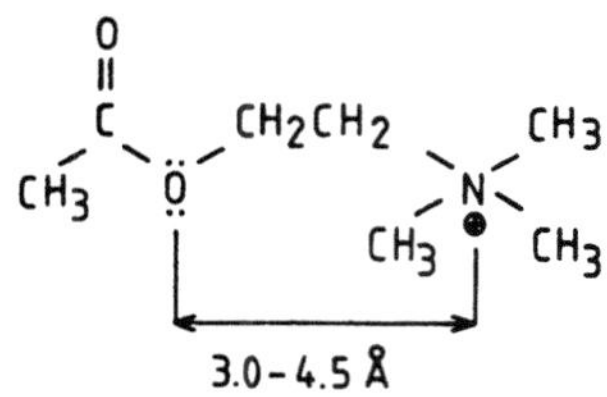

Acetylcholin

Die Entfernung der beiden N-Atome soll etwa 4,2 Å, wie beim Nikotin, betragen. Größere und auch kleinere Abstände wirken sich nachteilig aus. Während Anabasin (III) hoch toxisch ist, sind folgende Verbindungen unwirksam.

VI

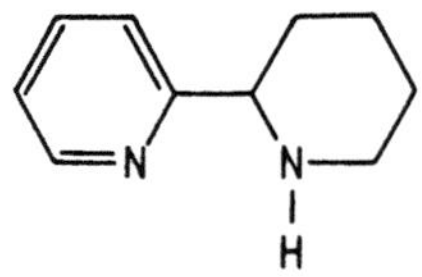

VII

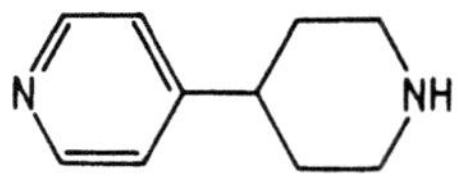

VIII

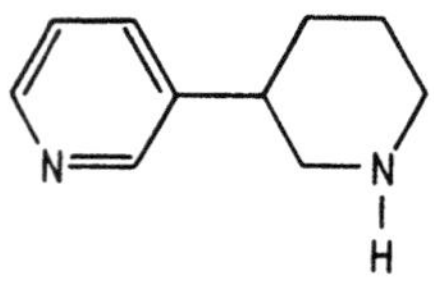

Der Pyridinring darf nicht in α-Stellung zu N substituiert sein, auch wenn die Entfernung zwischen den beiden Stickstoff-Atomen unverändert bleibt. Diese Befunde zeigen deutlich die strukturelle Notwendigkeit für den Wirkungsort (Yamamoto et al. 1962).

Untersuchungen mit anderen am Pyridinring substituierten Verbindungen zeigten, daß die Struktur IX eine ähnliche Wirkung besitzt wie Nikotin, während die entsprechenden NH_2-, $NHCH_3$- und NHC_2H_5-substituierten Substanzen nur schwach wirksam sind (Yamamoto et al. 1968).

IX

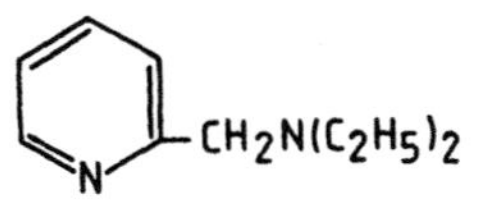

Somit können zwei notwendige Strukturen für die Nikotinwirkung genannt werden: Im Hinblick auf ihre Konformation und Elektronenverteilung sollten sie dem Acetylcholin ähnlich sein, zusätzlich ziemlich basisch reagieren, aber nicht quarternisiert sein, denn dann können Ionenschranken schlecht überbrückt werden (Eldefrawi et al. 1968). Andererseits ist es notwendig, daß sie ein protonierbares N-Atom besitzen (IV), um dem Acetylcholin (V) möglichst ähnlich zu sein und in physiologischen Flüssigkeiten wirksam zu reagieren. In dieser Hinsicht ahmt ihre $-N^+HR_2$-Gruppe die $-N^+(CH_3)_3$-Gruppe im Acetylcholin nach (O'Brien 1966).

Nikotin kann nicht nur durch die Haut und Atmungsorgane der Tiere in den Körper eindringen, sondern nach oraler Aufnahme auch durch die Darmwand. Bei *Bombyx* und *Heliothis* (Lepidoptera) konnte gezeigt werden, daß Nikotin die Kutikula direkt durchdringen kann. Seine Wirkung an den Antennen ist jedoch schneller. Das Eindringen in die Tracheen läßt sich mit Phosphormolybdänsäure nachweisen. Von dort trifft es die Ganglien und den umgebenden Fettkörper der Insekten. Als Fraßgift wird es im Mitteldarm der Insekten resorbiert, von wo es durch die Hämolymphe zu den Muskeln und Malpighi-Gefäßen wandert. Die toxische Wirkung des Nikotins wächst mit zunehmender Temperatur an. Die Primärwirkung der Base scheint durch ihre Löslichkeit in den Gewebelipoiden bedingt zu sein, wobei die Giftwirkung an der Nervensubstanz im Vordergrund steht. Der Sauerstoffverbrauch wird erhöht, der Herzschlag beschleunigt. Geringe Dosen von Nikotin stimulieren, wie Eserin oder Pilocarpin, in isolierten Nerven den Aktionsstrom, hohe Dosen blockieren ihn. Die Vergiftung läuft in den typischen Phasen ab (s. Seite 61, Tabelle 4).

Der Wirkungsort des Nikotins sind die Synapsen (Flattum & Sternburg 1970). An isolierten Nerven konnte gezeigt werden, daß Nikotin an der Synapsenmembran eine Depolarisierung bewirkt, auf die eine Repolarisierung folgt, wobei der Acetylcholinrezeptor blockiert bleibt (Thesleff 1955). Die Wirkung beginnt mit einer Beeinflussung bzw. Erhöhung des Ionenflusses in Abhängigkeit von der Nikotinkonzentration (Wang & Narahashi 1972). An Beinnerven von *Periplaneta* ruft Nikotin einen heftigen Tremor hervor, der *in vivo* nicht auftritt (Frazier et al. 1973). Der eigentliche Effekt wird nicht an der Nervenfaser gesetzt, sondern an den Nikotinrezeptoren in den autonomen Ganglien, an der neuromuskulären Verbindung und an einigen Stellen des zentralen Nervensystems (Roeder & Roeder 1939, Volle & Koelle 1969, Flattum & Shankland 1971). Die Acetylcholinesterase ist jedoch nicht der Angriffsort (Fujita et al. 1970).

Für die meisten Insekten ist L-Nikotin stärker toxisch als die D-Form. Unbekannt ist, ob Nikotin neben der Beeinflussung des Aktionsstromes an der Synapse noch spezifische Effekte auf die Enzyme des Nervengewebes ausübt. Für die Dehydrogenasen oder Katalasen konnte weder eine stimulierende noch eine hemmende Wirkung gefunden werden. Wird Nikotin zu einer Suspension von Fettzellen und Oenozyten der Honigbiene gegeben, so erhält man ähnliche Effekte, wie sie bei Sauerstoffmangel beobachtet werden können. Die eingelagerten Proteinkugeln werden granuliert, in den Oenozyten erscheinen lichtbrechende Körper, schließlich findet eine Auflösung der Zellmembran beider Zelltypen statt. Eine ähnliche Wirkung wurde auch bei Protozoen und Cölenteraten mit Nikotin erzielt. Hieraus wird vermutet, daß Nikotin auch in das Redoxsystem eingreift.

Die vorhandene direkte Kontakt- und erwähnte Fraßgiftwirkung kommen weniger zur Geltung, weil Nikotin eine Repellent-Wirkung besitzt. Bewegliche Insekten entfernen sich, bevor sie die tödliche Dosis aufgenommen haben. Vorteilhaft wirkt sich dieser abschreckende Effekt auf die Honigbienen aus, so daß Ausfälle praktisch nicht vorkommen. Der Vorschlag, bienengefährdenden Kontaktgiften Nikotin zur Abschreckung in geringen Dosen hinzuzugeben, ist bisher wegen der Erhöhung der allgemeinen Toxizität der Mittel wenig befolgt worden. Auf Wasserinsekten wirkt Nikotin schwächer als auf Fische (Konar 1969a, b).

Interessant ist, daß man durch Darbietung geringer Dosen die Toleranz von Nikotin erhöhen kann. Die Synapsen werden allmählich weniger empfindlich. Dies könnte eine Erklärungsmöglichkeit für die hohe Toleranz der Tabakinsekten, z. B. *Protoparce 15-maculata*, gegenüber Nikotin sein. Der eigentliche Rezeptor könnte durch Moleküle der ersten Applikation noch besetzt sein, so daß bei weiterer und dauernder Applikation die Moleküle den Rezeptor nicht erreichen können, um weitere Blocks an den Synapsen zu setzen. Anabasin und Nornikotin können die Ganglien in gleicher Weise vor aufeinanderfolgenden Nikotindosen schützen; sie scheinen somit auf den gleichen Rezeptor zu wirken. Diisopropyl-fluorphosphonat und Eserin, die auch die synaptische Übertragung der Erregung blockieren können, entwickeln nicht diesen schützenden Effekt, so daß sie wohl nicht mit dem gleichen Rezeptor reagieren.

Die stark begrenzte Anwendung von Nikotin im Rahmen der Schadtierbekämpfung ist nicht zuletzt darauf zurückzuführen, daß es für Säugetiere und Menschen sehr stark toxisch ist. Etwa 60 mg der Alkaloidbase können einen Menschen bereits töten. Diese Menge kann in einer halben Zigarre enthalten sein. Beim Rauchen jedoch verbrennt oder verdampft ein Teil und der Rest sammelt sich im Stummel an. Der laufende Abbau des Nikotins im Körper verhindert, daß es zu Vergiftungen beim Rauchen kommt. Würde die Menge an Nikotin eines starken Rauchers auf einmal aufgenommen, so könnte sie leicht tödlich wirken. Andererseits findet man bei Gewohnheitsrauchern eine Erhöhung der Toleranzgrenze bis auf über 2 g, wie dies für die Tabakinsekten erwähnt wurde. Nikotin entspricht in seiner Giftigkeit einigen Phosphorsäureestern. Die tödliche Dosis für den Hund liegt bei 5 ppm, für die Katze bei 2 ppm. Eine Gefährdung durch Rückstände in den Pflanzen ist infolge der großen Flüchtigkeit und des schnellen Abbaues nicht gegeben.

Die eigentlich toxische Wirkung kommt auch in Vertebraten der protonierten Form zu, wie dies nachstehende Reaktion veranschaulicht (Barlow & Hamilton 1962).

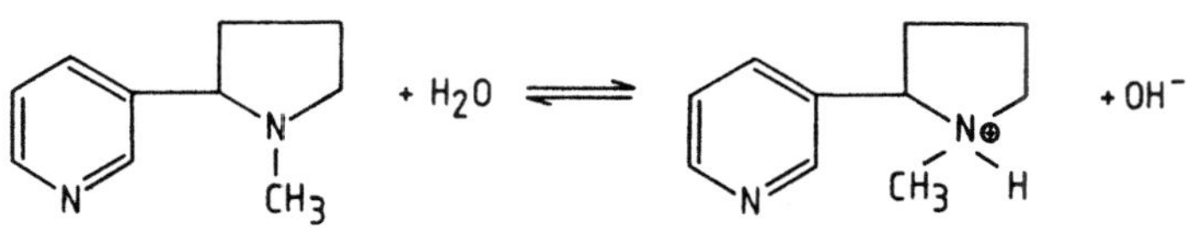

In geringen Dosen verursacht Nikotin bei Warmblütern eine Ausschüttung von Adrenalin aus den Nebennieren, eine Reaktion, mit der die tonisierende Wirkung bei Kreislaufschwäche zusammenhängt. Die Folge ist eine Stimulierung der höheren Zentren und Kontraktion der Blutgefäße, die zur Erhöhung des Blutdrucks führt. Nach stärkerer Dosierung stellt sich jedoch wieder eine Gefäßerweiterung und ein Abfallen des Blutdrucks ein. Bei starker Überschreitung der minimal wirksamen Dosis kommt es nach einem gewissen Erregungszustand zu einer Lähmung der peripheren Ganglien, Nieren-

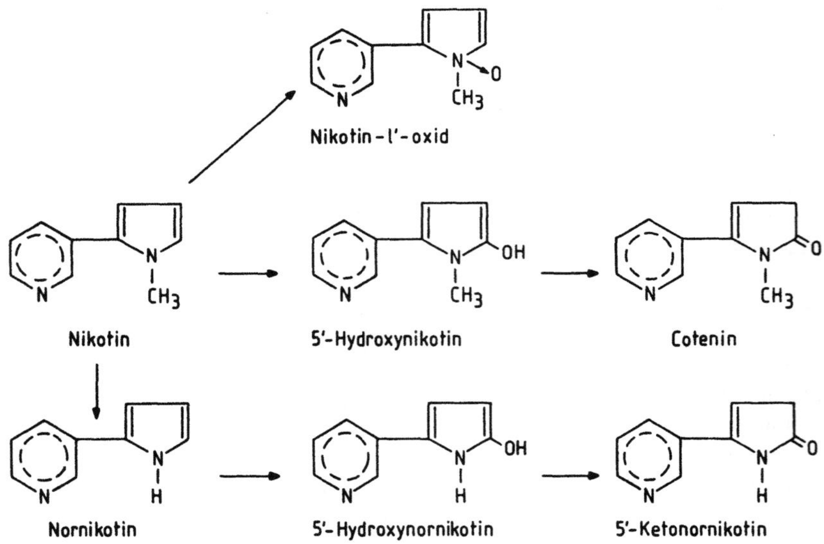

Abb. 36 Oxidativer Stoffwechsel des Nikotins

funktionsstörungen, Unterdruck; Paralysis und Komazustand treten hinzu. Das darauffolgende Aussetzen der Atmung scheint auf eine kurareähnliche Wirkung auf die Atmungsmuskulatur zurückzugehen.

Bei akuter Vergiftungsgefahr sollten Aktivkohle oder Kaliumpermanganat eingenommen werden, die das Alkaloid inaktivieren.

Bei der Entgiftung spielt die Hydroxylierung in 5'-Stellung des Pyrrolidinringes als eine der primären Stoffwechselreaktionen des Nikotins eine Rolle, so daß 5'-Hydroxynikotin entsteht. Cotinin ist das hauptsächlichste Stoffwechselprodukt des Nikotins (Hucker et al. 1960). Die mikrosomale N-Demethylierung des Nikotins zu Nornikotin und des Cotinins zu Demethylcotinin zeigten Papadopoulos & Kintzios (1963). Nikotin-l'-oxid wird als wesentlichster Metabolit in Gegenwart von Sauerstoff und $NADPH_2$ gebildet (Booth & Boyland 1970) (Bild 36). Der Angriff der mikrosomalen Oxidasen kann an verschiedenen Stellen des Moleküls erfolgen (X).

X

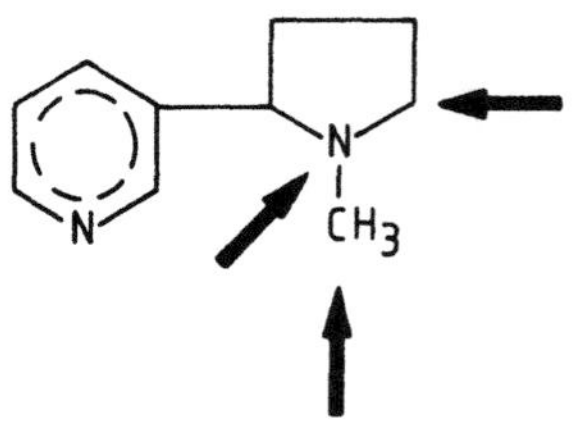

Das dem Nikotin in seiner Wirkung sehr ähnliche Anabasin wird vor allem in Rußland seit etwa 1930 aus *Anabasis aphylla,* einer dort wachsenden Chenopodiaceen-Art, gewonnen und exportiert. Das natürliche Anabasin besitzt die L-Konfiguration, während das synthetische Produkt ein Racemat darstellt, das als Neonikotin bezeichnet wird. Seine insektiziden und sonstigen Eigenschaften sind denen des Nikotins ähnlich; es ist auch ein starkes Fischgift.

Daneben kommt Anabasin auch in der Tabakpflanze vor (Duffield et al. 1965). Als Toxin wird es von marinen Schnurwürmern der Gattung *Paranemertes* verwendet, wo es in relativ hoher Konzentration im abgeschiedenen Schleim und im Giftapparat der Proboscis vorkommt und für die paralysierende Wirkung nach dem Biß verantwortlich ist (Kem et al. 1971). Es dient somit zum Beuteerwerb wie auch zur Abschreckung von Freßfeinden. Kürzlich konnte Anabasin in der Giftdrüse von Ameisen der Gattung *Aphaenogaster* nachgewiesen werden, denen es vermutlich zur Markierung ihrer Straßen dient (Wheler et al. 1981).

Sabadilla ist ein Extrakt einer in Mittelamerika beheimateten Liliaceen-Art (*Schoenocaulon officinale Gray*). Er enthält eine Reihe von Alkaloiden, von denen das Veratridin und Cevadin, die wirksamsten Inhaltsstoffe zu sein scheinen. Es hat sich bei der Bekämpfung von Körperläusen bewährt.

Cevadin verursacht eine kardiale Wirkung, die ähnlich der einer Veratrumvergiftung ist, jedoch sind die Initialeffekte, die nach oraler Aufnahme auftreten, eine gastrointestinale Reizung.

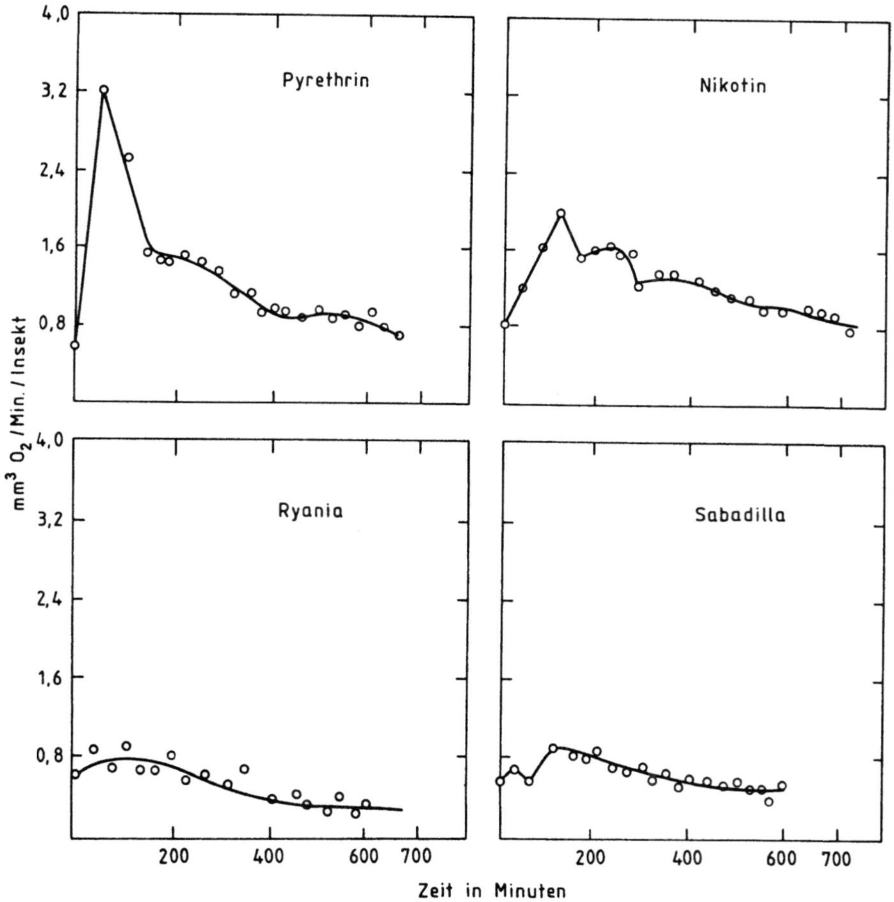

Abb. 37 Sauerstoffverbrauch von *Blattella germanica* nach Injektion verschiedener Insektizide, nach Harvey & Brown (1951)

Aus den Wurzeln und Stengeln von *Ryania speziosa*, einer in Südamerika einheimischen Pflanze, wird neuerdings ein Insektizid gewonnen, das wegen seiner Ungiftigkeit für Säugetiere auch als Handelspräparat eingeführt wurde. Dieses als „Ryania" bezeichnete Präparat enthält den Wirkstoff Ryanodin, ein Alkaloid, mit der Summenformel $C_{25}H_{35}O_9N$. Die Konstitution ist noch unerkannt. Es ist sowohl Wasser- als auch lipoidlöslich und zeigt bessere Dauerwirkung als andere pflanzliche Mittel. Ryanodin wirkt sowohl als Kontakt- als auch als Fraßgift. Die Vergiftungssymptome sind ähnlich denen des Rotenons und äußern sich in einer relativ raschen Anfangswirkung, dann in einem allmählichen Dahinsiechen der Tiere bis zum Tode, der weniger auf eine ausgesprochene Nervengiftwirkung als auf eine Beeinflussung der Zellatmung hindeutet. Eingesetzt wird es gegen Obst- und Baumwollschädlinge, auch gegen Zuckerrohrschädlinge und Schadtiere in Häusern.

Auffallend ist bei diesen Verbindungen im Gegensatz zu nicht alkaloidischen Strukturen, daß der Sauerstoffverbrauch lediglich zu Beginn der Giftwirkung leicht erhöht wird, um dann erniedrigt zu werden (Bild 37). Die Wirkung von Ryanodin ist in dieser Hinsicht ähnlich der von Sabadilla-Extrakt und weniger der des Nikotins. Der eigentliche Wirkungsort von Ryanodin scheint der quergestreifte Muskel zu sein, wo es in den kontraktilen Prozeß so eingreift, daß eine schlaffe Paralyse zustande kommt (s. Bild 54). Während dieser Paralyse antworten die Tiere weder auf mechanische noch auf chemische Reize, während der Sauerstoffverbrauch zweimal höher liegt als normal. Eine Tremorphase tritt nicht auf. Dementsprechend war auch keine Wirkung auf Nervenpräparate zu beobachten. Entweder reagiert Ryania-Extrakt mit Atmungsenzymen oder mit dem Phosphagen-Adenosintriphosphat-Aktomyosin-System des Muskels.

7 Rotenoide

Als man in den dreißiger Jahren dieses Jahrhunderts für die hochgiftigen arsenhaltigen Präparate andere auf Warmblüter nicht toxisch wirkende Substanzen suchte, fand man das Rotenon, den Wirkstoff der Derriswurzel (Mironov et al. 1940). Es ist ein selektiv wirkendes, nicht systemisches Kontaktinsektizid mit Fraßgiftwirkung aus den Wurzeln verschiedener tropischer Papilionaceen, wie *Derris elliptica* und *Lonchocarpus*-Arten, das in den letzten 40 Jahren intensiv genutzt wurde. Der Weltverbrauch wird mit 10 000 bis 20 000 kg/Jahr angegeben. Da das toxische Prinzip aus Derriswurzeln noch aus 13 weiteren, allerdings weniger toxischen Komponenten besteht, die neben dem Rotenon nur in geringen Anteilen vorliegen, werden sie insgesamt als Rotenoide bezeichnet. Die vier bekanntesten Verbindungen sind nachstehend aufgeführt, wobei die relative Toxizität für Blattläuse als Kontaktgift in Klammern angegeben wird (Crombie 1963).

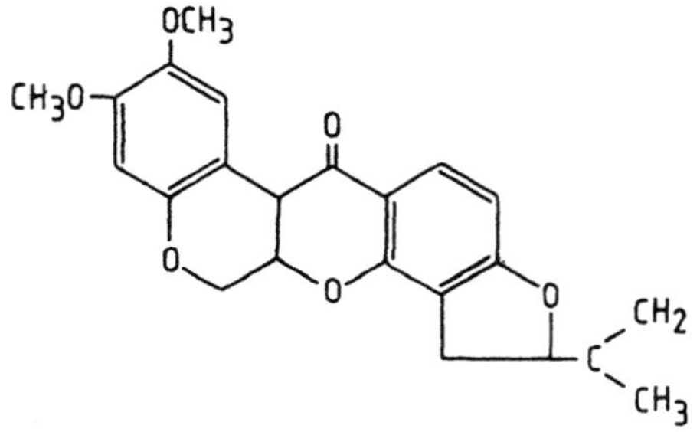

Rotenon (100 %)

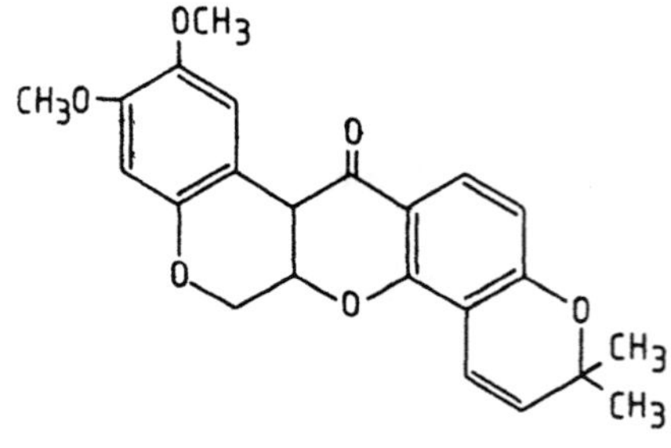

Deguelin (10 %)

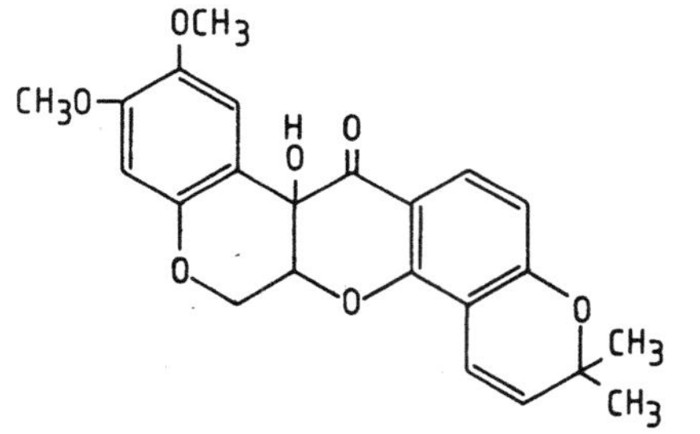

Tephrosin (2,5 %)

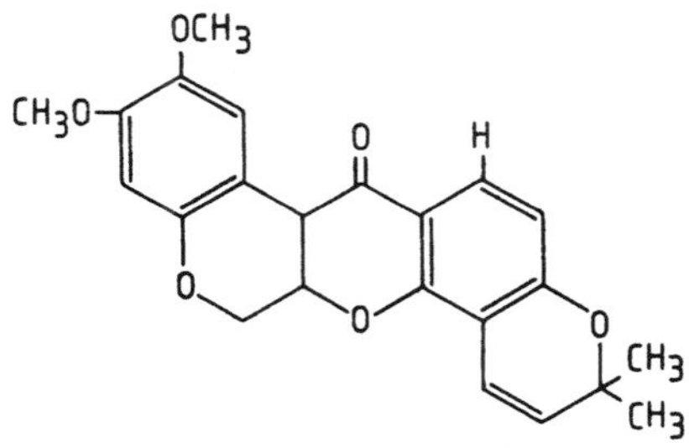

Toxicarol (0,25 %)

Nach oraler Ausnahme ist die relative Toxizität der vier Substanzen etwa gleich. Als Fischgift steht Toxicarol dem Rotenon am nächsten.

Rotenon wurde seit altersher von den Eingeborenen Malayas in Form der Derriswurzel zum Fischfang verwendet (Crombie 1963). Sie tauchten an den Felsenküsten hinab, um nach Fischen in ihrer Höhle zu suchen. Nach erfolgreichem Fund tauchten sie mit frisch zerkauter Derriswurzel im Mund erneut hinab und spieen den Brei in die Höhle des Fisches. An der Oberfläche warteten sie einige Minuten und spülten dabei den Mund aus. Dann holten sie den inzwischen betäubten Fisch herauf.

Als Insektizid wird Rotenon zur Dasselfliegenbekämpfung, aber auch zusammen mit Pyrethrum in Sprühdosen gegen Hausfliegen eingesetzt, zumal sich die biologischen Wirkungen beider Substanzen gut ergänzen. Auch zur Saatgutbehandlung sowie gegen beißende und saugende Insekten im Obst- und Gemüsebau wird die Mischung beider Verbindungen erfolgreich verwendet. Jedoch ist die Anwendung von Rotenoiden im Freiland wegen ihrer Photooxidation begrenzt (Cahn et al. 1945); es besteht keine Dauerwirkung. Bisher führte lediglich das Dihydrorotenon zu einer gewissen Stabilisierung, das in Mineralöl bei der Bekämpfung von Mosquito-Larven auf Wasseroberflächen bis zu 20 Tagen wirksam war. Rückstandsprobleme tauchten nicht auf. Wegen seiner geringen Säugertoxizität wurde es vielfach auch gegen Krätzmilben, Kopfläuse und andere Ektoparasiten eingesetzt.

Die insektizide Fraßgiftwirkung zeigt sich in Krümmungen und Zuckungen der Insekten, die dabei den Kropfinhalt ausspeien. Auf diesen Erregungszustand folgt ein allmähliches, unauffälliges Erschlaffen und Absterben. Die Wirkung des Rotenons ist bemerkenswert langsam. Bei Larven von *Bombyx*, *Vanessa* und *Dendrolimus* konnten deutlich folgende Vergiftungsstadien differenziert werden:

die ersten 2 Tage:	Inaktivität, Reduktion der Nahrungsaufnahme, gelegentlich Regurgitation, Stimulierung der Bewegung
vom 2. bis 6. Tag:	Larven liegen auf der Seite, krümmen und strecken ihren Körper
vom 6. bis 8. Tag:	Paralyse bewirkt volle Erschlaffung der Körpermuskulatur
danach	Der Körper schrumpft, das Blut dunkelt und die Kutikula trocknet, aber das Herz schlägt langsam weiter (20 Schläge pro Minute).

Rotenon zeigt einen hohen Grad an selektiver Toxizität. Von *Prodenia*-Larven wird es im Darm nicht resorbiert. Das gleiche gilt für andere Lepidopterenlarven und Kartoffelkäfer. In einigen Fällen scheint es paralytische Effekte an den Mundpartien zu setzen, wodurch die Nahrungsaufnahme verhindert wird und die Tiere langsam verhungern. Stark sklerotisierte Käfer und Heuschrecken sind bei Kontaktbegiftung gegenüber Rotenon recht tolerant. Die Kutikula stellt einen Eindringungsschutz dar, denn nach Injektion ist es auch für diese Insekten stark toxisch.

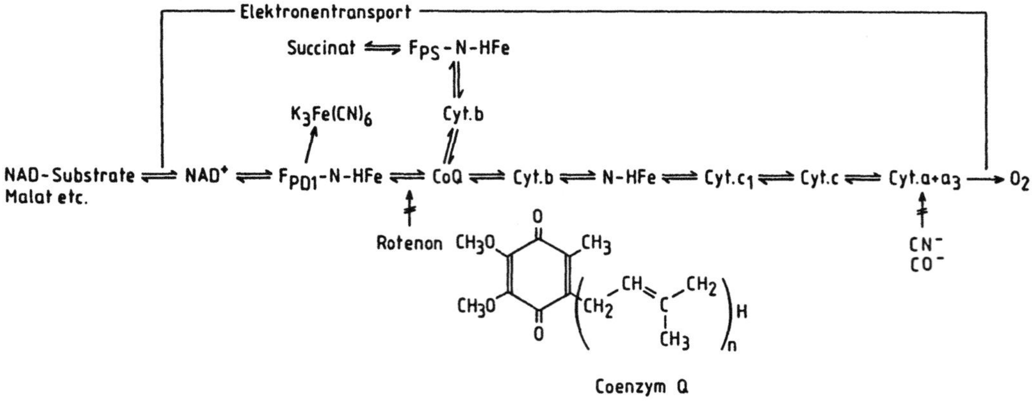

Abb. 38 Schema der Atmungskettenenzyme in Säugetier-Mitochondrien; Fp_{D1}: $NADH_2$-Dehydrogenase, Fp_S: Succinatdehydrogenase, N-HFe: spezifisches Protein, das kein Hämeisen enthält, nach Bois & Esterbrook (1969), Lardy & Ferguson (1969).

Nach dem Verlauf der Intoxikation sind die Vergiftungssymptome für Rotenon eine Blockierung der Nervenleitung und Muskelkontraktion, wie sie auch bei anderen Atmungshemmern beobachtet werden können. Rotenon blockiert die Atmungskette, indem es die Reaktion von NAD^+ mit Coenzym Q unterbindet (Bild 38). Aktivitätsuntersuchungen mit Rotenon-Derivaten zeigten eine deutliche Korrelation zwischen der L-Glutamat-Oxidation, der insektiziden Aktivität und der Hemmung der nervösen Leitung (Fukami et al. 1969). Lindahl & Öberg (1961) konnten mit Rattenleber-Mitochondrien zeigen, daß Rotenon das Glied in der Atmungskette blockiert, das die Diaphorase-Aktivität reguliert. Untersuchungen mit Muskelmitochondrien aus *Periplaneta* ergaben, daß Konzentrationen zwischen 10^{-5} und 10^{-7} M in Gegenwart von α-Ketoglutarat, L-Glutamat, Malat, Fumarat, Oxalacetat und Citrat eine bemerkenswerte Hemmung des Sauerstoffverbrauchs bewirken. Rotenon hemmt jedoch nicht die Oxidation von Succinat, α-Glycerophosphat und *p*-Phenylendiamin. Danach ist Rotenon ein spezifischer Hemmer einer pyridinnukleotidhaltigen Oxidase (Fukami 1961). Rotenon trennt nicht NAD^+ von seiner mitochondrialen Struktur ab, sondern seine Wirkung ist als direkte Hemmung des Enzymproteins aufzufassen. Aus spektroskopischen Untersuchungen geht schließlich hervor, daß Rotenon die $NADH_2$-Oxidation der auf der sauerstoffzuführenden Seite vorhandenen $NADH_2$-Dehydrogenase, die kein Hämeisen enthält, blockiert (Gutman et al. 1970).

Versuche mit ^{14}C-Rotenon und Rinderherzmitochondrien hatten zum Ergebnis, daß der Wirkstoff nicht nur dort gebunden wird, wo er seine Hemmwirkung auf die Respiration ausübt (Bild 39). Er geht zusätzlich eine Reihe unspezifischer Bindungen ein, die mit seinem Wirkungsmechanismus nichts zu tun haben. *In vitro* können diese unspezifischen Bindungen durch Zugabe von Rinderserumalbumin reduziert werden. Die spezifischen Bindungsorte der gehemmten Partikel können mit wasserfreiem Aceton extrahiert werden; sie werden von Serumalbumin nicht beeinflußt (Horgan et al. 1968). Dies ist ein Weg, um Rotenon von seinem Wirkungsort zurückzugewinnen. Die Hemmung der $NADH_2$ gekoppelten Respiration scheint demnach durch die Bindung des Rotenons an eine spezifische Komponente, möglicherweise ein Lipoprotein, zwischen $NADH_2$-Dehydrogenase und Coenzym Q und nicht an $NADH_2$-Dehydrogenase selbst zu erfolgen.

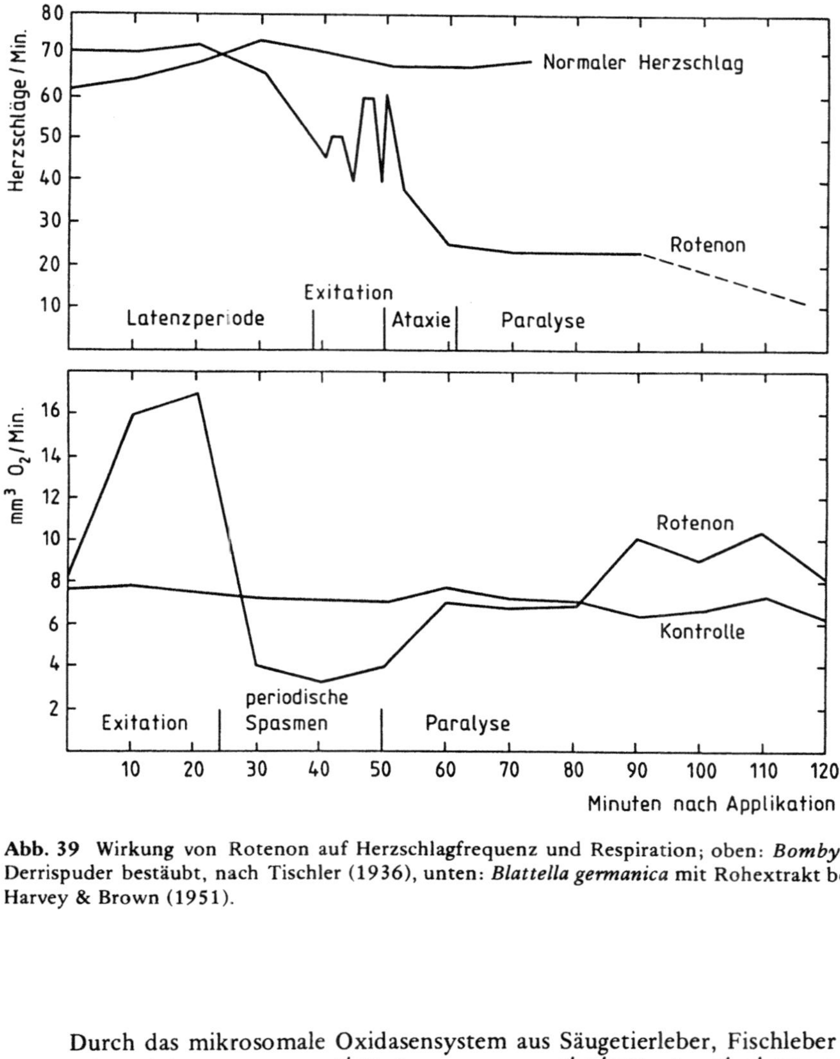

Abb. 39 Wirkung von Rotenon auf Herzschlagfrequenz und Respiration; oben: *Bombyx*-Larven mit Derrispuder bestäubt, nach Tischler (1936), unten: *Blattella germanica* mit Rohextrakt besprüht, nach Harvey & Brown (1951).

Durch das mikrosomale Oxidasensystem aus Säugetierleber, Fischleber oder Insektengewebe wird Rotenon zu 8'-Hydroxyrotenon, 6',7'-Dihydro-6',7'-dihydroxyrotenon und verschiedene andere Produkte verändert, wodurch seine Toxizität herabgesetzt werden kann. Die Struktur des Rotenons darf schon wegen seiner Wirkspezifität nicht wesentlich verändert werden, wenn die biologische Wirkung erhalten bleiben soll (Burgos & Redfearn 1965). Die *in vivo*-Toxizität des Rotenons kann vollständig durch seine Hemmwirkung auf die Atmungskette erklärt werden.

Der Stoffwechselweg scheint für alle Tiere gleich zu sein, so daß darin nicht die Ursache der selektiven Wirkung zu suchen ist. Nach Injektion ist es auch für Säugetiere (0,2 bis 4 mg/kg) sehr toxisch, ja sogar toxischer als für Insekten (6 bis 15 mg/kg). Diese Werte dürften mit der Geschwindigkeit der Entgiftung korreliert sein. Das Oxidasensystem initiiert die Detoxifikation und begrenzt somit die Persistenz des Rotenons im Körper.

Rotenon enthält auch zwei Methoxygruppen, die potentielle Orte einer mikrosomalen Dealkylierung sein können:

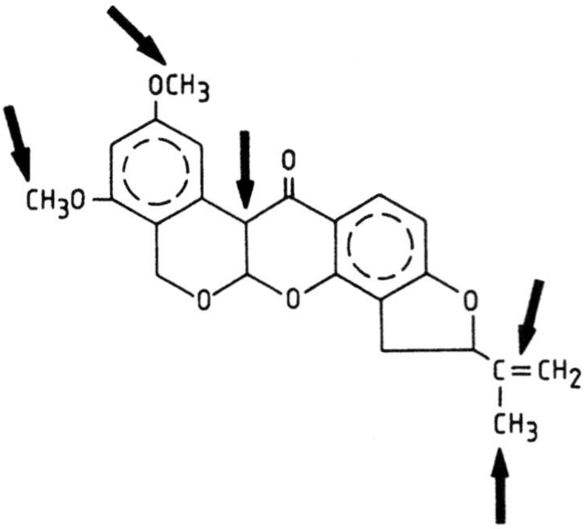

Mit 3-Methoxy-^{14}C-Rotenon konnte die oxidative Demethylierung des Rotenons selbst und seiner Metaboliten als hauptsächlichster Abbauweg verdeutlicht werden (Unai et al. 1973). Weitere Veränderungen können durch Dihydroldiolbildung in 6′, 7′-Position der Isopentenylkette und durch Hydroxylierung in 8′- und 12a-Position erfolgen. Als Vorstufe des Diols ist vermutlich ein 6′, 7′-Epoxyintermediärprodukt anzusehen. Diese hydroxylierten Metabolite können entweder unverändert oder aber als stärker polare Konjugate ausgeschieden werden (Bild 40).

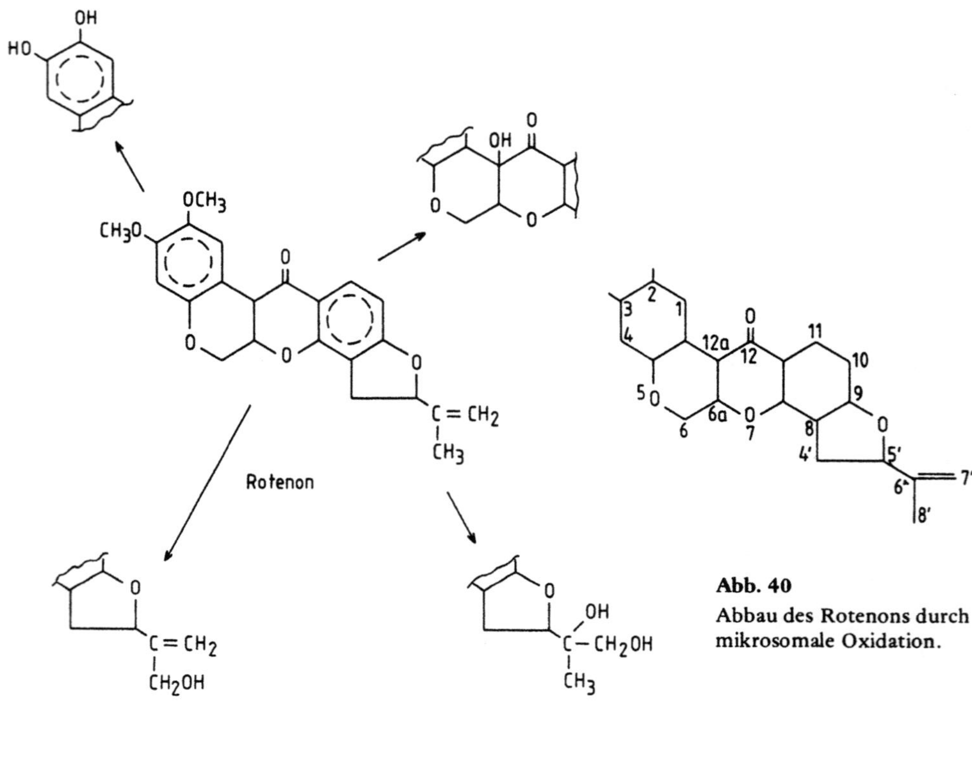

Abb. 40
Abbau des Rotenons durch mikrosomale Oxidation.

Für Warmblüter gilt Rotenon als harmlos. Die LD_{50} beträgt für Meerschweinchen 60, für Ratten 700 und für Kaninchen 3000 mg/kg Körpergewicht nach oraler Applikation. Vergiftungen kommen eher zustande, wenn frische Rotenon-haltige Pflanzenteile verzehrt werden, wie dies in den Herkunftsländern häufiger geschehen ist. Danach kann angenommen werden, daß der Wirkstoff in der wachsenden Pflanze anders gebunden ist und so eine bessere Resorption gewährleistet; ölige Lösungen sind wirksamer als Suspensionen. Akute Vergiftungserscheinungen sind Bindehautentzündung, Dermatitis, Reizung der Atmungsorgane u. ä.

Nach Injektion ist es 8500mal toxischer als nach oraler Aufnahme. Solche vom Applikationsort abhängige Wirkungsunterschiede sind in dieser Größenordnung für Insektizide recht selten. Die starke Giftwirkung über die Blutbahn wird in Neuguinea, Sumatra und Neuseeland von den Eingeborenen zur Herstellung von Giftpfeilen genutzt.

Die kontaktinsektizide Wirkung des Rotenons beruht nach bisherigen Untersuchungen vorwiegend auf der wesentlich schnelleren Durchdringung der Insektenkutikula als der Haut der Warmblüter.

8 Pyrethrine, Allethrine und Pyrethroide

8.1 Pyrethrum

Pyrethrum ist eines der ältesten Insektizide. Zu seiner Gewinnung eignet sich vor allem *Chrysanthemum cinerariaefolium*, daneben enthalten auch *Chr. roseum* und *Chr. marshallii* reichlich von diesem Wirkstoff. Außerdem wurde Pyrethrin aus *Paeonia albiflora* Pall. isoliert (Chmielevska & Kasprzyk 1962). Der Insektizidgehalt der trockenen Blüten, die zur Zeit der vollen Blüte geerntet werden, beträgt 0,3 bis 2 %. Die Trocknung soll möglichst schnell und bei tiefen Temperaturen erfolgen. Mit zunehmender Höhenlage und damit verbundenen niedrigeren Durchschnittstemperaturen steigt der Pyrethrumgehalt in den Pflanzen an (Kroll 1964).

Seit Beginn des 19. Jahrhunderts verwendet man Pyrethrum gegen Schädlinge im Haushalt (Bremer 1964). Die Präparate kamen seit mehr als 100 Jahren aus Dalmatien und dem Iran nach Mitteleuropa und wurden als dalmatinisches oder persisches Insektenpulver bekannt. Nach dem Ersten Weltkrieg trat Japan an die Spitze der Ausfuhrländer, weiterhin Rußland, Jugoslavien und neuerdings die afrikanischen Staaten Kenia, Tanzania und die Kongo-Republik sowie in Südamerika Brasilien.

Während früher die Blätter zermahlen und als Staub verwendet wurden, stellt man heute Extrakte her. Sie besitzen den Vorteil der längeren Haltbarkeit, zumal leicht Antioxidantien zugesetzt werden können. Die Extraktion geschieht mit Äthanol, Äthylenchlorid oder anderen weniger polaren organischen Lösungsmitteln. Durch die Einengung und Abtrennung der Harze lassen sich heute Konzentrate bis zu 25 % Wirkstoff herstellen.

Angewendet werden die Extrakte vorwiegend mit Hilfe von Sprühdosen im Haushalt. Solche Aerosole enthalten zur besseren Verteilung meistens Methylchlorid oder Dichlorfluormethan. Insbesondere werden Fliegen sowie andere Haushalts- und Vorratsschädlinge bekämpft. Da Pyrethrumwirkstoff relativ leicht photooxidabel ist (Chen & Casida 1969), ist sein Einsatz im Freiland problematisch. Trotzdem findet er in neuerer Zeit vermehrt Anwendung im Acker-, Obst- und Gemüsebau gegen beißende und saugende Schadinsekten, zumal eine Abneigung gegen chlorierte Kohlenwasserstoffe, insbesondere im Vorratsschutz besteht. Dazu wird er zusammen mit Piperonylbutoxid und Rotenon in desodoriertem Kerosin oder anderen Kohlenwasserstoffen gelöst. Aber auch in Kombination mit anderen Substanzen, wie Sesamex, findet Pyrethrum Verwendung. In solchen Öllösungen ist seine Haltbarkeit heraufgesetzt. In Mineralöl gelöst wurde es gegen Mosquito-Larven auf Sumpf- und Wasseroberflächen verteilt. In der Tierzucht wird es heute noch in Form von Körperpuder gegen Läuse eingesetzt.

Von Kenia wurde für 1960/61 eine Produktion von Pyrethrum-Extrakt von 9165 t gemeldet, während 1935 nur 322 t hergestellt wurden (Camoni & Crudeli 1962). Dies führte die Autoren zur Ausarbeitung von geeigneten Analysemethoden.

Chemisch gesehen ist Pyrethrum ein Gemisch von Estern verschiedener stereoisomerer Ketoalkohole. Der Cyclopentenring des Pyretrolons (I) trägt eine *cis*-2′, 4′-Pentadienylkette, während die Cinerolone (II) eine Butenkette besitzen.

I

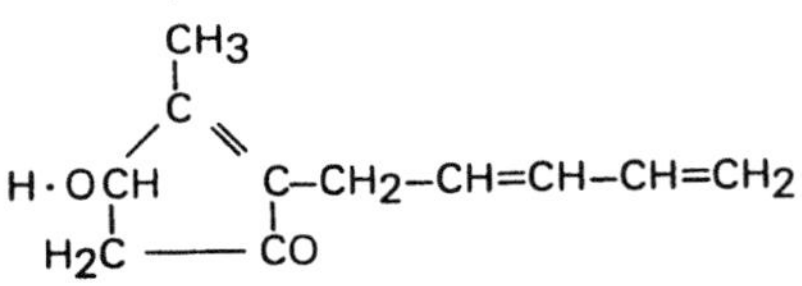

II

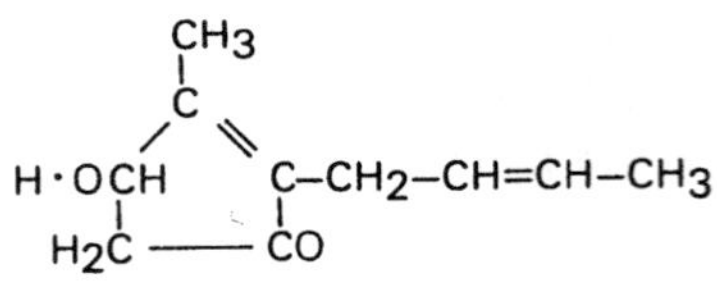

Diese Alkohole sind mit Chrysanthemumcarbonsäure (III) oder dem Monomethylester der Chrysanthemumdicarbonsäure (IV) verestert (Campbell & Harper 1945, La Forge & Saloway 1947, Schlechter et al. 1949).

III

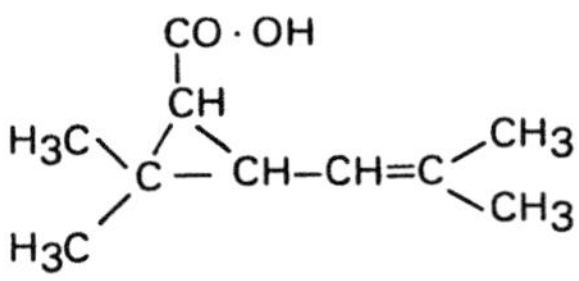

IV

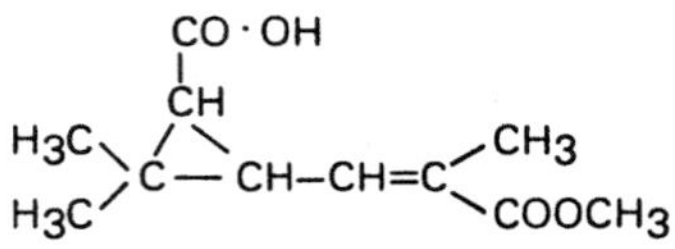

Für Pyrethrin I ergibt sich dann folgende Strukturformel (I + III); Pyrethrin II erhält man durch Veresterung von I und IV. Dementsprechend liegen auch zwei Cinerine vor.

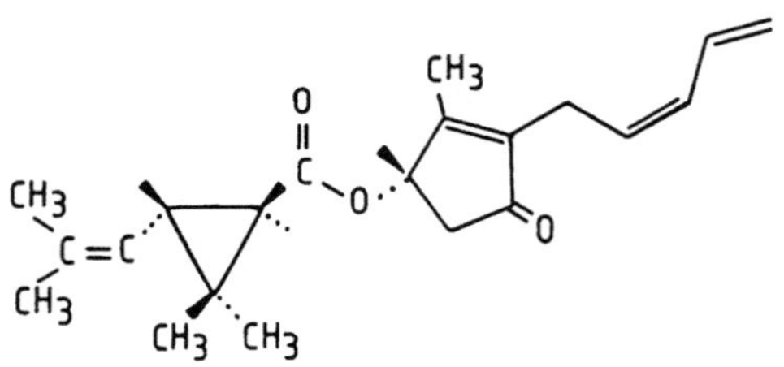

Pyrethrin I aus ***Chrysanthemum cinerariaefolium***

Pyrethrine sind insektizide Kontaktgifte und bewirken charakteristische neuro-muskuläre Aktivitäten, die sich bald in einer Paralyse äußern, während der Exitus erst recht spät eintritt. Deshalb werden sie gerne mit synergistisch wirkenden Substanzen gemischt. Die neuro-muskuläre Wirkung erhöht den Sauerstoffverbrauch (Bild 37) und die Herzschlagfrequenz der Insekten; es treten Körper- bzw. Krümmungsbewegungen auf. Die Dauer der Latenzzeit ist logarithmisch proportional der Konzentration. Die gleiche Beziehung wurde bei *Galleria mellonella* für den Herzschlag festgestellt. Nach Behandlung mit subletalen Dosen war eine normale Verpuppung und das Schlüpfen der Imago gestört. Der Herzstillstand kann in Systole oder Diastole erfolgen.

Als Eintrittspforten für den Wirkstoff in den Insektenorganismus sind in erster Linie die Sinnesorgane, Gelenkspalten und die Kutikula anzusehen. Pyrethrin I dringt schneller ein als Pyrethrin II. Pyrethrine sind wirksamer als Cinerine. Von dem stark lipophilen Pyrethrin I durchdrangen innerhalb von zwei Stunden 30 % der erforderlichen LD_{95}-Menge (0,5 µg pro Insekt) die Kutikula von *Periplaneta americana* (Burt et al. 1971). Bereits nach einer Stunde waren 20 % der applizierten Dosis eingedrungen, und etwa die Hälfte dieser Menge war eliminiert worden. Zurückblieb ein gewisser Anteil, der wegen des sehr geringen Dampfdruckes lange Zeit weitgehend konstant war. Dieses Gleichgewicht zeigt an, daß nun die Eindringungsrate der Abbaurate entspricht und letztere sehr gering ist.

Pyrethrin I wird stark, aber reversibel an Festbestandteile der Schabe gebunden. Dies führt dazu, daß eine Stunde nach Behandlung mit LD_{95}-Dosen etwa 1 bis 5 µM an den Festbestandteilen, jedoch nur 4×10^{-11} M in der Hämolymphe nachweisbar waren (Burt & Goodchild 1971). *In vivo* adsorbieren die Zellbestandteile der Hämolymphe einen beträchtlichen Anteil, und in Gegenwart von Proteinen erfolgt eine wesentlich schnellere Verteilung der lipophilen Insektizide in der wäßrigen Phase (Olson 1973). Die wirkliche Menge an Pyrethrin I in der Hämolymphe mag somit beträchtlich höher sein als gemessen wurde. Eine relativ niedrige Wirkstoffkonzentration in der Hämolymphe mag mit einem schnellen Transport von der Kutikula zum Nervensystem korreliert sein.

Über die Sinnesorgane eingedrungen, werden die Pyrethrine hauptsächlich entlang der Nerven transportiert und hier entlang der Lipoidhülle wegen ihrer Lipophilie, sobald sie die trichogenen Zellen an der Basis der Sinneshaare erreicht haben. Bei Raupen wirkte sich eine Kontaktbegiftung des Kopfes erheblich stärker aus als die der hinteren Körperteile. Bei *Smerinthus*-Larven werden die beiden letzten Segmente in 50 bis 70 s und die beiden ersten in 25 bis 30 s durchdrungen. Dorsale Applikation wirkt schneller als pleurale. Die Dicke der Kutikula spielt für die Mortalität keine Rolle. Lediglich innerhalb einer Art kann eine Reduktion der Wirkung mit einer Dickenzunahme der Kutikula einhergehen (Tabelle 13). Die Kontaktgiftwirkung ist bei tiefen Temperaturen besser als bei hohen.

Tabelle 13 Beziehung zwischen Dicke der Kutikula und Mortalität bei einigen Insekten nach Behandlung mit Pyrethrinen (nach verschiedenen Autoren)

Art	L IV Dicke der Kutikula in µ	Mortalität in %	L V Dicke der Kutikula in µ	Mortalität in %
Bombyx mori	24	100	95	90
Dendrolimus pini	125	100	155	35
Lymantria monacha	27	35	145	0
Stilpnotia salicis	33	20	41	0

Am isolierten Nerv von *Blatta* ruft Pyrethrin zunächst eine massive Entladung in Form von vielen Typen von Impulsen hervor, die von wiederholten synchronisierten Entladungszuckungen gefolgt werden. Schließlich hört die Stimulation auf, und jede Reizwirkung bleibt aus. In lebenden Insekten wird die Nervenleitfähigkeit nach Pyrethrumbegiftung auf ein Fünftel herabgesetzt. Man erkennt eine Veränderung der Proteine der Nervenzellen und ein Klumpen des Chromatins. Dann verändert sich die lipoidhaltige Myelinhülle, Vakuolen erscheinen in den Nervenzellen und das Chromatin wird aufgelöst. Die Veränderungen an der Ultrazellstruktur gehen mit der Paralyse einher. Dies sind typische Pyrethrum-Effekte, die nicht durch Nikotin, Arsenaten und Rotenon verursacht werden. Die Symptome werden vorwiegend in den segmentalen Ganglien und im Gehirn beobachtet, weniger in den Konnektiven. In *Corethra*-Larven wurde auch eine Vakuolisierung von Muskel- und Epidermiszellen festgestellt; sie sind aber wohl als Sekundäreffekte der Nervenschädigung anzusehen.

Der Abbau der Pyrethrine geht in Säugern sehr viel schneller vor sich als in Insekten. Dieser Unterschied scheint für die starke selektive Wirkung verantwortlich zu sein (Naumann 1978). Durch Zusatz von gewissen Synergisten kann der Abbauprozeß jedoch gehemmt werden (Chamberlain 1950, Winteringham et al. 1955, Bridges 1957, Hopkins & Robbins 1957). Spätere Arbeiten mit radioaktiven Verbindungen konnten sowohl bei Insekten (Yamamoto & Casida 1966, Yamamoto et al. 1969) als auch bei Säugern (Casida et al. 1971) nachweisen, daß beim Abbau nicht die Cyclopropanesterbindung gespalten wird, sondern eine Oxidation mit Hilfe der mikrosomalen Oxidasen im Vordergrund steht. Schließlich zeigten Elliott et al. (1972), daß eine Esterase in Rattenlebermikrosomen vorhanden ist, die die Methoxycarbonylgruppe des Pyrethrin II hydrolysiert und diese für die geringe Säugertoxizität dieser und ähnlicher Verbindungen verantwortlich sein mag.

Die Hauptabbaureaktion von Pyrethrin I und Allethrin in Ratten und Hausfliegen *in vivo* als auch im mikrosomalen System *in vitro* ist die Hydroxylierung der *trans*-Methylgruppe der Isobutenylkette am sauren Teil (Yamamoto et al. 1969, Elliott et a. 1972) (Bild 41). Die entstehenden Hydroxymethyl-Derivate können mit Glukose konjugiert (*Musca domestica*) oder über ein Aldehyd zu einer Carbonsäure durch eine cyanid-

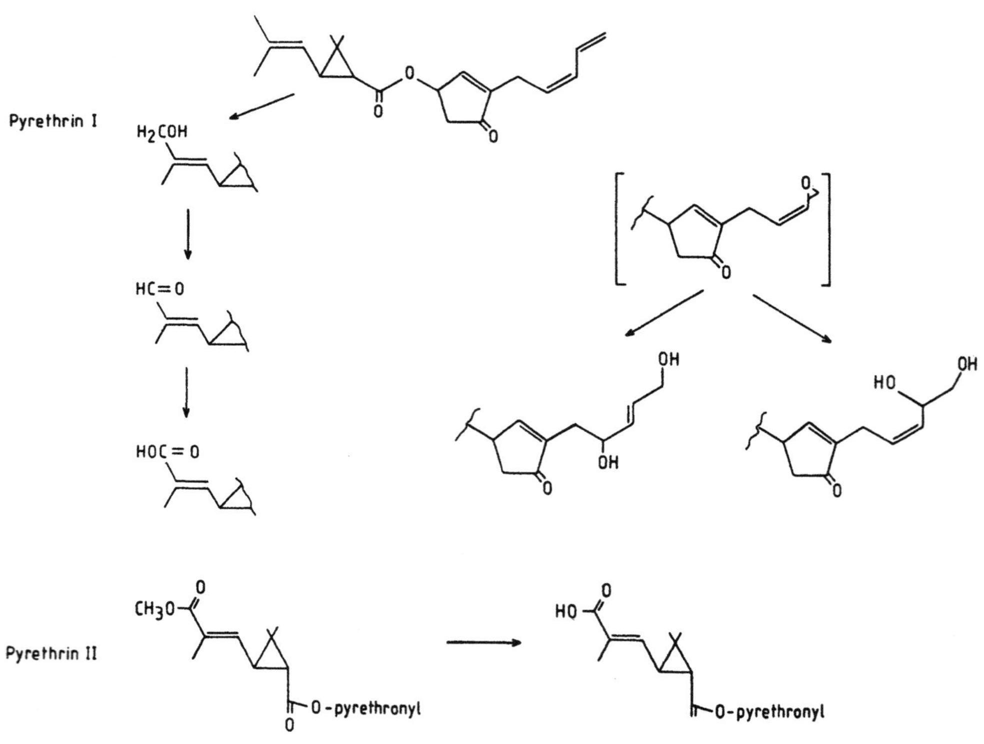

Abb. 41 Oxidativer Abbau von Pyrethrin I und Hydrolyse von Pyrethrin II im Stoffwechsel.

empfindliche Oxidase weiter oxidiert werden. Weiterhin zeigten Casida et al. (1971) und Elliott et al. (1972), daß Pyrethrin I und II von Ratten zunächst in Pyrethrin-ω_t-Säure umgewandelt werden, die dann sogleich an der *cis*-2', 4'-Pentadienylseitenkette zu einem 4', 5'-Diol modifiziert wird, das laufend mit einer *p*-methoxy-aromatischen Säure in Position 4' konjugiert werden kann. Diese mit verschiedenen markierten Pyrethrinen durchgeführten Untersuchungen zeigen an, daß die Hydrolyse der zentralen Esterbindung beim Abbau in jedem Falle eine untergeordnete Rolle spielt.

Die Identifizierung von harnfähigen Metaboliten der Pyrethrine und ein Vergleich mit *in vitro*-Metaboliten ergaben, daß die mikrosomale Oxidation auch an der Seitenkette des Cyclopentenolonringes im alkoholischen Teil erfolgt (Elliott et al. 1972). So ergibt die Oxidation der *cis*-2', 4'-Pentadienylkette *in vivo* zwei Typen von Diolen, das *trans*-2', 5'-Dihydroxypent-3'-enyl- und das *cis*-4', 5'-Dihydroxypent-2'-enylderivat sowie ein 4'-Konjugat des letzteren. Diese Metabolite entstehen vermutlich aus dem zunächst sich bildenden Epoxid.

Die selektive Wirkung der Pyrethrine wird nach oraler Applikation weitgehend aufgehoben, wenn eine Injektion erfolgt; dann ist Pyrethrum auch für Säuger recht toxisch (Verschoyle & Barnes 1972). Auch auf Fische kann es hoch toxisch wirken. Dementsprechend scheinen die Nervensysteme der verschiedenen Tiergruppen etwa gleichempfindlich zu sein. Jedoch ergaben vergleichende Messungen beim Flußkrebs, Frosch und der Ratte an peripheren Nerven mit natürlichen Pyrethrinen deutliche Unterschiede (Camougis 1973). Während die Empfindlichkeit des Flußkrebses der der Insekten entsprach, waren Frosch- und Rattennerven gegenüber einer Blockierung wesentlich toleranter. In welchem Zusammenhang diese Befunde mit der hohen Toxizität nach intravenöser Injektion stehen, ist noch zu klären.

Nach oraler Aufnahme tritt im allgemeinen eine Dermatitis auf. Die Sensibilisierung scheint schneller bei solchen Menschen zu erfolgen, die gegen Pollen allergisch sind. Nach starker oraler Aufnahme oder Inhalierung gleichen die klinischen Symptome beim Menschen einer Schädigung des Zentralnervensystems und führen zu einer Übererregbarkeit, Koordinationsstörung, Unempfindlichkeit von Lippen und Zunge; Niesen, Übelkeit und Erbrechen treten auf, schließlich setzen Tremor und Muskelparalyse ein. Der Tod ist durch den Ausfall der Atmung bedingt. Anaphylaktische Reaktionen mit peripherem vaskulärem Kollaps wurden bei Individuen beobachtet, die eine Allergie gegen Pyrethrine entwickelt hatten.

Bei Anwendung von Pyrethrum-Präparaten im Pflanzenschutz sollte möglichst jede Kontamination vermieden werden.

8.2 Allethrine

Nachdem die Konstitution der Pyrethrine durch Staudinger und Ruzicka aufgeklärt war, versuchte man eine partielle Synthese der Naturstoffe. In diesem Zusammenhang synthetisierten amerikanische Forscher Verbindungen mit ähnlicher Struktur und Wirkung. Ein durch Veresterung der Chrysanthemumsäure mit allylsubstituiertem Cyclopentenolon entstandener Stoff wurde als Allethrin (V) in den USA in technischem Um fang hergestellt und vorwiegend zur Fliegenbekämpfung eingesetzt.

Auch bei diesem Allylhomologen des Cinerins I (II + III) ist der schnelle „knock-down-Effekt“ hervorzuheben. Ein Unterschied zum Pyrethrum liegt darin, daß es nur in sehr geringem Maße gelingt, die Wirkung des Allethrins durch Zusatz von sonst synergistisch wirkenden Stoffen zu erhöhen. Auch ist die Breitenwirkung des Allethrins nicht so groß wie beim natürlichen Pyrethrum. Die toxikologische Unbedenklichkeit bei Warmblütern ist ebenfalls gegeben. Für die Anwendung im Haushalt ist die geringere Färbung der Präparate gegenüber den dunklen Pyrethrumextrakten vorteilhaft.

Bei dem synthetischen Produkt kann es sich um ein Gemisch von acht Isomeren handeln, während die natürliche Verbindung nur in einer Form bekannt ist.

(V)

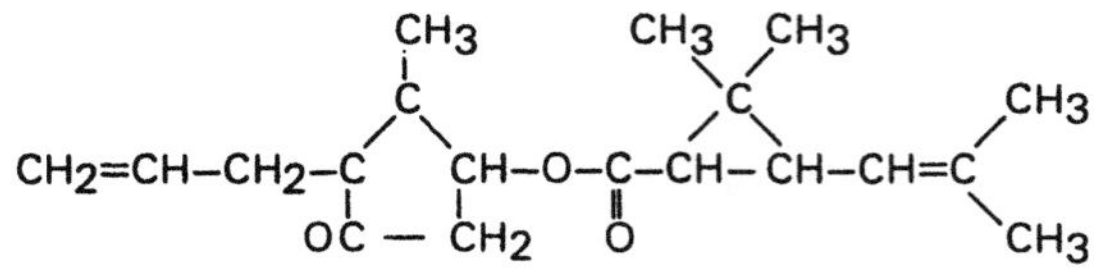

Allethrin beeinflußt den Nervenimpuls vom peripheren sensorischen Neuron auf das Schaltneuron im Zentralnervensystem. In kleinen Mengen (1×10^{-6} M) erhöht es die Amplitude des negativen Nachpotentials und verlängert seine Dauer am Schabenaxon. Höhere Dosen (3×10^{-6} M) senken das Aktionspotential, und die Membran wird leicht depolarisiert (Narahashi 1962 a, b). Alle drei Permeabilitätsparameter, die für das Zustandekommen des Aktionspotentials verantwortlich sind, werden durch Allethrin beeinflußt (Narahashi 1969, 1971; Wang et al. 1972). Allethrin hemmt den Natriumpermeabilitätsanstieg, womit das Aktionspotential erniedrigt wird, und hemmt die Natriuminaktivierung und Kaliumaktivierung, wodurch eine Vergrößerung und Verlängerung des negativen Nachpotentials resultiert. Am sensibelsten scheint die Natriuminaktivierung zu sein, was zu einer Hyperpolarisierung führt (s. Bild 11).

Die repetitiven Entladungen werden von der Temperatur positiv beeinflußt, unter 26 °C bleiben sie aus. Der durch Allethrin induzierte Block hat einen negativen Temperaturkoeffizienten und wird deutlich potentiert, wenn die Temperatur von 28 °C auf 12 °C gesenkt wird. Schließlich zeigte Narahashi (1974), daß auch die durch Allethrin erzeugten repetitiven Entladungen komplexer verlaufen. Zwischen 22–28 °C können sehr intensive Entladungen erzeugt werden. Die repetitive Antwort wird

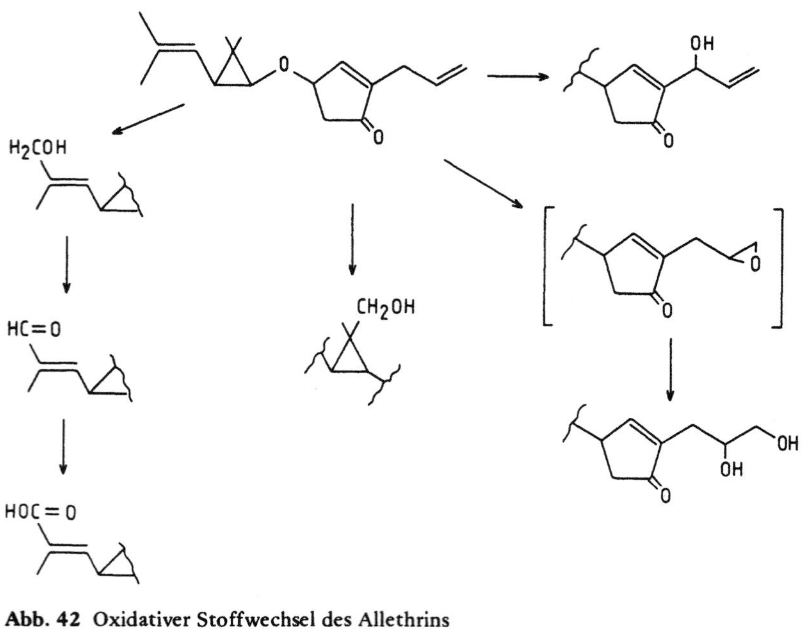

Abb. 42 Oxidativer Stoffwechsel des Allethrins

schwächer bei Temperaturen über 28 °C oder unter 22 °C. Die Kombination dieser beiden temperaturabhängigen Parameter ergibt schließlich die zu beobachtende Temperaturabhängigkeit der repetitiven Reizantwort.

Der Abbau des Allethrins scheint ähnlich zu erfolgen wie beim Pyrethrin. In der Ratte wurde als Metabolit des Allethrins auch ein Diol festgestellt. Zusätzlich wird Allethrin an der Methylengruppe der Allylkette wie auch an der Methylgruppe des Cyclopropanringes hydroxyliert (Bild 42). Die Oxidation der Alkoholseite ist in der Hausfliege geringer als in der Ratte.

Yamamoto et al. (1969) zeigten die Bildung von Glukosiden des hydroxylierten Allethrins in *Musca domestica.* Diese Glukosekonjugation nach Hydroxylierung der *trans-* und *cis*-Methylgruppe der Isobutenylseitenkette im Säureteil des Allethrins erwies sich als wesentlichster Schritt bei der Detoxifikation. Jedoch scheint die Methylgruppe in *cis*-Stellung gegen Oxidation weniger empfindlich zu sein als in *trans*-Stellung.

8.3 Pyrethroide

In den letzten 10 Jahren konnten die Eigenschaften der Pyrethrine durch synthetische Modifikationen verändert werden. Es entstand die chemische Stoffklasse der Pyrethroide (Naumann 1981). Zusammenhänge zwischen chemischer Struktur und biologischer Wirkung werden von Bader (1976) und Elliott (1977) beschrieben; sie erlauben, stabile Verbindungen mit hervorragenden biologischen Eigenschaften zu entwickeln. So besitzt das Decamethrin (NRCD 161) (VI) eine 2000mal höhere biologische Aktivität als das natürliche Pyrethrin I.

(VI)

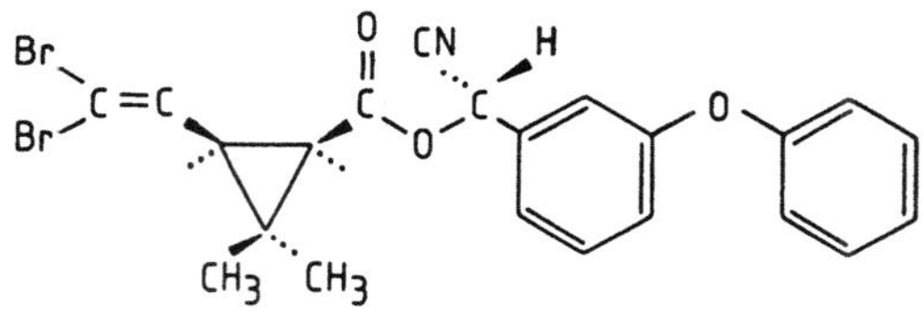

Während die Pyrethroide für Honigbienen weniger toxisch sind und eine gewisse Repellent-Wirkung besitzen, sollten sie wegen ihrer Fischtoxizität nicht in Gewässer gelangen (Gerig 1981).

Bei der Bekämpfung der Apfelgespinstmotte *Laspeyresia pomonella* mit Permethrin erwies sich die Raubmilbe *Metaseiulus occidentalis* gegenüber dem Pyrethroid besonders empfindlich. Die Population wurde drastisch reduziert, so daß eine starke Spinnmilbenvermehrung folgte (Hoyt et al. 1978).

Für die Strukturoptimierung und das Verständnis der selektiven Toxizität sowie der synergistischen Effekte und Resistenzmechanismen sind genaue Kenntnisse des Stoffwechsels der Pyrethroide unerläßlich. Die Verbindungen können durch Hydrolyse und Oxidation an verschiedenen Stellen verändert werden. Von Säugetieren werden dann die Hydroxylgruppen mit Glucuronsäure gepaart, und der Wirkstoff wird entgiftet. Dementsprechend sind Esterasen- und Oxidasenhemmer potente Synergisten. Andererseits können Esterasen und Oxidasen für unterschiedliche Toleranz oder sogar für Resistenzerscheinungen bei gewissen Insekten verantwortlich sein.

Untersuchungen zur Pharmakokinetik von Pyrethroiden mit dem Senfkäfer *Phaedon cochleariae* ergaben brauchbare Daten über die Beziehungen zwischen Penetration, Stoffwechsel und Toxizität von 4-Allylbenzyl-(±)-*cis-trans*-chrysanthemat (ABC) und 2,6-Dimethyl-4-allylbenzyl-(±)-)-*cis-trans*-chrysanthemat (DMABC) (Elliott et al. 1970).

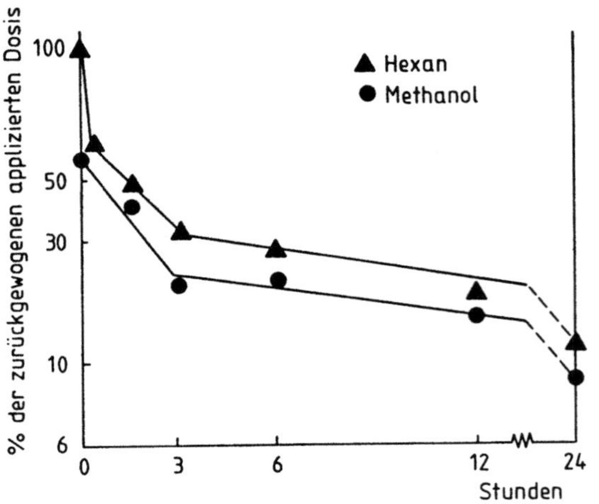

Abb. 43
Mehrphasische Eindringung von 2,3-Dimethylbenzyl-(±)-*cis-trans*-chrysanthemat aus verschiedenen Lösungsmitteln in den Senfkäfer nach topikaler Applikation, nach Elliott et al. (1970).

Nach 24 Stunden wurden pro Insekt Mengen von 0,1 bis 25,6 μg erhalten, die eingedrungen waren. Die weniger toxische Verbindung ABC verschwand stets schneller von der Oberfläche der Tiere als DMABC. Gefunden wurde eine strenge Proportionalität zwischen der applizierten Dosis und der penetrierten Menge, so daß kein Gleichgewicht erreicht werden konnte.

Die Durchdringung der Kutikula geschieht mehrphasisch (Bild 43). Wenige Sekunden nach Applikation können bereits 40 % der Wirkstoffmenge permeiert sein. In der sich anschließenden intermediären Phase erfolgt der Verlust von der Oberfläche langsamer, bis er schließlich einer Kinetik 1. Ordnung folgt. Dies ist jedoch nur bei stärker polaren Lösungsmitteln, wie Methanol und Aceton, der Fall; aus Hexan wird es nicht so schnell absorbiert. Je steiler die Kurve während der dritten Phase abfällt, je weniger toxisch ist der Wirkstoff; dies ist auf die Detoxifikation zurückzuführen. Für ABC beträgt die relative Kurvenneigung 0,48, für DMABC 0, dementsprechend ist letzteres für den Senfkäfer hoch toxisch. Durch Zusatz von Sesamex (2-(3,4-Methylendioxyphenoxy)-3,6,9-trioxaundecan) und DEF (0,0-Di-isopropyl-phosphofluoridat) kann die Toxizität der Pyrethroide so gesteigert werden, daß sie alle etwa gleich toxisch sind. Dies zeigt, daß ihre insektizide Wirkung weitgehend gleich ist und die Unterschiede vorrangig auf der verschieden schnellen Detoxifikation beruhen. Während der Metabolismus die innere Menge des Wirkstoffs reduziert, erhöht er den Konzentrationsgradienten zwischen außen und innen und damit die Eindringungsgeschwindigkeit des markierten ABC. Ist der Stoffwechsel des Wirkstoffs relativ gering, wie für Pyrethrin I bei der Küchenschabe und für DMABC beim Senfkäfer, wird er in den Geweben akkumuliert. Die Stoffwechselrate mag dann die Eindringungsrate limitieren (Glasstone 1948).

Auch die mit den natürlichen Produkten strukturmäßig verwandten Pyrethroide zeigen ihre Initialwirkung am Nervensystem; sie erzeugen ebenfalls repetitive Entladungen und schließlich Paralyse (Narahashi 1971b). Der genaue Angriffsort an den Synapsen ist aber nicht bekannt.

Abernathy & Casida (1973) zeigten, daß die Estergruppe mehrerer neuerdings synthetisierter Chrysanthemate durch Mäuseleber-Mikrosomenesterasen rasch gespalten werden, wenn eine Veresterung mit primären Alkoholen vorliegt, während dies bei natürlichen Verbindungen nur geringfügig geschieht:

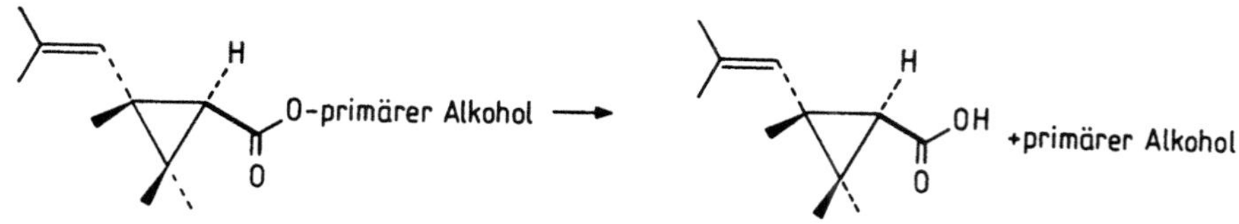

Die (+)-*trans*-Isomere wurde schneller hydrolysiert als die (+)-*cis*-Isomere, während die Ester sekundärer Alkohle nur geringfügig oder garnicht gespalten werden (Abernathy et al. 1973). Auch die biologische Aktivität des Decamethrins (VI) ist stark von seiner Stereochemie abhängig. Die entstehenden Spaltprodukte sind nicht mehr toxisch.

Die in Insekten gefundenen pyrethroid-hydrolysierenden Enzyme waren wesentlich weniger aktiv als jene in Mäuseleber (Jao & Casida 1974). Die Esterasen aus *Oncopeltus fasciatus* und den Larven von *Trichoplusia ni* spalteten die (+)-*trans*-Isomeren des Bioresmethrins (VII) und Tetramethrins (VIII) schneller als die entsprechenden (+)-*cis*-Verbindungen, während die Isomerenspezifität bei *Musca domestica* und *Blattella germanica* weniger deutlich war.

Die Hydrolyserate von (+)-*trans*-Resmethrin durch Mäuseleberesterasen war mehr als 30fach höher als jene der Insektenenzyme, wodurch die wesentlich geringere Toxizität der Verbindung für Säugetiere verdeutlicht wird.

Andere synthetische Pyrethroide wie Tetramethrin (Phthalthrin) und Dimethrin (IX) werden ebenfalls durch Oxidation der *trans*-Methylgruppe im Chrysanthemumsäureteil verändert (Yamamoto et al. 1969). Jedoch mag der oxidative Abbau für diese Ester von primären Alkoholen gegenüber einer extensiven Hydrolyse und der Esterasenaktivität, besonders gegenüber *trans*-Chrysanthematen (Abernathy et al. 1973), *in vivo* von geringerer Bedeutung sein (Miyamoto & Suzuki 1973). Für die biologische Aktivität scheint der 3-Ring nicht notwendig zu sein, wie das hochwirksame Fenvalerat (X), ein Pyrethroid mit geöffnetem Dreierring, anzeigt.

VII

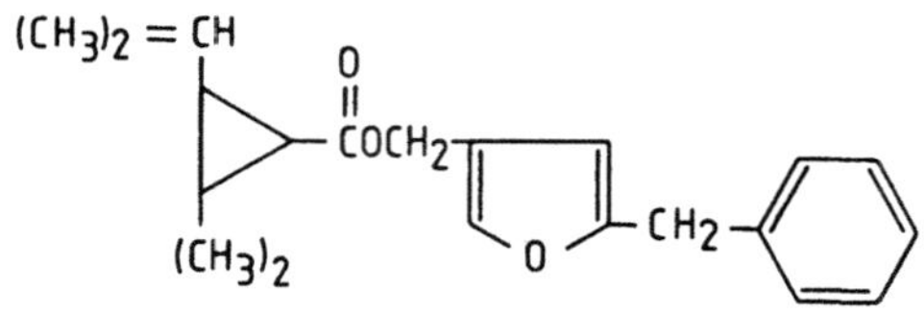

5-Benzyl-3-furylmethyl (+)-***trans***-chrysanthemat

VIII

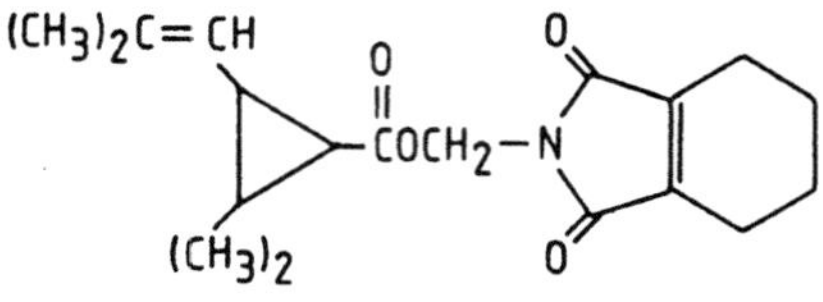

N-Hydroxymethyltetrahydrophthalimid
(+)-***trans***-chrysanthemat

IX

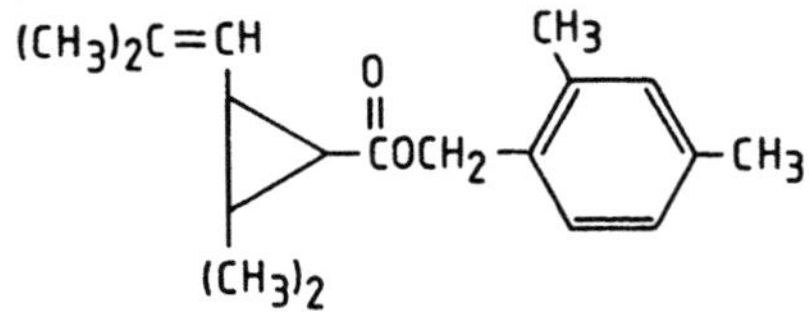

2,4-Dimethylbenzyl (+)-***trans***-chrysanthemat

Permethrin

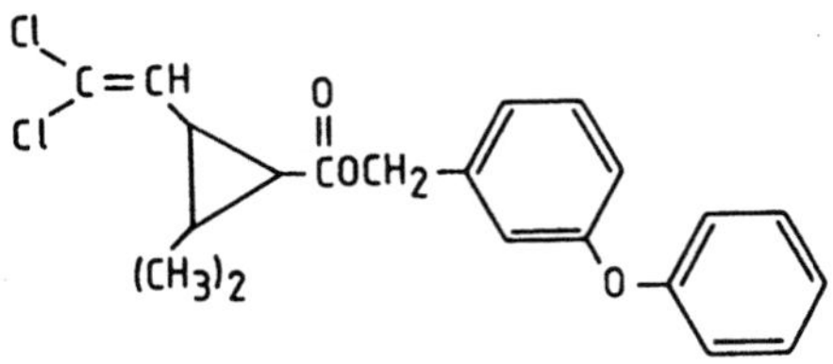

(3-Phenoxybenzyl)-3-(2,2-dichlorvinyl)-2,2-dimethylcyclopropancarboxylat

Bathrin

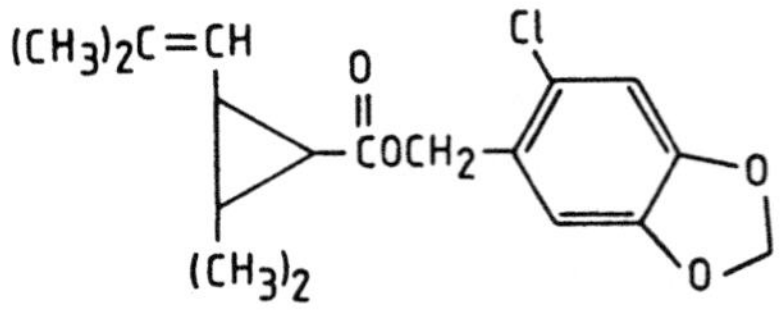

6-Chlorpiperonyl(+)-***trans***-chrysanthemat

NRDC-119

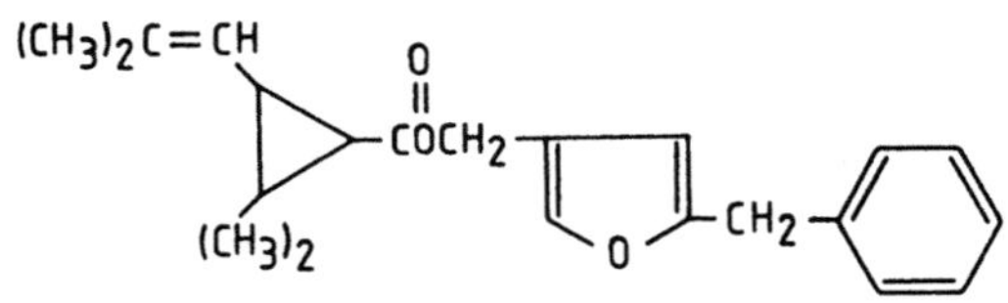

5-Benzyl-3-furylmethyl (+)-***cis***-chrysanthemat

Cyclethrin

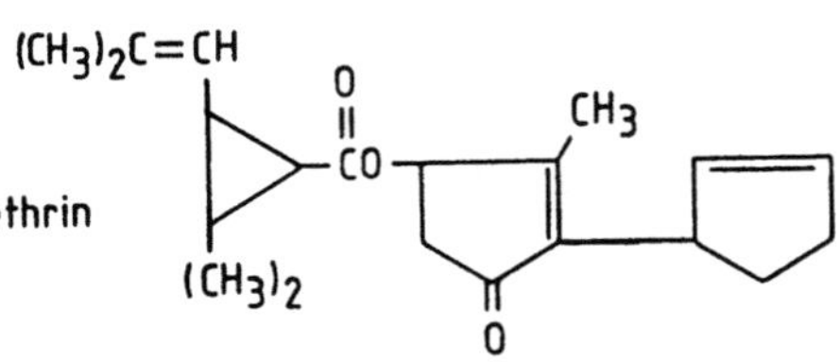

(±)-3-(Cyclopent-2-enyl)-4-keto-2-methylcyclopent-2-enyl (+)-***trans***-chrysanthemat

X

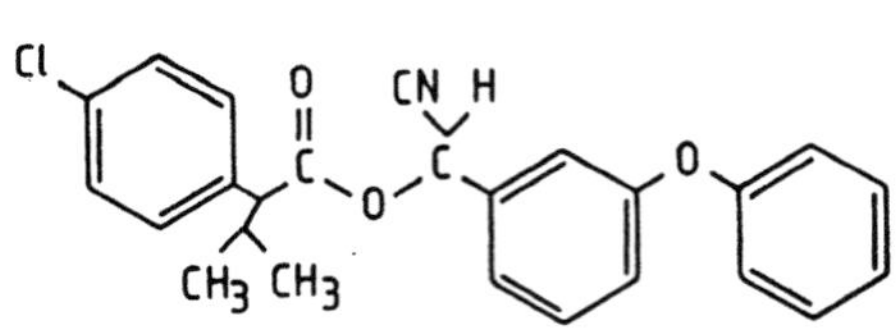

Miyamoto et al. (1968) isolierten mehrere harnfähige Glukuronide aus Ratten, die mit Tetramethrin behandelt waren und identifizierten eines als Glukuronid des 3-Hydroxycyclohexan-1,2-dicarboxyimids.

9 Organische Thiocyanate

Die in der englischsprachigen Literatur als Thiocyanate bezeichneten Insektizide werden im deutschsprachigen Bereich vielfach als Rhodanide angeführt. Die Rhodanidgruppe (—SCN) verhält sich nicht nur in chemischer Hinsicht, sondern auch im Hinblick auf ihre insektiziden Wirkungen den Halogenatomen im Verband organischer Moleküle weitgehend ähnlich. Wir kennen bereits die insektiziden Wirkungen des Methylbromids, Äthylbromids und anderer chlorierter aliphatischer Kohlenwasserstoffe. Kaum weniger wirksam sind die entsprechenden Thiocyanate, wie Methylrhodanid, Äthylrhodanid usw. Auch längerkettige, unverzweigte Moleküle zeigen eine hohe biologische Wirksamkeit, die oftmals spezifischer ist als die der Halogenide. So ist Dodecylthiocyanat ein wirksames Kontaktgift für Insekten, vermutlich infolge seiner Lipoidlöslichkeit, während die niedermolekularen, stärker flüchtigen Verbindungen in der Dampfphase aktiv sind.

Für die Beziehung zwischen der chemischen Konstitution dieser Verbindungen und ihrer biologischen Wirkung ist die bereits früher erwähnte Beziehung zur Kettenlänge interessant (s. Seite 25). In der homologen Reihe der aliphatischen Thiocyanate sind die Verbindungen mit einer Kettenlänge von 10 bis 12 Kohlenstoffatomen am wirksamsten. Die physikalischen Eigenschaften scheinen hierbei die ausschlaggebende Rolle zu spielen.

Über die genaue Wirkungsweise der Thiocyanate ist wenig bekannt. Höhere aliphatische Thiocyanate sind im allgemeinen chemisch wenig reaktionsfähig. Die insektizide Wirkung läßt sich aber nicht von der SCN-Gruppe trennen.

Da Thiocyanate ähnliche Symptome wie bei einer Vergiftung mit Blausäure hervorrufen, beruht ihre toxische Wirkung wahrscheinlich auf der *in vivo*-Freisetzung von HCN, das die Atmungskette am Cytochrom a_3 unterbricht (Dixon & Webb 1964) (s. Bild 38). Auch wurde bekannt, daß Leberhomogenate Thiocyanate spalten, wobei Blausäure frei wird. Der enzymatische Mechanismus dieser Biotransformation wurde von Ohkawa & Casida (1971) sowie Ohkawa et al. (1972) untersucht. Glutathion-S-Transferasen spielen dabei eine bedeutende Rolle (s. II.3.6). Die Wirkung von Organothiocyanaten auf das Gehirn ist besonders stark, so daß der Grund der Hemmung der Cytochrom c-Oxidase des Nervensystems schließlich die Todesursache der begifteten Tiere ausmacht (Ohkawa et al. 1972).

Höhere Homologe mit mehr als 14 C-Atomen werden durch Leberhomogenate nur wenig oder nicht gespalten. Folglich besitzen sie auch keine oder nur gering toxische Wirkung auf Säugetiere.

Möglicherweise kann die biologische Wirkung auch auf einer Anlagerung der SCN-Gruppe an eine der salzartigen Bindungen beruhen, die in Proteinen und Nukleoproteiden häufig vorkommen. Organothiocyanate beeinflussen die Wirkung von Cytochrom P_{450} (Hodgson & Philpot 1974). Sie hemmen die mikrosomale Oxidation in Vertebraten und Invertebraten und können auf diesem Wege synergistisch wirken, wie dies für Benzylthiocyanat bekannt wurde.

In anderer Hinsicht wurde Thiocyanaten eine Art von Konkurrenzhemmung zugeschrieben. Da SCN-Gruppen unter Einfluß von Alkalien leicht durch Ringschluß in 2-Oxythiazole übergehen, sieht man darin eine gewisse Verwandtschaft zum Aneurinmolekül.

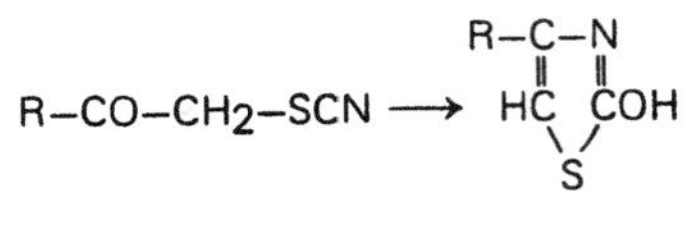

Tritt das 2-Oxythiazol mit dem Pyrimidin in Verbindung, so könnte das entstehende Produkt mit Aneurin in Konkurrenz treten und die Wirkung der Cokarboxylase hemmen. Jedoch ist diese Konkurrenzhemmung *in vivo* nicht erwiesen.

Außer den genannten aliphatischen Thiocyanaten sind auch zyklische mit insektizider Wirkung bekannt geworden. Die aromatischen Isothiocyanate wurden bisher nur wenig untersucht. In den Handel wurde vor allem das α-Naphthylisothiocyanat als Spritzmittel gegen Fliegen gebracht. Isothiocyanate verhalten sich in ihrer toxischen Wirkung anders als Thiocyanate, so daß die vorstehenden Ausführungen über die Wirkungsweise für erstere nicht zutreffen. Viele Isothiocyanate sind ohne insektizide Wirkung.

Von den praktisch erprobten Thiocyanaten sind weiterhin zu nennen:

Phenyl-3-thiocyanopropyläther	$C_6H_5-O-CH_2-CH_2-CH_2-SCN$
Trimethylendithiocyanat	$NCS-CH_2-CH_2-CH_2-SCN$
β,β-Dithiocyanodiäthyläther	$NCS-CH_2-CH_2-O-CH_2-CH_2-SCN$

Den Thiocyanaten ist häufig eine spezifische Wirkung gegen Blattläuse eigen. Vor allem werden sie im Haushalt, in der Veterinärmedizin, aber auch im Ackerbau eingesetzt. Wenn sich die rhodanhaltigen Wirkstoffe bisher in der Praxis weniger durchsetzen konnten, so liegt dies vor allem an ihrem schlechten, zuweilen auch stark anhaftenden Geruch. Günstiger verhalten sich in dieser Hinsicht die Thiocyanacetate, die die Gruppe $-CO-CH_2-SCN$ tragen und somit auch als Derivate der Rhodanessigsäure $HO-CO-CH_2-SCN$ aufgefaßt werden können. Unter ihnen gewannen vor allem in den USA das

Butylcarbitol-β-thiocyanacetat, und
auch als Lethane 384 bezeichnet,

$C_4H_9-O-C_2H_4-O-CO-CH_2-SCN$

Isobornylthiocyanacetat,
als Thanite im Handel,

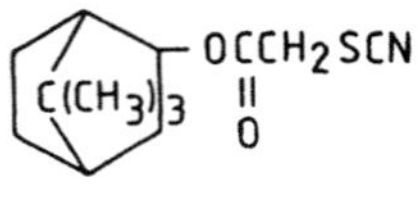

praktische Bedeutung als Fliegen- und Viehschutzmittel, da ihre Toxizität für Warmblüter relativ gering ist. Auch von Lethane 384 läßt sich mit Hilfe von Glutathion-S-Transferasen in Mäuseleber und Hausfliegen HCN abspalten (Ohkawa et al. 1972).

Dem Isobornylthiocyanacetat dürfte unter den rhodanhaltigen Insektiziden bisher die größte Bedeutung zugekommen sein. Thanite wird seit etwa 1940 in Aerosolen zur Fliegenbekämpfung in Mischungen mit Pyrethrum oder Allethrin verwendet. Thanite besitzt einen dem Kampfergerüst eigenen kampferähnlichen Geruch. Eine für die Praxis wesentliche Eigenschaft ist seine Sofortwirkung. Deshalb wird gerne auch ein geringer Zusatz zum DDT oder Toxaphen gegeben, um diesen Kontaktgiften eine Initialwirkung zu verleihen. Zusammen mit Karbamaten zeigt es eine antagonistische Wirkung (Sun & Johnson 1972).

Das auch weitverbreitete Lethane 60 ($R-\overset{O}{\overset{\|}{C}}OCH_2CH_2SCN$) besteht aus 2-Thiocyanoäthylester von aliphatischen $C_{10}-C_{18}$-Fettsäuren; es hemmt ebenfalls die Wirkung der Atmungsenzyme.

Die Wirkung der Thiocyanate auf Insekten ist neben der Herabsetzung der Respiration eine Verlangsamung des Herzschlages und der Zirkulation. Der Herzschlag stoppt in Diastole, und die Muskeln bleiben im kontrahierten Zustand. Histologisch beobachtet man eine Zerstörung der Zellkernmembran in den Muskelzellen. In den Nervenzellen treten Vakuolen auf und die Nisslsubstanz wird aufgelöst, bis schließlich eine allgemeine Degeneration zu erkennen ist.

In Säugetieren wirken Thiocyanate mehr als Paralytika und weniger als Narkotika. Die stärkste Wirkung haben die einfachsten Thiocyanate. In Insekten steht die narkotische Wirkung im Vordergrund, wobei der Haupteffekt die Hemmung der zellulären Atmung ist.

Allgemein ist die Toxizität der Thiocyanate gegen Warmblüter gering. Für Ratten wurde eine LD_{50} bei 1 g/kg festgestellt. Durch die Haut der Säuger werden sie kaum aufgenommen. Weder akute noch chronische Vergiftung wurde beobachtet, so daß Thiocyanate für Warmblüter als harmlos gelten. Orale Aufnahme führt zu Vergiftungserscheinungen in Form von Lethargie, Appetitlosigkeit, Cyanose, Atemnot und Muskelzuckungen.

10 Chlorierte Kohlenwasserstoffe

Die Vergiftungssymptome dieser weitverbreiteten synthetischen Pestizide sprechen deutlich für eine Beeinflussung des Nervensystems, insbesondere der Erregungsleitung. Die Vergiftung scheint also nicht in erster Linie auf einer Schädigung dieses Organs, sondern eher auf einer Störung von Funktionsabläufen zu beruhen. Umfassende Monographien haben Moriarty (1972) und Brooks (1974) vorgelegt.

10.1 Dichlordiphenyltrichloräthan (DDT)

Der Österreicher Othmar Zeidler beschrieb 1874 erstmals die Kondensation von Chlorbenzol und Chloral zu Dichlordiphenyltrichloräthan. Aber er ahnte nicht, daß er einen der interessantesten Stoffe in den Händen hatte, die je synthetisiert worden sind. Erst 7 Jahrzehnte später rettete die von ihm synthetisierte Verbindung Millionen von Menschen Gesundheit und Leben, indem sie sie vor Seuchen bewahrte. Vor 14 Jahren wurden noch mehr als 100 000 Tonnen jährlich hergestellt.

Nach Entdeckung einer allgemeinen Kontaktgiftwirkung (vgl. S. 2) wurde es während des letzten Krieges und in der Nachkriegszeit zur Bekämpfung von Flecktyphus, Pest (durch Entflohung der Ratten) und Malaria (durch Bekämpfung der sie übertragenden Stechmücken) angewendet, wodurch sich die Lebensbedingungen vieler Menschen wesentlich verbesserten.

Während der letzten drei Dekaden wurde DDT und seine Analoga extensiv zur Bekämpfung von Schädlingen in der Landwirtschaft und im Gesundheitswesen in fast allen Ländern der Erde eingesetzt, denn generell haben diese Verbindungen geringe akute Toxizität gegenüber Säugern und anderen Warmblütern. Doch folgte daraus eine extrem weite Verbreitung in der Umwelt als persistente Rückstände. Wegen ihrer weiten Verbreitung und den lipophilen Eigenschaften wurden sie in den Geweben vieler lebender Organismen angereichert, so daß in den Endgliedern der Nahrungskette besonders hohe Werte erreicht wurden. Auch bei der menschlichen Bevölkerung fand dieser Prozeß statt. Während der Jahre 1965 bis 1968 betrug die tägliche durchschnittliche Aufnahme von DDT und seinen Metaboliten in den USA etwa 0,03 mg. Dies sind 0,0004 mg/kg/Tag und führte zu einer Speicherung im Fettgewebe von ungefähr 4,0 ppm (Duggau & Lipscomb 1969). Ein bestimmter Schwellenwert wird jedoch nicht überschritten, da sich schließlich ein Gleichgewicht zwischen Resorption und Elimination einstellt. In Abhängigkeit vom Lebensalter konnte festgestellt werden, daß von Einwohnern der Bundesrepublik Deutschland bis zu 10 ppm DDT und seine Analoga gespeichert werden können (Bild 44).

Die Rückstände entstammen vor allem dem Erntegut. Ihre Höhe wird weitgehend durch den Zuwachs der Pflanzen bedingt, der zwischen Ausbringung des Insektizids und der Ernte erfolgt ist. Je höher der Zuwachs desto niedriger ist der prozentuale Anteil an Rückständen. So beträgt der DDT-Verlust auf Salat innerhalb von 14 Tagen 94 %, davon fielen 73 % auf den Zuwachs. Da eine Aufnahme von DDT durch die Pflanze nicht nachgewiesen werden konnte, kann es nur durch Regen oder andere Witterungsfaktoren ent-

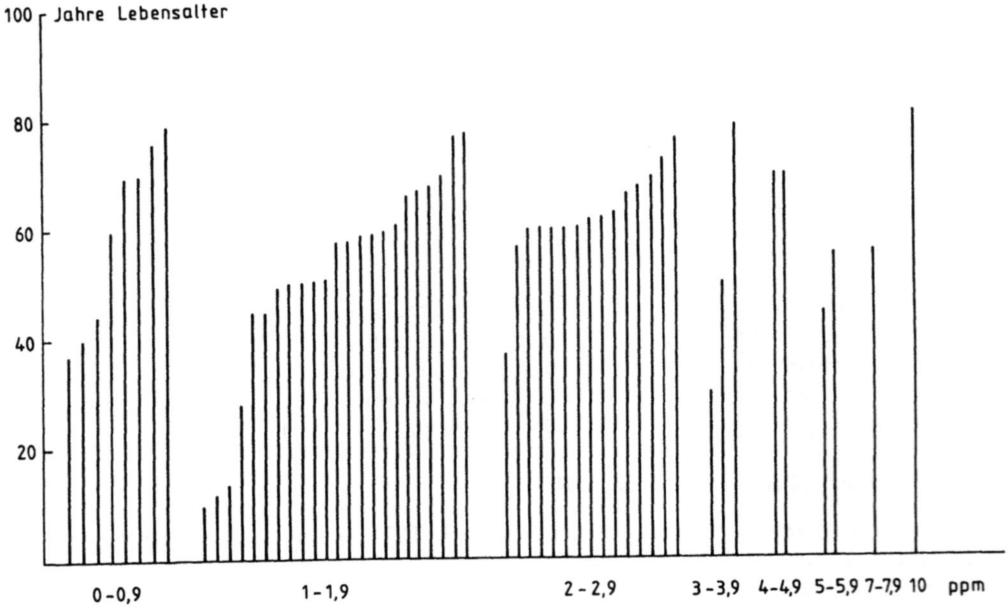

Abb. 44 DDT- und DDE-Gehalt im Körperfett der Einwohner der Deutschen Bundesrepublik in den Jahren 1958–1959; Einteilung nach erreichtem Lebensalter

fernt werden. Dazu bedarf es einer gewissen Wartezeit, die für jedes Insektizid vorgeschrieben ist. Diese Wartezeit bestimmt die Zeitdauer zwischen dem Ausbringen des Insektizids und der Ernte der Pflanzen; sie ist abhängig von der jahreszeitlichen Witterung und ist dementsprechend von Land zu Land verschieden. Sie betrug für DDT in Deutschland allgemein etwa 30 Tage, im Obstbau 42 Tage.

Extrem hohe DDT-Dosen können Schlangen in ihren Geweben ertragen (Hansen et al. 1972).

Jedoch sollte bei all den Nachteilen nicht übersehen werden, daß das DDT und die ihm nachfolgenden chlorierten Kohlenwasserstoffe der damaligen Landwirtschaft und damit unserer Ernährung eine sehr weitgehende Sicherheit vor katastrophalen Ernteausfällen gegeben haben.

In der letzten Dekade ist die Produktion zurückgegangen, da seine Anwendung in den USA 1972 und bald darauf in vielen anderen Ländern weitgehend gesetzlich verboten wurde, als sich infolge der chronischen Belastung bei Säugetieren Tumorbildungen zeigten. Andererseits nahm durch das Anwendungsverbot in Indien die Ausbreitung der Malaria wieder zu.

Die epochemachende Bedeutung des DDTs ist auch daran zu erkennen, daß bereits im ersten Jahrzehnt nach Entdeckung seiner biologischen Bedeutung fast 10 000 Veröffentlichungen über diesen Wirkstoff vorlagen. Es wurden neue und wesentliche Zusammenhänge zwischen Insekten und ihrer Funktion als Krankheitsüberträger erkannt. Die Entomologie erhielt als Wissenschaft einen wesentlichen Auftrieb.

10.1.1 Anwendungsbereich

Im Pflanzenschutz war das erste große Anwendungsgebiet des DDTs der Obstbau. Es verdrängte dort bald infolge seiner Breitenwirkung die Arsen- und Nikotinpräparate. Seine

Wirkungen richteten sich vor allem gegen die Larven der Lepidopteren, Dipteren und gegen die Imagines der Coleopteren. Weniger empfindlich gegenüber DDT sind die Larven der Hymenopteren, wie die der Pflaumensägewespe und der Buschhornblattwespen. Auch die Hauptfeinde des Weinbaues, die Traubenwickler, die in zwei Generationen auftreten, ließen sich wirkungsvoll mit DDT bekämpfen. Es wurden keine nachteiligen Einflüsse auf die Reifung und Qualität der Trauben festgestellt. Auch im Garten- und Gemüsebau wurden vor allem Lepidopteren, Dipteren, Coleopteren, Schaben, Blasenfüße durch DDT vernichtet. Gegen den Rapsweißling *Pieris rapae* ist es insofern weniger wirksam, weil es zu einer starken Abnahme der Raubfeinde führt (Dempster 1968a). Im Feldbau hat DDT in aller Welt bei der Bekämpfung des Kartoffelkäfers Bedeutung erlangt. Man kombinierte es mit Hexachlorcyclohexan (HCH), um eine schnellere Anfangswirkung zu erzielen. Auch Rapsglanzkäfer, Maiszünsler, Rübenaaskäfer, Schildkäfer und vor allem der Maikäfer, der mitunter als Großschädling auftritt, sind gegen DDT empfindlich. Leider mußten hierfür jährlich wiederkehrende großangelegte chemische Bekämpfungsmaßnahmen eingeleitet werden. Im Forstschutz fand DDT gegen Kiefernspinner, Lärchenwickler, Borkenkäfer, Prachtkäfer und Eichenprozessionsspinner seine Anwendung.

Im Ausland wurde DDT vor allem zur Bekämpfung der Baumwollschädlinge, der Kaffeewanze und des Reisstengelbohrers verwendet. Auch gegen die Olivenfliege und andere Fruchtfliegen des Mittelmeerraumes sowie den Haselnußbohrer wurde es eingesetzt.

Über die Verwendung des DDTs im Vorratsschutz gingen die Meinungen stets auseinander. Durch das Einpudern der Materialien befürchtete man eine gesundheitliche Gefährdung des Verbrauchers. Nichts einzuwenden war gegen die Imprägnierung des Verpackungsmaterials mit DDT, die in den USA vielfach erfolgte. Auf diese Weise ließen sich Lebensmittel vor Schädlingen erfolgreich schützen, ohne daß das Insektizid mit ihnen in Berührung kam.

Im Textilschutz hat sich DDT weniger bewährt, da es sich durch Waschen zu leicht entfernen läßt. Hier sind die eigentlichen Mottenschutzmittel, wie Naphthalin, Campher, *p*-Dichlorbenzol und Hexachloräthylen, wirksamer.

Im Rahmen der Human- und Veterinärhygiene ist es gegen Bettwanzen, Läuse und Flöhe recht wirksam. Erfolgreich konnte es auch gegen Haar- und Federlinge (Mallophagen), Zecken und Milben eingesetzt werden. Vorsicht ist geboten bei der Behandlung von Katzen sowie Geflügel und Stubenvögel mit DDT. Die guten Anfangserfolge bei der Stubenfliegenbekämpfung sind ausgeblieben. DDT hat nämlich den großen Nachteil, daß durch Dauereinsatz nicht nur eine starke Umweltpersistenz vorhanden ist, sondern auch resistente Schadtierpopulationen auftreten, die sehr schwer zu reduzieren sind.

10.1.2 Biologische Wirkung

Als Kontaktgift muß DDT die Haut der Tiere durchdringen. Dies geschieht aber sehr viel langsamer als bei den Phosphorsäureestern (Tabelle 14) (Sun 1968). Aus wäßri-

Tabelle 14 Beziehungen zwischen den Verteilungskoeffizienten und den Absorptionsraten von topikal applizierten in Aceton gelösten Insektiziden; Versuchstier: *Periplaneta americana*, nach Olson & O'Brien (1963)

Insektizid	Verteilungskoeffizient (Olivenöl – Wasser)	Halbzeit der Penetration (Min.)
DDT	316	1584
Dieldrin	64	320
Paraoxon	4,06	55
Dimethoat	0,34	27

gen Lösungen dringt es erst ein, wenn das Wasser verdampft ist. In öligen Lösungen kann das Lösungsmittel mehr Schaden anrichten als das DDT (vgl. Seite 100). Auch eine gegen Maikäfer gerichtete Bestäubung mit Dynocid (5 % DDT) in der CSSR vom Flugzeug aus hatte eine ungenügende Wirkung. Weniger als ein Drittel der Tiere wurden abgetötet, und dies waren vorwiegend Männchen (92 bis 94 %) und alte Weibchen (6 bis 8 %) (Doskočil et al. 1952).

Wie DDT in den Körper eindringt, ist immer noch strittig. Für Insekten ist nicht genau geklärt, ob eine Durchdringung der Kutikula erfolgt oder ob sich der Wirkstoff in der Epikutikula zu bestimmten Eindringungspforten ausbreitet, wie Stigmen, Enddarm, Sinnesorgane (Quraishi & Poonawalla 1969). Im Vergleich mit Infusionsversuchen zeigte sich jedenfalls, daß das Eindringen nach topikaler Applikation durch den Thorax von Hausfliegen sehr langsam verläuft und erst nach 4 Stunden eine zur LD_{50} benötigte Menge aufgenommen war (Sun et al. 1967). Die Skleroproteine der Kutikula scheinen für DDT eine nicht überwindbare Sperrschicht zu sein, Chitin ein wirkungsvolles Adsorbens. Vermutlich ist der Hauptweg des Eindringens für DDT über die Sinnesorgane, nachdem es die schützende, dünne Membran permeiert hat, denn die Tastorgane an Tarsen, Rüssel und Antennen sind außerordentlich empfindlich. Weiterhin kann das Insektizid durch die Intersegmentalhäute in die darunterliegenden Gelenkspalten eindringen und so zu seinem Wirkungsort, dem Nervensystem, gelangen. Andererseits eignet sich DDT zum Nachweis von Sinnesorganen auf den Flügeln oder anderen Körperteilen, denn nur dort, wo Sinnesorgane sind, verursacht es eine Kontaktgiftwirkung (Armstrong et al. 1952). Nath & Mehrotra (1977) fanden die höchste Dehydrochlorinase-Aktivität bei *Schistocerca gregaria* in der Kutikula.

Die Kinetik der Eindringung verläuft bei Küchenschaben und Ratten monophasisch (Bild 45); sie ist aber bei letzteren stark verlangsamt (Metcalf 1972a) (Tabelle 15).

Tabelle 15 Nach unterschiedlicher Applikation wirkt DDT toxischer auf ein Insekt als auf ein Säugetier; LD_{50} (mg/kg), nach Negherbon (1959).

	topikal	injiziert
Rattus	3000	100–200
Periplaneta	10	5–8

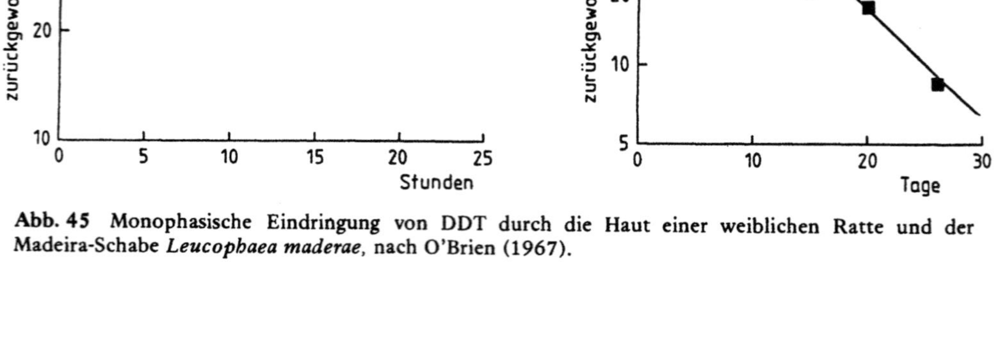

Abb. 45 Monophasische Eindringung von DDT durch die Haut einer weiblichen Ratte und der Madeira-Schabe *Leucophaea maderae*, nach O'Brien (1967).

Interessant ist nun, daß eine experimentelle Untersuchung der Durchdringung der Haut bei direkter Messung keinen Unterschied in der Schnelligkeit der Eindringung zwischen Insektenkutikula und Säugerhaut (Ratte) ergab. Durch beide Häute drang DDT langsam, so daß eine 50 %ige Durchdringung erst nach 26 Stunden erreicht war. Dieser Widerspruch zu den Tabellenwerten ist bisher nicht geklärt. In der Küchenschabe wird DDT als Lipoproteinkomplex transportiert (Winter et al. 1975).

Aus Wasser werden DDT und DDE von im Wasser lebenden Insekten durch passive Aufnahme durch die Kutikula stark angereichert. Nach 6 Tagen war der DDT-Gehalt in Libellenlarven 2000 bis 2700 mal höher als der des umgebenden Wassers. Ähnliches gilt für Mosquito-Larven. Eine Konzentrierung in der Nahrungskette zeigt folgender Versuch (nach Kapoor et al. 1970):

DDT-Konzentration im Wasser	0,22 ppb	Anreicherungsfaktor:
Endkonzentration in Mosquitolarven	1,8 ppm	8000 durch direkte Penetration
in Mosquito-Larven fressenden Fischen	18,6 ppm	85000 über Nahrungskette

Bei Konzentrationen von 30 ppb DDT im Wasser nahmen 60 amerikanische Sonnenfische 345 g (70 %) aus 100 *l* Wasser in 5 Stunden auf. Dies zeigt, daß lipophile Verbindungen besonders schnell von Wassertieren absorbiert und angereichert werden können. In öligen Lösungen wirkt DDT viel toxischer auf Fische als in wäßrigem Milieu (Holden 1973).

Nach oraler Aufnahme ist die Wirkung des DDT wesentlich schwächer als nach topikaler Applikation. Selbst relativ große Mengen konnten bei der Ratte keinen akuten Schaden verursachen.

Die Wirkung von Kontaktinsektiziden ist somit eine Frage nach der Fähigkeit zur Permeabilität durch lipoidhaltige Membranen. Eine lipophile Komponente am Wirkstoffmolekül ist hierfür Voraussetzung und damit auch für die biologische Wirkung. Durch entsprechende lipophile Beistoffe läßt sich die Permeabilität bis zu einem gewissen Grade erhöhen, weil dadurch infolge einer Herabsetzung der Oberflächenspannung die Berührungsfläche mit dem Wirkstoff vergrößert wird.

10.1.3 Physikochemische Eigenschaften

Betrachten wir die chemischen und physikochemischen Eigenschaften des DDTs etwas näher, so läßt sich feststellen, daß der Wirkstoff nur wenig flüchtig und ausgesprochen lipoidlöslich ist. Seine Wasserlöslichkeit ist sehr gering. Gegenüber Oxidationseinflüssen ist er weitgehend beständig, ebenso gegen verdünnte Mineralsäuren. Intensive UV-Bestrahlung bewirkt langsamen oxidativen Zerfall. Alkalien fördern die HCl-Abspaltung und sind bei der Anwendung zu vermeiden. Lipoide Lösungsmittel wirken allgemein stabilisierend.

Die biologische Wirksamkeit des Moleküls läßt sich mit der Elektronenkonfiguration in Zusammenhang bringen. Ein Vergleich von insektizidwirksamen und -unwirksamen Gliedern der DDT-Gruppe zeigt, daß in allen biologisch aktiven Verbindungen etwa die gleiche Anordnung im Wechsel erhöhter und erniedrigter Elektronendichten vorhanden ist. Die Konfiguration des DDTs (I) kann in der Schreibweise mesomerer Grenzformen (II) folgendermaßen formuliert werden.

I 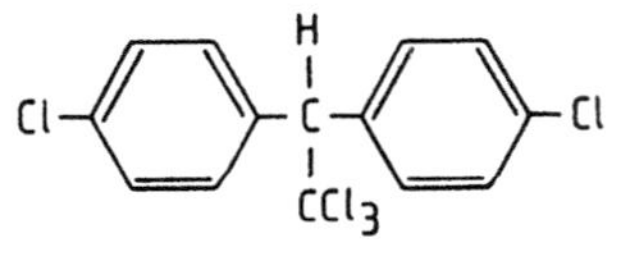

II 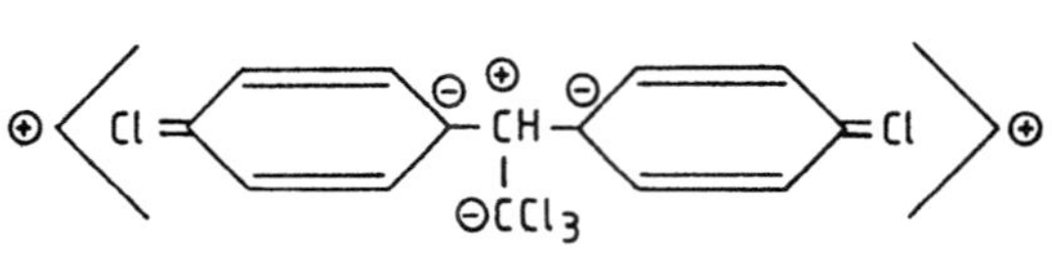

Allen insektizidwirksamen DDT-Derivaten kommt eine gleichsinnige Beeinflussung des mittelständigen C-Atoms zu:

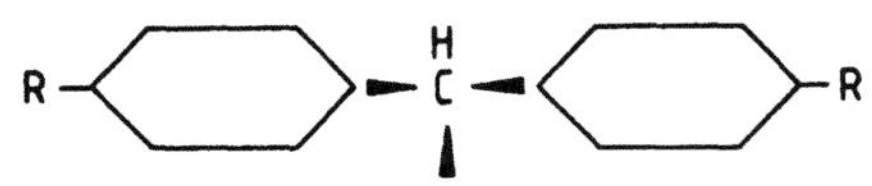

Die verdickten Seiten der Pfeile zeigen die erhöhte Elektronendichte an. Dies ist bei allen Substituenten in *p*-Stellung erster Ordnung der Fall (Cl–, F–, CH_3O–, CH_3–). Substituenten zweiter Ordnung, wie z. B. NO_2-Gruppen setzen einen entgegengesetzten Effekt. Die Elektronen werden nach außen gezogen. Substituenten in *m*- oder *o*-Stellung wirken sich störend auf die aktive Konfiguration aus. Sie dürften dem mesomeren, über das zentrale Kohlenstoffatom verlaufenden Elektronenspiel hindernd entgegenstehen. Die energetische Struktur des DDT sollte als ein gleitendes System aufgefaßt werden, zumal die Verbindung ein äußerst geringes Dipolmoment aufweist, wodurch stabile, polare Grenzformen ausgeschlossen werden.

Als dritter Ligand des mittelständigen C-Atoms paßt sich die CCl_3-Gruppe in das System insofern gut ein, als sie durch einen starken Elektronensog die bereits geminderte Elektronendichte am Zentralpunkt weiter verringert. Die Bedeutung des Elektronensogs wird daraus ersichtlich, daß mit seinem Sinken auch die insektizide Wirksamkeit fällt, wie nachstehende Reihe zeigt:

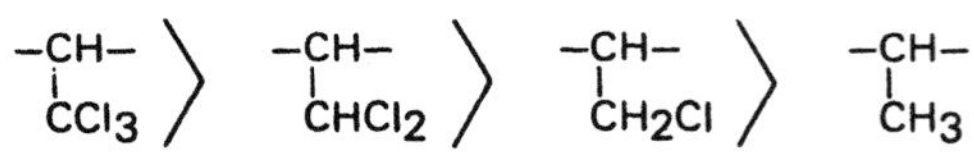

Da die Reaktionsfähigkeit einer Verbindung mit der Elektronenkonfiguration in Zusammenhang steht, sollte letztere auch beim DDT mit dem insektiziden Effekt in Verbindung gebracht werden können. Aber Wechselbeziehungen zwischen DDT und Stoffwechselenzymen sind bisher wenig herausgestellt worden. Die *in vivo*-Stimulation der Atmung durch DDT in Schaben ähnelt der durch 2,4-Dinitrophenol und seiner Analogen erzielbare (Ela et al. 1970) (Bild 46). DDT-behandelte Hausfliegen weisen einen abgesenkten ATP-Spiegel auf und eine Erhöhung des anorganischen Phosphats (Winteringham et al. 1960), so daß es offenbar die oxidative Phosphorylierung stört (Gregg et al. 1960). Dieser Eingriff ist aber wohl anders zu erklären als beim 2,4-Dinitrophenol. Aber DDT hat auch eine Wirkung auf die durch Mg^{++} stimulierte ATPase-Aktivität, die in Organhomogenaten verschiedener Wirbeltiere und Krebse erniedrigt wird (Koch 1969, Matsumura & Narahashi 1971). DDT stört wie Oligomyzin die durch 2,4-Dinitrophenol stimulierte ATPase in Insektenmitochondrien, so daß es eher ein Inhibitor der oxidativen Phosphorylierung als ein Entkoppler zu sein scheint. ^{14}C-markiertes DDT wurde von der Hausfliege hauptsächlich in den Mitochondrien abgelagert. Aufgrund der Reduktionsgeschwindigkeit von Kaliumferricyanid in Anwesenheit von KCN konnte eine Hemmung von Succinat-, Fumarat-, Malat-, α-Ketoglutarat und α-Glycerophosphatdehydrogenase durch DDT bei sensiblen Stämmen beobachtet werden (Lačinova 1975). Ob dies für die Giftwirkung von Bedeutung ist, muß offen bleiben, denn allgemein wird angenommen, daß die primäre Wirkung von DDT am Nervensystem geschieht. Barsa & Ludwig (1959) berichteten, daß DDT in einer 10^{-3} M Konzentration eine spezifische Wirkung auf die CN-empfindliche Atmung hat, indem es die Cytochrom c-Oxidase und Succinatoxidation in *Tenebrio*-Larven und *Musca domestica* hemmt, obgleich auch dies nicht als Primärfaktor seiner Wirkung angesehen werden kann.

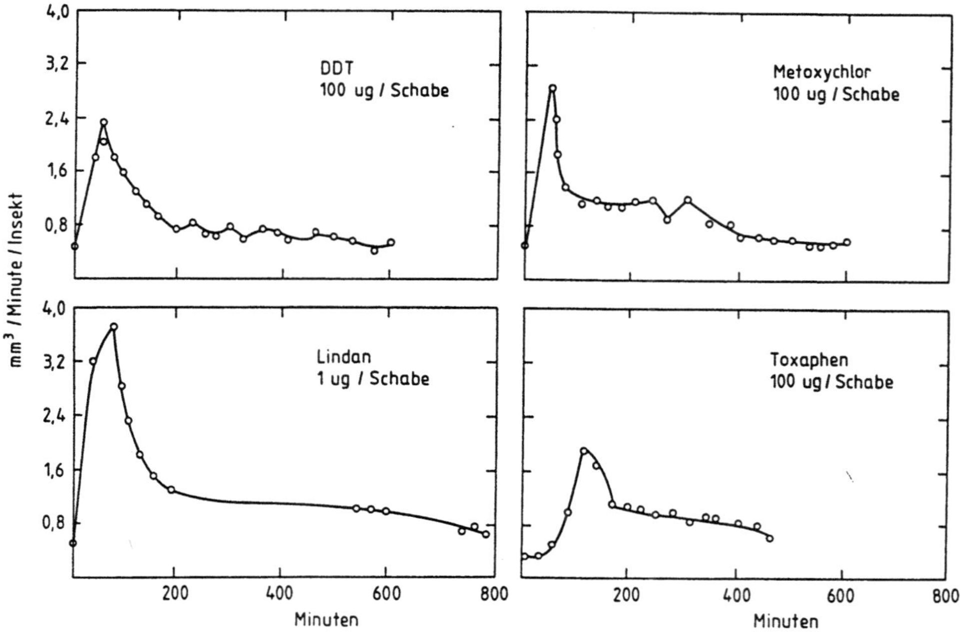

Abb. 46 O_2-Verbrauch von *Blattella germanica* nach Injektion verschiedener Insektizide, nach Harvey & Brown (1951).

Bisher konnte kein Enzymsystem für den beobachtbaren insektiziden Effekt des DDT verantwortlich gemacht werden (Brooks 1974). Alle Erklärungen sind unbefriedigend. Nach den Intoxikationserscheinungen bei Insekten wirkt es eindeutig als Neurotoxin. Die Symptome, wie Hyperexzitabilität, Ataxie und Konvulsionen, sind assoziiert mit der repetitiven Entladung bei sensorischen, zentralen und motorischen Nerven der Insekten. Die Verlängerung der abfallenden Phase des Aktionspotentials wurde auf die kontinuierliche Durchlässigkeit der Nervenmembran für Natrium-Ionen zurückgeführt, womit die DDT-Toxizität in Verbindung steht. Es wird angenommen, daß DDT direkt auf die Nervenmembran über physikochemische Kräfte wirkt (Holan 1969). Die insektizide Aktivität des DDTs und mehrerer seiner Kohlenstoff-Isostere ist korreliert mit der Summe der van der Waalsschen Bindungsenergien der verschiedenen Substituenten im Molekül. Dies führte zur Annahme, daß die Aktivität mit den van der Waalsschen Kräften in Verbindung steht, die zwischen dem Molekül und dem Ort des Rezeptors wirken. Nach Holan (1969) muß das Molekül der Rezeptorgröße angepaßt sein. Die Alkylgruppe an der Seitenkette darf nicht zu groß sein und die van der Waalsschen Begrenzungskräfte der negativen Atomdipole müssen stimmen (Bild 47), dann können DDT oder äquivalente Verbindungen in den Zwischenraum der Lipid-Protein-Nervenmembran gelagert werden. In diesem Zwischenraum verbindet sich der substituierte Phenylring mit der Proteinschicht, vielleicht unter Bildung eines Ladungstransfers (O'Brien & Matsumura 1960), und die Seitenkette ($-CCl_3$) paßt in den Kanal der Nervenmembran, wodurch letzterer für ein Durchsickern von Na^+ durch die Membran offengehalten wird.

Dieses Holan-Modell war von großer Bedeutung für die Entwicklung der Insektizide vom DDT-Typ, und eine Reihe analoger Verbindungen mit hoher insektizider Aktivität

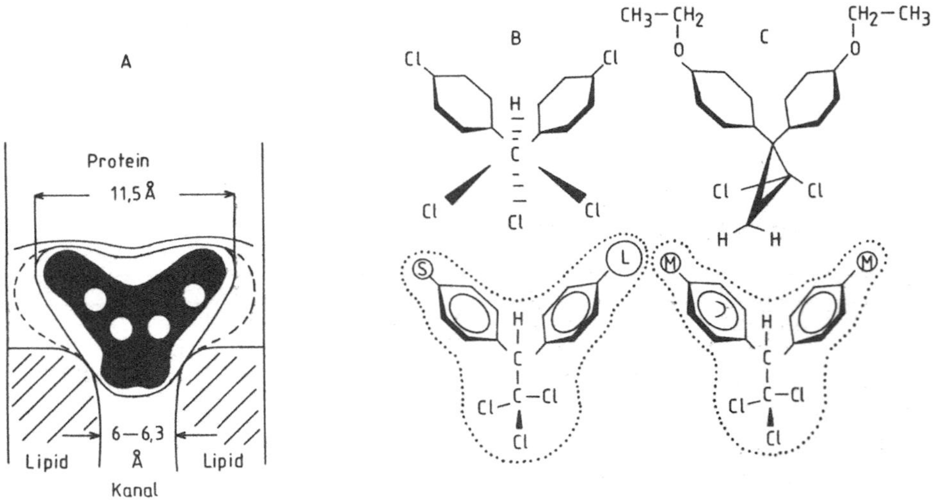

Abb. 47 Einpassung (A) von DDT (B) und 1,1-Di(*p*-äthoxyphenyl)-2,2-dichlorcyclopropan (C) an den Holan-Rezeptor mit einem hypothetischen Modell, wie DDT-Analoge mit verschieden großen Substituenten am Ring auf den DDT-Rezeptor wirken könnten.

wurde gefunden (Holan 1971). Obgleich das Modell für die Vorhersage und Erklärung der Aktivität von symmetrisch substituierten DDT-Analogen nützlich ist, kann es nicht die mitunter auch recht hohe insektizide Aktivität unsymmetrisch substituierter DDT-Analoge erklären (Metcalf et al. 1971). Somit mußte das Holan-Modell überdacht werden. Fahmy et al. (1973) legten schließlich ein erweitertes Modell vor, dessen basale Premisse ist, daß DDT oder seine Analoga an die Rezeptorseite in der Nervenmembran passen müssen, wie dies auch von Holan gefordert wurde. Der Rezeptorort wird aber als eine Höhlung oder Tasche von begrenzter flexibler Größe angesehen und nicht so starr wie nach dem Holan-Modell. Maximale Aktivität wird erwartet, wenn ein Maximum an Interaktion zwischen dem Ort des Rezeptors und der vier Schlüsselsubstituenten vorhanden ist. Die Gesamtgröße des DDT-Moleküls wird als kritische Größe für eine maximale Interaktion betrachtet und jede Verkleinerung soll die Wirkung reduzieren. Solange die Gesamtgröße des Moleküls in einem flexiblen Rahmen mit dem Rezeptorort bleibt, können auch unsymmetrische Moleküle insektizide Aktivität entfalten (Fukuto 1971).

Das Holan-Modell macht es möglich, den insektiziden Wirkungsmechanismus des DDT auch aus dem Elektronenstatus der Verbindung zu deuten. Gehen nämlich Übergänge zwischen mesomeren Zuständen des Wirkstoffmoleküls sprunghaft vonstatten, so können quantenmäßig definierte Energiestöße auftreten, die wiederum physiologische, auf quantenbiologischer Grundlage verlaufende Vorgänge stören, wie die Impulsübertragung bei der Nervenreizleitung. So adsorbieren isolierte Küchenschabennerven markiertes DDT sehr schnell (30 % der Gesamtaufnahme aus einer 10^{-5} M Lösung in der ersten Minute) (Matsumura & O'Brien 1960). Dies führte zu der Annahme von Ladungstransferkomplexen zwischen DDT und dem Nervenstrang. Nach autoradiographischen Untersuchungen fanden Coons & Guthrie (1972) unter Verwendung von [^{3}H]-DDT, daß das Isotop im Nervensystem der weiblichen Schabe sowie der großen Larven von *Heliothis virescens* in der Neurallamelle der Ganglien und in den darunterliegenden kollagenähnlichen Fasern lokalisiert war, aber nicht in den Ganglienzellen selbst und den Gliazell-

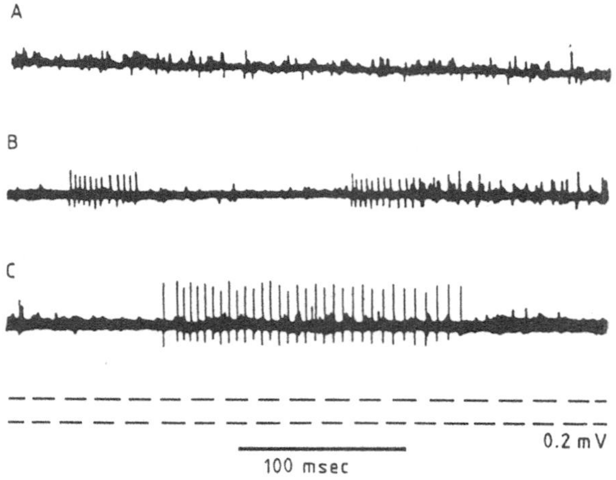

Abb. 48
Impulserien von sensorischen Zellen des Küchenschabenbeines, 10 Minuten nach Injektion von $2{,}8 \times 10^{-8}$ M DDT in das Bein. A – vor Injektion, B und C – nach Injektion, aus Narahashi (1969).

körpern. In den Membranen der Axone sowie den Gliazellen des Neuropils von *H. virescens* zeigte sich eine diskontinuierliche Ausbreitung. Nach Robinson (1967) wird die Konzentration eines chlorierten Kohlenwasserstoffs in einem bestimmten Gewebe von seiner täglichen Aufnahme bestimmt. Daneben besteht eine funktionelle Beziehung zwischen den Konzentrationen verschiedener Gewebe. Die Konzentration in den Geweben ist von der Zeit der Giftanwesenheit abhängig. Findet keine Aufnahme mehr statt, so nimmt die Giftkonzentration stetig ab.

Die sensorischen Fibrillen sind gegenüber DDT empfindlicher als die motorischen, was auf die Bedeutung der Sinnesorgane als primären Wirkungsort hinweist. Die Empfindlichkeit verschiedener Teile des Nervensystems variiert bei ein und derselben Art. So sind sensorische Nerven eines Schabenbeinmuskels mehr als 100mal so empfindlich für DDT wie die motorischen Nerven des gleichen Beines (Roeder & Weiant 1946, Buerger & Matsumura 1960).

Die durch DDT-Moleküle verursachte abnorme Verlangsamung des Na^+-Flusses ist die Basis für die repetitive Entladung (Narahashi 1971a). In DDT begifteten Nerven können dadurch fortlaufend mehrere hundert Spikes erzeugt werden (Eaton & Sternburg 1964) (Bild 48). Durch die repetitive Entladung in den sensorischen Nerven wird der Reflextremor im motorischen Teil verursacht (Roeder & Weiant 1948). Bei Ratten ist das Gehirn beträchtlich in das DDT-Giftsyndrom verwickelt; ein Teil des typischen DDT-Tremors ist bedingt durch einen Reflexprozeß, der mit dem bei Küchenschaben vergleichbar ist (Shankland 1964).

Das Absinken des Kaliumflusses und die Verlangsamung des Natriumdurchflusses sind die beiden Hauptwirkungen des DDTs an der axonalen Membran. Dies gilt sowohl für Invertebraten als auch für Vertebraten (Hille 1968). Dadurch werden Instabilität und repetitive Entladung erzeugt.

10.1.4 Einfluß der Temperatur

Besonders auffallend ist die Wirkung von DDT in Abhängigkeit von der Temperatur, denn es ist bei tiefen Temperaturen erheblich wirksamer als bei hohen (Tabelle 16) (Fan et al. 1948, Häfliger 1954, Klee 1957, Eaton & Sternburg 1964, Iordanou & Watters 1969).

Tabelle 16 Wirkung der Temperatur auf die Intoxikation von DDT bei *Blattella germanica* nach topikaler Applikation

Temperatur	14,5 °C	LD_{50}	2,1 ng/Tier
	22 °C	LD_{50}	12,9 ng/Tier
	32 °C	LD_{50}	40,8 ng/Tier

Auch als Fraßgift, gelöst in Zuckerwasser, zeigt DDT in seiner Wirkung einen stark negativen Temperaturkoeffizienten. Dies ändert sich auch nicht, wenn die Formulierung gewechselt wird (Tabelle 17).

Tabelle 17 Einfluß der Temperatur und der Formulierung auf die Giftwirkung von DDT bei der Honigbiene *Apis mellifera* L.

Temperatur °C	als Spritzpulver	als Paste LD_{50} in ng pro Biene	als Emulsion
20	32	8	1,1
28	300	75	11
36	560	180	30

Die Zubereitungsform ist zwar für die Giftwirkung ganz wesentlich, sie ändert aber nichts am negativen Temperaturkoeffizienten. Die festen und groben Teilchen des Spritzpulvers werden in weit geringerem Maße resorbiert als die äußerst feinen Partikel (1 bis 2 μ) der Paste. Noch rascher geht die Aufnahme aus der Emulsion vor sich. Der negative Temperaturkoeffizient bei der Insektenintoxikation durch DDT wird von Holan (1969) dadurch erklärt, daß die Bildung von Ladungstransferkomplexen mit zunehmender Temperatur geringer ist. Die geringere Toxizität bei höheren Temperaturen ist nicht gleichbedeutend mit einem schnelleren Abbau des Insektizids im Organismus. Dies läßt sich dadurch zeigen, daß Bienen, die bei 36 °C behandelt wurden und keine Schädigung zeigten, bei Abkühlung auf 16 °C abgetötet wurden.

10.1.5 Physiologisch-chemische Nebenwirkungen

Weitere durch DDT verursachte Effekte scheinen mit der eigentlichen Giftwirkung nicht in Zusammenhang zu stehen. So induziert DDT die Bildung von mikrosomalem Cytochrom P_{450} in der Leber von Ratten (Bunyan et al. 1970) und Mäusen (Chabra & Fouts 1973) sowie in *Musca domestica* (Matthews & Casida 1970, Tate et al. 1973). Das gleiche gilt für DDE (III) als Metabolit des DDTs; ersteres ist sogar noch wirksamer als letzteres. Eine einzige Applikation von DDT verursacht in der Ratte eine Demethylierung von Aminopyrin (IV) und Oxidation von Hexobarbital (s. S. 89) (Remmer et al. 1968).

III

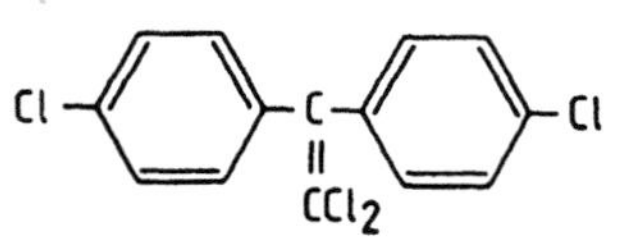

2,2-Bis(*p*-chlorphenyl)-1,1-dichloräthylen

IV

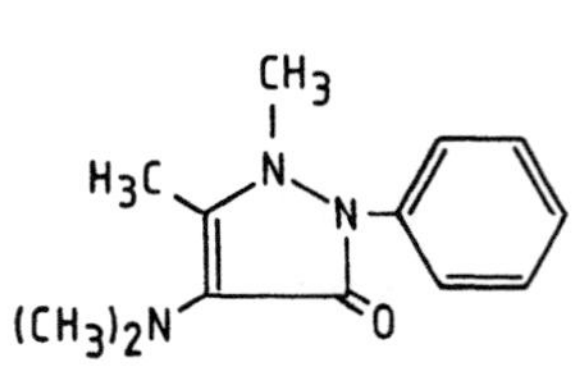

4-Dimethylamino-1,5-dimethyl-2-phenyl-3-pyrazolon

Chlorierte Kohlenwasserstoffe stimulieren auch die mikrosomale Hydroxylierung von Steroidhormonen in der Leber und ändern so den Stoffwechsel. Es kommt zu einer bemerkenswerten Erhöhung des Steroidumsatzes und der Exkretion von Steroidhormonen im Urin (Conney 1971). Jedoch konnten Welch et al. (1967) zeigen, daß die Testosteronhydroxylierung in den Mikrosomen stimuliert, aber auch gehemmt werden kann, je nachdem ob die Wirkstoffe chronisch oder akut zugeführt werden.

Bei Langzeitwirkung zeichneten sich die chlorierten Kohlenwasserstoffe als potentielle Therapeutica aus. So zeigte eine kontinuierliche Verabreichung von *o,p*-DDD eine Verbesserung des Cushing-Syndroms, das durch eine renale Überproduktion von Cortisol charakterisiert ist (Bledsoe et al. 1964) und DDT konnte zur Behandlung von Neugeborenen mit Hyperbilirubinämie erfolgreich eingesetzt werden (Thompson et al. 1969). Vermutlich induziert DDT die Aktivität der Leber-Glukuronyltransferase.

Bemerkenswert ist auch die Beobachtung, daß DDT in Rattenleberpräparaten die Stoffwechselwege anderer Insektizide, wie Parathion und Chlordan, beeinflußt, so daß Paraoxon bzw. 3-Methyl-cholanthren entsteht.

Ebenso wie DDT die Einlagerung anderer chlorierter Kohlenwasserstoffe mitbestimmt, wird auch seine Speicherung in den Geweben durch letztere beeinflußt (Street 1964). So verminderte DDT in einer Rattendiät mit 5 und 50 ppm über 10 Tage die Speicherung von verschiedenen Cyclodien-Insektiziden, die gleichzeitig in Dosen von 1 und 10 ppm verfüttert wurden (Street 1968). In Kombination mit 50 ppm DDT wurde die Retention von Dieldrin und Heptachlor (jeweils 1 ppm in der Diät) im Fettgewebe um 90 % gegenüber der Kontrolle reduziert. Diese Wirkung hielt länger als 6 Wochen nach DDT-Behandlung an. Aber nicht bei allen untersuchten Warmblütern konnte eine Wirkung des DDTs auf die Speicherung anderer chlorierter Kohlenwasserstoffe nachgewiesen werden. Menzer & Rose (1971) nehmen an, daß DDT eine Bindung anderer chlorierter Kohlenwasserstoffe an Plasmaproteine kompetitiv hemmt und auf diese Weise ihren Abbau und ihre Ausscheidung beschleunigt, denn durch hohe DDT-Gaben konnten bei niedrigen Dieldrinmengen die stärksten Effekte erzielt werden (Eliason & Posner 1971). Daß DDT tatsächlich an Plasmaproteine gebunden wird, zeigten schließlich Skalsky & Guthrie (1975), indem sie solche Komplexe aus Ratten und Küchenschaben isolierten; in letzteren war jedoch weniger DDT an Plasmaproteine gebunden als in ersteren.

Eine Vorbehandlung von Ratten mit DDT oder Chlordan setzte die durch Barbiturat induzierte Schlafzeit (Conney et al. 1967) und die toxische Wirkung des Antikoagulans Warfarin (s. S. 225) herab (Ikeda et al. 1968). Die weitverbreiteten DDT-Rückstände sowie die anderer chlorierter Kohlenwasserstoffe könnten erklären, weshalb Ratten gegenüber dem Rodentizid Warfarin toleranter geworden sind (Burns 1969).

Besonders umweltschädlich macht sich der Einfluß des DDT auf den Calzium-Stoffwechsel der Vögel bemerkbar (Hartner 1978). Durch Messungen an Greifvogeleiern und solchen der Silbermöve konnte gezeigt werden, daß etwa ein Jahr nach DDT-Behandlung des Gebietes die Vogelpopulation zurückging. Die Schalendicke der Vogeleier war so stark herabgesetzt, daß die Vögel beim Brüten ihre eigenen Eier zerbrachen (Hickey & Anderson 1968, Porter & Wiemeyer 1969, Haseltine et al. 1974, Newton & Bogan 1978).

10.1.6 DDT-Abbauprodukte, DDT-Toleranz und analoge Verbindungen

Der Abbau des DDTs im Stoffwechsel geschieht in Gegenwart von GSH durch Dehydrochlorinierung, wobei DDT-Dehydrochlorinase nicht mit GSH-S-aryltransferase identisch ist (Goldchild & Smith 1970). In Insekten wird hauptsächlich DDE gebildet. Obgleich DDE bei *Aedes aegypti in vivo* der Hauptmetabolit ist, konnte *in vitro* keine

DDT-Dehydrogenase nachgewiesen werden (Brown & Perry 1956, Chattoraj & Brown 1960). Wird DDE reduziert, so entsteht das toxische DDD. Wird es dann, wie beim Mexikanischen Bohnenkäfer nachgewiesen werden konnte, weiter dehydrochloriniert und oxidiert, so entsteht DDA und nach Dekarboxylierung und Oxidation Dichlordiphenylketon (VI).

DDA wurde zuerst in Säugetiergeweben nachgewiesen. Dann konnte es auch in der Kopflaus *Pediculus humanus* nach Behandlung mit DDT gefunden werden. Das Verhältnis der Stoffwechselmetaboliten war DDA:VI: DDE wie 2 : 2 : 1 (vgl. O'Brien 1967).

Das mikrosomale Abbausystem von *Blattella germanica* benötigt $NADPH_2$, O_2, Mg^{++} und Nikotinamid, wobei zunächst Dicofol oder ein ähnliches Produkt entsteht (Tsukamoto 1959, Dinamarca et al. 1962, Morello 1964, 1965). Bemerkenswert ist, daß Tsukamoto diese Reaktion auch nur *in vivo* fand, während *in vitro*-Präparationen von *D. melanogaster* kein Dicofol (Kelthan) bildeten. Demnach ist bei allen *in vitro*-Versuchen zu prüfen, ob das Ergebnis mit dem *in vivo* übereinstimmt oder ob artifizielle Bedingungen herrschten.

Quantitative Untersuchungen über den Abbau von DDE ergaben, daß bei Hausfliegen nach gewisser Zeit nur noch 33 bis 76 % der ursprünglichen Giftmenge (DDT und DDE) wiedergefunden werden konnten. Auch bei Heuschrecken konnte nach bestimmter Zeit ein Viertel der oral aufgenommenen DDT-Menge nicht mehr nachgewiesen werden. In der Küchenschabe *Blattella germanica* wurde vorwiegend Dicofol gebildet, wozu $NADPH_2$ benötigt wird; zusätzlich wurde unverändertes DDT ausgeschieden (Agosin et al. 1961). In *Drosophila melanogaster* und *D. virilis* sowie in der Wanze *Triatoma infestans* wurde viel Dicofol neben wenig DDE produziert. Die Zecke *Boophilus microplus* bildete als adultes Weibchen nur DDE, während die Larven Dicofol und DBP (4,4'-Dichlorbenzophenon) neben DDE und nicht identifizierten Phenolen produzierten (Schnitzerling et al. 1970).

DDT-Toleranz kann bedingt sein durch eine herabgesetzte Absorption der Kutikula (*Melanoplus*) oder durch eine gesteigerte Entgiftung zu DDE, wie bei *Epilachna varivestis*, den Marienkäfer *Coleomegilla maculata* (Ferguson & Kearns 1949, Sternberg & Kearns 1952, Bettini & Boccacci 1955), der Wanze *Oncopeltus fasciatus* und für viele andere Insekten nachgewiesen wurde (Hoskins & Witt 1958).

p-Bromphenyl-Analoge des DDTs, die als radioaktiv markierte Verbindungen an Fliegen verabreicht wurden, konnten bis zu 95 % wiedererhalten werden; ihr Abbau kann gegenüber DDT bis 30fach verlangsamt sein. Wurden die Chlor-Atome im aliphatischen Teil des Moleküls durch Brom ersetzt ($-CH-CBr_3$), so wurde die Verbindung 5mal schneller dehydrohalogenisiert als DDT, die $CHBr_2$- oder CHClBr-Analoge 15mal schneller. Sie sind dementsprechend auch weniger toxisch.

Bisher konnten aus Insekten kaum Metaboliten isoliert werden. Unsere Kenntnisse basieren meist auf Farbreaktionen und chromatographischen Nachweisen. Mit Schechter-Haller-Reagens ergeben sie oft eine rötliche Farbe, wie DDE, Dichlordiphenylketon und Dichlordiphenylmethan (VII), während DDT mit blauer Farbe reagiert. Aus diesen noch recht fragmentarischen Untersuchungen läßt sich für den aliphatischen Teil des DDTs folgendes Abbauschema entwerfen:

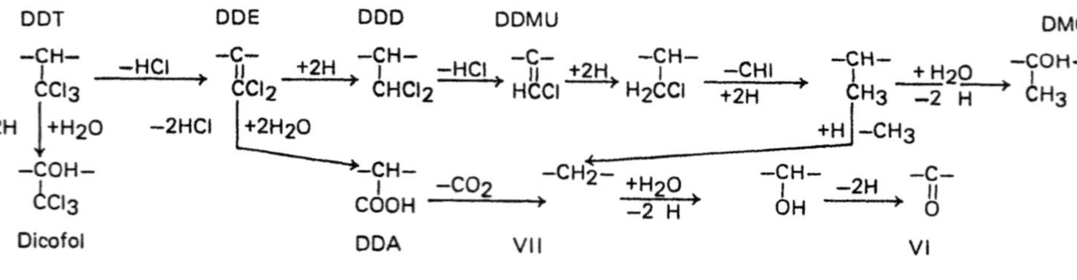

DDD

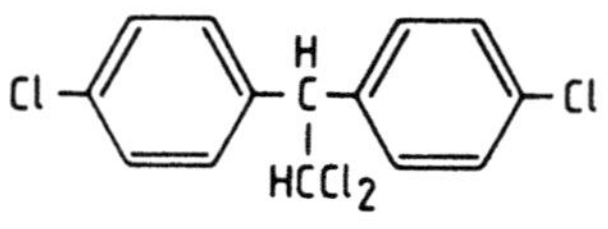

2,2–Bis–(*p*-chlorphenyl)
–1–chloräthylen

DDMU

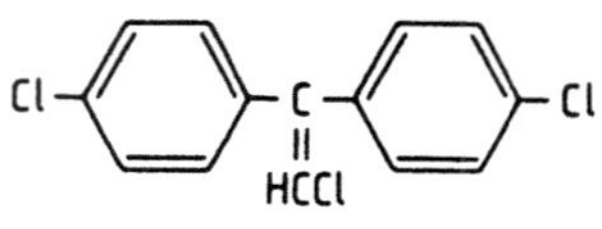

2,2-Bis(*p*-chlorphenyl)
-1,1-dichloräthan

DMC

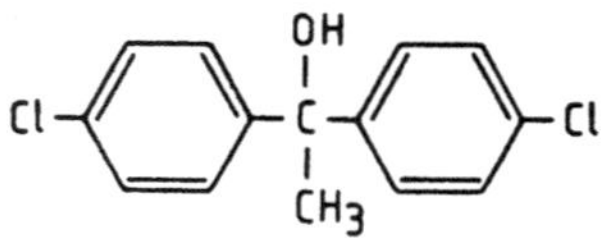

4,4′–Dichlor-α-
methylbenzhydrol

Dicofol

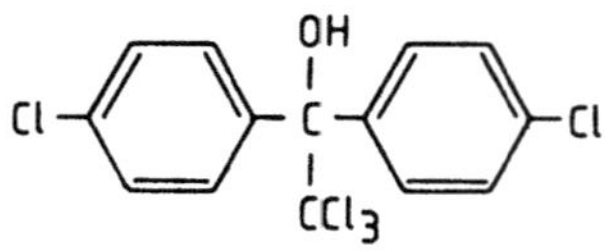

1,1-Bis(*p*-chlorphenyl)
-2,2,2-trichloräthanol

DDA

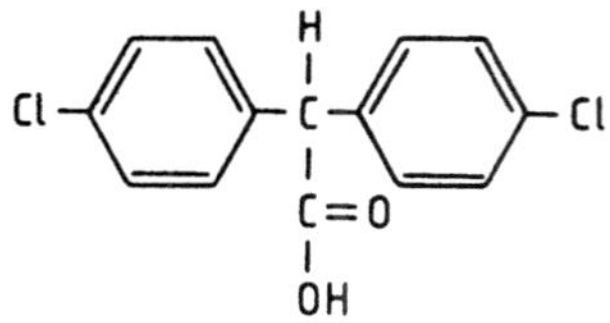

Bis-*p*-chlorphenylessigsäure

Alle Metaboliten, außer DDD, sind nicht mehr toxisch. Dies gilt für Säugetiere wie für Insekten; sie werden meist als Konjugate ausgeschieden. Nach *p, p′*-DDT-Gaben konnten DDA-Komplexe mit Serin und Asparaginsäure aus Ratten (Pinto et al. 1965) und Glucoside der 8-Hydroxybenzoesäure sowie 4-Hydroxybenzoesäure aus Kornkäfern (Rowlands & Lloyd 1969) erhalten werden. Nach *o,p′*-DDT-Applikation wurden in Ratten Glycin- und Serinkonjugate der *o,p′*-DDA nachgewiesen (Feil et al. 1973). Sundström (1977) zeigte die Hydroxylierung der aromatischen Ringe des *p,p′*-DDE in der Ratte. Die Unterschiede in der Toxizität gegenüber den beiden Tiergruppen liegen in der geringeren Resorbierbarkeit und der starken Löslichkeit und damit Aufnahmefähigkeit des Insektizids im Körperfett der Säuger. Kleine Tiere sind mehr gefährdet als große, junge mehr als alte.

Aber nicht nur Säugetiere sind gegenüber DDT toleranter, wenn sie viel Fettgewebe besitzen (Spicer et al. 1947); dies gilt auch für Insekten. So läßt sich nachweisen, daß die LD_{50} bei älteren Larvenstadien holometaboler Insekten mitunter sehr viel höher liegt als bei jüngeren oder adulten Tieren. Wenn dies auch auf den ersten Blick von Vorteil erscheint, so kann es den Tieren bei kurzfristigem Verlust des Fettes zum Verhängnis werden. Larven, die während der Puppenphase einen Großteil des gespeicherten Fettes verlieren, sterben infolge der freiwerdenden DDT-Rückstände als Imagines ab. Bei Säugern, die durch Hungern, Krankheit, Abmagerungskuren und beschleunigten Stoffwechsel relativ schnell große Fettmengen verlieren, werden die Rückstände der chlorierten Kohlenwasserstoffe ebenfalls mobilisiert. Bei Ratten, denen 600 ppm DDT mit der Nahrung verabreicht wurden, trat nach konsequentem Hungern ein charakteristischer Tremor auf (Fitzhugh & Nelson 1947). In anderen Versuchen wurde eine erhöhte Exkretion und allgemeine Mobilisierung von DDT und seinen Metaboliten im Fettgewebe sowie anderen Organen, wie Plasma, Leber, Gehirn und Niere beobachtet (Dale et al. 1962). Durch einen hohen Gehalt an Fett in der Diät zusammen mit DDT wurden die akuten toxischen Effekte erhöht (Sauberlich & Baumann 1947). Andererseits steigerte es bei der Ratte die Wirkung einer Diät, die einen Mangel an essentiellen Fettsäuren aufweist (Tinsley & Lowry 1969).

Bei einmaliger Aufnahme von 10 g DDT oder auch mehr wurde selten eine akute klinische Vergiftung festgestellt; die Individuen überlebten. Es traten allgemeine Unwohlsymptome auf, wie Appetitlosigkeit, Übelkeit, die dann bei genügender Einwirkungszeit zu Tremor und Erbrechen führten.

Von den DDT-analogen Verbindungen, deren insektizide Wirkung noch von Interesse ist, seien das Methoxychlor (VIII), DFDT (IX), FDMC (X) und Methiochlor (XI) genannt; das DDD wurde bereits erwähnt. Methoxychlor ist unter den synthetischen Insektiziden wohl die für Warmblüter ungefährlichste Verbindung. Seine Herstellungskosten sind jedoch höher als beim DDT, weshalb es nur in den USA zu größerem Einsatz gelangte. Es diente vor allem zur Behandlung von Milchvieh und Entseuchung der Stallungen. Auch gegenüber bestimmten Pflanzen ist es harmloser als die übrigen im Einsatz befindlichen chlorierten Kohlenwasserstoffe. In Europa wird Methoxychlor noch gegen die Kirschfruchtfliege im Obstbau und im Ackerbau gegen gewisse Raps- und Weizenschädlinge eingesetzt; im Obstbau verkürzt es die Wartezeit.

Auch die Herstellung von DFDT war zu kostenaufwendig, um sich gegen DDT durchzusetzen. Infolge seiner höheren Flüchtigkeit zeigt es eine raschere Wirkung als DDT, aber die Dauerwirkung wird entsprechend reduziert.

VIII

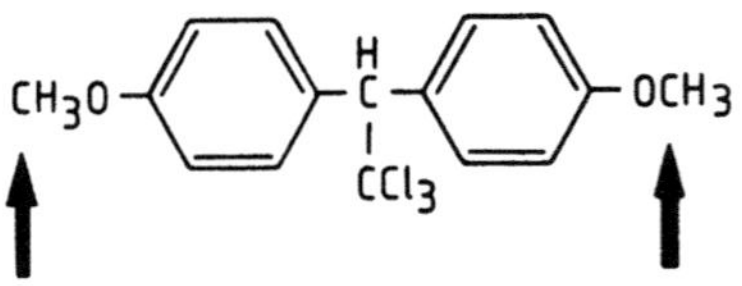

2,2-Bis(*p*-methoxyphenyl)-1,1,1-trichloräthan

IX

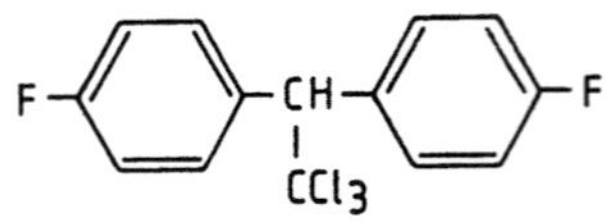

2,2-Bisp (*p*-fluorophenyl)-1,1-dichloräthan

X

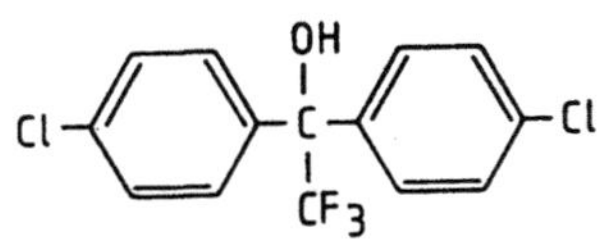

4,4'-Dichlor-α-trifluoromethylbenzhydrol

Die Wirkungsweise dieser Analoga entspricht ganz der des DDTs. Jedoch kann beim Methoxychlor und ähnlichen Verbindungen zusätzlich ein Abbau durch O-Dealkylierung erfolgen (durch Pfeile angedeutet).

Methiochlor unterliegt im Stoffwechsel einer Thioätheroxidation (Pfeilmarkierung). Bis-sulfoxid und Bis-sulfon sind die wesentlichsten *in vivo*-Metaboliten des Methiochlors bei der Maus. *In vitro* konnten Mono- und Bis-sulfoxid identifiziert werden (Kapoor et al. 1970).

XI

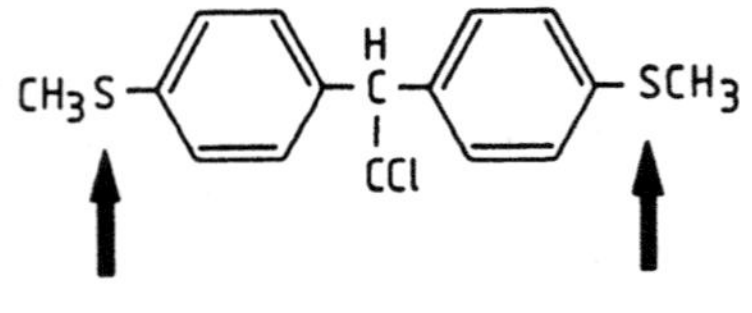

2,2-Bis(*p*-methylthiophenyl)-1,1,1-trichloräthan

10.2 Hexachlorcyclohexan (HCH, BHC, Lindan)

Bevor der amerikanische Chemiker H. Bender im Jahre 1933 die Anwendung des Hexachlorcyclohexans als Insektizid schützen ließ, war die Verbindung bereits 100 Jahre bekannt. Thomas erkannte dann 1943, daß allein die in dem Isomerengemisch vorhandene γ-Isomere insektizide Wirkung besitzt, die bereits 1912 von dem Holländer van der Linden rein dargestellt wurde. Ihm zu Ehren wurde sie Lindan genannt. Durch die griechischen Buchstaben wird allein die Reihenfolge der Entdeckung der Isomeren gekennzeichnet. Die Bezeichnung „Lindan" als Ersatz für „Gammexan" darf nur für γ-HCH mit einem Reinheitsgrad von 99 % verwendet werden.

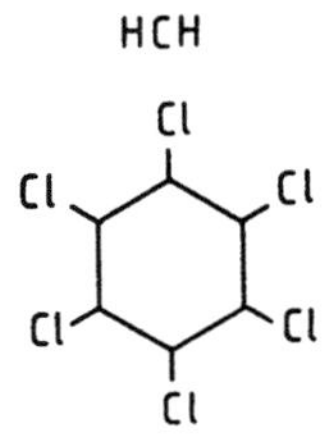

Bei der Festlegung der chemischen Struktur des Lindans wird von der Sesselform des Benzols ausgegangen. Durch Berechnung der Atomabstände und sonstige physikalische Messungen konnte wahrscheinlich gemacht werden, daß infolge der gegenseitigen Beeinflussung der Chlorsubstituenten in den HCH-Isomeren nur die *trans*-Form, also Sesselform in Frage kommt.

Lindan wurde bald eine starke Konkurrenz für DDT. Nach dem Zweiten Weltkrieg standen diese beiden Insektizide im Verbrauch aller synthetischen Gifte an der Spitze. Die wesentlichsten Unterschiede zwischen diesen beiden Insektiziden sind folgende: HCH wirkt in der Dampfphase auf viele Schädlinge recht schnell, verliert aber durch seine Flüchtigkeit rasch an Wirkung. DDT wirkt in umgekehrter Weise. Somit bringt ein Gemisch der beiden Verbindungen oft eine optimale Wirkung.

HCH ist ein Insektizid mit großer Breitenwirkung. Dementsprechend wird es heute noch im Acker-, Gemüse-, Obst- und Weinbau sowie zur Bodenbehandlung, im Forst, im Vorratsschutz und gegen Hausschädlinge angewendet, gewöhnlich in Mischungen mit Methoxychlor oder Nikotin oder Pyrethrum + Piperonylbutoxid. Mit HCH nicht oder schwer bekämpfbar sind Spinnmilben, die Rübenblattfliege und Gespinstmotten sowie eine Anzahl von Raupen in älteren Stadien. Infolge der großen Breitenwirkung werden leider auch viele Nutzinsekten wie auch Bienen abgetötet. Es wirkt toxisch auf Bodencollembolen, Fische und ihre Nährtiere.

Für die Oberflächenbehandlung werden Emulsionen hergestellt. Streumittel mit HCH dienen zur Tiefenbehandlung des Bodens im Forst und in Obstgärten. Als Saatschutzmittel vermindert es Drahtwurmschäden (Elateriden-Larven). In dieser Eigenschaft wird es häufig in Kombination mit Hg-haltigen organischen Beizmitteln eingesetzt. Da zur Vermeidung von Wachstumsanomalien in dieser Hinsicht nur geringe Giftmengen verwendet werden können, scheint HCH auf Elateridenlarven eher eine Repellent-Wirkung zu haben als eine toxische. Auf die Mikrofauna und -flora sowie die Regenwürmer soll es keinen Einfluß haben. Gegen Fliegen und Mücken im Haushalt wird es als Räuchermittel eingesetzt. Das etwas unangenehm riechende Gift wird auf einer heißen Platte verdampft und verteilt sich dann fein an den Wänden des Raumes.

Lindan ist sowohl ein Kontakt- als auch ein Fraßgift, worauf vor allem seine große Breitenwirkung beruht. So kommt beim Kartoffelkäfer die Fraßgiftwirkung am stärksten zur Geltung. Schließlich kann Lindan auch etwas in die Pflanzen eindringen, wodurch die Bekämpfung pflanzensaugender Insekten erleichtert wird. Im Gegensatz zu DDT zeigt HCH einen positiven Temperaturkoeffizienten (Harrison et al. 1967).

Nach topikaler Applikation von ^{14}C-Lindan auf den Thorax von *Periplaneta americana* breitet sich das Insektizid wie DDT über die ganze Oberfläche aus (Quraishi & Abdul Matin 1962). Der Eindringungsmechanismus von HCH ist biphasisch (Kurihara 1970) (Bild 49). Man beobachtet eine negative Korrelation zwischen Penetration und Verteilungskoeffizienten. Die Haupteindringungsorte sind wohl auch hier Gelenkspalten, Sinnesorgane und Stigmen, von wo es leicht an die Nervenendigungen gelangen kann. Außerdem kann es in der Blutbahn transportiert werden. Autoradiographische Untersuchungen an der ganzen Schabe zeigten, daß [^{14}C]-γ-HCH die Kutikula selbst nur langsam penetriert und trotzdem innerhalb von 15 Minuten fast alle Teile des Zentralnervensystems (ZNS) erreicht hatte (Kurihara et al. 1970). Überraschenderweise wurde γ-HCH in den peripheren Regionen und nicht innerhalb des ZNS gefunden; dies steht im Gegensatz zum Nikotin. Allerdings ist dabei zu berücksichtigen, daß die Radioaktivität nicht in allen Fällen das unveränderte Molekül anzeigt.

Verteilungsstudien mit [^{14}C]-α-HCH oder [^{14}C]-γ-HCH ergaben bei Anwendung von Gewebeextraktion oder Gesamtkörperautoradiographie, daß es nach intraperitonealer Verabreichung an Ratten und Mäusen sehr schnell zum ZNS gelangt (Koransky & Ullberg 1964; Nakajima et al. 1970). Die Verteilung wurde über 72 Stunden nach der Injektion verfolgt. Bereits nach 5 Minuten fand sich eine starke Anreicherung von α-HCH in der weißen Substanz des ZNS, die länger als 24 Stunden dauerte. Aber auch die anderen Isomeren wurden schnell aufgenommen, allerdings etwas langsamer als die α-Isomere. Ihre Verteilung über das Gehirngewebe war gleichmäßiger und ihr Abbau schneller.

Die Vergiftungserscheinungen sind stets gleich und unabhängig von der Applikation. Die Vergiftungssymptome weisen eindeutig auf das Nervensystem als Angriffspunkt hin. Bei *Periplaneta* nahm der Gehalt an Acetylcholin im Thorax nach Lindan-Behandlung bis auf 300 % zu. Dies ist aber nicht auf eine Hemmung der Cholinesterase-Aktivität zurückzuführen.

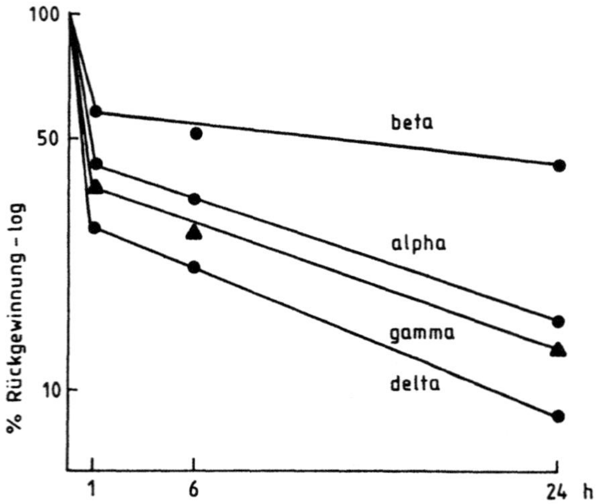

Abb. 49
Multiphasische Eindringung von HCH-Isomeren in *Periplaneta americana*, nach Kurihara (1970)

Lindan induziert die mikrosomale Oxidasen-Aktivität in Säugetieren, indem es die Cytochrom P_{450}-Bildung erhöht (Lucier et al. 1972). Die *in vivo*-Stimulation der Atmung der Küchenschabe durch Lindan ist ähnlich wie beim DDT und 2,4-Dinitrophenol (Ela et al. 1970) (Bild 46). Histologisch lassen sich Veränderungen am ZNS, den Sinnesorganen, den Kernen der Blutzellen und an den Zellstrukturen fast aller Organe feststellen.

Lindan wird im Organismus nach zwei Mechanismen abgebaut:

Eine Monodehydrochlorinierung führt zum γ-PCCH (Pentachlorcyclohexan) als Intermediärprodukt (Sternberg & Kearns 1956). In *Musca domestica* waren aber nicht mehr als 3 % dieser Verbindung feststellbar; daneben traten Isomere auf (Freal & Chadwick 1973). Nach Ishida (1968) findet die Dehydrochlorinierung mit Hilfe von DDTase in Gegenwart von GSH statt, und γ-PCCH wird *in vivo* schnell abgebaut (Ishida & Dahm 1965a,b; Reed & Forgash 1970). Bei der Schmeißfliege *Lucilia sericata* zeigten Clark et al. (1969), daß Bis-(N,N-dimethylaminophenyl)methan eine starke Hemmung des γ-PCCH-Abbaues bewirkt, während es die Dehydrochlorinierung von γ-HCH nicht beeinflußt. Andererseits ist die Verbindung als Hemmer der DDT-Dehydrochlorinase bekannt. Für *Lucilia* wurde beobachtet, daß nicht γ-HCH, sondern γ-PCCH dehydrochloriniert wird, wie es bereits Grover & Sims (1965) annahmen. Ob die einzelnen Arten in dieser Hinsicht verschieden reagieren, bleibt eine offene Frage.

Der zweite Mechanismus ist eine Glutathionkonjugation. Dies ist abhängig von einer GSH-abhängigen Aryltransferase-Aktivität. Enzympräparationen von Hausfliegen verwandelten γ-HCH in Gegenwart von GSH in Produkte um, die nach alkalischer Hydrolyse Thiophenole ergaben (Bradbury & Standen 1959):

$$C_6H_6Cl_6 + HSR \xrightarrow{-HCl} C_6H_6Cl_5SR \xrightarrow{H_2O} C_6H_3Cl_2SH + ROH + 3\,HCl$$

Ein GSH-Konjugat konnte jedoch niemals isoliert werden (Clark et al. 1969). Der weitere Abbau kann zu verschiedenen Isomeren von Tetra-, Tri- und Dichlorbenzolen und den entsprechenden Phenolen führen, wie dies für γ-HCH und γ-PCCH gezeigt werden konnte (Bradbury & Standen 1959, Freal & Chadwick 1973, Kurihara & Nakajima 1974, Tanaka et al. 1976). Einige der Metaboliten wurden als Konjugate von Glukuronsäure, Schwefelsäure und Glutathion ausgeschieden (Clark et al. 1966, 1969; Grover & Sims 1965, Kurihara & Nakajima 1974), andere wurden unverändert in den Exkreten gefunden. Obgleich die genauen Wege im Stoffwechsel zur Bildung der verschiedenen Metaboliten nicht bekannt sind, dürfte die Beteiligung von mikrosomalen Oxidasen, UDP-Glucuronyltransferase, Sulfotransferase, GSH-S-aryltransferase und weiterer Enzyme recht sicher sein.

Beim HCH zeigte sich eindeutig, daß nicht die abgespaltene HCl für die toxische Wirkung verantwortlich ist, sondern das HCH-Molekül als Ganzes, denn auch nicht toxische HCH-Isomere werden im Organismus dehydrochloriniert. Ein physikalischer Effekt ist zu vermuten, denn jede Änderung an der Bindungsweise der Atome, jedes Wegnehmen und Hinzufügen von Substituenten nimmt dem Lindan seinen insektiziden Charakter.

Von den Isomeren des HCH zeigt Lindan die höchste Warmblütertoxizität. Jungtiere sind empfindlicher als Alttiere. Die LD_{50} beträgt für Ratten 125 mg/kg. Auch von Warmblütern kann es oral, auf dem Atemwege und durch die Haut aufgenommen werden. Nach Applikation höherer Dosen treten allergische Erscheinungen und Ekzembildungen auf. Nach oraler Aufnahme werden neben dem ZNS auch Nieren und Leber geschädigt, denn die Substanz wird nach der Resorption im Darm im Blut transportiert. Eine einzige orale Dosis von Lindan schützt, wie Chlordan und Aldrin, deutlich gegen die orale Aufnahme von Parathion (Ball et al. 1954).

Die Darmresorption von β-HCH wird in Gegenwart von stark fetthaltigen Diäten oder nichtionischen Emulgierungsmitteln deutlich erhöht (Fitzhugh 1966). Eine Proteinmangeldiät führt wie jede Mangeldiät zu einer erhöhten Empfindlichkeit für γ-HCH, Dieldrin und Chlordan (Lee et al. 1964, Boyd & Chen 1968, Stoewsand & Bourke 1968).

Die HCH-Rückstände im Körperfett sind geringer als beim DDT. In unseren Schlachttieren werden relativ kleine Mengen an HCH gefunden (0,2 ppm im Schweinefett). Im menschlichen Körperfett wurden 0,66 bis 1,64 ppm Lindan nachgewiesen. Nur bei Personen, die beruflich besonders stark einer HCH-Einwirkung ausgesetzt waren, stieg der Gehalt auf 12,2, 6,7 und 4,9 ppm an. Wurden Schafe mit HCH-Lösung gewaschen, so besaßen sie nach zwei Wochen im Fett einen HCH-Gehalt von 4,22, nach 6 Wochen von 0,26 ppm und nach 12 Wochen war das Insektizid nicht mehr nachweisbar. Auch in den Eiern der Hühner kann sich nach Verfüttern von lindanhaltigem Futter der Wirkstoff anreichern. Doch geht der Insektizidgehalt nach Absetzen des mit Lindan behandelten Futters im allgemeinen bald wieder zurück. Ähnliche Verhältnisse konnten auch für die Milch festgestellt werden. Nach Insektizidbehandlung sollte auch in diesen Fällen eine Wartezeit eingehalten werden, bevor Milch und Schlachttiere freigegeben werden.

Da HCH in die Pflanzen eindringen kann, kommt es auch hier zu Rückständen, die sich in der Nahrungskette anreichern können. Eine Aufnahme durch die Pflanze kann sowohl durch die Blattfläche als auch die Wurzel erfolgen. Hierin unterscheidet sich HCH vom DDT. Das eingedrungene Insektizid kann die Qualität des Erntegutes geruchlich und geschmacklich verändern. In den pflanzlichen Geweben wird es schließlich weitertransportiert und zeigt eine gewisse systemische Wirkung. Bei vorschriftsmäßiger Anwendung ist keine Schädigung zu befürchten. Erst Überdosierung führt zur Beeinträchtigung von Keimfähigkeit, Wuchs und Ertrag an Getreide, Rüben, Salat u. a. Die Schädigung wird durch Deformationen angezeigt, wie sie von Mitosegiften bekannt sind.

10.3 Cyclodien-Insektizide

In den letzten Dekaden ist eine Reihe von Insektiziden auf Cyclodien-Basis synthetisiert worden, die zwar alle ähnliche Wirkung haben, jedoch zu engeren Wirkgruppen zusammengefaßt werden können, die eine getrennte Besprechung sinnvoll erscheinen lassen.

10.3.1 Chlordan und Heptachlor

Als begonnen wurde, chlorierte Benzole und Napthaline als Insektizide zu testen, fand man in den 40er Jahren die Wirkung des Chlordans (I). Es wurde von der Velsicol-Chemical Corp., USA, auf den Markt gebracht. Die Weiterentwicklung zum Heptachlor (II) bot gewisse insektide Vorzüge, so daß letzteres die Anwendung von Chlordan besonders in den USA bald zurückdrängte. Heptachlor ist bei sehr ähnlichen insektiziden Eigenschaften alkalibeständiger und hat eine höhere Wirksamkeit gegen Fliegen, Schaben und einigen speziellen Schädlingen neben einer großen Breitenwirkung. Es ist brauchbar im Feld- und Gemüsebau sowie im Haushalt und wirkt sowohl als Kontakt- als auch Fraßgift. Gegen Schildläuse und Spinnmilben ist es weniger wirksam.

I

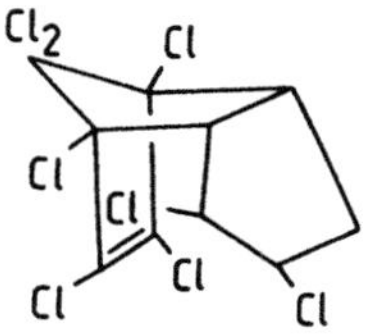

1,2,4,5,6,7,8,8-Octachloro-2,3,3a,4,7,7a-hexahydro-4,7-*endo*-methanoinden

II

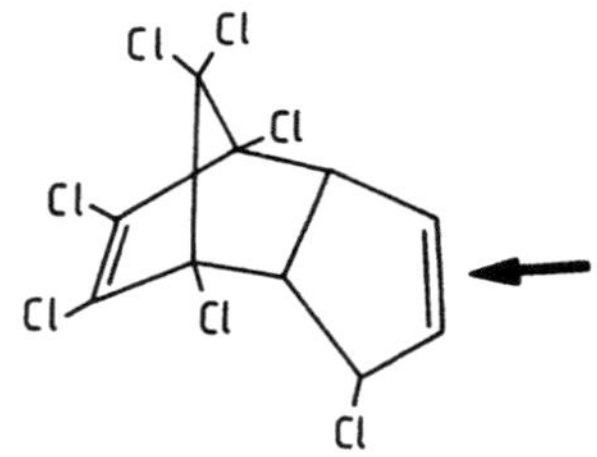

1,4,5,6,7,8,8-Heptachloro-3a,4,7,7a-tetrahydro-4,7-*endo*-methanoinden

III

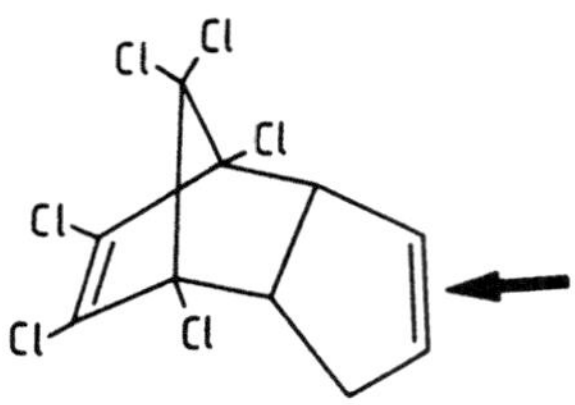

4,5,6,7,8,8-Hexachloro-3a,4,7,7a-tetrahydro-4,7-*endo*-methanoinden

IV

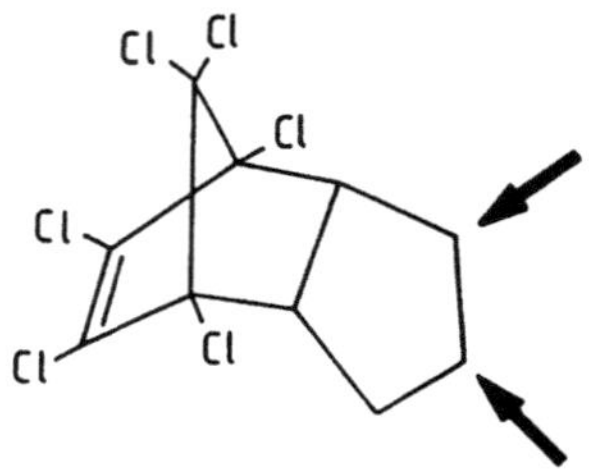

Infolge der erhöhten Gefahr chronischer Schäden ist ihre Anwendung heute stark zurückgegangen. Heptachlor wird in der Bundesrepublik Deutschland nur noch für die Behandlung von Rübensaatgut als Schutz vor Elateridenlarven und als Kaltnebellösung gegen Weizengallmücken empfohlen.

Beide Cyclodiene sind toxischer für Insekten als für Säugetiere. Worauf diese Unterschiede beruhen, ist noch weitgehend unbekannt. Die Säugetiertoxizität ist jedoch unterschiedlich. Während Chlordan bei oraler Zufuhr für Ratten eine LD_{50} von 457 mg/kg zeigte, betrug die LD_{50} für Heptachlor 135 mg/kg, für Meerschweinchen 116 mg/kg und für Mäuse 68 mg/kg. Somit besitzt Heptachlor eine höhere Toxizität für Säugetiere, aber auch eine bessere insektizide Wirkung als Chlordan. Bei Kälbern wurden schon Todesfälle beobachtet. Auch eine gewisse Speicherung im Körperfett konnte festgestellt werden.

Im Stoffwechsel kann eine Dehydrochlorinierung zum Chlorden (III) stattfinden, das dann zum Dihydrochlorden (IV) hydriert wird. Während letzteres aliphatisch hydroxyliert und dann konjugiert werden kann, soll Chlorden epoxidiert und schließlich zum Diol hydrolysiert werden. Bei der mikrosomalen Oxidation von Dihydrochlorden wurden mehrere Abbauprodukte gefunden; die Hydroxylierung scheint am C-Atom 1 und 2 zu erfolgen (Brooks & Harrison 1967). Auch Heptachlor kann, wie der Pfeil andeutet, epoxidiert werden. In Schweine- und Kaninchenlebermikrosomen konnte eine Hydrase-Aktivität festgestellt werden, die Heptachlorepoxid in das entsprechende Diol verwandelt (Brooks & Harrison 1969). Die mikrosomale Epoxidation von Chlorden und Heptachlor fand immer an der nichtchlorierten Doppelbindung statt; es scheint die bedeutendste Stoffwechselreaktion gewisser Cyclodien-Insektizide zu sein (Brooks 1974). Sie findet schnell *in vivo* wie *in vitro* statt (Davidow & Radomski 1953, Wong & Terriere 1965, Nakatsugawa et al. 1965). Das Diol konjugiert mit Glucuronsäure zu einer wasserlöslichen Verbindung, die ausgeschieden werden kann. Aber auch das Epoxid kann transportiert werden. So wurde Heptachlorepoxid in der Kuhmilch nachgewiesen.

Nach Untersuchungen von Feroz & Khan (1979) kann *cis*-(^{14}C)-Chlordan im Stoffwechsel der Amerikanischen Küchenschabe in mehr als 25 Produkte verwandelt werden, von denen folgende chemisch charakterisiert wurden: 1,2-Dichlorden-chlorhydrin, Chlorden-chlorhydrin, Chlordenepoxid, Heptachlorepoxid, Heptachlor, Oxychlordan, 1,2-Dihydroxy-dihydrochlorden, 1,2-Dihydroxyheptachlor, 1-Hydroxy-2,3-epoxychlorden und 1,2-Dichlor-chlorden.

Chlordangaben erhöhten den Cytochrom P_{450}-Gehalt in Ratten um das Zweifache (Hart & Fouts 1965, Mullen et al. 1966, Lucier et al. 1972). Bei Affen wurde das mikrosomale Cytochrom P_{450} in der Leber sogar 5fach erhöht, wenn Chlordan verfüttert wurde (Cram et al. 1965), wodurch in der Gesamtenzymaktivitätsrelation ein Ungleichgewicht geschaffen wird.

Chlordan beeinflußt wie fast alle Cyclodien-Insektizide auch die Oxidation von Drogen *in vitro* und den Stoffwechsel zahlreicher Chemikalien *in vivo* (Hart et al. 1963). Eine Vorbehandlung mit Chlordan setzte wie jene mit DDT die durch Barbiturat beeinflußte Schlafzeit von Ratten herab (Conney et al. 1967) sowie auch die Toxizität von Warfarin als Rodentizid (Ikeda et al. 1968). Behandlung von Hunden mit Chlordan (5 mg/kg oral, 3 X pro Woche über 5 bis 6 Wochen) beschleunigte den Stoffwechsel von Antipyrin (V) und Phenylbutazon (VI) im Plasma; die Wirkung hielt teilweise bis zu 4 Monaten nach Absetzen der Behandlung an (Burns et al. 1965, Burns 1969).

V

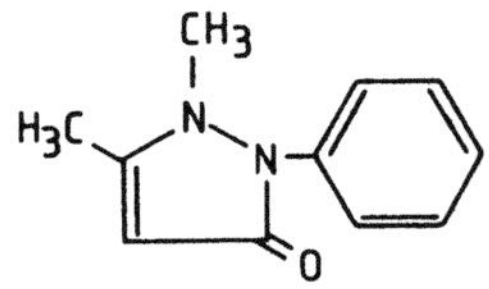

1,5-Dimethyl-2-phenyl-3-pyrazolon

VI

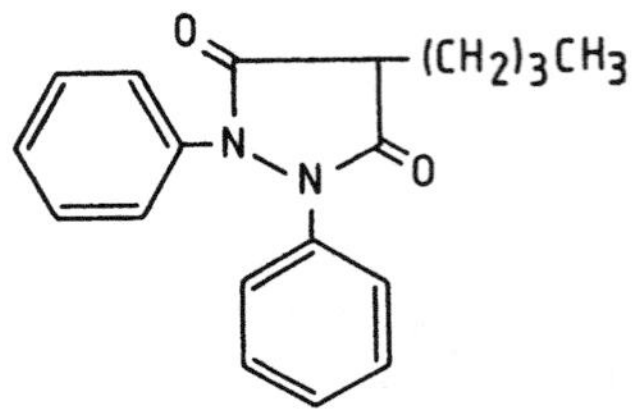

1,2-Diphenyl-3,5-dioxo-4-n-butylpyrazolidin

Im Vergleich zu anderen chlorierten Kohlenwasserstoffen setzte eine Vorbehandlung von Mäusen mit Chlordan die Toxizität von Paraoxon stark herab. Es besteht eine deutliche Beziehung zwischen der *in vitro*-Plasmabindung und der Toxizität von Paraoxon (Triolo et al. 1970) (Tabelle 18).

Tabelle 18 Beziehung zwischen einer *in vitro*-Plasmabindung und der Toxizität von Paraoxon bei mit chlorierten Kohlenstoff-Insektiziden vorbehandelten Mäusen. Es wurde jeweils zwei Tage vor der Messung eine einzige Dosis oral verabreicht, die in Klammern angegeben ist (Triolo et al. 1970).

Insektizid (mg/kg)	Mortalität in % (Paraoxon 2 mg/kg)	freies Paraoxon in % im Plasma
Kontrolle	60	17,3 ± 1,9
DDT (75)	40	7,4 ± 4,9
Dieldrin (16)	20	0,7 ± 0,1
Chlordan (150)	15	0,4 ± 0,1

Das Maximum der Wirkung von Chlordan und Aldrin fiel zusammen mit der maximalen Stimulation der Plasma-Aliesterase. Paraoxon (10^{-6} M) hemmte die Aktivität dieser Enzyme vollständig. Triolo et al. (1970) nahmen an, daß Aliesterase das Protein ist, das

Paraoxon im Plasma hauptsächlich bindet. Auch Cohen & Murphy (1974) vertraten diese Meinung.

Proteinmangelratten sind gegen Chlordan empfindlicher als normal ernährte Tiere, wie dies auch für andere Insektizide gilt (Boyd & Chen 1968, Lee et al. 1964, Stoewsand & Bourke 1968).

10.3.2 Aldrin – Dieldrin, Isodrin – Endrin

In den USA wurden vor mehr als 30 Jahren weitere Cyclodiene als Insektizide entwickelt. Die Synthese führte zunächst zum Aldrin und seinem Epoxid Dieldrin. Die Benennung erfolgte nach den Nobelpreisträgern O. Diels und K. Alder, da sie nach dem von ihnen entwickelten Diensyntheseverfahren dargestellt wurden. Isodrin (I) und Endrin (II) sind lediglich Isomere; letzteres ist das Epoxid des ersteren.

I

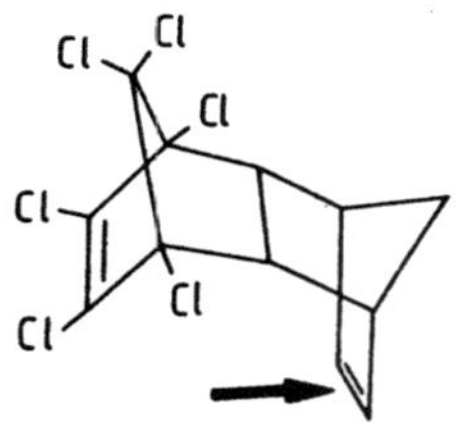

1,2,3,4,10,10-Hexachloro-1,4,4a,5,8,8a-hexahydro-1,4-*endo,endo*-5,8-dimethanonaphthalen

II

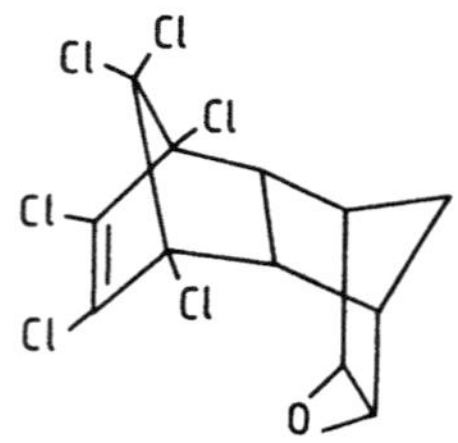

1,2,3,4,10,10-Hexachloro-6,7-epoxy-1,4,4a,5,6,7,8,8a-octahydro-1,4-*endo,endo*-5,8-dimethanonaphthalen

Die vom Shell-Konzern hergestellten Verbindungen werden heute fast nur noch im Ausland angewendet. Im Inland ist ein Einsatz bis auf spezielle Bereiche verboten. Endrin darf nur in Kern- und Steinobstanlagen sowie Beerensträucherpflanzungen ohne Unterkulturen auf wilddicht eingezäunten Flächen angewendet werden und dann nur mit Zustimmung der nach Landesrecht zuständigen Behörde. Anfallendes Mähgut darf nicht verfüttert werden. Anbau von Wurzelgemüse darf erst nach drei Jahren erfolgen, da Rückstände im Boden sehr langsam abgebaut werden.

Alle Verbindungen dieser Gruppe besitzen ein breites Wirkungsspektrum, allerdings ohne Akarizidwirkung, dazu spezielle Eigenschaften, die ihnen zunehmende Bedeutung unter den chlorierten Kohlenwasserstoffen verschafft haben. Aldrin besitzt bei guter Kontaktwirkung eine Sofortwirkung, die bei Kalamitäten geschätzt wird. Auch als Bodendesinfektionsmittel wird überlegene Wirkung festgestellt. Da sie gegen Alkalien unempfindlich sind, können sie in einem Arbeitsgang mit Düngemitteln aller Art ausgebracht werden. Bei üblichen Anwendungsmengen kommt es zu keiner Geschmacksbeeinträchtigung und keiner phytotoxischen Wirkung. Die Epoxide sind weniger flüchtig und besitzen dementsprechend mehr Dauerwirkung, die dem DDT entspricht, aber zusätzlich ist ein Soforteffekt vorhanden. Probleme ergeben sich aus Resistenzerscheinungen, die auch hier zu beobachten sind. Der Anwendungsbereich erstreckt sich auf Haushalts-, Vorrats-, Feld-, Obstbau- und Forstschädlinge; nur Blattläuse und Milben sind auszunehmen. Auf Pflanzen wirken Überdosierungen leicht wachstumshemmend; sie gelangen aus dem Boden über die Wurzel in die Pflanze und können hier oxidiert werden.

Als Nebenwirkung ist die starke Toxizität für Nutzinsekten zu erwähnen. Bei der Kartoffelkäferbekämpfung werden auch Coccinelliden und ihre Larven, Syrphidenlarven und Chrysopiden vernichtet, worauf eine starke Vermehrung der Blattläuse erfolgen kann, der dann durch Anwendung geeigneterer Insektizide entgegenzuwirken ist. Dieldrin gehört auch zu den bienengefährlichen Insektiziden. Im Boden werden Collembolen und Regenwürmer teilweise vernichtet. Samenfressende Vögel sind gefährdet, wenn sie mit Aldrin oder Dieldrin behandeltes Saatgut aufnehmen. Durch großflächigen Einsatz kann auch die Singvogelwelt erheblich geschädigt werden. Wurden Raubvögel (Sperber) mit Dieldrin behandelt, so sank die Reproduktionsrate (Porter & Wiemeyer 1969). Die Insektizide dürfen nicht in Gewässer gelangen, da Fische und ihre Nährtiere darauf sehr empfindlich reagieren.

10.3.2.1 Wirkungsmechanismus

Auf Insekten wirken diese Insektizide als Kontakt- und Fraßgifte (Tabelle 20). Nach Gerolt (1969, 1970) dringt Dieldrin in den Insektenkörper an den Intersegmentalhäuten sowie über die Tracheen ein. Tabelle 14 zeigt die Absorptionsraten im Vergleich zu anderen Insektiziden. Während nach topikaler Applikation nach vier Stunden nur 50 % einer LD_{50} (0,02 µg) eingedrungen waren, stieg die LD_{50} bereits nach dreiminütiger Infusion bei *Musca domestica* um das Hundertfache an. Olson (1970) zeigte, daß durch die isolierte Kutikula das Eindringen beschleunigt wird, wenn die Hämolymphe Öltröpfchen enthält. Dies gilt auch für topikal verabreichtes Endrin beim Tabakknospenwurm (Polles & Vinson 1972). Eine Ölinjektion schützt Hausfliegen vor Vergiftung mit Dieldrin. Moriarty & French (1971) applizierten Dieldrin auf das Pronotum oder den Vorderflügel von *P. americana* and fanden, daß 10 % der Menge (25 µg pro Schabe) innerhalb von 76 Stunden in den Körper eindringt. Aus sorgfältigen Analysen der Flügel und anderer Organe schlossen sie, daß die zeitliche Ausbreitung des Giftes in den epikutikulären Lipiden oder in der Prokutikula unbedeutend ist; sie sehen den Transport in der Hämolymphe als Verteilungsmechanismus an. Damit ist die Art der Eindringung dieser Verbindungen in das Insekt noch weitgehend offen. Der Eindringungsmechanismus für Dieldrin durch die Haut von Ratten verläuft mehrphasisch (Bild 50). Sesamex beeinflußt seine Penetration und Detoxifikation bei Insekten (Bild 51).

Auch die Cyclodien-Verbindungen wirken als Nervengifte. Bei der Erforschung des Wirkungsmechanismus stand somit das Nervensystem im Mittelpunkt. Der Wirkungsort für Dieldrin ist vermutlich die präsynaptische Membran des Ganglions.

Tabelle 20 Vergleich der Durchdringung von Insekten- und Säugerintegument und -mitteldarm von bekannten Insektiziden, nach Olson & O'Brien (1963), Buerger & O'Brien (1965), O'Brien & Dannelley (1965), Shah & Guthrie (1970), Shah et al. (1972), Maibach & Feldman (1974)

	Integument		Mitteldarm		
Verbindung	*P. americana* Küchenschabe ($t_{0,5}$, Min.)	Ratte 50 % Penetration t in Min.	Mensch % Penetration (5 Tage)	*Protoparce sexta* ($t_{0,5}$, Min.)	Maus ($t_{0,5}$, Min.)
Dimethoat	27	–	–	30	64
Nikotin	–	–	–	16	125
Carbaryl	–	870	73,9	36	49
Malathion	–	330	6,8	58	209
Dieldrin	320	210	7,7	1476	2585
DDT	1584	1560	15,0	1785	1722

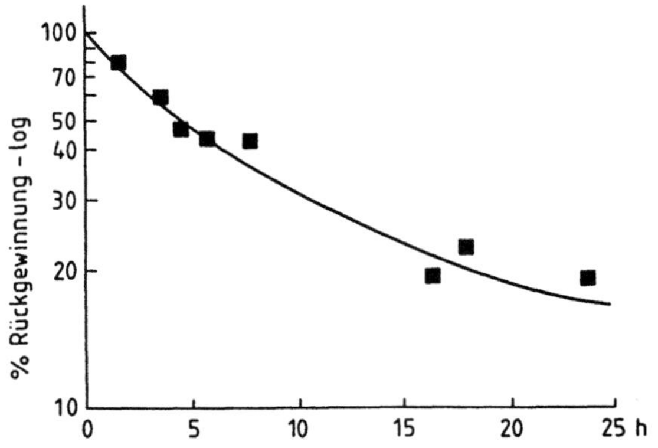

Abb. 50
Mehrphasige Durchdringung der Haut einer weiblichen Ratte von Dieldrin, nach O'Brien (1967).

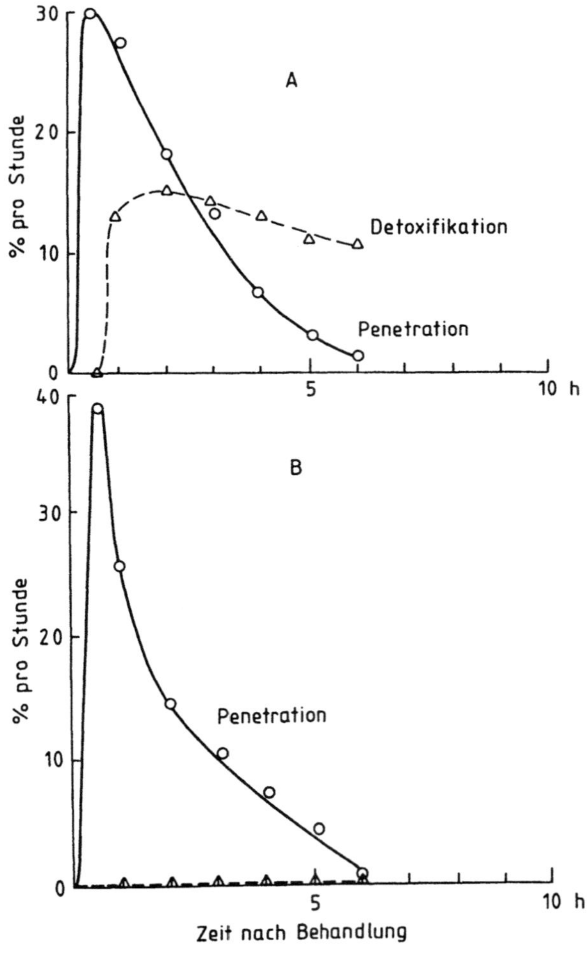

Abb. 51
Penetration und Detoxifikation von Dihydroaldrin ohne (A) und nach Vorbehandlung mit Sesamex (B) bei adulten Hausfliegen (*Musca domestica* L.). Deutlich wird die Hemmung der mikrosomalen Oxidasen in B, wodurch die Detoxifikation herabgesetzt wird, nach Sun (1968).

In physiologischen Untersuchungen wurde festgestellt, daß Dieldrin die synaptische Reizübertragung auf das 6. abdominale Ganglion der Schabe erleichtert (Yamasaki & Narahashi 1958). Ein einziger Stimulus, der an der präsynaptischen Membran gesetzt wurde, führte zur verlangsamten Nachentladung in den postsynaptischen Neuronen. Mit Dieldrin behandelte Insekten zeigten Vergiftungssymptome, die charakteristisch für eine Störung in der Nervenreizleitung sind.

Wurde Dieldrin an das Metathorakalganglion der Küchenschabe appliziert, so ergab sich keine Sofortwirkung auf die synaptische Transmission vom Riesenaxon im abdominalen Nervenstrang zu den Motoneuronen, die die Beinmuskeln innervieren. Es vergingen 60 bis 90 Minuten, bis synaptische Nachentladungen beobachtet werden konnten. Im Gegensatz dazu verursachte Aldrin-*trans*-diol solche schon nach weniger als 5 bis 10 Minuten; die Wirkung von Photodieldrin und Photoaldrin lag dazwischen (20 bis 30 Min.). Die spontanen Nachentladungen der sensorischen Zellen des Schabenbeines wurden erhöht, wenn Dieldrin ins Bein injiziert wurde. Die Latenzzeit war aber auch sehr lang (etwa 45 Min.), während Aldrin-*trans*-diol die Frequenz in etwa 2,5 Minuten nach Injektion erhöhte. Photodieldrin und Photoaldrin lagen auch in diesem Falle mit ihrer Wirkung zwischen diesen beiden Werten (9 bis 10 Min.) (Narahashi & Yamada 1971).

Dieldrin selbst hatte nur wenig oder keine Wirkung auf das Aktionspotential und den Ionenstrom der Membran. Aldrin-*trans*-diol (5×10^{-5} M) erniedrigte das Aktionspotential und hemmte den Natriumtransfer. Das Kaliumfließgleichgewicht wurde nur geringfügig verändert. Diese Wirkungen sind jedoch nicht reversibel (Bercken & Narahashi 1974).

Frequenz und Amplitude des Endplattenpotentials des Froschmuskels wurden von Dieldrin nicht verändert, während Aldrin-*trans*-diol einen schnellen und bemerkenswerten Anstieg in der Frequenz und im Abfall der Amplitude verursachte (Akkermans et al. 1974). Die spontane Ausschüttung von Transmittern wird stimuliert, und ihre Freisetzung nach außen ist erhöht. Offenbar wird die Synapsenmembran durchlässiger. Aldrin-*trans*-diol hatte auch noch eine postsynaptische Wirkung, indem es die Empfindlichkeit der Endplattenmembran für Acetylcholin (ACh) herabsetzte. Demnach setzt die Verbindung sowohl an den prä- als auch postsynaptischen Elementen Effekte, die nicht vom Dieldrin gegeben werden.

Aus all diesen Untersuchungen ergibt sich, daß Dieldrin die Synapsen und Sinnesrezeptoren stimuliert und die Bildung von multiplen Nachentladungen induziert, aber erst nach längerer Latenzzeit. Aldrin-*trans*-diol bewirkt dieselben Effekte sehr viel schneller und hemmt den Natrium- und Kalium-Aktivierungsmechanismus der Nervenmembran. Möglicherweise ist Aldrin-*trans*-diol eine der aktiven Formen des Dieldrins.

Dieldrin wird als lipophile Substanz auch an Plasmaproteine von Schaben und Ratten ziemlich fest gebunden (Moss & Hathway 1964; Skalsky & Guthrie 1975). Der Transport in der Schabe verlief aber langsamer als in der Ratte. Die toxikologische Bedeutung dieses Unterschieds ist nicht geklärt (Gerolt 1965).

In resistenten Fliegen setzte Dieldrin den Cytochrom P_{450}-Spiegel herauf (Matthews & Casida 1970) und stimulierte die Oxidasen-Aktivität (Yu & Terriere 1971, 1972).

10.3.2.2 Abbaureaktionen

Für den Abbau ist die mikrosomale Epoxidation der nicht chlorierten Doppelbindung des Aldrins und Isodrins die bedeutendste Stoffwechselreaktion (Brooks 1974). Auf diese Weise können diese Verbindungen schnell in Dieldrin bzw. Endrin verwandelt werden; es gelingt *in vivo* und *in vitro* (Davidow & Radomski 1953, Wong & Terriere 1965, Nakatsugawa et al. 1965, Khan et al. 1972). Obgleich die entstandenen Produkte recht stabil sind, werden sie durch Epoxidhydrasen zum Dihydrodiol verändert (Brooks & Harrison 1969a). Aldrin-*trans*-diol konnte als Metabolit des Dieldrins aus Harn von Kaninchen und Ratten (Korte & Arent 1965, Matthews & Matsumura 1971) sowie als *in vitro*-Metabolit mehrerer mikrosomaler Systeme (Matthews & Matsumura 1969, Brooks et al. 1970) identifiziert werden. Ob die *trans*-Isomere der direkte Metabolit ist, bleibt noch ungewiß, da eine Epoxidepimerase existiert, die die *cis*- in die *trans*-Isomere verwandeln könnte.

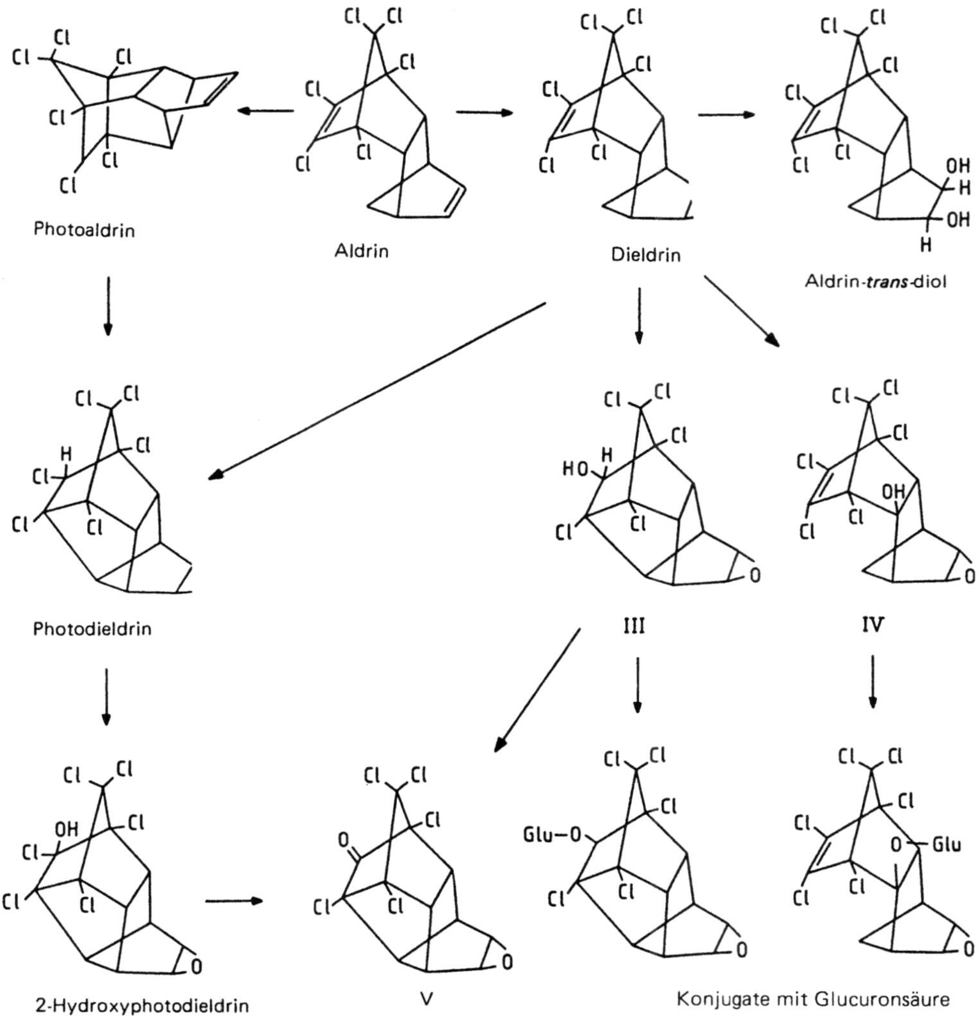

Epoxide können im Stoffwechsel aber auch langsam oxidiert werden. Dies konnte durch Isolierung von Oxidationsprodukten (III + IV) nach oraler Applikation von Dieldrin (Richardson et al. 1968) und Endrin (Baldwin et al. 1970) bei Ratten gezeigt werden. *In vitro* konnte diese oxidative Veränderung des Dieldrins nach langer Inkubation (2 h) beobachtet werden (Matthews & Matsumura 1969). Dafür wurde [^{14}C]-Dieldrin mit

Rattenleber-Mikrosomen und der löslichen Fraktion in einer Konzentration von 2×10^{-6} M inkubiert. Der wesentlichste *in vivo*-Metabolit war das 4α-Hydroxylderivat (IV), das hauptsächlich als Konjugat zu finden war (Richardson et al. 1968, Matthews et al. 1971). Das 2-Hydroxylprodukt (III) wurde entweder spontan in das Ketoderivat (V) verwandelt oder schnell mit Glukuronsäure konjugiert. Das Ketoderivat konnte auch *in vivo* als Metabolit von Photodieldrin aus Insekten und Ratten isoliert werden (Baldwin & Robinson 1969, Khan et al. 1969, Klein et al. 1970).

Eine Hydroxylierung am zyklischen Kohlenstoffgerüst gelingt schneller mit verwandten Verbindungen, wie 6,7-Dihydroaldrin (VI), das durch mikrosomale Enzyme in die *endo*- und *exo*-Isomere des 6-Hydroxy-6,7-dihydroaldrins verwandelt wird (Brooks & Harrison 1969b), und Dihydroisodrin (VII).

VI

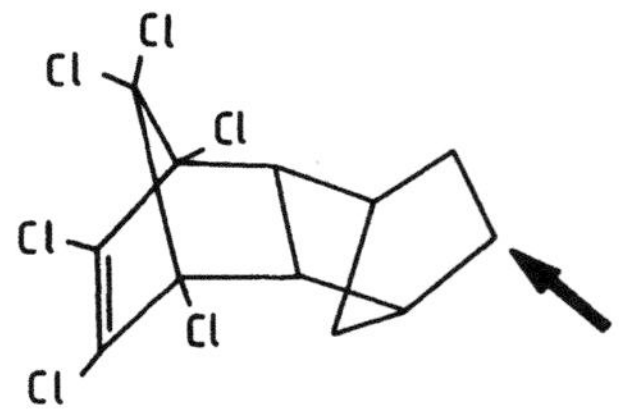

VII

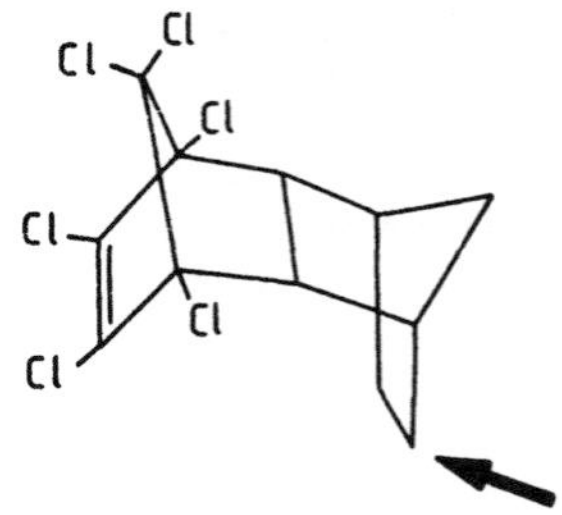

Auch Endrin kann *in vivo* entsprechend oxidiert werden. Bei der Ratte konnten 9-Hydroxyendrin und 9-Ketoendrin als Stoffwechselprodukte nachgewiesen werden. Dies zeigt an, daß auch das Endomethylen-Kohlenstoffatom die Möglichkeit zur Hydroxylierung bietet (Baldwin et al. 1970).

Unter Lichteinfluß wird Aldrin in Photoaldrin und Dieldrin in Photodieldrin überführt, das wesentlich giftiger ist als Dieldrin. Nach Henderson & Crosby (1967) kann es auch reduktiv dehydrochloriniert werden, wobei sich Pentachlorderivate bilden können (V).

10.3.2.3 Säugertoxizität und Schutzwirkung

Eine Warmblütertoxizität besteht sowohl bei oraler als auch perkutaner Aufnahme. Dieldrin und Endrin können in Mengen von weniger als 2 g, oral aufgenommen, schon tödlich wirken. Verteilungsversuche mit Ratten ergaben, daß Dieldrin zwischen Blut und Leber schnell ausgetauscht wird. Der im Fettgewebe gespeicherte Anteil wird langsamer mobilisiert. Wird die Applikation ausgesetzt, so folgt anfangs ein schneller Konzentrationsabfall, bis die Ausscheidungsrate durch den Transfer vom Fettgewebe in den Blut-Leber-Kreislauf reguliert wird (Robinson et al. 1969) (Bild 52). Somit kann die funktionelle Beziehung zwischen der täglichen Aufnahme und der Konzentration in den Geweben durch Blut- und Fettgewebsanalysen bestimmt werden. Für Menschen in den USA ließen sich nach Hunter et al. (1969) 0,000086 ng/ml Blut und 0,0185 ng/g Fettgewebe ermitteln. Die funktionelle Beziehung zwischen der Dieldrin-Konzentration in den verschiedenen Geweben macht es möglich, seine Menge in einem bestimmten

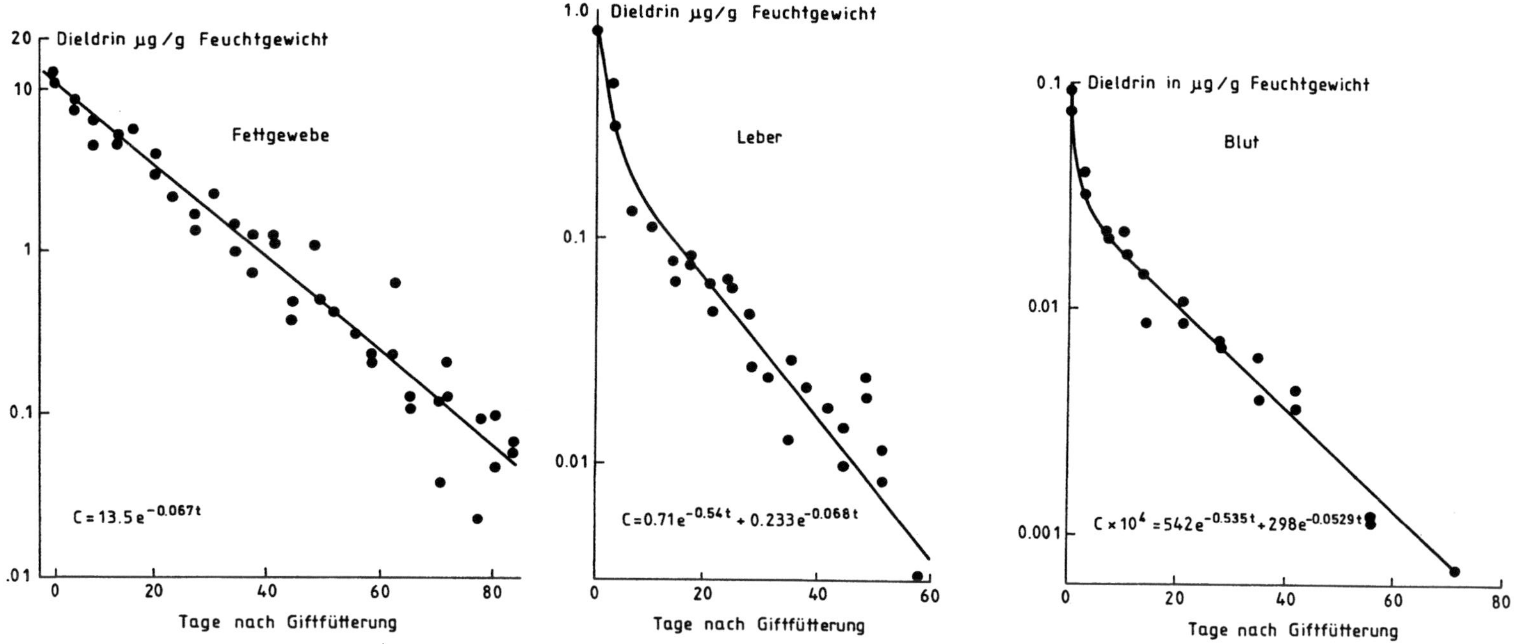

Abb 52 Abnahme der Dieldrin-Konzentration in den Geweben von Ratten, die über 8 Wochen mit 10 ppm Dieldrin in der Diät gefüttert wurden. Nach dieser Zeit erhielten sie bis zu 84 Tagen eine Basisdiät, nach Robinson et al. (1969).

Gewebe zu berechnen, wie dies im nachstehenden Verteilungsschema demonstriert wird. Der Gehalt im Blut wurde dabei gleich 1 gesetzt (Vlieger et al. 1968).

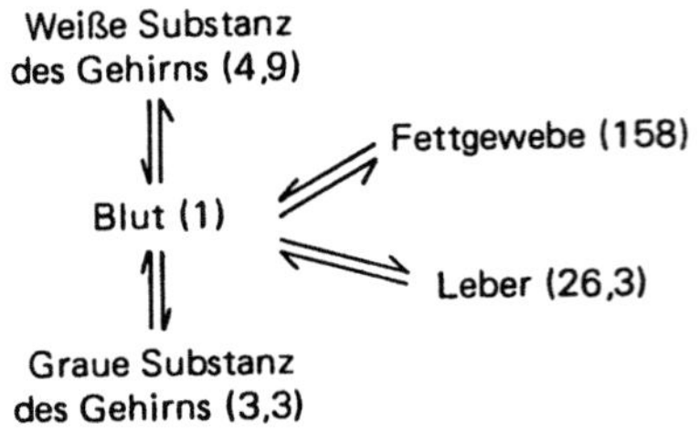

Wird Dieldrin mit anderen chlorierten Kohlenwasserstoffen verabreicht, so wird seine Speicherung im Fettgewebe reduziert und die Exkretion hydrophiler Metaboliten beschleunigt (Street 1969). Weiterhin wurde beobachtet, daß eine Fütterung von 200 ppm Dieldrin zur Diät über 4 Tage in *in vitro*-Versuchen zu einem 6fachen Anstieg in der Mikrosomenfraktion der Rattenleber führte und daß durch Vorbehandlung mit kleinen Dosen die Tiere später gegen höhere geschützt waren (Wright et al. 1972).

Wurde [^{36}Cl]-Dieldrin Mäusen intravenös injiziert (12 mg/kg), so erschien die höchste Konzentration innerhalb von 10 Minuten im Gehirn (16 ng/g), während die Menge im Blut stark abfiel (Heath 1962). Nach langsamer intravenöser Infusion tolerierten Ratten fast genau so viel Dieldrin wie nach oraler Aufnahme. Diese Ergebnisse erinnern an jene mit Hausfliegen, denen Dieldrin langsam infusioniert wurde (Schaeffer & Sun 1967). Verglichen mit schneller Injektion ist die Toxizität stark herabgesetzt. Wurde [^{14}C]-Dieldrin Kaninchen im Endstadium der Trächtigkeit (24 Tage nach Koitus) intravenös injiziert, so erreichte das Insektizid die höchste Konzentration im foetalen Gehirn, im Blut und in der Leber nach etwa 10 bis 20 Minuten. Dies bedeutet eine rasche Durchdringung der foetalen Blut-Gehirn-Schranke (Hathway et al. 1967).

Interessant ist auch die Schutzwirkung von Aldrin gegenüber Paraoxon. Triolo et al. (1970) zeigten, daß die *in vitro*-Bindung von Paraoxon im Mäuseplasma erhöht wird, wenn dies mit Aldrin behandelt wurde. Damit verbunden war ein Abfall der Cholinesterasehemmung (Tabelle 21). Dies konnte auf einen Anstieg der Aliesterasen im Serum und auch in der Leber zurückgeführt werden (Triolo & Coon 1966a, b, Cohen & Murphy 1974). Bei höchster Aktivität des Plasma-Aliesterasen war die Toxizität von Phosphorsäureestern am stärksten herabgesetzt (Bild 53).

Tabelle 21 Wirkung einer Aldrinbehandlung auf die *in vitro*-Plasmabindung und Detoxikation von Paraoxon (nach Triolo et al. 1970)

Plasma	Paraoxon zum Plasma (ng/0,5 ml)	% Paraoxon gebunden	% Paraoxon frei	% Cholinesterasehemmung (ChE zum Plasma gegeben)
von Kontrollmäusen	1,6	86,2 ± 4,3	13,9 ± 4,3	84,2 ± 5,8
Aldrin behandelte Mäuse (1 orale Dosis 16 mg/kg)	1,6	99,4 ± 0,1	0,6 ± 1,0	4,2 ± 3,4

Für die Wirkung von Rückständen ist von Bedeutung, daß Ascorbinsäuremangel die Aktivität der mikrosomalen Enzyme herabsetzt (Kato et al. 1969a) und entsprechend die Empfindlichkeit für Dieldrin erhöht (Wagstaff & Street 1971). Auch die erhöhte Speiche-

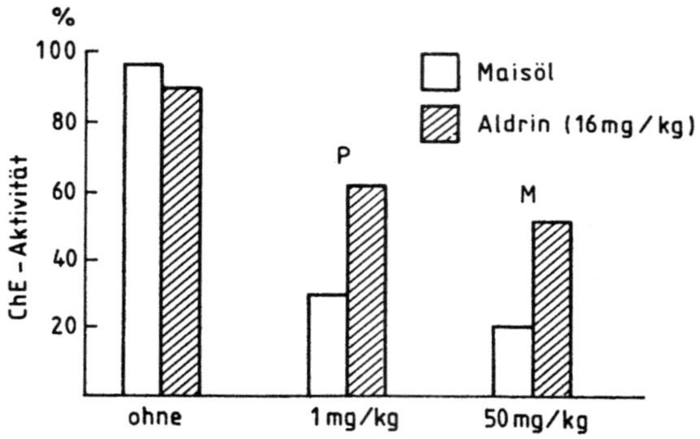

Abb. 53
Wirkung von Aldrin auf die *in vivo*-Hemmung der Cholinestrase-Aktivität (ChE) in Mäusegehirn durch Paraoxon (P) und Malaoxon (M). Die Mäuse wurden 4 Tage nach Applikation einer oralen Dosis von 16 mg Aldrin pro kg Körpergewicht mit PO-Estern intraperitoneal behandelt und nach 30 bzw. 10 Minuten getötet, nach Cohen & Murphy (1974).

rung von Dieldrin in den Geweben bei Vitamin A-Mangel wird auf eine geschwächte mikrosomale Enzymaktivität zurückgeführt (Street 1968), obgleich Dieldrin in einer Proteinmangeldiät den Vitamin A-Gehalt in der Leber von Ratten herabsetzt.

10.4 Toxaphen

Als Produkt der amerikanischen Forschung war Toxaphen ein wichtiges Insektizid nach dem Zweiten Weltkrieg. Es bewährte sich bei der Heuschreckenbekämpfung und gegen Schädlinge in den Baumwollkulturen. Es wurde sowohl als Fraßgift als auch als Kontaktgift verwendet. Besonders empfindlich sind Maikäfer, Ringelspinner, Obstmaden, Apfel- und Birnensägewespe sowie Thripse. Seine Stabilität ist mit der des DDTs vergleichbar. Später wurde es zur Heraufsetzung der Anfangswirkung mit Lindan gemischt. Eine wichtige Eigenschaft des Toxaphens ist seine weitgehende Ungefährlichkeit gegen Bienen bei normaler Dosierung. Vermutlich liegt eine spezifische Repellent-Wirkung vor. Toxaphen konnte deshalb auch während der Blütezeit verwendet werden. Heute darf es wegen der persistenten Rückstände bei uns nur noch zur Feld- und Erdmausbekämpfung in speziellen Fällen eingesetzt werden. Eine Flächenbehandlung mit Toxaphenemulsionen ist nur im Herbst auf besonders gefährdeten abgeernteten Flächen und nach Viehabtrieb erlaubt. Eine Nutzung dieser Flächen darf erst im nächsten Frühjahr nach Beginn der Vegetationsperiode erfolgen. Ein Anbau von Gemüse ist frühestens 18 Monate nach der Behandlung zulässig.

Toxaphen ist keine chemisch genau definierte Verbindung, sondern eine Mischung von Isomeren eines chlorierten Camphens (I) mit 67 bis 69 % Chlor und etwa der Zusammensetzung von $C_{10}H_{10}Cl_8$.

I

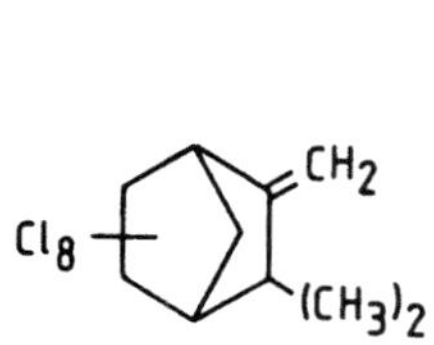

Seine Wirkung auf Insekten ist als Fraßgift am stärksten, wesentlich schwächer als Kontaktgift. Im Insektenorganismus wird es zu nicht toxischen Produkten abgebaut. Bei resistenten Fliegen waren nach perkutaner Injektion nach 24 Stunden bereits 74 % von 5,4 ng pro Tier nicht mehr nachweisbar. Wie alle chlorierten Kohlenwasserstoffe wirkt es in erster Linie neurotoxisch.

An Nebenwirkungen sei erwähnt, daß es auf Regenwürmer weniger toxisch wirkt als DDT. Die Mikroflora und soweit bekannt auch Mikrofauna im Boden soll nicht gestört werden. Auf Wild wirkt Toxaphen aufgrund seines intensiven Geruchs abschreckend. Aber für Fische und ihre Nährtiere ist es hoch toxisch, so daß es nicht in Fischgewässer gelangen darf.

Auf Pflanzen hat es bei Einhaltung der Vorschriften und entsprechender Anwendung keine nachteilige Wirkung; nur einige Pflaumen- und Zwetschensorten sind empfindlich. In einigen Fällen zeigten Ernteprodukte nach Toxaphenbehandlung Geschmacksbeeinträchtigung.

Seine Toxizität auf Warmblüter ist sehr verschieden. Die LD_{50} kann zwischen 20 bis 250 mg/kg liegen. Eine große Rolle spielt die physikalische Beschaffenheit des Präparates. Die Aufnahme von Toxaphen geschieht im Magen-Darmkanal aus öligen Lösungen und Emulsionen schneller als aus Suspensionen. Am schwächsten wird es als Staub resorbiert. Das gleiche gilt für die nicht unerhebliche Resorption durch die Haut. Eine Körperbehandlung mit Toxaphen sollte deshalb bei Haustieren vermieden werden.

Erste Vergiftungssymptome sind Appetitlosigkeit und extreme Nervosität, ferner Speichelfluß und Erbrechen. Starrkrämpfe, Erschöpfung und Atemstillstand führen schließlich zum Tode. Im Vergiftungsfall empfiehlt sich zunächst Magen- und Darmentleerung und Behandlung mit Barbitursäurepräparaten zur Milderung der krampfartigen Erscheinungen.

Über chronische Vergiftung ist kaum etwas bekannt. Toxaphen scheint wie die übrigen chlorierten Kohlenwasserstoffe im Fettgewebe angereichert zu werden. Andererseits ist anzunehmen, daß es ähnlich wie die anderen in der Leber abgebaut wird. Bei starken Dosen und Dauerfütterung wurden Lebernekrosen beobachtet. Bei laktierenden Kühen trat Toxaphen in der Milch auf, wenn es mit dem Futter verabreicht wurde. Erhielten Mäuse 25 ppm Toxaphen, so konnten über 5 bis 6 Generationen nur geringfügige Effekte beim Nachwuchs festgestellt werden (Keplinger et al. 1968a, b). Dies steht im Gegensatz zu einer entsprechenden Behandlung mit Aldrin und Dieldrin.

Als Toleranzgrenze wurden früher 7 ppm angegeben bis Kinoshita et al. (1966) berichteten, daß bereits 1 und 5 ppm Toxaphen wie auch DDT in der Diät eine Enzyminduktion in Ratten hervorruft. Dies ist eine Dosis, die der mit einer in den USA zugeführten Menge gleichgesetzt werden kann, wo die Anwendung von Toxaphen als Insektizid nicht stark begrenzt wurde.

10.5 Endosulfan

Endosulfan (Thiodan) wurde 1956 von den Farbwerken Hoechst als bienenunschädliches Insektizid mit großer Breitenwirkung eingeführt. Von der Biologischen Bundesanstalt wurde Endosulfan zur Bekämpfung beißender und saugender Insekten im Obst-, Gemüse-, Ackerbau und Forst anerkannt. Auch heute noch wird es in verschiedenen Formulierungen großflächig in der Umwelt verbreitet. Spritzmittel haben einen Wirkstoffgehalt von 17,5 %, Stäubemittel einen solchen von bis zu 4 %. Die Wirkstoffdosis beträgt 200 bis 400 g/ha. Seine Anwendung ist bevorzugt dort, wo andere Insektizide Bienenverluste verursachen könnten, wie im Raps-, Kohl-, Klee- und Luzernesamenanbau, Obstbau, bei der Maikäferbekämpfung.

Chemisch besteht der Wirkstoff aus zwei Isomeren, von denen das wirksamere α-Thiodan bei 111 °C und β-Thiodan bei 204 °C schmilzt. Die Isomeren unterscheiden sich in der Stellung der Bisoxymethylensulfit-Gruppe zur CCl_2-Brücke (I); technisches Endosulfan schmilzt zwischen 80 und 90 °C (Frensch 1958).

Die lagerbeständige Substanz ist in Wasser praktisch unlöslich. Von wäßrigen Alkalien und Säuren wird sie langsam hydrolysiert, von den entsprechenden alkoholischen Lösungen schneller. Zur Anwendung gelangen meist wäßrige Emulsionen.

Ia

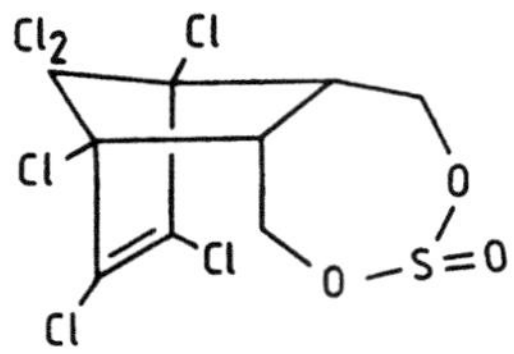

6,7,8,9,10,10-hexachloro-1,5,5a,6,9,9a-hexahydro-6,9-methano-2,4,3-benzodioxythiepin-3-oxid

Auf Pflanzen aufgebracht, vermag Endosulfan die Epidermis zu durchdringen und weist eine gewisse Tiefenwirkung auf. In der Pflanze wird es aber nicht transportiert und ist somit auch kein systemisches Insektizid. Auch empfindliche Pflanzen werden bei Einhaltung der vorgeschriebenen Dosierung nicht geschädigt. Soweit bekannt, kann Thiodan auf der Pflanzenoberfläche zum Thiodandiol (II) verseift werden, das keine toxischen Eigenschaften mehr besitzt. Im Laufe von Tagen und Wochen nimmt die β-Isomere zu. Ob dies auf eine Umlagerung von α-Thiodan in β-Thiodan zurückzuführen ist oder ob ersteres schneller in die Pflanze eindringt oder sogar absublimiert, steht noch in Frage.

Ib

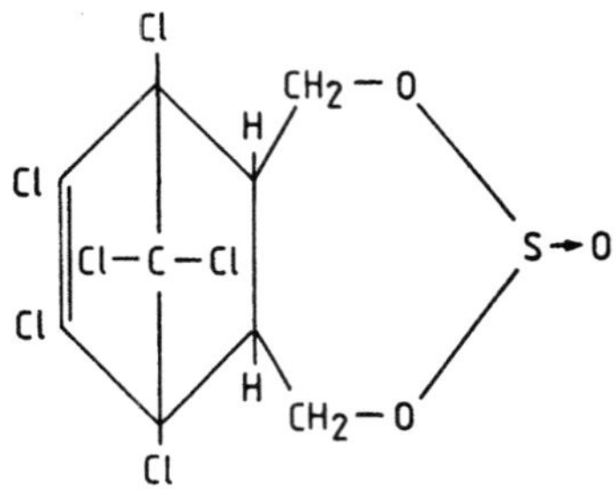

Die in der Pflanze auftretenden Metaboliten sind Endosulfan-Sulfat, Endosulfandiol, Endosulfan-Äther und Endosulfan-Lacton. Alle drei Vorläufer können direkt zu Endosulfandiol hydrolysiert werden (Chopra & Mahfouz 1977).

Auf Insekten wirkt Endosulfan je nach Art als Kontakt oder als Fraßgift (Römer 1957). Es verursacht eine neurotrope Wirkung. Schulze (1965) konnte nach Thiodan-Begiftung eine straffe Lähmung (tetanic paralysis) (Kontraktion der Muskulatur) bei *Diprion*-Larven beobachten, während für Parathion eine schlaffe Lähmung (flaccid paralysis) festgestellt wurde (Bild 54). Der gesamte Körper wird bei Thiodan-Vergiftung verkürzt. Ein Unterschied in der Wirkungsweise der beiden Isomeren besteht lediglich darin, daß die α-Isomere erheblich schneller wirkt. Die unterschiedliche Absorption der beiden Isomeren in der Epikutikula ist die Ursache für das frühere Eindringen der α-Isomere und schnellere Erreichen der Mindestkonzentration am primären Wirkungsort. Durch steigende Temperaturen wird die Aufnahme und Wirkungsgeschwindigkeit von Thiodan positiv beeinflußt. Wie Schulze (1965) feststellen konnte, wird bei quantitativen Untersuchungen die Eindringungsgeschwindigkeit zum begrenzenden

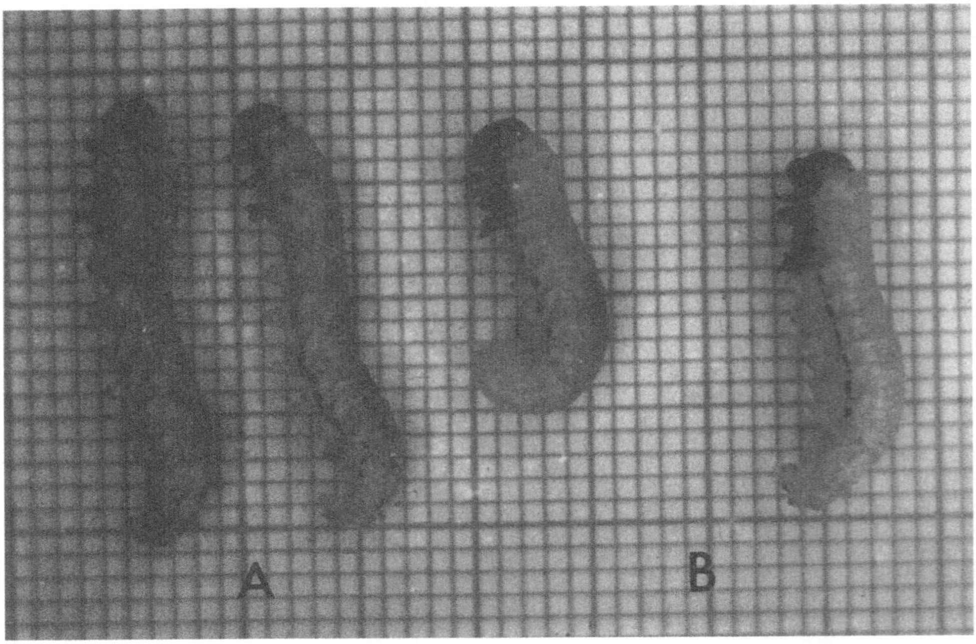

Abb. 54 Paralysestadien von Diprion pini L. A: Parathion-Begiftung – „schlaffe Lähmung"; B: Thiodan-Begiftung – „straffe Lähmung", nach Schulze (1965).

Faktor für die Wirkungsgeschwindigkeit. In geschlossenen Räumen kommt zu der direkten Kontaktgiftwirkung noch eine indirekte, die infolge homogener Aufsublimation auf alle Teile des Exoskeletts die Wirkung erhöht, wie mit radioaktiv markiertem Thiodan ermittelt werden konnte. Thiodan wirkt somit zusätzlich in der Dampfphase, ohne jedoch in nennenswerten Mengen in die Tracheen einzudringen.

Das eingedrungene Thiodan wird in der Hämolymphe transportiert. Nach einer Latenzzeit kommt es zu einer starken Hyperaktivität und Motorik, die zur Erhöhung des Sauerstoffverbrauchs, der Körpertemperatur, der Herzschlagfrequenz, Azidose der Hämolymphe und Erhöhung der Transpiration führen (Bild 55). Alle die von Schulze erarbeiteten Ergebnisse weisen auf eine völlige Diskoordierung des gesamten Stoffwechsels nach Thiodanbegiftung hin. Das komplexe Beziehungsgefüge der durch Thiodan-Einwirkung betroffenen Reaktionsketten im Insektenorganismus ist in Bild 56 schematisch dargestellt. Die primären Angriffspunkte sind für dieses Insektizid bisher nicht bearbeitet worden (Goebel et al. 1982).

Über den Metabolismus des Thiodan im Insekt wurde bekannt, daß es nach Eindringung zum Thiodansulfat (III) oxydiert wird. Dies stellt die eigentlich wirksame Substanz dar. Es konnte bei *Musca* und *Locusta* nachgewiesen werden (O'Brien 1967).

II

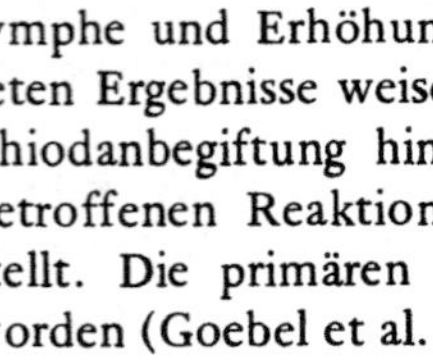

III

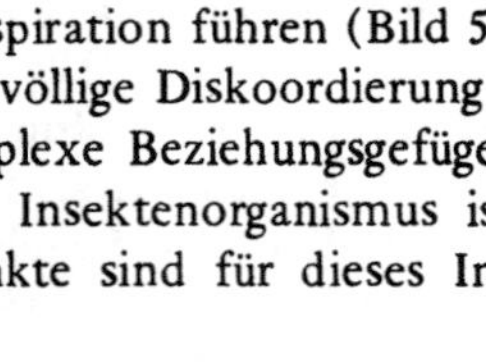

IV

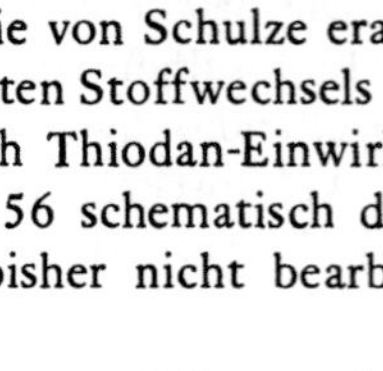

V

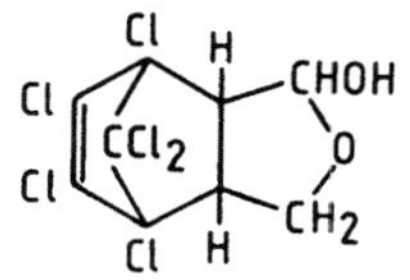

VI

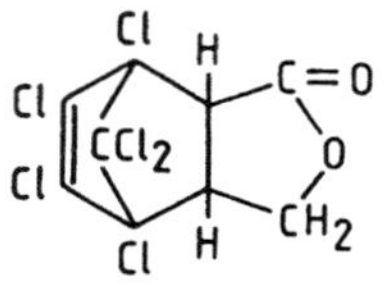

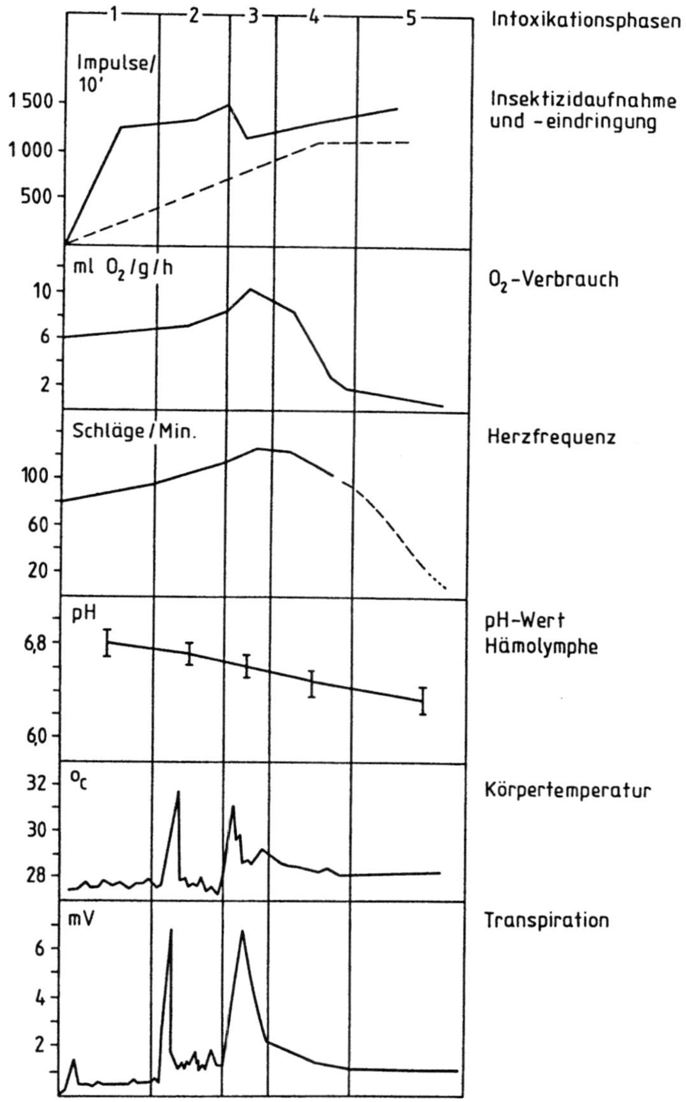

Abb. 55 Koordinierte Darstellung der verschiedenen durch Endosulfan-Einwirkung im Insektenorganismus veränderten Reaktionsketten, nach Schulze (1965).

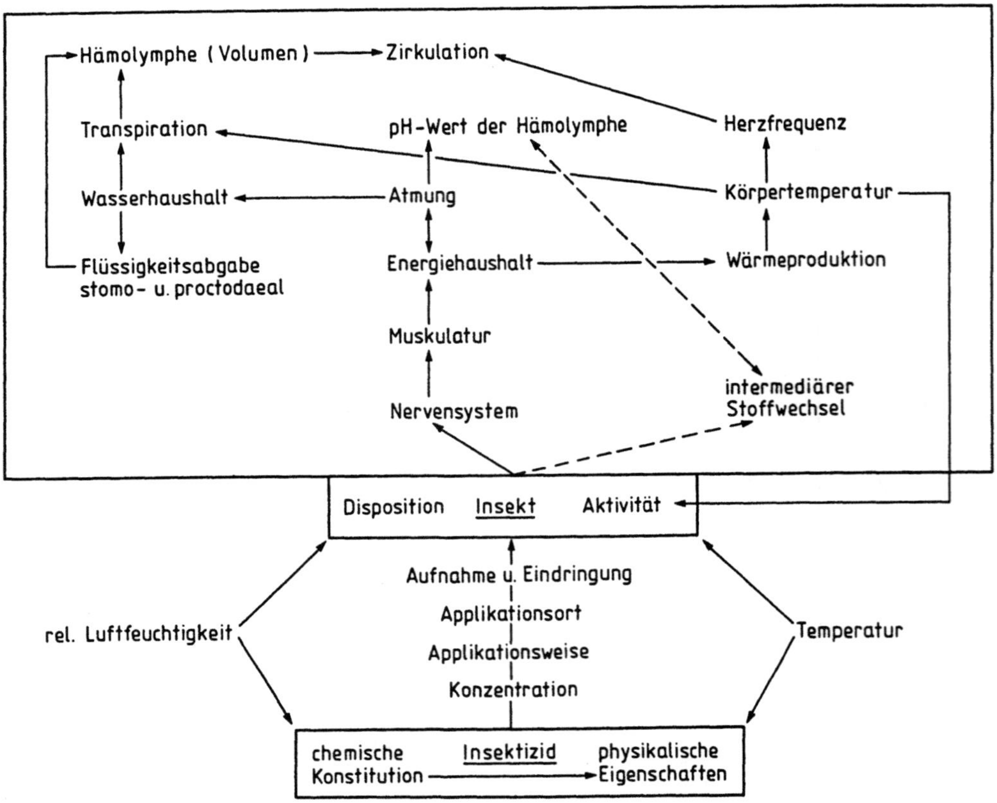

Abb. 56 Reaktionsketten nach Begiftung mit Endosulfan im Insektenorganismus, nach Schulze (1965).

Wird Thiodan injiziert, so treten die erwähnten Intoxykationserscheinungen sofort auf, so daß anzunehmen ist, daß während der Latenzzeit eine Anreicherung von Thiodansulfat stattfindet, das anschließend die eigentlichen toxischen Effekte setzt. So führt auch beim Thiodan ein allgemein vom Organismus verwendeter Entgiftungsmechanismus in Form einer Sulfatierung zunächst zu einem stärker toxisch wirkenden Produkt als die Ausgangssubstanz. Jedoch ist Thiodansulfat kein brauchbares Insektizid, da es von der Epidermis und auch vom Darmepithel der Insekten zu wenig aufgenommen wird (Barnes & Ware 1965).

Als weitere Abbauprodukte, die nicht mehr toxisch sind, entstehen nach Abspaltung von Sulfit Thiodanäther (IV), α-Hydroxythiodanäther (V), und nach starker Begiftung war auch Thiodanlacton (VI) nachweisbar.

Während die Abspaltung der Sulfitgruppe wohl ziemlich langsam erfolgt, wird Thiodanäther leicht zu α-Hydroxy-thiodanäther oxidiert. Hierzu genügt ein geringes Oxidationspotential. Die weitere Oxidation erfordert ein hohes Oxidationspotential, das offenbar nur nach starker Begiftung im Insekt erreicht wird. Dies läßt die Annahme zu, daß die Thiodanvergiftung zu einer starken Erhöhung des Oxidationspotentials im Organismus führt. Die eigentliche Wirkung des Thiodans könnte dann in der Hemmung der Sulfatasen gesehen werden (O'Brien 1967).

Als Kontakt- oder Fraßgift verabreicht, konnten Thiodan und alle bekannten Oxidationsprodukte in den Faeces aufgefunden werden. Dies läßt vermuten, daß an der Oxidation auch Darmsymbionten beteiligt sind.

Für eine Reihe von Nutzinsekten ist Thiodan weitgehend unschädlich; sie werden durch den praktischen Einsatz nicht betroffen (Hüttenbach 1969). Dies sind, neben den Honigbienen, Waldameisen, Laufkäfer, Spinnen, Larven und Imagines der Schwebfliegen, Marienkäfer, Zehrwespen u. a. Auch ist sein Einsatz in Verbindung mit Wildtieren und der Vogelwelt unbedenklich, dagegen sind Fische stark gefährdet.

Von Warmblütern wird Endosulfan im Magen-Darm-Trakt schnell resorbiert. Soweit bekannt, erfolgt im Stoffwechsel dann eine Hydrolyse zu Schwefliger Säure und nicht toxischem Thiodandiol, wie auf der Blattoberfläche. Letzteres wird durch die Nieren in Form eines noch unbekannten Konjugationsproduktes ausgeschieden und konnte aus dem Harn nach saurer Hydrolyse isoliert werden. Daneben wurde noch ein anderer, bisher unbekannter Metabolit nachgewiesen. Die Ratte vermag 30 % der tödlichen Dosis täglich auszuscheiden. Perorale LD_{50}-Werte schwanken für Endosulfan bei Säugern zwischen 30 und 220 mg/kg. Bei Einhaltung der Vorschriften besteht wohl keine Gefahr einer Vergiftung. Erst Fütterungsraten von 100 ppm zeigten histologische Veränderungen an Nieren und Leber. Die Gefahr einer Kumulation im Gewebe scheint gering zu sein. Als Rückstände werden Werte bis 1 ppm toleriert (Czech 1958).

Die bisher über Endosulfan vorliegende Literatur wurde kürzlich von Goebel et al. (1982) detailliert zusammengefaßt.

10.6 Mirex und Kepone

Diese beiden chlorierten Kohlenwasserstoffe wurden nur in besonderen Fällen eingesetzt. So ist Mirex (I) als Ameisenköder bekannt geworden. Es wurde in den USA insbesondere zur Bekämpfung der dort weit verbreiteten und sich stark ausdehnenden Feuerameise *Solenopsis saevissima* verwendet. In Europa wurde damit die Pharaoameise *Monomorium pharaonis* bekämpft. Als sich herausstellte, daß Mirex und auch Kepone (II) ähnlich wie die anderen chlorierten Kohlenwasserstoffe stark umweltschädigend sind, wurde 1972 in den USA die Verwendung gegen die Feuerameisen gesetzlich stark eingeschränkt, vor allem auch wegen der großen Gefahr für das aquatische Leben, wenn sie in Seen und Flüsse gelangen.

In Brasilien konnte die Termite *Cornitermes cumulans* mit Mirex-Granulaten und auch mit Aldrinlösungen erfolgreich bekämpft werden (Mariconi et al. 1977).

I

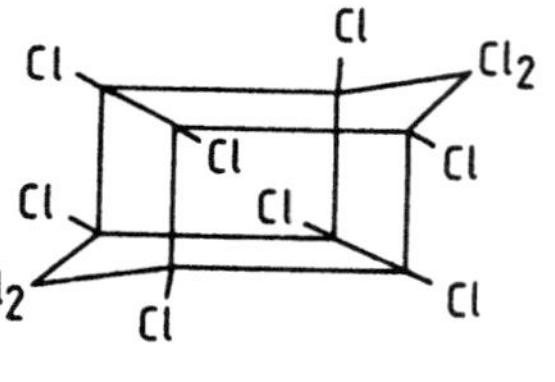

Dodecachloroctahydro-1,3,4-metheno-2H-cyclobuta-[c,d]pentalen

II

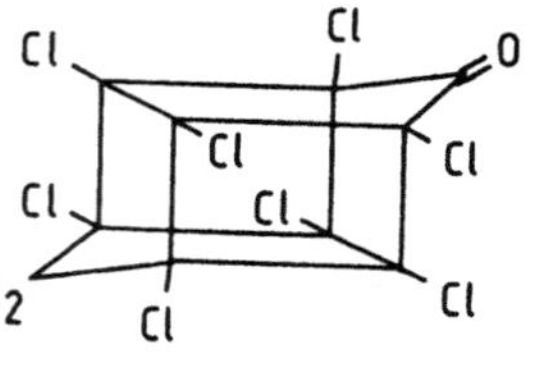

Decachloroctahydro-1,3,4-metheno-2H-cyclobuta[c,d]pentalen-2-on

Wurde Mirex mit einer Diät in Mengen von 1 bis 25 ppm an Mäuse oder Ratten verfüttert, so erhöhte es den Cytochrom P_{450}-Gehalt nur um das Zweifache (Baker et al. 1972). Es hatte von allen untersuchten Insektiziden die geringste Wirkung. Erst in Mengen von 100 bis 250 ppm stieg der Cytochrom P_{450}-Spiegel um das Sechsfache gegenüber der Kontrolle an. Andererseits führten 5 ppm Mirex in der Diät bei adulten weißen Mäusen zu Todesfällen und reduzierten die Wurfgröße (Ware & Good 1967).

11 Organische Phosphorsäureester

Vor etwa 45 Jahren entwickelte G. Schrader (Bayerwerk, Leverkusen) die ersten Phosphorsäureester mit insektizider Wirkung, wie H. Kükenthal in seinen Arbeiten zeigen konnte. Die Entwicklung führte zunächst zum Tetraäthylpyrophosphat (Tepp) (I) und dem Octamethyl-pyrophosphat (OMPA oder Schradan), später in zunehmendem Maße zu den heute wohl bedeutungsvollsten Präparaten, die in aller Welt zu den fest eingeführten Schädlingsbekämpfungsmitteln zählen. Eine typische und wertvolle Eigenschaft dieser neuen Giftklasse ist ihre besonders starke Wirkung auf saugende Schädlinge. Auch Spinnmilben, die schwer mit den anderen üblichen Insektiziden bekämpft werden können, sind gegenüber Phosphorsäureestern empfindlich (Voss 1962).

I

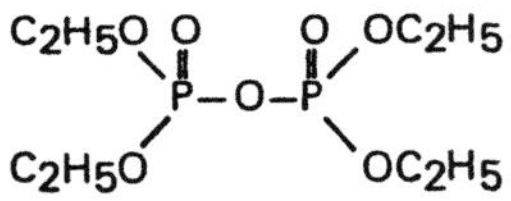

II

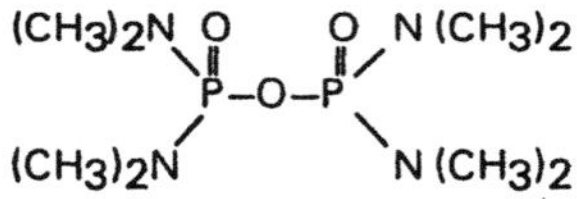

Ein Teil dieser Verbindungen wirkt sowohl als Kontakt- als auch als Fraßgift. Einige Verbindungen haben einen neuen Weg zur Bekämpfung pflanzenparasitärer Schädlinge ermöglicht: die innere Therapie der Pflanze. In der modernen Schädlingsbekämpfung gehören diese systemischen Wirkstoffe zum elementaren Bestandteil. Nicht nur die Wirkungsgrade der Bekämpfungsmaßnahmen wurden erhöht und zuverlässiger, sondern es ergaben sich auch neue Möglichkeiten für die Verhütung von Ertragsausfällen durch solche Viruskrankheiten, die von saugenden Insekten übertragen werden.

11.1 Allgemeine Charakterisierung

Die chemische Struktur der zahlreichen insektiziden Phosphorsäureester leitet sich von der Phosphorsäure ab. Die zunächst hergestellten Fluorphosphorsäuren führten zur Synthese von organischen Fluorverbindungen (III, IV), die sich als Fraßgifte eignen, aber wegen ihrer hohen Säugertoxizität keine weite Anwendung fanden.

III

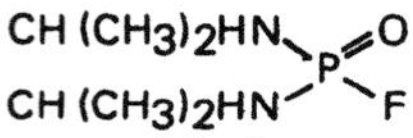

Mipafox

IV

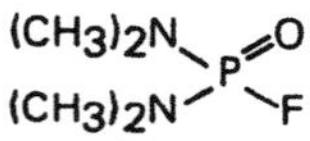

Dimefox

Die Phosphorsäure wurde dann mit verschiedenen Alkoholen verestert oder mit Ammonium-Verbindungen organischer Art neutralisiert. Es entstanden insektizide Phosphorsäureamide, von denen Schradan (II) als erstes systemisch wirkendes Organophosphat-Insektizid am bekanntesten ist.

Die Synthese der Thiophosphorsäureester (V) und Dithiophosphorsäureester (VI) führte schließlich zu den heute wichtigsten organischen Phosphorsäureestern mit insektizider Wirkung.

V VI

Phosphorsäure Thiononform Thiolform

Die Organophosphatinsektizide sind von allen Schädlingsbekämpfungsmitteln die giftigsten Substanzen. Aber anders als die sehr persistenten und akkumulierenden chlorierten Kohlenwasserstoffe werden sie gewöhnlich schnell abgebaut und ausgeschieden. Somit steht die akute Vergiftungsgefahr im Vordergrund.

Der Abbau der Organophosphat-Insektizide durch verschiedene Hydrolasen (Eto 1974) ist der wichtigste Detoxifikationsmechanismus. Sie können an der Ester- oder Anhydridsäurebindung enzymatisch hydrolysiert werden. Die folgenden Reaktionen a und b führen zur Bildung von Dialkylphosphorthiosäure bzw. einer Dialkylphosphorsäure und HX. Im Falle c sind die gebildeten Metaboliten Dealkylderivate und ein Alkohol.

a) $$(RO)_2\overset{S}{\overset{\|}{P}}{-}X + H_2O \longrightarrow (RO)_2\overset{S}{\overset{\|}{P}}OH + HX$$

b) $$(RO)_2\overset{O}{\overset{\|}{P}}{-}X + H_2O \longrightarrow (RO)_2\overset{O}{\overset{\|}{P}}OH + HX$$

c) $$(RO)_2\overset{S(O)}{\overset{\|}{P}}{-}X + H_2O \longrightarrow (RO)(HO)\overset{S(O)}{\overset{\|}{P}}{-}X + ROH$$

In den Reaktionsgleichungen bedeutet R eine Alkylgruppe und X kann ein Halid, eine weitere substituierte Phosphorsäuregruppe, die in Form einer Anhydridbindung verknüpft ist, eine Alkoxygruppe oder eine Aryloxygruppe sein.

Die Metaboliten werden durch eine Anzahl unterschiedlicher enzymatischer Prozesse gebildet. So können Dialkylphosphorthiosäuren oder Dialkylphosphorsäuren, die früher auf die Aktivität von Phosphotriesterhydrolasen zurückgeführt wurden, auch durch die Wirkung mikrosomaler Oxidasen oder Glutathiontransferasen gebildet werden (Dauterman 1971). Dies gilt in gleicher Weise für die Dealkylderivate. Hiermit konnte aufgezeigt werden, daß eine Isolierung und Identifizierung von Metaboliten allein nicht genügt, um über das an der Bildung beteiligte Enzymsystem Auskunft zu erhalten. Es ist notwendig, letzteres subzellulär zu lokalisieren, die benötigten Cofaktoren und den Einfluß von Inhibitoren festzustellen, um schließlich einen vollständigen Überblick über den ablaufenden Reaktionsmechanismus zu erhalten und die Herkunft der Metaboliten genauer erkennen zu können (Eto 1974).

Die einzelnen daran beteiligten Enzyme scheinen in Säugern und Insekten in ihrer spezifischen Aktivität verschieden zu sein (Jarczyk 1966). Die in Mikrosomen vorhandenen Arylesterhydrolasen spalten Paraoxon in Diäthylphosphorsäure und *p*-Nitrophenol (Reaktion d) (Aldridge 1953b, Kojima & O'Brien 1968, Lenz et al. 1973) und Diazoxon in Diäthylphosphorsäure und 2-Isopropyl-3-methyl-6-hydroxypyrimidin (Reaktion e) (Shishido & Fukami 1972). Während die Säugerenzyme durch Ca^{++} aktiviert werden, geschieht dies bei Insekten durch Mg^{++} und Co^{++}.

d) 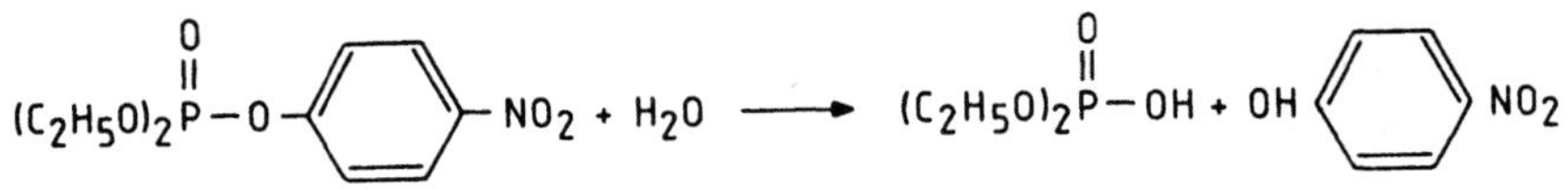

e) 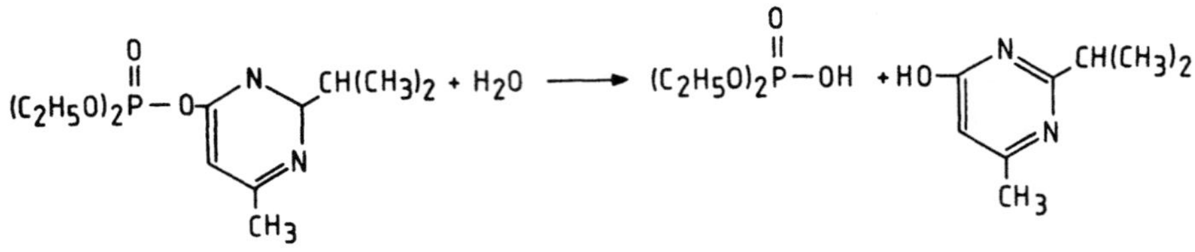

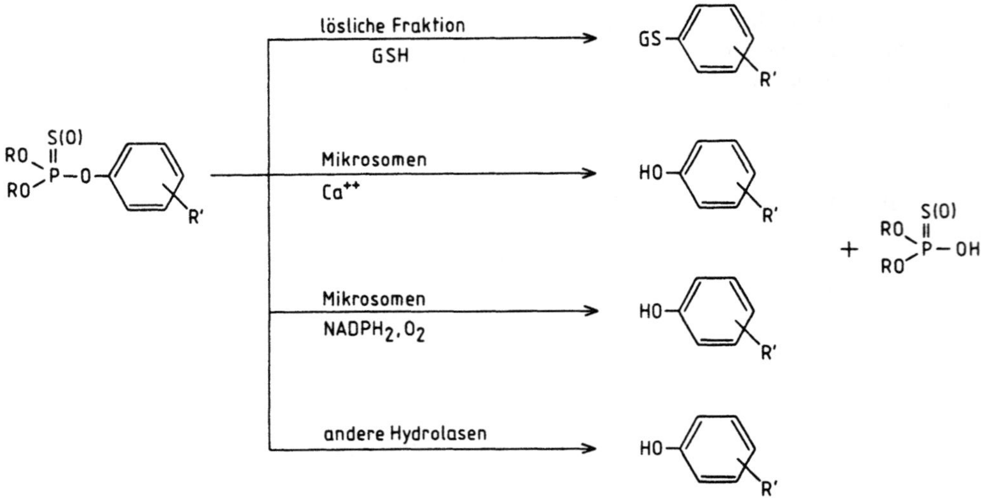

Abb. 57 Mögliche Mechanismen der Dearylierung von Organophosphaten, nach Fukami & Shishido (1966), Kojima & O'Brien (1968), Nakatsugawa & Dahm (1967), Neal (1967b), O'Brien (1967).

Eine Dearylierung von Organophosphaten kann zusammenfassend auf den in Bild 57 dargestellten Wegen erfolgen.

Ein weiterer Mechanismus für den Abbau organischer Phosphorsäureester ist die O-Dealkylierung oder Hydrolyse von Alkylgruppen (Reaktion f) (Hodgson & Casida 1962).

f) 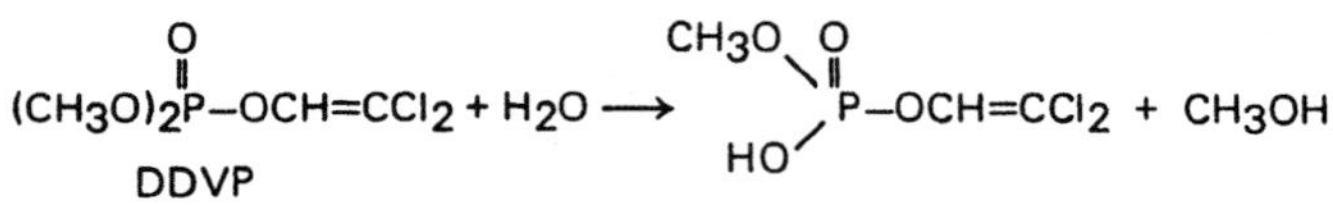

DDVP

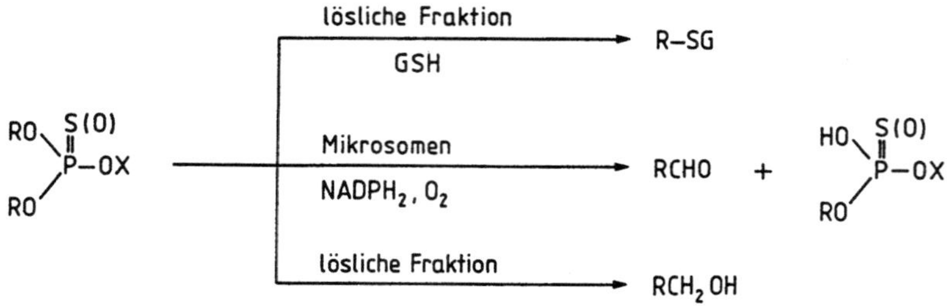

Abb. 58 Mögliche Mechanismen der O-Dealkylierung von Organophosphaten

Die O-Dealkylierung kann auf drei verschiedenen Wegen erfolgen (Bild 58):
- durch lösliche GSH-S-Alkyltransferase (Fukami & Shishido 1966),
- durch $NADPH_2$- und O_2-abhängige mikrosomale Oxidasen (Donninger et al. 1966),
- durch ein lösliches hydrolytisch wirkendes Enzym nach Kojima & O'Brien (1968).

Aber auch Phosphodiesterhydrolasen können Desmethyl-dichlorvos (DDVP) spalten (Reaktion g) (Hodgson & Casida 1962).

Carboxylesterasen oder Aliesterasen spalten sowohl aliphatische als auch aromatische Ester (O'Brien 1960).

Die mikrosomale Oxidation von Organophosphaten kann schließlich auf folgende Weise vorsichgehen:

O- und S-Dealkylierung

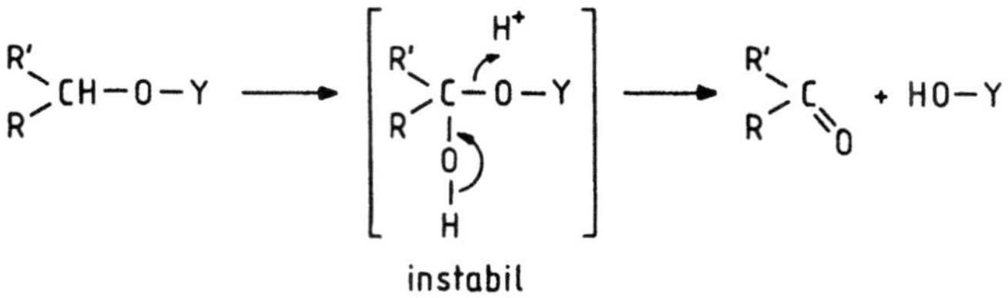

N-Alkylhydroxylierung

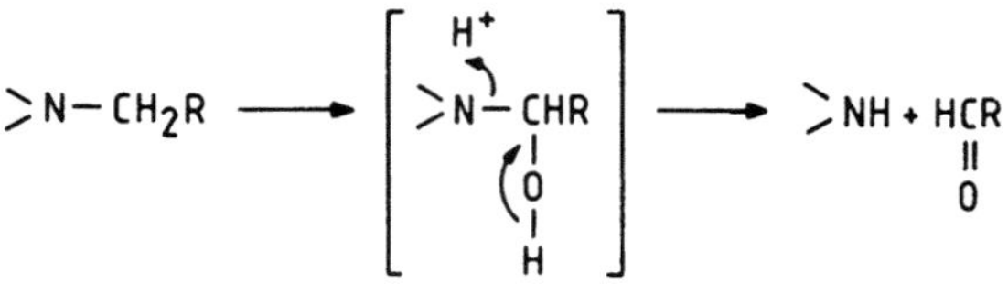

aliphatische Hydroxylierung

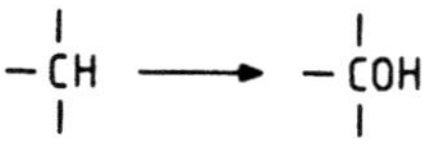

Esteroxidation, Esterhydrolyse

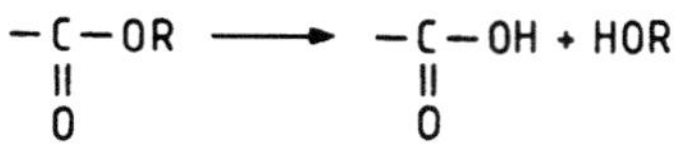

Thioesteroxidation

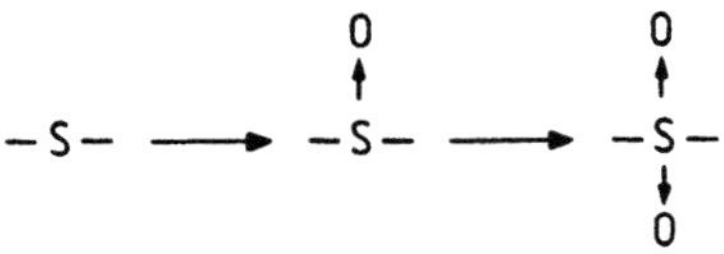

Eine besonders auffallende Beobachtung ist nun, daß die Toxizität der insektiziden organischen Phosphorsäureester durch eine Vorbehandlung mit chlorierten Kohlenwasserstoffen stark herabgesetzt werden kann, wobei die Verabreichung einer einzigen Dosis an die Versuchstiere genügte (Tabelle 18, 21, 22; Bild 53). Dies könnte mit einer durch chlorierte Kohlenwasserstoffe stimulierten mikrosomalen Oxidasenaktivität in Zusammenhang stehen.

Tabelle 22 Wirkung einer einzigen oralen Dosis von Aldrin (16 mg/kg) auf die akute Toxizität einer Reihe von Organophosphat-Insektiziden, nach Triolo & Coon (1966b)

Insektizide (mg/kg)		Absterberate in %	
		Kontrolle	Aldrin vorbehandelt
Parathion	(22)	35	0
Paraoxon	(40)	100	44,4
TEPP	(10)	95	0
DFP	(50)	66,6	10
EPN	(75)	50	0
Guthion	(15)	84,6	15,4
TOCP	(2000)	60	20
OMPA	(25)	60	70

11.2 Systemische Wirkung

Wir hörten bereits, daß einige chlorierte Kohlenwasserstoffe in die Pflanze eindringen und eine gewisse systemische Wirkung entfalten können. Jedoch ist es nicht vertretbar, diese als systemische Insektizide zu bezeichnen, denn die Praxis verknüpft mit diesem Begriff eine ganz bestimmte Vorstellung, nachdem sie die Wirkung der „echten" systemischen Insektizide kennt und nach deren Anwendung bestimmte Wirkungen erwartet. Nicht nur eine Verteilung des Wirkstoffes in der Pflanze, sondern auch eine Langzeitwirkung muß gegeben sein (Bennett 1949, 1957, Spindler 1955, Ripper 1957).

Nach Unterstenhöfer (1954) sind systemische Insektizide dadurch charakterisiert, daß sie von der Pflanze aufgenommen, in ihr geleitet und vorübergehend in insektizidwirksamen Dosen gespeichert werden. Diese Definition ging von den Eigenschaften aus, die die seinerzeit bekannten Wirkstoffe wie OMPA, Demeton, einige Selen- und Fluorverbindungen sowie die noch zu besprechenden Urethane im Hinblick auf ihr Verhalten gegenüber der Pflanze und im Hinblick auf ihren Wirkungsgrad Schädlingen gegenüber von den sogenannten ektotherapeutischen Verbindungen unterschieden. In wissenschaftlicher sowie praktischer Sicht waren die Leitung der Substanz und die vorübergehende Immunisierung der Pflanze die markanten Eigenschaften systemischer Wirkstoffe. Eine wesentliche Eigenschaft eines systemischen Wirkstoffes ist die vorübergehende Speicherung in der Pflanze. Schwierigkeiten bereitet bei der gegebenen Definition die Abgrenzung der zeitlich befristeten Speicherung. Es sollte von einem echten systemischen Mittel dann gesprochen werden, wenn es eine Dauerwirkung von mindestens 7 Tagen besitzt. Auf der anderen Seite wird eine weitere Klassifizierung vom Phytopathologen nach dem Wirkungsspektrum, vom Biochemiker nach dem Verhalten in der Pflanze, vom Chemiker nach der Konstitution der Insektizide gegeben werden können.

Die zeitlich befristete Speicherung wird von der Aufnahme und Leitung beeinflußt, die wiederum von der Dosis und einer Reihe von weiteren Faktoren, wie z. B. Witterung, Pflanzenart, Pflanzenalter, Empfindlichkeit der Schädlinge, abhängig sind. Hierin liegt die Gefahr, daß es nicht mehr eine sachliche, sondern eine Ermessensfrage ist, ob und wann man einem systemischen Insektizid das Attribut „zeitlich begrenzte Speicherung" zusprechen darf. Die Berücksichtigung anwendungstechnischer Gesichtspunkte bietet hier einen Ausweg. Blattläuse und Spinnmilben wurden als typische Indikatoren für systemische Wirkstoffe angesehen, weil sich der Zuflug, die Zuwanderung oder die Entwicklung bis zur anfälligen Phase über einen längeren Zeitraum erstreckt. Unter Berücksichtigung dieser für die Praxis sehr wichtigen Erwägungen wurde eine minimale Wirkungszeit von einer Woche festgelegt, wobei die für die praktische Bekämpfung vorgeschriebenen Konzentrationen berücksichtigt wurden.

Die Entwicklung von organischen Phosphorverbindungen mit systemischen Eigenschaften nahm ihren Ausgang mit einem Naturexperiment. Hurd-Karrer & Kennedy (1936) beobachteten, daß Weizen, der auf selenhaltigem Boden wuchs, nicht von Schädlingen befallen wurde. Die Untersuchung der Zusammenhänge führte zu der Erkenntnis, daß alle wasserlöslichen Selensalze, besonders Natriumselenat (Na_2SeO_4), von Pflanzen durch das Wurzelsystem aufgenommen werden (Hurd-Karrer 1935). Hierbei wird der Pflanzensaft durch geringe, noch nicht phytotoxisch wirkende Konzentrationen für Blattläuse, Schmierläuse, Spinnmilben und andere saugende Insekten so stark vergiftet, daß die Tiere nach der Nahrungsaufnahme eingehen. Die außerordentliche hohe Toxizität der Selenverbindungen für den Menschen und die Haustiere sowie der unkontrollierbar lange Verbleib des giftigen Selens in der Pflanze verboten jedoch ihre Anwendung bei Pflanzen, die der menschlichen und tierischen Ernährung dienen sollten.

Die Suche nach weniger giftigen Insektiziden dieser Art führte dann zu den organischen Fluorverbindungen, von denen die fluorhaltigen Verbindungen der Phosphorsäure als direkte Vorstufen der ersten systemischen Organophosphat-Verbindungen, wie OMPA, angesehen werden können. Gegenüber den fluorhaltigen Verbindungen dringt letztere leichter durch die Blattkutikula. Jedoch ist sie in der Pflanze zu instabil, so daß die folgende schnelle Weiterentwicklung der systemischen Organophosphate im deutschen Ursprungsland keine Anwendung von OMPA in größerem Rahmen zuließ. Die modernen systemisch wirkenden Verbindungen lassen sich nach ihrer Struktur im Phosphorsäureanteil in Derivate der Phosphorsäure, der Thiophosphorsäure und der Dithiophosphorsäure gliedern. Mit der Entwicklung von Systox und Metasystox wurde ein Höhepunkt und vorläufiger Abschluß erlangt. Diese beiden Thiophosphat-Verbindungen übertrafen alle Vorgänger ihrer Art an chemischer Stabilität, Wirkungsbreite und an systemisch-insektizider Wirkungsdauer und werden heute in großem Umfange zur Bekämpfung von pflanzensaugenden Arthropoden angewandt. Der größte Vorteil in der Anwendung von systemischen Insektiziden gegenüber Kontaktgiften liegt darin, daß sie einen lang anhaltenden, witterungsunabhängigen Schutz der Pflanzen gewährleisten, außerdem die Fauna schonen und die Unterstützung durch Raubinsekten erhalten.

Im Pflanzenschutz bezeichnet man die systemischen Insektizide auch als Chemotherapeutica der Pflanzen. Sie erlauben eine innere Therapie der Pflanzen. Eine wichtige Forderung an solche Insektizide oder Fungizide ist, daß die zur Vernichtung der Parasiten notwendige Giftdosis keinerlei Schädigung des erkrankten Pflanzenorganismus zur Folge haben darf. Man spricht im Pflanzenschutz von einem chemotherapeutischen Index, d. h. von der Spanne zwischen der den Parasiten und andererseits die Pflanze schädigenden Konzentration. Diese Verhältniszahl zwischen der „Dosis letalis minima" des Giftes für das Insekt und der ohne Schädigung der Pflanze anwendbaren Menge eines Mittels muß groß genug sein, um phytotoxische Wirkungen im üblichen Anwendungsbereich auszuschließen. Als weitere Forderung ist zu nennen, daß ein Abbau oder eine Ausscheidung des Giftes durch die Pflanze in einer bestimmten Zeit gegeben sein muß, damit Säugetiere und Mensch nicht von der Giftwirkung beeinträchtigt werden.

Das Wesen der systemischen Wirkung von Insektiziden dokumentiert sich in ihrem Verhalten und in ihrem Schicksal im Verlauf des therapeutischen Prozesses (Postner 1971). Bei der Anwendung der systemischen Gifte muß man sich den chemisch-biologischen Eigenschaften der Substanzgruppe mehr anpassen als es bei den meisten Kontaktinsektiziden der Fall ist. Zu berücksichtigen ist zunächst der Aufnahmevorgang. Im Pflanzeninnern ist der Wirkstoff den dort herrschenden Bedingungen ausgesetzt. Die Intensität des Wirkungsablaufes hängt entscheidend davon ab, wie Substanz und Pflanze miteinander reagieren. Da sowohl die Eigenschaften der verschiedenen Pflanzenarten außerordentlich differieren, stellt die innere Therapie mit Hilfe systemischer Insektizide ein sehr vielfältiges, aus zahlreichen variablen Größen bestehendes Problem dar. Der systemische Prozeß läßt sich in drei Stufen gliedern:
1. Inkorporierung oder Absorption,
2. Translokation,
3. Metabolismus und Detoxifikation.

11.2.1 Inkorporierung oder Absorption

Die wichtigsten Aufnahmeorgane der Pflanze sind die Wurzeln und Blätter. Die für die Aufnahme von Wasser und Nährstoffen vorgesehenen Wurzeln dürfen auch als die günstigsten Pflanzenteile zur Absorption systemischer Organophosphat-Verbindungen angesehen werden. Dabei erfolgt die mengenmäßig höchste Aufnahme aus wäßrigen Lösungen und nimmt im Boden in dem Maße ab, mit dem der Gehalt an adsorptionsfähigen Bestandteilen, insbesondere Humus und Ton, zunimmt (Abdellatif et al. 1967). Die Schwierigkeiten einer Wurzelapplikation beruhen nicht so sehr auf der Nichtaufnahme durch die Pflanze, sondern vielmehr darauf, daß das Insektizid zunächst eine gewisse Distanz durch den Boden zurücklegen muß, so daß eine direkte Parallelität zwischen Wasserlöslichkeit der Substanz und systemischer Wirkung über die Wurzel zu bestehen scheint.

Die besondere Bedeutung der Blattapplikation liegt darin, daß neben der konventionellen Anwendungstechnik eine Kontaktgiftwirkung erreicht wird, die eine hohe Initialtoxizität besonders bei der Virusvektorenbekämpfung bewirkt. Die Eigenschaft kommt hauptsächlich der Demetongruppe zu. Die bekannten Wirkstoffe dringen nach kutikulärer Absorption in die Pflanze ein. Nach Untersuchungen von Franke (1962) sollen die Ektodesmen die wichtigsten Transportbahnen zwischen Außenwelt und Pflanzeninnerem darstellen, so daß die systemischen Insektizide mit der Stoffaufnahme durch die Blätter in die Pflanze gelangen.

Für die Menge der aufgenommenen Substanz spielen, neben der Dosis, der Wirkstoff selbst, die Pflanzenart, das Alter und der Entwicklungszustand der Pflanze, der Pflanzenteil sowie die Umweltverhältnisse eine maßgebende Rolle. Junge Blätter absorbieren den Wirkstoff weit schneller als ältere. Der rascher zirkulierende Saftstrom im Zustand des Sprießens sorgt für bessere Verteilung im Pflanzeninnern. Daher wirken die Systemgifte im Frühjahr und Frühsommer schneller und durchschlagender als im Herbst. Auch die Wirkungsdauer hängt vom Wachstum der Pflanze ab.

Bei den zum Demeton-Komplex gehörenden Insektiziden konnte beobachtet werden, daß die Thioverbindungen wesentlich besser in die Pflanze gelangen als die Dithioverbindungen. Durchwegs ist die Wirkstoffaufnahme auf der Blattunterseite größer als auf der Oberseite. Auch die Rinde holziger Gewächse wird unter bestimmten Einwirkungsbedingungen von systemischen Insektiziden durchdrungen. Die Wirkstoffe gelangen dabei in die Leitbündel der Pflanzen. Nach einer Betrachtung der physikalisch-chemischen Eigenschaften der systemischen Insektizide kommt O'Brien (1960) zu dem Schluß, daß für die Aufnahme durch Blatt und Rinde der Wirkstoff eine gewisse Lipophilie aufweisen muß, andererseits muß er ausreichend wasserlöslich sein, um anschließend transportiert zu werden.

11.2.2 Translokation

Sowohl auf biologischem Wege als auch unter Verwendung chemischer und physikalischer Methoden konnte nachgewiesen werden, daß die systemischen Wirkstoffe in der Pflanze transportiert werden. Im Verlauf der Untersuchungen stellte sich heraus, daß der Transport von vier Faktoren wesentlich beeinflußt wird: Dies sind die Eigenschaft des Wirkstoffes und sein Verhalten in der Pflanze, die Pflanzenart, die Pflanzenorgane, an denen die Absorption erfolgt, und die Umweltverhältnisse. Von besonderer Bedeutung ist dabei das Organ, mit dem der Wirkstoff bei der Applikation in Berührung kommt und an dem die Aufnahme erfolgt. Nach Saat- und Pflanzgutbehandlung, nach Darbietung an Wurzeln und nach Stamm- und Stengelapplikation werden die zum Demeton, Methyldemeton und Thiodemeton gehörenden Wirkstoffe und entsprechende Verbindungen akropetal relativ schnell in die oberirdischen Teile der Pflanze geleitet (Voss 1969). Die Hauptleitung geschieht im Xylem mit dem Transpirationsstrom. Die Translokation erfolgt besonders intensiv in jungen, wachsenden Pflanzenteilen und bevorzugt in die Blattränder. Eine basipetale Verfrachtung der Gifte im Phloem findet, wenn überhaupt, dann nur in geringen und therapeutisch unbedeutenden Mengen statt (Voss & Dittrich 1967).

Diese Beobachtungen sind für den praktischen Pflanzenschutz von großer Bedeutung. Denn sie weisen darauf hin, daß die Pflanze durch ein systemisches Insektizid im wesentlichen vor Xylemsauger und solchen Insekten geschützt wird, die insbesondere an jungen Blättern fressen. Phloemsaugende Blattläuse werden weniger dezimiert, denn auch bei längerer Verweilzeit ist die Diffusion in den Siebteil normalerweise zu gering, um phytotherapeutisch wirksam zu werden. Ein Verabreichen höherer Dosen könnte diesen Mangel zwar bis zu einem gewissen Grade ausgleichen, es kann aber zu unerwünschten phytotoxischen Erscheinungen führen. Hier klafft im Pflanzenschutz eine echte Lücke, die nur durch Entwicklung geeigneter neuer Systemgifte, die speziell im Phloem transportiert werden, mit der nötigen Wirkungsbreite ausgefüllt werden kann (Kloft & Kunkel 1969).

11.2.3 Metabolismus und Detoxifikation

Eine wichtige Voraussetzung aller Pflanzenschutzmittel ist, daß sie nicht oder wenigstens nicht in bedeutenden Mengen in den Ernteprodukten verbleiben und deren Verwertbarkeit beeinträchtigen. Die Insektizide müssen also abgebaut oder eliminiert werden. Der Verbleib pflanzensystemischer Gifte ist besonders sorgfältig untersucht worden, bevor sie auf breiter Basis angewendet wurden. Dies führte in den letzten 20 Jahren auch zu einer weitgehenden Klärung des Metabolismus der Organophsphat-Insektizide in der Pflanze. Auch hier sind die wesentlichsten Prozesse, die zum Ziel haben, die Wirkstoffe polarer und damit transportabler zu machen, die bereits für das Tier erwähnten, wie Oxidation, Dealkylierung und Hydrolyse. Eine Oxidation am Phosphoratom, also wenn die Thionoform zum Phosphorsäureester oxidiert oder zur Thiolform isomerisiert wird, führt infolge der stärker elektrophilen Eigenschaften der P=O-Konfiguration zu Verbindungen, die leichter hydrolysierbar und damit kurzlebiger sind. In jungen Bohnen findet bereits innerhalb von 24 Stunden eine 81 %ige Umwandlung von Thionosystox in die Thiolform statt.

Der Abbau in der Pflanze läßt sich aufgrund der heutigen Kenntnisse folgendermaßen charakterisieren: Die bereits klassischen Arbeiten von Metcalf et al. (1955, 1956) zeigten, daß Verbindungen vom Thiophosphorsäuretyp, also solche der Demeton-Gruppe, Oxidationsprozessen am Thioäther-Schwefel unterliegen, die zur Bildung von Sulfoxiden und Sulfonen führen. Verbindungen aus der Carbonsäureamid-Gruppe, wie die Dimethoate, werden an der Phosphorsäure demethyliert und an der Carbonsäureamid-Gruppe oxidiert. Dabei entsteht ein Oxikarboxy-Derivat, also die Thiolform des Dimethoats mit einer freien Säuregruppe am Ende der Seitenkette.

Die Enolphosphate, wie Phosphamidon, werden hydrolytisch zu Dimethylphosphorsäure und Chloracetessigsäure-diäthylamid gespalten. Daneben entsteht nach Menzer & Ditman (1963) als Metabolit Deäthylphosphamidon, so daß sich hier eine gewisse Parallelität zu den am Schradan ablaufenden Reaktionen abzeichnet, woraus als wesentlichster Metabolit Heptamethylpyrophosphorsäureamid resultiert. Über den Metabolismus verschiedener Insektizide in Pflanzen berichtete Spencer (1959). Bei den Phosphaten verlaufen die Abbauprozesse naturgemäß einfacher als bei den Derivaten von Thiophosphorsäuren, bei denen eine Isomerisierung von der Thiono- zur Thiolform bzw. Umwandlung von Dithio- in Monothio-Verbindungen eintreten kann. Nach der Oxidation schreitet der Abbau meist hydrolytisch fort. Die entstehenden Produkte sind weder als Insektizid noch toxikologisch von Bedeutung; ihr weiterer Abbau führt schließlich zur im Stoffwechsel benötigten Phosphorsäure.

Die Verweilzeit von Systemgiften wird durch den Abbau in der Pflanze sowie durch ihre dampfförmige Ausscheidung bestimmt. Ein gesteigerter Stoffwechsel im Frühjahr zur Zeit eines starken Wachstums sorgt daher für ein relativ schnelles Verschwinden des Wirkstoffes, wodurch die Sicherheit des Verbrauchers erhöht wird, wenn die vom Hersteller angegebene und behördlich überprüfte Mindestfrist zwischen Anwendung und Ernte genau beachtet wird.

Die Abbaugeschwindigkeit von systemischen Phosphorsäureestern ist stark temperaturabhängig. Während die Umwandlung der Thiono- in die Thiolform enzymatisch mittels einer Isomerase erfolgt, ist die Oxidation der Thioäthergruppe zum Sulfoxid und zum Sulfon ein vorwiegend auf Lichteinfluß zurückzuführender Prozeß. Weiterhin spielt die Pflanzenart für die Dauerwirkung eine wesentliche Rolle. Metcalf (1959) stellte nämlich fest, daß Thiodemeton auf Baumwolle eine bessere Dauerwirkung besitzt als auf Tomaten. In letzteren verläuft der Abbau dreimal so schnell wie in Baumwollblättern.

Träger der ektotherapeutisch-insektiziden Wirkung von organischen Thiophosphaten ist vor allem der Thiolester. In den Handelspräparaten liegt ein Isomerengemisch vor, das aus 70 % aus dem Thionoester und zu 30 % aus dem Thiolester besteht. Durch Temperatureinwirkung wird der Anteil der 30mal wasserlöslicheren Thiolform erhöht. Bei 20 °C ist eine vollständige Umwandlung aber erst nach 4 Jahren erreicht, so daß das Isomerengemisch genügend lange lagerbeständig ist. Für die praktische Anwendung ist von Bedeutung, daß die Gegenwart von Wasser als polares Lösungsmittel die Umwandlung der Thionoform stark katalysiert. Dies ist aber erst dann erwünscht, wenn die lipophilere, schneller absorbierbare Thionoform in die Pflanze eingedrungen ist. Mit ^{32}P-markiertem Systox konnte nun festgestellt werden, daß bereits eine Stunde nach der Spritzung 35 bis 40 % in die Pflanze gewandert waren, so daß die außerhalb verlaufenden, die Systemwirkung herabsetzenden Umwandlungsprozesse bei den Präparaten der Demetongruppe von untergeordneter Bedeutung sind und vernachlässigt werden können (Tietz 1954).

Die in der Pflanze schnell entstehenden, noch stärker wasserlöslichen Metabolite haben wie die Thiolester eine starke cholinergische Wirkung. Sie ist zwar für die Sulfonverbindungen am größten, jedoch verläuft die Oxidation des Sulfoxids zum Sulfon in der Pflanze sehr langsam, so daß wir die eigentliche Systemwirkung dem schnell entstehenden Sulfoxid zusprechen können.

11.3 Reaktionen mit Cholinesterasen

Als Hydrolasen spalten Cholinesterasen (ChE) Acetylcholin (ACh) in Acetat und Cholin. Fast alle heute gebräuchlichen Insektizide zeigen eine Wirkung auf diese Enzyme, wodurch sie eine Sonderstellung im Ablauf des toxikologischen Prozesses einnehmen. Die unter (a) dargestellte Reaktion ist reversibel, aber unter physiologischen Bedingungen stark nach rechts verschoben.

Die Acetylcholinesterase (AChE) ist am besten auf das Substrat ACh eingestellt. Die Butyrylcholinesterase (BChE) oder nicht spezifische Cholinesterase bewirkt bevorzugt die Spaltung von Butyrylcholin und zeigt keine sehr starke Hemmung durch andere Substrate. Die Inhibitoren beider Enzyme sind somit nicht gleich. In Vertebraten sind beide vorhanden: AChE in Erythrozyten, Nerven- und Muskelgewebe, BChE in vielen anderen Geweben, einschließlich Blutplasma und Leber, aber auch im Nervengewebe. Letztere kann gehemmt werden, ohne daß sich ein Krankheitssymptom äußerlich erkennen läßt (Su et al. 1971).

(a) $$CH_3COOCH_2CH_2\overset{+}{N}(CH_3)_3 \xrightarrow{H_2O} CH_3COO^- + H^+ + HOCH_2CH_2\overset{+}{N}(CH_3)_3$$

Acetylcholin — Acetat — Cholin

In Insekten konnte BChE nicht nachgewiesen werden, dagegen ist AChE weit verbreitet. Dazu muß aber kritisch bemerkt werden, daß die meisten Untersuchungen über neuromuskuläre Reaktionen gezeigt haben, daß die Transmission bei Insekten nicht mit Hilfe von Acetylcholin geschieht; vermutlich übernimmt Glutamylcholin seine Rolle. Denn Harlow (1958) zeigte die Unempfindlichkeit der Beinmuskelkontraktion der Wanderheuschrecke gegenüber Anticholinesterasen. Dies konnte bei der Schabe *P. americana* bestätigt werden (O'Connor et al. 1965). Bei *Rhodnius* konnte auch histochemisch die Nichtbeteiligung von AChE an der neuromuskulären Transmission demonstriert werden (Wigglesworth 1958). Somit scheint das Vorkommen von AChE bei Insekten und vielleicht auch anderen Arthropoden auf das ZNS beschränkt zu sein.

Wir wissen heute, daß Enzyme gewöhnlich nicht in einer einzigen makromolekularen Struktur vorliegen. Immer häufiger zeigte es sich, daß ein Enzym eine Vielzahl von Strukturformen besitzt, die zwar die gleiche allgemeine katalytische Eigenschaft besitzen, aber sich durch Elektrophorese oder isoelektrische Fokussierung auftrennen lassen. Diese verschiedenen Formen werden als Isoenzyme bezeichnet. AChE-Isoenzyme wurden zuerst von Bernsohn et al. (1963) nachgewiesen. Von den zehn im Vertebratengehirn gefundenen AChE-Isoenzymen hatte eines nur eine Halbwertszeit von drei Stunden. Nach DFP (VII)-Einwirkung wurde neues Enzym synthetisiert (Davis & Agranoff 1968).

Bei Hausfliegen ließen sich im Kopf nur vier AChE-Isoenzyme sichtbar machen; drei ganz andere waren im Thorax nachweisbar (Tripathi et al. 1973). Sie wurden durch Malaoxon und andere Organophosphate in unterschiedlicher Weise gehemmt (Bild 13). Durch Vergleich der Empfindlichkeit der Isoenzyme gegenüber vier verschiedenen Organophosphaten war es möglich aufzuzeigen, daß die Hemmung von Thorax-Isoenzym V für die Giftwirkung am bedeutendsten ist; das Ausmaß seiner Hemmung korrelierte sehr eng mit den Letalwirkungen des Inhibitors.

Allgemein wird angenommen, daß Organophosphate AChE hemmen. Der Reaktionsmechanismus der Organophosphate mit AChE ist dem des wahren Substrates analog. So sind diese Wirkstoffe Substrate, die eine Konkurrenzhemmung bewirken, weil ihre Reaktionskonstante sehr klein ist; sie besetzen den Reaktionsort am Enzym zu lange.

Dies führt zu einer verzögerten ACh-Hydrolyse und konsequenterweise zu einer verlangsamten Reizleitung an den cholinergen Synapsen. Anticholinesterase wirkte nach bisherigen Untersuchungen als Antagonistrezeptor. So zeigte sich, daß DFP die Muskelkontraktion verlangsamt und daß seine Wirkung aufgehoben werden kann, ohne die Cholinesterase-Aktivität zu erhöhen, während TEPP (I) auch in Gegenwart einer hohen AChE-Aktivität eine Hemmung entfaltet (McNamara et al. 1954). Nach einer gewissen Zeit der Hemmung kann die AChE ihre Aktivität wiedererlangen. In Säugergeweben waren die Reaktivierungszeiten bei 37 °C 80 Minuten bis 200 Stunden je nach Tierart und Gewebe verschieden (Davies et al. 1960).

In neueren Untersuchungen wurde eine Potenzierung der ACh-Wirkung durch Organophosphat beobachtet. Wurden hohe Konzentrationen (1 bis 8×10^{-3} M) verschiedener Verbindungen mit ACh verabreicht, so repolarisierten sie reversibel die Membran der Nervenzellen, indem sie als Inhibitoren des ACh-Rezeptors wirkten (Bartels & Nachmansohn 1969). Es wird angenommen, daß die Reaktion von ACh mit seinem Rezeptor ein reversibler Zweistufenprozeß ist, bei dem die erste zur Bildung eines intermediären inaktiven Komplexes führt und erst die zweite zur aktiven depolarisierenden Transformation (Katz & Thesleff 1957); die letzte Stufe ist gekoppelt an die Öffnung des Ionenkanals. Die Wirkung von DFP wurde als Interaktion mit dem Rezeptorproteinkomplex interpretiert und nicht mit dem Rezeptor allein (Kuba et al. 1973). Demnach können mehrere Verbindungen, die sich primär als Anticholinesterase erwiesen, auch mit dem ACh-Rezeptor oder dem Rezeptorproteinkomplex in Verbindung treten, indem sie entweder als Aktivator oder Inhibitor tätig sind, welches von ihrer Struktur, der Konzentration und der Gewebepräparation abhängt.

Bei einer Mosquitofischpopulation (*Gambusia affinis*), die hochgradig resistent gegen chlorierte Kohlenwasserstoffe war, wurde geringe Toleranz gegenüber Parathion und Methylparathion gefunden. Die Sensitivität der AChE und Karboxylesterasen war gegenüber der Kontrollpopulation nicht verschieden. Die Karboxylesterasen waren jedoch wesentlich empfindlicher als die AChE. Dies wird als Schutzmechanismus für die AChE gegenüber Organophosphat-Insektiziden angesehen (Chambers 1976).

EPN (VIII) und TOTP (IX) wirken bei Vertebraten synergistisch auf die Toxizität von Malathion. Dies ließ sich auf eine Hemmung der Karboxyesterasen (Aliesterasen) durch EPN oder TOTP zurückführen. Denn normalerweise wird Malathion in Vertebraten rasch abgebaut und somit die Toxizität stark herabgesetzt.

VII

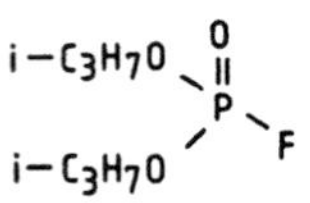

O,O-Diisopropyl phosphorfluoridat

VIII

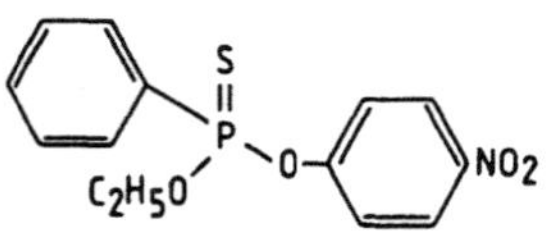

O-Äthyl-O-*p*-nitrophenyl-phenylphosphorthionat

IX

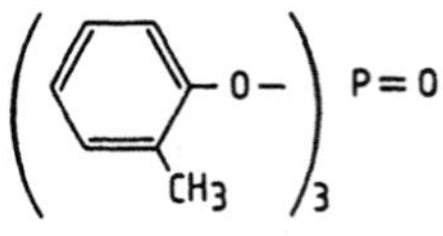

Tri-*o*-tolyl phosphat

Das demyelinisierende TOTP kann auch als Synergist wirken. *In vivo* wird es zunächst zum effektiven Inhibitor verändert. Nach Ersatz der Methylgruppe durch eine Hydroxylgruppe und einem folgenden Angriff am P-Atom mit Bildung einer neuen Hydroxylgruppe entstehen zyklische Phosphate (X), die in der Leber, im Darm und in den Faeces von vergifteten Ratten gefunden wurden; *in vitro* traten sie nach Behandlung von Mikrosomenpräparationen auf. Hinzu kamen weitere Metaboliten: $-CH_3$ war durch $-CH_2OH$ ersetzt, TOTP enthielt zwei hydroxylierte CH_3-Gruppen sowie die Verbindung XI, die am zentralen und peripheren Nervensystem bei Küken Demyelisierung verursacht.

X

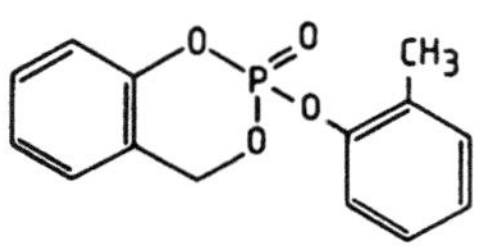

XI

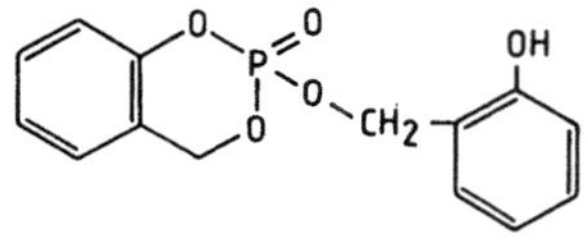

Der einzige katalytisch wirkende Ort in der AChE ist sehr wahrscheinlich die Hydroxylgruppe der Aminosäure Serin. Genauer gesagt, es ist ein besonderer Serinrest im Enzym, dessen Eigenschaften durch die Nachbarschaft der anderen Aminosäurereste einzigartig verändert ist. Die OH-Gruppe dieses spezifischen Serins wird durch Acetylcholin acetyliert, durch hemmend wirkende Organophosphate phosphoryliert und durch inhibitorisch wirkende Karbamate karbamyliert (Melnikov 1964).

Der katalytisch wirkende Ort ist unabhängig vom Ort der Substratbindung. Letztere kann offensichtlich an verschiedenen Stellen erfolgen. Der sogenannte anionische Ort ist verantwortlich für die ACh-Bindung. Bei einem resistenten *M. domestica*-Stamm konnte kürzlich gezeigt werden, daß dieser Ort ACh in fast normaler Menge bindet, aber seine Affinität zu Organophosphaten und Karbamaten um das 500fache reduziert ist. Der Befund weist darauf hin, daß die insektiziden Wirkstoffe von einem anderen als dem anionischen Ort gebunden werden (Tripathi 1976). Ein Hinweis auf die Bedeutung des anionischen Ortes für die Bindung von Organophosphaten ist die Hemmwirkung gleichzeitig verabreichter hoher Konzentrationen verschiedener Tetraalkylammoniumsalze. Diese Salze werden am anionischen Ort des Enzyms gebunden und damit wird die Hemmwirkung der Organophosphate reduziert.

Für die Anwesenheit eines hydrophoben Bindungsortes in der AChE sprechen Untersuchungen von O'Brien (1971), Mayer & Himel (1972) und Hetnarski & O'Brien (1975). Durch Konfigurationsänderung könnten allosterische Bindungsorte entstehen. Damit ist die Möglichkeit gegeben, daß bestimmte Agentien die Reaktionsbereitschaft des aktiven Ortes für andere Substrate oder Inhibitoren erhöhen (Belleau et al. 1970).

Organophosphate phosphorylieren AChE durch einen elektrophilen Angriff mit dem P-Atom auf eine Hydroxylgruppe des Serins der AChE. Die Möglichkeit bedarf eines Elektronen mitnehmenden Substituenten, der mit dem P-Atom in Verbindung steht, um genügend elektrophil zu sein. Einen solchen Substituenten stellt die *p*-Nitrophenylgruppe im Paraoxon dar (b) (Aldridge & Davison 1952).

b)

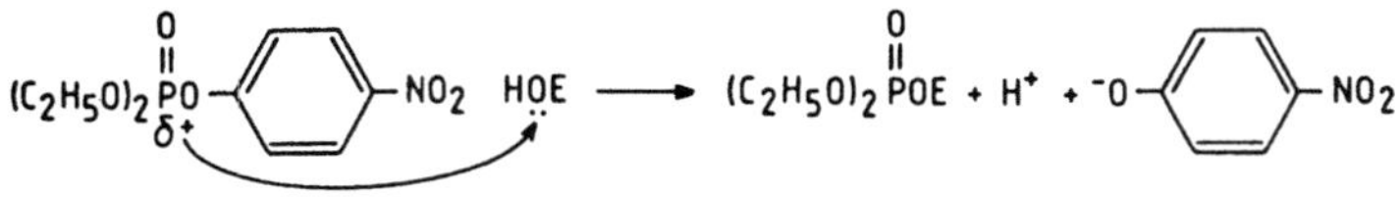

Je elektrophiler der Substituent, desto stärker ist die Hemmwirkung (Fukuto & Metcalf 1959). Dies erklärt, weshalb P(S)-Verbindungen, wie Parathion in der reinen Form, nur schwache Hemmer der AChE sind. Das P in P(S) ist wesentlich weniger elektrophil gegen basische Hydrolyse und weit weniger reaktionsfähig mit AChE. Daraus ergeben sich Konsequenzen:

– P(S)-Verbindungen (Phosphorthionate) sind schwache Hemmer der AChE. Sie isomerisieren jedoch rasch und lassen sich leicht desulfurieren (c). X bedeutet *p*-Nitrophenylrest.

(c)

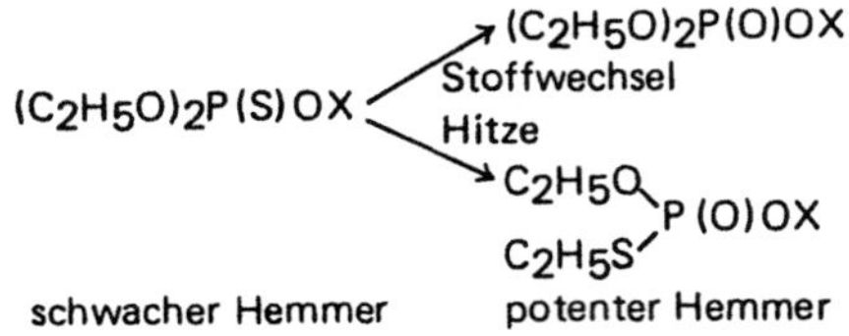

– Stoffwechseländerungen, die zu O^--Derivaten führen, reduzieren den elektrophilen Charakter von P stark und heben die Anticholinesteraseaktivität praktisch auf (Aharoni & O'Brien 1968), so daß durch O-Demethylierung von Dimethoxon die Anticholinesteraseaktivität um 665 000fach reduziert wird (d).

(d)

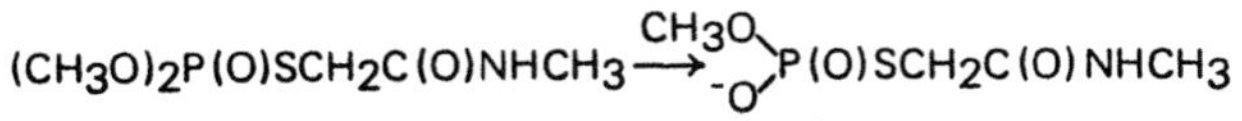

Deäthyl-amiton (XII) besitzt nur noch 1/179 der Aktivität der Muttersubstanz Amiton (XIII).

XII

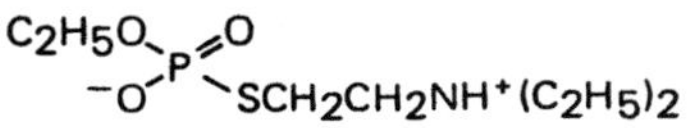

XIII

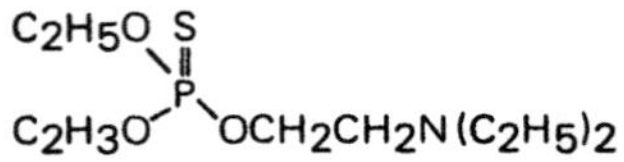

0,0-Diäthyl-0-2-Diäthylaminoäthylphosphorthionat

Die meisten Organophosphate und auch Karbamate scheinen Vertebraten nicht durch die auf sie zurückzuführende Hemmung der AChE zu töten. Die eigentliche Todesursache ist eine Erstickung, wobei der dazu führende Grund variieren kann. Vier Faktoren wurden dafür verantwortlich gemacht: Zusammenziehen der Bronchien und eine dadurch bedingte Atemnot, Absinken des Blutdruckes, Blockierung der neuromuskulären Verbindung am Diaphragma und der intercostalen Muskeln sowie Aussetzen des in der Medulla oblongata gelegenen Atmungszentrums, so daß eine künstliche Beatmung nach Organophosphatvergiftung ein wichtiger Therapiefaktor sein kann.

Wesentlich weniger geklärt sind die Verhältnisse bei Insekten. Man kann hier nur sagen, daß AChE am Vergiftungsprozeß beteiligt ist. Unbekannt ist jedoch, wie die Hemmung des Enzyms schließlich zum Tode des Insektes führt (Miller & Kennedy 1972). Werden Organophosphate beim Saug- oder Freßvorgang mit der Nahrung aufgenommen, so werden die ersten Vergiftungssymptome nämlich am Verdauungstrakt sichtbar. Nehmen Blattläuse Systox aus der Pflanze auf, so lassen sich typische Veränderungen am Darmepithel erkennen. Das Plasma der Zellen geht von einem grobvakuolisierten Zustand in einen homogenen über; die Zellgrenzen werden undeutlich. Gleichzeitig vergrößert sich der Zellkern beträchtlich, das Chromatin zeigt eine Chromophobie, worauf schließlich die Stadien des Kernzerfalls, der Chromatolyse, der Aufblähung des Nukleolus, der Zerfall desselben und letztlich die völlige Auflösung der Kernsubstanzen folgen. In diesem Stadium hat das Chromatin seine Färbbarkeit mit Hämatoxylin völlig verloren. Die Zelle wird somit funktionsunfähig und ist nicht mehr in der Lage, Stoffe aus dem Darm zu resorbieren. In anderen Organen konnten selbst nach 24stündiger Rückenlage keine pathologischen Veränderungen beobachtet werden. Nur die quergestreifte Muskulatur zeigte in fast allen Fällen Kontraktionszustände in verschieden starkem

Ausmaß. Diese Erscheinung läßt sich auf die störende Wirkung des Insektizids bei der Erregungsübertragung durch Hemmung der Cholinesterasen erklären, deren Endstadium nach einer exzessiven Erregung eine Lähmung darstellt.

Ganz im Gegensatz zu peroral begifteten Tieren weisen äußerlich behandelte Läuse am Cerebralganglion Pyknoseerscheinungen auf, die auf einen zentralnervösen Angriffspunkt hinweisen.

Der Ablauf einer systemischen Giftwirkung von Demeton-Präparaten beginnt vermutlich nach der Aufnahme des Giftes in den Darmtrakt mit einer Resorption seitens der Darmzellen, die es an die Hämolymphe abgeben. Dort wird das Gift an weitere Erfolgsorgane speziell zu den Nervenendplatten transportiert, wo die Cholinesterase gehemmt wird. Die Aufnahme und Verteilung des Insektizids im Körper muß mit großer Geschwindigkeit erfolgen, da bereits nach drei Stunden Saugzeit Aphiden auf Grund von Lähmungserscheinungen von der Pflanze abfallen. Die Weitergabe von Giften an die Hämolymphe kann natürlich nur solange erfolgen, wie die Zellen des Darmepithels noch intakt sind und Darminhalt resorbieren können. Als endgültige Todesursache scheint die Funktionsunfähigkeit der degenerierten Darmzellen sowie die Bewegungslosigkeit und die damit verbundene Unmöglichkeit zur Nahrungsaufnahme verantwortlich zu sein. Dies heißt aber nichts anderes, als daß die Tiere verhungern.

11.4 Monothiophosphorsäureester

Es wurde bereits erwähnt, daß durch Einführung einer P=O-Gruppe das P-Atom elektrophiler wird und sich damit die Toxizität der Verbindung erhöht. Die P=S-Gruppe in den Thiophosphaten beschleunigt andererseits die Permeabilität. Da nach Eindringen eine Umlagerung relativ schnell stattfinden kann, wurden durch die Synthese von Thiophosphorsäureestern beide für die Schädlingsbekämpfung wertvolle Eigenschaften in richtiger Reihenfolge kombiniert (Bild 59). Abhängig von der Struktur der Verbindungen lassen sich drei Reaktionen herausstellen:

I: Umwandlung von Phosphorthionat (P=S) zum entsprechenden Phosphat (P=O);

II + III: Spaltung der P—O—X-Bindung unter Freisetzung der Säuregruppe, woran $NADPH_2$ und O_2 beteiligt sind;

IV + V: Spaltung der P—O—X-Gruppe oder Dealkylierung mit Hilfe einer GSAT (Glutathion-S-alkyltransferase).

Während die Reaktion I zur Bildung eines hoch potenten ChE-Hemmers führt und somit die Toxizität erhöht, ergeben alle anderen Reaktionen insektizidinaktive Phosphodiester und stellen Entgiftungsreaktionen dar (Heatz 1961, O'Brien 1967, Hollingworth 1969, 1970). Die S-Alkyl-Isomeren besitzen eine starke Anticholinesterasen-Aktivität.

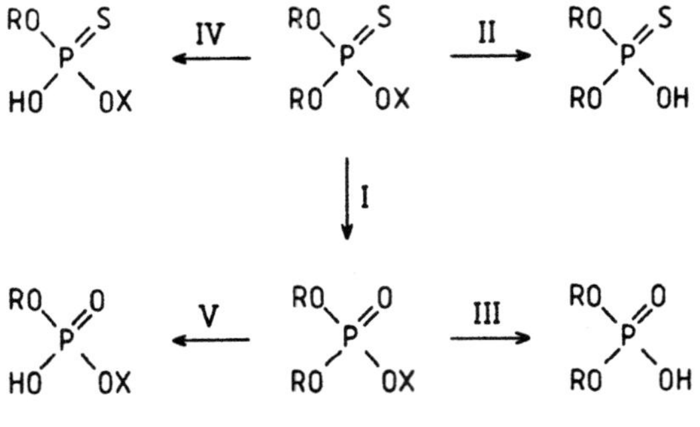

Abb. 59
Stoffwechselwege von Phosphorthionat-Insektiziden; X: abspaltbare Säuregruppe

11.4.1 Parathion (E 605) und Methylparathion

Parathion (XIV) ist eine unangenehm lauchartig riechende Flüssigkeit, die bei höheren Temperaturen instabil ist und sich in den energieärmeren Thiolester (XV) umlagert.

XIV XV

O,O-Diäthyl-O-4-nitrophenyl phosphorthionat

Auf leblosen Unterlagen ist Parathion relativ stabil. Durch Sonnenlicht wird es in insektizidunwirksame Komponenten zersetzt. Auch in neutralen und basischen Lösungen wird es schnell entgiftet. Die entstehenden Hydrolyseprodukte (*p*-Nitrophenol, Diäthylthionophosphorsäure) sind in geringen Mengen für Insekten und Warmblüter nicht mehr toxisch. Die Beständigkeit von Parathion in wäßriger Lösung ist im Vergleich zu anderen insektiziden organischen Phosphorsäureestern recht hoch (Tabelle 23).

Tabelle 23 Abhängigkeit der Stabilität verschiedener Organophosphate in wäßriger Lösung von der Temperatur

Temperatur in °C	0	10	20	30	40	50	60
Wirkstoff	Stabilität in Tagen						
Parathion	13 800	3000	690	180	50	15	5
Methyl-Parathion	3 600	760	175	45	12,5	4	1,3
Chlorthion	2 900	600	138	36	10	3	1
PO-Methyl-Demeton	1 450	360	88	26	7,5	2	0,7
PO-Methyl-Demetonsulfoxid	4 800	970	236	62	18	5	1,7
Disulfoton	23 200	4830	1110	290	78	24	8
Azinphos	5 200	1070	240	62	18	5,5	2
Trichlorphon	11 600	2400	526	140	41	11	3

Seit seiner Herstellung im Jahre 1944 durch G. Schrader hat Parathion im Pflanzenschutz einen breiten Raum in der Anwendung eingenommen, der sich seit dem Anwendungsverbot von chlorierten Kohlenwasserstoffen in vielen Ländern besonders weit ausgedehnt hat. Seine insektizide und akarizide Wirkungsbreite ist sehr groß. Parathion wie auch Methylparathion (XVI) werden heute vor allem gegen beißende und saugende Insekten und Milben im Obst-, Gemüse-, Acker- und Weinbau sowie im Forst angewendet.

XVI

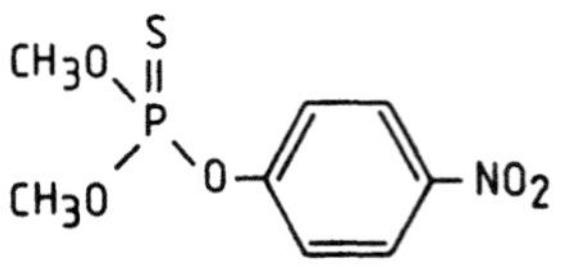

O,O-Dimethyl-O-4-nitrophenyl phosphorthionat

Von der Pflanze werden beide Wirkstoffe aufgenommen und auch transportiert sowie im Innern durch Oxidasen in das wirksame Paraoxon umgewandelt. Nur bei Überdosierung treten an der Pflanze Mißbildungen auf, die an Schäden erinnern, wie sie durch Wuchsstoffherbizide hervorgerufen werden. In physiologischer Hinsicht findet man nach

Parathionbehandlung bei verschiedenen Pflanzen eine mehr oder weniger lang anhaltende Herabsetzung der Transpirationsrate, Hemmung der CO_2-Assimilation, Steigerung der Atmung sowie der Phosphatasen- und Peroxidasen-Aktivität, Anstieg im Gehalt an Zuckern und essentiellen Aminosäuren. In mit Parathion behandeltem Spinat wurde im Vergleich zu unbehandeltem ein erhöhter Gehalt an Eiweißstickstoff, Gesamtzucker, Disacchariden und Carotin sowie eine Verminderung im Vitamin C-Gehalt (um 11 bis 18 %) festgestellt (Perkow 1956).

Auf Insekten und Spinnmilben wirken beide Insektizide als Kontaktgifte. Sie dringen durch die Kutikula, aber auch Stigmen, Haarwurzeln und an Sinnesorganen in den Organismus ein. Die insektizide Wirksamkeit übersteigt die der chlorierten Kohlenwasserstoffe deutlich (Tabelle 24). Abtötungsgeschwindigkeit und Tiefenwirkung sind temperaturabhängig; sehr tiefe Temperaturen (0—5 °C) wirken sich ungünstig aus.

Tabelle 24 Insektizide Wirkung verschiedener Wirkstoffe auf die Schabe *Periplaneta americana* nach oraler Applikation

Insektizid	LD_{50} (μg/g)	Insektizid	LD_{50} (μg/g)
Dichlorvos	0,7	Aldrin	42,5
Parathion	1,3	Malathion	43,0
Isolan	6,4	Endosulfan	45,5
Endrin	6,6	DDT	63,0
Dieldrin	14,5	Chlordan	130
Heptachlor	16,5	Toxaphen	134

Bei oraler Aufnahme wird die Epidermis des Insektenvorderdarmes mit einer Kinetik 1. Ordnung schneller durchdrungen als von DDT, Dieldrin oder Karbamaten. Für Parathion liegt die LD_{50} für Hausfliegen nach topikaler Applikation in Aceton bei 0,02 bis 0,054 μg/Insekt (Sun & Johnson 1972).

Der Abbau von Parathion wurde durch Markierung mit $^{18}O_2$ und $H_2{}^{16}O$ untersucht (Bild 60). Dabei wurde erkannt, daß der Sauerstoff der P=O-Gruppe aus der Luft stammt,

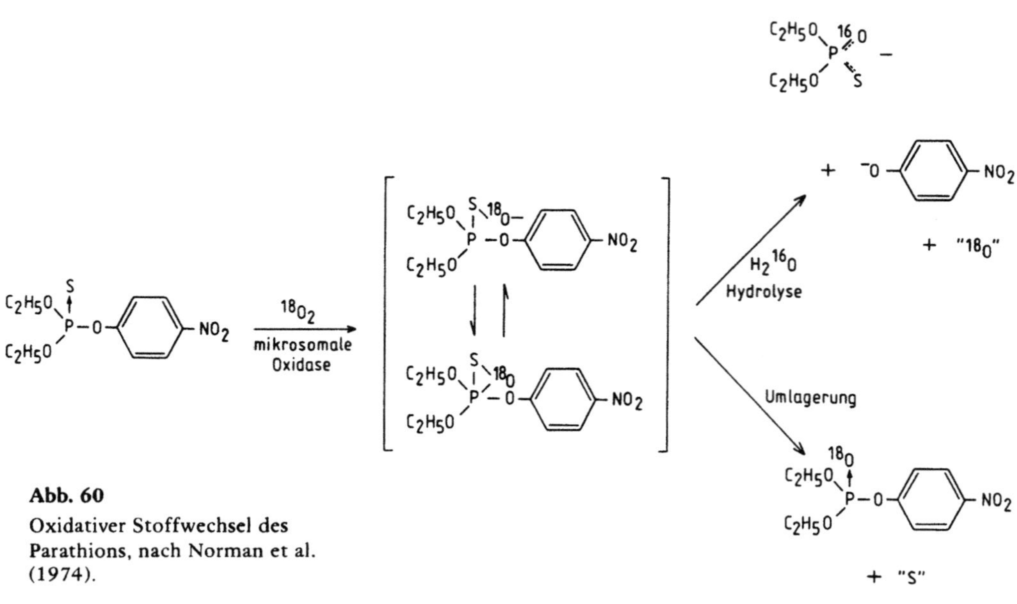

Abb. 60
Oxidativer Stoffwechsel des Parathions, nach Norman et al. (1974).

während die Hydrolyseprodukte ihren Sauerstoff allein aus dem Wasser gemäß einer üblichen Hydrolyse erhalten. Ein Oxidintermediäres wurde für die beiden nebeneinander herlaufenden Reaktionen verantwortlich gemacht (McBain et al. 1971, Ptashne et al. 1971). Desulfurierung führt zur klassischen Aktivierung, denn es läßt sich auch beim Paraoxon zwischen Elektronenkonfiguration und biologischer Aktivität eine Parallele finden. Die Substitution des Phenylrestes beeinflußt die Ladungsverteilung im Molekül (XVII). Die *p*-Nitrogruppe fördert die charakteristische Verteilung der Elektronendichten, während sie durch *p*-Chlorsubstituenten gestört wird (XVIII); letztere Verbindungen sind als Insektizide unwirksam. Demnach muß das Wirkungszentrum beim Paraoxon am Phosphoratom und der Sauerstoffbrücke zum Phenylrest liegen. Nach Spaltung der Esterbindung wird die Elektronenkonfiguration gestört und das Addukt zerfällt.

XVII

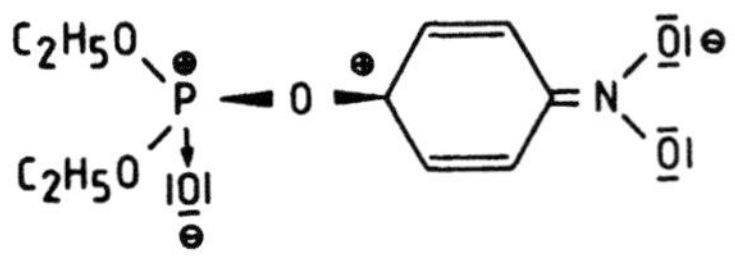

XVIII

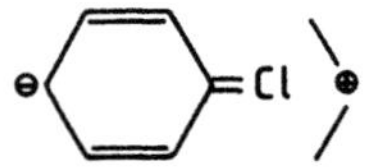

Die Regeneration des blockierten Enzyms geht bei Insekten und Spinnmilben meistens so langsam vor sich, daß sich die Tiere nicht mehr erholen. Die Nebenwirkungen sind wegen der hohen Toxizität des Parathions trotz seines schnellen Verschwindens von der Blattoberfläche auf Nutzarthropoden beträchtlich. In Orangenkulturen folgten nach Parathionspritzungen Schildlausmassenvermehrungen, die bis dahin von Prädatoren niedergehalten wurden. Auf die Honigbiene wirkt Parathion stärker als die meisten anderen Insektizide. Bei Vögeln und Wildtieren wurden nur selten Vergiftungen beobachtet. Für Fische ist Parathion toxisch, jedoch weniger als chlorierte Kohlenwasserstoffe. Auf die Bodenflora und -fauna hat es soweit bekannt wenig Einfluß.

Paraoxon hydrolysierende Enzyme wurden auch bei einer Reihe von Säugergeweben gefunden. Für die Paraoxonase konnte elektrophoretisch ein MG von 35000 bis 50000 ermittelt werden (Kojima & O'Brien 1968). Die lösliche Fraktion der Rattenleber hydrolysiert auch Parathion, woran ein anderes Enzym beteiligt sein soll.

Schafleberamidase wird durch Paraoxon total gehemmt (Chen & Dauterman 1971). Es scheint, daß Karboxylamidasen, ähnlich wie Karboxylesterasen, nur Phosphorthionat-Insektizide hydrolysieren können und durch die entsprechenden Phosphatanalogen gehemmt werden.

Als weiterer Detoxifikationsmechanismus gilt die Reduktion von Parathion und anderen Nitrogruppen enthaltenden Organophosphaten, wie Sumithion (XIX) und EPN (VIII) (Gardocki & Hazelton 1951). Das dabei entstehende *p*-Aminophenol erscheint als Glucuronid im Urin (Bild 61) (Pankaskie et al. 1952). Solche Reduktasen-Aktivität ist bei Vertebraten weit verbreitet und konnte in der Leber, Niere, Lunge, Milz und den Erythrozyten nachgewiesen werden. Aber auch von den im Pansen der Wiederkäuer vorhandenen Protozoen kann Parathion reduziert und seine Toxizität somit stark herabgesetzt werden (Tabelle 25) (Cook 1957, Ahmed et al. 1958).

XIX (auch Fenitrothion genannt)

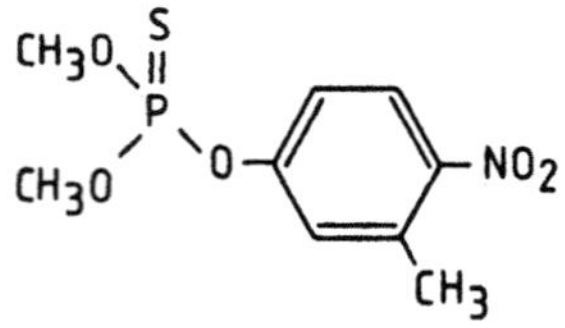

O,O-Dimethyl-O-(3-methyl-4-nitrophenyl)phosphorthionat

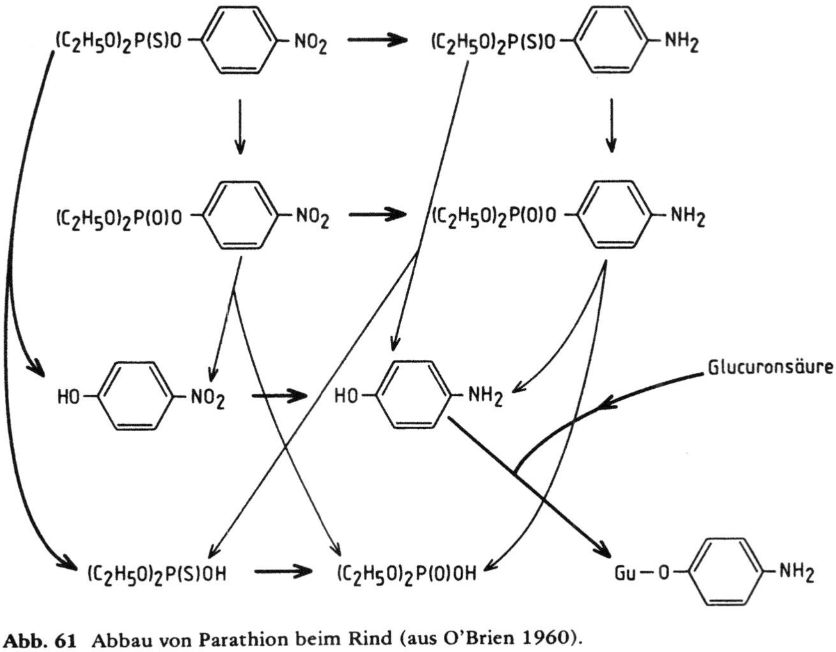

Abb. 61 Abbau von Parathion beim Rind (aus O'Brien 1960).

Tabelle 25 Metabolismus von Parathion nach oraler Verabreichung (6,7 mg/kg) an eine Milchkuh

Metabolit	ppm des Metaboliten in			
	Panseninhalt nach 6 Std.	Blut nach 6 Std.	Milch nach 6 Std.	Urin 0–24 Std.
Parathion	0,7	0,07	0,04	1,2
Aminoparathion	2,6	0,04	0,14	170
Paraoxon	0	0,04	0,07	0
Aminoparaoxon	0	0,42	0,61	8
Hydrolyseprodukte	1,6	2,7	0,79	239

Als Cofaktoren sind $NADPH_2$ und eine hohe Konzentration von FAD notwendig. Lichtenstein & Fuhremann (1971) fanden eine Nitroreduktase in der löslichen Fraktion von weiblichen Hausfliegen, die Parathion zu Aminoparathion reduzierte.

In hohen Konzentrationen hemmt Parathion *in vitro* (nicht *in vivo*) die Cytochrom c-Oxidase (Brown & Brown 1956), jedoch wird die Atmung des Schabenmuskels nicht beeinflußt (Fukami 1959). Plasmaprotein von Schaben bindet kein Parathion (Skalsky & Guthrie 1975). Auch zeigt Parathion keine Hemmwirkung auf die oxidative Phosphorylierung in Homogenaten des Heuschreckenflugmuskels (Tomizawa & Fukami 1956). Jedoch unterbricht Parathion im Krebsmuskel die Kopplung zwischen Erregung und Kontraktion. Konzentrationen von mehr als 0,1 mM Parathion führen zu irreversibler Kontraktion der Muskelfaser. Das transversale tubuläre System (vgl. Bild 10) wird zerstört, was eine vollständige Entleerung des Ca^{++}-Systems zur Folge hat. Daneben scheint Parathion auch direkt in die Kontraktion der Myofilamente einzugreifen (Bradbury 1973).

Die mikrosomale Oxidasenaktivität wird durch Behandlung mit Phosphorthionat-Insektiziden induziert. Dadurch wird die Bildung des toxischen Oxonanalogen beschleunigt. Dies führt zum Anstieg der Toxizität. Aber das gleiche Enzymsystem spaltet auch Phosphorthionate und führt zur Detoxifikation (vgl. Bild 61). Die aus dieser überall vorhandenen Oxidaseninduktion resultierenden Wirkung wird von der Balance zwischen diesen beiden entgegengerichteten Reaktionen abhängig sein und auch davon, ob die Aktivität einer der beiden Reaktionen überwiegt. Aber es könnten auch zwei Enzyme beteiligt sein (Neal 1967b), denn Phenobarbital (XX) stimuliert den direkten Abbau von Parathion, aber nicht seine Aktivierung zum Paraoxon. Daraus resultiert eine erhöhte Ausscheidung von Diäthylthiophosphorsäure (Alary & Brodeur 1969). Stevens et al. (1973) zeigten, daß die Fütterung einer halben LD_{50}-Dosis von Parathion über 5 Tage einen Anstieg in der Aktivität der Äthylmorphin-N-demethylase, $NADPH_2$-Cytochrom c-Reduktase, $NADPH_2$-Oxidase und von Cytochrom P_{450} ergab.

Wurde Sesamex (vgl. S. 89) zusammen mit Parathion, Methylparathion oder Chlorthion (XXI) verabreicht, so führte dies zu einem schwachen Antagonismus. Die mikrosomale Oxidation wurde gehemmt und somit die Toxizität herabgesetzt (Sun & Johnson 1960).

XX

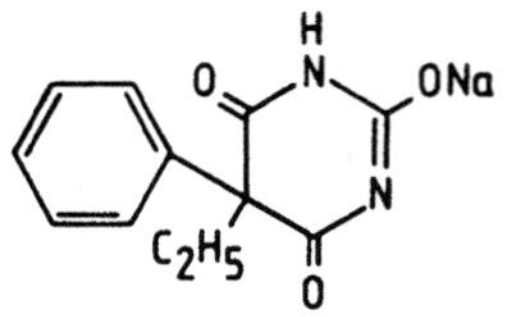

Natrium-5-äthyl-5-phenylbarbiturat

XXI

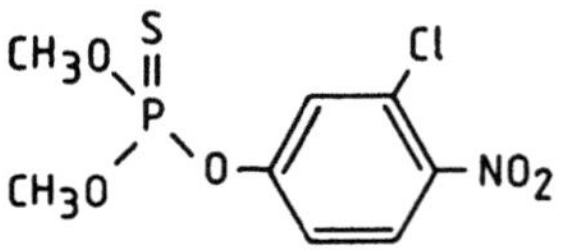

0,3-Chlor-4-nitrophenyl-0,0-dimethyl phosphorthionat

Ein wiederholter Einsatz von Parathion ergab bei vielen Insektenarten im Freiland wie der anderer Insektizide resistente Populationen. Resistente Hausfliegenstämme besitzen eine höhere Aktivierungskapazität als empfindliche (Oppenoorth 1971). Für die Resistenz ist die besonders hohe Phosphatasenaktivität verantwortlich. Dabei werden Phosphate schneller gespalten als Phosphorthionate. Aus Paraoxon wird Diäthylphosphat frei (Welling et al. 1971, Oppenoorth & Voerman 1975). Näheres vergleiche auf Seite 237.

Eine toxische Wirkung von Parathion auf Warmblüter ist nur bei Uberdosierungen zu erwarten, da bei normaler Spritzung die Rückstände infolge des weitgehenden Abbaues in der Pflanze so gering sind, daß sie die toxischen Mengen nicht erreichen. Da Parathion vor allem ein Cholinesterasehemmer ist, bestimmt man zur Gesundheitskontrolle die Cholinesteraseaktivität im Blut (vgl. III.1.5). Die Aktivierung von Parathion ist in der männlichen Ratte etwa zweimal so hoch wie in der weiblichen (Neal 1967a). Dies erklärt die höhere orale LD_{50} für Männchen (7 mg/kg) gegenüber Weibchen (4 mg/kg) (DuBois 1971). Für den Menschen beträgt die LD_{50} 3 bis 5 mg/kg. Vergiftungserscheinungen geben sich in Form von Erbrechen, Kopfschmerzen, Atemnot, vermehrte Drüsensekretion, Pupillenverengung u. a. zu erkennen. Da Methylparathion schneller hydrolysiert wird als Parathion, ist seine Toxizität geringer.

Bei chronischer Aufnahme wird die Höchstdosis für den Menschen mit 0,05 mg/kg/Tag angegeben. Wenn auch bei üblicher Anwendung bisher keine durch Parathion verursachten chronischen Krankheitserscheinungen bekannt geworden sind, so durchdringt Parathion und auch Methylparathion die plazentale Schranke und kann den Embryo schädigen. Näheres vergleiche unter IX.1.5. Als Wartezeit werden für die Bundesrepublik Deutschland 14 Tage empfohlen.

11.4.2 Fenthion

Diese nach Knoblauch riechende Flüssigkeit ist wesentlich hitzebeständiger und nicht so alkaliempfindlich wie Parathion. Auch gegen Licht und Witterungseinflüsse ist Fenthion (XXII) wesentlich beständiger. Es ist auch als Lebaycid-Wirkstoff im Handel.

XXII

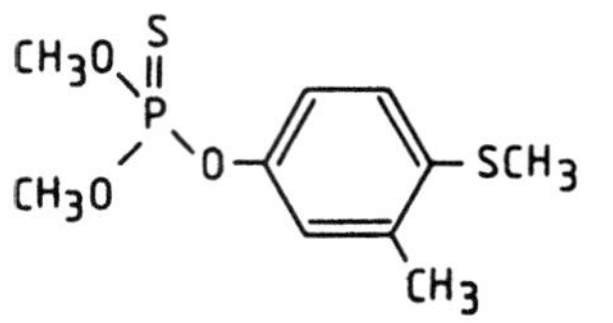

O,O-Dimethyl-O-[4-(methylthio)-m-tolyl]phosphorthionat

Das 1958 in Deutschland entwickelte Insektizid zeigt geringe Warmblütertoxizität. Es konnte deshalb auf dem Hygienesektor schnell eingeführt werden, wo es zur Stechmücken- und Dasselfliegenbekämpfung herangezogen wird. Aber auch gegen beißende und saugende Insekten im Obst-, Gemüse-, Acker- und Weinbau wird es empfohlen.

Fenthion zeigt eine geringe systemische Wirkung, da es in der grünen Pflanze rasch zum Sulfoxid und Sulfon oxidiert wird (Bild 62). Hauptmetabolit ist das Oxophosphatsulfoxid.

Fenthion besitzt eine ausgesprochen larvizide Wirkung und zwar auf Dipteren. Da es außerdem schnell in Blätter und Früchte eindringt, eignet es sich besonders für die Bekämpfung von Dipterenlarven, die im Innern von Blättern und Früchten leben. 0,1 ppm

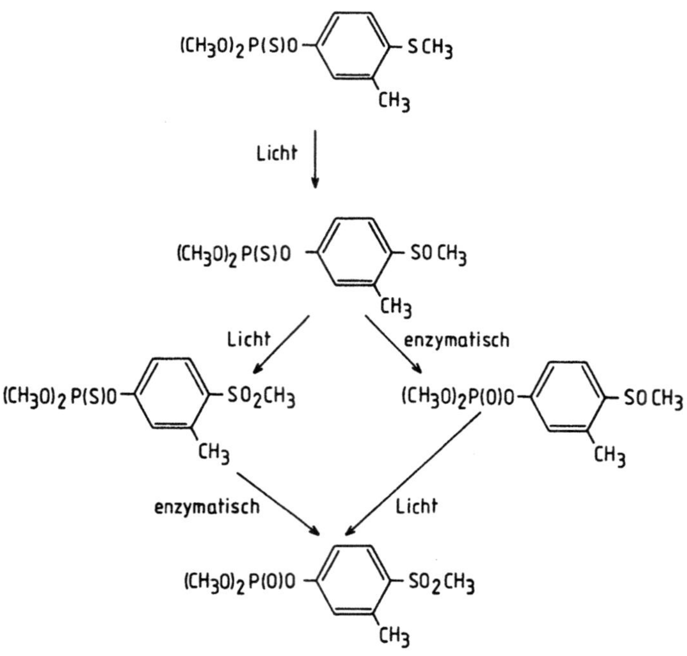

Abb. 62 Metabolismus des Fenthion in grünen Pflanzen, nach Niessen & Frehse (1972, 1978).

Fenthion genügen, um frisch geschlüpfte Fruchtfliegenlarven abzutöten. Vermutlich ist auch in diesem Falle Fenoxon der toxische Metabolit.

Als Nebenwirkungen ist die Bienengefährlichkeit des Fenthions zu nennen, während es auf Fische relativ wenig toxisch wirkt. Die LD_{50} für die Ratte beträgt etwa 250 mg/kg.

11.4.3 Diazinon

Das 1952 bei der Firma Geigy in Basel entwickelte Diazinon (XXIII) findet als Fliegenbekämpfungsmittel sowie im Pflanzenschutz, namentlich in den überseeischen Viehzuchtländern starke Anwendung. Bei uns werden beißende und saugende Insekten und Milben im Freiland sowie Hausinsekten damit bekämpft. So findet es Anwendung im Acker-, Gemüse- und Obstbau sowie im Forst und auch in Häusern in Form insektizider Anstriche. Oft wird es in Verbindung mit Pyrethrin, Methoxychlor und auch Phenkapton verwendet.

XXIII

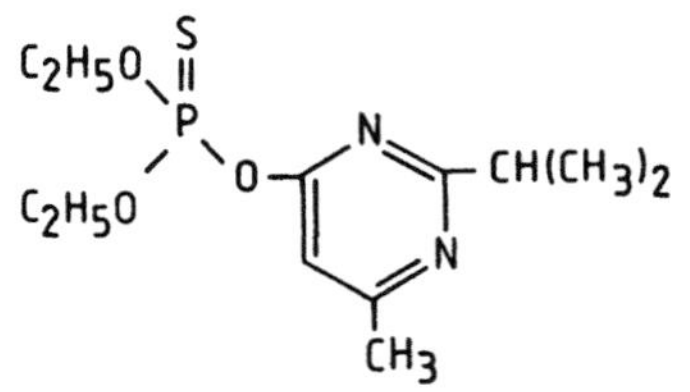

O,O-Diäthyl-O-(2-isopropyl-4-methyl-6-pyrimidyl)-phosphorthionat

Pflanzenschädigungen sind bisher nicht beobachtet worden.

Die esterartig riechende ölige Flüssigkeit wird im alkalischen und saueren Milieu relativ schnell hydrolysiert. Im Erdboden wird Diazinon durch Mikroorganismen abgebaut (Gunner 1967).

Auf Insekten wirkt Diazinon als Kontakt- und Fraßgift. Dabei fällt vor allem seine hohe Sofortwirkung gegenüber anderen Insektiziden auf. Die Tiefenwirkung ist ähnlich der des Parathions. Eine Enzymhemmung kommt dem im Insekt gebildeten Diazoxon zu.

Nach Burt & Lord (1968) penetrieren 75 % des Diazoxons nach topikaler Applikation innerhalb von zwei Stunden die Kutikula von *P. americana;* 2,6 ng verursachen eine LD_{90}. Eine maximale Konzentration von 1,4 μM wurde in der Körperflüssigkeit nach einer Stunde erreicht, von der 40 % an Körpergeweben gebunden werden. Anzeichen der Giftwirkung konnten nach einer Stunde beobachtet werden, nachdem zwischen 1/3 und 1/2 der applizierten Dosis eingedrungen waren und intern die maximale Dosis erreicht war (1/5 der applizierten Menge). Danach wurde der Wirkstoff kontinuierlich detoxifiziert. Wurden die Messungen am exponierten Nervenstrang ausgeführt, so trat die Giftwirkung bei einer Dosis von 0,6 bis 1,0 μM Diazoxon nach 1 bis 2 Stunden ein. Der Wirkstoff erreicht über die Hämolymphe das Nervensystem, und zwischen den beiden Geweben stellt sich ein Gleichgewicht ein. Die schwach lipophile Substanz durchdringt die Kutikula schnell und wird auch ziemlich rasch metabolisiert. Die Absorption von Diazoxon durch Gewebe des Insektenkörpers ist relativ gering, so daß in Flüssigkeit und Geweben nach einer Stunde etwa gleiche Mengen von 1 bis 5 μM gemessen werden konnten. Im Gegensatz dazu wird Pyrethrum I in den Geweben stark angereichert.

Diazinon wird aliphatisch hydroxyliert. Zwei Isomere von Hydroxy-diazinon konnten aus Urin und Geweben von Schafen nach oraler Applikation isoliert werden (Machin et al. 1971, 1972). Weitere Abbauprodukte, wie alkylsubstituierte Pyrimidinole, konnten im Urin von mit Diazinon behandelten Ratten gefunden werden (Mücke et al. 1970). Diazoxon kann durch verschiedene mikrosomale Oxidasesysteme hydroxyliert werden (Yang et al. 1971) (Bild 63).

Die enzymatische Hydrolyse von Diazoxon wurde von Shishido & Fukami (1972) in Homogenaten von Ratten und Küchenschaben untersucht. Ein Rattenleberenzym hydrolysierte Diazoxon in Diäthylphosphorsäure und 2-Isopropyl-4-methyl-6-hydroxypyrimidin; es war in den Mikrosomen lokalisiert. Seine Aktivität wurde durch Ca^{++} stimuliert, die auch einen Schutz vor Inaktivierung darstellen. Eine schnelle Deäthylierung von Diazinon und Diazoxon wurde von Lewis (1969) und Lewis & Lord (1969) berichtet. Sie benutzten lösliche Enzympräparationen von Hausfliegen, denen

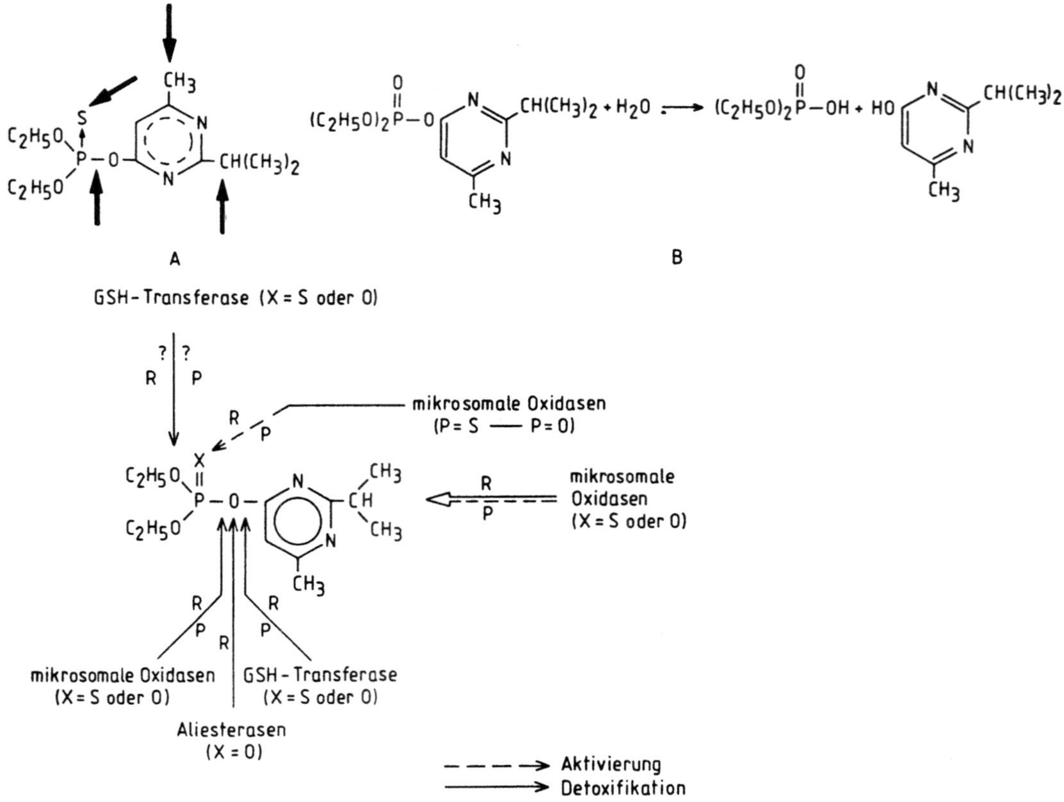

Abb. 63 Orte des enzymatischen Angriffs auf Diazinon (X = S) und Diazoxon (X = O) *in vitro* durch Enzyme der Rattenleber (R) und des Fettkörpers von *Periplaneta americana* (P). A: Orte der mikrosomalen Oxidation des Diazinons, B: Hydrolyse des Diazinons.

GSH hinzugefügt wurde. GSH-abhängige Hydrolyse von Diazinon und Diazoxon konnte auch im Überstand von Rattenleber- und Küchenschaben-Fettkörperhomogenaten nachgewiesen werden (Fukami & Shishido 1966). Schließlich konnten Shishido et al. (1972b) ein Glutathionkonjugat isolieren.

Diazinon ist eines der Organophosphate, das in Säugetieren schneller metabolisiert wird als in Insekten; dies führt zu einem höheren Diazoxonspiegel im Insekt (Krueger et al. 1960). Für die Biotransformation sind drei Klassen von Enzymen von Bedeutung: mikrosomale Oxidasen, Glutathion-transferasen und A-Esterasen. Die beiden ersten greifen das Molekül an verschiedenen Orten an (Shishido et al. 1972a, b; Shishido & Fukami 1972).

Die Diazinon-Resistenz von Hausfliegen ist nach Collins & Forgash (1970) korreliert mit einem Anstieg des hydrolytischen Abbaus von Diazoxon, der jedoch nur bis zu einem gewissen Grad an der Resistenz beteiligt ist.

Die sonstigen Wirkungen des Diazinons sind denen des Parathions sehr ähnlich. Jedoch ist es für Vögel und Fische stärker toxisch. Für Maus und Ratte beträgt die LD_{50} 100 bis 200 mg/kg.

11.4.4 Demeton und Methyldemeton

Demeton (Systox) ist ein Gemisch von Thionophosphat und Thiolphosphat (65 : 35) (XXIV). Das gleiche gilt für Methyldemeton (Metasystox). Beide Verbindungen sind flüssig.

XXIV

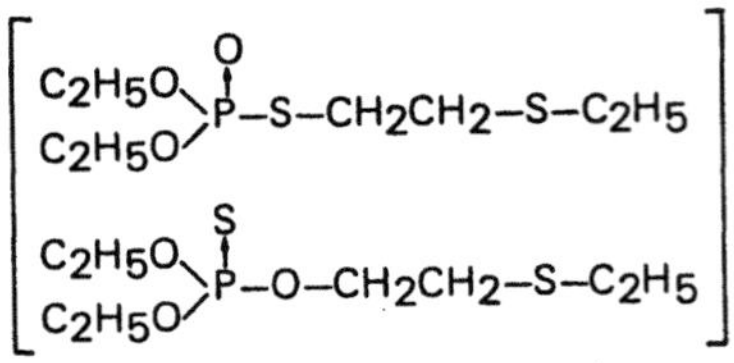

Thiolform

Thionoform

0,0-Diäthyl-S– (und O–)2–[(äthylmercapto)äthyl]phosphorthionat

Bei höheren Temperaturen lagert sich das Thionophosphat schnell in die Thiolform um. Diese Isomerisierung ist von großer Bedeutung, da das Thiolphosphat der eigentliche Träger der insektiziden Wirkung ist. Unter vergleichbaren Bedingungen ist PO-Demeton weniger hydrolyseempfindlich als PO–Methyldemeton.

Beide Verbindungen wurden von G. Schrader 1951 im Bayerwerk in Leverkusen als hochwirksame Kontakt- und Systeminsektizide entwickelt (Voss & Dittrich 1967), die weltweite Anwendung fanden. Überall werden sie gegen saugende und virusübertragende Insekten und Spinnmilben im Getreide-, Gemüse- und Obstbau sowie im Forst eingesetzt. Das Methyldemeton wird meistens wegen seiner etwas geringeren Toxizität gegenüber Warmblütern bevorzugt (Spindler 1955).

Als systemisches Insektizid dringt es über Sproß und Wurzel in die Pflanze ein und wird dort verteilt (Shirck & Landis 1970). Seine insektizide Wirkung kann 2 bis 8 Wochen erhalten bleiben. Die in der Pflanze entstehenden Oxidationsprodukte der PO-Verbindungen besitzen ebenfalls starke insektizide Wirkung (Tabelle 26). Schließlich werden diese aber zu nicht mehr toxischen Produkten hydrolysiert.

Sulfoxidation ist der hauptsächlichste Abbauweg von Demeton und Methyldemeton (March et al. 1955).

Bei vorschriftsmäßiger Dosierung wurden keine Pflanzenschädigungen beobachtet. Bei Insekten und Spinnmilben treten entsprechend der aufgenommenen Wirkstoffmenge Degenerationen an den für die Nahrungsaufnahme und den Wasserhaushalt verantwortlichen Mittel- und Hinterdarmzellen auf. Diese Schäden bewirken, daß die Tiere verhungern (Voss & Ehrhardt 1960, Amiressami 1973).

Im Säugetierorganismus kommt es zum gleichen Abbau wie in der Pflanze. Schließlich treten auch hier ungiftige Abbauprodukte auf (Äthylalkohol, Äthylester der Phosphorsäure und Thiophosphorsäure), die über die Niere ausgeschieden werden. Nach Aufnahme von Demeton durch Maus oder Kaninchen erfolgte ihre Ausscheidung mit dem Urin innerhalb von 24 Stunden fast vollständig. Der Metabolismus der Demeton-Verbindungen vollzieht sich vor allem in der Leber.

Demeton kann auch durch die Haut von Säugetieren in letalen Dosen aufgenommen werden. Die LD_{50} betrug für Ratten 14 mg/kg, für Kaninchen 25 mg/kg. Bei chronischer Aufnahme wird die täglich zugeführte Menge, die noch vertragen wird, für die Ratte mit 0,05, für den Hund mit 0,025 und für den Menschen mit 0,07 mg/kg angegeben. Für

Tabelle 26 Cholinesterase-Hemmung und akute orale Toxizität von Demeton und Methyldemeton sowie ihren Oxidationsprodukten im Warmblüterorganismus, nach Perkow (1956)

Insektizid bzw. Oxidationsprodukt	50 %ige Hemmung der Cholinesterase *in vitro* aus			LD_{50} der Ratte mg/kg
	Rattenhirn	Human-blutserum	Human-erythrozyten	
Demeton (Isomeren)	4×10^{-6}	molare Konzentration		7,7
P=S-Demeton	$4{,}26 \times 10^{-6}$	$1{,}9 \times 10^{-6}$	$4{,}65 \times 10^{-6}$	30
P=S-Methyldemeton	4×10^{-6}	–	–	180
P=S-Demeton-sulfoxid	$4{,}75 \times 10^{-6}$	$3{,}1 \times 10^{-6}$	$6{,}2 \times 10^{-6}$	100
P=S-Methyldemeton-sulfoxid	$6{,}1 \times 10^{-6}$	$17{,}1 \times 10^{-6}$	$38{,}2 \times 10^{-6}$	600
P=S-Demeton-sulfon	$48{,}3 \times 10^{-6}$	$17{,}2 \times 10^{-6}$	51×10^{-6}	90
P=S-Methyldemeton-sulfon	$31{,}3 \times 10^{-6}$	$11{,}8 \times 10^{-6}$	42×10^{-6}	500
P=O-Demeton	$0{,}078 \times 10^{-6}$	$0{,}078 \times 10^{-6}$	$0{,}31 \times 10^{-6}$	1,5
P=O-Methyldemeton	$1{,}44 \times 10^{-6}$	$1{,}65 \times 10^{-6}$	$2{,}4 \times 10^{-6}$	40
P=O-Demeton-sulfoxid	$3{,}58 \times 10^{-6}$	$1{,}5 \times 10^{-6}$	$2{,}56 \times 10^{-6}$	2,0
P=S-Methyldemeton-sulfoxid	$5{,}69 \times 10^{-6}$	$27{,}2 \times 10^{-6}$	$11{,}8 \times 10^{-6}$	65–75
P=O-Demeton-sulfon	$2{,}86 \times 10^{-6}$	$0{,}52 \times 10^{-6}$	$1{,}69 \times 10^{-6}$	2,0
P=O-Methyldemeton-sulfon	$11{,}5 \times 10^{-6}$	43×10^{-6}	24×10^{-6}	40

Methyldemeton beträgt die LD_{50} für die Ratte 40 bis 60 mg/kg; aber es wurden auch noch höhere Verträglichkeitsdosen gemessen. Die Wartezeit beträgt in der Bundesrepublik Deutschland 21, in Österreich 35 Tage.

Das auch als Insektizid verwendete Thiodemeton leitet über zur nächsten Gruppe von Dithiophosphorsäureestern. Es wird durch Oxidation in Demeton und seine wirksamen Metaboliten verwandelt.

11.5 Dithiophosphorsäureester

Die Derivate der Dithiophosphorsäure sind im allgemeinen weniger toxisch als die vorstehende Gruppe. Um eine gewisse Toxizität zu erreichen, ist eine Aktivierung erforderlich, die häufig selektiv erfolgt. Oft ist der Abbau bei Säugern schneller als bei Insekten.

11.5.1 Malathion

Diese unangenehm riechende Flüssigkeit ist bei Ausschluß von Schwermetallionen fast unbegrenzt haltbar. Licht ist ohne Einfluß. Bei hoher Temperatur wird Malathion (XXV) ähnlich wie die Thiophosphorsäureester umgelagert. Dies geschieht schneller als beim Parathion, jedoch langsamer als beim Methyl-Parathion und Chlorthion.

XXV

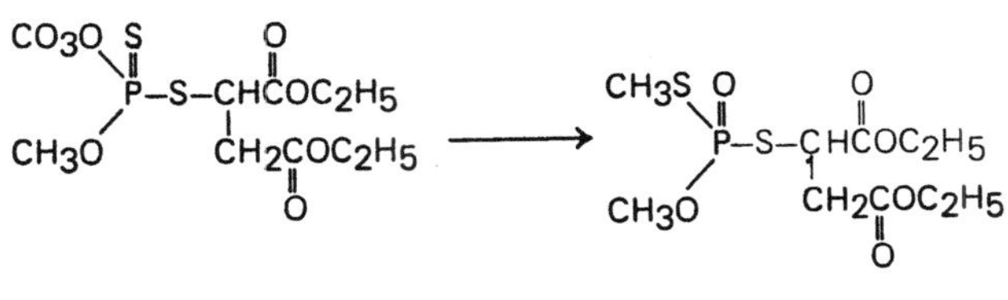

0,0-Dimethyl-S-,1,2-di (karboäthoxyäthyl) phosphordithionat

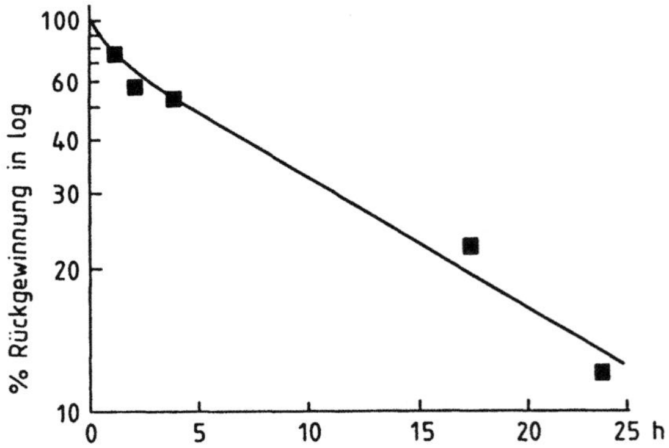

Abb. 64
Monophasische Durchdringung der Haut einer weiblichen Ratte von Malathion, nach O'Brien (1967).

Unter pH 5 und über pH 7 wird Malathion in Gegenwart von Wasser leicht zersetzt. Metallgegenstände werden von Malathion angegriffen.

Malathion wurde 1950 von Amerika nach Europa eingeführt, um vor allem saugende Insekten und Spinnmilben im Obst-, Garten- und Ackerbau sowie auch im Weinbau zu bekämpfen. Heute ist es eines der am häufigsten verwendeten Organophosphate. Auch im Vorratsschutz hat es sich bewährt. Voraussetzung für die Einführung des Malathions in der Hygiene und Veterinärmedizin war die geringe Toxizität für Säugetiere und Menschen.

Malathion ist kein Systeminsektizid, es besitzt aber wie Parathion eine gewisse Tiefenwirkung. Auf die Oberseite der Pflanze aufgebracht, vermag es Blattläuse auf der Unterseite abzutöten. An einigen Fruchtsorten können mitunter leichte Schädigungen beobachtet werden.

Malathion ist in erster Linie ein Kontaktgift und bis zu einem gewissen Grade auch ein Fraßgift. Infolge seines hohen Dampfdruckes ist seine Wirkungsdauer relativ kurz. Das Eindringen durch die Haut der weiblichen Ratte erfolgt mehrphasisch (Bild 64). Im Organismus wird Malathion in das stärker toxische Malaoxon umgewandelt (Bigley & Plapp 1962), so daß seine toxische Wirkung von der vorhandenen Menge seines aktiven Metaboliten, dem Malaoxon, das die Zellwand durchdringt und eine Wirkung auf die Cholinesterase besitzt, abhängig ist (Shah & Guthrie 1971). Malaoxon kann deäthyliert werden. Dabei sind Karboxylesterasen beteiligt: Die Karboxyestergruppe wird gespalten, wodurch wasserlösliche, nicht mehr toxische Verbindungen entstehen, von denen die zuerst sich bildende Malathion-monosäure zu nennen ist (Cook & Yip 1958, Chen et al. 1969) (Bild 65).

Aber auch Malathion kann deäthyliert werden. In der Rattenleber wird nur eine Karboxygruppe abgespalten (Chen et al. 1969, Welling & Blaakmeer 1971). Die Enzyme, die Malathion hydrolysieren, sind im Säugergewebe weit verbreitet, jedoch ist ihre Aktivität in der Leber am größten (Murphy & DuBois 1957, Matsumura & Ward 1966). Die selektive Wirkung von Malathion scheint weitgehend mit der Aktivität der Karboxyesterasen korreliert zu sein, denn in gegen Malathion empfindlichen Insektenarten ist sie sehr gering oder fehlt ganz (Kojima 1961), und in malathion-resistenten Stämmen oder toleranten Arten ist sie gewöhnlich hoch (Motoyama & Dauterman 1974). Gut übereinstimmend mit der *in vivo*-Toxizität sind längerkettige Karbalkoxy-Verbindungen bessere Substrate für die Karboxylesterase und haben eine kürzere Halbwertzeit als das Karbmethoxy-Analoge. Die disubstituierten Ester haben eine höhere Affinität zum Enzym als die Monoester. Die *d*-Isomere wirkt besser als die *l*-Isomere (Main & Braid 1962).

Das Enzym, das Malathion hydrolysiert, wird durch Phosphatanaloge von Parathion, Diazinon, Systox und Phosdrin gehemmt. In allen Fällen sind die Phosphatanaloga bessere Hemmer der Karboxylesterase als die entsprechenden Phosphorthionate (Cook et al. 1958). Murphy & DuBois (1957)

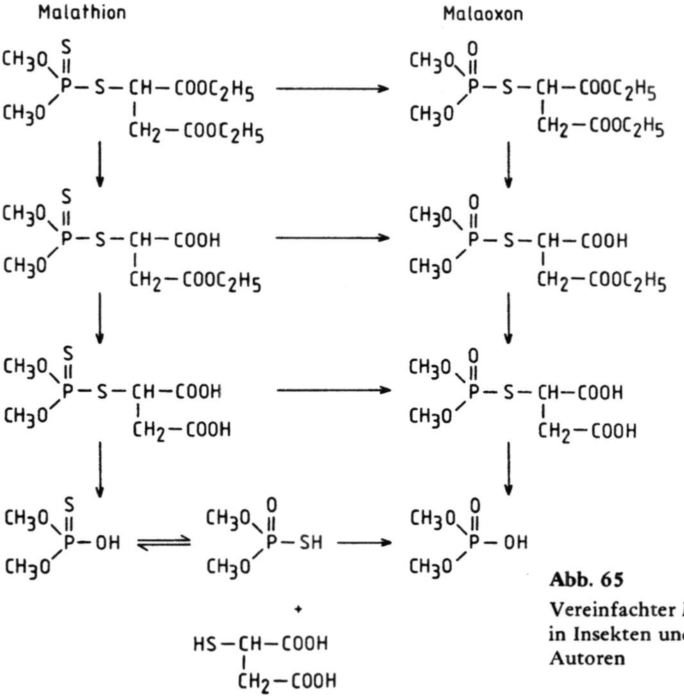

Abb. 65
Vereinfachter Metabolismus von Malathion in Insekten und Säugern nach verschiedenen Autoren

zeigten, daß EPN die enzymatische Detoxifikation von Malaoxon *in vitro* hemmt und *in vivo* sie in Rattenleber und Serum herabsetzt.

Während sich die Karboxylesterasen in gegen Malathion empfindlichen und resistenten Stämmen von *Culex tarsalis* nicht unterschieden (Matsumura & Brown 1963), lagen die K_m-Werte für Karboxylesterasen, die Malathion abbauen, in resistenten Stämmen von Spinnmilben 20fach höher (Matsumura & Voss 1965), wodurch ein qualitativer Unterschied zwischen den Enzymen angezeigt wird.

Auf fortgeschrittenen Vergiftungsstadien hemmt Malathion auch die Succinatoxidation *in vitro* und die Cytochromoxidase *in vivo* (O.Brien 1956, McAllan & Brown 1960). Malaoxon ist ein Inhibitor der oxidativen Phosphorylierung (Dauterman & Main 1966, Chen & Dauterman 1971). Dies mag für die relativ höhere Toxizität des Phosphat-Analoges verantwortlich sein.

Neben der von Welling & Blaakmeer (1971) in der löslichen Zellfraktion nachgewiesenen Karboxylesterase, die Malathion abbaut, wurde in einem R-Stamm von *Musca domestica* eine weitere gefunden, die eine 5fach höhere Aktivität zeigte und α- zu β-Monosäure des Malathions im Verhältnis von 4 : 1 produzierte (Welling et al. 1974).

Obgleich die Bildung der Monosäure für die Malathion-Resistenz sehr bedeutend ist, hemmt Malaoxon die Monosäurebildung, denn es ist sowohl ein Substrat als auch ein Inhibitor für die Karboxylesterase. Der oxidative Abbau von Malaoxon wird *in vitro* durch sehr geringe Mengen von Malathion gehemmt (Welling et al. 1974).

Malathion ist eines für Säuger am wenigsten akut toxischen Organophosphate; es wird häufig als Modellsubstanz mit selektiver Wirkung und geringer Umweltgefährdung angesehen. Dies ist jedoch sehr relativ, denn seine insektizide Wirkung erstreckt sich auch auf sehr viele Insekten einschließlich die Honigbiene. Subletale Dosen führten beim Teppichkäfer *Attagenus megatoma* (F.) zur Reduktion der Fruchtbarkeit, Lebenszeit und der Eiablagezeit um 63 %; 16 % konnten keinen Nachwuchs erzeugen (Zettler & LeCato 1974).

Auch seine Fischtoxizität ist recht hoch, so daß es nicht in Fischgewässer gelangen darf. Wieweit es die Bodenfauna beeinträchtigt, ist nach den bisherigen Untersuchungen nicht abschätzbar. Für jedes Insektizid existiert eine verschiedene artspezifische LD_{50}, so daß es nicht berechtigt ist, beim Malathion von einer selektiven Wirkung zu sprechen, bevor diese nicht eindeutig erwiesen ist. So wurde für den amerikanischen Frischwassersonnenfisch *Lepomis macrochirus* für Malathion eine LD_{50} von 55 ppb, für Methylparathion eine solche von 5720 ppb nach 96 Stunden Versuchszeit ermittelt (Holden 1973).

Die verträgliche Höchstdosis ohne Gesundheitsschädigung wird für die Ratte mit 5 mg/kg/Tag und für den Menschen mit 0,2 mg/kg/Tag angegeben. Als Wartezeiten bis zur Ernte werden 7 bis 14 Tage angeführt. Insektizide Rückstände im Erntegut von anderen Pestiziden sollen die erwähnten Potenzierungseffekte nicht zeigen. Dies kann vorerst aber nur für Verbindungsgruppen mit anderem Wirkungsmodus angenommen werden.

11.5.2 Dimethoat

Dieses als Insektizid und Akarizid anerkannte Produkt ist ölig und riecht nach Kampfer. Dimethoat (XXVII) ist unter Normalbedingungen recht beständig, wird aber in alkalischer Lösung leicht verseift.

XXVII

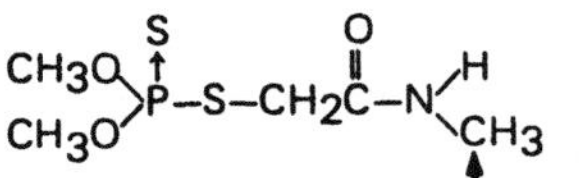

0,0-Dimethyl-S-(N-methylkarbamoylmethyl) phosphordithionat

Dimethoat wurde 1956 aus Amerika importiert. Dimethoat-Präparate werden zur Bekämpfung von saugenden und minierenden Insekten und auch Spinnmilben im Obst-, Garten-, Acker- und Weinbau sowie im Forst weitverbreitet angewendet. Wegen seiner relativ geringen Toxizität gegenüber Warmblütern kann es auch gegen Ektoparasiten dieser Tiere eingesetzt werden.

Dimethoat ist ein Systemgift. Seine Halbwertzeit in der Pflanze beträgt 2 bis 5 Tage. Der Abbau verläuft oxidativ und hydrolytisch nebeneinander, und zwar in der Pflanze als auch auf der Oberfläche. Unter den bekannten Metaboliten zeigt nur die PO-Verbindung (Dimethoxon) höhere Warmblütertoxizität als Dimethoat (LD_{50} für die Ratte *per os*: Dimethoat 250 mg/kg, Dimethoxon 30 mg/kg); alle anderen Metaboliten sind kaum toxisch in den in Frage kommenden Konzentrationen (Bild 66). Die Pflanzenverträglichkeit ist im allgemeinen gut. Schäden sind bei Pfirsich- und Aprikosensorten und einigen Zierpflanzen beobachtet worden, ferner nach Behandlung von Gewächshauspflanzen mit Dimethoat-Präparaten.

Auf Insekten und Spinnmilben wirkt Dimethoat als Kontakt- und als Systemgift. Das Eindringen von Dimethoat in die amerikanische Küchenschabe erfolgt geradlinig, wenn der Logarithmus der nicht eingedrungenen Menge gegen die Penetrationszeit aufgetragen wird (O'Brien 1967a). Auch die Penetration von Dimethoat-Analogen verläuft vermutlich nach einer Kinetik 1. Ordnung, so daß die Eindringungsrate (K) durch folgende Formulierung mit der Halbzeitpenetration ($t_{0,5}$) in Beziehung gesetzt werden kann: $K = 0{,}093/t_{0,5}$). Dimethoat penetriert sehr schnell durch die Kutikula der Hausfliegenlarve (Bild 67), die Detoxifikation ist aber sehr viel geringer. Somit wird nach topikaler Applikation in kurzer Zeit ein sehr hohes Penetrationsmaximum erreicht, und eine große Menge des Giftes erscheint in den Geweben. Hierdurch kann die stark toxische Wirkung auf Hausfliegen und auch die schnelle Wirkung des Giftes erklärt werden.

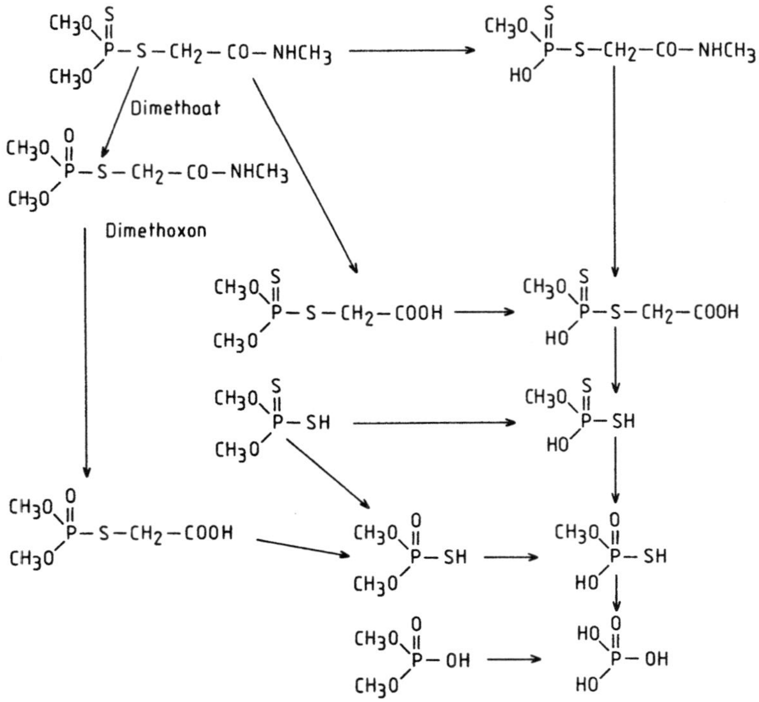

Abb. 66 Metabolismus von Dimethoat in Pflanzen und Tieren nach verschiedenen Autoren.

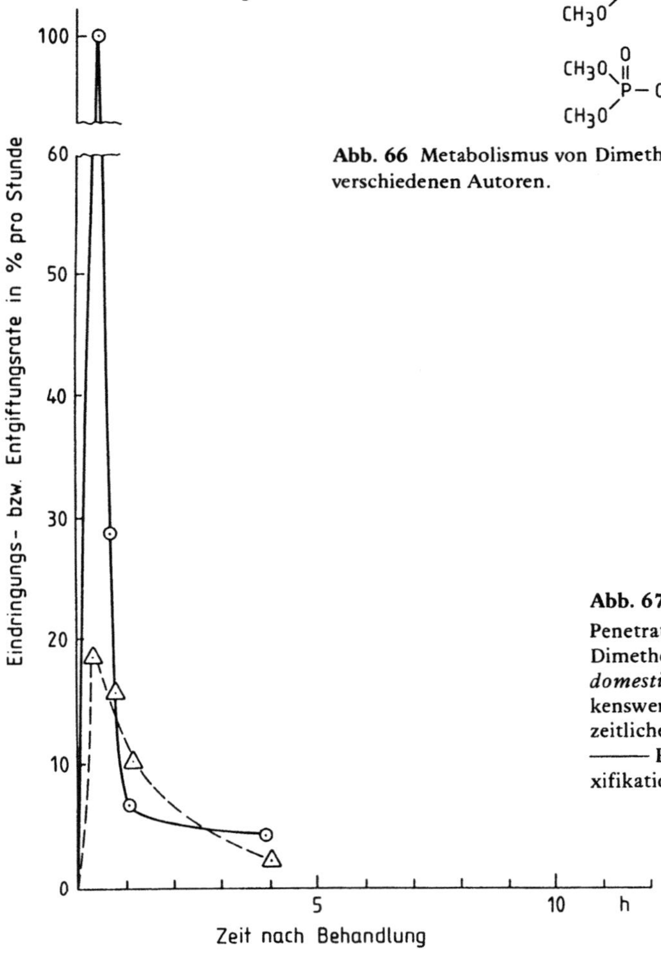

Abb. 67

Penetration und Detoxifikation von Dimethoat in Hausfliegenlarven (*Musca domestica* L.), nach Sun (1968). Bemerkenswert ist der große Unterschied im zeitlichen Verlauf der beiden Prozesse. —— Penetrationsrate, – – – – Detoxifikationsrate.

Der Metabolismus im Insekt ähnelt dem in der Pflanze. Auch auf Insekten wirkt Dimethoxon von allen Metaboliten als stärkster Cholinesterasehemmer. Die LD_{50} beträgt für *Musca* 0,8 mg/kg und für *Periplaneta* 4,1 mg/kg nach Injektion in den Thorax. Weiter abgebaut wird Dimethoat durch N-Alkylhydroxylierung und Dealkylierung (Lucier & Menzer 1970). Der *in vivo*-Stoffwechsel führt zur Monokarboxylsäure, woran eine Amidase beteiligt ist:

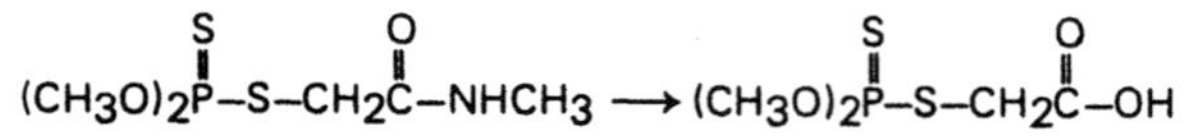

Dimethoat-monosäure wurde aus Urin der Säugetiere isoliert und infrarotspektrographisch charakterisiert. Uchida et al. (1964) zeigten die *in vitro*-Bildung von Dimethoatsäure durch verschiedene Vertebratengewebe.

Stoffwechseländerungen, die zur Bildung von O-Derivaten führen, reduzieren den elektrophilen Charakter des P-Atoms und heben praktisch die Anticholinesterase-Aktivität auf (Aharoni & O'Brien 1968). So reduziert die O-Demethylierung von Dimethoxon die Anticholinesterasewirkung um das 665 000fache:

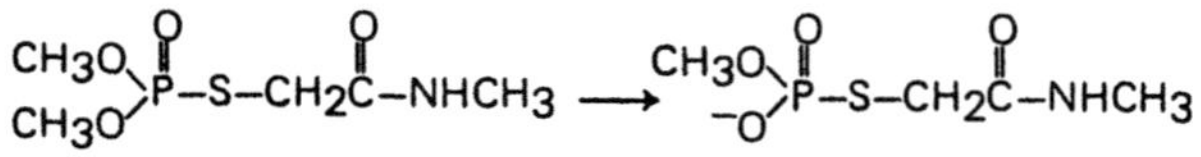

Dimethoxon

Die Affinität der Amidase für die N-Methylamide steigt mit wachsender Größe der Acylgruppe an, erreicht ein Maximum beim N-Methyl-caproamid und fällt danach ab. Von den Dimethoat-Analogen wurde nur die N,N-Dimethyl-Verbindung hydrolisiert (Chen & Dauterman 1971). Bei Hausfliegen wurde keine Korrelation zwischen der *in vitro*-Hydrolyse von Dimethoat-Analogen und ihrer *in vivo*-Toxizität gefunden, denn das 0,0-Diäthyl-Analoge ist etwa 12mal toxischer gegenüber Mäusen als Dimethoat selbst (Chen & Dauterman 1971). Dimethoxon wird von Amidase nicht gespalten.

Der Unterschied in der Toxizität zwischen Insekten und Säugetieren beruht auf der schnelleren Entgiftung im Säugetierorganismus; sie ist abhängig von der unterschiedlichen Aktivität einer dafür verantwortlichen Amidase (Murphy 1969a).

Als Synergisten für die toxische Wirkung von Dimethoat in Mäusen, Hausfliegen und Küchenschaben werden EPN, Tri-*o*-kresylphosphat und Tri-*o*-kresylphosphorthionat genannt (Seume & O'Brien 1960). Der Potenzierungsgrad war allerdings in den Insekten geringer als in der Maus. Die Potenzierung war bedingt durch die am Stoffwechsel des Dimethoats beteiligten Karboxylamidase, die auch durch mehrere andere Organophosphate gehemmt wird. EPN blockierte den Dimethoatstoffwechsel in der Maus um 80 %, im Meerschweinchen um 60 %, jedoch nicht in der Hausfliege und der Wanze *Oncopeltus fasciatus* (Uchida et al. 1966).

Die Giftwirkung von Dimethoat erstreckt sich auch auf Bienen, Fische und ihre Nährtiere. Nach speziellen Untersuchungen an der Heuschrecke *Poecilocerus pictus* setzt Dimethoat in den männlichen Geschlechtsorganen nukleotoxische und cytotoxische Effekte. Während des Zellteilungszyklus wird die Bildung der Spindelfasern und damit die Bewegung der Chromosomen beeinflußt (Bhunya & Dash 1976).

Wurden Mäuse eine Stunde nach Behandlung mit 400 mg/kg Piperonylbutoxid mit Dimethoat begiftet, so waren sie gegen akute Toxizität geschützt. Nach 48 Stunden war keine Wirkung mehr vorhanden (Kamienski & Murphy 1971). Jedoch scheinen durch Dimethoat-Rückstände in den Erntegütern keine Gesundheitsstörungen verursacht zu werden, wenn die Wartezeit von 21 Tagen in Deutschland eingehalten wird. Die tägliche orale Aufnahme ohne Gesundheitsschädigung wird für die Ratte mit 0,04 mg/kg angegeben; für den Menschen soll sie in gleicher Größenordnung liegen.

11.5.3. Weitere Dithiophosphorsäureester

Wegen ihrer geringen Säugertoxizität wurden im Laufe der letzten Jahrzehnte zahlreiche weitere Dithiophosphorsäureester entwickelt, die aber nur begrenzt zum Einsatz kommen. Sie konnten den Anwendungsbereich der beiden vorstehend behandelten nicht einengen. Dementsprechend liegen über die folgenden Verbindungen auch kaum biochemische und toxikologische Daten vor.

Ethion (XXVIII) ist ein ausgesprochenes Akarizid, jedoch ohne systemische Wirkung. Es wird gegen Spinnmilben im Obst- und Weinbau eingesetzt (Heddergott 1976).

Von Acethion (XXIX) ist bekannt, daß es durch Karboxylesterasen, die die Karboxyestergruppe spalten, in ein nicht toxisches wasserlösliches Produkt überführt wird, das als Acethionmonosäure bezeichnet wird (O'Brien et al. 1958), wie wir es bereits für Malathion erwähnt haben. Die Karboxylesterasen sollen nicht mit denen, die Malathion angreifen, in Säugern und Insekten identisch sein (O'Brien 1967).

Phorat (XXX) kommt zum Spezialeinsatz gegen Blattläuse an Kartoffeln und Rüben.

XXVIII

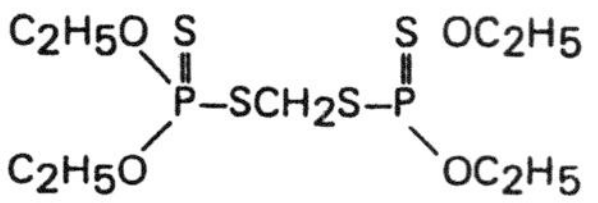

0,0,0'-Tetraäthyl-S,S'-methylenbisphophordithionat

XXIX

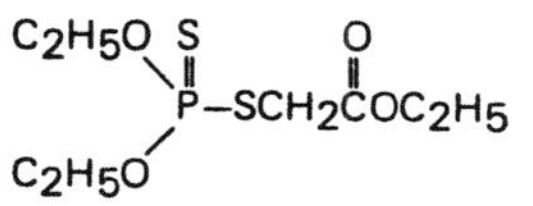

0,0-Diäthyl-S-carboäthoxy-methyl-phosphordithionat

XXX

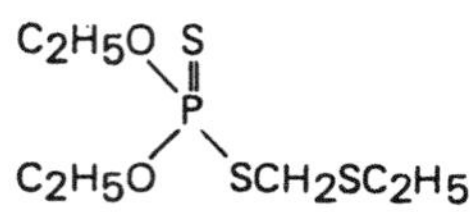

0,0-Diäthyl-S-[(äthylthio)-methyl]phosphordithionat

Phosalon (XXXI) wird gegen beißende und saugende Insekten und Spinnmilben im Acker-, Obst- und Weinbau eingesetzt. Es wird als bienenungefährlich hingestellt.

Phosmet (XXXII) wird speziell gegen Obstmaden und Kartoffelkäfer eingesetzt.

Phenkapton (XXXIII) wurde von der Firma Geigy in Basel entwickelt. Es gilt als spezifisches Akarizid mit guter Tiefenwirkung.

Disulfoton (XXXIV) wird als Disyston-Granulat gegen Blattläuse an Kartoffeln und Rüben zur Vektorenbekämpfung sowie gegen Blattläuse und Spinnmilben im Hopfenanbau verwendet. Fütterung der halben LD_{50} an Mäuse führte zu einem Anstieg der Alkylmorphin-N-demethylase, $NADPH_2$-Cytochrom c-reduktase, $NADPH_2$-oxidase und Cytochrom P_{450} (Stevens et al. 1973).

XXXI

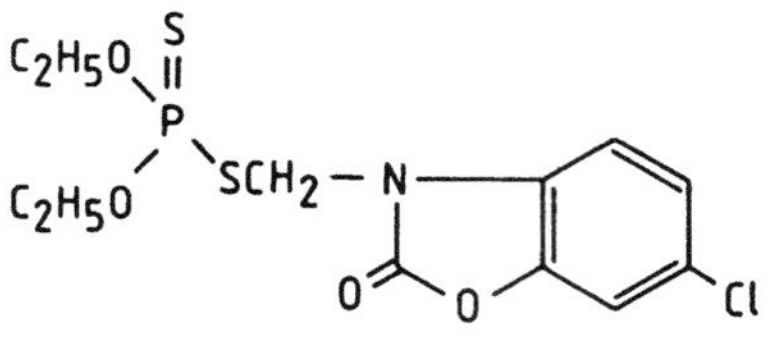

0,0-Diäthyl-S-[6-chlorbenzoxazalon-3-yl)methyl]-phosphordithionat

XXXII

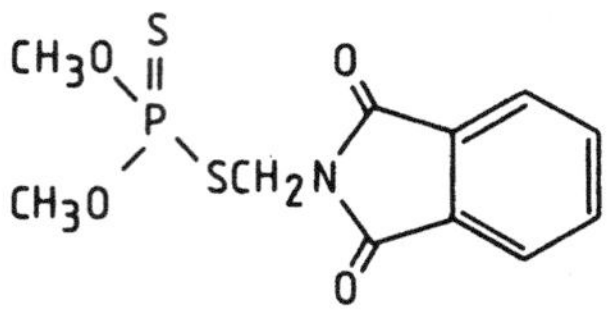

0,0-Dimethyl-S-phthalimidomethyl phosphordithionat

XXXIII

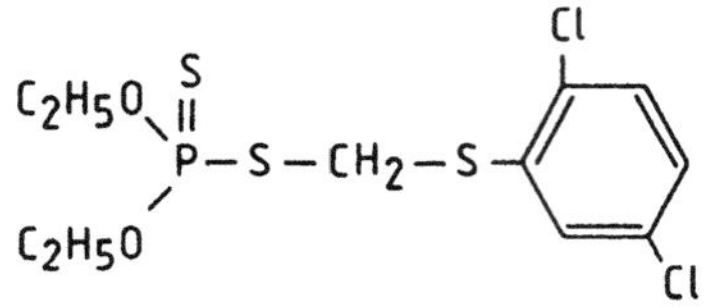

Azinphosmethyl (XXXV) wurde von den Farbenfabriken Bayer, Leverkusen, in den Handel gebracht. Es dringt nicht in das Innere der Pflanze ein und wird auf der Oberfläche langsam hydrolysiert. Es ist für Bienen, Regenwürmer und Fische auch toxisch. Im Handel wird es als Gusathion-Wirkstoff vertrieben. Die LD_{50} für die Ratte liegt zwischen 15 bis 20 mg/kg. Eingesetzt wird es vor allem gegen Spinnmilben im Obst- und Weinbau.

XXXIV

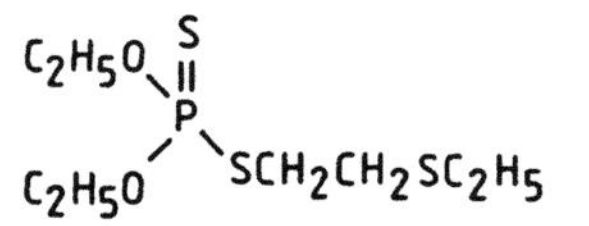

0,0-Diäthyl-S-2-[äthylthio)äthyl]-phosphorthionat

XXXV

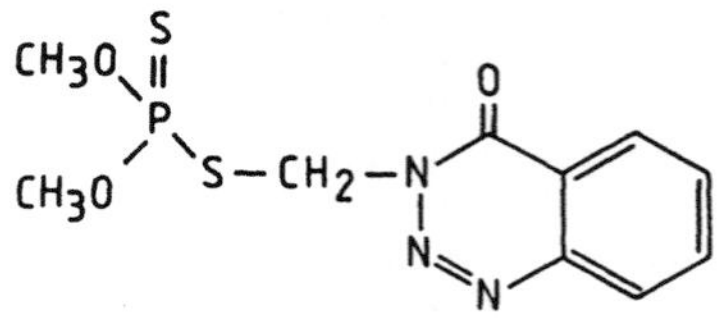

0,0-Dimethyl-S-[4-oxo-1,2,3-benzotriazin-3-(4H)-ylmethyl] phosphordithionat

11.6 Phosphorsäure- und Phosphonsäureester

Diese Gruppe von Organophosphaten ist deutlich stärker toxisch für Warmblüter; sie ist deshalb im Handel weniger verbreitet.

11.6.1 Mevinphos (Phosdrin-Wirkstoff)

Mevinphos (XXXVI) ist eine Flüssigkeit, die aus 60 % der *cis-* und 40 % der *trans-*Isomere besteht.

XXXVI

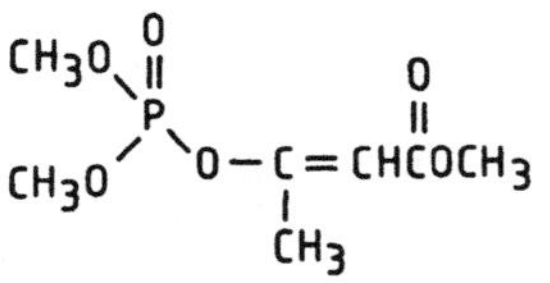

0,0-Dimethyl-karbomethoxy-1-propen-2-yl-phosphat

Im neutralen und sauren Bereich ist Mevinphos weitgehend beständig, während es im alkalischen schnell verseift wird, wobei die *trans*-Isomere beständiger ist als die *cis*-Isomere.

Mevinphos wurde 1957 von der Shell Chemical Corp. (USA) eingeführt. Es wird gegen beißende und saugende Insekten, gegen Eulenraupen und Spinnmilben im Acker-, Gemüse-, Obst- und Hopfenbau eingesetzt.

Mevinphos wirkt direkt ohne jede enzymatische oder oxidative Aktivierung. Es ist ein ausgesprochenes Systeminsektizid, das durch Sproßteile sowie durch Wurzeln aufgenommen wird. Es wird geleitet, aber ziemlich schnell enzymatisch abgebaut. Aus sandigen Böden nimmt die Pflanze mehr Wirkstoff auf als aus lehmigen. Die *cis*-Isomere wird schneller abgebaut als die *trans*-Isomere. Da die letztere etwa 20mal weniger toxisch ist für Säugetiere als erstere, findet mit dem Abbau in der Pflanze eine stetige Toxizitätsminderung der verbleibenden Rückstände statt.

Der Abbau in der Pflanze erfolgt hydrolytisch. Als Spaltprodukte konnten Dimethylphosphat (a), Phosdrinsäure (b) und Desmethylphosphodrinsäure (c), letztere als Metabolit von b, isoliert werden (Bild 68). Phytotoxische Schäden sowie Geruchs- oder Geschmacksbeeinträchtigung wurden bisher nicht beobachtet.

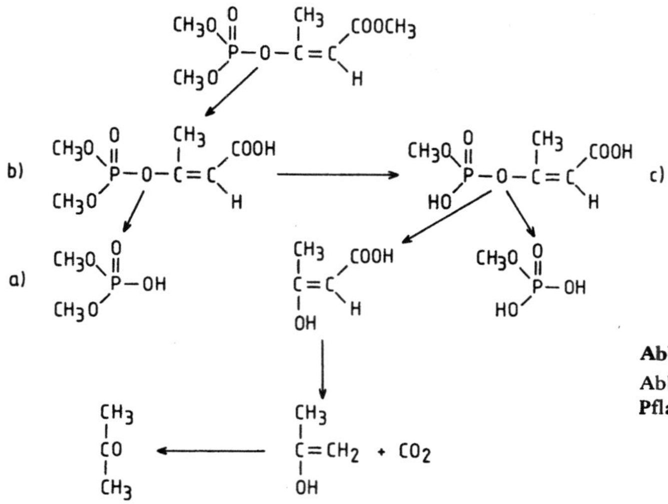

Abb. 68

Abbauschema für Mevinphos in der Pflanze

Auf Insekten und Spinnmilben wirkt Mevinphos in erster Linie als Fraßgift, daneben auch als Kontaktgift. Es hat eine starke Sofortwirkung, aber geringe Dauerwirkung. Es werden Cholinesterase und vermutlich auch noch andere Enzyme gehemmt. Die Wirkung ist weitgehend temperaturabhängig. Für Bienen ist Mevinphos toxisch. Auch sollte es nicht in Fischgewässer gelangen.

Von Säugern kann Mevinphos oral und perkutan aufgenommen werden. Die Hautresorption ist besonders groß. Bei chronischer Aufnahme können Chromosomenanomalien auftreten (Czeizel et al. 1973). Im Gegensatz zu den meisten anderen organischen phosphorhaltigen Insektiziden ist Mevinphos für Säugetiere ebenso toxisch wie für Insekten. Nach der Resorption im Darmtrakt wird es aber schnell abgebaut. Als einziger Metabolit wurde Dimethylphosphat gefunden, das wahrscheinlich über die Phosdrinsäure entsteht. Die LD_{50} beträgt für Ratte und Maus 5 bis 8 mg/kg. Zwischen oraler und perkutaner Applikation besteht kein Unterschied. Die für Mevinphos festgelegten Toleranzen liegen zwischen 0,25 und 1 ppm.

11.6.2 Phosphamidon

Diese als farblose Flüssigkeit vorliegende Substanz ist im Neutralen und Sauren relativ beständig. Im alkalischen Medium wird Phosphamidon (XXXVII) rasch verseift. →

XXXVII

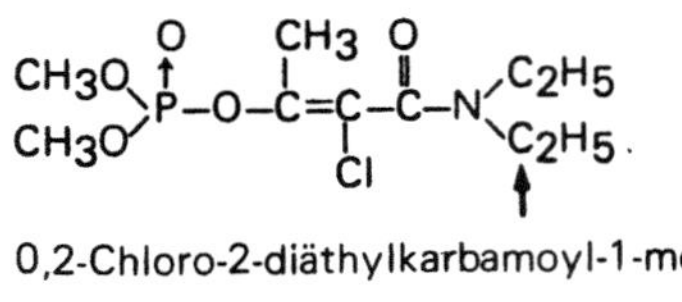

0,2-Chloro-2-diäthylkarbamoyl-1-methylvinyl-0,0-dimethyl phosphat

Phosphamidon wurde 1957 von der Ciba AG in Basel als systemisch wirkendes Insektizid und Akarizid eingeführt (Voss & Dittrich 1967). Es wird gegen beißende und

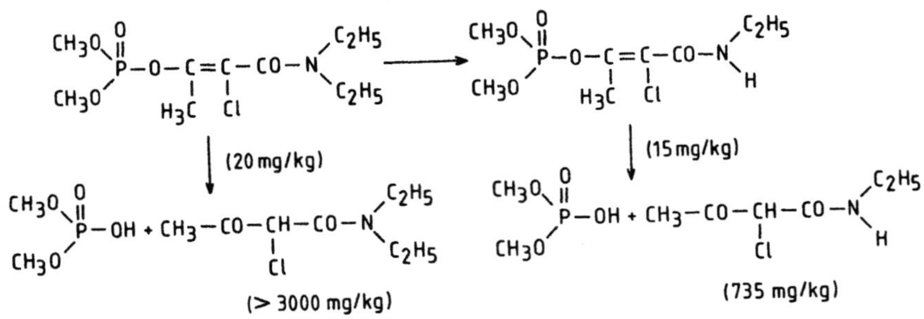

Abb. 69 Metabolismus von Phosphamidon in der Pflanze; die akute orale LD_{50} für Ratten ist in Klammern hinzugefügt, nach mehreren Autoren kombiniert.

saugende Insekten und Spinnmilben im Acker-, Gemüse-, Obstbau und Forst eingesetzt. Die im Handel befindlichen Spritzmittel sind 20 %ig.

Von der Pflanze wird der Wirkstoff schnell von Sproß und Wurzel aufgenommen und transportiert. Er reichert sich anfangs in den Früchten und beim Obst besonders im peripheren Fruchtfleisch an. Jedoch wird Phosphamidon innerhalb von 10 bis 14 Tagen zu unwirksamen Metaboliten abgebaut. Der erste Schritt ist eine N-Alkylhydroxylierung (Bull et al. 1967, Clemons & Menzer 1968). Aber das durch Abspaltung einer Äthylgruppe entstehende Produkt ist ebenfalls ein Cholinesterasehemmer. Es ist von ähnlicher Toxizität wie Phosphamidon selbst. Die daraus entstehenden Metaboliten Dimethylphosphat, *l*-Chloracetessigsäurediäthylamid und *l*-Chloracetessigsäuremonoäthylamid sind kaum noch toxisch (Bild 69). Innerhalb von 1 bis 4 Tagen ist die Hälfte der ausgebrachten Substanz abgebaut. Die Abbaugeschwindigkeit ist von der Temperatur abhängig. Die Pflanzenverträglichkeit ist meist noch bei 10facher Überdosierung gegeben.

Phosphamidon wirkt auf Arthropoden in erster Linie als Fraßgift, weniger als Kontaktgift. Das Wirkungsspektrum ist breiter als das anderer Systemgifte.

Das schnelle Eindringen in das Pflanzengewebe verhindert eine weitgehende Schädigung der nützlichen Insekten und Raubmilben. Gegen Kontakt mit Phosphamidon sind Honigbienen empfindlich; es wird zu den starken Bienengiften gerechnet. Gegenüber Fischen erwies es sich als weniger toxisch. In Kombination mit gewissen Fungiziden (Phaltan, Maneb, Kupferoxychlorid) soll Phosphamidon bei der Mehltau- und *Phytophthora*-Bekämpfung synergistisch wirken.

Wurden Mäuse mit Phenobarbital (XX) vorbehandelt, so waren sie gegen Phosphamidon ähnlich geschützt wie gegen Malathion (Menzer & Best 1968, Menzer 1971). Auch eine Vorbehandlung mit DDT und Dieldrin setzte die Wirkung von Phosphamidon herab. Bei Warmblütern wirkt eine orale Aufnahme wesentlich stärker toxisch als eine kutane. Bei oraler Applikation beträgt die LD_{50} für die Ratte 18 bis 23 mg/kg. Die Toleranz wird mit 0,5 ppm für den Menschen angegeben. Die Wartezeit beträgt bei uns 21 Tage.

11.6.3 Trichlorfon, Dichlorvos

Trichlorfon wurde als Dipterex-Wirkstoff eingeführt. Es ist ein farbloses, angenehm riechendes, kristallines Pulver, das im trockenen Zustand unbegrenzt haltbar ist. In saurer Lösung entsteht Trichloräthylalkohol. In neutraler und schwach basischer Lösung zersetzt sich Trichlorfon (XXXVIII) vornehmlich unter Abspaltung von HCl und Bildung des ebenfalls insektizidwirksamen Dichlorvos (DDVP) (XXXIX), das dann langsam zu Dimethylphosphat und Dichlorvinylalkohol hydrolysiert wird.

XXXVIII

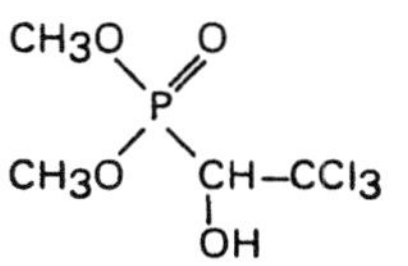

0,0-Dimethyl-(1-hydroxy-2,2,2-trichloräthyl)phosphonat

XXXIX

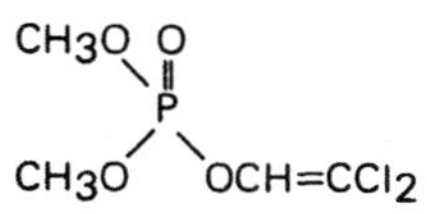

0-2,2-Dichlorvinyl-0,0-dimethylphosphat

Trichlorfon wurde 1952 von den Farbenfabriken Bayer AG in Leverkusen eingeführt. Unabhängig davon wurde etwa gleichzeitig seine insektizide Wirkung auch in den USA erkannt. Es wird gegen beißende Insekten und gewisse Wanzen im Acker-, Gemüse- und Obstbau eingesetzt. Im Weinbau findet es Verwendung gegen den Traubenwickler und im Forst werden blatt- und nadelfressende Käfer und Raupen damit bekämpft. Im Haushalt wird es häufig als Streichmittel gegen resistente Fliegen verwendet. Wegen seiner geringen Warmblütertoxizität dient es auch zur Bekämpfung von Ekto- und Endoparasiten an Nutztieren. DDVP wird entsprechend eingesetzt.

Trichlorfon ist für Bienen mindertoxisch. Wild und Vögel sind durch übliche Konzentrationen nicht gefährdet. Auch für Fische ist es weniger toxisch, aber nicht für eine Reihe von Fischnährtieren (Daphnien).

Das Insektizid Trichlorfon dringt in die Pflanze durch Blätter und Wurzeln ein und wird in ihr geleitet. So können auch die im Pflanzengewebe befindlichen Parasiten getötet werden. Jedoch hält seine Wirkung infolge des schnellen Abbaues nur etwa einen Tag an. Deshalb wird es nicht zu den eigentlichen Systemgiften gerechnet. Es ist in hohem Maße für Pflanzen verträglich.

Auf Insekten wirkt es als Fraß- und Kontaktgift. Für die Fraßgiftwirkung wurde für *Musca domestica* eine LD_{50} von 0,01 μg/Fliege, bei topikaler Begiftung eine LD_{50} von 0,5 μg/Fliege (40 mg/kg) ermittelt. Seine Toxizität kommt der des Diazinons und Malathions gleich.

Auch in Warmblütern findet ein rascher Abbau statt. Innerhalb von 24 Stunden war alles injizierte Trichlorfon mit dem Urin ausgeschieden. Für die Ratte wurden LD_{50}-Werte von 550 bis 650 mg/kg gemessen. Die Wartezeit beträgt nur 10 Tage.

In der Ratte kann Trichlorfon direkt konjugiert und als Glucuronid ausgeschieden werden (Bull & Ridgway 1969). Eine vorherige Biotransformation ist nicht erforderlich. In *Spodoptera*, einem Baumwollschädling, wurde das Glucuronid des bis-Demethyltrichlorfons gefunden (Hassan et al. 1965):

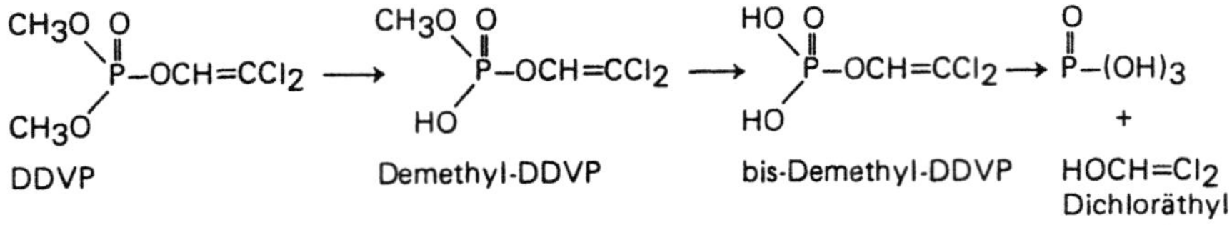

Es kann aber auch nach Umwandlung in Dichlorvos (DDVP) demethyliert und als Dichloräthylglucuronid von der Ratte ausgeschieden werden (Casida et al. 1962). Diese O-Demethylierung wird durch ein Enzym in der löslichen Fraktion der Rattenleber bewirkt (Hodgson & Casida 1962). Die Reaktion ist nicht an Mikrosomen gebunden und bedarf nicht $NADPH_2$. Eine Aktivierung erfolgt durch Mn^{++}, so daß eine Hydrolasenreaktion angenommen werden kann, obgleich Dicowsky & Morello (1971) zeigten, daß der Abbau zu Demethyl-DDVP in der löslichen Fraktion glutathionabhängig ist.

In subletalen Dosen reduziert Dichlorvos die Fruchtbarkeit, Lebenszeit und Dauer der Eiablage des Teppichkäfers *Attagenus megatoma* (F.) um 74 %; 30 % der Käfer konnten keinen Nachwuchs erzeugen (Zettler & LeCato 1974).

11.6.4 Azodrin und Bidrin

Die beiden systemisch wirkenden Insektizide (Voss & Dittrich 1967) werden gewöhnlich für Spezialeinsätze herangezogen, Bidrin oder Dicrotophos (XXXX) häufiger als Azodrin oder Monocrotophos (XXXXI) (Sun & Johnson 1969). In Deutschland wird Bidrin gegen Blattläuse im Hopfenanbau verwendet. Die Wartezeit beträgt 21 Tage.

XXXX

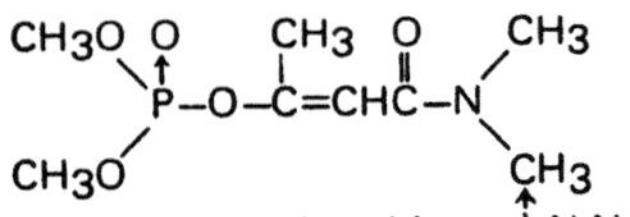

3-(Dimethoxyphosphinoxy)-N,N-dimethyl-*cis*-crotonamid

XXXXI

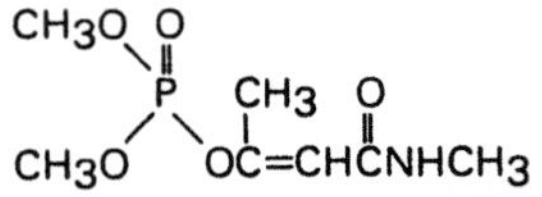

3-(Dimethoxyphosphinoxy)-N-methyl-*cis*-crotonamid

Beide Verbindungen werden durch N-Methyl-hydroxylierung (Pfeil) stufenweise demethyliert und schnell zu nicht toxischen Metaboliten abgebaut (Bull & Lindquist 1964, Menzer & Casida 1965). Eine Vorbehandlung mit Phenobarbital schützte Mäuse gegen Dicrotophos. Eine gleichzeitige Verfütterung von DDT oder Dieldrin erhöhte seine Toxizität (Menzer 1970, 1971).

Durch Schafleber-Amidase werden beide Verbindungen nicht abgebaut (Chen & Dauterman 1971). Die Amidase wird durch Bidrin zu 50 %, durch Azodrin zu 27 % gehemmt.

11.6.5 Chlorfenvinphos, Tetrachlorvinphos

Während Chlorfenvinphos (XXXXII) allgemein gegen beißende Insekten im Ackerbau und Gemüsebau und auch zur Saatgutbehandlung beim Mais eingesetzt wird, dient Tetrachlorvinphos (XXXXIII) stärker zur Bekämpfung spezieller Insekten, wie von Maiszünslern im Ackerbau, Kohlweißlingsraupen im Gemüsebau, der Obstmaden und Fruchtfliegen im Obstbau sowie von Rüsselkäfern und verschiedenen Raupen im Forst. Chlorfenvinphos zeigte bei interner Applikation einen 4 bis 5fach höheren *knock-down*-Effekt als bei externer (Gerolt 1969).

XXXXII

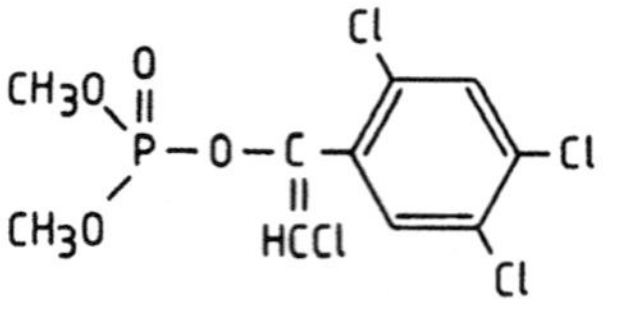

0,2-Chlor-1-(2,4-dichlorphenyl)vinyl-0,0-diäthylphosphat

XXXXIII

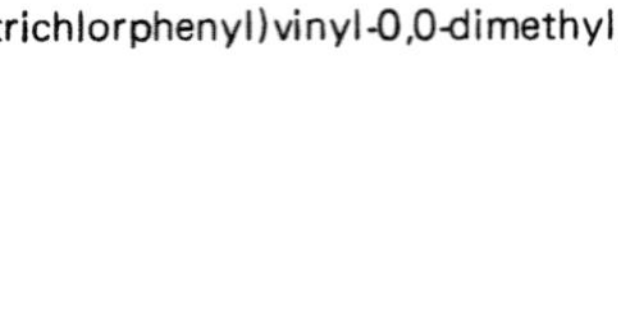

0,2-Chlor-1-(2,4,5-trichlorphenyl)vinyl-0,0-dimethylphosphat

Die Deäthylierung von Chlorfenvinphos durch Kaninchenleber-Mikrosomen ergab Acetaldehyd (Donninger et al. 1972). Die O-Deäthylierung ist ein Beispiel für eine direkte Entgiftung, denn es entsteht ein ionisierter Metabolit ohne Anticholinesterase-Aktivität. Die relative Deäthylierung durch die Leber von Ratte, Maus, Kaninchen und Hund verhielt sich wie 1 : 8 :24 : 80; sie entspricht den akuten LD_{50}-Werten von 10, 100, 500 und > 2000 mg/kg (Donniger 1971). Dies bedeutet, daß die VSR-Werte (Vertebraten-Selektivitätsrate) sehr stark variieren (von 7,4 zwischen Ratte und Hausfliege, mehr als 8824 zwischen Hund und Hausfliege). Man wird sich fragen müssen, was insektenselektive Wirkung für ein Insektizid bedeutet, das nur an sehr wenigen Objekten getestet wurde. Die unterschiedliche Wirkung des Tetrachlorvinphos wird in der Bindung an verschiedene Hämolymphproteine gesehen, wodurch eine Entgiftung zustande kommt (Boyer 1975). Es wird in solchen Fällen angenommen, daß z. B. beim Hund die Aufnahme des Giftes durch die Darmwand geringer ist, die Entgiftung schneller erfolgt, die Bindung an Blutbestandteile fester ist, die Penetrierung ins Gehirn verlangsamt ist und die AChE des Gehirns weniger empfindlich ist. Hierin werden die Vorteile der gifttoleranten Tiere gesehen.

11.7 Tiersystemisch wirkende Organophosphate (Parasitizide)

Die Beobachtung, daß organische Phosphorsäureester von Säugetieren kutan und intestinal schnell resorbiert werden, führte zu Überlegungen, ähnlich wie für die Pflanzen auch für Warmblüter systemische Insektizide zu entwickeln, um sie gegen Ekto- und auch Entoparasiten einsetzen zu können. Bei einer systemischen Bekämpfung tierischer Parasiten ist das Verhältnis zwischen Wirt- und Parasittoxizität, der Lebenszyklus des Parasiten, die Toxizität des Giftes im zu behandelnden Tier, die Wirkung der Substanz auf den Parasiten, der Stoffwechselweg, auf dem das Gift abgebaut wird, sowie die Beziehungen zu ähnlichen Organophosphaten zu berücksichtigen. Ein systemisches Parasitizid sollte folgende Eigenschaften aufweisen: Es darf nicht toxisch für den zu behandelnden Warmblüter sein, jedenfalls nicht in Dosen, die zur Bekämpfung der Parasiten erforderlich sind. Es sollte ein möglichst breites Wirkungsspektrum besitzen, damit seine Herstellung rentabel ist, eine prophylaktische Wirkung entfalten und eine ökonomische Behandlung erlauben.

Die bisher bekannten in der Pflanze systemisch wirkenden Phosphorsäureester haben diese Eigenschaften nicht. Gerade die wirksamsten Systemgifte der Demetongruppe wirken auf Warmblüter äußerst toxisch. Es war deshalb notwendig, nach geeigneteren Verbindungen zu suchen, die heute als Neguvon (Dipterex-Wirkstoff, Trichlorfon, XXXVIII), Co-Ral (Asuntol, XXXXIV), Tiguvon (Lebayzid-Wirkstoff, Fenthion, XXII) und Ronnel (XXXXV) auf dem Markt sind. Bei den auf Warmblüter wenig toxisch wirkenden Insektiziden handelt es sich im wesentlichen um Phosphon- und Thiophosphorsäureester, die meist aromatische Verbindungen darstellen; sie wirken auf Insekten sehr toxisch (Beesley 1963).

XXXXIV

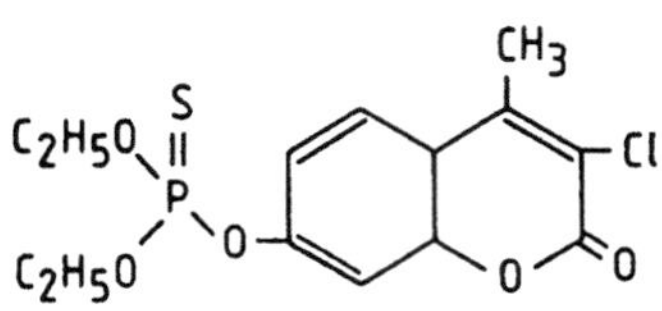

O,O-Diäthyl-O-3-chlor-4-methyl-2-oxo-2H-l-benzopyran-7-yl phosphorthionat

XXXXV

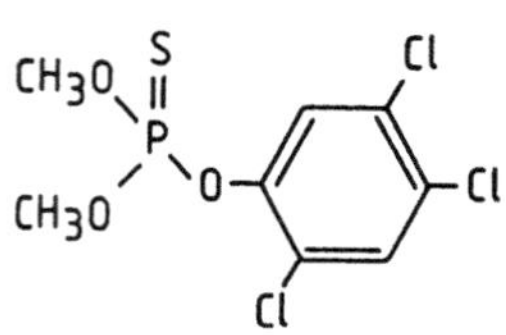

O,O-Dimethyl-O-2,4,5-trichlorphenylphosphorthionat

Nach oraler Applikation wurden für die männliche Ratte LD_{50}-Werte von 630 mg/kg für Neguvon, 100 mg/kg für Co-Ral (Coumaphos), 250 mg/kg für Tiguvon und 1250 mg/kg für Ronnel ermittelt. Als Fraßgift verabreicht wurde dagegen bei *Musca* für Neguvon eine LD_{50} von 0,7 mg/kg und für Tiguvon von 10 mg/kg erhalten. Die chemotherapeutischen Indices, die mit den VSR-Werten vergleichbar sind, liegen demnach relativ hoch.

Bei allen Präparaten handelt es sich um cholinergisch wirksame Stoffe. Neguvon wird, wie wir bereits für Trichlorfon hörten, im Tierorganismus schnell abgebaut, so daß z. B. beim Rind nach Gaben von 55 mg/kg die Cholinesterase-Aktivität bereits innerhalb von 24 Stunden zum Normalwert zurückkehrte. Eine Überdosierung läßt sich mit Atropin rückgängig machen.

Beim Co-Ral (Coumaphos) wirkt insbesondere das Oxidationsprodukt. Der systemische Effekt richtet sich insbesondere gegen Dasselfliegenlarven (*Hypoderma*-Arten) (Looms et al. 1970). Es kann kutan oder peroral appliziert werden. Die Wirksamkeit hält bis zu 14 Wochen an. Der Abbau vollzieht sich vor allem in der Leber; die Abbauprodukte werden mit dem Urin abgegeben. Zunächst tritt eine Oxidation zum Coroxon ein, das besonders leicht abgebaut wird. Als Metaboliten wurden bei Kühen im Urin und in der Milch Di- und Monoäthylthiophosphorsäure und Di- und Monoäthylphosphorsäure sowie eine Verbindung mit oxidativ aufgespaltenem Laktonring gefunden.

Eine Vorbehandlung mit 50 mg Phenobarbital pro kg über 5 Tage setzte bei Mäusen die akuttoxische Wirkung von Co-Ral um das Doppelte herab, während sie die Wirkung von Ronnel nicht wesentlich veränderte (DuBois & Kinoshita 1968). Nun ist Ronnel aber auch wesentlich weniger toxisch als Co-Ral! Dagegen stieg die Toxizität bei gleichzeitigen Gaben von Piperonylbutoxid deutlich an; letzteres wirkte auf Co-Ral synergistisch (Robbins et al. 1959, Skrinjaric-Spoljar et al. 1971).

Als Abbauprodukt des Ronnels wurde im Urin etwa zur Hälfte Demethyl-Ronnel identifiziert. Im Stoffwechsel der Hausfliege wird Ronnel dagegen vorwiegend zu 2,4,5-Trichlorphenol und Dimethylthiophosphorsäure abgebaut. Zur Bekämpfung von *Hypoderma*-Larven genügt eine perorale Zufuhr von 100 mg/kg.

Die cholinergische Wirkung des Tiguvons ist relativ gering; sie wird aber durch die Bildung des Sulfoxids und Sulfons wesentlich gesteigert. Die daraus entstehenden Hydrolyseprodukte sind für Warmblüter nicht mehr toxisch.

Die systemische Wirkung im Säugetier ist mit der in der Pflanze aber nicht vergleichbar, da das Tier kein mit der Pflanze vergleichbares Leitungssystem besitzt. In der Veterinärmedizin hat es sich deshalb eingebürgert, dann von systemischen Insektiziden oder Parasitiziden zu sprechen, wenn ein Insektizid nach dermaler oder oraler Applikation absorbiert wird und innerhalb des Tieres eine insektizid oder parasitizid wirksame Anreicherung erfährt.

Tiersystemische Mittel werden zur Bekämpfung von Läusen, Flöhen, Mallophagen, Fliegenlarven und Milbenarten verwendet.

12 Karbamate (Urethane)

Im Jahre 1954 wurde die Gruppe der insektiziden Verbindungen durch die Synthese wirksamer Karbaminsäureester in den Laboratorien der Geigy AG in Basel ergänzt. Diese Cholinesterasehemmer (Voss 1967) besitzen eine ternäre oder quarternäre Stickstoffgruppe, die vermutlich die Affinität zur Cholinesterase durch Bindung des Anions erhöht, während die –OC(O)-Gruppe die veresternde Seite bindet und somit die Spaltung des Acetylcholins hemmt.

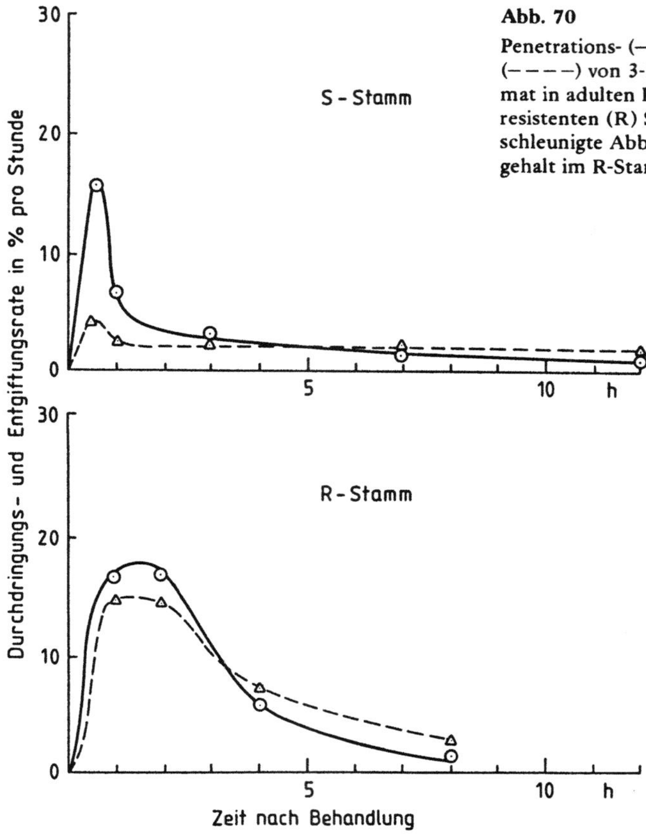

Abb. 70

Penetrations- (——) und Detoxifikationsraten (– – – –) von 3-Isopropylphenyl-N-methylkarbamat in adulten Hausfliegen eines sensiblen (S) und resistenten (R) Stammes. Deutlich wird der beschleunigte Abbau bei reduziertem internem Giftgehalt im R-Stamm; Angaben nach Sun (1968).

Nach topikaler Applikation durchdringen Karbamate die Epidermis langsamer als Organophosphate, wie dies Bild 70 für 3-Isopropylphenyl-N-methylkarbamat (I) demonstriert. Die eingedrungenen Anteile werden sogleich entgiftet. Die Toxizität kann durch Zusatz von Kerosin oder auch Thanite erhöht werden (Sun & Johnson 1972). Die toxischen Werte nähern sich dann denen der Ölsprays oder denen nach Injektion erhaltenen. Somit kann vermutet werden, daß Kerosin die Eindringung fördert.

Wichtig für die Wirkung der Karbamate ist die Alkylsubstitution, Monomethyl- oder Dimethyl-Substituenten sind etwa gleich wirksam, wesentlich stärker als nicht substituierte Verbindungen. Längere Alkylketten wirken sich ungünstig aus. In den pharmakologisch wirkenden und insektiziden Karbamaten sind Alkylreste deshalb generell vertreten. Auch der Applikationsweg richtet sich stark nach den Alkylsubstituenten. Aber 3, 4, 5-Trimethylphenyl-N-methylkarbamat (II) zeigte auf allen drei Applikationswegen die gleiche Toxizität.

I

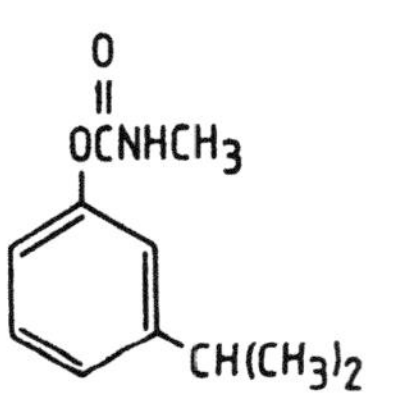

II

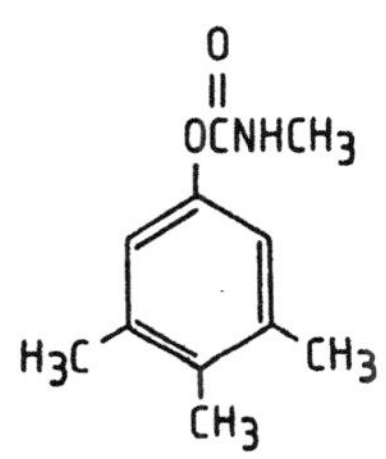

Ein bedeutender, wenn auch nicht der wichtigste Abbauweg von N-Methyl- und N,N-Dimethylkarbamaten ist die N-Methyl-Hydroxylierung der Karbamylseite. Eine Reihe von N-Hydroxylkarbamaten und/oder ihren Konjugaten wurden als Metaboliten *in vivo* und in mikrosomalen Oxidasesystemen von Säugern und Insekten identifiziert (Hodgson & Casida 1960, Oonnithan & Casida 1968, Douch & Smith 1971a, b, Strother 1972). Der entsprechende N-demethylierte Metabolit ist nur in wenigen Fällen bekannt (Douch & Smith 1971a). Dagegen sind N-nichtsubstituierte Karbamate gegen Hydrolyse extrem labil und dementsprechend weniger insektizidwirksam (Fahmy et al. 1966).

Beim Zectran (III) und Aminocarb (IV) ist die N,N-Dimethylgruppe ein Substituent des aromatischen Ringes; sie können durch mikrosomale Oxidation zu Mono- und bis-Demethylderivaten metabolisiert werden (Oonnithan & Casida 1968). Der Methyl-formamido-Metabolit des Zectrans wurde nach *in vitro*-Inkubation isoliert. Verwandte Verbindungen, wie N,N-Dialkylarylamine, können durch Mikrosomen über Hydroxylalkyl-Derivate abgebaut werden (Willi & Bickel 1973). N-Demethylierung scheint auch ein erster bedeutender Schritt beim Abbau des Chlordimeforms (V) zu sein. Das Monodemethylderivat wurde in Hausfliegen, Ratten, Hunden und Ziegen als *in vivo*-Metabolit nachgewiesen. *In vitro* wurde es durch ein mikrosomales System des Hausfliegen-Abdomens produziert (Knowles & Sen Gupta 1970, Knowles & Shrivastava 1973).

III

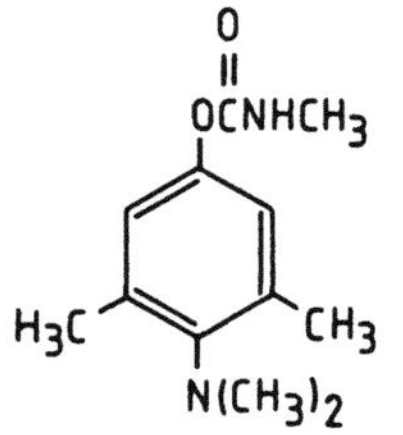

4-Dimethylamino-3,5-xylyl methylkarbamat

IV

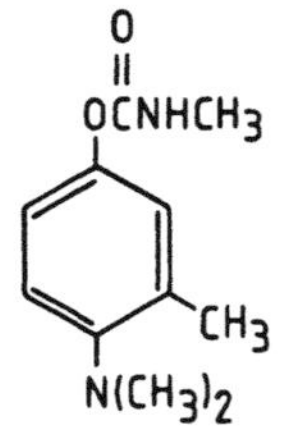

4-Dimethylamino-*m*-tolyl methylkarbamat

V

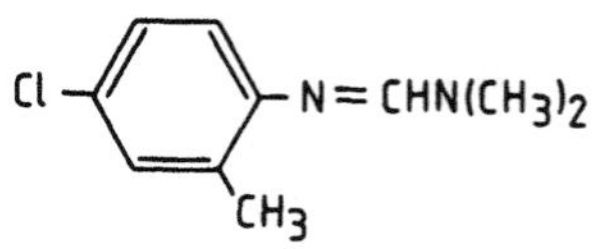

N'-(4-Chloro-*o*-tolyl)-N,N-dimethyl formamidin

Die enzymatische Hydrolyse der Karbamatestergruppe schien anfangs der bedeutendste Weg der Entgiftung insektizider Karbamate zu sein. Leider blieben die Informationen hierüber bisher recht gering, obgleich sich die Stoffwechseluntersuchungen über die Karbaminsäureinsektizide auf hydrolytische und oxidative Mechanismen konzentrierten (Kuhr 1968).

Nicht voll erkannt wurde bis heute die Bedeutung der Konjugationsmechanismen für die Entgiftung der Karbamate, obgleich Konjugate bei *in vivo*-Stoffwechseluntersuchungen von vielen Autoren gefunden wurden. So führten Mehendale & Dorough (1971) Untersuchungen durch, in denen sie zeigen konnten, daß 78 bis 91 % der verabreichten Verbindungen von Ratten innerhalb von 48 Stunden in verschiedener Weise konjugiert werden können. Aber einige der Konjugate bewirkten noch eine Anticholinesterase-Aktivität (Kuhr & Casida 1967), die vermutlich auf toxische Primärmetabolite, wie N-Hydroxymethyl-karbamate zurückzuführen ist (Oonnithan & Casida 1968), denn eine Konjugation der applizierten insektiziden Verbindung wurde nur gelegentlich beobachtet. Gewöhnlich werden Karbamatmetabolite entweder erst nach hydrolytischer Spaltung oder Oxidation der applizierten Verbindung konjugiert (Knaak et al. 1965, Mumma et al. 1971). Die hauptsächlichsten Konjugationsprodukte sind Glucuronide, Sulfate und Glucoside (vgl. Bild 71).

Die Hydrolyse der Karbamate kann durch eine Albuminfraktion des Plasmas von Vögeln und Säugern durchgeführt werden (Casida & Augustinsson 1959). Die Aktivität dieser Fraktion ist von der der Cholinesterase wie auch der aliphatischen und aromatischen Esterasen verschieden. Dieselbe Albuminfraktion war in der Lage, Äthyl-, Propyl- und Isopropylkarbamate des *p*-Nitrophenols zu spalten, während Acrylesterase, Chymotrypsin, Lipase, Cholinesterase, Pepsin, Papain und Eialbumin keine Aktivität gegenüber diesen Estern aufwiesen (Casida et al. 1960). Weder Plasma-Albumin noch Plasma-Arylesterase konnten N,N-Dialkylkarbamate hydrolysieren, obgleich N,N-Dimethylkarbamylfluorid (VI) durch Enzyme des menschlichen und Kaninchenplasmas gespalten werden kann (Augustinsson & Casida 1959). In Kaninchenleber und -niere wurde die Hydrolyse von VI und DFP von verschiedenen Enzymen bewirkt.

Die bisherigen Ergebnisse weisen somit darauf hin, daß erst nach mikrosomaler N-Demethylierung die Hydrolyse des nicht mehr substituierten Karbamats erfolgt und eine direkte enzymatische Spaltung der applizierten Verbindung von untergeordneter Bedeutung ist.

Karbamate üben eine direkte oder indirekte Wirkung auf den postsynaptischen Überträgerprozeß aus. Die Energieübertragung nach b (Bild 11) ist gegenüber Karbamaten und Organophosphaten empfindlich und kann gestört werden. Beide Insektizidgruppen zeigen in ihrer Reaktion analoge Wege. Wie die Organophosphate, so bilden auch die Karbamate zuerst einen Enzymkomplex, worauf eine Karbamylierung einsetzt. Die Dekarbamylierung erfolgt mit einer Halbwertszeit von etwa 20 Minuten; das gehemmte Enzym ist das karbamylierte Produkt (O'Brien et al. 1966).

Bei Insekten steigen nach Karbamatvergiftung der Sauerstoffverbrauch und die Herzschlagfrequenz an. Die Konvulsionen und Zitterbewegungen während der Initialphase zeigen deutlich, daß die Primärwirkung am Nervensystem gesetzt wird (Fukami 1959). Ihre Toxizität ist auch mit einer Hemmung der Cholinesterasen assoziiert (Metcalf 1971). Obgleich der Mechanismus der Hemmung der AChE durch Karbamatester ähnlich der durch Organophosphate bewirkt wird, sind die chemischen Eigenschaften, die für eine hohe Anticholinesterasen-Aktivität der Karbamate notwendig sind, recht verschieden. Für die Hemmwirkung der Karbamate scheint ihre Bindung am aktiven AChE-Enzym von größerer Bedeutung zu sein als für die PO-Ester, für die die chemische Reaktivität an erster Stelle steht. Die stärksten Hemmer sind diejenigen Karbamatester, die strukturell dem Acetylcholin besonders ähnlich sind (Metcalf 1971). Die Hemmungsreaktion kann folgendermaßen formuliert werden:

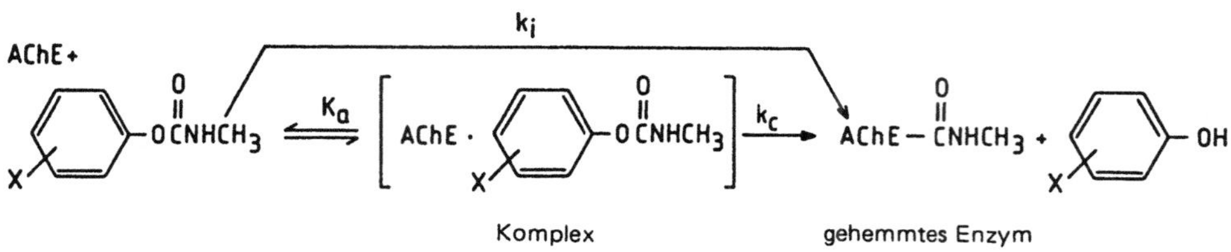

Dabei bedeutet K_a die Dissoziationskonstante für den Enzym-Inhibitorkomplex, k_c die Konstante für die Karbamylierungsrate und k_i jene für die bimolekulare Hemmung.

Verbindungen mit niedrigen K_a-Werten besitzen die höchste Hemmwirkung; sie ist für die Gesamtreaktion und damit für die Hemmpotenz der Karbamatester von primärer Bedeutung (O'Brien et al. 1966). Eine Karbamylierung geht bei solchen Verbindungen schneller vor sich, die größere Affinität zum Enzym haben (niedrige K_a). Auch stereochemische Veränderungen spielen bei der Hemmwirkung eine Rolle (White & Stedman 1937, Fukuto et al. 1964). *L*-Isomere sind bessere Hemmer als *D*-Isomere.

Anticholinesterasewirkung und Toxizität der Karbamatester sind von ihrer Abbaugeschwindigkeit abhängig. Sie kann durch Zugabe von synergistisch wirkenden Substanzen, wie Piperonylbutoxid, herabgesetzt werden (Metcalf 1971). Aber unter den Karbamaten gibt es auch Verbindungen, deren Toxizität durch Stoffwechselreaktionen erhöht werden kann, indem ihre Anticholinesterasen-Aktivität ansteigt. Dies ist der Fall beim Methiocarb (10fach) (XV) und Aldicarb (8fach) (VII) durch Sulfoxidation, beim Aminocarb (10fach) (IV) durch bis-N-Demethylierung, beim Zectran (5fach) (III) durch Mono- und bis-N-Demethylierung (Metcalf et al. 1966, Oonnithan & Casida 1968). Dementsprechend beruht die Resistenz gegenüber Karbamaten auf dem oxidativen Abbau, während die Mechanismen, die die Esteraseaktivität (Hydrolyse) bedingen, weniger von Bedeutung sind (Kuhr 1968, Shrivastava et al. 1969).

Bezüglich ihrer Toxizität lassen sich die Karbamate mit Anticholinestrasen-Aktivität in zwei Gruppen einteilen (Tabelle 27). Jene, die ionisiert oder stark basisch sind, wirken auf Säugetiere sehr toxisch, sind aber auf Insekten fast wirkungslos. Jene, die nicht ionisiert oder ionisierbar sind, wirken weniger toxisch auf Säuger, sind aber als Insektizide brauchbar. Durch Quartärnisierung der Verbindungen wird die Insektentoxizität stark herabgesetzt. Diese Befunde zeigen an, daß Insekten ihre cholinergisch wirkenden Orte im Zentralnervensystem gegen Ionen geschützt haben und die neuromuskulären Verbindungen nicht cholinergisch sind.

Tabelle 27 Selektive Toxizität der Karbamate

Verbindung	LD_{50} gegenüber Mäusen bzw. Ratten	LD_{50} gegenüber Hausfliegen
a) ionisiert oder ionisierbar		
Eserin	0,8	200
Prostigmin	0,4	–
nr. 1250	0,3	590
nr. 683	1,0	560
b) nicht ionisiert oder ionisierbar		
Isolan	54	0,4
Dimetilan	35	0,1
Pyrolan	62	2,3
Sevin	2000	2,6

Angaben nach Eldefrawi et al. (1960), O'Brien & Fisher (1958) und Jones et al. (1955); LD_{50} in mg/kg bei a) für Mäuse, intraperitoneal, bei b) für Ratten, oral.

Nach oraler Aufnahme sind Karbamate für Hausfliegen oft weniger toxisch, besitzen aber eine hohe Säugertoxizität. Aber nach den Anwendungsvorschriften ist die tatsächliche Vergiftungsgefahr für Säuger weit geringer, denn die Aufnahme durch die Haut, die in der Praxis weit überwiegt, erfolgt sehr viel langsamer. Weiterhin besteht bei Hausfliegen eine Abhängigkeit der Wirkung vom adulten Alter. Für *m*-Isopropylphenyl-N-methylkarbamat wurde bei 1 Tag alten männlichen Fliegen eine LD_{50} von 104 mg/kg gemessen, die bei 7 Tage alten bis auf 7,8 mg/kg abfiel. Die Ursache hierfür scheinen Unterschiede in der Stoffwechselrate und damit im Abbau der Verbindung eine Rolle zu spielen, denn eine Vorbehandlung mit Synergisten, die die Detoxifizierung hemmen, reduzierte die altersabhängige Toxizität erheblich. Aber nicht alle Dipteren zeigen eine solche altersabhängige Wirkung (El Aziz et al. 1969).

Ein Vergleich der AChE des Fliegenkopfes mit der aus Rindererythrozyten ergab, daß für 114 verschieden strukturierte Karbamate das Rinderenzym in keinem Falle empfindlicher reagierte als die Fliegen-AChE. In der Regel wurden 10- bis 100fache Unterschiede in der Hemmungsempfindlichkeit erhalten, teilweise war sogar ein 1000-facher Unterschied feststellbar (Hellembrand 1967). Damit ist sichergestellt, daß die AChE verschiedener Herkunft deutliche Unterschiede in der Reaktion mit insektiziden Karbamatestern zeigen kann. Es mag sein, daß der Reaktionsort im Enzym variiert.

Zur Zeit sind etwa zwei Dutzend verschiedener Karbamate im Handel. Sie variieren von für Säuger relativ toxischen Verbindungen, wie Temik (Aldicarb) (VII), Furadan (Carbofuran) (VIII) und Tripat (IX) mit einer LD_{50} von etwa 10 mg/kg oder weniger zu kaum toxischen Produkten wie Sevin (Carbaryl) (X) und Fenethcarb (XI) mit einer LD_{50} über 500 mg/kg.

VI

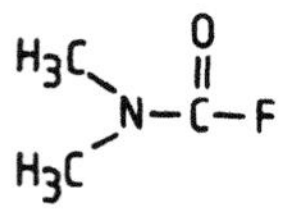

VII

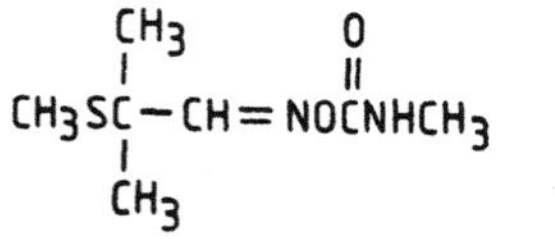

2-Methyl-2-(methylthio)propionaldehyd-O-(methylkarbamyl)oxim

VIII

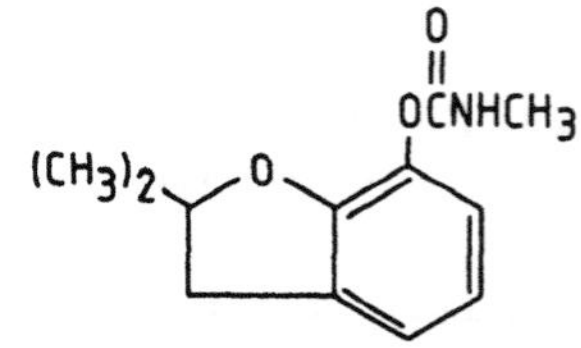

2,3-Dihydro-2,2-dimethyl-7-benzofuranyl-methylkarbamat

IX

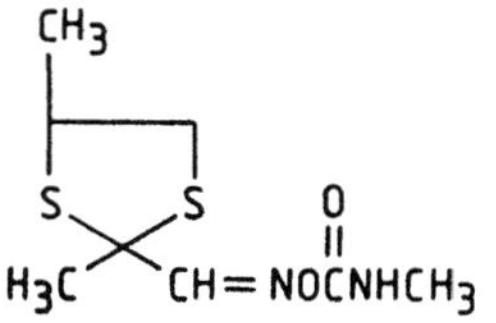

2,4-Dimethyl-1,3-dithiolan-2-karboxaldehyd-O-(methylkarbamyl)oxim

X

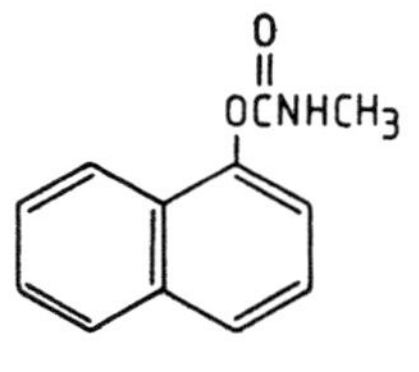

1-Naphthyl-methylkarbamat

XI

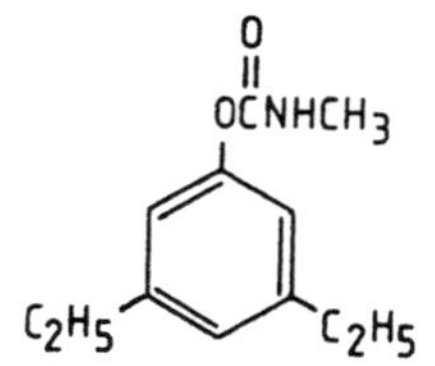

3,5-Diäthylphenyl-methylkarbamat

Die Karbamatinsektizide werden hauptsächlich als Kontakt- und Systemgifte, weiterhin als Nematizide, Akarizide und auch typische Aphidizide verwendet. Oft werden sie mit Synergisten, wie Piperonylbutoxid, Tropital u. a., formuliert, um ihre insektizide Wirksamkeit zu erhöhen. Die meisten sind Methylkarbamate oder Methylkarbamyl-oxim-Derivate, während Thiokarbamate als Herbizide und Fungizide eingesetzt werden. Detailliertere Daten wurden von Scheuerer (1967) und Kuhr (1976) mitgeteilt.

12.1 Carbaryl (Sevin-Wirkstoff)

Carbaryl (X) bildet geruchlose Kristalle, die in Wasser wenig löslich sind. Es ist bis zu 70 °C licht- und lagerbeständig.

Carbaryl wurde 1956 in den USA als Insektizid eingeführt. Es wird zur Bekämpfung beißender Insekten im Obst-, Garten-, Acker- und Weinbau sowie im Forst benutzt. Wegen seiner sehr geringen Warmblütertoxizität wird es auch gegen Ektoparasiten an Nutztieren eingesetzt. Es gehört zu den heute am meisten verwendeten Insektiziden.

Auf Pflanzen gebracht durchdringt es die Oberfläche der Blätter und besitzt somit eine gewisse Tiefenwirkung. Aus wäßrigen Lösungen wird es über die Wurzeln aufgenommen und in die Blätter transportiert, wo Blattläuse abgetötet werden (Abdel Karim & El-Fouly 1973). Bei den empfohlenen Konzentrationen wurde keine Schädigung der Pflanzen und des Ertragsgutes beobachtet. Aber noch nicht voll entwickelte Blätter werden bei anhaltender hoher Luftfeuchtigkeit etwas angegriffen. Im Obstbau eignet es sich deshalb zum Ausdünnen zu starken Fruchtansatzes.

Auf Insekten wirkt es als Fraß- und Kontaktgift, nicht dagegen auf Spinnmilben. Seine insektizide Wirkung steigt mit zunehmender Temperatur; es besitzt eine relativ lange Wirkungsdauer. Leider werden durch Carbaryl auch viele Prädatoren, wie Coccinelliden, Syrphiden- und Chrysopidenlarven, besonders bei der Kartoffelkäferbekämpfung, vernichtet. Auch auf Honigbienen wirkt es stark toxisch. Jedoch wird es nicht mit dem Futtersaft im Bienenstock verteilt. Subletale Mengen von Carbaryl werden kurzfristig mit dem Kot ausgeschieden und gelangen nicht in die Futtersaftdrüsen (Wittmann 1980).

Von einer Bodenbegiftung wird abgeraten, weil dabei auch Regenwürmer und die für die Humusbildung wichtigen Collembolen vernichtet werden (Aspöck & An der Lan 1963). Die Gefahr einer Wildschädigung und die der Vogelwelt ist wegen seiner geringen Warmblütertoxizität nicht vorhanden. Auf Fische wirkt es auch wenig toxisch, dagegen sind Fischnährtiere und Muscheln gefährdet (Armstrong & Millemann 1974). Allerdings wirkt es in wäßriger Lösung ausgebracht auf Fische toxischer als in öliger (Holden 1973). Von Pflanzen wird es meist sehr schnell abgebaut. In Bohnenpflanzen konnten nach 28 Tagen nur noch 6 % wiedergefunden werden (Menn 1972). Die Wartezeiten betragen demnach nur 7 bis 10 Tage.

Die orale Toxizität von Carbaryl auf Ratten zeigt eine LD_{50} von 500–600 mg/kg. Die zulässige Höchstmenge, die der Mensch täglich aufnehmen kann, wird mit 0,02 mg/kg angegeben.

Diese generellen Angaben sind gerade bei Karbamaten von geringer Bedeutung, denn wie Tabelle 28 demonstriert, ist die insektizide Wirkung von Carbaryl gegenüber der Rattentoxizität enorm breit.

Die Untersuchungen über Carbaryl und den mikrosomalen Oxidasenhemmern führten zu dem Schluß, daß es schwierig ist, gewisse Beziehungen zwischen Carbaryltoleranz und synergistischer Wirkung und der phylogenetischen Stellung der Insekten, ihren Nahrungsgewohnheiten und ihrer biologischen Spezifizierung herauszustellen. Man findet immer wieder Ausnahmen, die sich bisher nicht näher deuten lassen als dadurch, daß eine Spezifität im Detoxifikationssystem des Stoffwechsels vorliegt.

Tabelle 28 Veränderungen im Vertebraten-Selektivitätsverhältnis (VSR) von Carbaryl, das verschiedenen Insektenarten topikal verabreicht wurde, nach Metcalf (1972b), Brattsten & Metcalf (1970, 1973)

	LD_{50} (mg/kg)	VSR (Ratte/Insect)
Ratte (oral)	540	–
Lygus lineolaris (phytophage Wanze)	0,19	2840
Photinus pyralis (Leuchtkäfer)	0,6	900
Apis mellifera (Honigbiene)	2,3	235
Epilachna varivestis (Mexik. Bohnenkäfer)	2,7	200
Ostrinia nubilalis (Lepidoptera, Kornbohrer)	12,3	44
Estigmene acrea (Lepidoptera, adult)	62	8,8
Periplaneta americana (Blattoptera, Schabe)	190	2,8
Musca domestica (Diptera, Hausfliege)	> 900	< 0,60
Dermestes ater (Speck- oder Lederkäfer)	3500	0,15
Sarcophaga bullata (Schmeißfliege)	4000	0,14
Pogonomyrmex barbatus (Rote Ernteameise)	> 5800	< 0,09

Carbaryl ist ein Insektizid, bei dem sich der biologische Abbau nicht ohne weiteres von der Molekülstruktur ableiten läßt. Obgleich ein Ester vorliegt, der extrem labil gegenüber alkalischer Hydrolyse ist, wird die primäre Biotransformation weniger durch hydrolytische Enzyme als durch mikrosomale Oxidasen eingeleitet. Durch aromatische Hydroxylierung in den Zellen des Fettkörpers entsteht das Dihydrol des Carbaryls (Price & Kuhr 1969, Moriyama & Shigematsu 1972, Ariaratnam & Georghiou 1975).

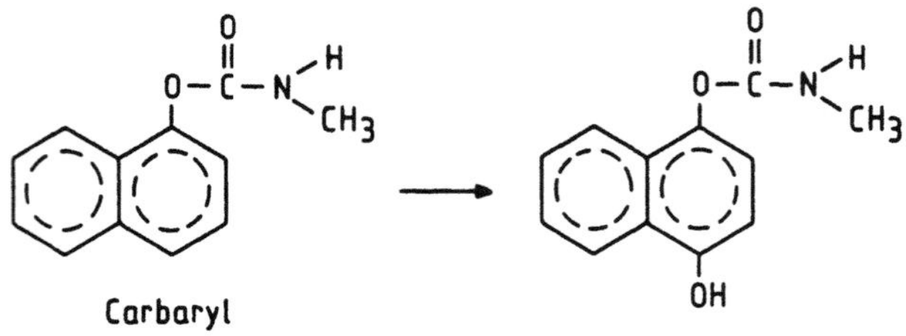

Carbaryl

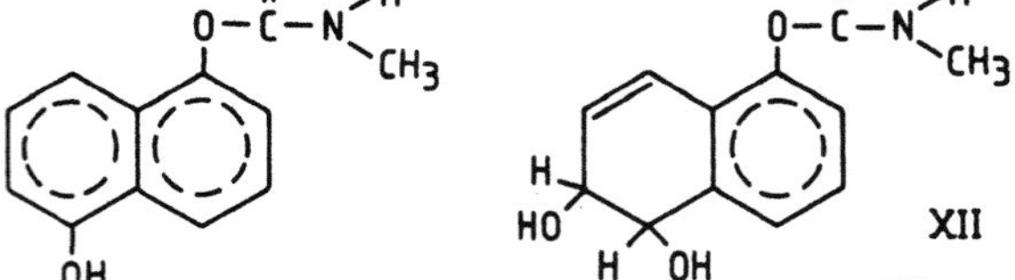

XII
Dihydrol

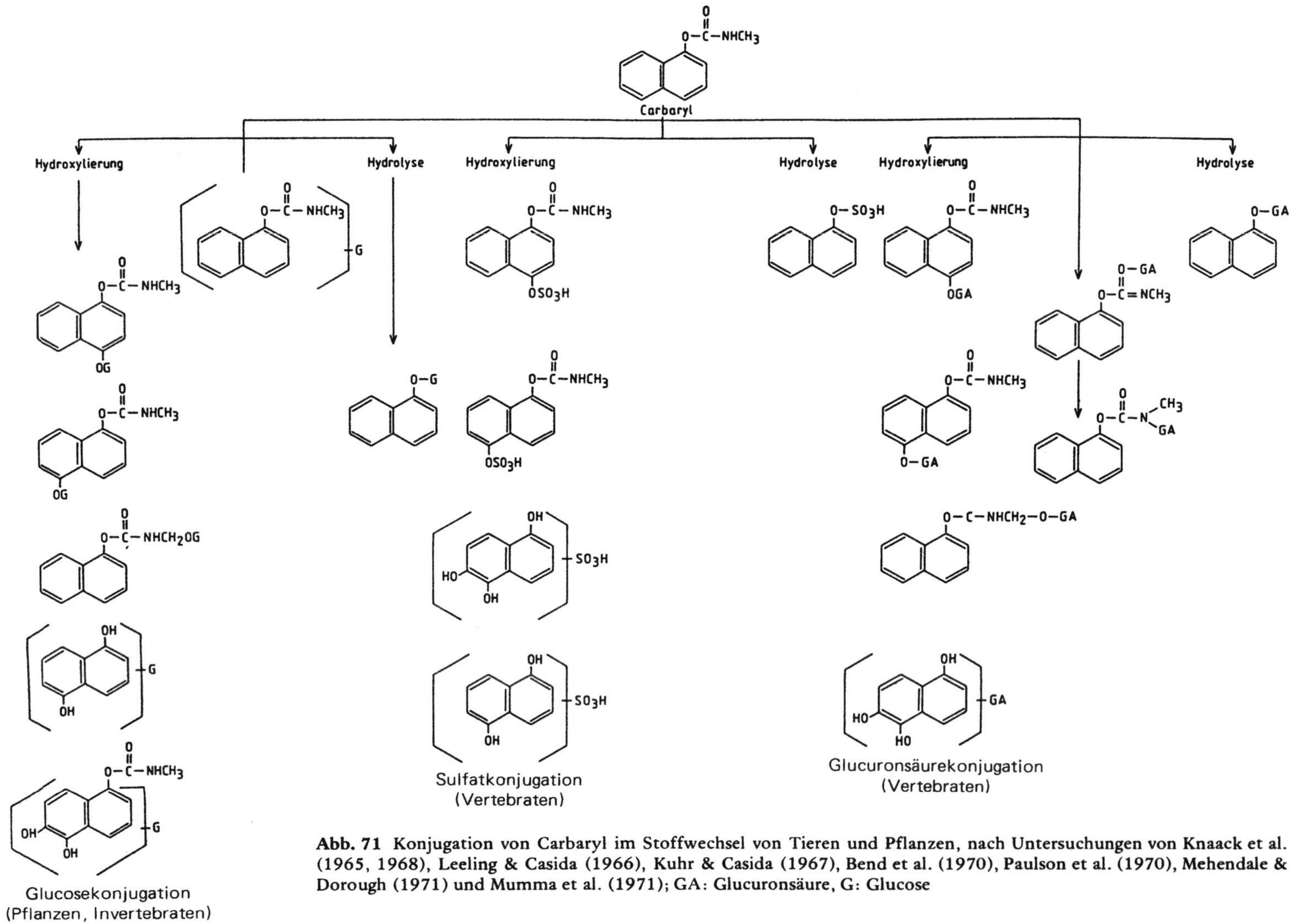

Abb. 71 Konjugation von Carbaryl im Stoffwechsel von Tieren und Pflanzen, nach Untersuchungen von Knaack et al. (1965, 1968), Leeling & Casida (1966), Kuhr & Casida (1967), Bend et al. (1970), Paulson et al. (1970), Mehendale & Dorough (1971) und Mumma et al. (1971); GA: Glucuronsäure, G: Glucose

Vermutlich findet dabei eine Wasseranlagerung an ein intermediär gebildetes Epoxid statt. So kann die Instabilität anfänglicher Oxidationsprodukte zu einer großen Variabilität von Metaboliten führen (Brodie et al. 1958). Die Funktion einer Epoxidhydrase läßt sich aus der gelungenen Isolierung des Metaboliten 5,6-Dihydro-5,6-dihydroxy-*l*-naphthylmethylkarbamat erkennen (Leeling & Casida 1966). Eine Bildung von N-Hydroxylmethyl-Derivaten senkt die Anticholinesterasen-Aktivität um ein 10faches. Die bisher gefundenen weiteren Abbaureaktionen und Konjugationsmechanismen zeigt Bild 71.

Die während der Einwirkungszeit erfolgende Hemmung der Rindererythrozyten-AChE durch verschiedene Carbaryl-Konzentrationen ergibt von der Konzentration abhängige Kurven, die in den ersten 20 Minuten mehr und weniger steil abfallen, danach weitgehend parallel, aber auf verschiedenem Niveau verlaufen (Bild 72).

Die Beziehung zwischen Cytochrom P_{450}-Gehalt und Carbaryl-Stoffwechsel zeigt Bild 73 für Darmepithel und Fettkörper eines Insektes. Je höher der Cytochrom P_{450}-Gehalt war, desto schneller erfolgte die Oxidation. Die Cytochrom P_{450}-Bildung wird aber auch durch Carbaryl-Gaben signifikant stimuliert. Erhielten Mäuse oral über drei Tage die halbe LD_{50}, so erhöhte sich nicht nur der Cytochrom-Gehalt, sondern auch andere mikrosomale oxidative Parameter stiegen an (Stevens et al. 1973).

Culver et al. (1970) berichteten, daß der Carbaryl-Stoffwechsel in Ratten *in vivo* und *in vitro* durch Gegenwart gewisser Hemmer der Monoaminoxidase reduziert wird. Ähnliche Wirkungen konnten mit Rattenleberpräparaten durch Erniedrigung des UDPGA-Spiegels im Inkubationssystem erzielt werden (Mehendale & Dorough 1971). Hierdurch wird angezeigt, daß sich nachteilige Effekte ergeben können, wenn die Konjugationsmechanismen blockiert werden und sich die Detoxifikationsfähigkeit insgesamt im Organismus ändert.

Die Toxizität von Carbaryl kann durch verschiedene 1,3-Benzodioxolmoleküle synergistisch beeinflußt werden (Wilkinson 1967). So kann sie gegenüber Hausfliegen bei gleichzeitiger Behandlung mit 3-Methoxy-5-nitro-1,3-benzodiol um etwa 500fach gestei-

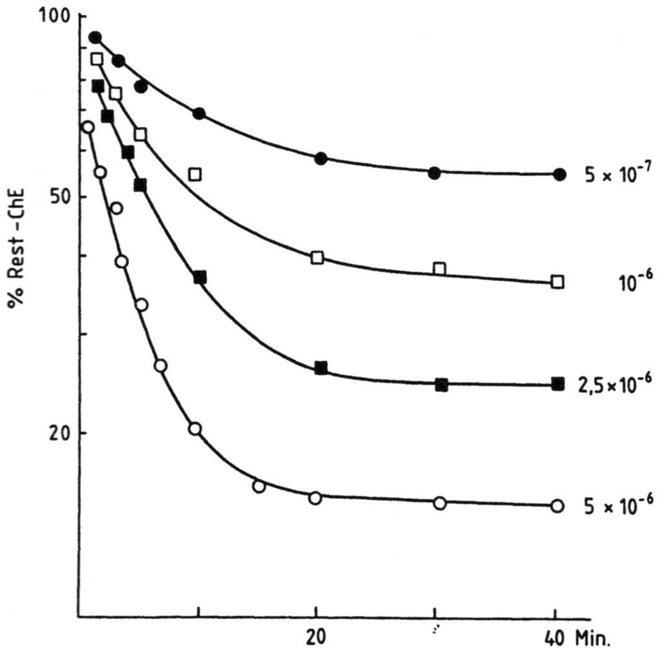

Abb. 72 Abhängigkeit der Hemmung von Rindererythrocyten-CHE von der molaren Carbaryl-Konzentration bei 38 °C, nach O'Brien et al. (1966).

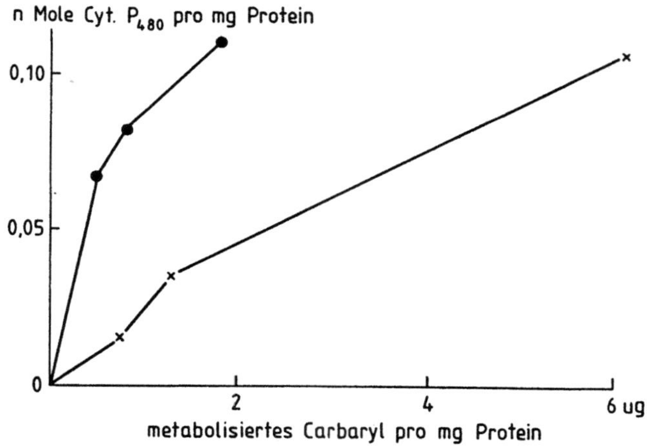

Abb. 73 Beziehung zwischen oxidativem Stoffwechsel von Carbaryl und der Menge an Cytochrom P450 im Darm und Fettkörper von drei Stämmen der nordamerikanischen Noctuide *Trichoplusia ni* (Lep.), nach Kuhr (1971).

gert werden. Dies ist sowohl von hydrophoben als auch elektrophilen Effekten in Verbindung mit radikalen Reaktionen abhängig.

Für die Toxizität ist nicht so sehr die Penetration durch die Haut oder Darmwand entscheidend, sondern sein Stoffwechsel (Brattsten & Metcalf 1970, 1973). Camp & Arthur (1967) führten Untersuchungen an vier Insektenarten durch und fanden im Innern der Tiere große Mengenunterschiede der radioaktiv markierten Verbindung: Nach vier Stunden wurden in Fliegen 39 %, in Käfern nur 5,4 bis 7,5 % der von der Oberfläche der Kutikula zurückgewonnenen Menge gemessen. Dies schließt natürlich nicht aus, daß Unterschiede in der Eindringungsrate des Insektizids vorhanden und auch von toxikologischer Bedeutung sind (Eldefrawi & Hoskins 1961).

12.2 Isolan und Dimetilan

Isolan (XII) ist eine rotbraune Flüssigkeit, die mit Wasser und organischen Lösungsmitteln in jedem Verhältnis mischbar ist.

XII

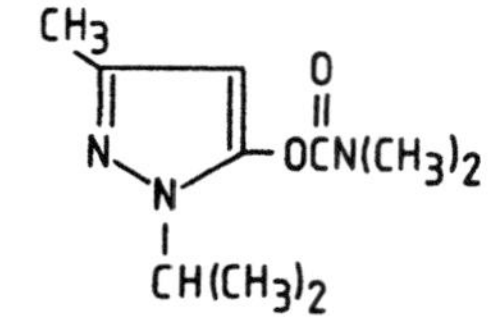

1-Isopropyl-3-methyl-5-pyrazolyl-dimethylkarbamat

XIII

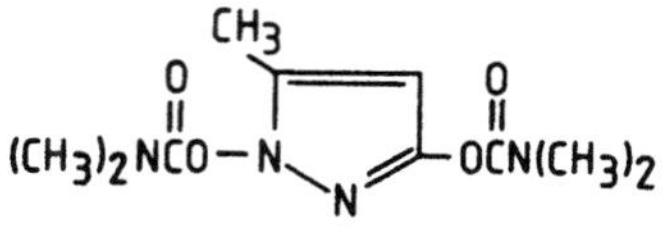

1-(Dimethylkarbamyl)-5-methyl-3-pyrazolyl-dimethylkarbamat

Isolan wurde von der Geigy AG in Basel 1952 in den Pflanzenschutz eingeführt. Es dient im wesentlichen zur Bekämpfung saugender Insekten im Obst-, Garten- und Ackerbau. Hier wird es aber fast ausschließlich als Kontakt-Aphizid eingesetzt und in einer Konzentration von 6 g auf 100 l Wasser ausgebracht. Spinnmilben lassen sich nicht bekämpfen. Auf Bienen aber wirkt es stark toxisch.

Der aphizide Effekt steht im Zusammenhang mit seiner pflanzensystemischen Wirkung, wenn es in genügend hohen Dosen ausgebracht wird. Es wird von Wurzeln und Sproßteilen aufgenommen und im Innern geleitet; es verschwindet schnell von der Blattoberfläche. Dadurch werden Nutzinsekten relativ wenig geschädigt (Spindler 1955). Allerdings kommt bei den üblichen Dosierungen keine systemische Wirkung zustande.

Nach einer Injektion bewirkt es bei Hausfliegen einen schnellen *knock-down*-Effekt, aber andererseits auch eine schnelle Erholung infolge der Detoxifizierung des Insektizids verbunden mit einer Enthemmung der Cholinesterase. Wenn hohe Dosen langsam infundieren (etwa über 30 Minuten) entfällt der *knock-down*-Effekt, und es tritt keinerlei Mortalität auf. Bei schneller Injektion erfolgt allerdings die Giftwirkung rascher als der Abbau. Hier ist deutlich die allgemeine Abhängigkeit der Toxizität von der Wirkstoffmenge erkennbar. Wie zu erwarten war, stabilisiert eine Vorbehandlung mit Sesamex auch kleine Mengen von Isolan im Organismus, die dann eine schnelle und irreversible Intoxikation bewirken können (Sun & Johnson 1969, 1971, 1972).

Isolan und auch Dimetilan (XIII) gehören zu den auf Warmblüter stark toxisch wirkenden Karbamaten, weshalb ihr Einsatz in der Landwirtschaft zurückgegangen ist. Für Isolan werden für Ratten LD_{50}-Werte von 13 bis 23 mg/kg angegeben. Es kann durch die Haut in tödlichen Dosen aufgenommen werden. Die Toleranz liegt in Holland bei 0,5 ppm, die Wartezeit wird mit 21 Tagen angegeben.

12.3 Propoxur (Baygon-Wirkstoff)

Die praktische Anwendung von Propoxur (XIVa) ist breiter als von Isolan. Es wird im Acker-, Obst-, Hopfenbau und Forst hauptsächlich gegen saugende Insekten eingesetzt, dient aber auch zur Saatgutbehandlung und als Sprüh- und Stäubemittel im Haushalt. In der Wirkung auf Insekten und Säugetiere besteht kein wesentlicher Unterschied; die Variationsbreite ist beträchtlich.

XIV

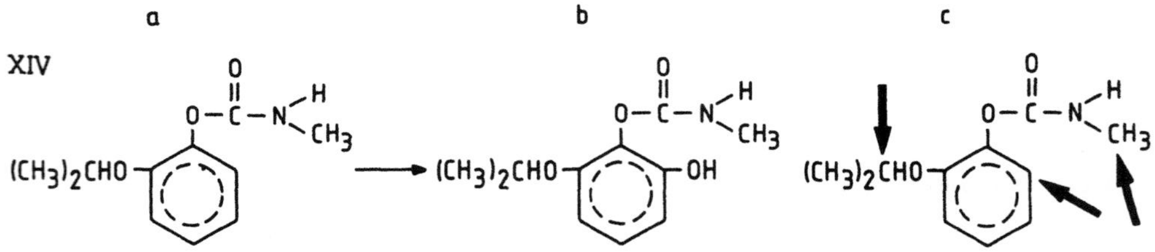

2-Isopropoxyphenyl-methylkarbamat

Bei einer Dealkylierung von O-Alkylgruppen eines Esters oder von Ätherstrukturen eines Insektizids, die relativ schnell erfolgt, findet kein einfacher Ersatz einer Alkylgruppe durch eine Hydroxylgruppe statt (Renson et al. 1965). Stattdessen wird ein instabiles α-Hydroxyintermediärprodukt gebildet, das spontan einen Aldehyd, wenn eine primäre Alkylgruppe vorliegt, und ein Keton im Falle einer sekundären Alkylgruppe ergibt. Die Isopropylgruppe des Propoxurs wird durch das mikrosomale Oxidationssystem in Ratten wie in Hausfliegen leicht entfernt (Oonnithan & Casida 1968, Shrivastava et al. 1969). Es ist die vorherrschende Reaktion im Propoxur-Stoffwechsel, so daß zunächst ein Keton gebildet wird. Die Methylgruppe am Stickstoffatom kann durch Mikrosomen hydroxyliert werden, aber wegen der elektronegativen Ladung des Heteroatoms führt die Reaktion oft zu einer Dealkylierung. Außerdem unterliegt Propoxur noch einer Ringhydroxylierung, die in Hausfliegen zur Bildung von 5-Hydroxypropoxur (XIVb) führt (Shrivastava et al. 1969), das *in vivo* meist als Konjugat vorliegt (vermutlich als Glucosid). Die Pfeile in XIVc zeigen die bisher im Stoffwechsel bekannten Reaktionsorte an.

Durch das N-Hydroxylmethyl-Derivat wurde die Anticholinesterasen-Aktivität um ein 4faches herabgesetzt. Durch 5-Hydroxylierung am Ring des Propoxurs stieg die Anticholinesterasenwirkung dagegen um ein 8faches an (Metcalf et al. 1966, Oonnithan & Casida 1968). Die Propoxur-Resistenz von Hausfliegen und Mosquitos (*Culex quiquefasciata*) ist ein Beispiel für die allgemeine Bedeutung des oxidativen Stoffwechsels für die Karbamatresistenz (Tsukamoto et al. 1968, Shrivastava et al. 1969).

12.4 Mercaptodimethur (Mesurol-Wirkstoff, Methiocarb) und Butacarb

Als farbloses und geruchloses Pulver bleibt Mercaptodimethur (XV) bis ca. 120 °C beständig; im alkalischen Bereich wird es im wäßrigen Milieu leicht hydrolysiert.

XV

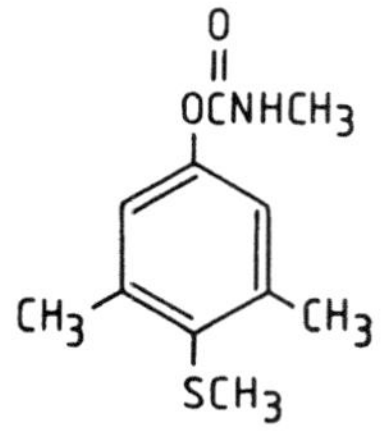

4-Methylthio-3,5-xylyl-methylkarbamat

XVI

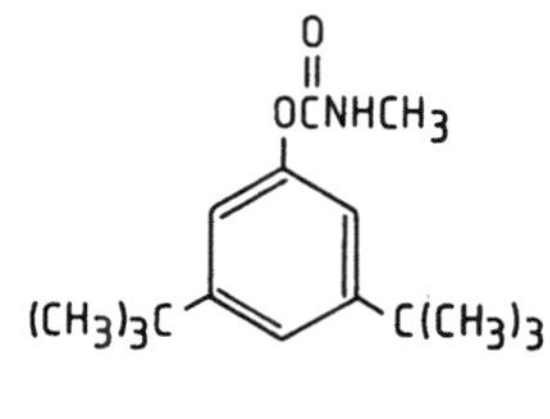

3,5-Di-tert-butylphenyl-methylkarbamat

Mercaptodimethur ist 1958 von den Farbenfabriken der Bayer AG eingeführt worden. Es ist als schnell und anhaltend wirksames Insektizid und Akarizid mit relativ geringer Toxizität für Warmblüter vielseitig verwendbar, besonders auch gegen viele resistente Insekten und Spinnmilben. Vorwiegend wird es gegen beißende Insekten im Obst-, Garten- und Ackerbau eingesetzt. Aber auch als Molluskizid und gegen Fasanen als Schadvögel wird es verwendet; denn es übt nach Inkrustierung des Saatgutes auf mehrere Vogelarten eine typische Abschreckwirkung aus. Daneben werden auch Säugetiere (Schwarzwild, Hasen, Kaninchen, Mäuse) ferngehalten; der Fritfliegenbefall (*Oscinis frit* L.) wird reduziert (Hermann & Kolbe 1971).

Pflanzenschäden werden bei vorgeschriebener Anwendung nicht verursacht. Allerdings darf es erst 6 Wochen nach der Blüte der Obstbäume verwendet werden, da es wachsende Gewebe angreift. Somit kann es im Obstbau zum Ausdünnen der Blüten dienen.

Auf Insekten wirkt es als Fraß- und Kontaktgift. Bei großer Wirkungsbreite besitzt es eine Dauerwirkung, die im Experiment auf Sperrholz bei einem Belag von 1 g/m^2 noch nach einem Jahr vorhanden war und *Anopheles*-Mücken nach einstündigem Kontakt 100 %ig abtötete. Wegen seiner geringen Wasserlöslichkeit wirkt es nicht systemisch und wird auch kaum von der Pflanze aufgenommen. Honigbienen sind gefährdet. Ein Abbau im Organismus kann über das Sulfoxid und Sulfon erfolgen.

Die perorale Toxizität für die Ratte beträgt für eine LD_{50} 100 bis 135 mg/kg. Durch die Haut wird es nur wenig resorbiert. Vergiftungserscheinungen wurden auch in Fütterungsversuchen bisher nicht beobachtet. In Deutschland wurde die Wartezeit mit 21 Tagen festgelegt.

Butacarb (XVI) ist besonders interessant, weil es ausgesprochen selektiv wirkt. Es ist hochgradig artspezifisch für die Schafschmeißfliege (Fraser et al. 1967). Als fast monotoxisch wurde es 1966 bis 1967 in Australien zur Bekämpfung dieser Fliege eingeführt. Aber bereits 1969 bis 1970 war eine genügend hohe Resistenz entwickelt, so daß sein Einsatz nicht mehr effektiv war (Shanahan & Roxburgh 1974).

Butacarb wird nach aliphatischer Hydroxylierung durch mikrosomale Oxidasen abgebaut. Durch *in vivo*- und *in vitro*-Untersuchungen konnte gezeigt werden, daß auch eine Oxidation von Methylgruppen ein wichtiger Abbauschritt sein kann (Douch & Smith 1971b).

12.5 Carbofuran

Carbofuran (XVII) wird zur Saatgutbehandlung und als Streupulver im Ackerbau gegen Rübenfliegen verwendet. Da es ein relativ toxisch wirkendes Karbamat ist und keine Selektivwirkung auf Insekten besteht (Yu et al. 1972b), wurde es bisher stark begrenzt eingesetzt.

XVII

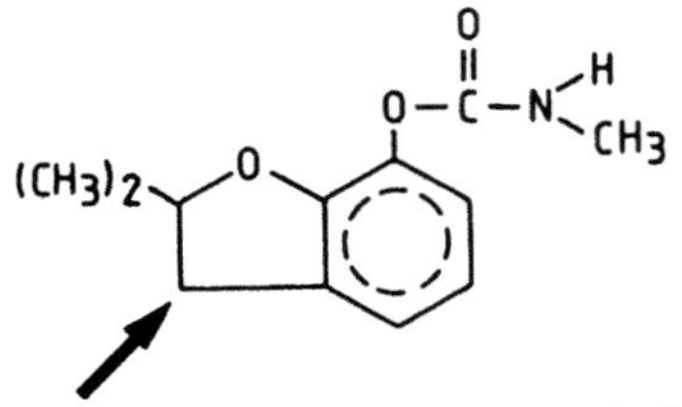

2,3-Dihydro-2,2-dimethyl-7-benzofuranyl-methylkarbamat

Der bevorzugte Abbauweg des Carbofurans in Baumwollblättern und auch in intakten Pflanzen ist eine Hydroxylierung am zyklischen Gerüst (Pfeil in XVII). Der Metabolit 3-Hydroxycarbofuran wird entweder direkt konjugiert oder zu einem Keton oxidiert, das nach und nach zum Phenol dekarbamyliert wird (Metcalf et al. 1968, Dorough 1968).

13 Thiokarbamate und Dithiokarbamate

Bereits erwähnt wurde, daß Thiokarbamate fungiziden Charakter besitzen. Auch von den Karbamaten sind einige gegen Oomyceten eingesetzt worden. Curzat (I) ist ein weißes, kristallines Pulver, das sowohl insektizide als auch fungizide Wirkung zeigt. Seine orale LD_{50} für die Ratte liegt bei 1425 mg/kg, dermal verabreicht bei 3000 mg/kg. Dagegen besteht eine gewisse Fischtoxizität. Ein Vorteil ist seine systemische und kurative Wirkung gegen Oomyceten (Staub & Hubele 1981).

I

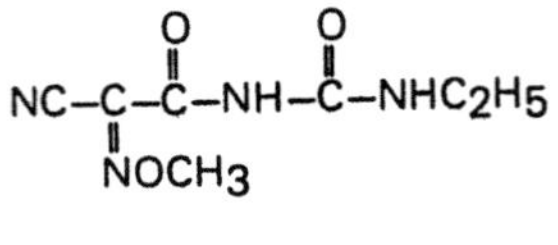

Curzat wird in Pflanzen jedoch schnell abgebaut und verliert seine Wirkung innerhalb von 3 bis 6 Tagen. Auch im Erdreich ist es wenig stabil.

Das 1966 von der Schering AG in Berlin entwickelte Prothiocarb (II) ist farblos und geruchlos, aber stark hygroskopisch; es ist in Wasser gut löslich (890 g/l). Die LD_{50} liegt für Ratten *per os* zwischen 1300 bis 1400 mg/kg. Das von derselben Firma stammende Propamocarb (III) besitzt etwa gleiche Eigenschaften, jedoch liegt die LD_{50} für Ratten bei 8600 mg/kg. In salzsaurer Lösung ist es auch für Fische praktisch nicht toxisch. Als freie Basen besitzen beide eine fungizide und fungostatische Wirkung. Prothiocarb wird zur Erd-, aber auch Blattbehandlung verwendet, obgleich letztere weniger wirkungsvoll ist (Fletcher & Yarham 1976). Über die Wurzel aufgenommen wird es akropetal transportiert. Allerdings stellt die Wurzel eine Barriere in der Aufnahme dar (Kluge 1978). Das weniger toxische Propamocarb wirkt auf *Phytophtora* nur bei niedrigen Temperaturen. Der Abbau beider Substanzen geht in der Erde wie Pflanze durch Hydrolyse zum N,N-Dimethylpropan-1,3-diamin vor sich (Iwan et al. 1977). Im Erdreich kann ein Abbau auch durch Demethylierung zum N-Demethylprothiocarb und eine nachfolgende Zyklisierung zum 1-Methyl-tetrahydro-1,3-diazin-2-on erfolgen. Der Abbau ist im Boden mit weniger organischem Material langsamer als in humusreichem.

II

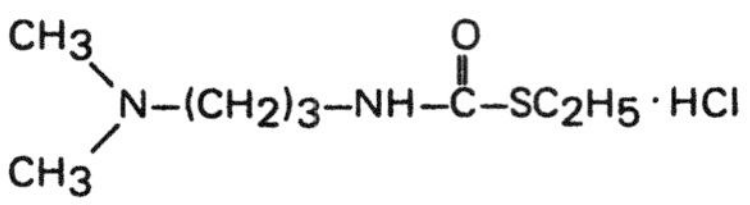

III

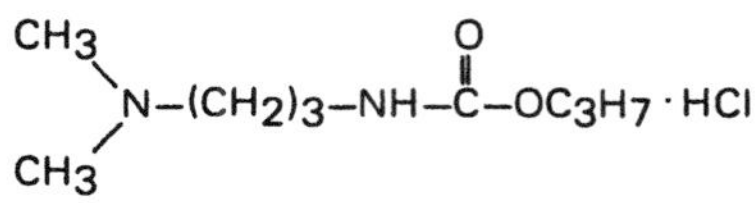

Oxomyl (IV) läßt sich als Oxim leicht in das entsprechende Nitril überführen, das wohl für seine nematizide Wirkung verantwortlich ist.

IV

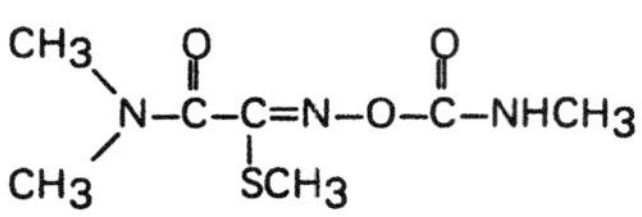

2-Dimethylamino-l-(methylthio)-
glyoxal-O-methylkarbamylmonoxim

Von den im Erdreich in Methylisothiocyanat (vgl. S. 133) zerfallenden Dithiokarbamaten sollen lediglich Dazomat (V) und Methem-Na oder Vapam (VI) erwähnt werden. Beide töten Nematoden und Erdarthropoden, aber auch gewisse Pilze und besitzen eine herbizide Wirkung (Kaufman 1967). Das entstehende Methylisothiocyanat reagiert mit nukleophilen Orten in der Zelle. Die LD_{50} beträgt für die Ratte *per os* 500 mg/kg. Vapam ist recht umweltfreundlich; es zerfällt in sandigem Lehmboden innerhalb weniger Stunden (Drescher & Otto 1968).

V

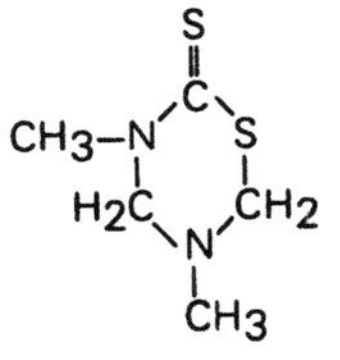

3,5-Dimethyl-tetrahydro-1,3,5-
2H-thiadiazin-2-thion

VI

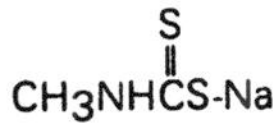

Natrium-N-methyl-dithiokarbamat

Ein viel verwendetes und das heute wohl wichtigste Fungizid und Bakterizid ist Thiram (VII). Es wird auch als Beizmittel verwendet. Eingesetzt wird es vor allem gegen Schorf an Äpfeln und Grauschimmel an Erdbeeren. Die LD_{50} wird für Ratten *per os* mit 750 mg/kg angegeben. Beim Anwender ruft es mitunter eine Reizwirkung auf der Haut und den Schleimhäuten hervor. Für Vögel ist es toxisch. Legende Hennen, die 35 ppm der

Substanz mit ihrer Nahrung erhielten, verminderten die Eiablage oder stellten sie ganz ein (Waibel et al. 1955).

VII

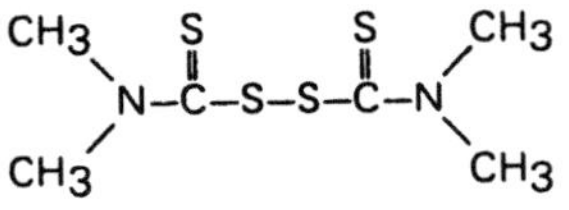

Tetramethyl-thiuramdisulfid

Von den vielen schwermetallhaltigen Dithiokarbamidaten sollen hier nur drei erwähnt werden, die in der Praxis weit verbreitet sind. Zineb (VIII) wird weltweit als Blattfungizid gegen Kraut- und Braunfäule bei Kartoffeln und Tomaten (*Phytophthora*) verwendet. Auch gegen Obstschorf und *Peronospora* im Weinbau und als Bodenbehandlungsmittel wird es eingesetzt. Es ist schwerlöslich in Wasser. Für die Ratte wurde *per os* eine LD_{50} von 5200 mg/kg ermittelt. Maneb (IX) besitzt eine ähnliche Wirkungsbreite und entsprechende Eigenschaften wie Zineb. Es wird vor allem zur Bodenbehandlung und als Saatgutbeizmittel verwendet. Seine Toxizität auf Warmblüter entspricht der von Zineb und Thiram. Eine noch bessere Wirkung hat das ähnlich strukturierte, aber neuere Mancozeb.

Maneb und Zineb ergeben mit Aminen stabile Additionsverbindungen und üben offenbar auf diese Weise ihre toxische Wirkung aus (Scheuerer 1967).

Propineb (X) besitzt eine sehr gute Wirkung gegen die Oomyceten *Phytophtora, Plasmapara, Pseudoperonospora, Helminthosporium* und *Peronospora* (Özbas 1967). Es ist sehr haft- und regenbeständig. Die LD_{50} beträgt für die Ratte *per os* 8500 mg/kg für Männchen, 2500 mg/kg für Weibchen.

VIII

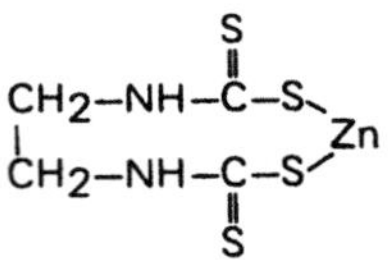

Zink-äthylen-1,2-bisdithiokarbamidat

IX

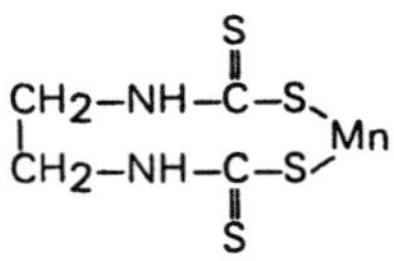

Mangan-äthylen-1,2-bisdithiokarbamidat

X

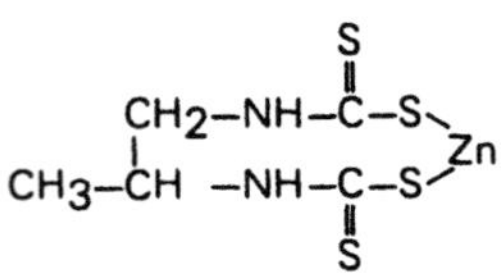

Zink-propylen-1,2-bisdithiokarbamidat

XI

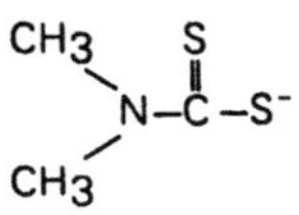

Träger der fungiziden Wirkung ist das Dialkyl-dithiokarbamat-Anion. Nur solche Verbindungen besitzen gegen den Apfelschorf eine gute Wirkung, bei denen ein geringer Energieaufwand zur Abspaltung des fungitoxischen Ions (XI) genügt (Pianka et al. 1966). Es sind keine systemisch wirkenden Fungizide.

Auf dem Weltmarkt sind derzeit die Dithiokarbamate als Fungizide am weitesten verbreitet (Staub & Hubele 1981). Hinzu kommen die Äthylenbisdithiokarbamate, die Äthylenharnstoff freisetzen, der unter gewissen Bedingungen bei Mäusen und Ratten tumorigene Wirkung und auch teratogene Eigenschaften zeigt. In Gegenwart von Feuchtigkeit und Sauerstoff wird er weiter zu CS_2 oder H_2S oder oxidativ abgebaut.

14 Phthalimide

Diese Gruppe von Verbindungen ist vorwiegend wegen ihrer stark fungiziden Eigenschaften und sehr geringen Säugertoxizität im Pflanzenschutz weltweit verbreitet (Staub & Hubele 1981). Hier sollen nur drei Vertreter besprochen werden.

Das wohl am häufigsten angewendete Produkt wird als Captan (I) bezeichnet. Es wurde durch die Standard Oil Development Co. im Jahre 1949 als Blattfungizid im Kernobstanbau eingeführt und dient zur Behandlung von Schorfkrankheiten. Aber auch als Saatgutbeize und zur Bodenbehandlung wird es eingesetzt. Die toxophore Gruppe soll der Tetrahydrophthalimidteil des Moleküls sein, insbesondere folgende Gruppierung:

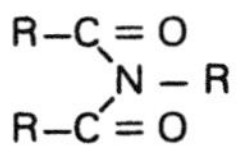

Das nahverwandte, stärker ungesättigte Folpet (II) wird als Spätspritzmittel verwendet. Es vermindert oder verhindert die Lagerfäule der Äpfel und dient im Weinbau zur Bekämpfung des falschen Mehltaus der Reben (*Plasmopara viticola*). Im Getreidebau wird es gegen Blattpilzerkrankungen eingesetzt. Auch als breit wirkendes Bodenbehandlungsmittel ist es bekannt. Die LD_{50} beträgt für die Ratte *per os* mehr als 10 000 mg/kg.

Das ähnlich strukturierte Captafol (III) wurde 1961 als Blattfungizid und breit wirksames Bodenbehandlungsmittel eingeführt. Die LD_{50} wird mit 4000 mg/kg für die Ratte *per os* angegeben. Eine Karenzzeit ist nicht vorgeschrieben. Statt Cl-Substituenten können auch NO_2-Gruppen eingesetzt werden.

I

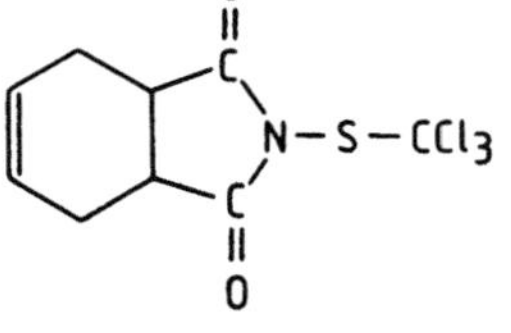

N-Trichlormethylthio-tetrahydrophthalimid

II

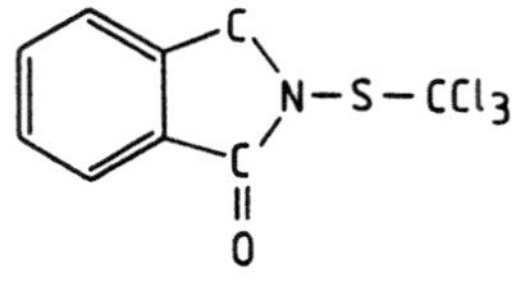

N-Trichlormethylthiophthalimid

III

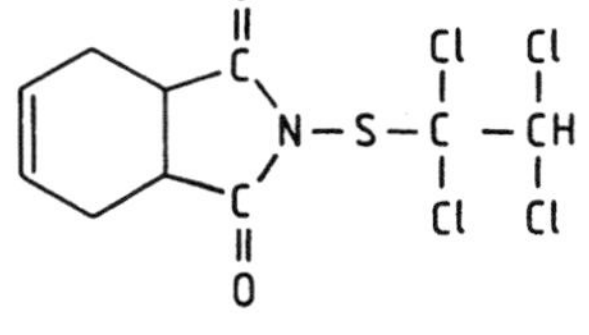

N-(1,1,2,2-Tetrachloräthylthio)-tetrahydrophthalimid

Diese Phthalimide sind nicht systemisch wirksam.

15 Triazine und Triazole

Verbindungen dieser Gruppe werden häufig als Herbizide eingesetzt. Diese Pflanzenvertilgungsmittel sind zwar alle wenig säugertoxisch, aber nicht gerade umweltfreundlich; sie vernichten indifferente Pflanzen und bodenlebende Tiere.

Weitverbreitet ist Atrazin (I), das wenig wasserlöslich ist. Es dient als Totalherbizid. Es kann aber auch selektiv gegen Gräser und breitblättrige Pflanzen verwendet werden. Sowohl als Blatt- als auch als Bodenherbizid wird es eingesetzt.

Im Ökosystem ist sein Adsorptions-Desorptionsverhalten für seine Eliminierung besonders wichtig. Im Flußwassersediment ist seine Adsorption abhängig vom Gehalt an organischem Material, vom Lipoidgehalt und vom pH-Wert. Bei basischem pH, zunehmendem Humusanteil und Lipoidgehalt wird es und seine Metaboliten angereichert. Die Lipoidfraktion im organischen Sedimentmaterial war dabei die wesentlichste Komponente (Kornmayer & Streit 1978). Eigene Untersuchungen mit Feldheuschrecken ergaben Entwicklungsstörungen, die zu einer erheblichen Reduktion der Adultrate führten (Schmidt 1984b). Die LD_{50} beträgt für die Ratte *per os* 3080 (2000) mg/kg, für die Maus 1750 mg/kg (Wegler & Eue 1970).

Simazin (II) ist ebenfalls sehr wenig wasserlöslich und wird sich im Boden ähnlich wie Atrazin verhalten. Als Bodenherbizid wird es gegen keimende und einjährige Unkräuter eingesetzt. Als Totalherbizid ist seine Wirkung ähnlich der von Atrazin. Es besitzt eine Dauerwirkung, da es nur langsam durch Mikroorganismen abgebaut wird.

Als weiteres Boden- und Wasserherbizid sei noch Desmetryn (2-Methylthio-4-methylamino-6-isopropylamino-1,3,5-triazin) erwähnt, das im Boden rasch abgebaut wird. Es wird selektiv im Kohlanbau nach dem Verpflanzen verwendet.

Von den Triazolen sei nur Amitrol (III) genannt. Es ist ein relativ gut wasserlösliches Blattherbizid mit Tiefenwirkung. Dementsprechend ist es wirksam gegen tief wurzelnde Pflanzen. Es verhindert das Austreiben ruhender Knospen und hemmt die Chlorophyllbildung, die anhand der auftretenden Chlorose erkennbar ist. Es dürfen keine Rückstände in oder auf Lebensmitteln vorhanden sein, obgleich für die Ratte eine LD_{50} von 14000 (25000) mg/kg angegeben wird (Wegler & Eue 1970).

I

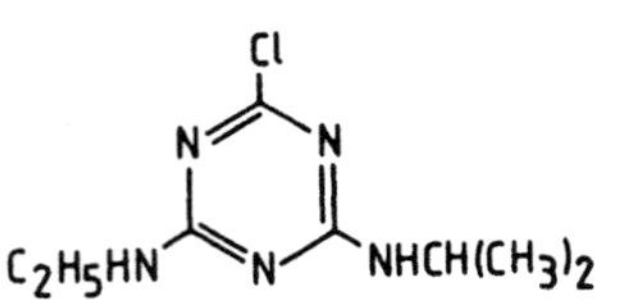

2-Chlor-4-äthylamino-6-isopropylamino-1,3,5-triazin

II

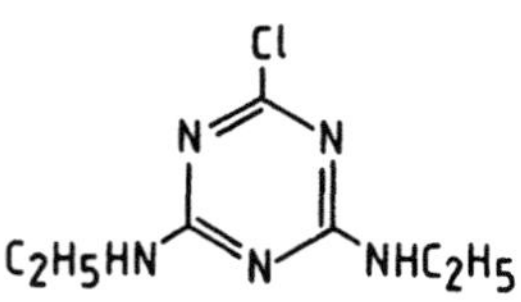

2-Chlor-4,6-bisäthylamino-1,3,5-triazin

III

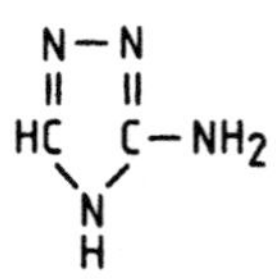

2-Amino-1,3,4-triazol

s-Triazin-Herbizide können in ihre nicht mehr toxisch wirkenden Hydroxy-Analoga verwandelt werden. Im Boden scheint dies eher chemisch als biologisch zu erfolgen. Armstrong et al. (1967) zeigten nämlich, daß dieser Prozeß auch in steriler Erde bei pH 3,9 vor sich gehen kann und daß die Hydrolyse in Gegenwart von Erde 10mal schneller abläuft als ohne. Skipper et al. (1967) fanden, daß bei Untersuchungen im Gewächshaus 20 % von ^{14}C-markiertem Atrazin auch im sterilen Boden nach 2 bis 4 Wochen als Hydroxyatrazin vorliegt, und Harris (1967) berichtete, daß eine Temperaturerhöhung die Umwandlung stark beschleunigt. Die Hydrolyse geht in humosem Boden und bei niedrigem pH-Wert besonders schnell vor sich. Simazin wird von Tonbestandteilen stark adsorbiert und somit vor Abbau geschützt, während organisches Material die Hydrolyse katalysiert (Bild 74).

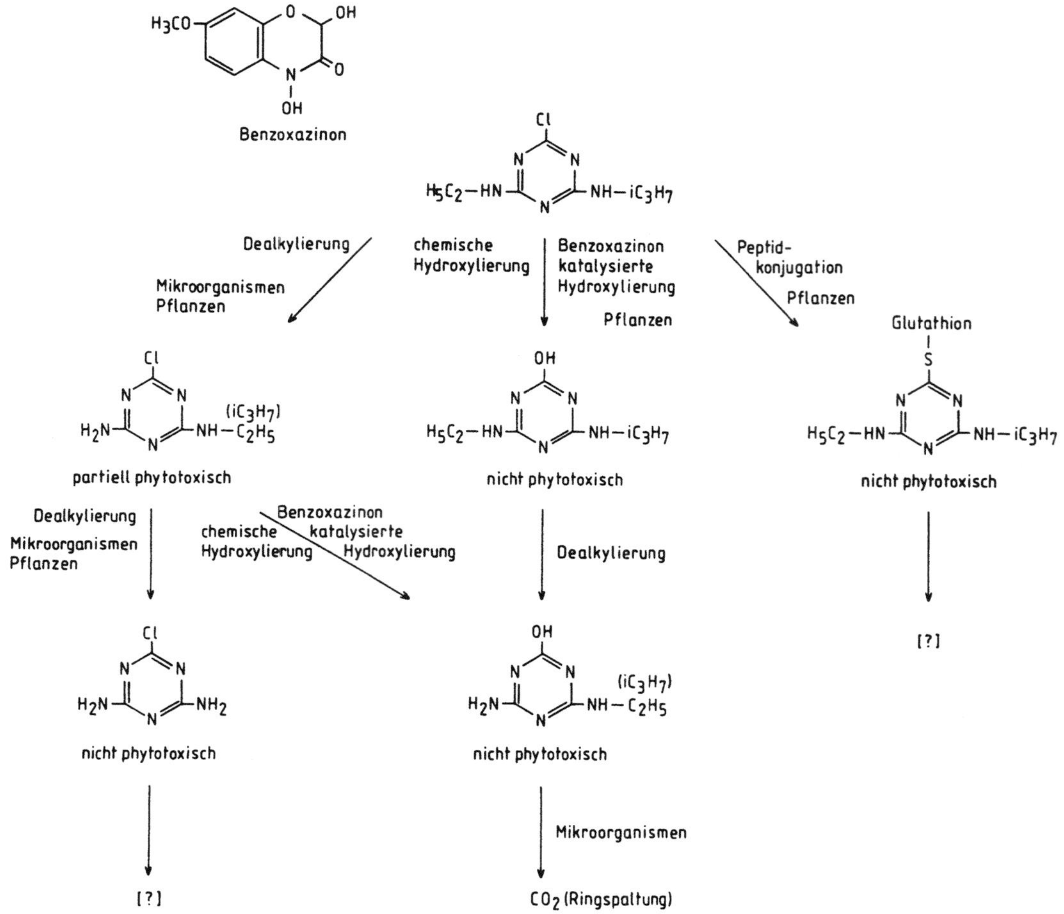

Abb. 74 Abbauwege von Atrazin und die dabei entstehenden Zwischenprodukte: Dealkylierung in höheren Pflanzen und Mikroorganismen (Goswami & Green 1971, Schultz & Tweedy 1971), möglicherweise auch durch chemische Zersetzung im Ökosystem; Hydroxylierung rein chemisch (Armstrong & Chesters 1968) oder in Pflanzen als nicht-enzymkatalysierte Reaktion (Shimabukuro 1968); Glutathion-Konjugation in einigen Pflanzen (Shimabukuro et al. 1970).

2,4-Diamino-s-Triazine wirken auf Stubenfliegen sterilisierend, wenn sie ins Futter gemischt werden (Bořkovec et al. 1972).

16 Benzimidazole, Sulfamide und Phenoxysäuren

Hier sollen verschiedene Gruppen von chemischen Verbindungen zusammengefaßt werden, die zum Teil eine herbizide oder auch fungizide Wirkung besitzen, im Pflanzenschutz angewendet werden und dementsprechend die Umwelt belasten.

Von den Benzimidazolen sei Benomyl (I) genannt, das 1967 als systemisches Fungizid mit breitem Wirkungsspektrum im Handel erschien. Besonders gute Ergebnisse wurden bei der Bekämpfung des echten Mehltaus und des Schorfes in Apfelkulturen erzielt (Delp & Klopping 1968). Aber auch gegen *Cercospora* und *Botrytis* war sein Einsatz im Wein- und Erdbeeranbau erfolgreich. Bei Spinnmilben besitzt Benomyl eine gewisse chemosterilisierende Wirkung. Die LD_{50} liegt für die Ratte *per os* bei 9590 mg/kg.

I

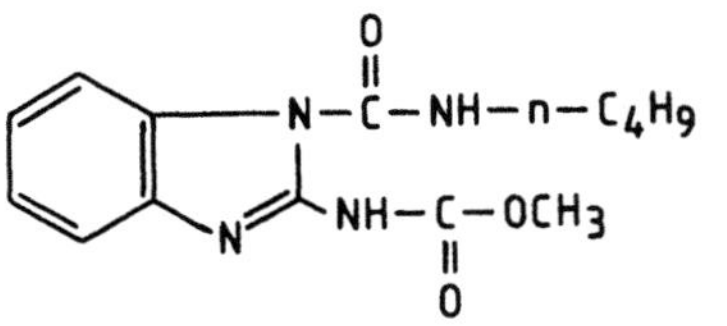

1 (N-Butylkarbamyl)-2-(methoxy-karboxamido)-benzimidazol

II

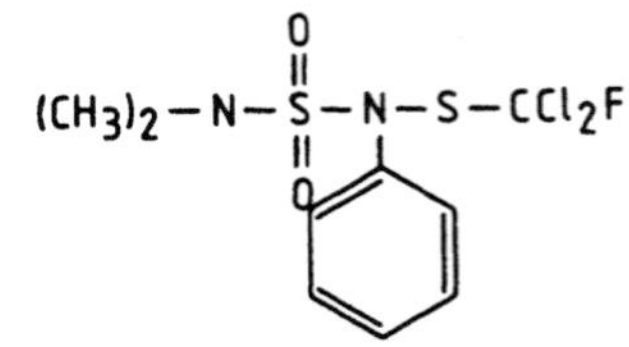

N,N-Dimethyl-N'-phenyl-(N'-fluordichlormethylthio)-sulfamid

Von den Sulfamiden sei Dichlofuanid (II) erwähnt, das besonders gegen *Botrytis cinerea* im Wein- und Erdbeeranbau und gegen Rosenmehltau eingesetzt wird. Vermutlich reagiert es mit Mercapto-Gruppen von Enzymen und entfaltet auf diese Weise seine toxische Wirkung. Die LD_{50} für die Ratte liegt über 2500 mg/kg (Grewe 1968).

Unter den Carbonsäuren sind Phenoxysäuren als Blattherbizide mit Tiefenwirkung und oft langer Wirkungsdauer im Einsatz. Sie sind stärker säugertoxisch als die vorstehenden Verbindungen. Als LD_{50} werden für die Ratte *per os* 600 bis 800 mg/kg angeführt.

III

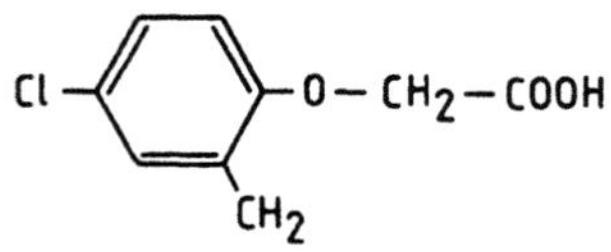

4-Chlor-2-methylphenoxy-essigsäure

2,4-D

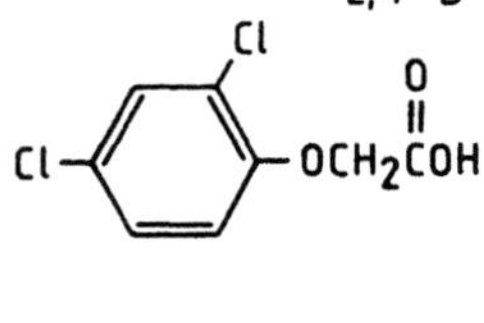

2,4-Dichlorphenoxy-essigsäure

2,4,5-TP

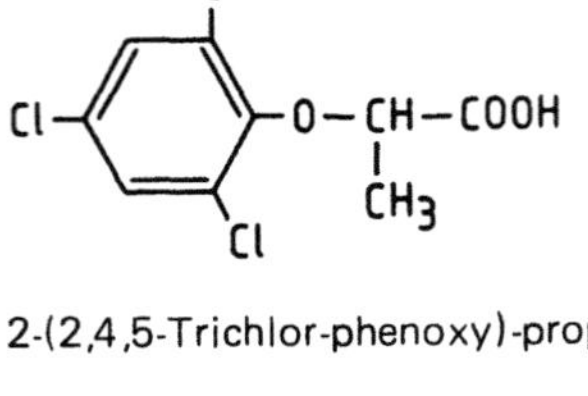

2-(2,4,5-Trichlor-phenoxy)-propionsäure

Mecoprop

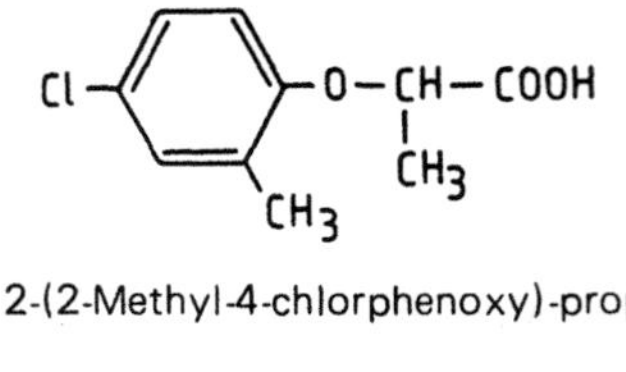

2-(2-Methyl-4-chlorphenoxy)-propionsäure

Als erste berichteten Penfound & Minyard (1947), daß Licht die biologische Aktivität von Phenoxy-Herbiziden steigert. 2,4-D wird nach UV-Bestrahlung in fünf verschiedene Produkte abgebaut (Bell 1956). Ob es allerdings unter natürlichen Bedingungen abgebaut wird, ist fragwürdig (Que Hee 1981).

In der Pflanze entstehen vorwiegend ringhydroxylierte Metabolite, die mit Zuckern oder Aminosäuren konjugiert werden (Feung et al. 1976).

An weiteren herbizidwirkenden Carbonsäuren sollen die Trichloressigsäure (IV) und 2,2-Dichlorpropionsäure (V) bzw. ihre Natriumsalze genannt werden. Sie werden als Bodenherbizide und Blattherbizide mit Kontakt- und Tiefenwirkung gegen ein- und mehrjährige Gräser, besonders Quecken, eingesetzt. Die LD_{50} beträgt für TCA für die Ratte *per os* 3200–5000 mg/kg.

IV TCA

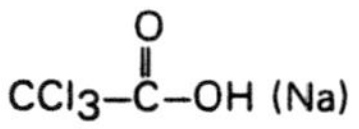

V Dalapon

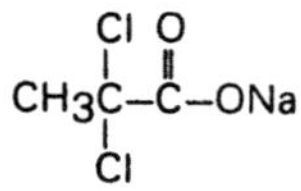

17 Cumarin-Derivate

Neben den akut toxisch wirkenden Rodentiziden (vgl. Enders 1970 und VII.3) sind die wichtigsten chronisch wirkenden Mittel zur Bekämpfung von Ratten und Mäusen sowie anderen Nagern Antikoagulantien aus der Gruppe der Cumarin-Derivate. Sie erfordern eine über mehrere Tage sich erstreckende kontinuierliche Aufnahme der Verbindungen in kleinen Portionen, um ihre Wirkung entfalten zu können; ihre Wirkung ist additiv. Dies hat anwendungstechnisch gewisse Vorteile und ist bei entsprechender Einhaltung der Vorschriften ein durchaus umweltfreundliches Verfahren.

Cumarin-Derivate ermöglichen einen sicheren Bekämpfungserfolg bis zum Absterben einer gesamten Wanderrattenpopulation. Die Wirkstoffe verhindern nämlich bei chronischer Aufnahme die Blutgerinnung und erhöhen die Permeabilität der Kapillargefäße. Dadurch werden äußere und innere Blutungen verursacht, die zum Tode führen. Die Latenzzeit ist sehr lang; die verwendeten Konzentrationen sind sehr niedrig (0,005 bis 0,05 %). Die Cumarin-Derivate führen zu einem Mangel an Prothrombin im Blut. Normalerweise wird durch den Zerfall von Thrombozyten Prothrombin frei, das in Gegenwart von Ca-Ionen in Thrombin verwandelt wird, das wiederum die Bildung von Fibrin aus Fibrinogen katalysiert. Fibrin bewirkt zusammen mit Blutzellen den Wundverschluß.

Die Ausgangssubstanz für die Synthese der wirksamen Derivate ist 4-Hydroxycumarin (I). Das wirksame Dicumarin (II) setzt in der Leber an, wo es das antagonistisch wirkende Vitamin K aus seiner Rolle bei der Prothrombinproduktion verdrängt (kompetitiver Antagonismus). Da im Warmblüterorganismus täglich etwa 50 % des gesamten Prothrombins in der Leber neu gebildet werden, kommt es nach chronischen Gaben von Antikoagulantien bald zur Hypoprothrombinämie, und der normale Gerinnungsvorgang ist gestört oder unterbunden.

Unabhängig davon wird durch Dicumarin die Gefäßwandpermeabilität erhöht. O'Connor (1948) setzte es erstmals erfolgreich zur Rattenbekämpfung ein.

Die Verbindung wurde jedoch bald durch das ebenfalls hochwirksame Warfarin (III) ersetzt; es ist etwa 50mal toxischer als Dicumarin. Ein anderes weit verbreitetes Derivat ist Griseofulvin (IV).

I

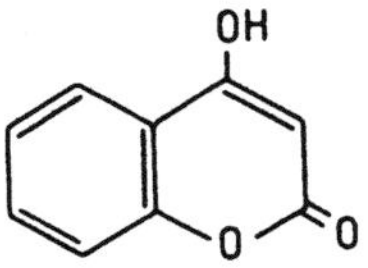

4-Hydroxy-cumarin

II

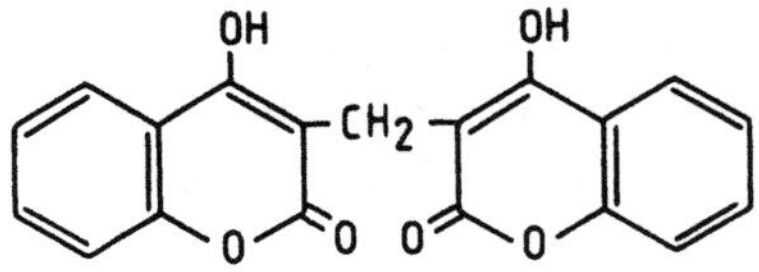

3,3-Methylen-bis-4-hydroxy-cumarin

III

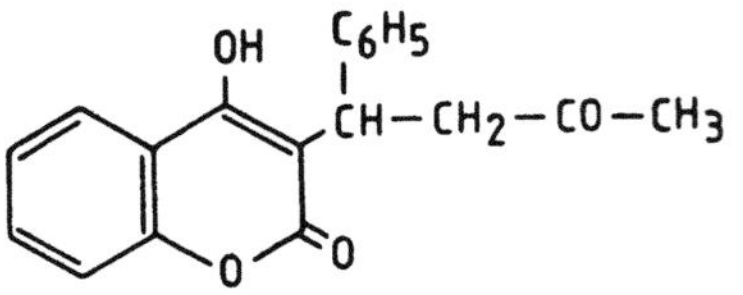

4-Hydroxy-3-(3-oxo-1-phenyl-butyl)-cumarin

IV

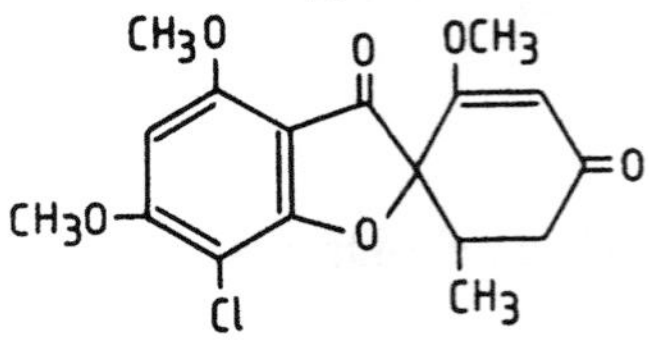

7-Chloro-4,6-dimethoxycumaran-3-on-2-spiro-1 (2′-methoxy-6′-methylcyclohex-2′-en-4′-on)

Jedoch sind nicht nur die einzelnen Rattenarten, sondern auch verschiedene Nager unterschiedlich empfindlich. Auch zwischen männlichen und weiblichen sowie jüngeren und älteren Tieren gibt es Unterschiede (Rowe & Redfern 1967). Auch ist die Toxizität von Cumarin-Präparaten für Haus- und Nutztiere, abgesehen von Geflügel, nicht zu übersehen. Der Bekämpfungserfolg ist wegen der ausgesprochen chronischen Wirkung von einer ausreichenden Ködermenge und Köderqualität abhängig. Relativ wenig Wirkung zeigen die Präparate gegen Wühlmäuse (Mutz 1959). In solchen Fällen wurde in Deutschland und Dänemark auf akutwirkende Mittel, wie z. B. Crimidin (V) zurückgegriffen, dessen orale Toxizität für die Ratte mit einer LD_{50} von 1 bis 5 mg/kg angegeben wird (DuBois et al. 1948). Wegen der hohen Toxizität blieb die Anwendung dieser Präparate, wie Castrix, bisher begrenzt.

V

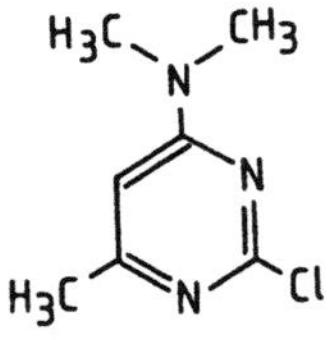

2-Chlor-4-dimethylamino-6-methyl-pyrimidin
hoch toxisch

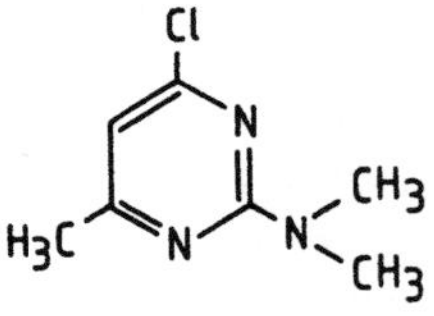

Isomere
wenig toxisch

Auf die Ursachen der bei wiederholter Anwendung von Cumarin-Präparaten aufgetretene erhöhte Toleranz bei Ratten wurde auf Seite 145 hingewiesen. In solchen Fällen mußte auf akutwirkende Mittel zurückgegriffen werden.

VIII Selektivität und Resistenz

1 Selektive Toxizität

Die Unterteilung der Pestizide in Insektizide, Fungizide, Herbizide, Rodentizide u. a. soll eine selektiv toxische Wirkung auf bestimmte Organismengruppen verdeutlichen. Sie sagt aber nichts anderes aus, als daß die Verbindung gegen eine bestimmte Organismengruppe eingesetzt werden soll. Eine solche Einteilung muß stets relativ sein, da die applizierte Menge einer Substanz sie erst zum Gift werden läßt. Herbizide werden zwar vorwiegend gegen Unkräuter eingesetzt, sind aber auch toxisch für bodenlebende Tiere (Kowalczyk-Rozek & Slizynski 1977). Insektizide werden zur Bekämpfung von Insekten verwendet, jedoch ist ihre Giftwirkung auf Säugetiere und Fische nicht zu übersehen. Bereits aus Tabelle 28 geht hervor, daß eine Unterteilung der Pestizide recht fragwürdig ist. So wirkt Carbaryl auf gewisse Insekten stark toxisch, andere läßt es völlig unbehelligt. Für gewisse Säuger oder andere Vertebraten ist es weitaus toxischer als für bestimmte Insekten. Eine Einteilung z. B. in säugertoxisch und insektentoxisch wird zum Problem, und man kann nicht generell von Insektiziden sprechen, wenn die Mittel nur für einige Insekten toxisch sind. Es kommt ganz auf die Tierart an, die betrachtet wird.

Auf die Frage, ob eine Pestizidselektivität überhaupt besteht, gibt es keine leichte Antwort. Das gleiche gilt für die selektive Wirkung von Insektiziden, Fungiziden, Rodentiziden etc. Die Antwort ist eng verknüpft mit der Definition, also was unter Selektivität verstanden werden soll. Die bisherige Umschreibung, daß bestimmte Gruppen von Pestiziden nur für gewisse Organismengruppen toxisch sind, wenn sie in den zugelassenen Mengen ausgebracht werden, ist nicht länger haltbar. Andererseits ist es unmöglich, alle in Frage kommenden Tier- und Pflanzenarten auf ihre Pestizidtoleranz auch nur annähernd zu überprüfen. Es müssen neue methodische Ansätze erarbeitet werden, um hier eine gewisse Übersicht zu erhalten (Mehrotra 1976). Die moderne Pestizidforschung fordert eine verstärkte Analyse der oft sehr komplexen Ökosysteme und eine Erforschung ihrer Reaktion auf Fremdstoffe, die in unterschiedlichen Konzentrationen auf sie einwirken können.

Sicherlich ist die Auffindung stark selektiv wirkender Pestizide nicht auszuschließen, wie dies Butacarb, Ryania und Nirosan gezeigt haben. Aber sie werden kaum ihren Weg in die Praxis finden, da infolge der hohen Herstellungskosten ihre Anwendung zu wenig kostendeckend und damit nicht ökonomisch ist.

Die unterschiedliche Toleranz von Pestiziden liegt darin begründet, daß die Organismen morphologisch sehr verschieden sind, Unterschiede im Stoffwechsel aufweisen und zusätzlich verschiedene biochemische Schutzmechanismen besitzen, so daß eine enorme Breite in der Empfindlichkeit gegenüber Pestiziden und auch für jeden einzelnen Wirkstoff zu finden ist. Diese Toleranzunterschiede sind das Ergebnis der Evolution. Boush & Matsumura (1967) konnten zeigen, daß das in der Apfelfliege *Rhagoletis pomonella* (Walsh) obligat symbiontisch lebende Bakterium *Pseudomonas melophthora* in der

Lage ist, insbesondere PO-Insektizide abzubauen und damit die Toleranz der Fliege gegenüber solchen Mitteln zu erhöhen.

Um die Variationsbreite in der Empfindlichkeit der Organismen gegenüber modernen Insektziden und die extremen Unterschiede in ihrer akuten Toxizität zu verdeutlichen, wird das Selektivitätsverhältnis Ratte/Hausfliege berechnet, weil diese beiden Testtiere gewöhnlich für die Abschätzung der Säugertoxizität gegenüber der Insektentoxizität benutzt wurden. Wie Tabelle 29 zeigt, kann ein solches Vorgehen zu völlig falschen Vorstellungen führen. VSR-Werte, die sich aus dem Quotienten LD_{50} Ratte/LD_{50} Hausfliege ergeben, findet man besonders häufig im amerikanischen Schrifttum. Wenn dabei

Tabelle 29 Das Vertebraten-Selektivitätsverhältnis für einige Pestizide, getestet an der Ratte und Hausfliege, nach Angaben von O'Brien & Fisher (1958), Metcalf (1964, 1972b), Gaines (1969), O'Brien 1967), Negherbon (1959), Sun (1972), Leesch & Fukuto (1972), Elliott et al. (1973), Henrick et al. (1975)

Verbindung	LD_{50} (mg/kg)			VSR
	Ratte		Hausfliege	
	oral	dermal	topikal	
Strychnin	1,4	–	> 1000[b)]	< 0,0014
Prostigmin	7,5[c)]	–	> 5000	< 0,0015
Schradan	42	–	> 1932	< 0,022
Nikotin	20[a)]	–	> 500[b)]	< 0,040
Aldicarb	0,6	2,5	5,5	0,11
Carbaryl	500	> 4000	> 900	< 0,56
Carbofuran	4,0	–	4,6	0,87
Endrin	7,5	15	3,15	2,4
Mevinphos	3,7	4,2	1,5	2,5
Demeton	2,5	8,2	0,75	3,3
Propoxur	86	> 2400	25,5	3,4
Äthylparathion	3,6	6,8	0,9	4,0
Azinphosmethyl	11	220	2,7	4,1
Toxaphen	80	780	11,0	7,3
Chlorfenvinphos	13	30	1,4	9,3
Methylparathion	24	67	1,2	20
Aldrin	60	98	2,25	27
Malathion	1000	> 4444	26,5	38
DDT	118	2510	2	59
Allethrin	920	11300[d)]	15	61
Abate	13000	> 4000	205	63
Heptachlor	162	250	2,25	72
Diazinon	285	455	2,95	97
Fenthion	245	330	2,3	107
Lindan	91	900	0,85	107
Dimethoat	245	610	0,55	445
Bromophos	1730	> 5000	3,2	541
Strofos	1125	> 4000	1,6	703
Dihydroheptachlor	5000	–	3,75	1333
Methoxychlor	6000	> 6000[d)]	3,4	1765
Permethrin	1500	–	0,7	2143
Bioresmethrin	> 8000	–	0,4	> 20000
Methopren	> 34600	–	0,020[e)]	> 1730000

Maus: a) intraperitoneal; b) injiziert; c) oral; Kaninchen: d) dermal; e) *Tenebrio molitor*-Puppen noch alle Faktoren, die die LD_{50} bekanntlich beeinflussen können (vgl. Seite 75–79) unberücksichtigt bleiben, ist der Unwert solcher Zahlen leicht einzusehen.

Zeigt eine Verbindung einen hohen VSR-Wert, so ist sie für *Musca* sehr viel toxischer als für die Ratte. Aber von einer selektiven Insektentoxizität kann nicht die Rede sein, denn eine Verallgemeinerung auf Vertebraten einerseits und Insekten andererseits ist nicht zulässig. Dies gilt auch für die Extremwerte. Für jede Tierart ist in Relation zur anderen ein eigener VSR-Wert zu berechnen (Hollingworth 1976). Auch der Mißerfolg bei der Suche nach typischen Mammaliziden zeigt, daß dem berechneten VSR-Wert auf der bisherigen Basis keine praktische Bedeutung zukommt.

In Tabelle 29 fordert schon die unterschiedliche Applikationsweise (oral und topikal) zur Kritik heraus, denn wiederholt wurde gerade die Bedeutung des Applikationsortes für vergleichende Untersuchungen herausgestellt. Dies wird um so deutlicher, wenn man in Tabelle 29 die oralen mit den dermalen Werten vergleicht, die für die aufgeführten Wirkstoffe bei der Ratte erhalten wurden. Außerdem werden auf diese Weise die chronischen Effekte der Pestizide, die von besonderer praktischer Bedeutung sind, überhaupt nicht erfaßt. Im Rahmen des Umweltschutzes ist dies eine unabdingbare Forderung, ganz abgesehen von der Einbeziehung der Auswirkungen subletaler Wirkstoffdosen, die die normale Überlebensrate der einzelnen Populationen erheblich beeinträchtigen können.

Bei der Berechnung der VSR-Werte wird auch nicht die akuttoxische Pestizidmenge berücksichtigt. So erhält man für die Relation LD_{50}(Ratte) 2 mg/kg/LD_{50}(*Musca*) 0,02 mg/kg den gleichen VSR-Wert wie z. B. für eine solche von LD_{50}(Ratte) 20 000 mg/kg/ LD_{50}(*Musca*) 200 mg/kg. Der VSR-Wert von 100 zeigt in beiden Fällen zwar eine geringere Toleranz für *Musca* an, läßt aber nicht erkennen, ob der Einsatz solcher Pestizide praktisch überhaupt noch relevant und vertretbar ist.

Betrachten wir die Selektivität auf dem Artenniveau, so war die Problematik bereits aus Tabelle 28 für die Variation der VSR-Werte der verschiedenen Insektenarten erkennbar, die mit Carbaryl behandelt wurden. Tabelle 30 zeigt eine ähnliche Streuung der VSR-Werte für verschiedene Säugetiere und Vögel, denen Chlorfenvinphos verabreicht wurde. Für Fische läßt sich in Relation zu Mosquitolarven eine ähnliche Variationsbreite der VSR-Werte nach Azinphosmethyl-Behandlung demonstrieren (Tabelle 31).

Für alle untersuchten Insektizide ist die Variationsbreite der VSR-Werte innerhalb einer Tierklasse sehr beträchtlich. Ähnliches ist für andere Pestizidgruppen zu vermuten, so daß allgemeine Aussagen über das Vorliegen einer selektiven Toxizität im Hinblick auf verschiedene Tierklassen unmöglich sind. Im Gegenteil, eine Unterteilung der Pestizide fördert die Unwahrheit und kann beim Anwender zu ganz fatalen Fehleinschätzungen führen.

Tabelle 30 Veränderungen im Vertebraten-Selektivitätsverhältnis (VSR), wenn Chlorfenvinphos an verschiedenen Arten von Säugern und Vögeln getestet wird, nach Angaben von Sun (1972) für *Musca*, Donninger (1971) für Säuger, Bunyan et al. (1968, 1971) für Vögel

	LD_{50} (mg/kg)	VSR (Vertebrat/Hausfliege)
Musca domestica (topikal)	1,36	–
Ratte	10	7,4
Maus	100	74
Kaninchen	500	368
Hund	> 12000	> 8824
Taube	16,4	12
Fasan	107	79
Wachtel	148	109

Tabelle 31 Variation des Vertebraten-Selektivitätsverhältnisses (VSR) nach Behandlung verschiedener Fischarten mit Azinphosmethyl im Vergleich zu Mosquitolarven

	LC_{50} (96 h, ppb)	VSR (Fisch/Mosquito)
Culex pipiens-Larven	19	–
Braune Forelle	4	0,21
Barsch	13	0,68
Lepomis macrochirus	22	1,2
Sonnenfisch (*Mola mola*)	52	2,7
Elritze	235	12
Karpfen	695	37
Zwergwels (*Amiurus*)	3500	184
Goldfisch	4270	225

nach Angaben von Mulla et al. (1961) für *Culex*, Macek & McAllister (1970) für die Fische

Vergleicht man die orale Toxizität auf der LD_{50}-Basis für zwei Säugetiere, die der gleichen Ordnung (Rodentia) angehören, so ergibt sich für die einzelnen Organophosphate zwar eine erhebliche Breite in der Toleranz, jedoch weichen die Korrelationskoeffizienten für die verschiedenen Verbindungen nicht so stark ab (0,22 bis 1,25), so daß im Mittel die Regressionsgerade eine Steigerung von etwa 45° erhält. Trotz erheblicher Abweichungen läßt sich verständlicherweise feststellen, daß bei naher taxonomischer Verwandtschaft von Arten auch die relative Toxizität eines Pestizids ähnlich ist (Bild 75).

Jedoch kann eine gewisse Selektivität zwischen Individuen einer Art, den Geschlechtern und Stämmen vorhanden und mitunter von großer Bedeutung sein. Das deutlichste Beispiel von insektizider Selektivität unterhalb des Artniveaus ist das Resistenzphänomen, das für viele Pestizide und Organismen beschrieben wurde.

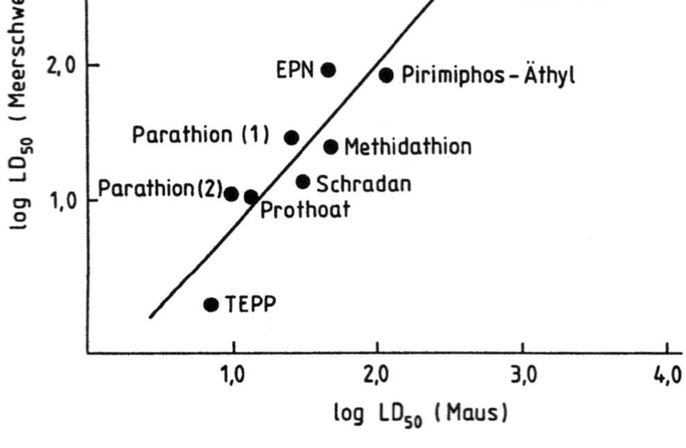

Abb. 75
Beziehungen zwischen der akuten Toxizität von Maus und Meerschweinchen nach Applikation verschiedener Organophosphat-Insektizide

Edwards & Thompson (1973) sowie Croft & Brown (1975) diskutierten die insektizide Toxizität und Selektivität sowie ihre Bedeutung auf die Populationsdynamik der Bodenfauna und der natürlichen Feinde. Angaben über akute Toxizität von Pestiziden auf viele harmlose Organismen wurden von Pimentel (1971) zusammengefaßt.

Der theoretische Hintergrund für eine selektive Wirkung von Pestiziden wurde in den letzten Dekaden etwas aufgehellt. Ripper et al. (1951) unterschieden zwischen *ökologischer* und *physiologischer Selektivität.* Im ersten Falle wird ein Organismus durch das Gift vernichtet, während ein anderer überlebt, weil er der Berührung mit dem Wirkstoff entgeht, aber gegenüber dem Gift durchaus empfindlich ist. Im zweiten Falle sind beide Organismen dem Wirkstoff ausgesetzt, aber der eine kann aufgrund seiner physiologischen und biochemischen Mechanismen den Wirkstoff besser tolerieren als der andere und überlebt. Der Fall 2 umschreibt den Begriff der Toleranz. In der Praxis kommt der ökologischen Selektivität enorme Bedeutung zu. Sie repräsentiert den Unterschied zwischen Giftwirkung und Gefahrlosigkeit. Bei entsprechender Anwendung der Pestizide kann ein Kontakt mit indifferenten Organismen oder Nützlingen weitgehend vermieden oder wenigstens stark eingeschränkt werden. Dies ist ein Ziel des integrierten Pflanzenschutzes. Wir werden später hören, daß es eine Vielfalt von Möglichkeiten gibt, die Applikation von Pestiziden in der Praxis so zu gestalten, daß möglichst wenig Organismen außer dem speziellen Schadtier geschädigt werden. Besonders wichtig ist hier ein umfassendes Wissen von der Ökologie der Schadtiere und der im Biotop lebenden Mitbewohner, damit eine entsprechende lokale Applikation oder Formulierung des Wirkstoffes erfolgen kann. Eine gewisse ökologische Selektivität wird durch systemische Pestizide erreicht, die schließlich nur für solche Organismen toxisch sind, die den behandelten Organismus befallen oder sich von ihm ernähren. Schadtierparasiten und Prädatoren werden geschont.

Ökologische Selektivität steht in enger Beziehung zur biologischen Abbaubarkeit der Pestizide. Ein schneller Abbau setzt die Populationen nur eine kurze Zeit den toxischen Mengen aus. Es gibt keine Anreicherung im Organismus und in der Umwelt oder über die Nahrungsketten, wie bei den chlorierten Kohlenwasserstoffen (Matsumura 1975). Eine chronische Toxizität ist weitgehend ausgeschlossen. Biologisch abbaubaren Wirkstoffen ist dementsprechend in der Praxis der Vorzug zu geben.

Mit zunehmender Kenntnis der Beziehungen in den Ökosystemen und mit der Entwicklung neuer Konzepte in der Formulierung und Anwendung von Pestiziden wird die ökologische Selektivität erheblich an Bedeutung gewinnen und in der Praxis mehr als bisher Berücksichtigung finden.

Auf die Bedeutung der physiologischen Selektivität wies zuerst O'Brien (1960) hin, als er zeigte, daß gewisse Prozesse und Funktionen im Organismus mit der Wirkung von Insektiziden in Verbindung stehen. Dies geschieht vom ersten Kontakt mit dem Wirkstoff, bis der Organismus entweder abstirbt oder sich außerhalb der toxischen Gefahr befindet. Dabei ist der erste Prozeß die Durchdringung des Integuments oder anderer äußerer Barrieren, damit der Wirkstoff im Organismus verteilt werden kann. Innerhalb kann es zu einer mehr oder weniger festen Bindung an Bestandteile der Körperflüssigkeit oder anderer Gewebe kommen und damit an Orte, die für den Vergiftungsprozeß indifferent sind. Ein Teil des Wirkstoffes wird metabolisiert, wobei stärker toxische Verbindungen (Aktivierung) oder weniger toxische (Detoxifikation) als das Ausgangsprodukt entstehen können. Die Metaboliten gelangen in die allgemeine Zirkulation zurück und werden vom Organismus ausgeschieden, wie es für viele Pestizide gezeigt wurde. Die für die toxische Wirkung verantwortliche Reaktion steigt durch die Interaktionen der Verbindung mit dem Rezeptorsystem am Wirkungsort an. Eine solche biochemische Läsion führt infolge mehr oder weniger komplexer Reaktionsfolgen zu Veränderungen des inneren Stoffwechselgleichgewichts, die schließlich zum Tod des Organismus führen. Auf dem Weg zum Wirkungsort muß der Wirkstoff mehrere strukturelle Barrieren, wie Gewebe, Zellen und Organelle passieren, die gewöhnlich von Lipoproteinnatur sind. Der Grund für eine physiologische Selektivität kann nur in einem unterschiedlichen Verlauf dieser verschiedenen Prozesse nach Applikation eines gegebenen Pestizids zu suchen sein.

Erhebliche Unterschiede bestehen zwischen dem Integument von Säugern und Insekten (O'Brien 1967), auch wenn beides heterogene lipo-hydrophile Barrieren mit einer äußeren Lipidschicht darstellen, in die lipophile Verbindungen besser eindringen können als hydrophile. Die Unterschiede scheinen groß genug zu sein, um eine größere Variation in der Penetrationsrate eines von außen aufgebrachten Pestizids zu verursachen und so eine selektive Toxizität zwischen einem Insekt und einem Säugetier zu bewirken.

Aber auch das Integument der Insekten variiert in der Struktur erheblich. Beträchtliche Unterschiede ergeben sich schon in der Dicke und den Eigenschaften der Oberflächenlipide der einzelnen Arten, ja sogar zwischen verschiedenen Lebensstadien ein und derselben Art (Hackman 1974). Dies läßt vermuten, daß hier eine Ursache für eine selektive Toxizität zwischen Insektenarten, Geschlechtern, Alters- und Lebensstadien liegt. Diese zu erfassen, bereitet nicht nur methodische Schwierigkeiten, sondern wird noch dadurch kompliziert, daß der Wirkstoff während des Eindringens bereits metabolisiert wird und die Verbindung im Integument fest gebunden werden kann. Damit verschwindet sie zwar von der Oberfläche, aber dringt nicht in das Innere des Körpers ein. Durch diese Tatsache finden die unterschiedlichen Ergebnisse, die mit verschiedenen Techniken erhalten wurden, eine Erklärung. In mehreren Abbildungen wurde diese Problematik für einige Pestizide aufgezeigt.

Einen gewissen Aufschluß über die Bedeutung der Kutikula für eine selektive Pestizidwirkung erhält man durch den Vergleich der topikalen Applikation mit der Injektion eines Wirkstoffes (vgl. Tabelle 5). Sind die Unterschiede erheblich, so daß eine injizierte Menge deutlich schneller wirkt, so ist die Penetration durch das Integument ein langsamer, aber für die Wirkung der Verbindung wichtiger Vorgang. Eine Vielzahl von spezifisch wirkenden Enzymen kann im Integument eine schützende Barriere darstellen.

Weitere Ursachen für eine selektive Toxizität können Unterschiede in der Abbaugeschwindigkeit und im Speichervermögen sein. Aber nicht nur ein Unterschied, sondern auch mehrere können für die selektive Wirkung verantwortlich sein. Damit dürfte ihr ein polyfaktorieller Mechanismus zugrunde liegen (Fuhremann & Lichtenstein 1979).

2 Pestizidresistenz

Ein nicht weniger großes Problem stellen resistent gewordene Schadtierpopulationen dar. Nach Anwendung synthetischer Pestizide zeigte sich bald, daß alle Populationen mit der Zeit gegenüber laufend angewendeten Pestiziden resistent werden können (Bowling 1968, Wardlow et al. 1972, Croft & Meyer 1973, Batth 1977, Pal & Brown 1974) (Bild 76). Bei der Pestizidresistenz handelt es sich nämlich um einen Prozeß, der mit der Generationsfolge abläuft. Es ließ sich zeigen, daß eine schnelle Generationsfolge sehr bald zu pestizidresistenten Populationen führt, andererseits bei langsamer Generationsfolge sich das Auftreten von resistenten Populationen über viele Jahre hinziehen kann. Nach Definition der Weltgesundheitsorganisation versteht man unter dem Begriff „Resistenz gegen Insektizide", daß eine Insektenpopulation die Fähigkeit entwickelt, eine Giftdosis zu ertragen, die für die Mehrzahl der anfangs vorhandenen Individuen letal ist (Brown 1961). Diese Definition drückt aus, daß es sich bei der Pestizidresistenz nicht um eine Eigenschaft handelt, die der betreffenden Population von vornherein eigen ist, sondern daß sie sich erst unter der Einwirkung eines Pestiziddruckes herausbildet. Die natürliche

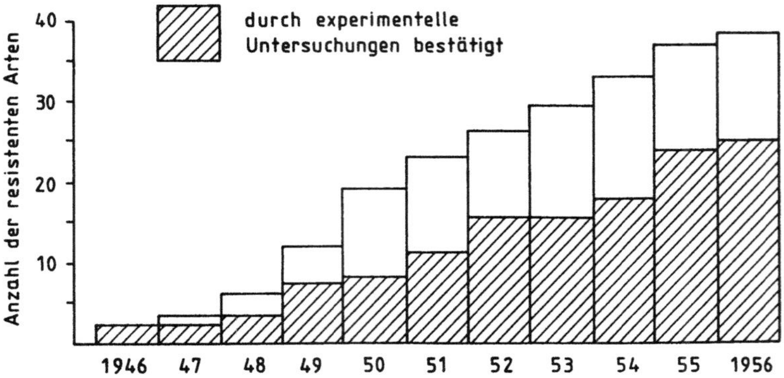

Abb. 76 Zunahme hygienisch wichtiger Arthropoden-Arten, die von 1946 bis 1956 Resistenz entwickelten, nach Quarterman & Schoof (1958).

Resistenz, also die relative Unempfindlichkeit gegenüber Pestiziden, die auch Pestizidtoleranz genannt wird und jeder Population mehr oder weniger eigen ist, wird durch diese Definition ausgeklammert. Es besteht eine Pestizidresistenz, wenn eine Population durch Einwirkung von toxischen Wirkstoffen etwa 5- bis 10mal widerstandsfähiger geworden ist wie die normal-empfindliche Ausgangspopulation. Danach ist Insektizid- bzw. Pesti zidresistenz ein relativer Begriff; er ist nur dann anzuwenden, wenn vorher ein Pestizid zur Anwendung kam. Pestizidresistanz ist eine typische Folgeerscheinung der chemischen Schädlingsbekämpfung; sie besteht erst seit der vermehrten und wiederholten Anwendung von Pestiziden in der Land- und Forstwirtschaft und betrifft in unterschiedlichem Maße alle Organismen (Graves et al. 1978). Sie darf nicht mit der auch ohne Pestizideinwirkung bestehenden unterschiedlichen Pestizidtoleranz, die in enger Verbindung mit der selektiven Wirkung von Pestiziden steht, gleichgesetzt werden.

2.1 Physiologische und biochemische Basis der Resistenz

Durch den Selektionsdruck einer chemischen Verbindung wird die genetische Variabilität einer Population verändert. Es entstehen vermehrt Genotypen, die gegen das angewendete Pestizid resistent sind. Mit dem Genotyp eng verknüpft ist die biochemische und physiologische Basis, an der die Wirkung eines Pestizids ansetzt. Nachfolgend wollen wir die am besten bekannten Resistenztypen etwas näher behandeln. Der wichtigste Mechanismus für die DDT-, die Organophosphat- und Karbamat- sowie Pyrethroidresistenz ist der Abbau der Wirkstoffe im Stoffwechsel. Die mikrosomalen Oxidasen sind verantwortlich für die Resistanz gegen Karbamate, Pyrethroide und Organophosphate; sie sind weiterhin von großer Wichtigkeit für einige DDT-resistente Stämme. Beteiligt ist auch die früher behandelte Dealkylierung von Organophosphaten durch Alkyltransferasen sowie die Hydrolyse von Arylphosphatbindungen durch Phosphatasen. DDT wird hauptsächlich durch eine Dehydrochlorinase detoxifiziert, und ein ähnliches Enzym mag an der HCH-Resistenz beteiligt sein.

Ein anderer Mechanismus, der für eine Karbamat- und Organophosphat-Resistenz verantwortlich sein kann, ist die unempfindliche Cholinesterase, die in verschiedenen Stämmen der Zweipunktmilbe, der Viehzecke, Hausfliege, Schafschmeißfliege und Malariamücke *Anopheles albimanus* gefunden wurde. Der wesentlichste Resistenzmechanismus der Cyclodien-Wirkstoffe und des γ-HCH ist die Bindung der Wirkstoffe an Schutzproteine und weniger die Detoxifikation. Auch eine gewisse Unempfindlichkeit des Nervensystems kann einen Resistenzmechanismus darstellen, der gegen DDT und Pyrethroide wirksam ist. Schließlich ist eine reduzierte Permeabilität der Kutikula bzw. Epidermis ein allgemein verbreiteter, nicht spezifischer Resistenzmechanismus, der häufig die Hauptkomponente der allgemeinen Vitalitätstoleranz ist, die Populationen im Anfangsstadium der Entwicklung eines Typs von spezifischer Resistenz charakterisiert.

2.1.1 DDT-Resistenz

DDT-resistente Hausfliegenstämme unterscheiden sich von normal empfindlichen durch die erhöhte Fähigkeit, DDT zu dehydrochlorinieren und in das nicht toxische DDE zu verwandeln. In resistenten Hausfliegen wurden 57 % von 0,6 ng pro Tier in DDE umgewandelt, der Rest blieb bis zum Versuchsende (nach 24 Stunden) unverändert; kein weiterer Metabolit wurde nachgewiesen. Resistente Stämme von *Pectinophora gossypiella* wandelten innerhalb von 2 Stunden 65 % DDT in DDE um, sensible jedoch nur ein Drittel. Die Schnelligkeit dieser Umwandlung ist der Resistenzbildung proportional. Die detoxifizierende DDT-Dehydrochlorinase benötigt Glutathion (GSH) als Cofaktor. Auch ihre Aktivität entspricht weitgehend dem Grad der Resistenzbildung (Sternberg et al. 1954, Perry et al. 1964).

Hausfliegen können gegenüber DDT eine 2000fache Resistenz zeigen. Wenn dies auch nicht direkt mit der DDTase-Aktivität korreliert ist, so scheint sie doch die Hauptursache für die meisten DDT-Resistenzphänomene zu sein (O'Brien 1967). In verschiedenen Stämmen von *M. domestica* wurden nämlich unterschiedliche DDTase-Aktivitäten gefunden (Oppenoorth 1965a), die mit der Empfindlichkeit der Fliegen für DDT weitgehend korreliert waren (Tabelle 32).

DDTase-Aktivität wurde in verschiedenen Fliegenorganen nachgewiesen. Vermutlich ist sie am Hauptwirkungsort, den peripheren Sinnesorganen für die Resistenz von besonderer Bedeutung (Barton-Browne & Kerr 1967). Manchmal wird DDE schneller dehydrochloriniert als DDT.

Ein anderer Typ von DDT-Resistenz ist bei Hausfliegen auf eine verminderte Empfindlichkeit des Nervensystems gegenüber dem Gift zurückzuführen (Weiant 1955, Yamasaki & Narahashi 1962). Für die Auslösung eines Beintremors wird für resistente Fliegen nämlich mehr DDT benötigt als für sensible. Wird die erwähnte neurophysiologische Wirkungsbasis des DDTs zugrunde gelegt, so wird die Bewegungsentladung im Bein bei R-Fliegen bei höheren Konzentrationen ausgelöst als bei S-Fliegen. In solchen Fällen scheint die Empfindlichkeit der Sinneszellen herabgesetzt zu sein. Wurde DDT am Thoraxganglion appliziert, wurde am Femurmuskel eine geringere elektrische Aktivität ge-

Tabelle 32 **Beziehungen zwischen DDT-Empfindlichkeit und DDTase-Aktivität in verschiedenen Stämmen der Hausfliege *Musca domestica*, nach verschiedenen Autoren zusammengestellt**

Stamm	LD_{50} (µg DDT/Tier)	DDTase-Aktivität	(Mole x 10^8/Tier/h)	
		DDT	DDD	Br-DDD
CSMA	0,08	0	0	9,5
acr	0,15	0,17	0,07	5,9
CS	2,6	1,8	4,7	25,3
Fc	> 10	2,5	0,5	144,0
L	> 10	51	217	355
DDT-45	> 200	7,2	21,7	110,0

messen, die auf eine geringere Nervensensibilität zurückgeführt werden kann (Tsukamoto et al. 1965), wobei die DDTase-Aktivität recht niedrig war.

Solche von der DDT-Dehydrochlorinierung unabhängige Resistenz wurde bei *M. domestica* und *Culex tarsalis* festgestellt (Plapp & Hoyer 1968). In solchen Fällen scheint die Oxidation zum Dicofol der wichtigste Resistenzmechanismus zu sein (z. B. *M. domestica*-Stamm *Fc*). Oxidasen-Aktivität ist aber auch induzierbar. So wurde ein 25 %iger Anstieg im *Fc*-Stamm und ein 60 %iger im P_2/sel-Stamm 3 Stunden nach topikaler Applikation von DDT gefunden (Gil et al. 1968, Agosin 1971).

Ein Vergleich von DDT-Penetration und DDT-Detoxifikation bei resistenten Hausfliegenlarven zeigte keine DDT-Anreicherung in diesen Larven, weil die Detoxifikationsrate gleich der Eindringungsrate während der Versuchsperiode war. Dagegen war der Abbau von DDT im empfindlichen Stamm langsamer, und die Gewebe enthielten während der gesamten Versuchszeit nachweisbare Mengen des Wirkstoffes (Bild 77).

Außer bei Hausfliegen wurde DDTase selten untersucht (Kimura et al. 1965). Auch bei der Gelbfiebermücke *Aedes aegypti* steht ihre Aktivität in gewisser Beziehung zur Resistenz, denn DDT-resistente Larven dieser Mücke produzieren viel mehr DDE als DDT-empfindliche (Abedi et al 1963). Das Enzym ist hier aber weniger substrat-spezifisch als bei *Musca domestica* (Kimura & Brown 1964). Die Enzymaktivität wird durch N-Di-n-butyl-*p*-chloro-benzolsulfonamid stark gehemmt. Somit ist letzteres ein Synergist für DDT auf resistente *Ae. aegypti*-Populationen, nicht jedoch auf sensible, bei denen die Dehydrogenase-Aktivität ohnehin sehr gering ist.

Bei der Mücke *Culex quiquefasciata* ist eine reduzierte DDT-Aufnahme der Larven für die Resistenz besonders wichtig, weniger eine Dehydrochlorinierung (Hooper 1968, Kalra et al. 1967).

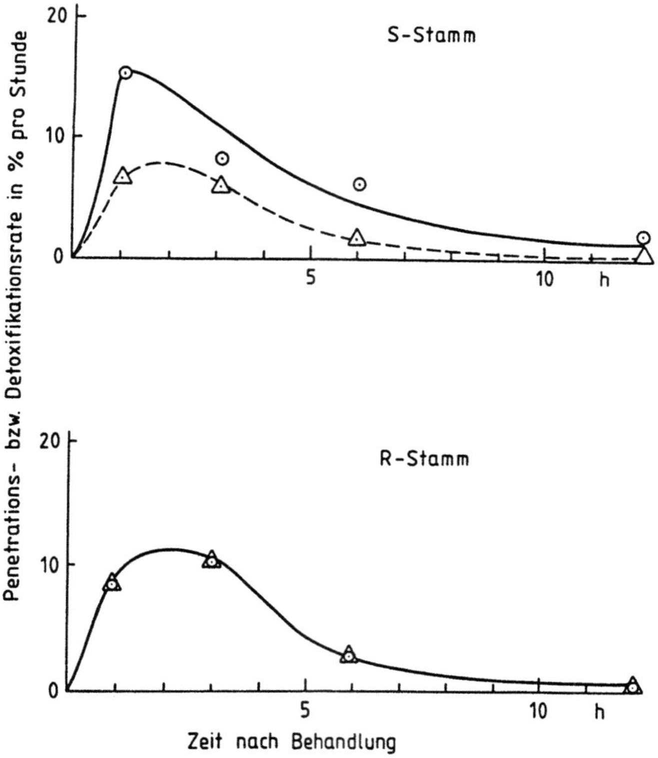

Abb. 77 Penetrations- (o—o) und Detoxifikationsrate (Δ---Δ) von DDT bei Hausfliegenlarven (*Musca domestica* L.). Im resistenten Stamm ist die Detoxifikation beschleunigt. Dies führt zu einem nicht meßbaren Wirkstoffgehalt im Insekt, nach Sun 1968).

Auch bei den Malaria übertragenden Mücken der Gattung *Anopheles* kann eine erhöhte DDE-Produktion nicht immer für die Resistenz verantwortlich gemacht werden. Bei der Zecke *Boophilus microplus* unterscheidet sich ein DDT-resistenter Stamm vom sensiblen weder im DDT-Stoffwechsel noch in der DDT-Absorption (Schnitzerling et al. 1970). Von S- und R-Stämmen der Körperlaus wird DDT *in vitro* in gleichen Mengen abgebaut, während es *in vivo* nur vom R-Stamm metabolisiert wird (Perry & Buckner 1958).

Der Baumwollkapselwurm *Pectinophora gossypiella* eines resistenten Stammes absorbierte nur ein Drittel so viel DDT wie ein normal empfindlicher und entgiftete dreimal mehr zu DDE (Bull & Adkisson 1963). Ein 20fach resistenter Stamm des Tabakschädlings *Heliothis virescens* metabolisierte DDT zu DDE und DDA etwa viermal so schnell wie ein normal empfindlicher (Vinson & Brazzel 1966). außerdem war die Eindringungsrate beim resistenten Stamm wesentlich geringer (Szeicz et al. 1973).

DDT-resistente Hausfliegenstämme zeigten auch eine gewisse Resistenz gegenüber Methoxychlor. Vielleicht wird auch diese Verbindung dehydrochloriniert, denn beide Substanzen unterscheiden sich nicht im aliphatischen Teil des Moleküls. Andererseits kann man bei Fliegen, die eine Resistenz gegen Methoxychlor entwickelt haben, keine DDT-Resistenz feststellen. Danach scheint der Detoxifikationsmechanismus für Methoxychlor ein anderer zu sein. Es könnte eine Demethylierung an einer Methoxygruppe mit anschließender Konjugation stattfinden (vgl. S. 148). Eine selektiv bedingte Erhöhung der Demethylierungsfähigkeit könnte dann der Methoxychlor-Resistenz zugrunde liegen.

2.1.2 Cyclodien-Resistenz

Für die bis 1000fach herausselektionierte Cyclodien-Resistenz ist die Epoxidierung dieser Verbindungen nicht entscheidend. R- und S-Stämme weisen die gleiche Epoxidierungsrate auf (Perry et al. 1958, Brooks 1960), noch sind Unterschiede in der kutikulären Absorption vorhanden (Gerolt 1965), noch ist die Exkretionsrate verschieden (Winteringham & Harrison 1959). Allerdings konnte bei einem 8fach resistenten Stamm von *Heliothis virescens* aus Mississippi, der DDT nur halb so schnell absorbierte wie ein sensibler, auch eine reduzierte Penetration für Endrin festgestellt werden, die durch Selektion sowohl für DDT als auch für Endrin erhöht werden konnte (Pate & Vinson 1968, Szeicz et al. 1973). Nach Khan & Brown (1966) kann auch die Fettbarriere nicht als bedeutender Resistenzmechanismus angesehen werden. Beim Reiswasserrüsselkäfer (*Lissorhoptrus oryzaephilus* Kuschel) nahm die Resistenz in Texas gegenüber Aldrin zwischen 1957 und 1967 erheblich zu. Die LD_{50} stieg bei direkter Applikation im Extremfall von 0,029 auf 1,2 μg pro Käfer (Bowling 1968).

Ein Dieldrin-resistenter Stamm von *Aedes aegypti* war fähig, 80 % des absorbierten Dieldrins in einen polaren Metaboliten zu verwandeln (Korte et al. 1962). Unterschiede in der Reaktion des Nervensystems zwischen R- und S-Stämmen ergaben sich bei Hausfliegen und Schaben (Schaeffer & Sun 1967, Sharma 1973). Weiterhin wurden bei R-Stämmen etwa 20% mehr Dieldrin an Hämolymphproteine gebunden als bei S-Stämmen (Matsumura & Hayashi 1966). In Vertebraten wurde die oxidative Detoxifizierung für die Dieldrinresistenz verantwortlich gemacht (vgl. Brown 1976). Wie vorstehend erwähnt, konnte bei *Heliothis virescens* eine Endrinresistenz auf eine unterschiedliche kutikuläre Absorption zurückgeführt werden. Der untersuchte R-Stamm absorbierte nur ein Siebzehntel von dem des S-Stammes, während der Metabolismus sich nicht unterschied. Aber die Absorptionsunterschiede waren von sekundärer Natur, denn nach Injektion von Endrin war immer noch eine 400fache Resistenz festzustellen. Bei *Amphimallon majale*, der Dieldrin zu geringen Mengen zum Aldrin-*trans*-diol und anderen Metaboliten abbaut, zeigte ein resistenter Stamm keine Unterschiede in der Penetration der larvalen Kutikula, der Gewebeabsorption oder der ATPase- und Glukose-8-phosphat-dehydrogenase-Aktivität (Kuhr et al. 1972).

Ray (1963) studierte die Aufnahme von Dieldrin durch die Nervenfasern von sensiblen und resistenten *Blattella germanica*. Er konnte keinen Unterschied in der Aufnahmerate beider Stämme feststellen. Für den resistenten Stamm konnte gezeigt werden, daß die Dieldrinmenge in den Nervenfasern mit der außen applizierten Menge ansteigt, so daß keine für Dieldrin impermeable Schranke um die Nervenfaser dieses Stammes erkannt werden konnte. Auch Matsumura & Hayashi (1969) verglichen sensible und resistente Insektenstämme und schlossen, daß die Nervenfasern von resistenten viel mehr des eingedrungenen Dieldrins tolerieren. Generell gleiche Ergebnisse erhielten Schaeffer & Sun (1967) bei Hausfliegen, indem sie keine signifikanten Unterschiede zwischen beiden Stämmen in der Aufnahme von [^{14}C]-Dieldrin durch das Nervengewebe weder *in vivo* noch *in vitro* feststellen konnten. Werden von einer Fliege des sensiblen Stammes 0,02 ng Dieldrin toleriert, so konnten dem resistenten Stamm 25 ng pro Fliege appliziert werden, was einen 1250fachen Anstieg in der injizierten Menge bedeutet. Damit erhöhte sich der Dieldringehalt in der Hämolymphe nach 24 Stunden auf das

525fache, im ZNS um das 430fache. Die Werte wurden von solchen Tieren erhalten, die die LD_{50} überlebten. Sie zeigen deutlich, daß große Mengen von Dieldrin in die Nervenfaser eindringen können und dies vom Insekt toleriert wird.

Telford & Matsumura (1971) benutzten [^{14}C]-Dieldrin, um die Verteilung des Giftes zu untersuchen. Elektronenoptische und autoradiographische Aufzeichnungen ergaben Hinweise über die Lokalisation des Isotops an den axonalen und Gliazellmembranen. Die Anreicherung lag beim sensiblen Stamm höher als beim resistenten. Wurde [^{3}H]-Dieldrin eingesetzt und die Verteilung im Thoraxganglion von resistenten Hausfliegen verfolgt, denen es topikal appliziert wurde, so fanden Sellers & Guthrie (1971) eine Ablagerung des Isotops in den kollagenähnlichen Fasern der Neurallamelle und den axonalen Membranen der Neuropilregion, aber nicht in der motoneuronalen Region zwischen Neurallamelle und Neuropil. Die Markierung erreichte eindeutig die synaptische Region des ZNS, ohne die resistenten Insekten zu schädigen.

Da Dieldrin im Stoffwechsel verändert werden kann, erscheint es in Zukunft wichtig, die genaue Natur der markierten Verbindungen im Nervengewebe zu ermitteln, denn es ist eine offene Frage, ob hydroxylierte oder hydrierte Produkte giftiger wirken als das Epoxid, zumal Hinweise bestehen, daß speziell *cis*- und *trans*-6,7-Dihydroxydihydroaldrin neuroaktiv wirken (Wang et al. 1971, Matsumura 1972, Akkermans et al. 1973, Burt et al. 1973). Weiterhin besitzen Schaben und Hausfliegen in Thorakalganglien Hydrasen, die den Epoxidring von Dieldrin und seinen Analogen *in vitro* öffnen können. Wurde [^{14}C]-Dieldrin eingesetzt, so konnte jedoch *in vivo* keine Epoxidringhydratisierung im Thorakalganglion der Hausfliege nachgewiesen werden (Schaeffer & Sun 1967).

2.1.3 HCH-Resistenz

Als Gangliongift zeigt Lindan das gleiche Resistenzspektrum wie die Cyclodien-Derivate. Hausfliegen-Nervenpräparate waren in gleicher Weise unempfindlich (Yamamoto et al. 1969). γ-HCH-resistente Hausfliegen bauten den Wirkstoff doppelt so schnell ab wie sensible (Oppenoorth 1954), während dies für verschiedene Stämme von *Lucilia cuprina* (Wied) nicht gefunden wurde (Busvine & Townsend 1963). Doch scheint der Abbaumechanismus nicht der eigentliche Resistenzmechanismus zu sein (Bridges & Cox 1959). Als Abbauprodukte wurde von Hausfliegen nicht nur Pentachlorcyclohexen (PCCH) (I) gebildet, sondern mit Hilfe von GSH entstanden auch Dichlorthiophenole (II) (Bradbury & Standen 1959). Auch ein resistenter Stamm des Reisstengelbohrers *Chilo suppressalis* in Japan baute γ-HCH viel schneller ab als ein sensibler (Bradbury & Standen 1958). In der kutikulären Absorption von HCH besteht zwischen resistenten und sensiblen *Anopheles gambiae* kein Unterschied.

I

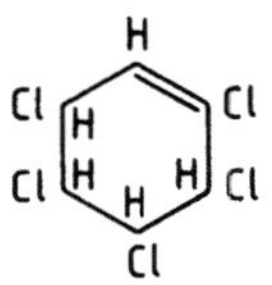

II

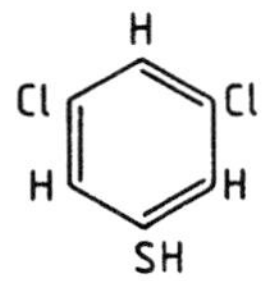

2.1.4 Organophosphat-Resistenz

Die gegen PO-Verbindungen auftretende Resistenz wurde anfangs bei *Musca* untersucht (Keiding 1965). Man fand bei resistenten Stämmen eine reduzierte kutikuläre Absorption, einen Abfall in der Bildung von Oxon-Anticholinesterase-Derivaten und eine weniger empfindliche Cholinesterase. Thiophosphate werden von R-Stämmen schneller in Phosphate verwandelt als von S-Stämmen (Nakatsugawa et al. 1969). Verlangsamte Durchdringung der Kutikula bei R-Stämmen wurde für Fenthion und Diazinon festgestellt (Collins & Forgash 1970). Für die ChE-Empfindlichkeit wurden unterschiedliche Resultate erhalten (vgl. Brown 1976).

Die oxidative Aktivierung von Diazinon zu Diazoxon war etwa 5mal höher in R- als in S-Stämmen. Diese höhere Aktivität was als Nettovorteil ein Resistenzmechanismus, denn für R-Stämme betrug die LD_{50} 133 μg/g, während sie für S-Stämme 3,6 μg/g war. Ein ähnlicher Unterschied wurde zwischen Paraoxonabbau und Parathionaktivierung gefunden (El-Basheir & Oppenoorth 1969). Bei einem *italienischen* Stamm wurde eine 80fache Parathionresistenz im Überstand von Homogenaten erhalten, die $NADPH_2$ abhängig war, aber nicht durch Sesamex aufgehoben wurde. Paraoxon wurde zu Diäthylphosphorsäure und *p*-Nitrophenol hydrolysiert. Dealkylierung eines oder beider O-Methyl- oder O-Äthylgruppen ist ein weiterer Abbauweg für PO-Verbindungen. Das hierfür verantwortliche Enzym wurde in der löslichen Fraktion des Homogenats gefunden und wird durch GSH stimuliert. Bei R-Stämmen kann dieser Prozeß beschleunigt ablaufen (Hollingworth 1970); Azinphosmethyl wurde 5mal schneller demethyliert (Motoyama & Dauterman 1972).

Insgesamt konnten bei *Musca* folgende Mechanismen für die Resistenz verantwortlich gemacht werden:

– Oxidation durch Enzyme der Mikrosomenfraktion,
– Hydrolyse durch Esterasen der löslichen Fraktion,
– Dealkylierung durch ein Enzym der löslichen Fraktion,
– Abbau von Diazinon zu unbekannten Produkten,
– reduzierte kutikuläre Absorption,

die auch für Trichlorfon nachgewiesen werden konnte (Pereguda 1976).

Malathion wurde von R-Stämmen doppelt so schnell gespalten wie von S-Stämmen (March 1959, Matsumura & Hogendijk 1964). Kasai & Ogita (1965a) fanden Unterschiede im alkalischen Phosphomonoesterasen-Enzymogramm zwischen R- und S-Stämmen der Grünen Reiszikade *Nephotettix cincticeps*. Ein R-Stamm war auch gegen Sumithion, Äthyl- und Methylparathion sowie Diazinon resistent. Malathion-Resistenz scheint auf eine Extra-Carboxyesterase zurückgeführt werden zu können. Jedoch spielt die Alkoxygruppe eine wesentliche Rolle. Eine 200fache Resistenz gegenüber Malathion bestand nur noch 5fach gegenüber $(C_2H_5O)_2$-Analogen und verschwand vollständig gegenüber $(C_4H_9O)_2$-Analogen. Aber auch die $-COOR$-Gruppe beeinflußt die Resistanz des Malathion. Eine Substitution von $-COOCH_3$ konnte eine 200fache Resistenz bewirken; sie wurde bei $-COOC_2H_5$-Verbindungen auf 61fach reduziert und fiel bei $-COOC_4H_9$-Substitution auf 35fach ab (Brown 1961). *Musca domestica* erreichte in 33 Generationen 16fache Resistenz gegen Malathion. Kurzfristige Unterbrechung des Selektionsdruckes führte zu dreifacher Resistenzreduktion Über 83 Generationen brachten nach 76 Selektionen 100fache Resistenz. Mit der Malathionresistenz war erhöhte Toleranz von Rogore, Chlorophos, Methylacetophos und Methyläthylthiophos gekoppelt (Sedyck et al. 1970).

In Florida erreichte *M. domestica* auf Hühnerfarmen und in Molkereien Resistenzwerte von 5 bis 310 gegen Trichlorfon und 2,5 bis 22,5 gegen Dichlorvos (Bailey et al. 1971).

Bei *Anopheles albimanus* wurde ein Stamm gefunden, der eine ChE besaß, die gegen Paraoxon eine fast 400fache Resistenz zeigte (Ayad & Georghiou 1975). Bei einem R-Stamm von *Aedes nigromaculatus* waren die Larven 100mal resistenter gegen Parathion, weil sie es viel schneller abbauen konnten (Mengle & Lewallen 1966). Ein gegen PO-Mittel sehr resistenter Stamm von *Culex spp.* besaß eine auf β-Naphthylacetat wirkende hoch aktive Esterase, die mit PO-Multiresistenz eng verknüpft zu sein schien (Georghiou & Pasteur 1978).

PO-Resistenz wurde aber nicht nur von Insekten, sondern auch von Milben entwickelt (Motoyama et al. 1972). Wurden Spinnmilben der Art *Tetranychus urticae* mit Systox entweder in der Gasphase (Bild 78) oder durch Saugenlassen an einer Bohnenpflanze begiftet, die zwei Tage in einer 0,01 %igen Systox-Lösung gestanden hatte, so zeigten die S-Milben bereits nach wenigen Stunden deutliche Vergiftungssymptome, während die R-Tiere keine Beeinflussung erkennen ließen. Besonders tiefgreifende Veränderungen konnten in den S-Oocyten festgestellt werden und hier wieder am deutlichsten an solchen, die sich in einem Stadium befanden, in dem das Protoplasma noch gleichmäßig feinkörnig erscheint (Bild 79). Gleichaltrige Oocytenkerne in den Ovarien begifteter Tiere zeigten Karyolyse mit weitgehendem Verlust der Anfärbbarkeit. An den Oocyten resistenter Weibchen konnten diese Schädigungen nicht beobachtet werden.

Auch das Mitteldarmepithel von mit Systox begifteten Spinnmilbenweibchen degeneriert weitgehend. Strukturelle Einzelheiten sind im fortgeschrittenen Vergiftungsstadium nicht mehr festzu-

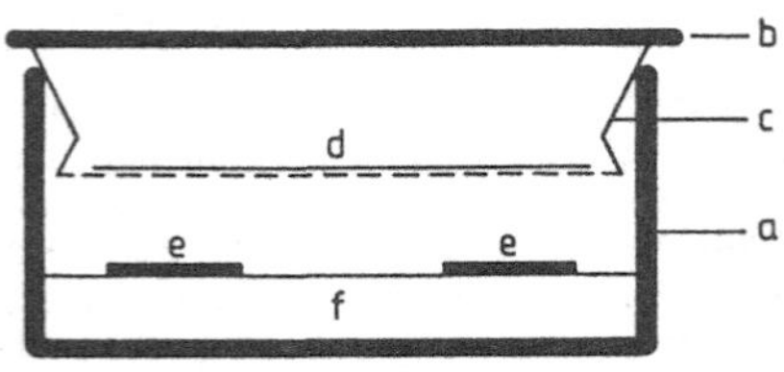

Abb. 78
Versuchsanordnung zur gleichmäßigen Begiftung sensibler und resistenter Spinnmilben in Hygrostatschalen: a) Hygrostatschale, b: Deckel, c: Einsatz mit Gazeboden, d: Filtrierpapier mit Akarizid, e: *Phaseolus*-Blätter, f: feuchte Watte, nach Voss (1962).

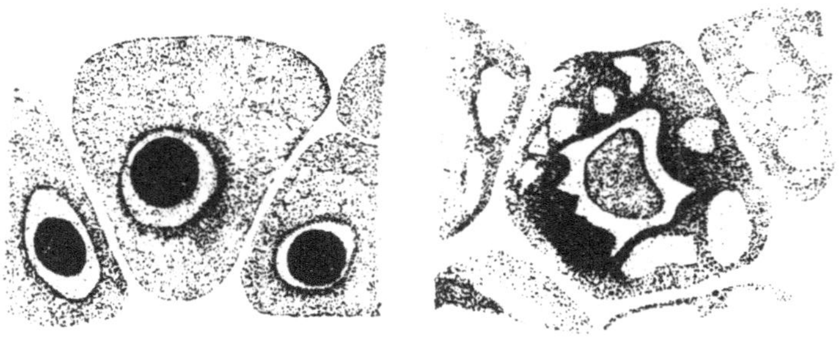

A B

Abb. 79 Oocyten von *Tetranychus urticae*, nach Voss (1962): A: unbegiftetes S-Weibchen, B: mit Systox begiftetes S-Weibchen; Vergrößerung 1200fach.

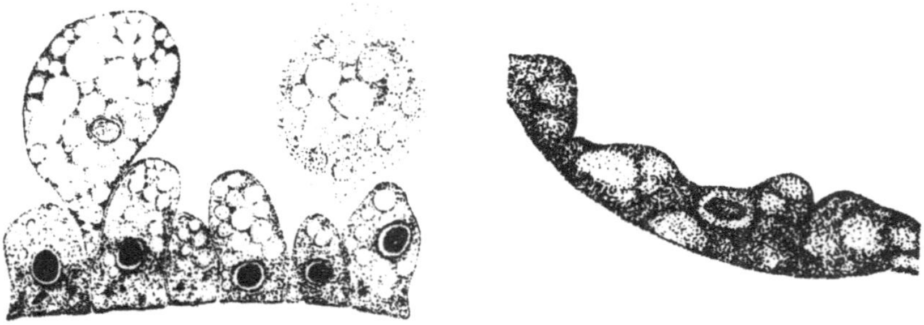

A B

Abb. 80 Darmepithel mit holokriner Sekretion bei unbegifteten (A) und mit Systox begifteten Weibchen (B) von *Tetranychus urticae*, nach Voss (1962); Vergrößerung 2000fach.

stellen (Bild 80). Jedoch sind solche histopathologischen Effekte nicht wirkstoffspezifisch. Sie konnten bei *Spodoptera littoralis* auch mit Carbaryl, Parathion, DDT und Endrin erhalten werden (Toppozada et al. 1968).

Unterschiede zwischen der Aktivität und den Eigenschaften der ChE aus R- und S-Stämmen von *T. urticae* wurden *in vitro* vergeblich gesucht. Dieser Befund stimmt weitgehend mit den bei *Musca domestica* erhaltenen Ergebnissen überein (March 1959, Asperen & Oppenoorth 1959). Auch in der Aktivität der Ali-Esterasen fanden sich zwischen S- und R-Stämmen von *T. urticae* keine signifikanten Unterschiede.

In vivo sind die vorhandenen strukturellen Schranken anders gelagert, so daß eine Überprüfung der *in vitro*-Ergebnisse zu anderen Werten führen kann. Wird die Aktivität der Ali-Esterasen bei mit Systox begifteten Tieren über mehrere Tage gemessen, so läßt sich bereits nach zwei Stunden nach der Giftapplikation für S- und R-Milben ein starker Abfall beobachten. Er betrug für S-Milben 61 %, für R-Milben 42 %. Während dann die R-Tiere ihre Ali-Esterasen-Aktivität auf gleicher Höhe halten konnten, die etwa der Hälfte des Normalwertes entsprach, fiel die Enzymaktivität bei S-Tieren ständig weiter ab (Bild 81). Untersucht man die Ali-Esterasen-Aktivität während der Embryonalentwicklung der Spinnmilben, so erkennt man, daß sich gerade abgelegte Eier von R- und S-Stämmen nicht unterscheiden. Mit fortschreitender Entwicklung nimmt jedoch dieser Unterschied bei 27 °C bis zum Alter von etwa 20 Stunden sehr stark zu. Während für S-Tiere ein fast 100 %iger Anstieg beobachtet wurde, war er bei R-Tieren nur unwesentlich. Kurz nach Erreichen des Maximums nahm er wieder ab und nach etwa 60 Stunden Eientwicklung war zwischen den beiden Stämmen kein Unterschied mehr feststellbar (Bild 82). Neben diesen Befunden kam es zu einer Verlängerung der Embryonalentwicklung bei R-Tieren.

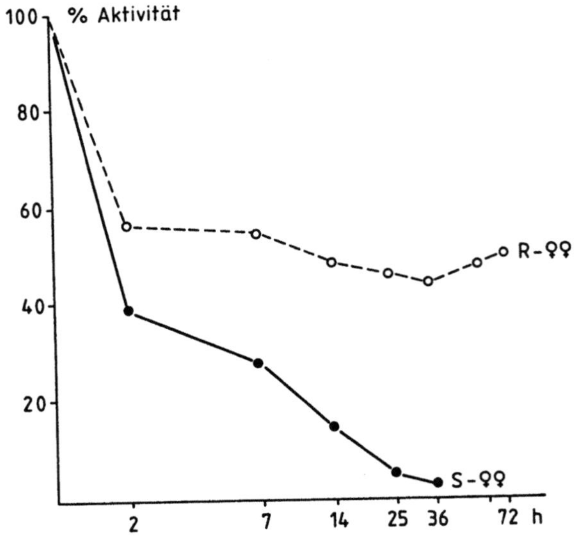

Abb. 81
Abfall der Ali-Esterasen-Aktivität bei sensiblen (S) und resistenten (R) Weibchen der Spinnmilbe *Tetranychus urticae* Koch nach Systoxbehandlung, nach Voss (1962); Zeitskala (Abszisse) in logarithmischer Einteilung

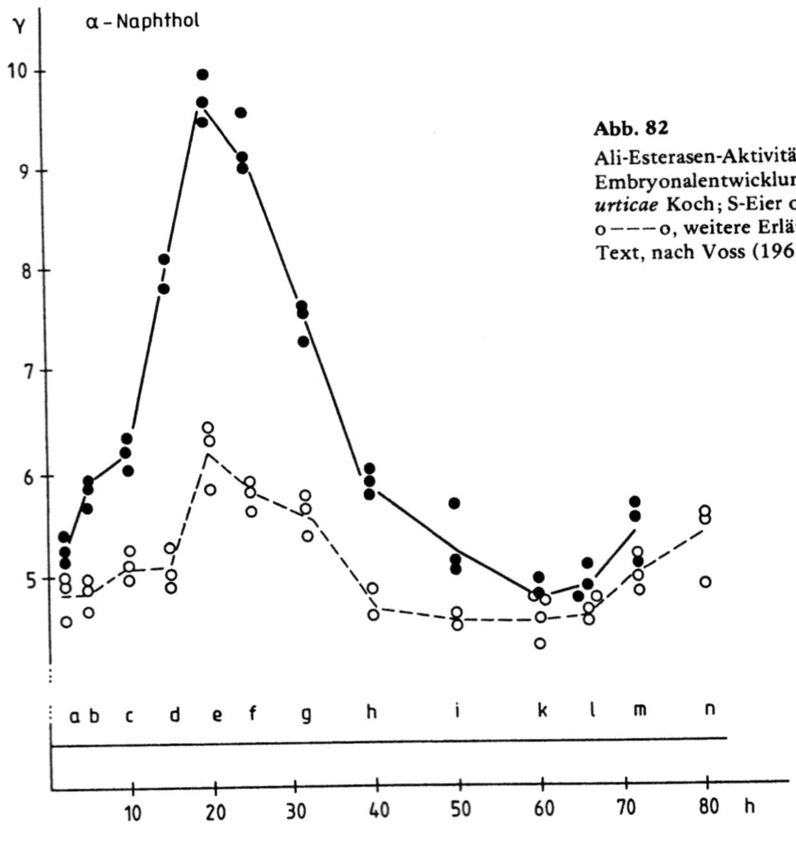

Abb. 82
Ali-Esterasen-Aktivität während der Embryonalentwicklung von *Tetranychus urticae* Koch; S-Eier o—o, R-Eier o – – – o, weitere Erläuterungen im Text, nach Voss (1962).

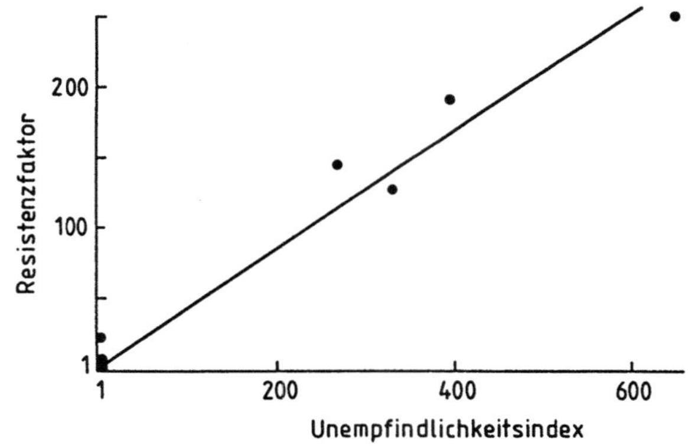

Abb. 83
Beziehung zwischen Malathion-Resistenz von 7 Spinnmilben-Stämmen und dem Unempfindlichkeitsindex der Acetylcholinesterase für Malaoxon, nach Angaben von Zahavi & Tahori (1970).

Bei verschieden empfindlichen Spinnmilben konnte eine direkte Beziehung zwischen Resistenzfaktor und Unempfindlichkeit (UI) der AChE ermittelt werden (Bild 83). Der UI ist das Verhältnis der Dosis, die für 50 % Hemmung der AChE beim resistenten Stamm benötigt wird, dividiert durch die des S-Stammes (Zahavi & Tahori 1970).

Die bekannten physiologischen Unterschiede zwischen sensiblen und gegen PO-Mittel resistenten Spinnmilben zeigt Bild 84. Zusätzlich wurden Unterschiede im Antigenmuster gefunden, die auf verschieden stark wirksame Esterasekomponenten zurückgeführt werden konnten (Ben-Efraim et al. 1973).

2.1.5 Karbamat-Resistenz

Neben einer Herabsetzung der Durchdringung der Kutikula bei resistenten *Musca domestica*- (Georghiou & Metcalf 1961, Shrivastava et al. 1969) und *Heliothis virescens*-Stämmen (Szeicz et al. 1973) steht bei der Karbamat-Resistenz die Entgiftung der Wirkstoffe im Stoffwechsel im Vordergrund, die bei R-Stämmen bis zu 85 % gegenüber dem Normalstamm erhöht sein kann. Hierbei spielt weniger eine Hydrolyse als O-Dealkylierung, N-Dealkylierung und N-Methylhydroxylierung eine Rolle. In R-Stämmen laufen diese Prozesse 2- bis 3mal schneller ab (Tsukamoto et al. 1968). Dies führt mitunter dazu, daß nur noch ein Hundertstel vom Propoxur im Körper der R-Fliegen verbleibt (Tabelle 33) Ein ähnliches Ergebnis konnte für die Mücke *Culex quiquefasciata* erhalten werden (Shrivastava et al. 1970).

Tabelle 33 Stoffwechsel von Propoxur in empfindlichen und resistenten Hausfliegen; Prozentsätze der gesamten zurückgewonnenen Radioaktivität, nach Shrivastava et al. (1969)

Metaboliten	in vivo, injiziert 1 h danach				in vitro, Mikrosomen + $NADPH_2$ 2 h danach			
	S-WHO	S-Berkeley	R-Hokota	R-Baygon	S-WHO	S-Berkeley	R-Hokota	R-Baygon
5-Hydroxy-propoxur	5,0	7,3	23,3	38,2	2,6	2,6	30,2	42,6
N-Hydroxy-methylpropoxur	3,1	2,0	4,4	4,4	0,4	0,4	7,6	3,4
N-Desmethyl-propoxur	0,9	0,6	1,1	0,6	0,8	0,5	0,7	0,5
O-Depropyl-propoxur					1,3	1,4	16,9	20,6

Bei *Blattella germanica* wurde eine 10fache Carbarylresistenz infolge einer reduzierten Kutikulapenetration und des Stoffwechsels erzielt (Ku & Bishop 1967). Unter den pflanzenfressenden Schmetterlingsraupen konnte bei *Spodoptera littoralis* eine 30fache Carbarylresistenz experimentell erreicht werden. Hier war die kutikuläre Penetration normal, aber die Ausscheidung von drei Metaboliten erhöht (Kuhr 1969, Hanna & Atallah 1971). *Musca domestica* zeigte nach 22 Generationen sogar eine 180fache Resistenz (Ansari & Khan 1974).

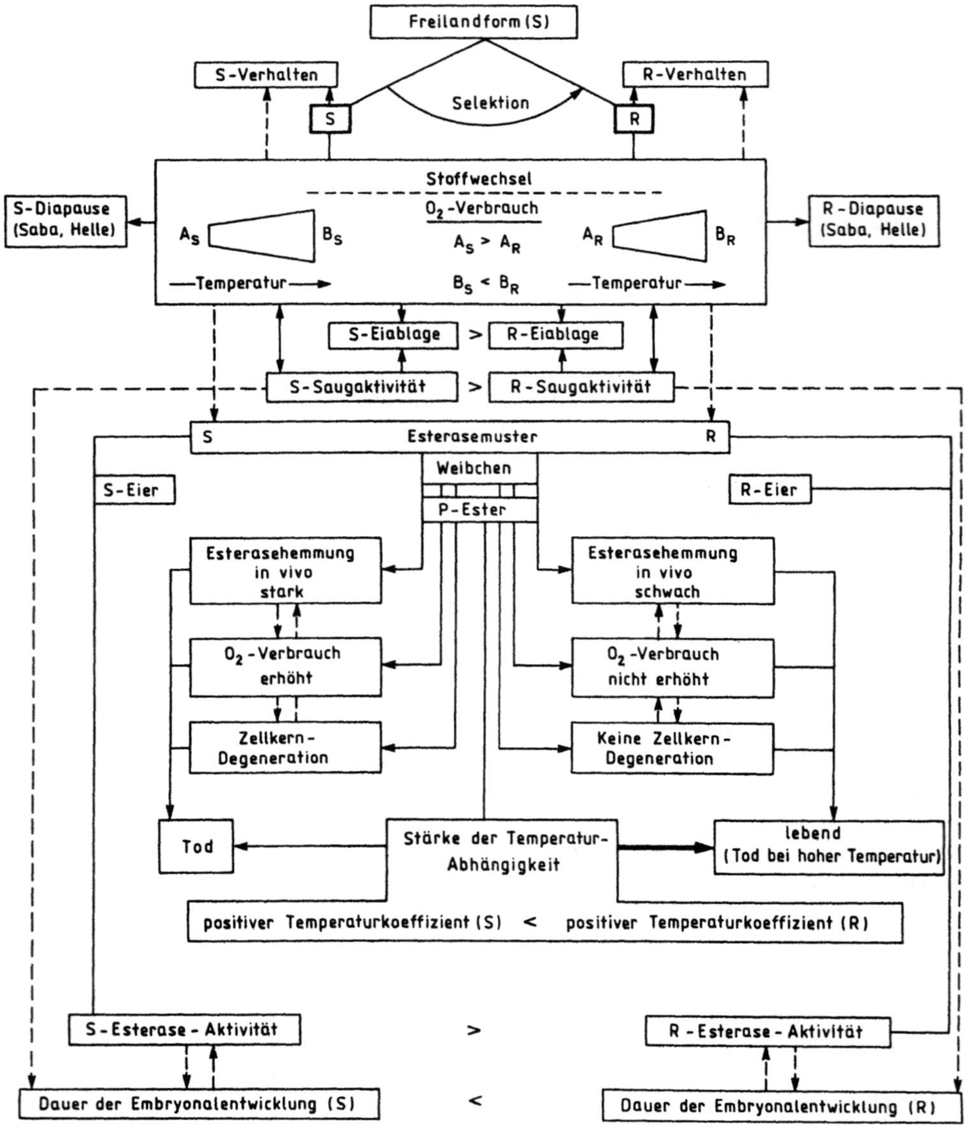

Abb. 84 Schematische Darstellung der physiologischen Unterschiede und Beziehungen einiger Lebensäußerungen zwischen sensiblen und gegen PO-Mittel resistenten Spinnmilben (*Tetranychus urticae* Koch), nach Arbeiten von Dittrich (1961), Helle (1961, 1962), Saba (1961a, b) und Voss (1962).

Bei der Grünen Reiszikade *Nephotettix cincticeps* Uhler wurden die Cholinesterasen in resistenten Populationen durch Karbamat-Insektizide viel weniger gehemmt als in empfindlichen. Somit war die Resistenz in diesem Falle durch geringere Empfindlichkeit der Cholinesterasen bedingt (Hama & Iwata 1973). Dementsprechend konnten Unterschiede im Esterasemuster nach elektrophoretischer Auftrennung zwischen resistenten und sensiblen Mosquitos aufgezeigt werden (Georghiou & Pasteur 1978).

2.1.6 Pyrethroid-Resistenz

Die Resistenz gegen natürliche Pyrethrine ist in der Natur nicht so stark ausgeprägt, wie gegen synthetische Mittel. Aber oft sind Arthropoden, die gegen DDT eine Resistenz entwickelt haben, auch gegen Pyrethroide resistent. So zeigte eine Hausfliegenpopulation in der Nähe von Stockholm in Schweden nach Behandlung mit Pyrethrinen plus Piperonylbutoxid eine 10fache Pyrethrin-Resistenz (Davies et al. 1958), die im Laboratorium auf das 20fache erhöht werden konnte, so daß sie gegen Pyrethrine unempfindlich war (Farnham 1971). Bei der Schabe *Blattella germanica* (L.) konnte die LD_{50} nach wiederholter Behandlung mit Pyrethrinen auf ein 75faches erhöht werden (Collins 1973). Diese Untersuchungen zeigen deutlich, daß auch gegen natürliche Pyrethrine Resistenz entwickelt werden kann.

Die Detoxifikation der Pyrethroide geschieht nicht durch Hydrolyse der Esterbindung zwischen Chrysanthemumsäure und dem Pyrethrolon, sondern durch Oxidation der terminalen Methylgruppe an der Seitenkette der Chrysanthemumsäure wie für Allethrin, Dimethrin, Phthaltrin und Pyrethrin I mit $NADPH_2$-haltigen Homogenaten des Hausfliegenabdomens gezeigt werden konnte (Yamamoto & Casida 1966). Diese *in vitro*-Aktivität war höher in Homogenaten von Diazinon-resistenten Hausfliegen als in solchen von sensiblen. Die Ergebnisse konnten durch *in vivo*-Untersuchungen bestätigt werden (Yamamoto et al. 1969).

Ein Baygon resistenter Hausfliegenstamm mit 2facher Allethrinresistenz metabolisierte in 30 Minuten 85 % des aufgenommenen Allethrins, während der S-Stamm nur 29 % abbaute. Der hierfür verantwortliche genetische Faktor war auf dem 2. Chromosom lokalisiert (Plapp & Casida 1969). Bei 10facher Pyrethrinresistenz und ebenfalls beträchtlicher DDT-Resistenz war die Absorption von Pyrethrin I bei topikaler Applikation mehr als um die Hälfte der bei normalen Fliegen reduziert (Fine et al. 1963). Durch weitere Selektion konnte sie auf das 20fache gesteigert werden. Wurde dieser Stamm mit Resmethrin weiter selektioniert, so wurde die Pyrethrinresistenz abgeschwächt, während die gegenüber Resmethrin zunahm. Ein ähnlicher Typ von Pyrethrin- und DDT-Resistenz, der durch Selektion eines dieser Wirkstoffe erreicht wurde, konnte bei der Mücke *Culex tarsalis* beobachtet werden (Plapp & Hoyer 1968).

Noch wesentlich höhere Resistenzwerte konnten nach Anwendung von Permethrin mit und ohne Piperonylbutoxid bei *Culex quinquefasciata* erreicht werden. In 18 Generationen steigerte sich die Resistenz um das 400fache (Priester & Georghiou 1978).

2.1.7 Arsenik-Resistenz

Die Anwendung von Natriumarsenit zur Bekämpfung der Zecken *Boophilus decoloratus* in Südafrika und Australien sowie *B. microplus* in Queensland hat Arsenik-Resistenz induziert. Arsenhaltige Präparate hemmen SH-haltige Enzyme. Dagegen läßt sich bei Arthropoden GSH verwenden (Forgash 1951). Bei den resistenten Larven war der SH-Gehalt zweimal und der GSH-Spiegel 2,5mal höher als bei normal empfindlichen (Harington 1959, Whitehead 1961). Weiterhin zeigten die R-Larven 3,5mal mehr Glutathion-Reduktaseaktivität als die S-Larven und beträchtlich höhere Kupferwerte; Kupfer dient bei der Oxidation als Katalysator (Harington 1961).

Die Verwendung von saurem Bleiarsenat in Gärten gegen *Carpocapsa pomonella* induzierte vor einem halben Jahrhundert in Colorado (USA) einen gegen Arsenik resistenten Stamm. Aber diese Tiere waren im Experiment gegen orale Aufnahme des Wirkstoffes genau so empfindlich wie normale. Der eigentliche Unterschied zum Normalstamm war die größere Resistenz gegen Gewichtsverlust, dem Hunger und Austrocknung folgten. So würde das längere Überleben die Chance erhöhen, einen von Arsenik freien Bereich zu finden, wo sie in den Apfel eindringen können (Hough 1934). Dies ist zwar kein Fall einer spezifischen Arsenik-Resistenz, aber der deutliche Anstieg in der allgeinen Vitalität kann als ‚Vitalitätstoleranz' bezeichnet werden (Brown 1976). Eine Resistenzentwicklung gegenüber Natriumarsenat bei Pharaoameisen scheint durch die soziale Nahrungskette gehemmt zu werden (Berndt 1976).

2.2 Genetische Basis, Polyresistenz

Insektizidresistenz ist präadaptiver Natur. In einer Population existieren in gewisser Anzahl Individuen mit Resistenz verursachenden Genen, bevor überhaupt ein Insektizid zur Anwendung kam. Das Pestizid wirkt dann als selektives Agens, indem es die resistenten Genotypen begünstigt, so daß diese allmählich in der Population vorherrschen werden und unter Umständen nach längerer Zeit in der ursprünglich sensiblen Population sogar ausschließlich vertreten sind. Das für eine Pestizidresistenz verantwortliche Erbgut ist in erster Linie in den Chromosmen lokalisiert.

Resistenzgrade werden gewöhnlich in Relation zur normal-sensiblen Population gemessen. Dabei wird die LD_{50} der sensiblen Ausgangspopulation als Basis angesehen und dann der Resistenzgrad der R-Population ermittelt. Die Werte sind aber stark abhängig vom Tiermaterial und den Methoden der Ermittlung, so daß es keinen absoluten Resistenzfaktor gibt. Penetration, Transport, Detoxifikation und Intoxikation spielen eine Rolle.

Eine durch ein Pestizid bewirkte Selektion wird die Allele begünstigen, die eine stärkere Resistenz verursachen, aber gleichzeitig wird die natürliche Selektion die mögliche genetische Variabilität begrenzen. Die Strukturgene bestimmen die Zusammensetzung der Aminosäureketten der Proteine, die für den Intoxikationsprozeß von größter Bedeutung sind. Dies sind die Enzyme. Pestizidselektion kann die Enzymaktivitäten auf zweierlei Wegen beeinflussen und zu einer Resistenz führen:

- durch Selektion eines abgeänderten Strukturgens, wodurch ein Enzym mit unterschiedlichen Eigenschaften und abgeänderter Aminosäuresequenz gebildet wird oder
- durch Selektion von Regulationsfaktoren, die die Menge des normalerweise produzierten Enzyms bestimmen.

Diese beiden möglichen Mechanismen haben verschiedene Folgen. Im ersten Fall produzieren alle Allelomorphen Enzyme mit verschiedenen Eigenschaften. Resistenzunterschiede in der Aktivität der DDTase, der Cholinesterase und der hydrolytischen Detoxifikationsenzyme werden auf diese Weise bewirkt (Plapp & Tripathi 1978). Wenn Regulationsfaktoren beteiligt sind, werden nur die Enzymmengen, nicht jedoch die Eigenschaften des Enzyms verschieden sein. Letzterer Mechanismus konnte bisher nicht nachgewiesen werden (Kuhr 1971).

Wenn ein mutiertes Gen, das einen gewissen Grad an Resistenz bewirkt, sich in einer Population ausbreitet und dies sich unter gleichem Selektionsdruck fortsetzt, besteht die Möglichkeit, daß sekundäre Mutationen das Gen modifizieren, um einen noch höheren Resistenzgrad zu erreichen. Hinweise auf die Existenz eines R-Allels, das geringe Parathionresistenz verursacht, aber dann einen höheren Resistenzgrad entwickelt, erbrachte Kikkawa (1964) bei bestrahlten *Drosophila* sowie Apperson & Georghiou (1975) bei *Culex tarsalis*. Auch an der DDTase-Wirkung ist mehr als ein Mutationsschritt beteiligt

(Oppenoorth 1965b). Bei normaler genetischer Analyse werden sich solche Vielstufenänderungen als monogenetische Resistenzfälle darstellen.

Viele Beispiele von Resistenz weisen auf die Wirkung eines einzelnen Gens hin, auch wenn der Resistenzfaktor recht hoch ist. Gutbekannte Beispiele sind die 2000fache Spinnmilbenresistenz gegen Organophosphate (Ballantyne & Harrison 1967), die DDT-Resistenz bei *Musca* (Lichtwardt 1964) und Dieldrin-Resistenz bei mehreren Dipteren (Busvine et al. 1963). In anderen Fällen hat die genetische Analyse einwandfrei eine polygenische Vererbung gezeigt (Sawicki & Farnham 1967, Georghiou 1971). Oft ist diese abhängig von der Selektionszeit. Eine Zeitperiode vergrößert die Chance, R-Faktoren zu kombinieren.

Genetische Untersuchungen können hilfreich sein, wenn es gilt, zwischen einem Resistenzfaktor und einer biochemischen oder physiologischen Eigenschaft eines R-Stammes eine Beziehung aufzuzeigen, die von der des S-Stammes abweicht. Wenn die biochemische Analyse zeigt, daß eine Beziehung besteht, ist es recht wahrscheinlich, daß sie in Verbindung mit der Resistenzursache steht, obgleich der Beweis auf diese Weise nicht erbracht werden kann (Tripathi & O'Brien 1973b).

Die beste Technik, die geeignet ist, den Einfluß von einzelnen Chromosomen auf die Resistenz zu zeigen, ist die faktorielle Analyse der Rückkreuzung (Tsukamoto 1964) und die Isolierung von Stämmen mit bestimmten Chromosomen und nachträglicher Rekonstruktion des ursprünglichen Stammes (Georghiou 1971, Collins 1973, Sawicki 1973).

Manchmal wird eine Analyse von Faktoren auf einem Chromosom erforderlich. Eine große Schwierigkeit besteht, eine monofaktorielle Restistenz zu beweisen, wenn diese mit eng benachbarten Genen verknüpft ist. Auch ist es sehr schwierig zu entscheiden, ob Gene oder Allele beteiligt sind. Endgültige Schlußfolgerungen sind aufgrund von genetischen Untersuchungen nicht möglich.

Cross-Resistenz bedeutet die Resistenz einer Insektenpopulation gegen andere Pestizide als das selektierende Agens; sie wird aber durch den gleichen Mechanismus bewirkt. Im Gegensatz dazu bedeutet ‚multiple Resistenz' die Resistenz eines Stammes gegen mehrere verschiedene Verbindungen; sie wird durch verschiedene Mechanismen verursacht. Multiple Resistenz resultiert oft aus simultaner und konsequenter Anwendung mehrerer Insektizide unter Freilandbedingungen. Zwischen diesen beiden Resistenztypen muß unterschieden werden, weil eine spezifische cross-Resistenz oft Informationen zum vorliegenden Resistenzmechanismus liefert, der dann erkennen läßt, welche alternativen Insektizide zur Bekämpfung von R-Populationen am günstigsten zu verwenden sind (Keiding 1975).

Die Unterscheidung zwischen cross- oder multipler Resistenz ist mitunter schwierig, denn manchmal ergibt eine Genverkettung eine scheinbare cross-Resistenz, besonders wenn die Selektion im Laboratorium durchgeführt wird. Wenn nämlich eine Pestizidselektion ein seltenes Gen A begünstigt, werden gleichzeitig die Gen-Allele selektiert, die mit ihm in Verbindung stehen. Wenn nun ein anderes Resistenzgen B schon im Stamm vorhanden ist, kann dieses Gen oder sein S-Allel mit dem Gen A verknüpft sein. Eine Selektion des Gen A kann so die Wirkung des Gen B erhöhen oder herabsetzen. Wenn die Selektion das Gen B bevorteilt, würde cross-Resistenz vermutet werden, obgleich multiple Resistenz vorliegt.

Ein gut bekanntes Beispiel für cross-Resistenz ist die Cylodien-Resistenz der Hausfliegen und einiger Mosquitos, wo charakteristische Beziehungen zwischen den Resistenzfaktoren und den Wirkstoffen gefunden wurden (Busvine 1954).

Die für die Resistenz bedeutendsten Mechanismen sind der veränderte Wirkungsort, die erhöhte Detoxifikation (Entgiftung) und eine reduzierte Eindringung in das Insekt. Die Feststellung, daß ein veränderter Wirkungsort vorliegt, setzt die Kenntnis der normalen Interaktion der Pestizide mit dem Wirkungsort voraus; es müssen Techniken vorhanden sein, die erlauben, Natur und Eigenschaften des Wirkungsortes zu verstehen. Zur Zeit ist immer noch zweifelhaft, ob die PO-Mittel und Karbamate ihre Hauptwirkung tatsächlich in der Hemmung der AChE haben. Andererseits sind die Wechselwirkungen mit dem AChE-Wirkungsort das bisher am besten verstandene Beispiel von Resistenz (Smissart 1964, Bell 1968). Insektenstämme mit verschiedenem Resistenzgrad und Acetylcholinesterasen mit verschiedenem Grad von Unempfindlichkeit gegen PO-Mittel lassen vermuten, daß die Veränderungen des Enzyms durch Allele verursacht werden. Allelismus wurde tatsächlich in zwei R-Stämmen der Spinnmilbe *Tetranychus urticae* (Schulten 1968) und der Zecke *Boophilus microplus* (Stone 1972) gefunden.

DDT-Resistenz, die nicht mit der DDTase-Aktivität korreliert war, zeigte sich an einem italienischen *Musca*-Stamm. Die Fliegen überlebten, ohne einen *knock-down*-Effekt zu zeigen, während jene anderer Stämme zunächst umfielen, um sich wieder zu erholen. Busvine (1951) zeigte, daß in diesem Falle eine cross-Resistenz zu Pyrethrinen besteht. Eine genetische Analyse ergab die Steuerung durch ein rezessives Gen *kdr* für die *knock-down*-Resistenz (Milani & Travaglino 1957). Das Gen ist auf dem Chromosom 3 lokalisiert (Bild 84). Dazu konnte die Überkreuzentfernung zu zwei Markergenen bestimmt werden. Später wurde auf dem gleichen Chromosom ein ähnliches Gen gefunden und zwar bei einem Amerika-Stamm, das sich aber mit *kdr* nicht allel erwies; es wird *kdr-O* genannt (Milani & Franco 1959, Milani 1960).

M. domestica-Stämme, bei denen DDT-Resistenz vom Gen *kdr-O* abhängig ist und bei denen zusätzlich eine Resistenz gegen Dieldrin und andere Cyclodien-Insektizide besteht, zeigten eine Verdopplung der Glukose-6-phosphat-dehydrogenase-Aktivität im Vergleich zum normalen Niveau. Durch Kreuzungen konnte das Resistenzgen von einer Fliegenpopulation auf die andere übertragen werden, wodurch die G-6-PD-Aktivität obligatorisch mitwanderte (Plapp 1970a). Der erhöhte Glukosemetabolismus wird in Verbindung mit der DDT-Resistenz gesehen.

DDT-Resistenz, die durch erhöhte DDTase-Aktivität bedingt ist, wird durch das *Deh*-Gen auf dem Chromosom 2 gesteuert (Oppenoorth 1967). Da Nervengewebe besonders reich an diesem Enzym ist, kann eine reduzierte Nervenempfindlichkeit auf eine vermehrte Dehydrochlorinierung zurückgeführt werden (Miyake et al. 1957).

Ein anderes Gen (*tin*) auf dem Chromosom 3 des California-Parathion-resistenten Stammes hatte seine Wirkung in einer reduzierten Dieldrin- und DDT-Absorption der Kutikula (Plapp & Hoyer 1968b). Das Gen *ox* auf dem Chromosom 2, das für die mikrosomale Oxidation von Karbamaten von Bedeutung ist, kann den Resistenzgrad für DDT auch leicht erhöhen (Plapp 1970b).

Jeder der fünf Resistenzfaktoren kann mit jedem anderen kombinieren und entsprechend andere Effekte bewirken. Während *kdr*-Heterozygote und *low-Deh*-Homozygote getrennt nur geringe DDT-Resistenz zeigen, sind Fliegen, die diese beiden Gene besitzen hoch resistent, denn ein wenig sensibler Nerv kann einer geringen Persistenz von nichtdehydrochloriniertem DDT im Körper recht gut widerstehen (Grigola & Oppenoorth 1966). Das Gen *tin* bewirkt in Verbindung mit DDT-*md* eine geringe Resistenz, weil die DDT-Penetration in solchem Maße reduziert ist, daß der oxidative Detoxifikationsmechanismus entsprechend wirksam werden kann. Ähnlich wirken die Gene *tin* und *ox* in Verbindung mit *kdr-O* (Plapp 1970b) (Bild 85).

Wood (1967) untersuchte die DDT-Resistenzgene in adulten und larvalen *Aedes aegypti* L. Er benutzte neben einem DDT-resistenten Stamm einen empfindlichen mit den Markierungsgenen *yellow* (y) (II. Kopplungsgruppe (K.), larvales Merkmal), *Red eye* (re) (I. K., Merkmal des Puppen- und frühen adulten Stadiums), *silver spots* (s) (II. K., adultes Markierungsgen) und *black tarsus* (blt) (III. K., adultes Markierungsmerkmal). Es wurden zwei verschiedene Resistenzgene für die Larvenresistenz und die der adulten Tiere gefunden. Die Resistenz der Larven wird auf das Hauptgen R^{DDT1} das auf der Kopplungsgruppe II in der Reihenfolge R^{DDT1}-*s-y* lokalisiert ist, zurückgeführt. Auch die III. K. kommt als Überträger des Merkmals in Frage, während die I. K. keinen Beitrag zur Resistenz leistet. DDT-Resistenz der Imagines hingegen wird durch ein Hauptgen R^{DDT2} auf der III. K., das 18,2 Einheiten vom Markierungsgen *blt* entfernt ist, übertragen. Die II. K. hat dagegen keinen Einfluß auf die Resistenz der adulten Mücken.

Für die Cyclodien- und Lindan-Resistenz gibt es weniger Anhaltspunkte, die auf bestimmte Gene hinweisen. Bei vielen Dipteren soll ein Hauptgen für fast alle Resistenzerscheinungen, die durch

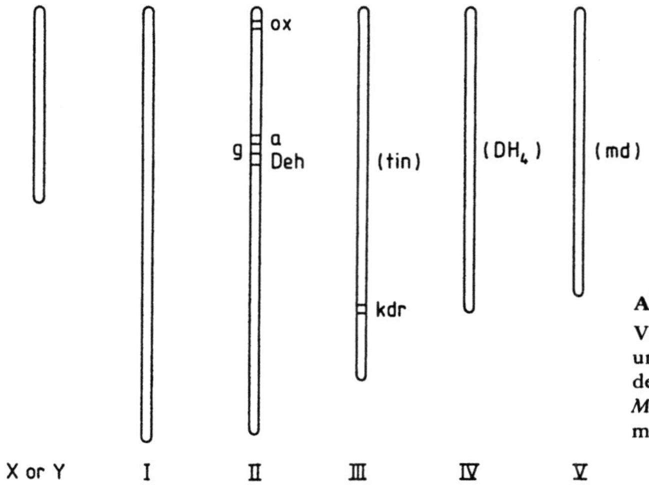

Abb. 85
Verteilung bekannter Resistenzgene und ihre Assoziation zueinander auf den Chromosomen der Hausfliege *Musca domestica* L., nach Tsukamoto et al. (1956).

Cyclodiene bewirkt werden, verantwortlich sein und darüber hinaus auch noch teilweise die Lindan-Resistenz steuern (Oppenoorth 1965). In vielen Fällen ist der Wirkungsort unbekannt, so daß die Hypothese, daß die Resistenz mit einer Veränderung des Wirkungsortes verknüpft ist, nicht getestet werden kann.

Untersuchungen an Dieldrin-resistenten Hausfliegen in Japan, in den Niederlanden und in Großbritannien (Sawicki & Farnham 1968) zeigten, daß das Hauptgen sich auf dem Chromosom 4 befindet (*DR4*). Auf Chromosom 3, das das *kdr*-Gen trägt, das für die reduzierte DDT-Empfindlichkeit der Nerven verantwortlich ist, ist nur das Gen *tin* von Einfluß. Dies geschieht jedoch erst sekundär und nicht in allen Dieldrin-resistenten Stämmen. Es reduziert die kutikuläre Absorption von Dieldrin und DDT (Plapp & Hoyer 1968), sowie von Diazinon und Mexacarbat (Zectran) (Sawicki & Farnham 1968), während die Chromosomen 2 und 3, die die Gene für die Oxidaseaktivität tragen, ohne Einfluß auf den Dieldrin-Resistenzgrad sind.

Reduzierte Penetration wurde in einem gut untersuchten Fall auf dem Chromosom 3 der Hausfliege gefunden. Die Expressivität des Gens ist aber weitgehend abhängig von der Applikationsweise; Kontaktbegiftung ergibt größere Resistenzgrade als topikale.

Der genetische Faktor, der für die oxidative Fähigkeit verantwortlich ist, befindet sich auf dem Chromosom 2 (Plapp & Casida 1969). Die oxidative Aktivität gleicher Homogenate des *Fc*-Stammes mit seiner 7fachen Allethrinresistenz war nicht so stark entwickelt und assoziiert mit einem Gen auf Chromosom 5. Diese Pyrethroidresistenz wird hauptsächlich durch ein Gen *tin* auf Chromosom 3 bewirkt, das die Penetration nicht spezifisch reduziert (Hoyer & Plapp 1968). Das *Kdr-O*-Gen auf Chromosom 3 ist assoziiert mit reduzierter Nervensensibilität und bedingt sowohl Toleranz von Pyrethrin als auch Resistenz gegen DDT.

Die Assoziation einer niedrigen Ali-Esterasen-Aktivität mit PO-Resistenz wurde in einer Serie von RS x S-Rückkreuzungen geprüft (Asperen & Oppenoorth 1959). Dabei stellte sich heraus, daß das Gen *a* auf dem Chromosom 2 beteiligt ist, das sehr dicht am Gen *Deh* liegt (Franco & Oppenoorth 1962). Eine 10fache Diazinon-Resistenz konnte durch gleichzeitige Behandlung der Fliegen mit Sesamex, einem Hemmer der mikrosomalen Oxidasen, beseitigt werden. Ein Zusatz von Sesamex vermied auch eine DDT-Resistenz, die durch ein Gen (*md*) auf dem Chromosom 5 beeinflußt wird. Andererseits wurde die Resistenz gegen Diazinon und DDT eines Dithion-resistenten Stammes aus den Niederlanden durch ein Gen auf dem Chromosom 2 gesteuert. Aber auch diese wird durch Sesamex aufgehoben (Oppenoorth & Houx 1968). Eine Deäthylierung von PO-Mitteln wird durch ein Gen (*g*) auf dem Chromosom 2 bedingt; es liegt eng am Marker *'carmine'* wie auch am Gen *a*. Aber es ist nicht das Gen *a* selbst, denn es wurde beim Dithion-resistenten Stamm *Nic* nicht gefunden, der das Gen *a* besitzt.

Eine ungewöhnlich hohe (100fache) Resistenz gegen Parathion und auch gegen organische Zinnverbindungen, wie Tributylzinnchlorid (TBTC) zeigte ein Zuchtstamm von *M. domestica* (Cal, P.-R.). Als Ursache wurde ein unvollständig dominantes Gen auf dem 2. Chromosom erkannt. Weiterhin wurde ein TBTC-Resistenz bewirkendes unvollständig rezessives Gen auf dem 3. Chromosom als *„organotin-R"* benannt und als *„tin"* bezeichnet (Bild 85). Aus Kreuzungsversuchen verschiedener

Stämme folgerten Hoyer & Plapp (1968a), daß „*tin*" oder ein ihm nahe verbundenes Gen als Resistenzverstärker wirke und die hohe Parathion-Resistenz von *Cal P.-R.* auf dem Zusammenwirken zweier unabhängiger Hauptgene beruhe.

Ein Nicotinsulfat-resistenter Stamm der Hausfliege zeigte zwar eine schwache Diazinonresistenz, aber so gut wie keine Resistenz gegen DDT, Lindan und Sevin. Eine genetische Analyse ergab, daß die Vererbung von Nikotinsulfatresistenz durch co-dominante und multiple Faktoren kontrolliert wird, die von einem Hauptgen auf dem Chromosom 5 und Modifikationsgenen auf anderen Chromosomen abhängig ist (Ogita & Kasai 1966). Auch für Sevin-Resistenz der Hausfliegen liegen der oder die regulierenden Faktoren auf dem Chromosom 5, während sie für Lindan-Resistenz auf dem Chromosom 2 zu finden waren. Eine Kombination von Lindan und Karbamaten ergab einen Anstieg in der insektiziden Wirkung; eine negativ korrelierte cross-Resistenz konnte zwischen Sevin und Lindan oder DDT nicht beobachtet werden. Daraus wird gefolgert, daß zwei Faktoren für die Erhöhung der insektiziden Wirkung verantwortlich sein könnten, die durch eine kombinierte Anwendung von Sevin und Lindan selektioniert wurden (Kasai & Ogita 1965b).

Die Fenthion-Resistenz der Larven von *Culex quiquefasciata* konnte auf eine erhöhte Hydrolyse von 2-Naphthylacetat zurückgeführt werden. Auf Agargelektropherogrammen konnte die enzymatische Aktivität einer Proteinbande zugeordnet werden, die nicht durch Fenoxon gehemmt wurde, dieses aber abbaute (Stone & Brown 1969). Die Vererbung dieser aktiven Bande verbunden mit Fenthion-Resistenz erwies sich als monofaktoriell und mit dem Chromosom 2 dieser Mosquito-Art assoziiert (Dorval & Brown 1970).

Von besonderem Interesse für die Resistenzforschung ist die Taufliege *Drosophila,* weil hier aufgrund der guten genetischen Kenntnisse eine Bearbeitung von Vererbungsmechanismen deutlich erleichtert ist. Die bei *Drosophila* in verschiedenen Richtungen durchgeführten Kreuzungen ergaben, daß die DDT-Resistenz eines Individuums um so höher ist, je mehr Chromosomen es vom R-Stamm enthält und daß beide großen R-Autosomen sowie auch das R-X-Chromosom deutlich zur Resistenzbildung bei *D. melanogaster* beitragen (Crow 1957). Es konnte mit genetisch markierten Chromosomen durch *crossing over* ermittelt werden, daß der größte Teil des Erbmaterials für die Resistenz im Chromosom II nahe dem Centromer konzentriert ist. Auf dem Chromosom III konnten die Resistenzfaktoren nicht scharf lokalisiert werden. Doch ist nach den bisherigen Untersuchungen anzunehmen, daß jedes Chromosom einen Einfluß auf die Resistenz besitzt und daß in jedem Chromosom auch mehrere R-Gene enthalten sind. Danach liegt bei *D. melanogaster* eine polyfaktorielle Vererbung der DDT-Resistenz vor.

Durch Rückkreuzungsversuche gelang es Tsukamoto et al. (1956) und Tsukamoto (1964) einige Loci dieser Resistenzfaktoren zu bestimmen. Sowohl für DDT- als auch für HCH-Resistenz konnte ein verantwortliches Hauptgen auf dem Chromosom II nahe dem Centromer bei Locus 66 gefunden werden. Es wird deshalb angenommen, daß die DDT- sowie HCH-Toleranz durch das selbe Gen kontrolliert werden. Ein Hauptgen für Nikotin-Toleranz liegt dagegen im Chromosom III bei Locus 49–50 in der Nähe des Centromers (Bild 86).

Die Anwendung neuer Verbindungen, die nur toxisch für die R-Populationen sind, führte zum Begriff der negativ korrelierten cross-Resistenz (Brown 1958). Dies kann theoretisch bei einer Rückselektion zum S-Zustand führen. Mit 4 bekannten Mechanismen für DDT-Resistenz und 4 oder mehr für PO-Mittel wird sicherlich noch nicht die Grenze erreicht sein, so daß zu erwarten ist, daß die Selektion fortschreitet, solange wie Pestizide kontinuierlich angewendet werden. Sie führt nicht nur zu zusätzlichen, sondern auch zu noch wirksameren Mechanismen. In dieser Hinsicht ist die Entwicklung von Insektizidresistenz vergleichbar mit der Adaptation der Insekten an Abwehrmechanismen der Pflanzen (Dyte 1969). Je länger eine Population von Insekten mit Pestiziden behandelt wird, um so komplexer wird der Adaptationsprozeß. Das Resistenzspektrum expandiert fortschreitend, und der Resistenzgrad steigt graduell an; dies ist abhängig davon, wie weit eine Akkumulation mehrerer verschiedener Resistenzfaktoren möglich ist (Georghiou & Hawley 1971).

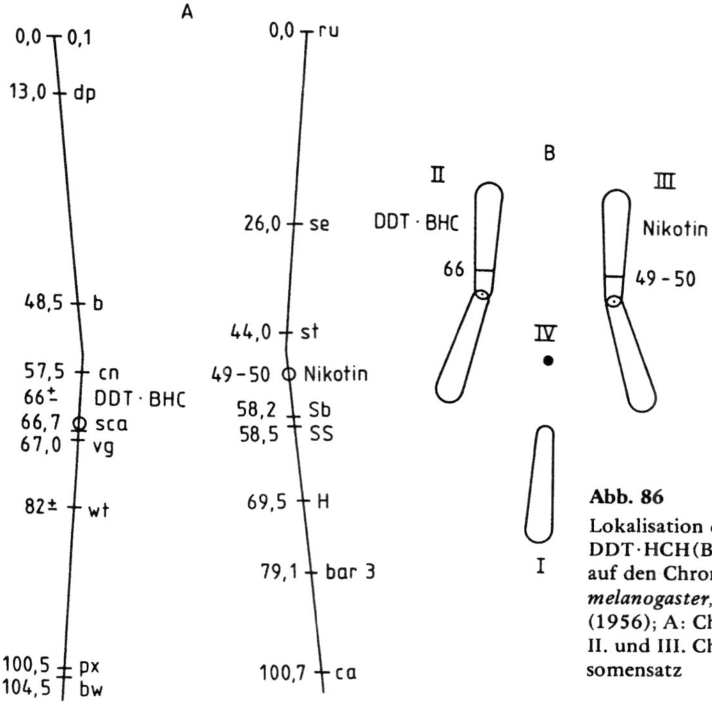

Abb. 86
Lokalisation der wichtigsten Gene für DDT·HCH(BHC)- und Nikotin-Toleranz auf den Chromosomen von *Drosophila melanogaster*, nach Tsukamoto et al. (1956); A: Chromosomenkarte des II. und III. Chromosoms, B: Chromosomensatz

Es ist nicht möglich vorauszusagen, ob sich Resistenz in einer besonderen Situation entwickeln wird, denn dies ist abhängig vom pestiziden Selektionsdruck und von vielen nicht bekannten Charakteristika der Insektenpopulation (Comins 1979). Infolge des jahrzehntelangen Einsatzes von Pestiziden haben viele Insekten schon Resistenz entwickelt. So waren 1945 zehn Insektenarten von land- und forstwirtschaftlicher Bedeutung bekannt, die gegen moderne Pestizide Resistenz entwickelt hatten. Im Jahre 1962 waren es etwa 160 und 1967 bereits 224 Insekten- und Milbenarten. Von den 224 Arten waren 97 von veterinär-medizinischer und 127 von land- und forstwirtschaftlicher Bedeutung. 135 Arten waren gegen Cyclodienverbindungen, 91 gegen DDT und 54 gegen Organophosphate resistent (Zoebelein 1976). Daraus errechnet sich, daß jedes Jahr 20 Arten neu resistent wurden. Wenn dieser Prozeß so weitergeht, werden die etwa 5000 ökonomisch wichtigen Arthropodenarten in etwa 200 Jahren nach Pestizidanwendung in irgendeiner Weise Resistenz entwickelt haben, so daß entweder höhere Pestiziddosen oder andere Pestizide zur Anwendung kommen müssen. Dies wäre ein Weg ohne Ende und führte zu einer immer stärkeren Dauerbelastung unserer Umwelt. Aus der heutigen Sicht kann dieses Problem nur umgangen werden, wenn die Applikation der Pestizide zeitlich und möglichst auch örtlich begrenzt wird und das angewendete Pestizid schnell wieder aus dem Ökosystem verschwindet. Alle Bekämpfungsmethoden, die zum Nachlassen des Selektionsdruckes führen, sollten genutzt werden, wo sie praktikabel sind. Die Weiterentwicklung eines integrierten Gesundheits- und Pflanzenschutzes wird in dieser Hinsicht hilfreich sein. Eine vermehrte Suche nach natürlichen Wirkstoffen mit entsprechenden Anwendungsmöglichkeiten, gegen die keine oder nur selten Resistenz entwickelt wird, sollte gefördert werden (Comins 1979).

IX Toxikologie der Pestizide

Bei der Besprechung der einzelnen Pestizidgruppen wurde herausgestellt, daß besonders eine chronische Applikation zu Veränderungen im Stoffwechsel führen kann, die zu Mißbildungen Anlaß geben können, wenn Wechselwirkungen mit dem Genom gegeben sind. Solche Abänderungen können von der applizierten Dosis und auch von der Einwirkungszeit abhängig sein, so daß mitunter eine kumulative Wirkung zustande kommt.

Wegen ihrer weiten Verbreitung, Persistenz und mitunter Anreicherung in den Nahrungsketten sowie der toxikologischen Eigenschaften vieler Verbindungen wird heute die toxikologische Gefahr, die durch synthetische organische Chemikalien, einschließlich der Industrie-Emissionen, Pestizide, Nahrungsmittelzusätze und Drogen, wesentlich ernster gesehen als vor einigen Dekaden. Dabei stellen die Pestizide eine wesentliche Gruppe von Verbindungen dar, die die Umwelt stark belasten, da sie unentwegt in der Natur versprüht werden.

Ob Pestizide eine teratogene, mutagene oder karzinogene Wirkung haben, ist weitgehend von der Testmethode abhängig. Die Variabilität solcher Methoden macht es oft schwierig, die erhaltenen Befunde zu interpretieren und an Tieren gewonnene Daten auf den Menschen zu übertragen.

Der wesentlichste Unterschied zwischen den drei Krankheitsbildern ist wohl bei den basalen toxikologischen Charakteristika zu suchen. Karzinogenese wird gewöhnlich als eine Form von chronischer Toxizität betrachtet, während Teratogenese ein akut-toxisches Phänomen ist, das nur kurze Perioden der Einwirkung des Chemikals benötigt. Auch ist nur eine kurze Zeit zur Manifestierung der Mißbildung erforderlich. Tabelle 34 gibt eine Übersicht über die Teratogenese.

Tabelle 34 Der Prozeß der Teratogenese

Ursachen ⟶	Mechanismen ⟶	Wirkungen
Wirkung eines Agens aus der Umwelt auf den Embryo oder die Geschlechtszellen, wie Strahlung Chemikalien Mangelernährung Infektion Sauerstoffmangel etc. Temperatur Endokrine Imbalanz Physisches Trauma Plazentale Fehlleistungen	*Reaktionen* im Embryo oder in Geschlechtszellen, wie Mutationen chromosomale Brüche mitotische Störungen veränderte Nukleinsäurenwirkung Fehlen von Vorstufen, Substraten etc. veränderte Energiequellen Änderung der Membraneigenschaften Wasser-Elektrolyt-Imbalanz Enzymhemmung	*Pathogenese,* bedingt durch einen oder mehrere Faktoren, wie Zelltod Wechsel der Mitoserate red. Biosynthese veränderter Differenzierungsplan verhindertes morphogenetisches Wachstum etc. – führt zu anomaler Gewebe- und Organentwicklung, wodurch die Art und Auswirkung des Enddefektes bestimmt wird

1 Teratogene, mutagene und karzinogene Wirkungen

Jede chemische Verbindung, die mit dem Erbmaterial eines Organismus in Wechselwirkung treten kann, wird karzinogene, mutagene oder teratogene Wirkungen verursachen können. In letzter Konsequenz sind das Veränderungen an der DNA während eines bestimmten Entwicklungszustandes des Organismus. Das Ergebnis ist abhängig vom Zelltyp, der beeinflußt wird, und der Art der genetischen Veränderung.

Teratogene Wirkungen führen zu strukturellen oder funktionellen Abänderungen während der Embryogenese, die Mißbildungen ergeben. Gewisse Zellen werden im sich entwickelnden Organismus geschädigt oder abgetötet. Bei der Ermittlung teratogener Effekte sind die Zeit und der Weg der Aufnahme, die zugeführte Menge, die Anzahl der Applikationen und auch zusätzliche Stressbedingungen, wie Mangelernährung zu berücksichtigen.

Mutationen sind im weitesten Sinne Veränderungen am genetischen Material. Dies kann eine chemische Änderung an einem Gen sein, das verschiedene Funktionen steuert, oder es kann eine Umbildung im Chromosomensatz, ein Verlust oder eine Neuordnung von Chromosomenteilen sein. Somatische Mutationen führen zu funktionellen Störungen von Zellen, aus denen karzinogene oder auch teratogene Effekte resultieren können. Mutationen in Geschlechtszellen können sich in der nächsten Generation in jeder Zelle auswirken und weitere Mißbildungen verursachen oder den frühzeitigen Tod herbeiführen.

Da Gene jeden Teil des Körpers beeinflussen und jeden Stoffwechselprozeß kontrollieren, sind zahlreiche Mutationen bekannt. Sie verursachen letale Effekte, physische Mißbildungen sowie geistig-seelische Mängel und Krankheiten. Angeborene Stoffwechselstörungen und Mißbildungen sowie ein Spektrum anderer physischer und geistig-seelischer Unfähigkeiten, die die künftige Population belasten, können zu Defektmutationen beitragen.

Eine Induktion von Neoplasmen durch Chemikalien ist weit verbreitet. Wir kennen verschiedene Typen von karzinogenen Tumoren, bei denen der Steuerungsmechanismus für die Zellteilung ausgefallen ist. Es kommt zu Verhaltensänderungen der Zellen, für die Interaktionen des Karzinogens mit der DNA verantwortlich sein können, die die Information im Makromolekül verändern. Oder es kommt zu Änderungen an spezifischen Proteinen oder Ribonukleinsäuren (RNA), wodurch relativ stabile und vererbbare Änderungen in der Genomexpression bewirkt werden. Zwei indirekte Mechanismen, die Aktivierung eines latenten karzinogenen Virusgenoms und die Selektion von präneoplastischen Zellen unter Bedingungen, die die Teilung dieser Zellen begünstigen, kommen hinzu und wirken durch die vorgenannten Mechanismen. Natürlich sind auch Kombinationen zwischen direkten und indirekten Steuerungsmechanismen möglich. Alle werden sowohl durch innere als auch durch äußere Umweltfaktoren beeinflußt. Alter, Geschlecht und physiologischer Zustand des in Frage stehenden Gewebes können das Auftreten von Krebserscheinungen beeinflussen (Kotin 1972).

Will man die toxikologischen Befunde interpretieren, so muß man sich den grundlegenden Informationen über die Mechanismen zuwenden, die die reaktiven Stoffwechselprodukte kontrollieren.

1.1 Wirkung von DDT

Da sich DDT und auch andere chlorierte Kohlenwasserstoffe sowie ihre Metaboliten nur schwer und oft sehr langsam von Lebewesen abbauen lassen, ja sogar im Fettgewebe gespeichert und damit konserviert werden, sind diese Pestizide überall in der Umwelt verbreitet, wenn nicht ein Anwendungsverbot wie in den USA und einigen europäischen

Staaten dies stark einschränkt. Gerade die Speicherung im lebenden Organismus kann über die Nahrungsketten zur Akkumulation im Foetus und in der Muttermilch führen (Ortwein 1972). Es bestehen Anzeichen dafür, daß DDT die Tumorrate bei gewissen Labortieren erhöht, die Mutagenität in Säugern und Insekten vermehrt sowie die Reproduktionsrate mehrerer Vogelarten absenkt (vgl. S. 289).

DDT kann die Plazenta der Säugetiere durchdringen (Finnegan et al. 1949, Bäckström et al. 1965, Hart et al. 1972), denn DDT-Rückstände wurden in abgestorbenen menschlichen Foeten gefunden (Wassermann et al. 1967). Wurden trächtige Albino-Kaninchen mit 10 oder 50 mg/kg *p, p'*-DDT behandelt, so erhöhte sich die Anzahl der resorbierten Foeten und das foetale Gewicht sank ab. Ähnliche Resultate konnten bei Mäusen erzielt werden (Bernard & Gaertner 1964, Deichmann & Kepplinger 1966, Ware & Good 1967). Hunde, die täglich 12 mg/kg DDT, 0,15–0,3 mg/kg Aldrin oder 6 mg/kg DDT plus 0,15 mg/kg Aldrin über 5 Jahre ausgesetzt waren, zeigten keinen Oestrus, die Libido ging zurück und die Milchdrüsenentwicklung war schwach, so daß nur wenig Milch produziert werden konnte. Das führte zu einer hohen Mortalitätsrate bei den Nachkommen (Deichmann et al. 1971, Deichmann 1972).

Bei in der Entwicklung sich befindenden Eiern der amerikanischen Flunder, *Pseudopleuronectes americanus*, die von Elterntieren stammten, die verschiedenen subletalen Konzentrationen von DDT ausgesetzt waren, wurde häufig eine abnorme Gastrulation und nachfolgend eine große Anzahl von Wirbeldeformationen (39 %) zum Zeitpunkt des Schlüpfens beobachtet. Knochenauflösung und Blutaustritt in den Wirbelgelenken waren zu erkennen, wenn die DDT-Konzentrationen in den Eiern der exponierten Flundern zwischen 0,39 und 4,60 ppm lagen. In der Kontrolle mit 0,11 bis 0,57 ppm DDT traten unter 1 % Knochendeformationen auf (Smith & Cole 1973).

Bei *Drosophila pseudoobscura* konnten genetische Effekte des DDTs und seiner Rückstände gezeigt werden (Dobzhansky et al. 1964, 1966; Cory et al. 1971), die sich in der Population auswirkten. Auch wurde DDT für eine beispiellos hohe Anzahl von genetischen und chromosomalen Mutanten in einer natürlichen Mauspopulation in den Anden verantwortlich gemacht (Wallace 1971). Im Experiment verursachten 150 ppm DDT und höhere Dosen eine deutlich höhere Rate von chromosomalen Abnormitäten (Johnson & Jalal 1973). Damit wurde DDT als potentielles Mutagen betrachtet. Beim chinesischen Hamster wurden zytogenetische und mutagene Wirkungen von DDT und DDE festgestellt. Besonders DDE erhöhte die Mutationsrate und die Anzahl der polyploiden Zellen, während DDT selbst in dieser Hinsicht inaktiv war. Auch chromosomale Aberrationen traten auf (Kelly-Garvert & Legator 1973). Letztere waren bei Ratten nach Behandlung mit *p, p'*-DDT doppelt so hoch wie mit der *o, p'*-Isomeren. Konzentrationen von 10 µg/ml *p, p'*-DDT, DDD und DDE ergaben Chromosomenschäden in 22,4, 15,5 und 13,7 % der Zellen (Palmer et al. 1972).

Die Wirkung von DDT und seiner Metaboliten wurde von Vogel (1972) auf die männlichen Geschlechtszellen von *D. melanogaster* untersucht. Nur DDA, das hauptsächlichste Ausscheidungsprodukt des DDTs, induzierte rezessive Letalmutanten, wobei reifendes Sperma empfindlicher reagierte als Spermatiden oder Spermatocyten. Für Garnelen und die Wespe *Bracon hebetor* konnten diese Ergebnisse nicht bestätigt werden (Grosch 1967, Grosch & Volcovic 1967).

Bei menschlichen embryonalen Fibroblasten verursachte DDT + HCH erst nach 192 Stunden einen Anstieg in der Anzahl der degenerierenden Zellen (Perelygin et al. 1973). Bei chronischer Darbietung von DDT (0,4 bis 0,7 mg/kg täglich) über 6 Monate an Mäusen zeigten sie nach weiteren 20 Monaten nicht nur einen Anstieg im gespeicherten DDT, das bis zur 5. Generation auf 7 bis 11 ppm im Körperfett erhöht wurde und etwa dem der menschlichen Bevölkerung in den Großstädten entsprach (Tarján 1973), sondern auch einen Anstieg in der Tumorhäufigkeit ab der 2. Generation (Kemeny & Tarján 1966). Auch die Langzeitversuche von Tomatis et al. (1972) mit Mäusen ergaben, daß Dosen von 0,02 bis 0,09 ppm DDT und 0,17 ppm HCH im Organismus zu einer deutlichen Erhöhung der Tumorrate bei Männchen führten. Sie war bei höchsten Konzentrationen am größten. An Weibchen mußte ein Futter mit 250 ppm DDT verabreicht werden, um einen merklichen Anstieg der Lebertumorrate zu erreichen (Terracini et al. 1973). Die Tumoren erschienen in früherem Alter als bei den Kontrollen. Extrahepatische Tumoren traten nicht auf, von denen Kemeny & Tarján (1966) und Tarján & Kemeny (1969) berichteten. Während Tomatis et al. (1973) in einer Literaturübersicht für chlorierte Kohlenwasserstoffe bei Mäusen eine positive Relation zwischen Induzierbarkeit parenchymaler Lebertumoren und der Fähigkeit, sie an anderen Stellen in Ratten oder Hamstern hervorzurufen, herausstellte, berichteten Grasso & Crampton (1972), daß die Mäuse-Hepatome verursachenden Verbindungen nicht als generelle Induktoren für Karzinome angesehen werden dürfen.

Lebertumoren sind die häufigsten, die nach Darbietung von chlorierten Kohlenwasserstoffen auftreten (Innes et al. 1969, Davis & Fitzhugh 1962, Nagasaki et al. 1971), wobei die Konzentrationen erheblich variieren können, die zu Schadeffekten führen. Dies ist abhängig von der Tierart und auch von dem getesteten Stamm einer bestimmten Spezies. Verschiedene Mäusestämme zeigten eine große Variationsbreite in der Tumorentwicklung, die für eine Extrapolation solcher Ergebnisse auf den Menschen von großer Bedeutung ist. Während Mäuse generell gegen DDT ziemlich empfindlich sind, konnten bei Ratten mit gleichen Dosen nur wenige Hepatome erhalten werden; Goldhamster waren noch viel weniger empfindlich (Agthe et al. 1970). Die besondere Empfindlichkeit von Mäusen gegenüber Lebertumoren induzierende Chemikalien läßt sich auf ein Überwiegen der aktivierenden Enzyme zurückführen, während die hemmenden 10mal schwächer sind als bei anderen Laborsäugetieren. Das Schicksal eines jeden bedrohten Individuums hängt vom Gleichgewicht zwischen Aktivierung und Hemmung des potentiellen Karzinogens ab und somit von der Aktivität der beteiligten Enzyme.

Weiterhin ist interessant, daß bei Arbeitern, die von Berufswegen einem hohen DDT-Spiegel über 10 bis 20 Jahre ausgesetzt waren, über keinen Fall von Krebs berichtet wurde (Laws et al. 1967). Auch Versuche mit Affen ergaben keine Anzeichen für karzinogene Wirkungen (Durham et al. 1963).

Aus den bisherigen Ergebnissen zeigt sich somit, daß DDT und seine Metaboliten zwar als Mutagen oder Karzinogen wirken können, aber nicht müssen. Es kommt ganz auf den Testorganismus und die Testbedingungen an, ob eine Wirkung zu erkennen ist (Styles 1973).

In Untersuchungen mit verschiedenen Pestiziden und Pestizidmischungen konnte kein Hinweis auf eine synergistische oder additive karzinogene Wirkung des DDTs erhalten werden (Radomski et al. 1965, Deichmann et al. 1967). Dagegen wurde mehrfach auf eine antitumorigene Wirkung des technischen DDTs (5,5 mg/kg/Tag) hingewiesen (Jukes 1970, Walker et al. 1970a, b Laws 1971).

1.2 Wirkung von Cyclodienen

Die Wirkung von Cyclodieninsektiziden auf Reproduktion und Mortalität der Foeten wird unterschiedlich bewertet. Bei Ratten ging die Begattungsbereitschaft zurück, wenn sie kontinuierlich 2,5 oder 12,5 ppm Dieldrin erhielten. Nach darauf folgender Begattung konnte keine Trächtigkeit beobachtet werden (Treon & Cleveland 1955). Good & Ware (1969) berichteten über die Wirkung von Dieldrin und Endrin auf die Fortpflanzung von Mäusen, die 30 Tage vor Begattung beginnend 5 ppm täglich über 120 Tage erhielten. Dieldrin verursachte zwar keine Elternsterblichkeit, reduzierte jedoch deutlich die Wurfgröße, während Endrin signifikante Elternsterblichkeit und kleinere Würfe bewirkte. Die Fertilität und Fruchtbarkeit der produzierten Jungtiere wurde nicht behelligt. Wurden Mäusen 25 ppm Aldrin, Dieldrin oder verschiedene Kombinationen verabreicht, so zeigte sich eine bemerkenswerte Wirkung auf Fertilität, Empfängnisbereitschaft, Lebensfähigkeit, Laktation und Überlebensrate bei den Eltern und weiteren zwei Generationen. Histologisch konnten in Leber, Niere, Lunge und Gehirn Veränderungen festgestellt werden. Boucard et al. (1970) berichteten, daß 2,5 mg/kg Dieldrin bei Foeten von Ratten und Mäusen Deformationen hervorriefen. Ähnliche Wirkungen zeigten Endrin-Emulsionen (0,58 mg/kg) (Noda et al. 1972), wenn sie an jungfräuliche Ratten und Mäuse oral ein Mal pro Woche über 30 Tage verfüttert wurden. Nach einmaliger Begattung pro Woche waren nach 18 bis 20 Tagen der Schwangerschaft eine erhöhte foetale Mortalität, vermehrte Mißbildungen an Extremitäten, wie Klumpfuß, und Skelettanomalien feststellbar.

Bei Schweinen konnten nach Gaben von 15 mg Dieldrin/kg während der letzten 30 Tage der Gestation keine Schädigungen beobachtet werden. Dagegen wurden bei trächtigen Goldhamstern nach einmaliger Darreichung einer halben LD_{50}-Dosis von Aldrin, Dieldrin und Endrin in Maisöl am 7., 8. und 9. Tag der Gestation eine höhere foetale Absterberate, angeborene Anomalien und Wachstumsverzögerungen erhalten. Die häufigsten Defekte waren gespaltener Gaumen, offene Augen und Füße mit Schwimmhäuten, die oft kombiniert auftraten (Ottolenghi et al. 1973). Auch bei Hunden wurde nach Aldringaben eine Neugeborenen-Toxizität beobachtet (Kitselman 1953).

Eine Injektion von 5 bis 10 mg Dieldrin in fertile Hühnereier vor Bebrütung reduzierte den Schlupf der Küken um 30 bis 40%. Geschlüpfte Küken, die 10 mg erhielten, zeigten Tremorerscheinungen und starben innerhalb von 24 Stunden, während jene, die mit 5 mg behandelt waren, innerhalb einer Woche eingingen (Smith et al. 1970).

Markaryan (1966) fand nach Applikation verschiedener chlorierter Kohlenwasserstoffe sehr verschiedene cytogenetische Effekte an Knochenmarkzellen. Mit 4 oder 10 ppm Dieldrin über 60 Tage behandelte Enteneltern produzierten keine cytogenetisch veränderten Nachkommen. Erst Dosen von 30 oder 100 ppm führten zu chromosomalen Strukturveränderungen (Bunch & Low 1973). Daraus wurde gefolgert, daß der Dieldrinspiegel in freilebenden Wasservögeln zu niedrig ist, um Chromosomenaberrationen zu erzeugen!

Chromosomenfragmentierung wurde auch nach 0,25 mg intestinal verabreichtem Endrin bei männlichen Albino-Ratten beobachtet (Dikshith & Datta 1973), während bei *D. melanogaster* mit 34 verschiedenen Pestiziden keinerlei mutagene Aktivität erkannt werden konnte (Benes & Sram 1969).

Mit 1 und 5 ppm Heptachlor konnten Cerey et al. (1973) bei Ratten über drei Generationen einen deutlichen Anstieg der foetalen Resorptionsrate in der 2. und 3. Generation feststellen. Cytogenetische Studien ergaben eine vermehrte Anzahl von anomalen Mitosen und Chromatiden sowie Translokationen in Knochenmarkszellen der behandelten Tiere. Jedoch blieben auch diese Ergebnisse nicht unwidersprochen (Epstein et al. 1972).

Wie mit DDT konnten auch mit Aldrin und Dieldrin Lebertumoren bei Mäusen erzielt werden (Davis & Fitzhugh 1962), jedoch waren es keine bösartigen Geschwülste. Untersuchungen an Hunden und Ratten (Walker et al. 1969), Affen (Wright 1971) und Menschen (Jager 1970) zeigten keine Anzeichen für eine geschwulsterzeugende Wirkung von Aldrin und Dieldrin. Walker et al. (1972) fanden in fünf Langzeitversuchen bei Mäusen, die mit verschiedenen Dosen von Dieldrin und DDT gefüttert wurden, keine Beeinträchtigung der Gesundheit unterhalb 10 ppm Dieldrin und 100 ppm DDT, obgleich nach langzeitiger Darreichung in Abhängigkeit von der Dosis Lebervergrößerungen mit ansteigender Krankhaftigkeit zu beobachten waren. Rosival & Kapeller (1970) beschrieben leichte Veränderungen im endoplasmatischen Retikulum der Leber von Ratten, die 2 mg/kg Heptachlor über 7 Tage und 6 mg/kg über 28 Tage erhalten hatten, jedoch konnten keine Läsionen an basalen enzymatischen Vorgängen gefunden werden.

Ein Absinken der Tumorrate, insbesondere der Brusttumoren und jener der lymphatischen Gewebe gegenüber der Kontrolle ergaben Lebenszeittests mit Albino-Ratten, die mit 20, 30 oder 50 ppm Aldrin und Dieldrin gefüttert wurden (Deichmann et al. 1970). Hierbei wird eine Induktion der mikrosomalen Enzymaktivität durch die beiden Pestizide vermutet. Auch wird die Möglichkeit einer Wirkung auf die Lymphopoese in Betracht gezogen, die die Funktion der Nebennierenrinde unterdrückt.

Werden menschliche Lymphocyten-Kulturen mit Aldrin oder Phosphamidon behandelt, so sind die cytogenetischen Effekte der Konzentration der Pestizide proportional. Aldrin verursachte Chromosomenbrüche zwischen 19 bis 38 µg/ml, die letal sind. Durch Phosphamidon bedingte Chromosomenbrüche traten nach Applikation von 2 bis 122 µg/ml auf, während ein Zelltod aber erst bei 244 µg/ml beobachtet wurde (Georgian 1975).

1.3 Wirkung von Lindan

Tägliche subkutane Injektion von β-HCH (100 mg/kg) in trächtige Mäuse vom 2. bis 6. Tag nach der Begattung führten zu verschiedenen Abnormitäten, Verzögerung des Wachstums und zum frühen Tod der Foeten. Zwischen einem Monat vor der Begattung und bis 18 Tagen der Gestationszeit konnte bereits mit 5 mg/kg in der Diät eine Wachstumshemmung nachgewiesen werden (Yamagishi et al. 1972). Hohe Dosen von 600 ppm von technischem HCH führten nach Nagasaki et al. (1971) bei Mäusen in allen Fällen zu Lebertumoren; die wirksame Verbindung war in diesem Falle α-HCH, während die γ- und β-Isomeren nach 50 bis 60 Wochen zu Lebervergrößerungen führten (Thorpe & Walker 1973). In anderen Organen wurde kein Anstieg der Neoplasmenrate gefunden; eher wurde bei männlichen Mäusen eine Reduktion der Tumorrate festgestellt, die mit 200 ppm β-HCH behandelt waren.

Da Warwick (1971) zeigte, daß Leberknoten in verschiedenen Mäusestämmen nicht ungewöhnlich sind, ist es schwierig, die erhaltenen Schäden zu beurteilen, zumal die Zusammensetzung der Diät, der Mausstamm, die Mikroflora in den Tieren und die endokrinen Verhältnisse Einfluß nehmen können. Mit HCH ausgelöste Läsionen können auch mit sehr verschiedenen anderen Chemikalien erhalten werden.

Bei Hühnern korrelierte der Pentachlorphenolgehalt (PCG) der Eier mit dem Auftreten von Organveränderungen und der Mortalität der Embryonen (Bush et al. 1974, Cecil et al. 1974). Das abgelagerte PCB war toxischer als die Ausgangssubstanz.

1.4 Wirkung von Mirex und Kepone

Langzeitfütterung zeigte bei weißen Mäusen, daß ein Diätspiegel von 5 ppm Mirex Elternsterblichkeit verursacht und die Größe der Nachkommen reduziert (Ware & Good 1967). Mirex ist auch ein Leberkarzinogen, wenn es täglich an Mäuse in einer Dosis von 10 mg/kg zusammen mit 0,5 % Gelatine zwischen dem 7. und 28. Tag des Adultlebens verfüttert wurde oder es Mäusen verabreicht wurde, die älter als 28 Tage waren, aber die es *ad libitum* mit einer Diät, die 26 ppm enthielt, aufnehmen konnten (Innes et al. 1969).

Auch Kepone reduzierte die Reproduktion bei Mäusen, wenn es zu 5 ppm in der Diät verabreicht wurde (Good et al. 1965). Hier ließ sich dies auf eine Herabsetzung der Aktivität des luteinisierenden Hormons der Hypophyse der behandelten Weibchen zurückführen (Huber 1965). Obgleich die Menge, die ausgeschüttet wurde, für die Stimulierung des Follikelhormons ausreichte und zu einer Oestrogensekretion führte, war sie zu gering, um die Ovulation auszulösen.

Die Schlupfrate von Küken war jedoch erst dann reduziert, wenn die Hennen mit einer Diät gefüttert wurden, die 150 ppm Kepone oder 600 ppm Mirex enthielt (Narber & Ware 1965). Dies sind 15fach höhere Werte als Mäuse zur Reduktion von Fertilität und Fekundität benötigen.

1.5 Wirkung organischer Phosphorsäureester

Mit der Zurückdrängung der chlorierten Kohlenwasserstoffe in den USA und in vielen westeuropäischen Ländern wuchs die Bedeutung der insektiziden Organophosphate. Sie werden als nicht persistent und abbaufähig angesehen, aber viele haben eine hohe akute Toxizität auch gegenüber Vertebraten.

Trotz des relativ schnellen Abbaus und der kaum nachweisbaren Rückstände führte *Malathion* bei chronischer Verabreichung zu teratogenen Veränderungen beim Kükenembryo (McLaughlin et al. 1963, Greenberg & La Ham 1969). Malathion erniedrigte die Schlupfrate und führte zu Abnormitäten, wie verkürzte Beine und Federlosigkeit auf der Unterseite. Wurden 3,99 mg Malathion in den Dottersack am 4. bis 5. Tag nach Bebrütungsbeginn injiziert, so entstanden deformierte Küken mit Kombination von reduzierter Befiederung, Wachstumsverzögerung und Schnabeldefekten. Malaoxon war in niedrigen Konzentrationen wirkungsvoller als Malathion (Walker 1971). Nach Wilson et al. (1973) reduzieren beide das Wachstum der Brustmuskelzellen des Kükenembryos, indem Malathion die Proteinsynthese hemmt (Gabliks & Friedman 1965a, b). Diese Hemmung wird allgemein für die teratogene Wirkung verantwortlich gemacht.

Nach intraperitonealer Applikation von 600 bis 900 mg/kg wurden bei Ratten weder Gewichtsveränderungen am Foetus noch Deformationen festgestellt (Kimbrough & Gaines 1968). Wurde Malathion (205,4 mg/kg) an Ratten am 10. Tag der Gestationszeit oral verabreicht, so traten Deformationen auf (Dobbins 1967). Aufzuchtexperimente mit Ratten, in denen 240 ppm Malathion kontinuierlich verabreicht wurden, ergaben einen Abfall in der Größe und im Gewicht der Nachkommen sowie ein vermehrtes Auftreten von Tieren mit Ringelschwänzen (Kalow & Marton 1961). Beim Menschen verursachte Malathion von allen daraufhin untersuchten Organophosphaten am häufigsten somatische Chromosomenanomalien (Czeizel et al. 1973).

EPN potentiert die Toxizität von Malathion in Ratten und Hunden (Frawley et al. 1957). Das bedeutet, daß alle Anticholinesterase-Insektizide vor der praktischen Anwendung in Kombination mit anderen Organophosphaten zu testen sind. Die Erhöhung der Toxizität beruht auf einer Hemmung der Malathion hydrolysierenden Karboxylesterase. Dies kann durch eine Vielzahl von Organophosphaten geschehen, die dann alle die Malathion-Toxizität synergistisch beeinflussen (Casida 1961, DuBois 1961, Mei-Quey et al. 1971).

Wurden Mäuse 16 bis 18 Stunden mit niedrigen Dosen von TOCP vorbehandelt, so ergab sich eine enge Beziehung zwischen dem Potenzierungsgrad der Anticholinesterasewirkung des Malathions *in vivo* und der Hemmung der Leberkarboxylase-Aktivität gegenüber Malathion und anderer Karboxylester als Substrate wie z. B. Triacetin (Cohen & Murphy 1971) (Tabelle 35). Schließlich konnte gezeigt werden, daß eine Potenzierung der Toxizität von Malathion und Malaoxon durch Kombination vieler Organophosphate erreicht werden kann. Dies erfolgt nicht nur durch Hemmung der Karboxylesterase, son-

Tabelle 35 Hemmung der Karboxylesterase-Aktivität in der Leber und Potenzierung der Cholinesterase-Hemmung im Gehirn bei Mäusen, die 16 bis 18 Stunden mit TOCP vorbehandelt waren, nach DuBois (1961) und Cohen & Murphy (1971)

Vorbehandlung mit TOCP in mg/kg	50 % Hemmung der Gehirn-ChE durch Malathion in mg/kg	Potenzierungsgrad der ChE-Hemmung	Hemmung der Leberkarboxylase in %	
			Triacetin	Malathion
Kontrolle	1250	–	–	–
5	660	1,9	21	22
10	230	5,4	45	47
15	145	8,6	60	59
20	76	16,4	75	67

dern auch durch Blockierung mehrerer Bindungsorte für Malaoxon in der Leber und im Plasma (Cohen & Murphy 1972).

Parathion (0,1 mg/Ei) erzeugte bei Kükenembryonen teratogene Wirkungen (Marliac 1964). Khera (1966) fand nach Injektion von Parathion, Diazinon und Trithion auf jedem embryonalen Entwicklungsstadium Veränderungen am Knorpel- und Knochenskelett, grauen Star, Ascites und Leberdegenerationen bei Enten- und Hühnerküken. Skelettdefekte waren Zwergwuchs, Klumpfüßigkeit, Riesenwuchs der Cervikalknochen und irregulärer Schnabelwuchs.

Die Reduktion der foetalen Gehirncholinesterase-Aktivität nach intraperitonealer Injektion von Parathion und Methylparathion in trächtige Ratten zeigte deutlich die transplazentale Passage dieser Phosphorthionate (Fish 1966, Ackermann & Engst 1970). Obgleich große subkutane Hepatome in behandelten Tieren zu sehen waren, wurde kein deutlicher Anstieg in der Resorptionsrate oder in der Anzahl der Entwicklungsdefekte beobachtet. Jedoch traten viel Todgeburten und eine hohe Neugeborenensterblichkeit auf, und der Gewichtszuwachs der überlebenden Nachkommen war niedriger als bei den Kontrollen.

Einzelne intraperitoneale Injektionen von Methylparathion in Ratten (15 mg/kg) am 12. Tag der Gestation und Mäusen (60 mg/kg) am 10. Tag verursachten schwere innere Symptome und eine damit verbundene verminderte Nahrungs- und Wasseraufnahme (Tanimura et al. 1967). Die Dosen entsprachen etwa der LD_{50}. Bei den Ratten wurden geringeres foetales Wachstum und herabgesetzte Ossifikation beobachtet, während bei Mäusen hohe foetale Mortalität und Anzeichen von Spaltfußbildungen auftraten. Die Defekte werden teilweise auf die Wirkung von *p*-Nitrophenol, einem Abbauprodukt des Parathions, zurückgeführt (Kimbrough & Gains 1968), denn *p*-Nitrophenol ist ein schwacher Entkoppler der mitochondrialen oxidativen Phosphorylierung, die erhöht wird und mit einem Gewichtsverlust verbunden ist. Auch das als Entkoppler bekannte 2,4-Dinitrophenol führte zu einem Anstieg der Todgeburtsrate (Wulff et al. 1935).

Nach Behandlung mit *Fenthion* wurden bei Mäusen teratogene und embryotoxische Wirkungen beobachtet (Budreau & Singh 1973b). Als einmalige Dosis von 40 bis 80 mg/kg intraperitoneal verabreicht, zeigte sich ein Abfall im foetalen Gewicht und eine etwas höhere Mortalität bei den Jungtieren. Eine kontinuierliche Behandlung ergab zwar auch einen leichten Gewichtsverlust beim Foetus, verursachte aber eine niedrigere embryotoxische Wirkung als eine vergleichbare Einzeldosis. Dies weist auf die bereits erwähnte Bedeutung einer Induktion der mikrosomalen Oxidasenaktivität hin. Die Anzahl der Anomalien war nicht dosisabhängig. Auch hatten selbst hohe Dosen von Fenthion (120 bis 160 mg/kg), die am 8., 9. oder 10. Tage der Gestation verabreicht wurden, keinen Einfluß auf die Größe der Nachkommen zur Zeit der Geburt oder auf die Überlebensrate der Jungen. Das Geburtsgewicht war jedoch reduziert.

Diazinon hatte im Kükenembryotest eine teratogene Wirkung bei Dosen, die 300mal geringer waren als der LD_{50}-Wert für Ratten (Khera 1966). In Ratten bewirkte es während der Gestation zwischen dem 9. und 11. Tag eine foetale Resorption und Mißbildungen (Dobbins 1967). Durch andere Untersuchungen konnten diese Befunde jedoch nicht bestätigt werden (Robens 1969, Seiler 1973).

Wurde *Bidrin* zu 300 μg oder mehr in ein 9 Tage bebrütetes Hühnerei injiziert, so traten ebenfalls embryonale Abnormitäten auf (Roger et al. 1964). Bei höherer Dosis waren die Effekte stärker. Durch Vor- oder Nachbehandlung mit Nikotinamid konnte die Wirkung herabgesetzt werden. Diese teratogenen Wirkungen werden nicht durch Hemmung von AChE erzielt (Upshall et al. 1968). AChE spielt beim teratogenen Differenzierungsvorgang keine Rolle. Deshalb postulierten Flockhart & Casida (1972) für beide Insektizide eine Acylierung der Membranesterasen und Proteine, die für die teratogene Wirkung der Organophosphat-Insektizide verantwortlich sein soll, denn im Dottersack wurden Esterasen-Aktivitäten festgestellt, die durch viele Organophosphate gehemmt werden. Diese Esterasen sind die hauptsächlichsten Proteine in den Membranen, die phosphoryliert werden. Eine Hemmung wurde aber nur beobachtet, wenn teratogene Wirkungen auftraten.

DDVP wird gewöhnlich in geschlossenen Räumen, Restaurants etc. eingesetzt, wo Menschen der Substanz chronisch ausgesetzt sind; sie wird eingeatmet oder mit der kontaminierten Nahrung aufgenommen, so daß eine nähere Untersuchung über ihre chronische Wirkung nahelag. Es wurde über ihre alkylierenden Eigenschaften und mögliche Mutagenität berichtet (Löfroth 1970, Bedford & Robinson 1972).

Durch DNA-Alkylierung wurde ihre Mutagenität bei *Escherichia coli* (Voogd et al. 1972, Bridges et al. 1973), *Serratia marcescens* (Dean 1972a), *Saccharomyces cerevisiae* (Fährig 1973) und weiteren Mikroorganismen nachgewiesen. Allerdings sind diese Untersuchungen nicht mit den *in vivo*-Verhältnissen vergleichbar, wo das Insektizid viele physikochemische Barrieren überwinden muß und durch Enzyme abgebaut werden kann (Hutson & Hoadley 1972a, b). Bei Säugern konnten weder durch Inhalation noch durch Verfütterung Mutationen beobachtet werden (Dean & Thorpe 1972a, b). Erst sehr hohe Dosen von 40 mg/kg verursachten bei Mäusen eine Vakuolisierung des Germariums, eine Erhöhung der Anzahl der Spermatiden, Abnahme der Spermatozyten und Degeneration der Meiosechromosomen in der Metaphase (Krause & Homola 1972). In Konzentrationen von 5 bis 40 μg/ml hatte DDVP zytotoxische Wirkung auf Zellkulturen von menschlichen Lymphozyten, jedoch traten keine Chromosomenaberrationen auf (Dean 1972b). In Konzentrationen bis zu 90 μg/ml verursachte DDVP in HEB-Zellkulturen eine 100%ige Mortalität innerhalb von 24 Stunden (Kugaczewska et al. 1972).

Untersuchungen über eine teratogene Wirkung führten zu widersprüchlichen Ergebnissen. Die meisten Versuche verliefen negativ (Witherup et al. 1971, Collins et al. 1971, Hendriksson et al. 1971, Thorpe et al. 1972). Im Gegensatz dazu zeigte Trimethylphosphat, das zu 0,3 bis 0,8 % in Formulierungen enthalten ist, deutliche mutagene Wirkung bei Mäusen, wenn es oral oder parenteral verabreicht wurde (Epstein et al. 1970).

Die fischtoxische Wirkung des DDVPs zeigte Konar (1969a) bei Konzentrationen zwischen 1,6 und 20 ppm.

Die insektizide Wirkung von *Trichlorfon* wird durch Umwandlung in DDVP bewirkt, denn ersteres besitzt keine Anticholinesterase-Aktivität. Kontinuierliches Einatmen von Trichlorfon in Konzentrationen von 1,0, 0,2 und 0,02 mg/m^3 über 90 Tage führte aber bei männlichen Albinoratten zu morphologischen Veränderungen (Bonashevskaya & Tabakova 1972). Ab 0,2 mg/m^3 trat eine Erweiterung der Kapillaren in den interalveolären Membranen der Lunge und eine schwache Zwischenraumvergrößerung auf. Es erschienen Blutzellen im perivaskulären Raum, und eine geringe Hypertrophie des galleführenden Epithels wurde beobachtet. Auch in der Niere und Thyreoidea waren Veränderungen zu erkennen. Gofmekler & Tabakova (1970) berichteten über eine Entwicklung von abnormen Embryonen und plazentalen Veränderungen, wenn Mäuse über längere Zeit Trichlorfon inhalierten. Wurde Trichlorfon (30 mg/kg) oral oder subkutan an Katzen verabreicht, so traten Papillome im Magen auf. Leberschäden wurden nach topikaler Applikation über eine Periode von 17 Monaten beobachtet. Subkutane Verabreichung des Insektizids an Mäuse induzierte lokale Tumoren und nach Preussman (1968) mit schwacher Karzinogenität.

Bei normaler Hausanwendung enthält die Luft 0,4 μg DDVP im Liter (Elgar & Steer 1972). Diese Mengen sind mehr als 100mal niedriger als sie in Inhalationsversuchen vorgegeben wurden (Dean & Thorpe 1972a), in denen weder eine erhöhte Absterberate noch Begattungsstörungen auftraten. Sollte die zytotoxische Wirkung allerdings auf einer Alkylierung der DNA beruhen, könnten sich beim Menschen, insbesondere bei chronischer Aufnahme, Langzeitwirkungen ergeben, die im Tierexperiment nur schwer feststellbar sind.

Eine schnelle Passage von *Demeton* durch die Plazenta von Mäusen konnten Budreau & Singh (1973a) feststellen, dazu aber auch teratogene und embryotoxische Wirkungen. Wurde eine einzige intraperitoneale Dosis von 7 oder 10 mg/kg Demeton oder drei aufeinander folgende Dosen von jeweils 5 mg/kg zwischen dem 7. und 12. Tag der Gestation verabreicht, so wirkten sie embryotoxisch mit schwachen teratogenen Effekten: Das foetale Gewicht war herabgesetzt und die Mortalität der Jungen leicht erhöht. Die Wachstumsrate der überlebenden Jungtiere war reduziert.

Toxische Wirkungen zeigten sich auch bei Entenküken, die aus mit Systox behandelten Eiern schlüpften (Khera et al. 1965). Als erstes Symptom trat acht Tage nach Inokulation beim 21 Tage alten Embryo Anticholinesterase-Aktivität auf, die mit toxischen Symptomen korreliert war (Khera & LaHam 1965). Zu erkennen waren Beinparalyse und Körpertremor mit intermittierenden Krämpfen.

Küken, die mit *EPN* während der Embryogenese behandelt wurden, litten oft an bleibenden Fußmißbildungen. Khera et al. (1966) untersuchten diese Veränderungen nach Inokulation der Eier am 13. Tage der Bebrütung mit 100 μg EPN. Während der Embryogenese beobachteten sie eine fortschreitende Hemmung der Cholinesterase an den motorischen Endplatten der Skelettmuskeln und verbanden dies mit Dystrophien, die zu Fußmißbildungen führten.

Wurde *Tetrachlorvinphos* in eingekapselter Form dem Hühnerfutter zugesetzt, um Schadinsekten im Hühnerkot zu bekämpfen, so ließen sich erst in Konzentrationen von 800 mg/kg Körpergewicht und darüber Rückstände im Muskel nachweisen (Wasti & Shaw 1971). Hier zeichnet sich ein Weg ab, der zur Bekämpfung von Schadtieren in Stallungen toxikologisch unbedenklicher ist als die direkte Verabreichung der Insektizide mit dem Futter oder Trinkwasser.

1.6 Wirkung von Karbamaten

Entsprechend seinem unterschiedlichen Wirkungsspektrum wurde insbesondere Carbaryl auf seine toxikologischen Wirkungen untersucht. Obgleich es biologisch abbaubar ist, seine akute Toxizität gegenüber Vögeln und Säugern recht niedrig erscheint und es keine Anzeichen der Anreicherung in den Nahrungsketten gibt, mehren sich in neuerer Zeit Hinweise auf teratogene Wirkungen bei Säugern.

Wurde Carbaryl während der Organogenese ab dem 11. Tag nach der Gestation 10 Tage lang in Dosen von 300 mg/kg an Meerschweinchen verabreicht, so traten bei den Embryonen teratogene Effekte auf (Robens 1969). Bei niedrigeren Dosen wurden sie nicht beobachtet. Beim Miniaturschwein konnten bis zu 30 mg/kg/Tag während der Trächtigkeit appliziert werden, ohne die Reproduktion zu beeinflussen (Smalley et al. 1969). Dagegen verursachten Mengen von 3 bis 50 mg/kg/Tag während der Gestationsperiode bei Hunden Geburtsschwierigkeiten, die auf eine Atrophie der Uterusmuskulatur zurückgeführt wurden, eine Empfängnisverhütung bei höchster Dosis und teratogene Effekte bei allen außer der niedrigsten Dosis (Smalley et al. 1968, Hathway & Amoroso 1972). Foetale Abnormitäten wurden bei 20 bis 181 Jungen (11,6 %) beobachtet, unter denen Skelettmißbildungen, überzählige Finger, Schwanzlosigkeit auftraten. Für Ratten und Gerbil wurden Mengen unter 2000 ppm als wirkungslos erkannt (Collins et al. 1971). Ähnliche Ergebnisse erhielten Well et al. (1972), als sie bis zu 200 mg/kg/Tag an Ratten verfütterten.

Orlowa & Zhalbe (1968) berichteten, daß eine durch Carbaryl reduzierte Fertilität bei Ratten mit einer herabgesetzten Spermienbeweglichkeit und mit Veränderungen in der enzymatischen Aktivität in den Hoden und Ovarien assoziiert ist. Auch wird von einer Spermienmißbildung und von Veränderungen während des östrogenen Zyklus der Ratten gesprochen, die Carbaryl ausgesetzt waren (Vashakidze 1967). Shternberg & Rybakowa (1968) nehmen an, daß diese Effekte auf die Reproduktionsorgane indirekt über die hypothalamisch-hypophysären Kontrollfunktionen beeinflußt werden.

Angeborene Mißbildungen bei Hühner- und Entenküken konnten auftreten, wenn Carbaryl direkt in den Embryo oder Dottersack injiziert wurde (Khera 1966). In einer Fütterungsstudie mit Hähnen und legenden Hennen sank die Schlüpfrate der sich entwickelnden Küken und stieg die Anzahl der teratogen geschädigten Jungtiere an; dies stand in Relation zur verabreichten Carbaryldosis (Ghadari et al. 1967).

Keine teratogenen Wirkungen wurden von Guthrie et al. (1971) erwähnt, die 12 bis 14 Generationen von weißen Mäusen intraperitoneal mit einer LD_{50} von Carbaryl (396 bis 1000 mg/kg) im Alter von 6 bis 8 Wochen behandelten, und Benson et al. (1967) berichteten von ähnlichen negativen Befunden bei Mäusen und Kaninchen, die über verschieden lange Perioden während der Schwangerschaft 30 mg/kg/Tag erhielten. Auch Dougherty et al. (1971) konnten bei Rhesusaffen keine teratogenen Effekte finden, die bis zu 20 mg Carbaryl pro kg/Tag ausgesetzt waren, aber sie berichteten über mehrere Aborte. Andererseits konnten zytogenetische Wirkungen während der Meiose von *Vicia faba*-Pollen beobachtet werden (Amer & Farah 1968).

Bei *D. melanogaster*, die 24 Stunden einer LD_{50} ausgesetzt waren, traten in der F_2-Generation letale und subletale Mutationen auf (Brzheskiy 1972). Carbaryl verursachte Mutationen in allen Stadien der Spermatogenese mit einer kumulativen Häufigkeit von 0,20 ± 0,07 %. Jedoch ist diese Mutagenität (und die mutagenen Charakteristika) von jener verschieden, die durch ionisierende Strahlung und andere chemische Mutagene bewirkt wird.

Auf ihre teratogene und mutagene Wirkung wurden nur selten solche Karbamate untersucht, die als Herbizide und Fungizide eingesetzt werden. Aber auch sie können im Tierexperiment auf die Muskelkontraktion einen Einfluß nehmen (Schwippert 1982). Überhaupt wurden Untersuchungen über umwelt- und säugertoxische Wirkungen von Pestiziden, die nicht als Insektizide empfohlen werden, bisher stark vernachlässigt. Dies wirkt sich um so schwerwiegender aus, als jedes Pestizid als Insektizid, Herbizid, Fungizid etc. angesehen werden kann, denn eine Aufteilung der Pestizide nach Organismengruppen geschah im Hinblick auf Schadtiere und Schaderreger und hat unter Berücksichtigung der indifferenten und Nutzarten keine generelle Gültigkeit.

1.7 Wirkung von Rotenon

Obgleich Rotenon als nicht säugertoxisch angesehen wird, führte es nach täglicher intraperitonealer Injektion über 42 Tage (1,7 μg/g Körpergewicht, gelöst in 0,1 ml Sonnenblumenöl) bei Albinoratten zur Bildung von Brustdrüsenadenomen; die Gesamtdosis pro Ratte betrug 9,1 $\mp$ 1,6 mg Rotenon (Gosalvez & Merchan 1973). Allerdings enthielt das Präparat 1 % Verunreinigungen von epi-Rotenon, Rotenolon und Dehydrorotenon sowie Spuren anderer Verbindungen. In der ersten Versuchsserie von 10 Tieren traten bei allen nach 6 bis 11 Monaten nach Behandlungsende Mammatumoren auf. In den anderen drei Serien mit je 10 Ratten wurden bei 60 % Brusttumoren gefunden, während in der Kontrollserie sich kein Tumor zeigte. Die gutartigen Tumoren zeichneten sich histologisch durch Strukturveränderungen in den Mitochondrien aus, verbunden mit schwacher mitochondrialer Funktion und einer Glykolyserate, wie sie bei malignen Mammatumoren festgestellt wurde. Das Alter der Tiere war für das Auftreten von Tumoren nicht von Bedeutung. Auch konnten keine histologischen Veränderungen in der Leber oder im endokrinen System der tumortragenden Tiere beobachtet werden.

2 Wechselwirkungen mit Umweltfaktoren

Die heute bereits klassische Meinung, daß eine chemische Verbindung die biologische Aktivität einer anderen modifizieren kann, läßt sich durch eine Reihe von physikalischen, sozialen und Nahrungsfaktoren ergänzen; sie beeinflussen die Wirkung von Drogen und Pestiziden (Mrak 1969). Bisher haben solche Wechselwirkungen wenig Beachtung gefunden, obgleich sie unter gewissen Bedingungen toxikologisch bedeutungsvoll waren.

Fehlernährung und Unterernährung sind die häufigsten auf der Erde auftretenden Krankheiten; nahezu 60 bis 70 % der menschlichen Erdbevölkerung lebt mit einer suboptimalen täglichen Kalorienzufuhr von weniger als 2200 Kcal. Die sozialen und ökonomischen Bedingungen, unter denen Ernährungsprobleme auftreten, sind oft assoziiert mit anderen Krankheiten, die einer Drogentherapie bedürfen. Gerade in unterentwickelten Teilen der Erde werden Pestizide oft unbekümmert angewendet, so daß dort der Einfluß von Drogen und Pestiziden über die Nahrung besonders groß ist. Sowohl quantitativ als auch qualitativ können sich Nahrungsfaktoren auf Absorption, Verteilung und Speicherung der Pestizide im Körper auswirken; sie können die Fähigkeit eines Tieres, die detoxifizierenden Enzyme zu synthetisieren und für den Abbau der Pestizide bereitzuhalten, modifizieren. Weiterhin kann sich das steroidgesteuerte Hormonsystem durch den Stress einer Mangelernährung verändert auswirken.

Lange bekannt ist die Fähigkeit, daß Fettgewebe der Tiere chlorierte Kohlenwasserstoffe, wie DDT und Cyclodiene, speichern kann. Es wird eine quasi inerte Kompartementspeicherung erreicht und dadurch zunächst vermieden, daß die Pestizide das empfindliche Nervensystem erreichen. Die Vorteile und Nachteile einer solchen Ablagerung wurden bereits früher diskutiert (vgl. S. 38). Aber es gibt auch Berichte, nach denen weder chirurgischer Stress noch vollständiges Hungern deutliche Veränderungen im Dieldrinspiegel des menschlichen Blutes verursacht, obgleich Verluste im Fettdepot gemessen werden konnten (Robinson 1969, Hunter 1968, Durham et al. 1965). Auch die Beschaffenheit einer normalen Diät kann die Anreicherung im Organismus und biologische Aktivität einiger Insektizide beeinflussen. So soll ein erhöhter Pestizidspiegel in den Geweben oder die β-Isomere von HCH in Ratten, die mit Diäten gefüttert wurden, die hohe Anteile an Fett oder den nichtionogenen Emulgator Tween 20 enthielten, die Darmabsorption von Pestiziden beschleunigen (Frawley & Fitzhugh 1950, Fitzhugh 1966). Bereits früher wurde erwähnt, daß bei Ratten, die mit einer Proteinmangeldiät gefüttert wurden, die Empfindlichkeit gegenüber γ-HCH, Dieldrin und Chlordan (Boyd & Chen 1968, Lee et al. 1964, Stoewsand & Bourke 1968) und die gegen Parathion-Anticholinesterasen ansteigt (Casterline & Williams 1969). Diese Wirkungen lassen sich auf einen Abfall von Enyzmaktivitäten zurückführen, die Leberdrogen metabolisieren (Kato 1967, Kato & Takanaka 1967). Die durch Hexobarbital verlängerte Schlafzeit bei schlechternährten Ratten (Catz et al. 1971) und in Kombination mit dieser Wirkung der Befund, daß sich in Proteinmangeltieren (Affen) mehrere Komponenten des mikrosomalen Oxidasensystems quantitativ verändern, führten Rumack et al. (1973) zu der Meinung, daß es erforderlich sei, die Drogendosis bei schlechter Proteinernährung herabzusetzen.

Mögliche Wechselwirkungen zwischen anderen Nahrungsfaktoren und Pestiziden sind bisher kaum beachtet worden. Bei Ascorbinsäuremangel sank in Meerschweinchen die Aktivität der mikrosomalen Enzyme ab (Kato et al. 1969b), und ihre Induktionsempfindlichkeit durch Dieldrin wurde vermindert (Wagstaff & Street 1971). Die erhöhte Speicherung von Dieldrin in Vitamin A-Mangelratten soll durch den Abfall in der Aktivität der mikrosomalen Enzyme bewirkt werden (Street 1968), obgleich in den Lebern der Ratten, denen 10 bis 100 ppm DDT mit der Nahrung zugeführt wurde, der Vitamin A-Spiegel abfiel (Phillips 1963), wie auch bei jenen, die mit niedrigen Dieldrindosen in der Proteinmangeldiät gefüttert wurden (Lee et al. 1964).

Die Temperatur scheint der wichtigste physikalische Faktor zu sein, der im Hinblick auf die Insektizidtoxizität untersucht wurde. Dieser Parameter kann die Absorption, Verteilung und den Stoffwechsel von Pestiziden beeinflussen und somit die Wirkung verändern. Die Interpretation des Wirkungsmechanismus wird dadurch oft erschwert. Im allgemeinen scheinen Tiere bei höheren Körpertemperaturen gegenüber Pestiziden empfindlicher zu sein. Dies gilt für Parathion bei Mäusen (Baetjer & Smith 1956), Sarin (I) bei Affen (Craig et al. 1959) und DDT sowie Dinitrophenolen bei Ratten (Keplinger et al. 1959). Ratten, die mit Malathion gefüttert wurden, waren gegenüber Kälte weniger widerstandsfähig (Marton et al. 1962). Dies Verhalten ist vermutlich mit Hypothermie assoziiert, die bei mit Anticholinesterase behandelten Tieren beobachtet wurde (Meeter & Wolthuis 1968).

I

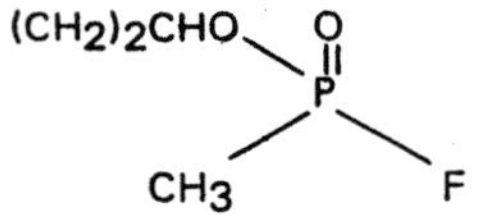

Die Wirkungen von Kälte und anderen Typen von Stress auf den mikrosomalen Drogenmetabolismus wurden von Furner & Stitzel (1969) untersucht. Murphy (1969b) berichtete, daß PO-Insektizide, Irritantien und Kältestress den Gehalt an Glukocorticosteroiden im Plasma erhöhen. Aber die Wechselwirkungen zwischen Stress und Pestizidaktivität werden bisher noch nicht verstanden.

Daneben gibt es eine Vielzahl von zusätzlichen Faktoren (chemische, physikalische und soziale), die die Toxizität von Pestiziden oder Drogen, die auf Mensch, Tier und Pflanze in der Umwelt wirken, verändern können. Der laufende Genuß von Nikotin, Coffein, Alkohol und der weitverbreitete Drogengebrauch sowie die Empfängnisverhütungsmittel können eine Rolle spielen. Hinzu kommen die Wirkungen einer großen Anzahl von chemischen Mitteln, die in der häuslichen Umwelt des Menschen verwendet werden, sowie die Verunreinigungen der Luft, der der Mensch ausgesetzt ist. So sind ständig viele Möglichkeiten gegeben, chemische Stoffe aufzunehmen, die sich in ihrer Wirkung addieren oder sogar potenzieren, aber auch gegenseitig aufheben können.

Leider wurden die bisherigen experimentellen Untersuchungen mit relativ hohen Konzentrationen von Chemikalien durchgeführt, die normalerweise in der Umwelt nicht gegeben sind; sie lagen im Versuch oft mehrere Potenzen höher. Häufig wurde auch auf unphysiologischem bzw. unökologischem Wege getestet, wie nach intraperitonealer oder intravenöser Injektion. Nur wenige der durchgeführten Versuche lassen erkennen, ob die beobachteten Wechselwirkungen sich unter den gegebenen Umweltbedingungen tatsächlich ereignen können und ein Zusammentreffen von oraler und dermaler Aufnahme sowie Inhalation eines Pestizids gegeben ist.

Die Sicherheit des Menschen bzw. seine Gefahr vor neuen Drogen oder Pestiziden hängt gegenwärtig weitgehend von einer Extrapolation von an wenigen Labortieren erhaltenen Werten ab, die über sein Schicksal und das seiner Umwelt entscheiden. Aber selbst wenn eine solche Extrapolation verläßliche Zahlen liefern würde, ist die Validität der erhaltenen Werte fragwürdig, denn Mensch und Tier werden täglich einer unbekannten Anzahl von Chemikalien ausgesetzt, mit denen Wechselbeziehungen bestehen können. Wie wir gesehen haben, reagiert jede Spezies auf jedes Pestizid anders. Untersuchungen über die Wechselwirkungen verschiedener Kombinationen von zwei oder mehr Chemikalien sind in der Interpretation der Ergebnisse wegen ihrer Komplexität wenig erfolgversprechend, denn immer muß die Möglichkeit berücksichtigt werden, daß sich eine unvorhergesehene Wechselwirkung ereignet hat und dadurch das Ergebnis verändert wurde.

In der heutigen Situation läßt sich leider nur feststellen, daß die Anwendung von chemischen Mitteln immer mit Risiken verbunden ist. Absolute Sicherheit kann nicht garantiert werden, selbst wenn die größten Anstrengungen im Labor gemacht werden, das Risiko besser abzuschätzen. So wird es immer wieder Überraschungen in der Wirkung von Pestiziden geben. Wir können nur hoffen, daß unser Verständnis von den Wirkungsmechanismen der Pestizide sich schneller als bisher vervollkommnet und somit Wechselwirkungen besser erkannt werden. Ein intensives Studium der Ökosysteme und ihrer Belastbarkeit kann mithelfen, Situationen zu erkennen, die für Mensch und Tier lebensbedrohend sind.

X Umwelttoxikologie

1 Pestizidrückstände

Der unterschiedliche Abbau der Pestizide führt dazu, daß applizierte Verbindungen eine gewisse Zeit in der Umwelt verbleiben und dort in subletalen Dosen wirksam werden können. Zwar ist mit der amtlichen Zulassung neuer Handelspräparate die Frage nach Art und Höhe der Rückstände unlösbar verknüpft, doch ist der Komplex so unübersichtlich, daß je nach Applikationsart und -ort die Frage neu zu beantworten ist. Rückstände treten nicht nur in Pflanzen und Tieren sowie im Boden und in Wassersedimenten auf, sondern gelangen von hier in die Nahrung des Menschen und der Tiere, wo sie sich sogar anreichern können (Maier-Bode 1965b, Blumenbach 1971).

1.1 Pestizidrückstände in der Nahrung des Menschen

Die meisten der auch heute noch verwendeten Pestizide sind Rückstandsbildner. Nach Frehse (1970) wurden im Jahre 1967 in der Bundesrepublik 956 anerkannte Pflanzenschutzmittel angeboten, von denen 764 in irgendeiner Form mit Lebensmitteln in Berührung kommen konnten. Nach den bisherigen Ausführungen über die differenzierte Toxikologie der Pestizide dürfte es für den Analytiker und Anwender sehr schwer sein, die Bedeutung der Rückstände in der Nahrung zu erfassen und zu beurteilen.

Ein mit der Pflanzenoberfläche in Kontakt gebrachtes Pestizid bildet an oder in ihr zunächst ein Wirkstoffdepot. Art und Höhe der Depotbildung hängen weitgehend von der Beschaffenheit der Pflanzenoberfläche und der Applikationsform des Wirkstoffes ab (Hoskins 1962). Ebeling (1963) hat die an der Depotbildung beteiligten Faktoren zusammengefaßt.

Das Depot wird zum Rückstand, sobald es Einflüssen unterliegt, die eine Verdünnung, eine chemische Umwandlung oder eine Abwanderung des deponierten Pestizids bewirken können (Rosen & Kraybill 1966). Somit können Rückstände als extrakutikuläre, die der Kutikula anhaften, als kutikuläre, die in der Kutikula gelöst oder eingebettet sind, und als subkutikuläre Rückstände vorliegen, die die Kutikula passiert haben (Gunther & Blinn 1955). Alle Rückstandsanalysen haben diese Gegebenheiten zu berücksichtigen.

Die Summe physikalischer, chemischer und enzymatischer Faktoren, die bei der Umwandlung eines Depots in den Rückstand beteiligt sind, führt normalerweise zu einer mehr oder weniger steten Abnahme der ursprünglich vorhandenen Wirkstoffmenge. Häufig kommt es dabei zu einer Metabolitbildung. Die Abbaukurven zeigen meistens eine Reaktion 1. Ordnung an. Eine graphische Darstellung der Werte liefert bei logarithmischer Einteilung im Prinzip RL_{50}-Werte (residue life 50 per cent). Daraus läßt sich erkennen, daß die Abbaurate von der jeweils vorliegenden Menge des Rückstandes unabhängig ist.

In der Praxis erhält man häufig Kurven, die aus zwei oder mehreren geraden Abschnitten bestehen (Bild 87), wobei der erste (a) vorwiegend physikalische Verluste ausdrückt, der zweite (b) den normalen Abbau wiedergibt und der dritte (c) dann auftritt,

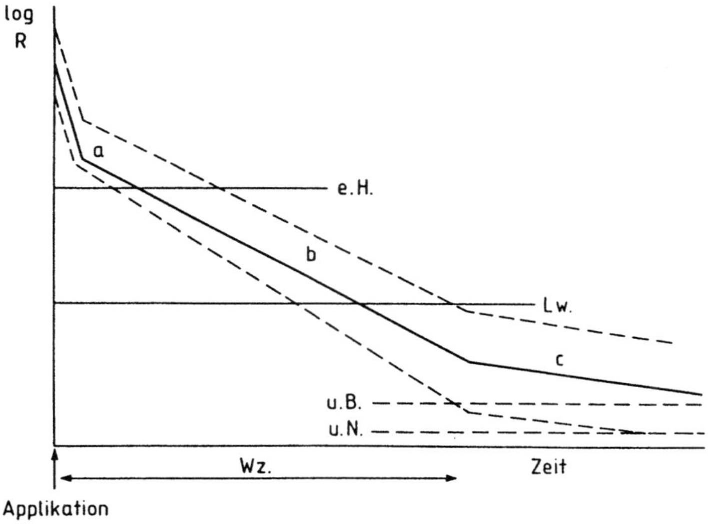

Abb. 87 Schematische Darstellung eines Wirkstoffabbaues nach Frehse (1970); R: Rückstand, Lw.: Limitationswert, e.H.: erlaubte Höhe, u.B.: untere Bestimmungsgrenze, u.N.: untere Nachweisgrenze, Wz.: Wartezeit

wenn der Rückstand sich an geschützten Stellen einem weiteren Abbau entzieht (Hoskins 1961, Frehse 1964). Wird eine Höchstmenge für den Rückstand festgesetzt, die nicht überschritten werden soll, so läßt sich die notwendige Zeitspanne ersehen, die erforderlich ist, bis die Limitationswerte unterschritten werden.

Abbaukurven geben aber nicht nur Auskunft über die physikalischen und chemischen Verluste des Rückstandes, sondern schließen auch die infolge des Pflanzenwachstums auftretende Verringerung mit ein. Aber sie läßt sich getrennt erfassen. Besonderes Interesse findet neuerdings die Abgabe von Pestizidrückständen durch die Pflanze an die Atmosphäre mittels Transpiration.

Die Abbaugeschwindigkeit eines Wirkstoffes kann von Pflanze zu Pflanze stark variieren, und jeder Wirkstoff kann von ein und derselben Pflanze sehr unterschiedlich schnell abgebaut werden. Bei wiederholter Anwendung eines Wirkstoffes kommt es gewöhnlich zu einer Akkumulation, wenn aus der vorangegangenen Anwendung noch Rückstände vorliegen, wie dies wiederholt im Boden vorkommt. Berechnungen und Vorhersagen gestalten sich in solchen Fällen besonders schwierig (Rosen & Kraybill 1966).

Abbaustudien lassen sich nur an dem Substrat durchführen, das mit dem Pestizid primär in Berührung gekommen ist. So kann es im Boden nur verfolgt werden, wenn es dort hingegeben wurde, nicht aber in Teilen von Pflanzen, die in dem behandelten Boden wachsen. Denn der Übertritt von Wirkstoff aus dem Boden in die Pflanze erfolgt nicht kontinuierlich, sondern ist weitgehend von Niederschlägen abhängig. Das gilt besonders für Granulate, aus denen der Wirkstoff sukzessive freigesetzt wird.

Eine wesentliche Rolle für die Rückstandsbildung spielt die Stabilität der Pestizide. In der Praxis werden rasch abbauende Mittel benötigt, wenn kurz vor der Ernte appliziert werden soll. Andererseits entspricht es dem Rationalisierungsbestreben und dem Bemühen um Wirtschaftlichkeit, mit möglichst wenigen Applikationen langwirkender Präparate einen Dauererfolg zu erzielen. Bei Langlebigkeit kann die Persistenz der Mittel leicht die erforderliche Wartezeit überschreiten, so daß sich dann der Einsatz des Mittels verbietet. In dieser Hinsicht sind die chlorierten Kohlenwasserstoffe zu erwähnen (Marth 1965). Die Ursache für ihre große Beständigkeit in Boden, Wasser, Pflanze, Tier und Mensch liegt in der geringen enzymatischen Abbaumöglichkeit und in der bemerkenswerten Apolarität.

Hohe Persistenz im Boden erhöht für Pflanzen die Möglichkeit, den Wirkstoff über die Wurzeln aufzunehmen, was in erster Linie für Wurzelgemüse nachteilig ist (Sheets & Harris 1965, Saha & McDonald 1967). In Möhren können solche Rückstände angereichert und nahezu konstant über lange Zeit erhalten bleiben (Schuphan & Boek 1960). Gewöhnlich nimmt die Persistenz der Pestizide mit dem Humusgehalt im Boden zu (Chichester 1965). Rückstandsmengen im Erntegut verringern sich während einer längeren Lagerung.

Für die heutige Marktwirtschaft ist die räumliche und zeitliche Trennung von Produktion und Verbrauch insofern charakteristisch, als solche Nahrungsmittel bevorzugt werden, die sich schnell und bequem zubereiten lassen (Stobwasser et al. 1968). Während höhere Temperaturen zu einer Verminderung der Rückstände führen, ergibt sich bei Tiefkühlung eine weitgehende Konstanz. Der Erfolg von Wasch- und Reinigungsprozessen ist davon abhängig, ob die Rückstände auf oder in der Oberfläche der behandelten Nahrung verblieben oder ob sie in die Schale oder das Fruchtinnere eindrangen. Die Verarbeitung geernteter Produkte zu Konserven führt im allgemeinen zu einem merklichen Wirkstoffabbau. In der Regel ist ein Autoklavieren von Obst und Gemüse in der Wirkung dem Kochen und Blanchieren überlegen. Bei der Herstellung von Preßsäften wird der Hauptteil der Pestizide in den Trestern zurückgehalten. Beim Dörren von Obst kann infolge des Wasserverlustes eine relative Erhöhung der Rückstände erfolgen.

Im Rahmen der Rückstandsforschung spielt der Metabolismus der Pestizide eine besonders wichtige Rolle, denn wir haben gesehen, daß Metabolite mitunter toxischer sein können als der applizierte Wirkstoff. Deshalb sind nicht nur Metabolite zu berücksichtigen, die sich unmittelbar auf und in der Pflanze bilden, sondern auch diejenigen im Verbraucher, denn alle toxikologisch bedeutsamen Umwandlungsprodukte müssen beachtet werden. Dabei ist festzuhalten,

- daß die biologische Wirkung sowohl mit der Geschwindigkeit als auch Art und Weise der Metabolisierung eng verknüpft ist;
- daß durch die Umwandlungsgeschwindigkeit und die Eigenschaften der entstehenden Verbindungen entschieden wird, ob der Wirkungsort erreicht wird;
- daß die Toxizität einer Verbindung durch Metabolisierung zu- und abnehmen kann;
- daß die Ausscheidungsrate aus dem Körper von den physikochemischen Eigenschaften der Metaboliten abhängt.

Die Rückstandsforschung ist generell auf die Gesundheitsgefährdung durch den Konsum von Lebensmitteln eingestellt, die toxische oder biologisch aktive Pestizidrückstände enthalten. Bei Organophosphaten oder pestiziden Karbamaten bietet sich die Messung der cholinergen Aktivität der Metaboliten an. Viele andere Pestizide können aber nur nach ihrem individuellen Verhalten beurteilt werden. In vielen Fällen verlaufen Um- und Abbauprozesse in Pflanze und Warmblüter gleichsinnig. Dann kann der Tierversuch Einblicke in die toxikologischen Eigenschaften des Pestizids und seiner Metaboliten ergeben, die als Rückstände in der Nahrung auftreten. Dabei darf aber nicht übersehen werden, daß ein Metabolitengemisch eine synergistische Wirkung haben kann und dadurch die Toxizität gegenüber der Summe der Einzelkomponenten erhöht wird.

Für die menschliche Gesundheit ist letztlich die Frage von Bedeutung, ob durch Pestizidrückstände überhaupt Gefahren drohen. Um diese Frage beantworten zu können, muß die Rückstandssituation in der Praxis bekannt sein und dann toxikologisch beurteilt werden. Für die Rückstandssituation sind die Rohprodukte des Erzeugers, auf die sich die gesetzgeberischen Maßnahmen im wesentlichen erstrecken, die Pestizidmengen im gehandelten Verbrauchsgut und jene in der tischfertigen Nahrung zu berücksichtigen. Letztere ist entscheidend für eine Beurteilung der möglichen direkten Gefährdung von Mensch und Haustier. Obgleich in den letzten 30 Jahren zahlreiche Untersuchungen vorgenommen wurden, ist die Rückstandssituation heute noch schwer zu beurteilen. Auf mehr oder weniger vorläufigen Meßdaten fußend, wurden Toleranzwerte und Wartezeiten festgesetzt und dazu Gebrauchsanweisungen gegeben, die von Maier-Bode (1965a) zusammengefaßt wurden; sie sind oft recht unbefriedigend, denn die meisten Rückstandsdaten beziehen sich in Europa auf frische Ernteprodukte. Nur in den USA liegen auch umfangreiche Angaben über Rückstände in Lebensmitteln vor. Rückstände wurden von DDT, DDE, Dieldrin, TDE, Heptachlorepoxid, Lindan, HCH, Endrin und Aldrin gefunden (angegeben in der Reihenfolge ihrer Häufigkeit). Hinzu kam Toxaphen in einheimischen und Dicofol in Importwaren. 58 % der einheimischen und 45 % der importierten Waren enthielten weniger als 0,03 ppm, 78 % der einheimischen und 65 % der importierten weniger als 0,1 ppm und 95 % der einheimischen und 88 % der importierten weniger als 0,5 ppm. Bei 3 % der einheimischen und 1,5 % der importierten Waren lagen Überschreitungen der Toleranzgrenzen vor. 50 % aller untersuchten Proben enthielten Pestizidrückstände, 30 % solche von mehr als einem Wirkstoff. Aus Kanada wurde für das Jahr 1965 berichtet, daß 1,2 bis 4,7 % der untersuchten Proben unerlaubt hohe Rückstandsmengen von Pestiziden aufwiesen. In der Schweiz wurden in Obst- und Gemüseproben in 2,1 % der Fälle die zulässigen Grenzwerte überschritten. In Britisch Kolumbien und Alberta waren es sogar 16,9 %. Diese hohen Prozentwerte dürften überall dort erreicht werden, wo heute noch chlorierte Kohlenwasserstoffe in großen Mengen im Pflanzenschutz zum Einsatz kommen, wie der Autor im Frühjahr 1982 in Ägypten erfahren konnte.

Werte für Rückstände in der täglichen Nahrung wurden hautsächlich aus den USA bekannt. Bis zum April 1966 fanden Duggan & Dawson (1968) im Durchschnitt in der menschlichen Nahrung

0,02 ppm chlorierte Kohlenwasserstoffe
0,003 ppm organische Phosphorverbindungen
0,003 ppm Chlorphenoxy-Verbindungen
0,05 ppm Karbamate

Am häufigsten konnten aus diesen vier Gruppen die Pestizide Carbaryl (82 μg), DDT (37 μg), DDE (24 μg), TDE (16 μg), Dicofol (11 μg), Malathion (9 μg), Dieldrin (6 μg tägliche Aufnahme) nachgewiesen werden. Umgerechnet ergeben sich dann folgende Werte:

Chlorierte Kohlenwasserstoffe	0,0014 mg/kg/Tag
Organophosphate	0,01 mg/Person/Tag
Herbizide	0,01 mg/Person/Tag

Aus den in den USA durchgeführten Untersuchungen wurde von Frehse (1970) das Verhältnis der annehmbaren Tagesdosis zur tatsächlichen mit der Nahrung aufgenommenen Pestizidmenge errechnet. Es beträgt für

Aldrin + Dieldrin	1 : 1
DDT + DDE + DDD	11 : 1
Heptachlor + -epoxid	16 : 1
Carbaryl	22 : 1
Lindan	180 : 1
Malathion	200 : 1
Diazinon	400 : 1

Die durchschnittliche absolute Tagesaufnahme betrug im Zeitraum von 1964 bis 1967 für alle chlorierten Kohlenwasserstoffe 1,3 μg/kg, für P-O-Mittel 0,13 μg/kg und für Herbizide 0,13 μg/kg. Befunde aus England liegen in der gleichen Größenordnung (Robinson & McGill 1966, McGill & Robinson 1968). Die zugelassene Tagesdosis wurde in keinem Falle überschritten, zumal die Hauptanteile der Rückstände ohnehin nur von wenigen Pestiziden geliefert wurden. Die tatsächliche Aufnahme lag für den Menschen, außer für Aldrin + Dieldrin, mehr als 1 bis 2 Zehnerpotenzen unter dem tolerierbaren Wert.

Innerhalb der vielfältigen Intoxikationsquellen (Arznei- und Genußmittel, Schlafmittel etc.), denen der Mensch ausgesetzt ist, werden die Pestizidrückstände normalerweise von untergeordneter Bedeutung sein. Für Säugetiere werden nur die gegen Insekten eingesetzten Pestizide akut toxisch wirken, wobei aber die früheren Ausführungen über die Toxizität und die Tabellen 29 und 30 berücksichtigt werden müssen.

Von den Rückständen geht gewöhnlich keine akute Vergiftungsgefahr aus, da die aufgenommenen Mengen zu gering sind. Wenn Äpfel 1 ppm E 605-Rückstand aufweisen, was etwa dem Gehalt unmittelbar nach einer vorschriftsmäßigen Spritzung entspricht, enthält die Frucht etwa 0,15 mg Parathion. Ein Mensch mit 60 kg Gewicht müßte ca. 180 bis 300 kg davon mit einer Mahlzeit verzehren, um die tödliche Dosis von 3 bis 5 mg/kg aufzunehmen.

Anders zu sehen ist das Problem bei einer chronischen Aufnahme. Hier kann sich der Toxikologe bei der Beurteilung der toxischen Gefahr nur auf lang andauernde Tierversuche stützen, über die und ihre Problematik im vorangegangenen Kapitel berichtet wurde. Tabelle 36 zeigt Werte für übliche Pestizide in mg/kg Körpergewicht/Tag, die bei den angeführten Säugern keine Wirkung zeigten. Auch wenn solche Untersuchungen mit wenigstens zwei Säugerarten durchgeführt wurden, läßt sich nur schwer auf andere Arten, einschließlich des Menschen, schließen. Well & McCollister (1963) haben an 33 Substanzen gezeigt, daß in mehr als 50 % der Fälle in Kurzzeitversuchen weniger als die doppelte Menge ausreichte, um den gleichen Effekt wie im Zweijahresversuch zu erzielen. Dies mag für viele Pestizide zutreffen, sagt aber nichts aus über teratogene und karzinogene Wirkungen sowie endgültige Toleranzwerte, vor allem dann nicht, wenn Speichereffekte hinzukommen.

Leider wurden alle langfristigen, mit Pestiziden durchgeführten Untersuchungen fast ausschließlich im Hinblick auf die Toxikologie des Menschen durchgeführt. Ihre Wirkung auf seine Umwelt wurde dabei kaum berücksichtigt (Robinson 1967). Jedoch wird bei der

Tabelle 36 Beispiele für 'no-effect-levels' von Pestiziden in mg/kg Körpergewicht/Tag für verschiedene Säugetiere und den Menschen, nach FAO/WHO 1965, 1966, 1968

	Ratte	Hund	Affe, Schwein	Mensch
Aldrin	ca. 0,025	ca. 0,025		
Captan	50	100	19 (S)	
Carbaryl	10	1,8		
Chlordan	1	0,075		
Demeton	0,05	0,025		0,07
Demeton-methyl-sulfoxid	0,5	0,25		
Diazinon	0,10	0,02	0,05 (A)	0,02
Dichlorvos	0,25	0,08		0,033
Dieldrin	0,025	0,025		
Dimethoat	0,4			0,2
Diphenyl	25	25	50 (A)	
Ferbam	12,5	5		
Heptachlor	0,25	0,0625		
Malathion	5			0,2
Parathion	0,05			0,05
Phosphamidon	0,1	0,5		
Piperonylbutoxid	5	3		
Thiram	2,5	5		
Ziram	12,5	5		

Extrapolation der Daten eine Sicherheitsspanne eingebaut, die unter der Voraussetzung gilt, daß der Mensch das Pestizid auch täglich gleichbleibend mit der Nahrung aufnimmt. Diese vertretbare tägliche in mg/kg/Tag angegebene Aufnahme wird für einige Pestizide in Tabelle 37 aufgeführt. Sie liegt gewöhnlich 100mal niedriger als die Menge, die im Tier-

Tabelle 37 Vertretbare tägliche Pestizidaufnahme für den Menschen (Stand: Anfang 1968), nach FAO/WHO 1965, 1966, 1968

mg/kg/Tag	Wirkstoff
1,0	„anorganisches Brom"
0,125	Diphenyl
0,1	Captan, Methoxychlor
0,05	Cyanwasserstoff
0,04	Pyrethrine
0,03	Piperonylbutoxid
0,025	6 Dithiocarbamate
0,02	Carbaryl, Dimethoat, Malathion
0,0125	Lindan
0,01	Chlorbenside, Chlorfenson, DDT, Parathion-methyl
0,005	Parathion
0,004	Dichlorvos
0,0025	Azinphos-methyl, Demeton, Demeton-methyl (-sulfoxid)
0,002	Diazinon
0,001	Chlordan, Phosphamidon
0,0005	Heptachlor
0,0001	Aldrin, Dieldrin

Tabelle 38 Akute und chronische orale Toxizität von Pestiziden bei Ratten in mg/kg, nach Angaben der FAO/WHO 1968

Wirkstoff	LD_{50} (p.o.)	Symptomlos vertragene Tagesdosis (Dauerversuch)	Verhältnis akut: chronisch 10-bis 100fach	100-bis 1000fach	mehr als 1000fach
Organochlor-Insektizide					
Aldrin	38 – 67	ca. 0,025			x
Chlordan	150 – 430	1		x	
DDT	150 – 800	ca. 0,05(?)			x
Dieldrin	25 – 87	ca. 0,025		x	
Heptachlor	60 – 142	0,25		x	
Lindan	125 – 230	1,25		x	
Methoxychlor	5000 – 7000	10		x	
Organophosphor-Insektizide					
Azinphos-methyl	11 – 25	0,25	x		
Demeton-methyl-sulfoxid	30 – 75	0,5	x		
Diazinon	76 – 108	0,1		x	
Dichlorvos	56 – 80	0,25		x	
Dimethoat	280 – 680	0,4		x	
Malathion	ca. 400 – 6000	5		x	
Mevinphos	3,7 – 6,8	0,05(?)	x	x	
Parathion	1,75 – 30	0,05	x	x	
Phosphamidon	17 – 20	0,1		x	

versuch keine Wirkung ergab. Dieser Sicherheitsfaktor ist nicht wissenschaftlich begründet, sondern lediglich eine Übereinkunft in der Praxis.

Durch den Sicherheitsfaktor soll toxische Wirkung insbesondere bei Säugetieren reduziert werden; er soll auch die verschiedenen Ernährungsgewohnheiten und synergistischen Effekte durch andere Nahrungsbestandteile berücksichtigen (Chichester 1965).

In Tabelle 38 wird für einige Pestizide die akute Toxizität der chronischen bei Ratten gegenübergestellt, und zwar als LD_{50} und als *'no-effect-level'*. In der Mehrzahl der Fälle liegen die LD_{50}-Werte 100- bis 1000fach höher als die im Dauerversuch ermittelte Tagesdosis. Liegen von einer Substanz zu wenig toxikologische Daten vor, wird von den U.S.-Behörden ein Sicherheitsfaktor von 1 bis 2-tausend eingesetzt. Schon aus diesen wenigen Angaben wird ersichtlich, daß infolge unseres zu geringen Wissens von den Wirkungen der Pestizide der Sicherheitsfaktor ziemlich willkürlich verwendet wird, so daß die Probleme der chronischen Rückstandswirkung mehr denn je weiterbestehen; sie bestehen nicht nur für den Menschen selbst, sondern für seine gesamte Umwelt.

Tabelle 39 zeigt die Limitationswerte vieler Pestizide in den USA und der Bundesrepublik sowie die Wartezeiten im Freiland bis zur Ernte. Limitationswerte sollen dazu

Tabelle 39 Beispiele für Limitationswerte und Wartezeiten verschiedener Pestizide (Stand: Anfang 1968). Es sind nur die hautsächlich geltenden Werte für Obst und Gemüse angegeben, bei den Wartezeiten in Klammern zusätzlich auch Sonderfälle. Die angegebenen Wartezeiten gelten für die Bundesrepublik Deutschland, nach Frehse (1970)

Verbindungen (Pestizide)	Limitationswerte (ppm)		Wartezeit im Freiland (Tage)		
	BRD	USA	0	G	A
Diphenyl	Citrus 70	Citrus 110	–	–	–
Captan	15	100	3 (7)	7 (4)	N
Methoxychlor	10	14	14 (7)	14	14
Cyanwasserstoff	6 V	90– 200 V	–	–	–
Pyrethrine	1	1	frei	frei	frei
Piperonylbutoxid	8	8	frei	frei	frei
Dithiokarbamate	3	7	7	3	7
Ferbam	1	7	7	3	7
Thiram	3	7	7	3	7
Carbaryl	3	10	7	7	7
Dimethoat	0,5	2	21	21 (S)	21
Malathion	0,5; 3 V	8	7	7 (4)	7
Lindan	2	10	30	21 (S)	21
Chlorbenside	1,5	3	–	–	–
Chlorfenson	1,5	3	–	–	–
DDT	1,0	7	42 (S)	30 (S)	30
Parathion-methyl	0,5	1	–	–	–
Parathion	0,5	1	14	14 (S)	14
Dichlorvos	–	–	7	7	7
Azinphos-methyl	0,4	2	14	14	14
Demeton	–	0,75	–	–	–
Demeton-methyl-sulfoxid	0,4	–	21	21	21
Diazinon	0,5	0,75	10	10 (S)	10
Chlordan	Null	0,3	N	S	S
Phosphamidon	0,1; 0,5	–	21	14	21
Heptachlor	Null	Null– 0,1	N	S	S
Aldrin	Null	Null– 0,1	N	S	S
Dieldrin	Null	0,1– 0,25	N	S	S

Die Werte entsprechen der Konservierungsverordnung; O: Obstbau, G: Gemüsebau, A: Acker- und Feldbau, S: Sonderregelungen, N: Kein Einsatz im betreffenden Bereich, V: Vorratsschutz, frei: Einsatz bis zum Tag vor der Ernte möglich.

Tabelle 40 Limitationsgrenzen für Pestizide im Wasser (in mg/l), nach Quentin (1970) zitiert von Müller (1981)

Pestizid	Limitationswert		toxisch für Süßwasserfauna, wenn auch nicht tödlich
	USA	UdSSR	
Aldrin	0,017	1,0	0,00004
DDT	0,042	–	0,0006
Endrin	0,001	–	0,0001
Heptachlor	0,018	–	0,0002
Lindan	0,056	–	0,0002
Toxaphen	0,05	–	0,003
Parathion	0,1	0,03	0,001
Malathion	0,1	0,05	–
Systox	0,1	0,01	–

Aus den Werten wird die Bewertungsunsicherheit in den beiden Ländern deutlich.

dienen, einen wirksamen chemischen Pflanzenschutz zu betreiben und trotzdem toxikologisch unbedenkliche Lebensmittel zu erzeugen. Sie müssen sich deshalb an der Rückstandssituation orientieren und sind nicht zu verwechseln mit den früher erwähnten Toleranzwerten einer Tierart gegenüber einem Pestizid im Gegensatz zur Resistenz. Limitationswerte sind keine toxikologischen Schwellenwerte, sondern lediglich vom Gesetzgeber festgelegte Begrenzungswerte, die den Gebrauch von Pestiziden regulieren sollen. Die damit in Verbindung stehenden Wartezeiten kennzeichnen den Zeitraum, der zwischen letzter Pestizidanwendung und Ernte des behandelten Gutes vergehen muß; sie werden nach Ermittlung der Abbaurate und der verbleibenden Rückstände festgelegt. Problematisch kann es für den Verbraucher werden, wenn infolge Schadtierbefalls noch kurz vor dem mutmaßlichen Erntetermin gespritzt wird. Wie Tabelle 40 zeigt, sind Wartezeiten keine einheitlichen Größen, sondern abhängig von der klimatischen Situation, unter der die Pestizide angewendet werden. Somit werden sie stets variabel zu handhaben sein, was beachtliche Schwierigkeiten für den internationalen Handel mit sich bringen kann. Leider werden z. B. in den USA die regional sehr unterschiedlichen Klimasituationen nicht in die Wartezeiten eingebracht, obgleich der Einfluß verschiedener Klimafaktoren, insbesondere die Temperatur, auf den Abbau der Pestizide hinreichend bekannt ist. Auch lehrt die Erfahrung, daß Anforderungen an die „Qualität" der Nahrungsmittel eine Funktion des Wohlstandes sind. Unter diesem Gesichtspunkt wäre es denkbar, daß in nicht ferner Zukunft höhere Limitationswerte die Alternative zum Hunger oder zur Übervölkerung in gewissen Bereichen der Erde sein könnten (Barnes 1967). Schon heute kann man in Ländern der Dritten Welt hören, daß es im Prinzip gleich ist, ob die Bevölkerung durch Pestizide oder durch Nahrungsmangel verringert wird.

Nach diesen Ausführungen erscheint es nicht unberechtigt, die ‚Nullgrenze' zu fordern. Dieser Wert wird sicherlich auch kein konstanter sein, da er von der Nachweisgrenze der Analysenmethoden abhängt. Aber man kann fordern, daß keine nachweisbaren Rückstände von Pestiziden im Erntegut vorhanden sein dürfen, wie dies die Verordnung über diätetische Lebensmittel für Säuglinge und Kleinkinder vorschreibt. Mit der Verbesserung der Analysenmethoden wird die sogenannte Nullgrenze weiter herabgedrückt und somit der Kumulierung von Rückständen in den Nahrungsmitteln entgegengewirkt. Außerdem spornt eine solche Regelung an, alternative Methoden zur Schädlingsregulierung zu entwickeln, auf die wir später noch einzugehen haben, denn vermehrt werden Stimmen laut, die die Notwendigkeit eines generellen chemischen Pflanzenschutzes bezweifeln.

1.2 Pestizidrückstände in der Umwelt

Als ubiquitärer Bestandteil unserer Umwelt sind Pestizidrückstände im Vergleich zu industriellen und ‚zivilisatorischen' Emissionen und Abfällen gering, dürfen aber deshalb nicht vernachlässigt werden. Sie werden durch Wind und Wasser weit verteilt. Die höchsten Konzentrationen wurden an den und in der Nähe der Anwendungsorte gefunden, aber in Spuren konnten Pestizide sogar in der Antarktis und in den dort lebenden Pinguinen und Meerestieren nachgewiesen werden (Kenaga 1968). Auch das Vorkommen von DDT im Körperfett der Eskimos in Alaska, wo niemals Pestizide angewendet wurden, wurde oft zitiert (Hayes 1965, Dustman 1966, Maier-Bode 1968). Der gegenwärtige Zustand der persistenten Pestizidrückstände in der Umwelt wurde von Edwards (1973a, b) in zwei umfassenden Monographien diskutiert.

Die Kontamination der Umwelt durch Pestizide ist erst seit etwa 30 Jahren ein öffentliches Problem (Egler 1964). Die in dieser Hinsicht wichtigsten Pestizide sind die chlorierten Kohlenwasserstoffe, wie DDT, DDD, Endrin, Heptachlor, Aldrin, Dieldrin, Chlordan, Toxaphen, Stroban (Mischung von polychlorierten Terpenen) und HCH bzw. Lindan (Hopkins et al. 1969, Nicholson 1969). Geringe Mengen dieser Pestizide sind in allen Bereichen unserer Ökosysteme vorhanden. So wurden in 5 kommerziell betriebenen Apfelplantagen im Staate New York 1972 Rückstände von DDT und seinen Metaboliten gefunden, obgleich diese Gärten seit 13 Jahren keine reguläre DDT-Behandlung mehr erfahren hatten. Trotzdem war der Boden mit DDT und einigen seiner Metaboliten kontaminiert (Kuhr et al. 1974).

In Norwegen wurde eine 15 Jahre mit DDT behandelte Obstplantage auf schwerem Lehmboden nach dreijährigem Aussetzen auf Rückstände untersucht. Es wurden noch bis zu 16,1 mg/kg Boden an DDT gefunden. Jedoch konnten keine Beziehungen zur Besatzdichte von Collembolen und Milben gezeigt werden (Raffensperger 1969).

In einem Garten mit hohen Rückständen konnten DDT und seine Analogen in allen Tierarten, die dort gefangen wurden, und auch in den dort wachsenden Pflanzen gefunden werden. Fließendes und stehendes Wasser enthielt nur minimale Mengen an DDT-Rückständen, wodurch angezeigt wird, daß ein Ausspülen von DDT aus dem Boden sehr gering ist. Dies bedeutet andererseits, daß sich DDT auch in hohen Rückstandsmengen im Boden sehr statisch verhält und sein Transport im wesentlichen von den Bodentieren bewerkstelligt wird, die es im Nahrungsnetz verteilen. Über mehrere Jahre wurden die Halbwertzeiten verschiedener Pestizide im Boden gemessen; sie sind abhängig von der Bodenart unter wechselnden Klimabedingungen und betrugen nach Edwards (1966) für

Aldrin	ca.	3 bis 8 Monate
Heptachlor	ca.	8 bis 10 Monate
Chlordan	ca.	10 bis 12 Monate
Lindan	ca.	12 bis 20 Monate
Dieldrin	ca.	27 Monate
DDT	ca.	30 Monate

Aber auch noch längere Zeiten sind bekannt geworden (Nash & Woolson 1967). Somit kann der Boden in den USA mit 0,07 bis 245,4 ppm DDT beladen sein (Stevens et al. 1970). Mitunter verläuft der Abbau unter anaeroben Bedingungen schneller als unter aeroben (Hill & McCarty 1967). Die Beständigkeit der chlorierten Kohlenwasserstoffe in der Umwelt ist ein Grund dafür, daß ihre Anwendung als Bodenpestizid vielerorts stark eingeschränkt oder verboten wurde.

Unter tropischen Bedingungen wurde in Baumwollplantagen eine wesentlich schnellere Abnahme der Bodenrückstände chlorierter Kohlenwasserstoffe gemessen: nach 7 Wochen konnten maximal nur noch 10 % wiedergefunden werden (Zorgani 1976).

Von Wolfe et al. (1977) wurde der Abbau von chlorierten Kohlenwasserstoffen im Wasser gemessen. Unter den üblichen pH-Bedingungen existieren in den Gewässern verschiedene hydrolytische Abbauwege für Methoxychlor und DDT. Für ersteres war der Abbau bei 27 °C zwischen pH 3 und 7 unverändert; die errechnete Halbwertzeit betrug ein Jahr. Für DDT zeigte sich ein stark pH-abhängiger Abbau; bei 27 °C wurde eine Halbwertzeit für pH 7 von etwa 8 Jahren errechnet. Die Halbwertzeiten der Abbauprodukte waren höher als die der Muttersubstanzen. Die wichtigsten Hydrolyseprodukte des Methoxychlor waren bei pH 7 Anisoin, Anisil und DMDE. Bei DDT trat DDE als Hauptabbauprodukt auf.

Persistente Pestizide können vielfältige Gefahren für die lebenden Organismen mit sich bringen. Nach Edwards (1973a, b) können die Rückstände für einige bodenlebende

Tierarten und Mikroorganismen direkt toxisch sein (Dinther 1963). Dabei können sich resistente Populationen entwickeln (Croft & Meyer 1973) oder es tritt eine subletale Wirkung auf, die Aktivität, Verhalten, Reproduktion und Stoffwechsel der Bodenorganismen beeinflußt (Way & Scopes 1968). Eine Anreicherung in den Geweben der Bodenfauna und -flora ist möglich. Gerade die in den Boden applizierten Pestizide sind in ihrer Rückstandsbildung kaum überschaubar. Je nach Adsorptionsverhältnissen wird im Zusammenhang mit Niederschlägen und Wasserbewegungen in der oberen Bodenschicht mit beträchtlichen Verteilungsunterschieden zu rechnen sein. Über längere Zeiten im Boden verbleibende Mittel können Rückstandsprobleme in später dort wachsenden Kulturpflanzen erzeugen.

Andere biologische Fragestellungen erwachsen aus der möglichen Einwirkung von Pestiziden auf die Fruchtbarkeit des Bodens sowie auf die dort lebende Fauna und Flora (Domsch 1963, Martin 1963, Bauer 1964, Karg 1965, Wallnöfer 1967), die wiederum erstere mitbedingt. Hiermit verbunden ist die Möglichkeit des Abwanderns von Pestiziden ins Grundwasser (Beran & Guth 1965, Leh 1968, Achari et al. 1975), obgleich Untersuchungen zeigten, daß eine Trinkwasserverunreinigung auf diesem Wege unwahrscheinlich ist.

Dempster (1968b) konnte auf mit DDT behandelten Feldern von *Brassica oleracea* eine zeitabhängige Konzentrierung des Wirkstoffes in den Pflanzen und im Boden feststellen. Dies führte zur Veränderung der Boden- und Pflanzenfauna gegenüber unbehandelten Feldern. Deutlich zeigte sich die Abhängigkeit verschiedener Tierarten voneinander. Außerdem wurde die Wiederbesiedlung durch die DDT-Persistenz verhindert.

Besondere Verhältnisse herrschen unter trocken-heißen, für die Landwirtschaft ungünstigen Klimabedingungen, bei denen die potentielle Verdunstung die Menge der Jahresniederschläge meist weit überwiegt. Etwa ein Drittel der Festlandoberfläche unserer Erde hat solch einen ariden Klimacharakter. Ein Ackerbau durch Ausnutzung der Regenzeiten ist nur auf der Hälfte dieser Fläche erfolgversprechend. In der anderen Hälfte ist ohne Bewässerung kein Anbau von Kulturpflanzen möglich (Bogenrieder 1982). Wird das Wasser nicht durch Beregnung, sondern durch Drainagen zugeführt, so kommt es nicht nur zu einer Versalzung, sondern auch zur Anreicherung der ausgebrachten Pestizide, so daß erhöhte Rückstände nicht nur im Boden, sondern auch in den Pflanzen auftreten werden.

In starken Regengebieten kommt dagegen die Bildung von Pestizidrückständen im Oberflächenwasser in Betracht, das den Wirkstoff aus den behandelten Gebieten abschwemmt. Hinzu kommt die direkte Anwendung von Herbiziden zur Entkrautung von Wassergräben (Johannes 1967) oder von Insektiziden zur Bekämpfung von Mückenlarven in Sumpfgebieten. Durch beide Maßnahmen können Rückstandsschäden verursacht werden.

Doch soll nicht unerwähnt bleiben, daß für die Larven der Gelbfiebermücke *Aedes aegypti* subletale Dosen von Dieldrin (0,08 ppm) bei der räuberisch lebenden Mückenart *Toxorhynchites brevipalpis*, die sich von *Aedes*-Larven desselben Gewässers ernährt, eine verlängerte Larvenzeit bewirkten, wodurch die Nahrungsaufnahme der Larven insgesamt erhöht wird und die Dezimierung der Gelbfiebermücke effektiver ist (Wiedl 1977).

Während die Rückstandssituation auf landwirtschaftlichen Nutzflächen noch relativ gut überschaubar erscheint, ist sie im Bereich der Gewässer sehr schwer kontrollierbar, zumal die Haltbarkeit der Pestizidrückstände sehr verschieden ist. Über Adsorption und Anreicherung von Atrazin und seinen Abbauprodukten an Flußwassersedimenten berichteten Kornmayer & Streit (1978). Beträchtliche Mengen von Pestiziden können von Schwebstoffen adsorbiert oder von Plankton und Wasserpflanzen aufgenommen und um- oder abgebaut werden. Nur in stehenden Gewässern können Pestizidrückstände in ihrer Wirkung verfolgt und die Zusammenhänge von chemischer und biologischer Aktivität interpretiert werden (Faust & Suffert 1966, Gamrasni 1967, 1968, Didia et al. 1975, Greichus et al. 1978).

Besonders gefährdet sind Flußmündungsgewässer mit Austern, Krebsen und anderen Seetieren, die gegen Pestizide sehr empfindlich sind. Bei landwirtschaftlicher Drainage und Dispersion sollte dies entsprechend berücksichtigt werden. So zeigte sich in neun kalifornischen Flußmündungen, eine Anreicherung von 11 000 ppb an DDT, Dieldrin und Endrin in Schellfischen, die dem Oberflächenwasser ausgesetzt waren, während Fische aus anderen Regionen weniger als 100 ppb enthielten. An den Küsten von Texas reicherten Muscheln (*Rangia cuncata*) DDT bis zu 2000fach an, während Dieldrin nur geringfügig kumuliert wurde (Petrocelli et al. 1973).

Pestizide können auf verschiedenen Wegen auch in die Atmosphäre gelangen, besonders beim Versprühen und durch Herauslösen aus dem Boden und Verdampfen mit dem Wasser (Klein 1975). In diesen Fällen ist die Partikelgröße besonders wichtig (Akesson et al. 1970). Viele Forscher haben gezeigt, daß nur ein Teil der versprühten Pestizide sein Ziel erreicht, der Rest fällt zu Boden oder verdampft in die Atmosphäre (Spencer et al. 1973). Für letzteren Prozeß ist der Dampfdruck des Pestizids entscheidend. Andere Wege sind Wind und Verbrennung von Kraut und Stroh. Mit der Luftbewegung und dem Regen werden die Pestizide auch in Gebiete verdriftet, wo keine Applikation erfolgte (Cohen & Pinkerton 1966). So konnten in Texas große Mengen von DDT 9 Meilen entfernt und 1600 Fuß höher als der Anwendungsplatz nachgewiesen werden (Lasher & Applegate 1966). In der Sierra Nevada erreichten die Rückstände eine Höhe bis zu 4000 m (Cory et al. 1970). Die an Staubteilchen adsorbierten Pestizide können 5000 km durch die transatlantische Nordostwindbewegung bis nach Afrika und Europa gelangen (Risebrough et al. 1968). Die Frage, wie groß der Transport von Pestiziden über den Erdball ist, kann nicht beantwortet werden, weil sie überall gegenwärtig sind. Auch wissen wir noch zu wenig von den komplexen Wechselwirkungen der beteiligten Prozesse (Wheatley 1973). Jedoch scheint die Gefahr, die von den in der Atmosphäre sich befindenden Pestizidmengen ausgeht, gegenüber anderen Luftverunreinigungen gering zu sein.

Besonders hoch sind die Rückstände von persistenten Pestiziden im Schlamm der Flüsse, Seen und anderer Gewässer. Die Wege, auf denen Pestizide die Gewässer erreichen, sind das Oberflächenwasser und der Transport von Sedimenten aus behandelten Regionen, Industrieabwässer, die direkte Applikation aus der Luft und die Behandlung mit Granulat zur Bekämpfung von Schadtieren im Wasser, Abdrift von behandelten Landflächen, atmosphärischer Transport, städtische Kanalisation, landwirtschaftliche Abfälle und mögliche Unfälle.

Am bedeutendsten scheint das Oberflächenwasser zu sein (Edwards et al. 1970). Dabei werden schwerlösliche Pestizide weniger in Lösung als mit den Schwebstoffen im Wasser fortbewegt (Nicholson & Hill 1970). Heftige Regenfälle können bei vorliegender Erosion bis zu 2,2 % der applizierten Menge fortspülen (Caro & Taylor 1971). Die zweitwichtigste Quelle sind die Industrieabwässer, die trotz gezielter Reinigung Pestizidmengen enthalten können, so daß Fische und ihre Nährtiere absterben (Dustman & Stickel 1966). Dies geschieht besonders schnell durch Rückstände des hochgiftigen Parathions.

Auch ungeeignete Lagerung von Pestiziden bedeutet eine Gefahr für die Umwelt und die menschliche Gesundheit. Alte und rostige Container sollten entwertet werden. Abfälle müssen entgiftet werden. Aber wie und wohin mit den Restbeständen, ohne daß sie die Umwelt belasten? Diese Frage ist bis heute offen.

Von den freilebenden Tieren sind die Wirbellosen im allgemeinen empfindlicher gegenüber Pestiziden als Wirbeltiere. Unter letzteren scheinen Vögel und Fische anfälliger zu sein als Säuger. Jedoch bestehen große Unterschiede zwischen den einzelnen Arten und ebenso in der Wirkung der einzelnen Wirkstoffe auf Tiere und Pflanzen (vgl. Tabellen 28, 29, 30, 31), die heute noch weitgehend unerkannt sind (Kenaga 1968). Bei den Warmblütern steht im allgemeinen die Nahrungsaufnahme im umgekehrten Verhältnis zu ihrem Gewicht. Ein in der Nahrung enthaltener Fremdstoff wird deshalb in Relation zum

Gewicht des Tieres um so weniger aufgenommen, je größer das Tier ist, wenn keine Nahrungskette besteht, die eine Anreicherung in der spezifischen Nahrung (Beutetier) ermöglicht. Einem Gehalt von 1 ppm im Futter würde z. B. der Aufnahme folgender Tagesdosen entsprechen:

Maus	0,15 mg/kg/Tag,
Ratte	0,10–0,005 mg/kg/Tag,
Hund	0,075 mg/kg/Tag,
Katze	0,05 mg/kg/Tag,
Schaf, Schwein	0,04 mg/kg/Tag,
Kaninchen	0,03 mg/kg/Tag,
Pferd	0,02 mg/kg/Tag,
Milchvieh	0,015 mg/kg/Tag,

wenn die Werte auf Trockenfutter umgerechnet werden. Kleine Tiere sind deshalb bei einem plötzlichen Pestiziddruck stärker gefährdet als große. Bei Vögeln konnten auch Rückstände in den Eiern gefunden werden (Koeman et al. 1967, Potts 1968, Bajula & Hernandez 1978).

Eine direkte Applikation zur Bekämpfung von aquatischen Schadtieren ergab für Dieldrin in Florida, daß 1 117 000 Fische getötet wurden, die 30 Arten representierten. Eine Reproduktion der überlebenden blieb in den folgenden vier Wochen aus (Nicholson 1959). Toxaphen wurde in den frühen 50er Jahren zur Vernichtung minderwertiger Fische eingesetzt, was manchmal erhebliche Probleme mit sich brachte. Obgleich ein mit Toxaphen behandelter See nach einem Monat bzw. bis zu einem Jahr später wieder mit Setzlingen bestückt werden kann, blieb er gelegentlich über 5 Jahre toxisch für Setzlinge (Kallman et al. 1962, Terriere et al. 1966).

Ein Einsatz von Pestiziden im Freiland führt zu einer Verringerung des Artenspektrums bei Pflanzen und Tieren. Die toleranten Arten können dann so stark dominieren, daß die Biomasse etwa gleich bleibt, ja sogar größer wird. Von den behandelten Pflanzen dominieren dann die Gräser, von den Wildkräutern meistens die nitrophilen Arten, die in ihren Ansprüchen und der Pflege an die Kulturpflanzen angepaßt sind. Von dem Wechsel im Artenspektrum der Pflanzen werden vor allem die Tiere betroffen, denen bestimmte Pflanzen als Nahrungsgrundlage dienen. Andererseits kann es bei den phytophagen Tieren zu Massenvermehrungen kommen, wenn ihre Nährpflanze stark dominiert (Ant 1972, Laudien 1972, Maas & Pestemer 1975, Pötsch 1975, Schuck 1975, Cremer 1976, Way & Chancellor 1976, Helmecke et al. 1977, Tomkins & Grant 1977, Brown 1978, Kojic 1978, Mahn & Helmecke 1979, Stryckers 1979, Brockmann 1980, Critchley et al. 1980, Malkomes 1980) oder die Prädatoren selektiv reduziert werden (Ridgway et al. 1967).

Bild 88 zeigt die verschiedenen Wege, auf denen sich Pestizide in der Umwelt ausbreiten können (Li & Fleck 1972). Von wesentlicher Bedeutung ist hierbei die initiale Pestizidapplikation.

In den Jahren von 1962 bis 1972 ist der Verbrauch von Pestiziden in den USA im Mittel um 7 % pro Jahr gestiegen. 1966 benutzten 85 % aller Landwirte Pestizide, von denen 90 % auf Getreide und andere Feldfrüchte versprüht wurden. Die verbleibenden 10 % wurden zu etwa gleichen Teilen an das Vieh und auf der Farm appliziert. Auf das kultivierte Land wurden 1966 27 % Herbizide, Insektizide und 2,6 % Fungizide ausgebracht.

Seit ihrem Verbot sank die tägliche Aufnahme von chlorierten Kohlenwasserstoffen um 22 %, aber die von Organophosphaten stieg um 14 % (Duggan & Cornelinssen 1972). Der Ersatz von chlorierten Kohlenwasserstoffen durch weniger persistente PO-Mittel und Karbamate, der in neuerer Zeit vermehrt erfolgt, führt aber zu stärker toxischen Mitteln. Obgleich wir umfangreiche Kenntnisse über ihre Rückstände und ihren Stoffwechsel in Schadorganismen haben, wissen wir wenig über ihre Wirkung in der Umwelt (Lu et al. 1978). Der Begriff ‚nichtpersistent' kann leicht zu einem falschen Sicherheitsverständnis führen. Auch wenn ein Wirkstoff unter gewissen Bedingungen instabil ist, bedeutet es nicht, daß er notwendigerweise immer instabil ist. Bis vor kurzem glaubte man, daß Parathion, wenn es auf die Felder gebracht wird, innerhalb weniger Tage zu nicht toxischen Verbindungen abgebaut wird. Kilgore et al. (1972) zeigten aber, daß es recht stabil sein kann und nicht immer zu nicht toxischen

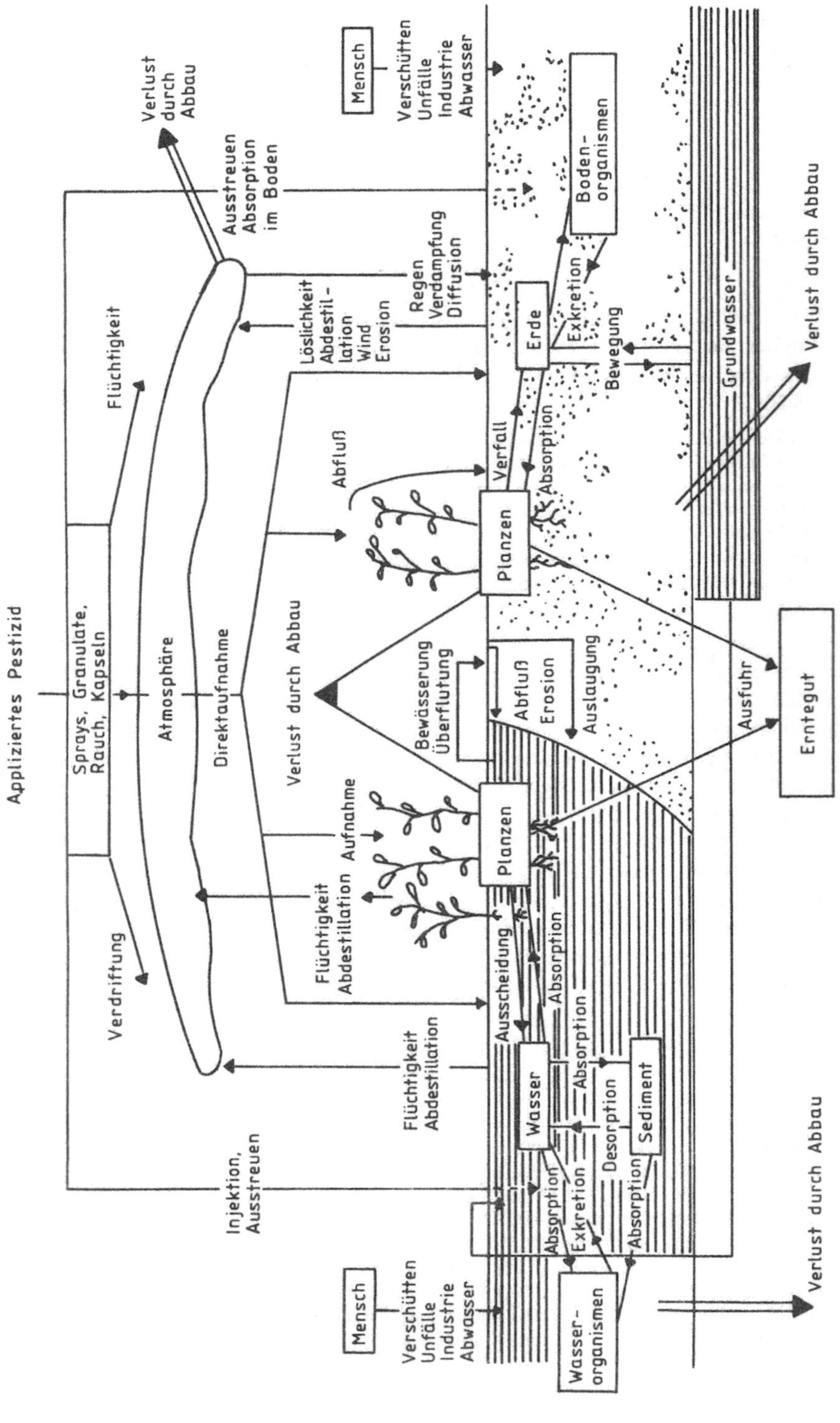

Abb. 88 Pestizidzirkulation in der Umwelt, nach Kilgore & Li (1976).

Metaboliten degradiert wird. Nur etwa 15% erreichten die Pflanzen, wurden absorbiert und in ihnen verändert. Der größte Teil blieb als Parathion erhalten. So wurden Parathionrückstände in Weintrauben noch 15 Monate noch Applikation gemessen.

Auch dieses Beispiel zeigt, daß der Nachweis und damit die Übersicht über Pestizidrückstände noch recht ungenügend ist. Das Überwachungsnetz muß vergrößert werden. Geeignete Methoden sind zu entwickeln und entsprechend einzusetzen. Dies gilt vor allem für die Boden- und Gewässerüberwachung. Es liegen kaum Daten über größere Bereiche unbehandelten Landes vor. Solche Informationen sind aber erforderlich, um die Gefahr abschätzen zu können, die von persistenten Pestiziden ausgeht. Auch wenn Pestizide zur Sicherung der Nahrungsproduktion und zur Verhinderung von Krankheiten weiterhin benötigt werden, so kann dies nicht zu Lasten der Umweltqualität gehen. Jede nicht näher überschaubare Applikation ist unverantwortlich. Dies erfordert eiligst einen Wandel in der praktischen Schädlingsbekämpfung und in einigen Fällen auch in der Natur der Chemikalien selbst, wenn die Agroindustrie das öffentliche Vertrauen erhalten und einen verantwortlichen Beitrag zur allgemeinen Gesundheit und Lebensqualität leisten will.

Die Meinung von Frehse (1970), daß trotz der von Jahr zu Jahr ansteigenden Anwendung von Pestiziden keine Belastung der Umwelt vorliegt, wird durch vorstehende Ausführungen eindeutig widerlegt. Der überwiegende Teil der angewendeten nicht persistenten Mittel wird zwar durch mehr oder weniger schnellen Abbau entgiftet, aber dabei wird vollständig übersehen, daß die Pestizide nicht nur Schadtiere oder Schaderreger vernichten, sondern auch das Bodenleben empfindlich stören und damit die Fruchtbarkeit des Bodens herabsetzen, so daß immer mehr Kunstdünger zugeführt werden müssen, bis schließlich ein biologisch weitgehend steriler Boden resultiert.

1.3 Emissionen

Von den Industriestaaten der Erde werden kontinuierlich Abgase in die Atmosphäre entlassen, die mit den Winden ausgebreitet und mit dem Regen in allen Teilen der Erde niedergeschlagen werden. Die mit der Industrialisierung immer stärker werdende Belastung der Umwelt durch solche Emissionen führt zu einer deutlichen Störung in den Ökosystemen. Es sind vor allem Schwermetalle und schwefelsaure Verbindungen, die sich als Schadstoffe im Boden und in den dort lebenden Organismen anreichern.

1.3.1 Schwermetalle

Seit Jahrzehnten kennt man die toxische Wirkung des Quecksilbers, aber erst in der Neuzeit reicherte sich dies Element in den Ökosystemen mitunter so stark an, daß die dort lebenden Organismen gefährdet sind. Der Nachweis von Hg-Konzentrationen in Wildvögeln und Fischen signalisierte seine ubiquitäre Verbreitung. Ein hoher Hg-Gehalt in den Federn und Schnäbeln von körnerfressenden Vögeln und ihrer Prädatoren in Schweden gab den ersten wissenschaftlichen Nachweis, daß die terrestrische Umgebung kontaminiert ist (Berg et al. 1966, Borg et al. 1969). Als Quelle der Kontamination kam Alkyl-Hg in Betracht, das als Fungizid mit der Saat in den Boden gelangte. Durch Aufpicken dieser Saat kam es in Schweden dazu, daß 41% dieser Vögel und 67% ihrer Prädatoren 2 mg/kg und mehr an Quecksilber enthielten. Als die Hg-Fungizide für Saatbehandlung verboten wurden, nahm der Gehalt an Hg in den Körnerfressern ab.

Wesentlich stärker kontaminiert als die terrestrische Umwelt sind die aquatischen Ökosysteme, die einem starken Zufluß von Hg-Abfällen aus der Chlorid-, Soda-, Elektro- und Papierindustrie ausgesetzt sind und durch Verbrennungsprodukte abgelagerter Öle verschmutzt werden (Joensuu 1972). Die Anreicherung im aquatischen Milieu ist mit der chemischen Natur des Quecksilbers eng verknüpft. Einzigartig ist seine Fähigkeit, mit

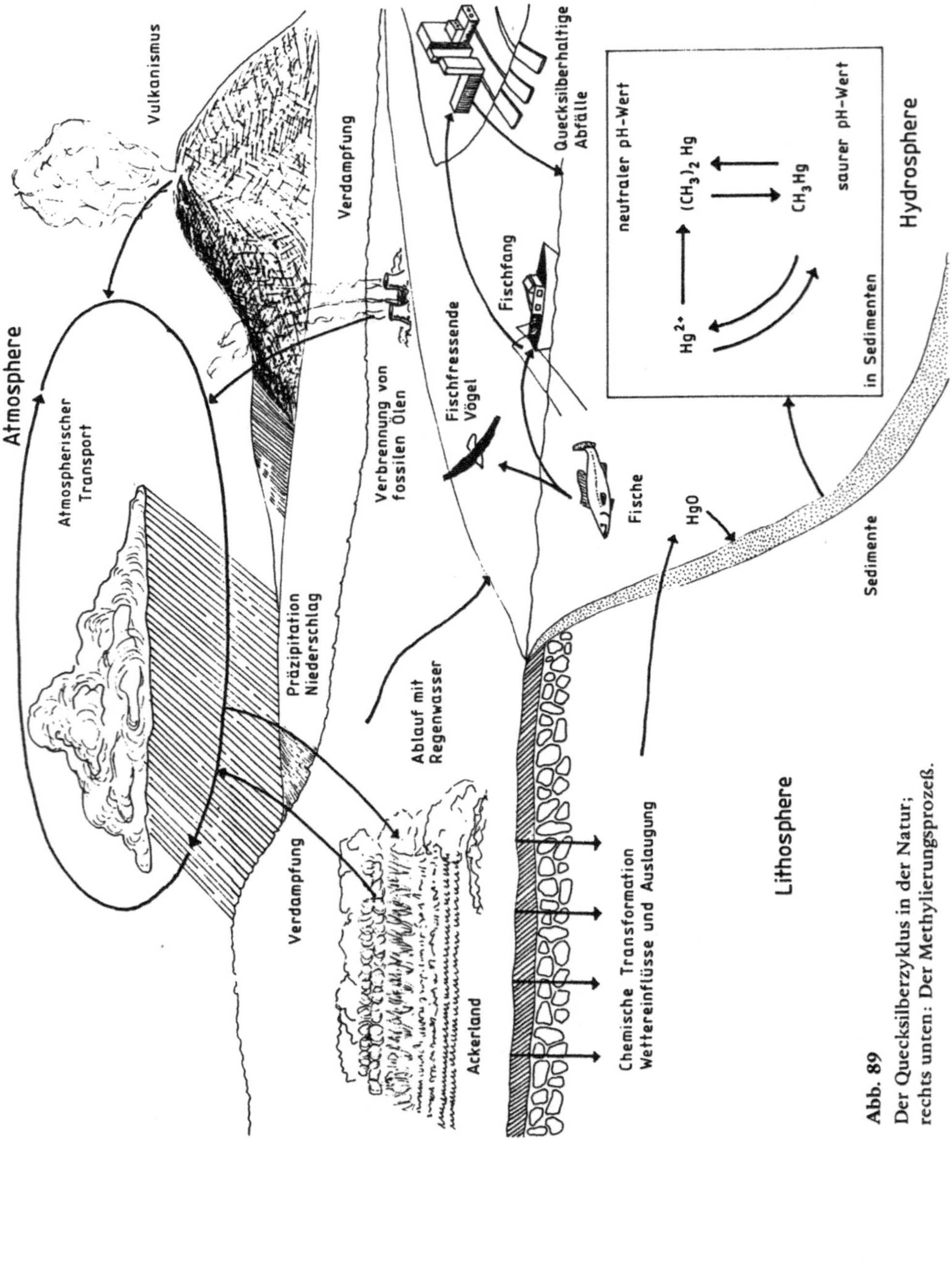

Abb. 89
Der Quecksilberzyklus in der Natur; rechts unten: Der Methylierungsprozeß.

organischen Radikalen, wie Methylgruppen, stabile lösliche Verbindungen einzugehen. Das unlösliche Sulfid findet sich dagegen im Sediment, das hier unter anaeroben Bedingungen lange Zeit verweilen kann. Unter aeroben Verhältnissen kann es zum Sulfat oxidiert und somit einer Methylierung zugänglich gemacht werden (Bild 89). Ob Mono- oder Dimethylverbindungen entstehen, ist abhängig vom herrschenden pH-Wert. Dimethyl-Hg kann leicht in die Atmosphäre entweichen und somit in den weltweiten Zyklus gelangen. Fische nehmen das Methyl-Hg aus dem kontaminierten Wasser mit der Nahrung oder durch die Kiemen auf.

Wasser, in dem Fische aufwachsen, darf nicht zu stark mit Hg-Verbindungen verseucht sein. In Schweden wurden Werte zwischen 0,2 bis 5,0 mg/kg gemessen; für annehmbar werden 0,05 mg Hg pro kg betrachtet. Nicht immer haben diese hohen Konzentrationen eine direkte und gar letale Wirkung auf Fische (Jernelöv & Lann 1971), aber Hg kann entlang der Verbraucherkette zu tragischen Ergebnissen führen, wie dies in Japan gezeigt werden konnte: Viele Japaner, die um die Minamata-Bucht und entlang des Agano-Flusses lebten, starben oder wurden körperlich stark geschwächt. Die Ursache war der Verzehr von Fischen, die mit Methyl-Hg stark kontaminiert waren, das aus Industrieanlagen stammte, die Hg-Abfälle in das Wassser entließen. Das aufgenommene Methyl-Hg wurde durch das Blut zum Gehirn transportiert, bis eine toxische Anreicherung mit unterschiedlichen neurologischen Symptomen erreicht wurde und schließlich der Tod eintrat. Quecksilbervergiftung führt zu Erblindung, Taubheit, Bewegungs- und Geistesstörungen. Hg-Verbindungen können durch die Plazenta zum Foetus transportiert werden, auch wenn die Mutter keine Vergiftungssymptome aufweist. Den Hg-Gehalt in Fischen bundesdeutscher Flüsse zeigt Tabelle 41.

Die Hg-Konzentrationen im menschlichen Blut lagen bei der städtischen Bevölkerung signifikant höher als bei der ländlichen. Bei Städtern wurden Werte zwischen 0 und 298 ppb gemessen, bei einem Mittelwert von 14,2 ppb; 9 Werte lagen über 50 ppb (Gowdy et al. 1977); bei diesem Wert sollen noch keine Zeichen einer Schädigung sichtbar werden (Goldwater 1971).

Da Hg eine natürliche Substanz ist, wird es immer zu einem gewissen Prozentsatz in Meer- und Seefischen vorhanden sein. Thun- und Schwertfische, die 25 bis 95 Jahre sich präpariert in Museen befinden, wiesen den gleichen Gehalt an Hg auf wie solche aus der Neuzeit. In allen Fällen besaßen sie einen höheren als erlaubten Hg-Gehalt in ihrem Fleisch, so daß der Verzehr dieser Tiere verboten wurde. Dies weist darauf hin, daß der Hg-Gehalt wenigstens in Meeresfischen wohl aus natürlichen Quellen stammt und nicht durch menschliche Verunreinigungen bedingt ist (Goldwater 1971, Weiss et al. 1971). Eine Berechnung von Hammond (1972) unterstützt diese Vermutung. Er findet, daß die Gesamtmenge an Hg, die seit 1900 von Menschen verarbeitet wurde, die Konzentration in den Ozeanen nur um 1 % erhöhen würde. Anders liegen die Verhältnisse in den Seen und Flüssen. Hier ergaben Untersuchungen von D'Itrie (1971), daß der Hg-Gehalt im St. Clair-Flußsystem von 1965 bis 1970 um das drei- bis fünffache in den dort lebenden Fischen anstieg.

Tabelle 41 Hg-Gehalt (in ppm) in Fischen verschiedener Herkunft, nach Reichenbach-Klinke (1974)

Fließgewässer	Forelle	Aal	Rotauge	Nase	Brachse	Barsch	Hecht	Zander	Karpfen
Amper	0,089	0,066	0,286	0,162	–	–	0,551	–	0,162
Donau (Stau)	0,8	0,5	0,8	0,32	0,5	0,79	0,78	0,9	0,5
Lech	0,1	–	0,29	0,06	–	0,65	0,25	–	–
Rhein	–	0,27	0,90	–	0,10	0,15	0,51	0,10	0,29

Soweit es heute abzusehen ist, besteht die größere Gefahr einer Hg-Schädigung im lokalen als im globalen Bereich. Die Akkumulation in aquatischen und terrestrischen Ökosystemen ist mitunter erheblich, wenn Hg-Fungizide appliziert werden. Die größte Gefahr der Vergiftung besteht bei der sich größtenteils von Fischen ernährenden Bevölkerung. Für die wildlebenden körnerfressenden Vögel ist die toxische Gefahr groß, wenn sie gebeiztes Saatgut fressen. Ihre Prädatoren sind dann noch stärker gefährdet.

Für die übrige Tierwelt fehlen entsprechende Untersuchungen weitgehend (Luoma 1977). Zunächst müssen aussagekräftige Methoden erarbeitet werden, die unter Verwendung geeigneter Testobjekte zuverlässige Angaben ermöglichen. Wir haben deshalb seit einigen Jahren begonnen, Hg-Salze in ihrer Wirkung auf Insekteneier im Boden zu untersuchen und fanden für Heuschreckeneier eine Toxizitätsgrenze bei 0,01 mg/kg Trockenboden. Alle höheren Konzentrationen führten zu einer gegenüber der Kontrolle erhöhten Absterberate der Embryonen (Bild 90).

Das Blei in der Biosphäre gelangt zu 98 % als Emission der Kraftfahrzeuge in die Umwelt. Das als Antiklopfmittel dem Benzin zugesetzte Bleitetraäthyl wird mit den Verbrennungsgasen durch den Auspuff befördert. In 1968 wurden mehr als $2{,}3 \times 10^8$ kg an Blei auf diese Weise in die Atmosphäre entlassen. Dies ist etwa 1 kg pro Person (Chow & Earl 1970, Commoner 1970). Wenn ein Kraftfahrzeug 10 l Benzin pro 100 km verbraucht, gibt es auf dieser Strecke 2 bis 3 g Blei mit den Auspuffgasen an die Umwelt ab; das sind 50 bis 70 % des Bleitetraäthyls. Bei einer Verkehrsdichte von 2000 Fahrzeugen pro Stunde, wie auf der Autobahn nicht selten zu sehen ist, ergibt sich eine Bleimenge von 40 bis 60 g je km und Stunde. Kloke et al. (1966) machen unter anderem für den Bleigehalt in Gras folgende Angaben, die an einer Autobahn im Ruhrgebiet gewonnen wurden:

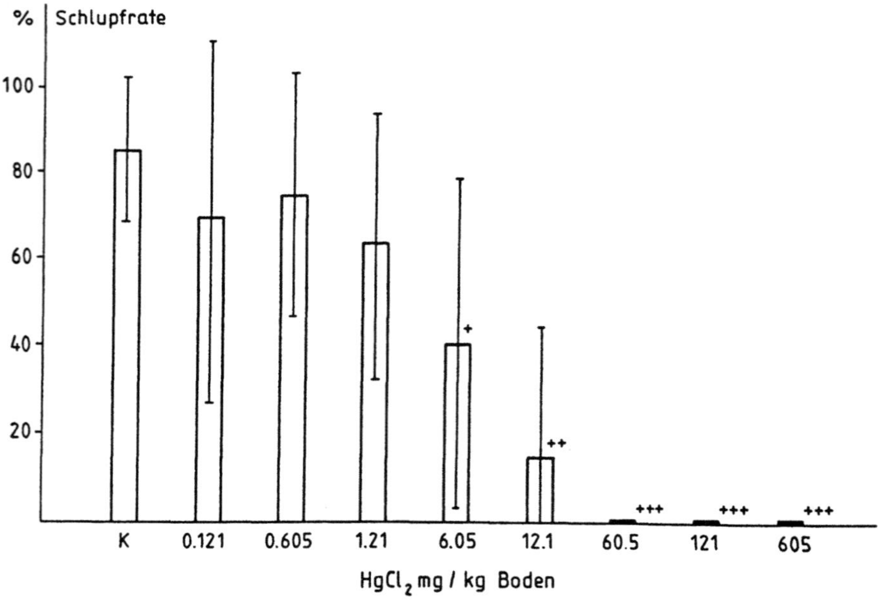

Abb. 90 Einfluß der $HgCl_2$-Konzentration auf die Schlupfrate von Feldheuschreckeneiern (*Acrotylus patruelis* (H.-S.)) in Sandsubstrat, berechnet auf kg Trockenboden, nach Schmidt (1984). Tolerierbare Gesamtmenge in Kulturböden beträgt nach Grabbe & Domsch (1974) sowie Kloke (1977) 5 mg/kg; + P = 95 %, ++ P = 99 %, +++ P = 99.9 %.

Blei in der Trockensubstanz:	
Mittelstreifen	178 ppm
1–2 m abseits der Fahrbahn	118 ppm
4–5 m abseits der Fahrbahn	41 ppm
Autobahn fern	20 ppm

Die Bleibeläge sind z. T. zwar abwaschbar, bilden aber ohne Zweifel eine Gefahrenquelle, indem sie zu unerwünscht hoher Bleiaufnahme mit der Nahrung führen. Aber in dem untersuchten Schalenwild, das das kontaminierte Gras aufnehmen konnte, fanden sich in der Skelettmuskulatur nur geringe Mengen (Blei 0,04 bis 0,07 ppm, Cadmium 0,005 bis 0,03 ppm, Arsen 0,005 bis 0,01 ppm). Dagegen wiesen die Verdauungsorgane eine relativ hohe Grundbelastung durch Blei und Cadmium auf; sie schwankten zwischen 0,24 bis 0,4 ppm. Der durchschnittliche Bleigehalt betrug in Lebern von Hasen 1,5 bis 1,9 ppm und in den Nieren 1 ppm. Eine deutlich höhere Bleibelastung zeigte das Rotwild aus dem Oberharz mit 0,8 bis 2,7 ppm (Holm 1979). Im Blut von Einwohnern amerikanischer Großstädte wurden im Durchschnitt 0,25 ppm Blei gefunden; das ist das Hundertfache des Wertes, den Menschen in industriearmen Gegenden im Blut aufweisen (Wessel & Dominsky 1977). Werte oberhalb 0,5 ppm rufen bereits typische Symptome einer Bleivergiftung hervor.

Von geringerer Bedeutung sind metallanreichernde Pflanzen in landwirtschaftlichen Gebieten, wo Bleiarsenat als Gartenspray benutzt wird. Als Aerosol ausgebracht, wird es präzipitiert oder als Staub dem Boden zugeführt. Aufgenommen von den wachsenden Pflanzen, gelangt es in die Nahrungskette (Chow 1970). Es kann sowohl durch die Wurzel, als auch über die Blattoberfläche aufgenommen werden. Auch Mikroorganismen scheinen Blei aufzunehmen und zu speichern (Tornabene & Edwards 1972).

Die Bleiverteilung in Laufkäfern eines Wiesenbiotops an einer stark befahrenen Straße zeigt Tabelle 42. In Straßennähe können 3 bis 8fach höhere Werte erhalten werden als in 30 m Entfernung.

Auch von Cadmium wurde eine weltweite Verbreitung bekannt. Von Bergwerken, die Cadmium-haltiges Gestein fördern und verarbeiten, gelangt es in Flüsse und in die Atmosphäre, von hier mit dem Regen wieder in den Boden zurück, wo es von den Pflanzen aufgenommen wird. So konnte in regenreichen Gebieten, wie im Schwarzwald, eine starke Anreicherung von Cadmium in Pilzen, insbesondere Champignons, gefunden werden (Fleckenstein 1979). Bei Wildtieren zeigte sich, daß der Cadmiumgehalt in den Organen nicht vom Äsungsverhalten abhängig ist, sondern eindeutig vom Alter der Tiere. Im Oberharz stieg er mit dem Alter von 0,5 auf 12 ppm an (Holm 1979). Dies kann nur durch die allgemein bekannte Anreicherung von Schwermetallen in lebenden Organismen und damit noch stärker in der Nahrungskette erklärt werden.

Der Cadmiumgehalt von Schafen aus Algerien und Bayern lag mit 0,05 bis 0,08 mg/kg in den Lebern und mit 0,08 bis 0,24 mg/kg in den Nieren etwa gleich hoch in beiden Regionen, so daß der Verbraucher mit diesen Werten auch wohl weiterhin leben muß (Holm & Elsarnagawy 1980). Der

Tabelle 42 Bleigehalt in Carabiden und Wiesenboden an der Bözbergstraße in der Schweiz (in mg/kg Trockensubstanz), nach Maurer (1974)

Entfernung von der Straße	2 m	30 m
Carabus auratus	1,2 bis 2,1	0,3
Pterostichus cupreus	5,8 bis 6,3	0,8
auf der Oberfläche	50 bis 52	8 bis 11
in 10 cm Tiefe	10 bis 14	–

Cadmiumgehalt in Pflanzen wird von Kloke (1977) mit 0,05 bis 0,2 mg/kg der Trockenmasse als häufig bezeichnet.

In Fischen aus belasteten Gewässern des Braunschweiger Harzgebietes war der Cadmiumgehalt in ihren Lebern 90 bis 600mal höher als in solchen aus unbelasteten. Je höher die Kontamination der Gewässer, desto mehr stieg der Cd-Gehalt in den Organen der Fische an, was schließlich mit einem Fischsterben endete (Holm 1980).

Grenzwerte für verschiedene Schwermetalle in künstlichen Diäten für Seidenspinnerraupen finden sich bei Miyoshi et al. (1978a, b, c).

1.3.2 Schwefelhaltige Verbindungen und Stickoxide

Die Hauptmenge an Schwefel liegt zunächst als Schwefelwasserstoff vor, der als Sulfid abgelagert werden kann oder zu Sulfat oxidiert wird. In diesen Verbindungsformen kann er global verbreitet werden (Bild 91). Die Atmosphäre enthält Sulfate, SO_2 und H_2S. Die Konzentration von H_2S in nicht verunreinigter Atmosphäre wird mit 6 g/m^3 und 1 g/m^3 SO_2 angegeben. Anteile atmosphärischer Schwefelverbindungen werden mit dem Regenwasser zum Land und zum Wasser zurückgeführt. Die Konzentration von SO_2 im Regenwasser über dem Land ist mit 0,6 mg/l und über der See mit 0,2 mg/l verzeichnet.

Exkretion und Tod der Organismen führten den biologisch gebundenen Schwefel wieder zum Boden oder zum Sediment der Gewässer zurück, wo das organische Material bakteriell zersetzt wird. Der Schwefel wird dabei in Form von H_2S oder Sulfat freigesetzt.

Es ist kaum möglich, den biologischen Umbau von SO_2 quantitativ zu ermitteln, da der Zyklus in der Biosphäre zu komplex ist. Erikisson (1963) schätzte die jährliche Assimilationsrate von Meerespflanzen zusammen mit der durch anaerobe Oxidation bedingten Menge auf 200 Millionen Tonnen.

Sowohl industriell emittierte Schwefelverbindungen als auch schwefelhaltiger Dünger werden in die Gewässer befördert, so daß der Schwefelgehalt in den Ozeanen jährlich um etwa 50 Millionen Tonnen ansteigt. Zur Energieproduktion benutzen wir in unserer technisierten Gesellschaft viele feste Brennmaterialien, aus denen große Mengen an Schwefelverbindungen freigesetzt werden. Global bringen wir jährlich 147 Millionen Tonnen von SO_2 in die Atmosphäre, davon beträgt der industrielle Ausstoß in der Bundesrepublik 3,5 Millionen Tonnen. Nur 7 % sollen aus der Kohleverbrennung freiwerden. In der Atmosphäre bleibt das SO_2 nicht im gasförmigen Zustand, sondern reagiert mit Wasser zu schwefliger Säure, die unangenehme Wirkungen haben kann. In sehr geringen Konzentrationen schädigt sie die Atmungsorgane, höhere Konzentrationen führen zu Bronchialasthma und erhöhen die Todesrate. Auch Pflanzen werden von sauren Aerosolen geschädigt. Nadelbäume sind empfindlicher als Laubbäume; sie reagieren mit Nadelverlust und reduzieren das Wachstum. Werden Pflanzen niedrigen Konzentrationen von 0,3 ppm SO_2 über 8 Stunden ausgesetzt, so können akute und chronische Schäden auftreten. Akuter Schaden ist durch abgestorbene Gewebe zwischen den Blattadern und entlang der Blattränder gekennzeichnet, während chronische Schäden braunrote oder schwärzliche Bezirke auf dem Blatt bewirken.

Eine starke Anreicherung von SO_2 in der Atmosphäre führt in vielen Teilen der Erde zu saurem Regen. Durch Abwind aus Industriegebieten Britanniens und dem Ruhrgebiet stieg die Azidität im Regenwasser in Skandinavien und weiten Teilen Mitteleuropas seit 1966 um das 200fache an; der pH-Wert erniedrigte sich bis zu 2,8 (Oden & Ahl 1970). Das saure Regenwasser erhöhte den Säuregrad in skandinavischen Flüssen so stark, daß die Lachsproduktion erheblich gestört und die Fische auf ihren Wanderungen irritiert wurden. Saurer Regen reduziert das Waldwachstum und erhöht den Gehalt von Calzium und anderer Mineralien im Waldboden; das Ackerland wird ausgelaugt. SO_2-

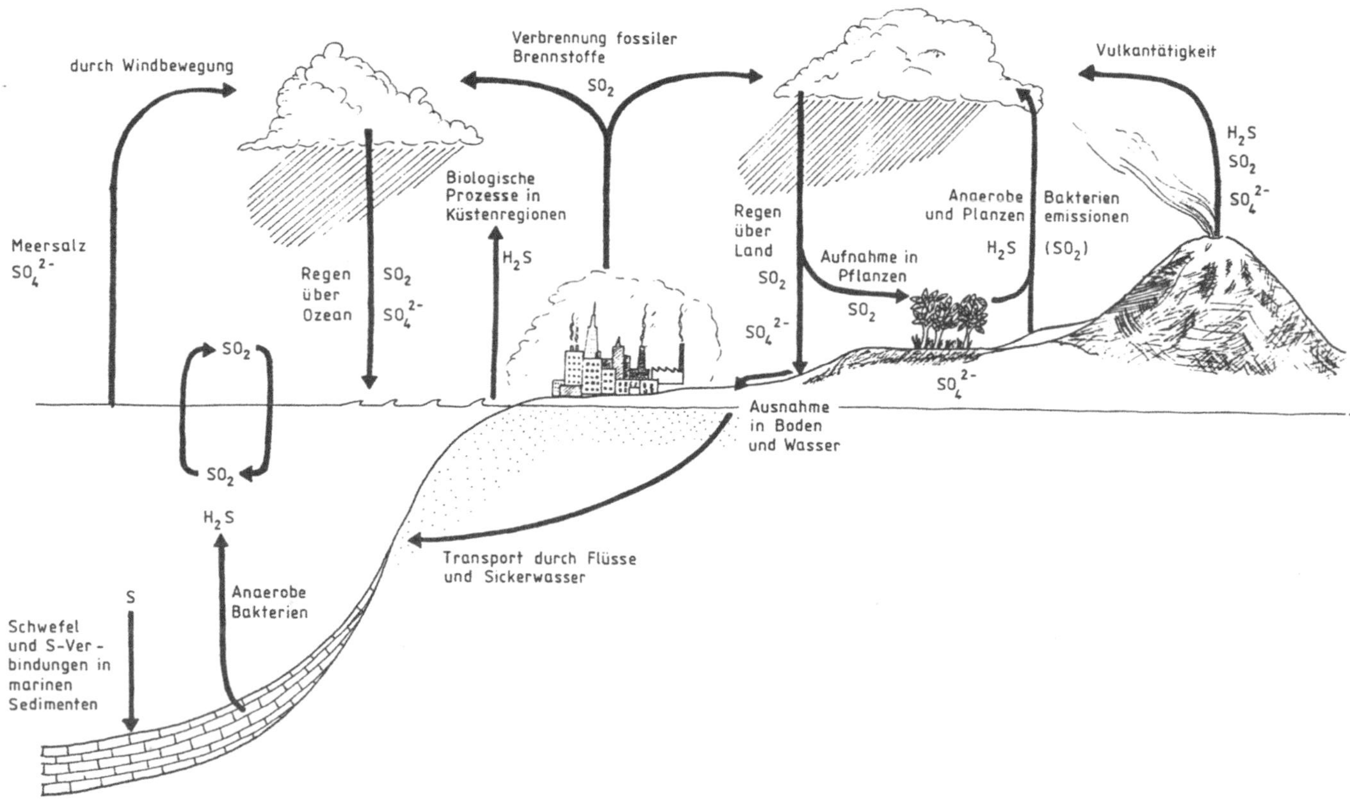

Abb. 91 Herkunft und Zirkulation der atmosphärischen Schwefelverbindungen, nach Kellogg et al. (1972).

Konzentrationen von 73, 134 und 228 $\mu g/cm^3$ führten in der Grasprärie von Montana, USA, zu einer signifikanten Reduzierung der Heuschreckenpopulationen (McNary et al. 1981).

Laufende Untersuchungen zur Chemie des Oberflächen- und Regenwassers im Nordwesten der USA mit einem Abwind aus großen Industriegebieten zeigten, daß auch hier in den letzten Jahren die Azidität im Regenwasser um 10 bis 100mal anstieg (Woodwell et al. 1978). Regen und Schneefall über einem Waldgebiet in New Hampshire wiesen pH-Werte um 4,1 auf, die vorübergehend sogar bis auf 3,0 absanken. Regen, der gleichzeitig über New England und Ostkanada niederging, zeigte pH-Werte von 4,1 bis 4,4, während ein mehr natürlicher Regen einen pH von 5,7 besitzt (Likens & Borman 1974, Beamisch 1976).

Die chemische Beschaffenheit der Fließgewässer im Nordosten der USA wechselte von Bikarbonaten nach Sulfaten. Solch ein Wechsel wirkte sich auf Fische und andere aquatische Lebewesen schädlich aus. So kann die Verbrennung stark schwefelhaltiger Kohle und anderer Brennstoffe Gewässer ansäuern, ohne daß eine Einleitung von sauren Abwässern aus Bergwerken und dergleichen erfolgt. Infolge der globalen Luftzirkulation ist ein relativ weit von Industriezentren entfernt liegendes Gewässer nicht vor Aufnahme von Schwefelsäure geschützt.

Weitere Schäden werden durch Stickoxide hervorgerufen. Mit den Abgasen im Straßenverkehr gelangen nicht nur Schwermetalle in die Umwelt, sondern auch Stickoxide, von denen Stickstoffdioxid (I) im Autoverkehr am meisten anfällt. Es gelangt in die Atmosphäre und wird durch UV-Licht zu Stickstoffmonoxid reduziert. Der dabei entstehende atomare Sauerstoff reagiert mit dem molekularen Sauerstoff der Luft zu Ozon (II) oder mit Kohlenwasserstoffen unter Bildung von Radikalen. Dieses Ozon wird neuerdings für das weitverbreitete Nadelbaumsterben verantwortlich gemacht.

I $NO_2 \longrightarrow NO + O$; II $O_2 + O \longrightarrow O_3$

Durch weitere Kettenreaktionen entstehen sekundäre Verunreinigungen, wie Formaldehyd und andere Aldehyde, Peroxyacylnitrate (PAN), die den photochemischen Smog bilden.

NO_2 sowie die sekundären Verunreinigungen sind schädlich für Menschen, Tiere und Pflanzen. Mit 13 ppm führt NO_2 zum Tränen der Augen und mit 25 ppm zum Hustenreiz. Ozon bewirkt Reizung von Nase und Kehle bereits bei Anwesenheit von 0,05 ppm in der Luft und Atembeschwerden bei 0,1 ppm. Diese Verunreinigungen der Luft sind positiv korreliert mit Asthma, Bronchitis, Emphysemen und Lungenkrebs (Lave & Seskin 1970). Auch werden viele Pflanzen geschädigt, indem Blattzellen und Chloroplasten zerstört werden; der Assimilationsvorgang wird gehemmt (Hegglestad 1969, Treshow 1970, Lichtenthaler 1984).

1.4 Bodenversalzung und Düngemittel

In vorwiegend ariden Gebieten, die etwa ein Drittel der Erde ausmachen, spielt die Bewässerungslandwirtschaft für die Nahrungserzeugung eine wichtige Rolle. Die Bewässerung ist in solchen Fällen leider stets mit der Gefahr der Bodenversalzung verbunden. Das meist als NaCl mit dem Wasser zugeführte Salz bewirkt eine katastrophale Änderung der Bodenstruktur, die den Boden schließlich für jede weitere landwirtschaftliche Nutzung unbrauchbar macht (Bogenrieder 1982). In den meisten Fällen muß bei der Bewässerung auf Grundwasser mit einer relativ hohen Salzfracht zurückgegriffen werden, da Oberflächenwasser nicht genügend zur Verfügung steht. Durch die Transpiration der Pflanzen wird das Wasser dem Boden entzogen, während die Salze zurückbleiben. Sie sind nicht nur für zahlreiche Pflanzen, wie vor allem Leguminosen, sondern auch für das tierische Bodenleben recht schädlich. Je mehr Wasser von der bewässerten Oberfläche verdampft, desto höher wird der Salzgehalt im Boden. Zur Einstellung eines Gleichgewichts ist ein gewisser Wasserüberschuß erforderlich. Wo bewässert wird, muß auch entwässert werden, damit eine Salzanreicherung vermieden wird (vgl. Seite 271).

Zu einer falsch geleiteten Bewässerungstechnik kommt schließlich vermehrtes Ausbringen von Düngemitteln, um den zurückgehenden Ertrag ausgleichen zu wollen, wodurch besonders in Gegenden mit keinen oder sehr geringen Regenfällen, wie in Oberägypten, die Gesamtlage weiter verschlechtert wird. Aber auch die bisher beste Tropfbewässerung, die in Israel angewendet wird, hat ihre Probleme (Bogenrieder 1982).

Ein weiteres großes Problem im Rahmen des Umweltschutzes ist die Stickstoffdüngung, denn zum Zweck der Ertragssteigerung werden Ökosysteme oft mit stickstoffhaltigem Dünger überladen. In der Landwirtschaft wird der Handelsdünger meistens als Ammoniumhydroxid dem Boden zugeführt, was dort zu einer erheblichen Steigerung des Stickstoffgehaltes führen kann. Wenn solche Düngemittel nicht sorgfältig angewendet werden, geht ein großer Teil des zugeführten Stickstoffs als Nitrat-Stickstoff ins Grundwasser. Dieser mit dem Wasser versickernde Anteil ist abhängig von der angebauten Frucht sowie der Menge und Zeit der Düngerapplikation, der Bodendurchlässigkeit, der abgelagerten Menge bzw. dem Verlust durch Verdampfen und den Wettereigenschaften der Region sowie dem allgemeinen Klima, aber auch vom Anteil der vorhandenen Pestizidrückstände, die sich hemmend auswirken sollen (Ratnayake & Audus 1978).

Eine andere Quelle der Verunreinigung der Umwelt mit stickstoffhaltigen Verbindungen sind tierische Abfälle. Aber erst in der Neuzeit ist dies zum Umweltproblem geworden. Während sie früher bei konzentrierter Viehfütterung auf dem Hofe als Dünger benutzt wurden, dem eine Langzeitwirkung zukam, läßt man sie heute häufig im Boden versickern oder verteilt sie auf Wiesen oder Brachland. Ähnlich geschieht dies mit den menschlichen Abfällen, die oft verrieselt werden. Städtische Berieselungsanlagen bringen 25 % des Stickstoffs und 50 % des Phosphors in das Oberflächenwasser von Wisconsin (USA) (Corey et al. 1967 zitiert nach Frink 1971). In ländlichen Gegenden ist das Grundwasser daran mit 50 % am Stickstoffgehalt, aber nur 2 % am Phosphorgehalt beteiligt. Ein großer Nachteil der Berieselung sowie der Abfallkompostierung und seiner Verwendung als Dünger ist auch die damit verbundene oft sehr starke Erhöhung von Schwermetallkonzentrationen, wie besonders Cadmium, im Boden, wodurch Pflanzenwachstum und Bodenleben beeinträchtigt werden.

Stickstoffhaltige Düngemittel erhöhen zwar den Pflanzenertrag, sie können aber auch die Tierwelt im und auf dem Boden verändern. Nach Untersuchungen von Johnson et al. (1977) entwickelten sich an Douglasien-Sämlingen nach Düngung zwischen 56 bis 112 kg/ha Ammoniumsulfat, Natriumnitrat oder Harnstoff signifikant weniger Tannenläuse als bei Düngergaben von 224 bis 448 kg/ha. Bei Ammoniumsulfat-Düngung war die Populationsdichte gegenüber den beiden anderen N-Düngern und den unbehandelten Kontrollen am geringsten. Eine NPK-Mineraldüngung führte auf Wiesen zu einer Vermehrung der Phytophagen; die Ursache wird im erhöhten Stickstoffangebot gesehen (Andrzejewska 1977, Byers & Jung 1979). Olechowiez (1977) untersuchte die Wirkung der Mineraldüngung von Wiesen bei Warschau auf die dort lebende Dipterenfauna. Das Ergebnis war eine deutliche Zunahme der Artenzahl und Individuendichte, vor allem der Chloropidae, die rund ein Drittel aller Dipteren ausmachten. Die Entwicklungsdauer biotopeigener Arten wurde durch die Düngung verkürzt. Darauf reagierten verständlicherweise die Insekten fressenden Spinnen positiv in ihrer Besiedlungsdichte. Aber die Dominanz der Arten veränderte sich. Größere Spinnenarten (Lycosidae) wurden durch kleinere (Linyphiidae) ersetzt. Die Biomasse der Spinnen und auch ihre Aktivität wurden dementsprechend herabgesetzt (Kajak 1978). Nach Harnstoffdüngung ging der Milbenbesatz zurück, um zum Herbst auf das 1,3fache des ursprünglichen Besatzes anzusteigen. Dieser Rückgang der Milben auf der Oberfläche war bedingt durch eine Abwanderung in tiefere Schichten der Humusauflage, wo mit zunehmender Tiefe die Besatzdichte anstieg. Die Artenzusammensetzung änderte sich gegenüber nicht gedüngten Parzellen wenig (Behan et al. 1978). Die Anzahl der Nematoden nahm mit steigender Harnstoffdüngung zu, während die Enchytreiden-Populationen abnahmen. Die Colembolendichte war bei 224 kg N pro Hektar am größten, während sie bei 448 kg N/ha etwas höher lag und in ungedüngtem Boden ein

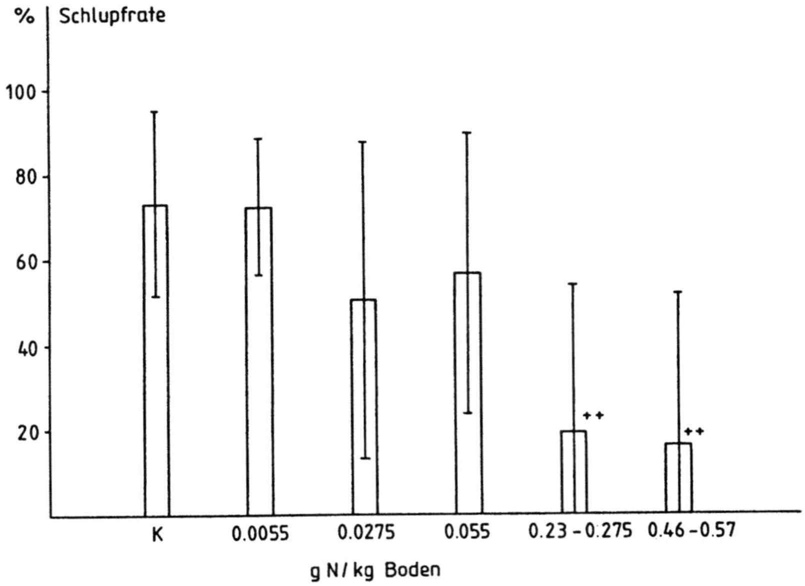

Abb. 92 Einfluß der Harnstoff-Konzentration im Boden auf die Schlupfrate von Heuschreckenlarven (*Acrotylus patruelis* (H.-S.)), berechnet auf Trockenboden (Sand), ++ nach t-Test signifikant nach Schmidt (1983, 1984b); ++ P = 99 %.

Maximum aufwies. Milben waren bei Düngung von 224 kg N/ha am häufigsten und bei 448 kg N/ha am wenigsten anzutreffen (Marshall 1974, Makulec 1976). Ungeklärt ist in diesen Fällen, wieweit diese Veränderungen auf saisonbedingte Nahrungssituationen zurückgeführt werden können. Für den Nematodenbesatz erhielten Kozlowska & Domurat (1977) ähnliche Ergebnisse nach NPK-Düngung; nur nach NPK-Mischdüngung wurde die Anzahl der Individuen in Sonnenblumenkulturen vermehrt.

Byers & Jung (1979) fanden auf N-gedüngten Wiesen einen deutlichen Anstieg in der Individuendichte der Zikadenfauna und in einigen Fällen auch der Heuschreckenfauna, so daß zur Bekämpfung Carbofuran eingesetzt wurde, um die Heuernte zu erhöhen.

Während einige Tiergruppen durch Stickstoffdünger begünstigt werden, wirken sie sich auf andere schädlich aus. Wir ermittelten die Schlupfrate von Feldheuschrecken in mit verschiedenen Mengen Harnstoff behandelten Sandsubstraten und fanden, daß oberhalb 100 mg N/kg Substrat die Larvenentwicklung signifikant reduziert wird (Bild 92). Aber schon bei 27,5 mg N/kg zeigt die hohe Standardabweichung an, daß auch bei dieser Konzentration die sich entwickelnden Embryonen teilweise geschädigt werden. Die Verteilung der abgelegten Ootheken und Eier auf die zur Auswahl dargebotenen Harnstoffkonzentrationen im Substrat ergab ein ganz ähnliches Diagramm. Danach können die Heuschreckenweibchen die Harnstoffkonzentration im Boden messen und legen nur bei geringer Konzentration ab, die aber immer noch so hoch sein kann, daß sie einen Larvenschlupf verhindert. Andere stickstoffhaltige Düngemittel zeigen ähnliche Effekte, so daß es verständlich ist, wenn Heuschrecken in landwirtschaftlich intensiv genutzten Gebieten weitgehend aussterben.

2 Nahrungsketten – Nahrungsnetze; Akkumulation

Die Energie, die in Pflanzen gespeichert wird, durchläuft das Ökosystem in einer Stufenreihe des Fressens und Gefressenwerdens, was als Nahrungskette bezeichnet wird (Elton 1927). In solchen Nahrungsketten sind Produzenten und verschiedene Konsumenten organischen Materials linear miteinander verknüpft. Jedes Glied einer Kette, das auch als Nahrungsstufe oder als trophisches Niveau bezeichnet wird, ist von dem vorhergehenden Niveau abhängig. Am Anfang einer Nahrungskette stehen stets Produzenten, also grüne Pflanzen, die allein organisches Material aufbauen können. Alle Folgeglieder – Konsumenten und Destruenten – sind von ihnen abhängig. In einem Diagramm lassen sich die Nahrungsketten in Form von Pfeilen darstellen, die vom gefressenen Organismus zum fressenden führen. So ernähren sich Heuschrecken von grünen Pflanzen, insbesondere Gräsern, dienen selbst Eidechsen, Fröschen und Singvögeln als Nahrung, die andererseits wieder von Störchen bzw. Raubvögeln gefressen werden (Bild 93). Aber kein Organismus lebt allein von einem anderen, wenn wir von typischen Monophagen, wie gewissen Parasiten, absehen. Schon zu Beginn der Nahrungskette werden die Nahrungsquellen geteilt. Die Pflanzen werden von vielen Invertebraten, Vögeln und Säugetieren gefressen. Einige Tiere haben wiederum mehrere Prädatoren, wodurch die Nahrungskette zum Nahrungsnetz wird. Außerdem können die verschiedenen Glieder solcher Ketten von Parasiten, diese von Hyperparasiten befallen werden. Ferner gibt es zahlreiche euryphage Tiere, die sich weder der einen noch der anderen Stufe zuordnen lassen (Tischler 1979).

Nahrungsketten liegen vorwiegend in sehr artenarmen Lebensräumen vor. Mit stärkerer Komplexität der Systeme wird aus der einfachen Nahrungskette ein Nahrungsnetz, das mitunter völlig unübersichtlich sein kann. Nahrungsnetze stellen letztlich biozönotische Konnexe dar, die für die Stabilität von Lebensräumen von großer Bedeutung sind.

Auf jeder Nahrungsstufe wird eine beträchtliche Menge an potentieller Energie für die Erhaltung der Lebensvorgänge verbraucht und als Wärme abgegeben. Hierdurch ist die Anzahl der Stufen in der Nahrungskette auf maximal 4 bis 5 begrenzt. Je länger die Nahrungskette, desto weniger Energie steht für den Endverbraucher zur Verfügung.

Innerhalb eines jeden Ökosystems existieren zwei bevorzugte Nahrungsketten, die als Pflanzennahrungskette und als Detritusnahrungskette bezeichnet werden. Die Menge an Energie, die auf beiden Wegen durch die Organismen fließt, variiert stark. In einer salzreichen Marschwiese werden weniger als 10 % des lebenden Pflanzenmaterials von Herbivoren verbraucht und etwa 90 % geht den Weg über die Detritusfresser und -zersetzer (Teal 1962). So erhalten die meisten Organismen ihre Energie aus abgestorbenem Pflanzenmaterial. In einem schottischen Fichtenwald wurden 50 % der jährlich fixierten Energie von Zersetzern verbraucht. Der Rest wurde als Zuwachs zurückgehalten oder im Stamm gespeichert (Ovington 1961). In anderen Ökosystemen, besonders auf nicht beweideten Wiesen, wird nicht verbrauchtes organisches Material angereichert und bleibt gewisse Zeit außerhalb der Zirkulation, insbesondere dann, wenn die Bedingungen für eine Mikrobenentwicklung ungünstig sind. Über die Bedeutung der Nahrungsketten in verschiedenen Ökosystemen und für den Energiefluß in diesen Systemen berichtete Smith (1980).

Aus der Nahrungskette ergibt sich eine Verbrauchernotwendigkeit, die in Form einer Nahrungspyramide dargestellt werden kann (Bild 94). Daraus ist zu ersehen, daß ein trophisches Niveau etwa 10mal mehr an Biomasse benötigt als auf dem darunter liegenden Niveau. So benötigt eine Raubfischbiomasseeinheit 10 Einheiten an Weißfischbiomasse als Nahrung, die dann das 100fache an Crustaceenbiomasse erfordert und so weiter.

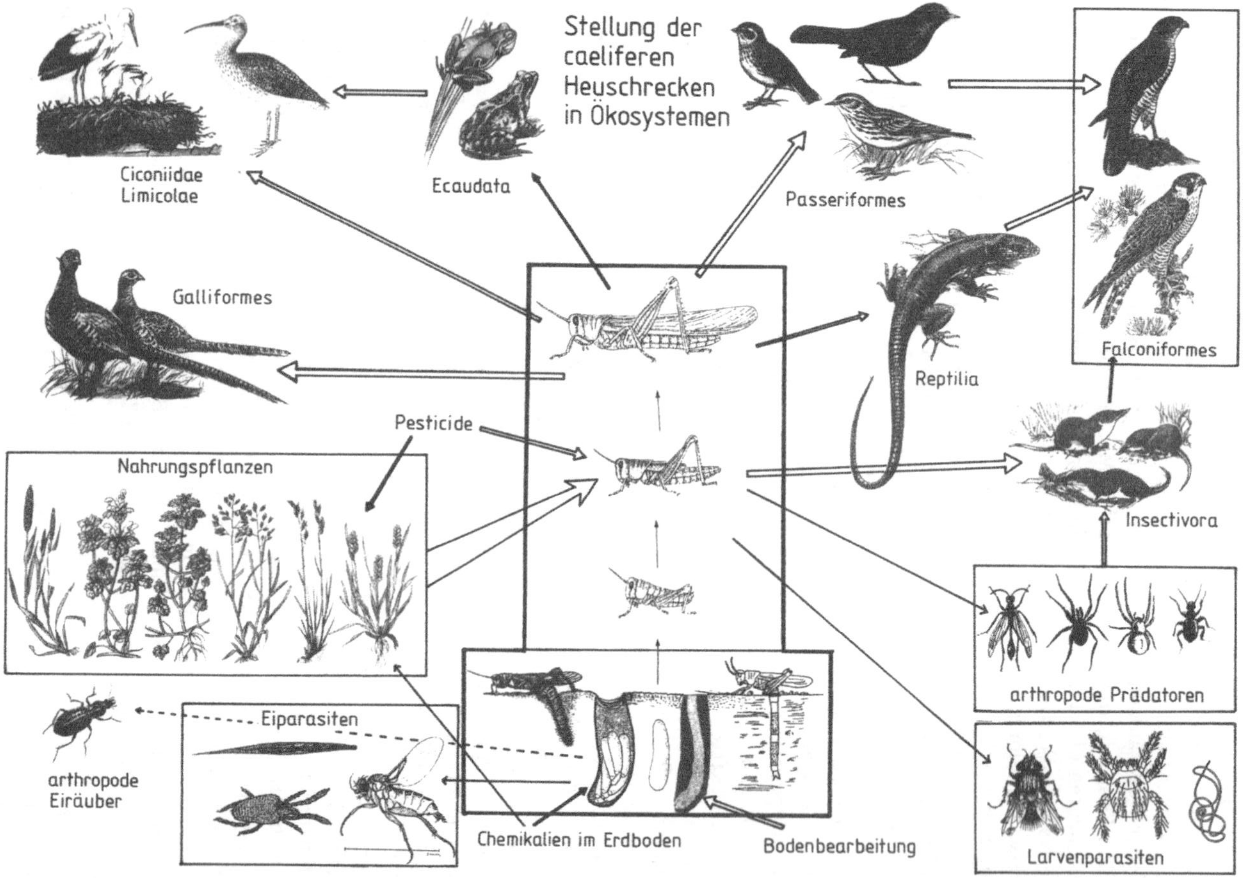

Abb. 93 Schema einer Verflechtung von abiotischen und biotischen Faktoren in einer Biozönose mit Demonstration der vorhandenen Nahrungsbeziehungen und dem Wirkungsweg von Pestiziden.

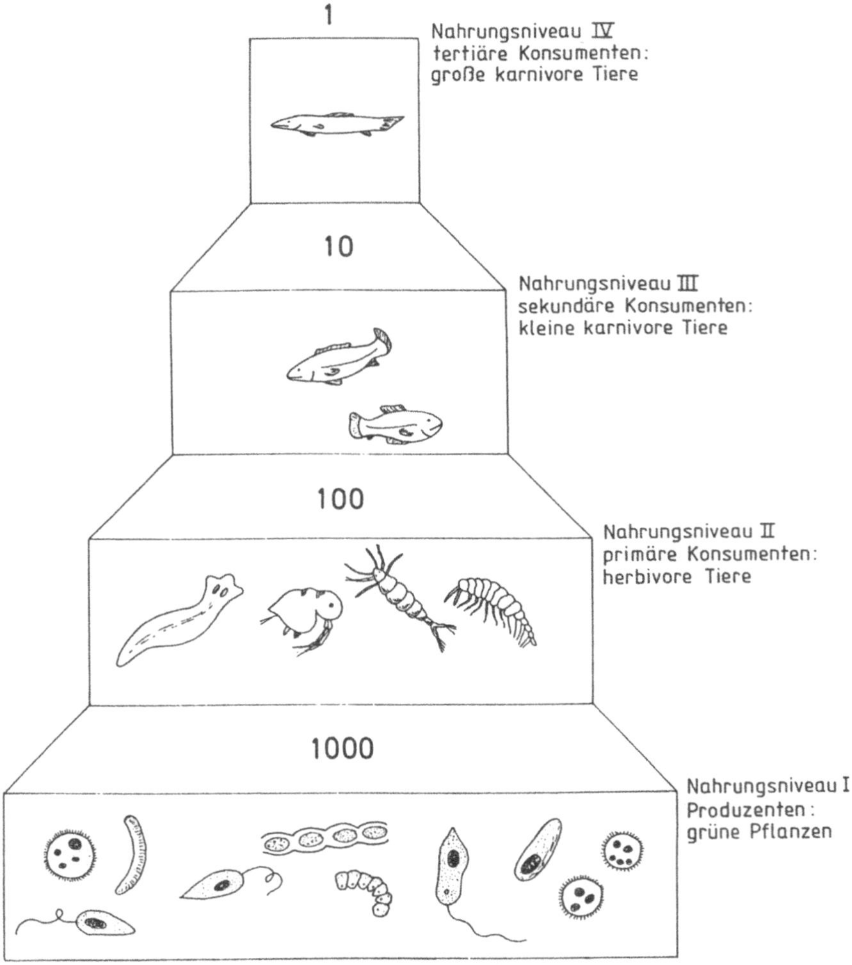

Abb. 94 Die Nahrungspyramide ist ein auf den effektiven Nahrungsverbrauch bezogenes Konzept. Das aufgeführte Diagramm soll die Tatsache veranschaulichen, daß die Biomasse eines trophischen Niveaus 10 Mal mehr einer äquivalenten Nahrungsmasse benötigt als das nächst niedrige Nahrungsniveau. So benötigt ein Raubfisch das 10fache an Weißfisch-Biomasse, ein Weißfisch ein 10faches an Kleinkrebsen und diese ein 10faches ihrer Körpermasse an Algen, um die Nahrungspyramide durch ein konkretes Beispiel zu veranschaulichen.

Wenn wir nun die Anzahl der Organismen auf einem trophischen Niveau in der Nahrungspyramide reduzieren, sorgen wir für eine effizientere Umwandlung der Biomasseenergie vom niedrigsten zum höchsten Niveau. Aber dies führt zu einer ökologischen Instabilität des Ökosystems, wie es bei Reinkultur eines Organismus mit Verlust der Diversität von Nischen innerhalb eines Nahrungsnetzes der Fall ist.

2.1 Akkumulation von Pestiziden

Die Nahrungskette beeinflußt nicht nur den Energiefluß. Gewisse Stoffe können sich in der Nahrungskette anreichern. Dies gilt besonders für langlebige Radionuklide und schwer abbaubare Pestizide (Eichler 1969, Edwards 1973b).

Eine der ersten Untersuchungen zur Anreicherung von chlorierten Kohlenwasserstoffen in aquatischen Ökosystemen wurde 1958 in Californien von Hunt & Bischoff (1960) durchgeführt. Es konnte ein schlagender Beweis für eine Pestizidanreicherung und -konzentrierung erbracht sowie der Weg aufgezeigt werden, auf dem Pestizide die biologische Nahrungskette durchwandern. Dazu wurde DDD mehrere Male in den Clear Lake gegeben, um die Stechmückenlarven zu bekämpfen. Nach der letzten Applikation lag die Insektizidkonzentration im Wasser bei 0,02 ppm. 13 Monate nach der Behandlung betrug der Rückstand 10 ppm im Plankton, 903 ppm im Fett von Plankton fressenden Fischen, 2620 ppm im Fett von karnivor lebenden Fischen und 2134 ppm im Fett von fischfressenden Vögeln. Diese Rückstände zeigen einen 500fachen Anstieg im Plankton und einen 100 000fachen in den in Frage kommenden Vogelarten an. Er konnte nur durch die im Seewasser nach der Behandlung verbliebenen Pestizidmengen verursacht worden sein.

Ein weiteres Beispiel für eine Anreicherung von DDT in der Nahrungskette ergibt sich aus Tabelle 43.

Auf Long Island wurden zur Bekämpfung der Mosquitos die Wiesen viele Jahre mit DDT besprüht. Hierbei wurde zwar darauf geachtet, daß die Konzentrationen für Fische und andere wildlebende Tiere nicht letal waren, jedoch wurde dabei übersehen, daß DDT-Rückstände über Jahre hinweg toxisch bleiben. Vom Detritus wurden diese giftigen Rückstände adsorbiert. Sie reicherten sich in den Geweben der Detritusfresser an, anstatt durch Niederschläge in die offene See hinausgespült zu werden. Am Ende der Nahrungskette, wie bei den fischfressenden Vögeln, wurden die DDT-Rückstände weiter konzentriert (Anderson et al. 1969).

Der Konzentrierungsfaktor beträgt nach Tabelle 43 für Fischfresser etwa eine halbe Million. Die hier zugrunde liegende Detritusnahrungskette macht klar, daß sich alles vom Detritus und von Bodenpartikeln adsorbierte und dann gefressene Substrat in der Nahrungskette anreichern wird. Eine solche Anreicherung von DDT wurde von Odum et al. (1969) nachgewiesen. Bei Fischen und Vögeln führt dies zu der bereits oben erwähnten Ablagerung in körpereigenen Depots. Vögel sind hier besonders gefährdet, weil DDT die Produktion von Steroidhormonen stört und ebenfalls die Funktion der Carboanhydrase im die Eischale bildenden Epithel des Uterus. Dieses Gewebe bildet 98 % des für die Ei-

Tabelle 43 Konzentrierung von DDT in der Nahrungskette nach Woodwell, Wurster & Isaacson (1967), berechnet auf Feuchtgewicht

Wasser	0,0005 ppm
Plankton	0,04 ppm
Silverside Minnow	0,23 ppm
Sheephead Minnow	0,84 ppm
Hecht (Raubfisch)	1,33 ppm
Needlefisch (Raubfisch)	2,07 ppm
Reiher	3,57 ppm
Seeschwalbe	3,91 ppm
Heringsmöwe (Aasfresser)	6,00 ppm
Ei des Fischadlers	13,8 ppm
Säger (Fischfresser)	22,8 ppm
Kormoran (lebt von größeren Fischen)	26,4 ppm

schale benötigten Calziumkarbonats. Bei den mit DDT angereicherten Vögeln kommt es dann zur Ablage dünnschaliger Eier, die beim Bebrüten zerbrechen (Peakall 1967, Hickey & Anderson 1968, Conrad 1977, Clausing 1978, Newton & Bogan 1978). Es besteht eine logarithmische Beziehung zwischen DDT-Rückstand und abnehmender Eischalendicke (Blus et al. 1972). So können sehr kleine, für das Individuum nicht schädliche Mengen ganze Populationen vernichten.

Im Wasser des Michigan-Sees konnten bis zu 2 ppm DDT gemessen werden, während im Seeboden nur 0,014 ppm, in Amphipoden 0,41 ppm und in den dort lebenden Forellen 3 bis 6 ppm ermittelt wurden. Aber in den Heringsmöven waren 99 ppm vorhanden (Harrison et al. 1970). Auch wenn die biologische Anreicherung in der Nahrungskette in diesem Falle weniger deutlich ist, wird sich die Zusammensetzung der Arten unter dem Pestiziddruck ändern.

In Laboruntersuchungen in Canada wurde ^{14}C-markiertes DDT in Wasser gegeben, das mit Lachsen besetzt war. Der Wirkstoff wurde von den Fischen schnell aufgenommen und hatte bereits innerhalb von 5 Minuten die meisten Organe erreicht (Premdas & Anderson 1963). Besonders hohe Konzentrationen konnten im Herzen, in den Nieren, Gonaden, der Leber, den Eiern und Schwimmflossen gemessen werden. Holden (1962) zeigte in England, daß DDT aus sehr verdünnter Suspension von Fischen vorwiegend durch die Kiemen aufgenommen wird, wo die Konzentration mehrere hundert Mal höher als als im Wasser. Butler (1965) teilte mit, daß DDT von Austern aus einer Konzentration von 0,1 ppb des umgebenden Wassers in 40 Tagen um ein 70 000faches angereichert werden kann.

Chlordan wird in fettreichen Fischen wesentlich stärker angereichert als in fettarmen. In letzteren ist die biologische Halbwertzeit deutlich geringer. Es konnte keine Abhängigkeit der Bioakkumulation von der Chlordankonzentration der Umgebung gefunden werden (Roberts et al. 1977).

Chadwick & Brocksen (1969) führte sorgfältige Untersuchungen zur Aufnahme von Dieldrin durch Fische (*Cottus perplexus*), Tubifiziden und Chironomidenlarven durch, die ergaben, daß eine Anreicherung von Dieldrin in der Nahrungskette von der Konzentration im Wasser abhängig ist. Die Fische konnten Dieldrin sowohl über die Nahrung als auch direkt aus dem Wasser anreichern; jedoch war die Kumulierung auf beiden Wegen nicht additiv. Aus den Daten wurde geschlossen, daß die direkte Aufnahme aus dem Wasser wesentlich bedeutungsvoller ist als die Anreicherung über die Nahrung. Nur 16 % des akkumulierten Dieldrins konnten aus der Nahrung stammen. Wenn allerdings Pestizide nur eine recht kurze Zeit im Wasser vorhanden sind, wird die Absorption durch Algen und andere Nahrungsorganismen für die Akkumulation der Rückstände in Fischen von größerer Bedeutung sein.

Die Menge an chlorierten Kohlenwasserstoffen in Fischgeweben war bemerkenswert konstant, jedoch in Meeresfischen geringer als in solchen des Süßwassers. Fische, die vom Süßwasser ins Meerwasser wandern, wiesen eine höhere Pestizidmenge auf als Fische, die ausschließlich im Meerwasser leben. Dies läßt sich auf die bereits erwähnte starke Anreicherung von Pestiziden und anderen Schadstoffen in Mündungsgebieten großer Flüsse zurückführen.

In terrestrischer Umgebung konnten bis zu 10 ppm an DDT im Boden gefunden werden, der zur Bekämpfung des Ulmensplintkäfers mit dem Pestizid besprüht wurde. Er ist als Vektor der Ulmenkrankheit bekannt, die ein weit verbreitetes Absterben dieser Bäume verursacht. Regenwürmer, die in dieser behandelten Erde lebten, enthielten 141 ppm und Rotkehlchen, die die Würmer verzehrten 444 ppm in ihrem Fettkörper. Auch der Mensch ist als Fisch- und Fleischverzehrer ein Endglied solcher Nahrungsketten und dementsprechend von Pestizidanreicherungen betroffen (Ehrlich et al. 1975) (Bild 44).

Wurde Erde mit 1 ppm DDT oder Lindan kontaminiert, so reicherten sich innerhalb von 10 Wochen 18 ppm DDT in den anwesenden Regenwürmern an, während die maximale Konzentration von Lindan nur 1,1 ppm betrug (Yadav et al. 1976). DDD und DDE waren die einzigen DDT-Metaboliten, die gefunden wurden. Zusammen mit ihnen wurden bis zu 80 % des DDTs akkumuliert.

Macek (1970) nennt zwei basale Prozesse, die mit dem Phänomen der biologischen Anreicherung von Pestizidrückständen in der Nahrungskette verknüpft sind: Die Anreicherung von Pestiziden bis zu einem bestimmten Niveau mit der Nahrung und die Übertragung dieser Menge auf das nächste Niveau. Um eine solche Anreicherung zu ermöglichen, muß eine Verbindung in der Umwelt genügend persistent, zur Aufnahme durch Organismen geeignet sein und auch noch persistent im biologischen System verbleiben. Unter den großen Gruppen der Pestizide erfüllen diese Voraussetzungen vor allem die chlorierten Kohlenwasserstoffe. Aus Labor- und Freilanduntersuchungen ist genügend bekannt, daß eine biologische Anreicherung von DDT und seinen Metaboliten in der Nahrungskette in der Natur in vielfacher Weise stattfindet (vgl. Tabelle 43) und daß die Kontamination der Nahrungsendglieder im terrestrischen wie im aquatischen Bereich im wesentlichen darauf zurückzuführen ist. Die von jeder biologischen Einheit akkumulierte Menge ist abhängig von den chemischen Eigenschaften des Pestizids, der Physiologie und dem Verhalten des Organismus, der jahreszeitlichen quantitativen Pestizidanwendung in dem jeweiligen aquatischen oder terrestrischen Habitat. Je eindeutiger die Nahrungskette gegenüber dem Nahrungsnetz ausgeprägt ist, desto bedeutungsvoller ist die Anreicherung von Pestizidrückständen. Da dies wiederum abhängig ist von der vorhandenen Diversität, wird die Akkumulation von Pestiziden in aquatischen Bereichen gewöhnlich höher sein als in terrestrischen.

2.2 Anreicherung von Schwermetallen

Neben persistenten chlorierten Kohlenwasserstoffen (Stickel 1968) kommen auch schwermetallhaltige Pestizide, die Kupfer, Blei, Arsen oder Quecksilber enthalten können, für eine Akkumulation in der Nahrungskette in Frage. Auf die Bedeutung des Hg in der Nahrungskette des Menschen wurde bereits kurz hingewiesen. Blei ist ein typisch kumulatives Element, das das schwächer gebundene Kupfer z. B. aus den Chloragosomen des Regenwurms (*Lumbricus*) verdrängt.

Zu den Pestiziden kommt die Bedeutung des Müllkomposts, der vielfach in der Landwirtschaft als Düngemittel verwendet wird. Bekannt ist, daß in ihm Schwermetalle stark angereichert sind, so daß es dabei zu einer Akkumulation dieser Elemente im Boden und dann zu einer vermehrten Aufnahme durch die angebaute Pflanze und weiter in der Nahrungskette kommen kann (Grabbe & Domsch 1974, Domsch et al. 1976, Fleckenstein & Grabbe 1981). Allerdings strebt die Anreicherung aller Verbindungen im allgemeinen in der Natur einem Grenzwert zu oder sie nähert sich diesem, falls die Zufuhr konstant ist und vom Organismus toleriert wird. Das bedeutet, daß auch die Abbau- und Ausscheidungsrate weitgehend konstant ist.

Die Entwicklung der Lebewesen in Umwelten mit hohen Konzentrationen von Schwermetallen repräsentiert einen Kompromiß zwischen der bekannten Nutzung katalytischer Möglichkeiten und dem Risiko der Vergiftung durch diese Elemente. So gibt es Organismen, die Schwermetalle in ihren Geweben in großen Mengen anreichern können, ohne Schaden zu leiden, die aber für andere toxisch sind; solche Hyperakkumulatoren können große Mengen dieser Elemente komplexieren und immobilisieren (Ernst 1974). Ihre Fähigkeit zur Speicherung von Schwermetallen wird sogar industriell verwertet, indem das Wachstum bestimmter Mikroorganismen auf erzhaltigem Gestein gefördert und das in ihnen in hoher Konzentration gespeicherte Metall ausgewaschen, gesammelt und konzentriert wird. Auf diese Weise werden in den Kupferbergwerken Perus pro Tag bis zu zwei Tonnen Kupfer dem Gestein entzogen (Wieser 1979b).

Unter den bodenbewohnenden Tieren sind nicht nur Regenwürmer, sondern auch Asseln und Schnecken in der Lage, Schwermetalle anzureichern. So steht der Kupfergehalt von Asseln in deutlicher Beziehung zu dem des Fallaubes, von dem sich die Tiere ernähren. Auf das Körpertrockengewicht bezogen können die Asseln das Metall auf das 6fache anreichern; Cadmium kann in gleicher Weise konzentriert werden (Martin et al. 1976). In ihren Mitteldarmdrüsen konnten bis zu 1,5 % Cu und 0,1 % Cd nachgewiesen werden, wodurch die Lebensfähigkeit nicht beeinträchtigt wurde. Die Fähigkeit zur Metallspeicherung ist genetisch gesteuert, wie dies für *Porcellio scaber* gezeigt werden konnte (Wieser & Makart 1961).

Nach Hamilton (1976) übersteigt die Mobilisierung von Erzen durch den industriellen Abbau jene durch geologische Prozesse bedingte aber um das Doppelte bis 100fache. Dementsprechend ist die Anreicherung in unmittelbarer Umgebung von metallverarbeitenden Industrien besonders groß; sie belasten Boden, Vegetation und Tierwelt (Tabelle 44). Allerdings können in einer Entfernung von wenigen Kilometern wesentlich geringere Werte gemessen werden.

In der Pferdeniere wurde ein Cd-bindendes Protein mit einem Molekulargewicht von 6800 gefunden, das pro Molekül 7 Metallatome zu binden vermag. Es hat den höchsten Cysteingehalt aller bekannten Proteine (33 %). Die Synthese solcher Proteine wird mit zunehmender Metallkonzentrierung in der Nahrung stimuliert, so daß der Gehalt an Cd-bindendem Protein mit zunehmender Cd-Belastung auf das 40fache und darüber erhöht werden konnte. Ähnliche Anpassungen wurden auch bei Fischen und Wirbellosen (Webb & Daniel 1975), aber auch bei Pilzen und Hefen beschrieben (Kojima & Käji 1978). Die Toxizität einer akuten Schwermetallbelastung wird somit davon abhängen, inwieweit die tierischen und pflanzlichen sowie mikrobiellen Gewebe in der Lage sind, schützende Proteine von der Art der Metallothioneine, wie diese genannt werden, zu synthetisieren. In dieser Hinsicht bestehen große Unterschiede zwischen den Organismen und den einzelnen Geweben. Ist eine Bindung durch Protein und damit Komplexierung nicht mehr möglich, greift der Vergiftungsprozeß um sich (Webb 1975, Noel-Lambot et al. 1978).

Tabelle 44 Maximale Konzentrierung einiger Schwermetalle im Fallaub, das in der Nähe von Metallhütten in England, Schweden und den USA gesammelt wurde, nach Angaben von Coughtrey et al. (1979)

Belastungsquelle	Jahr der Inbetriebnahme	derzeitiger Metallgehalt im Fallaub in ppm
Bleihütte	1968	Pb 60 000
		Zn 2 000
		Cu 1 000
		Cd 100
Zinkhütte	1911	Pb 2 333
		Zn 25 750
		Cu 340
		Cd 885
Messinghütte	1661	Pb 870
		Zn 18 800
		Cu 14 900
		Cd 53

Die Schädlichkeitsgrenzen liegen für den Menschen bei nur wenigen ppm.

Neben der erwähnten Art der Speicherung ist auch noch eine Ablagerung in membranumschlossenen Organellen, wie schon für den Regenwurm erwähnt wurde, wenigstens bei Invertebraten verbreitet. Bei Asseln finden sich Cuprosomen in den Speicherzellen der Mitteldarmdrüse (Wieser & Klima 1969). Ähnliche Organelle sind bei Austern (George et al. 1978) und Seepocken (Walker 1977) gefunden worden, die mitunter unterschiedliche Metallspezifität besitzen. Sie scheinen die leistungsfähigste Entgiftungseinrichtung für Schwermetalle zu sein und schützen auch vor abnorm hohen Schwermetallkonzentrationen.

Die Frage nach dem Fluß von Schwermetallen durch Ökosysteme ist in Anbetracht der wenigen verwertbaren Daten, die in der Literatur vorhanden sind, und der verschiedenen Speichermöglichkeiten mit Immobilisierung nicht zufriedenstellend zu beantworten. Vor allem ist die Wirkung der verschiedenen Einflußfaktoren kaum näher untersucht worden. So können Asseln 1 bis 10 % ihres Körpergewichts täglich an pflanzlicher Nahrung zu sich nehmen. Die Fähigkeit, der Nahrung Kupfer zu entziehen und in den Geweben zu speichern, hängt von der Freßrate ab. Je schneller sie fressen, desto weniger Kupfer wird assimiliert, ja bei den höchsten Freßraten geben Asseln sogar Kupfer aus ihren Gewebespeichern über die Faeces an die Umwelt ab. Schnecken fressen dagegen viel langsamer und assimilieren besser (Coughtrey & Martin 1977, Wieser 1979a).

Wie dieses Beispiel zeigt, kann nicht von einer Tierart auf die andere geschlossen werden. Dazu kommt die unterschiedliche chemische Bindung der Metalle im Organismus. Obgleich Asseln aus der Nahrung wenig oder gar kein Kupfer resorbieren, bringen sie es fertig, während kurzer Verweildauer der Nahrung im Darm das gesamte organisch gebundene Kupfer in eine leicht lösliche Form zu überführen, in der es in den Faeces erscheint und dann im Nahrungsnetz verteilt werden kann. Schnecken entziehen der Nahrung zwar viel Kupfer, aber in den Faeces liegt es sowohl gebunden als auch in freier Form vor. Auch dieses Beispiel demonstriert, daß Umsatz und Verteilung und damit Anreicherung von Schwermetallen zumindest in terrestrischen Nahrungsketten stark von lokalen Bedingungen abhängig sein können, wozu auch die Zusammensetzung der Bodenfauna gehört. Wird der Stoffwechsel von Mikroorganismen und den tierischen Zersetzern durch hohe Metallbelastung stark geschädigt oder fehlen infolge anderer Einflüsse wichtige Organismengruppen, so kommt es insbesondere in der Nähe von Schwermetallbergwerken und -verarbeitungsbetrieben zu einer starken Verzögerung im Abbau des Fallaubes. Welche Konsumentengruppe durch Metallbelastung am meisten geschädigt wird, ist noch unklar. Jedenfalls konnte in der Nähe einer Metallhütte in Südengland eine Biomasse von Fallaub im Wald zwischen 8 und 13 kg pro m^2 ermittelt werden; das ist das 10 bis 30fache der Laubmenge in unbelasteten Waldbiotopen (Coughtrey et al. 1979). Ähnliche Verhältnisse finden wir in Waldgebieten um Hamburg, wo kein Unterwuchs mehr existieren kann.

Über eine in neuerer Zeit durch den Stoffkreislauf bedingte vermehrte Anreicherung und Schadwirkung von Cadmium in Meerestieren berichteten Theede & Scholz (1982). In den Ozeanen liegt der Cadmiumgehalt zwischen 0,07 und 0,22 μg/l, örtlich jedoch weit darüber. In der Kieler Bucht kam es in den letzten 130 Jahren zu einer 7-fachen Erhöhung. Besonders empfindlich reagieren Hydroidpolypen auf eine Cd-Zunahme. Dagegen können Mollusken recht hohe Konzentrationen ertragen, ohne deutliche physiologische Auswirkungen erkennen zu lassen; sie können Cadmium akkumulieren. Werte von 60 bis 118 μg/g Trockensubstanz des Weichkörpers wurden gemessen (Brooks & Rumsby 1965, Peden et al. 1973, Martin & Flegal 1975). Solche hohen Cd-Konzentrationen werfen Probleme auf, wenn höhere Glieder der Nahrungskette sie aufnehmen.

Die toxische Wirkung des Cadmiums liegt bei Hydroidpolypen unter anderem in seiner Anreicherung in den Lysosomen und in einer Schwächung ihrer Membran (Moore & Stebbing 1976). Bei Säugetieren wird sie auf die Hemmung bestimmter aktiver Transportmechanismen, auf Nierenschädigungen und Beeinflussung von Hormonsystemen zurückgeführt (Larsson et al. 1976). Durch Störung der Eisenaufnahme und des Eisenhaushalts kommt es zur Anämie. Die mit Schädigung der Nierentubuli einhergehende erhöhte Calziumausscheidung durch die Niere infolge mangelnder Rückresorption zusammen mit einer verringerten Ca-Aufnahme durch den Darm scheinen die Ursache für eine Entkalkung des Skeletts zu sein, wie sie bei der Itai-Itai-Krankheit in Japan katastrophale Ausmaße annahm. Außerdem führt eine Verringerung des Calziumspiegels zu einer Übererregbarkeit und zum Muskelkrampf (Tetanus), eine starke Cd-Belastung schließlich zur Leberzirrhose (Vallee & Umler 1972). Weiterhin läßt sich bei Cd-Vergiftung ein erhöhter Glukosegehalt im Urin und Blut bei Säugetieren und Fischen feststellen. Bisher sind 18 Enzyme bekannt, die durch Cd in ihrer Aktivität gehemmt werden.

3 Biotransformationen von Pestiziden in der Umwelt

Die weitverbreitete Sprühtechnik zur Applikation von Pestiziden führt bekanntlich dazu, daß nur sehr geringe Mengen den Schadorganismus treffen. Die weitaus größten Mengen gelangen in den Boden und auf die Pflanzen, von wo sie abgewaschen und dann auch dem Boden zugeführt werden. Während lipophile Pestizide im Boden festgehalten werden, können hydrophile in wäßriger Lösung über die Wurzeln der Pflanzen resorbiert werden. Lipophile Wirkstoffe können nur über die Kutikula der oberirdischen Teile in die Pflanze gelangen. Auch wenn die Pflanzen für das Entfernen von Pestiziden aus der Umwelt von großer Bedeutung sind, so ist die Entgiftung dieser Stoffe im Rahmen der Umwelttoxikologie nicht zu vernachlässigen (Lee et al. 1978).

Der Abbau durch Pflanze und Tier wurde bereits an anderer Stelle besprochen. Die Toleranz gegenüber Pestiziden ist bei Tieren wie Pflanzen oft verknüpft mit der Fähigkeit, den Wirkstoff schnell abzubauen. Zu besprechen bleibt in erster Linie noch die Bedeutung der Mikroorganismen im Boden für die Biotransformation der Pestizide.

Lebende Organismen sind in der Lage, durch den Abbau organischer Moleküle Energie zu gewinnen. Schließlich sind alle Lebensformen auf der Erde von der Synthese und dem Abbau organischer Moleküle abhängig; Zellorganelle werden zur Energieproduktion benötigt. Viele organische Substanzen, die sich in der Biosphäre anreichern, werden von Mikroorganismen abgebaut. Dabei versorgen sie sich nicht nur selbst mit Energie und Bausteinen, sondern geben wiederum Moleküle für andere Organismen ab. Mit Dagley (1972) läßt sich sagen, daß Mikroben fähig sind, wahrscheinlich alle von lebender Materie synthetisierten organischen Verbindungen abzubauen. Dagegen werden *in vitro* synthetisierte Verbindungen nur dann abbaubar sein, wenn sich die relevanten Mikroben im Laufe der Evolution eine entsprechende enzymatische Ausrüstung erworben haben und in der Lage sind, diese auch zu nutzen. Hieraus folgt, daß die *in vitro* synthetisierten organischen Verbindungen den natürlichen ähnlich oder gleich sein müssen, damit sie in der Umwelt abgebaut werden können. Sicherlich kann der Chemiker viele organische Substanzen synthetisieren, die von den in der Natur zu findenden total verschieden sind. Aber es werden kaum bedeutende Wirkstoffe sein, denn jede Wirkung setzt eine Interaktion voraus.

Wird ein Pestizid als persistent bezeichnet, so bedeutet dies nicht, daß es aus der Umwelt nicht verschwinden kann. Wir haben bereits gehört, daß alle Fremdstoffe in irgendeiner Weise im Organismus oder durch physikalische Umweltfaktoren verändert werden können, wenn sie absorbierbar sind. Dabei muß nicht immer eine weniger toxische Substanz entstehen. Eine persistente Verbindung hat nur eine wesentlich längere Verweildauer als eine nicht persistente. Letztere verschwindet schnell aus der Umgebung und *hinterläßt keine* toxischen Rückstände.

Eine Nichtpersistenz kann mehrere Gründe haben: Die Substanz wird durch Mikroorganismen im Boden schnell abgebaut, sie ist chemisch sehr instabil oder es sind mehrere Prozesse daran beteiligt. Parathion ist in der Umwelt wenig persistent, weil es besonders in wäßrigen Lösungen chemisch recht instabil ist (aber vgl. S. 184). Mikroorganismen spielen dabei keine besondere Rolle, auch wenn einige Mikroorganismen in der Lage sind, Parathion zu nichttoxischen Substanzen abzubauen. Andererseits sind Mikroorganismen im Boden fast ausschließlich für das Verschwinden von substituierten Harnstoffherbiziden aus der Umwelt verantwortlich. *Arthrobacter*-Bakterien, die aus Erdboden isoliert wurden, konnten das Herbizid Dalapon dehydrochlorinieren und der Pilz *Aspergillus fumigatus* das Herbizid Simazin abbauen.

Für viele Organismen scheint aber die Transformation von Pestiziden in der Umwelt kritisch zu sein. Solche Wirkstoffe werden sich bei wiederholter Applikation im Boden anreichern und nur sehr langsam aus der Umwelt verschwinden. Dafür sind nicht nur Mikroorganismen verantwortlich (Klee et al. 1973). Makroorganismen, die mit einer Mikroflora versehen sind, können den Abbau von Pestiziden gewöhnlich leichter bewerkstelligen als solche, die keine Symbionten besitzen.

Die bei der Besprechung der einzelnen Pestizide erwähnten Abbaureaktionen wurden bei Pflanzen, Insekten und Wirbeltieren, meistens im Laboratorium, erhalten. Dies sind Dehydrochlorinierung, oxidative Reaktionen wie Epoxidation, Dealkylierung und Hydroxylierung, Reduktion, Esterhydrolyse sowie Kondensation oder Konjugation mit einfachen Verbindungen. Unter Freilandbedingungen im Boden liegen sehr viel weniger Daten über den Pestizidabbau vor; hier spielen Mikroorganismen eine entscheidende Rolle.

Für die meisten Abbauversuche im Boden wurden angereicherte Mikrobenkulturen in Bodensuspensionen verwendet, in die das Pestizid gegeben wurde. Gemessen wurde dann das Verschwinden des Wirkstoffes in der Zeiteinheit durch Entnahme von Aliquots.

Bodenorganismen sind in der Lage, chlorierte Pestizide zu dehalogenieren. DDT wurde durch *Aerobacter aerogenes* langsam zu DDE (Wedemeyer 1967) und unter anaeroben Bedingungen durch eine Vielzahl verschiedener Mikroorganismen in DDD verwandelt (Merskus et al. 1965, Menzie 1969). DDT kann auch zu 4,4'-Dichlorbenzophenon abgebaut werden. Die Dehydrochlorinierung von Lindan zu γ-Pentachlorcyclohexan in feuchter Erde durch Bodenmikroorganismen zeigten Yule et al. (1967). Die Bakterien *Clostridium sporogenes* und *Bacillus coli* produzieren aus Lindan kleine Mengen an Benzol und Monochlorbenzol (Allan 1955). Wie eine CO_2-Produktion anzeigte, können diese Mikroorganismen Lindan auch noch weiter abbauen (MacRae et al. 1967).

Aldrin kann durch Mikroorganismen zu Dieldrin und Heptachlor zu Heptachlorepoxid oxidiert werden (Bartha et al. 1967). Gut bekannt ist die β-Oxidation der Alkankette verschiedener Phenoxyalkansäuren (Gutenmann et al. 1964), wobei vermutlich Hydroxyderivate als Intermediäre auftreten. So ist *Aspergillus niger* fähig, Phenoxybuttersäure und Phenoxyvaleriansäure in 2-Hydroxyphenoxyessig- und 3-(2-Hydroxyphenoxy(-propionsäure zu verwandeln; er kann auch eine Hydroxylierung ohne weiteren Abbau der Hydroxysäure vornehmen (Byrde & Woodcock 1957).

Mikroorganismen dealkylieren häufig Pestizide und können Alkylgruppen auf Kohlenstoff, Stickstoff, Sauerstoff oder Schwefel übertragen. Der aromatische Teil von Phenoxyalkansäure-Herbiziden wurde im Boden als Phenol gefunden (Kearney et al. 1967, Loos 1969).

Pestizide, die Nitrogruppen enthalten, können zu Aminen reduziert werden. So wurde Parathion im Boden in Aminoparathion verwandelt (Lichtenstein & Schulz 1964), wofür Bodenhefen verantwortlich gemacht werden. Viele Mikroorganismen können auch PCNB zu Pentachloranilin reduzieren (Chacko et al. 1966), eine Reaktion, die in Erde unter Wasser beschleunigt ist.

Organophosphatinsektizide können von Bodenmikroorganismen durch Amid- oder Esterhydrolyse abgebaut werden. Matsumura & Boush (1966) isolierten mehrere Mikroorganismen, die fähig waren, Malathion durch Hydrolyse der Carboxylestergruppe und nachfolgende Demethylierung zu inaktivieren.

Die Spaltung aromatischer Ringe ist für Mikroorganismen kein Problem, während diese Reaktion bei höheren Tieren nicht üblich ist. Die bei einer Ringspaltung von Phenoxyalkansäure-Herbiziden nacheinander ablaufenden Reaktionen wurden eingehend untersucht (Loos 1969, Menzie 1969). Zunächst werden die aus 2,4-D und 4-Chlorphenoxyessigsäure produzierten Catechole gespalten, um die entsprechenden Chlormuconsäuren zu bilden. Vermutlich werden diese Substanzen zu einem gewissen Ausmaß schon vor der Ringspaltung dehalogeniert.

Das Methylkarbamat-Insektizid Carbaryl wird vermutlich durch einen Mechanismus abgebaut, der dem des Naphthalins ähnlich ist (Fernley & Evans 1958, Kaufman 1970, Rodriguez & Dorough 1977). Bevor eine Ringspaltung erfolgt, wird α-Naphthol gebildet. Über den Abbau von Carbofuran im Boden berichtet Getzin (1973).

Einige Mikroorganismen können wie Metazoen Pestizide auch konjugieren oder kondensieren. Bruchfield & Storrs (1957) berichteten, daß Dyren zu einem konjugierten Produkt metabolisiert wurde, das Amino- und Sulfhydrylgruppen enthielt. An der Reaktion war ein ringförmiges Chlorin beteiligt. Zellsuspensionen von *Saccharomyces cerevisiae* können Natriumdimethyldithiokarbamat in γ-(Dimethylthiokarbamoylthio)-α-aminobuttersäure verwandeln (Sijpe-Stein et al. 1962).

4 Transformation durch abiotische Faktoren

Im Kapitel VII wurde mehrfach erwähnt, daß am Abbau von Pestiziden in der Umwelt photochemische Prozesse beteiligt sein können. Weitere Faktoren, die bei der Verteilung von Pestiziden im Raum mitwirken, sind ihre Flüchtigkeit, Adsorption und Wasserlöslichkeit. Hinzu kommen Bodenkultivierung und katalytische Abbauprozesse im Boden (Brown 1978).

4.1 Photochemische Mechanismen

Die Fähigkeit von UV-Licht, in organischen Molekülen Transformationen zu induzieren, ist lange bekannt. Als in der Neuzeit vermehrt Pestizide angewendet wurden, rückte das Interesse am photochemischen Abbau dieser Verbindungen stark in den Vordergrund. Durch Absorption von UV-Licht werden Elektronen im Molekül angeregt, wodurch chemische Bindungen aufbrechen und sich neue Verbindungen bilden können. Crosby & Li (1969) haben berichtet, daß die am häufigsten verwendeten Herbizide ihre Hauptabsorptionsmaxima zwischen 220 und 400 nm haben. Eine Absorption von Licht innerhalb dieses Spektralbereiches genügt, um eine chemische Veränderung des Moleküls zu verursachen.

Obgleich das Emissionsspektrum der Sonne ziemlich breit ist, kann der Anteil an Sonnenenergie, der unterhalb von 295 nm die Erde erreicht, praktisch vernachlässigt werden. Als UV-Licht wird der Bereich von 4 bis 400 nm betrachtet. Licht mit Wellenlängen von mehr als 450 nm besitzt weniger als 65 kcal/Mol und kann gewöhnlich keine chemische Veränderung bewirken, auch wenn die Verbindung in der Lage ist, genügend Energie in diesem Bereich zu absorbieren.

Der photochemische Pestizidabbau wurde aber größtenteils unter Laborbedingungen durchgeführt, weil es sehr schwierig ist, unter Freilandbedingungen reproduzierbare Daten zu erhalten. Damit bleibt die Relevanz der oft widersprüchlichen Ergebnisse unter natürlichen Bedingungen weitgehend ungeklärt.

Pestizide können photooxidiert, aber auch photoreduziert werden (Livingston 1961). Der elektronegative Sauerstoff bildet ein Diradikal, das mit anderen Molekülen in Gegenwart von Licht reagieren kann. So kann Dieldrin in das stärker toxische und persistentere Photodieldrin durch eine Photoadditionsreaktion verwandelt werden (Rosen et al. 1966, Robinson et al. 1966, Suzuki et al. 1974). Bei stärkerer Lichtwirkung kann Dieldrin unter Bildung eines Pentachlorderivates reduktiv dehydrochloriniert werden (Henderson & Crosby 1967). Methoxychlor kann unter Bildung einer Mischung von 4,4'-Dimethoxybenzophenon, *p*-Methoxybenzoesäure und *p*-Methoxyphenol schnell photooxidiert werden (Crosby & Leitis 1969, Li & Bradley 1969). Auch DDT soll einen ähnlichen Abbau erfahren (Harrison et al. 1967). aber die Umwandlung scheint sehr langsam zu erfolgen.

Die rasche Photooxidation der Pyrethrine (Chen & Casida 1969) und Rotenone (Jones & Haller 1931, Cahn et al. 1945) hat den Einsatz dieser weniger umweltschädlichen Mittel auf Anwendungsbereiche begrenzt, wo eine direkte Sonnenlichteinwirkung kaum in Frage kommt.

Basierend auf den Befunden, das Wasserhyazynthen gegenüber dem Butylester des 2,4-D im Schatten empfindlicher sind als im Sonnenlicht, berichteten Penfound & Minyard (1947) wohl als erste über eine Lichtwirkung auf die biologische Aktivität von Phenoxy-Herbiziden. Auch Experimente mit Feuerbohnenpflanzen zeigten an, daß die Überlebensrate bei hohen Lichtintensitäten größer ist. Allerdings fehlt hier ein geeigneter Kontrollversuch, so daß die Ergebnisse zunächst angezweifelt werden müssen. Obgleich Bell (1956) zeigte, daß 2,4-D in Lösung nach Bestrahlung mit kurzwelligem UV-Licht zu fünf Produkten abgebaut wird, und Crosby & Tutass (1966) die ätherlöslichen Photolyseprodukte identifizieren konnten, ist es fraglich, ob dies allein durch Lichteinwirkung geschehen kann. 2,4-D absorbiert nämlich sehr wenig Strahlung unterhalb von 300 nm. Vielleicht führt eine Bestrahlung zu einer speziellen Aktivierung, so daß ein Abbau durch andere Mechanismen erfolgen kann. Unter natürlichen Bedingungen bestehen keine Hinweise auf einen photochemischen Abbau dieses Pestizids (Aly & Faust 1964). Andererseits konnte Slade (1965) zeigen, daß Paraquat (I) auf den Blättern verschiedener Nutzpflanzen durch Sonnenlicht zu 1-Methylpyridinium-4-karboxylat photolysiert wird. Kuwahara et al. (1965) fanden, daß PCP (II) auf Reisfeldern nach mehrtägiger Sonnenbestrahlung zu mehreren Photolyseprodukten abgebaut wird. Auch der Verlust an herbizider Aktivität von Organoboraten unter ariden Bedingungen wurde auf die Einwirkung von Sonnenlicht zurückgeführt (Rake 1961).

I

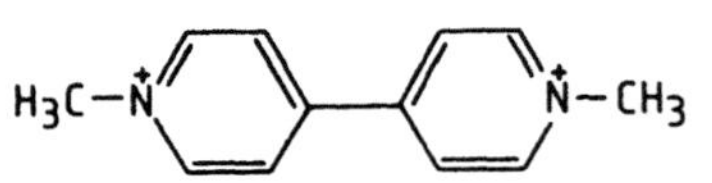

1,1'-Dimethyl-4,4'-bipyridylium ion

II

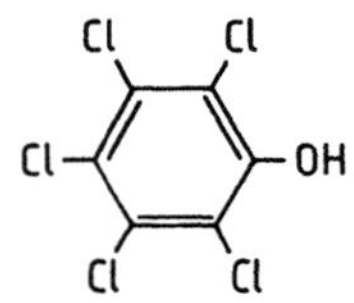

Pentachlorphenol

Sicher ist nach den vorliegenden Untersuchungen, daß ein photochemischer Abbau von Pestiziden in der Umwelt möglich ist. Aber ungeklärt ist, wieweit daran auch Pflanzen und Mikroorganismen beteiligt sind, zumal die entstehenden Produkte in vielen Fällen mit den Stoffwechselprodukten identisch sind. In dieser Hinsicht sind adäquate Untersuchungen erforderlich.

Erste Ergebnisse liegen für Malathion auf Glaskugeln vor. Hier bedingt der Temperatureffekt des Infrarotlichtes den stärksten Abbau. Im UV-Bereich war die Abbaurate wesentlich kleiner. Generell werden durch Licht stärker polare Abbauprodukte induziert (Mosher & Kadoum 1972).

4.2 Physikalische Mechanismen

Durch Verdampfen können Pestizide zwar nicht aus der Umwelt entfernt werden, aber es spielt eine wichtige Rolle bei der Verteilung der Schadstoffe im Raum. So kann ein Transport von einem inaktiven Ort zu einem anderen erfolgen, an dem der Abbau schneller gelingt, aber auch umgekehrt. Die Verdampfungsgeschwindigkeit eines Pestizids ist abhängig von seinen physikalischen Eigenschaften, insbesondere vom Dampfdruck in Abhängigkeit von der Temperatur.

Verändert wird das Verhalten, wenn die Pestizide ans Erdreich appliziert werden (Spencer & Cliath 1969, 1970a, b). Viele Forscher konnten höhere Verdampfungsraten von Insektiziden (Bowman et al. 1965, Harris & Lichtenstein 1961) und Herbiziden (Fang et al. 1961, Deming, 1963, Kearney et al. 1964, Gray & Weierich 1965, Parochetti & Warren 1966) aus feuchter als aus trockener Erde erhalten. Nach den Arbeiten von Spencer et al. (1969) und Spencer & Cliath (1970b) ist die beschleunigte Transpiration bei feuchter Erde für das Verschwinden der Pestizide von der Erdoberfläche verantwortlich. Daraus resultiert ein Anstieg in der Dampfdichte oder im Partialdruck des Pestizids. Diese Interpretation wird gestützt durch die Befunde von Igue (1969), daß der Wassergehalt im Boden mit dem Verdampfungsverlust von chlorierten Kohlenwasserstoffen korreliert ist, denn es besteht eine Konkurrenz um die Adsorptionsorte.

Beim Abbau von Pestiziden in der Umwelt spielt die Adsorption eine bedeutende intermediäre Rolle, denn dadurch werden die Moleküle an die Oberfläche der Erdpartikel oder auch Pflanzen gebunden, so daß sie leichter chemisch oder physiologisch abgebaut werden können. Kearney & Helling (1965) geben hierfür mehrere Beispiele an, aus denen eine beschleunigte chemische Hydrolyse von Pestiziden in Gegenwart von Erdpartikeln im Vergleich zu der in Wasser zu erkennen ist, Castro & Belser (1966) zeigten, daß feuchte Erde die Hydrolyse von *cis*- und *trans*-1,3-Dichlorpropen beschleunigt.

Die katalytische Aktivität einiger Erdbestandteile soll für die beschleunigte Hydrolyse verantwortlich sein. Jedoch ist der Einfluß von Mikroorganismen gerade in feuchtem Erdreich nicht auszuschließen, da nicht steril gearbeitet wurde.

Infrarotuntersuchungen ergaben, daß die katalytische Hydrolyse mehrerer Organophosphate in kupferhaltigen Erden beschleunigt ist (Mortland & Raman 1967). In Schlämmton ist die Hydrolyse von Diazinon eine Funktion des pH-Wertes (Konrad et al. 1967). Obgleich die Bedeutung der Pestizidadsorption an Erdpartikeln nicht näher bekannt ist, kann angenommen werden, daß sie einen wichtigen Faktor beim Abbau der Verbindungen in der Umwelt darstellt. Das Bodenwasser macht sie trotz weitgehender Unlöslichkeit vieler Pestizide für einen chemischen und biologischen Abbau geeigneter. Durch Wasser werden sie von den Adsorptionsorten verdrängt und dann für einen mikrobiellen Abbau zugänglicher.

Für besser wasserlösliche Herbizide dient Wasser als Transportmedium, so daß sie leichter in den Pflanzen verbreitet werden können.

Eine Verteilung von Insektizidrückständen mit dem Oberflächenwasser und mit ihm der kontaminierten Erdpartikel wurde bereits erwähnt. Versucht man, das Schicksal solcher Rückstände zu verfolgen, so ergibt sich nach Lichtenstein et al. (1966), daß die Pestizide Parathion, Guthion (Azinphosmethyl), Di-Syston (Disulfoton) und DDT in ihrer Persistenz im See- und Bodenwasser beträchtlich variieren und daran viele Faktoren, einschließlich Wasserlöslichkeit, pH des Wassers und die mikrobiellen Aktivitäten, beteiligt sind.

Schließlich kann auch die Bodenkultivierung das Schicksal der Pestizide, insbesondere jener, die in Wasser unlöslich sind und deren Dampfdruck gering ist, beeinflussen. Um die Bedeutung dieses Faktors abschätzen zu können, wurden DDT und Aldrin im Jahre 1960 in einer definierten Menge auf einer Ackerfläche gleichmäßig verteilt und 12 bis 15 cm tief eingearbeitet. Die Hälfte dieser Fläche wurde während der Sommerzeit des selben Jahres täglich bearbeitet, um festzustellen, ob häufige Bodenkultivierung den Verlust an DDT- oder Dieldrinrückständen beschleunigt. Während der folgenden Jahre wurde der Boden nicht genutzt. Nach 10 Jahren ergab die Analyse, daß auf der nicht bearbeiteten Fläche noch 44 % des applizierten DDTs und 11 % des Aldrins als Dieldrin vorhanden waren. Im Gegensatz dazu betrug der Rückstand auf der genutzten Fläche nur 31 % DDT und 5 % des applizierten Aldrin als Dieldrin (Lichtenstein et al. 1971a, b). In einer anderen Serie von Langzeit-Freilandtets untersuchten die Autoren die Wirkung einer dichten Pflanzendecke (Alfalfa) und einer wiederholten Bodenkultivierung auf das Schicksal von Aldrin- und Heptachlor-Rückständen im Boden. Dafür wurden die Pestizide in die obere Bodenschicht von 10 bis 15 cm eingearbeitet. Elf Jahre danach zeigten die Analysen im Vergleich zu dem mit Alfalfa bedeckten Boden, daß Bodenkultivierung eine 76 bis 82 %ige Reduktion der Pestizidrückstände bewirkt hatte.

Ob ein Pestizid einer rein chemischen Transformation in der Umwelt unterliegt, ist nicht leicht zu untersuchen. Wegen der strukturellen und physikalischen Charakteristika der Bodenbestandteile wurden die meisten Untersuchungen zum chemischen Abbau von Pestiziden in der Umwelt in Gegenwart von Erde durchgeführt. In solchen Fällen ist es aber besonders schwierig, ein steriles Erdbodensystem zu erhalten, das keine physikalischen und/oder chemischen Veränderungen während des Sterilisierungsprozesses erleidet, so daß die Ergebnisse schwer zu beurteilen sind.

Die meisten Organophosphat-Insektizide sind gegen Hydrolyse empfindlich. Die Hydrolyserate ist weitgehend abhängig von der mit dem Phosphoratom in Verbindung stehenden Gruppe (O'Brien 1969). Die Halbwertzeiten liegen bei pH 8 und 25 °C für TEPP bei 73 h, Paraxon bei 22 200 h und *Parathion bei 203 000 h.* Gewisse Organophosphate werden auch in festem Zustand hydrolytisch gespalten. Die primären Reaktionsprodukte von Diazinon im Boden sind ein substituiertes Pyrimidin und

Diäthylphosphorthiosäure. Der nachfolgende Abbau dieser beiden Substanzen erfolgt durch Bodenmikroorganismen (Gunner 1967). Malathion wird zu Malathionmonosäure abgebaut. Andere Untersuchungen zeigten, daß Malathion, Demeton, Mevinphos und wahrscheinlich die meisten Organophosphate primär durch chemische Hydrolyse im Boden gespalten werden (Tiedje & Alexander 1967). Das gleiche scheint für Carbofuran zuzutreffen (Getzin 1973).

Viele Komponenten im Boden wirken katalytisch (Konrad et al. 1967). Reduzierte Porphyrine und Stickstoffkomponenten des Bodens sind fähig chlorierte Kohlenwasserstoffe wie DDT zu dehydrochlorinieren (Miskus et al. 1965). Diazinon wird in aufgeschlemmtem Lehm bei pH 7,2 schnell hydrolysiert (11 % pro Tag). Mortland & Raman (1967) untersuchten die katalytische Hydrolyse von Organophosphaten in Kupferchloridlösung und Kupfer-Montmorillonittonsuspensionen und fanden, daß humusreicher Boden und Tonmineralien, die Metallkationen fester binden als Montmorillonit, wenig oder keine Hydrolyse zulassen. Durch Aminosäurechelate kann die katalytische Halbwertzeit von Organophosphaten um mehr als den Faktor 100 herabgesetzt werden (Wagner-Jauregg et al. 1955). Simazin wird durch Adsorption an Montmorillonit vor Hydrolyse geschützt, während organisches Material als katalytisches Agens wirkt und die Abbaurate erhöht (Harris 1967).

Die Fungizide Mylon (III) und Vapam werden im Boden schnell hydrolisiert (Drescher & Otto 1968, Turner & Corden 1963). In sandigem Lehm wurde Vapam in wenigen Stunden zu mehr als 87 % abgebaut.

III

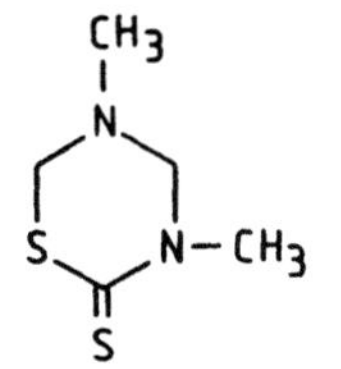

3,5-Dimethyl-tetrahydro-1,3,5,2H-thiadiazin-2-thion

Armstrong et al. (1967) zeigten, daß eine Atrazinhydrolyse in steriler Erde bei pH 3,9 erfolgt, die bei gleichem pH ohne Erde 10mal geringer ist. Skipper et al. (1967) fanden, daß unter Gewächshausbedingungen 20 % des ^{14}C-markierten Atrazins nach 2 bis 4 Wochen in steriler Erde als Hydroxyatrazin vorliegt. Die Umwandlung wurde durch Temperaturerhöhung beschleunigt (Harris 1967). Nach Armstrong et al. (1967) ist die Abbaurate von Atrazin in Böden mit hohem Anteil an organischem Material und niedrigem pH-Wert am größten; der Tongehalt soll nur eine geringe Bedeutung für die Abbaureaktion haben. Nach Plimmer et al. (1968) bildet Atrazin im Boden freie Radikale, die mit einer Dealkylierung in Verbindung stehen sollen. Ähnlich wie eine Oxidation von Aldrin zu Dieldrin in der organischen Bodenfraktion (Lichtenstein & Schulz 1960) sollen auch die Bildung von 3-Aminotriazol (Bruchfield & Storrs 1956) und eine s-Oxidation von Phorat erfolgen (Getzin & Chapman 1960).

Alle Untersuchungen klärten jedoch nicht eindeutig, ob die Prozesse tatsächlich ohne Mitwirkung von Mikroorganismen vor sich gingen. Auch läßt sich heute noch nicht entscheiden, ob die gebräuchlichen Pestizide so vollständig abgebaut werden, daß sie dann keine Belastung mehr für die Umwelt darstellen.

5 Berufskrankheiten

Viele Pestizide sind für Landwirte, Landarbeiter, Kammerjäger und andere Personen, die ihnen beruflich ausgesetzt sind, potentiell toxisch, wenn sie sorglos mit ihnen umgehen (Hayes 1965). Durch Pestizide und andere Agrochemikalien verursachte Berufskrankheiten sind eins der bedeutendsten Berufsgesundheitsprobleme in Californien. Die stark vermehrte Anwendung von organischen PO-Verbindungen als Ersatz für DDT und andere chlorierte Kohlenwasserstoffe als Insektizide weist auf neue Gefahren für die Beschäftigten in der landwirtschaftlichen Industrie hin. Es ist nicht überraschend, daß gerade in

Californien, wo nahezu 20 bis 22 % aller in den USA verkauften Pestizide angewendet werden, mit zunehmender Häufigkeit Vergiftungen durch Organophosphate auftreten. Nach einem Bericht des 'California Department of Public Health' vom Mai 1972 wurden 1970 22 % der durch Agrochemikalien verursachten Berufskrankheiten durch PO-Mittel hervorgerufen. Zum Teil liegt das am mangelnden Verständnis über den Verbleib der Pestizide in der Umwelt. Denn besonders groß waren die Vergiftungsfälle bei den Citruspflückern, die offenbar PO-Rückstände auf den Blättern mißachteten.

Die meisten Organophosphate sind für Säugetiere hoch toxisch und werden schnell durch die menschliche Haut absorbiert. Weniger gravierend ist die Aufnahme durch Einatmung oder mit der Nahrung. Nach dem erwähnten Bericht sind in Californien in den 15 Jahren nach 1956 nahezu 4000 Berichte über nicht tödliche Erkrankungen erschienen, die durch Organophosphate verursacht wurden. 1970 waren es allein 332 Berichte, die größte Anzahl seit 1959, als sehr umfangreiche Parathionrückstände zahlreiche Plantagenarbeiter in Mitleidenschaft zogen und darüber 455 Berichte erschienen.

1973 wurde über insgesamt 1474 Fälle berichtet, von denen 665 als systemische Krankheit klassifiziert wurden (Tabelle 45). Dieser rasche Anstieg von Vergiftungsfällen, die durch Pestizide verursacht wurden, wird sicherlich von einer Reihe von Faktoren hervorgerufen, unter denen nicht nur die vermehrte Anwendung von Organophosphaten und Karbamaten zu nennen sind, sondern auch besonders toxische Kombinationen, wie Lannat-Phosdrin-Mischungen.

Obgleich einige Informationen über Rückstände von Organophosphaten in Pflanzen und im Boden vorliegen, wissen wir sehr wenig darüber, in welcher Höhe solche Rückstände eine Gesundheitsgefahr für den Anwender darstellen. In der Vergangenheit wurde generell angenommen, wenn eine Frucht für den menschlichen Verzehr unbedenklich ist, es auch unbedenklich ist, sie zu ernten. Der Irrtum einer solchen Annahme liegt darin begründet, daß die Erntearbeiter im Verlauf des Pflückens an großen Flächen ihres Körpers auch mit Pflanzenteilen wie Blättern und Zweigen in Berührung kommen, die nicht geerntet werden, auf denen aber Rückstände lagern. Sie atmen Luft ein, die pestiziden Dampf oder Staub enthält. Sie kommen weiter mit kontaminierten Früchten, Boden und Wasser in Berührung. Die durch wiederholten Kontakt aufgenommene Menge kann so hoch sein, daß sie toxisch wirkt. Tägliche Aufnahme von kleinen Mengen können nämlich die Cholinesteraseaktivität schneller herabsetzen, als dies durch Regeneration ausgeglichen

Tabelle 45 Pestizidbezogene Erkrankungen bei verschiedenen Beschäftigungsgruppen nach einem Bericht des California Department of Health 1973

Beschäftigung	systemisch	Haut	Augen/ Haut	Augen	gesamt
Bodenanwender	187	103	13	121	424
Mischer, Auflader	121	19	3	22	165
Landarbeiter	45	94	0	18	157
Gewächshauspfleger	18	71	1	22	112
Formulierer	41	15	2	5	63
Warenhauslagerarbeiter	33	8	1	9	51
Gärtner	14	16	2	34	66
Brandlöscher	41	0	0	1	42
Kammerjäger	52	13	1	5	71
Creosot-Anwender	1	24	2	9	36
durch Verdriftung	10	5	0	11	26
Strukturelle Schädlingsbekämpfung	11	5	0	8	24
Fliesenleger	16	3	0	1	20
Maschinenreparatur- und reinigung	10	6	1	5	22
Belüfter	10	0	1	3	14
andere	55	70	6	50	181
insgesamt	665	452	33	324	1474

werden kann. So kann ein kritischer Hemmeffekt auftreten, aus dem sich schließlich ein bestimmtes Krankheitsbild entwickelt (Hartwell et al. 1964, West 1964, Durham 1965, Wolfe et al. 1967, El-Refai 1971).

Quinby & Lemmon (1958) berichteten über elf Krankheitsbilder, die nach Kontakt mit Parathionrückständen auftraten, von denen mehr als 70 Arbeiter betroffen waren, die mit Ernten, Ausdünnen, Kultivieren und Bewässern von Äpfeln, Citrusfrüchten, Weintrauben und Hopfen beschäftigt waren. Sechs Krankheitsfälle traten innerhalb von 2 Tagen nach Pestizidanwendung auf, der Rest nach 8 bis 33 Tagen nach Berührung mit den Rückständen. Perkutane Absorption kann als primärer Weg betrachtet werden, auf dem Parathion aufgenommen wird.

Nach Bekanntwerden von Vergiftungsfällen unter 186 Arbeitern in Pfirsichplantagen wurden diese im Hinblick auf die Praxis der Pestizidapplikation und des Ernteprozesses untersucht (Milby et al. 1964). Die Ergebnisse zeigten, daß die Krankheitserscheinungen auf einer Anhäufung von Rückständen des applizierten Parathions während der gesamten Wachstumsperiode beruhten. Nemec et al. (1968) ermittelten den Methylparathiongehalt an Händen und Armen zweier Entomologen, die in einer Baumwollpflanzung Insekten zählten, vor und nach Pestizidbehandlung der Kultur. Dazu wurde das Methylparathion mit Aceton von den Händen und Unterarmen abgewaschen. Hatten sie zwei Stunden nach Applikation für 5 Minuten das Feld betreten, so ergaben sich bereits Mengen von 2,074 bis 10,192 mg pro Person. Nach 24 Stunden waren es nur noch 0,163 bis 3,51 mg. Bei Rechtshändern war in beiden Fällen die Pestizidmenge am rechten Arm deutlich höher als am linken. Diese Werte geben nur die auf der Haut befindliche Menge an und nicht die bereits absorbierte, die mit Aceton nicht mehr herausgelöst werden kann. Daß bereits eine gewisse Menge die Haut durchdrungen hatte, konnte an dem Abfall der Cholinesteraseaktivität im Blut erkannt werden, der von der Länge der Aufenthaltsdauer der Arbeiter auf der behandelten Plantage abhängig war. Auch zeigte diese Untersuchung, daß die meßbaren physiologischen Veränderungen im Menschen sowie die ihm anhaftende Menge von der ausgebrachten Pestizidkonzentration, des Intervalls zwischen Applikation und Betreten des Feldes sowie der Art und Weise, in der der Arbeiter mit dem Methylparathion in Berührung kam, abhängig sind.

In einem anderen Falle wurde eine Kombination von Ethion und Guthion in einer Orangenplantage untersucht. Die Pestizide wurden unter legalen und medizinischen Sicherheitsvorkehrungen appliziert. Die Ernte wurde dann von freiwilligen Arbeitern eingebracht, bei denen die Cholinesteraseaktivität vor der Ernte und dreimal während der 5tägigen Ernteperiode bestimmt wurde. In einigen Fällen konnte bei den 23 Arbeitern ein Enzymaktivitätsabfall von bis zu 30 % beobachtet werden, was als sehr bedeutungsvoll betrachtet wurde (Bailey 1972). Vom gleichen Autor wurden auch Vergiftungsfälle bei Farmarbeitern beschrieben, die auf Pestizidrückstände zurückzuführen waren. Er tritt für einen besseren Schutz dieser Personen ein und meint, daß die Einhaltung eines genügend großen Intervalls zwischen Applikation des Pestizids und dem Betreten des behandelten Feldes der beste Schutz vor Vergiftung mit Organophosphaten ist. Für den Anwender muß sicherlich eine entsprechende Schutzkleidung, die genaue Kenntnis der Funktion der Sprüh- und Stäubegeräte sowie die Entvölkerung der Felder während der Applikation hinzukommen. In den USA beträgt das Warteintervall für Organophosphat 24 bis 28 Stunden für Citrus- und andere Obstplantagen, Weinreben und Tabakkulturen. Für anderen Pflanzenbestände fehlen entsprechende Untersuchungen weitgehend, so daß keine Verordnungen möglich sind.

6 Fehleinsatz von Pestiziden

Die Bedeutung der Pestizide für die Lebensqualität ist ein extrem komplexes Problem. Wir haben zwar gewisse Informationen über ihren Metabolismus, den Abbau- und Wirkungsmechanismus in Schadorganismen sowie einigen anderen Tieren und Pflanzen, aber wissen kaum etwas über das Schicksal und die Verteilung in der gesamten Umwelt. Das Fachgebiet der Ökotoxikologie beginnt sich erst zu etablieren. Berücksichtigt man, daß etwa 45 000 verschiedene Formulierungen von mehr als 900 Verbindungen im Handel sind, scheinen die Probleme der Rückstandsermittlung, Rückstandsidentifizierung und das Verfolgen des Schicksals der Rückstände in der Umwelt unlösbar zu sein. Um so mehr müssen Pestizide mit großer Sorgfalt angewendet werden, um die Probleme gering zu halten, denn sie werden vielfach erst durch Mißbrauch geschaffen.

Der bewußte Mißbrauch hat seine Ursachen in der Rationalisierung. Pestizide werden häufig in hochkonzentrierter Form ausgebracht, die zu höheren Depots und zu langsamerem Abbau der verbleibenden höheren Rückstände führen kann (Dorough & Randolph 1967). Hinzu kommt das Problem der Überdosierung, wenn die vorgeschriebenen Anwendungsmengen nicht eingehalten werden, Unerlaubt oder unerwünscht hohe Rückstände sind leicht möglich, wenn zu große Mengen von festen Präparaten appliziert werden, um eine erforderliche Formulierung oder auch Suspension zu umgehen. Es kommt immer wieder vor, daß zu konzentrierte Spritzbrühen verwendet werden. Hierdurch und nach zu häufiger Applikation oder nach Ausbringen der Pestizide in zu kurzen Abständen vor der Ernte oder auch während der Blüte werden unnötige Mißstände herbeigeführt, wie z. B. sorgloses Verschütten von Spritzbrühe auf dem Bauernhof oder im Gartenbaubetrieb, industrielle Abfälle sowie Luftverdriftung, wenn bei zu starkem Wind gespritzt wird, und Wegspülen bei Regenfällen.

Leichtsinn und Fahrlässigkeit sind oft Ursachen für Schäden bei Mäusebekämpfung (von Horn 1967). Zusammen mit der mißbräuchlichen Anwendung von Pflanzenschutzmitteln zur Vergiftung von Wildarten bei Übervermehrung kommt es alljährlich zu Opfern unter den Tieren und vielen Prädatoren. Der durch allgemeine Pflanzenschutzmaßnahmen verursachte Fallwildanteil soll Berichten zufolge nur 1 bis 3 % betragen, er kann jedoch durch fahrlässige Anwendung erheblich gesteigert werden (Beck et al. 1968). Sicherlich wird ein direkter Einfluß von Pestiziden als Todesursache bei Säugetierwild kaum faßbar sein, da die nicht persistenten Pestizidrückstände in den Tieren relativ schnell abgebaut werden. Trotzdem ist bei Fehlanwendung eine akute Vergiftungsgefahr nicht auszuschließen.

Auf einen Fehleinsatz von DDT in Mineralöl wurde bereits auf Seite 100 hingewiesen. Nicht das DDT, sondern in erster Linie das Öl führt zur katastrophalen Vernichtung der Lebewelt. Danach erscheint es geradezu grotesk, wenn französische Agrarexperten laut einer Zeitungsnotiz* behaupten, daß ein für die Vernichtung von Staren eingesetztes Gift für andere Vogelarten unschädlich sei. Nach Angaben des französischen Instituts für Agrarforschung wurde bei dieser Aktion ein nicht näher bezeichnetes Präparat über einen Schlafwald der Vögel bei Caen mit Hilfe eines Flugzeugs versprüht, weil sich die Stare in den vergangenen Jahren sehr stark vermehrt hatten und die Kulturen der Landwirte vernichteten. Etwa anderthalb Millionen der Vögel sollen bei dieser Bekämpfung vergiftet worden sein.

* Hannoversche Allgemeine Zeitung, Montag, den 19.1.1981

Hier kann man das alte Sprichwort zitieren: ‚Nichtwissen schützt vor Torheit nicht'. Sicherlich haben viele ähnlich gelagerte Fälle niemals die Presse erreicht. Aber die wenigen bekannt gewordenen sollten eine Warnung sein, nicht weiterhin sorglos mit Pestiziden umzugehen. Selbst bei bestem Wissen sind großangelegte, meist aus der Luft durchgeführte Bekämpfungsmaßnahmen umweltschädigend genug; sie führen zu erheblichen Verlusten bei der Tierwelt des betroffenen Gebietes und so zu einer enormen Störung des Ökosystems. Unverzeihlich sind deshalb Anwendungen von Pestiziden, deren Wirkungsweisen nur annähernd oder nur in Teilbereichen bekannt sind.

Zur Bekämpfung der Feuerameise *Solenopsis invicta* wurde Mirex aus der Luft versprüht. Anschließende Untersuchungen ergaben in anderen, denselben Biotop besiedelnden Ameisen Rückstände von 0,029 bis 12,12 ppm. Besonders im Herbst wurden omnivore und räuberische Arten betroffen und innerhalb von zwei Wochen eliminiert, wie z. B. *S. invicta, S. geminata, Monomorium minimum, Pheidole dentata* und *Trachymyrmex septentrionalis*. Übrig blieben nur noch zwei Arten (*Pogonomyrmex barbatus* und *Camponotus pennsylvanicus*). Nach 7 Monaten war die Feuerameise wieder vorhanden, zusammen mit *Conomyrma insana* und *Leptogenys elongata*. Nach 14 Monaten besaßen *C. insana* und *S. invicta* zahlreichere und größere Völker im behandelten Gebiet als vor der Aktion. So war diese Bekämpfungsmethode nur ein scheinbarer Erfolg, aber eine gravierende und langfristige Störung des Ökosystems (Summerlin et al. 1977).

7 Streusalzschäden

Ein mehr lokales Problem, das nicht die eigentlichen Pestizide und ihre weltweite Anwendung betrifft, ist die Verwendung von Streusalz auf den Straßen vieler Industrieländer der Erde. Man weiß, daß jährlich Salzkorrosionsschäden an Kraftfahrzeugen und Bauwerken in Milliardenhöhe entstehen und nimmt die Salzanwendung in Kauf in der Meinung, dadurch Menschenleben zu retten. Aber gibt es durch Streusalzanwendung tatsächlich weniger Verkehrstote? Diese Frage tritt erst in neuester Zeit auf, als bekannt wurde, daß schwerwiegende Auswirkungen des Salzes auf die Vegetation bestehen, die jeder Fachmann längst kennt.

Die Bilanz der Streumethode sind abertausende dahinsiechender chloridverseuchter Straßenbäume mit trockenen Blatträndern. Veteranen unter den Bäumen lassen sich nicht so schnell ersetzen wie z. B. ein Auto, denn eine Heilung kommt meistens zu spät, vor allem wenn jährlich große Mengen an Salz auf die Straßen gelangen. Auch das Kochsalz wird zum Pestizid.

In der Schweiz hat man diese Misere bereits vor mehr als 15 Jahren erkannt. In den Winterperioden 69/70 und 70/71 ging der Streusalzverbrauch in den Städen und Gemeinden schon deutlich zurück (Tabelle 46).

In der Bundesrepublik Deutschland rief der Streusalzbericht des Umweltbundesamtes vom Frühjahr 1981 größte Besorgnis hervor. Man forderte eine sofortige drastische

Tabelle 46 Streusalzverbrauch in Schweizer Städten und Gemeinden nach L. Gerig (brieflich)

	Winter 1969/70	Winter 1970/71	Rückgang in %
Stadt Zürich Fläche 7×10^6 m^2 Straßenlänge 700 km	4200 t	2000 t	52,5
Stadt Bern Fläche ca. 4×10^6 m^2	1600 t	850 t	51
Gemeinde Köniz	336 t	302 t	10

Einschränkung in der Verwendung von salzhaltigen Streustoffen als einzige ökologisch relevante Lösung, die tatsächlich weiten Anklang fand. Während der Winterperiode 1981/82 konnten nahezu alle Gemeinden Rekordeinsparungen an Streusalz verbuchen (in Bielefeld, Hamburg, Hannover, Wiesbaden etwa 50 %, in Berlin sogar 80 %) (Witt 1982). Auch in München und anderen bayerischen Orten wurde weniger Streusalz angewendet.

Vielerorts hat man die sogenannte vorbeugende Salzanwendung aufgegeben. Gestreut wird nur noch bei tatsächlichem Bedarf, jedoch bestimmt dies der Einsatzleiter der Streukommandos!

Positiv zu vermerken ist auch die bessere Kontrolle der Auswurfmengen an Salz, nachdem die Streuwagen entsprechend umgestellt wurden. Die Beschaffung von vollelektrischen Streuern oder Feuchtsalzstreuwagen macht eine sehr genaue Dosierung möglich. Hinzu kommen vermehrt abstumpfende Streumittel, mit denen erfreuliche Erfahrungen erzielt wurden. Dies sind Granulate, Sand oder Splitt bis zum Dreifachen des Vorjahres in Bonn. Allerdings müssen diese alternativen Stoffe öfter und auch in größeren Mengen ausgebracht werden. So entstanden höhere Kosten, ein größerer Arbeitsaufwand und Probleme bei der anschließenden Straßenreinigung. Bisher wenig verwendet, wurde das in allen Sägewerken anfallende Sägemehl als Streumaterial, das biologisch abbaubar ist.

Die Verkehrsunfallziffern wurden nur in Berlin offiziell verglichen. Hier wurde widerlegt, daß es ohne Salz mehr Tote und Verletzte im Straßenverkehr gäbe. Die Behörden konnten im gesamten Westberlin im salzarmen Winter 1981/82 sogar 10 % weniger Tote und Verletzte bei etwa genauso vielen Straßenunfällen wie in stark „gesalzenen" Wintern feststellen. Das Statistische Bundesamt registrierte im Winter 1981/82 1,6 % weniger Verkehrsunfälle als im davorliegenden Winter. Die Anzahl der Personenschäden ging um 8,1 % zurück, die der Verkehrstoten sogar um 13 %. Die Ursache scheint darin zu liegen, daß die Verkehrsteilnehmer auf erkennbar nicht gestreuten oder nur mit abstumpfenden Mitteln behandelten Straßen vorsichtiger fahren, so daß weniger und nicht so schwere Unfälle auftreten. Allerdings muß bei der Bewertung der Daten berücksichtigt werden, daß die Fahrleistungen auf bundesdeutschen Straßen von 1981 auf 1982 um 3 % gesunken sind.

XI Umweltschonende Verfahren (Alternativen)

Die bisherigen Ausführungen fordern in vielfältiger Hinsicht dringend die Entwicklung umweltschonender Mittel im Bereich der Landwirtschaft und des Gesundheitswesens sowie ein Umdenken im ganzen Bereich der Wirtschaft. Mit der vermehrten Verwendung von abstumpfenden Mitteln im Straßenverkehr wurde ein Weg gezeigt, der in eine alternative Zukunft führen könnte. Anschließend sollen weitere Möglichkeiten besprochen werden, die Aussicht bieten, Pflanzen- und Umweltschutz auf neue, weniger belastende Wege zu führen. Dabei gilt es von der Natur zu lernen, um die dort gängigen Mechanismen als Alternativen zu den bisherigen der Natur häufig abgewandten Verfahren nutzen zu können.

1 Nutzung natürlicher Abwehrstoffe

Im Kampf ums Dasein werden von vielen Organismen chemische Verbindungen zur Abschreckung von Feinden oder zur Verteidigung benutzt. Über viele Millionen von Jahren haben sich diese Arten erfolgreich behaupten können, ohne ihre eigene Existenz in Frage zu stellen. Pflanzen und Tiere nutzen chemische Substanzen, um ihre Wohnareale auszudehnen, abzugrenzen oder sich in ihnen zu behaupten. Sie überleben mit der Giftproduktion. Denn oft werden sehr toxische Substanzen von einfacher und weitverbreiteter Struktur produziert. Sie werden in kleinen Mengen gebildet und in besonderen Organen in hohen Konzentrationen gespeichert. Der Mensch tut etwas Ähnliches, aber vergiftet sich dabei nicht nur selbst, sondern auch sein Wohnareal, so daß jede Vernunft zu fehlen scheint.

Die standorttreuen Pflanzen mußten sich im Laufe der Evolution auf ähnliche Weise vor ihren Feinden schützen. Im Zuge einer Koevolution mit den von ihnen lebenden Tieren entwickelten sie chemische Verbindungen, die Freßfeinde fernhielten, um überleben zu können. Dabei sind viele Spezialisierungen entstanden, so daß viele Tiere, speziell Insekten, nur an bestimmten Pflanzenarten überleben können, andererseits haben Pflanzen spezielle Abschreckstoffe entwickelt, mit denen sie eine Vielzahl von potentiellen Freßfeinden fernhalten.

Angeregt von den Erfolgen der Immunisierung in der Human- und Tiermedizin versucht man, derartige Verfahren auch bei Pflanzen anzuwenden, um deren natürliche Abwehrkräfte zu steigern. Dies kann auch durch künstliche Infektion gesunder Pflanzen mit schwachen Krankheitserregern oder durch Behandlung mit geeigneten Mikroorganismen erfolgen. Diese Verfahren sollen die Toleranz der Pflanze gegenüber einem Schaderregerbefall heraufsetzen; sie ahmen eine durch Selektionsdruck bedingte natürliche Resistenzzüchtung nach.

1.1 Abwehrstoffe der Arthropoden

Seit der von Dethier (1947) publizierten Monographie über chemische Abwehrstoffe der Insekten sind eine Reihe weiterer Übersichten auf diesem Gebiete erschienen (Roth & Eisner 1962, Beard 1963, Jacobson 1966, Pavan & Dazzini-Valcurone 1971, Pavan 1975a, Dazzini-Valcurone & Pavan 1978). Die meisten dieser Stoffe sind Repellentien, die vom Menschen im Rahmen des Pflanzenschutzes und der Hygiene genutzt werden könnten.

Nach Pavan & Dazzini-Valcurone (1971) sollen etwa 80 000 Arthropodenarten Abwehrstoffe (Allomone) besitzen, darunter nicht weniger als 50 000 Insektenarten. Bisher wurden nur etwa 500 Arthropodenarten, und davon etwa 400 Insektenarten, auf Abwehrstoffe hin untersucht, von denen nur etwa 200 in ihrer chemischen Struktur bekannt wurden. Während einige keine besondere Wirkung zeigten, waren andere typische Gifte.

Als erste toxisch wirksame Substanz wurde im 17. Jahrhundert Ameisensäure aus Insekten isoliert, die nicht nur bei Ameisen, sondern auch bei Schmetterlingslarven als Wehrsubstanz gefunden wurde (Eisner et al. 1972, Geertesema et al. 1976). Die zweite war Cantharidin aus einer Reihe von meloiden Käfern im 19. Jahrhundert. Erst viele Dekaden später wurde der Verteidigungschemie der Arthropoden mehr Aufmerksamkeit entgegengebracht. Spinnengifte und jene der sozialen Insekten, wie Ameisen, Bienen und Wespen, wurden bearbeitet. Vor etwa 60 Jahren wurde ein weiteres typisches Insektengift, das Pederin (I), aus verschiedenen *Paederus*-Arten (Staphylinidae) bekannt (Pavan 1975a). Ronchetti (1958) berichtete über Iridomyrmecin (II), einer Substanz aus den Analdrüsen der Ameise *Iridomyrmex humilis*, und verglich ihre insektizide Wirkung mit DDT und HCH. Es gehört zu einer Gruppe von Verbindungen, die bei Insekten weit verbreitet ist und sich von zusammengefügten und zyklisierten Isoprenmolekülen herleiten läßt (Pavan 1975b). Erst seit 30 Jahren nahm das Schrifttum über die Zusammensetzung von Abwehrsekreten bei Arthropoden stark zu, so daß hier nur wenige Beispiele aufgezeigt werden können.

I

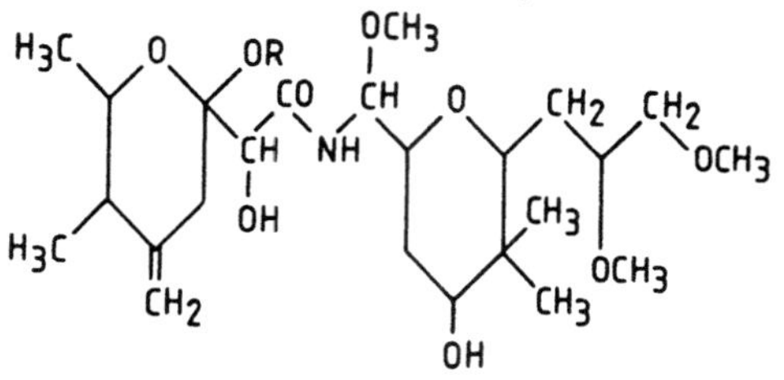

R = CH_3 Pederin
R = H Pseudopederin

II

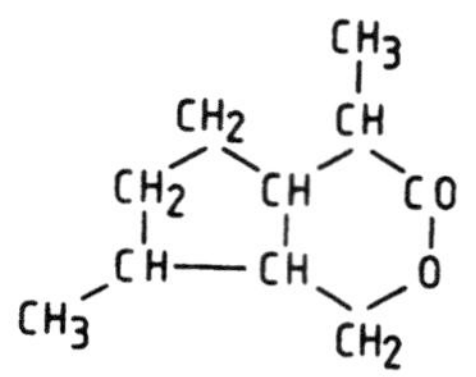

α(2-Oxymethyl-3-methyl-cyclopentyl)-propionsäurelacton

Zahlreiche Lauf- und Wasserkäfer produzieren in ihren Pygidialdrüsen Chinone und Aldehyde in Mischungen mit Alkanen (Schildknecht 1970), die sie nicht nur von Prädatoren, sondern auch vor Mikroorganismen als Krankheitserreger schützen (Maschwitz 1967, Schildknecht et al. 1976). In ihren prothorakalen Wehrdrüsen bilden Wasserkäfer der Familie Dytiscidae relativ große Mengen an verschiedenen Steroiden, wie Pregnen und Pregnandien-Derivate, Testosteron, Östradiol, Östron u. a., die gegen ihre Prädatoren wirksam sind (Miller & Mumma 1976). Ein Käfer kann bis zu 1 mg solcher Steroide speichern. Vom Tausendfüßer *Glomeris marginata* werden Glomerine (III) produziert, die auf Vögel und Nagetiere abschreckend wirken. Sie sind von ähnlicher Struktur wie das im Wasserkäfer *Ilybius fenestratus* gefundene Alkaloid 8-Hydroxychinolin-2-karboxylat (IV).

III R: CH_3; C_2H_5

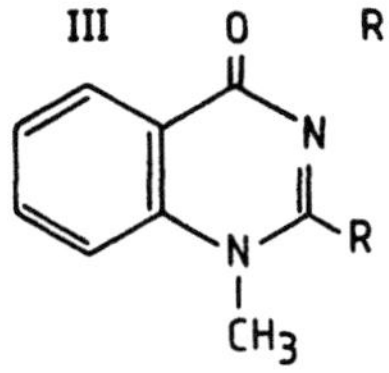

IV

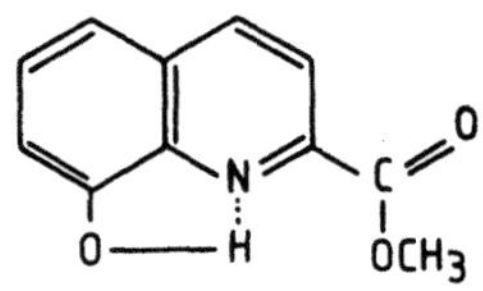

Der Marienkäfer *Coccinella septempunctata,* der als Blattlausfresser die Melkkühe der Ameisen verzehrt, schützt sich vor ihren Angriffen durch ein Alkaloid ($C_{13}H_{23}NO$), das auf Ameisen repellent wirkt (Tursch et al. 1971). Vom afrikanischen Tausendfuß *Metiche tanganycense* Kraus wird ein orangerotes Wehrsekret versprüht, aus dem Ubichinon-O (2,3-Dimethoxy-5-methylbenzochinon) isoliert werden konnte (Wood et al. 1975). Aus dem Wehrsekret des Tausendfüßers *Geophilus vittatus* konnten zwei gegen Ameisen sehr wirksame, cyanhaltige Substanzen, Mandelonitril und Benzoylzyanid erhalten werden (Jones et al. 1976). Der Weberknecht *Phalangium opilio* (Wiemer et al. 1978) und Dunkelkäfer *Argoporis alutacea* (Tschinkel 1972) besitzen in ihren Wehrsekreten verschiedene Naphthochinone, mit denen sie ihre Feinde besprühen. *p*-Kresol wird von der malayischen Schabe *Archiblatta hoeveni* Voll. gebildet (Maschwitz & Tho 1978). Die flugunfähige Heuschrecke *Romalea microptera* aus Florida gibt bei Reizung aus vorderen abdominalen Öffnungen ein schaumiges Sekret ab, das Ameisen abschreckt. Es enthält eine Reihe von Phenolen, Terpenen und Benzochinonen. Auffallend war der große Anteil von 2,5-Dichlorphenol, das einen Metaboliten der 2,4-Dichlorphenoxyessigsäure darstellt, die am Fundort als Herbizid gespritzt wurde (Eisner et al. 1971). Dies ist ein Beispiel, wie bestimmte Insektenarten synthetische Pestizide zu ihrem eigenen Nutzen verwerten. Auf die auf diesem Gebiete noch zu leistende Pionierarbeit wiesen Pavan & Dazzini-Valcurone (1976) in einer Zusammenstellung der bei Lepidopteren vorhandenen Abwehrstoffe hin.

Unter den Ameisen gibt es eine Reihe von Arten, die Pilzzüchter und Samensammler sind. Die Pilzkulturen werden von „Unkräutern" befreit, indem sie aus ihrer Metathorakaldrüse ein Sekret abgeben, das den Wirkstoff Myrmicacin enthält, das die Tiere als Herbizid benutzen. Auch die Samensammler müssen ihre unterirdischen Speicher vor Verlust schützen; sie produzieren den gleichen Wirkstoff und benutzen ihn als Fungizid. Das Myrmicacin ist eine linksdrehende *β*-Hydroxydecansäure (V), die zusammen mit niedermolekularen Homologen (VI, VII), Phenylessigsäure (VIII) und Indolylessigsäure (IX) im Sekret vorliegt. Die Carbonsäuren werden in größeren Mengen kontinuierlich in den Drüsen gebildet und über das gesamte Nest verteilt (Maschwitz et al. 1970). Es sind alles Wachstumsregulatoren (Tabellen 47 und 48).

V $CH_3-(CH_2)_6-CHOH-CH_2-COOH$

VI $CH_3-(CH_2)_4-CHOH-CH_2-COOH$

VII $CH_3-(CH_2)_2-CHOH-CH_2-COOH$

VIII

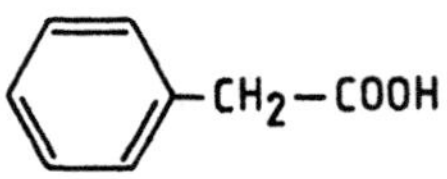

IX

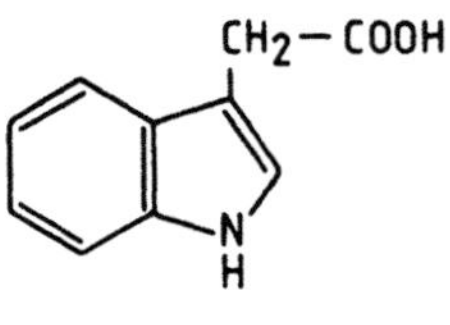

Die Entdeckungen erklären, wie die Blattschneiderameisen sicherstellen, daß nur die gewünschte Pilzart als Nahrung in den Nestkammern heranwächst (Autuori 1974). Phenylessigsäure hält den Platz von Bakterien frei, Indolylessigsäure beschleunigt das Myzelwachstum und Myrmicacin verhindert das Keimen unerwünschter Pilzsporen (Schildknecht 1971). Dies demonstrierte ein einfaches Experiment durch Zugabe von 20 mg Myrmicacin zu 100 g Pflaumenmus: Sogar nach drei Wochen war das Mus weder von Schimmelpilzen noch von Fruchtfliegen befallen, während die Kontrollprobe total verschimmelt war und von verschiedenen Insekten erbeutet wurde. Dies erklärt auch, weshalb Pollen und Samen in den Speichern der Ernteameisen *Messor barbarus* nicht keimen,

Tabelle 47: Pflanzenwachstumsregulatoren aus der Metathorakaldrüse von Ameisen

Ameisenart	Myrmicacin	Phenylessigsäure	Indolylessigsäure
Atta sexdens L.	+	+	+
Messor barbarus L.	+	+	–
Myrmica laevinodis Nyl.	+	+	+
Acromyrmex spec.	+	–	+

Tabelle 48 Konzentrationsanteile der verschiedenen Wachstumsregulatoren in dem Sekret der Metathorakaldrüse von *Atta sexdens*, nach Schildknecht & Koob (1971)

Chemische Substanz	Konzentrationen in μg/Drüse
Phenylessigsäure	1,3 bis 30
Indolylessigsäure	0,01 bis 0,1
Myrmicacin (V)	2 bis 3,5
β-Hydroxyoctansäure (VI)	0,5 bis 5,0
β-Hydroxyhexansäure (VII)	0,1

solange sie von den Ameisen gepflegt werden; Indolylessigsäure als wachstumsfördernde Substanz können sie entbehren (Tabelle 47).

Die westafrikanische Nasentermite *Ancistrotermes cavithorax* zeigt ein Musterbeispiel selektiver Insektizidwirkung. Als Hauptfeinde der Termiten gelten die Ameisen, die ihre Brut stehlen oder die Nester sogar ausplündern. *A. cavithorax* wird weit weniger häufig von Ameisen heimgesucht als andere Gattungen und Arten, weil die zur Verteidigung des Staates zuständigen Soldaten gegen die Räuber wirksame Stoffe produzieren. Aus dem Sekret der kleinen Soldaten konnte ein Sesquiterpen (X) isoliert werden, und die Hauptkomponente des Sekretes der großen Soldaten ist Ancistrofuran (XI) (Baker et al. 1978).

X

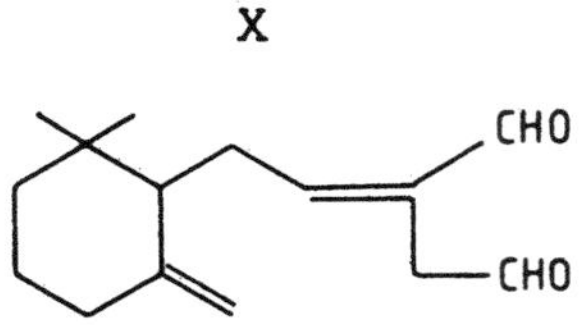

XI

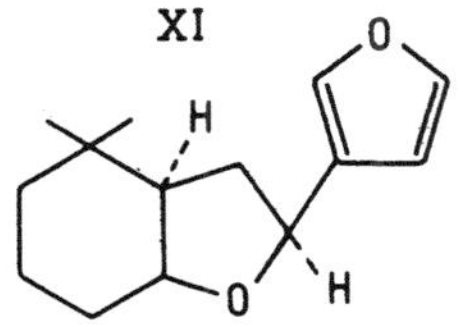

Sesquiterpen-furanoid-äther

Einige Aphiden-Arten sondern beim Angriff von räuberischen Insekten aus ihren Siphonen ein Sekrettröpfchen ab, das ein Alarmpheromon enthält. Die Aphiden der näheren Umgebung reagieren auf den Duftstoff mit Fluchtverhalten. Solch ein interspezifisch wirkendes Alarmpheromon ist (E)-β-Faresen, das bei Aphidinae und Chaitophorinae vorkommt. Von den Drepanosiphinae produzieren die an Luzerne lebende *Therioaphis riehmi* (Börner) und die Süßklee bewohnende *Th. maculata* Buckton einen unbeständigen Kohlenwasserstoff (–)Germacren A, ein Sesquiterpen, das bisher nur aus gewissen Korallen isoliert wurde. Es erwies sich als störungsfrei wirksames, schnell vergängliches Alarmsignal (Bowers et al. 1977). Diese Instabilität der natürlichen Alarmpheromone der Aphiden, aber auch die der in Gemeinschaften lebenden anderen Insekten, wie gewisser Wanzen, macht ihre Anwendung zum umweltfreundlichen und ungefährlichen Schutz von Futterpflanzen allerdings fraglich. Vielleicht läßt sich aber ein Allomon finden, das weniger labil ist, um erfolgreich zur Vorbeugung gegen Aphidenbefall eingesetzt zu werden.

1.2 Abwehrstoffe der Anneliden

Aus dem marinen Anneliden *Lumbriconereis heteropoda* wurde ein Wirkstoff isoliert (Nitta 1934), der auf viele, insbesondere pflanzenfressende Insekten toxisch wirkt (Sakai 1964). Er wurde als Nereistoxin (XI) bezeichnet. Von dem synthetischen Produkt Cartap (XII) wird angenommen, daß es *in vivo* in Nereistoxin umgewandelt wird (Sakai & Sato 1972) und somit toxisch wirkt. Es blockiert die cholinergische Transmission (Deguchi et al. 1971, Bettini et al. 1973). Dabei wird AChE nicht gehemmt (Sakai 1966). Nereistoxin reduziert die Transmittermenge, die aus der Präsynapse freigesetzt wird, und die Empfindlichkeit der postsynaptischen Membran für Acethylcholin. Man nimmt an, daß seine Hauptwirkung darin besteht, den Mechanismus zu hemmen, der den Durchfluß von Natrium- und Kaliumionen durch die postsynaptische Membran erhöht. Bemerkenswert ist die strukturelle Ähnlichkeit zwischen Nereistoxin und 1,4-Dithiothreitol (DTT) (XIII), das auch ein sehr starker Hemmer des ACh-Receptors ist. Wegen der essentiellen Disulfidbindung besitzt Nereistoxin auch noch weitere Wirkungen: Es setzt den Herzschlag der Säugetiere herab und erhöht die Speicheldrüsenexkretion; beides sind antagonistische Wirkungen zum Atropin (Nitta 1941).

XI

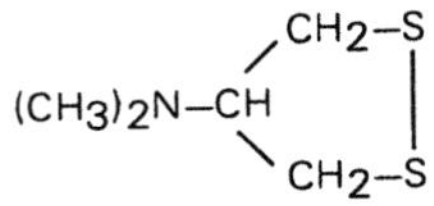

4-N, N-Dimethylamino -1,2-dithiolan

XII

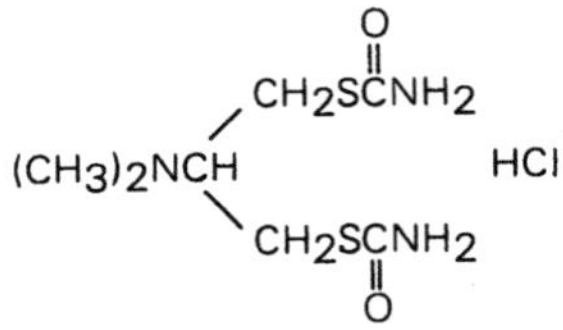

Thiokarbaminsäure-S, S-[2-(dimethylamin)-trimethelen]-esterhydrochlorid

XIII

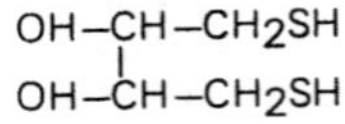

1.3 Abwehrstoffe aus höheren Pflanzen

In dem Kapitel VII 6 bis 8 wurden die aus Pflanzen gewonnenen und seit langem kommerziell mit Erfolg als Insektizide mit gewisser selektiver Wirkung verwendeten Verbindungsgemische Pyrethrum und Rotenon sowie das Nikotin besprochen. Hier sollen weitere bisher weniger bekannt gewordene Pflanzeninhaltsstoffe erwähnt werden, die als potentielle Wirkstoffe in Frage kommen.

Die Suche nach insbesondere Schadtiere abschreckenden Verbindungen wurde in den letzten beiden Dekaden in Indien und Afrika intensiviert. Wurden Wildpflanzen nicht oder wenig von Insekten befallen, so gab dies einen Hinweis für die Anwesenheit von abschreckenden oder toxisch wirkenden Inhaltsstoffen, die dann chemisch wie biologisch analysiert wurden.

Bereits von Penfold & Morrison (1952) wurden 40 verschiedene ätherische Öle aus australischen Baumarten als Repellentien gegen Mosquitos, Märzfliegen und Sandfliegen getestet. Die wirksamsten Öle stammten aus dem Holz von *Dacrydium franklinii* und den Blättern von *Backhousia myrtifolia, Melaleuca bracteata* sowie *Zieria smithii*. Auch Mayer (1952) untersuchte eine Reihe von ätherischen Ölen auf Repellentwirkung gegen Mosquitos und erhielt zufriedenstellende Ergebnisse mit *Oleum eukalypti* und *caryophylli*. In Testen mit α-Pinen auf Kiefernborkenkäfer fand Perttunen (1957), daß *Hylurgopes palliatus* durch hohe Dosen stark abgeschreckt wird, während seine Wirkung auf *Hylastes ater* nur schwach ist. Nach Ergebnissen von Smith (1963) scheinen die Borkenkäferarten die Inhaltsstoffe ihrer Wirtspflanze in hohen Konzentrationen zu ertragen, aber nicht jene von anderen Pflanzen. Auch diese Co-Evolution erscheint lohnend, intensiver als bisher im Hinblick auf die praktische Verwendung untersucht zu werden (Thompson et al. 1978).

Ein öliges Repellent gegen den adulten Kapselkäfer *Anthonomus grandis* wurde von Maxwell et al. (1963) aus den flüchtigen Stoffen der Baumwollstecklinge erhalten. Wurden die Sämlinge mit einer wäßrigen Emulsion des Öles bestrichen, so blieben alle Käfer für 5 Stunden fern und selbst nach 12 Stunden war nur eine mittlere Befallsrate feststellbar, während die Kontrollsämlinge bereits nach zwei Stunden vollständig zerstört waren.

Eisner (1964) fand, daß der Dampf von Nepetalaceton, ein cyclopentanoides Monoterpen, das aus *Nepeta cataria* isoliert wurde, auf 17 Insektenarten abschreckend wirkt. Es ist chemisch verwandt mit mehreren aus Insekten gewonnenen Lactonen (Pavan 1959). Als potentielle Repellentien gegen *Aedes aegypti* wurden niedermolekulare Amide der Thujasäure, die im Holz von *Thuja plicata* vorkommen, erkannt (Hach & McDonald 1971).

Nach Züchtung weniger anfälliger Kartoffelsorten wurden einige Inhaltsstoffe von Solanaceen und ihre Bedeutung für die Kartoffelkäfertoleranz untersucht (Schreiber 1958). Die in der Wildkartoffel *Solanum demissum* und einigen *Lycopersicon*-Arten vorhandene Alkaloidglykoside Demissin (XIV) und Tomatin (XV) führen deshalb nicht zu einer Vergiftung der Kartoffelkäferlarven, weil diese Arten abschreckend wirken und die Larven somit verhungern; mitunter traten bei überlebenden Larven Entwicklungsstörungen auf. Unserer Kulturkartoffel fehlen diese Stoffe. Ob allerdings solche Tetrasoide mit der Kartoffelkäfertoleranz der *Solanum*-Arten in direkter Beziehung stehen, ist noch fraglich. Andere Geruchs- und Geschmacksstoffe könnten eine Rolle spielen. Bei den wirksamen Alkaloiden ist der intramolekulare Gegensatz zwischen hydrophilen und hydrophoben Teilen besonders groß. All diese Stoffe könnten aufgrund ihrer erhöhten oberflächenaktiven Eigenschaften die Resorption der für das Insekt lebenswichtigen Phytosterine beeinträchtigen.

Neben der Repellentwirkung wurde bereits vor mehr als 45 Jahren vor einer oviziden Wirkung zahlreicher flüchtiger Öle bei *Cochliomyia americana* berichtet (Bushland 1939). Jüngere Embryonalstadien sind empfindlicher als ältere.

Nach einer längeren Unterbrechung lebte die Forschung in dieser Hinsicht wieder auf, als Su et al. (1972a, b) zeigten, daß 1 % des nichtflüchtigen Citrusöles Erbsen vor einem Befall des Käfers *Callosobruchus maculatus* schützt. Zitronenöl gab einen Schutz über 199 Tage. Die LD_{50} lag zwischen 2,66 und 16,4 µg/Insekt (Su 1977). Daraufhin untersuchten Saxena & Sharma (1972) die Wirkung einzelner Komponenten solcher Öle auf die Schlupfrate der Eier von *Aedes aegypti*. Auch bei diesen Untersuchungen ergab sich, daß frisch abgelegte Eier vermehrt geschädigt werden.

XIV

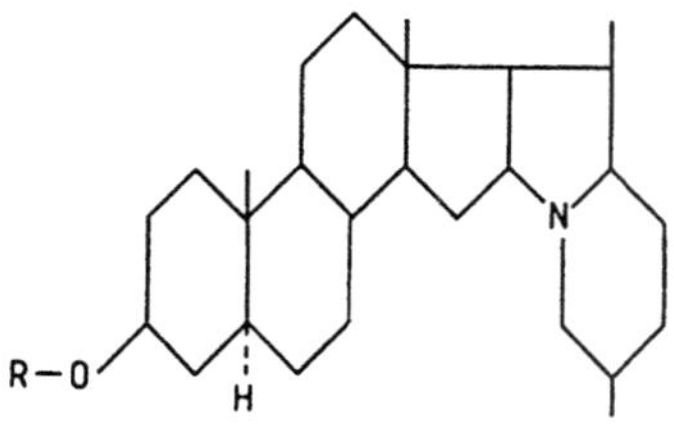

R = H . . . . :
R = D-Xylosyl-D-glukosyl-D-glukosyl-D-galaktosyl :

XV

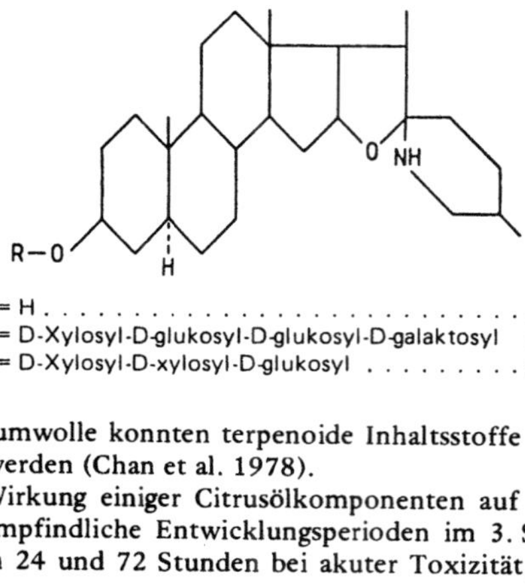

Demissidin R = H . . . . : Tomatidin
Demissin R = D-Xylosyl-D-glukosyl-D-glukosyl-D-galaktosyl : Tomatin
R = D-Xylosyl-D-xylosyl-D-glukosyl . . . . : Polyadenin

Aus Blättern und Blütenknospen der Baumwolle konnten terpenoide Inhaltsstoffe mit Wachstumshemmung für Lepidopterenraupen isoliert werden (Chan et al. 1978).

Sharma & Saxena (1974) prüften die Wirkung einiger Citrusölkomponenten auf Larven der Hausfliege *Musca domestica*, bei denen zwei empfindliche Entwicklungsperioden im 3. Stadium gefunden wurden. Die erste Periode lag zwischen 24 und 72 Stunden bei akuter Toxizität, die zweite war die Hemmung der Metamorphose.

Werden Eier von *Dysdercus koenigii* mit 100 ppm Kalmusöl behandelt, so sind die Larven nicht fähig zu schlüpfen (Saxena & Srivastava 1972). Daraufhin wurden eine Reihe weiterer ätherischer Öle aus verschiedenen Pflanzen in ihrer Wirkung untersucht. Gegen 4 Kornkäferarten waren Komponenten des Öles aus *Pogostemon parviflorus* hoch wirksam; Cinnamaldehyd zeigte eine LD_{50} bei 0,00011 % (vgl. Saxena & Koul 1978).

In den letzten Jahren wurden die insektiziden Eigenschaften einiger Inhaltstoffe von *Viburnum japonicum* (Ohigashi & Koshimizu 1976) und *Juniperus recurva* (Oda et al. 1977) aufgezeigt. Das aktive Prinzip im Kernholz von *Juniperus sp.* sind Thujopsen und 8-Cedron-13-ol; 12 weitere Sesquiterpene wurden isoliert. Das aus Blättern von *V. japonicum* erhaltene Chavicol hemmt das Larvenwachstum bei *Drosophila*. Auch ähnliche Verbindungen sind auf diese Larven wirksam. Für die Aktivität der Verbindungen spielen die Anwesenheit der Alkylseitenkette und einer freien phenolischen Hydroxy- oder Methylendioxy-Gruppe, wie im Safrol, eine bedeutende Rolle.

Die Gesamtanalyse solcher Terpenoidgemische ist von zweifacher Bedeutung: Sie enthalten Komponenten, die auf Insekten attraktiv wirken und solche, die Entwicklungshemmer sind (Smeljanez 1969). Die Wirkung ist oft abhängig von der vorliegenden Konzentration. Der Vorteil, solche ätherischen Öle im Pflanzen-, insbesondere Vorratsschutz zu nutzen, liegt in ihrer relativ hohen Flüchtigkeit und in der Unbedenklichkeit für den Menschen, wenn sie in auf Insekten wirkenden Dosen appliziert werden. Eine Übersicht über den derzeitigen Stand der Forschung gab Jacobson (1980a).

Mummigatti & Ragunathan (1977) untersuchten eine Reihe von fetten Pflanzenölen im Hinblick auf die Hemmung der Entwicklung des Bohnenkäfers *Callosobruchus chinensis*. Rizinusöl, Senföl und Sesamöl hemmten die Entwicklung in Konzentrationen von 0,3 %, Kokosnuß- und Erdnußöl in 0,5 %, während die Keimungsfähigkeit von *Phaseolus aureus* Roxb. nicht herabgesetzt wurde.

Topikale Applikation von 1 μg des Palmitinsäureesters eines Triterpenalkohols mit einem urs-12-en-Skelett ($C_{46}H_{80}O_2$), der aus der Rinde von *Santalum album* L. isoliert wurde, verursachte morphologische Effekte bei Adulten und Puppen von 5 Lepidopteren-Arten. Beim Mehlkäfer *Tribolium castaneum* und der Gespinstmotte *Atteva fabriciella* konnte eine chemosterilisierende Wirkung erhalten werden, wenn Puppen oder frisch geschlüpfte Imagines mit der Substanz behandelt wurden (Shankaranarayana et al. 1979).

Selten wurden Versuche unternommen, aufgrund der Erfahrungen mit natürlichen Abwehrstoffen synthetische Repellentien zu entwickeln und entsprechend einzusetzen (Dethier 1956, Hall et al. 1957, Wright 1956, Jermy & Szentesi 1978).

Anschließend sollen drei ätherische Öle näher diskutiert werden, die besonders intensiv bearbeitet wurden und noch werden. Sie haben sich bereits teilweise in der Praxis bewährt.

1.3.1 Kalmusöl

Den ersten Hinweis auf eine insektizide Wirkung der Rhizome von *Acorus calamus* gab Subramaniam (1942, 1949) für die indische Varietät. Als auch in Indien das DDT zur Schädlingsbekämpfung verwendet wurde, geriet die Wirkung des Kalmusöles (Kelkar & Rao 1934) bis zu Beginn der 70er Jahre weitgehend in Vergessenheit. Auf der Suche nach pflanzlichen, für den Menschen weniger toxischen Wirkstoffen fanden Mathur & Saxena (1975), daß Kalmusöl Hausfliegen sterilisiert. Aber auch die Fertilität anderer Insekten wird durch Dämpfe des Kalmusöles herabgesetzt. Dies gilt sowohl für Männchen (Koul et al. 1977a, b; Mathur 1977, Saxena et al. 1977a) als auch für Weibchen (Saxena & Rhohdendorf 1974, Saxena & Mathur 1976, Saxena et al. 1977b, Tikku et al. 1978). Die Sterilitätsrate ist abhängig von der Dosis; bei Dauerbehandlung in geschlossenen Räumen trat eine andauernde Sterilität auf. Durch die Behandlung werden die Oogonien und präfollikulären Zellen in den Germarien der Ovarien sowie die Follikelzellen und Oozyten in den Prävitellarien zerstört. Hohe Dosen verhindern die Kopulationsbereitschaft der Weibchen. Bei den Männchen der untersuchten Insekten traten keine Veränderungen in der Kopulationsaktivität auf. Sie produzierten jedoch Spermien, die so geschädigt waren, daß die Eier nicht befruchtet werden konnten. Die Weibchen, die von mit Kalmusöl behandelten Männchen begattet wurden, legten nur einen Bruchteil von Eiern verglichen mit den Kontrolltieren, aus denen keine Larven schlüpften. Die Beweglichkeit der Spermien war herabgesetzt und die Embryonalentwicklung gehemmt.

Cytologische Untersuchungen über den Angriffsort des Kalmusöles ergaben, daß in den Oogonien keine sichtbaren morphologischen Veränderungen oder Chromosomenbrüche an den Metaphasechromosomen erkennbar sind. Während der Spermatogenese war eine leichte Schrumpfung des Protoplasmagehaltes feststellbar; die Bivalente erschienen stärker konzentriert (Koul et al. 1977a). Der sterilisierenden Wirkung des Kalmusöles muß demnach ein anderer Mechanismus zugrunde liegen, als es bei den noch zu besprechenden Chemosterilantien der Fall ist (Davidson 1974). Man kann vermuten, daß Kalmusöl eine Imbalanz zwischen Homoeostase und dem hormonalen Geschehen bewirkt. Da die endokrine Regulation der Gonadenreifung bei Insekten anders gesteuert wird als bei Säugetieren, ist es verständlich, daß bei letzteren keine sterilisierende Wirkung gefunden wurde.

Als Wirkstoff des Kalmusöles wurde *cis-β*-Asaron (XVI) bekannt, das im indischen Kalmusöl zu etwa 83 % vertreten ist (Kelkar & Rao 1934). Es beeinflußt die Funktion der interstitiellen Zellen, wobei seine eigentliche Wirkung in einer Hemmung der Produktion des Eireifungshormons liegen könnte. Auch auf die Dottereinlagerung hat *cis-β*-Asaron eine Wirkung, wobei die Follikelzellen so verändert werden, daß eine Proteineinlagerung weitgehend entfällt. Die Reservestoffe des Fettkörpers werden nach Wirkstoffbehandlung reduziert, da die Resorption der Nahrung im Mitteldarm gestört ist. Aus den Befunden bei weiblichen Baumwollwanzen ist eine Summenwirkung des *cis-β*-Asarons zu vermuten:

- Angriff an den interstitiellen Zellen der Ovarien,
- Verhinderung der Dottereinlagerung,
- Hemmung der Resorption im Mitteldarm.

Wegen seiner Unbedenklichkeit gegenüber Wirbeltieren wird Kalmusöl in Indien zur Kopflausbekämpfung eingesetzt. Auch wird es im Rahmen des Vorratsschutzes mit gutem Erfolg verwendet. Vor allem in geschlossenen Räumen scheint es auf Insekten zu wirken.

Kalmusöl zur Bekämpfung von Ameisen einzusetzen, führte nur zu mäßigem Erfolg. Wurde das Öl an die Tiere verfüttert, so trat nur eine geringe Wirkung auf. In der Dampfphase wirkte es aber eher toxisch als sterilisierend. Subletale Dosen des Kalmusöles konnten auf trophallaktischem Wege bei der Königin keine sterilisierende Wirkung erzielen (Schmidt & Borchers 1981).

Wurde synthetisches *β*-Asaron (87 % *cis*) verfüttert, konnte keine toxische Wirkung mehr beobachtet werden, jedoch wurde die Eiproduktion der Königin reduziert (Schmidt 1984c).

XVI

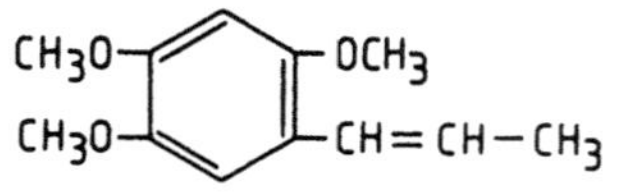

XVII

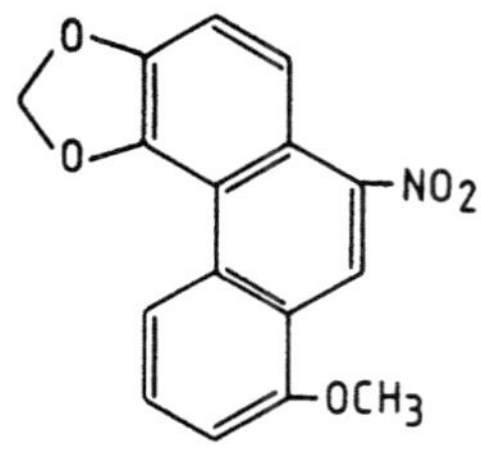

1.3.2 Aristolochiasäure

Aristolochia-Arten werden von Insekten kaum befallen. Die Hauptkomponente, die die Tiere zurückweist, ist Aristolochiasäure (XVII) (Rücker & Chung 1975), die als Abwehrstoff anzusehen ist (Mathur & Sharma 1978). Sie verursacht Männchensterilität und reduziert die Fertilität der Hausfliegenweibchen, wenn etwa 0,1 % an 10 Tage alte Fliegen verfüttert wird. Wurden Eier abgelegt, so entwickelten sich im Gegensatz zum Kalmusöl allerdings normale Embryonen.

Eine ähnliche Reduktion der Fertilität konnte auch bei adulten *Dysdercus koenigii, Aedes aegypti* und *Tribolium castaneum* beobachtet werden. An den Oozyten traten recht zufällige Abänderungen auf, die in Verbindung mit der molekularen Struktur auf eine chemosterilisierende Wirkung hinweisen. Entweder wird die Zellteilung beeinflußt oder es werden während der Oozytenentwicklung dominant letale Mutationen erzeugt (Saxena et al. 1979). Bei Hausfliegen konnte eine Sterilisierung der Männchen erreicht werden (Mathur et al. 1980).

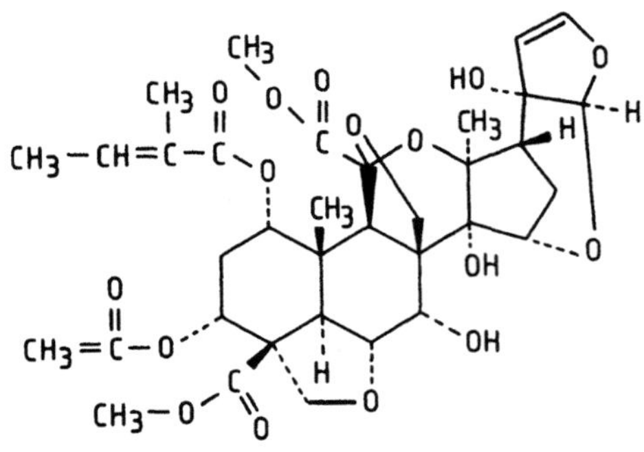

Azadirachtin

1.3.3 Neem-Extrakt

Das klassische Beispiel einer Abschreckwirkung ist ein Komplex von Tetranortriterpenoiden aus dem indischen Neem-Baum *Natalaea azadirachta* L. Aber auch der persische Flieder *Melia azedarach* L. enthält die gleichen Fraßabschreckstoffe (Roomi & Atiquiddin 1977). Beide Bäume zeichnen sich durch einen sehr geringen Befall von Insekten aus. Nach Jacobson (1980b) wurde bisher kein Pflanzenmaterial mit größerer Wirkung oder einem breiteren Wirkungsspektrum gegenüber Insekten als der Neem-Extrakt gefunden.

Über die chemischen Bestandteile des Neem-Extraktes berichteten Nakanishi (1975) und Warthen (1979). Unter den zahlreichen Verbindungen, die aus gereinigten Methanolextrakten von Blättern und Früchten isoliert wurden, war Azadirachtin (XVIII) am wirkungsvollsten (Rembold & Sieber 1980). Aus 1 kg Samen konnten 3,5 g Azadirachtin erhalten werden. Als Hauptkomponente wirkt es nicht nur abschreckend, sondern auf sehr viele Insekten auch sterilisierend. Wie bei allen Wirkstoffen ist die Empfindlichkeit der verschiedenen Insekten auch gegenüber Azadirachtin unterschiedlich groß; *Schistocerca* ist tausendmal sensibler als *Locusta*. Somit werden auch nicht alle Insekten vom Extrakt behelligt.

Im Laborversuch konnte die Reproduktion des mexikanischen Bohnenkäfers *Epilachna varivestis* durch Neem-Extrakt um mehr als 90 % reduziert werden (Bild 95). Aber nicht nur die Fruchtbarkeit und Schlüpfrate der Larven wird beeinflußt, sondern auch die Lebenszeit in beiden Geschlechtern. Wurden Kohlblätter in einer Konzentration von 30 bis 50 ppm mit einem Neem-Extrakt besprüht und diese an Raupen von *Spodoptera littoralis* verfüttert, so waren auch in diesem Experiment die sich aus ihnen entwickelnden adulten Weibchen in ihrer Fruchtbarkeit beträchtlich herabgesetzt; zusätzlich war die Schlüpfrate der von ihnen produzierten Eier geringer und die postembryonale Entwicklung gestört (Rembold et al. 1980).

Wurde wäßriger Neem-Kernextrakt mit einer semisynthetischen Diät an Larven der Noctuide *Earias insulana* verabreicht, so konnte bei 7, 8 und 12 Tage alten Larven mit Konzentrationen zwischen 0,075 und 1 % eine hohe Wirkung erzielt werden. Daneben konnte auch ein gewisser systemischer Effekt beobachtet werden, wenn die Stiele von Baumwollpflanzen in wäßrige Neemlösungen gestellt wurden; nach 72 Stunden Fraßzeit waren die Larvengewichte auf diesen Pflanzen nur halb so hoch wie auf den Kontrollen (Meisner et al. 1978).

Neemöl-Extrakte stellen ein hoch wirkungsvolles Mosquito-Larvizid dar. So war es möglich, mit niedrigeren Dosen als 0,005 % in Wasser innerhalb von 6 Tagen und mit einer solchen von 0,01 % innerhalb von 24 Stunden eine 100 %ige Mortalität beim ersten Larvenstadium zu erhalten. Jedoch wirkt das Neem-Material ähnlich toxisch auf insektivore Fische, wie *Gambusia sp.* und Kaulquappen, was bei der Malariabekämpfung zu berücksichtigen ist.

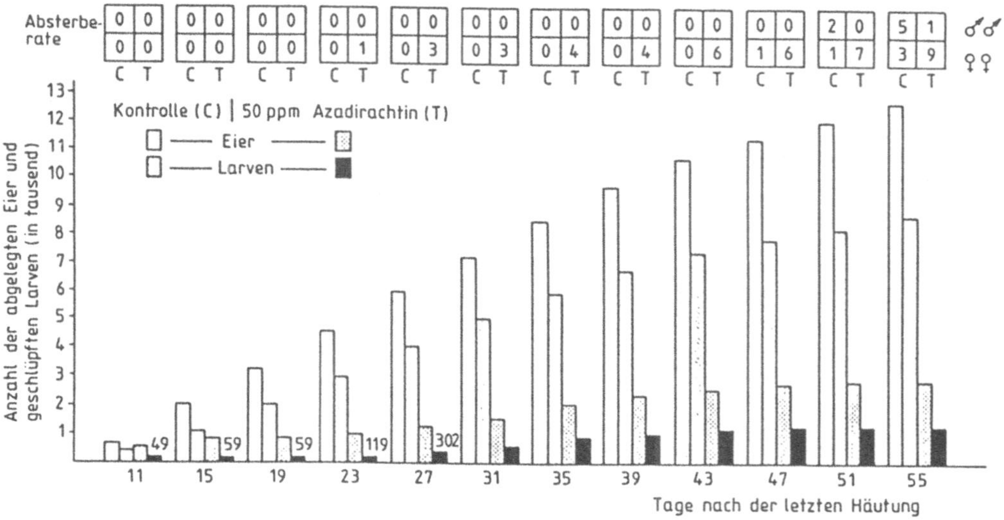

Abb. 95 Wirkung von Azadirachtin auf Eiablage, Larvenschlupf und Lebensdauer des Mexikanischen Bohnenkäfers *Epilachna varivestis* Muls.; 5 Tage alte Imagines wurden mit 50 ppm Azadirachtin über drei Tage behandelten Bohnenblättern gefüttert; angesetzt wurden jeweils 12 Pärchen neben den Kontrollen, nach Steets (1976).

Diese Effekte werden wahrscheinlich von verschiedenen Komponenten des Neem-Öles hervorgerufen (Kraus & Cramer 1978, Cramer 1979).

Ein Vergleich eines 2%igen äthanolischen Neem-Extraktes mit dem Insektizid „Ultracid" und einer pathogenen Präparation von *Bacillus thuringiensis* ergab bei der Kohleule *Crocidolomia binotalis* (Lepidoptera) gegenüber Kontrollen eine gute Wirkung auch nach Behandlung mit Neem-Extrakt (Bild 96). Die Adultrate wurde stark reduziert, und es wurden die wenigsten Eier deponiert. Letzteres ist auf die abschreckende Wirkung des Extraktes zurückzuführen, die in den anderen Fällen fehlte.

Die Wirkung von Azadirachtin wird von „Tropital" (Piperonal- bis [2-(2-butoxyäthyloxy)äthyl-acetal] synergistisch beeinflußt. In der Beständigkeit gegenüber Umweltfaktoren sind die Beobachtungen recht unterschiedlich. Besonders geeignet scheint der Neem-Extrakt zur Bekämpfung von Vorratsschädlingen zu sein. Gepulverte Neem-Samen boten in 0,5 bis 2 % gegen *Trogoderma* einen vollständigen Getreideschutz.

Die bisher erhaltenen Ergebnisse über die Bestandteile des Neem-Extraktes wurden von Schmutterer & Ascher (1984) in Form eines Symposiumberichtes zusammengestellt.

2 Pflanzliche Attraktivstoffe und Phagostimulantien

Viele Insektenarten werden von ihrer Wirtspflanze durch chemische Stoffe, die von ihr ausgehen, angelockt. Es sind echte Attraktantien, die entweder als chemische Lockstoffe für die Nahrungsaufnahme oder als die Eiablage steuernde Stoffe in Frage kommen. Gelangen die Tiere mit Hilfe eines Lockstoffes auf die Nahrungspflanze, sind für die Nahrungsaufnahme Phagostimulantien erforderlich, die ebenfalls von der Pflanze bzw. dem Wirt ausgehen, aber nur eine Nahwirkung haben. Die genaue Kenntnis solcher Stoffe

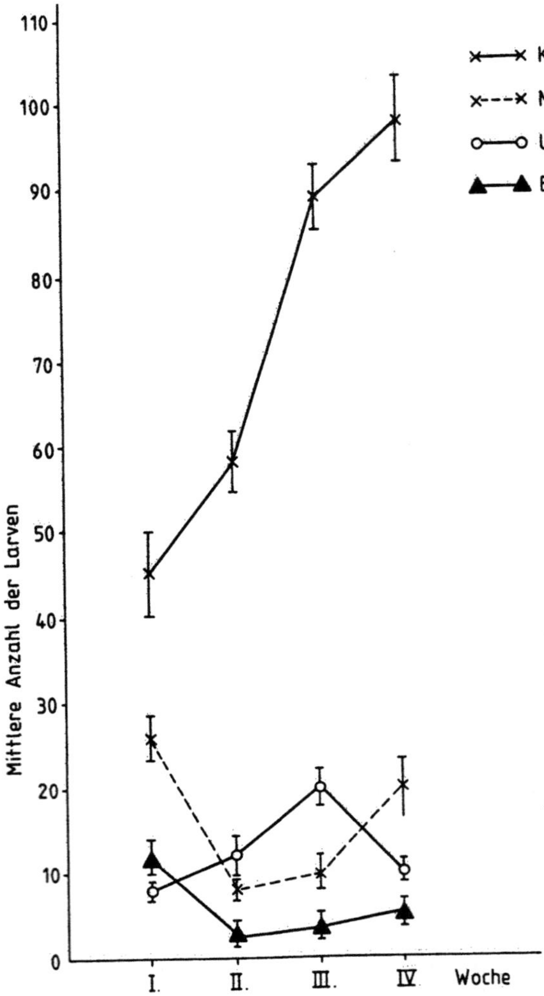

Abb. 96
Mittlere Anzahl von Larven der Kohleule (*Crocidolomia binotalis*) auf Kohlfeldern, die mit 2 % äthanolischem Neem-Extrakt im Vergleich zu einem Insektizid (Ultracid) und einer pathogenen Bakterienpräparation (*Bacillus thuringiensis*) behandelt wurden. Die Ermittlungen wurden nach 5 Tagen einer jeden Sprühapplikation begonnen, nach Fagoonee (1980).

ist für die Herstellung künstlicher Diäten von besonderer Bedeutung (Evans 1961, Pospišil 1962b).

Viele Blüten von Orchideen produzieren keinen Nektar, aber eine Mischung von bis zu 12 Terpenoiden, die für die männlichen *Euglossa*-Bienen sehr attraktiv sind (Vogel 1963), aber auf weibliche Bienen keine Wirkung haben. Es handelt sich offensichtlich um euphrotisierende Substanzen, da die Männchen nach Aufnahme in einen stark angeregten Zustand geraten.

Junge Larven des Seidenspinners *Bombyx mori* werden von 3-Hexen-1-ol und ältere von 2-Hexen-1-ol angelockt. Die Phagostimulation erfolgt durch aliphatische Alkohole und eine Mischung von Sterinen (Nayar & Fraenkel 1963). Auf den mexikanischen Bohnenkäfer (*Epilachna varivestis*), den Kartoffelkäfer (*Leptinotarsa decemlineata*), der Wanze *Oncopeltus fasciatus* sowie den Tabakschwärmer (*Protoparce sexta*) wirken Glukoside attraktiv. Aber viele Attraktivstoffe sind in ihrer Struktur noch unerkannt (Jacobson 1966, Eggermann & Bongers 1972).

Mehrotra & Rao (1966) untersuchten die phagostimulierende Wirkung von verschiedenen Getreide- und Kohlarten auf Wanderheuschrecken und fanden, daß Äther- und Acetonextrakte aus Weizenkleie, Kohl- und Maisblätter besonders attraktiv sind.

Aber auch in wäßrigen Extrakten wurden fraßstimulierende Stoffe, wie verschiedene Aminosäuren und Monophosphate, nachgewiesen (Robbins et al. 1965, Keller & Davich 1965). Kamm & Frank (1964) untersuchten 95 verschiedene Komponenten, von denen 38 attraktiv waren. Ein aliphatisches, ungesättigtes Keton wirkte auf den Reisstengelbohrer *Chilo suppressalis* anlockend; es konnte von Munakata et al. (1959) aus der Reispflanze isoliert und für Lockstoff-Fallen verwendet werden.

Benzoesäure wirkt auf den Borkenkäfer *Cryphalus fulvus* und Leinölmethylester auf *Ips typographus* und *Hylurgops glabratus* attraktiv, so daß beide für den Massenfang von Borkenkäfern eingesetzt wurden (Adlung 1960, Yasunaga et al. 1962).

Vielfach sind jedoch Stoffmischungen attraktiver als die einzelnen Komponenten. So sind für die Wirtswahl der Zwiebelfliege *Hylemya antiqua* (Meigen) gesättigte und ungesättigte Disulfide verantwortlich, von denen als Attraktivstoffe und Eiablagestimulantien Methylpropyldisulfid, *cis*- und *trans*-Propenylpropyldisulfid identifiziert wurden (Pierce et al. 1978).

3 Methoden der Sterilisierung (Autozidverfahren)

3.1 Chemosterilisation

Chemosterilantien sind Substanzen, die die Fortpflanzung verhindern oder die Fortpflanzungsfähigkeit von Lebewesen herabsetzen. Sie beeinflussen die Entwicklung der Geschlechtszellen. Über die Grundzüge der Chemosterilisation von Insekten berichteten La Brecque & Smith (1968) und Londa & Matolin (1971).

3.1.1 Grundlagen und Wirkung

Der Anwendung von Chemosterilantien im Pflanzenschutz liegt die Überlegung zugrunde, daß bei Sterilisation eines größeren Teiles einer natürlichen Population die Gesamtpopulation schneller und wirksamer, aber auch umweltfreundlicher reduziert wird als durch Anwendung von Pestiziden. Tabelle 49 und Bild 97 zeigen einen Vergleich. Zugrunde gelegt wird ein Geschlechtsverhältnis von 1 : 1 und daß die Weibchen nur einmal kopulieren. Jede Kopulation erzeugt 50 Nachkommen. Dann ist bei Anwendung eines wirksamen Sterilants die Population in der F_3-Generation ausgestorben.

Wichtige Forderungen für die Anwendung von Chemosterilantien sind die Erhaltung der Konkurrenzfähigkeit gegenüber fertilen Artgenossen und die Möglichkeit einer spezifischen Applikation.

Bereits in den fünfziger Jahren erregten alkylierende Substanzen das Interesse der Forscher, als sich herausstellte, daß sie auf Insekten sterilisierend wirken und auch gewisse Erfolge zeitigten (Pal & La Chance 1974, Banerjee 1975, Hussein 1976, Salama 1976).

Tabelle 49: Theoretischer Vergleich des Populationswachstums unter Ausschluß aller ökologischen Einwirkungen im unbehandelten Falle, nach einmaliger Insektizidbehandlung und nach Einwirkung eines Sterilants, nach Büchel (1970)

Generation	unbehandelt	mit Insektizid Absterberate 90 %	mit Sterilant 90 % steril
P	2000	2000	2000
F_1	50000	5000	500
F_2	125000	12500	125
F_3	31250000	31250	0

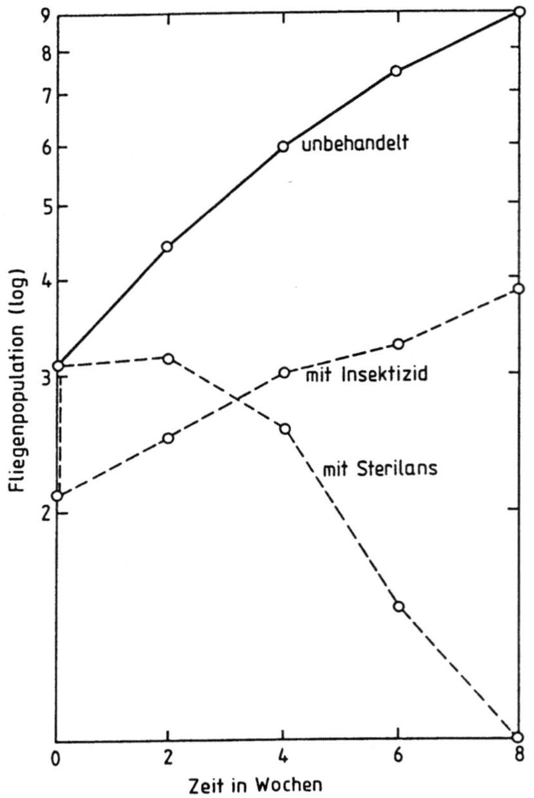

Abb. 97
Veränderungen von Hausfliegen-Populationen (*Musca domestica* L.) nach unterschiedlicher Behandlung, aus Bořkovec (1966).

Auch wurde eine Kontrollmöglichkeit von Massenvermehrungen der Säuger und Vögel, ja schließlich des Menschen vermutet. Als sich dann herausstellte, daß die Stoffe neben den sterilisierenden Effekten auch mutagene, teratogene und karzinogene Wirkungen besitzen, mußte die Hoffnung auf einen unbeschwerten und generellen Einsatz solcher Verbindungen aufgegeben werden.

Die wichtigsten synthetischen Stoffe aus dieser Gruppe sind Tepa (I), Metaphoxid (II), Thiotepa (III), Tem (IV) und Apholat (V); sie gehören zu den Aziridinen.

I 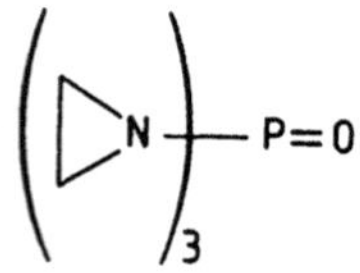

Tris(1-azidirinyl)phosphinoxid

II 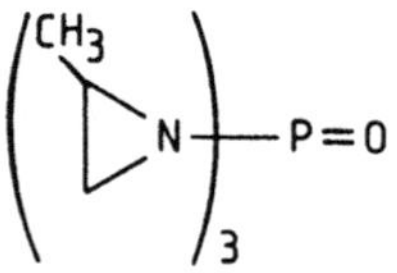

Tris(2-methyl-1-aziridinyl) phosphin oxid

III 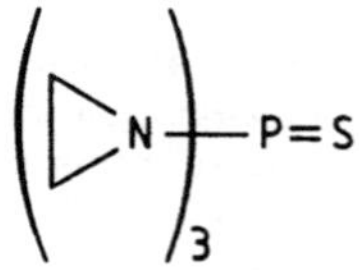

Tris(1-aziridinyl)phosphin

IV

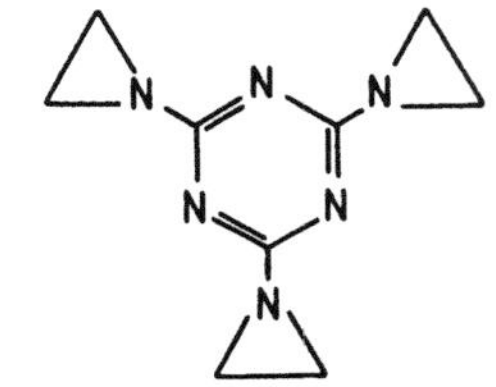

2,4,6-Tris(1-aziridinyl)-s-triazin

V

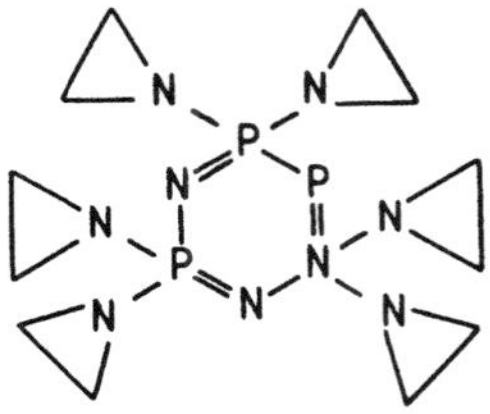

2,2,4,4,6,6-Hexakis(1-aziridinyl)-2,2,4,4,6,6-hexahydro-1,3,5,2,4,6-triazatriphosphorin

Alle diese chemischen Verbindungen haben gemeinsam, daß sie *in vivo* Alkylgruppen auf einen zellulären Rezeptor übertragen können. Eine Vielzahl von nukleophilen Gruppen, die mit zellulären Makromolekülen assoziiert sind, kann angegriffen werden. Dies können verschiedene aromatische Ringe, gesättigte oder ungesättigte aliphatische Ketten oder funktionelle Einheiten, wie Aminosäuren, Polypeptide, DNA-Basen oder Polynukleotide, sein. Es wird angenommen, daß der Wirkungsmechanismus mit einer Öffnung des Aziridinringes und einer direkt folgenden Interaktion mit einem Zellmolekül, wie z. B. einem Nukleoprotein, verknüpft ist (Jackson & Craig 1969a). Aufgrund dieser Eigenschaften kann keine insektenspezifische Wirkung angenommen werden; die Verbindungen können in Zellen aller Organismen alkylierend wirken.

Die Empfindlichkeit der einzelnen Tierarten gegenüber den Sterilantien ist jedoch sehr unterschiedlich (Tan & Mordue 1977). Für Kälber ist eine einzige Dosis Apholat von 2,5 mg/kg Körpergewicht tödlich. Bei Ratten bewirkte die gleiche Menge Metepa, wenn es 197mal hintereinander verabreicht wurde, lediglich eine partielle Atrophie der Hoden. Auch bestehen Unterschiede in der Toxizität in Abhängigkeit von der Art der Aufnahme. Bei Ratten lag die letale Dosis für Apholat bei oraler Darbietung bei 98 mg/kg, bei dermalem Kontakt dagegen zwischen 400 und 800 mg/kg. Teratogene Wirkungen wurden nach Injektion von Tepa, Metepa und Metaphoxid und Apholat in den Dottersack bei Hühnerküken und auch bei Säugerfoeten beobachtet (Kimbrough & Gains 1968, Younger 1973). Im Gegensatz dazu verursachte Thiotepa in Rattenfoeten zu 94 % Mißbildungen, in 4 Tage alten Kükenembryonen jedoch keine, wenn LD_{50}-Dosen verabreicht wurden (Murphy et al. 1958). Mit dem Futter zugeführtes Apholat führte bei Leghornhennen (Herrick et al. 1967) und der japanischen Wachtel (Shellenberger et al. 1967) unter den Nachkommen zu keinen Mißbildungen, aber beeinträchtigte die Reproduktionsleistung.

Mutagene Wirkungen von Tepa, Metepa, Thiotepa und Tem konnten bei weißen Mäusen (Epstein et al. 1972), von Tepa bei *Bracon hebetor* (Palmquist & La Chance 1966), *Neurospbora* (Kaney & Atwood 1964), *Escherichia coli* (Szybalski 1958), *Drosophila* (Benes & Scram 1969, Obe et al. 1971) und auch bei Bakteriophagen (Drake 1963) nachgewiesen werden. Auch menschliche Chromosomen werden *in vitro* beeinflußt (Chang & Klassen 1968). Allerdings sind nach *in vitro*-Versuchen nicht alle Zellen gleich empfindlich. So waren Hamsterzellen 23mal sensibler als jene der Bohne *Vicia faba* (Sturelid 1971). Die Sterilantien können dominant oder rezessiv letale Mutationen hervorrufen.

Bei männlichen Mäusen wurde bereits mit einer Menge von 0,2 mg Tepa pro kg Körpergewicht eine hohe Sterilrate und sogar eine Teilsterilität bei Männchen der F_1-Generation nachgewiesen (Cattanach 1959), doch selbst bei Anwendung von substerilisierenden Dosen ist die Gefahr einer erblichen Schädigung groß.

Für die Wirkung alkylierender Chemikalien auf die reproduktiven Zellen der Säuger gilt allgemein, daß die polyfunktionellen Aziridine mit den sich entwickelnden reproduktiven Zellen reagieren, ohne die sexuelle Aktivität zu beeinflussen, was wiederholt auch bei Insekten festgestellt werden konnte. Damit wird eine direkte Wirkung auf das Spermien produzierende Epithel und die sich entwickelnden Spermien angezeigt. Bei Nagern sind die postmeiotischen Stadien (Spermatiden und Spermatozoen) besonders empfindlich; aber auch prämeiotische Zellen können beeinflußt werden. Auch wird über eine kumulative Antifertilität bei Nagern berichtet (Fox et al. 1963, Gains & Kimbrough 1966).

Bei Insekten beruht die Sterilität alkylierender Mittel weniger auf dem Fehlen von Sperma als auf der Veränderung seiner normalen Eigenschaften. Gewöhnlich ist die Beweglichkeit verändert und die Fähigkeit, in das Ei einzudringen, gestört. Wurden behandelte Männchen mit unbehandelten Weibchen von *Cochliomyia*-Fliegen gepaart, so zeigten sich während der Eientwicklung oft abnorme mitotische Chromosomenanordnungen, die auch bei Stubenfliegen beobachtet werden konnten; die Embryonalentwicklung war gestört.

Aziridin-Derivate verursachen bei weiblichen Insekten, wie für *Drosophila melanogaster, Cochliomyia hominivorax, Musca domestica* und *Aedes aegypti* gezeigt werden konnte, ein unvollständiges Wachstum der Ovarien und damit eine Reduktion der Eibildung. Doch sind gewöhnlich höhere Dosen erforderlich. Bei *Lucilia cuprina* konnte ein behandeltes Weibchen mit 5 unbehandelten freigelassen werden, um komplette Sterilität zu erreichen. Die Übertragung des Sterilants erfolgt vermutlich bei der Kopulation durch die Männchen und bei der gegenseitigen Berührung der Weibchen bei der Eiablage (Beattie et al. 1974). Wird die Nahrung von Hausfliegen mit Apholat oder Tepa in Verbindung mit Triphenylzinnchlorid behandelt, so konnte die gesamte Fliegenpopulation innerhalb von 35 Tagen ausgerottet werden (Hays 1968).

Detaillierte Studien mit Metepa zeigten bei *M. domestica*, daß die Teilung der Oogonien im Germarium beeinflußt und das Wachstum der Oozyten gebremst oder verhindert wird. Die Vermehrung der Präfollikelzellen und die Bildung der Follikelhüllen der Eikammern werden unterbunden. Bereits reife Oozyten in den Eikammern werden milchig, verformen sich und werden resorbiert. Apholat scheint vor allem die Nährzellen zu beeinflussen. Die stärkste Wirkung konnte für Tepa beobachtet werden. Für Metepa konnten ähnliche Befunde bei der Stabheuschrecke *Dixippus morosus* erhalten werden (Gelbič & Socha 1976).

Die Entdeckung der Strukturanaloge von Tepa und Tem, wie Hempa (VI) und Hempel (VII) ergab weitere wirkungsvolle Chemosterilantien für männliche Fliegen (Chang et al. 1964, Hafez et al. 1970). Im Gegensatz zu den Aziridinen werden diese als stabilere Komponenten und wahrscheinlich nicht alkylierende Verbindungen betrachtet. Obgleich die Aktivität von Hempa gegenüber männlichen Fliegen und auch anderen Organismen deutlich geringer ist als von Tepa, ergeben beide Verbindungen ganz ähnliche physiologische und zytologische Effekte. Beide wirken bei der Wespe *Bracon hebetor* mutagen (Chang et al. 1964) und induzieren eine Hodenatrophie bei Ratten (Kimbrough & Gains 1966). Hempa induziert bemerkenswerte antispermatogenetische Wirkungen in Ratten und Mäusen. Die Reaktionen scheinen sich aber an anderen Loci der Chromosomen zu ereignen als bei Anwendung entsprechender Aziridinen, denn Hempa verursacht schwerwiegende und andauernde Antifertilität in männlichen Mäusen und reversible Spermienlosigkeit bei Kaninchen (Jackson & Craig 1969b). Untersuchungen mit Hempel ergaben eine Wirkung auf prämeiotische Zellen bei Ratten (Jackson & Craig 1969a).

VI

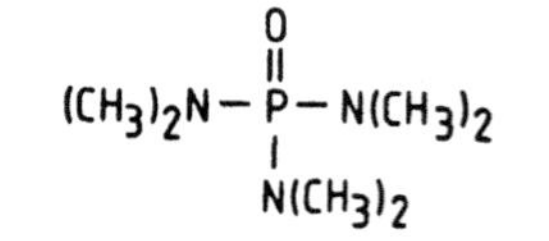

Hexamethylphosphorsäuretriamid

VII

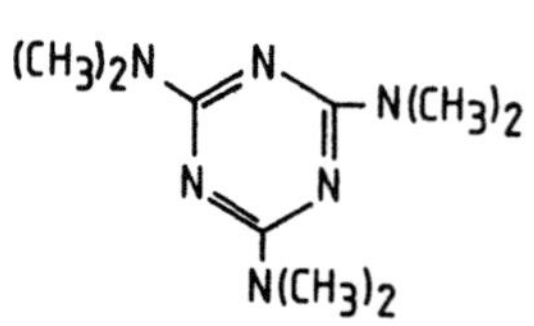

2,4,6-Dimethylamino-s-triazin

3.1.2 Die „sterile-male-release-Technik"

Wegen der zu starken generellen Toxizität wurde nicht erlaubt, Chemosterilantien wie Pestizide anzuwenden. Die systematische Suche nach neuen Anwendungsmethoden begann 1958 in der Entomologischen Abteilung des US-Departments of Agriculture, denn der Einsatz von Chemosterilantien versprach einen gewissen Fortschritt im Pflanzenschutz und in der Hygiene. Mit Hilfe der *sterile-male-release*-Technik konnte eine außergewöhnlich spezifische Bekämpfungsmethode für verschiedene Schadinsekten entwickelt werden. Damit wurde die Anwendung von Chemosterilantien ins Laboratorium verlagert, wo sie kontrollierbar und gezielt eingesetzt werden konnten. Das Prinzip dabei ist, in großen Mengen aufgezogene Insekten durch Zufütterung, durch topikale Anwendung oder Begasung mit Chemikalien zu sterilisieren, um sie dann zum rechten Zeitpunkt in die natürliche Population freizulassen.

Untersuchungen zur Wirksamkeit von Metepa nach diesem Verfahren ergaben für den Teakholz-Kronenschädling *Hapalia machaeralis* folgendes Ergebnis (Tabelle 50).

Bereits nach eintägiger Fütterung mit 0,3 % Metepa war der Schlupf der Larven gegenüber Kontrollpaaren um mehr als 40 % vermindert und nahm nach 3 bis 5tägiger Fütterung weiter ab. Eintägiges Füttern mit 0,6 % Metepa führte zu fast 90 % Sterilität, ohne die Lebensdauer zu beeinflussen. Höhere Dosierungen erwiesen sich jedoch als toxisch; die Lebensdauer nahm drastisch ab.

Wurden mit Metepa behandelte Männchen mit ähnlich behandelten Weibchen verpaart, so wurde das in Tabelle 51 wiedergegebene Resultat erhalten.

Eine beidgeschlechtliche Behandlung mit einem Sterilant führte zu etwa dem gleichen Ergebnis wie eine Männchenbehandlung. Dies entspricht der geringeren Empfindlichkeit der Weibchen; durch ihre zusätzliche Behandlung wird die Wirkung des Sterilants nur unbedeutend erhöht. Für die praktische Anwendung bedeutet dies, daß vor allem die Sterilisation der Männchen der wesentliche Faktor bei der Bekämpfung von *Hapalia machaeralis* ist. Dementsprechend ist der prozentuale Anteil der schlüpfenden Larven wesentlich niedriger, wenn behandelte Männchen mit unbehandelten Weibchen kopulieren als umgekehrt.

Tabelle 50 Wirkung von Metepa auf *Hapalia machaeralis* nach dem *sterile-male-release*-Verfahren. Metepa wurde mit einer 10 %igen Honiglösung verfüttert. Am Schluß jeder Fütterungsperiode wurden die Männchen mit unbehandelten Weibchen verpaart, nach Banerjee (1975).

Konzentration in %	Fütterungsdauer (Tage)	Lebensdauer Mittel (Tage)	Anzahl der abgelegten Eier (Mittel)	% der geschlüpften Larven
Kontrolle	kontinuierlich	10,6	1106,0	99,0
0,3	1	9,3	339,0	58,0
	3	9,3	283,3	55,0
	5	8,6	173,3	49,0
0,6	1	9,3	167,0	9,6
	3	7,3	56,0	0
	5	6,6	13,3	0
1,2	1	3,3	4,0	0
	3	2,6	0	0
	5	1,3	0	0
2,5	1	1,3	0	0
	3	0,6	0	0
		0,3	0	0

Tabelle 51: Wirkung von Metepa auf beide Geschlechter von *Hapalia machaeralis*. Metepa wurde mit einer 10 %igen Honiglösung an Männchen und Weibchen getrennt verfüttert. Danach wurden die behandelten Tiere 1:1 verpaart, nach Banerjee (1975)

Konzentration in %	Fütterungsdauer (Tage)	Lebensdauer Mittel (Tage) ♂♂	♀♀	Anzahl der abgelegten Eier (Mittel)	% der geschlüpften Larven
Kontrolle	kontinuierlich	9,6	13,2	984,0	
0,3	1	9,3	12,3	279,0	46,0
	3	8,6	12,0	153,0	41,0
	5	8,3	11,6	103,0	32,0
0,6	1	7,6	11,3	76,0	3,3
	3	6,6	9,6	8,0	0
	5	6,3	9,6	0	0
1,2	1	1,6	2,6	0	0
	3	1,3	2,3	0	0
	5	0,9	2,0	0	0
2,5	1	0,6	1,6	0	0
	3	0,6	1,4	0	0
	5	0,3	1,3	0	0

Wurden Männchen und Weibchen von *Musca autumnalis* 6 Tage mit einer Hempa oder Metepa-haltigen Nahrung (0,1 %) gefüttert, so waren die Eier dieser Weibchen oder die von Weibchen, die mit behandelten Männchen kopuliert hatten, unfruchtbar. Die Wirkung hielt 28 Tage an. Eine Konzentration von 1,0 % beider Substanzen verringerte die Lebensdauer der Männchen, mit 2 %iger Dosis wurden alle Tiere beider Geschlechter getötet (Kaur & Steve 1969).

Die *sterile-male-release*-Technik wurde erfolgreich zur Bekämpfung vieler Lepidopteren, wie *Trichoplusia ni, Pectinophora gossypiella, Carpocapsa pomonella*, angewandt. Auch *Diparopsis castanea*, ein bedeutender Baumwollschädling in Zentral- und Südafrika, konnte durch topikale Behandlung der adulten Tiere mit Tepa wirkungsvoll sterilisiert werden. Durch Applikation von Chemisterilantien wurde nachweislich die Bildung biogener Amine stimuliert, die eine direkte Wirkung auf das endokrine System haben sollen (Campion 1975b).

Gadallah et al. (1972) untersuchten die Wirkung von „ThioAmpac" (*p,p'*-bis(1-Aziridinnyl)-N-(3-methoxypropyl)-phosphinothioamid) bei *Musca domestica* L. auf Dehydrogenasen (LDH, MDH, G-6-PDH) während der Oogenese und Embryogenese. 5 µg ThioAmpac pro Fliege ergab fast normale Eiablage, jedoch waren alle Eier nicht lebensfähig. Dies wird auf eine veränderte LDH-Wirkung zurückgeführt. Denn in chemosterilisierten Eiern wurden nur zwei LDH-Isoenzyme gefunden gegenüber fünf in normalen Eiern.

Schwierig zu ermitteln ist die sterilisierende Dosis. Die Wirksamkeit ist zwar bei oraler Aufnahme am größten, aber die aufgenommene Menge ist nur schwer zu bestimmen. Zudem kann die Art des Futters einen Einfluß auf die Wirksamkeit eines Sterilants ausüben. So verhindern 0,05 % Tepa mit Zuckerwasser vermischt den Schlupf der Hausfliegenlarven. Für ein Futter, das aus Zucker, Magermilchpulver und Eipulver (6:6:1) besteht, liegt die Konzentration bei 0,25 %. Die optimale Dosierung für eine Massensterilisation von *Drosophila melanogaster* wurde zwischen 776 und 804 mg Tepa pro m^2 ermittelt (Mason et al. 1973).

Diese im Laboratorium gemachten Erfahrungen wurden schließlich ins Freiland übertragen. Erste Versuche wurden mit der Mangofruchtfliege in Mexiko durchgeführt. Männliche Fliegenpuppen wurden für einige Sekunden in eine 5 %ige Tepa-Lösung getaucht. Die daraus schlüpfenden Fliegen nahmen beim Auskriechen aus der Puppenhülle genügend Sterilant auf, um dauerhaft steril zu sein. Rückstandsanalysen der behandelten Tiere ergaben ein Absinken der Tepa-Ausgangskonzentration von 95 % in drei Tagen, so daß die Tiere bei der Freilassung im Alter von 8 bis 9 Tagen keine Gefahr für die Umgebung mehr darstellten. Dann wurden in zwei aufeinanderfolgenden Jahren von Februar bis Juli zwischen 15 000 und 550 000 sterilisierte Fliegen freigelassen. Diese Anzahl sollte genügen, um die natürliche Population in isolierten Mangoplantagen zu überfluten und die Vermehrung stark herabzusetzen. Durch Kontrolle der befallenen Früchte in behandelten und in zwei unbehandelten Plantagen stellte sich heraus, daß die Früchte während der Haupterntezeit genügend geschützt worden waren. Eine Ausrottung von *Anastrepha ludens* war auf diese Weise in den Versuchsgebieten nicht möglich, da der Zuflug von außen sehr stark war (Shaw & Sanchez Riviello 1965). Ein ähnliches, noch erfolgreicheres Experiment wurde in Californien durchgeführt (Shaw et al. 1966).

Aber auch das Freilassen sterilisierter Weibchen kann besonders bei Lepidopteren zu einem Erfolg führen. Freigelassen wurden 600 bis 6500 sterilisierte jungfräuliche Weibchen der Baumwolleule *Heliothis virescens*, durch deren Sexualpheromon die Männchen im Umkreis von ca. 300 m sich zu 90 % abfangen ließen. Am wirksamsten waren eintägige Weibchen (Lingren et al. 1977).

White (1966) und Seawright et al. (1978) zeigten die gute Wirkung von Thiotepa auf *Aedes aegypti* und Sharma et al. (1978) auf *Anopheles stephensi*, wenn die Puppen mit dem Sterilant behandelt wurden. Ähnlich konnte in Indien *Culex quinquefasciata* sterilisiert werden (Sharma & Curtis 1977). Die Puppen wurden 3 Stunden bei 27 °C in eine 0,65 %ige Lösung mit einem pH-Wert von 7,5 getaucht, dann in Wasser gewaschen. Die sterilisierende Lösung konnte 15mal wiederverwendet werden. Sie sterilisierte 99,9 % der schlüpfenden Männchen. In der Nähe von Delhi wurden täglich 50 000 Männchen über drei Monate freigelassen. Bis zu 87 % Sterilität konnte in der Wildpopulation erreicht werden (Davidson 1974, Pal 1974). In El Salvador führte eine ähnliche Aktion zu einer Weibchensterilität von 96,6 % (Campion 1975a). Die Kosten wurden auf US $ 280 pro Million Männchen berechnet. Für die tägliche Aufzucht von 70 000 Männchenpuppen wurden 49 m^2 Raum benötigt.

In El Salvador wurden innerhalb von 5 Monaten ca. 4,3 Millionen chemosterilisierte Männchen von *Anopheles albimanus* freigelassen, die die dichtesten Populationen um 99 % vermindern konnten. Nach Beendigung der Bekämpfungsaktion vergingen 4 Monate, bis die Populationen wieder ihre normale Dichte erreicht hatten (Lofgren et al. 1974, Weidhaas et al. 1974).

Über die Anwendung von Chemosterilantien bei Tsetse-Fliegen berichtete Jordan (1974). Hier wirkte sich bei der Massenzucht die Fütterung der Adulten durch künstliche Membranen sehr positiv aus. Jedoch wurden die Erfolge durch eine vorherige Applikation eines Insektizids begünstigt.

Von besonderer Wichtigkeit ist die Produktion von großen Mengen an sterilen Männchen (Dame et al. 1974). Eine solche Massenzucht ist abhängig von der Entwicklung einer entsprechenden Diät. Hierdurch wird die Anwendung der Methode zur Zeit erheblich begrenzt. Für eine generelle Anwendung von Chemosterilantien nach dem *sterile-male-release*-Verfahren sind aber nicht nur detaillierte Untersuchungen zur geeigneten Applikation der Verbindungen, sondern auch basale Arbeiten zur Biologie der Schadtierpopulationen, ihrer Dynamik, Ökologie und ihrem Verhalten erforderlich.

3.1.3 Sterilisierung nach dem Anlockverfahren mit Ausblick

Da die Massenzucht von sterilen Männchen recht aufwendig und kostspielig sein kann, wurde versucht, die Sterilisation in der Freilandpopulation durch Darbieten von Tepa-haltigem Attraktivfutter durchzuführen. Dazu wurden speziell konstruierte Behälter in die Obstbäume gehängt, die zur Anlockung der Fruchtfliegen mit einem Proteinköder und Wasser, das mit 0,025 % Sterilant versetzt war, bestückt waren (Bořkovec 1966) (Bild 98). Die vom Köder angelockten Fliegen gelangten durch eine Öffnung zwischen dem Attraktant und dem mit Wasser getränkten Filterpapier in den Behälter. Das Filterpapier stand durch einen Docht mit dem Tepa-haltigen Wasser im Reservoir in Verbin-

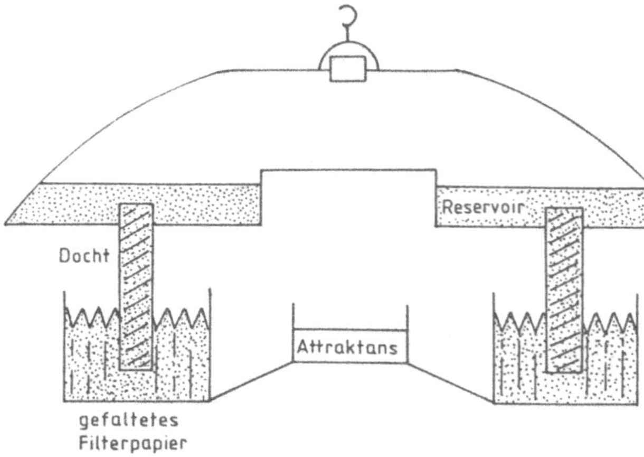

Abb. 98 Schematischer Querschnitt einer Köderstelle zur Chemosterilisation der Mexikanischen Fruchtfliege, nach Bořkovec (1966); Durchmesser etwa 30 cm, Höhe etwa 20 cm; im Reservoir befindet sich das Chemosterilant.

dung, so daß das Sterilant mit dem Wasser zum Filterpapier gelangen konnte, wo es von den Fliegen aufgenommen wurde.

Auch durch diese Methode wurde ein wesentliches Absinken in der Fruchtfliegenpopulation erzielt, wenn die Anzahl der Anlockbehälter entsprechend zahlreich war.

Neben der Anwendung von Lockstoffen läßt sich das Sterilant bei einigen Schadinsekten auch direkt mit der üblichen Nahrung verabreichen. Dies war insbesondere bei der Hausfliege möglich (La Brecque 1961). Geeignete Köder bestehend aus Maismehl, Zucker, Milchpulver und Eipulver wurden mit 0,5, 1 oder 2,5 % Metepa oder 1 % Apholat versehen und in einer Hühnerzuchtanstalt in Gainesville, Florida, unter die Hühnerkäfige gehängt. Eine halbwöchentliche Applikation verursachte einen hohen Sterilitätsgrad in der Population und reichte zur vollständigen Eliminierung der Population innerhalb von 2,5 Monaten aus (La Brecque & Meifert 1966). Ähnliche Erfolge konnten auf Inseln erhalten werden (Meifert et al. 1967). Bei hoher Abundanz ist in Freilandpopulationen der Erfolg weniger sichtbar, wenn ein ständiger Zuflug aus unbehandelten Gebieten erfolgen kann. Bei geringer Abundanz konnten Sacca & Stella (1964) in einer kleinen italienischen Stadt die Hausfliegenpopulation deutlich vermindern und eine Massenvermehrung verhindern. In solchen Fällen, also bei geringer Populationsdichte, scheint die Sterilmethode ökonomischer zu sein als die Anwendung von Insektiziden.

Leider sind die bisher entwickelten Chemosterilantien insofern von Nachteil, als sie, wie Pestizide, bei wiederholter Anwendung resistente Populationen entstehen lassen, wie für Apholat und Metepa bei *Aedes aegypti* gezeigt werden konnte (Seawright & Bowman 1975). Da aber die Methode der Chemosterilisation trotz aller Einschränkung in der Anwendung verlockend ist, Schadtiere umweltfreundlich zu vernichten, wird sich die Suche nach neuen Chemosterilantien lohnen. Sterilisierend wirkende Naturstoffe im Kalmusöl und Neem-Extrakt wurden bereits erwähnt. Auch gewisse Alkaloide, wie Colchizin, Reserpin und Monocrotalin, wirken sterilisierend (Benschoter 1966). Mit Triphenyltinacetat konnte die Fertilität der Männchen von Baumwollwanzen herabgesetzt werden (Ansari & Khan 1979). Tretamin erwies sich bei diesen Wanzen als Hemmer der Ovarienentwicklung (Ansari & Khan 1977). Furyltriazin soll bei *Trogoderma granarium* chemosterilisierend wirken (Metwally 1973). Erwähnenswert erscheint auch die Tatsache, daß gewisse Pestizide als Nebenwirkung eine Beeinflussung der Fruchtbarkeit erkennen lassen. So verringern Arsenverbindungen die Anzahl der Nachkommen überlebender Insekten. Zu den wirksamsten Insektensterilantien unter den Fungiziden gehören die Triphenyl-Zinn-Derivate. Die Grenzen zwischen einer pestiziden und sterilisierenden Wirkung werden somit undeutlich; sie lassen sich durch die Ermittlung des Wirkungsortes trennen.

3.2 Strahlensterilisation

Neben der Verwendung von Chemikalien können Insekten vor allem auch durch harte Strahlung sterilisiert werden. Dazu ist aber in jedem Falle eine Massenzucht erforderlich, denn die sterilisierten Tiere müssen immer in sehr großen Mengen freigelassen werden, wenn die Methode Erfolg haben soll (Ohinata et al. 1978, Hoy & McKelvey 1979).

Die Sterilisierung erfolgt gewöhnlich durch Röntgen- oder γ-Strahlen aus einer radioaktiven Kobaltquelle; es müssen wenigstens 5 bis 10 tausend Röntgen (r) eingestrahlt werden. Oft ist die erforderliche Strahlendosis so hoch, daß die Konkurrenzfähigkeit gegenüber unbehandelten Tieren nicht mehr gegeben ist (Adam 1971, Earle et al. 1978). Hinzu kommen die recht teuren und den Strahlenschutzverordnungen entsprechend sicher und fest eingebauten Strahlenquellen, wodurch die bewegliche Anwendung eingeschränkt wird. Millionen von sterilisierten Insekten müssen sorgfältig verpackt und weit transportiert werden. Obgleich diese Methode heute noch häufiger angewendet wird als die Chemosterisation (Campion 1975a), wird sie eines Tages durch letztere zurückgedrängt werden, die bessere und billigere Anwendungsmöglichkeiten bietet.

Eine andere Technik ist die Sterilisation mit Hilfe radioaktiver Gase. So konnte *Anthonomus grandis* (Col., Curculionidae) durch ^{85}Krypton erfolgreich sterilisiert werden. Dazu wurden Aktivitäten von 2 und 7 curie verwendet (Haynes et al. 1978).

In der Praxis führt schon eine geringfügige Veränderung im Sexualverhalten der sterilisierten Männchen zu Mißerfolgen. Dies kann durch die Strahlenwirkung zustande kommen, aber auch durch längere Laborzucht infolge Inzucht und anderer Selektion bedingt sein. Einige Beispiele sollen die Problematik solcher Experimente aufzeigen.

Sterilisierte Männchen von *Anopheles quadrimaculatus* wurden in zwei verschiedenen Regionen auf zweierlei Weise freigelassen. Auf einer halbisolierten Insel in Florida wurden 328 900 Männchen (im Durchschnitt 3700 pro Quadratmeile pro Woche) ausgesetzt, die durch Bestrahlung mit 12 000 r sterilisiert wurden. Sie wurden von 10 Stationen freigelassen, so daß kein Ort auf der Insel mehr als eine Viertelmeile von einer der Stationen entfernt war. Auf diese Weise gelangten sterile Männchen dreimal in der Woche über eine 11monatige Periode ins Freie. Im zweiten Experiment wurden gleich behandelte Männchen nur an zwei Stellen, die eine Achtelmeile voneinander entfernt waren, aber in einem Brutgebiet lagen, ausgesetzt. Hier wurden insgesamt 104 700 Tiere (9500 pro Woche) auch über 11 Monate, aber in eine dichte Population gebracht. In beiden Versuchen wurden die Adulten zu verschiedenen Zeiten an ihren verstreut liegenden Ruheplätzen gezählt. Sterilität und Fertilität der im Freiland eingefangenen Weibchen wurde laufend im Laboratorium kontrolliert, indem die Eiproduktion und die Schlüpfrate aus den abgelegten Eiern ermittelt wurde (Dame et al. 1964).

Im ersten Versuch konnte die Abundanz der Art in der ersten Hälfte des Experiments beeinflußt werden, als sich die natürliche Population in einer jahreszeitlich bedingten Reduktionsphase befand. Als die Population in der zweiten Phase anstieg, hatte die Freilassung von sterilen Männchen keine Wirkung mehr. Im zweiten Versuch konnte bei den Weibchen der natürlichen Population gar keine Sterilität induziert werden.

Bei diesen Versuchen kommt zum Ausdruck, daß der Erfolg der *sterile-male-release*-Technik durch die Größe der natürlichen Population weitgehend begrenzt wird.

Ähnliche und weitere Ergebnisse erhielten Weidhaas et al. (1962) mit sterilisierten Männchen derselben Art in natürlichen Populationen. Die Arbeiten folgten den Laboruntersuchungen von Davis et al. (1959), nach denen eine Strahlendosis von 8865 bis 12900 r beide Geschlechter sterilisierte, wenn sie im Puppen- oder Adultstadium appliziert wurde. Jedoch waren sterilisierte Männchen gegenüber unbehandelten schon weniger als halb so begattungsaktiv, wenn sie unter Laborbedingungen mit normalen Weibchen zusammengeführt wurden.

Über Freilanduntersuchungen mit sterilen *Aedes aegypti* wurde von Morlan et al. (1962) berichtet. Die Männchen wurden als Puppen mit einer Dosis von 11 000 bis 18 000 r bestrahlt. Die Freilassung erfolgte in zwei Jahren. 1960 wurde kein Unterschied im Populationswachstum gegenüber den Kontrollflächen beobachtet. 1961 wurden sterile Männchen in zwei Gebieten ausgesetzt. In einem war keine Reduktion der natürlichen Population zu erkennen. Im anderen wurde nicht nur die behandelte Population, sondern auch die Kontrollpopulation reduziert. Daraus wurde geschlossen, daß weitere Untersuchungen zur Biologie, speziell der Ausbreitung der Männchen unter Freilandbedingungen erforderlich sind.

In Indien berichteten Krishnamurthy et al. (1963) über die Freisetzung von mit γ-Strahlen sterilisierten Männchen von *Culex fatigans*, die die Lebensfähigkeit der Eier von Weibchen der natürlichen Population zwar herabsetzten, aber keine Reduktion der Abundanz der Mosquitos bewirkten. Es ist zu vermuten, daß die Anzahl der freigelassenen Männchen für die vorhandene Populationsdichte zu gering war. Denn Patterson et al. (1975) konnten für *Culex quinquefasciata* ebenfalls in Indien zeigen, daß alle Mückenmännchen nach Bestrahlung mit einer Dosis von 5 kr steril waren, die dann in Freilandpopulationen nach 4 Wochen eine Sterilität von 72 % der Weibchen bewirkten. Für eine vollständige Sterilisierung der Weibchen reichten 4 kr aus.

Eine erfolgreiche Anwendung erfuhr die Strahlensterilisation bei der Bekämpfung der Rinderfliege *Cochliomya americana*, eines gefährlichen Parasiten im Süden und Westen der USA (Baumhover 1966). Bei Tierparasiten gestaltet sich die Applikation eines Chemosterilants oft schwierig, so daß eine Strahlensterilisation bevorzugt wird.

Aber auch auf einige Fruchtfliegen-Arten konnte die Strahlensterilisation mit anschließender Freilassung der sterilen Tiere erfolgreich angewendet werden (Brown & Niazee 1978). Die Melonenfliege *Dacus cucurbitae* wurde auf diese Weise auf der 33 Quadratmeilen großen Insel Rota, eine der Mariana-Inseln, durch Bestrahlung der Puppen mit 9500 r ausgerottet (Steiner et al. 1965). Die orientalische Fruchtfliege *Dacus dorsalis* verschwand auf der Insel Guam nach Freilassung von durch γ-Strahlen sterilisierte Männchen in eine geringe Populationsdichte. Beide Versuche zeigen, daß die Methode in Gebieten, in die der Zuflug gering ist, bei geringer Abundanz erfolgreich eingesetzt werden kann, wenn die Konkurrenzfähigkeit der bestrahlten Tiere erhalten bleibt.

Erwähnenswert ist schließlich noch die Anwendung der *sterile-male-release*-Technik in Kombination mit einem chemischen Stoff mit wachstumsregulierender Wirkung. Auf diese Weise kann die Population vor Freilassung sterilisierter Männchen entsprechend reduziert werden, wodurch der Bekämpfungserfolg bekanntlich erhöht wird. Mit einer solchen Kombination wurde die Ausrottung der Hornfliege *Haematobia irritans*, die sich in den Exkrementen von Rindern entwickelt, 1975 auf einer der Hawai-Inseln erreicht. Als chemischer Stoff wurde Methopren (VIII) in Konzentrationen zwischen 0,05 und 0,1 ppm dem Trinkwasser zugesetzt. Diese Konzentrationen verhindern erfahrungsgemäß die Entwicklung der Hornfliegenlarven im Kot der Tiere, so daß die natürliche Population zunächst dezimiert werden konnte. Eine Woche später wurden die ersten durch harte Strahlen sterilisierten Fliegen freigelassen. Im Verlauf der folgenden 14 Wochen wurden ca. 16 Millionen männliche Fliegen pro Woche ausgesetzt. Während dieser Zeit sank die Schlüpfrate der Larven von 98 % auf 0 %. Zu Beginn der 16. Woche wurden weder adulte Fliegen noch Fliegeneier gefunden. Bei diesem Ausrottungserfolg spielten die günstigen geographischen Verhältnisse sicherlich eine Rolle, denn ein Zuflug entfiel weitgehend. Normalerweise werden die Erfolgschancen geringer geschätzt (Eschle 1977).

VIII 

Isopropyl-11-methoxy-3,7,11-trimethyl dodeca-2,4-dienoat

Auch die Populationsdichte von Tortriciden läßt sich durch sterile Männchen (bestrahlt mit 25 krad) vermindern (Ankersmit et al. 1977).

4 Farb- und Lichtfallen

Der Entomologe weiß, daß sich die Reaktion vieler Insekten, bestimmte Farben oder Lichtquellen anzufliegen, zum Fang der Tiere ausnutzen läßt. Auch im Rahmen des Umweltschutzes könnte ihr eine wichtige Kontrollfunktion zukommen, weshalb geeignete Methoden hier kurz erwähnt werden sollen.

4.1 Optische Köder für Tagfang

Eine der bekanntesten Methoden, am Tage flugaktive Insekten einzufangen, ist das Aussetzen von Farbschalen, die mit Formollösung oder einer anderen geeigneten Fixierlösung gefüllt sind. Vorteilhaft sind Gelbschalen von etwa 30 cm Durchmesser, da die gelbe Farbe für viele Insektenarten besonders attraktiv ist. Es können Blattläuse und zahlreiche andere Blattsauger, Wanzen- und Käferarten sowie viele Fliegen und Schmetterlinge angelockt werden (Wyniger 1974, Broumas et al. 1977). Bei entsprechender Anordnung und Arealbestückung lassen sich die Fangergebnisse auch quantitativ auswerten (Economopoulos 1977). Ausgerichtet auf bestimmte Schadtierarten lassen sie die laufende Registrierung ihrer Abundanz zu, die wiederum anzeigt, ob und wann eine Gradation zu erwarten ist. In dieser Hinsicht ist die Geldschalenmethode ein wichtiges Hilfsmittel zur Populationsdichtekontrolle und somit eine Entscheidungshilfe, ob und wieweit eine Bekämpfung einer Schadtierpopulation erforderlich ist. Leider ist sie nicht spezifisch, so daß auch viele Nutz- und indifferenten Insekten gefangen und abgetötet werden. Um diesen Nachteil zu umgehen, wurden Methoden zum Lebendfang entwickelt. Man verwendet ein mit gelber Farbe bestrichenes 50 X 50 cm^2 großes Pappquadrat, auf das ein Einmachglas mit lose aufgesetztem Trichter gegeben wird. Die Innenwand des Trichters muß mit Talkum eingepudert werden, wodurch ein Entweichen der Tiere weitgehend vermieden wird. Will man auf einen Lebendfang verzichten, so lassen sich auch gelbe Anstriche mit einem Leimüberzug als Fallen verwenden. Sie sind nach dem Fliegenfängerprinzip sogar zur Dezimierung bestimmter Populationen geeignet.

Solche optischen Köder ergeben erfahrungsgemäß die besten Ausbeuten an sonnigen Tagen (Pospišil 1962a).

Eine Differenzierung des Fangergebnisses kann durch Verwendung verschieden farbiger Schalen erreicht werden. Während Gelbfallen besonders für Homopteren attraktiv waren, wurden mit weißen Fallen vermehrt Aculeata und Diptera-Brachycera gefangen (Goos et al. 1976).

4.2 Optische Köder für Nachtfang

Zahlreiche Insektenarten, besonders Nachtfalter und Kleinschmetterlinge, die vielfach Schadtiere darstellen, können mit Licht angelockt werden (Ammar 1975, Silveira Neto et al. 1977, Blomberg 1978). Es wird mit einer leistungsfähigen Lichtquelle gearbeitet, an der sich die zum Licht hin orientierten Flugtiere ansammeln. Als Lichtquellen können Gasdrucklampen oder Glühbirnen, wie Mischlichtglühlampen, Quecksilberdampflampen oder Leuchtstoffröhren dienen. Mit diesen Lampen wird bei Temperaturen über 14 °C bei Dämmerung und während der Nacht eine weiße, stark reflektierende Fläche, wie ein weißes Tuch oder eine weißgestrichene Fläche, angestrahlt. Erforderlich ist ein hoher Kontrast zur Umgebung. Lichtquellen mit hohem UV-Anteil sind besonders wirksam, da viele Insekten UV-empfindlich sind. Auch diese Methode kann zur Ermittlung der Populationsdichte verwendet werden (Horstmann 1970, Greany et al. 1978, El-Nahal et al. 1979).

Wie Bild 99 zeigt, kann eine solche Lampe auch innerhalb eines weißen strumpfartig aufgehängten Sackes montiert werden, der mit Leim bestrichen ist, an dem die anfliegenden Insekten festkleben.

Eine Kombination von Lichtfallen und Insektizidfilm ist zwar umweltfreundlicher als eine Flächenbegiftung, sie ist aber zu unspezifisch, da auch viele Nutzinsekten und indifferente Arten anfliegen und begiftet werden. Ob sie sich in Spezialfällen zur ökonomisch relevanten Dezimierung von Schadtierpopulationen eignet, scheint nicht näher untersucht zu sein. Eine Anwendungsmöglichkeit wäre in Obstbaumplantagen gegeben, die von Faltern weniger Arten stark befallen werden (Cantelo et al. 1974).

Fluoreszenzlicht, das in Nitrozellulosezylindern eingeschlossen war, wurde in Verbindung mit Tepa zur Selbststerilisierung von Insekten verwendet. Es wurden 15 W-Lampen benutzt, und die Zylinderoberfläche war mit einer 8 %igen Tepalösung bestrichen. 30 oder 60 unbegattete, nicht behandelte Falter der Kohleule *Trichoplusia ni* (Hübner) wurden in den Käfig gegeben. Die Lampe strahlte von 19 Uhr bis 7 Uhr morgens über 14 Nächte. In drei solcher Versuche wurde die Larvenpopulation um 99, 65 und 82 % gegenüber den Kontrollen reduziert (Howland et al. 1966).

In verschiedenen Urlaubsgebieten, wie im mückenreichen Burgenland, wurden UV-Strahler in Verbindung mit elektrisch aufgeheizten Drahtnetzen zur Schadtierbekämpfung verwendet. Aber infolge der Unspezifität solcher Fallen wurden nicht nur Mücken, sondern alle von der UV-Strahlung angelockten Insekten radikal vernichtet und zwar ganz in der Nähe von Naturschutzgebieten. Da eine solche Methode den Naturschutzbestrebungen widerspricht, mußten sie neuerdings wieder entfernt werden.

Wesentlich schonender arbeitet der sogenannte Lichtfangkäfig (Bild 98). Hierzu benötigt man einen ca. 2 m hohen und 1 m breiten und tiefen Gazekäfig mit massiver

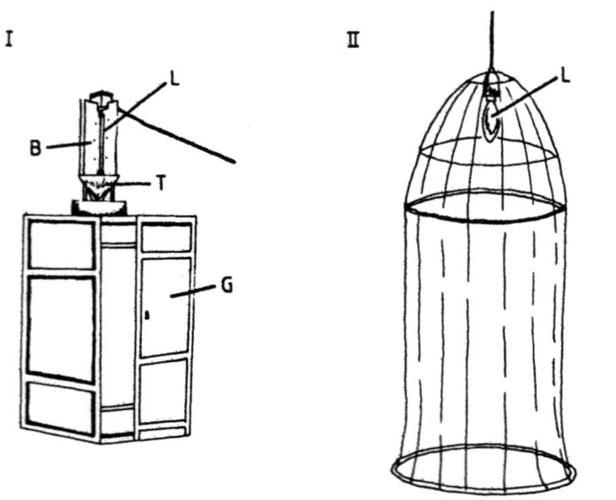

Abb. 99
Geräte für den Lichtfang.
I: Lichtfangkäfig, II: Von innen durchstrahlter Sack; B: Blechplatten, G: Gazekäfig, L: Lichtquelle, T: Trichter

Decke und entsprechendem Boden. Die Lichtquelle wird auf dem Käfig über einen Trichter montiert. Bei der Verwendung von Leuchtstofflampen als Lichtquelle wird diese senkrecht ins Zentrum von vier hochstehenden und jeweils im Winkel von 90° abstehenden weißgestrichenen Blechplatten über den Trichter gestellt. Die das Licht anfliegenden Insekten rutschen an den glatten Blechplatten in den Trichter und weiter in den Käfig, aus dem die indifferenten Arten wieder freigelassen werden können.

5 Wachstumsregulatoren

Das Wachstum von Tier und Pflanze wird hormonal gesteuert. Die als Hormone tätigen Stoffe sind jedoch recht verschieden und für die einzelnen Gruppen von Lebewesen oft spezifisch. Dies machte man sich bei der Bekämpfung von Schadinsekten zunutze, indem der Unterschied zwischen den Hormonen der Insekten und Wirbeltiere ausgenutzt wurde. Die Insektenentwicklung wird im wesentlichen von zwei Hormonen gesteuert, die als Juvenilhormon und Häutungshormon bezeichnet werden, die den Wirbeltieren fehlen. Somit war keine Beeinflussung des Menschen und seiner Nutztiere selbst bei wenig sachgemäßer Anwendung zu erwarten. Die für Maus und Ratte ermittelten LD_{50}-Werte liegen für Juvenoide, die mit den Juvenilhormonen strukturell verwandt sind, im Bereich von 5 bis 40 g/kg Körpergewicht (Wright & Smalley 1977).

Ein wesentlicher Unterschied zwischen Arthropoden und Wirbeltieren besteht auch im Aufbau des Skeletts. Arthropoden besitzen ein Außenskelett, das aus gegerbten Proteinen und Chitin besteht; letzteres ist ein stickstoffhaltiges Kohlenhydrat, das aus β-Acetylglucosaminresten synthetisiert wird. Während des larvalen Wachstums sind Häutungen erforderlich, die zu einer weitgehenden Auflösung und Erneuerung des kutikulären Außenskeletts führen. Diese bei jeder Häutung vor sich gehende Neusynthese der Baustoffe führte zu einer näheren Untersuchung der Steuerung, um im Rahmen der Schadtierbekämpfung gezielt in diesen Prozeß eingreifen zu können. Zunächst wurde versucht, näheres über die Wirkungsweise der die Insektenhäutung steuernden Ecdysteroidhormone zu erfahren, um diese im Rahmen des Pflanzenschutzes zu verwerten (Watkinson & Clarke 1973). Dann wurden die einzelnen Schlüsselenzyme für die Biosynthese und Inaktivierung der Stoffwechselwege der Hormone aufgezeigt. Es wurden spezielle Inhibitoren gefunden, die in den Stoffwechsel der Häutungshormone eingreifen können. Viele Strukturanaloge des Ecdysons, dem eigentlichen Häutungshormon, wurden auf ihre Wirkung getestet. Nach Kenntnis des Abbau- und Ausscheidungsprozesses des Ecdysons mußte man jedoch erkennen, daß ein Eingriff in das Häutungshormonsystem der Insekten nicht in gleicher Weise gelingt wie mit Juvenoiden in die Wachstumsprozesse. Erfolgreicher war die Anwendung von Stoffen, die die Kutikulabildung und Chitinsynthese hemmen.

All diese das Wachstum der Insekten beeinflussenden Verbindungen wurden als „Pestizide der dritten Generation" bezeichnet (Williams 1967).

5.1 Juvenoide

Diese Wachstumsregulatoren, die in Konkurrenz zum Juvenilhormon stehen (Menn & Beroza 1972, Slama et al. 1974, Sorm 1974, Menn & Pallos 1975, Deshpande et al. 1976), wurden zuerst von Slama & Williams (1966) in verschiedenen amerikanischen Zeitungspapieren festgestellt, als Feuerwanzen (*Pyrrhocoris apterus*) in mit Papier ausgelegten Kästen von Amerika nach Europa transportiert wurden. Unverhältnismäßig viele

Tiere fielen durch morphogenetische Störungen auf, wie dies in Bild 100 für Baumwollwanzen demonstriert wird.

Neben adultoiden Tieren traten solche mit ein bis zwei zusätzlichen Larvenstadien auf, was bekanntlich durch Juvenilhormonapplikation erreicht werden kann. Die nähere Analyse dieses Papierfaktors ergab mehrere Juvenoide, wie ein azyklisches Sesquiterpen, Juvabion und Dihydrojuvabion (Tabelle 52) (Bowers et al. 1966, Cerny et al. 1967). Schmialek (1961) isolierte eine Reihe von Juvenoiden aus verschiedenen Pflanzen. Später wurden Substanzen mit Juvenilhormonwirkung im *Iris*-Acetonextrakt (Saxena & Srivastava 1972), im Tagetesöl (Saxena & Srivastava 1973), in *Echinacea angustifolia* (Jacobson et al. 1975), im *Pogostemon*- und *Origanum*-Öl (Tipnis 1976) nachgewiesen. Auch Juvenoide sind in sehr geringen Mengen wirksam, eine Eigenschaft, die allen Hormonen eigen ist.

5.1.1 Wirkungsweise

Mit den genannten Befunden war erwiesen, daß Insekten aus der Pflanze mit der Nahrung Wachstumsregulatoren erhalten können. Solche Wechselwirkungen von Pflanzen und Insekten, verbunden mit gegenseitigen Anpassungen, entstanden im Laufe der Evolution und stellen einen natürlichen Selektionsprozeß dar, der als Abwehr von Freßfeinden zu sehen ist. In ähnlicher Weise läßt sich dieser Prozeß für die Schadtierbekämpfung ausnutzen. Schließlich haben uns Insekten selbst gezeigt, wie man sich mit Juvenoiden vor Feinden schützt. Der Laufkäfer *Anthia sexguttata* scheidet ein Sekret mit JH ähnlicher Wirkung aus den Pygidialdrüsen ab, das bei *Dysdercus similis* Fehlentwicklungen hervorruft (Maruthi Ram et al. 1978). Auch das Verteidigungssekret der Pentatomide *Tessaratoma javanica* enthält ein Juvenoid (Ashok et al. 1978).

Juvenoide hemmen den Abbau der Juvenilhormone und verlängern dadurch ihre Wirkung oder sie wirken ähnlich und werden aufgrund ihrer Struktur langsamer abgebaut (de Wilde 1975). Somit wirken sie nicht direkt toxisch, sondern stören die Entwicklung und dadurch auch die Fortpflanzungsfähigkeit; sie vermindern die folgende Generation (Riddiford et al. 1975). Ihre indirekte Langzeitwirkung läßt sich wesentlich besser populationsregulierend und auch umweltfreundlicher einsetzen als die *"knock-down"*-Wirkung der Insektizide. Heute sind mehr als tausend Juvenoide bekannt, die meistens pflanzlicher Herkunft sind.

Da Juvenoide vorwiegend in den Hormonhaushalt der Insekten eingreifen, stören sie die Embryonalentwicklung, führen zu überzähligen Häutungen oder zu Deformationen der Larven und Imagines (Sehnal et al. 1976). Es sind besonders sensible Phasen nachweisbar, in denen Juvenoide wirksam werden können. Sie wurden in den ersten Tagen der Eientwicklung und in der ersten Hälfte des letzten Larvenstadiums nachgewiesen. Bei Hemimetabola besteht ein Einfluß vor beginnender Verwandlung zur Imago, bei Holometabola während der frühen Puppenzeit (Chamberlain & Becker 1977, Samuel Raj et al. 1978, Revathy et al. 1979).

Eine ovizide Wirkung konnte bei frisch deponierten Eiern der Rübenwanze *Piesma quadratum* gezeigt werden (Bild 101). Die Schlüpfrate betrug nach Behandlung mit Hydropren und CCA 13353 während der ersten 4 Tage nur 0 bis 10 %. Wurden die Eier später behandelt, konnte die Entwicklung kaum beeinflußt werden. Aber nicht alle Juvenoide zeigten die gleiche Wirkung. So hatte Methopren eine sehr geringe Wirkung, ZR 777 verhinderte den Larvenschlupf fast vollständig; es hemmte noch am 10. Tag der Embryonalentwicklung die Schlüpfrate um 90 %, und die wenigen geschlüpften Larven starben nach einigen Stunden (Lefèvre 1976). Walker & Bowers (1970) fanden für drei synthetisch hergestellte Terpenoide mit hoher Juvenilhormonaktivität eine ovizide Wirkung bei 1 bis 3 Tage alten Eiern der Käfer *Epilachna varivestis* und *Lasioderma serricorne*.

Während des letzten Larvenstadiums wirkte sich eine Juvenoidbehandlung ähnlich aus wie eine Erhöhung des Juvenilhormonspiegels durch Implantation zusätzlicher Corpora allata. Die normalerweise 7 Tage dauernde Entwicklung der Larve V von *P. quadratum* zur Imago konnte um 5 Tage verlängert werden. Dabei änderte sich der Energieverbrauch, die Gewichtszunahme, die Aktivität hydro-

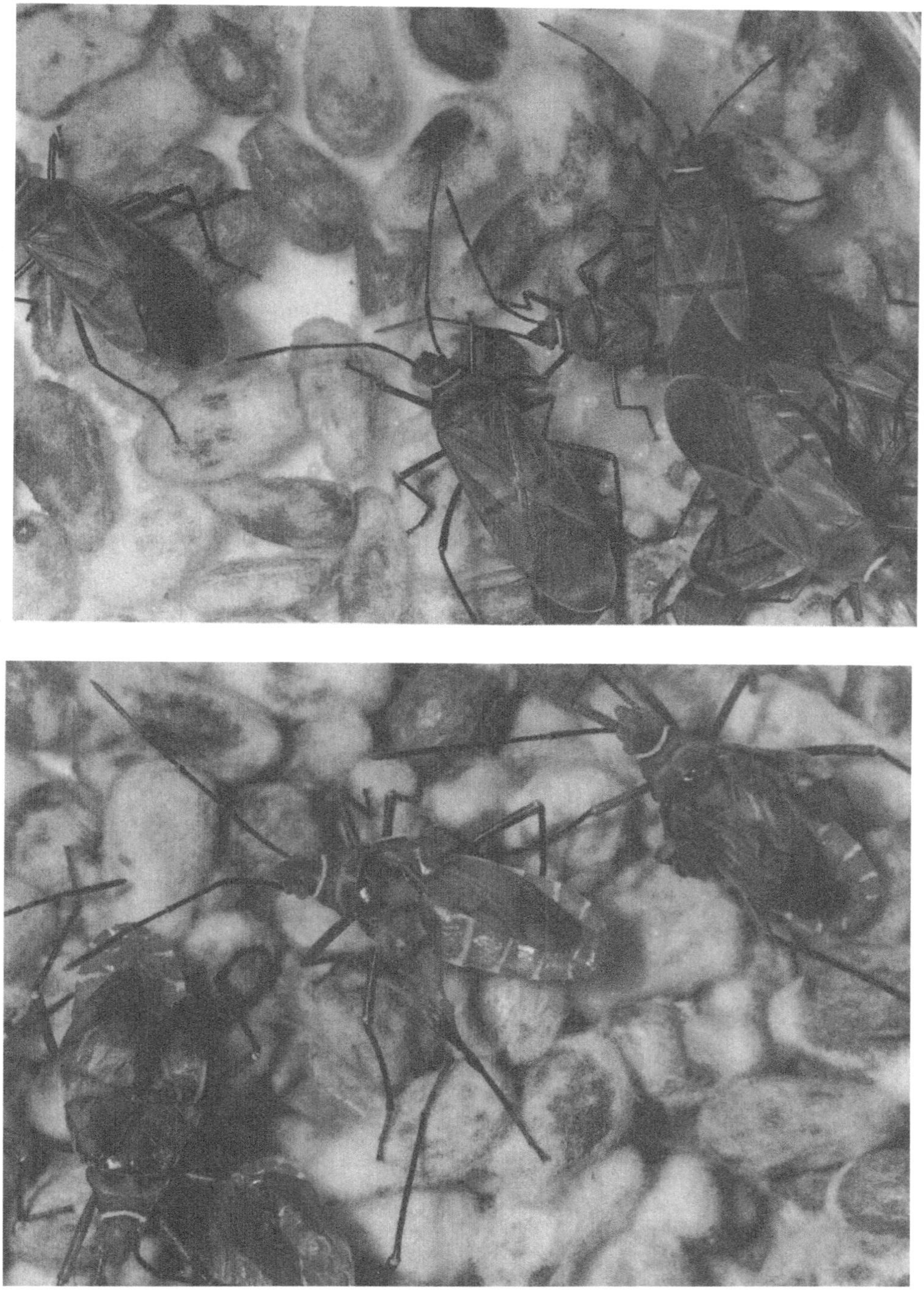

Abb. 100 Baumwollwanzen (*Dysdercus intermedius* Distant) entwickeln sich vom 5. Larvenstadium zur Imago auf Styroporplatten normal (oben). Wurden sie aber auf Eierkarton gehalten, der bekanntlich aus Zeitungspapier hergestellt wird, zeigten alle Tiere im adulten Stadium deformierte Flügel (unten) und starben vor der Eiablage ab. Dies demonstriert die Wirkung des *paper*-Faktors (Juvenoid). Die Fütterung erfolgte in beiden Fällen mit unbehandelten Baumwollsamen (Aufnahmen: Dipl.-Biol. Bernd Schröder).

Tabelle 52: Bekannte Juvenilhormone und einige erfolgreich eingesetzte Juvenoide

	Trivialbezeichnung	Autoren
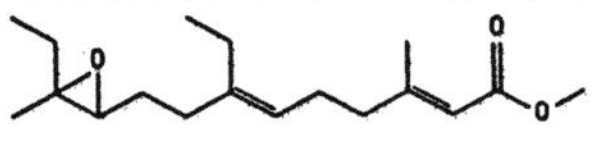	JH-I	Röller et al. (1967)
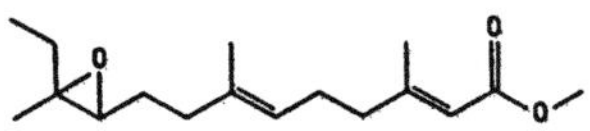	JH-II	Meyer et al. (1968)
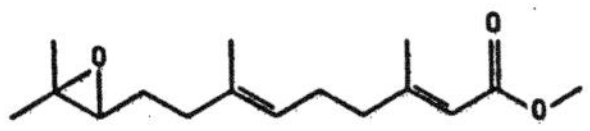	JH-III	Bowers et al. (1965) Judy et al. (1973)
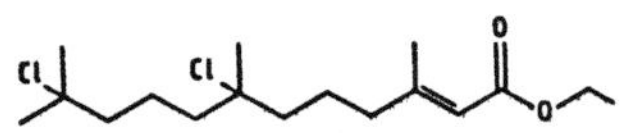	Mischung von chlorierten Farnesoaten	Law et al. (1966)
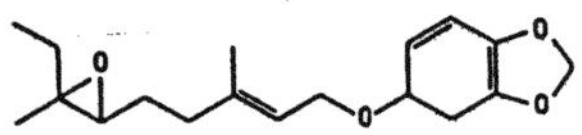	RO 20-3600	Bowers (1968)
	Hydropren	Henrick et al. (1973)
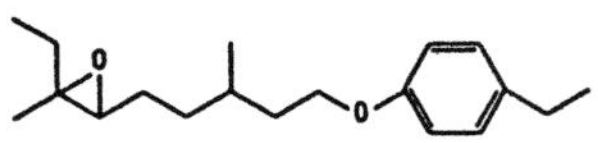	Epofenonan	Handgartner et al. (1976) Frischknecht & Müller (1976)
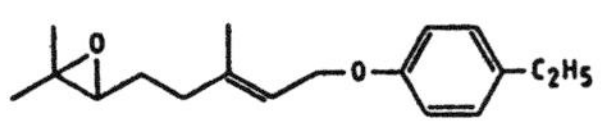	Stauffer R-20458	Pallos et al. (1971)
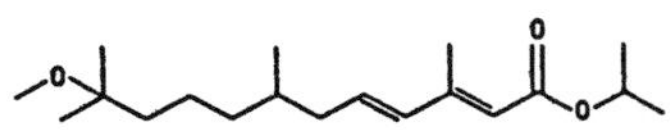	Methopren	Henrick et al. (1973)
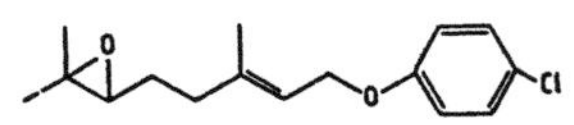	Epoxy-geranylchlorophenyläther	Kontev et al. (1974)
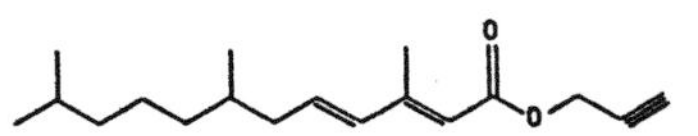	Kinopren	Staal et al. (1973)
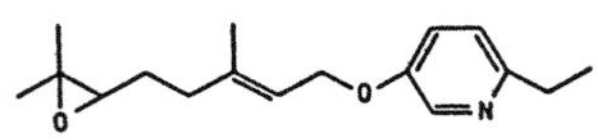	Al 3-70644	Solli et al. (1976) Kramer & McGregor (1978)
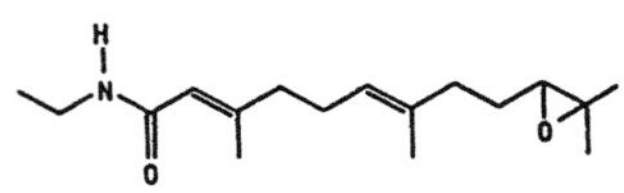	Terpenoidamid	Cruickshank (1971)
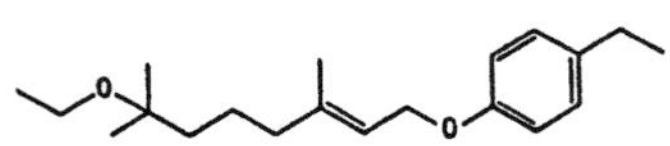	JH-25	Sarmiento et al. (1973) Henrick et al. (1976)
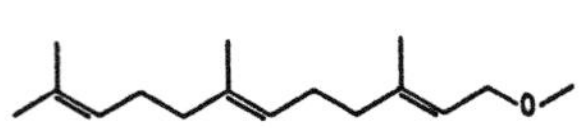	Fernesylmethyläther	Schmialek (1963)
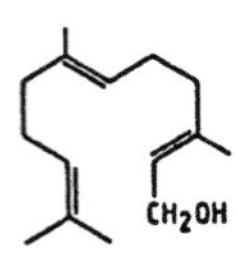	acylisches Sesquiterpen	Slama & Williams (1965)
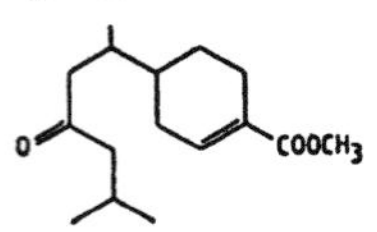	Juvabion	Cerny et al. (1967)
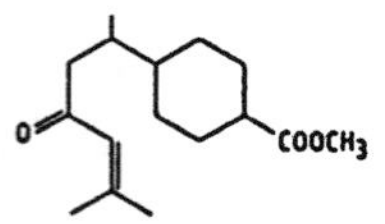	Dehydro-juvabion	Cerny et al. (1967)

lytischer Enzyme und der Wasserhaushalt wie nach C. allata-Implantation. Auch wurde eine Beeinflussung der Gonaden und der Pigmentierung beobachtet. Es traten überzählige Larvenstadien und bei Holometabola unvollständige Puppen und deformierte Imagines auf (Bild 102).

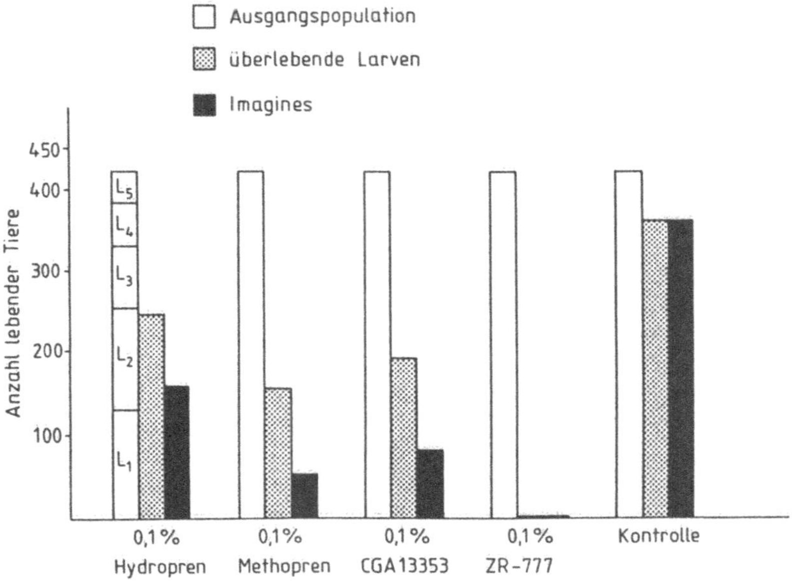

Abb. 101 Einfluß von vier Juvenoiden auf die Postembryonalentwicklung einer asynchronen Larvenpopulation von *Piesma quadratum* (Fieb.), nach Lefèvre (1976).

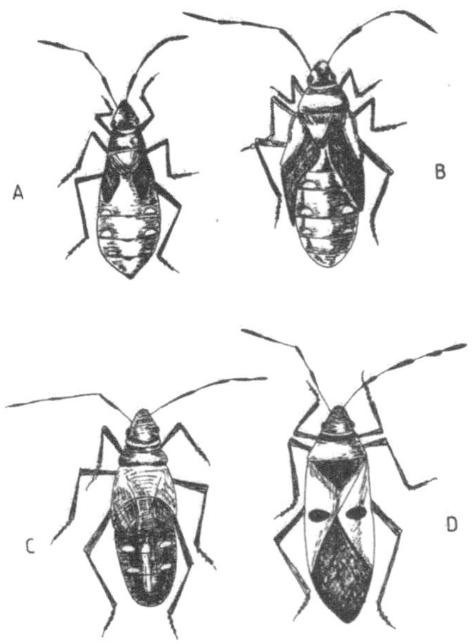

Abb. 102
Wirkung des Acetonextraktes von *Iris ensata* Thamb. auf Larven V von *Dysdercus koenigii* F.; A: normale Larve des 5. Stadiums, B: adultoides Tier, C: überzähliges Larvenstadium (Larve VI), D: adultes Tier (Imago), nach Saxena & Srivastava (1972).

Die unterschiedlichen Defekterscheinungen weisen darauf hin, daß die verschiedenen Insektengewebe zu verschiedenen Zeiten eine hormonsensible Phase durchlaufen. Sie scheint für die Organe des Vorderkörpers früher zu liegen als für die Epidermis und die inneren Organe im Abdomen.

Neben Fehlentwicklungen können Juvenoide auch Sterilität hervorrufen, was nicht durch C. allata-Implantation gelingt. Judson et al. (1978) wiesen dies bei Männchen der Baumwollwanze *Dysdercus similis* (Freeman) nach.

Auf Laborergebnissen fußend wurde die Anwendbarkeit der Juvenoide im Freiland geprüft. Hierbei standen folgende Fragen im Vordergrund:

- Wie gezielt läßt sich mit Juvenoiden arbeiten?
- Können im Freiland die gleichen Erfolge erreicht werden wie im Laboratorium?
- Besteht eine Toxizität der Juvenoide für andere Tierarten als Schadinsekten?
- Wie groß sind die Mengen, die angewendet werden müssen, um einen Erfolg zu erzielen?

Schon bei den ersten Experimenten stellte sich heraus, daß all diese Fragen nicht pauschal zu beantworten sind, da die einzelnen Insekten auf Juvenoide sehr unterschiedlich reagieren. In einigen Fällen ergaben sich schon Wirkungen im Pikogrammbereich (Sorm 1974, Menn & Pallos 1975). Säugetierneurotoxine wirken in ähnlich geringen Dosen. Oft zeigte sich eine günstige und extreme Selektivität auf taxonomisch wichtigen Niveaus. Sehr gering ist ihre Vertebratentoxizität. Die LD_{50} wurde für empfindliche Fische mit größer als 100 ppm Methopren und Hydropren (Siddall & Slade 1974) und jene für R-20458 mit 10 ppm angegeben (Pallos & Menn 1972). Milben sind gegenüber Juvenoiden recht unempfindlich. Aber auch auf Insektenarten besteht eine mitunter recht große selektive Wirkung. So sind Juvabion und gewisse peptidische JH-Analoge nur bei pyrrhocoriden Wanzen aktiv (Slama et al. 1974). Die Autoren weisen darauf hin, daß eine Selektivität zwischen Familien und höheren Kategorien weitverbreitet ist, während Genera und Arten der gleichen Familie meist gleich reagieren. Folglich können auch nützliche und indifferente Insekten, besonders hilfreiche Parasiten und Prädatoren, wie bei der Anwendung von Insektiziden, geschädigt werden. Jedoch liegen noch zu wenig Informationen über die Auswirkung von Juvenoiden auf nicht schädliche Freilandpopulationen vor, um hierzu gültige Aussagen machen zu können.

Tabelle 53: Selektive Toxizität von vier Juvenilhormon-Analoga für verschiedene Insektenarten; ID_{50} (50 % Metamorphosehemmung)

	Pyrrhocoris apterus µg/Larve	*Dysdercus cingulatus* µg/Larve	*Graphosoma italicum* µg/Larve	*Tenebrio molitor* µg/Puppe
A 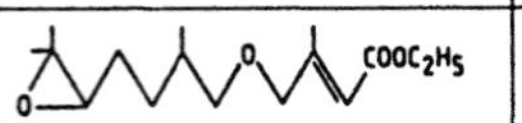	0,01	0,005	0,1	50
B 	8	4	> 250	0,0005
Relative Aktivität B/A	800	800	> 2500	0,00001

	Aedes aegypti ppm im Medium	*Musca domestica* µg/Puppe	*Galleria mellonella* µg/Puppe	*Heliothis virescens* ppm im Medium	*Tenebrio molitor* µg/Puppe	*Acyrthosiphon pisum* %ige Sprühlösung
C Methopren	0,00025	0,0056	1,1	0,77	0,0040	0,0054
D Hydropren	0,0078	18	0,040	0,30	0,25	0,0039
Relative Aktivität D/C	31	3214	0,036	0,39	63	0,72

Angaben: A, B nach Slama et al. (1974), C, D nach Henrick et al. (1975)

Aber auch schädliche Insekten können recht unterschiedlich betroffen werden. Während der in Tabelle 53 angeführte Ester (A) für Heteropteren recht toxisch ist, wirkt er auf *Tenebrio molitor* kaum. Das Amid (B) zeigt eine gegensätzliche Wirkung. Ähnlich selektiv wirken Methopren und Hydropren. Während Methopren sich aktiver bei Dipteren (*Aedes* und *Musca*) und Coleopteren (*Tenebrio*) auswirkt, besitzt Hydropren Vorteile bei der Bekämpfung von Lepidopteren (*Galleria* und *Heliothis*). Jedoch wirken beide Verbindungen auf Erbsenläuse (*Acyrthosiphon*) (Slama et al. 1974, Staal 1975). Borkenkäfer und Rüsselkäfer zeigten auf alle getesteten Juvenoide keinerlei Reaktion (Novak & Sehnal 1973), während aus frisch abgelegten Eiern von *Pissodes strobi* nach Behandlung mit dem Juvenoid R-20458 keine Larven schlüpften (Retnakaran 1973). Die Larvenentwicklung des Wadenstechers *Stomoxys calcitrans* (L.) konnte mit 1 %igen Juvenoidlösungen um 93 bis 96 % vernichtet werden, während seine Endoparasiten nicht beeinflußt wurden (Wright & Smalley 1977).

Die Ursachen einer solchen selektiven Wirkung wurden bisher kaum untersucht. Der unterschiedliche Metabolismus und die Penetranz spielen zweifellos dabei eine Rolle. Solange aber die JH-Rezeptoren und ihre assoziierten Funktionen nicht näher bekannt sind, wird sich die unterschiedliche Empfindlichkeit der einzelnen Tiergruppen schwer deuten lassen. Mehrere Forscher haben quantitative und qualitative Unterschiede im Abbau der natürlichen Juvenilhormone gefunden (Hammock et al. 1974). Auch kann im Stoffwechsel eine Aktivierung der Juvenoide erfolgen, die nicht alle Insekten leisten können. So kann *Oncopeltus* Methopren in das wirksamere O-Demethylanaloge umwandeln, was von *Tenebrio molitor* vermutlich nicht geleistet werden kann (Solomon & Metcalf 1974).

5.1.2 Verwendung in Land- und Forstwirtschaft

Nach Anwendung der Blattsprühmethode erzielten Fogal & Sulliran (1976) bei der Bekämpfung der Kiefernbuschhornblattwespe *Neodiprion sertifer* erfolgversprechende Resultate. Fytizas & Mourikis (1977) konnten mit Methopren das Schlüpfen der Olivenfruchtfliege *Dacus oleae* hemmen und ovizide Wirkung erzielen, wenn die Oliven in eine wäßrige Lösung getaucht wurden. Skuhravi & Hochmut (1975) testeten zwischen 1971 und 1973 die Wirkung von Hydropren auf den Eichenwickler *Tortrix viridana* in einem Querceto-Fagetum in Südmähren. Es wurden 150 l Wasser mit 500 g Hydropren pro Hektar aus der Luft versprüht und insgesamt ca. drei Hektar behandelt. Dies geschah am 12.5.1972 morgens um 6 Uhr, um die schnelle Zersetzung durch Sonnenlicht gering zu halten. So blieb das Juvenoid mindestens 12 Stunden wirkungsvoll. Die Kontrollfläche lag einen halben Kilometer von der Versuchsfläche entfernt. Kontrolliert wurde die Anzahl der Larven und Puppen direkt vor und nach der Behandlung sowie zur gleichen Zeit im nächsten Jahr und zusätzlich wurde durch Photoplanimetrie die Gesamtblattfläche ermittelt. Die überwinterungsfähigen Eier wurden im Herbst der Jahre 1971, 1972 und 1973 gezählt. Dazu wurden aus dem Spitzenbereich der Bäume Triebe entnommen, und der Verseuchungsindex (VI), der die Anzahl der Larven und Puppen bzw. Eier pro Trieb angibt, wurde wurde errechnet. Das Ergebnis gibt Tabelle 54 zusammenfassend wieder.

Tabelle 54: Einfluß von Hydropen auf Populationsänderungen von *Tortrix viridana* in Südmähren nach Skuhravi & Hochmut (1975); VI: Verseuchungsindex

Jahr	Fläche	Anzahl der Knospen	Anzahl der Eier	VI einzelner Bäume	VI Mittel
1971	Juvenoid	490	640	1,28; 1,33	1,31
	Kontrolle	245	332	1,23; 1,47	1,36
1972	Juvenoid	4943	620	0,07; 0,08 0,11; 0,27	0,13
	Kontrolle	4689	1776	0,26; 0,29 0,36; 0,54	0,38
1973	Juvenoid	4800	610	0,05; 0,11 0,12; 0,23	0,13
	Kontrolle	4800	1270	0,23; 0,27 0,28; 0,29	0,26

Die Anzahl der Raupen wurde 1972 durch den Einsatz von Hydropren um das 2- bis 3fache verringert; der Verseuchungsindex fiel auf der Kontrollfläche von 0,84 auf 0,37, auf der behandelten Fläche von 0,54 auf 0,10. Wurden die Schlüpfraten der Puppen auf beiden Flächen verglichen, so ergab sich eine Verminderung in der Populationsdichte auf der behandelten Fläche um 63 bis 66 %.

Im Jahre 1973 wurden an 3000 Trieben behandelter Bäume nur noch 287 Eier gefunden (VI = 0,10), auf unbehandelten dagegen 1435 Eier (VI = 0,48). Durch Juvenoidbehandlung wurde die im nächsten Jahr schlüpfende Generation um 67 % reduziert.

Für die Berechnung der Blattoberfläche wurden 5 Blätter pro Trieb (40 cm^2 als Mittelwert) zugrunde gelegt. Bei 100 Trieben behandelter Bäume verminderte sich diese nur um 16 %, während auf der Kontrollfläche 68 % verlorengingen.

Viele weitere Versuche wurden durchgeführt, um schädliche Lepidopteren in Feld und Wald mit Juvenoiden zu bekämpfen. Outram (1973) berichtete, daß Puppen von *Choristoneura fumiferana* nur in den ersten zwei Tagen auf Juvenoidbehandlung reagieren. Eine spätere Behandlung greift in die Entwicklung der hymenopteren Parasiten ein (Riddiford 1972). Schooneveld et al. (1976) konnten den Sommerfruchtwickler *Adoxophyes orana* durch Besprühen der Blätter mit R0-10-3108 in 0,1 %iger Lösung vollständig unter Kontrolle bringen. Die Verbindung zeigte eine gute Feldstabilität mit bleibender biologischer Aktivität auf den Blättern bis zu drei Monaten. Dabei trat kein nachteiliger Effekt bei hymenopteren Parasiten auf. Auch andere Wicklerarten ließen sich erfolgreich bekämpfen (Schmid et al. 1978). Eine Reduktion der Fruchtbarkeit in der F_2-Generation fanden Guerra et al. (1977) bei *Heliothis virescens* nach Behandlung mit Al 3-70644. El-Guindy & Bishara (1976) beobachteten bei *Heliothis armigera* eine totale Hemmung der Kopulation, wenn Vorpuppen mit 1 μg R-20458 pro Tier behandelt wurden. Nach Sehnal et al. (1976) ist Methopren von 32 Juvenoiden das wirksamste auf Lepidopterenlarven. Bereits 0,1 %ige Hydroprenlösung reduzierte die Freilandpopulationen des Lärchenwicklers *Coleophora laricella* (Skuhravi 1973).

Aber es gibt auch weniger erfolgreiche Versuche in Verbindung mit einer gewissen Pflanzentoxizität (Lewis et al. 1973). Über eine Reihe von wirksamen und deshalb für die Praxis interessanten Nebeneffekten berichteten Benz (1973) und Negishi et al. (1976).

Für Hemipteren liegen Laboruntersuchungen mit *Oncopeltus fasciatus, Pyrrhocoris apterus, Piesma quadratum* vor, in denen gezeigt wurde, daß mehrere Juvenoide die Entwicklung beeinflussen (Lefèvre 1976). Vielversprechende Ergebnisse wurden von Kontev et al. (1973, 1974) mit Epoxygeranylchlorophenyläther bei *Eurygaster integriceps* erhalten; neben oviziden Effekten konnte die Metamorphose gehemmt und die reproduktive Diapause beendet werden. Es konnte so eine außerordentliche F_2-Generation erzeugt werden, die infolge veränderter Temperatur- und Nahrungsbedingungen nicht überlebte.

Auch die Entwicklung von Aphiden läßt sich durch Juvenoide beeinflussen. Tamaki (1973) besprühte die Pfirsichlaus *Myzus persicae* auf Pfirsichzweigen mit R-20458 und Hydropren und reduzierte die Produktion von Geflügelten bis zu 75 %. Aber auch diptere Parasiten der Pfirsichlaus wurden in ihrer Entwicklung beeinflußt. Staal (1975) gab einen Überblick über die die Reproduktion der Aphiden betreffenden juvenoid-induzierten Effekte. Auch Schildläuse können mit 0,1 %igen Juvenoidkonzentrationen erfolgreich bekämpft werden (Boboye & Carman 1975, Kozar & Varjas 1976, Asano & Kamei 1977). Jedoch weisen die Autoren darauf hin, daß Juvenoide besonders zur Bekämpfung von Gewächshausschädlingen geeignet sind. In diesem Zusammenhang berichtete Klein-Koch (1976) über ovizide und morphogenetische Effekte von Juvenoiden auf die Rote Spinnmilbe *Tetranychus urticae* und die Raubmilbe *Phytoseiulus persimilis.*

Über Coleopteren liegen nur wenige Angaben vor. Nach Walker (1973) zeigten Feldversuche mit Epoxygeranyl-chlorophenyläther, daß bei *Epilachna varivestis* die Eizahl im Gelege um 90 % reduziert wird, jedoch eine gewisse Phytotoxizität auftrat. Auf die Probleme bei der Bekämpfung des Kartoffelkäfers mit Juvenoiden wiesen Sehnal & Skuhravi (1976) hin. So ist nicht in allen Fällen die morphogenetische und ovizide Wirkung der Juvenoide zur Bekämpfung von Schadinsekten geeignet. Manchmal treten unerwünschte Verhaltensänderungen auf; die Diapause kann frühzeitig gebrochen werden (Edwards & Menn 1981).

Nach bisherigen Untersuchungen scheinen Juvenoide weniger wirksam gegen Schadinsekten in Land- und Forstwirtschaft einsetzbar zu sein. Die Ursachen liegen wohl darin, daß viele dieser Schadinsekten phytophage Larvenstadien besitzen, die einen Schaden verursachen. Da die Larven nur im letzten Stadium empfindlich sind, wird die Aktivität der Juvenoide auf eine Periode begrenzt, nach deren Erreichen der größte Schaden bereits verursacht wurde. Durch Produktion überzähliger Larven kann der Schaden sogar noch erhöht werden (Sehnal 1971). Hinzu kommt, daß die meisten Juvenoide im UV-Licht instabil sind, und ihre Zersetzung im Freiland sehr schnell vor sich geht. Die Unempfindlichkeit der Larven scheint ein fundamentales Problem zu sein, das nicht durch Synthese noch so hoch wirksamer und stabiler Juvenoide zu lösen ist. Eine weitere Schwierigkeit bei der Anwendung im Freiland ist die Behandlung großer Flächen, die notwendigerweise viele indifferente Arten und Prädatoren beeinflußt. Auch kann aus unbehandelten Gebieten leicht ein Zuflug erfolgen. In heutiger Zeit wird auch der hohe Kostenfaktor die Verwendung von Juvenoiden zur Flächenbehandlung stark einengen. Dagegen scheinen sie zur Bekämpfung von Schadinsekten in Gewächshäusern durchaus brauchbar zu sein. Entsprechend sollten wirksame stabilere Verbindungen oder schützende Formulierungen, wie Mikroeinkapselung, entwickelt werden.

5.1.3 Anwendung im Bereich der Hygiene und des Vorratsschutzes

Im medizinischen und veterinärmedizinischen Bereich steht die Bekämpfung von Dipteren im Vordergrund. Auf die Wirkung von Juvenoiden auf Mosquitos wiesen schon Jakob & Schoff (1971) hin, die in den folgenden Jahren weiter verfolgt wurde (Schaefer & Wilder 1972, 1973). Auf Mikroorganismen, Anneliden und Mollusken wirkte Methopren nicht (Quistad et al. 1976), aber recht gut auf *Chironomus*-Larven (Müller et al. 1974). Granulatformulierungen wirkten gewöhnlich besser als emulgierte Konzentrate. Finney et al. (1977) zeigten die Möglichkeit einer integrierten Bekämpfung von *Aedes aegypti* durch Juvenoide in Verbindung mit dem Nematoden *Romanomermis culicivorax* als Parasit, auf den erstere nicht wirken. Nach Self et al. (1978) können die Weibchen einer *Culex quinquefasciata*-Population durch Behandlung mit 1 ppm Juvenoid bis zu 80 % innerhalb von 2 bis 5 Wochen reduziert werden. Verwandte Arten sollen dagegen wesentlich toleranter sein (Case & Washino 1978). Methoprenbehandlung von *A. aegypti* hemmte die Morphogenese und Embryogenese und führte zur Sterilität. Bei *Anopheles stephensi* wirkten sich bereits 0,001 ppm aus (Naqvi et al. 1978).

Morgan et al. (1975) verfütterten 0,01 % Dosen an Methopren an Hühner und erreichten 99 % Larvenmortalität bei Hausfliegen, die sich in den Exkrementen entwickelten. Dagegen war eine direkte Behandlung des Hühnerdüngers weniger wirksam. Auch auf *Stomoxys calcitrans* wirkte Methopren am besten. Bereits 0,025 % waren an Brutplätzen wirkungsvoll (Wright & Smalley 1977). Auch an Säugetieren verfüttert verhinderte Methopren die Entwicklung von Fliegen im Kot (Beadles et al. 1975). Nur wenige Arbeiten berichten über die Anwendung von Juvenoiden zur Bekämpfung von Körperläusen, wobei auch eine ovizide Wirkung erzielt wurde (Prasert et al. 1975).

In den USA wurde Methopren 1973 zur Bekämpfung von Mosquitos allgemein freigegeben; es ist auch heute noch das einzige Handelsprodukt von Juvenoidcharakter.

Eine besondere Bedeutung erreichten die Juvenoide im Vorratsschutz wegen ihrer Wirkungslosigkeit auf Warmblüter. Hier können sie gegen Coleopteren und Lepidopteren eingesetzt werden. Bei Kornkäfern wurde die Eiablage reduziertt und morphogenetische Effekte traten auf (Bhatnagar-Thomas 1973). Auf Mehlkäferlarven wirkten kurz nach der Larven-Puppenhäutung bereits 0,01 μg pro Insekt (Socha & Sehnal 1972). Aber auch auf diesem Sektor finden wir eine selektive Wirkung. Obgleich die Mehrzahl der Vorratsschädlinge hoch empfindlich gegenüber Juvenoiden ist, ließ sich *Sitophilus* nicht bekämpfen. Vielleicht kann die sich in den Körnern entwickelnde Larve nicht von den applizierten Juvenoiden erreicht werden. Aber sicherlich ist die geringe Eindringungsfähigkeit der Juvenoide in das Korn nicht der alleinige Grund für die hohe Toleranz (Edwards & Rowland 1978).

Über eine erfolgreiche Anwendung von Juvenoiden zur Schabenbekämpfung im Haushalt berichteten Das & Gupta (1974) und Cruickshank (1971). Bei *Blattella germanica* verhinderten 5 ppm Hydropren in der Nahrung die Metamorphose zu 97 % (Riddiford et al. 1975), Methopren in Dosen von 0,1 % die Reproduktion vollständig. Eine Hausfliegenbekämpfung im Haushalt mit Juvenoiden wird weniger erfolgreich sein, da nur adulte Tiere getroffen werden. Dagegen können die Verbindungen an Brutplätzen zur Verminderung der Population erfolgreich eingesetzt werden.

Die Frage nach dem Erfolg bei der Anwendung von Juvenoiden im Freiland stößt allgemein auf Probleme, die schwer zu lösen sind. Unter Laborbedingungen ist es möglich, das Juvenoid während der sensiblen Phase der Larven zu applizieren. Die Aktivitätsdauer war dann zumeist ausreichend, um die Entwicklung der Tiere entsprechend zu beeinflussen, denn alle Testtiere befanden sich im gleichen Entwicklungsstadium. Im Freiland finden wir keine in der Entwicklung synchronisierten Populationen. Im Gegenteil, jede Art besitzt eine für das Überleben wichtige mehr oder weniger große Variationsbreite. Um doch noch einen gewissen Bekämpfungserfolg zu erzielen, ist eine sorgfältige Beobachtung der Schadtierpopulation unerläßlich, damit erkannt werden kann, wann sich das Maximum der Larven in der sensiblen Phase befindet. Nur dann kann sich die Anwendung von Juvenoiden in einem ökonomisch tragbaren Rahmen halten. Der größte Erfolg wird in solchen Fällen gegeben sein, in denen nur das adulte Stadium einen Schaden verursacht. Juvenoide sind am wirkungsvollsten bei Arten, bei denen sie morphogenetische und reproduktive Effekte auslösen können. Isolierte Populationen können wirkungsvoller bekämpft werden als weit ausgedehnte. In Situationen, in denen all diese Bedingungen erfüllt sind, können Juvenoide hoch wirksam sein und auch selektiv eingesetzt werden.

5.1.4 Neue Aspekte

Nicht unerwähnt darf bleiben, daß auch gegen Juvenoide im Laboratorium von *Tribolium confusum* und *Culex pipiens* (Brown et al. 1978), *Spodoptera littoralis (Boisd.)* (El-Guindy et al. 1977) sowie *Musca domestica* (Georghiou et al. 1978) Resistenz entwickelt wurde. Für Freilandpopulationen fehlt bisher der Nachweis. Auch wurde der Einsatz von Synergisten noch wenig erprobt. Andererseits konnte eine gegen Insektizide resistent gewordene Population von *Spodoptera littoralis* mit Juvenoiden bekämpft werden (El-Guindy et al. 1975). Gegen Endrin und Matacil hoch resistente Populationen waren gegenüber den Juvenoiden R-20458 und ENT 34070 nur wenig tolerant, während ein gegen Fenitrithion resistenter Stamm gegenüber ENT 34070 sehr tolerant war. Eine Weiterführung solcher Untersuchungen könnte über den Wirkungsort der Juvenoide nähere Auskunft geben.

Einen ganz anderen Weg, Juvenoide für die Schadtierbekämpfung nutzbar zu machen, schlugen Slama & Romanuk (1976) vor. Danach soll es möglich sein, die Aktivität katabolischer Enzyme auszunutzen, um aktive Juvenoidmoleküle aus langkettigen Fettsäureestern freizusetzen, die als Juvenogene bezeichnet werden. Jedoch fehlt bisher jede erfolgreiche praktische Anwendung solcher Juvenogene.

5.2 Antihormone

Neben den mit der juvenilhormonalen Wirkung konkurrierenden Juvenoiden wurden Verbindungen gefunden, die Anti-Juvenilhormoneffekte zeigen. Es handelt sich ebenfalls um Pflanzeninhaltsstoffe mit insektizidem Charakter (Bowers et al. 1976). Sie werden als Antiallatotropine bezeichnet. Bekannt sind zwei Chromen-Derivate (Precocen 1 und 2).

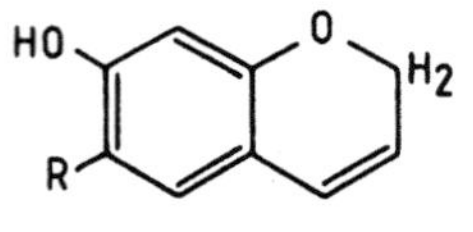

Precocen 1: R = H (2,2-Dimethyl-7-methoxy-chrom-3-en)
Precocen 2: R = OCH_3

Die wenigen Untersuchungen, die bisher mit diesen Stoffen durchgeführt wurden, sind vielversprechend. Sie ergaben bei holo- und hemimetabolen Insekten eine Frühreife, d. h. frühzeitige Metamorphose, eine Hemmung der Ovarienentwicklung und damit verbunden ein Fehlen der Begattungsbereitschaft der Weibchen, während die Männchen von *Dysdercus similis* nach 3 bis 7 Tagen abstarben (Bowers 1976, Judson et al. 1979). Mitunter konnte auch eine Diapause induziert werden. Solche Effekte lassen sich durch Allatektomie erzielen. Histologisch konnte nach Behandlung mit Precocen 1 eine totale Degeneration der Corpora allata erreicht werden, was einer Ektomie gleichkommt (Unnithan et al. 1977, Lee & Tan 1981) (Bild 103). Nach Pratt & Bowers (1977) soll Precocen 2 bei *Periplaneta americana* die JH-Biosynthese blockieren. Soweit bekannt, können aus Precocen 2 im Stoffwechsel der Insekten 6,7-Dimethoxy-2,2-dimethylchroman-3,4-diol

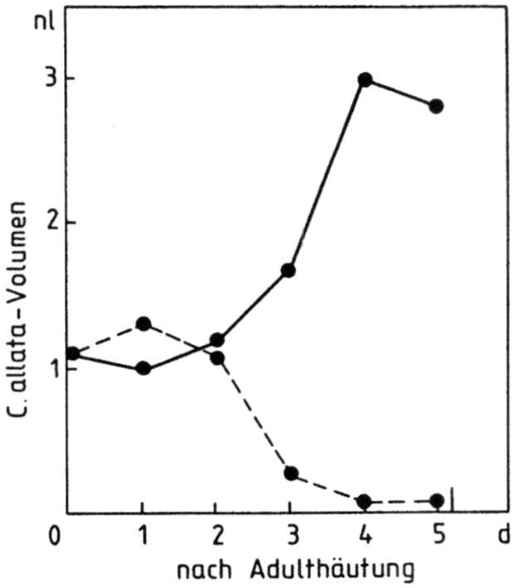

Abb. 103
Veränderungen im Volumen der Corpora allata bei normalen (o—o) und mit Precocen II behandelten Tieren (o---o) während des ersten gonadotropen Zyklus von *Dysdercus similis* (F.). Der Pfeil zeigt die Zeit der Eiablage bei normalen Weibchen an, nach Judson et al. (1979).

und 6,7-Dimethoxy-2,2-dimethylchroman-3-ol gebildet werden (Ohta et al. 1977). Um bei 50 % einer Population Antihormoneffekte zu erzielen, wurden bei *Locusta migratoria* 40 μg Precocen 1 pro Tier (Pedersen 1978) und bei *Dysdercus similis* 20 μg Precocen 2 pro Tier benötigt (Judson et al. 1979).

Größere Antijuvenilhormonwirkung als die natürlichen Precocene sollen 2,2-Dimethylchromene besitzen (Ohta & Bowers 1977).

5.3 Chitinsynthesehemmer

Während Phenylharnstoffverbindungen gewöhnlich herbiziden Charakter haben, zeigen Benzoylharnstoffderivate insektizide Wirkung, die erst 1970 entdeckt wurde. Aber die Todesursache ist anders als bei den üblichen Insektiziden. Von den vielen synthetisierten Benzoylharnstoffderivaten wurde bisher nur Diflubenzuron (Bild 104) als erfolgreiche Verbindung in den Handel eingeführt. Die meisten Untersuchungen liegen über dieses Produkt vor (Grosscurt 1978b), das in der üblichen Formulierung als Dimilin W-25 bezeichnet wird; es enthält 25 % des Wirkstoffes (von Philips-Duphar PH 60-40 genannt).

Technisches Diflubenzuron (PH 60-40) ist gelblichbraun kristallin mit einem Schmelzpunkt zwischen 210 bis 230 °C und fast unlöslich in Wasser. Es wird in alkalischer Lösung zersetzt und wird gewöhnlich im festen Zustand formuliert: Dimilin ist ein dispergierbares Pulver.

5.3.1 Toxizität und Wirkungsweise des Diflubenzurons

Seine Toxizität auf Säugetiere und Vögel ist minimal, da der Wirkungsort fehlt. Für technisches PH 60-40 wurden LD_{50}-Werte von 2000 bis > 4640 und für Dimilin solche von 18650 bis > 40000 mg/kg nach 14 Tagen ermittelt. Chronische Toxizität trat bei Ratten nach zweijähriger Verfütterung von 160 mg/kg Nahrung auf. Auf Fische wirkten 135 bis 225 ppm toxisch. Diflubenzuron besitzt weder herbizide noch phytotoxische Wirkungen (Hatzlos & Penner 1978). Auf Insektenlarven wirkt es als Fraßgift; die Larven überleben bis zur nächsten Häutung, dann werden sie geschädigt (Daalen et al. 1972, Büchi 1978). Histologische Untersuchungen ergaben eine Fehlbildung der Endokutikula (Mulder & Gijswijt 1973, Salama et al. 1976). Statt normaler Kutikulaschichten wird koaguliertes Material gebildet. Die Deformationen des Außenskeletts verhindern wahrscheinlich die normalen Muskelbewegungen des neuen Stadiums, um sich von der Exuvie zu befreien. Bei Kartoffelkäferlarven konnte nach einmaliger subletaler Dosis gezeigt wer-

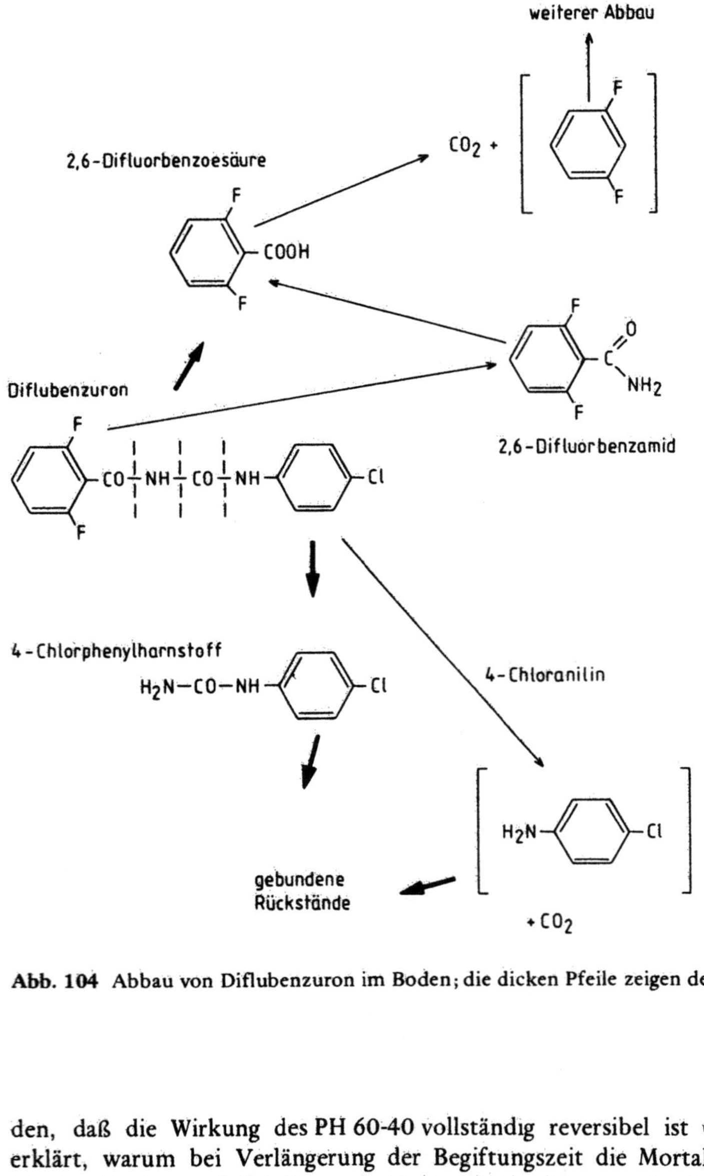

Abb. 104 Abbau von Diflubenzuron im Boden; die dicken Pfeile zeigen den bevorzugten Weg an.

den, daß die Wirkung des PH 60-40 vollständig reversibel ist (Grosscurt 1978a). Dies erklärt, warum bei Verlängerung der Begiftungszeit die Mortalität der Larven ansteigt (Ascher & Nemny 1976, Lacey & Mulla 1977). Fein verteilte Partikel geben bessere Wirkung als grobe. Vermutlich wird die Resorption im Darm durch eine möglichst feine Verteilung erhöht (Maas 1978). Eine topikale Begiftung ergab wesentlich schlechtere Resultate (Fytizas 1976, Ascher & Nemny 1976, Plapp 1976).

Allgemein läßt sich sagen, daß alle Larvenstadien empfindlicher Insektenarten mit Diflubenzuron bekämpft werden können. Bei vielen Arten sind ältere Stadien weniger empfindlich als junge (Neal 1974, Rathburn & Boike 1975, Retnakaran & Smith 1975, Hartinger 1976). Die Toxizität gegenüber anderen Invertebraten kann stark variieren und ist von der Fähigkeit zur Chitinsynthese abhängig. Der Tod tritt normalerweise während oder kurz nach der Häutung ein, doch sollte das Präparat bis zur nächsten Häutung appliziert werden.

Ovizide Wirkung läßt sich sowohl durch topikale Behandlung der Eier als auch der Weibchen erreichen. Die Auswirkung eines direkten Kontaktes der Eier ist von Art zu Art verschieden; sie wird von mehreren Faktoren beeinflußt. Allgemein sind jüngere Eier empfindlicher als ältere. Auch hier ist die Wirkung bei feiner Verteilung und hoher relativer Luftfeuchtigkeit größer. Die Menge an Eiern, die nach Behandlung der Weibchen produziert wird, hängt von der Konzentration des PH 60-40 in der Diät, von der Formulierung und manchmal auch vom Alter der eierlegenden Weibchen ab (Grosscurt 1977, Novak & Sehnal 1978). Auch kann der Schlupf der Eilarven verhindert werden, wenn unbehandelte Weibchen von behandelten Männchen begattet werden (Moore & Taft 1975, McGregor & Kramer 1976, McLaughlin 1976, Wright & Spates 1976). Jedoch ist nicht sicher, ob diese Wirkung durch veränderte Spermien bedingt ist oder durch physischen Kontakt, denn nach Injektion konnte keine Wirkung über das Sperma gefunden werden (Grosscurt 1976). Diflubenzuron scheint keinen Effekt auf die Spermaentwicklung zu haben.

Der ovizide Effekt gilt nicht dem Embryo, der voll entwickelt ist, aber nicht schlüpfen kann. Auch in diesen Fällen wurden Kutikulamißbildungen gefunden. Das Exoskelett ist weich, und die Muskelansätze sind verändert, so daß die Eischale nicht verlassen werden kann. Der Sterilitätsbegriff sollte in diesem Falle nicht verwendet werden.

Für adulte Insekten ist Diflubenzuron im allgemeinen nicht toxisch. Jedoch kann es kurz nach der Adulthäutung eine Wirkung haben, da oft erst eine allmähliche Aushärtung der Kutikula erfolgt. Bei *Schistocerca gregaria* traten dann Brüche am Femurtibialgelenk der Sprungbeine auf. Vier Tage nach der Adulthäutung konnten solche Wirkungen nicht mehr erzielt werden (Ker 1977). Auch beim Kartoffelkäfer konnte der Härtungsprozeß in der Kutikula durch Diflubenzuron gehemmt werden. Dies steht in gewissem Gegensatz zu Beobachtungen an der larvalen Kutikula, wo nach Diflubenzuron-Behandlung kein geschichtetes Kutikulawachstum stattfand.

PH 60-40 beeinflußt auch die Zusammensetzung der peritrophischen Membranen im Mitteldarm, da sie auch aus Chitinfibrillen bestehen, die mit Proteinen assoziiert sind. Mit PH 60-40 gefütterte *Locusta migratoria* zeigten ein Ansteigen der fibrösen Struktur und ein Absinken im Körpergewicht. Vermutlich wurde der Chitingehalt in den Membranen reduziert, so daß das Protein nicht genügend stabilisiert werden konnte. Dementsprechend werden Chitin- und Proteingehalt der Membranen geringer sein (Clarke et al. 1977, Becker 1978).

Eine Hemmung der ablaufenden Chitinsynthese erfolgte bei *Pieris brassicae* bereits nach 15 Minuten und bei *Locusta* nach 80 Minuten der Applikation (Ker 1977, Deul et al. 1978). Auf die Proteinablagerung hat Diflubenzuron keine Wirkung (Hunter & Vincent 1974, Ker 1978). Die Chitinase-Aktivität wird ebenfalls nicht beeinflußt. Die eigentliche Wirkung geschieht auf dem Stoffwechselweg von der Glukose zur Chitinbildung und -ablagerung. Mehrere Autoren fanden eine Anhäufung von UDPAG, der letzten Vorstufe des Chitins (Post et al. 1974, Sowa & Marks 1975, Hajjar & Casida 1978, Eck 1979). Die insektiziden, histologischen und biochemischen Wirkungen des Diflubenzurons gleichen denen des Polyoxin D, das als reversibler Hemmer der Chitinsynthese in Pilzen bekannt ist.

Die Biosynthese anderer dem Chitin ähnlicher Biomakromoleküle, wie Hyaluronsäure und Chondroitinsulfat, wird nicht gehemmt (Crookshank et al. 1978, Bentley et al. 1979). Auch N-Acetylhexosaminyl-transferasen, die an der Biosynthese von Glucosaminoglycanen höherer Tiere beteiligt sind, werden nicht beeinflußt (Stoolmiller 1978).

5.3.2 Persistenz und Abbau von Diflubenzuron

Der Abbau von Diflubenzuron und der Cl-Homologen im Boden kann auf verschiedene Weise erfolgen. Es wird meist zu 2,6-Difluorbenzoesäure und 4-Chlorphenylharnstoff gespalten. Aus der homologen Cl-Verbindung PH 60-38 (I) entsteht 2,6-Dichlorbenzamid, CO_2 und 4-Chloranilin (Bild 103). Diflubenzuron wird beträchtlich schneller abgebaut als PH 60-38. Dies trug wesentlich dazu bei, weshalb ersteres für die Praxis ausgewählt wurde. Im Boden wie im Wasser ist der Abbau stark von der Korngröße abhängig. Bei 10 μm Partikeln dauert er 8 bis 16 Wochen, während 2 μm große Teilchen bereits nach 4 bis 7 Tagen zu 50% abgebaut waren. Der Abbau erfolgt im wesentlichen mikrobiologisch (Metcalf et al. 1975).

I 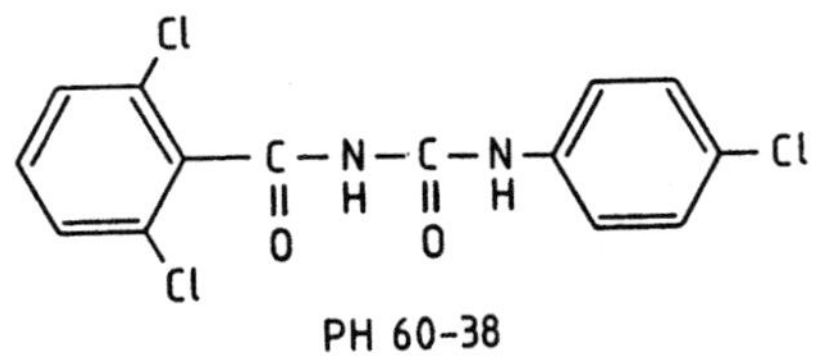

PH 60-38

Im Gewächshaus blieb Diflubenzuron auf Pflanzen über zwei Monate weitgehend unverändert. Aber auch im Freilandversuch wurde es nicht durch Sonnenlicht zersetzt (Bull & Ivie 1978); sein Verschwinden ist weitgehend mit dem Blattfall korreliert (Verloop & Ferrell 1977).

Bei Säugern ist die Resorption der Verbindung stark von der Dosis abhängig. Je kleiner sie ist, desto mehr wird prozentual resorbiert. Erst nach Resorption wird es vollständig abgebaut (Ivie 1978, Willems et al. 1980). Dabei soll eine Hydroxylierung stattfinden (Bild 105) und danach eine Konjugation und Ausscheidung im Urin.

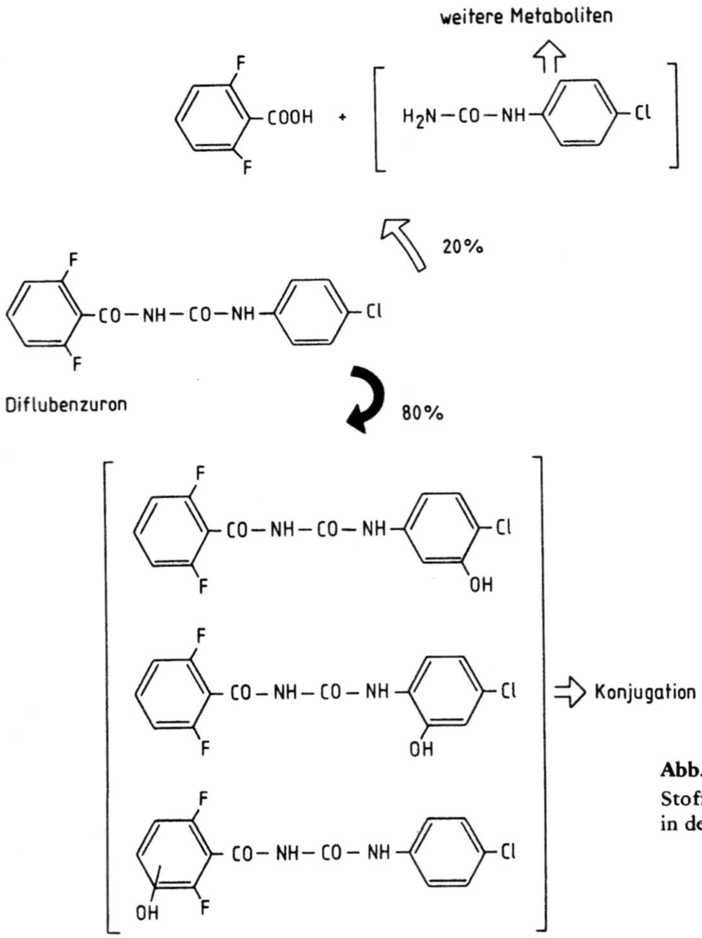

Abb. 105
Stoffwechsel des Diflubenzorons in der Ratte.

Bei Insekten konnte kein Abbau, jedoch eine schnelle Ausscheidung mit dem Kot beobachtet werden (Metcalf et al. 1975, Still & Leopold 1978). Andererseits berichteten Chang (1978) sowie Chang & Stokes (1979), daß etwa 19 % des injizierten Produktes als Konjugate ausgeschieden werden, von denen zwei isoliert und als hydroxylierte Verbindungen identifiziert werden konnten (II + III). In einigen Insekten konnte der gleiche Abbau, wie in Säugetieren beobachtet werden; er verlief nur wesentlich langsamer. Behandelte Hausfliegen-Weibchen schieden bis zu 1 % der applizierten Dosis unverändert mit den Eiern aus, wodurch ein ovizider Effekt auftreten kann (Ivie & Wright 1978).

II

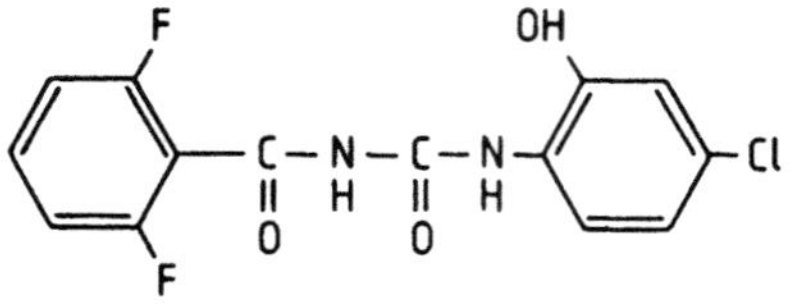

III

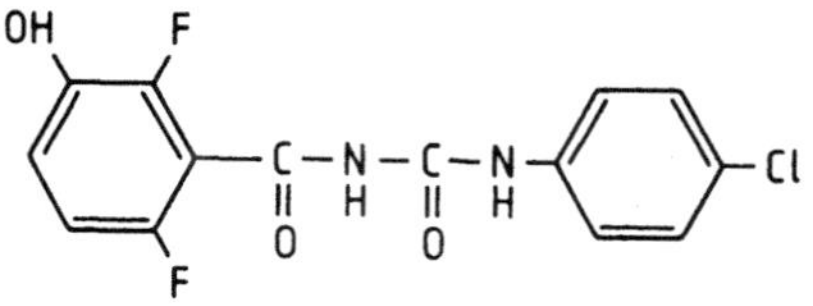

In einem Modellökosystem ließ sich Diflubenzuron in Mosquitolarven 600 bis 1000fach anreichern, während nach 33 Tagen in Fischen nur eine 14 bis 80fache, in Schnecken eine 100 bis 200fache Anreicherung zustande kam. Dagegen wurde DDT im gleichen System und der gleichen Zeit in Fischen 10 000fach und in Schnecken 5000fach angereichert (Metcalf et al. 1971, 1975). Auch Schaefer et al. (1979) sowie Booth & Ferrell (1977) fanden in aquatischen Systemen kaum eine Anreicherung von Diflubenzuron in der Nahrungskette.

Für die Rückstandsforschung ist wichtig, daß die Substanz nicht in die Pflanze eindringt. Somit sind Rückstände nur an solchen Pflanzenteilen zu finden, an die sie direkt appliziert wurde. Auch kommt als Rückstand nur die Ausgangssubstanz in Frage, was die Analyse wesentlich vereinfacht.

5.3.3 Erfahrungen mit Diflubenzuron beim Einsatz in der Land- und Forstwirtschaft

In Westeuropa wird Dimilin W-25 zur Bekämpfung der Apfelgespinstmotte und von Blattminierern angewendet. Es wird 1 bis 4mal in Konzentrationen von 0,01 bis 0,02 % ausgebracht. Auf Äpfeln fällt die Menge in 40 Tagen auf die Hälfte ab, was vorwiegend durch den Zuwachs bedingt sein dürfte. Während der Erntezeit liegt die Menge unter 1 mg/kg. Wird die Substanz nicht an die Frucht appliziert, wie dies bei Baumwolle und Sojabohne geschieht, so finden sich in den später erscheinenden Samen keine Rückstände. Erst nach 10 aufeinanderfolgenden Spritzungen konnten in Baumwollsamen maximal 0,02 mg/kg Trockengewicht gefunden werden.

Von Bedeutung können Rückstände in Pilzen sein, die PH 60-40 aus behandeltem Kompost aufnehmen. Neben der Muttersubstanz traten die erwähnten Metaboliten auf (Bild 104). Gewöhnlich sind die Rückstände jedoch niedrig. Nach einer Behandlung von 1 g Dimilin/m^2 konnten als Rückstand bis zu 0,07 mg/kg 4-Chlorophenylharnstoff und 0,1 bis 0,6 mg/kg 2,6-Difluorbenzoesäure nachgewiesen werden.

Wegen der selektiven und speziellen Fraßgiftwirkung können saugende Insekten (Blattläuse) und Spinnmilben, aber auch viele Larven, die in der Pflanze leben und fressen, nicht befriedigend bekämpft werden, obgleich diese Insekten auf PH 60-40 recht empfindlich reagieren. Auch für hymenoptere Parasiten ist Diflubenzuron entsprechend seiner Wirkungsweise weitgehend harmlos. Wirkungsvoll war Dimilin bei der Bekämpfung des Baumwollkapselkäfers *Anthonomus grandis*, vor allem wegen seines oviziden Effektes (Taft & Hopkins 1975). Eine Behandlung von 262 ha Baumwollpflanzfläche mit einer Dosis von 0,14 kg a.i./ha, die über zwei Monate 9mal aus der Luft versprüht wurde, führte zu 90 %iger Hemmung der Reproduktion (Ganyard et al. 1977). Am Ende der Vegetationsperiode war die Population der dritten Generation nicht größer als die anfangs überwinterte Population, während sie bei Verwendung konventioneller Chemikalien auf das 12fache anstieg. Zur Zeit wird Dimilin W-25 in einer Dosis von 70 g Diflubenzuron pro ha in einem 5 bis 7-tägigen Spritzplan angewendet, wobei das Produkt allerdings in Ölformulierungen benutzt wird.

Bei der Kapselkäferbekämpfung soll Dimilin wenig Wirkung auf andere Insekten haben (Ables et al. 1977, Keever et al. 1977). In Ägypten wurde Dimilin als Larvizid gegen *Spodoptera littoralis* verwendet. Da seine Initialwirkung ungenügend ist und seine Langzeitwirkung ausgenutzt werden sollte, wurde es mit schnell wirkenden Insektiziden, wie Chlorpyrifos oder Methomyl appliziert, um einen zu großen Blattfraß zu vermeiden (El-Tantawi et al. 1976).

Im Sojabohnenanbau in USA und Brasilien hatte Diflubenzuron eine hervorragende Wirkung auf *Anticarsia gemmatalis*; es wurde in Dosen von 75 g/ha ausgebracht (Turnipseed et al. 1974). Zur Bekämpfung des mexikanischen Bohnenkäfers *Epilachna varivestis* sind im Freiland 37 bis 70 g/ha erforderlich (Holst 1975).

Im Obstbau kann die Gespinstmotte *Laspeyresia pomonella* wirkungsvoll bekämpft werden (Elings & Dieperink 1974). Auch gegen viele andere Obstschädlinge kann es wirkungsvoll eingesetzt werden (Gruys 1975, Pree 1976, De Angelis 1979). Diflubenzuron wurde eine bedeutende Komponente im "Integrated Pest Management"-Programm von Apfelplantagen. Dies beruht vor allem auf seiner Wirkung auf eine Vielzahl von Lepidopteren, denen im Rahmen des integrierten Pflanzenschutzes besondere Aufmerksamkeit zu schenken ist. Auf die Raubmilben *Amblyseius potentillae* und *Typhlodromus pyri* wirkte Diflubenzuron nicht toxisch (Cranham 1978).

Die Citrusmilbe *Phyllocoptruta oleivora* ist derzeit die einzige Milbe, auf die Diflubenzuron wirksam ist. Dazu sind 2 bis 3 Applikationen pro Jahr mit 350 g/ha erforderlich, damit die Wirkung über 21 Wochen anhält (McCoy 1978). Eine Wirkung auf die Eier oder die Eibildung konnte nicht nachgewiesen werden. Wird Diflubenzuron an Eier appliziert, so wirkt es sich erst während der Häutung von der 2. Nymphe zur Imago aus. Bemerkenswerterweise war eine Behandlung der Larven wirkungslos.

Im Weinanbau war die Anwendung von Dimilin gegen Traubenwickler recht erfolgreich (Dieter 1977, 1978).

Auch im Kohlanbau konnten mit Diflubenzuron deutliche Erfolge erzielt werden, wo Kohlweißlingsraupen (*Pieris brassicae*) mit 1 mg/l oder bei Flächenbehandlung mit 18 g/ha in 14 Tagen vollständig vernichtet werden konnten (Mulder & Swennen 1973, Elings & Diepernik 1974).

Ein noch größeres Anwendungsfeld scheint sich für Diflubenzuron im Forst zu eröffnen, wo es gegen viele lepidopteren Schädlinge eingesetzt werden kann (Granett & Dunbar 1975, Retnakaran & Smith 1975, 1976; Neisses et al. 1976). Jedoch reagierten die Raupen des Schwammspinners *Lymantria dispar* und ihr Parasit *Apanteles melanoscelus* etwa gleich empfindlich (Granett & Weseloh 1975). Schwammspinner und Nonne (*Lymantria monacha*) konnten mit einer sehr niedrigen Dosis von 7,5 g/ha bekämpft werden, so daß nur wenig Schaden unter den indifferenten Insekten entstand, wenn man ihn mit dem nach einer Trichlorfon-Behandlung entstehenden vergleicht. Die als Prädator bekannte Raubwanze *Picromerus bidens* wurde durch Nahrungsaufnahme an behandelten Raupen von *L. dispar* nicht geschädigt (Skatulla 1975a). Bei den Gespinstmotten der Gattung *Yponomeuta* wird zwar nicht die Verpuppung, aber das Schlüpfen der adulten Tiere vollständig verhindert und das schon bei einer Dosis von 7,5 g/100 l (Hartinger 1976). Die Endoparasiten der Puppen (Hymenopteren und Dipteren) wurden weniger beeinflußt. Dies trifft jedoch nur für ältere Stadien zu. Um eine selektive Wirkung zu erreichen, ist es besonders wichtig, den günstigsten Zeitpunkt der Applikation zu kennen und ihn stets einzuhalten (Demolin 1978).

In Südeuropa und Nordafrika ist der Prozessionsspinner *Thaumetopoea pityocampa* ein wichtiger Schädling. Auch er konnte durch Besprühen aus der Luft mit Dosen von 75 g/ha sehr erfolgreich bekämpft werden (Ribrioux & Dolbeau 1975), während seine Eiparasiten (Chalcidoidea) nicht geschädigt wurden (Ferrari & Tiberi 1979).

Auch Blattkäfer, wie *Agelastica alni* (Weiss 1977) und Blattwespen, wie *Neodiprion sertifer, Diprion similis* (Skatulla 1975b, Fogal 1977) reagieren auf Diflubenzuron empfindlich. Die Bedeutung von Dimilin im Rahmen des Forstschutzes und seine Wirkung im Forstökosystem wurde von Schwenke (1979) hervorgehoben. Er kam zu dem allgemeinen Schluß, daß die ökologischen Aspekte eine nähere Bearbeitung erfordern und viele Eigenschaften des Dimilins seine Anwendung in Waldgebieten rechtfertigen. In einem anderen

Bericht des gleichen Autors (Schwenke 1980) wird von hervorragenden Ergebnissen beim Einsatz gegen Larven der Kiefernbuschhornblattwespe in Unterfranken gesprochen. Daneben traten auch eine Reihe unerwünschter, umweltstörender Eigenschaften zutage, vor allem eine relativ große Breitenwirkung, die von anderen Autoren nicht gesehen wird. Sicherlich wird es auch die Häutung vieler indifferenter Arten beeinflussen, die gleichzeitig mit den Schädlingen in der Kronen-, Strauch- oder Krautschicht fressen und für das Ökosystem z. B. als Parasitenreservoir von Bedeutung sind. Es dringt nicht nur in frisch abgelegte, noch Feuchtigkeit absorbierende Eier der Schädlinge ein und verhindert den Schlupf. Ein besonders großer ökologischer Nachteil wird in der monatelangen Wirkungszeit gesehen. Dadurch kann die Zusammensetzung der Bodenfauna erheblich gestört werden (Doppelreiter & Korioth 1981). Mehrere Arten von Collembolen werden erheblich dezimiert. Aber trotz dieser Begleitschäden dürfte der Dimilineinsatz einen erheblichen Fortschritt nicht nur im Waldschutz, sondern im gesamten Pflanzenschutz darstellen.

Über Wirkungen von Diflubenzuron auf 16 Mosquito-Arten in Laboruntersuchungen berichtete Grosscurt (1978b). Gute Resultate bei der Freilandbekämpfung wurden mit 20 bis 50 g/ha bei einer Wassertiefe bis zu 40 cm erzielt. In stark verschmutztem Wasser mußten höhere Dosen angewendet werden (Mulla et al. 1974, Rathburn & Boike 1975, Steelman et al. 1975, Dame et al. 1976). Schwieriger zu bekämpfen sind Mückenlarven, die in Fließwassern leben, wie die der Gattung *Simulium*, obgleich sie auf Diflubenzuron empfindlich reagieren. In solchen Fällen ist die Behandlung der adulten Weibchen der erfolgreichere Weg, bei denen 1,0 mg/l bei einstündiger Wirkzeit eine fast vollständige Hemmung des Larvenschlupfes aus dem Ei erzielt werden konnte (Lacey & Mulla 1979).

Bei indifferenten aquatisch lebenden Organismen führte eine Behandlung der Gewässer mit Diflubenzuron gegen diverse Mücken- und Fliegenlarven über 18 Monate zu einer Reduktion der Prädatoren und Erhöhung der Beutetiere (Steelman et al. 1975, Farlow et al. 1978). Besonders empfindlich sind Wasserflöhe (*Daphnia* spp.), während Copepoden weniger stark reagieren (Ali & Mulla 1978). Auch viele küstenbewohnende und marine Krebse werden in ihrer Entwicklung durch Diflubenzuron beeinflußt, da sie Häutungen unterlegen sind (Alzieu 1977, Christiansen et al. 1978, Nimmo et al. 1979).

Ein besonderes Problem bei der Anwendung von Insektiziden ist die Rücksichtnahme auf blütenbesuchende Bienen. Diflubenzuron ist auf adulte Arbeiterinnen der Honigbiene ohne Wirkung. Jedoch wurden Eier und Larven nach Verfütterung in Zuckersirup geschädigt (Barker & Waller 1978), wenn die Konzentration oberhalb 58 mg/l Sirup lag. Konzentrationen, die im Freiland zur Bekämpfung der Blattwespe *Pristiphora abietina* mit 30 und 100 g/ha versprüht wurden, führten im Mittel nur zu einer Absterberate der Bienenlarven von 1,5 % (Egger 1977). Da die Ausbringung des Mittels während einer Periode stattfand, in der die Blätter stark mit Honigtau benetzt waren, den die Bienen ja auch sammeln, dürfte die Kontamination der Bienen höher als normal gewesen sein.

Da Chitin auch in der Eischale von Nematoden gegenwärtig ist, kann die Reproduktion verschiedener freilebender Nematoden durch Zugabe von Diflubenzuron in Dosen von 10 mg/kg und mehr zum Bodenmedium drastisch reduziert werden. Erst in Konzentrationen von 1 mg/kg abwärts war der Effekt zu vernachlässigen (Veech 1978b). In der Praxis spielt dies kaum eine Rolle, da dann zum Erreichen einer schädlichen Dosis Mengen von 10 kg/ha appliziert werden müßten; sie sind für Dimilin weit niedriger. Nur bei der Saat- und Wurzelbehandlung werden so hohe Konzentrationen erreicht, die auf Schadnematodeneier toxisch wirken und einen zu großen Schaden am Wurzelsystem verhindern sollen. In Baumwollplantagen konnten die Eimengen pro Wurzelsystem nach Behandlung mit Diflubenzuron signifikant reduziert werden (Bird & McClure 1976, Ibrahim 1978, Veech 1978a, b).

5.3.4 Resistenzentwicklung nach Diflubenzuron-Behandlung

Eine Resistenzentwicklung konnte nach Anwendung von Diflubenzuron auf multiresistente *Musca domestica* nach 6 Generationen nicht festgestellt werden (Keiding et al. 1977, Arevad & Keiding 1978), während Oppenoorth & van der Pas (1977) bei insektizid-resistenten Laborstämmen nach 10 Generationen eine bis zu 50fache Larvenresistenz gegenüber dem empfindlichen WHO-Referenzstamm fand. Gegenüber den resistenten Ausgangspopulationen war die Resistenz jedoch nur 5 bis 10fach erhöht. Die ovizide Resistenz gegen Diflubenzuron stieg in einem multiresistenten Stamm in der F_{26} auf das 13,6fache an, im empfindlichen Stamm konnte in der F_{40} ein 40facher Anstieg erhalten werden (Grosscurt 1980). Bei DDT-empfindlichen *Culex pipiens* wurde in der F_5 eine 7fache Resistenz erreicht, dann nahm sie wieder ab, bis in der F_{11} keine Reproduktion mehr stattfand (Brown et al. 1978). Bei *Culex tarsalis* trat nach 34 Generationen keine Resistenz gegen Diflubenzuron auf, während sie gegenüber Methopren in der F_{37} auf das 343fache angestiegen war (Georghiou & Lin 1978). Besonders interessant ist die Beobachtung von Radwan (1978) bei *Spodoptera littoralis* im Laborexperiment. Nach topikaler Applikation einer LD_{15}-Dosis sank die LD_{50} für Diflubenzuron in der F_6 von 34 auf 7 µg/Larve. Dieser selektierte Stamm war auch empfindlicher als der Elternstamm gegenüber allen anderen getesteten Insektiziden (Dursban, Gardona, Lannat, Endrin). Mit Dursban (0,0-Diäthyl-0-(3,5,6-trichlor-2-pyridyl)-phosphorothionat) wurde jedoch eine wesentlich bessere Wirkung auf Mosquitos erzielt als mit Dimilin)Saleh et al. 1981).

5.3.5 Andere Präparate mit ähnlicher Wirkung

Viele andere Benzolyphenylharnstoffderivate wurden synthetisiert, die ähnliche, aber teilweise auch unterschiedliche Wirkungen gegenüber dem Diflubenzuron haben (Boness 1979, Maas et al. 1981). So ist Mon-0585 ein extrem wirksames Mosquitolarvizid, das die Entwicklung und Melanisierung während der frühen Puppenzeit und das Schlüpfen der jungen Mücken hemmt (Sacher 1971). Seine Vertebratentoxizität ist gering (LD_{50} für Ratten 1890 mg/kg, für Fische über 10 ppm). Unter Freilandbedingungen wird aber auch die Anzahl der Dytisciden- und Hydrophilidenlarven reduziert. DU 19111 (II) wirkt zwar auf den Häutungsprozeß, aber nicht auf die Eibildung. Auf Mosquitolarven ist es in Dosen von 0,01 ppm, auf *Pieris*-Larven von 0,03 ppm und auf Larven der Hausfliege von 3 ppm wirksam (Daalen et al. 1972). BAY SIR 8514 (III) hat eine kürzere Rückstandsaktivität als Diflubenzuron, wenn es als Larvizid gegen Mücken eingesetzt wird. Seine larvizide Wirkung ist besser als seine ovizide (Lacey & Mulla 1978). PH 60-44 (IV) hat eine länger andauernde ovizide Wirkung beim Baumwollkapselkäfer (Oliver et al. 1977) und bei der Hausfliege (Chang 1979) als Diflubenzuron.

II

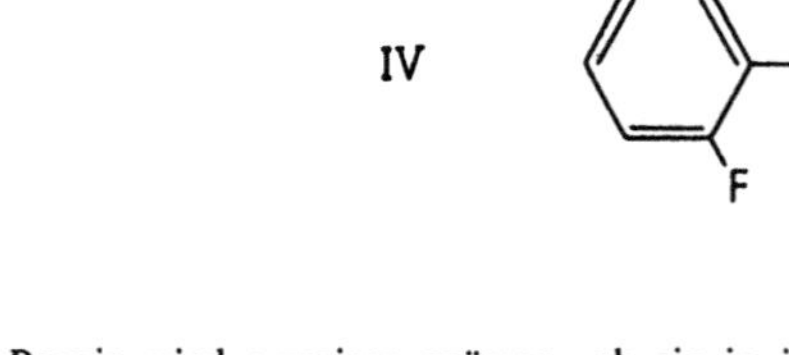

III

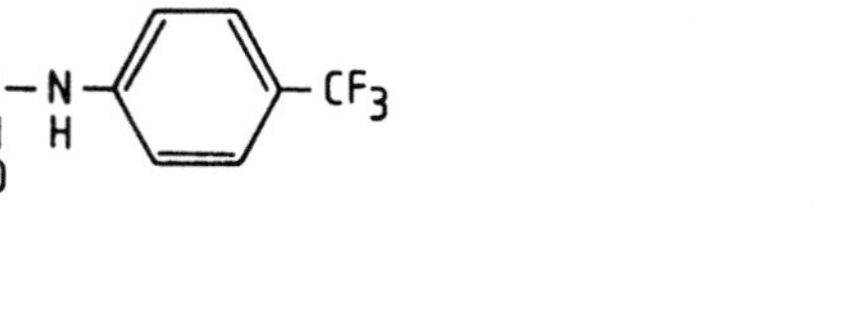

IV

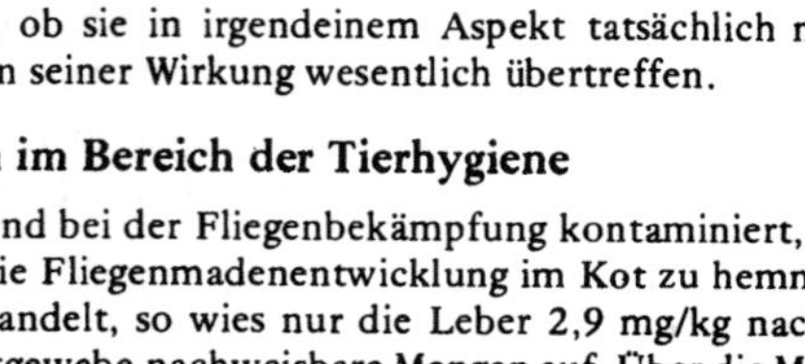

Die Praxis wird erweisen müssen, ob sie in irgendeinem Aspekt tatsächlich mit dem Diflubenzuron konkurrieren können bzw. dieses in seiner Wirkung wesentlich übertreffen.

5.3.6 Anwendung von Dimilin im Bereich der Tierhygiene

Säugetiere werden vorwiegend bei der Fliegenbekämpfung kontaminiert, wenn die Substanz mit der Nahrung verfüttert wird, um die Fliegenmadenentwicklung im Kot zu hemmen. Wurden Milchkühe mit 10 mg/kg Körpergewicht behandelt, so wies nur die Leber 2,9 mg/kg nach 7 Tagen (Ivie 1978), manchmal zusätzlich auch das Fettgewebe nachweisbare Mengen auf. Über die Milch wurden 0,02 mg/kg abgeschieden (Miller et al. 1976).

Im Gegensatz zu diesen niedrigen Werten lagen die Rückstände im Geflügel beträchtlich höher. Wurde Diflubenzuron der Hühnernahrung zugegeben (10 mg/kg), so wurde in den Eiern ein Gehalt von 1 mg/kg erreicht. Der Rückstand konnte in den Eiern über 60 Tage 0,5 bis 0,6 mg/kg betragen (Miller et al. 1976). Fische reichern zwar infolge der Nahrungskette Diflubenzuron an, dann wird es aber schnell abgebaut (Tabelle 55).

Tabelle 55 Rückstände von Diflubenzuron in Karpfen des Unteren Blausees, der mit 0,005 mg/l behandelt wurde, nach Apperson et al. (1978).

vor der Behandlung	nicht meßbar
Zeit nach der Behandlung	Diflubenzuron in mg/kg
1 Tag	0,13
2 Tage	0,31
4 Tage	0,36
7 Tage	0,32
14 Tage	0,20
21 Tage	0,06

Die praktische Verwendung des Handelspräparates Dimilin W-25 geschieht heute auf drei verschiedene Weisen:

- Zur Bekämpfung von Fliegen wird die Oberfläche der Larvennahrung mit Dimilin behandelt. Für Hausfliegen genügten 0,5 bis 1,0 g/m^2. In Geflügelfarmen reduzierten 0,12 g/m^2 die Adultschlüpfrate um 84 % (Ables et al. 1975).
- Ein anderer Weg ist die Verfütterung behandelter Nahrung an Haustiere, wenn sich im Kot der Tiere Fliegenlarven entwickeln können. Bei Hühnern reichten 6,2 und 12,5 mg/kg Nahrung zur Bekämpfung von *M. domestica* aus (Miller et al. 1975). Für Rinder genügte eine Dosis von 1 mg/kg Körpergewicht pro Tag, um 90 % der Larven von *M. domestica* und *M. autumnalis* zu vernichten; nach Cook & Gerhardt (1977) kann die Dosis sogar auf 0,46 mg/kg/Tag reduziert werden. Dieser Applikationsweg führt zu einer besonders selektiven und damit umweltschonenden Schadtierbekämpfung.
- Schließlich kann der Weg über die Behandlung adulter Weibchen eingeschlagen werden, der zu oviziden Effekten führt. In Freilandversuchen konnte eine hervorragende Wirkung auf diptere Ektoparasiten durch Besprühen der Weidetiere mit einer 2,5 g/l-Lösung erreicht werden (Wright & Harris 1976, Kunz et al. 1977).

5.3.7 Wirkung von Nikkomycin

Ein anderer Weg ist der Einsatz von systemisch wirkenden und auch pilzwirksamen Antibiotika, wie Nikkomycin. Es ergänzt die Wirkung von Dimilin und ähnlichen Produkten dadurch, daß es die Larven und Protonymphen von Spinnmilben (*Tetranychus urticae, Panonychus ulmi*) und auch Aphidenlarven (*Megoura viciae*) abtötet (Zoebelein 1981). Nach Nikkomycin-Behandlung lassen sich feinstrukturell sichtbare Defekte an Endo- und Exokutikula von *T. urticae*, den Muskelansätzen und in der Eischalenbildung aufzeigen. Dabei konnten Chitinfibrillen nicht mehr nachgewiesen werden. Störungen während der Häutung sind auf die fehlende Verankerung von Muskelzügen an der Endokutikula zurückzuführen, während eine Reduzierung der abgelegten Eizahl auf einer gestörten Eischalenbildung beruht. Nach diesen Befunden greift es ebenfalls in den Mechanismus der Chitinsynthese ein (Mothes 1981).

Aber auch auf Raubmilben wie *Phytoseiulus persimilis*, hat es ähnliche ovizide und larvizide Wirkungen, so daß sein Einsatz nur im Rahmen eines integrierten Bekämpfungskonzeptes im Gewächshaus geeignet erscheint (Zebitz et al. 1981).

Der Gedanke, im Rahmen des Pflanzenschutzes vermehrt Wachstumsregulatoren einzusetzen, wird von der Überzeugung getragen, daß auf diese Weise eine weitgehende selektive Toxizität erreicht werden kann, wenn es gelingt, in spezifisch bei Schadtieren vorhandene Stoffwechselwege einzugreifen.

6 Einsatz von Pheromonen

Zur weitgehenden Vermeidung von Umweltschäden durch unkontrollierbare Anwendung von Pestiziden und wegen scharfer Rechtsverordnungen hinsichtlich ihrer Verwendung und Herstellung wurde nach neuen Methoden der Schädlingsbekämpfung gesucht. Vor etwa 15 Jahren führte der Weg zu Wirkstoffen, die von Individuen einer Spezies in die Umwelt abgegeben werden, um auf andere derselben Art zu wirken. Es sind Botenstoffe, die den Individuen innerhalb einer Population Nachrichten übermitteln, die allerdings recht verschiedener Art sein können. Diese Stoffe werden als Pheromone bezeichnet und in Drüsen produziert. Sie sind für die Umwelt ungefährlich und wirken nicht toxisch. Sie werden immer nur in sehr kleinen Mengen freigesetzt. Nach ihrer Funktion lassen sie sich klassifizieren in solche, die

- die Orientierung zu oder weg von einem Ort steuern,
- die Gefahr signalisieren oder
- die Information für soziale Interaktionen liefern.

Versuche, solche Pheromone als Ersatz für Pestizide im integrierten Pflanzen- und Gesundheitsschutz einzusetzen, sind weitgehend auf ein regulierbares Orientierungsverhalten begrenzt, insbesondere auf Geschlechts- und Aggregationspheromone sowie Stoffe, die eine Hemmwirkung auslösen (Kydonieus & Beroza 1982). Orientierungspheromone, wie Spurstoffe der sozialen Insekten, wurden von Robinson & Cherrett (1978) auf ihre Verwendbarkeit in der Praxis geprüft.

Erst in der Mitte der 70iger Jahre wurde begonnen, geeignete Methoden für die Anwendung von Pheromonen in der Land- und Forstwirtschaft, im Gartenbau sowie in Obstkulturen zu erarbeiten, um das Verhalten von Schadinsekten zu manipulieren. Dabei wird im allgemeinen das Prinzip verfolgt, die Tiere in mit Pheromonen behandelten Fallen zu fangen und die Population soweit zu vermindern, daß der Schaden wirtschaftlich nicht mehr ins Gewicht fällt. Pheromone arbeiten auf der Basis der natürlichen Verständigung von Individuen und stehen häufig mit der Hormonregulation in Verbindung.

In den letzten Jahren wurde intensiv an der chemischen Strukturaufklärung von Pheromonen gearbeitet, so daß sie für zahlreiche Verbindungen bekannt ist. Oft sind es recht einfache Verbindungen, die allerdings eine ganz bestimmte isomere Struktur aufweisen, so daß zur chemischen Herstellung stereospezifische Synthesemethoden erforderlich sind (Bestmann & Vostrowsky 1981).

6.1 Sexualpheromone

Die primäre Funktion der Geschlechtspheromone ist das Zusammenführen von Männchen und Weibchen zwecks Begattung. Häufig bewegt sich dabei nur ein Geschlechtspartner auf den anderen zu. Für die maximale Wirkung ist oft nicht nur eine Substanz, sondern es sind zwei oder noch mehr Komponenten von Bedeutung.

Für Pheromongemische zahlreicher Schmetterlingslarven konnte die Funktion der einzelnen Komponenten für die Gesamtreaktion herausgestellt werden; nur wenn die Komponenten wie im natürlichen Gemisch zusammenwirken, können die Tiere in Fallen gefangen werden. Jedoch ist immer noch in vielen Fällen unbekannt, wie die einzelnen Komponenten den Verhaltensablauf beeinflussen. Baker et al. (1976) zeigten bei Tortriciden, daß eine Verbindung solcher Pheromongemische für die Anlockung des Geschlechtspartners über weite Entfernungen verantwortlich sein kann, eine andere für das Niederlassen des Partners sorgt oder als Nahorientierungsstimulans fungiert. Auch bei der indischen Mehlmotte wird die Steuerung von Stimulation und Orientierung durch verschiedene Komponenten des Sexualpheromongemisches bewirkt (Brady et al. 1971). Für die orientalische Fruchtfliege wird ebenfalls berichtet, daß die einzelnen Komponenten des Pheromonsystems verschiedenen Einfluß auf das Verhalten haben (Cardé et al. 1975). Weitere Untersuchungen mit hochgereinigten synthetischen Substanzen sind erforderlich, um sicherzustellen, ob diese Art von Mehrkomponentensteuerung nur bei Lepidopteren oder auch in anderen Insektenordnungen allgemein verbreitet ist. So werden künftige Untersuchungen zeigen müssen, ob jede Komponente solcher Mischungen ein Pheromon darstellt, das für eine bestimmte Sexualverhaltensreaktion in einem komplexen Kommunikationssystem verantwortlich ist (Meng et al. 1978).

Nach Zusammenführung beider Geschlechtspartner wirkt bei vielen Insekten ein weiteres aphrodisierendes Pheromon (Birch 1974), das manchmal wiederum nur ein Bestandteil eines Komplexes ist, der das schließlich zur Kopulation führende Werbeverhalten steuert. Bei Lepidopteren werden solche Aphrodisiaka von Männchen freigesetzt, bei denen sie in Haardrüsen oder speziellen Organen produziert werden. Sie beruhigen die Weibchen und bringen sie in Kopulationsstimmung. Obgleich viele dieser flüchtigen Verbindungen identifiziert werden konnten, wurde bisher kein Anwendungsbereich erschlossen. Aber solche Faktoren sind auch innerhalb von Freilandpopulationen für eine erfolgreiche Begattung wichtig, so daß die Möglichkeit besteht, durch Sättigung der Lebensräume mit einem solchen Sexattraktant die Begattung zu verhindern.

Insbesondere bei Lepidopteren sind als weibliche Sexualpheromone vorwiegend monoungesättigte Acetate isoliert worden. Daneben wurden polyungesättigte Acetate, mono- und polyungesättigte Alkohole gefunden. Aber auch aliphatische Aldehyde und Alkoxy-acetate kommen vor. Die Pheromone der männlichen Lepidopteren sind vielfach aliphatische Aldehyde und Karbonsäuren, aber auch aromatische Karboxyaldehyde (Jacobsen 1966). Wesentlich komplexer ist die Zusammensetzung der Pheromonmischungen von Borkenkäfern (Bestmann & Vostrowsky 1981).

Bei der praktischen Anwendung all dieser Stoffe müssen trotz der chemischen Vielfalt gewisse Grundzüge berücksichtigt werden. Anders als Insektizide führen sie nach Applikation nicht unmittelbar den Tod herbei, sondern veranlassen oder verhindern Verhaltensweisen auf einem vielstufigen Weg. Deshalb müssen exogene und auch endogene Faktoren, die an verschiedenen Stellen in den Gesamtprozeß eingreifen, viel mehr als bei der Insektizidanwendung berücksichtigt werden. Die vielfach extreme Artspezifität erlaubt einerseits ein gezieltes Eingreifen, aber erschwert andererseits die gleichzeitige Erfassung oder Bekämpfung gemeinsam auftretender Schadinsektenarten. Spezielle Probleme bei der Prüfung und Anwendung von Pheromonen in der Praxis ergeben sich aus ihrer flüchtigen Natur. Die erfolgversprechende Anwendung von Pheromonen setzt voraus, daß der Praktiker sich mit den erwähnten Gegebenheiten vertraut macht und aus ihnen praktikable Maßnahmen herleitet.

6.1.1 Sexuallockstoffe als Abundanzindikatoren

Die meisten bisher in der Praxis verwendeten Pheromone sind Sexuallockstoffe. Die Ausnutzung attraktiver Pheromone für Indikatorzwecke ist die naheliegendste und am längsten bekannte Form der Anwendung. Durch die schon seit mehr als 25 Jahren praktizierte Verwendung von gekäfigten Weibchen oder ihren Drüsenextrakten wurde dieses Verfahren bereits lange vor Einführung synthetischer Pheromone im Detail abgeklärt

(Holbrook et al. 1960). Als Versuchsobjekt diente vielfach der Schwammspinner *Lymantria dispar*. Es geht bei dem Einsatz um die Feststellung des Vorkommens und des Ausbreitungsareals, wie im Rahmen von Quarantänemaßnahmen oder auch bei neu eingeschleppten Arten, sowie um die Ermittlung von Zeitpunkt und Stärke des Auftretens der Schadinsekten als Entscheidungshilfe für die Durchführung von Gegenmaßnahmen im Rahmen eines gezielten oder integrierten Pflanzenschutzes. Heute eignen sich Fallen mit Disparlur hervorragend zur Überwachung von Schwammspinnerpopulationen (Granett 1973). Aber auch für die Nonne und andere Lymantriiden liegen in dieser Hinsicht gute Ansätze vor (Boness et al. 1974, Skuhravi & Hochmut 1976, Sower & Daterman 1977); Tortriciden, wie *Choristoneura fumiferana, Enarmonia pomonella* und *Rhyacionia buoliana* können unter Einsatz von Pheromonen erfolgreich überwacht werden (Daterman et al. 1975, Culver & Barnes 1977, Sanders 1978).

Über den erfolgreichen Einsatz von Pheromonen zur Erfassung der Populationsdichte der Mehlmotte *Plodia interpunctella* Hbn. in Süßwarenfabriken berichteten Stratil & Reichmuth (1981). Thal (1978) zeigte die bessere Wirkung von Sexualpheromonen der Kartoffelmotte, *Phthormaea operculleIa* Zeller, gegenüber verschiedenen Lichtfallen. Yonce et al. (1977) verglichen beim kleinen Pfirsichglasflügler *Synanthedon pictipes* (Gr. & Rob.) Puppenhüllenzählungen mit der Pheromonfallentechnik und erhielten ähnliche Ergebnisse. Weitere Anstrengungen wurden im Rahmen der *Spodoptera*-Gradationen unternommen, um mit Sexpheromonfallen die Arten dieser Lepidoterengattung zu kontrollieren (Campion 1975c). In solchen Fällen ist der Pheromoneinsatz anderen Methoden, wie Lichtfallen oder visuellen Methoden, oft überlegen; er ist effektiver, spezifischer, weniger arbeitsaufwendig und nicht so witterungsabhängig, insbesondere bei Vorhandensein relativ schwacher Populationen (Henzell & Lauren 1977).

Ein Nachteil der Pheromonfallenmethode ist, daß die erhaltenen Fangresultate für die Befallsprognose nicht allgemein verbindlich sind. Denn es ist dabei zu berücksichtigen, daß die Ausbeuten mit zunehmender Populationsdichte unterproportional ansteigen. Dies ist bedingt durch die in Konkurrenz tretenden zahlreich vorhandenen Artgenossen, die ja auch Pheromone produzieren. Abhängig von der artlich verschiedenen Reichweite solcher Lockstoffe kann das Fangergebnis nicht auf eine einheitliche Arealgröße bezogen werden. Auch der Zuflug aus der Umgebung kann selbst bei Arten mit geringer Ausbreitungstendenz erheblich ins Gewicht fallen. Reproduzierbare Ergebnisse lassen sich nur durch eine permanente, über den Überwachungszeitraum gleichbleibende Abgabe des Pheromons erzielen.

Die quantitative Seite ist für die meisten Arten von geringer Bedeutung; wenn eine Fernorientierung vorliegt, steigt das Fangergebnis jedoch vielfach mit der Quantität an. Im Nahbereich kann die Konzentration die Wirkung auch nach oben begrenzen, wie dies für einige Pyraliden bekannt wurde (Beevor et al. 1977).

Die meisten Pheromone sind so flüchtig, daß sie ohne Verwendung verdunstungshemmender Zusätze nur wenige Tage attraktiv bleiben. Daran ändert eine Erhöhung der aufgewendeten Menge kaum etwas (McKibben & Johnson 1976). In einigen Fällen haben sich Lösungsmittel mit geringem Dampfdruck, wie Trioctanoin (Beroza et al. 1971) oder pflanzliche Öle (Hendricks et al. 1977) bewährt.

Die besten Resultate werden aber durch Einschluß oder Einarbeitung in makromolekulare Materialien erhalten, wie dies für Kautschuck gilt, aus dem sie nur allmählich freigegeben werden (Flint et al. 1978). Für andere sind Kapseln oder Schläuche aus Polyester besser geeignet (Kuhr et al. 1972). Aber auch durch Einarbeitung in feste Wachse, Polystyrolfolien und imprägnierte Diatomeenerde ließen sich positive Ergebnisse erzielen (Beroza et al. 1974). Manche Pheromone sind auch gegenüber abiotischen Umweltfaktoren recht instabil und müssen entsprechend geschützt ausgebracht werden.

Von Pheromonen angelockte Insekten bleiben meist nur für kurze Zeit in der Nähe der Duftquelle; sie müssen deshalb gefangen oder anderweitig festgehalten werden. Wegen ihrer einfachen Handhabung sind hierfür Leimfolien (z. B. Polybutenen) oder geeignete

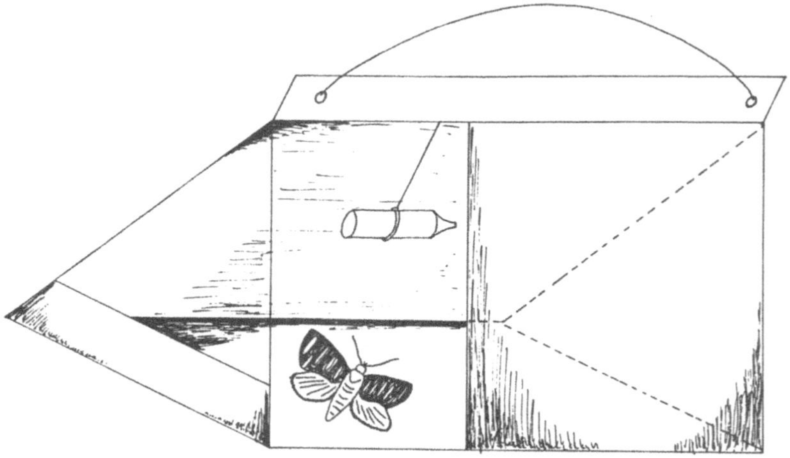

Abb. 106 Dachförmig aus Karton angefertigte, außen Wasser abstoßend imprägnierte Pheromonfalle, insbesondere zum Fang von Mikrolepidopteren (*Prays oleae, P. citri*). Der Boden der Falle ist innen mit einem mit Klebstoff bestrichenen Papier ausgelegt, an dem die anfliegenden Insekten festgehalten werden. Im Schema ist der vordere Teil der rechten Seite aufgeschnitten, so daß gefangene Insekten und das mit Sexualpheromon gefüllte Röhrchen sichtbar werden. Die Falle dient vor allem zur Untersuchung der Populationsdichte potentiell schädlicher Lepidopteren. Vorgegeben wird das jeweilige Sexualpheromen der Weibchen, so daß die arteigenen Männchen angelockt werden.

Fallen mit Klebstoffanstrich (Bild 106) verbreitet (Browne 1978, Marks 1978, Sanders 1978). Leimfolien leisteten bei der Anwendung von Lockstoff-Fallen zur Überwachung der Ulmensplintkäfer (*Scolytidae*) gute Dienste (Klimetzek et al. 1981). Bei sehr starkem Anflug lassen sich konservierende Flüssigkeiten, wie Formol, die selbst noch einen Lockeffekt besitzen, in Verbindung mit Netzmitteln verwenden (Boness 1975). In diesem Sinne arbeitet die von McPhail vorgeschlagene Fliegenfalle (Bild 107A), die aber in ihrer Handhabung arbeitsaufwendiger ist. Die verschiedenen Fallentypen erlauben schließlich auch den Einsatz von insektizidhaltigen Anstrichen oder Flüssigkeiten. Bei gleichzeitiger Verwendung von gelben Anstrichen oder Proteinhydrolysaten können mitunter beide Geschlechter angelockt werden. Bei kontaktinsektiziden Anstrichen ist zu berücksichtigen, daß der Anflug oft zu flüchtig erfolgt, so daß nicht genügend Wirkstoff aufgenommen wird. Die Falle muß so konstruiert sein, daß die angeflogenen Tiere nicht sofort entweichen können. Mit Fraßgiften versehene Köder ergaben in der Regel in Kombination mit Pheromonen nicht befriedigende Resultate, da bei auf Kopulation ausgerichteten Tieren die Stimulation zur Nahrungsaufnahme häufig gering ist. Atemgifte, wie Dichlorvos, sind einsetzbar, wenn die Fallenkonstruktion den Luftaustausch hemmt, die eingedrungenen Tiere nicht zu schnell entkommen läßt und keine starke Repellent-Wirkung auftritt (Boness et al. 1974, Hardee et al. 1975b, Boness 1976). Sollen die Tiere lebend gefangen werden, so kann eine Fallenkonstruktion unter Ausnutzung der Lichtreaktion vorteilhaft sein (s. Bild 99).

Die Gestaltung und Plazierung der im Handel sehr zahlreich vertretenen Fallentypen muß sich nach dem Anflug- und Einflugverhalten der jeweils zu erbeutenden Art richten. Vorherige genaue Verhaltensstudien sind deshalb unentbehrlich (Killinen & Ost 1971, Mastro et al. 1977, Murlis & Bettany 1977).

Temperatur und mäßige Niederschläge beeinflussen die Leistung von Pheromonfallen nur wenig. Nachteilig wirken sich unbewegte Luft oder zu starker Wind aus (Sower et al. 1973, Neuffer 1974, Marks 1977).

Bei der Anwendung von Pheromonfallen können sich trotz ausgeprägter artspezifischer Wirkung Probleme ergeben, wenn im Einzugsgebiet neben der zu fangenden schädlichen Art mehrere Arten der gleichen Gattung auftreten, die auf das selbe Pheromon ansprechen, aber als indifferente Arten erhalten bleiben sollen (Alford 1978). Selten werden systematisch einander fernstehende, aber ähnlich aussehende Arten vom gleichen Duftstoff angelockt, wie dies für die Tortricide *Adoxophyes orana* und die Noctuide *Oligia fasciuncula* zutrifft (Boness 1976). Boness (1981) vermutet, daß durch das andauernde Vorhandensein einer relativ hohen Pheromonkonzentration gleichsinnig reagierende Arten mit tageszeitlich versetzten Aktivitätsphasen zusammengefaßt und zusätzliche Differenzierungsmechanismen im Nahbereich überspielt werden.

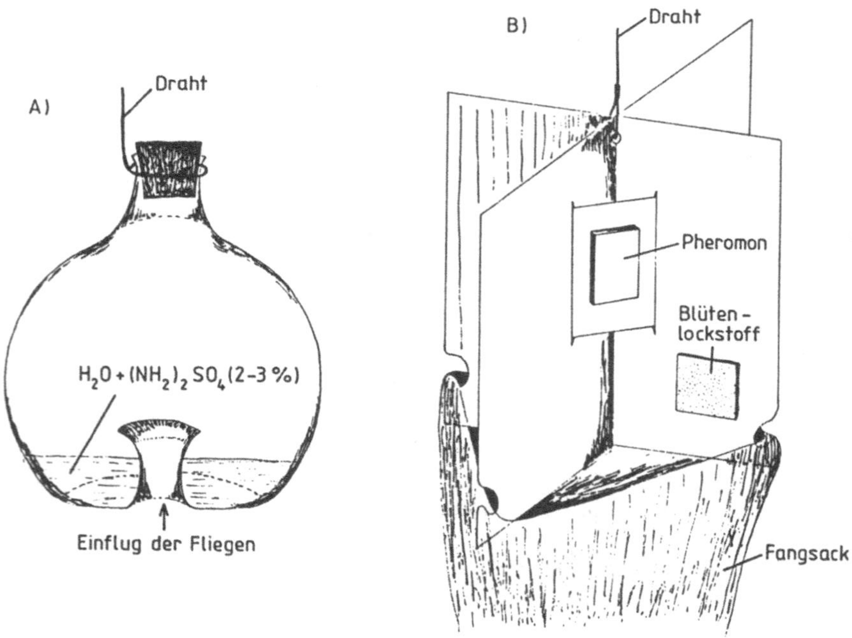

Abb. 107 Zwei weitere Typen von Insektenfallen;

A: McPhail-Falle zur Ermittlung der Populationsdichte verschiedener Dipteren-Arten, aber auch von Florfliegen (*Chrysopa* spp.): In einem mit einem Einflugstutzen versehenen Glasbehälter befindet sich eine 2–3 %ige Ammoniumsulfatlösung als Lockmittel; es kann auch ein hydrolysiertes Protein in 2 %iger Lösung verwendet werden. Ohne Pheromon hat diese Falle den Vorteil, daß beide Geschlechter gefangen werden.

B: Kombinierte Lockstoff- und Pheromonfalle zum Fang des Japankäfers (*Popillia japonica*): 4 gelbgestrichene Bleche werden kreuzweise, jeweils rechtwinklig angeordnet, so daß sie sich über einem Plastiksack befinden. Zur Achse hin ist der Behälter mit weiblichem Sexualpheromon, an einem Blechflügel der Blütenlockstoff Eugenol angebracht, so daß auch mit dieser Anordnung beide Geschlechter angelockt werden. Die Käfer fallen schließlich in den Sack und können von dort nicht mehr entweichen. – Werden die Bleche oder entsprechend angeordnete gelbe Kartonflächen mit insektizidhaltigen Klebstoffen bestrichen und anstatt Blütenlockstoff ammoniumsalzhaltige Lösungen verwendet, so ist diese Falle ohne Plastiksack auch zur Fliegenbekämpfung oder Populationsdichteermittlung verwendbar.

Mehrere Pheromone verschiedener chemischer Struktur können in einer Falle nur dann ohne Wirkungsverlust kombiniert werden, wenn es zu keiner Verfälschung der artspezifischen Duftreize kommt und keine antagonistischen Wirkungen auftreten (Coudriet & Henneberry 1976, Marks 1976, Hendricks et al. 1977). Vorteilhaft kann sich aber eine gemeinsame Ausbringung von Pheromonen und Fraßlockstoffen auswirken (Creighton et al. 1973), wie dies in den USA zur Bekämpfung und Prognose des Japankäfers *Popillia japonica* geschieht. Zu diesem Zwecke werden gekreuzte und gelbgestrichene Platten verwendet, die sich über einem Plastikbeutel als Auffanggefäß befinden. Auf den Platten neben dem spezifischen Sexpheromon wird der Blütenduftstoff angebracht, so daß Männchen und Weibchen angelockt werden. Die anfliegenden Käfer können sich an der glatten Kunststoff-Fläche nicht festhalten und fallen in den Beutel, aus dem ihnen kein Entweichen möglich ist. So können sich in einem Beutel zu Gradationszeiten hunderte von Käfern ansammeln (Bild 107B).

6.1.2 Sexuallockstoffe für die Bekämpfung von Schädlingen

Das letzterwähnte Beispiel zeigt bereits, daß Insekten mit Hilfe von anlockenden Pheromonen auch deutlich dezimiert oder angereichert werden können. Prinzipiell gelten dafür die gleichen Umstände wie bei der Indikatormethode. Jedoch fallen Kostenfragen und praxisgerechte rationelle Durchführung mehr ins Gewicht. Da sich die Lockwirkung in der Regel auf adulte Insekten beschränkt, der Schaden aber zumeist von Jugendstadien verursacht wird, sind solche Maßnahmen fast immer vorbeugend. Somit ist für den Fangerfolg entscheidend, wie er sich auf die Nachkommen auswirkt. Es ist wichtig, daß die Imagines vor ihrer Fortpflanzung ausgeschaltet werden. Für eine erfolgreiche Bekämpfung spielen Lebensdauer, natürliche Mortalität, Reifezeit, Nachkommenzahl, Kopulationshäufigkeit, Wettbewerb in der Population und Generationsfolge eine wichtige Rolle (Nakamura & Oyama 1978). Zur allmählichen Reduktion einer gradierenden Schwammspinner-Population (*Lymantria dispar*) sind Fangquoten von 90 bis 95 % erforderlich (Beroza & Knipling 1972). Für Objekte mit günstigeren biologischen Eigenschaften dürfte dieser Wert etwas niedriger liegen, er setzt aber dem Einsatz des Verfahrens besonders bei starkem Ausgangsbefall gewisse Grenzen. Um sehr hohe Fangzahlen zu erreichen, muß sich die zu schützende Fläche möglichst vollständig und ununterbrochen im Bereich einer Pheromonkonzentration befinden, die der von den Artgenossen ausgehenden Lockwirkung überlegen ist. Zur Bekämpfung des Baumwollkapselkäfers *Anthonomus grandis* reichten Fallen als alleinige Abwehrmaßnahme nicht aus (Taft & Hopkins 1978), doch sind sie ein wichtiges Glied bei der Entwicklung integrierter Bekämpfungssysteme. Bei *Pectinophora gossypiella* führte der Einsatz des Pheromons "Gossyplur" zu eindeutigen Befallsreduktionen (Flint et al. 1976, Huber et al. 1979), wie dies auch für die orientalische Obstmotte *Grapholitha molesta* Busck. gezeigt werden konnte (Negishi et al. 1977). Vielerorts haben sich Pheromonfallen auch zur Bekämpfung der Gespinstmotte *Laspeyresia pomonella* und des Apfelwicklers *Carpocapsa pomonella* gut bewährt (Riedl et al. 1976, Audemard et al. 1977, Culver & Barnes 1977). Aber auch ein Wegfangen der Männchen des Pflaumenwicklers brachte eine deutliche Befallsreduzierung (Baggiolini et al. 1977). Neben der Flugüberwachung ist ein Einsatz von Pheromonfallen auch zur Bekämpfung von *Spodoptera*-Arten möglich, die über Südeuropa bis Ostasien verbreitet sind (Hirano 1977).

Ein Vergleich der Anwendung von Pheromonfallen (1 mg *trans*-8-*trans*-10-Dodecadien-1-ol pro Falle) mit einer jährlichen Spritzung von Azinphosmethyl (50 % W.P., 1,7 kg/ha) zur Bekämpfung der Apfelgespinstmotte *Laspeyresia pomonella* (L.) fiel zugunsten der Fallenmethode aus, wenn der zur Ernte befallene Prozentsatz an Äpfeln bewertet wird (Proverbs et al. 1975).

Der erfolgreiche Einsatz von Pheromonfallen wird mit zunehmender Größe und Geschlossenheit der zu behandelnden Fläche größer, da der Zuflug begatteter Weibchen fehlt oder geringer ist. Auch kann es bei starkem Ausgangsbefall vorteilhaft sein, diesen zunächst mit Hilfe von Insektiziden oder durch Anwendung eines Autozidverfahrens so weit zu senken, daß ein ausreichender Wirkungsgrad durch Pheromonanwendung erreicht wird. Verbleiben die von Pheromonen in Verbindung mit pflanzlichen Lockstoffen angezogenen Tiere auf ihren Wirtspflanzen, können Fangbäume oder Kulturpflanzen an die Stelle von Fallen treten, die mit geeigneten Insektiziden behandelt sind (Lloyd et al. 1972, Scott et al. 1974, McLean & Borden 1977). Bei der Bekämpfung des Buchdruckers (*Ips typographus* L.) erwies sich die Pheromonfallenmethode allerdings dem herkömmlichen Fangbaumverfahren überlegen. Jedoch sollte beim Aufstellen der Fallen eine Entfernung von 10 m vom Bestandsrand nicht unter- und zwischen den einzelnen Fallen eine solche von 30 m möglichst nicht überschritten werden (Dimitri 1981, Becker & O'Svath 1981).

Um quantitative Ergebnisse solcher Pheromonmethoden beurteilen zu können, sind Modellversuche mit ausgesetzten Individuen außerhalb der Flugzeit oder in befallsfreien Gebieten, Freilassung und Wiederfang markierter Tiere innerhalb einer natürlichen Population und schließlich das Aussetzen unbegatteter Weibchen mit anschließender Kontrolle der Kopulationsrate im Vergleich zu unbeeinflußten Parzellen erforderlich (Beroza et al. 1973, Cameron 1973, Flint et al. 1974, Charmillot 1977, Hirano 1977).

Insgesamt gesehen konnte mit dem Sexuallockstoffverfahren bei den meisten Schadinsekten eine eindeutige Reduktion des Schadens erzielt werden, jedoch wurden die Wirkungsgrade anderer Bekämpfungsmaßnahmen nicht erreicht oder forderten einen unverhältnismäßig hohen Material- und Arbeitsaufwand. Vielleicht lassen sich gewisse Schwierigkeiten durch Abwurf großer Mengen einfacher Kleinstfallen beheben (Beroza & Knippling 1972).

6.2 Aggregationspheromone

Wie der Name besagt, handelt es sich hier um Stoffe, die dazu dienen, Individuen einer Population ohne Rücksicht auf das Geschlecht zusammenzuführen, so daß subsoziale Gruppierungen entstehen (Schmidt 1974a, Melber & Schmidt 1977). Weit verbreitet sind Aggregationspheromone bei Borkenkäfern (Scolytidae). Die Wirkung der zahlreichen Komponenten solcher Pheromonkomplexe führt nicht nur zu einer Masseninvasion der Käfer in die Brutstämme, sondern auch zum Zusammentreffen der Geschlechter. Viele Komponenten wurden bei verschiedenen Arten identifiziert (Bestmann & Vostrowsky 1981). Am besten untersucht sind die Pheromonsysteme der *Dendroctonus*- und *Ips*-Arten. Sie können sowohl von Weibchen als auch von Männchen produziert werden. Aggregationspheromone sind nicht immer artspezifisch. So kann durch Ipsdienol sowohl *I. sexdentatus* als auch *I. duplicatus* angezogen werden (Vité et al. 1974). Das Arrestanzpheromon Tetradecan wirkt auf viele Arten der Gattung *Dysdercus* und führt zur Aggregation (Melber 1977).

Aggregationspheromone lassen sich biotechnisch sowohl zur Prognose als auch zur Bekämpfung nutzen. Bevorzugt wird die Punktapplikation (Fallen oder Köderbäume) (Vité & Francke 1976, Vité & Sauerwein 1979). Das im Handel befindliche Lockstoffpräparat Pheroprax enthält den Pheromonkomplex von *Ips typographus*. Es wird zu Beginn der Flugperiode des Käfers an gefällte Bäume gebracht, oder man hängt mit diesem Pheromonkomplex bestückte Fallen in Laubbäume, damit die gefährdeten Fichten vor Befall verschont bleiben. Durch Kombination von Aggregations- und Sexualpheromonen von *I. typographus* kann die Attraktivität von Pheroprax noch gesteigert werden.

Besonders interessant sind die Befunde von Bakke & Kramme (1978), daß Pheromone von *Ips typographus* gleichzeitig hoch attraktiv für *Thanasimus*-Arten (Cleridae) sind, die als Prädatoren in Frage kommen und in Waldameisennestern parasitieren. Für den Ameisenbuntkäfer ist das Borkenkäferpheromon somit ein Kairomon.

Das Pheromonfallenverfahren wurde 1980 in Hessen zur Bekämpfung des Fichtenborkenkäfers als Standardmethode in die Praxis eingeführt. In Südnorwegen wird diese Methode im Rahmen eines integrierten Programms großflächig angewandt (McLean & Borden 1979). In den USA wird versucht, durch Pheromonanwendung den Kleinen Ulmenspintkäfer (*Scolytus multistriatus*) zu bekämpfen, der den Erreger des Ulmensterbens (*Ceratocystis ulmi*) überträgt. Durch den Einsatz von Klebefallen, die mit einem Mehrkomponenten-Aggregationspheromon behandelt sind, konnte diese Mykose zu einem gewissen Grad zurückgedrängt werden (Lanier & Simeone 1980).

6.3 Pheromone in der Verwirrungstechnik

Ein ganz anderer Weg der Nutzbarmachung von Pheromonen wurde von Beroza (1960) vorgeschlagen. Er wurde unter der Bezeichnung „Verwirrungstechnik" (*communication disruption*) bekannt. Der Lockstoff wird dabei im Biotop möglichst gleichmäßig verteilt, so daß eine Duftorientierung der Männchen nach den Weibchen entfällt. Durch ständige Überschüttung des Geländes mit fein verteiltem Duftstoffgranulat oder mit Duftstoffplastikstäbchen (Bild 108) werden die Männchen verwirrt, so daß keine Kopulation zustande kommt (Roth et al. 1981).

Die große Anzahl der in der Praxis durchgeführten Untersuchungen zeigte bisher, daß dieses zunächst skeptisch aufgenommene Konzept tatsächlich realisierbar ist, auch wenn der Erfolg bisher recht unterschiedlich ausfiel. Vergleicht man den tagaktiven Schwammspinner (*L. dispar*) mit der nachtaktiven Nonne (*L. monacha*), so wird verständlich, daß bei ersterem ein hochentwickeltes optisches Suchverhalten eine Rolle spielt, während letztere sich chemisch orientiert (Boness 1975). Dementsprechend kann die Verwirrungsmethode nur bei *L. monacha* zur Wirkung gelangen.

Das Desorientierungsverfahren bewährte sich recht gut bei der Schadensverhütung durch den Apfelwickler (*Carpocapsa pomonella*) (Cardé et al. 1977) und den bei Steinobst schädlichen *Grapholitha*-Arten (Mani et al. 1978). Im Weinbau konnte es in Nordamerika wirksam gegen *Argyrotaenia velutinana* und *Paralobesia viteana* eingesetzt werden (Taschenberg & Roelofs 1976, 1978). Wesentlich größer sind die Schwierigkeiten im großflächigen Getreideanbau.

Sind synthetische Substanzen den arteigenen Pheromonen möglichst ähnlich, so besitzen sie nicht nur den stärksten Anlockeffekt, sondern verursachen auch die intensivste Desorientierung. Allerdings erfordert das Konfusionsverfahren höhere Dosierungen (Roelofs 1976, Marks et al. 1978).

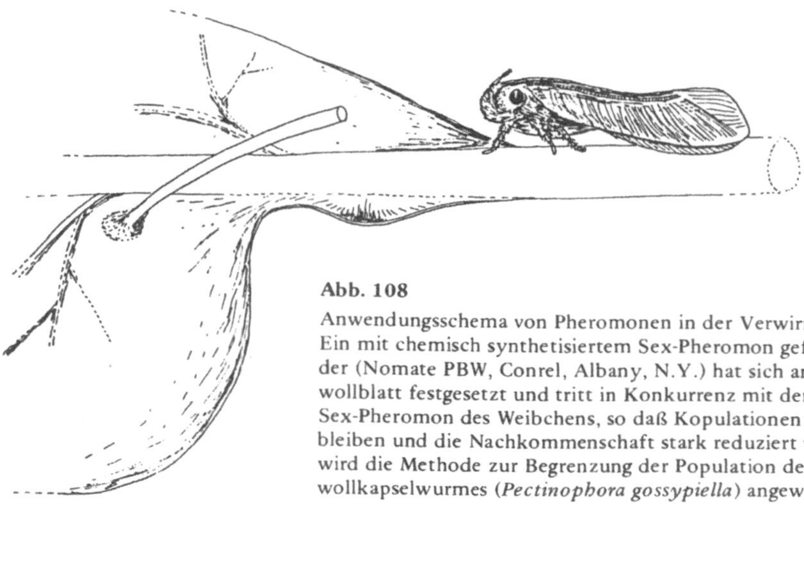

Abb. 108

Anwendungsschema von Pheromonen in der Verwirrungstechnik. Ein mit chemisch synthetisiertem Sex-Pheromon gefüllter Hohlzylinder (Nomate PBW, Conrel, Albany, N.Y.) hat sich an einem Baumwollblatt festgesetzt und tritt in Konkurrenz mit dem natürlichen Sex-Pheromon des Weibchens, so daß Kopulationen weitgehend ausbleiben und die Nachkommenschaft stark reduziert wird. In den USA wird die Methode zur Begrenzung der Population des Roten Baumwollkapselwurmes (*Pectinophora gossypiella*) angewendet.

6.4 Antipheromone

Diese Gruppe von Verbindungen wirkt sich negativ auf die Fangleistung von Pheromonfallen aus, wenn sie den Lockstoffen zugesetzt oder in ihrer unmittelbaren Umgebung ausgebracht werden. Teilweise erfolgreich konnten *trans*-Homologe des aus *cis*-Isomeren bestehenden Pheromons des Apfelschalenwicklers (*Adoxophyes orana*) verwendet werden (Minks et al. 1976). Auch das Acetat des alkoholischen Pheromons des Apfelwicklers (*Carpocapsa pomonella*) war wirksam (Hathaway et al. 1979). Positive Ergebnisse liegen auch für Antihormone von Borkenkäfern vor, mit denen sich die Besiedlung von Wirtsbäumen oder geschlagenen Stämmen eindämmen ließ. Dies konnte mit Methylcyclohexanen bei *Dendroctonus pseudotsugae* (Clair et al. 1977) und mit Brevicomin-Isomeren sowie Verbenon bei *D. frontalis* gezeigt werden (Richerson & Payne 1979).

Auch Antihormone müssen in der Praxis möglichst gleichmäßig und in ziemlich hoher Dosis appliziert werden. Hierfür wurden drei Verfahren entwickelt:

- Versprühen von Mikrokapseln mit Hüllsubstanzen passender Durchlässigkeit (Beroza et al. 1975, Campion 1976),
- Ausbringen pheromongefüllter kapillarer Hohlfasern (Gaston et al. 1977, Campion et al. 1978),
- Verteilung relativ weniger Verdampfer mit hoher Einzeldosis im Bestand (Farkas et al. 1974, Campion 1976).

Bei auseinandergezogenen Flugzeiten oder sich überlappenden Generationen sollten die Substanzen vorteilhafterweise mehrmals ausgebracht werden.

Der Erfolg einer Störung läßt sich nicht unmittelbar erfassen. Die objektivste Methode zur Ermittlung einer Störwirkung ist die Exposition unbegatteter Weibchen (Beroza et al. 1975). Wegen der Arbeitsaufwendigkeit und Störanfälligkeit hat sich die Verwendung von Pheromonfallen als Indikator für die Störung der chemischen Orientierungsleistung bisher nicht eingebürgert.

Witterungsfaktoren, die das Verfahren beeinflussen, sind der Wind, der auf die Verdampfungsrate, die Ausbreitung und Verdriftung wirkt, sowie mitunter die Temperatur (Shorey et al. 1972, Plimmer et al. 1978). Um die Haftung der ausgebrachten Partikel zu erhöhen, können Haftmittel zugesetzt oder faserige und bandförmige Trägermaterialien verwendet werden, die sich im Laubwerk verfangen, so daß die Antipheromonwirkung auch in größeren Höhen zur Geltung kommen kann.

6.5 Dispersionspheromone

Dispersionspheromone sorgen dafür, daß sich eine Population nicht zu stark anreichert. Bei der amerikanischen Gemüseeule *Trichoplusia ni* produzieren frischgeschlüpfte Larven einen Wirkstoff, der jede weitere Eiablage auf die bereits belegten Blätter verhindern soll. Wurden Kohlpflanzen mit dem Stoff behandelt, ging die Eiablage der Falter stark zurück (Renwick & Radke 1980).

Weibchen der Kirschfliege *Rhagoletis cerasi* produzieren ein Pheromon, um jene Früchte zu kennzeichnen, die bereits mit Eiern belegt sind. Wurden Bäume mit dem Wirkstoff behandelt, konnte der Fruchtfliegenbefall auffallend und vermindert werden (Katsoyannos & Boller 1976). Ähnliche Ovipositionsdeterrentien wurden auch bei *Phorbia*-Arten nachgewiesen (Prokopy et al. 1976).

Ausgesprochene Alarmpheromone sind von Aphiden (*Acyrthosiphon pisum, Myzus persicae, Rhopalosphon maidis*) bekannt geworden. Sie werden bei jeder Störung ausgeschieden und haben zur Folge, daß die im Umkreis von wenigen Zentimetern sitzenden Blattläuse sich fallen lassen (Bowers et al. 1972, vgl. auch Seite 307). Aber ob sich mit diesen Verbindungen das Anfliegen von Blattläusen auf Kulturpflanzen verhindern läßt, ist noch unklar.

6.6 Pheromone als Hilfsmittel für andere Verfahren

Für die Methode zur direkten Bekämpfung oder Manipulation von Schadtieren ist es notwendig, einen möglichst hohen Prozentsatz der Population mit den Agentien in Berührung zu bringen. Hierfür kann die starke und spezifische Anlockwirkung vieler Pheromone ausgenutzt werden. Aggregationspheromone können herangezogen werden, um die Repellent-Wirkung mancher Insektizide zu überwinden (Rust & Reierson 1977). Im Rahmen der biologischen Schädlingsbekämpfung können sie die Aufnahme von Insektenpathogenen fördern (Shapas et al. 1977), beim Einsatz von Chemosterilantien deren Anwendung in freilebenden Populationen ermöglichen. Bei Eiparasiten können abgegebene Duftstoffe als Kairomone die Wirtssuche stimulieren. So konnten aus Flügelschuppen des Eulenfalters *Heliothis zea* langkettige Kohlenwasserstoffe isoliert werden, von denen vor allem Tricosan (n-C_{23}) im Feldversuch *Trichogramma*-Wespen nicht nur zu den Wirtseiern hinleitete, sondern sie auch zu aktiverem Suchen stimulierte (Jones et al. 1973).

6.7 Umweltwirkungen

Pheromone werden zwar in sehr geringen Mengen angewendet und kommen nur ausnahmsweise mit dem Erntegut in Berührung, trotzdem ist eine gefahrlose Handhabung sicherzustellen. Eine akute Toxizität ist kaum zu befürchten (Beroza et al. 1975). Rückstände sind wegen der Flüchtigkeit der Pheromone kaum zu erwarten (Knipling 1976). Über den Abbau und Transport durch Umweltfaktoren sind die Angaben im Schrifttum sehr verstreut (Henson 1977).

Unerwünschte Wirkungen sind denkbar, wenn im Umkreis von Lockstoffquellen der Befall verstärkt würde. Dies ist besonders zu beachten, wenn nicht nur Männchen angelockt werden. In der Praxis geschieht dies bei Borkenkäfern und dem Baumwollkapselkäfer (Hardee et al. 1976b). Andererseits können Pheromone zugleich als Kairomone für ihre natürlichen Gegenspieler wirken und ihnen den Weg zu ihrer Beute oder ihrem Wirt anzeigen. Eine gewisse Wirkung auf indifferente Arten in der Biozönose ist nicht immer auszuschließen, wenn mit insektizidbehandelten Fallen gearbeitet wird und das Pheromon bzw. der Pheromonkomplex auch noch für andere Spezies attraktiv ist (Pitman & Vité 1971, Weires 1976, Hrdy & Sedivý 1979, Kennedy 1979).

6.8 Perspektiven und Grenzen des Pheromoneinsatzes

Unsere Erfahrungen im Einsatz von Pheromonen zur Regulierung von Schadtierpopulationen sind noch nicht groß. Trotz der Vielzahl der analysierten Pheromone ist eine weit größere Anzahl, auch die vieler wichtiger Schadinsekten, unbearbeitet geblieben und noch immer nicht einsetzbar. Der Erfolg in der Praxis ist eng verknüpft mit der genauen Kenntnis der Biologie und des Verhaltens der Schadtiere. Schließlich muß für die Praxis eine technisch brauchbare Synthese vorliegen. Vielfach kommt das Problem der Pheromonkomplexwirkung hinzu (Renwick & Vité 1981), das nicht vorhersehbare Schwierigkeiten mit sich bringen kann. Die an einem Objekt gewonnenen Erkenntnisse lassen sich selbst auf nahverwandte Arten nur sehr bedingt übertragen. Hierdurch wird der Pflanzenschutz im Rahmen des Umweltschutzes zu einer wesentlich aufwendigeren Forschungsrichtung, als dies lange Zeit der Fall war.

Zur Zeit hat sich die Verwendung von Pheromonen für Überwachungs- und Prognosezwecke bereits einen festen Platz gesichert. Die Eignung von Pheromonen zur Bekämpfung oder Regulation der Populationen von Schadinsekten konnte durch zahlreiche Untersuchungen gezeigt werden, wenngleich der Einsatz in der Praxis bisher nur in wenigen Fällen gelang. Hier war entscheidend, daß eine dem Verhalten der Tiere spezifische

Fallen- und Fangpflanzentechnik angewandt wurde. In kleinräumigen und arbeitsintensiven Kulturen und bei hinreichend stark reagierenden Arten dürfte der Einsatz von Pheromonfallen durchaus sinnvoll und wirtschaftlich konkurrenzfähig sein.

In neuester Zeit hat sich das Interesse auf dem Pheromonsektor mehr auf Bemühungen um eine Unterbrechung der chemischen Kommunikation verlagert. In dieser Hinsicht sind Mikrokapseln, Hohlfasern, Mehrschichtenfolien im Einsatz (Hardee et al. 1975a). Sie führten zu einer besseren Ausnutzung und längeren sowie gleichmäßigeren Freisetzung und dadurch geringeren Aufwandmenge an Pheromonen sowie zu einer Vereinfachung der Ausbringung. Wichtig wird es künftig sein, den Wirkungsgrad und die Zuverlässigkeit der Verfahren zu steigern, vermehrte Kenntnisse über die Abhängigkeit von abiotischen und biotischen Faktoren und vor allem die reibungslose Eingliederung in den Gesamtkomplex der Bewirtschaftungsmaßnahmen mit einem Minimum an Material- und Arbeitsaufwand zu erreichen. Hierzu ist ein erheblicher personeller und materieller Aufwand und eine Kooperation verschiedener Fachleute erforderlich.

Organisation und Koordination müssen über die Grenzen eines einzelnen Betriebes hinausreichen, um befriedigende Resultate zu erhalten. Auch wenn der Einsatz von Pheromonen zu Prognosezwecken noch durch den einzelnen Land- oder Forstwirt überwacht werden kann, so erfordern die Bekämpfungsmaßnahmen mit Pheromonen einen leistungsfähigen Beratungsdienst, der die Anbaubetriebe entsprechend anleitet.

Notwendig und besonders erfolgversprechend sind Arbeiten über den kombinierten Einsatz von Pheromonen mit anderen chemischen, physikalischen und biologischen Reizen, wie Fraßlockstoffen, Licht und Farben, Kopulationsbedürfnis.

7 Suppressoren und Antibiotika

Lange bekannt sind chemische Antagonismen zwischen verschiedenen Pflanzenarten. Auch in der Landwirtschaft lassen sich nicht alle Feldfrüchte beliebig kombinieren; sie können sich im Wachstum einander beeinflussen. Andererseits hat sich auf der Suppressorbasis eine gewisse Fruchtfolge bewährt. Bekannt ist, daß der Walnußbaum unter seinem Kronenbereich keine Keimlinge von Kiefern, Kartoffeln, Tomaten oder Getreidearten duldet. Eine solche weitverbreitete Wachstumshemmung reguliert Dichte und Verteilung von Pflanzenarten in der Biozönose und bedingt die Entstehung charakteristischer Vegetationsmuster (Rice 1974, 1979). Im Ackerbau sollten bei Mischkulturen die Erfahrungen mit Suppressorwirkungen berücksichtigt werden (Ganitzer 1978). Gerste, Hafer und Weizen, aber auch Kohl- und Tabakpflanzen scheiden an ihren Wurzeln Hemmstoffe aus, so daß Overland (1966) vorschlug, zur Reduktion der Unkräuter zwischenzeitlich Gerste anzusäen. Hierzu wurden systematische Untersuchungen durchgeführt (Putnam & Duke 1974), um in der heutigen Situation einer ökologisch und ökonomisch bedingten Umorientierung gerecht zu werden. Dieser Weg erscheint im sogenannten alternativen Landbau aussichtsreicher als eine biologische Unkrautbekämpfung durch Einbürgerung von phytophagen Insekten (Schroeder 1981).

Einen anderen Abwehrmechanismus gegenüber schädlichen Mikroorganismen besitzen Pflanzen in Form von Antibiotika (Gerstner 1956a). Wirkstoffe aus der Kapuzinerkresse (*Tropaeolum majus*) sind sogar gegen humanpathogene Keime therapeutisch wirksam. Im Boden lebende Pilze und Bakterien wirken über solche Antibiotika auf die Artenzusammensetzung der Bodenflora. Ihnen dürfte deshalb eine große ökologische Bedeutung zukommen. Eine direkte Applikation von Antibiotika ist mit erheblichen Problemen verbunden, denn sie führt zu einem regelrechten Wettlauf zwischen Resistenzentwicklung und Produktion neuer Antibiotika. Auch Eingriffe in das System der natürlichen Darmflora von warmblütigen Nutztieren erwiesen sich als wenig erfolgversprechend.

Im Rahmen der Phytomedizin sind vor allem systemisch wirkende Hemmstoffe für die Praxis interessant (Gerstner 1956b, Marsh 1972). So wirkt Streptomycin, ein in der Human- und Veterinärmedizin viel genutztes Antibiotikum, auch auf den Erreger der Fettfleckenkrankheit der Bohnen (*Pseudomonas medicaginis*) und den Erreger des Feuerbrandes (*Erwinia amylovora*). In Japan werden mit großem Erfolg systemisch wirkende, von *Streptomyces*-Arten produzierte Antibiotika gegen phytopathogene Pilze im Reisanbau (*Pyricularia oryzae*) eingesetzt. In der UdSSR wird das vom Pilz *Trichothecium roseum* produzierte und gegen viele phytopathogene Pilze wirksame Trichothecin gegen Mehltau an Gurken in Glashäusern verwendet. Jedoch ist ein solcher großflächiger Einsatz wegen der multilateralen Wirkungen von Antibiotika nicht problemlos, so daß größte Vorsicht geboten ist.

Ein anderes Anwendungsfeld ergibt sich aus der Wirkung von Antibiotika auf Insekten. Bei ihrer Zucht auf künstlichen Nährböden setzt man gerne Wirkstoffe ein, um das Wachstum insektenpathogener Saprophyten zu verhindern und einem allgemeinen Pilzbefall vorzubeugen. Antibiotika können aber auch zur Schädigung ihrer symbiontischen Mikroflora (Thakur & Rao 1976) und damit zur indirekten Bekämpfung von Schadinsekten eingesetzt werden. Denn bei vielen, vorwiegend Nahrungsspezialisten, kommen symbiontische Mikroorganismen im Darmkanal oder in spezifischen Organen vor, die für Wachstum und Entwicklung unentbehrlich sind. Ein Beispiel ist die Olivenfliege (*Dacus olaeae*), die im Darmkanal das symbiontisch lebende *Pseudomonas savastanoi* enthält, das zugleich Erreger des Ölbaumkrebses ist. Die Olivenfliege fungiert somit als Vektor für diese Krankheit. Um nun diese *Pseudomonas*-Art durch eine Streptomycinbehandlung des Wirtes zu bekämpfen, wurden in Griechenland Versuche durchgeführt. Dabei zeigte sich, daß aus Eiern behandelter Olivenfliegen keine Larven mehr schlüpften, solange keine neue Infektion eingetreten war. Auch lassen sich die Früchte, auf denen die Eiablage erfolgte, mit Streptomycinlösung behandeln, wodurch das Schlüpfen der Larven ebenfalls verhindert wird (Krieg 1971, Tzanakakis & Stavrinides 1973).

Die Bedeutung des pilzwirksamen Nikkomycins für die Bekämpfung von Spinnmilben und Pflanzenläusen haben wir bereits bei der Besprechung der Wachstumsregulatoren kennengelernt (vgl. Seite 345).

Insektenpathogene Mykotoxine sind aber auch für Wirbeltiere zu toxisch, so daß auf ihre Verwendung als Insektizide bisher verzichtet wurde. Die Wirkung biogener Insektizide, die von grünen Pflanzen produziert werden, wurde bereits besprochen (vgl. Nikotin, Pyrethrin, Rotenon).

Auch Molluskizide werden von Pflanzen produziert. Die Kermesbeere (*Phytolacca decandra*) besitzt einen Wirkstoff, der auf Säugetiere nur gering toxisch wirkt, Wasserschnecken, die den Bilharziose-Erregern als Zwischenwirt dienen, schnell abtötet. In einem mehrjährigen Versuch bei Adwa in Äthiopien konnte durch Einbringen zerriebener Beeren in die Gewässer der Bilharziosebefall bei der Bevölkerung von 50 % auf 15 % und bei Kindern noch weiter gesenkt werden (Franz & Krieg 1982).

8 Königinnentechnik

Besonders schwierig gestaltet sich die Bekämpfung von schädlichen staatenbildenden Insekten, wie Termiten und einer Reihe von Ameisenarten. Sie zeichnen sich durch eine ausgeprägte Arbeitsteilung zwischen fertilen Geschlechtstieren und an der Fortpflanzung nicht direkt beteiligten Arbeiterinnen aus (Schmidt 1974b). Letztere haben die Aufgabe, Königinnen und Brut zu pflegen und mit Nahrung zu versorgen; sie lassen sich in Innen- und Außendiensttiere gliedern. Da der Außendienst die älteren Arbeiterinnen umfaßt und die meisten Opfer fordert, müssen letztere ständig ersetzt werden.

Zur Bekämpfung schädlicher Ameisenarten wurden alle möglichen herkömmlichen Verfahren erprobt. Aber mit allen in Form von Gieß- oder Spritzmitteln verwendeten Kontaktinsektiziden werden immer nur die Außendienstarbeiterinnen betroffen, die ohnehin die kürzeste Lebensdauer haben. Die Königin mit ihrem Hofstaat bleibt unversehrt und kann weitere Nachkommen produzieren und somit den Verlust an Außendiensttieren schnell wettmachen. Eine Kontaktbegiftung führt nämlich dazu, daß die Außendiensttiere schon abgetötet werden, bevor sie das Nest mit der Königin und Brut erreichen, um das Gift dort weiterzugeben. Eine in Südamerika versuchte Begasung von Termitennestern mit Methylbromid oder anderen Giftgasen ergab meistens ein Abwandern der Nestbevölkerung auf die unbehandelten Felder der Nachbarn.

Fraßgifte können von größerer Reichweite sein, wenn sie im Zuge des sozialen Nahrungshaushalts im Volk weit verteilt werden, wie dies für Arsenfraßlacke zutraf. Heute ist die Verwendung von Arsenfraßgiften wegen ihrer hohen Säugertoxizität verboten, so daß nach anderen wirksamen Mitteln gesucht werden muß (Etheridge & Phillips 1976). Trotz der Identifizierung vieler Spurstoffe (Bestmann & Vostrowsky 1981) und der vermehrten Kenntnisse über ihre biologische Bedeutung (Hölldobler 1981) konnten diese Pheromone im Rahmen der Bekämpfungsmaßnahmen noch nicht erfolgreich eingesetzt werden.

Das Ziel einer Bekämpfung von staatenbildenden Insekten muß die Vernichtung der Sozietät sein. Die erforderliche Voraussetzung bietet die von Goetsch et al. (1940, 1942) erarbeitete Ködertechnik. Ihr liegt der Gedanke zugrunde, den Futterverteilungsmechanismus im Ameistenstaat, der auf einem trophallaktischen Futtersaft- und Nahrungsaustausch zwischen den Arbeiterinnen und einer Weitergabe zur Königin und Brut basiert, für die Giftübertragung auszunutzen. Dazu ist eine Auswahl von Ködersubstanzen und eine geeignete Zusammensetzung des Köders erforderlich. Die Wirkstoffe müssen folgenden Forderungen entsprechen:

- keine Beeinträchtigung des Köderwertes (keine Repellent-Wirkung),
- kein vorzeitiger Abbau der wirksamen Substanz im Kropf der Arbeiterinnen,
- verzögerte Initialwirkung in bezug auf die Eintragezeit,
- hohe Wirksamkeit und Stabilität selbst bei starker Verdunstung, wie sie bei der Futterverteilung innerhalb des Ameisenvolkes auftritt, dazu genügende Anreicherung in der Königin, um diese abzutöten bzw. zu sterilisieren.

Die Problematik der Giftköderwirkung besteht vor allem darin, den Wirkstoff als Bestandteil des Nahrungsköders in der Nestpopulation so zu verteilen, daß er in der Königin als reproduktiven Teil der Sozietät kumuliert wird. Für die Königin letale Giftdosen führen regelmäßig zum vorzeitigen Abbruch der Nahrungskette durch Absterben der giftführenden Arbeiterinnen, obgleich sie nicht empfindlicher sein müssen als die Königin (Berndt 1974).

Kombiniert man die Ködertechnik mit der Chemosterilisation von Weibchen, so erhält man die von Berndt et al. (1972) propagierte Königinnentechnik. Sie besagt, daß die Königinnen durch Verfüttern von Chemosterilantien selektiv in ihrem Reproduktionsvermögen gehemmt werden, während die Arbeiterinnen unbeeinflußt bleiben. Das Gift soll spezifisch die Gonadenentwicklung hemmen.

Daß bekannte Chemosterilantien, wie Tepa, tatsächlich im Rahmen der Königinnentechnik eine eindeutige Wirkung haben können, zeigten Berndt et al. (1972) bei Laborvölkern von *Monomorium pharaonis*. Eine Verfütterung von 2 % Tepa in einer Proteindiät über 10 Tage führte zu permanenter Sterilität der Königinnen. Bei niedrigeren Dosen wurde die Eiablage nicht ganz eingestellt, jedoch starben die Embryonen vorzeitig ab oder die Larven konnten sich nicht verpuppen. Die Lebensdauer der behandelten Arbeiterinnen kann beträchtlich länger sein als die in den Kontrollen. In einzelnen Modellfreilandversuchen konnten lästige Hausameisen der Gattung *Lasius* durch Applikation von Apholat oder Metepa in Zuckerködern ausgerottet werden. Wie an anderer Stelle besprochen wurde, sind diese alkylierend wirkenden Substanzen zu warmblütertoxisch, so daß sie für die Schädlingsbekämpfung nicht zugelassen wurden. Die besten Ergebnisse bei der Bekämpfung der Pharaoameise wurden bisher mit Kepone in Erdnußbutter erhalten (Berndt & Nitschmann 1976). Noch problematischer ist die Bekämpfung der vorwiegend in den Tropen lebenden überaus schädlichen Blattschneiderameisen und Termiten.

Auf der Suche nach für Warmblüter weniger oder nicht toxischen Verbindungen testeten wir das indische Kalmusöl auf seine ameistensteriliserende Wirkung, indem wir es mit einem Nahrungsköder verfütterten (Schmidt & Borchers 1981). Doch wirkte dieses Öl stärker toxisch auf die Arbeiterinnen als sterilisierend auf die Königin. In Laborversuchen wurden zunächst die Arbeiterinnen und dann erst die Königinnen abgetötet, obgleich solitäre Insekten damit sterilisiert werden konnten (Saxena & Mathur 1976).

Recht aussichtsreich in der Ameisenbekämpfung scheint die Verfütterung von *Bacillus thuringiensis* mit Hackfleisch zu sein, *Monomorium pharaonis*-Völker konnten auf diese Weise ausgerottet werden (Vobràzkova et al. 1976).

XII Biologische Schädlingsbekämpfung als ein Weg zum Umweltschutz

Je deutlicher den Menschen bewußt wird, in welche Gefahr sie sich durch selbst verschuldete Vergiftung und damit auch Zerstörung ihrer Lebensgrundlagen begeben, wenn die täglich in die Umwelt entlassenen Industrie- und Agrochemikalien nicht drastisch reduziert werden (Lee 1976), desto mehr wird die Frage nach besseren Abgasbeseitigungsverfahren und insbesondere auch Methoden der biologischen Schädlingsbekämpfung gestellt. Der Mensch will nicht länger unbeteiligt zuschauen, wie seine Umwelt allmählich zerstört wird (Sioli 1973, Chapin & Wasserstrom 1981), sondern gruppiert sich zu Interessengemeinschaften, um unter Berücksichtigung ökologischer Gesichtspunkte an der Wende zur besseren, weniger toxisch durchsetzten Umwelt der Zukunft mitzuarbeiten. Das Werk von Franz & Krieg (1982), bereits in der 3. Auflage erschienen, kann all jenen eine gute Anleitung sein, die an angewandter Biologie im Rahmen des Umweltschutzes interessiert sind. Dort werden die vielfältigen Verfahren des biologischen Pflanzenschutzes behandelt, die nahtlos über das Autozidverfahren sowie den Einsatz von Pheromonen und Antibiotika mit den chemischen Methoden verknüpft sind (Atwal 1976).

Hier sollen die wichtigsten biologischen Verfahren und die damit erzielten Erfolge, die Möglichkeiten und Grenzen kurz umrissen werden, um ihre Bedeutung für den Umweltschutz herauszustellen. Denn gerade im dichtbesiedelten Mitteleuropa mit intensiver Landwirtschaft haben sich die meisten biologischen Verfahren mit den anderen, meist chemischen Methoden auseinanderzusetzen, wenn mehr Schutz für unsere Umwelt erreicht werden soll. Dies sollte aber zu keiner Polarisierung, sondern zu einer sinnvollen und umweltschonenden Integration der Verfahren führen.

Dem biologischen Pflanzenschutz liegt der Gedanke zugrunde, die Organismen nicht erst dann zu bekämpfen, wenn ihre Dichte im Biotop kritische Schwellenwerte übersteigt, weil sie dann am Erntegut wirtschaftlich fühlbare Verluste bedingen, sondern ihre Populationsschwankungen kontinuierlich zu kontrollieren, um entsprechend frühzeitig durch Einsatz von Parasiten, Mikroben oder Chemikalien in alternativer Form reagieren zu können. Dabei wird keine Ausrottung der Schädlingspopulation angestrebt, sondern nur eine Reduktion auf eine ökonomisch tragbare Dichte bei Erhaltung der natürlichen Feinde. Dies erfolgt durch vorbeugende Bereitstellung von Nutzorganismen bzw. deren Vermehrung (Prophylaxe), durch unmittelbare Senkung einer Übervermehrung (Suppression) und durch Fernhaltung weiterer Angriffe von Schaderregern (Protektion). Die dafür verwendeten Organismen können recht unterschiedlicher Natur sein (Coppel & Mertins 1977, Sedlag 1980).

1 Einsatz von Wirbeltieren

Wirbeltiere sind häufig Endglieder der Nahrungskette und haben wegen ihrer Größe ein erhebliches Nahrungsbedürfnis. Als nach konzentriertem Einsatz verschiedener

Insektizide, meist chlorierter Kohlenwasserstoffe, zur Bekämpfung von Mosquito-Larven in den behandelten Gewässern auch die mückenfressenden Fische abstarben, ging man dazu über, geeignete Fischarten zur Mückenlarvenbekämpfung einzubürgern, um auch resistent gewordene Mosquito-Populationen dezimieren zu können. Durch diese Maßnahme konnte auch ohne Pestizideinsatz die von Mosquitos ausgehende Seuchengefahr beträchtlich reduziert werden (Legner & Fisher 1980).

Von den Amphibien ist die Riesenkröte *Bufo marinus* zur Vertilgung von Schadtieren aus Mittelamerika in andere Faunenbereiche mit wechselndem Erfolg eingebürgert worden.

Im Vogelschutz steht nicht die Einbürgerung, sondern die Anreicherung bereits vorhandener Vogelarten, meist Insektenfresser, im Vordergrund, damit sie zur gezielten Verminderung bestimmter Schadinsekten beitragen. Der begrenzende Faktor ist bei nicht gesellig lebenden Vogelarten die Mindestgröße des eigenen Reviers und damit verbunden ausreichende Nahrung. Dies ist beim Anbringen künstlicher Nisthöhlen oder anderer Nistgelegenheiten zu berücksichtigen (Brandt 1962, Pfeifer 1980). Die Ansiedlung von Brutvögeln konzentrierte sich bisher dort, wo Lepidopteren-Raupen großen Schaden anrichten, insbesondere in Kiefernwäldern, Lärchenbeständen und Obstgärten. In England konnten Meisen etwa 95 % der überwinternden Raupen des Apfelwicklers (*Laspeyresia pomonella*) erbeuten (Solomon et al. 1976). Solchen Maßnahmen steht die häufige Applikation von breitwirkenden Insektiziden entgegen, weil die Gifte auf Vögel nicht nur toxisch wirken, sondern das Nahrungsangebot auf diese Weise für Insektenfresser zu stark reduziert wird. Vögel können nämlich nie allein und kurzfristig Kalamitäten beseitigen; ihre Ansiedlung muß immer als vorbeugende Maßnahme gesehen werden.

Die Verwendung von Säugetieren zur Schadtierbekämpfung steckt noch in den Anfängen. Es wird ohnehin nur sinnvoll sein, spezialisierte Räuber, wie Spitzmäuse, kleine Raubtiere oder Fledermäuse, in Schadzonen zu überführen, da sonst von den eingebürgerten Tieren selbst erhebliche Nebenschäden verursacht werden können.

2 Verwendung von Arthropoden

Die überzeugendsten Erfolge des biologischen Pflanzenschutzes wurden durch den Einsatz von Insekten und Raubmilben gegen diverse Schadinsekten und Spinnmilben erzielt. Es muß jedoch erwähnt werden, daß ein Aussetzen von fremden Faunenelementen zu einer irreversiblen Veränderung der Fauna und somit nicht nur zu ihrer weiteren Verfälschung, sondern mitunter auch zu nicht absehbaren Folgen führen kann. Die bestgelungene Einbürgerung von Entomophagen richtete sich gegen Schild-, Schmier- und Blattläuse sowie Raupen von Schmetterlingen. Von Bedeutung ist, daß der eingebürgerte Entomophage auch im neuen Biotop optimale Lebensbedingungen erhält, um sich entsprechend erfolgreich vermehren zu können. Um dies zu entscheiden, bedarf es vor dem Aussatz umfangreicher und langfristiger biologischer Untersuchungen. Oft ist es nicht nur eine Entomophagenart, die zur Unterdrückung von Kalamitäten erforderlich ist (Pschorn-Walcher 1977).

In anderen Fällen gelang es trotz reicher Feindfauna nicht, ein regelmäßiges Auftreten von Gradationen zu vermeiden, wie dies in Osteuropa für die Nonne (*Lymantria monacha*) und in Nordeuropa für den Tannentriebwickler (*Choristoneura fumiferana*) der Fall ist. Je größer die Befallsräume sind, desto schwieriger gestaltet sich eine Bekämpfungsmaßnahme mit Entomophagen. Daraus läßt sich ableiten, daß die ökologischen, vor allem klimatischen Ansprüche eines Phytophagen geringer sind als die seiner spezifischen Feinde, d. h. daß Schädlinge in der Regel größere Verbreitungsareale haben als ihre spezifischen Feinde, welche ihnen nur selten bis in die Randgebiete zu folgen vermögen. Solche Erkenntnisse zeigen, daß integrierte Verfahren für die Schadtierbekämpfung zukünftig von größerer Bedeutung sein werden.

Ist die Vermehrung der ausgesetzten Entomophagen im neuen Biotop nicht gewährleistet, so sind Laborzuchten erforderlich. Sie führen regelmäßig, insbesondere über viele Generationen, unter den veränderten Selektionsbedingungen zu Zuchtpopulationen, deren Einsatz im Freiland mitunter weniger erfolgreich ist (Mackauer 1976).

2.1 Einbürgerung von Nutzarthropoden

Entomophagen können als Parasiten oder Prädatoren eingesetzt werden. Nach bisherigen Versuchen war der Bekämpfungserfolg mit Parasiten etwas höher als der mit Prädatoren (Hall et al. 1980). Die besten Erfolge wurden gegen Homopteren und Hemipteren erzielt. Insgesamt sind aber nur etwa 20 % der bisherigen Einbürgerungsversuche als erfolgreich zu bezeichnen. Dies ist gegenüber anderen Verfahren, wie Züchtung resistenter Arten oder Entwicklung neuer Pestizide, ein annehmbarer Anteil, so daß es lohnend erscheint, den gezielten Einsatz von Entomophagen weiter zu verfolgen. Dabei ist auch zu beachten, daß die gleiche Art je nach Umweltbedingungen sich durchaus verschieden auswirken kann. So erreichte die Zehrwespe *Prospaltella perniciosi* als spezifischer Parasit der San-Josè-Schildlaus (*Quadraspidiotus perniciosus*) im Wallis (Schweiz) eine schnellere Senkung der Schildlauspopulation als bei Genf oder in Südwestdeutschland (Neuffer 1975).

Mit der Einführung von Rindvieh in Australien kam es anfangs zu einer erheblichen Anhäufung unzersetzter eingetrockneter Kuhfladen, in denen sich Fliegen, wie *Musca, Haematobia*, entwickelten; die Brutsubstrate für solche für Mensch und Haustiere lästigen Insekten wurden stark vermehrt. Zusätzlich wurde der Wuchs von ungenießbaren Weidepflanzen gefördert, bis begonnen wurde, aus verschiedenen Klimazonen Mistkäfer einzuführen, die dann für die Beseitigung der Kuhfladen sorgten. Eine solche biologische Beseitigung und damit Entgegenwirken einer Übervermehrung blutsaugender Insekten, die sich im Dung entwickeln, ist sicherlich jeder chemischen Bekämpfung vorzuziehen, zumal sie einen regulatorischen Faktor im Ökosystem darstellt. Mit den Mistkäfern konnten sich die von ihnen transportierten Raubmilben an der Vernichtung der Fliegeneier und -maden im Dung beteiligen. Schließlich können Mistkäfer durch entsprechende Duftstoffe in ihrer Ausbreitung manipuliert werden (Moon 1980).

Unter ökonomischen Gesichtspunkten ist die Dauerwirkung erfolgreich importierter Nutzarthropoden herauszustellen. Schon Teilerfolge machen die Anwendung biologischer Verfahren rentabel (Simmonds 1970, Boardman 1977, Waterhouse 1979).

2.2 Förderung heimischer Entomophagen

Vor allem in den relativ einförmigen Kulturbiotopen ist es erforderlich, hilfreiche Entomophagen durch menschliche Nachhilfe zu fördern. Allerdings erfordern solche Maßnahmen eine sehr genaue Kenntnis ihrer ökologischen Ansprüche.

Durch Verfrachten innerhalb desselben Faunenbereichs kann die natürliche Ausbreitung einer Art beschleunigt werden. So wurde der Parasit der San-Josè-Schildlaus *Prospaltella perniciosi* von Baden-Württemberg in die nördlich angrenzenden Gebiete versandt. Diese Methode bietet sich immer dann an, wenn sich die örtlich durch Entomophagen niedrig gehaltene Schädlingspopulation schneller ausbreitet als ihre Feinde folgen können (Postner 1960).

Nahverfrachtung ist vor allem dann bedeutungsvoll, wenn neue Pflanzenkulturen angelegt werden sollen, wo eine unzureichende Entomophagenfauna vertreten ist. Als Beispiel kann auch der Transport von Raubmilben aus nicht mit Pestiziden behandelten Apfelkulturen zur Unterdrückung von Spinnmilben in intensiv gespritzte und daher raubmilbenfreie Betriebe genannt werden (Boller 1978).

Gut bekannt und erfolgreich ist auch der Einsatz der Erzwespe *Encarsia formosa* (Gahan) gegen die Weiße Fliege *Trialeurodes vaporariorum* (Westwood) in Tomatenkulturen in Schweden, während dieses Verfahren in Gurkenkulturen weniger gut gelang (Ekbom 1977).

Ein anderes Phänomen ist die Umstellung heimischer Parasiten auf eingeschleppte Schädlinge. So wurde die nordamerikanische Braconide *Macrocentrus ancylivorus* als ursprünglicher Parasit des dortigen Erdbeerwicklers (*Ancylis comptana fragariae*) bald auch zum wirkungsvollen Feind des eingeschleppten Pfirsichwicklers (*Grapholitha molesta*).

Lange bekannt ist eine durch den Menschen vorgenommene Vermehrung von räuberischen Waldameisen in Neuaufforstungen oder in Gebieten, wo sie in zu geringer Dichte vorhanden sind (Gösswald 1951, 1976, Pavan 1981). Verhaltensbedingt sind diese Insekten zwar ein wichtiger Faktor im Rahmen der Waldhygiene, sie können jedoch eine starke Übervermehrung von Schadinsekten nicht verhindern (Schwerdfeger 1971, Finnegan 1978). Dabei ist die Nestdichte, die offensichtlich nicht beliebig eng sein kann, ein begrenzender Faktor. In seit etwa 100 Jahren von Waldameisen natürlich besiedelten Waldgebieten Nordschleswigs, wo keinerlei Vermehrungsaktionen stattfanden, konnte eine Nestdichte von im Durchschnitt 1,07 Nester pro ha festgestellt werden. Die maximale Dichte betrug in einzelnen Wäldern 6 Nester pro ha (Sörensen & Schmidt 1983).

Immer wieder wurde versucht, besonders geeignete Stämme von Parasiten und Prädatoren herauszuzüchten. Dabei ging man so weit, daß durch Röntgenbestrahlung die Mutationsrate erhöht wurde, um dann in über 100 Generationen eine Auslese zu treffen (Hoy & McKelvey 1979). Jedoch blieben alle Versuche bisher ohne greifbaren Erfolg.

Eine andere Form von Auslese stellt die Entstehung pestizidresistenter Stämme von Entomophagen dar, die sich durch fortwährenden Einsatz bestimmter Pestizide entwickelt haben. Solche Stämme sind von Raubmilben, Raubspinnen, Schlupfwespen bekannt geworden. Eine solche Selektion verspricht dann wertvolle Hilfe, wenn wegen besonderer Bedingungen und Intensität der Pflanzenkultur, wie in Glashäusern oder Reisfeldern mit Brutplätzen von Stechmücken, eine häufige Verwendung von Pestiziden noch unvermeidlich ist (Croft & Brown 1975, Croft 1976). Eine Dauerlösung liegt hier sicherlich nicht vor, da solche Resistenzqualitäten durch Änderung der toxischen Mittel oder Kreuzung mit empfindlichen Wildstämmen wieder verlorengehen (Hoy et al. 1980).

Besonders wichtig erscheint die Beantwortung der Frage, weshalb die ökologischen Bedingungen in einer Kulturlandschaft für Entomophage so schlecht sind: Kulturpflanzen wachsen in Monokulturen, Forste sind unterholzfrei. Hinzu kommt eine großflächige chemische Unkrautbekämpfung. Diese Situation kann aber auch in einer Kulturlandschaft mit relativ kleinen Eingriffen so verändert werden, daß spezifische Bedürfnisse von Nutzarthropoden befriedigt werden, ohne den Intensivpflanzenbau aufgeben zu müssen. Allerdings muß man dazu die Lebensweise der Entomophagen sehr genau kennen. So benötigen parasitische Schlupfwespen und Tachiniden Nektarpflanzen, wie Umbelliferen, als wichtige Nahrungsquellen. Auch Ackerkräuter sind gezielt in eine Förderung von Nutzarthropoden einzuplanen (Altieri & Whitcomb 1979). In Zitrusanlagen in Südchina gelang die Ansiedlung einer gegen Schadmilben bewährten Raubmilbe (*Amblyseius newsami*) besser, wenn als Notnahrung eine früher als Unkraut beseitigte Komposite mit hoher Pollenproduktion erhalten blieb. Ein Aussäen der Bienentrachtpflanze *Phacelia* in Weizenfeldern führte zu deutlich vermehrtem Auftreten von Prädatoren, vor allem Syrphiden, und einem verminderten Befall durch Getreideblattläuse (Gaudchau 1981). Ausbringen künstlicher Nahrung kann zu Erfolgen in der Florfliegenvermehrung führen (Hagen 1976, Hagen et al. 1976).

Für eine Erhöhung der Entomophagenpopulationen ist es aber auch erforderlich, entsprechende Verstecke zu schaffen, wie z. B. Überwinterungsquartiere oder Nistmöglichkeiten. Solchen Bestrebungen steht jede Methode der radikalen Herbizidanwendung entgegen (Zandstra & Motooka 1978). Aber auch Kultur- und Ernteverfahren können die Populationsdichten von Entomophagen wesentlich beeinflussen. So konnte durch planmäßiges Anlegen von Erbsen- und Weißkohlfeldern nebeneinander erreicht werden, daß viele Blattlausvertilger bei der Ernte der ersten Kultur auf die zweite wechselten und dort den Befall der Mehlige Kohlblattlaus (*Brevicoryne brassicae*) deutlich dezimierten (El Tite & Steiner 1975).

Auch soll noch das Anpflanzen von Lockpflanzen und das Aussetzen von Zwischenwirten oder Ersatzbeutetieren erwähnt werden (Doutt & Nakata 1973, Perrin 1975). Mitunter ist sogar eine Schädlingsvermehrung zur Förderung von Entomophagen sinnvoll (Knipling 1979). Für eine Erhöhung der Syrphidenpopulationen sind Hecken und Feldgehölze von besonderer Bedeutung, da diese Blattlausfeinde im Frühjahr hier eine Nahrungsreserve finden, von deren Ergiebigkeit es abhängt, ob später genügend Syrphiden als Vertilger von Blattläusen auf Rübenfeldern oder anderen Kulturen zur Verfügung stehen.

2.3 Massenaussatz von Entomophagen

Ein Massenaussatz bedeutet stets eine Massenzucht. Die Technik der Parasitenzucht wurde von Franz (1961) und DeBach (1974) näher beschrieben. Entomophagenzuchten sind stets anspruchsvoll und aufwendig, da sie die Zucht der Wirts- und Beutetiere voraussetzen, die wiederum Wirtspflanzen benötigen. Sie müssen möglichst unter umweltnahen Bedingungen erfolgen, um eine erwähnte Selektion in anderer Richtung zu vermeiden. Insofern sind halbsynthetische Nahrungssubstrate keine optimale Lösung; für Massenzuchten sollten auch lebende Wirte zur Verfügung stehen. Für alle Massenzuchten ist eine laufende Überwachung der Qualität der produzierten Nutzarthropoden im Freiland erforderlich, um eine Selektion von im Gelände weniger tauglichen Biotypen frühzeitig erkennen zu können. Dies ist besonders bei leicht züchtbaren und sich schnell reproduzierenden Arten wichtig (Hüttel 1976, Nagarkatti 1979). Bei entsprechender industrieller Vertriebsweise ist die Methode ökonomisch durchaus mit der Anwendung chemischer Verfahren vergleichbar und natürlich wesentlich umweltfreundlicher (Remaudierè 1961).

Eine unvorteilhafte Selektion kann vermieden werden, wenn die Entomophagen im Freiland eingesammelt und dann kühl gelagert werden, um sie zum geeigneten Zeitpunkt wieder auszusetzen (Iperti & Hodek 1974). Für dieses arbeitstechnisch mitunter recht aufwendige Verfahren sind besonders Dormanzstadien geeignet. In holländischen Apfelplantagen ließen sich Raubmilben für den späteren Einsatz in großen Mengen gewinnen, wenn die Bäume im Vorfrühling mit Teerölen behandelt wurden. Dies bewirkte zunächst eine Übervermehrung der Obstbaumspinnmilbe (*Panonychus ulmi*) und als Folge einen dichten Besatz mit Raubmilben.

3 Verwendung von Planarien und Nematoden

Aus der Gruppe der Plattwürmer (*Plathelminthes*) sind aus Kalifornien Arten bekannt, die zur Vertilgung verschiedener Entwicklungsstadien von Culiciden und Chironomiden im Wasser in Frage kommen. Die optimale Wassertemperatur liegt für die Art *Dugesia dorototocephala* zwischen 20 und 29 °C. Planarien töten mehr Beutetiere als sie zur Ernährung benötigen und legen widerstandsfähige Ruheeier, wodurch sie für biologische Verfahren des Umweltschutzes besonders geeignet erscheinen (Legner 1979).

Zahlreiche Fadenwürmer (*Nematodes*) leben in Insekten als Parasiten. Sie können mit der Nahrung appliziert werden. Jedoch sind zur Zeit nur wenige Arten für die biologische Schädlingsbekämpfung von Bedeutung (Poinar 1979). *Neoaplectana carpocapsae* wird vor allem in den Boden appliziert, wo es als Insektenvertilger wirksam ist (Triggiani 1978). Die Art ist sehr polyphag und befällt dementsprechend auch viele indifferente Arten (Laumond et al. 1979). In den USA werden Nematodenpräparate angeboten, die angeblich keine Gesundheitsschäden bei Wirbeltieren hervorrufen (Gaugler & Boush 1979).

Die Mermithide *Romanomermis culicivorax* befällt Stechmückenlarven verschiedener Gattungen; sie läßt sich in lebenden Wirten leicht vermehren. Ihr Einsatz führte in San Salvador zur radikalen Verminderung einer insektizid-resistenten *Anopheles albimanus*-Population (Petersen et al. 1978).

Deladenus siricidicola (Neotylenchidae) parasitiert in der Blauen Fichtenholzwespe (*Sirex noctilio*) und macht die Weibchen steril. Bei der Eiablage gelangen die Nematoden mit einem symbiontischen Pilz in das Stammholz und entwickeln sich zunächst freilebend als Verzehrer dieses Pilzes. Später befallen sie einige *Sirex*-Larven und gelangen so erneut in die Imagines. In Australien wurde die Holzwespe ohne den Parasiten eingeschleppt und bedrohte dort riesige Kiefernwälder. Dann vermehrte man den Nematoden in den spezifischen Pilzkulturen und injizierte ihn in die von *Sirex* befallenen Stämme. Auf diese Weise konnte der Vermehrungsfähigkeit der Holzwespe deutlich Einhalt geboten werden (Bedding & Akhurst 1974).

4 Mikrobiologische Bekämpfungsmaßnahmen

Die hier angesprochenen Verfahren versuchen, Mikroben zu manipulieren, um damit Populationen von Schaderregern zu beeinflussen (Jaques 1977). Ein Weg ist die Verwendung von Mikroorganismen als natürliche Antagonisten gegen schädliche Mikroorganismen, ein anderer die Bekämpfung von Pathogenen, wozu weniger schädliche Impfstämme verwendet werden (Hoy & McKelvey 1979).

Die unabdingbare Voraussetzung ist die Massenproduktion von Pathogenen, wofür definiertes Ausgangsmaterial unbedingt notwendig ist. Es wird entweder eine Reinkultur aus einer Stammsammlung oder aktives Material aus einer Erregerbank benutzt. Schließlich muß eine Qualitätskontrolle vor der Anwendung durchgeführt werden.

Die Produktion von Mikroorganismen kann im Wirtsorganismus oder in einer Zellkultur erfolgen. Für *Nosema*-Arten werden Heuschrecken als Wirte verwendet. Insektenpathogene Viren lassen sich ähnlich wie Mikrosporidien produzieren (Krieg 1978a, b; Yarris 1979). Zellkulturen werden für wirbeltierpathogene Viren benötigt. Solche *in vitro*-Kulturen von insektenpathogenen Viren zum Zwecke der Schädlingsbekämpfung stecken noch in den Anfängen (Miltenburger et al. 1981, Roeder 1981).

Eine Massenproduktion saprophytischer Bakterien und Pilze geschieht in entsprechend hergestellten Nährmedien als Emers- oder Submerskultur. Das wohl heute am weitesten verbreitete und erfolgreich angewendete submers hergestellte Sporenpräparat ist das im Handel erhältliche von *Bacillus thuringiensis*. Solche Biopräparate werden dem Anwendungszweck entsprechend als Suspension, Spritzpulver, Staub, Granulat oder auch als Köder formuliert. Die Haltbarkeit von Polyederviren in Einschlußkörpern und von sporulierten Präparaten verschiedener *Bacillus*-Arten dauert viele Jahre, während Konidien von *Fungi imperfecti* und Mikrosporidien in ihrer Keimfähigkeit ziemlich begrenzt sind; die Halbwertszeit liegt unter 6 Monaten. Nur Wochen bis Tage lassen sich nichtsporenbildende Bakterien, Viren ohne Einschlußkörper und Konidien von Entomophthoraceen lagern. Jedem Feldversuch muß eine Vorprüfung am Zielorganismus im Labormaßstab vorangehen (Briggs 1976, Krieg et al. 1980, Burges 1981).

Als Anwendungsstrategien kommen in Frage

- prophylaktische Verfahren zur Vernichtung phytopathogener Pilze und Nematoden im Bodenbereich,
- suppressorische Verfahren zur Bekämpfung von Massenvermehrungen von Makroorganismen, bei denen eine Langzeitwirkung, wie bei der Myxomatose (Virusinfektion) des Kaninchens, für *Bacillus popilliae* gegen Japankäferlarven und *B. sphaericus* gegen Stechmückenlarven angestrebt wird (Ramoska & Burgess 1978).

Im pazifischen Inselstaat Tonga wird an Bananentrieben ein großer Schaden durch eine unserem Nashornkäfer verwandte Art verursacht. Zur Bekämpfung des Käfers werden Haufen von Sägemehl angelegt und diese mit einem pathogenen Pilz beimpft. In solche Fallen legen die Weibchen ihre Eier. Die nicht absterbenden Larven infizieren sich mit dem Pilz, und die jungen adulten Käfer fliegen damit fort, um andere Brutstätten zu beimpfen. Auf diese Weise wird die Populationsdichte unter die wirtschaftliche Schadensschwelle gedrückt.

Eine andere Methode führt das Pathogen dem Wirt flächendeckend wie ein Pestizid zu, wobei mit einer Kurzzeitwirkung gerechnet wird. Als Beispiel dieser Applikationsmethode ist der Einsatz von *Colletotrichum*-Arten als Mycoherbizid bei der Unkrautbekämpfung zu erwähnen. Aber auch die Mehrzahl der Einsätze von Insektenpathogenen, wie *Bacillus thuringiensis*, Granulose- und Kernpolyederviren, zur Raupenbekämpfung in Land- und Forstwirtschaft entsprechen dem Bioinsektizidkonzept. Der Pilz *Beauveria tenella* konnte zur Maikäferbekämpfung erfolgreich eingesetzt werden, zumal infizierte Käfer das Pathogen auf die Nachkommenschaft übertragen können (Keller 1978).

Der Vorteil von mikrobiologischen Bekämpfungsmethoden ist folgender:

- Bei geeigneter Formulierung der Präparate sind sie wie herkömmliche chemische Insektizide mit den vorhandenen Geräten auszubringen.
- Keine problematischen Substanzen gelangen bei entsprechender Kontrolle in die Umwelt.
- Die Spezifität ist recht hoch (Ordnungs- bis Artniveau).
- Die Krankheitserreger sind zur Koevolution mit ihren Wirten befähigt und dürften somit keine Resistenz entwickeln.
- Es kommt zu keinem Genozid, da beim Unterschreiten einer kritischen Populationsdichte die Infektkette unterbrochen wird. Diese kritische Populationsdichte liegt etwa in der Größenordnung der wirtschaftlichen Schadensschwelle, womit das vernünftige Ziel modernen Pflanzenschutzes, Schädlinge nicht auszurotten, sondern unter die wirtschaftliche Schadensschwelle zu drücken, erreicht wird.
- Superinfektion als eine Form des Synergismus, die bei Wirbellosen nach sukzessiver Applikation des gleichen Virus auftritt.

Als potentieller Nachteil solcher Selektivverfahren kann gezählt werden, daß bestimmte mit dem Schädling nahe verwandte, aber unempfindliche Arten die durch seine Ausschaltung entstandene ökologische Nische einnehmen, was bei breitwirkenden Pestiziden nicht geschehen kann. Hinzu kommen Virulenzunterschiede bei verschiedenen Viren, wobei der Wirt eine entscheidende Rolle als Selektionsfaktor spielt. Auch muß erwähnt werden, daß nicht nur bei Wirbeltieren, sondern auch bei Insekten eine Alterstoleranz zu beobachten ist. So liegt die LD_{50} pro Raupe für das autochthone

Kernpolyedervirus bei der Kohleule (*Mamestra brassicae*) im 1. Stadium unter 10 Polyeder, im 3. Stadium bei 5×10^3 Polyeder und im 5. Stadium bei 5×10^7 Polyeder.

Neben Tieren lassen sich auch Pflanzen, wie Unkräuter, mikrobiologisch bekämpfen. Bereits 1889 wurden in den USA Rostpilze (*Puccinia punctiformis*) zur Bekämpfung der Ackerkratzdistel (*Cirsium arvense*) verwendet. In Australien wurde in neuerer Zeit der eingeschleppte Knorpellattich (*Chondrilla juncea*) in Weizenfeldern mit *Puccinia chondrillae* dezimiert. Viele weitere spezifisch wirkende Rostpilze konnten erfolgreich eingesetzt werden (Oehrens & Gonzalez 1977, Templeton et al. 1979). Schließlich wurde versucht, auch Krankheitserreger der Kulturpflanzen auf mikrobiologischer Basis zu bekämpfen. Die besten Erfolge wurden bisher bei Rostpilzen (Rishbeth 1968) und Mutterkornpilzen (Mower et al. 1975) erzielt.

XIII Integrierter Pflanzen- und Gesundheitsschutz als Umweltschutz

Im Prinzip läßt sich der integrierte Pflanzen- und Gesundheitsschutz von der biologischen Schädlingsbekämpfung herleiten. Eine Population von Schadorganismen soll mit allen geeigneten Verfahren reduziert und auf ein Niveau unterhalb der ökonomischen bzw. hygienischen Schadensschwelle gehalten werden. Oder die Population wird so manipuliert, daß sie keinen bedeutungsvollen Schaden verursacht (Huffaker 1971). Es wird also nicht mehr die Ausrottung des potentiellen Schädlings gefordert, sondern seine Eingliederung in das Ökosystem. Dementsprechend müssen die dazu erforderlichen Methoden so ausgewählt werden, daß sie eintretenden Veränderungen im Ökosystem Rechnung tragen (Wellington 1977).

Integrierter Pflanzenschutz ist kein neues Konzept. Es wurde bereits in den 20er Jahren unseres Jahrhunderts in kalifornischen Citrusplantagen praktiziert (DeBach 1974). Erst als der Pestizideinsatz infolge der ansteigenden Resistenzbildung sich nicht mehr ökonomisch gestaltete und die erhöhten Pestiziddosen zu einer nicht mehr tragbaren Toxizität beim Menschen und seinen Haustieren führten, erinnerte man sich nach 30 Jahren wieder an die alten Verfahren, so daß man dann in den 60er Jahren mit verstärktem Interesse und neuen Erkenntnissen das Prinzip des integrierten Pflanzenschutzes zu verwirklichen suchte. Schließlich trat die immer weiter ansteigende Umweltvergiftung durch Pestizide und ihre Nebenwirkungen stärker in den Blickpunkt, so daß man heute permanent eine Abkehr von den einst so segensreichen, konventionellen chemischen Bekämpfungsmethoden fordert.

1 Definitionen

Werden verschiedene der besprochenen Verfahren zur Schädlingsbekämpfung so miteinander verzahnt, daß sie sich weitgehend ohne gegenseitige Störung ineinanderfügen, und werden dabei die vorhandenen Abwehrkräfte der Pflanzen und des Ökosystems berücksichtigt, so erreichen wir eine über die additive Aneinanderreihung der verschiedenen Methoden hinausgehende integrierte Form der Schädlingsbekämpfung. Die englische Bezeichnung ist *integrated pest control*. Der umfassendere Begriff ist die Steuerung der Schadorganismen, das *integrated pest management*. Wird dieses Management von seiten der Kulturpflanzen betrachtet und werden die Kulturmaßnahmen mit eingeschlossen, so sprechen wir von *integrated crop management* (Bild 109). Bei Einschluß des Gesundheitsschutzes bilden alle integrierten Aktivitäten ein ganzheitliches, multidisziplinäres System für das Erfassen und Steuern von Prozessen, die dem Schutz von Kulturpflanzen, Vorräten sowie der Gesundheit des Menschen und seinen Nutztieren dienen. Hinter diesen Maßnahmen steht der Gedanke, die Umwelt zu schützen und Veränderungen schonender vorzunehmen. Aber gemeint ist stets der Umweltschutz zum Wohle des Menschen. Der

Schutz des naturnahen Ökosystems wird ganz außer Acht gelassen, obgleich dieser langfristig gesehen dem Menschen sicherlich am gesundheitsdienlichsten sein dürfte.

Im Rahmen des integrierten Pflanzen- und Gesundheitsschutzes muß der Gedanke aufgegeben werden, möglichst alle Schad- und Krankheitserreger in kurzer Zeit abzutöten. Die Maßnahmen dürfen nicht allein nach dem Schädling ausgerichtet werden, sondern müssen die übergeordnete Lebensgemeinschaft respektieren. Wie bereits erwähnt, sollen die Steuerungsmaßnahmen verhindern, daß die wirtschaftliche bzw. hygienische Schadensschwelle von der Schädlingspopulation überschritten wird. Zu beachten ist dabei, daß eine bestehende Konkurrenz um Nahrung und Raum ein Prozeß ist, der die Populationsdichte reguliert. Andererseits sind Populationsdichten bekannt, wie bei den Laufkäfern der Gattung *Bradycellus*, die in bestimmten Biotopen sehr hoch sein können, ohne einen Schaden anzurichten. Handelt es sich um Pflanzenfresser, dann ist meist bei entsprechend hohen Abundanzen schon ein nicht tragbarer Ernteverlust eingetreten, so daß in solchen Fällen die natürlichen Feinde der Schädlinge als Regulatoren erhalten bleiben müssen. Im integrierten Abwehrsystem muß diesen Antagonisten eine zentrale Stellung eingeräumt werden. Die Pflanzen- und Gesundheitsschutzmaßnahmen werden nur zur Korrektur der natürlichen Abläufe eingesetzt und nicht als Ersatz für diese. Zandstra & Motooka (1978) referierten über die Bedeutung der sogenannten Unkräuter für das integrierte Pflanzenschutzsystem; ohne sie ist eine biologische Bekämpfung gewisser Schadtiere oft unmöglich.

2 Wirtschaftliche und hygienische Schadensschwellen

Eine Grundforderung des integrierten Pflanzen- und Gesundheitsschutzes ist, Energien nur dort einzusetzen, wo es ökologisch und ökonomisch oder hygienisch sinnvoll erscheint (Djerassi et al. 1974). Dies resultiert aus der Erkenntnis, daß bei allen biologischen Produktionsvorgängen, wie beim Anbau von Kulturpflanzen, selbst bei unbegrenzter Energiezufuhr doch nur ein begrenzter Ertrag erzielbar ist. Auf dem Gesundheitssektor entfällt bei totaler Vernichtung der Vektoren und Erreger die natürliche Immunisierung.

Unsere Intensivkulturen funktionieren nur so lange, wie wir über eine zuverlässige industrielle Basis verfügen. Weiter steigende Erträge lasen sich demnach nur durch unverhältnismäßig hohe Aufwendungen außerhalb des landwirtschaftlichen Ökosystems erzielen, denn oft werden diese Zusammenhänge unterschätzt (Wittmer 1978). Häufiger sollte die Frage nach der Rentabilität für das Volkswohl gestellt und dabei die drastische Verteuerung der nur begrenzt zur Verfügung stehenden fossilen Energie gesehen werden (Pimentel et al. 1975). Hinzu kommt die zunehmende Verarmung der Naturböden infolge landwirtschaftlicher Spezialisierung und kontinuierlicher Anwendung breitwirkender Pestizide, die das Bodenleben stark stören (Critchley 1972a, b), sowie die weitgehende Versteppung als Folge forstlicher Fehlwirtschaft. Letztlich führt die Überproduktion an Nahrungsmitteln, wie sie an vielen Orten der Erde betrieben wird, leider nicht zur Beseitigung des Hungers in der Dritten Welt, sondern zur Vernichtung der Überschüsse, wodurch erneute Belastungen der Umwelt auftreten, wenn eine Weltwirtschaftskrise vermieden werden soll (Kolbe 1968).

Unter wirtschaftlicher Schadensschwelle wird die niedrigste Populationsdichte eines Schädlings verstanden, bei der wirtschaftliche Schäden entstehen können (Steiner 1968). Sie liegt im allgemeinen oberhalb einer erkennbaren Schädigung. Ihre Ermittlung ist oft recht problematisch, denn breitwirkende chemische Mittel bedeuten einen so starken Eingriff in das Ökosystem, daß oft weitere Bekämpfungsmaßnahmen erforderlich sind; sie müssen bei der Berechnung der Gesamtkosten berücksichtigt werden. Es ist somit erforderlich, den Befallsgrad einer Pflanzenkultur mit der Summe aller, auch später erst auftretender Kosten in Beziehung zu bringen. Dann können nämlich höhere Schadensschwellen als wirtschaftlich tragbar hingenommen werden. Jede zu tief angesetzte Schadensschwelle kann verschenktes Geld für unnötige Bekämpfungsmaßnahmen bedeuten (Steiner et al. 1970). Extrem niedrige Schadensschwellen lassen sich häufig durch zweckmäßige Bodenpflege oder Umstellung auf standortgerechte Sorten erhöhen.

Bei vieljährig durchzuführenden Rentabilitätsberechnungen dürfen nicht nur die leicht faßbaren Unkosten des Erzeugers für Pflanzenschutzmaßnahmen berücksichtigt werden, sondern auch die von der Gesellschaft zu tragenden Lasten. Hierher gehören Erschöpfung von Energiequellen, Abwärmeproduktion und ihre Folgen, Wasserversorgung, Belastung des Grundwassers durch Pestizide, Abdrift der Pestizide, Schäden der menschlichen Gesundheit durch Ausbringefehler, Verarmung der Fauna und Flora durch großflächigen Pestizideinsatz und schließlich auch die nicht unerheblichen Prüfungs- und Zulassungskosten der Mittel. Ob die auf dieser Basis errechenbaren Kosten tatsächlich die Ertragslage so weit zu steigern vermögen, daß sich ein vertretbarer Mehrertrag ergibt, läßt sich nur langfristig ermitteln, denn es ist zu berücksichtigen, daß infolge der Resistenzentwicklung, die als Anpassung an die veränderte Umwelt zu verstehen ist, immer häufiger und kostspieligere Mittel eingesetzt werden müssen. So ergab sich bei der Bekämpfung der vielerorts multiresistent gewordenen Obstbaumspinnmilbe (*Panonychus ulmi*) in Apfelplantagen ein Anstieg der Bekämpfungskosten von etwa 50,– DM/ha auf das 6fache, bei der Apfelblattmotte (*Lithocolletis blancardella*) als Hauptschädling auf das 5,2fache (Steiner 1976). In Südtirol mußten 4/5 der Anbaufläche einer Birnenkultur aufgegeben werden, weil *Psylla pyricola* in wenigen Jahren gegen alle verfügbaren Insektizide resistent geworden war. Es entsteht schließlich eine Pestizid-Resistenzspirale, die nur durch radikale Änderung der bisherigen Pflanzenschutzmaßnahmen gestoppt werden kann (Smith 1972, Stern 1973, Gahukar & Jotwani 1980). Wir sollten aus der Evolution der Organismen lernen, unsere Bemühungen um landwirtschaftliche Produktion in diesen großangelegten, nach bestimmten Regeln verlaufenden Prozeß zu stellen und mit ihm zu arbeiten; jedes Entgegenarbeiten muß über längere Zeit notgedrungen in Sackgassen führen.

Da die biologischen und ökonomischen Größen unter wechselnden Umweltbedingungen schwanken, gewinnen die Werte für die Schadensschwellen mehr an Sicherheit, je besser die Prognose der zu erwartenden Abläufe ist. In Mitteleuropa hat die Forstentomologie in dieser Hinsicht Pionierarbeit geleistet, denn sie war wegen des geringen Flächenertrages stets zur besonderen Sparsamkeit gezwungen. Seit über 100 Jahren gibt es eine regelmäßige Kontrolle der im Boden überwinternden Insekten in Kiefernwäldern, aus denen sich Schadensschwellen errechnen lassen (Franz 1970). Auf diese Erfahrungswerte könnte beim Ausbau von integrierten Schutzmaßnahmen in anderen Ökosystemen zurückgegriffen werden. Dabei sind folgende Gesichtspunkte zu berücksichtigen:

- Die Schädigung eines Pflanzenbestandes ist weitgehend abhängig von der Pflanzenart, vom Bestandsalter und der Wüchsigkeit sowie von der Anwesenheit einer gegebenen Anzahl von potentiellen Schadorganismen. Die Erholungsfähigkeit der verletzten Pflanze ist von ihrer Konstitution und dem Zeitpunkt des Eingriffs abhängig.
- Bei der Ermittlung der kritischen Anzahl potentieller Schaderreger sind nur überlebensfähige Tiere zu berücksichtigen und diese je nach Stand der Gradation mit unterschiedlichem Faktor. Parasitierungsgrad und Prädatoreneinfluß sind zu erfassen. Voraussetzung ist eine recht genaue Kenntnis über den Verlauf einer Massenvermehrung in möglichst ungestörten Biotopen.

Prognose und Überwachung erlangen in allen Pflanzenkulturen bei der Schadensswellenermittlung zunehmende Bedeutung. Sie sind unerläßlich für ein besseres Management der Pflanzenkrankheiten und die Reduktion der Erzeugerkosten. Sie wirken nicht nur kostendämpfend, sondern leisten auch einen wesentlichen Beitrag zur Gesundung unserer Umwelt. Entsprechendes gilt für den Gesundheitsschutz.

Zur Bewältigung dieser stark differenzierten Aufgaben ist eine umfassende, aber auch detaillierte Kenntnis der Biologie der potentiellen Schaderreger wie auch der Pflanzenschutzmaßnahmen erforderlich (Pimentel & Goodman 1978). Die notwendigen Grundlagen müssen an den Hochschulen vermittelt werden, denn besonders in großflächigen Anbaugebieten werden künftig Pflanzenschutzmanager benötigt werden. Diesem Arbeitsbereich können gute Zukunftschancen vorausgesagt werden. Die Praxisberatung läßt sich sicherlich unter Einsatz von Computern weiter vervollkommnen, wenn erst entsprechende arbeitsfähige Modelle bekannt sind, so daß es schließlich zu einer zentralgesteuerten Individualberatung kommen kann (Smith & Huffaker 1974, Franz et al. 1976, Kranz 1980).

Ein integrierter Pflanzenschutz wird erschwert, wenn man das Erntegut, wie heute üblich, nur nach äußerlichen Merkmalen einstuft, ohne dabei die innere Qualität zu berücksichtigen. Bei den Verbrauchern muß die Einsicht wachsen, daß man nicht umweltschonenden Pflanzenschutz betreiben kann, ohne Abstriche an der äußeren Qualität des Erntegutes zu machen.

Auch bei der Unkrautbekämpfung wird man mit Schadensschwellen arbeiten müssen, denn ein unkrautfreier Acker erfordert einen unverhältnismäßig hohen Herbizideinsatz, vorhandene Phytophage sammeln sich an den Kulturpflanzen, wenn ihnen alle andere Nahrung entzogen wird, und herbizidresistente Unkräuter werden selektioniert (Kolbe 1970, Eggers & Niemann 1980, Beer & Heitefuss 1981).

Anders zu beurteilen ist die hygienische Schadensschwelle (Toleranzlevel). Sie ist die tragbare Schädlingsdichte, deren Unterschreitung keinen hygienischen Vorteil mehr bringt. Bei der Bekämpfung der Gelbfiebermücke (*Aedes aegypti*) in Amerika hat sich nämlich gezeigt, daß die Infektionskette unterbrochen ist, wenn der Vektor nur noch in 5 % der Häuser vorkommt.

Schließlich gibt es Bereiche, in denen die Schädlingsdichte nicht in Geldverlust umgerechnet werden kann und die wirtschaftlichen Schadensschwellen keine Gültigkeit mehr haben (Franz et al. 1976). Dies trifft für Landschaftstypen zu, deren Wert vor allem auf sozialhygienischem Gebiet liegt, wie z. B. für viele Waldgebiete. Noch wichtiger ist heute in Industrieländern die Bewahrung einer möglichst naturnahen Umwelt, die Wasserreserven besitzt, in der die Luft sauerstoffreich ist und in der sich der Mensch erholen kann (Hasel 1971). In früheren Zeiten war die Pflege der Landschaft ein Nebenprodukt der Landwirtschaft, obgleich der Landwirt vorrangig seinen Betrieb im Auge hatte. Erst jetzt erkennen wir den Wert solcher Pflege, denn die Landwirtschaft spezialisierte sich mehr und mehr und wirtschaftet sehr einseitig; immer mehr Wirtschaftsflächen werden aufgegeben. Deshalb ist es notwendig, neben intensiv bewirtschafteten Flächen auch extensiv bewirtschaftete zu erhalten, auch wenn eine Subvention erforderlich wäre. Das ökologische Prinzip sollte Grundlage für jede Entscheidung sein. Produktionsleistungen sind auch nach ihren Nebenwirkungen zu beurteilen. Bei konsequenter Denkweise führt dies zu integrierten Pflanzenschutzmaßnahmen, die einen höheren wirtschaftlichen Schaden tolerieren und das regenerative Potential des betreffenden Standorts stärker erhalten als dies beim chemischen Pflanzenschutz mit Breitenwirkung der Fall ist (Critchley 1972b). Als Leitwert darf nicht der momentane Mehrertrag im Vordergrund stehen, sondern die innere Qualität des Erntegutes. Dies ist nicht nur im Sinne des Umweltschutzes, sondern kommt auch der Gesunderhaltung der Bevölkerung entgegen.

3 Auswahl und Methoden

Wird die Schadensschwelle nur gelegentlich überschritten, wie in vielen Waldgebieten oder auch extensiv genutzten Anbaugebieten, so lassen sich Gradationen durch entsprechende Kulturverfahren, die für den integrierten Pflanzen- und Gesundheitsschutz allgemein von Bedeutung sind, wirksam beeinflussen. Standortbezogener Kulturpflanzenanbau, Verbesserung der Bodenfruchtbarkeit und der Saatguttechnik sowie Auswahl resistenter Sorten wären hier zu nennen. Nicht hohe Erträge und schönes Aussehen dürfen im Vordergrund stehen, wie folgendes Beispiel zeigt: Durch massierten Anbau sehr ertragreicher, aber recht anfälliger neuer Reis- und Weizensorten wurden Entwicklungsländer in eine Krisensituation versetzt, in der sie völlig von der ständigen Anwendung hoher Mineraldünger- und Pestizidgaben abhängig waren (Smith 1972). Auch der Fruchtwechsel ist ein wichtiger Faktor, um einer Gradationswahrscheinlichkeit entgegenzuwirken. Das heute weitverbreitete industriemäßige Konzept der gegenwärtigen Agrarpolitik muß zugunsten eines langfristig geplanten und ökologisch verankerten Wirtschaftens aufgegeben werden (Brader 1975). Bisher geschieht dies nur von einer kleinen Minderheit alternativer Landwirte, die die Problematik bereits durchschauen (Diercks 1980, Franz et al. 1979).

In der mitteleuropäischen Forstwirtschaft zeigte die Integration von Kulturmaßnahmen und biologischen Verfahren, daß Laubholzbeimischungen zu Kiefernkulturen Insektenkalamitäten weitgehend zurückdrängen. Hinzu kam in der Oberrheinebene die Ansiedlung von Singvögeln und Waldameisen (Wellenstein 1968) zur Vorbeugung gegen Kalamitäten der Kleinen Fichtenblattwespe (*Pristiphora abietina*) (Schwerdtfeger 1970). Gegen die Kiefernbuschhornblattwespe (*Neodiprion sertifer*) können als Soforthilfe Kernpolyederviren eingesetzt werden, bis die Pflanzungen dem kritischen Alter entwachsen sind. Durch Attraktivstoffe können natürliche Feinde an entscheidenden Stellen konzentriert werden, wie Prädatoren von Kiefernborkenkäfern, die dann ihre anfliegende Beute an den Fangstämmen sogleich in Empfang nehmen und dezimieren, oder Florfliegen (*Chrysopa* spp.), die nach Versprühen eines künstlichen Nährsubstrates aus Molke und Hefe am Futterplatz blieben und dort bevorzugt ihre Eier ablegten (Knipling 1979).

In einem auf Höchsterträge ausgerichteten Betrieb kann der Übergang zum integrierten Pflanzenschutz naturgemäß nur allmählich erfolgen. Ein Umlernen des für den Pflanzenschutz Verantwortlichen ist erforderlich. Er muß nicht nur Schädlinge, sondern auch bedeutsame Prädatoren und Parasiten erkennen und überwachen können. Ein Spritzplan entfällt, denn aus der jeweiligen Situation heraus muß die Wahl des Mittels und des Termins erfolgen. Wege zur schrittweisen Umstellung vom konventionellen zum integrierten Pflanzenschutz zeigen Franz & Krieg (1982).

Naturgemäß eignen sich dauerhafte Kulturen besser als einjährige für die Entwicklung integrierter Verfahren. Aber auch die durch Fruchtwechsel bedingte abrupte Florenveränderung hat sich als günstig für eine schnelle Änderung der Strategie von Abwehrverfahren gegen Schadorganismen erwiesen. Anfangs richtete sich die integrierte Bekämpfung bevorzugt gegen Schadarthropoden. In neuerer Zeit sind auch Pflanzenpathogene für integrierte Verfahren zugänglich. Über Düngungsmaßnahmen, den Schnitt von Obstbäumen, die Bodenpflege, Standort- und Sortenwahl sowie durch vorsichtige Verwendung von Herbiziden und Fungiziden nach genauer Prognose, lassen sich auch hier ökonomische Schwellenwerte finden. So wird im Emsland der durch Kraut- und Knollenfäule der Kartoffel bedingte Schaden (*Phytophthora infestans*) nicht über die Populationsdichte der Schaderreger ermittelt, sondern es wird die Zeitspanne angegeben, in der es sich rentiert, das vegetative Wachstum der Kartoffel durch Fungizidspritzungen zu verlängern (Reschke et al. 1974). Im Mittelpunkt solcher Maßnahmen steht immer die Reduktion eines Schadens mit einem ökologisch und ökonomisch vertretbaren Aufwand.

Leider besitzen von den zugelassenen chemischen Pflanzenschutzmitteln nur wenige eine gewisse selektive Wirkung. Dies liegt vor allem daran, daß die Entwicklungs- und Prüfungskosten so hoch sind, daß ein Mindestabsatz erforderlich ist, damit sich die Produktion lohnt. Bei Mitteln mit großer Breitenwirkung ist dies am ehesten gegeben. Die Produktion von stärker selektiv wirkenden Mitteln wird in Zukunft wesentlich von den Wünschen der Verbraucher und den Forderungen der Praktiker abhängen.

Als physiologisch selektives Insektizid kann Ryania genannt werden, das vor allem gegen den Apfelwickler (*Laspeyresia pomonella*) wirksam ist. Unter den Akariziden gibt es einige, die recht selektiv gegen Milben wirken. Ferner sind die mikrobiellen Insektizide zu erwähnen, die als selektiv wirksame Pathogene eingesetzt werden, wie gewisse Viren, *Bac. thuringiensis*. Zum richtigen Zeitpunkt ausgebracht, wirken auch Chitinsynthesehemmer selektiv. Schließlich besteht die Möglichkeit, biotechnische Verfahren, wie Sexualpheromone, Fraßhemmstoffe und dergleichen, erfolgreich einzusetzen oder sie mit chemischen Mitteln zu kombinieren, um eine lokale Begiftung zu ermöglichen. In vorbildlicher Weise wird ein integriertes Pflanzenschutzprogramm gegen die Schädlinge im Olivenanbau in Griechenland entwickelt (Stavraki et al. 1979). In Afrika wird an einer integrierten Bekämpfung der Kaffeeschädlinge gearbeitet (Bardner 1978).

Zu den ökologisch selektiven Mitteln können die systemisch wirkenden Substanzen gezählt werden, die von der Oberfläche relativ schnell verschwinden und somit Prädatoren und Parasiten weitgehend verschonen. Durch die zunehmende amtliche Kontrolle auf Nebenwirkungen wird ein weiterer Weg beschritten, künftig möglichst umweltschonende Mittel zuzulassen. Bei selektiver Bekämpfung eines Hauptschädlings wird es sich dann nicht mehr vermeiden lassen, daß bisherige Nebenschädlinge, die durch breitwirkende Präparate ebenfalls abgetötet werden, nun stärker zum Tragen kommen, so daß gegen diese getrennte Maßnahmen zu erfolgen haben. Aber durch entsprechende Änderung der Schutzverfahren dürfte schließlich eine besser sich selbst regulierende Lebensgemeinschaft aufgebaut werden. Dann beeinflussen verschiedenartige Faktoren die Mortalitätsrate des Schädlings, so daß ein Entstehen resistenter Stämme durch selektiv wirkende Mittel kaum zu erwarten ist (Pimentel & Bellotti 1976).

Müssen Pestizide mit großer Breitenwirkung angewendet werden, so sollten jene mit der geringsten Wirkungsbreite gewählt werden. Die Applikation sollte lokalisiert in einer Konzentration erfolgen, die die Schadtierabundanz gerade unter den Schwellenwert senkt. Auf diese Weise kann auch eine gewisse Selektivität erreicht werden. Aber auch eine lokale Behandlung von Jungtrieben, wie gegen den Kieferntriebwickler (*Rhyacionia buoliana*) oder das Anbringen von Giftspritzringen im Frühjahr an Stämmen von Altkiefern, wie gegen den Kiefernspinner (*Dendrolimus pini*), reduzieren die Breitenwirkung der herkömmlichen Insektizide erheblich und schonen die Biozönose. Ein weniger breit wirkendes Insektizid ist Endosulfan, das Honigbienen und einige robustere Insekten verschont, jedoch nicht alle Prädatoren und Parasiten. Auch nikotinhaltige Präparate lassen mehrere Nutzinsektenarten überleben. Kurz wirksame und leicht abbaubare Mittel, wie Demeton oder Pyrethrum, sind persistenten Mitteln vorzuziehen. Dabei ist auf den Entwicklungszustand der Entomophagenpopulation Rücksicht zu nehmen. In ähnlicher Weise ist beim Einsatz von Fungiziden und Herbiziden zu verfahren, denn sie können Entomophage wie Insektizide schädigen (Steiner 1965, Croft 1975). Auch Mittel, die Pflanzensauger über ihre Wirtspflanze zur erhöhten Fortpflanzung anregen, wie dies bei einer Überdüngung mit Stickstoff der Fall ist, sollten sinnvoller Weise von der Auswahl ausgeschlossen werden. Hier sind einige Organophosphate, Carbaryl, Zineb zu nennen (Chaboussou 1970, Van de Vrie & Boersma 1970).

Bild 109 zeigt die wichtigsten, heute dem integrierten Pflanzen- und Gesundheitsschutz (*integrated pest management*) zur Verfügung stehenden Mittel und Methoden. Sie sind vor der Anwendung für jeden Einzelfall zu kombinieren. Dies setzt ein Umdenken und eine entsprechende Ausbildung der Pflanzenschutzberater in den Betrieben voraus.

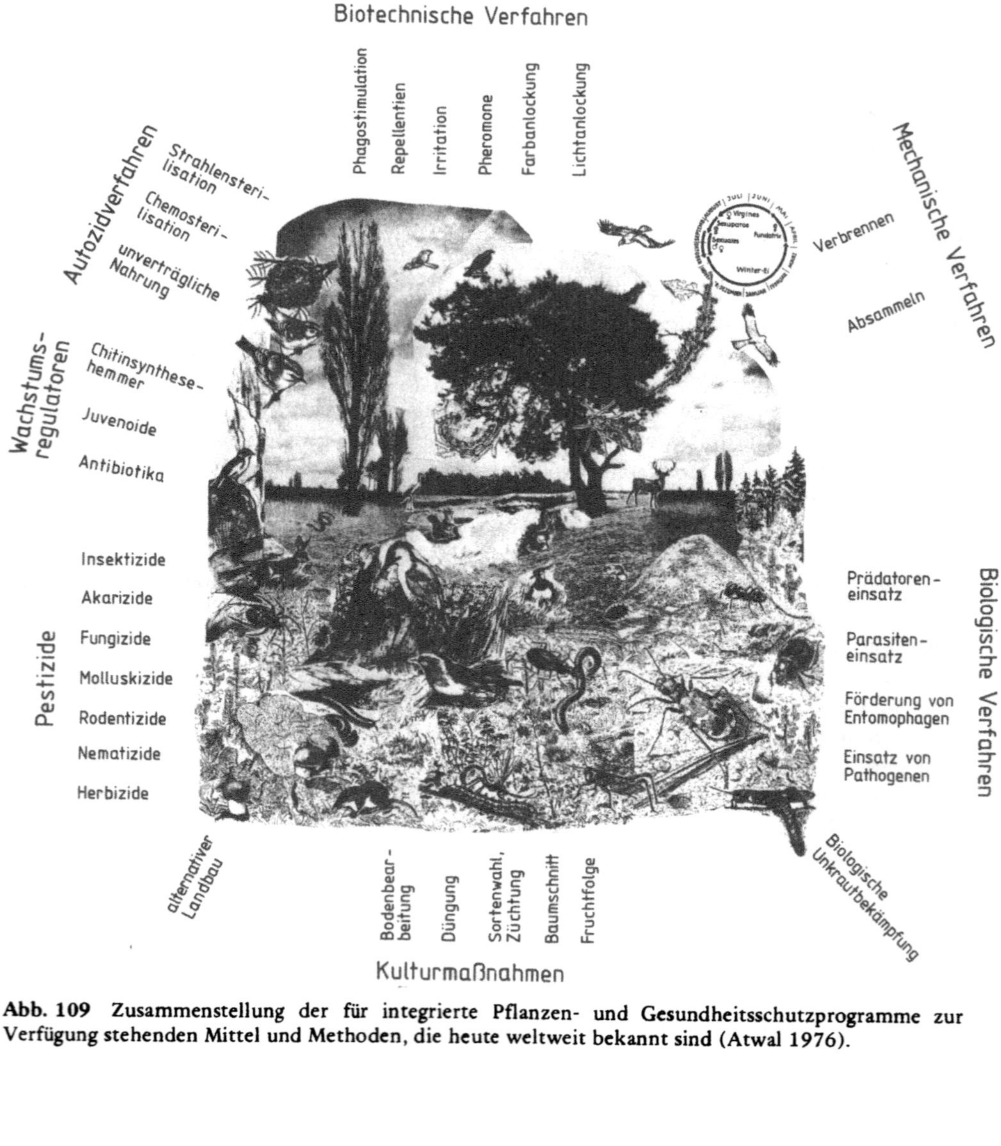

Abb. 109 Zusammenstellung der für integrierte Pflanzen- und Gesundheitsschutzprogramme zur Verfügung stehenden Mittel und Methoden, die heute weltweit bekannt sind (Atwal 1976).

4 Erarbeitung integrierter Programme

Die weltweite Anbahnung eines Umdenkens im Pflanzen- und Gesundheitsschutz im Sinne des integrierten Konzeptes gibt Anlaß, am Ende dieses Kapitels einige integrierte Schutzprogramme als Beispiele darzustellen, die sich vorwiegend auf Europa, vor allem auf die Bundesrepublik Deutschland konzentrieren. Im Pflanzenschutz geht man dabei gewöhnlich von der zu schützenden Kulturpflanze aus, während die Gesundheitsschutzprogramme stärker nach dem Schädling ausgerichtet sind.

Obstbau: Der Reinerlös hängt wesentlich von den Ausgaben für Pflanzenschutzmaßnahmen ab, zumal etwa zwei Drittel der Ausgaben als Festkosten auf Ernte und Vermarktung entfallen. In Südwestdeutschland, der Schweiz und Südostfrankreich konnten durch integrierte Maßnahmen in Apfelplantagen etwa 18 bis 27% der Gesamtkosten eingespart werden (Steiner 1976). Diese Zahlen schließen nicht die sonstigen Vorteile von Integrationsverfahren, wie geringere Pestizidrückstände, weniger resistente Schädlinge, Rückgang der Sekundärschädlinge ein. Gegen den dort wichtigsten Schädling, den Apfelwickler (*Carpocapsa pomonella*) hat sich ein sehr wirksames und spezifisches Viruspräparat bewährt (Huber & Dickler 1975, 1977). Aber auch ein Dauergaseinsatz vermindert den Befall (Dickler 1977). Statt einer Fungizidbehandlung eignet sich zur Abwehr der Kragenfäule (*Phytophthora cactorum*) eine Zwischenveredlung mit einer als Stammbildner geeigneten resistenten Sorte. Gegen Apfelschorf (*Ventura inaequalis*) lassen sich resistente Sorten und natürliche Antagonisten einsetzen.

Zitrus: Als Folge des starken weltweiten Imports von Zitrusfrüchten wurden in europäischen Zitrusplantagen Schadorganismen eingeschleppt, denen die Gegenspieler fehlten. Im Rahmen integrierter Programme steht die Einbürgerung von Entomophagen im Vordergrund. Gegen die Zitrusmottenschildlaus (*Dialurodes citri*) wird die Aphelinide *Prospaltella lahorensis* aus Kalifornien importiert. Gegen die Zitrusschildlaus *Pseudococcus citri* wird in Süditalien die Encyrtide *Leptomastix dactylopii* eingesetzt. Daneben werden die Schadtierpopulationen systematisch überwacht und die Schadensschwellen ermittelt. Auch wird die Prüfung chemischer Mittel auf ihre Nebenwirkungen vorgenommen, insbesondere auf unentbehrliche Entomophage, um auf dieser Grundlage geeignete Schutzprogramme zu entwickeln (Benassy et al. 1980, Viggiani 1980).

Weinbau: Im Bereich des Weinbaues müssen für die Schadtierbekämpfung noch weitere Erfahrungen über Schadensschwellen, günstige Bekämpfungszeiten und Möglichkeiten, mit biologischen Verfahren einzugreifen, gesammelt werden, z. B. über die Wirkung der Applikation von *Bac. thuringiensis* in Zuckerlösung gegen die Traubenwickler (*Lobesia botrana, Eupoecilia ambiguella*) oder die Verwendung von Raubmilben gegen Spinnmilben. Diese Prädatoren lassen sich durch mäßigen Unkrautbestand fördern (Baillod & Bassino 1980). Ein Reblausschaden kann durch Auswahl resistenter Unterlagen stark reduziert werden. Pilzbedingte Rebenkrankheiten sind ohne Fungizideinsatz schwer zu bekämpfen, wenn nicht durch Resistenzzüchtung der Schaden gemindert werden kann (Dubos & Bulit 1980, Gärtel 1980, Preuschen 1980).

Gemüsebau: Hier spielt die Sortenzüchtung eine große Rolle. Die so erhaltene Teilresistenz gegen verschiedene Krankheiten sollte zunächst ausgenutzt werden. Dann ist der Pflanztermin zu beachten, der regional verschieden optimal ist. Die Schadensschwelle der Kleinen Kohlfliege (*Erioischia brassicae*) im Kohlanbau kann durch Hinausschieben des Pflanztermins heraufgesetzt werden. Viruspräparate und *Bac. thuringiensis* lassen sich gegen diverse Lepidopterenraupen einsetzen. Verfahren zur Blattlausprognose haben sich in England und in der Schweiz bewährt (Way 1977, Suter 1980).

Über weitere brauchbare Ansatzpunkte für integrierte Programme in verschiedenen Kulturen in und außerhalb Europas berichten Franz & Krieg (1982). Auf die Schwierigkeiten, die der Verwirklichung integrierter Programme in der heutigen Landwirtschaft entgegenstehen, weisen Cramer & Zeller (1981) hin.

Da die staatlichen Hilfen im Rahmen der integrierten Programme nur bescheiden sein können, sollten die Erzeugergenossenschaften die erforderlichen Überwachungsdienste in den Anbauflächen selbst finanzieren, damit bald ein sichtbarer Fortschritt im Umweltschutz erreicht wird, denn derzeit ist die Landwirtschaft neben der Industrie der größte Umweltvernichter. Biotop- und Artenschutz können einem derartigen Vernichtungsplan nicht widerstehen, wenn von seiten der Landwirtschaft und der Industrie nicht wesentlich mehr Umweltbewußtsein als bisher entwickelt wird.

Auch im Gesundheitsschutz haben Bestrebungen, den Vektorenbestand mit Hilfe chemischer Mittel drastisch zu senken, zwar zu eindrucksvollen Soforterfolgen bei der Abwehr mancher Seuchen geführt, aber auf Dauer befriedigten solche Aktionen selten, und fast immer wurde die Umwelt stark kontaminiert. Es soll nicht übersehen werden, daß die Situation für integrierte Programme im Rahmen des Gesundheitsschutzes ungünstig ist, da nur eine kleine Restpopulation toleriert werden kann. Trotzdem konnten bereits wichtige Faktoren für eine integrierte Bekämpfung von Gesundheitsschädlingen benannt werden (Iglisch 1975, Schnetter & Engler 1978, Krieg 1978c).

Programme für den integrierten Pflanzen- und Gesundheitsschutz sind weder fertig beziehbar noch als abgeschlossen zu betrachten. Viele Probleme müssen noch von der Forschung geklärt werden (Newson 1980). Die integrierte Methode ist keine Alternative zur chemischen Bekämpfung, sondern nimmt diese in einem ökologisch und wirtschaftlich vertretbaren Maß in sich auf. Für den schrittweisen Weg zur Verbesserung der Umweltsituation sind der Verzicht auf viele prophylaktische Spritzungen, der Ausbau und die Beachtung von Vorhersagediensten, die räumliche und zeitliche Beschränkung im Gebrauch von chemischen Mitteln, der Einsatz selektiver Mittel und Methoden sowie die Verwendung aller verfügbaren anbautechnischen, biologischen und züchterischen Verfahren erforderlich, auch wenn jede Maßnahme für sich allein noch keinen durchschlagenden Erfolg verspricht.

Vor allem muß der Praktiker lernen, daß es bei Anwendung integrierter Programme um mehr als nur fachgerechte, vorschriftsmäßige und zurückhaltende Anwendung von chemischen Mitteln oder anderen Techniken geht. Seine innere Bereitschaft wird gefordert, eigene Entscheidungen in das Ökosystem als letzte Instanz einzupassen. In den Ländern mit intensiver Landwirtschaft und Hygiene wird dies in zunehmendem Maße eingesehen. Aber auch in den Entwicklungsländern sollten brauchbare Technologien angeboten werden (Brader 1979), damit sie vor den Irrwegen der Industrieländer möglichst verschont bleiben. Das ist Aufgabe der übernationalen Organisationen.

5 Ein Blick in die Zukunft

Wir dürfen nicht verkennen, daß auch den integrierten Programmen des Pflanzen- und Gesundheitsschutzes Grenzen gesetzt sind. Die Grenzen ergeben sich aus den populationsdynamischen Vorgängen. Auf alle Organismen wirken belebte und unbelebte Umweltfaktoren begrenzend. Auch wenn die Grenzen der Manipulierbarkeit von Schäden noch nicht erreicht sind, werden weder Autozidverfahren noch Entomophage und Parasiten, noch Pathogene das Problem der Schädlingsverminderung allein lösen können. Aber sie können sicherlich mehr dazu beitragen, unsere Umweltlage zu verbessern, als ihnen bisher zugetraut wurde. In Zukunft ist eine umfassende Strategie des Umweltschutzes zu entwickeln, in der die Schädlingsbekämpfung einer der wichtigsten Faktoren ist. Von der Flexibilität der Gesetzgebung für Gesundheits, Land- und Fortwirtschaft wird es abhängen, wie schnell neue unbedenkliche Verfahren allgemeine Anerkennung finden. Bei der Zulassung von Pflanzenschutzmitteln müssen neben den heute üblichen Kriterien auch Fragen des Umweltschutzes und der Selektivität gleichberechtigt berücksichtigt werden. Die Zulassung eines Mittels darf nicht von seinem maximalen Wirkungsgrad abhängen.

Von den agrarpolitisch Verantwortlichen muß erwartet werden, daß sie nicht nur verbal, sondern auch tatsächlich die ökologischen und gesundheitlichen Belange höher einstufen. Diese unabdingbare Notwendigkeit ergibt sich aus den Kapiteln dieses Buches. Aber auch in Lehre und Forschung an den Hochschulen sollten chemische Verfahren nicht einseitig bevorzugt zur Sprache kommen; es sollte viel stärker als bisher der Umweltschutz Berücksichtigung finden. Die ökotoxikologische Forschung muß in Zukunft einen zentralen Platz einnehmen.

Aber alle Umweltschutzmaßnahmen werden zum Scheitern verurteilt sein, wenn es nicht gelingt, der Massenvermehrung des Menschen Einhalt zu bieten. Hierfür sind die Beseitigung des Analphabetentums und eine Aufklärung über Geburtenkontrollmaßnahmen wichtige Voraussetzungen. Eine ständige Erhöhung der Nahrungsproduktion ist keine Lösung, den Hunger in der Welt zu beseitigen, wenn die Vermehrungsraten weiter steil ansteigen (Diwakar 1975).

Den ersten Schritt in eine Erfolg versprechende Richtung demonstriert das nachstehende Bild mit den sich zum Zentrum hin verjüngenden Röhren. Die Ressourcen der Natur sind nur begrenzt verfügbar und fordern vom Menschen je nach Problemlage auf breiter Front Einschränkung und Beschränkung, um möglichst vielen ein menschenwürdiges Leben zu ermöglichen.

Literatur

Abdel-Karim, E. S. H. & El-Fouly, M. M. (1973): Aufnahme durch Pflanzenwurzeln und systemische Wirkung von l-Naphthyl-N-methyl-carbamat (Sevin). Anz. Schädlingskde. Pflanzenschutz, Umweltschutz **46**, 187–189.

Abdellatif, M., Hermanson, H. & Reynolds, H. (1967): Effect of soil clay and organic matter content upon systemic efficacy of two carbamate insecticides. J. Econ. Entomol. **60**, 1445–1450.

Abedi, Z. H., Duffy, J. R. & Brown, A. W. A. (1963): Dehydrochlorination and DDT-resistance in *Aedes aegypti.* J. Econ. Entomol. **56**, 511–517.

Abernathy, C. O. & Casida, J. E. (1973): Pyrethroid insecticides: Esterase cleavage in relation to selective toxicity. Science **179**, 1235–1236.

Abernathy, C. O., Ueda, K., Engel, J. L., Gaughan, L. C. & Casida, J. E. (1973): Substrate-specificity and toxicological significance of pyrethroid-hydrolysing esterases of mouse liver microsomes. Pestic. Biochem. Physiol. **3**, 300–311.

Ables, J. R., Jones, S. L. & Bee, M. J. (1977): Effect of diflubenzuron on beneficial arthropods associated with cotton. Southwest. Entomol. **2**, 66–72.

Ables, J. R., West, R. P. & Shepard, M. (1975): Response of the house fly and its parasitoids to dimilin (TH-6040). J. Econ. Entomol. **68**, 622–624.

Achari, R. G., Sandhu, S. S. & Warren, W. J. (1975): Chlorinated hydrocarbon residues in ground water. Bull. environm. Contamin. Toxicol. **13**, 94–96.

Ackermann. H. & Engst, R. (1970): Presence of organophosphate insecticides in the fetus. Arch. Toxicol. **26**, 17–22.

Adam, H. (1971): Ergebnisse über vergleichende Untersuchungen bei der Anwendung von Röntgenstrahlen und Chemosterilantien auf das Reproduktionssystem von ***Rhagoletis cerasi*** (L). Acta phytopath. (Budapest) **6**, 281–285.

Adlung, K. G. (1960): Über die Ergebnisse der im Schwarzwald 1958 und 1959 durchgeführten Freilandversuche zur Anlockung von Borkenkäfern mit Lockstoffen. Z. angew. Entomol. **45**, 430–435.

Agosin, M. (1971): Microsomal mixed function oxidases and insecticide resistance, p. 29–59, in Tahori, A. S. (Ed.) Proc. 2nd Intern. TUPAC Congr. Pestic. Chem., Vol. II, Gordon & Breach, New York.

Agosin, M., Michaeli, D., Miskus, R., Nagasawa, S. & Hoskins, W. M. (1961): A new DDT-metabolizing enzyme in the German cockroach. J. Econ. Entomol. **54**, 340–342.

Agthe, C., Garcia, H., Shubik, L., Tomatis, L. & Wenyon, E. (1970): Study of the potential carcinogenity of DDT in the Syrian golden hamster. Proc. Soc. Exp. Biol. Med. **134**, 113–116.

Aharoni, A. H. & O'Brien, R. D. (1968): The inhibition of acetylcholinesterases by anionic organophosphorus compounds. Biochemistry **7**, 1538–1545.

Ahmed, M. K., Gasida, J. E. & Nichols, R. E. (1958): Bovine metabolism of organophosphorus insecticides: Significance of rumen fluid with particular reference to parathion. J. Agr. Food Chem. **6**, 740–746.

Akesson, N. B., Bayer, D. E. & Yates, W. E. (1970): Reducing contamination risks from aerial pesticide applications. Proc. 7th Intern. Congr. Plant Protection, p. 800–801.

Akkermans, L. M., van den Bercken, J. van der Zalm, J. M. & van Straaten, H. W. M. (1974): Effects of dieldrin (HEOD) and some of its metabolites on synaptic transmission in the frog motor end plate. Pestic. Biochem. Physiol. **4**, 313–324.

Akkermans, L. M. A., van der Zalm, J. M. & van den Bercken, J. (1973): Is aldrintransdiol the active form of the insecticide dieldrin? Arch. Int. Pharmacodyn. Ther. **206**, 363–364.

Alabaster, J. S. (1969): Survival of fish in 164 herbicides, insecticides, fungicides, wetting agents and miscellaneous substances. Int. Pest. Control. **11** (2), 29–35.

Alary, J.-G. & Brodeur, J. (1969): Studies on the mechanism of phenobarbital induced protection against parathion in adult female rats. J. Pharmacol. Exp. Ther. **169**, 159–167.

Aldridge, W. N. (1953): Serum esterases. 2. An enzyme hydrolysing diethyl *p*-nitrophenylphosphate (E 600) and its identity with the A-esterase of mammalian sera. Biochem. J. **53**, 117–124.

Aldridge, W. N. & Davison, A. N. (1952): The inhibition of erythrocyte cholinesterase by tri-esters of phosphoric acid. 2. Diethyl *p*-nitrophenyl thiophosphate (E 605) and analogues. Biochem. J. **52**, 663–671.

Alford, D. V. (1978): Observations on the specifity of pheromone-baited traps for *Cydia funebrana* (Treitschke) (Lepidoptera: Tortricidae). Bull. ent. Res. **68**, 97–103.

Ali. A. & Mulla, M. S. (1978): Effects of chironomid larvicides and diflubenzuron on nontarget invertebrates in residential-recreational lakes. Environ. Entomol. **7**, 21–27.

Allan, J. (1955): Loss of biological efficiency of cattle-dipping wash containing benzene hexachloride. Nature (London) **175**, 1131–1132.

Altieri, M. A. & Whitcomb, W. H. (1979): The potential use of weeds in the manipulation of beneficial insects. Hort. Science **14**, 12–18.

Aly, O. M. & Faust, S. D. (1964): Studies on the fate of 2, 4–D and ester derivatives in natural surface waters. J. Agr. Food Chem. **12**, 541–546.

Alzieu, C. (1977): Toxicité et persistance en milieu marin d'un insecticide derive des benzoylurees: le diflubenzuron. Rev. Trav. Inst. Pêches marit. **41**, 317–324.

Amer, S. M. & Farah, O. R. (1968): Cytological effects of pesticides. III. Meiotic effects of N-methyl-l-naphthyl carbamate "Sevin". Cytologia (Tokyo) **33** (3/4), 337–344.

Amiressami, M. (1973): Die Wirkung von Insektiziden auf Darmtraktus und Gonaden verschiedener Generationen von *Pemphigus bursarius* L. Z. angew. Zool. **60**, 331–342.

Ammar, E. D. (1975): A light trap modified for catching only smaller insects, and its efficiency in catching certain groups compared with a sweeping net. Z. angew. Entomol. **79**, 104–109.

Anders, M. W. (1968): Inhibition of microsomal drug metabolism by methylene-dioxybenzenes. Biochem. Pharmacol. **17**, 2367–2370.

Anderson, D. W., Hickey, J. J., Risebrough, R. W., Hughes, D. L. & Christensen, R. E. (1969): Significance of chlorinated hydrocarbon residues to breeding pelicans and cormorants. Can. Field Natur. **83** (2), 91–112.

Andrzejewska, L. (1977): The influence of mineral fertilization on the meadow phytophagous fauna. Pol. Ecol. Stud. **2**, 93–109.

Ankersmit, G. W., Barel, C. J. A., Mobach, J. D., Schout-Parren, I. & Wassenberg-De Vries, G. (1977): Studies on the sterile male technique as a means of control of *Adoxophyes orana* (Lepidoptera, Tortricidae). V. Release trials. J. Plant Path. **83**, 73–83.

Ansari, H. J. & Khan, M. A. (1974): Carbamate resistance in *Musca domestica nebulo*. Angew. Parasitol. **15**, 30–33.

Ansari, H. J. & Khan, M. A. (1977): Effect of tretamine on the ovary of red cotton bug *Dysdercus cingulatus* F. (Hemiptera: Heteroptera: Pyrrhocoridae). Proc. Nat. Acad. Sci., India, Sect. B, **47**, 125–127.

Ansari, H. J. & Khan, M. A. (1979): Effect of triphenyltin acetate on the fertility of male red cotton bug, *Dysdercus cingulatus* F. (Heteroptera: Pyrrhocordae). Comp. Physiol. Ecol. **4**, 121–123.

Ant, H. (1972): Ökologische Auswirkungen des Wechsels landwirtschaftlicher Nutzung auf die Tierwelt. Ber. Landwirtsch. **50**, 90–99.

Apperson, Ch. S. & Georghiou, G. P. (1975): Inheritance of resistance to organophosphorus insecticides in *Culex tarsalis* Coquillet. Bull. Wld. Hlth. Org. **52**, 97–100.

Apperson, Ch. S., Schaefer, C. H., Colwell, A. E., Werner, G. H., Anderson, N. L., Dupras, E. F. jr. & Longanecker, D. R. (1978): Effects of diflubenzuron on *Chaoborus astictopus* and nontarget organisms and persistence of diflubenzuron in lentic habitats. J. Econ. Entomol. **71**, 521–527.

Apple, J. L. & Smith, R. F. (Eds.) (1976): Integrated Pest Management. Plenum Press, New York.

Arevad, K. & Keiding, J. (1978): Resistance to diflubenzuron as a larvicide and ovicide. Danish. Pest. Inf. Lab. Ann. Rep. 1977; 46–48.

Ariaratnam, V. & Georghiou, G. P. (1975): Carbamate resistance in *Anopheles albimanus*. Penetration and metabolism of carbaryl in propoxur-selected larvae. Bull. Wld. Hlth. Org. **52**, 91–96.

Armstrong, D. E. & Chesters, G. (1968): Adsorption – catalyzed chemical hydrolysis of atrazine. Environ. Sci. Technol. **2**, 683–689.

Armstrong, D. E., Chesters, G. & Harris, R. F. (1967): Atrazine hydrolysis in soil. Soil. Sci. Soc. Am. Proc. **31**, 61–66.

Armstrong, D. A. & Millemann, R. E. (1974): Effects of the insecticide carbaryl on clams and some other intertidal mud flat animals. J. Fish. Res. Board Can. **31**, 466–470.

Armstrong, G., Bradbury, F. R. & Britton, H. G. (1952): The penetration of the insect cuticle by DDT and related compounds. Ann. Appl. Biol. **39**, 448–556.

Asano, S. & Kamei, M. (1977): Effects of methoprene with juvenile hormone activity on the oviposition of the oriental horned wax scale, *Ceroplastes pseudoceriterus* Green. Botyu Kagaku **42**, 45–49.

Ascher, K. R. S. & Nemny, N. E. (1976): Contact activity of diflubenzuron against *Spodoptera littoralis*. Pestic. Sci. **7**, 447–452.

Ashok, S., Kishen Rao, B., Thakur, S. S., Judson, P., Samuel Raj, N. & Maruthi Ram, G. (1978): Defense secretion of the Soap-Nut bug. *Tessaratoma javanica* (Thunberg) (Heteroptera, Pentatomidae) as a juvenile hormone mimic. Zool. Jb. Physiol. **82**, 383–394.

Asperen, K. van & Oppenoorth, F. J. (1959): Organophosphate resistance and esterase activity in house flies. Entomol. exp. appl. (Amst.) **2**, 48–57.

Aspöck, H. & An der Lan, H. (1963): Ökologische Auswirkungen und physiologische Besonderheiten des Pflanzenschutzmittels Sevin (l-Naphtyl-N-methylcarbamat). Z. angew. Zool. **50**, 345–380.

Atwal, A. S. (1976): Pest control by cultural and bio-ecological practices, p. 66–101, Pest control with chemicals, p. 102–143, aus ,,Agricultural Pests of India & South-East Asia", Kalyani Publ., Delhi & Ludhiana, India, 502 pp.

Atzert, S. P. (1971): A review of sodium monofluoroacetate (compound 1080): Its properties, toxicology and use in predator and rodent control. Special Scientific Report – Wildlife Nr. 146, Bureau of Sport, Fisheries and Wildlife, US. Department of the Interior, Wash. DC.

Audemard, H., Beauvais, F. & Descoins, C. (1977): La lutte cobtre le Carpocapse (*Laspeyresia pomonella* L.) avec une phéromone sexuelle de synthese par la méthode de confusion des mâles: premier essai en verger commercial de Pommiers. Rev. Zool. agric. **86**, 15–24.

Augustinsson, K. B. & Casida, J. E. (1959): Enzymic hydrolysis of N,N-dimethylcarbamoyl fluoride. Biochem. Pharmacol. **3**, 60–67.

Autuori, M. (1974): Der Staat der Blattschneiderameisen, p. 631–656, in Schmidt, G. H. (Ed.) Sozialpolymorphismus bei Insekten. Probleme der Kastenbildung im Tierreich. Wiss. Verlagsges. Stuttgart, XXIV + 964 pp.

Ayad, H. & Georghiu, G. P. (1975): Resistance to organophophates and carbamates in *Anopheles albimanus* based on reduced sensitivity of acetylcholinesterase. J. Econ. Entomol. **68**, 295–297.

Bäckström, J., Hansson, E. & Ullbergh, J. (1965): Distribution of ^{14}C-DDT and ^{14}C-dieldrin in pregnant mice determined by whole body autoradiography. Toxicol. Appl. Pharmacol. **7**, 90–96.

Bader, A. (1976): Recent advances in synthetic pyrethroids. Aldrichimica Acta **9**, 49–51.

Baetjer, A. M. & Smith, R. (1956): Effect of environmental temperature on reaction of mice to parathion, an anticholinesterase agent. Am. J. Physiol. **186**, 39–46.

Baggiolini, M., Delley, B., Arn, H. & Charmillot, P. (1977): Inhibition des captures des mâles de *Grapholitha funebrana* Tr. par diffusion d'attractif sexuel synthétique en verger de pruniers. Mitt. Schweiz. ent. Ges. **50**, 213–219.

Bailey, D. L., La Brecque, G. C. & Whitfield, T. L. (1971): Resistance of house flies (Diptera: Muscidae) in Florida to trichlorfon and dichlorvos formulated in sugar baits. Canad. Ent. **103**, 853–856.

Bailey, J. B. (1972): The effects of pesticide residues on farm laborers. Agrichem. Age **15** (10), 6–8.

Baillod, M. & Bassino, J. P. (1980): L'Estimation du risque provoque par l'acarien rouge (*Panonychus ulmi* Koch) en viticulture et perspectives ouvertes par la lutte biologique a l'aide de Typhlodromes. Proc. Int. Symp. IOBC/WPRS (Wien 1979), 255–260.

Bains, S. S., Battu, G. S. & Atwal, A. S. (1976): Effiency of ethylene dibromide against diapause larvae of *Trogoderma granarium* Everts at low temperature. Bull. Grain Technol. **14**, 235–238.

Bajula, G. & Hernandez, L. M. (1978): Organochlorine pesticide and PCB residues in wild bird eggs from the south-west of Spain. Bull. environm. Contamin. Toxicol. **19**, 655–664.

Baker, R., Briner, P. H. & Evans, O. A. (1978): Chemical defense in the termite *Ancistrotermes cavithorax*. Abst. 4. Intern. Congr. Pestic. Chem., Zürich, p. 330–334.

Baker, R. C., Coons, L. C., Mailman, R. B. & Hodgson, E. (1972): Induction of hepatic mixed-function oxidases by the insecticide, Mirex. Environ. Res. **5**, 418–424.

Baker, T. C., Carde, R. T. & Roelofs, W. L. (1976): Behavioral responses of male *Argyrotaenia velutinana* (Lepidoptera: Tortricidae) to components of its sex pheromone. J. Chem. Ecol. **2**, 333–352.

Bakke, A. & Kramme, T. (1978): Kairomone response by the predators *Thanasimus formicarius* and *Thanasimus rufipes* to the synthetic pheromone of *Ips typographus*. Norw. J. Ent. **25**, 41–43.

Baldwin, M. K. & Robinson, J. (1969): Metabolism in the rat of the photoisomerization product of dieldrin. Nature (Lond.) **224**, 283–284.

Baldwin, M. K., Robinson, J. & Parke, D. V. (1970): Metabolism of endrin in the rat. J. Agr. Food Chem. **18**, 1117–1123.

Ball, W. L., Sinclair, J. W., Crevier, M. & Kay, K. (1954): Modification of parathion's toxicity for rats by pretreatment with chlorinated hydrocarbon insecticides. Can. J. Biochem. Physiol. **32**, 440–445.

Ballantyne, G. H. & Harrison, R. A. (1967): Genetic and biochemical comparisons of organophosphate resistance between strains of spider mites (*Tetranychus* species: Acari). Entomol. exp. appl. (Amst.) **10**, 231–239.

Banerjee, S. (1975): Inducing sterility in adult moths of *Hapalia machaeralis* Wlk. (Lepid. Pyralidae) by administering metepa through adult diet. Z. angew. Entomol. **79**, 48–52.

Bardner, R. (1978): Pest control in coffee. Pestic. Sci. **9** (5), 458–464.

Barker, R. J. & Waller, G. D. (1978): Effects of diflubenzuron wettable powder on caged honey bee colonies. Environ. Entomol. **7**, 534–535.

Barlow, R. B. & Hamilton, I. T. (1962): Effects of pH on the activity of nicotine and nicotine monomethiodide on the rat diaphram preparation. Brit. J. Pharmacol. **18**, 543–549.

Barnes, J. M. (1967): Higher pesticide residue levels – the alternative to starvation? Intern. Pest. Control. **9** (4), 25–28.

Barnes, W. W. & Ware, G. W. (1965): The absorption and metabolism of ^{14}C-labelled endosulfan in the house-fly. J. Econ. Entomol. **58**, 286–291.

Barsa, M. C. & Ludwig, D. (1959): Effects of DDT on the respiratory enzymes of the mealworm, *Tenebrio molitor* (L.), and of the house fly, *Musca domestica* (L). Ann. Entomol. Soc. Am. **52**, 179–182.

Bartha, R., Lanzilotta, R. P. & Pramer, D. (1967): Stability and effects of some pesticides in soil. Appl. Microbiol. **15**, 67–75.

Bartels, E. & Nachmansohn, D. (1969): Organophosphate inhibitors of acetylcholine-receptor and -esterase tested on the electroplax. Arch. Biochem. Biophys. **133**, 1–10.

Barton-Browne, L. & Kerr, R. W. (1967): The response of the labellar taste receptors of DDT-resistant and non-resistant houseflies (*Musca domestica*) to DDT. Entomol. exp. appl. (Amst.) **10**, 337–346.

Batth, S. S. (1977): A survey of Canadian populations of the German cockroach for resistance to insecticides. Canad. Ent. **109**, 49–52.

Bauer, K. (1964): Studien über die Nebenwirkungen von Pflanzenschutzmitteln auf die Bodenfauna. Mitt. Biol. Bundesanst. Land- und Forstwirtsch., Berlin-Dahlem, H. 112, 42 pp., P. Parey. Berlin–Hamburg.

Baumhover, A. H. (1966): Eradication of the screw-worm fly, an agent of myiasis. J. Amer. Med. Assoc. **196**, 240–248.

Beadles, M. L., Miller, I. A., Chamberlain, J. F., Eschle, I. L. & Harris, R. L. (1975): The horn fly: Methoprene in drinking water of cattle for control. J. Econ. Entomol. **68**, 781–785.

Beamish, R. J. (1976): Acidification of lakes in Canada by acid precipitation and the resulting effects on fish. Water Air Soil Pollut. **6**, 501–514.

Beard, R. L. (1963): Insect toxins and venoms. Ann. Rev. Entomol. **8**, 1–18.

Beattie, G. A. C., McDonald, F. J. D. & Whitten, M. J. (1974): Population control in the Australian sheep blowfly, *Lucilia cuprina*, by the release of female-borne chemosterilant. II. Sterilization under field cage conditions. Aust. J. agric. Res. **25**, 1005–1013.

Beck, W., Gebeshuber, J., Gesswagner, D., Glofke, E., Kahl, E., Lebeda, K. & Stastny, E. (1968): Beitrag zur Kenntnis der möglichen Beeinflussung von Wild durch Pflanzenschutzmittel. Pflanzenschutzberichte (Wien) **38**, 69–96.

Becker, B. (1978): Effects of 20-hydroxy-ecdysone, juvenile hormone, Dimilin, and Captan on *in vitro* synthesis of peritrophic membranes in *Calliphora erythrocephala*. J. Insect Physiol. **24**, 699–706.

Becker, P. & O'Svath, J. (1981): Die Prüfung von Borkenäfer (*Ips typographus*)-Pheromonpräparaten und -Fallentypen in Feldversuchsserien. Mitt. dtsch. Ges. allg. angew. Ent. **2**, 320–325.

Bedding, R. A. & Akhurst, R. J. (1974): Use of the nematode *Deladenus siricidicola* in the biological control of *Sirex noctilio* in Australia. J. Austr. Ent. Soc. **13**, 129–135.

Bedford, C. T. & Robinson, J. (1972): The alkylating properties of organophosphates. Xenobiotica, **2**, 307–337.

Beer, E. & Heitefuss, R. (1981): Ermittlung von Bekämpfungsschwellen und wirtschaftliche Schadensschwellen für monokotyle und dikotyle Unkräuter in Winterweizen und -gerste. I. Zur Methodik der Bestimmung der Schwellenwerte unter Berücksichtigung wirtschaftlicher und biologisch-technischer Einflußgrößen am Beispiel des Winterweizens. Z. Pflanzenkrankh. Pflanzensch. **88**, 65–85.

Beesley, W. N. (1963): The effect of three organo-phosphorus insecticides on certain arthropods which infest livestock. Ann. Appl. Biol. **52**, 295–303.

Beevor, P. S., Hall, D. R., Nesbi, B. F., Dyck, V. A., Lippold, P. C. & Oloumisadeghitt (1977): Field trials of the synthetic sex pheromones of the striped rice borer *Chilo suppressalis* (Walker) (Lepidoptera: Pyralidae), and related compounds. Bull. ent. Res. **67**, 439–447.

Behan, V. M., Hill, S. B. & Kevan, D. K. Mc E. (1978): Effects of nitrogen fertilizers, as urea, on Acarina and other arthropods in Quebec black spruce humus. Pedobiologia **18**, 249–263.

Bell, G. R. (1956): Photochemical degradation of 2.4-dichlorophenoxiacetic acid and structurally related compounds in the presence and absence of riboflavin. Bot. Gaz. **118**, 133–136.

Bell, J. (1968): Genetical investigations on a strain of houseflies resistant to organophosphates and carbamates. Bull. ent. Res. **58**, 191–200.

Belleau, B., Di Tullio, V. & Tsai, Y.-H. (970): Kinetic effects of leptocurares and pachycurares on the methanesulfonylation of acetylcholinesterase. Mol. Pharmacol. **6**, 41–45.

Benassy, C., Viggiani, G. & Rosen, D. (1980): La lutte intégrée en agrumiculture. Proc. Int. Symp. IOBC/WPRS (Wien 1979), 281–287.

Bend, J. R., Holder, G. M., Protos. E. & Ryan, A. J. (1970): The metabolism of carbaryl in the cattle tick *Boophilus microplus* (Canestrini) Austr. Biol. Sci. **23**, 361–367.

Ben-Efraim, S., Halperin, G. & Tahori, A. S. (1973): Immunological differences between an organophosphorus susceptible and resistent strain of *Tetranychus cinnabarinus*. Israel J. Ent. **8**, 153–165.

Benes, U. & Scram, R. (1969): Mutagenic activity of some pesticides in *Drosophila melanogaster*. Ind. Med. Surg. **38**, 50–52.

Bennett, S. M. (1949): Preliminary experiments with systemic insecticides. Ann. Appl. Biol. **36**, 160–163.

Bennett, S. M. (1957): The behaviour of systemic insecticides applied to plants. Ann. Rev. Entomol. **2**, 279–296.

Benschoter, C. A. (1966): Reserpine as a sterilant for the Mexican fruit fly. J. Econ. Entomol. **59**, 333–334.

Benson, B. W., Scott, W. J. & Behles, R. P. (1967): Sevin: Safety evaluation by teratological study in the mouse, nicht publizierter Bericht, zitiert in Weil, C. S. et al. (1972): Toxicol. Appl. Pharmacol. **21**, 390–404.

Bentley, J. P., Weber, G. H. & Gould, D. (1979): The effect of diflubenzuron feeding on glycosaminoglycan and sulf hemoglobin biosynthesis in mice. Pestic. Biochem. Physiol. **10**, 162–167.

Benz, G. (1973): Reversal of spinning behaviour in last instar larvae of *Pieris brassicae* treated with juvenile hormone derivatives. Experientia, Basel **29**, 1437–1438.

Beran, F. & Guth, J. A. (1965): Das Verhalten organischer insektizider Stoffe in verschiedenen Böden mit besonderer Berücksichtigung der Möglichkeiten einer Grundwasserkontamination. Pflanzenschutzber. (Wien) **33**, 65–117.

Bercken, J. van den & Narahashi, T. (1974): Effects of aldrin-transdiol – a metabolite of the insecticide dieldrin – on nerve membrane. Eur. J. Pharmacol. **27**, 255–258.

Berg, W., Jonnels, A., Sjostround, B. & Westermark, T. (1966): Mercury content in feathers of Swedish birds from the past 100 years. Oikos **17**, 71–88.

Bernard, R. F. & Gaertner, R. A. (1964): Some effects of DDT on reproduction in mice. J. Mammal. **45**, 272–276.

Berndt, K.-P. (1974): Die Wirkungsweise von Natriumarsenat auf Laborkolonien der Pharaoameise *Monomorium pharaonis* L. Biol. Zbl. **93**, 425–448.

Berndt, K.-P. (1976): Resistenzentwicklung bei der Pharaoameise (*Monomorium pharaonis*). Angew. Parasitol. **17**, 88–93.

Berndt, K.-P., Kretzschmar, K.-H. & Nitschmann, J. (1972): Königinnentechnik zur Bekämpfung von sozialen Insekten, speziell von *Monomorium pharaonis*. Angew. Parasitol. **13**, 226–244.

Berndt, K.-P. & Nitschmann, J. (1976): Die Wirkung von Chlordecone (Kepone) auf Laborkolonien der Pharaoameise *Monomorium pharaonis*. Angew. Parasitol. **17**, 14–33.

Bernsohn, J., Barron, K. D. & Hedrick, M. T. (1963): Some properties of isoenzymes of brain acetylcholinesterase. Biochem. Pharmacol. **12**, 761–763.

Beroza, M. (1960): Insect attractants are taking hold. Agric. Chem. **15**, 37–40.

Beroza, M., Bierl, B. A., Tardit, J. G. R., Cook, D. A. & Paszek, E. C. (1971): Acitivity and persistence of synthetic and natural sex attractants of the gypsy moth in laboratory and field trials. J. Econ. Entomol. **64**, 1499–1508.

Beroza, M., Hood, C. S., Tretrey, D., Leonard, D. E., Knipling, E. F. & Klassen, W. (1975): Field trials with disparlure in Massachusetts to suppress mating of the gypsy-moth. Environ. Entomol. **4**, 705–711.

Beroza, M. & Knipling, E. F. (1972): Gypsy moth control with the sex attractant pheromone. Science **177**, 19–27.

Beroza, M., Paszek, E. C., Mitchell, E. R., Bierl, B. A., McLaughlin, J. R. & Chambers, D. L. (1974): Tests of a 3-layer laminated plastic bait dispenser for controlled emission of attractants from insect traps. Environ. Entomol. **3**, 926–928.

Beroza, M., Stevens, L. S., Bierl, B. A., Philips, F. M. & Tardif, J. G. R. (1973): Pre- and postseason field tests with disparlure, the sex pheromone of the gypsy moth, to prevent mating. Environ. Entomol. **2**, 1051–1057.

Bestmann, H. J. & Vostrowsky, O. (1981): Chemistry of insect pheromones: Chemical structure, isolation and identification, synthesis and use in plant protection, p. 29–164, in Wegler, R. (Ed.) Chemie der Pflanzenschutz- und Schädlingsbekämpfungsmittel. Bd. 6, 512 pp. Springer-Verlag, Berlin-Heidelberg-New York.

Bettini, S. & Boccacci, M. (1955): Azione tosica degli acidi cloroacetico sugli insetti: inibizione della triosofosfate deidrogenasi. Riv. Parasit. **16**, 13–29.

Bettini, S., D'Ajello, V. & Maroli, M. (1973): Cartap activity on the cockroach nervous and neuromuscular transmission. Pestic. Biochem. Physiol. **3**, 199–205.

Bhatnagar-Thomas, P. L. (1973): Control of insect pests of stored grains using a juvenile hormone analogue. J. Econ. Entomol. **66**, 277–278.

Bhunya, S. P. & Dash, N. (1976): Effect of a systemic insecticide dimethoate on the spermatocytic chromosomes of a short-horned grasshopper *Poecilocerus pictus*. Sci. Cult. **42**, 571–573.

Bielka, H. (1973): Molekulare Biologie der Zelle. 2. Überarb. Aufl., Gustav Fischer-Verlag, Stuttgart, 725 pp.

Bigley, W. S. & Plapp, F. W. jr. (1962): Metabolism of malathion and malaoxon by the mosquito, *Culex tarsalis* Coq. J. Insect Physiol. **8**, 545–557.

Bois, R. & Estabrook, R. (1969): Nonheme iron protein as a possible site of rotenone inhibition of mitochondrial NADH dehydrogenase. Arch. Biochem. Biophys. **129**, 362–369.

Birch, M. C. (1974): Aphrodisiac pheromones in insects, p. 115–134, in Birch, M. C. (Ed.) Pheromones. North Holland Publ. Co., Amsterdam, XXI + 495 pp.

Birks, R. & Mac Intosh, F. C. (1961): Acetylcholine metabolism of a sympathetic ganglion. Can. J. Biochem. **39**, 787–827.

Bird, A. F. & McClure, M. A. (1976): The tylenchid (Nematoda) egg shell: structure, composition, and permeability. Parasitology **55**, 357–364.

Bledsoe, T., Island, D. P., Ney, R. L. & Liddle, G. W. (1964): An effect of *o,p'*-DDD on the extra-adrenal metabolism of cortisol in man. J. Clin. Endocrinol. Metab. **24**, 1303–1311.

Blomberg, O., Itamies, J. & Kuusela, K. (1978): The influence of weather factors on insect catches in traps equipped with different lamps in northern Finland. Ann. Entomol. Fenn. **44**(2), 56–62.

Blumenbach, D. (1971): Pestizide in der Umwelt. Eine Bibliographie über Nebenwirkungen, Rückstände und Schutzmaßnahmen. Mitt. Biol. Bundesanst. Land- u. Forstwirtschaft Berlin-Dahlem, H. 141, 146pp., Paul Parey-Verlag, Berlin-Hamburg.

Blus, L., Gish, C. D., Belisle, A. A. & Prouty, R. M. (1972): Logarithmic relationship of DDT residues to egg shell thinning. Nature (Lond.) **235**, 376–377.

Boardman, R. M. (1977): Biological Control: Pithy insects against insects. Calif. Agric. **31**,(10) 8–11.

Boboye, S. O. & Carman, G. E. (1975): Effects of insect growth regulators with juvenile hormone activity on the development of the California Red Scale. J. Econ. Entomol. **68**, 473–476.

Bogan, J. A. & Newton, I. (1977): Redistribution of DDE in sparrowhawks during starvation. Bull. environm. Contamin. Toxicol. **18**, 317–321.

Bogenrieder, A. (1982): Bodenversalzung in der Bewässerungslandwirtschaft arider Zonen. Naturw. Rundschau **35**, 103–109.

Böhm, O. (1951): Über die Wirkung von *p',p'*-dichlordiphenyltrichloräthan (DDT) auf Insekten unter besonderer Berücksichtigung der Abhängigkeit der Kontaktvergiftung vom Bau des Insektenintegumentes. Pflanzenschutzber. (Wien) VII, 33–73.

Boller, E. (1978): Zunehmende Aktualität von Raubmilben im Weinbau. Schweiz. Z. Obst- u. Weinbau **114**, 87–91.

Bonashevskaya, T. I. & Tabakova, S. A. (1972): Morphological alterations occuring in albino rat organs following inhalation of chlorofos. Farmakol. Toksikol. **35**, 240–241.

Bond, E. J. & DeMatteis, F. (1969): Biochemical changes in rat liver after administration of carbon disulphide, with particular reference to microsomal changes. Biochem. Pharmacol. **18**, 2531–2549.

Boness, M. (1975): Freilandversuche mit dem synthetischen Sexualpheromon von *Pectinophora gossypiella*. Pflanzenschutz-Nachr. Bayer **28**, 155–161.

Boness, M. (1976): Versuche zur Bekämpfung des Fruchtschalenwicklers *Archips podanus* mit Pheromonen. Z. angew. Entomol. **82**, 104–107.

Boness, M. (1979): SIR 8514, ein Chitinsynthesehemmer mit selektiven Eigenschaften. Proc. Intern. Symp. der IOBC/WPRS über integrierten Pflanzenschutz in der Land- und Forstwirtschaft, Wien, 8.–12.9.1979. p. 449.

Boness, M. (1981): Die praktische Verwendung von Insektenpheromonen, p. 165–184, in R. Wegler (Ed.) Chemie der Pflanzenschutz- und Schädlingsbekämpfungsmittel. Bd. 6, 512 pp., Springer-Verlag, Berlin-Heidelberg-New York.

Boness, M., Schulze, W. & Skatulla, U. (1974): Versuche zur Bekämpfung der Nonne *Lymantria monacha* L. mit dem synthetischen Pheromon Disparlure. Anz. Schädlingskde., Pflanzenschutz, Umweltschutz **47**, 119–122.

Booth, G. M. & Ferrell, D. (1977): Degradation of dimilin by aquatic foodwebs, p. 221–234, in Khan, M. A. Q. (Ed.) Pesticides in Aquatic Environments. Plenum Press, New York–London, xiv + 257 pp.

Booth, J. & Boyland, E. (1970): The metabolism of nicotine into two optically active stereoisomers of nicotine-1-oxide by animal tissues *in vitro* and by cigarette smokers. Biochem. Pharmacol. **19**, 733–742.

Borg, K., Wanntrop, H., Erne, K. & Hanko, E. (1969): Alkyl mercury poisoning in terrestrial Swedish wildlife. Viltrevy **6**, 301–379.

Bořkovec, A. (1966): Insect Chemosterilants. Advances in Pest Control Research, Vol. VII. Interscience Publ. New York–London–Sydney.

Bořkovec, A. R., DeMilo, A. B. & Fye, R. L. (1972): Triazinyl chemosterilants for the house fly: 2,4-diamino-s-triazines. J. Econ. Entomol. **65**, 69–73.

Boucard, M., Beaulaton, L. S., Mestres, R., Allieu, M. & Cabane, S. (1970): Teratogenesis: Effects of the period and duration of treatment. Therapie **25**, 907–913.

Boudreaux, H. B. (1958): The effect of relative humidity of egg-laying, hatching, and survival in various spider mites. J. Insect. Physiol. **2**, 65–72.

Boush, G. M. & Matsumura, F. (1967): Insecticide degradation of *Pseudomonas melophthera*, the bacterial symbiote of the apple Maggot. J. Econ. Entomol. **60**, 918–920.

Bowers, W. S. (1968): Juvenile hormone: Activity of natural and synthetic synergists. Science **161**, 895–897.

Bowers, W. S. (1976): Discovery of insect antiallatotropins, p. 394–408, in Gilbert L. I. (Ed.): The Juvenile Hormones. Plenum Press, New York, X + 572 pp.

Bowers, W. S., Fales, H. M., Thompson, M. J. & Uebel, E. C. (1966): Juvenile Hormone: identification of an active compound from balsam fir. Science **154**, 1020–1021.

Bowers, W. S., Nault, L. R., Webb, R. E. & Dutky, S. R. (1972): Aphid alarm pheromone: isolation, identification, synthesis. Science (Wash.) **177**, 1121–1122.

Bowers, W. S., Nishino, C., Montgomery, M. E., Nault, L. R. & Nielson, M. W. (1977): Sesquiterpene progenitor, germacrene A: an alarm pheromone in aphids. Science **196**, 680–681.

Bowers, W. S., Ohta, T. Cleere, J. S. & Marsella, P. A. (1976): Discovery of insect antijuvenile hormones in plants. Science (Lond.) **193**, 542–547.

Bowers, W. S., Thompson, M. J. & Uebel, E. C. (1965): Juvenile and gonadotropic hormone activity of 10,11-epoxyfarnesenic acid methyl ester. Life Sci. **4**, 2323.

Bowling, C. (1968): Rice water weevil resistance to aldrin in Texas. J. Econ. Entomol. **61**, 1027–1030.

Bowman, M. C., Schechter, M. S. & Carter, R. L. (1965): Behavior of chlorinated insecticides in a broad spectrum of soil types. J. Agr. Food Chem. **13**, 360–365.

Boyd, E. M. & Chen, C. P. (1968): Lindane toxicity and protein-deficient diet. Arch. Environ. Hlth. **17**, 156–163.

Boyer, A. C. (1975): Sorption of tetrachlorvinphos insecticide (Cardona) to the hemolymph of *Periplaneta americana*. Pestic. Biochem. Physiol. **5**, 135–141.

Boyland, E. & Chasseaud, L. F. (1969): The role of glutathione and glutathione S-transferase in mercapturic acid biosynthesis. Advan. Enzymol. **32**, 173–219.

Bradbury, F. R. & Standen, H. (1958): The fate of γ-benzene hexachloride resistant and susceptible house flies. J. Sci. Food Agr. **9**, 203–212.

Bradbury, F. R. & Standen, H. (1959): Metabolism of benzene hexachloride by resistant house flies. Nature (Lond.) **183**, 983–984.

Bradbury, S. J. (1973): The effect of parathion on crustacean skeletal muscle. II. Disruption of excitation-contraction coupling. Comp. Biochem. Physiol. A. **44**, 1033–1046.

Brader, L. (1975): Zweck und Aufgaben integrierter Schädlingsbekämpfung. Z. angew. Entomol. **77**, 391–397.

Brader, L. (1979): Integrated pest control in the developing world. Ann. Rev. Entomol. **24**, 225–254.

Brady, U. E., Tumlinson, J. H., Brownlee, R. G. & Silverstein, R. M. (1971): Sex stimulant and attractant in the Indian meal moth and in the almond moth. Science (Wash.) **171**, 802–804.

Brandt, H. (1962): Vogelschutz in Haus, Hof und Garten. München: Obst-, Gartenbauverlag, 136 pp.

Brattsten, L. B. & Metcalf, R. L. (1970): The synergistic ratio of carbaryl with piperonyl butoxide as an indicator of the distribution of multifunction oxidases in the insecta. J. Econ. Entomol. **63**, 101–104.

Brattsten, L. B. & Metcalf, R. L. (1973): Synergism of carbaryl toxicity in natural insect populations. J. Econ. Entomol. **66**, 1347–1348.

Bremer, H. G. (1964): Pyrethrum reaction aerosol. J. Econ. Entomol. **57**, 62–67.

Bridges, B. A., Mottershead, R. P., Green, M. H. L. & Gay, W. J. H. (1973): Mutagenicity of dichlorvos and methyl methane sulphonate for *E. coli* WP_2 and some derivatives deficient in DNA repair. Mutation Res. **19**, 295–303.

Bridges, P. M. (1957): Absorption and metabolism of ^{14}C-allethrin by the adult house fly, *Musca domestica* L. Biochem. J. **66**, 316–320.

Bridges, R. G. & Cox, J. T. (1959): Resistance of house flies to γ-benzene hexachloride and dieldrin. Nature (Lond.) **184**, 1740–1741.

Briggs, J. D. (1976): Biological Regulation of Vectors. US Dept. Health, Education, Welfare Publ. NIH 77–1180, 174 pp.

Brockmann, U. (1980): Selektionsprozesse bei Unkräutern als Folge der Anwendung von Herbiziden im Getreide- und Maisanbau. Diplomarbeit, Inst. f. Pflanzenpathologie und Pflanzenschutz, Univ. Göttingen.

Brodie, B. B., Gillette, J. R. & LaDu, B. N. (1958): Enzymatic metabolism of drugs and other foreign compounds. Ann. Rev. Biochem. **27**, 427–454.

Brooks, G. T. (1960): Mechanisms of resistance of the adult housefly to cyclodiene insecticides. Nature (Lond.) **186**, 96–98.

Brooks, G. T. (1974): Chlorinated Insecticides. Vol. I: Technology and Applications, 249 pp., Vol. II: Biological and Environmental Aspects, 197 pp., CRC Press, Inc., Florida.

Brooks, G. T. & Harrison A. (1967): The metabolism of dihydrochlordene and related compounds by housefly (*M. domestica* L.) and pig liver microsomes. Life Sci. **6**, 681–689.

Brooks, G. T. & Harrison, A. (1969a): Hydration of HEOD (dieldrin) and the heptachlorepoxides by microsomes from the livers of pigs and rabbits. Bull. environm. Contamin. Toxicol. **4**, 352–361.

Brooks, G. T. & Harrison, A. (1969b): The oxidative metabolism of aldrin and dihydroaldrin by houseflies, housefly microsomes and pig liver microsomes and the effect of inhibitors. Biochem. Pharmacol. **18**, 557–568.

Brooks, G. T., Harrison, A. & Lewis, S. E. (1970): Cyclodiene epoxide ring hydration by microsomes from mammalian liver and houseflies. Biochem. Pharmacol. **19**, 255–273.

Brooks, R. R. & Rumsby, M. G. (1965): The biogeochemistry of trace element uptake by some New Zealand bivalves. Limnol. Oceanogr. **10**, 521–527.

Broumas, T., Soultanopoulos, C. & Laudeko, Y. (1977): Incidences des traitements insecticides sur l'entomofauna de L'oliveraie greeque. Rev. Zool. Agr. Pathol. Vègèt. **76**, 7–14.

Brown, A. W. A. (1951): Insect Control by Chemicals. John Wiley-Verlag, New York und London, VII + 817 pp.

Brown, A. W. A. (1958): Insecticide resistance in arthropods. Wld. Hlth. Org. Genf, Monogr. Ser. **38**, 240 pp.

Brown, A. W. A. (1961): The challange of insecticide resistance. Bull. Entomol. Soc. Amer. **7**, 6–19.

Brown, A. W. A. (1976): Chemical foundation of the development of resistance against insecticides, p. 229–258, in Wegler, R. (Ed.) Chemie der Pflanzenschutz- und Schädlingsbekämpfungsmittel. Bd. 3, 322 pp. Springer-Verlag, Berlin–Heidelberg.

Brown, A. W. A. (1977): Epilogue: Resistance as a factor in pesticide management. Proc. XV. Int. Congr. Entomol., p. 816–824.

Brown, A. W. A. (1978): Ecology of Pesticides. John Wiley & Sons, New York, 525 pp.

Brown, A. W. A. & Perry, A. S. (1956): DDT-dehydrochlorinase activity by resistant houseflies and mosquitoes. Nature (Lond.) **178**, 368–369.

Brown, B. E. & Brown, A. W. A. (1956): The effects of insecticidal poisoning on the level of cytochrome oxidase in the American cockroach. J. Econ. Entomol. **49**, 675–679.

Brown, R. D. & Niazee, A. (1978): Radiation biology of the western cherry fruit fly, *Rhagoletis indifferens* Curran (Diptera: Tephritidae). Effects of gamma irradiation on fertility, longevity and competitiveness. Z. angew. Entomol. **85** (2), 123–132.

Brown, S. S. (1972): Interactions of drugs and foreign compounds, p. 456–474. in Hathway, D. E. (Ed.) Foreign Compound Metabolism in Mammals. Vol. 2, XV + 413 pp., The Chemical Society, London.

Brown, T. M., de Vries, D. H. & Brown, A. W. A. (1978): Induction of resistance to insect growth regulators. J. Econ. Entomol. **71**, 223–229.

Browne, L. E. (1978): A trapping system for the western pine beetle using attractive pheromones. J. Chem. Ecol. **4**, 261–275.

Bruchfield, H. P. & Storrs, E. E. (1956): Chemical structures and dissociation constants of amino acids, peptides, and proteins in relation to their reaction rates with 2,4-dichloro-6-(*o*-chloranti1iono)-s-triazine. Contrib. Boyce Thompson Inst. **18**, 385–418.

Bruchfield, H. P. & Storrs, E. E. (1957): Effects of chlorine substitution and isomerism on the interactions of s-triazine derivatives with conidia of *Neurospora sitophila*. Contrib. Boyce Thompson Inst. **18**, 429–452.

Brück, E. & Stockem, W. (1976): Histochemical localization of the thiophosphoric acidester insecticide triazophos in the cuticle of cockroaches. Z. angew. Entomol. **81**, 136–140.

Brzheskiy, V. V. (1972): Study of the mutagenic properties of sevin. Genetika **8**, 151–153.

Buck, J. E. & Keister, M. (1949): Respiration and waterloss in the adult blowfly *Phormia regina* and their relation to the physiological action of DDT. Biol. Bull. **97**, 64–81.

Budreau, C. H. & Singh, R. P. (1973a): Transplacental passage of demeton in CF1-mice. Arch. Environ. Hlth. **26**, 161–163.

Budreau, C. H. & Singh, R. P. (1973b): Teratogenicity and embryotoxicity of demeton and fenthion in CF-1 mouse embryos. Toxicol. Appl. Pharmacol. **24**, 322–326.

Buerger, A. A. & O'Brien, R. D. (1965): Penetration of non-electrolytes through animal integuments. J. Cell. Comp. Physiol. **66**, 227–234.

Bull, D. L. (1972): Metabolism of organophosphorus insecticides in animals and plants. Residue Rev. **43**, 1–22.

Bull, D. L. & Adkisson, P. L. (1963): Absorption and metabolism of ^{14}C-labelled DDT by DDT-susceptible and DDT-resistant pink bollworm adults. J. Econ. Entomol. **56**(5), 641–643.

Bull, D. L. & Ivie, G. W. (1978): Fate of diflubenzuron in cotton, soil, and rotational crops. J. Agric. Food Chem. **26**, 515–520.

Bull, D. L. & Lindquist, D. A. (1964): Metabolism of 3-hydroxy-N-dimethyl crotonamide dimethyl phosphate by cotton plants, insects, and rats. J. Agr. Food. Chem. **12**, 310–317.

Bull. D. L., Lindquist, D. A. & Grabbe, R. R. (1967): Comparative fate of the geometric isomers of phosphamidon in plants and animals. J. Econ. Entomol. **60**, 332–341.

Bull, D. L. & Ridgway, R. L. (1969): Metabolism of trichlorfon in animals and plants. J. Agr. Food Chem. **17**, 837–841.

Bunch, T. D. & Low, J. B. (1973): Effects of dieldrin on chromosomes of semi-domestic mallard ducks. J. Wildlife Management **37**, 51–57.

Bunyan, P. J., Jennings, D. M. R. & Jones, F. J. S. (1971): Organophosphorus poisoning: A comparative study of the toxicity of chlorfenvinphos (2-chloro-1,4-dichlorophenyl)vinyl diethyl phosphate) to the pigeon pheasant and the Japanese quail. Pestic. Sci. **2**, 148–151.

Bunyan, P. J., Jennings, D. M. R. & Taylor, A. (1968): Organophosphorus poisoning diagnosis of poisoning in pheasants owing to a number of common pesticides. J. Agr. Food Chem. **16**, 322–339.

Bunyan, P. J., Taylor, A. & Townsand, M. G. (1970): The effects of 1,1-di-(*p*-chlorophenyl)-2,2,2-trichloroethane (DDT) and 1,1-di(*p*-chlorophenyl)-2,2-dichloroethylene (DDE) on hepatic microsomal oxidase in the rat and Japanese quail. Biochem. J. **118**, Suppl. Proc. 51–52 p.

Burgen, A. S. V. (1949): The mechanism of action of anticholinesterase drugs. Br. J. Pharmacol. Chemother. **4**, 219–228.

Burges, H. D. (1981): Microbial Control of Pests and Plant Diseases 1970–1980. Academic Press., London, 914 pp.

Burgos, J. & Redfearn, E. R. (1965): The inhibition of mitochondrial reduced nicotinamideadenine; dinucleotide oxidation by rotenoids. Biochim. Biophys. Acta **110**, 475–483.

Burns, J. J. (1969): Interaction of environmental agents and drugs. Environ. Res. **2**, 352–359.

Burns, J. J., Cucinell, S. A., Koster, R. & Conney, A. H. (1965): Application of drug metabolism to drug toxicity studies. Ann. N. Y. Acad. Sci. **123**, 273–280.

Bursell, E. (1964): Environmental aspects: temperature, p. 323–361, in Rockstein, M. (Ed.). The Physiology of Insecta, Vol. 1, Acad. Press, New York.

Burt, P. E., Brooks, G. T. & Goodchild, R. E. (1973): Mode of action of insecticides: Neurotoxic action of cyclodienes. Ann. Rep. Rothamsted Exper. Stat. 1973, Agr. Res. Council London, p. 171.

Burt, P. E. & Goodchild, R. E. (1971): The site of action of pyrethrin I in the nervous system of the cockroach *Periplaneta americana*. Entomol. exp. appl. (Amst.) **14**, 179–189.

Burt, P. E. & Lord, K. A. (1968): The influence of penetration, distribution, sorption, and decomposition on the poisoning of the cockroach *Periplaneta americana* treated topically with diazoxon. Entomol. exp. appl. (Amst.) **11**, 55–67.

Burt, P. E., Lord, K. A., Forrest, J. M. & Goodchild, R. E. (1971): The spread of topically-applied pyrethrin I from the cuticle to central nervous system of the cockroach *Periplaneta americana*. Entomol. exp. appl. (Amst.) **14**, 255–269.

Burton, R. F. (1973): The significance or ionic concentrations in the internal media of animals. Biol. Rev. **48**, 195–211.

Butterworth, I. H. & Morgan, E. D. (1971): Investigation of the locust feeding inhibition of the seeds of the neem tree, *Azadirachta indica*. J. Insect Physiol. **17**, 969–977.

Bush, B., Tumasonis, C. F. & Baker, F. D. (1974): Toxicity and persistence of PCB homologs and isomers in the avian system. Arch. environm. Contamin. Toxicol. **2**, 195–212.

Bushland, R. C. (1939): Volatile oils as ovicides for the screw-worm, *Cochliomyia americana* C. & P. J. Econ. Entomol. **32**, 430–431.

Busvine, J. R. (1951): Mechanism of resistance to insecticide in houseflies. Nature (Lond.) **168**, 193–195.

Busvine, J. R. (1954): Houseflies resistant to a group of chlorinated hydrocarbon insecticides. Nature (Lond.) **174**, 783–785.

Busvine, J. R., Bell, J. D. & Guneidy, A. M. (1963): Toxicology and genetics of two types of insecticide resistance in *Chrysomyia putoria* (Wied.). Bull. ent. Res. **54**, 589–600.

Busvine, J. R. & Townsend, M. G. (1963): The significance of BHC degradation in resistant houseflies. Bull. ent. Res. **53**, 763–768.

Butler, P. A. (1965): Commercial Fishery Investigations. U. S. Wildlife Service Circular Nr. 226, 65pp.

Büchel, K. H. (1970): Chemosterilantien, p. 475–486, in Wegler, R.: Chemie der Pflanzenschutz- und Schädlingsbekämpfungsmittel. Bd. 2, Springer-Verlag, Berlin-Heidelberg.

Büchi, R. (1978): Ovizide und larvizide Wirkung von Dimilin auf den Maiszünsler, *Ostrinia nubilalis* (Hbn.). Z. angew. Entomol. **86**, 67–71.

Byrde, R. J. W. & Woodcock, D. (1957): Fungal detoxication. 2. The metabolism of some phenoxy-n-alkylcarboxylic acids by *Aspergillus niger*. Biochem. J. **65**, 682–686.

Byers, R. A. & Jung, G. A. (1979): Insect populations on forage grasses: effect of nitrogen fertilizer and insecticides. Environ. Entomol. **8**, 11–18.

Cahn, R. S., Phipers, R. F. & Brodaty, E. (1945): Stability of derris in insecticidal dusts: the solvent-powder effect. J. Soc. Chem. Ind. (Lond.) **64**, 33–40.

Calam, D. H. & Youdeowei, A. (1968): Identification and functions of secretion from the posterior scent gland of fifth instar larva of the bug *Dysdercus intermedius*. J. Insect Physiol. 14, 1147–1158.

Cameron, E. A. (1973): Disparlure: A potential tool for gypsy moth population manipulation. Bull. Ent. Soc. Amer. **19**, 15–19.

Camoni, I. & Crudeli, M. (1962): Determinasione delle piretrine biologicamente attive nelle formulazioni insetticide. C. R. Ist. sup. Sanità **25**, 341–348.

Camougis, G. (1973): Mode of action of pyrethrum on arthropod nerves, p. 211–225 in Casida, J. E. (Ed.) Pyrethrum, the Natural Insecticide. Academic Press, London–New York, XVII + 329 pp.

Camp, H. B. & Arthur, B. W. (1967): Absorption and metabolism of carbaryl by several insect species. J. Econ. Entomol. **60**, 803–807.

Campbell, I. G. M. & Harper, S. H. (1945): Experiments on the synthesis of the pyrethrins. I. Synthesis of chrysanthemum monocarboxylic acid. Chem. and Indust. (London) p. 103.

Campion, D. G. (1975a): Insect chemosterilants: the present situation, p. 171–180, in "Semaine d'-étude agriculture et hygiène des plantes." Fac. Sci. Agron. l'etat et Centre Recherch. Agron. B-5800 Gembloux (Belgique).

Campion, D. G. (1975b): Chemosterilants for *Diparopsis castanea*. PANS **21**, 356–364.

Campion, D. G. (1975c): The potential use of pheromones in insect control. Proc. 8th Brit. Insectic. Fungic. Conf., p. 939–946.

Campion, D. G. (1976): Sex pheromones for the control of lepidopterous pests using microencapsulation and dispenser techniques. Pestic. Sci. **7**, 636–641.

Campion, D. G., Lester, R. & Nesbitt, B. F. (1978): Controlled release of pheromones. Pestic. Sci. **9**, 434–440.

Cantelo, W. W., Goodenough, J. L., Baumhover, A. H., Smith, J. S. jr., Stanley, J. M. & Henneberry, T. J. (1974): Mass trapping with blacklight: effects on isolated populations of insects. Environ. Entomol. **3**, 389–395.

Capdevilla, J., Perry, A. S., Morello, A. & Agosin, M. (1973): Some spectral properties of cytochrome P-450 from microsomes isolated from control, phenobarbital – and naphthalene – treated house flies. Biochim. Biophys. Acta **314**, 93–103.

Cardé, R. T., Baker, T. C. & Roelofs, W. L. (1975): Behavioural role of individual components of a multichemical attractant system in the oriental fruit moth. Nature (Lond.) **253**, 348–349.

Cardé, R. T., Doane, C. C., Granett, J., Hill, A. S., Kochansky, J. & Roelofs, W. L. (1977): Attractancy of racemic disparlure and certain analoques to male gypsy moths and the effect of trap placement. Environ. Entomol. **6**, 765–767.

Caro, J. H. & Taylor, A. W. (1971): Pathways of loss of dieldrin from soils under field conditions. J. Agr. Food Chem. **19**, 379–384.

Case, T. J. & Washino, R. K. (1978): Effects of the growth regulator methoprene on *Culex tarsalis* and non-target organisms in California rice fields. Mosquito News **38**, 181–196.

Casida, J. E. (1961): Specificity of substituted phenyl phosphorus compounds for esterase inhibition in mice. Biochem. Pharmacol. **5**, 332–342.

Casida, J. E. & Augustinsson, K. B. (1959): Reaction of plasma albumin with 1-naphthyl N-methylcarbamate and certain other esters. Biochim. Biophys. Acta **36**, 411–426.

Casida, J. E., Augustinsson, K. B. & Jonsson, G. (1960): Stability, toxicity, and reaction mechanism with esterase of certain carbamate insecticides. J. Econ. Entomol. **53**, 205–212.

Casida, J. E., Kimmel, E. C., Elliott, M. & Janes, N. F. (1971): Oxidative metabolism of pyrethrins in mammals. Nature (Lond.) **230**, 326–327.

Casida, J. E., McBride, L. & Niedermeier, R. P. (1962): Metabolism of 2,2-dichlorovinyl dimethyl phosphate in relation to residues in milk and mammalian tissues. J. Agr. Food Chem. **10**, 370–377.

Casterline, J. L. jr. & Williams, C. H. (1969): Effect of pesticide administration upon esterase activities in serum and tissues of rats fed variable casein diets. Toxicol. Appl. Pharmacol. **14**, 266–275.

Castro, C. E. & Belser, N. O. (1966): Hydrolysis of *cis*- and *trans*-1,3-dichloropropene in wet soil. J. Agr. Food Chem. **14**, 69–70.

Cattanach, B. M. (1959): The sensitivity of the mouse testes to the mutagenic action of triethylene melamine. Z. Vererbungsl. **90**, 1–6.

Catz, C. S., Brasel, J. A., Winick, M. & Yaffe, S. J. (1971): Influence of early malnutrition on drug metabolism and effect. Pediat. Res. **5**, 420.

Cecil, H. C., Bitman, J., Lillie, R. J., Fries, G. F. & Verrett, J. (1974): Embryotoxic and teratogenic effects in unhatched fertile eggs from hens fed polychlorinated biphenyl (PCBs). Arch. environm. Contamin. Toxicol. **11**, 489–495.

Cerey, K., Izakovic, V. & Ruttkay-Nedecka, J. (1973): Effect of heptachlor on dominant lethality and bone marrow in rats. Mutation Res. **21**, 26.

Cerny, V., Dolejs, L., Labler, L., Sorm, L. F. & Slama, K. (1967): Dehydrojuvabione – a new compound with juvenile hormone activity from balsam fir.Tetrahedron Lett. **12**, 1053–1057.

Chaboussou, F. (1970): Influence des pesticides sur la plante: conséquences écologiques. Bull. Soc. Ecol. **3**, 146–158.

Chacko, C. I., Lookwood, J. L. & Zabik, M. (1966): Chlorinated hydrocarbon pesticides: Degradation by mikrobes. Science **154**, 893–895.

Chadwick, G. G. & Brocksen, R. W. (1969): Accumulation of dieldrin by fish and selected fish-food organisms. J. Wildlife Manag. **33**, 693–700.

Chalfant, R. (1973): Cabbage looper: effect of temperature on toxicity of insecticides in the laboratory. J. Econ. Entomol. **66**, 339–341.

Chamberlain, R. W. (1950): An investigation on the action of piperonyl butoxide with pyrethrum. Am. J. Hyg. **52**, 153–183.

Chamberlain, W. F. & Becker, J. D. (1977): Inhibition of cocoon formation and adult emergence of Oriental rat fleas, *Xenopsylla cheopis* (Rothschild), by insect growth regulators. Southwest. Entomol. 2(4), 179–182.

Cambers, J. E. (1976): The relationship of esterases to organophosphorus insecticide tolerance in mosquito fish. Pestic. Biochem. Physiol. **6**, 517–522.

Chan, B. G., Waiss, A. C., Binder, R. G. & Elliger, C. A. (1978): Inhibition of lepidopterous larval growth by cotton constituents. Entomol. exp. appl. (Amst.) **24**, 294–300.

Chang, S. C. (1978): Conjugation: the major metabolic pathway of diflubenzuron in the house fly. J. Econ. Entomol. **71**, 31–39.

Chang, S. C. (1979): Laboratory evaluation of diflubenzuron, pentluron, and Bay Sir 8514 as female sterilants against the house fly. J. Econ. Entomol. **72**, 479–481.

Chang, S. C. & Stokes, J. B. (1979): Conjugation: the major metabolic pathway of ^{14}C-diflubenzuron in the boll weevil. J. Econ. Entomol. **72**, 15–19.

Chang, S. C., Terry, P. A. & Bořkovec, A. B. (1964): Insect chemosterilants with low toxicity for mammals. Science **144**, 57–58.

Chang, T. H. & Klassen, W. (1968): Comparative effects of treatmine, tepa, apholate and their structural analogs on human chromosomes *in vitro*. Chromosoma **24**, 314–343.

Chapin, G. & Wasserstrom, R. (1981): Agricultural production and malaria resurgence in Central America and India. Nature (Lond.) **293**, 181–183.

Charmillot, P.-J. (1977): Carpocapse des pommes (*Laspeyresia pomonella* L.): Contribution à l'etude de l'efficacité des pièges à attractif sexual synthétique. Mitt. Schweiz. Entomol. Ges. **50**, 37–45.

Chattoraj, A. N. & Brown, A. W. A. (1960): Internal DDE production by normal and DDT-resistent larvae of *Aedes aegypti*. J. Econ. Entomol. **53**, 1049–1051.

Chattoraj, A. N. & Sharma, V. P. (1964): Water loss in *Periplaneta americana* (L.) with the application of certain insecticides. Beitr. Entomol. N. F. **14**, 525–532.

Chen, P. R. S. & Dauterman, W. C. (1971): Studies on the toxicity of dimethoate analogs and their hydrolysis by sheep liver amidase. Pestic. Biochem. Physiol. **1**, 340–348.

Chen, P. R., Tucker, W. P. & Dauterman, W. C. (1969): The structure of biologically produced malathion monoacid. J. Agr. Food Chem. **17**, 86–90.

Chen, Y. L. & Casida, J. E. (1969): Photo-decomposition of pyrethrin I, allethrin, phalthrin, dimethrin: Modifications in the acid moiety. J. Agr. Food Chem. **17**, 208–215.

Chabra, R. S. & Fouts, I. P. (1973): Stimulation to hepatic microsomal drug metabolizing enzymes in mice by 1,1,1-trichloro-2,2-bis-(*p*-chlorophenyl) ethane (DDT) and 3,4-benzpyrene. Toxicol. Appl. Pharmacol. **25**, 60–70.

Chichester, C. O. (Ed.) (1965): Research in Pesticides. Academic Press, New York–London, XX + 380 pp.

Chmielevska, I. & Kasprzyk, Z. (1962): Pyrethrin and gallotannin in the flowers of peony. Nature (Lond.) **198**, 776.

Chopra, N. M. & Mahfouz, A. M. (1977): Metabolism of endosulfan I, endosulfan II, and endosulfan sulfate in tobacco leaf. J. Agr. Food Chem. **25**, 32–36.

Chow, T. J. (1970): Lead accumulation in roadside soil and grass. Nature (Lond.) **225**, 295–296.

Chow, T. J. & Earl, J. L. (1970): Lead aerosols in the atmosphere, increasing concentrations. Science **169**, 577–580.

Christianzen, M. E., Costflow, J. D. jr. & Monroe, R. J. (1978): Effects of insect growth regulator dimilin (TH 6040) on larvae development or two estuarine crabs. Marine Biol. **50**, 29–36.

Clair, A. St., Goulding, R. L. & Rudinsky, J. A. (1977): Controlled-release dispensing system for 3,2-MCH, antiaggregative pheromone of the douglas-fir beetle (Col.: Scolyt.) Z. angew. Entomol. **83**, 297–300.

Clark, A. G., Hitchcock, M. & Smith, J. N. (1966): The metabolism of gammexane in flies, ticks and locusts. Nature (Lond.) **209**, 103.

Clark, A. G., Murphy, S. & Smith, J. N. (1969): The metabolism of hexachlorohexanes and pentachlorocyclohexenes in flies and grass grubs. Biochem. J. **113**, 89–96.

Clarke, L., Temple, G. H. R. & Vincent, J. F. V. (1977): The effects of a chitin inhibitor – dimilin – on the production of the peritrophic membrane in the locust, *Locusta migratoria*. J. Insect Physiol. **23**, 241–246.

Clausing, P. (1978): Die Dünnschaligkeit von Vogeleiern unter dem Einfluß von Pflanzenschutzmitteln. Biol. Rdsch. **16**, 28–37.

Clemons, G. P. & Menzer, R. E. (1968): Oxidative metabolism of phosphamidon in rats and a goat. J. Agr. Food Chem. **16**, 312–318.

Cohen, J. M. & Pinkerton, C. (1969): Widerspread translocation of pesticides by air transport and rain'out, p. 163–176, in Rosen, A. A. & Kraybill, H. F. (Chairm.) Organic Pesticides in the Environment, ed. by Gould, R. F.: Advances in Chemistry, Series 60, American Chemical Society. Washington, D. C., x+309 pp.

Cohen, S. D. & Murphy, S. D. (1971): Malathion potentiation and inhibition of hydrolysis of various carboxylic esters by triorthotolyl phosphate (TOTP) in mice. Biochem. Pharmacol. **20**, 575–587.

Cohen, S. D. & Murphy, S. D. (1972): Inactivation of malaoxon by mouse liver. Proc. Soc. Exp. Biol. Med. **139**, 1385–1389.

Cohen, S. D. & Murphy, S. D. (1974): A simplified bioassay for organophosphate detoxification and interactions. Toxicol. Appl. Pharmacol. **27**, 537–550.

Cole, M. (1968): Retrograde degeneration of axon and soma in the nervous system, p. 269–300, in Bourne, G. H. (Ed.) The Structure and Function of Nervous Tissue. Vol. 1, xiv + 542 pp., Academic Press, New York–London.

Collier, H. B. (1940): Enzyme inhibition by derivatives of phenothiaziane and sulphanilamide. Canad. J. Res. **18b**, 345–350.

Collins, J. A., Schooley, M. A. & Singh, V. K. (1971): The effect of the dietary dichlorvos on swine reproduction and viability of their offspring. 10th Ann. Meet. Soc. Toxicol.; Toxicol. Appl. Pharmacol. **19** (2), Abstr. 41.

Collins, W. J. (1973): German cockroach resistance. 1. Resistance to diazinon includes cross-resistance to DDT, pyrethrins, and propoxur in a laboratory colony. J. Econ. Entomol. **66**, 44–47.

Collins, W. J. & Forgash, A. (1970): Mechanisms of insecticide resistance in *Musca domestica*: Carboxylesterase and degrative enzymes. J. Econ. Entomol. **63**, 394–400.

Comins, H. N. (1979): The management of pesticide resistance models, p. 55–69, in Hoy, M. A. & *McKelvey*, J. J. jr. (Eds.): Genetics in relation to insect management. Working papers – The Rockefeller Foundation; Conference 31.3.–5.4.1978, Bellagio, Italy.

Commoner, B. (1970): Threats to the integrity of the introgen cycle: nitrogen compounds in soil water atmosphere and precipitation, p. 70–95, in Singer, S. F. (Ed.) Global Effects of Environmental Pollution. D. Reidel, Publ. Comp., Dordrecht-Holland, xiii + 218 pp.

Conney, A. H., Welch, R. M., Kuntzman, R. & Burns, J. J. (1967): Effects of pesticides on drug and steroid metabolism. Clin. Pharmacol. Ther. **8**, 2–10.

Conney, A. H., Welch, R., Kuntzman, R., Chang, R., Jacobson, M., Munro-Faure, A. D., Peck, A. W., Bye, A., Poland, A., Poppers, P. J., Finster, M. & Wolff, J. A. (1971): Effects of environmental chemicals on the metabolism of drugs, carcinogens, and normal body constituents in man. Ann. N. Y. Acad. Sci. **179**, 155–172.

Conrad, B. (1977): Zur Belastung der Vogelwelt der Bundesrepublik mit chlorierten Kohlenwassserstoffen und PCB. Naturw. **64**, 43.

Cook, C. W. & Gerhardt, R. R. (1977): Selective mortality of insects in manure from cattle fed rabon and dimilin. Environ. Entomol. **6**, 589–590.

Cook, J. W. (1957): *In vitro* destruction of some organophosphate pesticides by bovine rumen fluid. J. Agr. Food Chem. **5**, 859–863.

Cook, J. W., Blake, J. R., Yip, G. & Williams, M. (1958): Malathionase. I. Activity and inhibition. J. Assoc. Off. Agr. Chem. **41**, 399–407.

Cook, J. W. & Yip, G. (1958): Malathionase. II. Identity of a malathion metabolite. J. Assoc. Off. Agr. Chem. **41**, 407–411.

Coons, L. B. & Guthrie, F. E. (1972): High solution radioautography of ^{3}H-DDT treated insects (*Periplaneta americana, Heliothis virescens*). J. Econ. Entomol. **65**, 1004–1076.

Coppel, H. C. & Mertins, J. W. (1977): Biological insect pest suppression. Vol. 4, 314 pp. Advanced Ser. in Agricult. Sciences (ed. by Yaron, B.). Springer-Verlag, Berlin–Heidelberg–New York.

Cory, L., Fjeld, P. & Serat, W. (1970): Distribution patterns of DDT residues in the Sierra Nevada mountains. Pestic. Monit. J. **3**, 204–211.

Cory, L., Fjeld, P. & Serat, W. (1971): Environmental DDT and the genetics of natural populations. Nature (Lond.) **229**, 128–130.

Coudriet, D. L. & Henneberry, T. J. (1976): Cephires of male cabbage loopers and pink bollworms: effect of trap design and pheromone. J. Econ. Entomol. **69**, 603–605.

Coughtrey, P. J., Jones, C. H., Martin, M. H. & Shales, S. W. (1979): Litter accumulation in woodlands contaminated by Pb, Zn, Cd and Cu. Ocologia (Berl.) **39**, 51–90.

Coughtrey, P. J. & Martin, M. H. (1977): The uptake of lead, zinc, cadmium and copper by the pulmonate mollusc, *Helix aspersa* Mullet, and its relevance to the monitoring of heavy metal contamination of the environment. Oecologia (Berl.) **27**, 65–74.

Craig, F. N., Bales, P. D. & Frankel, H. M. (1959): Lethality of sevin in a warm environment. J. Pharmacol. Exp. Ther. **127**, 35–38.

Cram, R. L., Juchau, M. R. & Fouts, J. R. (1965): Stimulation by chlordane of hepatic drug metabolism in the squirrel monkey. J. Lab. Clin. Med. **66**, 906–911.

Cramer, H. H. & Zeller, B. (1981): Zur Problematik des biologischen Pflanzenschutzes in der Landwirtschaft, p. 471–499, in Wegler, R. (Ed.) Chemie der Pflanzenschutz- und Schädlingsbekämpfungsmittel. Bd. 6, 512 pp., Springer-Verlag, Berlin–Heidelberg–New York.

Cramer, R. (1979): Neue Tetra- und Pentanortriterpenoide aus *Azadirachta indica* A. Juss (Meliaceae) mit Insektenfraß hemmender Wirkung. Diss., Univ. Tübingen.

Cranham, J. E. (1978): Control of codling moth with diflubenzuron. Mitt. Biol. Bundesanst. Land.- u. Forstwirtsch. Braunschweig **180**, 108–110.

Creighton, C. S., McFadden, T. L. & Cuthbert, E. R. (1973): Supplementary data on phenylacetaldehyde: an attractant of Lepidoptera. J. Econ. Entomol. **66**, 114–115.

Cremer, R. (1976): Siebenjährige Untersuchungen über den Einfluß von Herbiziden auf die Unkrautflora in einer konzentrierten Fruchtfolge. Nachr.-bl. Pflanzensch. DDR, N. F. **30**, 29–32.

Critchley, B. R. (1972a): A laboratory study of the effects of some soil-applied organophosphorus pesticides on Carabidae (Coleoptera). Bull. ent. Res. 62, 229–242.

Critchley, B. R. (1972b): Field investigations on the effects of an organophosphorus pesticide thionazin, on predacious Carabidae (Coleoptera). Bull. ent. Res. **62**, 327–342.

Critchley, B. R., Cook, A. G., Critchley, U., Perfect, T. J. & Russel-Schmith, A. (1980): The effects of crop protection with DDT on some elements of the subferaneau and surface active arthropod fauna of a cultivated forest soil in the humid tropics. Pedobiologia **20**, 31–38.

Croft, B. A. (1976): Establishing insecticide-resistant phytoseiid mite predators in deciduous tree fruit orchards. Entomophaga, Paris **21**, 383–399.

Croft, B. A. & Brown, A. W. A. (1975): Responses of arthropod natural enemies to insecticides. Ann. Rev. Entomol. **20**, 285–335.

Croft, B. A. & Meyer, R. H. (1973): Carbamate and organophosphorus resistance patterns in populations of *Amblyseius fallacis*. Environ. Entomol. **2**, 691–695.

Crombie, L. (1963): Chemistry of the natural rotenoids. Fortschr. Chem. organ. Naturst. **21**, 275–325.

Crookshank, H. R., Sowa, B. A., Kubena, L., Holman, G. M., Smalley, H. E. & Morison, R. (1978): Effect of diflubenzuron (dimilin, TH 6040) on the hyaluronic acid concentration in chicken combs. Poultry Sci. **57**, 804–806.

Crosby, D. G. & Leitis, E. (1969): Photolysis of chlorophenylacetic acids. J. Agr. Food Chem. **17**, 1036–1040.

Crosby, D. G. & Li, M. Y. (1969): Herbicide photodecomposition, p. 321–363, in Kearney, P. C. & Kaufman, D. D. (Eds.) Degradation of Herbicides. Dekker, N. Y., XI + 394 pp.

Crosby, D. G. & Tutass, H. O. (1966): Photodecomposition of 2,4 dichlorophenoxy acetic acid. J. Agr. Food Chem. **14**, 596–599.

Crow, J. F. (1957): Genetics of insect resistance to chemicals. Ann. Rev. Entomol. **2**, 227–246.

Cruickshank, P. A. (1971): Insect juvenile hormone analogues: effects of some terpenoid amide derivatives. Bull. Wld. Hlth. Org. (Int. Conf.) **44**, 395.

Culver, D. J. & Barnes, M. M. (1977): Contribution to the use of the synthetic pheromone in monitoring codling moth populations. J. Econ. Entomol. **70**, 489–492.

Culver, D. J., Lin, T. & Dorough, H. W. (1970): Effect of monoamine oxidase inhibitors on carbaryl metabolism. J. Econ. Entomol. **63**, 1369–1370.

Czech, M. (1958): Die Wirkung der neuartigen Insektizide Thiodan und Alodan auf Warmblüter und Insekten. Medizin und Chemie, **6**, 574–591.

Czeizel, A., Trinh, V. B., Szabo, I. & Ruzicska, P. (1973): Human chromosome aberrations in acute organic phosphorus acid ester (pesticide) intoxication. Environm. Mutagen Soc., Europ. Branch, 3rd Ann. Meeting, Uppsala, Sweden, June 4–7.

Daalen, J. J. van, Meltzer, J., Mulder, R. & Wellinga, K. (1972): A selective insecticide with a novel mode of action. Naturw. **59**, 312–313.

Dagley, S. (1972): Microbial degradation of stable chemical structures: General features of metabolic pathways, p. 1–16, in "Degradation of Synthetic Organic Molecules in the Biophere". Nat. Akad. Sci. Washington D. C., xi + 350 pp.

Dale, W. E., Gaines, T. B. & Hayes, W. I. Jr. (1962): Storage and excretion of DDT in starved rats. Toxicol. Appl. Pharmacol. **4**, 89–106.

Dame, D. A., Lofgren, C. S., Boston, M. D., Baldwin, K. F. & Jeffery, G. M. (1974): Release of chemosterilized males for the control of *Anopheles albimanus* in El Salvador. II. Methods of rearing, sterilization, and distribution. Amer. J. trop. Med. **23**, 282–287.

Dame, D. A., Lowe, R. E., Wichterman, G. J., Cameron, A. L., Baldwin, K. F. & Miller, T. W. (1976): Laboratory and fieldassessment of insect growth regulators for mosquito control. Mosquito News **36**, 462–472.

Dame, D. A., Woodard, D. B., Ford, H. R. & Weidhaas, D. E. (1964): Field behavior of sexually sterile *Anopheles quadrimaculatus* males. Mosquito News **24**, 6–14.

Das, M. & Needham, P. H. (1961): Effect of time and temperature on toxicity on insecticides to insects. I. Tests to DDT on larvae of *Aedes aegypti* L. Ann. Appl. Biol. **49**, 32–38.

Das, Y. T. & Gupta, A. P. (1974): Effects of three juvenile hormone analogs on the female German cockroach, *Blattella germanica* (L.) (Dictyoptera: Blattellidae). Experientia **30**, 1093–1095.

Daterman, G. E., Daves, G. D. jr. & Smith, R. G. (1975): Comparison of sex pheromone versus an inhibitor for disruption of pheromone communication in *Rhyacionia buoliana*. Environ. Entomol. **4**, 944–946.

Dauterman, W. C. (1971): Biological and neurobiological modifications of organophosphorus compounds. Bull. Wld. Hlth. Org. **44**, 133–150.

Dauterman, W. C. & Main, A. R. (1966): Relationship between acute toxicity and *in vitro* inhibition and hydrolysis of a series of carbalkoxy homologs of malathion. Toxicol. Appl. Pharmacol. **9**, 408–418.

Davidow, B. & Radomski, J. L. (1953): Isolation of an epoxide metabolite from fat tissues of dogs fed heptachlor. J. Pharmacol. Exp. Ther. **107**, 259–265.

Davidson, G. (1974): Genetic Control of Insect Pests. Acad. Press, London; 158pp.

Davies, D. R., Holland, P. & Rumens, M. J. (1060): The relationship between the chemical structure and neurotoxicity of alkyl organophosphorus compounds. Brit. J. Pharmacol. **15**, 217–278.

Davies, M., Keiding, J. & von Hofsten, C. G. (1958): Resistance to pyrethrins and to pyrethrins-piperonyl butoxide in a wild strain of *Musca domestica* L. Nature (Lond.) **182**, 1816–1817.

Davis, A. N., Gahan, J. B., Weidhaas, D. E. & Smith, C. N. (1959): Exploratory studies of gamma radiation for the sterilization and control of *Anopheles quadrimaculatus*. J. Econ. Entomol. **52**, 868–870.

Davis, G. A. & Agranoff, B. W. (1968): Metabolic behavior of isoenzymes of acetylcholinesterase. Nature (Lond.) **220**, 277–280.

Davis, K. J. & Fitzhugh, O. G. (1962): Tumorigenic potential of aldrin-dieldrin for mice. Toxicol. Appl. Pharmacol. **4**, 187–189.

Dazzini Valcurone, M. & Pavan, M. (1978): Scent glands and defensive secretions of Rhynchota. Publ. Ist. Entomol. Univ. Pavia p. 1–46.

Dean, B. J. (1972a): The mutagenic effects of organophosphorus pesticides on micro-organisms. Arch. Toxicol. **30**, 67–74.

Dean, B. J. (1972b): The effect of dichlorvos on cultural human lymphocytes. Arch. Toxikol. **30**, 75–85.

Dean, B. J. & Thorpe, E. (1972a): Studies with dichlorvos vapor in dominant lethal mutation tests on mice. Arch. Toxikol. **30**, 51–59.

Dean, B. J. & Thorpe, E. (1972b): Cytogenic studies of dichlorvos in mice and chinese hamsters. Arch. Toxikol. **30**, 39–49.

De Angelis, E. (1979): Diflubenzuron – Una svolta nella lotta ai Sillominatori. Lotta Antiparassitaria **31**, 51–55.

De Bach, P. (1974): Biological Control by Natural Enemies. Cambridge Univ. Press, London, 323pp.

De Bach, P. (1974): Biological Control of Insect Pests and Weeds. London: Chapman and Hall Ltd., 844pp.

Deguchi, T. Narahashi, T. & Haas, H. G. (1971): Mode of action of nereistoxin on the neuromuscular transmission in the frog. Pestic. Biochem. Physiol. **1**, 196–204.

Deichmann, W. B. (1972): The debate on DDT. Arch. Toxicol. **29**, 1–27.

Deichmann, W. B. & Keplinger, M. L. (1966): Effect of combinations of pesticides on reproduction in mice. Toxicol. Appl. Pharmacol. **8**, 337–338 (Abstract).

Deichmann, W. B., Keplinger, M. Sala, F. & Glass, E. M. (1967): Synergism among oral carcinogens. Part IV. Toxicol. Appl. Pharmacol. **11**, 88–93.

Deichmann, W. B., MacDonald, W. E., Beasley, A. G. & Cubit, D. A. (1971): Subnormal reproduction in beagle dogs induced by DDT and aldrin. Ind. Med. Surg. **40**, 10–18.

Deichmann, W. B., MacDonald, W. E., Blum, E., Bevilacqua, M., Radomski, J., Keplinger, M. & Balkus, M. (1970): The tumorigenicity of aldrin, dieldrin and endrin in the albino rat. Ind. Med. Surg. **39**, 426–434.

Delp, C. J. & Klopping, H. L. (1968): Performance attributes of a new fungicide and mite ovicide candidate. Plant Disease Report **52**, 95–99.

Deming, J. M. (1963): Determination of volatility losses of ^{14}C-CDAA from soil surfaces. Weeds 11, 91–96.

Demolin, G. (1978): Action du Dimilin, sur les chenilles de *Lymantria dispar* L.: incidence sur les tachinaires endoparasites. Ann. Sci. For. **35** (3), 229–234.

Dempster, J. P. (1968a): The control of *Pieris rapae* with DDT: II. Survival of the young stages of *Pieris* after spraying. J. Appl. Ecol. **5**, 451–462.

Dempster, J. P. (1968b): The control of *Pieris rapae* with DDT: III. Some changes in the crop fauna. J. appl. Ecol. **5**, 463–475.

Deshpande, R. S., Tipnis, H. P. & Kulkarni, V. M. (1976): Synthesis of geranyl alkyl ethers, amines and their epoxides as juvenile hormone analogues and structure-activity relationships. Indian J. Chem. Sect. B, Org. Chem. incl. Med. Chem. **14** (12), 979–981.

Dethier, V. G. (1947): Chemical Insect Attractants and Repellents. Blakiston, Philadelphia, 289pp.

Dethier, V. G. (1956): Repellents. Ann. Rev. Entomol. **1**, 181–202.

Deul, D. H., DeJong, B. L. & Kortenbach, J. A. M. (1978): Inhibition of chitin synthesis by two 1-(2, 6-disubstituted benzoyl)-3-phenyl-urea insecticides. II. Pestic. Biochem. Physiol. **8**, 98–105.

De Wilde, J. (1975): Insektenhormone and Insektenbekämpfung. Z. angew. Entomol. **77**, 279–286.

Dickler, E. (1977): Einfluß von Düngung und Bodenpflegemaßnahmen auf den Krankheits- und Schädlingsbefall in einer Apfelanlage. II. Auswirkung von Grüneinsaat und Offenhaltung des Bodens auf den Apfelwickler. Z. Pflanzenkr., Pflanzensch. **84**, 321–333.

Dicowsky, L. & Morello, A. (1971): Glutathione-dependent degradation of 2,2-dichlorovinyl dimethyl phosphate (DDVP) by the rat. Life Sci. **10**, 1031–1038.

Didia, V., LaSalle, R. & Liem, K. (1975): The effects of Abate 2G mosquito larvicide on selected non-target organisms collected from forested temporary pools. Mosquito News **35**, 227–228.

Diercks, R. (1980): Pflanzenschutz nach Maß und Ziel. Deutsche Landw. Ges., 64pp.

Dieter, A. (1977): Der Wirkungsmechanismus von Diflubenzuron (Dimilin) auf die Metamorphose des Springwurmes *Sparganothis pilleriana* und des Einbindingen Traubenwicklers *Eupoecilia ambiguella*. Weinwiss. **32**, 289–303.

Dieter, A. (1978): Der Effekt von Diflubenzuron auf die Metamorphose von *Sparganothis pilleriana* Den. et Schiff. Hercynia (Lpz.) N.F. **15**, 17–28.

Dikshith, T. S. S. & Datta, K. K. (1973): Endrin induced cytological changes in albino rats. Bull. environm. Contamin. Toxicol. **9**, 65–69.

Dimiri, L. (1981): Praxisorientierte Großversuche zur Überwachung und Bekämpfung des Buchdruckers (*Ips typographus* L.) durch neue biotechnische Maßnahmen. Mitt. dtsch. Ges. allg. angew. Ent. **2**, 314–319.

Dinamarca, M. L., Agosin, M. & Neghme, A. (1962): The metabolic fate of ^{14}C-DDT in *Triatoma infestans*. Exp. Parasitol. **12**, 61–72.

Dinamarca, M. L., Levenbook, L. & Valdes, E. (1971): DDT dehydrochlorinase. – II. Subunits, sulfhydryl groups, and chemical composition. Arch. Biochem. Biophys. **147**, 374–383.

Dinamarca, M. L., Saavedra, I. & Valdes, E. (1969): DDT dehydrochlorinase. – I. Purification and characterization. Comp. Biochem. Physiol. **31**, 269–282.

Dinther, J. B. M. van (1963): Residual effect of a number of insecticides on adults of the carabid *Pseudophonus rufipes* (Deg.). Entomophaga (Paris) **8**, 43–48.

D'Itrie, F. (1971): Mercury accumulation in the aquatic environment. Proc. 162nd Amer. Chem. Soc. Meeting, Washington D.S.

Dittrich, V. (1961): Populationsgenetische Untersuchungen an normalen und phosphorsäureesterresistenten Stämmen von *Tetranychus urticae* K. Z. angew. Entomol. **48**, 34–57.

Diwakar, M. C. (1975): Current entomological problems of paddy in new agricultural strategy. Sci. and Culture **41**, 19–22.

Dixon, M. & Webb, E. C. (1964): Enzymes. 2nd Ed., XIX + 950pp., Longmans Green, London.

Djerassi, C., Shih-Coleman, Chr. & Diekman, J. (1974): Insect control of the future: operational and policy aspects. Science **186**, 596–607.

Dobbins, P. K. (1967): Organic phosphate insecticides as teratogens in the rat. J. Fla. Med. Assoc. **54**, 452–456.

Dobzhansky, P., Anderson, W. W. & Pavlovsky, O. (1966): Genetics of natural populations. XXXVIII. Continuity and change in populations of *Drosophila pseudoobscura* in western United States. Evolution **20**, 418–427.

Dobzhansky, T., Anderson, W. W., Pavlovsky, O., Spassy, B. & Wills, C. J. (1964): Genetics of natural populations: *Drosophila pseudoobscura* in the American Southwest. Evolution **18**, 164–176.

Domsch, K. (1963): Einflüsse von Pflanzenschutzmitteln auf die Bodenmikroflora. Mitt. Biol. Bundesanst. Land- u. Forstwirtsch., Berlin-Dahlem, H. 107, H. 112.

Domsch, K. H., Grabbe, K. & Fleckenstein, J. (1976): Schwermetallgehalte im Kultursubstrat und Erntegut des Champignons, *Agaricus bisporus* (Lange) Singer, beim Einsatz von Müllklärschlammkompost. Z. Pflanzenern. Bodenk. **139**, 487–501.

Donninger, C. (1971): Species specifity of phosphate triester anticholinesterases. Bull. Wld. Hlth. Org. **44**, 265–268.

Donninger, C., Hutson, D. H. & Pickering, B. A. (1966): Oxidative cleavage of phosphoric acid triesters to diesters. Biochem. J. **102**, 268–278.

Donninger, C., Hutson, D. H. & Pickering, B. A. (1972): The oxidative dealkylation of insecticidal phosphoric acid triesters by mammalian liver enzymes. Biochem. J. **126**, 701–707.

Doppelreiter, H. & Korioth, M. (1981): Inhibition of development by the subterranean termites „*Heterotermes indicola*" and „*Reticulitermes flavipes*" caused by diflubenzuron. Z. angew. Entomol. **91**(2), 131–137.

Dorough, H. W. (1968): Metabolism of furadan (NIA-10242) in rats and house flies. J. Agr. Food. Chem. **16**, 319–325.

Dorough, H. W. & Randolph, N. M. (1967): Comperative residual nature of certain insecticides applied as low volume concentrate and water emulsion sprays. Bull. environm. Contamin. Toxicol. **2**, 340–348.

Dorval, C. & Brown, A. W. A. (1970): Inheritance of resistance to fenthion in *Culex pipiens fatigans*. Bull. Wld. Hlth. Org. **43**, 727–734.

Doskočil, J., Landa, V. Janda, V., Novak, K. & Skuhravy, V. (1952): Versuchsbestäubung der Maikäfer vom Flugzeug mit Dynocid (5 % DDT) und Bewertung seiner Wirkungen. Sbornik čs. akademie zemědělskě **25**, čis 5, 409–414 (czech.).

Douch, P. G. C. & Smith, J. N. (1971a): Metabolism of *m*-tert.-butylphenyl N-methyl-carbamate in insects and mice. Biochem. J. **125**, 385–393.

Douch, P. G. C. & Smith, J. N. (1971b): The metabolism of 3,5-di-tert.-butyl-phenyl N-methylcarbamate in insects and by mouse liver enzymes. Biochem. J. **125**, 395–400.

Dougherty, W. J., Golberg, L. & Coulston, F. (1971): The effect of carbaryl on reproduction in the monkey (*Macaca mulatta*). Toxicol. Appl. Pharmacol. **19**, 365.

Doutt, R. L. & Nakata, J. (1973): The rubus leafhopper and its egg parasitoid: en endemic biotic system useful in grape-pest management. Environ. Entomol. **2**, 381–386.

Drake, J. W. (1963): Polyimines mutagenic for bacteriophage T4B. Nature (Lond.) **197**, 1028.

Drescher, N. & Otto, S. (1968): Über den Abbau von Dazomet im Boden. Residue Rev. **23**, 49–54.

DuBois, K. P. (1961): Potentiation of the toxicity of organophosphorus compounds. Advan. Pest. Contr. Res. **4**, 117–151.

DuBois, K. P. (1971): The toxicity of organophosphorus compounds to mammals. Bull. Wld. Hlth. Org. **44**, 233–240.

DuBois, K. P., Cochran, K. W. & Thomsen, J. F. (1948): Rodenticidal action of 2-chloro-4-dimethylamine-6-methylpyrimidine (castrix). Proc. Soc. Exp. Biol. Med. **67**, 169–171.

DuBois, K. P. & Kinoshita, F. K. (1968): Influence of induction of hepatic microsomal enzymes by phenobarbital on toxicity of organic phosphate insecticides. Proc. Soc. Exp. Biol. Med. **129**, 699–702.

Dubos, B. & Bulit, J. (1980): L'antagonisme microbien pour une protection intégrée du vignoble. Proc. Int. Symp. IOBC/WPRS (Wien 1979), 514.

Duffield, A. M., Budzikiewicz, H. & Djerassi, C. (1965): Mass spectrometry in structural and stereochemical problems. LXXII. A study of the fragmentation processes of some tobacco alcoloids. J. Amer. Chem. Soc. **87**, 2926–2932.

Duggan, R. E. & Cornelinssen, P. E. (1972): Dietary intake of pesticide chemicals in the United States (III), June 1968–April 1970. Pestic. Monit. J. **5**, 331–341.

Duggan, R. E. & Dawson, K. (1968): Pesticide residues in food. J. Milk Food Technol. **31**(1), 13–15.

Duggan, R. E. & Lipscomb, G. Q. (1969): Dietary intake of pesticide chemicals in the United States: (II), June 1966–April 1968, Pestic. Monit. J. **2**, 153–162.

Dummel, R. J. & Kun, E. (1969): Studies with specific enzyme inhibitors. XII. Resolution of DL-*erythro*-fluorocitric acid into optically active isomers. J. Biol. Chem. **244**, 2966–2969.

Durham, W. F. (1965): Pesticide exposure levels in man and animals. Arch. Environ. Hlth. **10**, 842–846.

Durham, W. F., Amstrong, J. F. & Quinby, G. E. (1965): DDT and DDE content of complete prepared meals. Arch. Environ. Hlth. **11**, 641–647.

Durham, W. F., Ortega, P. & Hayes, W. J. jr. (1963): The effect of various dietary levels of DDT on liver function, cell morphology, and DDT storage in the rhesus monkey. Arch. Int. Pharmacodyn. **141**, 111–129.

Dustman, E. H. (1966): Scientific Aspects of Pest Control. Nat. Acad. Sci. – Nat. Res. Counc., Publication Nr. **1402**, Washinton, xi + 470 pp.

Dustman, E. H. & Stickel, L. F. (1966): Pesticide residues in the ecosystem, p. 109–121, in "Soil Science Society of America: Pesticides and their Effects on Soil and Water". Madison, ASA Special Publication Nr. **8**, Soil Science Soc. Amer., Inc.

Dyte, C. E. (1969): Evolutionary aspects of insecticide selectivity, p. 393–397, in Proc. 5th Brit. Insectic. Fungic. Conf., Brighton, England, Vol. 2, XV + 298–603 pp., Br. Crop Prot. Coun., London.

Earle, N. W., Simmons, L. A., Nilakhe, S. S., Villavaso, E. J., McKibben, G. H. & Sikorowski, P. (1978): Pheromone production and sterility in boll weevils: effect of acute and fractionated gamma irradiation. J. Econ. Entomol. **71**, 591–595.

Eaton, J. L. & Sternburg, J. (1964): Temperature and the action of DDT on the nervous system of *Periplaneta americana* (L.). J. Insect Physiol. **10**, 471–485.

Ebeling, W. (1963): Analysis of the basic processes involved in the deposition, degradation, persistence, and effectiveness of pesticides. Residue Rev. **3**, 35–163.

Eccles, J. C. (1964): The Physiology of Synapses. Springer-Verlag, Berlin–Heidelberg–New York, XI + 316pp.

Eck, W. H. van (1979): Mode of action of two benzoylphenyl ureas as inhibitors of chitin synthesis in insects. Insect Biochem. **9**, 295–300.

Economopoulos, A. P. (1977): Controlling *Dacus oleae* by fluorescent yellow traps. Entomol. exp. appl. (Amst.) **22**, 183–190.

Edwards, C. A. (1966): Insecticide residues in soils. Residue Rev. **13**, 83–132.

Edwards, C. A. (Ed.) (1973a): Environmental Pollution by Pesticides. Plenum Press, New York, X + 542pp.

Edwards, C. A. (1973b): Persistent Pesticides in the Environment. 2nd Ed. CRC Press. Cleveland, USA, V + 170pp.

Edwards, J. P. & Menn, J. J. (1981): The use of juvenoids in insect pest management, p. 185–215, in Wegler, R. (Ed.) Chemie der Pflanzenschutz- und Schädlingsbekämpfungsmittel. Bd. 6, 512 pp., Springer-Verlag, Berlin–Heidelberg–New York.

Edwards, J. P. & Rowland, D. G. (1978): Metabolism of a synthetic juvenile hormone (JH-I) in two strains of the green weevil, *Sitophilus granarius.* Insect Biochem. **8**, 23–28.

Edwards, C. A. & Thompson, A. R. (1973): Pesticides and the soil fauna. Residue Rev. **45**, 1–79.

Edwards, C. A., Thompson, A. R., Bengon, K. I. & Edwards, M. J. (1970): Movement of dieldrin through soils. I. From arable soils into ponds. Pestic. Sci. **1**, 169–173.

Egger, A. (1977): Die Nebenwirkungen von Dimilin auf Bienen – eine Untersuchung anläßlich einer Flugzeugapplikation im Forst. Zentralbl. ges. Forstw. **94**, 65–72.

Eggermann, W. & Bongers, J. (1972): Die Wirtswahl von *Oncopeltus fasciatus* Dall. (Heteroptera: Lygaeidae): Bindung an Asclepiadaceen durch wirtspezifische Glykoside. Oecologia (Berl.) **9**, 363–370.

Eggers, Th. & Niemann, P. (1980): Zum Begriff des Unkrauts aus phytomedizinischer Sicht und über Schadschwellen bei der Unkrautbekämpfung. Gesunde Pfl. **32**, 1–7.

Egler, F. E. (1964):Pesticides – in our ecosystem. Amer. Scient. **52**, 110–136.

Ehrlich, P. (1899–1900): On immunity with special reference to cell life. Proc. Roy. Soc. Lond. **66**, 424–448.

Ehrlich, P., Ehrlich, A. & Holdren, J. P. (1975): Humanökologie: Der Mensch im Zentrum einer neuen Wissenschaft. Springer-Verlag, Berlin, Heidelberg, New York, X + 234pp.

Eichler, W. (1969): Nahrungsketten als heimtückische Potenzierungswege der Insektentoxizität. Zbl. Bakt., I. Abt. Orig. **210**, 258–262.

Eisner, T. (1964): Catnip: its raison d'être. Science **146**, 1318–1320.

Eisner, T. (1970): Chemical defense against predation by arthropods, p. 157–217, in Sondheimer, E. & Simeone, J. E. (Eds.) Chemical Ecology. Academic Press, New York, XV + 336pp.

Eisner, T., Hendry, L., Peakall, D. & Meinwald, J. (1971): 2,5-Dichlorophenol (from ingested herbicide?) in defensive secretion of grasshopper. Science **172**, 277–278.

Eisner, T., Kluge, A., Carrel, J. & Meinwald, J. (1972): Defense mechanisms of arthropods. XXXIV. Formic acid and acyclic ketones in the spray of a caterpillar. Ann. ent. Soc. Amer. **65**, 765–766.

Ekbom, B. S. (1977): Development of a biological control program for greenhouse whiteflies (*Trialeurodes vaporariorum* (Westwood)) using its parasite *Encarsia formosa* (Gahan) in Sweden. Z. angew. Entomol. **84**, 145–154.

Ela, R., Chefurka, W. & Robinson, J. B. (1970): *In vivo* glucose metabolim in the normal and poisoned cockroach, *Periplaneta americana*. J. Insect. Physiol. **16**, 2137–2156.

El-Aziz. S. A., Metcalf, R. L., Fukuto, T. R. (1969): Physiological factors influencing the toxicity of carbamate insecticides to insects. J. Econ. Entomol. **62**, 318–324.

El-Basheir, S. & Oppenoorth, F. J. (1969): Microsomal oxidations of some organophosphate insecticides in some resistant strains of house flies. Nature (Lond.) **223**, 210–211.

Eldefrawi, M. E. & Hoskins, W. M. (1961): Relation of the rate of penetration and metabolism to the toxicity of sevin to three insect species. J. Econ. Entomol. **54**, 401–405.

Eldefrawi, M. E., Miskus, R. & Sutcher, V. (1960): Methylene dioxyphenyl derivatives as synergists for carbamate insecticides on susceptible, DDT- and parathion-resistant house flies. J. Econ. Entomol. **53**, 231–234.

Eldefrawi, M. E., Toppozada, A., Salpeter, M. M. & O'Brien, R. D. (1968): The location of penetration barriers in the ganglia of American cockroach *Periplaneta americana* (L.). J. Exp. Biol. **48**, 325–338.

Elgar, K. E. & Steer, B. D. (1972): Dichlorvos concentrations in the air of houses arising from the use of vapona strips. Pestic. Sci. **3**, 59.

El-Guindy, M. A., Abdelsat, M. M. & El-Assar, M. R. S. (1977): Studies on interaction of juvenile hormone analog R-20458 and organophosphorus compound dursban on reproductive-biology of matacil-susceptible and resistant strains of *Spodoptera littoralis* (Boisd). Z. angew. Entomol. **84**, 424–430.

El-Guindy, M. A. & Bishara, S. I. (1976): Effect of treating immature stages of American bollworm *Heliothis armigera* (Hbn.) with juvenile hormone analog, R-20458 on adult fertility. Z. angew. Entomol. **81**, 75–78.

El-Guindy, M. A., Bishara, S. I. & Madi, S. M. (1975): Sensitivity to insect growth regulators (Juvenile hormone analogues) in insecticide-resistant and -susceptible strains of *Spodoptera littoralis* (Boisd.). Z. Pflanzenkr., Pflanzensch. **82**, 669–673.

Eliason, B. C. & Posner, H. S. (1971): Placental passage of ^{14}C-Dieldrin altered by gestational age and plasma proteins. Am. J. Obstet. Gynecol. **111**, 925–929.

Elings, H. & Dieperink, J. G. (1974): Practical experiences with the experimental insecticide pH 60–40. Med. Fac. Landbouww. Rijksuniv. Gent **39**, 833–846.

Elliott, M. (1977): Synthetic Pyrethroids. ACS Symp. Ser. Nr. 42, 229 pp. Am. Chem. Soc. Washington D.C.

Elliott, M., Farnham, A. W., Janes, N. F., Needham, P. H., Pulman, D. A. & Stevenson, J. H. (1973): A photostable pyrethroid. Nature (Lond.) **246**, 169–170.

Elliott, M., Ford, M. G. & Janes, N. F. (1970): Penetration of pyrethroid insecticides into mustard beetles (*Phaedon cochleariae*). Pestic. Sci. **1**, 220–223.

Elliott, M., Janes, N. F., Kimmel, E. C. & Casida, J. E. (1972): Metabolic fate of pyrethrin I, Pyrethrin II, and allethrin administered orally to rats. J. Agr. Food Chem. **20**, 300–311.

Elliott, M., Janes, N. F. & Potter, C. (1978): The future of pyrethroids in insect control. Ann. Rev. Entomol. **23**, 443–469.

El-Nahal, A. K. M., Ammer, E. D. & El-Bolok, M. M. (1979): Population studies on nine leafhopper species on various host plants at Giza, Egypt, using light trap and sweeping net. Dtsch. Ent. Z., N. F. **26**, 321–327.

El-Refai, A. R. (1971): Hazards from aerial spraying in cotton culture area of the Nile river. Arch Environ. Health **22**, 328–333.

El-Tantawi, M. A., Belal, M. B. & Abdallah, M. D. (1976): Wirkungen von zwei Antihäutungs-Substanzen auf die Raupen von *Spodoptera littoralis* (Boisd.). Anz. Schädlingskde., Pflanzenschutz, Umweltschutz **49**, 153–155.

El Titi, A. & Steiner, H. (1975): Possibilities and limits of integrated pest control in vegetable crops. Qual. Plant Pl. Fds. Hum. Nutr. **25**, 57–75.

Elton, C. S. (1927): Animal Biology. Macmillan, New-York; Sidgwick & Jackson, London, 570 pp.

Enders, E. (1970): Rodentizide, p. 601–644, in Wegler, R. (Ed.) Chemie der Pflanzenschutz- und Schädlingsbekämpfungsmittel. Bd. 1, 671 pp., Springer-Verlag, Berlin–Heidelberg.

Epstein, S. S., Andrea, J., Clapp, P. & Mackintosh, D. (1967a): Enhancement by piperonyl butoxide of acute toxicity due to 'freons', benzo(α)pyrene, and griseofulvin in infant mice. Toxicol. Appl. Pharmacol. **11**, 442–448.

Epstein, S. S., Arnold, E., Andrea, J., Bass, W. & Bishop, Y. (1972): Detection of chemical mutagens by the dominant lethal assay in the mouse. Toxicol. Appl. Pharmacol. **23**, 288–325.

Epstein, S. S., Bass, W., Arnold, E. & Bishop, Y. (1970): Mutagenicity of trimethyl phosphate in mice. Science **168**, 584–586.

Epstein, S. S., Joshi, S., Andrea, J., Clapp, P., Falk, H. L. & Mantel, N. (1967b): Synergistic toxicity and carcinogenicity of 'freons' and piperonyl butoxide. Nature (Lond.) **214**, 526–528.

Erikisson, E. (1963): The yearly circulation of sulfur in nature. J. Geophys. Res. **68**, 4001–4008.

Ernst, W. (1974): Schwermetallvegetation der Erde. Geobotanica Selecta, Vol. **5**, G. Fischer, Stuttgart, IX + 194 pp.

Eschle, J. L., Miller, J. A. & Schmidt, C. D. (1977): Insect growth regulator and sterile males for suppression of horn flies. Nature (Lond.) **265**, 325–326.

Etheridge, P. & Phillips, F. T. (1976): Laboratory evaluation of new insecticides and bait matrices for the control of leaf-cutting ants (Hymenoptera, Formicidae). Bull. ent. Res. **66**, 569–578.

Eto, M. (1974): Organophosphorus Pesticides: Organic and Biological Chemistry. CRC Press, Inc., Florida, 375 pp.

Eto, M., Oshima, Y., Kitakata, S., Tanaka, F. & Kojima, K. (1965): Studies on saligenin cyclic phosphorus esters with insecticidal activity. Part X. Synergism of malathion against susceptible and resistant insects. Botyu-Kagaku **31**, 33–38.

Evans, D. R. (1961): The effect of odours on ingestion by the blowfly. J. Insect Physiol. **7**, 299–304.

Fagoonee, I. (1980): Behavioral response of *Crocidolomia binotalis* to Neem, p. 109–120, in Schmutterer, H., Ascher, K. R. S. & Rembold, H. (Eds.) Natural Pesticides from the Neem Tree (*Azadirachta indica* A. Juss). Proc. lst Intern. Neem Conf. Rottach-Egern, FRG, 16.–18.6.1980, 297 pp.

Fahmy, M. A. H., Fukuto, T. R., Metcalf, R. L. & Homstead, R. L. (1973): Structure-activity correlations in DDT analogs. J. Agr. Food. Chem. **21**, 585–591.

Fahmy, M. A. H., Metcalf, R. L., Fukuto, T. R. & Hennessy, D. J. (1966): Effects of deuteration, fluorination and other structural modifications of the carbamyl moiety upon the anticholinesterase and insecticidal activities of phenyl N-methylcarbamates. J. Agr. Food Chem. **14**, 79–83.

Falk, H. (1971): Insektizid-Synergisten. Umschau (Frankf.) **71**, 27.

Falk, H. L. & Kotin, P. (1969): Pesticide synergists and their metabolites: potential hazards. Ann. N. Y. Acad. Sci. **160**, 299–313.

Fan, H. Y., Chang, T. H. & Richards, G. A. (1948): The temperature coefficients of DDT action in insects. Physiol. Zool. **21**, 49–59.

Fang, S. C., Thiesen, P. & Freed, V. H. (1961): Effects of water evaporation, temperature and rates of application on the retention of ethyl-N,N-di-n-propylthiolcarbamate in various soils. Weeds **9**, 569–574.

Farkas, S. R., Shorey, H. H. & Gaston, L. K. (1974): Sex pheromones of Lepidoptera. The use of widely separated evaporators of Looplure for the disruption of pheromone communication in *Trichoplusia ni*. Environ. Entomol. **3**, 876–877.

Farlow, J. E., Breaud, T. P., Steelman, C. D. & Schilling, P. E. (1978): Effects of the insect growth regulator diflubenzuron on non-target aquatic populations in a Louisiana intermediate marsh. Environ. Entomol. **7**, 199–204.

Farnham, A. M. (1971): Changes in cross resistance patterns of house flies selected with natural pyrethrins or resmethrin. Pestic. Sci. **2**, 138–143.

Faust, S. D. & Suffet, I. H. (1966): Recovery, separation, and identification of organic pesticides from natural and potable waters. Residue Rev. **15**, 44–116.

Fährig, R. (1973): Genetic effects of organophosphorus insecticides. Naturw. **60**, 50–51.

Feil, V. I., Lamoureux, C. I. H., Styrvoky, E., Zaylskie, R. G., Thacker, E. J. & Holman, G. M. (1973): Metabolism of *o,p*'-DDT in rats. J. Agr. Food Chem. **21**, 1072–1078.

Ferguson, J. (1939): The use of chemical potentials as indices of toxicity. Proc. Toy. Soc. London, Ser. B, **127**, 387–403.

Ferguson, W. C. & Kearns, C. W. (1949): The metabolism of DDT in the large milk-weed bug. J. Econ. Entomol. **42**, 810–817.

Fernley, H. N. & Evans, W. C. (1958): Oxidative metabolism of polycyclic hydrocarbons by soil pseudomonads. Nature (Lond.) **182**, 373–375.

Feroz, M. & Khan, M. A. Q. (1979): Metabolism of *cis*-(^{14}C)-chlordane in the American cockroach, *Periplaneta americana* (L.). J. Agr. Food Chem. **27**, 95–103.

Ferrari, R. & Tiberi, R. (1979): Efficadia di una prova di lotto con diflubenzuron contro la *Thaumetopoea pityocampa* (Den. & Schiff.) e prime osservatione sull' azione dell'insetticida nei riguardi degli Imenotteri Calcidoidei parassiti oofagi del Lepidottero in Toscana. Redia, Firenze **62**, 315–323.

Feung, Chao-Sh., Hamilton, R. H. & Mumma, R. O. (1976): Metabolism of 2,4-dichlorophenoxyacetic acid. X. Identification of metabolites in rice root callus tissue cultures. J. Agr. Food Chem. **24**, 1013–1015.

Fine, B. C., Godin, P. J. & Thain, E. M. (1963): Penetration of pyrethrin labelled with carbon-14 into susceptible and pyrethroid-resistant houseflies. Nature (Lond.) **199**, 927–928.

Finnegam, R. J. (1978): Predation by *Formica lugubris* (Hymenoptera: Formicidae) on *Choristoneura fumiferana* (Lepidoptera: Tortricidae). Bi.-Monthly Res. Notes **34**(1), 3–4.

Finnegan, J. K., Haag, H. B. & Larson, P. S. (1949): Tissue distribution and elimination of DDD and DDT following oral administration. Prod. Soc. Exp. Biol. Med. **72**, 357–360.

Finney, J. R., Gordon, R., Condon, W. J. & Ruskd, T. N. (1977): Laboratory studies on the sensibility of integrated mosquito control using an insect growth regulator and a mermithid nematode. Mosquito News **37**, 6–11.

Fish, S. A. (1966): Organophosphorus cholinesterase inhibitors and fetal development. Am. J. Obstet. Gynecol. **96**, 1148–1154.

Fishman, W. H. (Ed.) (1970): Metabolic Conjugation and Metabolic Hydrolysis. Vol. I, XV + 461pp., Vol. II, XVII + 692pp., Academic Press, New York.

Fitzhugh, O. G. (1966): Problems related to the use of pesticides. Canad. Med. Assoc. J. **94**, 598–604.

Fitzhugh, O. G. & Nelson, A. A. (1947): The chronic oral toxicity of DDT (2,2-bis-(*p*-chlorophenyl)-1,1,1-trichloroethane). J. Pharmacol. Exp. Ther. **89**, 18–30.

Flattum, R. F. & Shankland, D. L. (1971): Acetylcholine receptors and the diphasic action of nicotine in the American cockroach, *Periplaneta americana* (L.), Comp. Gen. Pharmacol. **2**, 159–167.

Flattum, R. & Sternburg, J. (1970): Action of nicotine on neural synaptic transmission in the American cockroach. J. Econ. Entomol. **63**, 62–67.

Flattum, R. & Sternburg, J. (1970): Release of a synaptically active material by nicotine in the central nervous system of the American cockroach. J. Econ. Entomol. **63**, 67–70.

Fleckenstein, J. (1979): Artspezifische und selektive Affinität von Wildpilzen zu Schwermetallen im Ökosystem. Mitt. Dtsch. Bodenkundl. Ges. **29**, 451–456.

Fleckenstein, J. & Grabbe, K. (1981): Quantitative Aufnahme von Schwermetallen aus kontaminierten Substraten des Pilzanbaus durch *Agaricus bisporus*. Mushroom Science XI. Proc. 11. Intern. Scient. Congr. Cult. Edible Fungi, Australia.

Fletcher, J. T. & Yarham, D. J. (1976): The incidence of benomyl tolerance in *Verticillium fungicola, Mycogone perniciosa* and *Hypomyces rosellus* in mushroom crops. Ann. Appl. Biol. **84**(3), 343–354.

Flint, H. M., Butler, L., McDonough, L. M., Smith, R. L. & Forey, D. E. (1978): Pink bollworm: response to various emission rates of gossyplure in the field. Environ. Entomol. **7**, 57–61.

Flint, H. M., Kuhn, S., Horn, B. & Sallam, H. A. (1974): Early season trapping of pink bollworm with gossyplure. J. Econ. Entomol. **67**, 738–740.

Flint, H. M., Smith, R. L., Bariola, L. A., Horn, B. R., Forey, D. E. & Kuhn, S. J. (1976): Pink bollworm: trap tests with gossyplure. J. Econ. Entomol. **69**, 535–538.

Flockhart, I. R. & Casida, J. E. (1972): Relationship of the alkylation of membrane esterases and proteins to the teratogenic action of organophosphorus insecticides and eserine in developing hen eggs. Biochem. Pharmakol. **21**, 2591–2603.

Fogal, W. H. (1977): Effect of a phenyl-benzoylurea (1-(4-chlorphenyl)-3-(2,6-difluorobenzoyl)-urea) on *Diprion similis* (Hymenoptera: Diprionidae). Canad. Entomol. **109**, 981–986.

Fogal, W. H. & Sulliran, C. R. (1976): Effect of insect growth regulators and fertilizers applied as foliar sprays during the egg stage of the saw fly *Neodiprion sertifer*. Cand. J. Forest Res. **6**, 523–531.

Fox, B. W., Jackson, H., Craig, A. W. & Glover, T. D. (1963): Effect of alkylating agents on spermatogenesis in the rabbit. J. Reprod. Fertil. **5**, 13–22.

Franco, M. G. & Oppenoorth, F. J. (1962): Genetical experiments on the gene for low aliesterase activity and organophosphate resistance in *Musca domestica*. Entomol. exp. appl. (Amst.) **5**, 119–123.

Franke, W. (1962): Zur Frage der Ernährung von Pflanzen über die Blätter und deren korrelativer Wirkung auf das Wurzelsystem. Beitr. Biol. Pflanzen **38**(1), 63–82.

Franz, J. M. (1961): Biologische Schädlingsbekämpfung, p. 1–302, in Sorauer, P. (Ed.) Handbuch der Pflanzenkrankheiten, VI, 3. Lief., 2. Aufl., Berlin: Paul Parey.

Franz, J. M. (1970): Schadensschwellen bei forstschädlichen Insekten. Z. Pflanzenkr. Pflanzensch. **77**, 642–647.

Franz, J. M. & Krieg, A. (1982): Biologische Schädlingsbekämpfung. 3. Aufl., P. Parey-Verlag, Berlin-Hamburg, 252pp.

Franz, J. M., Phillips, D. H. & Stark, R. W. (1976): Integrierter Pflanzenschutz gegen Schadinsekten und Krankheiten im Wald. Z. Pflanzenkrankh. Pflanzensch. **83**, 59–65.

Franz, J. M., Schaumann, W. & Teschemacher, A. (1979): Pflanzenschutz. Intern. Fed. Organ. Agric. Movements (Ifoam), Stiftung ökologischer Landbau, Kaiserslautern, **30**, 3–6.

Fraser, J., Greenwood, D., Harrison, I. R. & Wells, W. H. (1967): The search for a veterinary insecticide. II. Carbamates active against sheep blowfly. J. Sci. Food Agr. **18**, 372–376.

Frawley, J. P. & Fitzhugh, O. G. (1950): Factors affecting tissue distribution following oral ingestion of lipid soluble substances. Fed. Proc. **9**, 273.

Frawley, J. P., Fuyat, H. N., Hagan, E. C., Blake, J. R. & Fitzhugh, O. G. (1957): Marked potentiation in mammalian toxicity from simultaneous administration of two anticholinesterase compounds. J. Pharmacol. Exp. Ther. **121**, 96–106.

Frazier, D. T., Sevcik, C. & Narahashi, T. (1973): Nicotine: effect on nerve membrane conductances. Eur. J. Pharmacol. **22**, 217–220.

Freal, J. J. & Chadwick, R. W. (1973): Metabolism of hexachlorocyclohexane to chlorophenols and effect of isomer pretreatment on lindane metabolism in rat. J. Agr. Food Chem. **21**, 424–427.

Frear, D. E. H. & Boyd, J. E. (1967): Use of *Daphnia magna* for microbioassay of pesticides. 1. Development of standarized techniques for rearing *Daphnia* and preparation of dosage-mortality curves for pesticides. J. Econ. Entomol. **60**, 1228–1236.

Frear, D. E. H. & Kawar, N. S. (1967): Use of *Daphnia magna* for microbioassay of pesticides. 2. Comparison of microbioassay with gas chromatography for analysis of pesticide residues in plant extracts. J. Econ. Entomol. **60**, 1236–1239.

Frehse, H. (1964): Special features in the analysis of pesticide residues: residue analysis and food control. Residue Rev. **5**, 1–20.

Frehse, H. (1970): Rückstände von Pflanzenschutzmitteln in Nahrung und Umwelt, p. 439–515, in Wegler, R. (Ed.) Chemische Pflanzenschutz- und Schädlingsbekämpfungsmittel. Bd. 2, 550 pp., Springer-Verlag, Berlin–Heidelberg.

Frensch, H. (1958): Entwicklung und Chemie der Dien-Gruppe, einer neuen Klasse biocider Wirkstoffe. Medizin und Chemie **6**, 556–573.

Frink, C. R. (1971): Plant nutrients and water quality. Agr. Sci. Rev. **9**, 11–25.

Frischknecht, M. L. & Müller, P. J. (1976): The use of insect growth regulators in integrated pest control. Mitt. Schweiz. ent. Ges. **49**, 239–244.

Fuhremann, T. W. & Lichtenstein, E. P. (1979): Insecticide toxicity and degradation in houseflies as affected by naturally occuring food plant components. J. Agr. Food Chem. **27**(1), 87–91.
Fujita, T., Yamamoto, I., Nakajima, M. (1970): Analysis of the structure – activity relationship of nicotine – like insecticides using substituent constants, p. 21–32, in O'Brien, R. D. & Yamamoto, I. (Eds.) Biochemical Toxicology of Insecticides. Academic Press, New York, vii + 218 pp.
Fukami, J. (1959): Effect of some insecticides on the respiration of insect organs, with special reference to the effects of rotenone. Botyu-Kagaku, **21**, 122–128.
Fukami, J. (1961): Effect of rotenone on the respiratory enzyme system of insect muscle. Bull. Natl. Inst. Agr. Sci. C. **13**, 33–45.
Fukami, J. & Shishido, T. (1966): Nature of a soluble, glutathione – dependent enzyme system active in cleavage of methylparathion to desmethylparathion. J. Econ. Entomol. **59**, 1338–1346.
Fukami, J., Shishido, T., Fukunaga, K. & Casida, J. E. (1969): Oxidative metabolism of rotenone in mammals, fish and insects and its relation to selective toxicity. J. Agr. Food Chem. **17**, 1217–1226.
Fukuto, T. R. (1971): Relationship between the structure of organophosphorus compounds and their activity as acetylcholinesterase inhibitors. Bull. Wld. Hlth. Org. **44**, 31–42.
Fukuto, T. R. & Metcalf, R. L. (1959): The effect of structure on the reactivity of alkylphosphonate esters. J. Amer. Chem. Soc. **81**, 372–377.
Fukuto, T. R., Metcalf, R. L. & Winton, M. Y. (1964): Carbamate insecticides: Insecticidal properties of some optically active substituted phenyl N-methylcarbamates. J. Econ. Entomol. **57**, 10–12.
Furner, R. L. & Stitzel, R. E. (1969): Stress-induced alterations in microsomal drug metabolism in the adrenalectomized rat. Biochem. Pharmacol. **17**, 121–127.
Fytizas, E. (1976): L'action du TH 6040 sur la métamorphose de *Dacus oleae* Gmel. (Diptera, Trypetidae). Z. angew. Entomol. **81**, 440–444.
Fytizas, E. & Mourikis, P. A. (1977): Sensibilité des différents stades de *Dacus oleae* á l'altosid. Z. angew. Entomol. **84**, 107–112.

Gabliks, J. & Friedman, L. (1965a): Responses of cell cultures to insecticides. I. Acute toxicity to human cells. Proc. Soc. Exp. Biol. Med. **120**, 163–168.
Gabliks, J. & Friedman, L. (1965b): Responses of cell cultures to insecticides. II. Chronic toxicity and induced resistance. Proc. Soc. Exp. Biol. Med. **120**, 168–171.
Gadallah, A. I., Kilgore, W. W. & Painter, R. R. (1972): Effect of the chemosterilant *p,p*,-bis(1-aziridinyl)-N-(3-methoxypropyl)-phosphinothioic amide on some dehydrogenases during oogenesis and embryogenesis of the house fly. J. Econ. Entomol. **65**, 36–40.
Gage, J. C. (1967): The significance of blood cholinesterase activity measurements. Residue Rev. **18**, 159–173.
Gahukar, R. T. & Jotwani, M. G. (1980): Recent status of field pests of sorghum and millets. Trop. Pest Management **26**, 138–151.
Gaines, T. B. (1969): Acute toxicity of pesticides. Toxicol. Appl. Pharmacol. **14**, 515–534.
Gains, T. B. & Kimbrough, R. D. (1966): The sterilizing, carcinogenic and teratogenic effects of metepa in rats. Bull. Wld. Hlth. Org. **34**, 317–320.
Gamrasni, M. A. (1967): Les pesticides et l'eau. L'Eau **54**, 579–584.
Gamrasni, M. A. (1968): Les pesticides et l'eau (suite). L'Eau **55**, 23–31.
Ganitzer, M. (1978): Allelopathie und Mischkultur im Gartenbau. Bionomica **28**, 1–6.
Ganyard, M. C., Bradley, J. R. jr., Boyd, F. J. & Brazzel, J. R. (1977): Field evaluation of diflubenzuron (dimilin) for control of boll weevil reproduction. J. Econ. Entomol. **70**, 347–350.
Gardocki, J. F. & Hazelton, L. W. (1951): Urinary excretion of the metabolic products of parathion following intraveneous injection. J. Ann. Pharm. Assoc. Sci. Ed. **40**, 491–494.
Garms, R. (1959): Die Empfindlichkeit von *Anopheles atroparvus* und *A. stephensi* (Larven und Imagines) gegenüber DDT in Abhängigkeit von Alter, Ernährung und Populationsdichte. Z. Tropenmedizin **10**, 426–441.
Gaston, L. K., Kaae, R. S., Shorey, H. H. & Sellers, D. (1977): Controlling the pink bollworm by disrupting sex pheromone communication between adult moths. Science (Wash.) **196**, 904–905.
Gaudchan, M. (1981): Zum Einfluß von Blütenpflanzen in intensiv bewirtschafteten Getreidebeständen auf die Abundanz und Effizienz natürlicher Feinde von Getreideblattläusen. Mitt. dtsch. Ges. allg. angew. Ent. **3**, 312–315.
Gaugler, R. & Boush, G. M. (1979): Nonsusceptibility of rats to the entomogenous nematode, *Neoaplectana carpocapsae*. Environ. Entomol. **8**, 658–660.
Gärtel, W. (1980): Möglichkeiten und Grenzen der integrierten Bekämpfung pilzlicher und bakterieller Rebenkrankheiten. Proc. Int. Symp. IOBC/WPRS (Wien 1979), 261–265.
Geertesema, H., Burger, B. V., Le Roux, M. & Spies, H. S. C. (1976): The chemical nature of the defensive larval secretion of the moth, *Catochria catocaloides*. J. Insect Physiol. **22**, 1369–1370.

Gelbič, I. & Socha, R. (1976): The effects of the chemosterilant metepa on the development of ovaries of *Dixippus morosus* (Phasmatodea). Acta ent. bohemoslov. **73**, 224–233.

George, S. G., Pirie, B. J. S., Cheyne, A. R., Coombs, T. L. & Grant, P. T. (1978): Detoxification of metals by marine bivalves: An ultrastructural study of the compartmentation of copper and zinc in the oyster *Ostrea edulis.* Mar. Biol. **45**, 147–156.

Georghiou, G. P. (1971): Isolation, characterization, and re-synthesis of insecticide resistance factors in the housefly, *Musca domestica.* Proc. 2nd Intern. Congr. Pestic. Chem. **2**, 77–94.

Georghiou, G. P. & Hawley, M. K. (1971): Insecticide resistance resulting from sequential selection of houseflies in the field by organophosphorus compounds. Bull. Wld. Hlth. Org. **45**, 43–51.

Georghiou, G. P., Lee, S. & De Vries, D. H. (1978): Development of resistance to the juvenoid methoprene in the house fly. J. Econ. Entomol. **71**, 544–547.

Georghiou, G. P. & Lin, C. S. (1978): Tolerance of mosquito larvae and pupae to carbon-dioxide anesthesia. Mosquito Contr. Res., Univ. of California, Ann. Rep.

Georghiou, G. P. & Metcaff, R. L. (1961): The absorption and metabolism of 3-isopropylphenyl N-methylcarbamate by susceptible and carbamate selected strains of house flies. J. Econ. Entomol. **54**, 231–233.

Georghiou, G. P. & Pasteur, N. (1978): Electrophoretic esterase patterns in insecticide-resistant and susceptible mosquitoes. J. Econ. Entomol. **71**, 201–205.

Georghiou, G. P. & Tayler, C. E. (1977): Pesticide resistance as an evolutionary phenomenon. Proc. XV. Int. Congr. Entomol., p. 759–785.

Georgian, L. (1975): The comparative cytogenetic effects of aldrin and phosphamidon. Mutation Res. **31**, 103–108.

Gerig, L. (1981): Bienengiftigkeit der synthetischen Pyrethrine (2. Teil). Schweiz. Bienen-Zeitg. **104**, 155–174.

Gerolt, P. (1965): The fate of dieldrin in insects. J. Econ. Entomol. **58**, 849–857.

Gerolt, P. (1969): Mode of entry of contact insecticides. J. Insect Physiol. **15**, 563–580.

Gerolt, P. (1970): The mode of entry of contact insecticides. Pestic. Sci. **1**, 209–212.

Gerolt, Ph. (1972): Mode of entry of oxime carbamates into insects. Pestic. Sci. **3**, 43–55.

Gerstner, W. (1956a): Antibiotische Substanzen von Samenpflanzen. Nachr.-Bl. dtsch. Pflanzenschutzd. (Braunschweig) **10**, 1–7.

Gerstner, W. (1956b): Möglichkeiten der Bekämpfung des Weizenbrandes (*Tilletia tritici* (Bjerk) Winter) und der Streifenkrankheit der Gerste (*Helminthosporium gramineum* Rabh.) mit Antibiotika von *Penicillium.* Phytopath. Z. **27**, 183–210.

Gessner, T., Jacknowitz, A. & Vollmer, C. A. (1973): Studies of mammalian glucoside conjugation. Biochem. J. **132**, 249–258.

Getzin, L. W. (1973): Persistence and degradation of carbofuran in soil. Environ. Entomol. **2**, 461–467.

Getzin, L. W. & Chapman, R. K. (1960): The fate of phorate in soils. J. Econ. Entomol. **53**, 47–51.

Ghadari, M., Greenwood, D. A. & Binns, W. (1967): Feeding of malathion and carbaryl to laying hens and roosters. Toxicol. Appl. Pharmacol. **10**, 392.

Gholson, L. E., Beegle, C. C., Best, R. L. & Owens, J. C. (1978): Effects of several commonly used insecticides on cornfield carabids in Iowa. J. Econ. Entomol. **71**, 416–418.

Gil, L., Fine, B. C., Dinamarca, M. L., Balazs, I., Busvine, J. R. & Agosin, M. (1968): Biochemical studies on insecticide resistance in *Musca domestica.* Entomol. exp. appl., (Amst.) **11**, 15–29.

Gillott, C. (1980): Entomology. Plenum Press, New York, xvii + 729 pp.

Glasstone, S. (1958): Textbook of physical chemistry. 2nd. Ed., 1320 pp. Princeton, New Jersey.

Goebel, H., Gorbach, S., Knauf, W., Rimpau, R. H. & Hüttenbach, H. (1982): Properties, effects, residues, and analytics of the insecticide Endosulfan. Residue Rev. **83**, 1–174.

Goetsch, W., Grüger, R., Latossek, T. & Offhaus, K. (1942): Beiträge zur Bekämpfung von Ameisenstaaten. 2. Teil. Z. angew. Entomol. **29**, 219–242, 442–474.

Goetsch, W., Simmersbach, J. & Spaun, J. (1940): Beiträge zur Bekämpfung von Ameisenstaaten. 1. Teil. Z. angew. Entomol. **27**, 273–320.

Gofmekler, V. A. & Tabakova, S. A. (1970): Chlorophol action on the embryogenesis of rats. Farmakol. Toksikol. **33**, 737.

Goldwater, L. (1971): Mercury in the environment. Scient. Amer. **224** (5), 15–21.

Good, E. E. & Ware, G. W. (1969): Effects of insecticides on reproduction in the laboratory mouse. IV. Endrin and dieldrin. Toxicol. Appl. Pharmacol. **14**, 201–203.

Good, E. E., Ware, G. W. & Miller, D. F. (1965): Effects of insecticides on reproduction in the laboratory mouse. I. Kepone. J. Econ. Entomol. **58**, 754–757.

Goodchild, B. & Smith, J. (1970): The separation of multiple forms of housefly 1,1,1-trichloro-2,2-bis-(*p*-chlorophenyl)ethane (DDT) dehydrochlorinase from glutathione S-aryltransferase by electrofocusing and electrophoresis. Biochem. J. **117**, 1005–1009.

Goos, M., Deptuch, St. & Faligowska, K. (1976): Introductory studies on collecting insects using colour traps in the field experiments. Bull. Entomol. Pol. **46**, 829–834 (poln.).

Gordon, H. McL. & Lipson, M. (1940): Preliminary examination of the anthelmintic efficiency of certain compounds related to phenothiazine. Austr. Counc. Sci. and Indust. Res. Jour. **13**, 173–177.

Gosalvez, M. & Merchan, J. (1973): Induction of rat mammary adenomas with the respiratory inhibitory rotenone. Cancer Res. **33**, 3047–3050.

Goswami, K. P. & Green, R. E. (1971): Microbial degradation of herbicide atrazine and its 2-hydroxy analog in submerged soils. Environ. Sci. Technol. **5**, 426–429.

Gowdy, J. M., Yates, R., Demers, F. Y. & Woodward, S. C. (1977): Blood mercury concentration in an urban population. Sci. total Environm. **8**, 247–251.

Gösswald, K. (1951): Die Rote Waldameise im Dienste der Waldhygiene. Lüneburg.

Gösswald, K. (1976): Waldameisenhege. Waldhygiene **11**, 193–242.

Grabbe, K. & Domsch, K. H. (1974): Untersuchungen zur Verwendung von Müllkomposten in der Champignonzucht und zum Einfluß von Schwermetallen auf die Qualität des Erntegutes. Mushroom Science IX (Part. I). Proc. 9. Intern. Scient. Congr. Cult. Edible Fungi, Tokyo.

Granett, J. (1973): A disparlure-baited boxtrap for capturing large numbers of gypsy moths. J. Econ. Entomol. **66**, 359–362.

Granett, J. & Dunbar, D. M. (1975): TH 6040: Laboratory and field trials for control of gypsy moths. J. Econ. Entomol. **68**, 99–102.

Granett, J. & Weseloh, R. M. (1975): Dimilin toxicity to the gypsy moth larval parasitoid, *Apanteles melanoscelus*. J. Econ. Entomol. **68**, 577–580.

Grasso, P. & Crampton, R. F. (1972): The value of the mouse in carcinogenicity testing. Food Cosmet. Toxicol. **10**, 418–426.

Graves, J. B., Mohamad, R. B. & Clower, D. F. (1978): Beneficial insects also developing 'resistance'. LA. Agric. **22** (1), 10–11.

Gray, R. A. & Weierich, A. J. (1965): Factors affecting the vapor loss of EPTC from soils. Weeds **13**, 141–147.

Greany, P. D., Burditt, A. K., Agee, H. R. & Chambers, D. L. (1978): Increasing effectiveness of visual traps for the Caribbean fruit fly, *Anastrepha suspensa* (Diptera: Tephritidae), by use of fluorescent colors. Entomol. exp. appl. (Amst.) **23**, 20–25.

Greenberg, J. & LaHam, Q. N. (1969): Malathion induced teratism in the developing chick. Can. J. Zool. **47**, 539–542.

Gregg, C. T., Heisler, C. R. & Remmert, L. F. (1960): Oxidative phosphorylation and respiratory control in housefly mitochondria. Biochim., Biophys. Acta **45**, 561–570.

Greichus, Y. A., Greichus, A., Ammann, B. D. & Hoperaft, J. (1978): Insecticides, polychlorinated biphenyls and metals in African lake exosystems. III. Lake NAKURU, Kenya. Bull. environm. Contamin. Toxicol. **19** (4), 454–461.

Grewe, F. (1968): Euparen (Dichlofluamid), ein neues polyvalentes Fungizid mit besonderer Wirkung gegen Grauschimmel (*Botrytis cinerea* Pers.). Pflanzenschutz-Nachr. Bayer **21**, 147–170.

Grigola, A. & Oppenoorth, F. J. (1966): The importance of DDT-dehydrochlorinase for the effect of the resistance gene *kdr* in the house fly. Genetica **37**, 159–170.

Grosch, D. S. (1967): Poisoning with DDT: Effect on the reproductive performance of *Artemia*. Science, **155**, 592–593.

Grosch, D. S. & Volcovic, L. R. (1967): Chlorinated hydrocarbon insecticides are not mutagenic in *Bracon hebetor* tests. J. Econ. Entomol. **60**, 1177–1178.

Grosscurt, A. C. (1976): Ovicidal effects of diflubenzuron on the housefly (*Musca domestica*). Med. Fac. Landbouww. Rijksuniv. Gent **41**, 949–963.

Grosscurt, A. C. (1977): Mode of action of diflubenzuron as an ovicide and some factors influencing its potency, p. 141–147. Proc. 9th Brit. Insectic. Fungic. Conf., Brighton, England, Vol. 1, XX + 321pp.

Grosscurt, A. C. (1978a): Effects of diflubenzuron on mechanical penetrability, chitin formation, and structure of the elytra of *Leptinotarsa decemlineata*. J. Insect Physiol. **24** (12), 827–831.

Crosscurt, A. C. (1978b): Diflubenzuron: some aspects of its ovicidal and larvidical mode of action and an evaluation of its practical possibilities. Pestic. Sci. **9** (5), 373–386.

Grosscurt, A. C. (1980): Larvicidal and ovicidal resistance to diflubenzuron in the housefly (*Musca domestica*). Proc. Kon. Ned. Akad. v. Wetensch. C **83** (2), 127–141.

Grover, P. L. & Sims, P. (1965): The metabolism of γ-2,3,4,5,6-pentachlorocyclohex-1-ene and γ-hexachlorocyclohexane in rats. Biochem. J. **96**, 521–525.

Gruys, P. (1975): Development and implementation of an integrated control programme for apple orchards in the Netherlands. p. 823–835, Proc. 8th Brit. Insectic. Fungic. Conf., Brighton, England, Vol. 3, XI + 719–1069 pp.

Guerra, A. A., Wolfenberger, D. A., Lingren, P. D. & Garcia, R. D. (1977): Five experimental insect growth regulators: effect on populations of tobacco budworm and *Trichogramma* sp. in field cages. Ann. Ent. Soc. Am. **70**, 771–774.

Gunner, H. (1967): The influence of rhizosphere microflora on the transformation of insecticides by plants. Mass. Agric. Exper. Stat.: Ann. Report of the Cooperative Regional Project NE-53.

Gunther, F. A. & Blinn, R. C. (1955): Analysis of Insecticides and Acaricides. Vol. VI, xi + 696 pp. New York–London, Interscience Publ.

Gutenmann, W. H., Loos, M. A., Alexander, M. & Lisk, D. J. (1964): Beta oxidation of phenoxyalkanoic acids in soil. Soil Sci. Soc. Amer. Proc. **28**, 205–207.

Guthrie, F. E., Monroe, R. J. & Abernathy, C. O. (1971): Response of the laboratory mouse to selection for resistance to insecticides. Toxicol. Appl. Pharmacol. **18**, 92–101.

Gutman, M., Singer, T. P., Beinert, H. & Casida, J. E. (1970): Reaction sites of rotenone, piericidin A, and amytal in relation to the nonhem iron components of NADH dehydrogenase. Proc. Natl. Acad. Sci. USA **65**, 763–770.

Hach, V. & McDonald, E. C. (1971): Diethylamide of thujic acid: a potent repellent of *Aedes aegypti.* Science **174**, 144–145.

Hackman, R. H. (1974): Chemistry of the insect cuticle, p. 216–270, in Rockstein, M. (Ed.) The Physiology of Insecta. 2nd. Ed., Vol. VI, XVIII + 548 pp. Academic Press, New York.

Hadaway, A. B. & Barlow, F. (1957): The influence of temperature and humidity on the action of insecticides. I. During post-treatment period. Ann. Trop. Med. Parasitol. **51**, 187–193.

Hafez, M., Osman, M. & Erakey, M. (1970): Studies on control of house flies in Egypt by chemosterilants. III. Sterilization of *Musca sorbens* by apholate, tepa and hempa. J. Econ. Entomol. **63**, 1167–1169.

Hagen, K. S. (1976): Role of nutrition in insect management, p. 221–261. Proc. Tall Timer Conf. Ecol. Animal Contr. (1974) Nr. 6 Tallahassee (Fla).

Hagen, K. S., Greany, P., Sawall, E. F. jr. & Tassan, R. L. (1976): Tryptophan in artifical honeydews as a source of an attractant for adult *Chrysopa carnea.* Environ. Entomol. **5**, 458–468.

Hajjar, N. P. & Casida, J. E. (1978): Insecticidal benzoylphenyl ureas: structure-activity relationships as chitin synthesis inhibitors. Science (Wash.) **200**, 1499–1500.

Hall, R. W., Ehler, L. E. & Bisabri-Ershadi, B. (1980): Rate of success in classical biological control of arthropods. Bull. Ent. Soc. Amer. **26**, 111–114.

Hall, S. A., Green, N. & Beroza, M. (1957): Insect repellents and attractants. J. Agr. Food Chem. **5**, 663–667, 669.

Hama, H. & Iwata, T. (1973): Resistance to carbamate insecticides and its mechanism in the green rice leafhopper, *Nephotettix cincticeps* Uhler (japan.). Jap. J. appl. Ent. Zool. **17**, 154–161.

Hamilton, R. D. (1976): Aquatic environmental quality: toxicology. J. Fish. Res. Board Can. **33**, 2671–2678.

Hammock, B. D., Gill, J. E. & Casida, J. E. (1974): Insect metabolism of a phenyl epoxygeneranyl ether juvenoid and related compounds. Pestic. Biochem. Physiol. **4**, 393–406.

Hammond, A. L. (1972): Chemical pollution: polychlorinated biphenyls. Science **175**, 155–156.

Handgartner, W. W., Suchy, M., Wipf, H.-K. & Zurflueh, R. (1976): Synthesis and laboratory and field evaluation of a new, highly active and stable insect growth regulator. J. Agr. Food Chem. **24**, 169–175.

Hanna, M. A. & Attallah, Y. H. (1971): Penetration and biodegradation of carbaryl in susceptible and resistant strains of the Egyptian cotton leafworm. J. Econ. Entomol. **64**, 1391–1394.

Hansen, L. G., Kapoor, I. P. & Metcalf, R. L. (1972): Biochemistry of selective toxicity and biodegradability: Comparative O-dealkylation by aquatic organisms. Comp. Gen. Pharmacol. **3**, 339–344.

Hardee, D. D., McKibben, G. H. & Huddleston, P. M. (1975a): Grandlure for boll weevils: Controlled release with a laminated plastic dispenser. J. Econ. Entomol. **68**, 477–479.

Hardee, D. D., Moody, R., Lowe, J. & Pitts, A. (1975b): Grandlure, in-field traps, and insecticides in population management of the boll weevil. J. Econ. Entomol. **68**, 502–504.

Harington, J. S. (1959): Contents of cystine-cysteine, glutathione and total free sulphydryl in arsenic-resistant and sensitive strains of the blue tick. Nature (Lond.) **184**, 1739–1740.

Harington, J. S. (1961): A suggested role for copper in the arsenic-resistance of the blue tick. J. South. Afr. Vet. Med. Assoc. **32**, 373–379.

Harlow, P. A. (1958): The action of drugs on the nervous system of the locust (*Locusta migratoria*). Ann. Appl. Biol. **46**, 55–73.
Harris, C. I. (1967): Fate of 2-chloro-s-triazine herbicides in soil. J. Agr. Food Chem. **15**, 157–162.
Harris, C. R. & Lichtenstein, E. P. (1961): Factors affecting the volatilization of insecticides from soil. J. Econ. Entomol. **54**, 1038–1045.
Harrison, H. L., Loucks, O. L., Mitchell, J. W., Parkhurst, D. F., Tracy, C. R., Watts, D. D. & Wannacone, V. J. (1970): Systems studies of DDT transports. Science **170**, 503–508.
Harrison, R. B., Holmes, D. C., Roburn, J. & Tatton, J. O'G. (1967): The fate of some organochlorine pesticides on leaves. J. Sci. Food Agr. **18**, 10–15.
Hart, L. G. & Fouts, J. R. (1965): Further studies on the stimulation of hepatic microsomal drug metabolizing enzymes by DDT and its analogs. Arch. Exp. Pathol. Pharmakol. **249**, 486–500.
Hart, L. G., Shultice, R. W. & Fouts, J. R. (1963): Stimulatory effects of chlordane on hepatic microsomal drug metabolism in the rat. Toxicol. Appl. Pharmacol. **5**, 371–386.
Hart, M. H., Whang-Peng, J. Sieber, S. M., Fabro, S. & Admanson, R. H. (1972): Distribution and effects of DDT in the pregnant rabbit. Xenobiotica **2**, 567–574.
Hartinger, C. (1976): Zur Wirkung des Entwicklungshemmers Dimilin auf Gespinstmotten (*Yponomeuta* spp.) und ihre Parasiten. Anz. Schädlingskde. Pflanzenschutz, Umweltschutz **49**, 156–158.
Hartner, L. (1978): Wie beeinflussen die chlorierten Kohlenwasserstoffe die Schalenbildung? J. Ornith. (Berl.) **119**, 339–340.
Hartwell, W. V., Hayes, G. R. & Funckes, A. J. (1964): Respiratory exposure to volunteers to parathion. Arch. Environ. Hlth. **8**, 820–825.
Harvey, G. T. & Brown, A. W. A. (1951): The effect of insecticides on the rate of oxygen consumption in *Blattella*. Can. J. Zool. **29**, 42–53.
Hasel, K. (1971): Waldwirtschaft und Umwelt. Eine Einführung in die forstwirtschaftlichen Probleme der Industriegesellschaft. Paul Parey-Verlag, Hamburg, 321 pp.
Haseltine, S., Uebelhart, K., Peterle, T. & Lustick, S. (1974): DDE, PTH and eggshell thinning in mallard, pheasant and ring dove. Bull. environm. Contamin. Toxicol. **11**, 139–145.
Hassan, A., Zayed, S. M. A. D. & Abdel-Hamid, F. M. (1965): Metabolism of organophosphorus insecticides – V. Mechanism of detoxification of dipterex in *Prodenia litura* (F). Biochem. Pharmacol. **14**, 1577–1584.
Hathaway, D. O., McDonough, L. M., George, D. A. & Moffitt, H. R. (1979): Antihormone of the codling moth: potential for control by air permeation. Environ. Entomol. **8**, 318–321.
Hathway, D. E. & Amoroso, S. C. (1972): The effects of pesticides on mammalian reproduction, p. 218–251, in Khan, M. A. & Haufe, W. O. (Eds.) Toxicology, Biodegradation and Efficacy of Lifestock Pesticides. Swets and Zeitlinger, Amsterdam, X + 434 pp.
Hathway, D. E., Moss, J. A., Rose, J. A. & Williams, D. J. M. (1967): Transport of dieldrin from mother to blastocyst and from mother to foetus in pregnant rabbits. Eur. J. Pharmacol. **1**, 167–175.
Hatzlos, K. K. & Penner, D. (1978): The effect of diflubenzuron [1-(4-chlorophenyl)-3-(2,6-difluorobenzoyl)urea] on soybean [*Glycine max* (L.) Merr.]. Photosynthesis, repiration, and leaf ultrastructure. Pestic. Biochem. Physiol. **9**, 65–69.
Hayes, W. J. jr. (1965): Experiences with the exposure of human subjects to agricultural chemicals and the discussion of the legal position of investigations using people, p. 329–355, in Chichester, C. O. (Ed.) Research in Pesticides. Acad. Press. New York–London, XX + 380 pp.
Haynes, J. W., Dawson, J. R., Mitlin, N. & Paulk, J. I. (1978): Sterilization of the boll weevil by radioactive fumigation. J. Ga. Entomol. Soc. **13** (4), 345–350.
Hays, S. (1968): Reproduction inhibition in house flies with triphenyl tin acetate and triphenyl tin chloride alone and in combination with other compounds. J. Econ. Entomol. **61**, 1154–1157.
Häfliger, E. (1954): Einfluß der Temperatur auf die Wirkung von DDT-Präparaten. Z. Pflanzenkr. Pflanzensch. **61**, 433–444.
Heath, D. F. (1961): Organophosphorus Poisons. Pergamon Press, New York, vii + 403 pp.
Heath, D. F. (1962): ^{36}Cl-dieldrin in mice, p. 83, in "Radioisotopes and Radiation in Entomology". Proc. Bombay Symp. 1960, Intern. Atom. Energ. Agency, Vienna.
Heddergott, M. (1976): Taschenbuch des Pflanzenarztes. 25. Auflage, Landwirtschaftsverlag GmbH, Münster–Hiltrup, 593 pp.
Hegglestad, H. E. (1969): Consideration of air quality standards for vegetation with respect to ozone. Air Pollut. Assoc. Cont. J. **19**, 424–426.
Heidelberger, C. (1973): Current trends in chemical carcinogenesis. Fed. Proc. **32**, 2154–2161.
Helle, W. (1961): Relation between organophosphorus-resistance and nondiapause in spider mites. Nature (Lond.) **192**, 1314–1315.

Helle, W. (1962): Genetics of resistance to organophosphorus compounds and its relation to diapause in *Tetranychus urticae* Koch (Acari). Dissertation, Amsterdam, H. Veenman & Zonen N. V. – Wageningen.

Hellembrand, K. (1967): Inhibition of housefly acetylcholinesterase by carbamates. J. Agr. Food Chem. **15**, 825–829.

Helmecke, K., Hickisch, B., Mahn, E., Prasse, J. & Sternkopf, G. (1977): Beiträge zur Wirkung des Herbizideinsatzes auf Struktur und Stoffhaushalt von Agroökosystemen. I. Zur Beeinflussung von Phytozönosen und Bodenorganismengemeinschaften nach mehrjährigem Herbizideinsatz. Hercynia N. F. **14**, 375–398.

Henderson, G. L. & Crosby, D. G. (1967): Photodecomposition of dieldrin and aldrin, J. Agr. Food Chem. **15**, 888–893.

Hendricks, D. E., Hartstack, A. W. & Shaver, T. N. (1977): Effect of formulations and dispensers on attractiveness of virelure to the tobacco budworm. J. Chem. Ecol. **3**, 497–506.

Hendriksson, K., Kalleca, K., Virjamo, M. & Pfaffi, P. (1971): The toxicity of DDVP evaporated from vapona strip. Maatalonstieteellinen Aikak **43**, 187–200.

Henrick, C. A., Staal, G. B. & Siddall, J. B. (1973): Alkyl 3,7,11-trimethyl-2,4-dodecadienoates, a new class of potent insect growth regulators with juvenile hormone activity. J. Agr. Food Chem. **21**, 354–359.

Henrick, C. A., Willy, W. E., Garcia, B. A. & Staal, G. B. (1975): Insect juvenile hormone activity of the stereoisomers of ethyl 3,7,11-trimethyl-2,4-dodecadienoate. J. Agr. Food Chem. **23**, 396–440.

Henrick, C. A., Willy, W. E. & Staal, G. B. (1976): Insect juvenile hormone activity of alkyl (2 E, 4 E) – 3,7,11-trimethyl-2,4-dodecadienoates: Variations in the ester function and in the carbon chain. J. Agr. Food. Chem. **24**, 207–218.

Henson, R. D. (1977): Environmental fate of gossyplure. Environ. Entomol. **6**, 821–822.

Henzell, R. F. & Lauren, D. R. (1977): Use of sex attractant traps to estimate the development stage of grass grub, *Costelytra zealandica* (White) (Coleoptera: Scarabaeidae) in the soil. N. Z. J. Agric. Res. **20**, 75–87.

Hermann, G. & Kolbe, W. (1971): Wirkung der Saatgutinkrustierung mit Mesurol zur Vogelabwehr im Maisanbau unter Berücksichtigung der Sortenverträglichkeit und der Nebenwirkungen. Pflanzenschutz-Nachr. Bayer **24**, 283–323.

Herrick, R. B., Sherman, M. & Batra, T. R. (1967): The effect of insect chemosterilant apholate on the reproductive performance of Leghorn hens. Poultry Sci. **46**, 1045–1050.

Hetnarski, B. & O'Brien, R. D. (1975): Electron-donor and affinity constants and their application to the inhibition of acetylcholinesterase by carbamates. J. Agr. Food Chem. **23**, 709–713.

Hewlett, P. S. (1951): Piperonyl butoxides as a constituent of heavy-oil sprays for the control of stored product insects. 1. – Piperonyl butoxide as a synergist for pyrethrum and its effect on the persistance of pyrethrum films. Bull. ent. Res. **42**, 293–310.

Hickey, J. J. & Anderson, D. W. (1968): Chlorinated hydrocarbons and egg shell changes in raptorial and fish-eating birds. Science (Wash.) **162**, 271–273.

Hill, D. W. & McCarty, P. L. (1967): Anaerobic degradation of selected chlorinated hydrocarbon pesticides. J. Water Pollut. Control Federation **39**(8), 1259–1277.

Hille, B. (1968): Pharmacological modifications of the sodium channels of frog nerve. J. Gen. Physiol. **51**, 199–219.

Himel, Ch. (1969): The optimum size for insecticide spray droplets. J. Econ. Entomol. **62**, 910–925.

Hirano, Ch. (1977): Efficiency of water-pan trap baited with synthetic sex pheromone in attracting male *Spodoptera litura* (Lepidoptera: Noctuidae). Jap. J. appl. Ent. Zool. **21**, 216–219.

Hodgson, E. & Casida, J. E. (1960): Biological oxidation of N,N-dialkylcarbamates. Biochim. Biophys. Acta **42**, 184–186.

Hodgson, E. & Casida, J. E. (1962): Mammalian enzymes involved in the degradation of 2,2-dichlorovinyl dimethyl phosphate. J. Agr. Food Chem. **10**, 208–214.

Hodgson, E. & Philpot, R. M. (1974): Interaction of methylenedioxyphenyl (1,3-benzodioxol) compounds with enzymes and their effect, *in vivo,* on animals. Drug Metabol. Revs. **3**, 231–301.

Holan, G. (1969): New halocyclopropane insecticides and the mode of action of DDT. Nature (Lond). **221**, 1025–1029.

Holan, G. (1971): Rational design of degradable insecticides. Nature (Lond.) **232**, 644–647.

Holbrook, R. F., Beroza, M. & Burgess, E. D. (1960): Gypsy moth (*Porthesia dispar*) detraction with the natural female sex lure. J. Econ. Entomol. **53**, 751–756.

Holden, A. V. (1962): A study of absorption of ^{14}C-labeled DDT from water by fish. Ann. Appl. Biol. **50**, 467–477.

Holden, A. V. (1973): Effects of pesticides on fish, p. 213–253, in Edwards, C. A. (Ed.) Environmental Pollution by Pesticides. Plenum Press, New York, x + 542 pp.
Hollingworth, R. M. (1969): Dealkylation of organophosphorus esters by mouse liver enzymes *in vitro* and *in vivo*. J. Agr. Food Chem. **17**, 987–996.
Hollingworth, R. M. (1970): The dealkylation of organosphosphorus triesters by liver enzymes, p. 75–92, in O'Brien, R. D. & Yamamoto, I. (Eds.) Biochemical Toxicology of Insecticides. Acad. Press, New York, VII + 218pp.
Hollingworth, R. M. (1971): Comparative metabolism and selectivity of organophosphate and carbamate insecticides. Bull. Wld. Hlth. Org. **44**, 155–170.
Hollingworth, R. M. (1976): The biochemical and physiological basis of selective toxicity, p. 431–506, in Wilkinson, C. F. (Ed.) Insecticides Biochemistry and Physiology. Plenum Press, New York, XXII + 768pp.
Holm, J. (1979): Blei-, Cadmium- und Arsengehalte in Fleisch und Organproben von Wild aus unterschiedlich schadmetallbelasteten Regionen. Fleischwirtschaft **59**, 1345–1349.
Holm, J. (1980): Blei-, Cadmium-, Arsen- und Zinkgehalt von Fischen aus unbelasteten und belasteten Binnengewässern. Fleischwirtschaft **60**, 1076–1083.
Holm, J. (1981): Möglichkeiten zur Früherkennung von Schadmetallbelastungen am lebenden Tier. Fleischwirtschaft **61**, 800–803.
Holm, J. & Elsarnagawy, D. (1980): Blei-, Cadmium- und Arsengehalte in Organproben von Schafen aus einer ariden Klimazone am Beispiel Algerien. Fleischwirtschaft **60**, 1386–1388.
Holst, H. (1975): Die fertilitätsbeeinflussende Wirkung des neuen Insektizids PDD 60–40 bei *Epilachna varivestis* Muls. (Col., Coccinellidae) und *Leptinotarsa decemlineata* Say. (Col., Chrysomelidae). Z. Pflanzenkr. Pflanzensch. **82**, 1–7.
Hooper, G. H. S. (1968): Gas-liquid chromatography analysis of DDT metabolism in *Aedes aegypti*. J. Econ. Entomol. **61**, 858–859.
Hopkins, C., Solly, S. & Ritchie, A. (1969): DDT in trout and its possible effect on reproductive potential. N. Z. J. mar. Freshwater Res. **3**, 220–229.
Hopkins, T. L. & Robbins, W. E. (1957): The adsorption, metabolism and excretion of ^{14}C-labeled allethrin by house-flies. J. Econ. Entomol. **50**, 684–687.
Horgan, D. I., Singer, T. P. & Casida, J. E. (1968): Studies on the respiratory chain-linked reduced nicotine-amide adenine dinucleotide dehydrogenase. XII. Binding sites of rotenone, piericidin A, and amytal in the respiratory chain. J. Biol. Chem. **243**, 834–843.
Horstmann, K. (1970): Ökologische Untersuchungen über die Ichneumoniden (Hymenoptera) der Nordseeküste Schleswig-Holsteins. Oecologia (Berl.) **4**, 29–73.
Hoskins, W. M. (1961): Mathematical treatment of the rate of loss of pesticide residues. FAO Plant Protect. Bull. **9**, 163–168.
Hoskins, W. M. (1962): Some important properties of pesticide deposits on various surfaces. Residue Rev. **1**, 66–91.
Hoskins, W. M. & Witt, J. M. (1958): Types of DDT metabolism as illustrated in several insect species. Proc. 10th Intern. Congr. Entomol. **2**, 151–156.
Hossfeld, R. (1976): Beeinflussung einiger Tiergruppen auf Zuckerrübenfeldern durch Einarbeitung lindanhaltiger Insektizide. Nachr.-Bl. dtsch. Pflanzenschutzdienst (Braunschw.) **28**, 97–100.
Hough, W. S. (1934): Colorado and Virginia strains of codling moth in relation to their ability to enter sprayed and unsprayed apples. J. Agr. Res. **48**, 433–453.
Howland, R. F., Vail, P. & Henneberry, T. J. (1966): Results of cage experiments with sterile male releases and a chemosterilant technique for control of cabbage looper populations. J. Econ. Entomol. **59**, 194–196.
Hoy, M. A. & McKelvey, J. J. jr. (1979): Genetics in relation to insect management. Working Papers – The Rockefeller Foundation, Proc. Conf. Bellagio, Italy 31.3.–5.4.1978.
Hoy, M. A., Knop, N. F. & Joos, J. L. (1980): Pyrethroid resistance persists in spider mite predator. Calif. Agric. **34**, 11–12.
Hoyer, R. F. & Plapp, F. W. (1968): Insecticide resistance in the housefly: Identification of a gene that confers resistance to organotin insecticides and acts as an intensifier on parathion resistance. J. Econ. Entomol. **61**, 1269–1276.
Hoyt, S. C., Westigard, P. H. & Burts, E. C. (1978): Effects of two synthetic pyrethroids on the codling moth, pear psylla, and various mite species in nothwest apple and pear orchards. J. Econ. Entomol. **71**(3), 431–434.
Hölldobler, B. (1981): Zur Evolution von Rekrutierungssignalen bei Ameisen. Nova acta Leopoldina N. F. **54**, Nr. 245, 431–447.
Hrdy, I. & Sedivý, J. (1979): Males of *Exetastes cinctipes* (Hymenoptera, Ichneumonidae) attracted to 8-dodecenyl and 11-tetradecenyl acetates. Acta ent. bohemoslov. **76**, 59–61.

Huber, J. J. (1965): Some physiological effects of the insecticide Kepone in the laboratory mouse. Toxicol. Appl. Pharmacol. **7**, 516–524.

Huber, J. & Dickler, E. (1975): Freilandversuche zur Bekämpfung des Apfelwicklers *Laspeyresia pomonella* (L.) mit Granuloseviren. Z. Pflanzenkr. Pflanzensch. **82**, 540–546.

Huber, J. & Dickler, E. (1977): Codling moth granulosis virus: its efficiency in the field in comparison with organophosphorus insecticides. J. Econ. Entomol. **70**, 557–561.

Huber, R. T., Moore, L. & Hoffmann, M. P. (1979): Feasibility study of areawide pheromone trapping of male pink bollworm moths in a cotton insect pest management program. J. Econ. Entomol. **72**, 222–227.

Hucho, F. (1972): Einführung in die Neurochemie. 305pp.. Verlag Chemie, Weinheim.

Hucker, H. B., Gillette, J. R. & Brodie, B. B. (1960): Enzymatic pathway for the formation of cotinine, a major metabolite of nicotine in rabbit liver. J. Pharmacol. Exp. Ther. **129**, 94–100.

Huettel, M. D. (1976): Monitoring the quality of laboratory-reared insects in biological and behavioral perspective. Environ. Entomol. **5**, 807–814.

Huffaker, C. B. (1971): Biological Control. Plenum Press, New York, 511pp.

Hunt, E. G. & Bischoff, A. I. (1960): Inimical effects on wild life of periodic DDT applications to Clear Lake. Calif. Fish Game **46**, 91–106.

Hunter, C. G. (1968): Human exposures to aldrin and dieldrin, p. 118–129, in "Symposium on Science and Technology on Residual Insecticides in Food Production with Special Reference to Aldrin and Dieldrin". Shell Chemical Co; 244 pp.

Hunter, C. G., Robinson, J. & Roberts, M. (1969): Pharmacodynamics of dieldrin (HEOD); ingestion by human subjects for 18 to 24 months and post exposure for eight months. Arch. Environ. Hlth. **18**, 12–21.

Hunter, E. & Vincent, J. F. V. (1974): The effects of a novel insecticide on insect cuticle. Experientia, Basel **30**, 1432–1433.

Hurd-Karrer, A. M. (1935): Factors affecting the absorption of selenium from soils by plants. J. Agr. Res. **50**(5), 413–427.

Hurd-Karrer, A. M. & Kennedy, M. H. (1936): Inhibiting effect of sulphur in selenized soil on toxicity of wheat to rats. J. Agr. Res. **52** (12), 933–942.

Hussein, E. H. K. (1976): Biological observations on the mediterranean fruit fly, *Ceratitis capitata* (Wiedemann), given hempa to larvae. Z. angew. Entomol. **81**, 310–314.

Hutson, D. H. (1972): Mechanisms of biotransformation, Vol. 1, p. 314–395, Vol. II, p. 328–397, in Hathway, D. D. (sen, rep.): Foreign Compounds Metabolism in Mammals. Chem. Soc. London, Vol. I, xiii + 455 pp., Vol. II, xv + 313 pp.

Hutson, D. H. & Hoadley, E. C. (1972a): The metabolism of (^{14}C-methyl)-dichlorvos in the rat and mouse. Xenobiotica **2**, 107–116.

Hutson, D. H. & Hoadley, E. C. (1972b): The comparative metabolism of (^{14}C-vinyl)dichlorvos in animals and man. Arch. Toxicol. **30**, 9–18.

Hüttenbach, H. (1969): Selective insecticides in integrated pest control as illustrated by Thiodan (endosulfan). Z. Pflanzenkr. Pflanzensch. **76**, 667–677.

Ibrahim, A. M. (1978): Some studies on the effect and mode of action of diflubenzuron (PH 60–40) upon the free-living nematode *Caenorhabditis elegans*. M. Sc. Thesis, Imperial College, London Univ.

Iglisch, I. (1975): Das landschaftsgestaltende Element in der Schädlingsbekämpfung am Beispiel des Stechmückenproblems im Oberrheingebiet. Anz. Schädlingkde., Pflanzenschutz, Umweltschutz. **48**, 91–95.

Igue, K. (1969): Volatility of organochlorine insecticides from soil. Ph. D. thesis, Univ. of California, Riverside.

Ikeda, M., Conney, A. H. & Burnas, J. J. (1968): Stimulatory effect of phenobarbital and insecticides on warfarin metabolism in the rat. J. Pharmacol. Exp. Ther. **162**, 338–343.

Innes, J. R. M., Ulland, B. M., Valerio, M. G., Patrucelli, L.., Hart, R., Pallotta, A. J., Bates, R. R., Falk, H. L., Gart, J. J., Klein, M., Mitchell, I. & Peters, J. (1969): Bioassay of pesticides and industrial chemicals for tumorigenicity in mice: a preliminary note, J. Natl. Cancer Inst. **42**, 1101–1114.

Iordanou, N. & Watters, F. (1969): Temperature effects on the toxicity of five insecticides against five species of stored-product insects. J. Econ. Entomol. **62**, 130–135.

Iperti, G. & Hodek, I. (1974): Induction alimentaire de la dormance imaginale chez *Semiadalia undecimnotata* Schn. (Coleop. Coccinellidae) pour aider a la conservation des Coccinelles élevées au laboratoire avant une utilisation ultérieure. Ann. Zool. Ecol. Anim. **6**, 41–51.

Irving, C. C. (1970): Conjugates of N-hydroxy compounds, p. 53–119, in Fishman, W. H. (Ed.) Metabolic Conjugation and Metabolic Hydrolysis. Vol. I. Academic Press, New York.

Irving, C. C. (1971): Metabolic activation of N-hydroxy compounds by conjugation. Xenobiotica **1**, 387–398.

Ishida, M. (1968): Comparative studies on BHC metabolizing enzymes, DDT dehydrochlorinase and glutathione S-transferases. Agr. Biol. Chem. **32**, 947–955.

Ishida, M. & Dahm, P. A. (1965a): Metabolism of benzene hexachloride isomers and related compounds *in vitro*. I. Properties and distribution of the enzyme. J. Econ. Entomol. **58**, 383–392.

Ishida, M. & Dahm, P. A. (1965b): Metabolism of benzene hexachloride isomers and related compounds *in vitro*. II. Purification and stereospecificity of house fly enzymes. J. Econ. Entomol. **58**, 602–607.

Ivie, G. W. (1978): Fate of diflubenzuron in cattle and sheep. J. Agr. Food Chem. **26**, 81–89.

Ivie, G. W. & Wright, J. E. (1978): Fate of diflubenzuron in the stable fly and house fly. J. Agr. Food Chem. **26**, 90–94.

Iwan, J., Hertel, B. & Radzuweit, J. (1977): Transformations of prothiocarb in plant and soil. Neth. J. Plant Pathol. **83** (Suppl. 1), 277–284.

Jackson, H. & Craig, A. W. (1969a): Effects of alkylating chemicals on reproductive cells. Ann. N. Y. Acad. Sci. **160**, 215–217.

Jackson, H. & Craig, A. W. (1969b): Antifertility action and metabolism of hexamethyl phosphoramide. Nature (Lond.) **212**, 86–87.

Jacobson, M. (1966): Chemical insect attractants and repellents. Ann. Rev. Entomol. **11**, 403–422.

Jacobson, M. (1980a): Isolation and identification of insect antifeedants and growth inhibitors from plants: an overview. Proc. 1st. Intern. Neem Conf. Rottach-Egern, 16.–18.6.80 FRG, p. 13–19.

Jacobson, M. (1980b): Neem research in the U.S. Department of Agriculture: Chemical, biological and cultural aspects. Proc. 1st. Intern. Neem Conf. Rottach-Egern, 16.–18.6.80 FRG, p. 33–42.

Jacobson, M., Robert, E., Redfern, R. E. & Mills, G. D. jr. (1975): Naturally occuring insect growth regulators. II. Screening of insect and plant extracts as insect juvenile hormone mimics. Lloydia **38**, 455–472.

Jager, K. W. (1970): Aldrin, Dieldrin, Endrin and Telodrin: An epidemiological and toxicological study of long-term occupational exposure. Elsevier, Amsterdam, 234pp.

Jakob, W. L. & Schoof, H. F. (1971): Studies with juvenile hormone-type compounds against mosquito larvae. Mosquito News **31**, 540–543.

Jakovlev, V. (1957): Der Wasserhaushalt der Insekten: Eine neue Untersuchungsmethode gibt wertvolle Einblicke. Umschau **57**, 303–305.

Jakovlev, V. & Krüger, F. (1953): Vergleichende Untersuchungen zur Physiologie der Transpiration der Orthopteren. Zool. Jb. Physiol. **64**, 391–428.

Janda, V. (1955): Gesamtstoffwechsel der Insekten. III. Wirkung des Phenothiazins auf den Sauerstoffverbrauch einiger Insektenarten. Acta Soc. Zool. bohemosl. **17**, 197–214.

Jao, L. T. & Casida, J. E. (1974): Insect pyrethroid-hydrolyzing esterases. Pestic. Biochem. Physiol. **4**, 465–472.

Jaques, R. P. (1977): Field efficacy of viruses infectious to the cabbage looper and imported cabbageworm on late cabbage. J. Econ. Entomol. **70**, 111–118.

Jarczyk, H. J. (1966): Der Einfluß von Esterasen in Insekten auf den Abbau von Phosphorsäureestern der E 605-Reihe. Pflanzenschutz-Nachr. (Bayer) **19**, 1–35.

Jerina, D. M., Daly, J. W., Witkop, B., Zaltzman-Nirenberg, P. & Udenfriend, S. (1969): 1,2-Naphthalene oxide as an intermediate in the microsomal hydroxylation of naphthalene. Biochemistry **9**, 147–156.

Jermy, T. & Szentesi, A. (1978): The role of inhibitory stimuli in the choice of oviposition site by phytophagous insects. Entomol. exp. appl. (Amst.) **24**, 458–471.

Jernelöv, A. & Lann, H. (1971): Zunahme von Quecksilberkonzentrationen in der Nahrungskette. Oikos (Kbh.) **22**, 403–406.

Jochum, F. (1956): Durch Diäthyl-*p*-nitrophenylthiophosphat abgeänderte Reaktionsketten im Insektenorganismus. Höfchen-Briefe **9**, 289–348.

Joensuu, O. I. (1972): Fossil fuels as a source of mercury pollution. Science **172**, 1027–1028.

Johannes, H. (1967): Über die Anwendung von Herbiziden in Gewässern. Mitt. biol. Bundesanst. Land- u. Forstwirtsch., Berlin-Dahlem, H. **126**.

Johannsen, F. R. & Knowles, C. O. (1974): Metabolism in fluenethyl acaricide in the mouse, house fly, and two-spotted spider mite. J. Econ. Entomol. **67**(1), 5–12.

Johnson, G. A. & Jalal, S. M. (1973): DDT-induced chromosomal damage in mice. J. Herd. **64**, 7–8.

Johnson, I. M., Little, M. P. & Gara, R. I. (1977): Effects of different N-fertilizers and concentrations on *Adelges cooleyi* populations. J. Econ. Entomol. **70**, 527–528.

Jones, H. A. & Haller, H. L. (1931): "Yellow compounds" resulting from the decomposition of rotenone in solution. J. Amer. Chem. Soc. **53**, 2320–2324.

Jones, M. E., Spector, L. & Lipmann, F. (1955): Carbamyl phosphate, the carbamyl donor in enzymatic citrulline synthesis. J. Amer. Chem. Soc. **77** (3), 819–820.

Jones, R. L., Lewis, W. J., Beroza, M., Bierl, B. A. & Sparks, A. N. (1973): Host-seeking stimulants (kairomones) for the egg parasite, *Trichogramma evanescens*. Environ. Entomol. **2**, 593–596.

Jones, T. H., Conner, W. E., Meinwald, J., Eisner, H. E. & Eisner, Th. (1976): Benzoyl cyanide and mandelonitrile in the cyanogenetic secretion of a centipe. J. Chem. Ecol. **2**, 421–429.

Jordan, A. M. (1974): Recent developments in the ecology and methods of control of tsetse flies (*Glossina* spp.) (Dipt. Glossinidae) – a review. Bull ent. Res. **63**, 631–699.

Judson, P., Kishen Rao, B., Thakur, S. S. & Divakar, B. J. (1978): Effects of juvenile hormone analogue on the male reproductive organs of the red cotton bug, *Dysdercus cingulatus* (Heteroptera). Experientia **34**, 817–818.

Judson, P., Kishen Rao, B. Thakur, S. S. & Revathy, D. (1979): Effect of precocene II on reproduction of the bug *Dysdercus similis* (Freeman). Ind. Journ. Exper. Biol. **17**, 947–949.

Judy, K. H., Schooley, D. A., Dunham, L. L., Hall, M. S., Bergot, B. J. & Siddall, J. B. (1973): Isolation, structure, and absolute configuration of a new natural insect juvenile hormone from *Manduca sexta*. Proc. Nat. Acad. Sci. Am. **70**, 1509–1513.

Jukes, T. H. (1970): DDT and tumors in experimental animals. Int. J. Environm. Stud. **1**, 43–46.

Kahl, G. (1979): Mechanismen des intrazellulären Enzymabbaus. Naturw. Rundschau **32**, 273–289.

Kajak, A. (1978): The effect of fertilizers on numbers and biomass of spiders in a meadow. Symp. Zool. Soc. Lond. Nr. **42**, 125–128.

Kallman, B. J., Cope, O. B. & Navarre, R. J. (1962): Distribution and detoxication of toxaphene in Clayton Lake, New Mexico. Trans. Am. Fish Soc. **91**, 14–22.

Kalow, W. & Martin, A. (1961): Second generation toxicity of malathion in rats. Nature (Lond.) **192**, 464–465.

Kalra, R. L., Perry, A. S. & Miles, J. W. (1967): Studies on the mechanism of DDT resistance in *Culex pipiens fatigans*. Bull. Wld. Hlth. Org. **37**, 651–656.

Kamiensky, F. X. & Murphy, S. D. (1971): Biphasic effects of methylenedioxyphenyl synergists on the action of hexobarbital and organophosphate insecticides in mice. Toxicol. Appl. Pharmacol. **18**, 883–894.

Kamimura, H., Matsumoto, A., Miyazaki, Y. & Yamamoto, I. (1963): Studies on nicotinoids as an insecticide. IV. Relation of structure of toxicity of pyridylmethylamines. Agr. Biol. Chem. **27**, 684–688.

Kamm, J. A. & Frank, W. D. (1964): Olfactory response of the alfalfa-seed chalcid, *Bruchophagus roddi* Guss., to chemicals found in alfalfa. Univ. Wyoming Agr. Expt. Sta. Bull. No. **143**, 36pp.

Kaney, A. R. & Atwood, K. C. (1964) Radiomimetic action of polyimine chemosterilants in *Neurospora*. Nature (Lond.) **201**, 1006–1008.

Kapoor, J. P., Metcalf, R. L., Nystrom, R. F. & Sangha, G. K. (1970): Comparative metabolism of methoxychlor, methiochlor, and DDT in mouse, insects, and in a model ecosystem. J. Agr. Food Chem. **18**, 1145–1152.

Karg, W. (1965): Bisherige Erkenntnisse über die Wirkung von Pflanzenschutzmitteln im Boden. Nachr.-Bl. dtsch. Pflanzenschutzdienst (Berlin) **19**, 97–105.

Kasai, T. & Ogita, Z. (1965a): Studies on malathion-resistance and esterase activity in green rice leafhoppers. SABCO Journ. **1**, 130–140.

Kasai, T. & Ogita, Z. (1965b): A genetic study on Sevin-resistance and joint toxic action of Sevin with γ-BHC against house flies. Botyu-Kagaku **30**, 12–17.

Kato, R. (1967): Effects of starvation and refeeding on the oxidation of drugs by liver microsomes. Biochem. Pharmacol. **16**, 871–887.

Kato, R. & Takanaka, A. (1967): Effect of observation on the *in vivo* metabolism and effect of drugs in female and male rats. Jap. J. Pharmacol. **17**, 208–217.

Kato, R., Takanaka, A. & Oshima, T. (1969a): Effect of vitamin c deficiency on the metabolism of drugs and NADPH-linked electron transport system in liver microsomes. Jap. J. Pharmacol. **19**, 25–33.

Kato, R., Takanaka, A. & Shoji, H. (1969b): Inhibition of drug-metabolizing enzymes of liver microsomes by hydrazine derivatives in relation to their lipid solubility. Jap. J. Pharmacol. **19**, 315–322.

Katsoyannos, B. I. & Boller, E. F. (1976): First field application of oviposition-deterring marking pheromone of European Cherry Fruit fly. Environ. Entomol. **5**, 151–152.

Katz, B. & Thesleff, S. (1957): A study of the desensitization produced by acetylcholine at the motor end-plate. J. Physiol. (Lond.) **138**, 63–80.

Kaufman, D. D. (1967): Degradation of carbamate herbicides in soil. J. Agr. Food Chem. **15**, 577–582.

Kaufman, D. D. (1970): Pesticide metabolism, p. 73–86, in 'Pesticides in the Soil: Ecology, Degradation and Movement'. Intern. Symp., Michigan State Univ. East Lousing, Mich., 144pp.

Kaur, D. & Steve, P. (1969): Induced sterility in face fly: initial and sustained effects of hempa and metepa. J. Econ. Entomol. **62**, 1462–1464.

Kearney, P. C. & Helling, C. (1965): Reactions of pesticides in soils. Residue Rev. **25**, 25–44.

Kearney, P. C., Kaufman, D. D. & Alexander, M. (1967): Biochemistry of herbicide decomposition in soils, p. 318–342, in McLaren, A. D. & Peterson G. H. (Ed.): Soil Biochemistry, Vol. 1, XIII + 509pp., Dekker, N. Y.

Kearney, P. C., Sheets, T. J. & Smith, J. W. (1964): Volatility of seven s-triazines. Weeds **12**, 83–87.

Keever, D. W., Bradley, J. R. jr. & Ganyard, M. C. (1977): Effects of diflubenzuron (dimilin) on selected beneficial arthropods in cotton fields. Environ. Entomol. **6**, 732–736.

Keiding, J. (1965): Development of resistance in field populations of houseflies exposed to residual treatments with organophosphorous compounds. Med. Landb. Opzoek. Gent **30**, 1362–1381.

Keiding, J. (1975): Problems of housefly (*Musca domestica*) control due to multiresistance to insecticides. J. Hyg. Epidem. (Praha) **19**, 340–355.

Keiding, J., Arevad, K. & Nielsen, H. (1977): Investigations on diflubenzuron as a housefly larvicide and ovicide. Danish Pest. Inf. Lab. Ann. Rep., p. 46–48.

Kelkar, C. & Rao, B. S. (1934): VI. Essential oil from the rhizomes of *Acorus calamus* L. Journ. Indian Institute of Science, Bangalore **17A**, 25–31.

Keller, J. C. & Davich, T. B. (1965): Response of five species of insects to water extracts of their host plants. J. Econ. Entomol. **58**, 164–165.

Keller, S. (1978): Infektionsversuche mit dem Pilz *Beauveria tenella* an adulten Maikäfern (*Melolontha melolontha* (L). Mitt. Schweiz. ent. Ges. **51**, 13–19.

Kellogg, W. W., Cadle, R. D., Allen, E. R., Lazrus, A. L. & Martell, E. A. (1972): The sulfur cycle. Science **175**, 587–599.

Kelly-Garvert, F. & Legator, M. S. (1973): Cytogenetic and mutagenic effects of DDT and DDE in a Chinese hamster cell line. Mutation Res. **17**, 223–229.

Kem, W. R., Abbott, B. C. & Coates, R. M. (1971): Isolation and structure of a hoplonemertine toxin. Toxicon **9**, 15–22.

Kemeny, T. & Tarján, R. (1966): Investigations on the effects of chronically administrated small amounts of DDT in mice. Experientia **22**, 748–749.

Kenaga, E. E. (1968): Guidelines for evaluating the properties of pesticides for safe use in the wild life environment. Down Earth **23**(4), 11–18.

Kennedy, B. H. (1979): The effect of multilure on parasites of the European elm bark beetle, *Scolytus multistriatus*. Bull. Entomol. Soc. Amer. **25**, 116–118.

Keplinger, M. L., Deichmann, W. B. & Sala, F. (1968a): Effects of combinations of pesticides on reproduction in mice. Ind. Med. Surg. **37**, 525–531.

Keplinger, M. L., Deichmann, W. B. & Sala, F. (1968b): Effects of combinations of pesticides. Symp. 6th Inter-Amer. Conf. Tox. & Occupat. Med., Miami. Fla., p. 125–138.

Keplinger, M. L., Lanier, G. E. & Deichmann, W. B. (1959): Effects of environmental temperature on the acute toxicity of a number of compounds in rats. Toxicol. Appl. Pharmacol. **1**, 156–161.

Ker, R. F. (1977): Investigation of locust cuticle using the insecticide diflubenzuron. J. Insect Physiol. **23**, 39–48.

Ker, R. F. (1978): The effects of diflubenzuron on the growth of insect cuticle. Pestic. Sci. **9**, 259–265.

Khan, M. A. Q. & Brown, A. W. A. (1966): Lipids and dieldrin resistance in *Aedes aegypti*. J. Econ. Entomol. **59**, 1512–1514.

Khan, M. A. Q., Kamal, A., Wolin, R. J. & Runnels, J. (1972): *In vivo* and *in vitro* epoxidation of aldrin by aquatic food chain organisms. Bull. environm. Contamin. Toxicol. **8**, 219–228.

Khan, M. A. Q., Rosen, J. D. & Sutherland, D. I. (1969): Insect metabolism of photoaldrin and photodieldrin. Science **164**, 318–319.

Khazen, K., Mishkinsky, J., Ben-David, M. & Sulman, F. G. (1968): Lactogenic effect of phenothiazine-like drugs (rat). Arch. Int. Pharmacodyn. Ther. **174**(2), 428–442.

Khera, K. S. (1966): Toxic and teratogenic effects of insecticides in duck and chick embryos. Toxicol. Appl. Pharmacol. **8**, 345.

Khera, K. S. & LaHam, Q. N. (1965): Cholinesterases and motor end plates in developing duck skeletal muscle. J. Histochem. Cytochem. **13**, 559–562.

Khera, K. S., LaHam, Q. N., Ellis, C. F. G., Zawidzka, Z. Z. & Grice, H. C. (1966): Food deformity in ducks from injection of EPN during embryogenesis. Toxicol. Appl. Pharmacol. **8**, 540–549.

Khera, K. S., LaHam, Q. N. & Grice, H. C. (1965): Toxic effects in ducklings hatched from embryos inoculated with EPN or Systox. Food Cosmet. Toxicol. **3**, 581–586.

Kilgore, W. W. & Li, M.-y. (1976): Environmental toxicology, p. 669–713, in Wilkinson, C. F. (Ed.) Insecticide Biochemistry and Physiology. Heyden, London–New York–Rheine, XXII + 768pp.

Kirkkawa, H. (1964): Genetical studies on the resistance to parathion in *Drosophila melanogaster*. II. Induction of a resistance gene from its susceptible allele. Botyu-Kagaku **29**, 37–42.

Kilgore, W. W., Marei, N. & Winterlin, W. (1972): Parathion in plant tissues: New considerations, p. 291–312, in "Degradation of Synthetic Organic Molecules in the Biosphere: Natural Pesticidal and Various other man-made Compounds". Proc. Conf. San Francisco, June 12–13, National Academy of Siences, Washington D. C.

Killinen, R. G. & Ost, R. W. (1971): Pheromone-maze trap for cabbage looper moths. J. Econ. Entomol. **64**, 310–311.

Kimbrough, R. M. & Gains, T. B. (1966): Toxicity of hexamethyl phosphoramide in rats. Nature (Lond.) **21**, 146–147.

Kimbrough, R. D. & Gains, T. B. (1968): Effect of organic phosphorus compounds and alkylating agents on the rat fetus. Arch. Environ. Hlth **16**, 805–808.

Kimbrough, R. D., Gaines, T. B. & Hayes, W. J. jr. (1968): Combined effect of DDT, pyrethrum, and piperonyl butoxide on rat liver. Arch. Environ. Hlth. **16**, 333–341.

Kimura, T. & Brown, A. W. A. (1964): DDT-dehydrochlorinase in *Aedes aegypti*. J. Econ. Entomol. **57**, 710–716.

Kimura T., Duffy, J. R. & Brown, A. W. A. (1965): Dehydrochlorination and DDT-resistance in *Culex* mosquitoes. Bull. Wld. Hlth. Org. **32**, 557–561.

King, C. M. & Phillips, B. (1968): Enzyme-catalyzed reactions of the carcinogen N-hydroxy-2-fluorenylacetamide with nucleic acid. Science **159**, 1351–1353.

King, C. M. & Phillips, B. (1969): Enzymatic activation of N-Hydroxy-2-fluorenylacetamide (N-OH-FAA): Structures of nucleic acid adducts. Proc. Am. Assoc. Cancer Res. **10**, 46.

Kinoshita, F. K., Frawley, J. P. & DuBois, K. P. (1966): Quantitative measurement of induction of hepatic microsomal enzymes by various dietary levels of DDT and toxaphene in rats. Toxicol. Appl. Pharmacol. **9**, 505–513.

Kitselman, C. H. (1953): Long term studies on dogs fed aldrin and dieldrin in sub-lethal dosages, with reference to the histopathological findings and reproduction. J. Am. Vet. Med. Assoc. **123**, 28–36.

Klee, G. E., Butcher, J. W. & Zabik, M. (1973): DDT movement and metabolism in forest litter microarthropods. Pedobiologia (Jena) **13**, 169–185.

Klee, O. (1957): Über den O_2-Verbrauch DDT-begifteter Insekten bei verschiedenen Temperaturen. Naturw. **44**, 495–496.

Klein, A. K., Dailey, R. E., Walton, M. S., Beck, V. & Link, J. D. (1970): Metabolites isolated from urine of rats fed ^{14}C-photodieldrin. J. Agr. Food Chem. **18**, 705–708.

Klein, W. (1975): Verhalten von Bioziden im System Pflanze-Boden. Bayer. land. Jb. **52**, Sonderh. **1**, 31–42.

Klein-Koch, C. von (1976): Die Wirkung von Juvenoiden und ähnlichen Substanzen auf Spinnmilben. Z. angew. Entomol. **82**, 193–199.

Klimetzek, D., Baader, E. J. & Helbig, W. (1981): Die Eignung von Lockstoff-Fallen zur Überwachung der Ulmenplintkäfer. Mitt. dtsch. Ges. allg. angew. Ent. **2**, 311–313.

Kloft, W. & Kunkel, H. (1969): Die Bedeutung des Ortes der Nahrungsaufnahme pflanzensaugender Insekten für die Anwendbarkeit von Insektiziden mit systemischer Wirkung. Z. Pflanzenkr., Pflanzensch. **76**, 1–8.

Kloft, W. & Schlagbauer, A. (1965): Eine Apparatur zur Massenfütterung blutsaugender Insekten durch künstliche Membranen. Biol. Zbl. **84**, 181–184.

Kloft, W. & Schulze, E.-F. (1967): Verwendung von tritiertem Wasser (THO) zur fortlaufenden Registrierung des Transpirationsverlaufes bei Insekten. Atompraxis **13**, 265–268.

Kloke, A. (1977): Orientierungsdaten für tolerierbare Gesamtgehalte einiger Elemente im Kulturboden. Mitt. Verband Dt. landwirtsch. Unters. u. Forschungsanst. H. **2**, 32–38.

Kloke, A., Riebartsch, K. & Leh, H.-O. (1966): Verunreinigungen von Kulturpflanzen mit Blei aus Kraftfahrzeugabgasen. Landwirtsch. Forsch. **19**, (Sonderh.) 20, 119–123.

Kluge, E. (1978): Vergleichende Untersuchungen über die Wirksamkeit von Systemfungiziden gegen Oomyzeten. Arch. Phytopathol. Pflanzensch. **14**, 115–122.

Knaak, J. B., Tallant, M. J., Bartley, W. J. & Sullivan, L. J. (1965): The metabolism of carbaryl in the rat, guinea pig, and man. J. Agr. Food Chem. **13**, 537–543.
Knaak, J. B., Tallant, M. J., Kozbelt, S. J. & Sullivan, L. J. (1968): The metabolism of carbaryl in man, monkey, pig, and sheep. J. Agr. Food Chem. **16**, 465–470.
Knipling, E. F. (1976): Role of pheromones and kairomones for insect suppression systems and their possible health and environmental impacts. Environ. Hlth. Rep. **14**, 145–152.
Knipling, E. F. (1979): The Basic Principales of Insect Population Suppression and Management. USDA Agric. Handbook Nr. 512, Washington, 659pp.
Knowles, C. O. & Sen Gupta, A. K. (1970): N'-(4-chloro-*o*-tolyl)-N,N-dimethylformamidine-^{14}C-(Galecron) and 4-chloro-*o*-toluidine-^{14}C metabolism in the white rat. J. Econ. Entomol. **63**, 586–859.
Knowles, C. O. & Shrivastava, S. P. (1973): Chlordimeform and related compounds, Toxicological studies with house flies. J. Econ. Entomol. **66**, 75–79.
Koch, R. (1969): Inhibition of animal tissue ATPase activities chlorinated hydrocarbon pesticides. Chem.-biol. Interactions **1**, 199–209.
Koeman, J. H., Oudejans, R. C. H. M. & Huisman, E. A. (1967): Danger of chlorinated hydrocarbon insecticides in birds' eggs. Nature (Lond.) **215**, 1094–1096.
Kojic, M. (1978): Über die Entwicklungstendenz der Ackerunkrautgesellschaften unter dem Einfluß der Anwendung von chemischen und agrotechnischen Maßnahmen. Ber. Dt. Bot. Ges. **91**, 657–663.
Kojima, K. (1961): Studies on the selective toxicity and detoxification of organophosphorus compounds. Special report of the Ton Noyaku Co. Odawara, Japan.
Kojima, K. & O'Brien, R. D. (1968): Paraoxon hydrolyzing enzymes in rat liver. J. Agr. Food Chem. **16**, 574–584.
Kojima, Y. & Käji, J. H. R. (1978): Metallothionein. TTBS **3**, 90–93.
Kolbe, W. (1968): Überproduktion und Pflanzenschutz. Unser Werk. Werkzeitschr. Bayer **19** (54), 2–9.
Kolbe, W. (1970): Zur Frage der chemischen Unkrautbekämpfung im Getreidebau unter besonderer Berücksichtigung der Arten- und Sortenverträglichkeit. Pflanzenschutz-Nachr. Bayer **23**, 3–24.
Konar, S. (1969a): Lethal effects of the insecticide DDVP on the eggs and hatchlings of the snakehead, *Channa punctatus* (Bl.) (Ophiocephaliformes: Ophiocephalidae). Jap. J. Ichthyol. **15**, 130–133.
Konar, S. (1969b): Nicotine as a fish poison. Sci. Cult. **35**, 340–341.
Konrad, J. G., Armstrong, D. E. & Chesters, G. (1967): Soil degradation of diazinon, a phosphorothioate insecticide. Agron. J. **59**, 591–594.
Kontev, C. A., Sehnal, F., Zdarek, J. & Ondracek, J. (1974): The possible control of *Eurygaster integriceps* (Heteroptera, Scutelleridae) by treating eggs and adults with juvenoids. Acta ent. bohemoslov. **71**, 72–79.
Kontev. C. A., Zdarek, J., Slama, K., Sehnal, F. & Romanuk, M. (1973): Laboratory and field effectiveness of selected juvenoids on the wheat pest *Eurygaster integriceps* (Heteroptera: Scutelleridae). Acta ent. bohemoslov. **70**, 377–385.
Koransky, W. & Ullberg, S. (1964): Distribution in the brain of ^{14}C-benzenehexachloride: Autoradiographic study. Biochem. Pharmacol. **13**, 1537–1538.
Kornmayer, R. & Streit, B. (1978): Absorption und Anreicherung von Atrazin und seinen Abbauprodukten an Flußwassersediment. Arch. Hydrobiol. Suppl. **55**, 186–210.
Korte, F. & Arent, H. (1965): Metabolism of insecticides. IX (1) Isolation and identification of dieldrin metabolites from urine of rabbits after oral administration of dieldrin. Life Sci. **4**, 2017–2026.
Korte, F., Ludwig, G. & Vogel, J. (1962): Umwandlung von Aldrin-(^{14}C) und Dieldrin-(^{14}C) durch Mikroorganismen, Leberhomogenaten und Mosquito-Larven. Just. Liebig's Annal. Chem. **656**, 135–140.
Kotin, P. (1972): Cancer: A disease involving multiple factors, p. 16–27, in Lee, D. H. K. & Kotin, P. (Eds.): Multiple Factors in the Causation of Environmentally Induced Disease. Acad. Press, New York–London, xvii + 225 pp.
Koul, O., Tikku, K. & Saxena, B. P. (1977a): Follicular regression in *Trogoderma granarium* due to sterilizing vapours of *Acorus calamus* L. oil. Curr. Sci. **46**, 724–725.
Koul, O., Tikku, K. & Saxena, B. P. (1977b): Mode of action of *Acorus calamus* L. oil vapours on adult male sterility in red cotton bug. Experientia (Basel) **33**, 29–31.
Kowalczyk-Rozek, M. & Slizynski, K. (1977): The effect of some herbicides on the imagines of *Pterostichus cupreus* L. and *Pterostichus vulgaris* L. (Coleoptera: Carabidae). Folia biol. (Krakow) **25**, 237–243.
Kozar, F. & Varjas, L. (1976): Laboratory experiments with juvenoids on the San José, *Quadraspidiotus perniciosus* Comst. Acta Phytopath. Acad. Sci. Hung. **11**, 295–303.

Kozlowska, J. & Domurat, K. (1977): The effect of basic mineral fertilizers on nematode communities in sunflower cultivation. Pol. Ecol. Stud. **3**, 15–22.

Kramer, K. J. & McGregor, H. E. (1978): Activity of pyridyl and phenyl ether analogues of juvenile hormone against Coleoptera and Lepidoptera in stored grain. J. Econ. Entomol. **71**, 132–134.

Kranz, J. (1980): Computermodelle als Hilfsmittel des integrierten Pflanzenschutzes. Int. Symp. IOBC/WPRS (Wien 1979), 165–172.

Kraus, W. & Cramer, R. (1978): 17-Epi-Azadiradion und 17-β-Hydroxy-azadiradion, zwei neue Inhaltsstoffe aus *Azadirachta indica* A. Juss. Tetrahydron Lett. 2395–2398.

Krause, W. & Homola, S. (1972): Influence on spermiogenesis by DDVP (dichlorvos). Arch. Dermatol. Forsch. **244**, 439–441.

Krebs, Ch. J. (1978): Ecology. The Experimental Analysis of Distribution and Abundance. 2nd Ed., xxv + 678 pp., Harper & Row, Publ., New York–London.

Krieg, A. (1971): Possible use of Rickettsiae for microbial of insects, p. 173–179, Interactions between pathogens, p. 429–468, Aposymbiosis, a possible method for antimicrobial control of arthropods, p. 673–677, in Burges, H. D. & Hussey, N. W. (Eds.): Microbial Control of Insects and Mites. Academic Press, London, 883 pp.

Krieg, A. (1978a): Biotechnologie der Produktion von Insektenviren zur Schädlingsbekämpfung, in "Forschung aktuell". BMFT, Umschau, Frankfurt, p. 135–149.

Krieg, A. (1978b): Insektenbekämpfung mit *Bacillus thuringiensis*-Präparaten und deren Einfluß auf die Umwelt. Nachr.-Bl. dtsch. Pflanzenschutzdienst. (Braunschw.) **30**, 177–181.

Krieg, A. (1978c): Zur biologischen Bekämpfung von Stechmücken, p. 105–114. In Döring, E. & Iglisch, I. (Eds.): Probleme der Insekten- und Zeckenbekämpfung. Ökologische, medizinische und rechtliche Aspekte. Erich Schmidt, Berlin, 262 pp.

Krieg, A., Engler, S. & Rieger, M. (1980): Produktion von Präparaten auf der Basis von *Bacillus thuringiensis* var. *israelensis* mit UV-inaktivierten Sporen zur biologischen Bekämpfung von Mükkenlarven. Anz. Schädlingskde. Pflanzenschutz, Umweltschutz **53**, 129–133.

Krishnamurthy, B. S., Ray, S. N. & Joshi, G. C. (1963): A note of preliminary field studies of the use of irradiated males for reduction of *Culex fatigans* wild populations. WHO/Vector Control 114.

Kroll, U. (1964): Effect of mean temperatures on the content of pyrethrines in flowers of *Chrysanthemum* (Pyrethrum) *cinerariaefolium*. Nature (Lond.) **202**, 1351–1352.

Krueger, H. R. & O'Brien, R. D. (1959): Relationship between metabolism and differential toxicity of malathion in insects and mice. J. Econ. Entomol. **52**, 1063–1067.

Krueger, H. R., O'Brien, R. D. & Dauterman, W. C. (1960): Relationship between metabolism and differential toxicity in insects and mice of diazinon, dimethoate, parathion, and acethion. J. Econ. Entomol. **53**, 25–31.

Ku, T. & Bishop, J. L. (1967): Penetration, excretion and metabolism of carbaryl in susceptible and resistant German cockroaches. J. Econ. Entomol. **60**, 1328–1332.

Kuba, K., Albuquerque, E. X. & Barnard, E. A. (1973): Diisopropylfluorophosphate: suppression of ionic conductance of the cholinergic receptor. Science **181**, 853–856.

Kugaczewska, M., Piekarski, L., Szutowski, M., Trzaskowski, J. & Ziemski, P. (1972): Cytotoxicity of dipterex and DDVP and their decomposition products. Bromatol. Chem. Toksykol. **5**(4), 473–479.

Kuhr, R. J. (1968): Metabolism of methylcarbamate insecticides by insects *in vivo* and *in vitro*. Meded. Rijksfac. Landbouwwet. Gent **33**, 647–657.

Kuhr, R. J. (1969): Possible role of tyrosinase and cytochrome P-450 in the metabolism of carbaryl and phenyl methyl carbamate by house flies. J. Agr. Food Chem. **17**, 112–115.

Kuhr, R. J. (1971): Comparative metabolism of carbaryl by resistant and susceptible strains of the cabbage looper. J. Econ. Entomol. **64**, 1377–1378.

Kuhr, R. J. (1976): Carbamate Insecticides: Chemistry, Biochemistry, and Toxicology. CRC Press, Inc., Florida, 301 pp.

Kuhr, R. J. & Casida, J. E. (1967): Persistent glycosides of metabolites of methylcarbamate insecticide chemicals formed by hydroxylation in bean plants. J. Agr. Food Chem. **15**, 814–824.

Kuhr, R. J., Comeau, A. & Roelofs, W. L. (1972): Measuring release rates of pheromone analogues and synergists from polyethylene caps. Environ. Entomol. **1**, 625–627.

Kuhr, R. J., Davis, A. C. & Bourke, J. B. (1974): DDT residues in soil water, and fauna from New York apple orchards. Pestic. Monit. J. **7**, 200–204.

Kundu, H. L. (1963): Effects of fumigation with methyl bromide on certain coleopterous larvae. I. Various responses. Proc. zool. Soc. (Calcutta) **16**, 77–91.

Kunz, S. E., Harris, R. L., Hogan, B. F. & Wright, J. E. (1977): Inhibition of development in a field population of horn flies treated with diflubenzuron. J. Econ. Entomol. **70**, 298–300.

Kurihara, N. (1970): BHC- its toxicity and its penetration, translocation and metabolism in insects and mammals. Botyu-Kaguku **35**(11), 56–68.

Kurihara, N. & Nakajima, E. (1974): Studies on BHC isomers and related compounds. VIII. Urinary metabolites produced from γ- and β-BHC in the mouse: Chlorophenol conjugates. Pestic. Biochem. Physiol. **4**, 220–231.

Kurihara, N., Nakajima, E. & Shindo, H. (1970): Whole body autoradiographic and nicotine studies on the distribution of BHC in the American cockroach, p. 41–50. In O'Brien, R. D. & Yamamoto, I. (Eds.): Biochemical Toxicology of Insecticides. Academic Press, New York, VII + 218 pp.

Kuwahara, M., Kato, N. & Munakata, K. (1965): The photochemical reaction products of pentachlorophenol. Agr. Biol. Chem. (Tokyo) **29**, 880–882.

Kydonieus, A. F. & Beroza, M. (1982): Insect Suppression with Controlled Release Pheromone System. Vol. I, 296 pp., Vol. II 336 pp. CRC Press, Inc., Florida.

La Brecque, G. C. (1961): Studies with three alkylating agents as house fly sterilants. J. Econ. Entomol. **54**, 684–689.

La Brecque, G. C. & Meifert, D. W. (1966): Control of house flies (Diptera: Muscidae) in poultry houses with chemosterilants. J. Med. Entomol. **3**, 323–326.

La Brecque, G. C. & Smith, C. N. (1968): Principles of Insect Chemosterilization. Appleton-Century-Crofts, New York; 354pp.

Lacey, L. A. & Mulla, M. S. (1977): Larvicidal and ovicidal activity of dimilin against *Simulium vittatum*. J. Econ. Entomol. **70**, 369–373.

Lacey, L. A. & Mulla, M. S. (1978): Factors affecting the activity of diflubenzuron against *Simulium* larvae (Diptera: Simuliidae). Mosquito News **38**, 264–268.

Lacey, L. A. & Mulla, M. S. (1979): Field evaluation of diflubenzuron against *Simulium* larvae. Mosquito News **39**, 86–90.

Lačinova, R. I. (1975): Veränderungen in den Mitochondrien bei *Musca domestica* unter DDT-Einfluß. Angew. Parasitol. **16**, 97–106.

La Forge, F. B. & Saloway, S. B. (1947): The structure of dihydrocinerolone J. Amer. Chem. Soc. **69**, 186.

Lanier, G. & Simeone, J. (1980): "*Scolytus multistriatus*": Its biology and pheromone applied towards reduction of Dutch elm disease. Abstr. 16. Int. Congr. Entomol. Kyoto, p. 283.

Lardy, H. A. & Ferguson, S. M. (1969): Oxidative phosphorylation in mitochondria. Ann. Rev. Biochem. **38**, 991.

Larsson, A., Bengtson, B.-E. & Svanberg, O. (1976): Some haematological and biochemical effects of cadmium on fish, p. 35–45, in Lockwood, A. P. M. (Ed.) Effects of Pollutants on Aquatic Organisms. Cambridge Univ. Press, Cambridge.

Lasher, C. & Applegate, H. G. (1966): Pesticides at Presidio. III. Soil and water. Texas J. Sci. **18**, 386–395.

Laudien, H. (1972): Einfluß der Herbizidanwendung auf die freilebende Tierwelt. Z. Pflanzenkr. Pflanzensch., Sonderh. **6**, 127–131.

Laumond, C., Mauleon, H. & Kermarrec, A. (1979): Données nouvelles sur le spectre d'hôtes et le parasitisme du nématode entomophage *Neoaplectana carpocapsae*. Entomophaga **24**, 13–27.

Lave, L. B. & Seskin, E. P. (1970): Air-pollution and human health. Science **169**, 723–733.

Law, J. H., Yuan, C. & Williams, C. M. (1966): Synthesis of a material with high juvenile hormone activity. Proc. Nat. Acad. Sci. Am. **55**, 576–578.

Laws, E. R. jr. (1971): Evidence of anti-tumorigenic effects of DDT. Arch. Environ. Hlth **23**, 181–186.

Laws, E. R., Curley, A. & Biros, F. J. (1967): Men with intensive occupational exposure to DDT: A clinical and chemical study. Arch. Environ. Hlth. **15**, 766–775.

Layne, D. S. (1970): New metabolic conjugates of steroids, p. 21–52, in Fishman, W. H. (Ed.): Metabolic Conjugation and Metabolic Hydrolysis. Vol. 1, Academic Press, New York.

Lee, M., Harris, K. & Trowbridge, H. (1964): Effect of the level of dietary protein on the toxicity of dieldrin for the laboratory rat. J. Nutr. **84**, 136–144.

Lee, R. E. (1976): Air Pollution from Pesticides and Agricultural Processes. CRC Press, Inc., Florida, 280 pp.

Lee, R. F., Gardner, W. S., Anderson, J. W., Blaylock, J. W. & Brawell-Clarke, J. (1978): Fate of polycyclic aromatic hydrocarbons in controlled ecosystem enclosures. Environ. Sci. Technol. **12**, 832–838.

Lee, S. S. & Tan, M. L. (1981): Precocene II-induced effects on the ovary and fat body of female *Oxya japonica* Willemse (Orthoptera: Acrididae). Acrida **10**, 25–32.

Leeling, N. C. & Casida, J. E. (1966): Metabolites of Carbaryl (1-naphtylmethylcarbamate) in mammals and enzymatic systems for their formation. J. Agr. Food Chem. **14**, 281–290.

Leesch, J. G. & Fukuto, T. R. (1972): Metabolism of abate in mosquito larvae and houseflies. Pest. Biochem. Physiol. **2**, 223–235.

Lefèvre, M. (1976): Der Einfluß von Juvenoiden mit unterschiedlicher Wirkungsweise auf die Embryonal- und Postembryonalentwicklung der Rübenblattwanze "*Piesma quadratum* Fieb." Z. angew. Entomol. **82**, 187–192.

Legner, E. F. (1979): Advancements in the use of flatworms for biological mosquito control. Proc. 47. Ann. Conf. Calif. Mosquito and Vector Control Ass., p. 42–43.

Legner, E. F. & Fischer, T. W. (1980): Impact of *Topia zillii* (Gervais) on *Potamogeton pectinatus* L., *Myriophyllum spicatum* var. *exalbescens* Jepson, and mosquito reproduction in lower Colorado desert irrigation canals. Acta Oecologica/Oecol. Applic. **1**, 3–14.

Leh, H. O. (1968): Untersuchungen über die vertikale Wanderung von Herbiziden im Boden unter besonderer Berücksichtigung der Möglichkeiten einer Grundwasserverunreinigung. Nachr.-bl. dtsch. Pflanzenschutzdienst (Braunschweig) **20**, 99–106.

Lenz, D. E., Degnehery, L. E. & Holton, J. S. (1973): On the nature of the serum enzyme catalyzing paroxon hydrolysis. Biochim. Biophys. Acta **321**, 189–196.

Levinson, H. Z. (1975): Possibilities of using insectistatics and pheromones in pest control. Naturwiss. **62**, 272–282.

Lewis, J. B. (1969): Detoxication of diazinon by subcellular fractions of diazinon resistant and susceptible houseflies. Nature (Lond.) **224**, 917–918.

Lewis, J. B. & Lord, K. A. (1969): Metabolism of some organophosphorus insecticides by strains of housefly, p. 465–471, Proc. 5th Brit. Insectic. Fungic. Conf., Brighton, England, Vol. 2, XV + 298–603pp., Br. Crop. Prot. Coun., London.

Lewis, L. C., Lynch, R. E. & Berry, E. C. (1973): Synthetic juvenile hormones: Activity versus the European corn borer in the field and in the laboratory. J. Econ. Entomol. **66**, 1315–1317.

Li, C. F. & Bradley, R. L. (1969): Degradation of chlorinated hydrocarbon pesticides in milk and butteroil by ultraviolet energy. J. Dairy Sci. **52**, 27–30.

Li, M.-Y. & Fleck, R. A. (1972): The Effects of Agricultural Pesticides in the Aquatic Environment, Irrigated Croplands, San Joaquin Valley, Environmental Protection Agency, Pesticide Study Series 6, Washington, D. C.

Lichtenstein, E. P. & Fuhremann, T. W. (1971): Activity of an NADPH-dependent nitroreductase in houseflies. Science **172**, 589–591.

Lichtenstein, E. P., Fuhremann, T. W. & Schulz, K. R. (1971a): Persistence and vertical distribution of DDT, lindane, and aldrin residues, 10 and 15 years after a single soil application. J. Agr. Food Chem. **19**, 718–721.

Lichtenstein, E. P. Schulz, K. R. & Fuhremann, T. W. (1971b): Effects of a cover crop versus soil cultivation on the fate and vertical distribution of insecticide residues in soil, 7 to 11 years after soil treatment. Pestic. Monit. J. **5** (2), 218–222.

Lichtenstein, E. P. & Schulz, K. R. (1960): Epoxidation of aldrin and heptachlor in soils as influenced by autoclaving, moisture, and soil types. J. Econ. Entomol. **53**, 192–197.

Lichtenstein, E. P. & Schulz, K. R. (1964): The effects of moisture and microorganisms on the persistence and metabolism of some organophosphorus insecticides in soil, with special emphasis on parathion. J. Econ. Entomol. **57**, 618–627.

Lichtenstein, E. P., Schulz, K. K., Skrentny, R. F. & Tsukano, Y. (1966): Toxicity and fate of insecticides residues in water. Arch. Environ. Hlth. **12**, 199–212.

Lichtenthaler, H. K. (1984): Luftschadstoffe als Auslöser des Baumsterbens. Naturw. Rundschau **37**, 271–277.

Lichtwardt, E. T. (1964): A mutant linked to the DDT-resistance of an Illinois strain of house flies. Entomol. exp. appl. (Amst.) **7**, 296–309.

Likens, G. E. & Borman, F. H. (1974): Acid rain: a serius regional environmental problem. Science **184**, 1176–1179.

Lindahl, P. E. & Öberg, K. E. (1961): The effect of rotenone on respiration and its point of attack. Exp. Cell Res. **23**, 228–237.

Lindgren, D. L. (1935): Stage, species and susceptibility to fumigants. Minn. Agr. Exp. Sta. Tech. Bull. **109**, 32pp.

Lingren, P. D., Raulston, J. R. & Sparks, A. N. (1977): Interception of native male tobacco budworm by barriers of released laboratory-reared sterile females. Environ. Entomol. **6**, 217–221.

Lipke, H. & Kearns, C. W. (1959a): DDT dehydrochlorinase. I. Isolation, chemical properties and spectrophotometric assay. J. Biol. Chem. **234**, 2123–2125.

Lipke, H. & Kearns, C. W. (1959b): DDT dehydrochlorinase. II. Substrate and cofactor specifity. J. Biol. Chem. **234**, 2129–2132.

Livingston, R. (1961): Photochemical autooxidation, p. 249–298, in Lundberg, W. O. (Ed.): Autooxidation and Antioxidation. Vol. 1, Interscience, N. Y.; xiv + 450 pp.

Lloyd, E. P., Scott, W. P., Shannak, K. K., Tingle, F. C. & Davich, T. B. (1972): A modified trapping system for suppressing low-density populations of overwintered boll weevils. J. Econ. Entomol. **65**, 1144–1147.

Loewi, O. & Navratil, E. (1926): Über humorale Übertragbarkeit der Herznervenwirkung. XI. Über den Mechanismus der Vaguswirkung von Physostigmin und Ergotamin. Arch. ges. Physiol. **214**, 689–696.

Lofgren, C. S., Dame, D. A., Breeland, S. G., Weidhaas, D. E., Jeffery, G., Kaiser, R. Ford, H. R. et al. (1974): Release of chemosterilized males for the control of *Anopheles albimanus* in El Salvador. III. Field methods and population control. Amer. J. trop. Med. **23**, 288–297.

Londa, V. & Matolin, S. (1971): Effects of chemosterilants on reproductive organs and embryogenesis in insects, p. 173–182, in "Sterility Principle for Insect Control or Eradication." Internat. Atom. Energ. Agency Vienna, XI + 542pp.

Looms, E., Crenshaw, G., Bushuell, R. & Dunning, L. (1970): Systemic insecticide study on livestock in California, 1965–1967. I. Cattle grub control. J. Econ. Entomol. **63**, 1237–1241.

Loos, M. A. (1969): Phenoxyalkanoic acids, p. 1–49, in Kearney, P. C. & Kaufman, D. P. (Eds.): Degradation of Herbicides, Dekker, N. Y., XI + 394pp.

Löfroth, G. (1970): Alkylation of DNA by dichlorvos. Naturw. **57**, 303–304.

Lu, P. Y., Yang, S. Y. & Metcalf, R. L. (1978): Influence of aldrin, methoxychlor, and parathion on longevity of *Musca domestica* and *Phormia regina*. J. Econ. Entomol. **71**(3), 407–415.

Lucier, G. W., McDaniel, O. S., Williams, C. & Klein, R. (1972): Effects of chlordane and methylmercury on the metabolism of carbaryl and carbofuran in rats. Pestic. Biochem. Physiol. **2**, 244–255.

Lucier, G. W. & Menzer, R. E. (1970): Nature of oxidative metabolites of dimethoate formed in rats, liver microsomes and bean plants. J. Agr. Food Chem. **18**, 698–704.

Luoma, S. N. (1977): Physiological characteristics of mercury uptake by two estuarine species. Mar. Biol. **41**, 269–273.

Maas, G. & Pestemer, W. (1975): Nebenwirkungen chemischer Unkrautbekämpfungsmittel. Erlenbach, Zürich.

Maas, W. (1978): Influence of particle size on pesticidal activity. Adv. Pestic. Sci. Proc. 4th Int. Congr. Pestic. Chem., Zürich, Part 3, 772–779.

Maas, W., Hes, R. van, Groscurt, A. C. & Deul, D. H. (1981): Benzoylphenylurea insecticides, p. 421–470, in Wegler, R. (Ed.): Chemie der Pflanzenschutz- und Schädlingsbekämpfungsmittel. Bd. 6, 512pp. Springer-Verlag, Berlin-Heidelberg-New York.

Macek, K. J. (1970): Biological magnification of pesticide residues in food chains, p. 17–21, in Gillett, J. W. (Ed.) The Biological Impact of Pesticides in the Environment. Environmental Health Sciences, Ser. No. 1, Oregon State University Press, Corvallis, Ore.; xi + 210 pp.

Macek, K. J. & McAllister, W. A. (1970): Insecticide susceptibility of some common fish family representatives. Trans. Amer. Fish. Soc. **99**, 20–27.

Machin, A. F., Quick, M. P., Rogers, H. & Anderson, P. H. (1971): The conversion of diazinon to hydroxydiazinon in the guinea-pig and sheep. Bull. environ. Contamin. Toxicol. **6**, 26–27.

Machin, A. F., Quick, M. P., Rogers, H. & Janes, N. F. (1972): An isomer of hydroxydiazinon formed by metabolism in sheep. Bull. environm. Contamin. Toxicol. **7**, 270–272.

Mackauer, M. (1976): Genetic problems in the production of biological control agents. Ann. Rev. Entomol. **21**, 369–385.

MacRae, I. C., Raghu, K. & Castro, T. F. (1967): Persistence and biodegradation of four common isomers of benzene hexachloride in submerged soils. J. Agr. Food Chem. **15**, 911–914.

Maddrell, S. & Reynolds, S. (1972): Release of hormones in insects after poisoning with insecticides. Nature (Lond.) **236**, 404–406.

Magos, L. & Butler, W. H. (1972): Effect of phenobarbitone and starvation on hepatotoxicity in rats exposed to carbon disulphide vapour. Brit. J. Ind. Med. **29**, 95–98.

Mahn, E. & Helmecke, K. (1979): Effects of herbicide treatment on the structure and functioning of agro-ecosystems. II. Structural changes in the plant community after the application of herbicides over several years. Agro-Ecosystems **5**, 159–179.

Maibach, H. I. & Feldman, R. (1974): Systemic absorption of pesticides through the skin of man, p. 120–127, in "Occupational Exposure to Pesticides". Report to the Federal Working Group on Pest Management, Jan. 1974, Washington, D. C.

Maier-Bode, H. (1965a): Pflanzenschutzmittel-Rückstände. Ulmer-Verlag, 455 pp.

Maier-Bode, H. (1965b): Rückstände von Schädlingsbekämpfungsmitteln in der Nahrung. Biologische Aspekte. Z. Präventivmed. **10**, 285–294.

Maier-Bode, H. (1968): Zur Verbreitung von Schädlingsbekämpfungsmitteln. Naturw. **55**, 470–473.

Main, A. R. & Braid, P. E. (1962): Hydrolysis of malathion by aliesterases *in vitro* and *in vivo*. Biochem. J. **84**, 255–263.

Makulec, G. (1976): The effect of NPK fertilizer on a population of enchytaeid worms. Pol. Ecol. Stud. **2**, 183–193.

Malkomes, H. P. (1980): Über ökologische Effekte von Herbiziden und Pflanzenschutzsystemen auf Bodenmikroorganismen als Teil der Bodenbiozönose. Ber. Landwirtsch. **58**, 273–281.

Mani, E., Arn, H., Wildbolz, Th. & Hauri, H. (1978): Ein Feldversuch zur Bekämpfung des Pflaumenwicklers mit der Desorientierungsmethode bei hoher Populationsdichte. Mitt. Schweiz. ent. Ges. **51**, 307–314.

March, R. B. (1959): Resistance to organophosphorus insecticides. Misc. Publ. Entomol. Soc. Amer. **1**, 13–19.

March, R. B., Metcalf, R. L., Fukuto, T. R. & Maxon, M. G. (1955): Metabolism of Systox in the white mouse and American cockroach. J. Econ. Entomol. **48**, 355–363.

Mariconi, F. A. M., Franco, J. F., de Palma, V., Dionisio, A. & Tardivo, J. C. (1977): Combate aos cupinzeiros de *Cornitermes cumulans* (Kollar, 1932) com granulados. An. Soc. Entomol. Bras. **6** (1), 113–116.

Markaryan, D. W. (1966): Cytogenetic effect of some chlorinated insecticides on mouse bone marrow cell nuclei. Genetika **2**, 132–137.

Marks, R. J. (1976): Field studies with the synthetic sex pheromone and inhibitor or the red bollworm *Diparopsis castanea* Hmps. (Lepidoptera, Noctuidae) in Malawi. Bull. ent. Res. **66**, 243–265.

Marks, R. J. (1977): The influence of climatic factors on catches of red bollworm *Diparopsis castanea* Hampson (Lepidoptera: Noctuidae) in sex pheromone traps. Bull. ent. Res. **67**, 243–248.

Marks, R. J. (1978): The influence of pheromone trap design and placement on catch on the red bollworm of cotton *Diparopsis* Hampson (Lepidoptera: Noctuidae). Bull. ent. Res. **68**, 31–45.

Marks, R. J., Nesbitt, B. F., Hall, D. R. & Lester, R. (1978): Mating disruption of the red spraying with a microencapsulated inhibitor of mating. Bull. ent. Res. **68**, 11–29.

Marliac, J. P. (1964): Toxicity and teratogenic effects of 12 pesticides in the chick embryo, Fed. Proc. **23**, 105 (Abstr.).

Marsh, R. W. (1972): Systemic Fungicides. Longman, London, 321 pp.

Marshall, V. G. (1974): Seasonal and vertical distribution of soil fauna in a thinned and urea- fertilized douglas fire forest. Cand. J. Soil Sci. **54**, 491–500.

Marth, E. H. (1965): Residues and some effects of chlorinated hydrocarbon insecticides in biological material. Residue Rev. **9**, 1–89.

Martin, J. H. & Flegal, A. R. (1975): High copper concentrations in squid livers in association with elevaled levels of silver, cadmium, and zinc. Marine Biol. **30**, 51–55.

Martin, J. P. (1963): Influence of pesticide residues on soil microbiological and chemical properties. Residue Rev. **4**, 96–129.

Martin, M. H., Coughtrey, P. J. & Young, E. W. (1976): Observations on the availability of lead, zinc, cadmium and copper in woodland litter and the uptake of lead, zinc and cadmium by the woodlouse, *Oniscus asellus*. Chemosphere **5**, 313–318.

Marton, A. V., Sellers, E. A. & Kalow, W. (1962): Effect of cold on rats chronically exposed to malathion. Can. J. Biochem. Physiol. **40**, 1671–1676.

Maruthi Ram, G., Kishen Rao, B., Thakur, S. S. & Judson, P. (1978): Juvenile hormone like activity of the pygidial secretion of *Anthia sexguttata* (F.) (Carabidae: Coleoptera) J. Anim. Morphol. Physiol. **25**, 93–100.

Maschwitz, U. (1967): Eine neuartige Form der Abwehr von Mikroorganismen bei Insekten. Naturw. **54**, 649.

Maschwitz, U., Koob, K. & Schildknecht, H. (1970): Ein Beitrag zur Funktion der Metathorakaldrüse der Ameisen. J. Insect Physiol. **16**, 387–404.

Maschwitz, U. & Tho, Y. P. (1978): Phenols as defensive secretion in a Malayan cockroach, *Archiblatta hoeveni* Vollenhoven. J. Chem. Ecol. **4**, 375–381.

Mason, H., Barlock, J., Smith, F. & Guest, R. (1973): Mass sterilization of laboratory-reared *Drosophila melanogaster* with residues of tepa. J. Econ. Entomol. **66**, 753–755.

Mastro, V. C., Richerson, J. V. & Cameron, E. A. (1977): An evaluation of gypsy moth pheromone-baited traps using behavioral observations as a measure of trap efficiency. Environ. Entomol. **6**, 128–132.

Mathur, A. C. (1977): Kalmusöl sterilisiert Insektenmännchen. Umschau **77**, 343–344.

Mathur, A. C. & Saxena, B. P. (1975): Induction of sterility in male house flies by vapours of *Acorus calamus* L. oil. Naturw. **62**, 576.

Mathur, A. C. & Sharma, A. K. (1978): Resistance of *Aristolochia* sp. to insect attacks: a chemical basis. Ind. Journ. Horticult. **35**, 406–408.

Mathur, A. C., Sharma, A. K. & Verma, V. (1980): Cytopathological effects of aristolochic acid on male houseflies causing sterility. Experientia **36**, 245.

Matsumura, F. (1972): Metabolisms of insecticides in microorganisms and insects, p. 96–106, in Coulston, F. & Korte, F. (Eds.) EQS Environmental Quality and Safety. Vol. I. Global Aspects of Chemistry, Toxicology and Technology as Applied to the Environment. Georg Thieme Verlag, Stuttgart; Academic Press, New York, x + 267 pp.

Matsumura, F. (1975): Toxicology of Insecticides. Plenum Press, New York, XVII + 503 pp.

Matsumura, F. & Boush, G. M. (1966): Malathion degradation by *Trichoderma viride* and a *Pseudomonas* species. Science **153**, 1278–1280.

Matsumura, F. & Brown, A. W. A. (1963): Studies on the carboxyesterase in malathion-resistant *Culex tarsalis*. J. Econ. Entomol. **56**, 381–388.

Matsumura, F. & Hayashi, M. (1966): Dieldrin: interaction with nerve components of cockroaches. Science **153**, 757–759.

Matsumura, F. & Hayashi, M. (1969): Dieldrin resistance: biochemical mechanisms in the German cockroach. J. Agr. Food Chem. **17**, 231–235.

Matsumura, F. & Hogendijk, C. J. (1964): The enzymatic degradation of malathion in organophosphate resistant and susceptible strains of *Musca domestica*. Entomol. exp. appl. (Amst.) **7**, 179–193.

Matsumura, F. & Narahashi, T. (1971): ATPase inhibition and electrophysiological change caused by DDT and related neuroactive agents in lobster nerve. Biochem. Pharmacol. **20**(4), 825–837.

Matsumura, F. & O'Brien, R. D. (1963): A comparative study of the modes of action of fluoroacetamide and fluoroacetate in the mouse and American cockroach, Biochem. Pharmacol. **12**, 1201–1205.

Matsumura, F. & O'Brien, R. D. (1960): Absorption and binding of DDT by the central nervous system of the American cockroach. J. Agr. Food Chem. **14**, 36–39.

Matsumura, F. & Voss, G. (1965): Properties of partially purified malathion carboxylesterase of the two-spotted spider mite. J. Insect Physiol. **11**, 147–160.

Matsumura, F. & Ward, C. T. (1966): Degradation of insecticides by the human and the rat liver. Arch. Environ. Hlth. **13**, 257–261.

Matthews, H. B. & Casida, J. E. (1970): Properties of microsomal cytochromes in relation to sex, strain, substrate specifity, and apparent inhibition and induction by synergist and insecticide chemicals. Life Sci. **9**, 989–1001.

Matthews, H. B. & Matsumura, F. (1969): Metabolic fate of dieldrin in the rat. J. Agr. Food Chem. **17**, 845–852.

Matthews, H. B., McKinney, J. D. & Lucier, G. W. (1971): Dieldrin metabolism, excretion, and storage in male and female rats. J. Agr. Food Chem. **19**, 1244–1248.

Maurer, R. (1974): Die Vielfalt der Käfer- und Spinnenfauna des Wiesenbodens im Einflußbereich von Verkehrsemissionen. Oecologia (Berl.) **14**, 327–351.

Maxwell, F. G., Jenkins, J. N. & Keller, J. C. A. (1963): A boll weevil repellent from the volatile substance of cotton. J. Econ. Entomol. **56**, 894–895.

Mayer, K. (1952): Prophylaxe und Therapie bei Mückenstichen (I). Pharmazie **7**, 150–157.

Mayer, R. T. & Himel, C. M. (1972): Dynamics of fluorescent probe-cholinesterase reactions. Biochemistry **11**, 2082–2090.

McAllan, J. W. & Brown, A. W. A. (1960): The effect of insecticides on transamination in the American cockroach. J. Econ. Entomol. **53**, 166–167.

McBain, J. B., Yamamoto, I. & Casida, J. E. (1971): Mechanism of activation and deactivation of dyfonate (O-ethyl-S-phenyl ethylphosphonodithioate) by rat liver microsomes. Life Sci. (Part II) **10**, 947–954.

McCandless, D. L., Zablocka'Esplin, B. & Esplin, D. W. (1971): Rates of transmitter turnover in the cat susperior cervical ganglion estimated by electrophysiological techniques. J. Neurophysiol. **34**, 817–830.

McCoy, C. W. (1978): Activity of dimilin on the developmental stages of *Phyllocoptruta oleivora* and its performance in the field. J. Econ. Entomol. **71**, 122–124.

McGill, A. E. J. & Robinson, J. (1968): Organochlorine insecticide residues in complete prepared meals: a 12-month survey in S. E. England. Food Cosmet. Toxicol. **6**, 45–57.

McGregor, H. E. & Kramer, K. J. (1976): Activity of dimilin (TH 6040) against Coleoptera in stored wheat and corn. J. Econ. Entomol. **69**, 479–480.

McKibben, G. H. & Johnson, W. L. (1976): The use of exponential and linear decay models in the evaluation of controlled-release pheromone formulations. Bull. Ent. Soc. Amer. **22**, 323–325.

McLaughlin, J. jr., Marliac, J. P., Verrett, M. J., Mutchler, M. K. & Fitzhugh, O. G. (1963): The injection of chemicals into the yolk sac of fertile eggs prior to incubation as a toxicity test. Toxicol. Appl. Pharmacol. **5**, 760–767.

McLaughlin, R. E. (1976): Response of the boll weevil to TH 6040 administered by feeding. J. Econ. Entomol. **69**, 317–318.

McLean, J. A. & Borden, J. H. (1977): Attack by ***Gnathotrichus sulcatus*** (Coleoptera-Scolytidae) on stumps and felled trees baited with sulcatol and ethanol. Canad. Entomol. **109**, 675–686.

McLean, J. A. & Borden, J. H. (1979): An operational pheromone-based suppression program for an ambrosia beetle, *Gnathotrichus sulcatus*, in a commercial sawmill. J. Econ. Entomol. **72**, 165–172.

McNamara, B. P., Murtha, E. F., Bergner, A. D., Robinson, E. M., Bender, C. W. & Wills, J. H. (1954): Studies on the mechanism of action of DFP and TEPP. J. Pharmacol. Exp. Ther. **110**, 232–240.

McNary, T. J., Milchunas, D. G., Leetham, J. W., Lauenroth, W. K. & Dodd, J. L. (1981): Effect of controlled low levels of SO_2 on grasshopper densities on a Northern mixed-grass prairie. J. Econ. Entomol. **74**, 91–93.

Meeter, E. & Wolthuis, O. L. (1968): The effect of cholinesterase inhibitors on the body temperature of the rat. Eur. J. Pharmacol. **4**, 18–24.

Mehendale, H. M. & Dorough, H. W. (1971): Glucuronidation mechanisms in the rat and their significance in the metabolism of insecticides. Pestic. Biochem. Physiol. **1**, 307–318.

Mehrotra, K. N. (1976): Selectivity: the aim in insect control by chemicals. Proc. Nat. Acad. Sci. India **46**, 207–211.

Mehrotra, K. N. & Rao, P. J. (1966): Phagostimulants for locusts. Ind. Journ. Exper. Biol. **4**, 56–57.

Meifert, D. W., La Brecque, G. C., Smith, C. N. & Morgan, P. B. (1967): Control of house flies (*Musca domestica* L.) on some West Indies Islands with metepa, apholate, and trichlorfon baits. J. Econ. Entomol. **60**, 480–485.

Mei-Quey, S., Kinoshita, F. K., Frawley, J. P. & DuBois, K. P. (1971): Comparative inhibition of aliesterases and cholinesterases in rats fed eighteen organophosphorus insecticides. Toxicol. Appl. Pharmacol. **20**, 241–249.

Meisner, J., Kehat, M., Zur, M. & Eizick, C. (1978): Response of *Earias insulana* Boisd. larvae to Neem (*Azadirachta indica* A. Juss) kernal extract. Phytoparasitica **6**(2), 85–88.

Melber, A. (1977): Experimentelle Untersuchungen zum Gruppeneffekt und zur Steuerung der Aggregationsbildung bei Baumwollwanzen (*Dysdercus* spp., Pyrrhocoridae) (Heteroptera, Insecta). Diss., Math.-Nat. Fak. Univ. Hannover.

Melber, A. & Schmidt, G. H. (1977): Sozialphänomene bei Heteroptera. Zoologica, Stuttgart **127**, 19–53.

Melnikov, N. N. (1964): On the mode of action of organophosphorus insecticides. Abstr. Vth Intern. Pesticides Congr., p. 431.

Meng, H. T., Hu, J. H. & Li, P. S. (1978): Field trials for trapping the oriental fruit moth and summer fruit tortrix with the synthetic pheromone, cis-8-dodecenyl acetate. Acta ent. sinica **21**, 1–12 (chinesisch).

Mengle, D. C. & Lewallen, L. L. (1966): Biochemical-radiological determinations of parathion resistance in *Aedes nigromaculis*. J. Econ. Entomol. **59**, 743–744.

Menn, J. J. (1972): Absorption and metabolism of insecticide chemicals in plants, p. 206–243, in „Degradation of Synthetic Organic Molecules in the Biosphere". National Academy of Sciences, Washington D.C.

Menn, J. J. & Beroza, M. (Eds.) (1972): Insect Juvenile Hormones. Chemistry and Action. Proceedings, Academic Press, New York.

Menn, J. J. & Pallos, F. M. (1975): Development or morphogenetic agents in insect control. Environ. Lett. **8**, 71–88.

Menzer, R. E. (1970): Effect of chlorinated hydrocarbons in the diet on the toxicity of several organophosphorous insecticides. Toxicol. Appl. Pharmacol. **16**, 446–452.

Menzer, R. E. (1971): Effect of enzyme induction on the metabolism and selectivity of organophosphorus insecticides, p. 51–76, in Tahori, A. S. (Ed.) Pesticide Chemistry. Proc. 2nd. Intern. IUPAG Congr. Pest. Chem., Vol. I. Insecticides. x + 496 pp. Gordon & Breach, New York.

Menzer, R. E. & Best, N. H. (1968): Effect of phenobarbital on the toxicity of several organophosphorus insecticides. Toxicol. Appl. Pharmacol. **13**, 37–42.

Menzer, R. E. & Casida, J. E. (1965): Nature of toxic metabolites formed in mammals, insects, and plants, from 3-(dimethoxy phosphinyl oxy)-N,N-dimethyl-cis-crotonamide and its N-methyl analog. J. Agr. Food. Chem. **13**, 102–165.

Menzer, R. E. & Ditman, L. P. (1963): Phosphamidon residue studies on various crops. J. Econ. Entomol. **56**(1), 88–92.
Menzer, R. E. & Rose, J. A. (1971): Effect of enzyme-inducing agents on fat storage and toxicity of insecticides, p. 257–265, in Tahori, A. S. (Ed.) Pesticide Chemistry. Proc. 2nd. Intern. IUPAG congr. Pest. Chem., Vol. II, Insecticide Resistance, Synergism, Enzyme Induction, viii + 302 pp. Gordon and Breach, New York.
Menzie, C. M. (1969): Metabolism of Pesticides. Bureau of Sport Fisheries and Wildlife. Special Scientific Report–Wildlife Nr. 127, Washington D. C.
Merskus, R. P., Blair, D. P. & Casida, J. E. (1965): Insecticide metabolism. Conversion of DDT to DDD by bovine rumen fluid, lake water, and reduced porphyrines. J. Agr. Food Chem. **13**, 481–483.
Metcalf, R. L. (1955): Organic Insecticides. Their Chemistry and Mode of Action. Interscience Publ., Inc. New York & London, 392 pp.
Metcalf, R. L. (1959): The impact of the development of organophosphorus insecticides upon basic and applied science. Bull. Ent. Soc. Amer. **5**(1), 3–15.
Metcalf, R. L. (1964): Selective toxicity of insecticides. World Rev. Pest. Control **3**, 28–43.
Metcalf, R. L. (1971): Structure activity relationships for insecticidal carbamates. Bull. Wld. Hlth. Org. **44**, 43–78.
Metcalf, R. L. (1972a): Selective toxocity of insecticides, p. 350–378, in Kahn, M. A. & Haufe, W. O. (Eds.): Toxicology, Biodegradation and Efficacy of Livestock Pesticides. Soets and Zeitlinger, Amsterdam, x + 434 pp.
Metcalf, R. L. (1972b): Development of selective and biodegradable pesticides, p. 137–156, in Agricultural Board, Division of Biology and Agriculture, National Research Council "Pest Control Strategies for the Future", National Academy of Sciences, Wash. D. C., VII + 376 pp.
Metcalf, R. L., Fukuto, T. R., Collins, C., Brock, K., El-Aziz, S., Munoz, R. & Cassil, C. C. (1968): Metabolism of 2,2-dimethyl-2,3-dihydrobenzofuranyl-7-N-methylcarbamate (furadan) in plants, insects, and mammals. J. Agr. Food Chem. **16**, 300–311.
Metcalf, R. L., Fukuto, T. R., March, R. B. & Stafford, E. M. (1956): The systemic behavior of systox thiol isomer sulfoxide and methosulfate in plants. J. Econ. Entomol. **49**(6), 738–741.
Metcalf, R. L., Fukuto, T. R., Wilkinson, C. F., Fahmy, M. H., El-Aziz, S. A. & Metcalf, E. R. (1966): Mode of action of carbamate synergists. J. Agr. Food Chem. **14**, 555–562.
Metcalf, R. L., Gurcharan, K., Sangha, G. K. & Kapoor, I. P. (1971): Model ecosystem for the evaluation of pesticide biodegradability and ecological magnification. Environ. Sci. Technol. **5**, 709–713.
Metcalf, R. L. & March, R. B. (1949): Studies of the mode of action of parathion and its derivates and their toxicity to insects. J. Econ. Entomol. **42**, 721–729.
Metcalf, R. L. & March, R. B. (1950): Properties of acetylcholine esterase from the bee, the fly and the mouse and their relation to insecticides. J. Econ. Entomol. **43**, 670–677.
Metcalf, R. L., March, R. B., Fukuto, T. R. & Maxon, M. G. (1955): The nature and significance of systox residues in plant materials. J. Econ. Entomol. **48**(4), 364–369.
Metcalf, R. L., Po-Yung, Lu & Bowlus, S. (1975): Degradation and environmental fate of 1-(2,6-difluorobenzoyl)-3-(4-chlorophenyl)urea. J. Agr. Food Chem. **23**, 359–364.
Metwally, M. M. (1973): Effects of furyltriazine on the ovarian development of *Trogoderma granarium* (Coleoptera, Dermestidae). Z. angew. Entomol. **74**, 274–281.
Meyer, A. S., Schneiderman, H. A., Hanzmann, E. & Ko, J. H. (1968): The two juvenile hormones from the *cecropia* silk moth. Proc. Nat. Acad. Sci. Am. **60**, 853–860.
Milani, A. (1960): Genetic studies on insecticide-resistant insects. Symposium on Research Progress in Insecticide Resistance. Misc. Publ. Ent. Soc. Amer. **2**(1), 75–83.
Milani, R. & Franco, M. G. (1959): Comportamento ereditario della resistenza al DDT in incroci tra il ceppo Orlano-R e ceppi *kdr* o *kdr*$^+$ di *Musca domestica* L. Symp. Genet. **6**, 269–303.
Milani, R. & Travaglino, A. (1957): Ricerche genetiche sulla resistenza al DDT in *Musca domestica* concatenazione del gene kdr (knockdown-resistance) con due mutanti morfologici. Riv. Parassit. **18**, 199–202.
Milby, T. H., Ottoboni, F. & Mitchell, H. W. (1964): Parathion residue poisoning among orchard workers. J. Am. Med. Assoc. **189**, 351–356.
Miller, E. C. & Miller, J. A. (1966): Mechanism of chemical carcinogenesis: Nature of proximate carcinogens and interactions with macromolecules. Pharmacol. Rev. **18**, 805–838.
Miller, J. A. (1970): Carcinogenesis by chemicals: an overview. Cancer Res. **30**, 559–576.
Miller, J. R. & Mumma, R. O. (1976): Physiological activity of water beetle defensive agents. I. Toxicity and anesthetic activity of steroids and norsequiterpenes administrated in solution to the minnow *Pimephales promelas* Raf. II. Absorption of selected anesthetic steroids and norsequiterpenes across gill membranes of the minnow *Pimephales promelas* Raf. J. Chem. Ecol. **2**, 115–130; 131–146.

Miller, R. W., Corley, C. & Hill, K. R. (1975): Feeding TH 6040 to chikens: Effect on larval house flies in manure and determination of residues in eggs. J, Econ. Entomol. **68**, 181–182.
Miller, R. W., Corley, C. & Shufelt, S. R. (1976): Effects of feeding TH 6040 to two breeds of chickens. J. Econ. Entomol. **69**, 741–743.
Miller, T. & Kennedy, J. M. (1972): Flight motor activity of houseflies as affected by temperature and insecticides. Pestic. Biochem. Physiol. **2**, 206–222.
Miltenburger, H. G., Marquardt, W. & Maskos, C. B. (1981): Untersuchungen zur Produktion von *Autographa californica* – Kernpolyedervieren in Fermenten, Kulturen einer *Mamestra brassicae*-Zellinie. Mitt. dtsch. Ges. allg. angew. Ent. **2**, 73–76.
Minks, A. K., Voerman, S. & Klun, J. A. (1976): Disruption of pheromone communication with microencapsulated antipheromones against *Adoxophyes orana*. Entomol. exp. appl. (Amst.) **20**, 163–169.
Mironov, V. S., Nabokov, V. A. & Kachalova, E. K. (1940): The insecticidal properties of derris. Meditsinskaia Parazitologiia i Parazitainye Bolezni (Med. Parasitol. a. Parasitic Dis.) **9** (1/2), 106–108 (russ.).
Miskus, R. P., Blair, D. P. & Casida, J. E. (1965): Insecticide metabolism: Conversion of DDT to DDD by bovine rumen fluid, lake water, and reduced porphyrines. J. Agr. Food Chem. **13**, 481–483.
Miyake, S. S., Kearns, C. W. & Lipke, H. (1957): Distribution of DDT-dehydrochlorinase in various tissues of DDT-resistant house flies. J. Econ. Entomol. **50**, 359–360.
Miyamoto, J., Sato, Y., Yamamoto, K., Endo, M. & Suzuki, S. I. (1968): Biochemical studies on the mode of action of pyrethroidal insecticides Part I. Metabolic fate of phthalthrin in mammals. Agr. Biol. Chem. **32**, 628–640.
Miyamoto, J. & Suzuki, T. (1973): Metabolism of tetramethrin in houseflies *in vivo*. Pestic. Biochem. **3**, 30–41.
Miyoshi, T., Miyazawa, F. & Shimizu, O. (1978a): Effect of heavy metals on the mulberry plant and silkworm. IV. The relation between different compounds of heavy metals and their toxicity and an absorption of heavy metals by the silkworm *Bombyx mori* L. (Lep., Bombycidae). J. Seric. Sci. Jap., Tokyo **47**, 101–107 (jap.).
Miyoshi, T., Miyazawa, F., Shimizu, O. & Machida, J. (1978b): Effect of heavy metals on the mulberry plant and silkworm. II. Effect of dietary lead, copper and arsenite on silkworm larvae, *Bombyx mori* L. (Lep., Bombycidae), J. Seric. Sci. Jap. Tokyo **47** (1), 70–76 (japanisch).
Miyoshi, T., Shimizu, O., Miyazawa, F., Machida, J. & Ito, M. (1978c): Effect of heavy metals on the mulberry plant and silkworm. III. Cooperative effect of heavy metals on silkworm larvae, *Bombyx mori* L. (Lep., Bombycidae). J. Seric. Sci. Jap. Tokyo **47** (1), 77–84 (japanisch).
Moje, W. (1060): The chemistry of nematicidal activity of organic halides, in Metcalf, R. (Ed.): Adv. Pest Contr. Res. New York **3**, 182–217.
Moon, R. D. (1980): Biological control through interspecific competition. Environ. Entomol. **9**, 723–728.
Moore, M. N. & Stebbing, A. R. D. (1976): The quantitative cytochemical effects of three metal ions on a lysosomal hydrolase of a hydroid. J. mar. biol. Ass. U. K. **56**, 995–1005.
Moore, R. F. & Taft, H. M. (1975): Boll weevils: chemosterilization of both sexes with bisulfan plus TH 60–40. J. Econ. Entomol. **68**, 96–98.
Morelli, M. A. & Nakatsugawa, T. (1978): Interactivation *in vitro* of microsomal oxidases during parathion metabolism. Biochem. Pharmacol. **27**, 293–299.
Morello, A. (1964): Role of DDT-hydroxylation in resistance. Nature (Lond.) **203**, 785–786.
Morello, A. (1965): Induction of DDT-metabolizing enzymes in microsomes of rat liver after administration of DDT. Can. J. Biochem. **43**, 1289–1293.
Morgan, P. B., LaBrecque, G. C., Weidhaas, D. E. & Benton, A. (1975): The effect of methopren, an insect growth regulator on *Musca domestica* (Diptera: Muscidae). Canad. Entomol. **107**, 413–417.
Moriarty, F. (Ed.) (1972): Organochlorine Insecticides: Persistent Organic Pollutants. Academic Press, London–New York–San Francisco, XII + 302 pp.
Moriarty, F. & French, M. C. (1971): The uptake of dieldrin from the cuticular surface of *Periplaneta americana* (L.). Pestic. Biochem. Physiol. **1**, 286–292.
Moriyama, H. S. & Shigematsu, H. (1972): A hydroxy metabolite derived from carbaryl in the silkworm, *Bombyx mori*. Pestic. Biochem. Physiol. **2**, 1–7.
Morlan, H. B., McCray, E. M. jr. & Kilpatrick, J. W. (1962): Field tests with sexually sterile males for control of *Aedes aegypti*. Mosquito News **22**, 295–300.
Mortland, M. M. & Raman, K. V. (1967): Catalytic hydrolysis of some organic phosphate pesticides by copper (II). J. Agr. Food Chem. **15**, 163–167.

Mosher, D. R. & Kadoum, A. M. (1972): Effects of four lights on malathion residues on glass beads, sorghum grain, and wheat grain. J. Econ. Entomol. **65**, 847–850.
Moss, J. A. & Hathway, D. E. (1964): Partition of dieldrin and telodrin between the cellular components and soluble proteins of blood. Biochem. J. **91**, 384–393.
Mothes, U. (1981): Feinstrukturelle Veränderungen am Integument von *Tetranychus urticae* Koch (Acari, Tetranychidae) nach Nikkomycin-Behandlung (AMS 0896 Bayer Leverkusen). Mitt. dtsch. Ges. allg. angew. Ent. **2**, 172–179.
Motoyama, N. & Dauterman, W. C. (1972): *In vitro* metabolism of azinphosmethyl in susceptible and resistant house flies. Pestic. Biochem. Physiol. **2**, 113–122.
Motoyama, N. & Dauterman, W. C. (1974): The role of nonoxidative metabolism in organophosphorus resistance. J. Agr. Food Chem. **22**, 350–356.
Motoyama, N., Rock, G. C. & Dauterman, W. C. (1972): Studies on the mechanism of azinphosmethyl resistance in the predaceous mite, *Neoseiulus fallacis*. Pestic. Biochem. Physiol. **1**, 205–215.
Mower, R. L., Snyder, W. C. & Handcock, J. G. (1975): Biological control of ergot by *Fusarium*. Phytopath. **65**, 5–10.
Mrak, E. M. (1969): Report of the Secretary's Commission on Pesticides and Their Relationship to Environmental Health. U. S. Department of Health, Education, and Welfave, Washington D. C., 677 pp.
Mulder, R. & Gijswijt, M. J. (1973): The laboratory evaluation of two promising new insecticides which interfere with cuticle deposition. Pestic. Sci. **4**, 737–745.
Mulder, R. & Swennen, A. A. (1973): Small scale field experiments with PH 60–38 and PH 60–40, insecticides inhibiting chitin synthesis, p. 729–735, in Proc. 7th Brit. Insectic. Fungic. Conf., Brighton, England, Vol. **2**, XVIII + 373–753 pp., Br. Crop. Prot. Coun., London.
Mulla, M. S., Axelrod, H. & Isaak, L. W. (1961): Effectiveness of new insecticides against mosquito larvae. Mosquito News **21**, 216–224.
Mulla, M. S., Darvazeh, H. A. & Norland, R. L. (1974): Insect growth regulators: Evaluation procedures and activity against mosquitoes. J. Econ. Entomol. **67**, 329–332.
Mullen, J. O., Juchau, M. R. & Fouts, J. R. (1966): Studies of interactions of 3,4-benzpyrene, 3-methylcholanthrene, chlordane, and methyltestosterone as stimulators of hepatic microsomal enzyme systems in the rat. Biochem. Pharmacol. **15**, 137–144.
Mumma, R. O., Khalifa, S. & Hamilton, R. H. (1971): Spectroscopic identification of metabolites of carbaryl in plants. J. Agr. Food Chem. **19**, 445–451.
Mummigatti, S. G. & Ragunathan, A. N. (1977): Inhibition of the multiplication of *Callosobruchus chinensis* by vegetable oils. J. Food Sci. Techn. **14**, 184–185.
Munakata, K., Saito, T., Ogawa, S. & Ishii, S. (1959): Oryzanone, an attractant of the rice stem borer. Bull. Agr. Chem. Soc. Japan **23**, 64–65.
Murlis, J. & Bettany, B. W. (1977): Night flight towards a sex pheromone source by male *Spodoptera littoralis* (Boisd.) (Lepidoptera, Noctuidae). Nature (Lond.) **268**, 433–435.
Murphy, M. L., del Moro, A. & Lalon, C. (1958): The comparative effects of five polyfunctional alkylating agents on the rat fetus with additional notes on the chick embryo. Ann. N. Y. Acad. Sci. **68**, 762–781.
Murphy, S. D. (1969a): Mechanisms of pesticide interactions in vertebrates. Residue Rev. **25**, 201–221.
Murphy, S. D. (1969b): Some relationships between effects of insecticides and other stress conditions. Ann. N. Y. Acad. Sci. **160**, 366–377.
Murphy, S. D. & DuBois, K. P. (1957): Enzymatic conversion of the dimethoxy ester of benzotriazine dithiophosphoric acid to an anticholinesterase agent. J. Pharmacol. Exp. Ther. **119**, 572–583.
Murray, W. (1970): Economics and pesticides. Proc. and Soc. Ontario **100**, 29–39.
Mutz, H. (1959): Zur Frage der Wühlmausbekämpfung mit Cumarinderivaten. Nachr.-Blatt Dtsch. Pflanzenschutzdienstes (Berlin) **13**, 8–10.
Mücke, W., Alt, K. O. & Esser, H. O. (1970): Degradation of ^{14}C-labelled diazinon in the rat. J. Agr. Food Chem. **18**, 208–212.
Müller, P. (1981): Biogeographie. UTB Ulmer-Verlag, Stuttgart, 414 pp.
Müller, P. J., Masner, P., Trautmann, K. H., Naag, R., Suchy, M. & Wipf, H. K. (1974): The isolation and identification of juvenile hormone from cockroach corpora allata *in vitro*. Life Sci. **15**, 915.

Nagarkatti, S. (1979): Experimental comparison of laboratory-reared vs. wild-type *Trichogramma chilonis* (Hym.: Trichogrammatidae) II. Tolerance of non-optimal temperatures. Entomophaga **24**, 417–421.
Nagasaki, H., Tomii, S., Mega, T., Marugami, M. & Ito, N. (1971): Development of hepatomas in mice treated with benzene hexachloride. Gann **62**, 431.

Nakajima, E., Shindo, H. & Kurihara, N. (1970): Distribution of α-, β- and δ-BHC-^{14}C in whole body autoradiography in mice. Radioisotopes **19**(11), 532–538 (japanisch).

Nakamura, K. & Oyama, M. (1978): An equation for the competition between pheromone traps and adult females for adult males. Appl. Entomol. Zool. **13**, 176–184.

Nakanishi, K. (1975): Structure of the insect antifeedant azadirachtin. Recent. Adv. Phytochem. **9**, 283–298.

Nakatsugawa, T. & Dahm, P. A. (1967): Microsomal metabolism of parathion. Biochem. Pharmacol. **16**, 25–38.

Nakatsugawa, T., Ishida, M. & Dahm, P. A. (1965): Microsomal epoxidation of cyclodiene insecticides. Biochem. Pharmacol. **14**, 1853–1865.

Nakatsugawa, T., Tolman, N. M. & Dahm, P. A. (1969): Metabolism of ^{35}S-parathion in the house fly. J. Econ. Entomol. **62**, 408–411.

Naqvi, S. N. H., Ashrafi, S. H., Ahward, I., Qureshi, R. A., Rashid, S. & Staal, G. B. (1978): Effect of Altosid (JHA ZR-515) on *Anopheles stephensi.* Z. angew. Entomol. **85**(1), 61–66.

Narahashi, T. (1962a): Effect of the insecticide allethrin on membrane potentials of cockroach giant axons. J. Cell. Comp. Physiol. **59**, 61–65.

Narahashi, T. (1962b): Nature of the negative after-potential increased by the insecticide allethrin in cockroach giant axons. J. Cell. Comp. Physiol. **59**, 67–76.

Narahashi, T. (1969): Mode of action of DDT and allethrin on nerve: Cellular and molecular mechanisms. Residue Rev. **25**, 275–288.

Narahashi, T. (1971a): Effects of insecticides on excitable tissues, p. 1–93, in Beament, J. W. L., Treherne, J. E. & Wigglesworth, V. B. (Eds.) Advances in Insect Physiology. Vol. 8, x + 355 pp. Akademic Press, New York.

Narahashi, T. (1971b): Mode of action of pyrethroids. Bull. Wld. Hlth. Org. **44**, 337–345.

Narahashi, T. (1974): Nerve membran as a target of pyrethroids. Int. Congr. Pest. Chem. Helsinki, Abst. No. 349.

Narahashi, T. & Yamada, M. (1971): The neurotoxic action of dieldrin and its derivatives in the cockroach. Pestic. Biochem. Physiol. **1**(1), 84–91.

Narber, E. C. & Ware, G. W. (1965): Effect of kepone and mirex on reproductive performance in the laying hen. Poultry Sci. **44**, 875–880.

Nash, R. G. & Woolson, E. A. (1967): Persistence of chlorinated hydrocarbon insecticides in soils. Science **157**, 924–927.

Nath, A. & Mehrotra, K. N. (1977): DDT-dehydrochlorinase from the desert locust *Schistocerca gregaria* Forskal. Ind. Journ. Exper. Biol. **15**, 665–666.

Naumann, K. (1978): Neue synthetische Pyrethroid-Insektizide. Nachr. Chem. Techn. Lab. **26**, 120–122.

Naumann, K. (1981): Chemie der synthetischen Pyrethroid-Insektizide, p. 1–127, in Wegler, R. (Ed.): Chemie der Pflanzenschutz- und Schädlingsbekämpfungsmittel. Bd. **7**, 217 pp. Springer-Verlag, Berlin–Heidelberg–New York.

Nayar, J. K. & Fraenkel, G. (1963): The chemical basis of the host selection in the Mexican bean beetle *Epilachna varivestis.* Ann. Entomol. Soc. Am. **56**, 174–178.

Neal, J. W. jr. (1974): Alfalfa weevil control with the unique growth disruptor TH 6040 in small plot tests. J. Econ. Entomol. **67**, 300–301.

Neal, R. A. (1967a): Studies on the metabolism of diethyl 4-nitrophenyl phosphorothionate (parathion) *in vitro*. Biochem. J. **103**, 183–191.

Neal, R. A. (1967b): Studies of the enzymatic mechanism of the metabolism of diethyl 4-nitrophenyl phosphorothionate (parathion) by rat liver microsomes. Biochem. J. **105**, 289–297.

Negherbon, W. O. (1959): Handbook of Toxicology, Vol. 3, Insecticides: A Compendium. Saunders, Philadelphia–London, xxv + 854 pp.

Negishi, T., Ishiwatari, T. & Asano, S. (1977): Sex pheromone mass trapping for control of the oriental fruit moth, *Grapholitha molesta* Busck. Jap. J. appl. Ent. Zool. **21**, 210–215 (japanisch).

Negishi, T., Shimada, S. & Asano S. (1976): Effects of insect growth regulators on the tobacco cutworm, *Spodoptera litura*: rectal prolapse. J. Insect Physiol. **22**, 1523–1527.

Neisses, J., Markin, G. P. & Schaefer, R. (1976): Field evaluations of acephate and dimilin against the douglas-fir tussock moth. J. Econ. Entomol. **69**, 783–786.

Nemec, S. F., Adkisson, P. L. & Dorough, H. W. (1968): Methyl parathion absorbed on the skin and blood cholinesterase levels of persons checking cotton treated with ultra-low-volume sprays. J. Econ. Entomol. **61**, 1740–1742.

Neuffer, G. (1974): Pheromonfallen zur Bestimmung des Apfelwicklers. Anz. Schädlingskde., Pflanzenschutz, Umweltschutz **47**, 116–119.

Neuffer, G. (1975): Zur Situation in den Befallsgebieten der San-José-Schildlaus (*Quadraspidiotus perniciosus* Comst.) in Baden-Württemberg nach zwanzig Jahren Freilassungen von *Prospaltella perniciosi* Tow. Z. Pflanzenkr. Pflanzensch. **82**, 503–514.

Newson, L. D. (1980): The next rung up the integrated pest management ladder. Bull. Ent. Soc. Amer. **26**, 369–374.

Newton, I. & Bogan, J. (1978): The role of different organo-chlorine compounds in the breeding of British sparrohawks. J. appl. Ecol. **15**, 105–116.

Nicholson, H. P. (1959): Insecticide pollution of water resources. J. Am. Water Works Assoc. **51**, 981–986.

Nicholson, H. P. (1969): Occurrence and significance of pesticide residues in water. J. Wash. Acad. Sci. **59**, 77–85.

Nicholson, H. P. & Hill, D. W. (1970): Pesticide contaminants in water and their environmental impact, p. 171–179, in 'Relationship of Agriculture to Soil and Water Pollution'. Cornell Univ. Conf. Agric. Waste Management, Ithaca, N. Y., v + 270 pp.

Niessen, H. & Frehse, H. (1972): 1971 Evaluations of some pesticide residues in food. Wld. Hlth. Org. techn. Rep. Ser., No. 502; FAO Agricult. Stud. No. 88, 120–150.

Niessen, H. & Frehse, H. (1978): Pesticides residues in food: 1977 evaluations. FAO Plant Production and Protection Paper 10 Suppl., 276–281.

Nimmo, D. R., Hamaker, T. L., Moore, J. C. & Sommers, C. A. (1979): Effect of diflubenzuron on an estuarine Crustacea. Bull. environm. Contamin. Toxicol. **22**, 767–770.

Nitta, S. (1934): Über Nereistoxin, einem giftigen Bestandteil von *Lumbriconereis heteropoda* (Eunicidae). Yakagaku Zasshi **54**, 648 (japanisch).

Nitta, S. (1941): Pharmakologische Untersuchung des Nereistoxins, das vom Verf. im Körper des *Lumbriconereis heteropoda* (Isome) isoliert wurde. Tokyo Igaku Zaschi **55**, 285 (japanisch).

Noda, K., Hirabayashi, M., Yonemura, I., Maruyama, M. & Endo, I. (1972): Influence of pesticides on embryos II. Oyo Yakuri **6**(4), 673–679.

Noel-Lambot, F., Gerday, Ch. & Disteche, A. (1978): Distribution of Cd, Zn and Cu in liver and gills of the eel *Anguilla anguilla* with special reference to metallothioneins. Comp. Biochem. Physiol. **61C**, 177–187.

Norman, B. J., Poore, R. E. & Neal, R. A. (1974): Studies on the binding of sulfur released in the mixed-function oxidase-catalyzed metabolism of diethyl *p*-nitrophenyl phosphorothionate (parathion) to diethyl *p*-nitrophenyl phosphate (paraoxon). Biochem. Pharmacol. **23**, 1733–1744.

Novak, V. & Sehnal, F. (1973): Effects of a juvenoid applied under field conditions to the Green Oak leaf roller, *Tortrix viridana* L. (Lep., Tortricidae). Z. angew. Entomol. **73**, 312–318.

Novak, V. & Sehnal, F. (1978): Sterilization of the pine weevil, *Hylobius abietis*, with diflubenzuron. Acta ent. bohemoslov. **75** (5), 349–351.

Obe, G., Sperling, K. & Belitz, H. J. (1971): Some aspects of chemical mutagenesis in man and in *Drosophila*. Angew. Chem. Int. Ed. **10**, 302–314.

O'Brien, R. D. (1956): The inhibition of cholinesterase and succinoxidase by malathion and its isomer. J. Econ. Entomol. **49**, 484–490.

O'Brien, R. D. (1960): Toxic Phosphorus Esters. Chemistry, Metabolism, and Biological Effects. Academic Press, New York, XII + 434 pp.

O'Brien, R. D. (1961): Selective toxicity of insecticides, Advan. Pest. Contr. Res. **4**, 75–116.

O'Brien, R. D. (1966): Mode of action of insecticides. Ann. Rev. Entomol. **11**, 369–402.

O'Brien, R. D. (1967): Insecticides: Action and Metabolism. Academic Press, New York, XI + 332 pp.

O'Brien, R. D. (1971): The design of organophosphate and carbamate inhibitors of cholinesterases, p. 161–212, in Ariens, E. J. (Ed.) Drug Design. Vol. II, xviii + 645 pp., Academic Press, New York–London.

O'Brien, R. D. & Dannelly, C. E. (1965): Penetration of insecticides through rat skin. J. Agr. Food Chem. **13**, 245–247.

O'Brien, R. D. & Fisher, R. W. (1958): The relation between ionization and toxicity to insects for some neuropharmacological compounds.

O'Brien, R. D., Hilton, B. D. & Gilmour, L. (1966): The reaction of carbamates with cholinesterase (beef erythrocytes). Mol. Pharmacol. **2** (6), 593–605.

O'Brien, R. D., Thorn, G. D. & Fisher, R. W. (1958): New organophosphate insecticides developed on rational principles. J. Econ. Entomol. **51**, 714–718.

O'Connor, A. K., O'Brien, R. D. & Salpeter, M. M. (1965): Pharmacology and fine structure of peripheral muscle innervation in the cockroach *Periplaneta americana*. J. Insect Physiol. **11**, 1351–1358.

O'Connor, J. A. (1948): The use of blood anti-coagulants for rodent control. Research **1**, 334–336.

Oda, J., Ando, N., Nakajima, Y. & Inouye, Y. (1977): Studies on insecticidal constituents of *Juniperus recurva* Buch. Agr. Biol. Chem. **41**, 201–204.

Oden, S. & Ahl, T. (1970): Forsuvningen ar skandinaviska vatten. Ymer Arsbok, p. 103–122.

Odum, W. E., Woodwell, C. M. & Wurster, C. F. (1969): DDT residues absorbed from organic detritus by fiddler crabs. Science **164**, 576–577.

Oehrens, E. & Gonzalez, S. (1977): Dispersion, cido biologico y danos causados per *Phragmidium violaceum* (Schulz) Winter en Zarzamora (*Rubus constrictus* Lef. et M. y *R. ulmitolius* Schott.) en las zonas centro-sur y sur de Chile. Agro Sur. **5**, 73–85.

Oesch, F., Jerina, D. M., Daly, J. W., Lu, A. Y., Kuntzman, R. & Conney, A. H. (1972): A reconstituted microsomal enzyme system that converts naphthalene to *trans*-1, 2-dihydroxy-1, 2-dihydronaphthalene via naphthalene-1, 2,-oxide: Presence of epoxide hydrase in cytochrome P-450 and P-448 fractions. Arch. Biochem. Biophys. **153**, 62–67.

Ogita, Z. & Kasai, T. (1966): A genetic study of resistance to nicotine sulfate in house flies. Botyu-Kagaku **31**, 14–18 (jap.).

Ohigashi, H. & Koshimizu, K. (1976): Chavicol, as a larva-growth inhibitor from *Viburnum japonicum* Spreng. Agr. Biol. Chem. **40**, 2283–2287.

Ohinata, K., Fujimoto, M., Higa, H., Tanaka, N. & Harris, E. J. (1978): Mediterranean fruit fly: gamma-irradiation in nitrogen and packaging for sterile-insect release program in Los Angeles. J. Econ. Entomol. **71** (4), 610–612.

Ohkawa, H. & Casida, J. E. (1968): Glutathione S-transferases liberate hydrogen cyanide from organic thiocyanates. Biochem. Pharmacol. **20**, 1708–1710.

Ohkawa, H. & Casida, J. E. (1971): Glutathion-S-transferases liberate hydrogen cyanide from organic thiocyanates. Biochem. Pharmacol. **20**, 1708–1710.

Ohkawa, H., Ohkawa, R., Yamamoto, I. & Casida, J. E. (1972): Enzymatic mechanisms and toxicological significance of hydrogen cyanide liberation from various organothiocyanates and organonitriles in mice and houseflies. Pestic. Biochem. Physiol. **2**, 95–112.

Ohta, T. & Bowers, W. S. (1977): Synthesis of insect antijuvenile hormones. Chem. pharm. Bull. **25**, 2788–2789.

Ohta, T., Kuhr, R. J. & Bowers, W. S. (1977): Radiosynthesis and metabolism of the insect antijuvenile hormone, precocene II. J. Agr. Food Chem. **25**, 478–481.

Olechowiez, E. (1977): Changes in the composition and numbers of Diptera under the influence of mineral fertilization of meadows. Ecol. pol. **25**, 467–490.

Olson, W. P. (1970): Penetration of ^{14}C-DDT into and through the cockroach integument (*Periplaneta americana*: Dict., Blattaria). Comp. Biochem. Physiol. **35**, 273–282.

Olson, W. P. (1973): Dieldrin transport in the insect. An examination of Gerolt's hypothesis. Pestic. Biochem. Physiol. **3**, 384–392.

Olson, W. P. & O'Brien, R. D. (1963): The relation between physical properties and the penetration of solutes into the cockroach cuticle. J. Insect. Physiol. **9**, 777–786.

Oliver, J. E., Demilo, A. B., Brown, R. T. & McHaffey, D. G. (1977): A13-63223: A highly effective boll weevil sterilant. J. Econ. Entomol. **70**, 286–288.

Oonnithan, E. S. & Casida, J. E. (1968): Oxidation of methyl- and dimethylcarbamate insecticide chemicals by microsomal enzymes and anticholinesterase activity of the metabolites. J. Agr. Food Chem. **16**, 28–44.

Oppenoorth, F. J. (1954): Metabolism of gamma-benzene hexachloride in susceptible and resistant house flies. Nature (Lond.) **173**, 1000–1001.

Oppenoorth, F. J. (1965 a): DDT resistance in the housefly dependent on different mechanisms and the action of synergists. Mededeel. Landbouwh. Opzoek. Gent. **30**, 1390–1396.

Oppenoorth, F. J. (1965 b): Some cases of resistance caused by the alteration of enzymes, p. 240, 242. Proc. 12th Intern. Congr. Entomol., London.

Oppenoorth, F. J. (1967): Two types of sesamex-suppressible resistance in the housefly. Entomol. exp. appl. (Amst.) **10**, 75–86.

Oppenoorth, F. J. (1971): Resistance in insects: The role of metabolism and the possible use of synergists. Bull. Wld. Hlth. Org. **44**, 195–202.

Oppenoorth, F. J. & Houx, N. W. H. L. (1968): DDT-resistance in the housefly caused by microsomal degradation. Entomol. exp. appl. (Amst.) **11**, 81–93.

Oppenoorth, F. J. & van der Pas, L. J. T. (1977): Cross-resistance to diflubenzuron in resistant strains of housefly, *Musca domestica*. Entomol. exp. appl. (Amst.) **21**, 217–228.

Oppenoorth, F. J. & Voerman, S. (1975): Hydrolysis of paraoxon and malaoxon in three strains of *Myzus persicae* with different degrees of parathion resistance. Pestic. Biochem. Physiol. **5**, 431–443.

Orlowa, N. V. & Zhalbe, E. P. (1968): Maximum permissible amounts of sevin in food products. Vopr. Pitan. **27**, 49–55.
Ortwein, L. (1972): Über den DDT-Metabolismus beim Feldhasen (*Lepus europaeus* Pall.) und seine Rolle beim Vergiftungsprozess. Anz. Schädlingskde., Pflanzenschutz **45**, 182–187.
Ottolenghi, A. D., Haseman, J. K. & Suggs, F. (1973): Teratogenic effects of aldrin, dieldrin and endrin in hamsters and mice. Teratology **9**, 11–16.
Outram, I. (1973): Synthetic juvenile hormone: effect on pupae of the spruce budworm. J. Econ. Entomol. **66**, 1033–1035.
Overland, L. (1966): The role of allelopathic substances in the „smother crop" barley. Amer. Journ. Bot. **53** (5), 423–432.
Ovington, J. D. (1961): Some aspects of energy flow in plantation of *Pinus sylvestris* L. Ann. Bot. London, n. s. **25**, 12–20.
Özbas, O. von (1967): Untersuchungen über den Blauschimmel des Tabaks (*Peronospora tabacina* Adam) in der Türkei. Pflanzenschutz-Nachr. Bayer **20**, 611–616.

Pal, R. (1974): WHO Indian council of medical research program of genetic control of mosquitoes in India, p. 73–95, in Pal, R. & Whitten, M. J. (Eds.) The Use of Genetics in Insect Control. Elvesier/ North Holland, Amsterdam, 241 pp.
Pal, R. & Brown, A. W. A. (1974): Problems of insecticide resistance. Z. Parasitenk. **45**, 211–219.
Pal, R. & La Chance, L. E. (1974): The operational feasibility of genetic methods for control of insects of medical and veterinary importance. Ann. Rev., Entomol. **19**, 269–291.
Palay, S. L., Billings, S. & Chan-Palay, V. (1974): Neuronal perikarya with dispersed, single ribosomes in visual-cortex of *Macaca mulatta*. J. Cell. Biol. **63**, 1074–1089.
Pallos, F. M. & Menn, J. J. (1972): Synthesis and activity of juvenile hormone analogs, p. 303–316, in Menn, J. J. & Beroza, M. (Eds.), Insect Juvenile Hormones. Chemistry and Action. Academic Press, New York, XV + 341 pp.
Pallos, F. M., Menn, J. J., Letchworth, P. E. & Miaullij, J. (1971): Synthetic mimics of insect juvenile hormone. Nature (Lond.) **232**, 486–487.
Palmer, K. A., Green, S. & Legator, M. S. (1972): Cytogenetic effects of DDT and derivations of DDT in a cultured mammalian cell line. Toxicol. Appl. Pharmacol. **22**, 355–364.
Palmquist, J. & La Chance, L. E. (1966): Comparative mutagenicity of two chemosterilants, tepa and hempa, in sperm of *Bracon hebetor*. Science **154**, 915–917.
Pankaskie, J. E., Fountaine, F. C. & Dahm, P. A. (1952): The degradation and detoxification of parathion in dairy cows. J. Econ. Entomol. **45**, 51–60.
Papadopoulos, N. M. & Kintzios, J. A. (1963): Formation of metabolites from nicotine by a rabbit liver preparation. J. Pharmacol. Exp. Ther. **140**, 269–277.
Pappas, G. D. & Purpura, D. P. (Eds.), (1972): Structure and Function of Synapses. Raven Press, New York, 308 pp.
Parker, V. H. (1958): Effect of nitrophenols and halogenophenols on the enzymic activity of rat-liver mitochondria. Biochem. J. **69**, 306–311.
Parochetti, J. V. & Warren, W. J. (1966): Vapor losses of IPC and CIPC. Weeds **14**, 281–285.
Pate, T. L. & Vinson, S. B. (1968): Evidence of a non-specific type resistance to insecticides by a resistant strain on the tobacco budworm. J. Econ. Entomol. **61**, 1135–1137.
Patterson, R. S., Sharma, V. P., Singh, K. R. P., LaBrecque, G. C., Seetheram, P. L. & Grover, K. K. (1975): Use of radiosterilized males to control indigenous populations of *Culex pipiens quinquefasciatus* Say: laboratory and field studies. Mosquito News **35**, 1–7.
Pauling, L. & Niemann, C. (1936): The structure of proteins. J. Amer. Chem. Soc. **61**, 1860–1867.
Paulson, G. D., Zaylskie, R. G., Zehr, M. V., Portnoy, C. E. & Feil, V. J. (1970): Metabolites of carbaryl (l-naphthyl methylcarbamate) in chicken urine. J. Agr. Food Chem. **18**, 110–115.
Pavan, M. (1959): Biochemical aspects of insect poisons, p. 15–36. IVth Int. Congr. of Biochem. 1958, Vol. 12; Biochemistry of Insects. Pergamon Press, London.
Pavan, M. (1975 a): Sunto delle attuali conoscenze sulla pederina. Publ. d'Istituto di Entomol. agr. Univ., Pavia, Nr. **1**, 35 pp.
Pavan, M. (1975 b): Gli iridoidi negli insetti. Publ. d'Istituto di Entomol. agr. Univ., Pavia, Nr. **2**, 49 pp.
Pavan, M. (1981): Utilità delle ormiche del gruppo *Formica rufa*. Collana verde **57**, 9–99.
Pavan, M. & Dazzini Valcurone, M. (1971): Toxicology and Pharmacology – Arthropoda. Chem. Zool. **6**, 365–409.
Pavan, M. & Dazzini Valcurone, M. (1976): Sostanze di difesa dei Lepidotteri. Publ. d'Istituto di Entomol. agr. Univ. Pavia, Nr. **3**, 23 pp.
Peakall, D. B. (1967): Pesticide induced enzyme breakdown of stervids in birds. Nature (Lond.) **216**, 505–506.

Peden, J. D., Crothers, J. H., Waterfall, C. E. & Beasly, J. (1973): Heavy metals in somerset marine organisms. Mar. Pollut. Bull. **4**, 7–9.

Pederson, L.-E. (1978): Effects of anti-juvenile hormone (precocene 1) on the development of *Locusta migratoria* L. Gen. Comp. Endocrinology **36**, 502–509.

Penfold, A. R. & Morrison, F. S. (1952): Some Australian essential oils in insecticides and repellents. Soap, Perf. Cosmetics **25**, 933–934.

Penfound, W. T. & Minyard, V. (1947): Relations of light intensity to effect of 2,4-dichlorophenoxi acetic acid and on water hyacinth and kidney bean plant. Bot. Gaz. **109**, 231–234.

Perelygin, V. M., Shpirt, M. B. & Genis, V. I. (1973): Cytotoxicity of pesticides during their simultaneous action. Vopr. Pitan. **30**, 44–47.

Pereguda, T. A. (1976): Comparison of permeability of the integument in resistant and susceptible housefly *Musca domestica* L. to chlorophos. Vestn. Mosk. Univ., Ser. VI, Nr. **4**, 43–47 (russisch).

Perkow, W. (1956): Die Insektizide. Hüthig Verlag, Heidelberg, VIII + 384 pp.

Perrin, R. M. (1975): The role of the perennial stinging nettle, *Urtica dioica*, as a reservoir of beneficial natural enemies. Ann. Appl. Biol. **81**, 289–297.

Perry, A. S. & Buckner, A. J. (1958): Biochemical investigations on DDT-resistance in the human body louse, *Pediculus humanus humanus*. Am. J. trop. Med. Hyg. **7**, 620–626.

Perry, A. S., Matson, A. M. & Buckner, A. J. (1958): The metabolism of heptachlor by resistant and susceptible house flies. J. Econ. Entomol. **51**, 436–351.

Perry, A. S., Pearce, G. W. & Buckner, A. J. (1964): The absorption, distribution and fate of ^{14}C-aldrin and ^{14}C-dieldrin by susceptible and resistant house flies. J. Econ. Entomol. **57**, 867–872.

Perttunen, V. (1953): Reactions of diplopods to the relative humidity of the air. Ann. Soc. „Vanamo" **16**, 1–69.

Perttunen, V. (1957): Reactions of two bark beetle species, *Hylurgops palliatus* Gyll. and *Hylastes ater* Payk. to the terpene 2-pinene. Suomen Hyonteist. Aikakausk. **23**, 101–110.

Peterson, J. J., Chapman, H. C., Willis, O. R. & Fukuda, T. (1978): Release of *Romanomermis culicivorax* for the control of *Anopheles albimanus* in El Salvador. Amer. J. trop. Med. Hyg. **27**, 1268–1273.

Petrocelli, S. R., Hanks, A. R. & Anderson, J. (1973): Uptake and accumulation of an organochlorine insecticide (dieldrin) by an estuarine mollusc, *Rangia cuncata*. Bull. environm. Contamin. Toxicol. **10**, 315–320.

Pfadt, R. E. (Ed.) (1971): Fundamentals of Applied Entomology. 2nd. Ed., x + 693 pp. Macmillan, New York.

Pfeifer, S. (1980): Taschenbuch für Vogelschutz. 5. Aufl., Frankfurt: Strohbach, 343 pp.

Phillips, W. E. J. (1963): DDT and the metabolism of vitamin A and carotene in the rat. Can. J. Biochem. Physiol. **41**, 1793–1802.

Pianka, M., Edwards, J. D. & Smith, C. B. F. (1966): Studies in fungitoxicity. V. Fungicidal activity of certain dithiocarbamates. J. Sci. Food Agr. **17**, 407–416.

Pierce, H. D., Vernon, R. S., Borden, J. H. & Oehlschlager, A. C. (1978): Host selection by *Hylemya antiqua* (Meigen) identification of three new attractants and oviposition stimulants. J. Chem. Ecol. **4**, 65–72.

Pimentel, D. (1971): Ecological Effects of Pesticides on Non-target Species. Office of Science and Technology, Executive Office of the President, Washington, D. C., 220 pp.

Pimentel, D. & Bellotti, A. C. (1976): Parasite-host population systems and genetic stability. Amer. Naturalist **110**, 877–888.

Pimentel, D., Dritschilo, W., Krummel, J. & Kutzman, J. (1975): Energy and land constraints in food protein production. Science (Wash.) **190**, 754–761.

Pimentel, D. & Goodman, N. (1978): Ecological basis for the management of insect populations. Oikos **30** (3), 422–437.

Pinto, I. D., Camien, M. N. & Dunn, M. S. (1965): Metabolic fate of *p, p*-DDT (1,1,1-trichloro-2, 2-bis (*p*-chloro-phenyl) ethane) in rats. J. Biol. Chem. **240**, 2148–2154.

Pitman, G. B. & Vité, J. P. (1971): Predator-prey response to western pine beetle attractans. J. Econ. Entomol. **64**, 402–404.

Plapp, F. W. jr. (1970a): Changes in glucose metabolism associated with resistence to DDT and dieldrin in the house fly. J. Econ. Entomol. **63**, 1768–1772.

Plapp, F. W. (1970b): On the molecular biology of insecticide resistance, p. 179–192, in O'Brien, R. D. & Yamamoto, I. (Eds.) Biochemical Toxicology of Insecticides. Academic Press, New York, vii + 218 pp.

Plapp, F. W. (1976): Biochemical genetics of insecticide resistance. Ann. Rev. Entomol. **21**, 179–197.

Plapp, F. W. & Casida, J. E. (1969): Genetic control of house fly NADPH-dependent oxidases: relation to insecticide chemical metabolism and resistance. J. Econ. Entomol. **62**, 1174–1179.

Plapp, F. W. & Hoyer, R. F. (1968a): Possible pleiotropism of a gene confering resistance to DDT, DDT analogs, and pyrethrins in the house fly and *Culex tarsalis*. J. Econ. Entomol. **61**, 761–765.
Plapp, F. W. & Hoyer, R. F. (1968b): Insecticide resistance in the housefly: decreased rate of absorption as the mechanism of action of a gene that acts as an intensifier of resistance. J. Econ. Entomol. **61**, 1298–1303.
Plapp, F. W. jr. & Tong, H. H. C. (1966): Synergism of malathion and parathion against resistant insects: Phosphorus esters with synergistic properties. J. Econ. Entomol. **59**, 11–15.
Plapp, F. W. & Tripathi, R. K. (1978): Biochemical genetics of altered acetylcholinesterase resistance to insecticides in the house fly. Biochem. Genet. **16**, 1–11.
Plapp, F. W. jr. & Valega, T. M. (1967): Synergism of carbamate and organophosphate insecticides by noninsecticidal carbamates. J. Econ. Entomol. **60**, 1094–1102.
Plimmer, J. R., Caro, J. H. & Freeman, H. P. (1978): Distribution and dissipation of aerially-applied disparlure under a woodland canopy. J. Econ. Entomol. **71**, 155–157.
Plimmer, J. R., Kearney, P. C. & Rowlands, J. R. (1968): Atrazin dealkylation by free radicals. Abstr. Amer. Chem. Soc., Atlantic City, N. Y.; Div. Agr. Food Chem. **156**, Nr. 47.
Pionar, G. O. (1979): Nematodes for Biological Control of Insects. CRC Press, Inc., Florida, 304 pp.
Polles, S. G. S. & Vinson, S. B. (1969): Effect of droplet size on persistence of ULV malathion and comparison to toxicity of ULV and EC malathion to tobacco budworm larvae. J. Econ. Entomol. **62**, 89–94.
Polles, S. G. S. & Vinson, S. B. (1972): Penetration, distribution and metabolism of ^{14}C-endrin in resistant and susceptible tobacco budworm larvae. J. Agr. Food Chem. **20**, 38–41.
Porter, R. & Wiemeyer, St. (1969): Dieldrin and DDT: effects on sparrow hawk eggshells and reproduction. Science (Wash.) **165**, 199–200.
Pospišil, J. (1962a): On visual orientation of the house fly (*Musca domestica*) to colours. Acta Soc. ent. Čsl. **59** (1), 1–8.
Pospišil, J. (1962b): Laboratory rearing of the spinach leaf miner *Pegomyia hyoscyami* Panz. Acta Soc. ent. Čsl. **59** (1), 9–11.
Post, L. C., De Yong, B. I. & Vincent, W. R. (1974): 1-(2,6-disubstituted benzoyl)-3-phenylurea insecticids: inhibitors of chitin synthesis. Pestic. Biochem. Physiol. **4**, 473–483.
Postner, M. (1960): Die biologische Bekämpfung der Tannennadelgallmücke *Agerillea abietis* Hubault (Cecid. Dipt.) mit Hilfe der Schlupfwespe *Platygaster manto* Walk., (Platyg. Proctotr.). Fortswiss. Zentralbl. **79**, 158–161.
Postner, M. (1971): Systemische Insektizide im Forstschutz. Z. angew. Entomol. **68**, 231–239.
Potts, G. R. (1968): Success of eggs of the shag on the Farne Islands, Northumberland, in relation to their content of dieldrin and *p,p'*DDE. Nature (Lond.) **217**, 1282–1284.
Pötsch, J. (1975): Untersuchungen über die Veränderung der Ackerunkrautvegetation nach Herbizideeinsatz unter natürlichen landwirtschaftlichen Bedingungen, p. 161–168, in Schubert, R., Hibbig, W. Mahn, E. (Eds.) Probleme der Agrogeobotanik. Jena, 213 + 16 pp.
Pradham, S. & Mundkur, S. S. (1957): The effect of temperature on the susceptibility of mosquitos (*Culex fatigans*) larvae to DDT-suspensions. Z. angew. Entomol. **40**, 371–379.
Prasert, V., Knapp, F. W., Lyons, E. T. & Drudge, J. H. (1975): Biological effects of methoprene on the sheep bot fly. J. Econ. Entomol. **68**, 639–640.
Pratt, G. E. & Bowers, W. S. (1977): Precocene II inhibits juvenile hormone biosynthesis by cockroach corpora allata *in vitro*. Nature (Lond.) **265**, 548–550.
Pree, D. L. (1976): Effects of two insect growth disruptors, PH 6038 and PH 6040, on the winter moth, *Operophthera brumata* (Lepidoptera: Geometridae). Canad. Entomologist **108**, 49–52.
Premdas, F. H. & Anderson, J. M. (1963): The uptake and detoxification of ^{14}C-labeled DDT in Atlantic salmon. J. Fish. Res. Board Can. **20**, 827–837.
Preuschen, G. (1980): Der ökologische Weinbau – Ein Leitfaden für Praktiker und Berater. Karlsruhe, C. F. Müller, 168 pp.
Preussman, R. (1968): Direct alkylating agents as carcinogens. Food Cosmet. Toxicol. **6**, 576–577.
Price, G. & Kuhr, R. (1969): The metabolism of the insecticide carbaryl (1-naphthyl N-methyl-carbamate) by fat body of the blowfly larva *Calliphora erythrocephala*. Biochem. J. **112**, 133–138.
Priester, T. M. & Georghiou, G. P. (1978): Induction of high resistance to permethrin in *Culex pipiens quinquefasciatus*. J. Econ. Entomol. **71**, 197–200.
Prokopy, R. J., Reissig, W. H. & Moericke, V. (1976): Marking pheromones deterring repeated oviposition in *Rhagoletis* flies. Entomol. exp. appl. (Amst.) **20**, 170–178.
Proverbs, M. D., Logan, D. M. & Newton, J. R. (1975): A study to suppress codling moth (Lepidoptera: Olethreutidae) with sex pheromone traps. Canad. Ent. **107**, 1265–1269.
Pschorn-Walcher, H. (1977): Biological control of forest insects. Ann. Rev. Entom. **22**, 1–22.

Ptashne, K. A., Wolcott, R. M. & Neal, R. A. (1971): Oxygen-18 studies on the chemical mechanisms of the mixed function oxidase catalyzed desulfuration and deacrylation reactions of parathion. J. Pharmacol. Exp. Ther. **179**, 380–385.

Putnam, A. R. & Duke, W. B. (1974): Biological suppression of weeds: evidence for allelopathy in accessions of cucumber. Science (Wash.) **185**, 370–372.

Quarterman, K. D. & Schoof, H. F. (1958): The status of insecticide resistance in arthropods of public health importance in 1956. Amer. J. trop. Med. Hyg. **7**, 76–83.

Que Hee, Sh. S. (1981): The Phenoxyalkanoic Herbicides. Vol. I: Chemistry, Analysis, and Environmental Pollution. CRC Press, Inc., Florida, 321 pp.

Quinby, G. E. & Lemmon, A. B. (1958): Parathion residues as a cause of poisoning in crop workers. J. Am. Med. Assoc. **166**, 740–746.

Quistad, G. B., Schooley, D. A., Staiger, L. E., Bergot, B. I., Sleight, B. H. & Macek, K. I. (1976): Environmental degradation of the insect growth regulator methoprene. IX. Metabolism by bluegill fish. Pestic. Biochem. Physiol. **6**, 523–529.

Quraishi, M. S. (1977): Biochemical Insect Control, its impact on economy, environment, and natural selection. Wiley-Interscience Publ./ John Wiley & Sons VIII, 280 pp.

Quraishi, M. S. & Abdul Matin, A. S. M. (1962): Mode of action of insecticides. Centro-Institute of Nuclear Science, Teheran, Iran, (unpubl. report).

Quraishi, M. S. & Poonawalla, Z. T. (1969): Radioautographic study of the diffusion of topically applied DDT-^{14}C into the house fly and its distribution in internal organs. J. Econ. Entomol. **62**, 988–994.

Radomski, J. L., Deichmann, W. B., MacDonald, W. E. & Glass, E. M. (1965): Synergism among oral carcinogens. I. Results of the simultaneous feeding of four tumorigens to rats. Toxicol. Appl. Pharmacol. **7**, 652–656.

Radwan, H. S. A. (1978): Selection with chitin biosynthesis inhibitors (dimilin) for resistance and cross-resistance in the cotton leafworm *Spodoptera littoralis* (Boisd.). Intern. Pest Control **20**, 21–23.

Raffensperger, E. (1969): Collembola and Acari in DDT- and aldrin-treated agricultural soils in Norway. Norsk. ent. T. **16**, 65–69.

Rake, D. W. (1961): Some studies on photochemical and soil microorganism decomposition of granular organo-borate herbicides. Weed Soc. Am. Abstr. p. 48–49.

Ramoska, W. A. & Burgess, J. (1978): Field application of a bacterial insecticide. Mosquito News **38**, 57–60.

Rathburn, C. B. & Boike, A. H. (1975): Laboratory and small plot field tests of altosid and dimilin for the control of *Aedes taeniorhynchus* und *Culex nigripalus* larvae. Mosquito News **35**, 540–546.

Ratnayake, M. & Audus, L. J. (1978): Studies on the effects of herbicides on soil nitrification. II. Pestic. Biochem. Physiol. **8** (2), 170–185.

Ray, J. W. (1963): Insecticide absorbed by the central nervous system of susceptible and resistant cockroaches exposed to dieldrin. Nature (Lond.) **197**, 1226–1227.

Reed, W. T. & Forgash, A. I. (1970): Metabolism of lindane to organic-soluble products by houseflies. J. Agr. Food Chem. **18**, 475–481.

Reichenbach-Klinke, H. H. (1974): Der Süßwasserfisch als Nährstoffquelle und Umweltindikator. G. Fischer-Verlag, Stuttgart, 125 pp.

Reichert, D. (1981): Toxication of foreign substances by conjugation reactions. Angew. Chem. **20**, 135–142.

Remaudiere, G. (1961): Projekt d'installation et de fouctionnement d'une unite de production d'oeufs d'*Eurygaster integriceps*. FAO, Sum Pest Infam., Doc. Centre, Sum Pest Circ. **5**, 37 pp.

Rembold, H., Sharma, G. K. & Czoppelt, Ch. (1980): Growth-regulating activity of azadirachtin in two holometabolous insects, p. 121–128, in Schutterer, H., Ascher, K. R. S. & Rembold, H. (Eds.) Natural Pestitides from the Neem Tree (*Azadirachta indica* A. Juss). Proc. 1st. Intern. Neem Conf., Rottach-Egern 16.–18.6.1980, F.R.G., 297 pp.

Rembold, H. & Sieber, K.-P. (1980): Effect of Azadirachtin on Oocyte development in *Locusta migratoria migratorioides*, p. 75–80, in Schutterer, H., Ascher, K. R. S. & Rembold, H. (Eds.) Natural Pesticides from the Neem Tree (*Azadirachta indica* A. Juss). Proc. 1st. Intern. Neem Conf., Rottach-Egern, 16.–18.6.1980, F.R.G., 297 pp.

Remmer, H., Estabrook, R. W., Schenkman, J. & Greim, H. (1968): Induction of microsomal liver enzymes, p. 65–88, in Hodgson, E. (Ed.) Enzymatic Oxidations of Toxicants. Proc. Conf. North Carolina State University Press, Raleigh, N. C., 229 pp.

Remold, H. (1962): Über die biologische Bedeutung der Duftdrüsen bei den Landwanzen (Geocorisae), Z. vergl. Physiol. **45**, 636–694.

Remold, H. (1963): Scent-glands in land-bugs, their physiology and biological function. Nature (Lond.), **198**, 764–768.

Renson, J., Weissbach, H. & Udenfriend, S. (1965): On the mechanism of oxidative cleavage of arylalkyl ethers by liver microsomes. Mol. Pharmacol. **1**, 145–148.

Renwick, J. A. & Radke, C. D. (1980): An oviposition deterrent associated with grass from feeding larvae of the Cabbage Looper, *Trichoplusia ni* (Lepidoptera: Noctuidae). Environ. Entomol. **9**, 318–320.

Renwick, J. A. A. & Vite, J. P. (1981): Biology of pheromones, p. 1–28, in Wegler, R. (Ed.) Chemie der Pflanzenschutz- und Schädlingsbekämpfungsmittel. Bd. **6**, 512 pp., Springer-Verlag, Berlin–Heidelberg–New York.

Reschke, M., Heitefuss, R. & Fuchs, W. H. (1974): Untersuchungen zur Bestimmung wirtschaftlicher Schadensschwellen im Kartoffelbau. I. Die ökonomische Schadensschwelle der Kraut- und Knollenfäule (*Phytophthora infestans*). Z. Pflanzenkr. Pflanzensch. **81**, 1–27.

Retnakaran, A. (1973): Ovicidal effect in the White Pine weevil, *Pissodes strobi*, (Coleoptera: Curculionidae), of a synthetic analogue of juvenile hormone. Canad. Entomol. **105**, 591–594.

Retnakaran, A. & Smith, L. (1975): Morphogenetic effects of an inhibitor of cuticle development on the spruce budworm, *Choristoneura fumiferana*: Tortricidae). Canad. Entomol. **107**, 883–886.

Retnakaran, A. & Smith, L. (1976): Greenhouse evaluation of PH 60–40 activity on the forest tent caterpillar. Bi-monthly Res. Notes **32** (1), 2.

Revathy, D., Kishen Rao, B., Thakur, S. S. & Samuel Raj, N. (1979): Effectivity of an insect growth regulator, hydroprene on the cotton stainer *Dysdercus koenigii* F. Ind. Journ. Exper. Biol. **17**, 945–947.

Ribrioux, Y. & Dolbeau, C. (1975): Essai de lutte contre la Processionnaire du Pin (*Thaumetopoea pityocampa* Schiff.) a l'aide du diflubenzuron. Phytiatr.-Phytopharm. **24**, 193–204.

Rice, E. L. (1974): Allelopathy. Academic Press, New York; 353 pp.

Rice, E. L. (1979): Allelopathy – an update. Bot. Rev. **45**, 15–109.

Richards, A. G. (1941): Differentiation between toxic and suffocating effects of petroleum oils on larvae of the house mosquito (*Culex pipiens*) (Diptera). Trans. Amer. Ent. Soc. **67**, 161–196.

Richardson, A., Baldwin, M. & Robinson, J. (1968): Identification of metabolites of dieldrin (HEOD) in the faeces and urine of rats. J. Sci. Food Agr. **19**, 524–529.

Richardson, C. H. & Shepard, H. H. (1930): The insecticidal action of some derivatives of pyridine and pyrrolidine and of some aliphatic amines. J. Agr. Res. **40**, 1007–1015.

Richerson, J. V. & Payne, T. L. (1979): Effects of bark beetle inhibitors on landing and attack behavior of the southern pine beetle and beetle associates. Environ. Entomol. **8**, 360–364.

Riddiford, L. M. (1972): Juvenile hormone and insect embryonic development: its potential role as an ovicide, p. 95–111, in Menn, J. J. & Baroza, M. (Eds.) Insect Juvenile Hormones – Chemistry and Action. Academic Press, New York, XV + 341 pp.

Riddiford, L. M., Ajami, A. M. & Boake, Ch. (1975): Effectiveness of insect growth regulators in the control of populations of the German cockroach. J. Econ. Entomol. **68**, 46–48.

Riedl, H., Croft, B. A. & Howitt, A. J. (1976): Forecasting codling moth phenology based on trap catches and physiological-time models. Canad. Entomol. **108**, 449–460.

Ripper, W. E. (1957): The status of systemic insecticides in pest control practices, p. 305–352, in Metcalf, R. L. (Ed.) Advances in Pest Control Research, Vol. **1**, Interscience Publ. Inc., New York.

Ripper, W. E., Greenslade, R. M. & Hartley, G. S. (1951): Selective insecticides and biological control. J. Econ. Entomol. **44**, 448–459.

Risebrough, R. W., Huggett, R. J., Griffin, J. J. & Goldberg, E. D. (1968): Pesticides: Transatlantic movements in the Northeast Trades. Science **159**, 1233–1236.

Rishbeth, J. (1968): The possibility of stump inoculation for conifers other than pines. 3. Intern. Conf. Fomes annosus (Aarhus). Intern. Union Forest. Res. Organ., Sect. **24**, 12 pp.

Robbins, W. E., Hopkins, T. L. & Darrow, D. I. (1959): Synergistic action of piperonyl butoxide with Bayer 21/199 and its corresponding phosphate in mice. J. Econ. Entomol. **52**, 660–663.

Robbins, W. E., Thompson, M. J., Yamamoto, R. T. & Shortino, T. J. (1965): Feeding stimulants for the female house fly *Musca domestica* L. Science **147**, 628–630.

Robens, J. F. (1969): Teratologic studies of carbaryl, diazinon, norea, disulfiram and thiram in small laboratory animals. Toxicol. Appl. Pharmacol. **15**, 152–163.

Roberts, J. R., DeFrietas, A. S. W. & Gidney, M. A. J. (1977): Influence of lipid pool size on bioaccumulation of the insecticide chlordane by northern redhorse suckers (*Moxostoma macrelepidotum*). Fish. Res. Board can. **34**, 89–97.

Robinson, J. (1967): Dynamics of organochlorine insecticides in vertebrates and ecosystems. Nature (Lond.) **215**, 33–35.

Robinson, J. (1969): The burden of chlorinated hydrocarbon pesticides in man. Can. Med. Assoc. J. **100**, 180–191.

Robinson, J. & McGill, A. E. J. (1966): Organochlorine insecticide residue in complete prepared meals in Great Britain during 1965. Nature (Lond.) **212**, 1037–1038.

Robinson, J., Richardson, A., Bush, B. & Elgar, K. E. (1966): The photoisomerization product of dieldrin. Bull. environm. Contamin. Toxicol. **1**, 127–132.

Robinson, J., Roberts, M., Baldwin, M. & Walker, A. I. T. (1969): The pharmacokinetics of HEOD (dieldrin) in the rat. Food Cosmet. Toxicol. **7**, 317–332.

Robinson, S. W. & Cherrett, J. M. (1978): The possible use of methyl 4-methylpyrrole-2-carboxylate, an ant trail pheromone, as a component of an improved bait for leaf-cutting ant (Hymenoptera: Formicidae) control. Bull. ent. Res. **68**, 159–170.

Rockstein, M. (Ed.), (1978): Biochemistry of Insects, Academic Press, New York.

Rodriguez, L. D. & Dorough, H. W. (1977): Degradation of carbaryl by soil microorganisms. Arch. environm. Contamin. Toxicol. **6**, 47–56.

Roeder, A. (1981): Produktionssysteme zur Vermehrung von Insektenzellen und Kernpolyederviren. Mitt. dtsch. Ges. allg. angew. Ent. **2**, 87–93.

Roeder, K. D. & Roeder, S. (1939): Electrical activity in the isolated ventral nerve cord of the cockroach. I. The action of philocarpine, nicotine, eserine and acetycholine. J. Cell. Comp. Physiol. **14**, 1–9.

Roeder, K. D. & Weiant, E. A. (1946): The site of action of DDT in the cockroach. Science (N.Y.) **103**, 304–306.

Roeder, K. D. & Weiant, E. A. (1948): The effect of DDT on sensory and motor structures in the cockroach leg. J. Cell. Comp. Physiol. **32**, 175–186.

Roelofs, W. L. (1976): Communication disruption by pheromone components, p. 123–124 in Kono, T. & Ischii, S. (Eds.): Proc. Symp. Insect Pheromones and Appl., Nagaoka + Tokyo, 176 pp.

Roger, J. C., Chambers, H. & Casida, J. E. (1964): Nicotin acid analogs: Effects on response of chick embryos and hens to organophosphate toxicants. Science, **144**, 539–540.

Röller, H., Dahm, K. H., Sweely, C. C. & Trost, B. M. (1967): The structure of the juvenile hormone. Angew. Chem. (Int. Ed.) **6**, 179–180.

Ronchetti, G. (1958): Ricerche sull ‚attivita' insetticida dell'iridomirmecina. Mem. Soc. Entomol. ital. **37**, 55–86.

Roomi, M. W. & Atiquiddin, M. (1977): Observations on the repellency of „Neem" plant, *Melia azadirachta* L. on some stored-grain pests from Pakistan. Z. angew. Entomol. **84**, 124–129.

Rosen, A. A. & Kraybill, H. F. (1966): Organic pesticides in the environment, x + 309 pp., ed. by Gould, R. F.: Advan. Chem. Ser. **60**, Washington D. C.

Rosen, J. D., Sutherland, D. J. & Lipton, G. R. (1966): The photochemical isomerization of dieldrin and endrin and effects on toxicity. Bull. environm. Contamin. Toxicol. **1**, 133–140.

Rosival, L. & Kapeller, K. (1970): Heptachlor induced morphological changes, p. 29–32, in Kurolwa, H. (Ed.), Proc. 4th Intern. Cong. Rural Med. – Wither Rural Medicine? Jap. Ass. Rural Med., Tokyo.

Roth, L. M. & Eisner, T. (1962): Chemical defenses of arthropods. Ann. Rev. Entomol. **7**, 107–136.

Roth, W., Heinrich, R., Knauf, W., Bestmann, H. J., Brosche, T. & Vostrowsky, O. (1981): Formulierung von Pheromonen – Möglichkeiten und Schwierigkeiten. Mitt. dtsch. Ges. allg. angew. Ent. **2**, 279–288.

Rowe, F. P. & Redfern, R. (1967): The effect of sex and age on the response to warfarin in a non-inbred strain of mice. J. Hyg. **65**, 55–60.

Rowlands, D. G. & Lloyd, C. J. (1969): DDT metabolism in susceptible and pyrethrin-resistant *Sitophilus granarius* (L.) (Coleoptera, Curculionidae). J. Stored Prod. Res. **5**, 413–415.

Roy, A. B. & Trudinger, P. A. (1970): The Biochemistry of Inorganic Compounds of Sulfur. Univ. Press, Cambridge, XV + 399 pp.

Römer, D. (1957): Thiodan, ein Fraß- und Kontaktinsektizid. Anz. Schädlingskde. **30**, 174–176.

Rumack, B. H., Holtzman, J. & Chase, H. P. (1973): Hepatic drug metabolism and protein malnutrition. J. Pharmacol. Exp. Ther. **186**, 441–446.

Rust, M. K. & Reierson, D. A. (1977): Using pheromone extract to reduce repellency of blatticides. J. Econ. Entomol. **70**, 34–38.

Rücker, G. & Chung, B. S. (1975): Aristolochiasäure aus *Aristolochia manchuriensis*. Planta Medica **27**, 68–71.

Saba, F. (1961 a): Über Entwicklung und Rückgang der Giftresistenz bei *Tetranychus urticae* Koch und deren Abhängigkeit von der Wirtspflanze. Z. angew. Entomol. **48**, 265–293.

Saba, F. (1961 b): Über die Bildung der Diapauseform bei *Tetranychus urticae* Koch in Abhängigkeit von der Giftresistenz. Entomol. exp. appl. (Amst.) **4**, 264–272.

Sacca, G. & Stella, E. (1964): A field trial against *Musca domestica* L. by liquid baits of aphoxide. Riv. Parassit. **25**, 279–294.

Sacher, R. M. (1971): A mosquito larvicide with favorable environmental properties. Mosquito News **31** (4), 513–516.

Saha, J. G. & McDonald, H. (1967): Insecticide residues in wheat grown in soil treated with aldrin and endrin. J. Agr. Food Chem. **15**, 205–207.

Sakai, M. (1964): Studies on the insecticidal action of nereistoxin, 4-N, N-dimethyl-amino-1, 2-dithiolane. I. Insecticidal properties. Jap. J. appl. Entomol. Zool. **8**, 324–332 (jap.).

Sakai, M. (1966): Studies on the insecticidal action of nereistoxin, 4-N, N-dimethylamino-1, 2-dithiolane. IV. Role of the anticholinesterase activity in the insecticidal action to housefly, *Musca domestica* L. (Diptera: Muscidae). Appl. Entomol. Zool. **1**, 73–82.

Sakai, M. & Sato, Y. (1972): Metabolic conversion of the nereistoxin-related compounds into nereistoxin as a factor of their insecticidal action, p. 455–467, in Tahori, A. S. (Ed.) Pesticide Chemistry. Proc. 2nd Int. IUPAC Congr. Pestic. Chem., Vol. I, x + 496 pp., Gordon & Breach, New York.

Salama, H. S. (1976): Sterilization and spermatogenesis of the gypsy moth *Porthesia dispar* L. as affected by thiotepa. Z. angew. Entomol. **81**, 292–304.

Salama, H. S., Motagally, Z. A. & Skatulla, U. (1976): On the mode of action of dimilin as a moulting inhibitor in some lepidopterous insects. Z. angew. Entomol. **80**, 396–407.

Saleh, M. S., Gaaboub, I. A. & Kassem, Sh. M. I. (1981): Larvicidal effectiveness of three controlled-release formulations of dursban and dimilin on *Culex pipiens* L. and *Aedes aegypti* (L.). J. agric. Sci. Camb. **97**, 87–96.

Samuel Raj, N., Kishen Rao, B., Thakur, S. S. & Divakar, J. (1978): The effects of methoprene, an juvenile hormone analogue on the metamorphosis of *Anopheles stephensi* (Liston). Comp. Physiol. Ecol. **3**, 212–214.

Sanders, C. J. (1978): Evaluation of sex attractant traps for monitoring spruce budworm populations (Lepidoptera: Torticidae). Canad. Entomol. **110**, 43–50.

Sarmiento, R., McGovern, T. P., Beroza, M., Mills, G. D. jr. & Redfern, R. E. (1973): Insect juvenile hormones: highly potent synthetic mimics. Science **179**, 1342–1343.

Sauberlich, H. E. & Baumann, C. A. (1947): Effect of dietary variations upon the toxicity of SST to rats or mice. Proc. Soc. Exp. Biol. Med. **66**, 642–645.

Sawicki, R. M. (1973): Resynthesis of multiple resistance to organophosphorus insecticides from strains with factors of resistance isolated from the SKA strain of house flies. Pestic. Sci. **4**, 171–180.

Sawicki, R. M. & Farnham, A. W. (1967): Genetics of resistance to insecticides of the SKA strain of *Musca domestica*. II. Isolation of the dominant factors of resistance to diazinon. Entomol. exp. appl. (Amst.) **10**, 253–262.

Sawicki, R. M. & Farnham, A. W. (1968): Genetics of resistance to insecticides of the SKA strain of *Musca domestica*. III. Location and isolation of the factors of resistance to dieldrin. Entomol. exp. appl. (Amst.) **11**, 132–142.

Saxena, B. P. & Koul, O. (1978): Utilization of essential oils for insect control. Indian Perfumer **22**, 138–149.

Saxena, B. P., Koul, O., Gupta, S. C., Kalla, A. K., Dhar, K. L. & Atal, C. K. (1976): Synergists for pyrethrum. II. Derivatives of dihydro dillapiole. Pyrethrum Post **14** (2), 41–44.

Saxena, B. P., Koul, O., Tikku, K., Atal, C. K., Suri, O. P. & Suri, K. A. (1979): Aristolchia acid-an insect chemosterilant from *Aristolchia bracteata* Retz. Ind. Journ. Exper. Biol. **17**, 354–360.

Saxena, B. P. & Mathur, A. C. (1976): Loss of fecundity in *Dysdercus koenigii* F. due to vapours of *Acorus calamus* L. oil. Experientia (Basel) **32**, 315–316.

Saxena, B. P. & Rohdendorf, E. B. (1974): Morphological changes in *Thermobia domestica* under the influence of *Acorus calamus* oil vapours. Experientia (Basel) **30**, 1298–1300.

Saxena, B. P. & Srivastava, J. B. (1972): Studies on plant extracts with juvenile hormone activity. Effects of *Iris ensata* Thamb. (Iridaceae) on *Dysdercus koenigii* F. (Pyrrochoridae). Experientia (Basel) **28**, 112–113.

Saxena, B. P. & Srivastava, J. B. (1973): *Tagetes minuta* L. oil – A new source of juvenile hormone mimicking substance. Ind. Journ. Exper. Biol. **11**, 56–58.

Saxena, B. P., Tikku, K. & Koul, O. (1977a): Spermatogenesis in *Dysdercus koenigii* and induced sterility by *Acorus calamus* oil vapours. Acta ent. bohemoslov. **74**, 381–387.

Saxena, B. P., Tikku, K. & Koul, O. (1977b): Inhibition of embryonic development by oil of *Acorus calamus* L. treated males in *Dysdercus koenigii* F. Indian Perfumer **21**, 73–78.
Saxena, K. N. & Sharma, R. N. (1972): Embryonic inhibition and oviposition induction in *Aedes aegypti* (Diptera: Culicidae) by certain terpenoids. J. Econ. Entomol. **65**, 1588–1591.
Schaefer, C. H., Dupros, E. F. jr., Stewart, R. J., Davidson, L. W. & Codwell, A. E. (1979): The accumulation and elimination of diflubenzuron by fish. Bull. environm. Contamin. Toxicol. **21**, 249–254.
Schaefer, C. H. & Sun, Y. P. (1967): A study of dieldrin in the housefly central nervous system in relation to dieldrin resistance. J. Econ. Entomol. **60**, 1580–1583.
Schaefer, C. H. & Wilder, W. H. (1972): Insect developmental inhibitors: a practical evaluation as mosquito control agents. J. Econ. Entomol. **65**, 1066–1071.
Schaefer, C. H. & Wilder, W. H. (1973): Insect developmental inhibitors: 2. Effects on target mosquito species. J. Econ. Entomol. **66**, 913–916.
Scheuerer, G. (1967): Carbamate als Agrarchemikalien. Fortschr. Chem. Forsch. **9**, 254–294.
Schildknecht, H. (1970): Die Wehrchemie von Land- und Wasserkäfern. Angew. Chem. **82**, 17–25.
Schildknecht, H. (1971): Evolutionary peaks in the defensive chemistry of insects. Endeavour **30**, 136–141.
Schildknecht, H., Berger, D., Krauss, D., Connert, J., Gehlhaus, J. & Essenkreis, H. (1976): Defense chemistry of *Stenus comma* (Col.: Staphilinidae). LXI. J. Chem. Ecol. **2**, 1–11.
Schildknecht, H. & Koob, K. (1971): Myrmicacin, das erste Insekten-Herbicid. Angew. Chem. **83**, 110.
Schlechter, M. S., Green, N. & La Forge, F. B. (1949): The synthesis of cyclopentenolones of the type of cinerolone. J. Amer. Chem. Soc. **71**, 1517.
Schmialek, P. (1961): Die Identifizierung zweier im *Tenebrio*-Kot und in Hefe vorkommenden Substanzen mit Juvenilhormonwirkung. Z. Naturforsch. **16 B**, 461–464.
Schmiealek, P. (1963): Über Verbindungen mit Juvenilhormonwirkung. Z. Naturforsch. **18 B**, 516–519.
Schmid, A., van der Molen, J. P., Jucker, W., Baggiolini, M. & Antonin, Ph. (1978): The use of insect growth regulators, analogues of the juvenile hormone, against summer fruit tortrix moth, *Adoxophyes orana* and other pest. Entomol. exp. appl. (Amst.) **24**, 65–82.
Schmidt, G. H. (1955): Physiologische Untersuchungen zur Transpiration und zum Wasserhaushalt der Gattung *Carabus* (Ins., Coleopt.). Zool. Jb. Physiol. **65**, 459–495.
Schmidt, G. H. (1956): Der Stoffwechsel der Caraben (Ins., Col.) und seine Beziehungen zur Transpiration. Zool. Jb. Physiol. **66**, 273–294.
Schmidt, G. H. (1961): Wasserhaushalt und Insektenleben. Naturw. Rundschau (Stuttgart) **14**, 420–427.
Schmidt, G. H. (1966): Einfluß der Temperatur auf den Atmungsstoffwechsel der Puppen von *Formica polyctena* (Hym., Ins.). Helgoländer Wiss. Meeresunters. **14**, 369–380.
Schmidt, G. H. (1968): Einfluß von Temperatur und Luftfeuchtigkeit auf die Energiebilanz während der Metamorphose verschiedener Kasten von *Formica polyctena* Foerst. (Hym.). Z. angew. Entomol. **61**, 61–109.
Schmidt, G. H. (1974a): Polymorphismus, Arbeitsteilung, Kastenbildung, p. 1–59, in Schmidt, G. H. (Ed.), Sozialpolymorphismus bei Insekten. Probleme der Kastenbildung im Tierreich. Wiss. Verlagsges. Stuttgart, XXIV + 974 pp.
Schmidt, G. H. (Ed.) (1974b): Sozialpolymorphismus bei Insekten. Probleme der Kastenbildung im Tierreich. Wiss. Verlagsges., Stuttgart, 974 pp.
Schmidt, G. H. (1983): Acrididen (Insecta: Saltatoria) als Stickstoffanzeiger. Verh. Dtsch. Zool. Ges. in Bonn, p. 153–155.
Schmidt, G. H. (1984a): Einfluß von Quecksilber(II)chlorid im Boden auf die Entwicklung von Feldheuschrecken (Acrididae: Saltatoria). Anz. Schädlingskde., Pflanzenschutz, Umweltschutz **57**, 41–45.
Schmidt, G. H. (1984b): Einsatz von Feldheuschrecken zur ökotoxikologischen Bewertung des Bodens, p. 272–297, in Führ, F., Stüttgen, E. & Scheele, B. (Eds.): Methoden zur ökotoxikologischen Bewertung von Chemikalien. Bd. 3: Terrestrische Systeme, Bericht 1979–1983. KFA Jül. Spez. –274.
Schmidt, G. H. (1984c): Action of *Acorus calamus* L. oil and some components in female ants. Proc. Intern. Conf. Nat. Prod. Regulators Ins. Reprod., Jammu/Tawi (India), p. im Druck.
Schmidt, G. H. & Borchers, D. (1981): Untersuchungen zur sterilisierenden Wirkung von indischem Kalmusöl bei Ameisen. Mitt. dtsch. Ges. allg. angew. Ent. **3**, 201–213.

Schmidt, G. H. & Hess, U. (1973): Disc-elektrophoretische Fraktionierung der Hämolymphe-Proteine während der Larvalentwicklung zweier *Formica*-Arten (Insecta: Hymenoptera). Comp. Biochem. Physiol. **46 B**, 15–35.

Schmidt, G. H. & Schwankl, H. (1975): Changes in haemolymph proteins during the metamorphosis of both sexes and castes of polygynous *Formica rufa* L. (Ins. Hym.). Comp. Biochem. Physiol. **52 B**, 365–380.

Schmidt, G. H. & Wirth, B. (1974): Disk-elektrophoretische Fraktionierung der Hämolymphe-Proteine während der Metamorphose verschiedener Kasten und Geschlechter von *Formica pratensis*. J. Insect Physiol. **20**, 1421–1466.

Schmutterer, H. & Asher, K. R. S. (Eds.) (1984): Natural Pesticides from the Neem Tree (*Azadirachta indica* A. Juss) and other Tropical Plants. Proc. 2nd. Intern. Neem. Conf., Rauischholzhausen F.R.G., 25–28.5.1983.

Schnetter, W. & Engler, S. (1978): Oberflächenfilme zur Bekämpfung von Stechmücken in den Brutgewässern, p. 115–122, in Döring, E. & Iglisch, I. (Eds.): Probleme der Insekten- und Zeckenbekämpfung. Ökologische, medizinische und rechtliche Aspekte. Erich Schmidt, Berlin, 262 pp.

Schnitzerling, H. J., Roulston, W. J. & Schuntner, C. A. (1970): The absorption and metabolism of ^{14}C-DDT in DDT-resistant and susceptible strains of the cattle tick, *Boophilus microplus*. Austral. J. Biol. Sci. **23**, 219–230.

Schooneveld, H., van der Molen, J. P. & Wiebenga, J. (1976): Potential use of insect growth regulators for controlling *Adoxophyes orana*: Laboratory and small scale field studies. Entomol. exp. appl. (Amst.) **19**, 227–234.

Schreiber, K. (1958): Über einige Inhaltsstoffe der Solanaceen und ihre Bedeutung für die Kartoffelkäferresistenz. Entomol. exp. appl. (Amst.) **1**, 28–37.

Schroeder, D. (1981): Ökologische und ökonomische Aspekte der biologischen Unkrautbekämpfung. Mitt. dtsch. Ges. allg. angew. Ent. **2**, 203–207.

Schuck, H. J. (1975): Der Einfluß von Herbiziden auf das Florengefüge. Europ. J. Forest Path. **5**, 250–252.

Schulten, G. G. M. (1968): Genetics of organophosphate resistance in the two-spotted spider mite (*Tetranychus urticae* Koch). Commun. Roy. Trop. Inst. Amsterdam **57**, 1–57.

Schultz, D. P. & Tweedy, B. G. (1971): Uptake and metabolism of N, N,-dimethyl-2, 2-diphenylacetamide in resistant and susceptible plants. J. Agr. Food Chem. **19**, 36–40.

Schulze, E. F. (1965): Untersuchungen zur Wirkungsweise des Insektizids Thiodan^{R}. Diss. Nat. Fak., Univ. Würzburg, 184 pp.

Schulze, E. F. (1967): Verlauf von Körperinnentemperatur und Transpiration bei *Blaberus discoidalis* Sv. nach der Begiftung mit Thiodan^{R}. Z. angew. Zool. **54**, 91–132.

Schuphan, W. & Boek, K. (1980): Histologisch-chemische Untersuchungen in Speicherwurzeln der Möhre (*Daucus carota* L.) in Beziehung zu Rückständen nach Aldrin- und Dieldrin-Behandlung. Qualitas Plant. Mater. Vegetabiles **7**, 213–228.

Schwartz, J. H. (1980): The transport of substances in nerve cells. Scient. Amer. **242** (4), 122–135.

Schwenke, W. (1979): Über die Rolle des Häutungshemmstoffes Dimilin im Waldschutz und Waldökosystem. Anz. Schädlingskde., Pflanzenschutz., Umweltschutz **52**, 97–102.

Schwenke, W. (1980): Waldschutz gegen Raupenplagen – gestern, heute und morgen. Naturw. Rundschau **38**, 174–179.

Schwerdtfeger, F. (1970): Untersuchungen über die Wirkung von Ameisen-Ansiedlungen auf die Dichte der Kleinen Fichtenblattwespe. Z. angew. Entomol. **66**, 185–206.

Schwerdtfeger, F. (1971): Langfristige Untersuchungen zur Niederhaltung der Kleinen Fichtenblattwespe durch Ansiedlung von Waldameisen. Forst-, Holzwirt. **26**, (4) 69–71.

Schwerdtfeger, F. (1975): Ökologie der Tiere – Synökologie. P. Parey-Verlag, Hamburg–Berlin, 451 pp.

Schwippert, W. (1982): Die Wirkung einiger Herbizide auf einen glatten Molluskenmuskel. Verh. Dtsch. Zool. Ges. Hannover; p. 229.

Scott, W. P., Lloyd, E. P., Bryson, J. O. & Davich, T. B. (1974): Trap plots for suppression of low density overwintered populations of boll weevils. J. Econ. Entomol. **67**, 281–283.

Seawright, J. A. & Bowman, M. C. (1975): Uptake and metabolism of apholate in larvae of apholate-resistant and susceptible strains of *Aedes aegypti* (L.). Mosquito News **35**, 41–46.

Seawright, J. A., Kaiser, P. A. & Dame, D. A. (1978): Mating competitiveness of chemosterilized hybrid males of *Aedes aegypti* (L.) in field tests. Mosquito News **37**, 615–619.

Sedlag, U. (1980): Biologische Schädlingsbekämpfung. 2. Aufl., Berlin: Akademie, 199 pp.

Sedykh, A. S., Ivanova, G. B., Abelentseva, G. M. & Roslavtseva, S. A. (1970): Development of resistance in selection of house flies with malathion. Med. Parasit. (Mosk.) **39**, 705–707 (russ.)

Sehnal, F. (1971): Juvenile hormone action and insect growth rate. Endocrinol. Exp. **5**, 29–33.

Sehnal, F., Metwally, M. M. & Gelbic, I. (1976): Reactions of immature stages of noctuid moths to juvenoids. Z. angew. Entomol. **81**, 85–102.
Sehnal, F. & Skuhravi, V. (1976): Effects of juvenoids on *Leptinotarsa decemlineata* (Col., Chrysomelidae) and considerations on their practical significance. Z. angew. Entomol. **81**, 401–412.
Seiler, J. P. (1973): A survey on the mutagenicity of various pesticides. Experientia **29**, 622–623.
Self, L. S., Nelson, M. J., Pant, C. P. & Usman, S. (1978): Field trials with two insect growth regulators against *Culex quinquefasciatus*. Mosquito News. **38**, 74–79.
Sellers, L. G. & Guthrie, F. E. (1971): Localization of dieldrin in house fly thoracic ganglion by electron microscopic autoradiography. J. Econ. Entomol. **64**, 352–354.
Seume, F. W. & O'Brien, R. D. (1960): Potentiation of the toxicity to insects and mice of phosphorothionates containing carboxyester and carboxyamide groups. Toxicol. Appl. Pharmacol. **2**, 495–503.
Sexton, W. A. (1958): Chemische Konstitution und biologische Wirkung. Übersetzung der 2nd Ed., xi + 439 pp. Verlag Chemie, Weinheim.
Shah, A. H. & Guthrie, F. E. (1971): *In vitro* metabolism of insecticides during midgut penetration. Pestic. Biochem. Physiol. **1**, 1–10.
Shah, P. V., Dauterman, W. C. & Guthrie, F. E. (1972): Penetration of a series of dialkoxy analogues of dimethoate through the isolated gut of insects and mammals. Pestic. Biochem. Physiol. **2**, 324–330.
Shanahan, G. J. & Roxburgh, N. A. (1974): The sequential development of insecticide resistance problems in *Lucilia cuprina* Wied. in Australia. Pestic. Artic. News Summ. (PANS) **20**, 190–202.
Shankaranarayana, K. H., Shivaramakrishnan, V. R., Ayyar, K. S. & Sen Sarma, P. K. (1979): Isolation of a compound from the bark of sandal, *Santalum album* L., and its activity against some lepidopterous and coleopterous insects. J. Entomol. Res. **3**, 116–118.
Shankland, D. L. (1964): Involvement of spinal cord and peripheral nerves in DDT-poisoning syndrome in albino rats. Toxicol. Appl. Pharmacol. **6**, 197–213.
Shankland, D. L. (1976): The nervous system: Comparative physiology and pharmacology, p. 229–270, in Wilkinson, C. F. (Ed.), Insecticide Biochemistry and Physiology. Heyden, London–New York–Rheine, xxii + 768 pp.
Shapas, T. J., Burkholder, W. E. & Boush, G. M. (1977): Population suppression of *Trogoderma glabrum* by using pheromone luring for protozoan pathogen dissemination. J. Econ. Entomol. **70**, 469–474.
Sharma, R. N. (1973): Influence of dieldrin on chemosensory responses in susceptible and resistant house-flies. Entomol. exp. appl. (Amst.) **16**, 157–164.
Sharma, R. N. & Saxena, K. N. (1974): Orientation and developmental inhibition in the housefly by certain terpenoids. J. Med. Entomol. **11**, 617–621.
Sharma, V. P. & Curtis, C. F. (1977): Laboratory studies with chemosterilized males of *Culex pipiens fatigans* for the determination of the optimum quality of release material (Dipt., Culicidae). Ind. J. Med. Res. **65** (Suppl.), 107–114.
Sharma, V. P., Razdan, R. K. & Ansari, M. A. (1978): *Anopheles stephensi*: effect of gamma-radiation and chemosterilants on the fertility and fitness of males for sterile male releases. J. Econ. Entomol. **7** (3), 449–452.
Shaw, J. G., Patton, W. P., Sanchez Riviello, M. & Spishakoff, L. M. (1966): Mexican fruit fly control. Calif. Citrograph. **51**, 209–214.
Shaw, J. G. & Sanchez Riviello, M. (1965): Effectiveness of tepa-sterilized Mexican fruit flies released in a mango grove. J. Econ. Entomol. **58**, 26–28.
Sheets, T. J. & Harris, C. I. (1965): Herbicide residues in soils and their phytotoxicities to crops grown in rotations. Residue Rev. **11**, 119–140.
Shellenberger, T. E., Skinner, W. A. & Lee, J. M. (1967): Effect of organic compounds on reproductive processes. IV. Response of Japanese quail to alkylating agents. Toxicol. Appl. Pharmacol. **10**, 69–78.
Shepard, H. H. (1939): The Chemistry and Toxicology of Insecticides. Burgess Publ. Co., Minneapolis, 383 pp.
Shepard, H. H. (1958): Methods of Testing Chemicals on Insects. Vol. 1, 356 pp. Burgess Publ., Minneapolis.
Shepard, H. H., Lindgren, D. L. & Thomas, E. L. (1937): Relative toxicity of fumigants. Minn. Agr. Exp. Sta. Tech. Bull. **120**, 23 pp.
Shimabukuro, R. H. (1968): Atrazine metabolism in resistant corn and sorghum. Plant. Physiol. **43**, 1925–1930.
Shimabukuro, R. H., Swanson, H. R. & Walsh, W. C. (1970): Glutathion conjugation. Plant Physiol. **46**, 103–107.

Shirck, F. & Landis, B. (1970): Rates of absorption and translocation of some systemic insecticides in broccoli determined by mortality of feeding green peach aphid. J. Econ. Entomol. **63**, 781–782.

Shishido, T. & Fukami, J. (1972): Enzymatic hydrolysis of diazoxon by rat tissue homogenates. Pestic. Biochem. Physiol. **2**, 39–50.

Shishido, T., Usui, K. & Fukami, J. (1972 a): Oxidative metabolism of diazinon by microsomes from rat liver and cockroach fat body. Pestic. Biochem. Physiol. **2**, 27–38.

Shishido, T., Usui, K., Sato, M. & Fukami, J. (1972 b): Enzymatic conjugation of diazinon with glutathione in rat and American cockroach. Pestic. Biochem. Physiol. **2**, 51–63.

Shorey, H. H., Kaae, R. S., Gaston, L. K. & McLaughlin, J. R. (1972): Sex pheromones in Lepidoptera. XXX. Disruption of sex pheromone communication in *Trichoplusia ni* as a possible means of mating control. Environ. Entomol. **1**, 641–645.

Shrivastava, S. P., Georghiou, G. P., Metcalf, R. L. & Fukuto, T. R. (1970): The metabolism of propoxur by susceptible and resistant larvae of *Culex pipiens fatigans*. Bull. Wld. Hlth. Org. **42**, 931–942.

Shrivastava, S. P., Tsukamoto, M. & Casida, J. E. (1969): Oxidative metabolism of ^{14}C-labelled Baygon by living house flies and by housefly enzymes. J. Econ. Entomol. **62**, 483–498.

Shternberg, A. I. & Rybakowa, M. N. (1968): Effects of carbaryl on the neuro-endocrine system of rats. Food Cosmet. Toxicol. **6**, 461–467.

Siddall, J. B. & Slade, M. (1974): Tests for toxicity of juvenile hormone and analogs in mammalian systems, p. 345–347, in Burdette, W. J. (Ed.) Invertebrate Endocrinology and Hormonal Heterophylly. Springer-Verlag, New York, XVI + 437 pp.

Sijpesteijn, A. K., Kaslander, J. & van der Kerk, G. J. M. (1962): On the conversion of sodium dimethyldithiocarbamate into its α-aminobutyric acid derivative by microorganisms. Biochim. Biophys. Acta **62** (3), 587–589.

Silveira Neto, S., Lara, F. M. & de Bortoli, S. A. (1977): Determinacao da periodicidade de voo de certos lepidopteros pragas, com auxillo de armadilha luminosa. Ann. Soc. Entomol. Bras. **6** (2), 203–214.

Simmonds, F. J. (1970): Biological Control. The United Kingdom Contrib. to the proposed Intern. Organ. Biol. Contr., Brit. Natl. Comm. Biol. The Royal Society, London. p. 7–15.

Sioli, H. (1973): Ökologie und Lebensschutz in internationaler Sicht. Rombach-Verlag, Freiburg, 548 pp.

Skalsky, H. L. & Guthrie, F. E. (1975): Binding of insecticides to macromolecules in the blood of the rat and American cockroach. Pestic. Biochem. Physiol. **5**, 27–34.

Skatulla, U. (1975 a): Erfolgreiche Versuche mit dem Entwicklungshemmer PH 60–40 zur Bekämpfung von *Lymantria dispar* L. und *L. monacha* L. Anz. Schädlingskde., Pflanzenschutz, Umweltschutz **48**, 17–18.

Skatulla, U. (1975 b): Über die Wirkung des Entwicklungshemmers Dimilin auf Forstinsekten. Anz. Schädlingskde., Pflanzenschutz, Umweltschutz **48**, 145–147.

Skipper, H. D., Gilmour, C. M. & Furtick, W. R. (1967): Microbial versus chemical degradation of atrazin in soil. Soil. Sci. Soc. Am. Proc. **31**, 653–656.

Skrinjaric-Spoljar, M., Matthews, H. B., Engel, J. L. & Casida, J. E. (1971): Response of hepatic microsomal mixed-function oxidases to various types of insecticide chemical synergists administered to mice. Biochem. Pharmacol. **20**, 1607–1618.

Skuhravi, V. (1973): Field control of the larch case-bearer moth, *Coleophora laricella*, with a juvenoid. Acta ent. bohemoslov. **70**, 313–322.

Skuhravi, V. & Hochmut, R. (1975): The control of *Tortrix viridana* (Lepidoptera, Torticidae) with the juvenoid hydroprene in a field experiment. Acta ent. bohemoslov. **72**, 24–29.

Skuhravi, V. & Hochmut, R. (1976): Methodische Probleme des Fanges von *Lymantria monacha* L. (Lepid., Lymantridae) in verschiedenen Pheromon-Lockfallen. Anz. Schädlingskde., Pflanzenschutz, Umweltschutz **49**, 55–58.

Slade, P. (1965): Photochemical degradation of paraquat. Nature (Lond.) **207**, 515–516.

Slama, K. & Romanuk, M. (1976): Juvenogens, biochemically activated juvenoid complexes. Insect Biochem. **6**, 579–586.

Slama, K., Romanuk, M. & Sorm, F. (1974): Insect Hormones and Bioanalogues. J. Springer, Wien–New York; 477 pp.

Slama, K. & Williams, C. M. (1965): Juvenile hormone activity for the bug *Pyrrhocoris apterus*. Proc. Nat. Acad. Sci. Am. **54**, 411–414.

Slama, K. & Williams, C. M. (1966): Paper factor as an inhibitor of the embryonic development of the European bug, *Pyrrhocoris apterus*. Nature (Lond.) **210**, 329–330.

Slater, E. C. & Lewis, S. E. (1953): The effect of dinitrophenol on insect sarcomes. Proc. Biochem. Soc. **18**; Abstr. in Biochem. J. **55**, 27–28.

Smalley, H. E., Curtis, J. M. & Earl, F. L. (1968): Teratogenic action of carbaryl in beagle dogs. Toxicol. Appl. Pharmacol. **13**, 392–403.

Smalley, H. E., O'Hara, P. J., Bridges, C. H. & Radeleff, R. D. (1969): The effects of chronic carbaryl administration on the neuromuscular system of swine. Toxicol. Appl. Pharmacol. **14**, 409–419.

Smeljanez, W. (1969): Die Rolle der Terpenoide bei der Widerstandsfähigkeit gegen Schadinsekten. Anz. Schädlingskde., Pflanzenschutz **42**, 33–57.

Smissart, H. R. (1964): Cholinesterase inhibition in spider mites susceptible and resistant to organophosphate. Science **143**, 129–131.

Smith, E. L. (1949): The mode of action of the metal-peptidases. Proc. nat. Acad. Sci. **35**, 80–90.

Smith, E. L. (1951): The specifity of certain peptidases. Adv. Enzymol. **12**, 191–257.

Smith, J. N. (1955): Detoxication mechanisms in insects. Biol. Rev. **30**, 455–475.

Smith, J. N. (1968): The comparative metabolism of xenobiotics. Adv. Comp. Physiol. Biochem. **3**, 173–232.

Smith, J N. & Turbert, H. (1964): Comparative detoxication. II. Conjugations of 1-naphthol and some other phenols in house flies and locusts. Biochem. J. **92**, 127–131.

Smith, J. N. & Williams, R. T. (1970): History of the discovery of the conjugation mechanisms, p. 1–19, in Fishman, W. H. (Ed.) Metabolic Conjugation and Metabolic Hydrolysis, Vol. 1, Academic Press, New York, XV + 461 pp.

Smith, R. F. (1972): The impact of the green revolution on plant protection of tropical and subtropical areas. Bull. Ent. Soc. Amer. **18**, 7–14.

Smith, R. F. & Huffaker, C. B. (1974): Die Strategie integrierter Schädlingsbekämpfung in den Vereinigten Staaten und ihre praktische Verwirklichung. Z. Pflanzenkr., Pflanzensch. **81**, 218–238.

Smith, R. H. (1963): Toxicity of pine resin vapors to three species of *Dendroctonus* bark beetles. J. Econ. Entomol. **56**, 827–831.

Smith, R. L. (1980): Ecology and Field Biology, 3 rd Ed., xii + 835 pp. Harper & Row Publ. New York.

Smith, R. M. & Cole, Ch. F. (1973): Effects of egg concentrations of DDT and dieldrin on development in winter flounder (*Pseudopleuronectes americanus*). J. Fish. Res. Board Can. **30**, 1894–1898.

Smith, S. L., Weber, C. W. & Reid, B. L. (1970): The effect of injection of chlorinated hydrocarbon pesticides on hatchability of eggs. Toxicol. Appl. Pharmacol. **16**, 179–185.

Socha, R. & Sehnal, F. (1972): Inhibition of adult development in *Tenebrio molitor* by insect hormones and antibiotics. J. Insect Physiol. **18**, 317–337.

Soeda, Y. & Yamamoto, I. (1969): Studies on nicotinoids as an insecticide: VIII. Physiological activities of the optical isomers of nicotinoids. Botyu-Kagaku **34**, 57–62.

Solli, H., Madson, H. B., Holst, P. L. & Klemmensen, P. D. (1976): Pyridyl terpenoid ethers with high juvenile hormone activity. Pestic. Sci. **7**, 503–511.

Solomon, K. R. & Metcalf, R. L. (1974): The effect of piperonyl butoxide and triorthocresyl phosphate on the activity and metabolism of altosid (isopropyl 11-methoxy 3,7,11-trimethyldodeca-2, 4-dienoate) in *Tenebrio molitor* L. and *Oncopeltus fasciatus* (Dallas). Pestic. Biochem. Physiol. **4**, 127–134.

Solomon, M. E., Glen, D. M., Kendall, D. A. & Milsom, N. F. (1976): Predation of overwintering larvae of codling moth (*Cydia pomonella* (L.)) by birds. J. Appl. Ecol. **13**, 341–352.

Sorm, F. (1974): Insect hormones and their bioanalogues as potential insecticides. FEBS Lett. Suppl. **40**, 128–132.

Sowa, B. A. & Marks, E. P. (1975): An *in vitro* system for the quantitative measurement of chitin synthesis in the cockroach: inhibition by TH 6040 and polyoxin D. Insect Biochem. **5**, 855–859.

Sower, L. L. & Daterman, G. E. (1977): Evaluation of synthetic sex pheromone as a control agent for douglas-fir tussock moths. Environ. Entomol. **6**, 889–892.

Sower, L. L., Kaae, R. S. & Shorey, H. H. (1973): Sex pheromones of Lepidoptera. XLI. Factors limiting potential distance of sex pheromone communication in *Trichoplusia ni*. Ann. Ent. Soc. Amer. **66**, 1121–1122.

Sörensen, U. & Schmidt, G. H. (1983): Die hügelbauenden Waldameisen in Waldgebieten der Bredstedter Geest (Schleswig-Holstein) (Genus *Formica*, Insecta.). Z. angew. Zool. **70**, 285–319.

Spencer, E. Y. (1959): Symposium on metabolism of insecticides. Significance of plant metabolities of insecticides. Canad. J. Biochem. Physiol. **37** (9), 1145–1150.

Spencer, W. F. & Cliath, M. M. (1969): Vapor density of dieldrin. Environ. Sci. Technol. **3**, 670–674.

Spencer, W. F. & Cliath, M. M. (1970 a): Vapor density and apparent vapor pressure of lindane. J. Agr. Food Chem. **18**, 529–530.

Spencer, W. F. & Cliath, M. M. (1970 b): Desorption of lindane from soil as related to vapor density. Soil Sci. Soc. Am. Proc. **34**, 574–578.

Spencer, W. F., Cliath, M. M. & Farmer, W. J. (1969): Vapor density of soil – applied dieldrin as related to soil water content, temperature and dieldrin concentration. Soil Sci. Soc. Am. Proc. **33**, 509–511.
Spencer, W. F., Farmer, W. J & Cliath, M. M. (1973): Pesticide volatilization. Residue Rev. **49**, 1–47.
Spicer, S. S., Sweeney, T. R., von Oettinger, W. F., Lillie, R. D. & Neal, P. A. (1947): Toxicological observations on goats fed large doses of DDT. Vet. Med. **42**, 289–293.
Spindler, M. (1955): Innertherapeutische Insektizide. Eine Übersicht. Z. Pflanzenkr. Pflanzensch. **62**, 97–165.
Sprague, R. (1951): Apple powdery mildew spray trials at the Tree Fruit Station in 1949. Proc. Wash. St. hort. Ass. **45**, 47–50, 1949; ref. in Rev. Appl. Mycology **30**, 475.
Staal, G. B. (1975): Insect growth regulators with juvenile hormone activity. Ann. Rev. Entomol. **20**, 417–460.
Staal, G. B., Massar, S. & Martin, J. W. (1973): Control of the citrus mealy-bug with insect growth regulators with juvenile hormone activity. J. Econ. Entomol. **66**, 851–853.
Staub, T. H. & Hubele, A. (1981): Recent advances in the chemical control of Oomycetes, p. 389–422, in Wegler, R. (Ed.) Chemie der Pflanzenschutz- und Schädlingsbekämpfungsmittel. Bd. 6, 512 pp. Springer-Verlag, Berlin–Heidelberg.
Stavraki, H. G., Argyriou, L. G. & Yamvrias, C. (1979): Sur un programme de lutte integrée contre les ennemis de l'olivier en Grèce. Proc. Symp. Intern. OILB/SROP lutte integr. agric. forêt, Wien 8.–12. Okt., p. 574–577.
Steelman, C. D., Farlow, J. E., Breaud, T. P. & Schilling, P. E. (1975): Effects of growth reglators on *Psorophora columbiae* (Dyar and Knab) and non-target aquatic insect species in rice fields. Mosquito News **35**, 67–76.
Steets, R. (1976): Zur Wirkung von Inhaltsstoffen aus Meliaceen und Anacardiaceen auf Coleopteren und Lepidopteren. Diss., Univ. Giessen, BRD.
Steiner, H. (1965): Eine einfache Methode, die Wirkung eines Pflanzenschutzmittels auf die Fauna von Obstbäumen festzustellen. Entomophaga **10**, 231–243.
Steiner, H. (1968): Das Prinzip des integrierten Pflanzenschutzes. Anz. Schädlingskde. Pflanzenschutz **41**, 129–131.
Steiner, H. (1976): Weitere Senkung der Produktionskosten durch integrierten Pflanzenschutz in Apfelplantagen Baden-Württembergs. Gesunde Pflanzen **28**, 177–178.
Steiner, H., Immendorfer, G. & Bosch, J. (1970): The arthropods occurring on apple-trees throughout the year and possibilities for their assessment. EPPO Publ. Ser. A. no. **57**, 131–146.
Steiner, L. F., Harris, E. J., Mitchell, W. C., Fujimoto, M. S. & Christensen, L. D. (1965): Melon fly eradication by overflooding with sterile flies. J. Econ. Entomol. **58**, 519–522.
Stern, V. M. (1973): Economic thresholds. Ann. Rev. Entomol. **18**, 259–270.
Sternberg, J. & Kearns, C. W. (1952): Metabolic fate of DDT when applied to certain naturally tolerant insects. J. Econ. Entomol. **45**, 497–505.
Sternberg, J. & Kearns, C. W. (1956): Pentachlorocyclohexene, an intermediate in the metabolism of lindane by house flies. J. Econ. Entomol. **49**, 548–552.
Sternberg, J., Kearns, C. W. & Moorefield, H. H. (1954): DDT-dehydrochlorinase, an enzyme found in DDT-resistant flies. J. Agr. Food Chem. **2**, 1125–1130.
Stevens, J. T., Green, F. E., Stitzel, R. E. & McPhillips, J. T. (1973): Effects of anticholinesterase insecticides on mouse and rat liver microsomal mixed-function oxidases, p. 489–501, in Deichmann, W. B. (Ed.) Pesticides and the Environment. Intercont. Med. Book Corp., New York & London, 578 pp.
Stevens, L. J., Colier, C. W. & Woodham, D. W. (1970): Monitoring pesticides in soils from areas of regular, limited and no pesticides use. Pestic. Monit. J. **4**, 45–166.
Stickel, L. F. (1968): Organochlorine pesticides in the environment. Washington: U.S. Department of the Interior, Special Scientific Report – Wildlife Nr. **119**, 32 pp.
Still, G. G. & Leopold, R. A. (1978): The elimination of (N-(((4-chlorophenyl)amino)carbonyl)-2, 6-difluorobenzamide) by the boll weevil. Pestic. Biochem. Physiol. **9**, 304–312.
Stobwasser, H., Rademacher, B. & Lange, E. (1968): Einfluß von Nacherntefaktoren auf die Rückstände von Pflanzenschutzmitteln in Obst, Gemüse und einigen Sonderkulturen. Residue Rev. **22**, 45–112.
Stoewsand, G. S. & Bourke, J. B. (1968): The influence of dietary protein on the resistance to dieldrin toxicity in the rat. Ind. Med. Surg. **37**, 526.
Stone, B. F. (1972): The genetics of resistance by ticks to acaricides. Aust. Vet. J. **48**, 345–350.
Stone, B. F. & Brown, A. W. A. (1969): Mechanisms of resistance to fenthion in *Culex pipiens fatigans* Wied. Bull. Wld. Hlth. Org. **40**, 401–408.
Stoolmiller, A. C. (1978): Toxicological study on the effect of diflubenzuron (1-(4-chlorophenyl)-3-(2,6-difluorobenzoyl)-urea) on rat C-6 astrocytoma cells *in vitro*. General Pharmacol. **9**, 11–16.

Stratil, H. & Reichmuth, Chr. (1981): Zur integrierten Bekämpfung von *Plodia interpunctella* Hbn. in der Süßwarenindustrie, insbesondere unter Einsatz von Kälte (0 °C). Mitt. dtsch. Ges. allg. angew. Ent. **2**, 238–241.

Street, J. C. (1964): DDT antagonism to dieldrin storage in adipose tissue of rats. Science **146**, 1580–1581.

Street, J. C. (1968): Modifications of animal responses to toxicants, p. 197–226, in Hodgson, E. (Ed.) Enzymatic Oxidations of Toxicants. North Carolina State University Press, Raleigh, 229 pp.

Street, J. C. (1969): Methods of removal of pesticide residues. Can. Med. Assoc. J. **100**, 154–160.

Strother, A. (1972): *In vitro* metabolism of methylcarbamate insecticides by human and rat liver fractions. Toxicol. Appl. Pharmacol. **21**, 112–129.

Stryckers, J. M. T. (1979): Veränderungen in der (Un)krautflora durch Herbizidanwendung. Proc. Europ. Weed Res. Soc., p. 25–38.

Sturelid, S. (1971): Chromosome-breaking capacity of tepa and analogs in *Vicia faba* and Chinese hamster cells. Hereditas **68**, 255–276.

Styles, J. A. (1973): Cytotoxic effects of various pesticides *in vivo* and *in vitro*. Mutat. Res. **21** (1), 50–51.

Su, H. C. F. (1977): Toxicity of a chemical component of lemon-oil to cowpea weevils. J. Georg. Entomol. Soc. **11**, 297–301.

Su, M.-Q., Kinoshita, F. K., Frawley, J. P. & DuBois, K. P. (1971): Comparative inhibition of aliesterases and cholinesterase in rats fed eighteen organophosphorus insecticides. Toxicol. Appl. Pharmacol. **20**, 241–249.

Su, H. C. F., Speirs, R. D. & Mahany, P. G. (1972a): Citrus oils as protectants of black-eyed peas against cowpea weevils (Coleoptera Bruchidae) laboratory evaluation. J. Econ. Entomol. **65**, 1433–1436.

Su, H. C. F., Speirs, R. D. & Mahany, P. G. (1972b): Toxicity of citrus-oils to several stored-product insects: laboratory evaluation. J. Econ. Entomol. **65**, 1438–1441.

Subramaniam, T. V. (1942): *Acorus calamus* – the sweet-flag – a new indigenous insecticide for the house hold. Ind. J. Entomol. **4**, 238.

Subramaniam, T. V. (1949): Sweet flag (*Acorus calamus*) – A potential source of valuable insecticide. J. Bombay Nat. Hist. Soc. **48**, 338–341.

Sullivan, W., Cawley, B., Hayes, D., Rosenthal, J. & Halberg, F. (1970): Circadian rhythm in susceptibility of house flies and Madeira cockroaches to pyrethrum. J. Econ. Entomol. **63**, 159–163.

Summerlin, J. W., Hung, A. C. F. & Vinson, S. B. (1977): Residues in nontarget ants, species simplification and recovery of populations following aerial applications of mirex. Environ. Entomol. **6**, 193–197.

Sun, Y. P. (1947): Action of fumigants on insects. Minn. Agr. Exp. Sta. Tech. Bull. **177**, 104pp.

Sun, Y. P. (1968): Dynamics of insect toxicology – a mathematical and graphical evaluation of the relationship between insect toxicity and rates of penetration and detoxication of insecticides. J. Econ. Entomol. **61**, 949–955.

Sun, Y. P. (1972): Correlation to toxicity of insecticides to the housefly and to the mouse. J. Econ. Entomol. **65**, 632–635.

Sun, Y. P. & Johnson, E. R. (1960): Synergistic and antagonistic actions of insecticide-synergist combinations and their mode of action. J. Agr. Food Chem. **8**, 261–266.

Sun, Y. P. & Johnson, E. R. (1969): Relationship between structure of several azodrin insecticide homologues and their toxicity to house flies, tested by injection, infusion, topical application, and spray methods with and without synergist. J. Econ. Entomol. **62**, 1130–1135.

Sun, Y. P. & Johnson, E. (1971): A new technique for studying the toxicology of insecticides with house flies by the infusion method, with comparable topical application and injection results. J. Econ. Entomol. **64**, 75–80.

Sun, Y. P. & Johnson, E. R. (1972): Quasi-synergism and penetration of insecticides. J. Econ. Entomol. **65**, 349–353.

Sun, Y. P., Schaefer, C. H. & Johnson, E. R. (1967): Effects of application methods on the toxicity and distribution of dieldrin in house flies. J. Econ. Entomol. **60**, 1033–1037.

Sundström, G. (1977): Metabolic hydroxylation of the aromatic rings of 1,1-dichloro-2,2-bis(4-chlorophenyl)ethylene (p,p′-DDE) by the rat. J. Agr. Food Chem. **25**, 18–21.

Suter, H. (1980): Forecasting aphids in field crops (Swiss model). EPPO Bull. **10**, 143–146.

Suzuki, M., Yamato, Y. & Watanabe, T. (1974): Photodieldrin residues in field soils. Bull. environm. Contamin. Toxicol. **12**, 275–280.

Swamiappan, M., Jayaraj, S., Chandy, K. C. & Sundaramurthy, V. T. (1976): Effect of the activated kaolinitic clay on some storage insects. Z. angew. Entomol. **80**, 385–389.

Swanson, L. E., Harwood, P. D. & Connelly, J. W. (1940): Phenothiazine as an anthelmintic for the removal of intestinal worms from swine. J. Am. Vet. Med. Assoc. **96**, 333–338.
Szeicz, F. M., Plapp, F. W. jr. & Vinson, S. B. (1973): Tobacco budworm: Penetration of several insecticides into the larva. J. Econ. Entomol. **66**, 9–15.
Szybalski, W. (1958): Special micro-biological systems. II. Observations on chemical mutagenesis in microorganisms. Ann. N. Y. Acad. Sci. **76**, 475–489.

Taft, H. M. & Hopkins, A. R. (1975): Boll weevils: field populations controlled by sterilizing emerging overwintered females with a TH-6040 sprayable bait. J. Econ. Entomol. **68**, 551–554.
Taft, H. M. & Hopkins, A. R. (1978): Boll weevils: effects of various numbers of Legget traps on small and large populations. J. Econ. Entomol. **71**, 598–600.
Tamaki, G. (1973): Insect developmental inhibitors: effect of reduction and delay caused by juvenile hormone mimics on the production of winged migrants of *Myzus persicae* (Hemiptera: Apididae) on peach trees. Canad. Entomol. **105**, 761–765.
Tan, K. H. & Mordue, W. (1977): Effects of certain chemosterilants and biologically active substances on the adult Mediterranean flour moth, *Ephestia kuehniella* Zeller (Lepidoptera: Pyralidae). Bull. ent. Res. **67**, 483–489.
Tanaka, K., Kurihara, N. & Nakajima, M. (1976): Metabolism of lindane in house flies: metabolic desaturation, dehydrogenation and dehydrochlorination and conjugation with glutathione. Pestic. Biochem. Physiol. **6**, 392–399.
Tanimura, T., Katsuya, T. & Nishimura, M. (1967): Embryotoxicity of acute exposure to methyl parathion in rats and mice. Arch. Environ. Hlth. **15**, 609–613.
Tarján, R. (1973): Storage of DDT in human biological material. Scripta medica **46** (2), 65–70.
Tarján, R. & Kemeny, T. (1969): Multigeneration studies on DDT in mice. Food Cosmet. Toxicol. **7**, 215–222.
Taschenberg, E. F. & Roelofs, W. L. (1976): Pheromone communication disruption of the grape berry moth with micro-encapsulated and hollow fiber systems. Environ. Entomol. **5**, 688–691.
Taschenberg, E. F. & Roelofs, W. L. (1978): Male redbanded leafroller moth orientation disruption in vinegards. Environ. Entomol. **7**, 103–106.
Tate, L. G., Plapp, F. W. & Hodgson, E. (1973): Cytochrome P-450 difference spectra of microsomes from several insecticide-resistant and susceptible strains of the housefly, *Musca domestica* L. Chem. Biol. Interact. **6**, 237–247.
Teal, J. M. (1962): Energy flow in the salt marsh ecosystem of Georgia. Ecology **43**, 614–624.
Telford, J. N. & Matsumura, F. (1971): Electron microscopic and autoradiographic studies on distribution of dieldrin in the intact nerve tissues of German cockroaches. J. Econ. Entomol. **64**, 230–238.
Templeton, G. E., Te Beest, D. O. & Smith, R. J. jr. (1979): Biological weed control with mycoherbicides. Ann. Rev. Phytopathol. **17**, 301–310.
Terracini, B., Testa, M. C., Cabral, J. R. & Dau, N. (1973): The effects of longterm feeding of DDT to Balb/c mice. Int. J. Cancer **11**, 747–764.
Terriere, L. C., Kiigemagi, U., Gerlach, A. R. & Borovicka, R. L. (1966): The persistance of toxaphene in lake water and its uptake by aquatic plants and animals. J. Agr. Food Chem. **14**, 66–69.
Thakur, S. S. & Rao, B. K. (1976): Action of certain antibiotics on the tree hopper, *Oxyrhachis tarandus* Fabr., its mycetomes and symbionts. Ind. J. Entomol. **38**, 333–346.
Thal, J. (1978): Zur Wirkung von Sexualpheromonen der Kartoffelmotte, *Phthormaea operculella* Zeller (Lepid., Gelechiidae) im Vergleich mit verschiedenen Lichtfallen. Anz. Schädlingskde., Pflanzenschutz, Umweltschutz **51**, 107–109.
Theede, H. & Scholz, N. (1982): Anreicherung und Schadwirkung von Cadmium bei Meerestieren. Naturw. Rundschau **35**, 286–292.
Thesleff, S. (1955): The mode of neuromuscular block caused by acetylcholine, nicotine, decamethonium and succinylcholine. Acta phys. Scandinav. **34**, 219–231.
Thiele, H. (1967): Histolyse und Histogenese. Gewebe und ionotrope Gele – Prinzip einer Strukturbildung. Akad. Verlagsgesellschaft, Frankfurt a. M., 156 pp.
Thompson, R. P. H., Stathers, G. M., Pilcher, C. W. T., McLean, A. E. M., Robinson, J. & Williams, R. (1969): Treatment of unconjugated jaundice with dicophane. Lancet **76**, 4–6.
Thompson, T. E., Shade, R. E. & Axtell, J. D. (1978): Alfalfa weevil resistance mechanism characterized by larval convulsions. Crop. Sci. **18**, 208–209.
Thorpe, E. & Walker, A. I. (1973): The toxicology of dieldrin (HEAD) II. Comparative long-therm oral toxicity studies in mice with dieldrin, DDT, phenobarbitone, β-BHC and γ-BHC. Food Cosmet. Toxicol. **11**, 433–442.
Thorpe, E., Wilson, A. B., Dix, K. M. & Blair, D. (1972): Teratological studies with dichlorvos vapour in rabbits and rats. Arch. Toxicol. **30**, 29–38.

Tiedje, J. M. & Alexander, M. (1967): Microbial degradation of organophosphorus insecticides and alkyl phosphates. Abstr. Am. Soc. Ann. Meet., p. 94.

Tietz, H. (1954): Der mit ^{32}P-markierte Diäthylthionophosphorsäureester des β-oxäthyl-thioäthyläthers (Wirkstoff des systemischen Insektizides Systox), seine Aufnahme in die höhere Pflanze und sein Wanderungsvermögen. Höfchen-Briefe, p. 1–56.

Tikku, K., Saxena, B. P. & Koul, O. (1978): Oogenesis in *Callosobruchus chinensis* and induced sterility by *Acorus calamus* L. oil vapours. Ann. Zool. Ecol. Anim. **10**, 545–551.

Tinsley, I. T. & Lowry, R. R. (1969): Nutritional interactions and organochlorine insecticide activity. Ann. N. Y. Acad. Sci. **160**, 291–298.

Tipnis, H. P. (1976): Tech. report PL 480 Project (zitiert nach Saxena, B. P. & Koul, O., 1978).

Tischler, N. (1936): Studies on how derris kills insects. J. Econ. Entomol. **28**, 215–220.

Tischler, W. (1979): Einführung in die Ökologie. G. Fischer-Verlag, Stuttgart–New York, 2. Auflage, 306 pp.

Tomatis, L., Partensky, C. & Montesamo, R. (1973): The predictive value of mouse liver tumor induction in carcinogenecity testing: a literature survey. Int. J. Cancer **12**, 1–20.

Tomatis, L., Turnsov, V., Day, N. & Charles, R. J. (1972): The effect of long-term exposure to DDT of CF-1 mice. Int. J. Cancer **10**, 489–506.

Tomizawa, C. & Fukami, J. (1956): Biochemical studies on the action of insecticides. II. Oxidative phosphorylation in the flight muscle of *Locusta migratoria* and the influences of insecticides. Oya-Kontyu **12**(1), 1–7.

Tomkins, D. J. & Grant, W. F. (1977): Effects of herbicides on species diversity of two plant communities. Ecology **58**, 398–406.

Tonapi, G. (1971): The effect of fumigants on the physiology of respiration in *Periplaneta americana* (L.). Proc. Indian Acad. Sci. B., **73**, 209–220.

Toppozada, A., Salama, A. E., Eldefrawi, E. & Zeid, M. (1968): Histopathological effects of insecticides on the midgut of the Egyptian cotton leafworm, *Spodoptera littoralis*. Ann. Ent. Soc. Amer. **61**, 1326–1333.

Tornabene, T. G. & Ewards, H. W. (1972): Microbial uptake of lead. Science **176**, 1334–1335.

Treon, J. F. & Cleveland, F. D. (1955): Toxicity of certain chlorinated hydrocarbon insecticides for laboratory animals, with special reference to aldrin and dieldrin. J. Agr. Food Chem. **3**, 402–408.

Treshow, M. (1970): Environment and Plant Response. McGraw-Hill, New York, 422 pp.

Triggiani, O. (1978): L'utilizzazione della *Neoaplectana carpocapsae* Weiser (Nematoda: Steinernematidae) nella lotta contro gli insetti dannosi. Atti XI. Congr. Naz. Ital. Entomol., p. 379–382.

Triolo, A. J. & Coon, J. M. (1966a): Toxicological interactions of chlorinated hydrocarbon and organophosphate insecticides. J. Agr. Food Chem. **14**, 549–555.

Triolo, A. J. & Coon, J. M. (1966b): The protective effect of aldrin against the toxicity of organophosphate anticholinesterases. J. Pharmacol. Exp. Ther. **154**, 613–623.

Triolo, A. J., Mata, E. & Coon, J. M. (1970): Effects of organochlorine insecticides on the toxicity and *in vitro* plasma detoxication of paraoxon. Toxicol. Appl. Pharmacol. **17**, 174–180.

Tripathi, R. K. (1976): Relation of acetylcholinesterase sensitivity to cross-resistance of a resistant housefly strain to organophosphates and carbamates. Pestic. Biochem. Physiol. **6**, 30–34.

Tripathi, R. K., Chiu, Y. C. & O'Brien, R. D. (1973): Reactivity *in vitro* towards substrates and inhibitors of acetylcholinesterase isoenzymes from electric eel electroplax and housefly brain. Pestic. Biochem. Physiol. **3**, 55–60.

Tripathi, R. K. & O'Brien, R. D. (1973a): Effect of organophosphates *in vivo* upon acetylcholinesterase isozymes from housefly head and thorax. Pestic. Biochem. Physiol. **22**, 418–424.

Tripathi, R. K. & O'Brien, R. D. (1973b): Insensitivity of acetylcholinesterase as a factor in resistance of houseflies to the organophosphate Rabon. Pestic. Biochem. Physiol. **3**, 495–498.

Tschinkel, W. (1972): 6-alkyl-1,4-naphthoquinones in defensive secretion of a tenebrionid, *Argoporis alutacea*. J. Insect Physiol. **18**, 711–722.

Tsukamoto, M. (1959): Metabolic fate of DDT in *Drosophila melanogaster*. I. Identification of a non-DDE metabolite. Botyu-Kagaku **24**, 141–151.

Tsukamoto, M. (1964): Methods of the linkage-group determination of insecticide resistance factors in the housefly. Botyu-Kagaku **29**, 51–58.

Tsukamoto, M., Narahashi, T. & Yamasaki, T. (1965): Genetic control of low nerve sensitivity of DDT in insecticide-resistant houseflies. Botyu-Kagaku **30**, 128–132.

Tsukamoto, M., Ogaki, M. & Kikhawa, H. (1956): Genetical analysis of resistance to insecticides in *Drosophila melanogaster*. Proc. Intern. Genetics Symp., p. 442–444.

Tsukamoto, M., Shrivastava, S. P. & Casida, J. E. (1968): Biochemical genetics of housefly resistance to carbamate insecticide chemicals. J. Econ. Entomol. **61**, 50–55.

Turner, N. J. & Corden, M. E. (1963): Decomposition of sodium N-methyldithiocarbamate in soil. Phytopathology **53**, 1388–1394.

Turnipseed, S. G., Heinrichs, E. A., Da Silva, R. F. P. & Todd, J. W. (1974): Response of soybean insects to foliar applications of a chitin synthesis inhibitor TH 6040. J. Econ. Entomol. **67**, 760–762.

Tursch, B., Doloze, D., Dupont, M., Pasteels, J. & Tricot, M. (1971): Ein Wehralkaloid bei einem räuberischen Käfer. Experientia (Basel) **27** 1380–1381.

Tzanakakis, M. E. & Stavrinides, A. S. (1973): Inhibition of development of larvae of the olive fruit fly, *Dacus oleae* (Diptera: Tephritidae), in olives treated with Streptomycin. Entomol. exp. appl. (Amst.) **16**, 39–47.

Uchida, T., Dauterman, W. C. & O'Brien, R. D. (1964): The metabolism of dimethoate by vertebrate tissues. J. Agr. Food Chem. **12**, 48–52.

Uchida, T., Zschintzsch, J & O'Brien, R. D. (1966): Relation between synergism and metabolism of dimethoate in mammals and insects. Toxicol. Appl. Pharmacol. **8**, 259–265.

Unai, T , Cheng, H. M., Yamamoto, I. & Casida, J. E. (1973): Chemical and biological O-demethylation of rotenone derivatives. Agr. Biol. Chem. **37**, 1937–1944.

Unnithan, G. C., Nair, K. K. & Bowers, W. S. (1977): Precocene induced degeneration of the corpus allatum of adult females of the bug *Oncopeltus fasciatus*. J. Insect Physiol. **23**, 1081–1094.

Unterstenhöfer, G. (1954): Innere Therapie bei Pflanzen. Mitt. Biol. Bundesanst. Berlin, **80**, 51–64.

Unterstenhöfer, G. (1970): Integrierter Pflanzenschutz aus der Sicht der Pflanzenschutzmittelforschung der chemischen Industrie. Pflanzenschutz-Nachr. Bayer **23** (4), 272–280.

Upshall, D. G., Roger, J. C. & Casida, J. E. (1968): Biochemical studies on the teratogenic action of bidrin and other neuroactive agents in developing hen eggs. Biochem. Pharmacol. **17**, 1529–1542.

Vallee, B. L. & Ulmer, D. D. (1972): Biochemical effects of mercury, cadmium, and lead. Ann. Rev. Biochem. **41**, 91–128.

Van de Vrie, M. & Boersma, A. (1970): The influence of the predaceous mite *Typhlodromus* (A.) *potentillae* (Garman) on the development of *Panonychus ulmi* (Koch) on apple grown under various nitrogen conditions. Entomophaga **15**, 291–304.

Vashakidze, V. I. (1967): Mechanism of action of pesticides (granosan, sevin, dinoc) on the reproductive cycle of experimental animals. Soobshch. Akad. Nauk. Gruz. SSSR **48**, 219–224; Chem. Abstr. **68**, 28750X (1968).

Veech, J. A. (1978a): The effect of diflubenzuron on the production of root-knot nematode eggs. J. Nematology **10**, 208–209.

Veech, J. A. (1978b): The effect of diflubenzuron on the reproduction of free-living nematodes. Nematologica **24**, 312–320.

Verloop, A. & Ferrell, C. D. (1977): Benzoylphenyl ureas – A new group of larvicides interfering with chitin deposition. ACS Symposium Series, Amer. Chem. Soc. Wash. D. C. **37**, 237–270.

Verschoyle, R. D. & Barnes, J. M. (1972): Toxicity of natural and synthetic pyrethrins to rats. Pestic. Biochem. Physiol. **2**, 308–311.

Viggiani, G. (1980): Progress toward the integrated control of citrus pests in Italy. Proc. Int. Symp. IOBC/WPRS (Wien 1979), 293–296.

Vinson, S. B. & Brazzel, J. R. (1966): The penetration and metabolism of ^{14}C-labelled DDT in resistant and susceptible tobacco budworm larvae. J. Econ. Entomol. **59**, 600–604.

Viscontini, M. & Schmid, H. (1963): Fluorescierende Stoffe aus *Rhodnius prolixus* Stål (Hemiptera, Heteroptera). Ein neues Kynurenin-derivat: 3-Hydroxykynurenin-Schwefelsäureester = Rhodnitin. Helv. Chim. Acta **46**, 2509–2516.

Vité, J. P., Bakke, A. & Hughes, P. R. (1974): Ein Populationslockstoff des zwölfzähnigen Kiefernborkenkäfers *Ips sexdentatus*. Naturwiss. **61**, 365–366.

Vité, J. P. & Francke, W. (1976): The aggregation pheromones of bark beetles: progress and problems. Naturwiss. **63** 550–555.

Vité, J. P & Sauerwein, P. (1979): Zum Einsatz von Lockstoff-Fallen gegen Borkenkäfer. Gesunde Pflanzen **31**, 217–233.

Vlieger, M. de, Robinson, J., Baldwin, M. K., Crabtree, A. N. & Dijk, M. C. van (1968): The organochlorine insecticide content of human tissues. Arch. Environ. Hlth. **17**, 759–776.

Vobrázková, E., Vanková, J. & Samsinak, K. (1976): Application of bathurin and borax in the biological control of *Monomorium pharaonis* in housing estates. Angew. Parasitol. **17**, 94–99.

Vogel, E. (1972): Mutagenitätsuntersuchungen mit DDT und den DDT-Metaboliten DDE, DDD, DDOM und DDA an *Drosophila melanogaster*. Mutation Res. **16**, 157–164.

Vogel, S. (1963): Das sexuelle Anlockungsprinzip der Catasetinen- und Stanhopeen-Blüten und die wahre Funktion ihres sogenannten Futtergewebes. Österr. Botan. Z. **110**, 308–338.

Volle, R. L. & Koelle, G. B. (1969): Ganglionic stimulating and blocking agents, p. 578–595, in Goodman, L. S. & Gilman, A. (Eds.) The Pharmacological Basis of Therapeutics, 3rd Ed., xviii + 1785 pp., Macmillan, New York.

von Horn, A. (1967): Wildtierverluste durch Gift. Nachrichtenbl. dtsch. Pflanzenschutzd. (Braunschweig) **19**, 17–21.

Voogd, C. E., Jacobs, J. J. J. A. A. & van der Stel, J. J. (1972): On the mutagenic action of dichlorvos. Mutation Res. **16**, 413–416.

Voss, G. (1962): Physiologische und toxikologische Untersuchungen an der Spinnmilbe *Tetranychus urticae* Koch unter besonderer Berücksichtigung eines Phosphorsäureester-resistenten Stammes. Inaug. Diss., Nat. Fak. Univ. Würzburg, 109pp.

Voss, G. (1967): Substituierte Phenyl-N-methylcarbamate-cholinesterase-Hemmung und insektizide Wirkung. Anz. Schädlingskde. **40**, 73–77.

Voss, G. (1969): Systemische Phosphor-Insektizide. Eine neue Methode zum Studium der Aufnahme und Translokation in Pflanzen. Z. angew. Zool. **54**, 133–138.

Voss, G. & Dittrich, V. (1967): The translocation of insecticidal enolphosphates in plants. Z. angew. Entomol. **59**, 430–442.

Voss, G & Ehrhardt, P. (1960): Histologische Untersuchungen an der Wickenlaus *Megoura viciae* (Buckt.) nach Begiftung mit "Systox". Höfchen-Briefe **4**, 223–234.

Voss, G. & Schuler, J. (1967): A fast and simple procedure for routine determinations of plasma cholinesterase activities. Bull. environm. Contamin. Toxicol. **2**, 337–368.

Wade, R. S. & Castro, O. E. (1973): The oxidation of heme proteins by alkyl halides. J. Amer. Chem. Soc. **95**, 226–231.

Wagner-Jauregg, T , Hackley, B. E. jr., Lieg, T. A., Owens, O. O. & Proper, R. (1955): Model reactions of phosphorus containing enzyme inactivators. IV. The catalytic activity of certain metal salts and chelates in the hydrolysis of diisopropyl fluorophosphate. J. Amer. Chem. Soc. **77**, 922–929.

Wagstaff, D. J. & Street, J. C. (1971): Ascorbic acid deficiency and induction of hepatic microsomal hydroxylative enzymes by organochlorine pesticides. Toxicol. Appl. Pharmacol. **19**, 10–19.

Waibel, P. E., Pomeroy, B. S. & Johnson, E. L. (1955): Effect of arasan treated corn on laying hens. Science (Wash.) **121**, 401–402.

Walker, A. I. T., Stevenson, D. E., Robinson, J., Thorpe, E. & Roberts, M. (1969): The toxicology and pharmaco-dynamics of dieldrin (HEOD): two year oral exposures of rats and dogs. Toxicol. Appl. Pharmacol. **15**, 345–352.

Walker, A. I. T., Thorpe, E. & Stevenson, D. E. (1972): The toxicology of dieldrin (HEOD). I. Long term oral toxicity studies in mice. Food Cosmet. Toxicol. **11**, 415–432.

Walker, E. M. jr., Gadsden, R. H. & Atkins, L. M. (1970a): Effects of *p,p'*-DDT on the Ehrlich ascites carcinoma. Pestic. Symp. **1**, 295–301.

Walker, E. M. jr., Gadsden, R. H., Atkins, L. M. & Gale, G. R. (1970b): Some effects of dietary commercial DDT on Ehrlich ascites tumor cells. Ind. Med. Surg. **39**, 461–464.

Walker, G. (1977): "Copper" granules in the barnacle *Balanus balanoides*. Mar. Biol. **39**, 343–349.

Walker, N. E. (1971): The effect of malathion and malaoxon on esterases and gross development of the chick embryo. Toxicol. Pharmacol. Appl. **19**, 590–601.

Walker, W. F. (1973): Mexican bean beetle: compounds with juvenile hormone activity (juvenogens) as potential control agents. J. Econ. Entomol. **66**, 30–33.

Walker, W. F. & Bowers, W. (1970): Synthetic juvenile hormones as potential coleopteran ovicides. J. Econ. Entomol. **63**, 1231–1233.

Wallace, M. E. (1971): An unprecedental number of mutants in a colony of wild mice. Environm. Pollut. **1**, 175–184.

Wallnöfer, P. (1967): Zum Problem der Pflanzenschutzmittelrückstände im Boden und deren Einfluß auf die Bodenmikroflora. Bayer. landwirtschaftl. Jahrb. **44**, 740–747.

Wang, C. M. & Narahaski, T. (1972): Mechanisms of dual actions of nicotine on end-plate membranes. J. Pharmacol. Exp. Ther. **182**, 427–441.

Wang, C. M., Narahashi, T. & Scuka, M. (1972): Mechanism of negative temperature coefficient of nerve blocking action of allethrin. J. Pharmacol. Exp. Ther. **182**, 442–453.

Wang, C. M., Narahashi, T. & Yamada, M. (1971): The neurotoxic action of dieldrin and its derivatives in the cockroach. Pestic. Biochem. Physiol. **1**, 84–91.

Wardlow, L. R., Ludlam, F. A. & French, N. (1972): Insecticide resistance in glasshouse whitefly. Nature (Lond.) **239**, 164–165.

Ware, G. W. & Good, E. E. (1967): Effects of insecticides on reproduction in the laboratory mouse. II. Mirex, telodrin, DDT. Toxicol. Appl. Pharmacol. **10**, 54–61.

Warthen, J. D. jr. (1979): *Azadirachta indica*: a source of insect feeding inhibitors and growth regulators. U.S. Dep. Agric. ARM-NE-4, ii + 21 pp., Beltville, Maryland.

Warwick, G. P. (1971): Metabolism of carcinogens and other factors influencing liver cancer induction, p. 121–157, in "Liver Cancer". Proc. Working Confer., Chester Beatty Res. Inst. London 1969; IARC Scientif. Publ., No. 1, Intern. Agenc. Res. Cancer, Lyon, WHO, 176 pp.

Wassermann, M., Wassermann, D., Zellermayer, L. & Gon, M. (1967): Pesticides in people: storage of DDT in the people of Israel. Pestic. Monit. J. **1**, 15–20.

Wasti, S. S. & Shaw, F. R. (1971): Encapsulation. Slep towards safer insecticides for use in animals. Bioscience **21**, 118–119.

Waterhouse, D. F. (1979): Reduction of some biological constraints on the world's food supply. Proc. 9th Intern. Congr. Plant Prot. (Washington), p. 6–9.

Watkinson, I. A. & Clarke, B. S. (1973): The insect moulting hormone system as a possible target site for insecticidal action. PANS **19**, 488–506.

Way, J. M. & Chancellor, R. J. (1976): Herbicides and higher plant ecology, p. 345–372, in Audus L. J. (Ed.) Herbicides, Vol. 2, Physiology, Biochemistry, Ecology, xx + 564 pp., London.

Way, M. J. (1977): Integrated control – practical realities. Outlook on Agriculture **9**, 127–135.

Way, M. J. & Scopes, N. E. A. (1968): Studies on the persistance and effects on soil fauna of some soil-applied systemic insecticides. Ann. Appl. Biol. **62**, 199–214.

Webb, M. (1975): Metallothioneins and the toxicity of cadmium, p. 177–186, in McIntyre, A. D. & Mills, C. F. (Eds.) Ecological Toxicology Research. Plenum Press, New York–London, xi + 323 pp.

Webb, M. & Daniel, M. (1975): Induced synthesis of metallothionein by pig kidney cells *in vitro* in response to cadmium. Chem. Biol. Interactions **10**(4), 269–276.

Wedemeyer, G. (1967): Dechlorination of 1,1,1-trichloro-2,2-bis (*p*-chlorophenyl) ethane by *Aerobacter aerogenes*. I. Metabolic products. Appl. Microbiol. **15**, 569–574.

Wegler, R. (1970–1982): Methoden der chemischen Schädlingsbekämpfung und des Pflanzenschutzes. Volumen 1–8. Springer-Verlag, Berlin–Heidelberg–New York.

Wegler, R. & Eue, L. (1970): Herbizide, p. 165–395, in Wegler, R. (Ed.) Chemie der Pflanzenschutz- und Schädlingsbekämpfungsmittel. Bd. 2, 550 pp. Springer-Verlag, Berlin–Heidelberg.

Weiant, E. A. (1955): Electrophysiological and behavioural studies on DDT-sensitive and DDT-resistant house flies. Ann. Entomol. Soc. Amer. **48**, 489–492.

Weidhaas, D. F., Breeland, S. G., Lofgren, C. S., Dame, D. A. & Kaiser, R. (1974) Release of chemosterilized males for the control of *Anopheles albimanus* in El Salvador. IV. Dynamics of the test population. Amer. J. trop. Med. **23**, 298–308.

Weidhaas, D. E., Schmidt, C. H. & Seabrook, E. L. (1962): Field studies on the release of sterile males for the control of *Anopheles quadrimaculatus*. Mosquito News **22**, 283–291.

Weires, R. W. (1976): Evidence of an attractant for the dick beetle, *Melanotus depressus*, in the pheromones of two *Platynota* spp. (Lepidoptera: Tortricidae). Environ. Entomol. **5**, 920–922.

Weiss, H. V., Korde, M. & Goldberg, E. D. (1971): Mercury in a greenland ice sheet: evidence of recent input by man. Science **174**, 692–694.

Weiss, M. (1977): Zur Wirkung von Dimilin auf die Imagines und Eier des Erlenblattkäfers, *Agelastica alni* L. (Coleoptera, Chrysomelidae). Anz. Schädlingskde., Pflanzenschutz, Umweltschutz **50**, 161–164.

Welch, R. M., Levin, W. & Conney, A. H. (1967): Insecticide inhibition and stimulation of steroid hydroxylases in rat liver. J. Pharmacol. Exp. Ther. **155**, 167–173.

Well, C. S. & McCollister, D. D. (1963): Relationship between short- and long-term feeding studies in designing an effective toxicity test. J. Agr. Food Chem. **11**, 486–491.

Well, C. S., Woodside, M. D., Carpenter, C. P. & Smyth, H. F. jr. (1972): Current status of tests of carbaryl for reproductive and tetratogenic effect. Toxicol. Appl. Pharmacol. **21**, 390–404.

Wellenstein, G. (1968): Weitere Ergebnisse über die Auswirkungen einer planmäßigen Ansiedlung von Waldameisen und höhlenbrütenden Vögeln im Lehr- und Versuchsrevier Schwetzingen. Angew. Ornithol. **3**, 40–53.

Welling, W. & Blaakmeer, P. T. (1971): Metabolism of malathion in a resistant and susceptible strain of house flies, p. 61–75, in Tahori, A. S. (Ed.) Pesticide Chemistry. Proc. 2nd Intern. IUPAC Congr. Pestic. Chem. Vol. II, Insecticide resistance, synergism, enzyme induction, VIII + 302 pp. Gordon and Breach, N. Y.

Welling, W., Blaakmeer, P. T., Vink, G. J. & Voerman, S. (1971): *In vitro* hydrolysis of paraoxon by parathion resistant house flies. Pestic. Biochem. Physiol. **1**, 61–70.

Welling, W., deVries, A. W. & Voerman, S. (1974): Oxidative cleavage of a carboxyester bond as a mechanism of resistance to malaoxon in house flies. Pestic. Biochem. Physiol. 4, 31–43.

Wellington, W. G. (1977): Returning the insect to insect ecology: some consequences for pest management. Environ. Entomol. **6**, 1–8.

Wessel, M. A. & Dominski, A. (1977): Our childrens daily lead. Amer. Scient. **65**, 294–298.
West, I. (1964): Occupational disease of farm workers. Arch. Environ. Hlth. **9**, 92–98.
Westley, J. (1973): Rhodanese. Adv. Enzymol. **39**, 327–368.
Wheatley, G. A. (1973): Pesticides in the atmosphere, p. 365–408, in Edwards C. A. (Ed.): Environment Pollution by Pesticides. Plenum Press, London UK., x + 542 pp.
Wheler, J. W., Olubajo, O., Storm, C. B. & Duffield, R. M. (1981): Anabaseine: venom alkaloid of *Aphaenogaster* ants. Science (Wash.) **211**, 1051–1052.
White, A. C. & Stedman, E. (1937): The pharmacological and toxic actions of *dextro-* and *laevo*-nicotine. J. Pharmacol. Exp. Ther. **60**, 198–223.
White, G. E. (1966): Chemosterilization of *Aedes aegypti* (L.) by pupal treatment. Nature (Lond.) **210**, 1372–1373.
Whitehead, G. B. (1961): Investigation of the mechanism of resistance to sodium arsenite in the blue tick. J. Insect Physiol. **7**, 177–185.
Withehouse, M. W. (1964): Biochemical prosperties of anti-inflammatory drugs – III. Uncoupling of oxidative phosphorylation in a connective tissue (cartilage) and liver mitochondria by salicylate analogues: relationship of structure to activity. Biochem. Pharmacol. **13**, 319–336.
Whittemore, F. W. (1977): The evolution of pesticides and the philosophy of regulation, p. 714–718, in Packer, J. S. & White, D. (Eds.): Proc. XV. Int. Congr. Entomol., Washington D. C., Aug. 19.–27., viii + 824 pp.
Whitten, L. K. (1948): The anthelmintic efficiency of phenothiazine sulphoxide against *Haemonchus contortus* and certain large bowel parasites of sheep. Austral. veterin. J. **24**, 114–116.
Wiedl, S. C. (1977): The effects of sublethal concentrations of dieldrin on the predatory efficiency of *Toxorhynchites brevipalpis*. Environ. Entomol. **6**, 709–711.
Wiemer, D. F., Hicks, K., Meinwald, J. & Eisner, T. (1978): Naphthoquinones in defensive secretion of an opilionid. Experientia (Basel) **34**, 969–970.
Wieser, W. (1979a): The flow of copper through a terrestrial food web, p. 325–355, in Nriagu, J. O. (Ed.) The Biogeochemistry of Copper. Part I, xii + 522 pp. John Wiley & Sons Inc., New York–Toronto.
Wieser, W. (1979b): Schwermetalle im Blickpunkt ökologischer Forschung. Biologie in unserer Zeit **9**, 80–89.
Wieser, W., Dallinger, R. and Busch, G. (1977): The flow of copper through a terrestrial food chain. II. Factors influencing the copper content of isopods. Oecologia (Berl.) **30**, 265–272.
Wieser, W. & Klima, J. (1969): Compartmentalization of copper in the hepato-pancreas of isopods. Microskopie **24**, 1–9.
Wieser, W. & Markart, H. (1961): Der Sauerstoffverbrauch und der Gehalt an Ca, Cu und einigen anderen Spurenelementen bei terrestrischen Asseln. Z. Naturforsch. **16b**, 816–819.
Wigglesworth, V. B. (1958): The distribution of esterase in the nervous system and other tissues of the insect *Rhodnius prolixus*. Quart. J. Microsc. Sci. **99**, 441–450.
Wilkinson, C. F. (1967): Penetration, metabolism, and synergistic activity with carbaryl of some simple derivatives of 1,3-benzodioxide in the housefly. J. Agr. Food Chem. **15**, 139–147.
Wilkinson, C. F. (Ed.) (1976): Insecticide Biochemistry and Physiology. Heyden, London–New York–Rheine, xxii + 768 pp.
Willems, A. G. M., Overmars, H., Scherpenisse, P., DeLonge, N. & Post, L. C. (1980): Diflubenzuron: intestinal absorption and metabolism in the rat. Xenobiotica **10**, 103–112.
Willi, P. & Bickel, M. H. (1973): Liver metabolic reactions: tertiary amine N-dealkylation, tertiary amine N-oxidation, N-oxide reduction, and N-oxide N-dealkylation. II. N,N-dimethylaniline. Arch. Biochem. Biophys. **156**, 772–779.
Williams, C. M. (1967): Third generation pesticides. Scientific American **217**, 13–17.
Williams, R. T. (1959): Detoxication Mechanisms. 2nd. Ed., Chapman and Hall, London, 796 pp.
Williams, R. T. (1967): The biogenesis of conjugation and detoxification products, p. 589–639, in Bernfeld, P. (Ed.) Biogenesis of Natural Compounds, 2nd Ed., XIV + 1209 pp., Pergamon Press, Oxford.
Williams, R. T. (1971): Species variation in drug biotransformations, p. 187–205, in LaDu, B. N., Mandel, H. G. & Way, E. L. (Eds.): Fundamentals of Drug Metabolism and Drug Disposition, Williams and Wilkins, Baltimore, 615 pp.
Williamson, D. G., Layne, D. S. & Collins, D. C. (1972): Steroid estrogen glykosides: formation of glucosides and galactosides by human liver and kidney. J. Biol. Chem. **247**, 3286–3288.
Wilson, B. W., Stinnett, H. O., Fry, D. M. & Nieberg, P. S. (1973): Growth and metabolism of chick embryo cultures: inhibition with malathion and other organophosphorus compounds. Arch. Environ. Hlth. **26**, 93–99.
Winter, C. E., Giannotti, O. & Holzhacker, E. (1975): DDT-lipoprotein complex in the American cockroach hemolymph: a possible way of insecticide transport. Pestic. Biochem. Physiol. **5**, 155–162.

Winteringham, F. P. W. & Harrison, A. (1959): Mechanisms of resistance of adult house flies to the insecticide dieldrin. Nature (Lond.) **184**, 608–610.

Winteringham, F. P. W., Harrison, A. & Bridges, P. M. (1955): Absorption and metabolism of (^{14}C) pyrethroids by the adult housefly, *Musca domestica* L. Biochem. J. **61**, 359–367.

Winteringham, F. P. W., Hellyer, G. C. & McKay, M. A. (1960): Effects of the insecticides DDT and dieldrin on phosphorus metabolism of the adult housefly, *Musca domestica*. Biochem. J. **76**, 543–548.

Witherup, S., Jolley, W. I., Stemmer, K. & Pfitzer, E. A. (1971): Chronic toxicity studies with DDVP in dogs and rats including observations on rat reproduction. 10th Ann. Meet. Soc. Toxicol.; Toxicol. Appl. Pharmacol. **19** (2), Abstr. 40.

Witt, R. (1982): Mehr Schäden durch weniger Streusalz im letzten Winter? Umschau, Frankfurt **82**, H. 13, 418.

Wittmann, D. (1980): Tracerversuche zur Passage von Carbaryl durch *Apis*-Arbeiterinnen. Mitt. dtsch. Ges. allg. angew. Ent. **3**, 184–186.

Wittmer, S. H. (1978): Agriculture's six most needed research projects. Farm. Chemicals, Sept. **78**, 40–44.

Wolfe, H. R., Durham, W. F. & Armstrong, J. F. (1967): Exposure of workers to pesticide. Arch. Environ. Hlth. **14** 622–633.

Wolfe, N. L., Zepp, R. G., Paris, D. F., Baughman, G. L. & Hollis, R. C. (1977): Methoxychlor and DDT degradation in water: rates and products. Environ. Sci. Technol. **11**, 1077–1081.

Wong, D. T & Terriere, L. C. (1965): Epoxidation of aldrin, isodrin, and heptachlor by rat liver microsomes. Biochem. Pharmacol. **14**, 375–377.

Wood, R. J. (1967): A comparative genetical study on DDT resistance in adults and larvae of the mosquito *Aedes aegypti* L. Genet. Res. **10**, 219–228.

Wood, W. F., Shepherd, J., Chong, B. & Meinwald, J. (1975): Ubiquinone-O in defensive spray of African millipede. Nature (Lond.) **253**, 625–626.

Woodwell, G. M., Whittaker, R. H., Reiners, W. A., Likens, G. E., Delwiche, C. C. & Botkin, D. B. (1978): The biota and the world carbon budget. Science **199**, 141–146.

Woodwell, G. M., Wurster, C. F. jr. & Isaacson, P. A. (1967): DDT residues in an east coast estuary: a case of biological concentration of a persistent pesticide. Science **156**, 821–823.

Wright, A. S. (1971): Personal communication, in Walker, A. I. T., Thorpe, E. & Stevenson, D. E. (1972): The toxicology of dieldrin (HEOD). I. Long term oral studies in mice. Food Cosmet. Toxicol. **11**, 415–432.

Wright, A. S., Potter, D., Wooder, M. F., Donninger, O. & Greenland, R. D. (1972): The effects of dieldrin on the subcellular structure and function of mammalian liver cells. Food Cosmet. Toxicol. **10**, 311–332.

Wright, D. J. (1980): Mode of action of nematicides, their movement in plants and development of resistance. Workshop Nematology Group Assoc. Appl. Biol. Rothamsted Exper. Stat., 5.–6. June.

Wright, J. E. & Harris, R. L. (1976): Ovicidal activity of Thompson-Hayward TH 6040 in the stable flies and horn fly after surface contact by adults. J. Econ. Entomol. **69**, 728–730.

Wright, J. E. & Smalley, H. E. (1977): Biological activity of insect juvenile hormone analogues against the stable fly and toxicity studies in domestic animals. Arch. environm. Contamin. Toxicol. **5**, 191–197.

Wright, J. E. & Spates, G. E. (1976): Reproductive inhibition activity of the insect growth regulator TH 6040 against the stable fly and the house fly: effects on hatchability. J. Econ. Entomol. **69**, 365–368.

Wright, R. H. (1956): Physical basis of insect repellency. Nature (Lond.) **178**, 638.

Wulff, L. M., Emage, L. A. & Bravo, F. (1935): Some effects of alpha-dinitrophenol on pregnancy in the white rat. Proc. Soc. Exp. Biol. Med. **32**, 678–680.

Wyniger, R. (1974): Insektenzucht. Ulmer-Verlag, Stuttgart, 368 pp.

Yadav, D. V., Pillai, M. K. K. & Agarwal, H. C. (1976): Uptake and metabolism of DDT and lindane by the earthworm, *Pheretima posthuma*. Bull. environm. Contamin. Toxicol. **16**, 541–545.

Yamagishi, T., Tabeka, K., Fujimoto, C., Murimoto, K. & Maruta, M. (1972): On effects of beta-BHC on the fetus of mouse. Rinsho Elyo **40**, 599–604.

Yamamoto, I. & Casida, J. E. (1966): O-Demethyl pyrethrin II analogs from oxidation of pyrethrin I, allethrin, dimethrin and phtalthrin by house fly enzyme system. J. Econ. Entomol. **59**, 1542–1543.

Yamamoto, I., Kamimura, H., Yamamoto, R., Sakai, S. & Goda, M. (1962): Studies on nicotinoids as an insecticide. I. Relation of structure to toxicity. Agr. Biol. Chem. **26**, 709–716.

Yamamoto, I., Kimmel, E. C. & Casida, J. E. (1969): Oxidative metabolism of pyrethroids in house flies. J. Agr. Food Chem. **17**, 1227–1236.

Yamamoto, I., Soedy, Y., Kamimura, H. & Yamamoto, R. (1968): Studies on nicotinoids as an insecticide. VII. Cholinesterase inhibition by nicotinoids and pyridalkyl-amines – its significance to mode of action. Agr. Biol. Chem. **32**, 1341–1348.

Yamasaki, T. & Narahashi, T. (1958): Nervous activity as a factor of development of dieldrin symptoms in the cockroach: studies in the mechanism of action of insecticides (XVI). Botyu-Kagaku **23**, 47–54.

Yamasaki, T. & Narahashi, T. (1962): Nerve sensibility and resistance to DDT in house flies. Japan. J. Appl. Ent. Zool. **6**, 293–297.

Yang, R. S. H., Hodgson, E. & Dauterman, W. C. (1971): Metabolism *in vitro* of diazinon and diazoxon in susceptible and resistant house flies. J. Agr. Food Chem. **19**, 14–19.

Yang, R. S. H. & Wilkinson, C. F. (1973): Sulfotransferases and phosphotransferases in insects. Comp. Biochem. Physiol. **46B**, 717–726.

Yarris, L. (1979): Learning from the past. Agricult. Res. **28**, 4–9.

Yasunaga, K., Oshima, Y. & Kuwatsuka, S. (1962): Attractants of the pine bark beetles. I. Isolation of an attractant, benzoic acid, from the red pine bark. J. Agr. Chem. Soc. Japan **36**, 802–804.

Yonce, C. E., Gentry, X. R., Tumlinson, J. H., Doolittle, R. E., Mitchell, E. R. & McLaughlin, J. R. (1977): Seasonal distribution of the lesser peachtree borer in central Georgia as monitored by pupal skin counts and pheromone trapping techniques. Environ. Entomol. **6**, 203–206.

Younger, R. L. (1973): Effect of three aziridine alkylating compounds on the gross development of chicken embryos. Toxicol. Appl. Pharmacol. **24**, 423–433.

Yu, C., Metcalf, R. L. & Booth, G. M. (1972): Inhibition of acetylcholinesterase from mammals and insects by carbofuran and its related compounds and their toxicities towards these animals. J. Agr. Food. Chem. **20**, 923–926.

Yu, S. J. & Terriere, L. C. (1971): Hormonal modification of microsomal oxidase activity in the housefly. Life Sci. **10**, 1173–1186.

Yu, S. J. & Terriere, L. C. (1972): Enzyme induction in the housefly: the specificity of the cyclodiene insecticides. Pestic. Biochem. Physiol. **2**, 184–190.

Yule, W. W., Chiba, M. & Morley, H. V. (1967): Fate of insecticide residues: decomposition of lindane in soil. J Agr. Food Chem. **15**, 1000–1004.

Zahavi, M. & Tahori, A. S. (1970): Sensitivity of acetylcholinesterase in spider mites to organophosphorus compounds. Biochem. Pharmacol. **19**, 219–225.

Zandstra, B. H. & Motooka, P. S. (1978): Beneficial effects of weeds in pest management – a review. PANS **24**(3), 333–338.

Zebitz, C. P. W., Holst, H. & Schmutterer, H. (1981): Wirkung von Nikkomycin (GT 25/76, AMS 0896) auf die Raubmilbe *Phytoseiulus persimilis* Athias-Henriot (Acari, Phytoseiidae). Mitt. dtsch. Ges. allg. angew. Ent. **2**, 180–185.

Zettler, J. L. & LeCato, G. L. (1974): Sublethal dose of malathion and dichlorvos: effects on fecundity of the black carpet beetle. J. Econ. Entomol. **67**, 19–21.

Zoebelein, G. (1976): Importance and spread of resistance to insecticides, p. 225–228, in Wegler, R. (Ed.): Chemie der Pflanzenschutz- und Schädlingsbekämpfungsmittel. Bd. 3; 322 pp., Springer-Verlag, Berlin–Heidelberg–New York.

Zoebelein, G. (1981): Freilandversuche mit AMS 0896 gegen Spinnmilben im Obstbau. Mitt. dtsch. Ges. allg. angew. Ent. **2**, 164–171.

Zorgani, G. A. El (1976): Persistence of organochlorine insecticides in the field in the Gezira soil under cotton. Bull. environm. Contamin. Toxicol. **15**, 378–382.

Zubairi, M. Y. & Cutcomp. L. K. (1964): The pick up of ^{14}C-DDT at different temperatures. Entomol. exp. appl. (Amst.) **7**, 139–143.

Zukel, J. W. (1944): Some effects of phenothiazine, phenothiazone and thinol on *Periplaneta americana*. J. Econ. Entomol. **37**, 796–808.

Verzeichnis wissenschaftlicher Namen

Sachregister

GPSR Compliance

The European Union's (EU) General Product Safety Regulation (GPSR) is a set of rules that requires consumer products to be safe and our obligations to ensure this.

If you have any concerns about our products, you can contact us on ProductSafety@springernature.com

In case Publisher is established outside the EU, the EU authorized representative is:

Springer Nature Customer Service Center GmbH
Europaplatz 3
69115 Heidelberg, Germany

Batch number: 10584556

Printed by Printforce, the Netherlands